전국 최다 합격생 배출 적중률 높은 수험서!!

# 소방시설관리사 1차

## 2021년 10월 개정법령 수록한 개정판

소방시설관리사 2차와 연계한 최고의 수험서

소방기술사 / 관리사
김흥준 저

- 강경원 소방학원 소방시설관리사 교재
- 이해외 원리 위주의 자동암기방식
- 본문 중 예제를 통한 실전문제 예싱
- 실전문제를 통한 시험 대비 능력 향상
- 학습혼란방지 위한 개정법 반영·수정한 기출문제 수록

下권

학원 : www.kkw119.com
출판 : www.bestbook.co.kr

한솔아카데미
H/A/N/S/O/L/A/C/A/D/E/M/Y

# 머리말

머리말 첫 글자를 쓰는데 너무나 많은 생각들이 제 머리를 스치고 지나가 한참만에 펜을 듭니다.

십여 년 전 우연찮게 학원에서 소방시설관리사 1차 필기 강의를 맡게 되어 수험생들을 가르치게 되었습니다. 가장 기본적인 단위에서부터 많은 이론과 원리들, 이해하기 어려운 역학, 공학들…… 현장의 많은 경험과 소방기술사, 관리사, 타분야 자격증을 가지고 있었지만 솔직하게 말씀드리면 부족한 저에게는 분명히 어려운 부분이었습니다.

가르치는 입장에서 어려웠으면 배우는 수험생 분들은 더 어려웠겠지요.

그래서 수험생 분들이 더 쉽게 이해하고 많은 시간을 소비하지 않도록 가르쳐야겠다고 생각이 들어 이를 학원 교재로 만들게 되었으며 좀 더 보기 좋게 하기 위해 책을 내게 되었습니다.

저 뿐만 아니라 모든 사람이 그렇듯이 원리 위주로 배우면 더욱 암기가 쉽다는 것을 알기 때문에 이 책을 원리와 스토리 위주로 내용을 구성하려고 노력했습니다.

또한 모든 것을 처음 배우는 유아들은 눈에 들어오는 전체 화면을 이미지화 시켜서 자기 것을 만들듯 어려운 부분, 암기가 어려운 부분은 이미지화 시켜 혼란이 오지 않도록 하였습니다.

이렇게 원리와 이미지화 되도록 책을 구성하다 보니 여러 사진, 그림 등이 삽입 되었고 어느 부분을 이해하고 설명하기 위해 제가 접하지 못한 많은 자료, 그림, 사진들 중 일부를 본의 아니게 사용한 점에 대해 여러 교수님과 선배 기술사님, 관련자분들께 양해를 구하고자 하며 다시 한번 진심으로 이해와 감사를 드립니다.

앞으로도 잘못된 부분이 있다면 계속 보완해 나갈 것이며, 이 책으로 공부하시는 수험생들에게 많은 도움이 되었으면 하는 바램과 합격의 영광이 같이 하기를 바랍니다. 마지막으로 이 책을 출간하기까지 물심양면으로 도와주신 학원, 출판사 분들 및 출판을 위해 많은 시간배려해 준 아내 병임과 딸 연아, 아들 연우에게 감사의 마음을 전합니다.

저자 김흥준 배상

# 소방시설관리사 시험안내

## ❶ 소방시설관리사 개요

- 국가경제 및 산업의 발달로 소방안전을 위협하는 요인이 증가 추세에 있어 소방안전관리의 전문적인 기법, 법령, 제도의 개선을 통하여 소방대상물의 효율적이고 전문적인 관리가 요구되어 자격제도를 도입함.
- 소방시설관리사는 소방시설의 점검 및 정비, 건축물 소방시설의 유지관리, 건축물 관계인이 위탁하는 소방안전관리 등을 주요 직무로 한다.
- 소관 부처는 소방청 소방제도과이며 실시기관은 한국산업인력공단 전문자격국

## ❷ 시험의 시행 및 공고

- 1년마다 1회 시행함을 원칙으로 하되, 소방방재청장이 필요하다고 인정하는 때에는 그 횟수를 증감할 수 있다.
- 소방청장은 관리사시험의 시행일 90일 전까지 1개 이상의 일간신문에 공고

## ❸ 응시자격

| 자　　격 | 실무경력 |
|---|---|
| 소방설비기사, 특급 소방안전관리자 | 2년 이상 |
| 소방안전공학 전공 한 후, 이공계 분야의 석사학위 | |
| 소방설비산업기사, 위험물산업기사, 위험물기능사, 산업안전기사 | 3년 이상 |
| 1급 소방안전관리자, 이공계 분야의 학사학위, 소방안전 관련학과의 학사학위 | |
| 2급 소방안전관리자, 소방공무원 | 5년 이상 |
| 3급 소방안전관리자 | 7년 이상 |
| 소방실무경력 | 10년 이상 |
| 소방기술사, 건축기계설비기술사 · 건축전기설비기술사, 공조냉동기계기술사, 위험물기능장, 건축사, 소방안전공학 전공 한 후 석사학위 이상, 이공계 분야의 박사학위를 취득한 사람 | |

## ❹ 소방시설관리사의 결격사유

- 피성년후견인
- 금고 이상의 실형(소방기본법, 소방시설공사업법, 위험물 안전관리법)을 선고받고 그 집행이 끝나거나(집행이 끝난 것으로 보는 경우를 포함) 집행이 면제된 날부터 2년이 지나지 아니한 사람
- 금고 이상의 형의 집행유예를 선고받고 그 유예기간 중에 있는 사람
- 자격이 취소된 날부터 2년이 지나지 아니한 사람

## ❺ 시험과목

| 구 분 | 과목 | 세부기준 | 문항 | 시간 |
|---|---|---|---|---|
| 제1차시험<br>선택형<br>(필기시험) | 소방안전관리론<br>및 화재역학 | – 연소 및 소화·화재예방관리·건축물소방안전<br>기준·인원수용 및 피난계획에 관한 부분<br>– 화재성상·화재하중·열전달·화염확산·연소<br>속도·구획화재·연소생성물·연기의 생성 및<br>이동 | 25 | 125분 |
| | 소방수리학·<br>약제화학 및<br>소방전기 | 소방전기는 소방관련 전기공사재료 및 전기<br>제어에 관한 부분 | 25 | |
| | 소방관련 법령 | 소방기본법, 소방시설공사업법, 소방시설법, 위험<br>물안전관리법, 다중이용업소의 안전관리에 관한<br>특별법 | 25 | |
| | 위험물의 성상<br>및 시설기준 | – | 25 | |
| | 소방시설의<br>구조원리 | 고장진단 및 정비를 포함 | 25 | |
| 제2차시험<br>논문형<br>기입형<br>(실기시험) | 소방시설의<br>점검실무행정 | 점검절차 및 점검기구 사용법 포함 | – | 90분 |
| | 소방시설의<br>설계 및 시공 | – | – | 90분 |

## ❻ 시험과목의 면제

| 구 분 | 면제 과목 | |
|---|---|---|
| 제1차시험<br>과목 가운데<br>일부를 면제 | 소방수리학, 약제화학, 소방전기 | 소방관계법령 |
| | 소방기술사<br>(15년 이상 소방실무경력) | 소방공무원(15년 이상 근무한 경력이 있는 사람<br>으로서 5년 이상 소방청장이 정하여 고시하는<br>소방 관련 업무 경력이 있는 사람) |
| 제2차시험<br>과목 가운데<br>일부를 면제 | 소방설계 및 시공 | 점검 및 실무 |
| | 1. 기술사 – 소방, 공조냉동기계<br>   건축선기(기계)설비<br>2. 위험물기능장·건축사 | 소방공무원(5년 이상 근무한 경력) |

## ❼ 제1차 시험 합격자 제출서류

- 응시자격 서류심사 신청서(한국산업인력공단 소정양식 – 1부)
- 자격증 또는 자격수첩 사본 1부
- 학력인정증명서(졸업증명서) 1부
- 소방실무경력관련 증빙서류

# 이 책의 특징

## 01

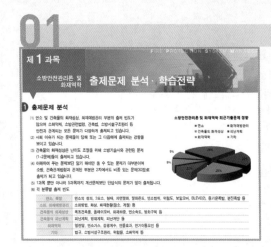

### 출제 분석 및 학습전략을 제시

소방시설관리사 1차 시험은 60점 이상시 합격을 하지만 2차 시험이란 거대한 산이 기다리고 있습니다. 그 산을 넘기 위해 1차부터 철저히 공부하여야 합니다. 즉 1차 시험과 2차 시험을 별개로 공부하는 것이 아니라 2차 시험에 대비하여 1차 공부를 하여야 합니다. 하지만, 60점 이상 합격하는 시험을 100점을 목표로 공부하시면 큰 일입니다. 2차와 연계하기 위해 1차 다섯 과목 중 제1과목 소방안전관리론 건축법규와 관련된 부분, 제2과목 중 소방수리학의 펌프와 관련된 부분, 제3과목 소방관계법령의 별표, 제5과목 전체를 집중 공략하여 평균 60점(과락 : 40점) 이상을 받도록 하여야 합니다.

## 02

### 이해를 돕기 위해 완전 칼라판으로 출간

모든 그림, 사진 등을 칼라로 삽입하여 혼자 공부하시는 분들도 쉽게 접근하도록 책을 편집하였으며 분류를 하여야 하는 부분은 색상을 달리하여 표현하였습니다. 소방관계법령의 경우 법을 정하는 기준 등을 칼라로 분류함으로서 시각적 효과를 높였습니다.

## 03

### 본문의 예제 및 포인트를 통한 중요도, 예상문제 예측

본문의 내용을 학습 중에 그냥 지나치기 쉬운 부분에 대해 예제를 통해 간과하지 않도록 했으며 본문의 내용에 대해 바로 출제되는 유사 문제를 풀어봄으로서 "아~ 이 부분이 이렇게 출제되는구나, 이런 의미를 가지는 구나"라고 각인을 시키도록 하였습니다.

# 04

## 이미지화를 통한 학습효과 극대화

| 주요 물리량 단위의 이미지화(암기방법) | | | |
|---|---|---|---|
| $N \cdot s^2$ | $N \cdot S$ 운동량$(\alpha)$ kg$\cdot$m/s | N(dyne) 힘(F) kg$\cdot$m/s$^2$ | $N \cdot m$ 일, 열량, 에너지$(J)$ kg$\cdot$m$^2$/s$^2$ |
| | | N/m(dyne/cm) 표면장력$(\sigma)$ kg/s$^2$ | $N \cdot m/s$ 동력(W) kg$\cdot$m$^2$/s$^3$ |
| | $N \cdot s/m^2$ 점성계수$(\mu)$ kg/m$\cdot$s g/cm$\cdot$s = Poise | N/m$^2$ 압력(P) kg/m$\cdot$s$^2$ | |
| | $\dfrac{\mu}{\rho}$(cm$^2$/s) 동점성계수$(\nu)$ | N/m$^3$ 비중량$(\gamma)$ kg/m$^2\cdot$s$^2$ | |
| $N \cdot s^2/m^4$ 밀도$(\rho)$ kg/m$^3$ | | N/m$^4$ | |

소방전기를 전공하신 분들이 어려워하는 부분 중 하나가 소방수리학의 단위입니다. 물론 어느 정도 공부량이 있다면 잠시 생각 후 단위를 알아낼 수 있지만 MKS 단위가 아닌 CGS 단위계, SI 단위를 절대단위와 중력단위로 물어본다면 헷갈릴 수도 있겠죠. 즉 이런 물리량에 대한 단위를 암기하는 방식이 아닌 이미지화시키는 방법으로 학습효과를 극대화시켰습니다.

# 05

## 원리 위주의 이해를 통한 적응력 향상

**Point**

**위험물의 가장 기본적인 반응식 만드는 법**

1) 금속 또는 금속을 함유한 물질과 물과의 반응식(소화의 적응성 판단)
  (1) 과산화나트륨의 반응식
  ① 금속 또는 금속을 함유한 물질과 물과의 반응 시 생성물질은 금속 + OH(수산화기) 이다.
  $Na_2O_2 + H_2O \rightarrow NaOH$
  여기서 중요한 것은 Na는 최외각 전자가 1개인 1족 +1가 원자가 +1 이며
  OH는 원자가 +1인 H 2개와 원자가 -2인 O 최외각 전자가 6개인 6족으로 전자 2개가 모자라 -2가 1개로서 원자가의 합은 -1이다.
  즉, Na의 +1 과 OH의 -1의 합은 0 이 되는데 0의 의미는 안정화이며 '반응해서 안정된 물질이 되려고 한다' 라고 생각하면 된다.
  $MgO_2 + H_2O \rightarrow Mg(OH)_2$
  하지만 Mg의 경우 수산화기 (OH)로서 2개이다.
  이유는 Mg(최외각 전자가 2개인 2족으로 전자 2개가 남아 +2가는 +2가이고
  OH는 -1가로서 그 합이 0이 아니므로 안정화 될 수 없으므로 안정화 하기 위해
  OH 2개가 필요한 것이다.

수험생들이 가장 어려워하는 위험물의 성상에서 금속이 물과 반응시 생성 물질, 산과 반응시 생성물질 등을 화학원리를 이용하여 암기가 아닌 방식으로 이해하도록 하였습니다. 즉, 모든 공식을 단순히 암기하는 방식이 아닌 그림 등을 통해 이해하도록 공식의 유도과정을 설명하였습니다. 소방전기의 경우 주울의 법칙 $H = 0.24\,I^2Rt\,[cal]$가 전압의 공식 $V[V] = \dfrac{W[J]}{Q[C]}$과 동일한 식임을 또 정전에너지의 공식이 왜 $W = \dfrac{1}{2}CV^2[J]$ 인지를 상세히 설명하여 변형된 출제 문제에 적응성을 높였습니다.

# 06

## 법 개정을 반영한 실전문제와 기출문제

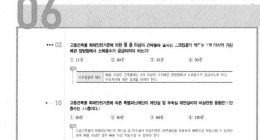

이 책은 2021년 법 개정으로 최근 법 개정 부분을 반영하되 현행법에 맞도록 변경하여 학습자의 혼란이 없도록 최대한 배려하였습니다.

# Contents

# Contents

**3과목** 소방관련법령

## PART 01. 소방기본법, 시행령, 시행규칙

Contents

## PART 03. 화재예방, 소방시설설치·유지 및 안전관리에 관한 법률, 령, 규칙

## PART 04. 다중이용업소의 안전관리에 관한 특별법, 령, 규칙

# Contents

소방시설관리사 하 권 목차

## 4과목 위험물의 성상 및 시설기준

### PART 01. 위험물의 성상

## PART 02. 위험물안전관리법

## PART 03. 시설기준(위험물제조소 등)

# Contents

**소방시설의 구조원리**

### PART 01. 소화설비

Contents

## 6과목 과년도 기출문제

소·방·시·설·관·리·사

제4과목 · · ·

# 04

Fire Facilities Manager

# 위험물의 성상 및 시설기준

# 제4과목

## 위험물의 성상 및 시설기준 출제문제 분석 · 학습전략

## 1 출제문제 분석

(1) 위험물 성상과 위험물 시설기준 2개의 파트로 구분되며 출제 문제 수는 거의 50 : 50으로 출제되고 있습니다.

(2) 위험물의 성상 - 위험물의 분류, 지정수량, 위험등급 등,
위험물의 시설기준 - 화재안전기준과 같이 거의 암기해야 하는 문제가 주를 이룹니다.

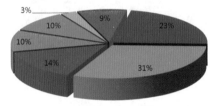

**위험물성상 최근 기출문제 경향**
- 공통성질  ■ 제1류 위험물  ■ 제2류 위험물
- 제3류 위험물  ■ 제4류 위험물  ■ 제5류 위험물
- 제6류 위험물

37%, 7%, 9%, 7%, 29%, 6%, 5%

**위험물시설기준 최근 기출문제 경향**
- 위험물안전관리법  ■ 제조소
- 저장소  ■ 취급소
- 제조, 운반, 저장, 소비기준  ■ 소방설비
- 기타

3%, 10%, 10%, 14%, 9%, 23%, 31%

(3) 류 별 공통성질에 대한 출제 빈도가 높고, 류 별에 속한 위험물 성상을 묻는 문제가 두드러집니다.

(4) 각 분류별 출제 빈도(고정적으로 반복하여 출제되는 문제)

| 위험물성상 | 공통성 | 위험물의 구별, 정의, 지정수량, 배수, 소화적응성, 반응 생성 물질 등 |
|---|---|---|
| | 1류 | 무기과산화물(과산화칼륨, 과산화나트륨 등), 과염소산칼륨 등 |
| | 2류 | 적린, 철분, 마그네슘, 금속분, 착화온도 등 |
| | 3류 | 칼륨, 황린, 인화칼슘($Ca_3P_2$), 탄화칼슘 등 |
| | 4류 | 특수인화물, 제1석유류, 인화점, 동 · 식물유류 - 자연발화 등 |
| | 5류 | 유기과산화물, 질산에스테르류(니트로셀룰로오스, 셀룰로이드) 등 |
| | 6류 | 과산화수소, 질산 등 |

| 시설기준 | 위험물법 | 예방규정, 위험물안전관리자의 자격, 탱크 내용적 등 |
|---|---|---|
| | 제조소 | 환기설비, 배출설비, 안전거리, 건축물의 구조, 방유제 용량, 제조소의 특례 등 |
| | 저장소 | 보유공지, 저장면적, 처마높이, 저장할 수 있는 품목, 통기관, 방유제, 누설검사관 등 |
| | 취급소 | 주유공지, 고정주유설비, 표지판, 배합실, 안전거리, 압력안전장치 등 |
| | 제조, 운반 등의 기준 | 저장시, 제조시, 운반시 주의사항, 혼재, 제조 기준 등 |
| | 소방설비 | 소요단위, 소화설비, 경보설비, 소화난이도 등급 등 |

## 2 학습전략

(1) 1과목과 연계된 문제(화학반응식, 자연발화, 허용농도, 증기밀도, 비중 등)을 응용하여 풀 수 있어야 합니다.

(2) 기본적인 사항을 살짝 비트는 trick에 속지 말 것 - 집중해서 문제를 풀어야 합니다.
- 조연성 수소가스가 발생 된다. ➡ 수소는 가연성 가스임
- 아염소산나트륨은 환원력이 강하다. ➡ 아염소산나트륨은 1류 위험물로 산화성이고 산화성은 산화력이 강함
- 과망간산칼륨($KMnO_4$)이 가열 분해시 물이 생성된다. ➡ 수소($H$)가 없어 물($H_2O$)이 생성될 수 없다.

(3) 1류 ~ 6류 위험물의 공통적인 성질, 품명, 위험등급, 지정수량 - 절대암기 !!!

(4) 위험물의 품명에 대한 성상을 암기 화학반응식은 이해하셔야 합니다.

(5) 위험물의 시설기준 학습전략 : 소설책 읽듯이 빠르게 정독 ➡ 문제풀이(반복) ➡ 암기

# PART 1 위험물의 성상

## 1. 위험물의 일반적인 개요

### 1 물질의 구성입자

(1) 원 자 : 물질의 조성을 갖는 최소입자

(2) 분 자 : 원자 1개 또는 2개 이상이 모여서 물질의 특성을 나타내는 최소입자

(3) 이 온 : 원자나 분자가 전자를 잃거나 얻은 경우 또는 전하를 띤 입자와 결합하는 경우 생성

### 2 산화와 환원

| 가연성 물질(산소를 얻는 물질) | 조연성 물질(산소를 잃는 물질) |
| --- | --- |
| 산화(산화물) | 환원(환원물) |
| 환원제 | 산화제 |
| 환원력 | 산화력 |
| 환원성 | 산화성 |
| 제2류 위험물 ~ 제5류 위험물 | 제1류 위험물, 제6류 위험물 |

(1) 산화

① 산소를 얻고 전자를 잃고 수소를 잃고 산화수가 증가하는 것

② 가연성 물질은 산화하며 환원제로서 "환원력, 환원성이 강하다"라고 말한다.

③ 알칼리금속(1족)은 전자를 잃는 성질이 강해 산화한다.

(2) 환원

① 산화의 반대가 환원이다.

② 조연성 물질로서 산소를 잃기 때문에 환원하며 산화제로서 "산화력, 산화성이 강하다"라고 한다.

③ 할로겐원소(7족)는 전자를 얻기 때문에 환원한다.

> **예제 01**
>
> **과망간산나트륨에 대한 설명으로 옳지 않은 것은?**
>
> ① 가연물의 연소를 돕는 조연성 물질이다.
> ② 적자색의 주상결정으로 살균력이 강하다.
> ③ 강산과 접촉시 산소 방출한다.
> ④ 물, 알코올에 녹으며 진한 보라색을 띠는 환원제이다.
>
> 해답 ④
>
> 제1류 위험물, 제6류 위험물은 모두 산화제이다.

**3 산과 염기**

**(1) 산**

① **금속과 치환할 수 있는 수소화합물**로써 수용액에서 수소이온($H^+$)을 생성하는 화합물을 산이라 한다.
② 신맛을 내며, 금속과 반응하여 수소를 발생시킨다.
③ $HCl(염산) \rightarrow H^+ + Cl^-$    $H_2SO_4(황산) \rightarrow 2H^+ + SO_4(사산화황)$

> **예제 02**
>
> **알칼리금속이 산과 반응하여 발생하는 가연성가스는 무엇인가?**
>
> ① 수소                        ② 포스겐
> ③ 아세틸렌                    ④ 포스핀
>
> 해답 ①
>
> $2Na + 2HCl \rightarrow 2NaCl + H_2 \uparrow$

**(2) 염기**

① **수산화기($OH^-$)를 가지고 있는 화합물을 염기**라 하고 염기 가운데에서 물에 녹아서 **수산화기($OH^-$)을 생성하는 화합물을 알칼리**라 한다.
② 염기 : 수용액에서 수산화기($OH^-$)를 내거나 $H^+$ 수소이온을 흡수하는 물질의 성질로서 쓴맛이 나며 단백질을 녹이는 성질이 있다.
③ $NaOH \rightarrow Na^+ + OH^-$    $Ca(OH)_2 \rightarrow Ca^{++} + 2OH^-$
④ 수산화물 : 수산화기(水酸基)를 가진 화합물을 통틀어 이르는 말.
⑤ 수산화기($-OH$) : 수소와 산소 각각 한 원자가 결합하여 이루는 1가의 원자단[原子團]
⑥ 수산화물은 흡수성이 있어 대기중의 수증기를 흡수한다.

**4** 탄소화합물(유기화합물, 유기물)

**탄소(C)를 기본으로 수소(H), 산소(O), 질소(N), 황(S), 인(P), 할로겐원소 등이 결합된 물질**
- 제2류 위험물 인화성고체 중 메타알데히드, 제삼부틸알코올,
- 제3류 위험물 자연발화성 및 금수성 중 알킬알루미늄, 알킬리튬, 유기금속화합물 등,
- 제4류 위험물, 제5류 위험물이 여기에 해당된다.

(1) 탄소화합물의 분류

| 구 분 | 결합모양 | 명명법 | 분자식 | 종류 | 비고 |
|---|---|---|---|---|---|
| 포화 탄화수소 | 사슬모양 (단일결합) $CH_3-CH_3$ | 알칸 (-ane) | $C_nH_{2n+2}$ | 메탄 에탄 프로판 등의 파라핀계 | 지방(脂肪)족 탄화수소 |
| | 고리모양 | 시클로알칸 (시클로 -ane) | $C_nH_{2n}$ | 시클로프로판 시클로부탄 시클로펜탄 등 | |
| 불포화 탄화수소 | 사슬모양 (이중결합) $CH_3=CH_3$ | 알켄 (-ene) | $C_nH_{2n}$ | 메텐 에텐(에틸렌) 프로펜(프로필렌) 등의 올레핀계 | |
| | 사슬모양 (삼중결합) $CH_3\equiv CH_3$ $H-C\equiv C-H$ | 알킨 (-yne) | $C_nH_{2n-2}$ | 메틴 에틴(아세틸렌) 프로핀 등 | |
| | 고리모양 | | | 벤젠 톨루엔 크실렌 등 | 방향(芳香)족 탄화수소 ※ 특유의 냄새 |

※ 알킬기 – "R"로 표시하며 알칸에서 H원자 1개가 빠진 원자단($C_nH_{2n+1}$)으로 메틸, 에틸, 프로필 등이 있다.

(2) 탄소화합물의 특성

① 비극성물질로서 물에는 잘 녹지 않고 유기용매인 벤젠, 에테르, 알콜, 사염화탄소에 잘 녹는다.

② 전기 전도성이 없다.

카르복시산의 염이나 아민염 등을 제외하면 물에 녹아도 이온화 안 됨

③ **불에 타며, 반응속도가 느리다.** (원자 사이에 강한 공유결합력 때문에 반응속도 느림)

④ **이성질체가 존재한다.** (예 : 알켄과 시클로알칸, 에틸알코올과 디메틸에테르 등)

※ 이성질체 : 분자식은 같으나 구조식이 달라 성질이 다른 화합물

⑤ 탄소화합물 중 탄화수소는 산소 중에서 **완전 연소 시 생성물은 $CO_2$와 $H_2O$** 이다.

## 5 작용기

(1) 탄화수소 유도체의 분류 : 어떤 작용기를 가지고 있는가에 따라 성질이 결정된다.

(2) 작용기 : 탄화수소 유도체의 공통적인 성질을 나타내는 원자나 원자단

| 작용기 | 작용기의 구조식 | 이름 | 유도체의 일반식 | 화합물의 일반명 | 화합물의 예 | 화합물명 |
|---|---|---|---|---|---|---|
| $-OH$ | $-O-H$ | 히드록시기 | $R-OH$ | 알코올 | $CH_3OH$ <br> $C_2H_5OH$ | 메탄올 <br> 에탄올 |
| $-CO-$ | $\begin{matrix} O \\ \| \\ -C- \end{matrix}$ | 카르보닐기 | $R-CO-R'$ | 케톤 | $CH_3COCH_3$ <br> $CH_3COC_2H_5$ | 아세톤 <br> 에틸메틸케톤 |
| $-COO-$ | $\begin{matrix} O \\ \| \\ -C-O- \end{matrix}$ | 에스테르기 | $H-COO-R'$ <br> $R-COO-R'$ | 에스테르 | $HCOOCH_3$ <br> $CH_3COOC_2H_5$ | 포름산메틸 <br> 아세트산에틸 |
| $-COOH$ | $\begin{matrix} O \\ \| \\ -C-O-H \end{matrix}$ | 카르복시기 | $H-COOH$ <br> $R-COOH$ | 카르복시산 | $HCOOH$ <br> $CH_3COOH$ | 의산 <br> (포름산, 개미산) <br> 초산(아세트산) |
| $-NH_2$ | $\begin{matrix} -N-H \\ \| \\ H \end{matrix}$ | 아미노기 | $R-NH_2$ | 아민 | $CH_3NH_2$ <br> $C_6H_5NH_2$ | 메틸아민 <br> 아닐린 |
| $-O-$ | $-O-$ | 에테르기 | $R-OR'$ | 에테르 | $CH_3OCH_3$ <br> $C_2H_5OC_2H_5$ | 디메틸에테르 <br> 디에틸에테르 |
| $-CHO$ | $\begin{matrix} O \\ \| \\ -C-H \end{matrix}$ | 포르밀기 | $H-CHO$ <br> $R-CHO$ | 알데히드 | $HCHO$ <br> $CH_3CHO$ | 포름알데히드 <br> 아세트알데히드 |

<table>
<tr><td>예제 03</td><td>다음 중 카르보닐기를 갖는 화합물은?</td></tr>
</table>

① $C_6H_5CH_3$  ② $C_6H_5NH_2$

③ $CH_3OCH_3$  ④ $CH_3COCH_3$

해답 ④

$C_6H_5NH_2$ - 아민기, $CH_3OCH_3$ - 에테르기, $CH_3COCH_3$ - 케톤기(카르보닐기)

## 2. 위험물의 위험등급, 지정수량에 따른 분류

| 종류 / 위험등급 | 제1류 위험물 산화성고체 | | 제2류 위험물 가연성고체 | | 제3류 위험물 금수성·자연발화성 | | 제4류 위험물 인화성액체 | | 제5류 위험물 자기반응성 | | 제6류 위험물 산화성액체 | |
|---|---|---|---|---|---|---|---|---|---|---|---|---|
| | 품명(10) | 지정수량(kg) | 품명(7) | 지정수량(kg) | 품명(13) | 지정수량(kg) | 품명(7) | 지정수량(ℓ) | 품명(9) | 지정수량(kg) | 품명(3) | 지정수량(kg) |
| Ⅰ | 아염소산염류 염소산염류 과염소산염류 무기과산화물 | 50 | – | | 칼륨 나트륨 알킬알루미늄 알킬리튬 | 10 | 특수인화물 | 50 | 유기과산화물 질산에스테르류 | 10 | 과산화수소 과염소산 질산 | 300 |
| | | | | | 황린 | 20 | | | | | | |
| Ⅱ | 요오드산염류 브롬산염류 질산염류 무수크롬산 (삼산화크롬) | 300 | 황화린 적린 유황 | 100 | 알칼리금속 알칼리토금속 유기금속화합물 | 50 | 제1석유류 | 비수용성 200 수용성 400 | 히드록실아민 히드록실아민염류 | 100 | – | |
| | | | | | | | 알코올류 | 400 | 니트로화합물 니트로소화합물 아조화합물 디아조화합물 히드라진 유도체 | 200 | | |
| Ⅲ | 과망간산염류 중크롬산염류 | 1,000 | 철분 마그네슘 금속분류 | 500 | 금속의 수소화물 금속의 인화물 칼슘의 탄화물 알루미늄의 탄화물 염소화규소화합물 | 300 | 제2석유류 | 비수용성 1,000 수용성 2,000 | – | | – | |
| | | | | | | | 제3석유류 | 비수용성 2,000 수용성 4,000 | | | | |
| | | | 인화성고체 | 1,000 | | | 제4석유류 | 6,000 | | | | |
| | | | | | | | 동식물유류 | 10,000 | | | | |

## 3. 위험물의 일반적인 공통성질

### 1 수용성의 유무

| 제1류 위험물 | (1) 대부분이 물에 녹는다.(수용성)<br>(2) 특이한 물질<br>염소산칼륨 $KClO_3$과 과염소산칼륨 $KClO_4$은 물에 잘 녹지 않고 온수에 잘 녹음. |
|---|---|
| 제2류 위험물 | (1) 모두 불용성이나 제삼부틸알코올 $(CH_3)_3COH$은 제외<br>※ 황화린은 조해성이 있어 수분을 흡수하여 녹는다. |
| 제3류 위험물 | (1) 모두 불용성 |
| 제4류 위험물<br>중 수용성 | (1) 제1석유류 - 아세톤, 피리딘, 시안화수소<br>(2) 알코올류 - 메틸알코올, 에틸알코올, 프로필알코올, 변성알코올<br>(3) 제2석유류 - 초산, 의산, 메틸셀로솔브, 에틸셀로솔브<br>(4) 제3석유류 - 에틸렌글리콜, 글리세린<br>※ 특수인화물의 아세트알데히드, 산화프로필렌, 제1석유류의 초산에스테르류, 의산에스테르류, 콜로디온 제2석유류의 히드라진은 수용성으로 분류는 되어 있지 않지만 물에 녹는 성질이 있다. |
| 제5류 위험물 | (1) 모두 불용성이며 유기용제에는 녹으나 히드라진유도체는 반대의 성질<br>(2) 트리니트로페놀은 냉수에 잘 녹지 않고 온수에 잘 녹는 성질이 있다 |
| 제6류 위험물 | (1) 모두 수용성 |

> **예제 04**
>
> 위험물 중 모두 불용성에 해당하는 것은?
>
> ① 제2류 위험물　　　　　　② 제3류 위험물
> ③ 제4류 위험물　　　　　　④ 제5류 위험물
>
> 해답 ②

### 2 제1류 위험물의 색상

| 품 명 | 색 상 | 품 명 | 색 상 |
|---|---|---|---|
| 과산화나트륨 | 황백색(순수한 것은 백색) | 과산화칼륨 | 등적색(오렌지색) |
| 과망간산나트륨 | 적자색 | 과망간산칼륨 | 흑자색 |
| 중크롬산나트륨(칼륨, 암모늄) | 등적색 | 삼산화크롬 | 암적색 |

※ 1류 위험물은 무색 또는 백색 결정의 분말이지만 그렇지 않는 것도 있다. 일반적으로 무기과산화물, 과망간산염류, 중크롬산염류에 나트륨, 칼륨이 있으면 색상을 띄게 된다.

**예제 05**

백색의 결정이 아닌 것은?

① 과산화나트륨                    ② 과산화바륨
③ 과산화마그네슘                  ④ 과망간산칼륨

**해답** ④

과산화나트륨의 경우 순수한 것은 백색이나 보통 황백색이다. 과망간산칼륨은 흑자색이다.

**3** 제1류 위험물의 분해온도

(1) 일반적으로 **암모늄**을 가지고 있는 염류는 100℃ ~ 200℃ 부근의 낮은 온도에서 분해되지만 **나트륨, 칼륨**을 가지고 있는 염류는 300 ~ 400℃ 부근이다.

**예** 과염소산암모늄 – 130℃, 과염소산나트륨 – 460℃ 등

※ 예외적인 경우

| 품 명 | 분해온도 | 품 명 | 분해온도 |
|---|---|---|---|
| 아염소산나트륨 $NaClO_2$ | 130~140℃ (무수물 : 350 ℃) | 요오드산칼륨 $KIO_3$ | 560℃ |
| 과망간산나트륨 $NaMnO_4$ | 170℃ | 과망간산칼륨 $KMnO_4$ | 240℃ |

(2) 분해온도가 가장 높은 위험물

**과산화바륨** $BaO_2$ : 840℃

**4** 위험물의 운반시 혼재 방지

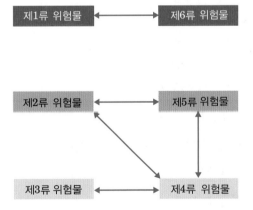

※ 화살표 표시는 위험물의 운반시 혼재(뒤섞여 있음) 가능을 말함

> **Point**

> 염소산나트륨은 유기물, 인, 유황(가연물)과 혼합 시 가열에 의해 폭발 위험이 있다.

이 말은 "제1류 위험물인 염소산나트륨은 유기물(가연물)과 제2류 위험물인 인, 유황과 접촉하면 안 된다" 는 말로서 위험물 혼재금지에서 1류 위험물은 오직 6류 위험물과 혼재가 가능하므로 같은 맥락으로 이해 하면 위 문장은 옳다는 것을 알 수 있다.

## 5 과산화수소, 무기과산화물, 유기과산화물

제6류 위험물인 **과산화수소** $H_2O_2$**의 수소가**

탄소를 함유하지 않는 **무기기**로 **치환**되면 **제1류 위험물인 무기과산화물**이 되며

탄소를 함유한 **유기기**로 **치환**되면 **제5류 위험물인 유기과산화물**이 된다.

| 구 분 | 수소의 치환 | 치환 후 류별 | 종류 |
|---|---|---|---|
| 과산화수소<br>제6류 위험물 | 무기기<br>(Na, K, Mg, Ca 등) | 무기과산화물<br>(제1류 위험물) | 과산화나트륨 $Na_2O_2$,<br>과산화마그네슘 $MgO_2$ 등 |
| | 유기기<br>($CH_3$, COOH 등) | 유기과산화물<br>(제5류 위험물) | 과산화벤조일 $(C_6H_5CO)_2O_2$<br>과산화메틸에틸케톤 $(CH_3COC_2H_5)_2O_2$ |

## 6 위험물의 소화방법

| 분류 | 물질 | 소화방법 | 분류 | 물질 | 소화방법 |
|---|---|---|---|---|---|
| 제1류 | 무기과산화물<br>삼산화크롬 | 질식 | 제4류 | 비수용성 | 질식 |
| | 그밖의 것 | 냉각 | | 수용성 | 질식, 희석 |
| 제2류 | 금속분 | 질식 | 제5류 | − | 냉각 |
| | 그밖의 것 | 냉각 | | | |
| 제3류 | 금수성 | 질식 | 제6류 | − | 초기 − 냉각 |
| | 자연발화성 | 질식 | | | 중기 − 질식 |

> **예제 06**
>
> 과산화나트륨의 소화방법으로 옳은 것은?
>
> ① 냉각소화      ② 질식소화      ③ 희석소화      ④ 제거소화
>
> 해답 ②
>
> 제1류 위험물의 과산화나트륨의 경우 주수소화 시 산소를 방출하므로 질식소화 하여야 한다.

**7** 위험물 반응시 생성가스

| 구 분 | | 분해 | 물 | 산 | 이산화탄소 | 할론 | 알칼리 |
|---|---|---|---|---|---|---|---|
| 제1류<br>위험물 | 아염소산염류 | 산소 | – | 과산화수소 | – | – | – |
| | 염소산염류 | | – | | – | – | – |
| | 과염소산염류 | | – | | – | – | – |
| | 무기과산화물 | | 산소 | | 산소 | – | – |
| | 과망간산염류 | 산소 | – | 산소 | – | – | – |
| | 중크롬산 염류 | | – | | – | – | – |
| 제2류<br>위험물 | 황화린 | – | 황화수소<br>올쏘인산 | – | – | – | – |
| | 철분 | – | 수소 | 수소 | 탄소 | 탄소 | 수소 |
| | 마그네슘 | – | | | | | |
| | 금속분류 | – | | | | | |
| 제3류<br>위험물 | 나트륨 | – | 수소 | 수소 | 탄소 | 탄소 | 수소 |
| | 칼륨 | – | | | | | |
| | 트리메틸알루미늄<br>트리에틸알루미늄 | – | 메탄<br>에탄 | 메탄<br>에탄 | 탄소 | | |
| | 메틸리튬<br>에틸리튬 | – | 메탄<br>에탄 | 메탄<br>에탄 | 탄소 | – | – |
| | 알칼리금속<br>알칼리토금속 | – | 수소 | 수소 | 탄소 | – | – |
| | 금속의 수소화물 | – | 수소 | – | – | – | – |
| | 금속의 인화물 | – | 포스핀 | 포스핀 | – | – | 포스핀 |
| | 탄화칼슘<br>탄화리튬 등 | – | 아세틸렌 | – | – | – | – |
| | 탄화알루미늄<br>탄화베릴륨 | – | 메탄 | – | – | – | – |
| | 탄화망간 $Mn_3C$<br>(망간은 2가) | – | 메탄<br>수소 | – | – | – | – |

예제 07

탄화칼슘이 물과 반응하여 생성하는 유독성, 가연성 가스는 무엇인가?

① 수소  
② 포스핀  
③ 아세틸렌  
④ 메탄

해답 ③

$CaC_2 + 2H_2O \rightarrow Ca(OH)_2$[소석회, 수산화칼슘] $+ C_2H_2\uparrow$ [아세틸렌] $+ 27.8\ kcal$

**예제 08**

과산화나트륨이 이산화탄소와 반응하여 생성하는 것은 무엇인가?

① 수소  ② 산소

③ 탄소  ④ 염소

해답 ②

$2Na_2O_2 + 2CO_2 \rightarrow 2Na_2CO_3 + O_2 \uparrow$

---

**Point**

**위험물의 가장 기본적인 반응식 만드는 법**

1) 금속 또는 금속을 함유한 물질과 물과의 반응식(소화의 적응성 판단)
  – 단주기율표 반드시 암기

| 족 | 1족 | 2족 | 3족 | 4족 | 5족 | 6족 | 7족 | 0족 |
|---|---|---|---|---|---|---|---|---|
| 원자가 | (+1) | (+2) | (+3) | (+,− 4) | (−3) | (−2) | (−1) | − |
| 1주기 | H | | | | | | | He |
| 2주기 | Li | Be | B | C | N | O | F | Ne |
| 3주기 | Na | Mg | Al | Si | P | S | Cl | Ar |
| 4주기 | K | Ca | | | | | Br | Kr |
| 5주기 | | | | | | | I | Xe |
| 6주기 | | | | | | | | Rn |

(1) 과산화나트륨의 반응식
  ① 금속 또는 금속을 함유한 물질과 물과의 반응 시 생성물질은 금속 + OH(수산화기) 이다.

$Na_2O_2 + H_2O \rightarrow NaOH$

여기서 중요한 것은 Na는(최외각 전자가 1개인 1족 +1가) 원자가 +1 이며

OH는 원자가가 +1인 H 1개와 원자가가 −2인 O(최외각 전자가 6개인 6족으로 전자 2개가 모자라 −2가) 1개로서 원자가의 합은 −1이다.

즉, Na의 +1 과 OH의 −1의 합은 0 이 되는데 0의 의미는 안정화이며 "반응해서 안정한 물질이 되려고 한다" 라고 생각하면 된다.

$MgO_2 + H_2O \rightarrow Mg(OH)_2$

하지만 Mg의 경우 수산화기가 $(OH)_2$로서 2개이다.

이유는 Mg(최외각 전자가 2개인 2족으로 전자 2개가 남아 +2가)는 +2가이고

OH는 −1가로서 그 합이 0이 아니므로 안정화 될 수 없으므로 안정화 하기 위해

OH 2개가 필요한 것이다.

② 원자의 개수를 맞춘다.

$Na_2O_2 + H_2O \rightarrow NaOH$ 에서

원인계(화살표의 좌변)의 Na는 2개 이지만 생성계(화살표의 우변)에서는 1개이다.

숫자를 맞추려면 NaOH에 2를 곱하면 2NaOH가 된다.

$Na_2OH$가 되지 않는 이유는 안정화된 물질의 원자가를 변경할 수 없으며 $Na_2OH$의 경우

Na는 +2가가 되고 OH는 −1가로서 합은 +1로 0(안정화)이 안되기 때문이다.

그럼 Na의 개수는 동일하게 되었고 H의 개수를 맞추면

$Na_2O_2 + H_2O \rightarrow 2NaOH$에서 화살표 중심으로 좌변은 H가 2개, 우변도 역시 2개가 된다.

($H_2$, 2H : 둘 다 수소의 개수는 2개)

마지막으로 O의 개수를 보면 좌변은 3개, 우변은 2개이므로 좌변에 산소 1개가 남는다.

결국 $Na_2O_2 + H_2O \rightarrow 2NaOH + O$ 의 반응식이 되는데 산소는 $O_2$ 존재로 방출되므로 O

에서 $O_2$가 되려면 전체에 2를 곱하면 $2Na_2O_2 + 2H_2O \rightarrow 4NaOH + O_2 \uparrow$ 의 반응식이 된다.

"과산화나트륨은 주수소화시 산소가 방출되어 주수소화가 불가능하다."라는 결론을 얻게 된다.

(2) 과산화마그네슘의 반응식

$MgO_2 + H_2O \rightarrow Mg(OH)_2$

여기서 Mg는 좌변, 우변 1개로서 동일하고 H 역시 2개로서 좌변, 우변이 동일하다.

그러나 O는 좌변 3개, 우변 2개 이므로 1개가 남는다. 따라서 반응식은

$MgO_2 + H_2O \rightarrow Mg(OH)_2 + O$ 이 되며

산소는 $O_2$ 존재로 방출되므로 전체에 2를 곱하여 주면

$2MgO_2 + 2H_2O \rightarrow 2Mg(OH)_2 + O_2 \uparrow$ 의 반응식이 되며

과산화나트륨과 동일하게 물과 반응시 산소가 방출된다.

(3) 칼륨과의 반응식

$K + H_2O \rightarrow KOH$

좌변, 우변의 K와 O는 각 1개로서 동일하다.

H는 좌변이 2개, 우변이 1개로서 1개가 남아 $K + H_2O \rightarrow KOH + H$ 가 되며

수소 역시 $H_2$로서 방출되므로 전체에 2를 곱하면 $2K + 2H_2O \rightarrow 2KOH + H_2 \uparrow$ 가 된다.

칼륨은 물과 반응하여 수소가 나와 주수소화가 불가능함을 알 수 있다.

2) 금속과 산과의 반응(위험성)

(1) 나트륨과의 반응식

① 금속과 산과의 반응식은 분자식이 가장 간단한 염산을 선택한다.

신이린!! 금속과 치환될 수 있는 수소화합물로써 수용액에서 수소이온(H⁺)을 생성하는 화합물
이라고 앞에서 배운바 있다. 즉 금속이 산을 만나면 산의 수소가 금속으로 치환한다.

$Na + HCl \rightarrow NaCl$

여기서도 염화나트륨 NaCl은 Na은 +1가, Cl은 −1가로서 원자가 합이 0 이다.

② 원자의 개수를 맞춘다.

$$Na + HCl \rightarrow NaCl$$

Na와 Cl는 좌변, 우변 각각 1개 이고 H는 좌변에 1개 남는다.

따라서 $Na + HCl \rightarrow NaCl + H$ 가 되며 수소는 $H_2$로 방출되므로 전체에 2를 곱하면

$$2Na + 2HCl \rightarrow 2NaCl + H_2 \uparrow$$ 가 된다.

나트륨은 산과 반응시 수소가 방출되므로 산과의 접촉을 방지해야 한다.

(2) 과산화나트륨과 산과의 반응식

$$Na_2O_2 + HCl \rightarrow NaCl$$

H가 Na와 자리바꿈(치환) 후 Na 개수를 맞추면 좌변은 2개, 우변은 1개 이므로

$$Na_2O_2 + HCl \rightarrow 2NaCl$$ 이 되며

Cl는 좌변에 1개, 우변에 2개 이므로 $Na_2O_2 + 2HCl \rightarrow 2NaCl$ 가 된다.

여기서 좌변에 남는 것은 O 2개, H 2개이므로 과산화수소 $H_2O_2$가 생성된다.

3) 금속과 할로겐화합물, 이산화탄소와의 반응(소화의 적응성)

(1) 할론겐화합물과의 반응식

① 금속과 할로겐화합물과의 반응식은 분자식이 가장 간단한 사염화탄소로 고른다.

$$Na + CCl_4 \rightarrow NaCl$$

Na는 +1가이고 C는 −4가, Cl은 −1가 이므로 원자가가 적은 원자끼리 먼저 반응하여 NaCl 로 안정화 된다.

② 원자의 개수를 맞춘다.

$Na + CCl_4 \rightarrow NaCl$ 에서 좌변과 우변의 Na 수는 1개이고 Cl 의 수는 좌변에 4개, 우변에 1개이므로 우변에 4를 곱하여 $Na + CCl_4 \rightarrow 4NaCl$ 가 된다.

여기서 우변의 Na의 개수가 4개로 변화하여 좌변과 우변이 맞지 않으므로 좌변의 Na에 4를 곱하면 $4Na + CCl_4 \rightarrow 4NaCl$ 로서 Na와 Cl의 개수는 좌변과 우변이 똑같게 된다.

그럼 남는 것은 좌변의 C 1개만이 남아 $4Na + CCl_4 \rightarrow 4NaCl + C$ 가 된다.

탄소가 유리되어 연소가 지속되므로 나트륨 화재 시 할로겐화합물은 적응성이 없다.

(2) 이산화탄소와의 반응식

① $Na + CO_2 \rightarrow Na_2O$

Na는 +1가이고 C는 −4가, O는 −2가 이므로 원자가가 적은 원자끼리 먼저 반응하여 $Na_2O$ 로 안정화 된다.

② 원자의 개수를 맞춘다.

$Na + CO_2 \rightarrow Na_2O$ ➔ $2Na + CO_2 \rightarrow Na_2O$ 여기서 O의 개수를 맞추면

$2Na + CO_2 \rightarrow 2Na_2O$ 가 되면서 좌변의 나트륨과 우변의 Na의 개수가 달라

Na의 개수를 맞추어 주면 $4Na + CO_2 \rightarrow 2Na_2O$ 가 되며 좌변에는 C만이 남아

$4Na + CO_2 \rightarrow 2Na_2O + C$ 가 된다.

탄소가 유리되어 연소가 지속되므로 나트륨 화재시 이산화탄소는 적응성이 없음을 알 수 있다.

## 4. 위험물의 분류

1 제1류 위험물

### (1) 대표성상 및 품명

**고체**[액체(1기압 및 20℃에서 액상인 것 또는 20℃ 초과 40℃ 이하에서 액상인 것) 또는 기체(1기압 및 20℃에서 기상인 것) 외의 것]로서 **산화력의 잠재적인 위험성** 또는 **충격에 대한 민감성**에 대한 성상을 나타내는 것

| 분류 및 대표성질 | 품명 | 위험등급 | 지정수량 | 예방대책, 분해(소화)방지방법 등 |
|---|---|---|---|---|
| ☞ 산화성 고체<br>1. 산화성<br> 1) 가연성이 아닌 **불연성**이다.<br> 2) **강산화성(제)**로서 다량의 산소 함유<br> 3) **조연성** 물질이다.<br> 4) 가열(분해온도, 녹는점), 충격, 마찰 등에 의해 분해되어 산소방출<br> → 환기 잘되는 냉암소에 저장<br> 5) 가연물(가연성물질), 유기물과 혼합하면 격렬하게 연소 또는 폭발<br> → 열원이나 산화되기 쉬운 물질(가연물) 또는 산으로부터 격리<br><br>2. 고체<br> 1) 비중은 1보다 크다.<br>  (물보다 무겁다.)<br> 2) 모두 무기화합물이고 대부분이 무색 또는 백색 결정의 분말<br> 3) 물에 잘 녹지 않는 것도 있다.<br> 4) 일반적인 분해온도 100℃ ~ 400℃ | 아염소산염류 $-ClO_2$<br>염소산염류 $-ClO_3$<br>과염소산염류 $-ClO_4$<br>무기과산화물 $-O_2$ | I | 50 kg | 1. 예방대책<br> 1) 가열, 화기, 직사광선 차단<br> 2) 충격, 타격, 마찰을 피한다.<br> 3) 가연물질과의 혼합, 혼재 방지<br> 4) 강산류와의 접촉방지<br> 5) 조해성물질은 방습, 용기 밀전<br> 6) 분해 촉진하는 물질과의 접촉 방지 |
| | 요오드산염류 $-IO_3$<br>브롬산염류 $-BrO_3$<br>질산염류 $-NO_3$ | II | 300 kg | |
| | 과망간산염류 $-MnO_4$<br>중크롬산염류 $-Cr_2O_7$ | III | 1,000 kg | 2. 분해(소화)방지방법<br> 1) 산소 분해 방지를 위한 대량의 주수소화(냉각) |
| | ※ 그밖에 행정안전부령이 정하는 것<br>•과요오드산염류<br>•과요오드산<br>•크롬, 납 또는 요오드의 산화물<br> (무수크롬산 : $CrO_3$)<br>•아질산염류<br>•염소화이소시아눌산<br>•퍼옥소이황산염류<br>•퍼옥소붕산염류 | II | 300 kg | 2) 무기과산화물, 삼산화 크롬<br> - 주수소화시 산소방출 및 발열하기 때문에 질식소화<br> (마른모래, 팽창질석, 팽창진주암, 분말 약제) |
| | •차아염소산염류 $-ClO$ | I | 50 kg | |

## (2) 품명별 물성 및 특성

| 구분 | 품명 | 특성 |
|------|------|------|
| 아염소산염류 − $ClO_2$ | 아염소산나트륨 $NaClO_2$ | ① **분해 시 산소 방출** − 분해의 원인 : 가열, 충격, 마찰 등<br>**분해온도 : 180 ~ 200℃**(수분은 촉매 역할), 무수물(無水物) : 350℃<br>$NaClO_2 \rightarrow NaCl + O_2\uparrow$<br>② **조해성**이 있다 : 고체가 대기 속에서 습기를 흡수하여 녹는 성질<br>③ **산과의 반응** → $3NaClO_2 + 2HCl \rightarrow 3NaCl + 2ClO_2 + H_2O_2$<br>**흰 연기의 유독가스인 이산화염소** $ClO_2$**와 과산화수소 발생**<br>④ 섬유와 종이 펄프, 기름등의 표백제 및 아염소산나트륨의 80%<br>이상은 먹는 물을 소독하기 위해 쓰이는 이산화염소를 제조하는<br>데 사용된다. |
| | 아염소산칼륨 $KClO_2$ | ① 조해성, 부식성이 있고 높은 온도에서 $ClO_2$ 발생 |
| | 아염소산칼슘 $CaClO_2$ | ① 염소 냄새가 나는 백색 고체이다. − 분해시 염소 발생하지 않는다.<br>② 물에 용해되며 산과 심하게 반응하여 이산화염소 및 과산화수소<br>발생 |
| 염소산염류 − $ClO_3$ | 염소산나트륨 $NaClO_3$ | ① **분해 시 산소 방출** − 가열, 충격, 마찰 등에 의함<br>**분해온도 : 300℃**     $2NaClO_3 \rightarrow 2NaCl + 3O_2\uparrow$<br>② **산과의 반응** : $2NaClO_3 + 2HCl \rightarrow 2NaCl + 2ClO_2 + H_2O_2$<br>강산과 작용해 발화 또는 폭발해 유독한 **이산화염소, 과산화수소<br>를 발생**한다.<br>③ 유기물, 인, 유황(가연물)과 혼합 시 가열에 의해 폭발 위험<br>④ 조해성이 강하며 물, 알코올, 에테르에 용해한다. |
| | 염소산칼륨 $KClO_3$ | ① **분해온도 : 400℃**     $2KClO_3 \rightarrow KClO_4 + KCl + O_2\uparrow$<br>※ 분해온도보다 높은 온도에서의 반응식  $2KClO_3 \rightarrow 2KCl + 3O_2\uparrow$<br>② **분해촉진제 : 이산화망간** $MnO_2$ − 70℃에서 산소 방출<br>활성화 에너지를 감소시켜 반응속도를 증가시키기 위하여<br>③ 산과 반응하여 $2KClO_3 + 2HCl \rightarrow 2KCl + 2ClO_2 + H_2O_2$  생성<br>④ 온수나 글리세린에는 용해한다. (냉수에는 소량 밖에 녹지 않는다.) |
| | 염소산암모늄 $NH_4ClO_3$ | ① 폭발성기($NH_4^+$)와 산화성기 $ClO_3^-$로 된 물질로 폭발성이며<br>**분해 폭발한다.** 화약 불꽃류에 사용된다. |
| 과염소산염류 − $ClO_4$ | 과염소산나트륨 $NaClO_4$ | ① **분해온도 : 460℃** ➔ 산소방출<br>② 6류 위험물인 과염소산($HClO_4$)의 수소가 무기기로 치환한 물질 |
| | 과염소산칼륨 $KClO_4$ | ① 가연물, 산과 혼합 시 가열, 충격, 마찰에 의해 폭발<br>② **분해온도 : 400~610℃**  $KClO_4 \rightarrow KCl + 2O_2\uparrow$<br>③ 온수에는 녹지만 냉수에는 소량 밖에 녹지 않는다.<br>④ 알코올, 에테르에 녹지 않는다. |
| | 과염소산암모늄 $NH_4ClO_4$ | ① 130℃ 이상 가열시 분해하여 산소 방출<br>② 충격에 비교적 안정하여 폭약의 주성분으로 사용<br>③ 최근에는 인공위성 고체 추진제의 산화제로 널리 사용 |

| 구분 | 품명 | 특성 |
|---|---|---|
| 무기과산화물 | 공통성질 | ① 6류 위험물인 과산화수소 $H_2O_2$에서 수소가 알칼리금속(1족), 알칼리토금속(2족)으로 치환한 물질로서 분자내 $-O\cdots O-$ 결합을 가지고 있어 매우 불안한 상태이므로 가열, 충격 등으로 산소가 방출 된다.<br>② 물과 반응 시 산소 방출 및 심하게 발열 한다<br>　－ 소화방법은 마른모래 등의 질식소화 |
| | 과산화나트륨<br>$Na_2O_2$ | ① 순수한 것은 백색이지만 보통은 황백색이다.<br>② 물과의 반응 → 반응열에 의해 연소, 폭발(금수성), 산소방출<br>　$2Na_2O_2 + 2H_2O \rightarrow 4NaOH + O_2\uparrow + 발열$<br>③ $CO_2$와 반응 → 산소방출(이산화탄소 소화약제 적응성 없음)<br>　$2Na_2O_2 + 2CO_2 \rightarrow 2Na_2CO_3 + O_2\uparrow$<br>④ 산과 반응 → 과산화수소($H_2O_2$)생성<br>　$Na_2O_2 + 2HCl \rightarrow 2NaCl + H_2O_2\uparrow$<br>⑤ 알코올에 녹지 않는다. |
| | 과산화칼륨<br>$K_2O_2$ | ① 과산화칼륨의 반응식<br>　분해 반응식 $2K_2O_2 \rightarrow 2K_2O + O_2\uparrow$<br>　물과의 반응 $2K_2O_2 + 2H_2O \rightarrow 4KOH + O_2\uparrow$<br>　탄산가스와의 반응 $2K_2O_2 + 2CO_2 \rightarrow 2K_2CO_3 + O_2\uparrow$<br>　염산과의 반응 $K_2O_2 + 2HCl \rightarrow 2KCl + H_2O_2$<br>　초산과의 반응 $K_2O_2 + 2CH_3COOH \rightarrow 2CH_3COOK + H_2O_2$<br>　알코올과의 반응 $K_2O_2 + 2C_2H_5OH \rightarrow 2C_2H_5OK + H_2O_2$<br>② 등적색(주황색)<br>③ 물에 녹으며 조해성이 있다. |
| | 과산화마그네슘<br>$MgO_2$ | ① 분해 반응식 $2MgO_2 \rightarrow 2MgO + O_2\uparrow$<br>② 물과의 반응 $2MgO_2 + 2H_2O \rightarrow 2Mg(OH)_2 + O_2\uparrow + Q$<br>③ 산과의 반응 $MgO_2 + 2HCl \rightarrow MgCl_2 + H_2O_2$<br>④ $CO_2$와의 반응 $2MgO_2 + 2CO_2 \rightarrow 2MgCO_3 + O_2\uparrow$ |
| | 과산화칼슘<br>$CaO_2$ | ① 분해 반응식 $2CaO_2 \rightarrow 2CaO + O_2\uparrow$<br>② 물과의 반응 $2CaO_2 + 2H_2O \rightarrow 2Ca(OH)_2 + O_2\uparrow + Q$<br>③ 산과의 반응 $CaO_2 + 2HCl \rightarrow CaCl_2 + H_2O_2\uparrow$ |
| | 과산화바륨<br>$BaO_2$ | ① 분해온도 840℃<br>② $2BaO_2 \rightarrow 2BaO + O_2\uparrow$<br>③ 물과의 반응 $2BaO_2 + 2H_2O \rightarrow 2Ba(OH)_2 + O_2\uparrow + Q$ |

| 구분 | 품명 | 특성 |
|---|---|---|
| 요오드산염류 $-IO_3$ | 요오드산칼륨 요오드산암모늄 요오드산은 | ① 가열시, 가연물과 혼합 시 → 가열, 충격, 마찰에 의해 폭발<br>② **요오드산칼륨 – 분해온도 560℃, 조해성이 있다.** |
| 브롬산염류 $-BrO_3$ | 브롬산칼륨 $KBrO_3$ | ① 가열시, 가연물과 혼합 시 → 가열, 충격, 마찰에 의해 폭발<br>② **분해온도 370℃** |
| 질산염류 $-NO_3$<br>•외부 충격에 안정성이 있어 화약이나 폭약의 원료<br><br>•제6류 위험물 질산($HNO_3$)의 수소가 무기기로 치환한 물질 | 질산나트륨 $NaNO_3$ **칠레초석** | ① 질산나트륨의 **열분해 반응식(380℃)**<br>　$2NaNO_3 \rightarrow 2NaNO_2$(아질산나트륨)$+O_2\uparrow$<br>② 물, 글리세린에 잘 녹는다,<br>　무수알코올에는 불용이다.<br>③ 단맛이 나고 조해성이 있다.<br>질산나트륨 |
| | 질산칼륨 $KNO_3$ **초석** | ① 질산칼륨의 **열분해 반응식(400℃)**<br>　$2KNO_3 \rightarrow 2KNO_2$(아질산칼륨)$+O_2\uparrow$<br>② 물, 글리세린에 잘 녹는다.<br>　알코올에는 불용이다.<br>③ 조해성으로 보관에 주의해야 함.<br>④ 황과 숯가루와 혼합하여 **흑색화약** 제조에 사용한다. 짠맛이 있다.<br>질산칼륨 |
| | 질산암모늄 $NH_4NO_3$ | ① **물에 용해 시 흡열반응 한다.**<br>② 질산암모늄의 **분해반응식(220℃)**<br>　$NH_4NO_3 \rightarrow N_2O+2H_2O$<br>　$2NH_4NO_3 \rightarrow 4H_2O+2N_2+O_2\uparrow$<br>③ 조해성이 강해 보관에 주의해야 함<br>④ 단독으로도 급격한 가열, 충격으로 분해, 폭발할 수도 있다. **AN－FO 폭약의 원료**<br>⑤ 질산암모늄은 에탄올에도 잘 녹는다.<br>질산암모늄 |
| | 질산은 $AgNO_3$ | ① **분해온도 : 320℃**<br>② 은을 질산과 반응시켜 얻는다.<br>③ 질산은 다른 물질과 혼합하여 **은거울 반응**에 사용된다.<br>④ 물에 잘 녹으나 알코올, 벤젠, 아세톤 등에는 잘 녹지 않는다.<br>은거울반응 |
| | 질산바륨 $Ba(NO_3)_2$ | ① 번개탄의 구성<br>　$C(62\%)+Ba(NO_3)_2(33\%)+KClO_4(5\%)$<br>② **신호조명탄, 폭죽 제조 시 사용하는 녹색 발광 물질**<br>질산바륨 |

| 구분 | 품명 | 특성 |
|---|---|---|
| 과망간산염류<br>– $MnO_4$ | 과망간산나트륨 | ① 적자색의 결정<br>② 분해온도 170℃ |
| | 과망간산칼륨 | ① 흑자색의 주상결정으로 살균력이 강하다<br>② 과망간산칼륨의 분해 반응식(240℃)<br>　$2KMnO_4 \rightarrow$<br>　$K_2MnO_4$(망간산칼륨)$+MnO_2$(이산화망간)$+O_2\uparrow$<br>③ 강산과 접촉 시 산소 방출<br>　묽은 황산과 반응식<br>　$4KMnO_4+6H_2SO_4\rightarrow2K_2SO_4+4MnSO_4+6H_2O+5O_2\uparrow$<br>　염산과의 반응식<br>　$4KMnO_4+12HCl\rightarrow4KCl+4MnCl_2+6H_2O+5O_2\uparrow$<br>④ 물, 알코올에 녹으며 진한 보라색을 나타낸다. |
| 중크롬산염류<br>– $Cr_2O_7$ | 중크롬산나트륨 | ① 등적색(오렌지색), $Na_2Cr_2O_7$<br>② 분해온도 400℃ |
| | 중크롬산칼륨 | ① 등적색(오렌지색), 물에 용해 및 알코올에 불용<br>② 분해온도 500℃ |
| | 중크롬산암모늄 | ① 등적색(오렌지색)의 단사정계 침상결정이다<br>② 분해온도 : 185℃<br>③ 불꽃놀이의 제조 및 화산 실험용으로 사용<br><br>빨간 불꽃 |
| 삼산화크롬<br>(무수크롬산)<br>$CrO_3$ | | ① 암적색의 침상결정으로 조해성이 있다,<br>② 가열시 산소 방출(분해온도 : 250℃)<br>　$4CrO_3\rightarrow2Cr_2O_3+3O_2\uparrow$<br>③ 물, 알코올, 에테르, 황산에 잘 녹는다.<br>　물과 반응하여 강산이 되며 심하게 발열하고 다른 가연성 물질을 발화시킨다. (주수소화 금지)<br>　$CrO_3+H_2O \rightarrow H_2CrO_4$(크롬산)<br>④ 피부와 접촉 시 부식시킨다.<br>⑤ 인화점이 낮은 에탄올, 디메틸에테르와 혼촉 발화 |

# 실전 예상문제

●○○ **01** 원소 질량의 표준이 되는 것은?

① $^1H$         ② $^{12}C$         ③ $^{16}O$         ④ $^{14}N$

**해설**
주기율표의 완성은 탄소의 질량을 기준으로 한 것이다.

●●● **02** 위험물 안전관리법상 제1류 위험물의 특징이 아닌 것은?

① 외부 충격 등에 의해 가연성의 산소를 대량 발생한다.
② 가열에 의해 산소를 방출한다.
③ 다른 가연물의 연소를 돕는다.
④ 가연물과 혼재하면 화재시 위험하다.

**해설**
산소는 가연성이 아닌 불연성, 조연성 가스이다.

●●● **03** 1류 위험물의 특성인 산화제에 대한 설명으로 옳지 않은 것은?

① 대체로 자신은 타지 않기 때문에 연소위험은 없다.
② 화재 조건하에서 화재를 매우 조장한다.
③ 자체반응성 물질로 분류된다.
④ 산화제는 일반적으로 가열, 충격에 의해 산소를 방출한다.

**해설**
자체반응성 물질은 제 5류 위험물의 성상이다.

●●● **04** 다음 중 제1류 위험물로서 그 성질이 산화성고체인 것은?

① 차아염소산염류    ② 과염소산      ③ 금속분      ④ 과산화수소

**해설**
차아염소산염류 : 산화성고체(1류), 과염소산 : 산화성액체(6류), 금속분 : 가연성고체(2류),
과산화수소 : 산화성액체(6류)

**정답**    01 ②    02 ①    03 ③    04 ①

**05** 위험물 안전관리법상 제1류 위험물의 산화성 고체에 속하지 않는 것은?

① $Na_2O_2$                 ② $HNO_3$

③ $NH_4ClO_4$          ④ $KClO_3$

> **해설**
> $Na_2O_2$ : 과산화나트륨, $HNO_3$ : 질산(산화성 액체), $NH_4ClO_4$ : 과염소산암모늄, $KClO_3$ : 염소산칼륨

 **06** 다음 중 제1류 위험물로서 그 성질이 산화성고체가 아닌 것은?

① 질산바륨                ② 과산화나트륨

③ 탄화칼슘                ④ 중크롬산칼륨

> **해설**
> 탄화칼슘($CaC_2$)은 제3류 위험물이다.

 **07** 위험물 안전관리법상 제1류 위험물에 대한 일반적인 화재 예방방법이 아닌 것은?

① 반응성이 크므로 가열, 마찰, 충격 등에 주의한다.
② 불연성이므로 화기접촉은 관계없다.
③ 가연물의 접촉, 혼합 등을 피한다.
④ 무기과산화물을 제외한 위험물은 질식소화는 효과가 없다.

> **해설**
> 불연성이지만 조연성으로 화기 접촉 시 산소를 방출하여 연소를 지속, 활성화 시킨다.

 **08** 과망간산염류, 질산염류의 화재 시 소화수단으로 적합한 것은 어느 것인가?

① 밀폐소화                ② 제거소화

③ 질식소화                ④ 냉각소화

> **해설**
> 제1류 위험물은 무기과산화물과 삼산화크롬을 제외하고 모두 주수에 의한 냉각소화(분해방지)한다.

**정답**   05 ②   06 ③   07 ②   08 ④

**09** 산화성 고체와 가연성 물질의 혼합 시 위험성을 설명한 것으로 옳은 것은?

① 연소 확대 위험이 작아진다.　　　② 착화온도(발화점)가 높아진다.
③ 최소 점화에너지가 감소한다.　　　④ 산화성고체의 연소범위가 확대된다.

> **해설**
> 산화성 고체와 가연성 물질이 혼합시 위험성은 커지므로 연소 확대, 연소범위가 커진다. 또한 발화점, 최소점화
> 에너지등이 작아진다. ④번은 산화성고체는 불연성이므로 연소범위가 없다.

 **10** 제1류 위험물 중 가열시 분해온도가 가장 낮은 물질은 무엇인가?

① $KClO_2$　　　　　　　　　　　② $Na_2O_2$
③ $NH_4ClO_4$　　　　　　　　　　④ $KNO_3$

> **해설**
> 제 1류 위험물의 경우 분해온도는 $NH_4^+$를 가지고 있으면 낮은 경향을 보인다.
> $KClO_3$ : 염소산칼륨, $Na_2O_2$ : 과산화나트륨, $NH_4ClO_4$ : 과염소산암모늄, $KNO_3$ : 질산칼륨

 **11** 위험물 분류 상 위험등급 Ⅲ 등급으로 지정수량 1,000 kg으로 짝 지어진 것은?

① 과망간산나트륨, 인화성고체　　　② 중크롬산나트륨, 금속분
③ 질산칼륨, 질산에스테르류　　　　④ 브롬산칼륨, 과망간산나트륨

> **해설**
> 과망간산나트륨 – 제1류 위험물 Ⅲ등급 지정수량 1,000kg , 인화성고체 – 제2류 위험물 Ⅲ등급 지정수량 1,000kg

 **12** 분자식 $HClO_2$의 명명으로 옳은 것은?

① 차아염소산　　　　　　　　　　② 아염소산
③ 염소산　　　　　　　　　　　　④ 과염소산

> **해설**
> 차아염소산 $HClO$, 아염소산 $HClO_2$, 염소산 $HClO_3$ , 과염소산 $HClO_4$

 **정답**　09 ③　10 ③　11 ①　12 ②

**●●○ 13** 아염소산나트륨의 성상에 관한 설명 중 잘못된 것은?

① 자신은 불연성이며 조연성이다.
② 불안정하여 180℃ 이상 가열하면 산소를 방출한다.
③ 수용액 상태에서도 강력한 환원력을 가지고 있다.
④ 디에틸에테르, 유기물 등과 혼합하면 발화의 위험이 있다.

> **해설**
> 가연물 : 환원제, 환원력, 환원성 → "산화한다"라고 한다. (2류 ~ 5류 위험물)
> 조연성 : 산화제, 산화력, 산화성 → "환원한다"라고 한다. (1류와 6류 위험물)
> 아염소산나트륨은 분해온도가 낮은 특성이 있다. 보통 Na 와 K을 가진 제1류 위험물의 분해온도는 300 ~ 400℃

**●●○ 14** 제1류 위험물인 염소산염류에 대한 설명 중 옳지 않는 것은?

① 일광(햇빛)에 장기간 방치하였을 때는 분해하여 과염소산염이 생성된다.
② 녹는점 이상의 높은 온도가 되면 분해되어 조연성 기체인 수소가 발생한다.
③ $NH_4ClO_3$는 물보다 무거운 무색의 결정이며, 조해성이 있다.
④ 염소산염류를 가열, 충격 및 산을 첨가시키면 폭발 위험성이 나타난다.

> **해설**
> 가열분해 반응식 $2KClO_3 \rightarrow 2KCl + 3O_2 \uparrow$ 또는 $2KClO_3 \rightarrow KClO_4 + KCl + O_2 \uparrow$ 로서 과염소산염이 생성되며 조연성 기체인 산소가 방출된다. 제1류 위험물은 모두 다 물보다 무겁고 거의 모두가 무색, 백색이다.

**●●○ 15** 염소산칼륨의 성질 중 옳지 않는 것은?

① 무색 단사판상의 결정 또는 백색분말이다.
② 냉수에 조금 녹고 온수에 잘 녹는다.
③ 800℃ 부근에서 분해하여 염소를 발생한다.
④ 융점 370℃로 강산의 첨가는 위험하다.

> **해설**
> 염소산칼륨 400℃에서 분해 반응식 $2KClO_3 \rightarrow KClO_4 + KCl + O_2 \uparrow$
> 과산화바륨의 분해온도는 약 830℃ 정도 된다.
> 아염소산염류, 염소산염류, 과염소산염류는 분해 시 염소를 발생하지 않으며 산과 반응 시 흰 연기와 유독가스인 $ClO_2$와 $H_2O_2$를 발생한다.

**●●● 16** 염소산칼륨의 일반적 성질로서 옳지 않은 것은?

① 물에 잘 녹는다.
② 가열하면 과염소산염물이 된다.
③ 400℃에서 분해되어 산소를 발생시킨다.
④ $MnO_2$ 등의 촉매가 존재할 때 분해가 빠르다.

> **해설**
> 염소산칼륨은 물(냉수)에 잘 녹지 않으며 온수에 잘 녹는다. – 과염소산칼륨 동일

**●●○ 17** 염소산칼륨과 혼합했을 때 발화, 폭발의 위험이 있는 물질은?

① 금          ② 질산          ③ 과염소산          ④ 목탄

> **해설**
> 제1류 위험물은 가연물과 혼합시 발화, 폭발의 위험이 있다.

**●●○ 18** $KClO_3$를 천천히 가열할 때 나타나는 일반적인 현상과 관계가 없는 것은?

① 화학적 분해를 한다.          ② 산소가스가 발생된다.
③ 염소가스가 발생한다.          ④ 염화칼륨이 생성된다.

> **해설**
> 열분해 반응식은 $2KClO_3 \rightarrow 2KCl + 3O_2$ 로 염소가스는 발생하지 않는다.

**●●● 19** 염소산나트륨의 저장 및 취급 시 주의할 사항으로 옳지 않은 것은?

① 금속분류의 혼입을 방지한다.
② 유리용기는 깨지기 쉬우므로 철제용기를 사용한다.
③ 조해성이 있으므로 방습에 주의한다.
④ 용기는 밀전하여 보관한다.

> **해설**
> 산은 저장용기를 부식시키므로 철제 용기를 사용할 수 없다. 유리용기, 플라스틱 등에 보관해야 한다.

 **정답**  16 ①  17 ④  18 ③  19 ②

**●●● 20** 제1류 위험물인 염소산나트륨의 저장 및 취급 시 주의사항 중 옳지 않은 것은?

① 조해성이므로 용기의 밀폐, 밀봉에 주의한다.
② 공기와의 접촉을 피하기 위하여 물속에 저장한다.
③ 분해를 촉진하는 물질과의 접촉을 피한다.
④ 가열, 충격, 마찰 등을 피한다.

> **해설**
> 제1류 위험물은 상온에서는 안정하다.
> ※ 자연발화 등의 위험에 따라 저장하는 방법
> ─이황화탄소, 황린 : 물속에 저장, ─ 칼륨, 나트륨 : 석유, 경유, 유동파라핀 속에 저장

**●●○ 21** 과염소산칼륨의 위험물에 관한 설명 중 틀린 것은?

① 진한 황산과 접촉하면 폭발한다.
② 유황이나 목탄 등과 혼합되면 폭발할 우려가 있다.
③ 상온에서는 비교적 안정하나 수산화나트륨 용액과 혼합되면 폭발한다.
④ 알루미늄이나 마그네슘과 혼합되면 폭발할 우려가 있다.

> **해설**
> 제1류 위험물의 아염소산염류, 염소산염류, 과염소산염류는 수산화나트륨($NaOH$)등의 염기(알칼리)와 반응하여도 위험하지 않으며 산과의 반응시 과산화수소 및 흰 연기의 유독가스 이산화염소($ClO_2$)를 생성한다.

**●●● 22** 과염소산암모늄의 일반적인 성질에 맞지 않는 것은 어느 것인가?

① 무색 결정 또는 백색 분말                    ② 130℃에서 분해하기 시작함
③ 300℃에서 급격히 분해함                      ④ 물에 용해되지 않는다.

> **해설**
> 1류와 6류 위험물은 물에 잘 녹는 성질이 있다.

**●●● 23** 과염소산암모늄에 대한 설명 중 틀린 것은 어느 것인가?

① 폭약이나 성냥의 원료                          ② 가열하면 분해되어 염소 가스를 방출
③ 분해온도는 약 130℃ 정도이다.              ④ 상온에서 비교적 안정

> **해설**
> 과염소산암모늄은 130℃에서 분해되나 염소가스는 방출하지 않는다. $NH_4ClO_4 \rightarrow NH_4Cl + 2O_2 \uparrow$

 **정답**  20 ② 21 ③ 22 ④ 23 ②

**24** 과염소산칼륨과 제2류 위험물이 혼합되는 것은 대단히 위험하다. 그 이유가 타당한 것은?

① 혼합하면 과염소산칼륨이 가연성 물질로 바뀌기 때문이다.
② 소화방법이 없기 때문이다.
③ 가열, 충격 및 마찰에 의하여 착화 폭발하기 때문이다.
④ 자기반응성 물질이 되기 때문이다.

> **해설**
> 가연물에 산소공급을 하면 연소의 위험도가 커진다.

 **25** 다음 중 산과 반응하여 이산화염소를 발생시키는 물질은?

① 아염소산염류　　　② 브롬산염류　　　③ 옥소산염류　　　④ 중크롬산염류

> **해설**
> $3NaClO_2 + 2HCl \rightarrow 3NaCl + 2ClO_2 + H_2O_2$

 **26** 제1류 위험물 중 무기과산화물에 대한 설명 중 틀린 것은?

① 물과 반응하여 발열하고 수소가스를 발생시킨다.
② 가열·충격에 의하여 폭발하는 것도 있다.
③ 가열 또는 산화되기 쉬운 물질과 혼합되면 분해되어 산소를 발생한다.
④ 불연성 물질이다.

> **해설**
> 무기과산화물은 물과 반응하여 산소를 방출한다. 　$2Na_2O_2 + 2H_2O \rightarrow 4NaOH + O_2\uparrow + 발열$

 **27** 다음 중 과산화칼륨과 물이 접촉할 때 일어나는 반응은 어느 것인가?

① 수소를 발생시킨다.　　　　　② 과산화수소를 발생시킨다.
③ 산소를 발생시킨다.　　　　　④ 수소와 산소를 발생시킨다.

> **해설**
> $2K_2O_2 + 2H_2O \rightarrow 4KOH + O_2\uparrow$

**정답**　24 ③　25 ①　26 ①　27 ③

**28** 과산화칼륨의 저장 및 취급시 주의사항에 관한 설명이다. 틀린 것은?

① 가열, 충격, 마찰을 피하고 용기의 파손을 주의하여야 한다.
② 흡습성이 크므로 저장용기는 투명한 유리병에 저장하여야 한다.
③ 분진을 흡입하는 것을 피하고 눈을 보호하는 안경을 착용한다.
④ 공기 중 수분의 침입을 막기 위해 용기는 밀봉, 밀전하여 보관한다.

> **해설**
> 위험물은 유리병에 저장시 햇빛을 차단하기 위해 갈색 유리병에 저장한다.

 **29** 다음 $Na_2O_2$의 설명 중 옳지 않은 것은?

① 금, 니켈을 제외한 다른 금속을 침식하여 산화물로 만든다.
② 흡습성이 강하고 조해성이 있다.
③ 순수한 것은 백색의 고체이나 수분을 함유한 것은 황백색의 액체이다.
④ 황산과 반응하여 과산화수소가 발생한다.

> **해설**
> $Na_2O_2$ (과산화나트륨)은 순수한 것은 백색이지만 보통은 황백색이며 제1류 위험물은 모두 고체이다.
> 황산과의 반응식 $Na_2O_2 + H_2SO_4 \rightarrow Na_2SO_4$ (황산나트륨)$+ H_2O_2$ (과산화수소)

 **30** 과산화나트륨이 물과 반응하여 일어나는 변화는 다음 중 어느 것인가?

① 극렬히 반응하여 산소를 내며 수산화나트륨이 된다.
② 물을 흡수하여 탄산나트륨이 된다.
③ 서서히 물에 녹아 산화나트륨의 안정한 수용액이 된다.
④ 나트륨과 산소가 된다.

> **해설**
> $2Na_2O_2 + 2H_2O \rightarrow 4NaOH + O_2\uparrow +$발열

 **31** 과산화나트륨의 화재시 가장 적당한 소화제는?

① 포소화제          ② 마른 모래          ③ $CO_2$          ④ 물

> **해설**
> $2Na_2O_2 + 2H_2O \rightarrow 4NaOH + O_2\uparrow +$발열
> 즉 산소를 방출하고 발열하므로 주수소화는 안되며 마른 모래, 팽창질석 등으로 질식소화 해야 한다.

**정답**   28 ②   29 ③   30 ①   31 ②

**32** 알카리금속의 과산화물 화재 시 적당하지 않는 소화제는?

① 건조사        ② 물        ③ 암분        ④ 소다회

> **해설**
> 알칼리금속은 주기율표 1족에 있는 원소 중 리튬, 나트륨, 칼륨 등을 말하며 제6류 위험물인 과산화수소의 수소가 알칼리금속으로 치환한 것이 알칼리금속의 과산화물이다. 물과 반응시 발열 및 산소방출 한다.

 **33** 과산화나트륨에 무엇을 작용시키면 과산화수소가 발생하는가?

① 탄산가스        ② 염산        ③ 물        ④ 수산화나트륨 용액

> **해설**
> $Na_2O_2 + 2HCl \rightarrow 2NaCl + H_2O_2 \uparrow$ 과산화나트륨의 나트륨과 염산의 수소가 치환하여 자리를 바꿔 염화나트륨과 과산화수소가 발생한다.

 **34** 다음 중 질산칼륨에 대한 설명 중 틀린 것은?

① 초석이라고도 하는 강산화제이다.
② 알코올에는 잘 녹고 물이나 글리세린에는 녹지 않는다.
③ 가연물과 혼합시 폭발의 위험이 있다.
④ 충격, 마찰에 의해 산소를 방출한다.

> **해설**
> 질산칼륨은 제1류 위험물로서 불연성 물질로서 물, 글리세린에 잘 녹고 알코올에는 불용이다.

 **35** $KNO_3$의 일반적 성질을 표현한 것 중 옳지 않은 것은?

① 무색 또는 백색 결정 분말이다.
② 단독으로는 분해하지 않지만 가열하면 산소와 아질산칼륨을 생성한다.
③ 물이나 알코올에는 잘 녹는다.
④ 청량미의 시원함과 짠맛이 있으며 산화성이 있다.

> **해설**
> $2KNO_3 \rightarrow 2KNO_2(아질산칼륨) + O_2 \uparrow$        물, 글리세린에 잘 녹고 알코올에는 불용이다.

**정답**   32 ②   33 ②   34 ②   35 ③

**36** 질산칼륨( $KNO_3$ )의 저장 및 취급 시 주의사항에 있어서 옳지 못한 것은?

① 공기와의 접촉을 피하기 위하여 물 속에 저장한다.
② 용기는 밀전하고 위험물의 누출을 막는다.
③ 가열, 충격, 마찰 등을 피한다.
④ 환기가 좋고 건조한 냉암소에 저장한다.

> **해설**
> 제1류 위험물은 상온에서는 안정하다.
> 따라서 이황화탄소, 황린처럼 물속에 저장하거나 별도의 물질에 저장하지는 않는다.

**37** 다음 질산암모늄에 대한 설명 중 옳은 것은?

① 가열하면 폭발적으로 분해하여 수소와 암모니아를 생성한다.
② 물에 녹을 때에는 발열반응을 하므로 위험하다.
③ 단독으로도 급격한 가열, 충격으로 분해, 폭발하는 수도 있다.
④ 소화방법으로는 질식소화가 좋다.

> **해설**
> 가열시 (210℃)  $NH_4NO_3 \rightarrow N_2O + 2H_2O$,   $2NH_4NO_3 \rightarrow 4H_2O + 2N_2 + O_2 \uparrow$
> 분해반응 시 산화질소, 수증기, 질소, 산소를 방출하며 물에 녹을 때에는 질소의 특성상 흡열반응하며
> 분해(연소) 방지하기 위해 주수소화한다.

**38** 다음에서 과망간산칼륨의 성질에 맞지 않는 것은?

① 물과 에탄올에 녹는다.
② 가열 분해 시 이산화망간과 물이 생성된다.
③ 강한 알칼리와 접촉시키면 산소를 방출한다.
④ 흑자색의 결정으로 강한 산화력과 살균력을 나타낸다.

> **해설**
> 과망간산칼륨은 $KMnO_4$ 로서 가열 분해시 물분자의 $H$ 가 없기 때문에 물이 생성되지 않는다.
> 진한 용액에 강한 알칼리 용액을 작용시켜도 산소를 발생하며 용액은 망간산칼륨 $K_2MnO_4$ 가 된다.

●●○ **39** 과망간산칼륨에 대한 설명 중 옳지 않는 것은?

① 알코올, 에테르 등과의 접촉을 피한다.   ② 수용액은 강한 환원력과 살균력이 있다.
③ 흑자색의 주상 결정이다.   ④ 일광을 차단하고 냉암소에 저장한다.

 **해설**
과망간산칼륨은 1류 위험물로서 산화성이므로 강한 산화력이 있지 환원력은 없다. 환원력이 있다고 하면 물질 중 가연물에 해당 된다.


●●○ **40** 무수크롬산에 대한 설명 중 맞지 않는 것은?

① 암적색의 침상 결정의 고체이다.   ② 물, 알코올, 황산에 녹는다.
③ 제4류 위험물과 접촉하여도 관계없다.   ④ 물과 접촉시 격렬하게 발열한다.

 **해설**
산화성 물질과 가연물(2류~5류 위험물)은 분리 저장하여야 한다. 물과 반응시 산소를 방출하며 발열반응 한다.


●○○ **41** 다음은 무수크롬산에 대한 설명 중 틀린 것은?

① 무수크롬산은 물과 에테르에 잘 녹는다.
② 무수크롬산은 알코올, 벤젠, 아세트산과 접촉하면 착화되는 경우가 있다.
③ 무수크롬산의 수용액은 약산이므로 부식성이 전혀 없다.
④ 무수크롬산은 250℃에서 열분해가 쉽게 일어나고 산소가 발생한다.

 **해설**
① 암적색의 침상결정으로 조해성이 있다.
② 가열시 산소 방출(분해온도 : 250℃)
③ 물, 알코올, 에테르, 황산에 잘 녹는다.
④ 피부와 접촉 시 부식시킨다.


●○○ **42** 삼산화크롬의 성상에 관한 설명 중 옳은 것은?

① 지정 수량은 100 kg이고, 강력한 산화제이다.
② 물, 알코올, 황산에 녹는다.
③ 융점 이상으로 가열하면 200 ~ 250℃에서 수소를 방출한다.
④ 상온에서 분해되어 산소를 방출한다.

 **해설**
무수크롬산 – 가열 반응식은 $4CrO_3 \rightarrow 2Cr_2O_3 + 3O_2 \uparrow$ 로서 산소를 방출하며 암적색의 침상 결정으로 물, 알코올, 에테르, 황산에 잘 녹고 지정수량은 300 kg이다. 상온에서는 안정하며 상온보다 높은 온도에서 분해된다.

 **정답** 39 ② 40 ③ 41 ③ 42 ②

**43** 다음 위험물 중 물과 접촉시 위험성이 가장 높은 것은?

① 염소산나트륨        ② 인

③ 트리니트로톨루엔      ④ 과산화나트륨

> **해설**
> 염소산나트륨, 인, 트리니트로톨루엔은 주수소화가 가능하지만
> 과산화나트륨은 주수소화시 산소가 방출되어 위험하다.

 **44** 다음의 제1류 위험물 중 무색 결정 또는 백색 분말이 아닌 것은?

① 아염소산나트륨

② 중크롬산나트륨

③ 질산나트륨

④ 브롬산나트륨

> **해설**

| 품명 | 색상 | 품명 | 색상 |
|---|---|---|---|
| 과산화나트륨 | 황백색(순수한 것은 백색) | 과산화칼륨 | 등적색(오렌지색) |
| 과망간산나트륨 | 적자색 | 과망간산칼륨 | 흑자색 |
| 중크롬산나트륨(칼륨, 암모늄) | 등적색 | 삼산화크롬 | 암적색 |

 **45** 다음의 제1류 위험물 중 분해온도가 가장 높은 것은?

① 아염소산나트륨

② 과망간산나트륨

③ 과망간산칼륨

④ 과산화바륨

> **해설**

| 품명 | 분해온도 | 품명 | 분해온도 |
|---|---|---|---|
| 아염소산나트륨 $NaClO_2$ | 130·140℃ (무수물 : 350℃) | 과산화칼슘 | 275℃ |
| 과산화바륨 $BaO_2$ | 840℃ | 요오드산칼륨 $KIO_3$ | 560℃ |
| 과망간산나트륨 $NaMnO_4$ | 170℃ | 과망간산칼륨 $KMnO_4$ | 240℃ |

**정답**   43 ④   44 ②   45 ④

**2** 제2류 위험물

### (1) 대표성상 및 품명

고체로서 **화염에 의한 발화의 위험성** 또는 **인화의 위험성**에 대한 성상을 나타내는 것.

- **착화의 위험성 시험방법**에 의해 불꽃을 시험물품에 접촉하고 있는 동안에 시험물품이 모두 연소하는 경우, 불꽃을 격리시킨 후 10초 이내에 연소물품의 모두가 연소한 경우 또는 불꽃을 격리시킨 후 10초 이상 계속하여 시험물품이 연소한 경우에는 가연성고체에 해당하는 것으로 한다.
- **인화의 위험성 시험방법 – 신속평형법 사용**
  (인화점 측정기의 종류 : 신속평형법, 태그밀폐식, 클리브랜드개방컵)

| 대표성상 | 품명 | 위험등급 | 지정수량 | 예방대책 및 소화방법 등 |
|---|---|---|---|---|
| ☞ 가연성고체<br>1. 가연성<br> 1) **저온(낮은 온도)**에서 **착화**하기 쉬운 가연성물질로서 **산소와 결합이 용이**하여 산화되기 쉽고 **연소속도가 빠르며 연소온도가 높으며 발열량이 크다.**<br> 2) 연소 시 유독가스 발생 ($SO_2$, $P_2O_5$ 등)<br> 3) 산소를 함유하지 않은 **강환원성 물질**<br> 4) 금속분, 철분, 유황분은 밀폐된 공간에서 분진폭발<br> 5) 금속분, 철분, Mg은 물 또는 산과 접촉 시 수소가스 발생 | 황화린<br>적린<br>유황 | Ⅱ | 100 kg | 1. 예방 및 소화방법<br> 1) 냉암소 보관<br> 2) 산화제 접촉금지<br> 3) 고온체의 접근 또는 가열 금지<br> 4) 금속분은 물 또는 묽은산과 접촉방지<br> 5) 금속의 비산으로 화재면 확대 및 분진 폭발 우려<br> 6) 화재 시 공기호흡기 등의 안전장구 착용(연소시 유독가스 발생)<br> 7) **황화린, 적린, 유황, 인화성고체** 등은 주수 냉각소화<br> 8) **금속분, 철분, 마그네슘**은 질식소화 |
| | 철분<br>마그네슘<br>금속분 | Ⅲ | 500 kg | |
| 2. 고체<br> 1) 비중이 1보다 크며 물보다 무겁다 – 제삼부틸알코올 제외<br> 2) 비수용성이다.<br>   (제삼부틸알코올 제외)<br> 3) 고유의 색상을 가진 분말 | 인화성고체 | Ⅲ | 1,000 kg | |

2. 운반 적재(저장취급) 주의사항

| 철분, 금속분, 마그네슘 | 화기주의, 물기엄금 |
|---|---|
| 인화성고체 | 화기엄금 |
| 그밖의 것 | 화기주의 |

---

**Point**

위험물의 정의

| 유황 | 순도가 60 wt% 이상인 것 |
|---|---|
| 철분 | 53 $\mu$m표준체 통과하는 것이 50 wt% 미만인 것은 제외 |
| 마그네슘 | 2 mm체를 통과하지 아니하는 덩어리 및 직경 2 mm 이상의 막대 모양의 것은 제외 |
| 금속분 | 알칼리금속·알칼리토류금속·철 및 마그네슘외의 금속의 분말을 말하고, 구리분·니켈분 및 150 $\mu$m의 체를 통과하는 것이 50 wt% 미만인 것은 제외한다. |
| 인화성고체 | 고형알코올 그 밖에 1기압에서 인화점이 40℃ 미만인 고체 |

## (2) 품명별 물성 및 특성

| 구분 | 품명 | 특 성 |
|---|---|---|
| 황화린 | 공통성질 | ① 연소생성물은 모두 유독하다. $P_2O_5$(오산화인), $SO_2$(이산화황)<br>② 물과 접촉하여 가연성 유독성의 $H_2S$(황화수소) 발생<br>　– 주수소화 또는 분말, 마른모래, 이산화탄소 등으로 질식소화<br>③ 황린($P_4$), 금속분등과 혼합하면 자연발화하고 알코올, 알칼리, 강산, 등과 접촉 시 심하게 반응한다.<br>④ 발화점이 융점보다 낮다.<br>⑤ 소량의 경우 갈색 유리병에 저장하고, 대량의 경우에는 양철통에 넣은 후 나무상자에 보관 |
| 황화린 | 삼황화린<br>$P_4S_3$ | ① 황록색결정, 조해성(×), 융점(녹는점) 172.5℃<br>② 발화점 약 100℃로서 낮아 자연발화의 위험성이 있다.<br>③ 삼황화린의 연소반응식 $P_4S_3 + 8O_2 \rightarrow 2P_2O_5 + 3SO_2\uparrow$<br>　연소 생성물은 모두 유독하고 가연성인 흰 연기의 오산화인과 이산화황 발생<br>④ 용도 : 성냥 등 |
| 황화린 | 오황화린<br>$P_2S_5$ | ① 담황색결정, 조해성(○)<br>② 발화점은 142.2℃이다.　$2P_2S_5 + 15O_2 \rightarrow 2P_2O_5 + 10SO_2$<br>③ 물과의 분해 반응식(융점은 290℃)　$P_2S_5 + 8H_2O \rightarrow 5H_2S + 2H_3PO_4$<br>　물과 반응하여 황화수소와 오쏘인산이 발생 |
| 황화린 | 칠황화린<br>$P_4S_7$ | ① 담황색결정, 조해성(○), 융점은 310℃이고 발화점 250℃ 이상 |
| | 적린<br>P | ① 암적색 무취(물질안전보건자료에는 무취, 화학물질안전관리시스템에는 마늘 냄새)의 분말로서 독성이 강하다.<br>② 융점은 600℃이고 발화점이 260℃로서 자연발화의 위험이 있으나 발화점이 34℃인 황린($P_4$)에 비해 안정<br>③ 황린(제3류 위험물)의 동소체(연소생성물을 보면 동소체인지 알 수 있다.)<br>④ 적린의 연소반응식<br>　$4P + 5O_2 \rightarrow 2P_2O_5$　➔ 연소 시 유독성의 오산화인 $P_2O_5$ 발생<br>⑤ 강알칼리(OH)와 반응하여 유독성의 포스핀($PH_3$) 생성<br>⑥ 다량의 물로 냉각소화, 소량 시 모래 등으로 질식소화<br>⑦ 이황화탄소, 에테르, 암모니아에 녹지 않으며 접촉 시 발화한다 |
| | 유황 (황)<br>S | ① 고무상황 발화점 360℃ (융점 : 115℃), 사방황 발화점 232.2℃<br>　$S + O_2 \rightarrow SO_2$　연소 시 청색의 빛을 내며 다량의 $SO_2$의 유독가스 발생<br>② 수소, 철, 탄소와 만나면 심하게 발열한다.<br>③ 종류 : 단사황(바늘모양의 결정), 사방황(팔면체), 고무상황(무정형)<br>④ $CS_2$(이황화탄소 – 제4류 특수인화물)에 잘 녹는다(고무상황 제외) |

| 품 명 | 특 성 |
|---|---|
| 철 분<br>Fe | ① 은백색의 광택 금속 분말로서 연소하기 쉽고 기름이 묻은 철분은 장기간 저장 시 자연발화 한다.<br>② 공기 중 산화 시 산화철이 되어 황갈색(녹슴)이 된다.<br>③ 물, 묽은 산과 반응 시 수소가스 발생(주수소화 금지, 질식소화 해야 함)<br>$2Fe + 3H_2O \rightarrow Fe_2O_3($ 산화철$) + 3H_2$<br>$2Fe + 6HCl \rightarrow 2FeCl_3($염화제이철$) + 3H_2$ |
| 마그네슘<br>Mg | ① 은백색의 광택 금속으로 공기 중 연소 시 백색의 빛나는 불꽃을 내며 산화마그네슘 MgO 생성<br>$2Mg + O_2 \rightarrow 2MgO + Q \, kcal$<br>② 물과 반응식 – 수소가스 발생<br>$Mg + 2H_2O \rightarrow Mg(OH)_2 + H_2 \uparrow$<br>백색불꽃 　산화마그네슘<br>③ 산과의 반응식 – 수소가스 발생<br>$Mg + 2HCl \rightarrow MgCl_2 + H_2 \uparrow$<br>④ 알칼리와 반응식 – 수소가스 발생<br>$2Mg + 2NaOH + 2H_2O \rightarrow 2Mg(OH)_2 + 2Na + H_2 \uparrow$<br>⑤ 이산화탄소와 반응식　$2Mg + CO_2 \rightarrow 2MgO + C$<br>탄소를 유리하여 이산화탄소 소화약제 적응성 없음<br>※ 유리 : 화합물에서 결합이 끊어져 원자나 원자단이 분리되는 일<br>⑥ 할로겐화합물 소화약제와 반응식　$2Mg + CCl_4 \rightarrow 2MgCl_2 + C + Q \, kcal$<br>탄소를 유리하여 할론 소화약제 적응성 없음 |
| (활성)<br>금속분 | ① Al, Ti(티탄), Cr, Mn, Zn 등의 분말<br>② 알루미늄의 연소식　$4Al + 3O_2 \rightarrow 2Al_2O_3($ 산화알루미늄$)$<br>③ 물, 산, 알카리와 반응 시 수소가스 발생<br>－ $2Al + 6H_2O \rightarrow 2Al(OH)_3 + 3H_2$　－ $2Al + 6HCl \rightarrow 2AlCl_3 + 3H_2$<br>－ $2Al + 2NaOH + 2H_2O \rightarrow 2NaAlO_2 + 3H_2$<br>④ $CO_2$, $CCl_4$와 반응하여 탄소 유리<br>$4Al + 3CO_2 \rightarrow 2Al_2O_3 + 3C$　$4Al + 3CCl_4 \rightarrow 4AlCl_3 + 3C$ |
| 인화성고체 | ① 고형알코올 그 밖에 1기압에서 인화점이 40℃ 미만인 고체<br><table><tr><td>고형알코올</td><td>합성수지에 메탄올을 혼합 침투시켜 한 천상 (등산용 휴대연료)으로 만든 것으로 30℃ 미만에서 가연성증기 발생하기 쉽고 매우 인화되기 쉽다.<br>소화방법 – 포말, 건조분말 등</td></tr><tr><td>메타알데히드<br>$(CH_3CHO)_4$</td><td>인화점이 36℃로서 위험하고 80℃에서 일부 분해하여 인화성이 강한 액체인 아세트알데히드($CH_3CHO$)로 변해 더욱 위험</td></tr><tr><td>제삼부틸알코올<br>$(CH_3)_3COH$</td><td>인화점이 11℃로서 매우 위험하며 물보다 가볍고 물에 잘 녹는다. (상온에서 가연성 증기 발생하며 증기는 공기보다 무거워 낮은 곳에 체류)</td></tr><tr><td>락카퍼티 : 인화점이 21℃ 미만</td><td>고무풀(생고무+가솔린) :<br>인화점 −20℃</td></tr></table> |

# 실전 예상문제

**••• 01** 제2류 위험물의 공통적인 성질이 아닌 것은?

① 고유의 색을 가진 가연성 고체이다.
② Mg, 철분, 금속분을 제외한 위험물은 주수소화가 가능하다.
③ 산화제의 접촉이나 가열시 위험하다.
④ 물과 반응하여 가연성가스와 많은 열을 발생한다.

 **해설**
제2류 위험물 모두가 물과 반응하여 가연성가스와 많은 열을 내지 않으며 마그네슘, 철분, 금속분을 제외한 위험물은 주수소화 한다.

**••• 02** 다음 중 제2류 위험물의 화재예방 대책으로 옳은 것은?

① 제2류 위험물은 모두 주수소화에 의한 냉각소화가 효과적이다.
② 적당한 습기를 유지하여 건조하지 않게 한다.
③ 주의사항 표시는 적색바탕에 백색문자로 "가연물 접촉주의" 표시를 하여야 한다.
④ 제1류 위험물 및 제6류 위험물과 같은 산화제와의 혼합, 혼촉을 방지한다.

 **해설**
제2류 위험물의 마그네슘, 금속분등은 주수소화시 수소가 발생하여 적응성이 없다. 또한 습기는 자연발화를 가속시키는 촉매 역할을 하기 때문에 건조한 냉암소 등에 저장하여야 하며 주의사항으로는 화기주의, 화기엄금을 적색바탕에 백색문자로 물기엄금은 청색바탕에 백색문자로 표시한다.

**••○ 03** 위험물안전관리법에 의한 위험물의 정의 중 제2류 위험물은 무엇을 나타내는 것인가?

① 화염에 대한 발화의 위험성과 인화의 위험성
② 산화력의 잠재적 위험성과 충격에 의한 민감성
③ 공기 중에서 발화의 위험성과 물과 접촉하여 발화하거나 가연성가스를 발생하는 위험성
④ 폭발의 위험성과 가열분해의 격렬함

 **해설**
제2류 위험물은 화염에 대한 발화의 위험성과 인화의 위험성을 나타낸다.
②번은 1류, ③번은 3류, ④번은 5류 위험물의 대표하는 성질을 나타낸다.

 **정답**   01 ④   02 ④   03 ①

**•••04** 가연성 고체 위험물의 일반적인 연소특성에 대한 특성으로 맞는 것은?

① 고온에서 착화하기 쉽다.
② 위험물 자체에 산소를 함유하고 있다.
③ 연소 속도가 빠르고 발열량이 크다.
④ 금속분은 물과 반응하지 않아 안전하다.

> **해설**
> 제2류 위험물은 가연물로서 낮은 온도에서 착화하고 연소속도가 빠르고 발열량이 커 위험물로 분류한다.

**•••05** 제2류 위험물인 금속분, 철분, 마그네슘 화재 시 조치방법은?

① 금속분은 대량 주수에 의해 냉각소화를 할 것
② 이산화탄소를 이용한 질식소화를 할 것
③ 할로겐화합물을 이용한 연쇄반응 억제소화를 할 것
④ 마른 모래에 의한 피복소화를 할 것

> **해설**
> 금속분은 물과 반응시 수소가스를 방출, 이산화탄소 및 할론은 탄소를 유리하여 연소가 지속되 사용할 수 없다.
> $2Al + 6H_2O \rightarrow 2Al(OH)_3 + 3H_2$,  $4Al + 3CO_2 \rightarrow 2Al_2O_3 + 3C$,
> $3Al_2O_3 + 3CCl_4 \rightarrow 4AlCl_3 + 3CO_2$

**•○○06** 황화린은 보통 3종류의 화합물을 갖고 있다. 다음 중 그 종류에 속하지 않는 것은?

① $P_3S_4$  ② $P_4S_3$  ③ $P_2S_5$  ④ $P_4S_7$

> **해설**
> $P_3S_4$는 황화린의 종류에 해당되지 않는다.   암기 $P_4S_3$, $P_2S_5$, $P_4S_7$ 424-357 (앞은 인, 뒤는 황)

**•○○07** 연소의 관점에서 볼 때 황화린 저장 시 가장 멀리하여야 하는 것은?

① 물  ② 금속분  ③ 산  ④ 산소

> **해설**
> 황린, 금속분등과 혼합하면 자연발화하고 알코올, 알칼리, 강산 등과 접촉시 심하게 반응 한다.
> 물과 접촉하여 가연성 유독성의 $H_2S$(황화수소) 발생 - 분말, 마른모래 등으로 질식소화 해야 한다.

**정답**  04 ③  05 ④  06 ①  07 ②

**08** 다음 제2류 위험물인 황화린에 대한 설명 중 옳지 않는 것은?

① 황화린은 세 종류가 있으며 미립자는 기관지 및 눈의 점막을 자극한다.
② 삼황화린은 과산화물, 과망간산염, 황린, 금속분과 혼합하면 자연발화 한다.
③ 황화린 중 일부는 공기 중에서 연소하여 황화수소 가스를 발생한다.
④ 황화린은 소량의 경우 유리병에 저장하고, 대량의 경우에는 양철통에 넣은 후 나무상자에 보관한다.

> **해설**
> 모든 황화린은 공기 중에서 (완전)연소하여 황화수소가 아닌 이산화황이 발생한다. 황과 인은 산소를 만나 수소가 발생할 수는 없다. $H_2S$(황화수소)는 불완전연소하거나 물과 반응 시 생성된다.

**09** 황화린을 취급 시 주의사항에 관한 설명으로 잘못된 것은?

① $P_4S_3$는 황색 결정, 조해성이 있고 $34℃$에서 자연발화한다.
② $P_2S_5$는 담황색 결정, 조해성이 있고 $142℃$에서 자연발화하며 알칼리와 분해하여 $H_2S$와 $H_3PO_4$가 된다.
③ $P_4S_7$은 담황색 결정, 조해성이 있고 $250℃$에서 자연발화하며 물에 녹아 유독한 $H_2S$를 발생한다.
④ $P_4S_3$과 $P_2S_5$의 연소생성물은 $P_2O_5$와 $SO_2$가 발생한다.

> **해설**
> $P_4S_3$의 착화점은 $100℃$ 이다. 황화린의 완전연소식 $P_4S_3 + 8O_2 \rightarrow 2P_2O_5 + 3SO_2 \uparrow$
> 오황화린의 물과의 반응식 $P_2S_5 + 8H_2O \rightarrow 5H_2S + 2H_3PO_4$
> ※ 황을 함유한 것은 물과 반응 시 $H_2S$가 발생한다.

**10** 다음 중 오황화린의 성질에 관한 설명이다. 옳은 것은?

① 물과 반응하면 불연성 기체가 발생된다.
② 담황색 결정으로서 흡습성과 조해성이 있다.
③ 적색의 결정으로 물, 황산 등에 녹지 않는다.
④ 제3류 위험물로서 공기 중에서 자연 발화된다.

> **해설**
> $P_2S_5 + 8H_2O \rightarrow 5H_2S + 2H_3PO_4$ 물과 반응하여 생기는 황화수소는 가연성, 독성가스이다.

 **정답** 08 ③  09 ①  10 ②

**11** 오황화린이 물과 작용하여 발생하는 기체는 어느 것인가?

① 아황산가스　　　② 황화수소　　　③ 포스겐가스　　　④ 인화수소

**해설**

$P_2S_5 + 8H_2O \rightarrow 5H_2S\,(\text{황화수소}) + 2H_3PO_4\,(\text{오쏘인산})$

 **12** 다음 중 적린에 대한 설명 중 옳지 않은 것은?

① 물이나 알코올에는 녹지 않는다.
② 착화온도는 약 260℃이다.
③ 공기 중에서 연소하면 인화수소가스가 발생한다.
④ 염소산염류와 혼합하면 착화점이 낮아진다.

**해설**

$4P + 5O_2 \rightarrow 2P_2O_5$　　공기중 연소시 오산화인이 생성되며
반응식에서 수소가 없기 때문에 인화수소 $PH_3$(포스핀)가 발생할 수 없다.

 **13** 적린의 성상에 관한 설명 중 옳은 것은?

① 물과 반응하여 고열을 발생한다.
② 공기 중에 오래 방치하면 자연발화 할 수 있다.
③ 이황화탄소, 에테르, 암모니아에 녹는다.
④ 무색결정 또는 백색 분말이다.

**해설**

적린은 물과 반응하여 고열을 발생하지 않아 주수소화 하며 적린은 암적색으로 자연발화온도가 약 260℃로서
장기간 방치 시 공기 중에서 자연발화 할 수 있다. 이황화탄소, 에테르, 암모니아에 녹지 않는다.

 **14** 적린의 위험성에 관해서 다음 중 올바른 것은?

① 물과 반응해서 고열을 낸다.
② 상온 상태에서 공기 중 연소한다.
③ 수소와 반응해서 발화한다.
④ 과염소산염류와 접촉해서 발화 및 폭발의 위험성이 있다.

**해설**

상온에서 방치 시 연소하지 않으며 공기 중 산소와 반응해서 해당 발화점에서 발화한다.
또한 제2류 위험물은 제1류 위험물과 접촉 시 발화, 폭발의 위험성이 있다.

 **정답**　11 ②　12 ③　13 ②　14 ④

**15** 다음 중 황 분말과 혼합했을 때 폭발의 위험이 있는 것은?

① 유화제        ② 산화제        ③ 증점제        ④ 환원제

 해설

황(환원제)은 제2류 위험물로서 산화제와 혼합시 폭발의 위험이 있다.

**16** 유황의 성질에 대한 설명으로 옳은 것은?

① 상온에서 가연성 액체이다.
② 수소와 반응하여 황화수소가 발생한다.
③ 연소할 때 황색 불꽃을 보인다.
④ 물이나 $CS_2$에 잘 녹으며, 환원제와 혼합하면 폭발의 위험이 있다.

 해설

황은 가연성고체로서 연소시 푸른빛을 내며 다량의 유독가스 발생 ($SO_2$)한다. $S + O_2 \rightarrow SO_2$
2류 위험물은 제삼부틸알코올을 제외하고는 물에 녹지 않는다.
유황은 $CS_2$에 잘 녹으며(고무상황 제외) 수소, 철, 탄소와 만나면 심하게 발열한다.

**17** 황이 산화제의 혼합에 의해 폭발, 화재가 발생했을 때 가장 적당한 소화방법은?

① 포의 방사에 의한 질식소화
② 이산화탄소 소화약제에 의한 질식소화
③ 다량의 물에 의한 냉각소화
④ 할로겐화합물의 방사에 의한 연쇄반응 억제소화

 해설

제2류 위험물은 마그네슘, 철분, 금속분을 제외하고 모두 대량의 주수에 의한 소화가 가능하다.

**18** 금속분의 화재 시 주수해서는 안 되는 이유는 무엇인가?

① 산소가 발생     ② 수소가 발생     ③ 아세틸렌이 발생     ④ 탄수가 발생

 해설

$2Al + 6H_2O \rightarrow 2Al(OH)_3 + 3H_2$

 정답   15 ②   16 ②   17 ③   18 ②

**19** 마그네슘, 금속분은 산과 반응하여 어떤 기체를 발생시키는가?

① 탄소　　　　　　② 수소　　　　　　③ 산소　　　　　　④ 염소

> **해설**
>
> $Mg + 2HCl \rightarrow MgCl_2 + H_2\uparrow$

 **20** 알루미늄분의 저장 및 취급상 주의사항 중 옳지 않는 것은?

① 산화제와 격리시켜 저장한다.　　　② 유황과 저장하면 안정하다.

③ 수분과 접촉시키지 않게 한다.　　　④ 분진 폭발에 주의한다.

> **해설**
>
> 유황은 금속분과 저장시 더욱 위험해진다.

 **21** 제2류 위험물인 유황은 순도가 몇 wt% 이상이어야 하는가?

① 60 wt%　　　　　　　　　　　② 70 wt%

③ 80 wt%　　　　　　　　　　　④ 90 wt%

> **해설**
>
> 유황은 순도가 60 wt% 이상인 것은 제2류 위험물에 해당된다.

 **22** 인화성고체인 위험물이 아닌 것은?

① 변성알코올　　　　　　　　　　② 고무풀

③ 고형알코올　　　　　　　　　　④ 제삼부틸알코올

> **해설**
>
> 변성알코올은 제4류 위험물의 알코올류에 속한다.

 **23** 착화점이 가장 낮은 것은?

① 삼황화린　　　　　　　　　　　② 칠황화린

③ 적린　　　　　　　　　　　　　④ 유황

> **해설**

| 품명 | 삼황화린 | 오황화린 | 칠황화린 | 적린 | 유황 | 황린 |
|------|---------|---------|---------|------|------|------|
| 발화점 | 100℃ | 142℃ | 250℃ | 260℃ | 360℃ | 34℃ |

**3** 제3류 위험물

**(1) 대표성상 및 품명**

① 고체 또는 액체로서 공기 중에서 발화의 위험성이 있거나 물과 접촉하여 발화하거나 가연성가스를 발생하는 위험성이 있는 것을 말한다.

② 금수성 – 물과 접촉하여 자연발화 하는 경우, 착화하는 경우(금수성 시험방법에는 자연발화하지 않을시 화염을 접촉하여 착화유무 확인 함) 또는 가연성 성분을 함유한 가스의 발생량이 200ℓ 이상인 경우 해당

③ 고체의 자연발화성 – 분말의 시험물품이 10분 이내에 자연발화시, 자연발화하지 않는 경우 시험물품을 낙하시켜 낙하 중 또는 낙하 후 10분 이내에 자연발화하는 경우 해당(액체는 이와 비슷하게 시험 함)

| 대표성상 | 품명 | 위험등급 | 지정수량 | 예방대책 및 소화방법 등 |
|---|---|---|---|---|
| ☞ 자연발화성 물질 및 금수성 물질<br><br>1. 자연발화성<br>  1) ⑥, ⑦ 등은 자연발화성 물질에 해당되지 않는다.<br>  2) 가열, 강산화성 물질과 접촉 시 위험성 증가 | ① 나트륨<br>② 칼륨<br>③ 알킬알루미늄 (액체)<br>④ 알킬리튬(액체) | Ⅰ | 10 kg | 1. 소화방법<br>  1) 연소 시 절대주수 엄금 (황린 제외)<br>  2) 건조사, 팽창질석 등에 의한 질식소화<br>  3) 알킬알루미늄등 유기금속 화합물은 진압 시 금속 화재에 준함 |
| 2. 금수성<br>  1) 황린을 제외하고 모두 금수성 물질 : 물과 반응하여 가연성가스(수소, 아세틸렌, 포스핀 등)를 발생하며 발열 .<br>  2) 주수소화 금지(황린 제외), 건조사 사용<br>  3) 용기 파손 또는 누출에 주의 | ⑤ 황린 | Ⅰ | 20 kg | 2. 저장취급 시 주의사항<br>  1) 용기는 완전히 밀전 (공기 또는 물과의 접촉을 방지)<br>  2) 강산화제, 강산류와의 접촉방지<br>  3) 보호액의 관리 |
| | ⑥ 알칼리금속<br>  – ①,② 제외<br>⑦ 알칼리토금속<br>⑧ 유기금속화합물 (액체)<br>  – ③,④ 제외 | Ⅱ | 50 kg | 3. 알칼리 금속(1족 원소) : Li, Rb, Cs, Fr<br><br>4. 알칼리토 금속(2족 원소) : Ca, Sr, Ba, Ra |
| 3. 물질<br>  1) 대부분이 무기화합물이며 고체, 액체이다.<br>  2) 대부분 물보다 무거우나 ①, ②, 리튬 등은 가볍다.<br>  ③, ④는 물보다 가벼운 것도 있고 무거운 것도 있다. | ⑨ 금속의 수소화물<br>⑩ 금속의 인화물<br>⑪ 칼슘 또는 알루미늄의 탄화물 | Ⅲ | 300 kg | |
| | ⑫염소화규소화합물 | Ⅲ | 300 kg | |

## (2) 품명별 물성 및 특성

| 품 명 | 특 성 |
|---|---|
| 나트륨<br>Na | ① 은백색의 광택의 경금속(비중 : 0.97)<br>　융점이 97.8℃, 끓는점 883℃<br>　· 연소 시 노란 불꽃을 내며 산화나트륨<br>　　$Na_2O$가 된다.<br>　　$4Na + O_2 \rightarrow 2Na_2O$<br><br>② 나트륨의 자연발화온도는 115℃<br>　분말의 경우 공기 중 장시간 방치하면<br>　상온에서도 자연발화를 일으킨다.<br>　따라서 석유, 경유, 유동파라핀 등의 보호액 속에 넣은 내통에 밀봉 저장한다.<br><br>③ 물, 산, 알코올, 암모니아와 반응 시 수소발생<br>　㉠ 물과의 반응식<br>　　$2Na + 2H_2O \rightarrow 2NaOH + H_2 \uparrow$ ➔ 소화약제 적응성 없음<br>　㉡ 산과의 반응식<br>　　$2Na + 2HCl \rightarrow 2NaCl + H_2 \uparrow$<br>　㉢ 알코올(에틸알코올)과의 반응식<br>　　$2Na + 2C_2H_5OH \rightarrow 2C_2H_5ONa + H_2 \uparrow$<br>　㉣ 암모니아와의 반응식<br>　　$2Na + 2NH_3 \rightarrow 2NaNH_2$(나트륨아미드) $+ H_2 \uparrow$<br><br>④ 할로겐원소, 이산화탄소와 반응 시 탄소 유리 됨 ➔ 소화약제 적응성 없음<br>　㉠ 할로겐원소(사염화탄소와의 반응식)<br>　　$4Na + CCl_4 \rightarrow 4NaCl + C$<br>　㉡ 이산화탄소와의 반응식<br>　　$4Na + CO_2 \rightarrow 2Na_2O + C$, 　$4Na + 3CO_2 \rightarrow 2Na_2CO_3 + C$ |
| 칼륨<br>K | ① 은백색의 광택이 있는 경금속(비중 0.89)<br>　융점이 63.6℃, 끓는점 760℃<br>② 공기 중 자연발화하며 연소 시 보라색<br>　(자색)을 띠며 산화칼륨($K_2O$)을 생성<br>　하고 나트륨보다 반응성이 크다.<br>③ 물, 산, 알코올 반응<br>　: 수소가스와 열 발생<br>④ $CO_2$, $CCl_4$와 반응<br>　: 탄소 유리<br>⑤ 석유, 경유, 유동파라핀 등의 보호액 속에 넣은 내통에 밀봉 저장한다.<br>　(공기 중 수분과 접촉을 차단하여 산화를 방지)<br>※ 연소중인 칼륨에 모래를 뿌리면 모래중의 규소와 결합하여 격렬히 반응하므로 위험하다.<br>　따라서 팽창질석, 팽창진주암에 의한 질식소화가 필요하다. |

나트륨 저장　　노란불꽃

칼륨 저장　　보라색불꽃

| 품 명 | 특 성 |
|---|---|
| 알킬알루미늄<br>$R_3 - Al$<br>$R_2 - Al - X$ | ① 무색 투명한 액체로서 독성과 자극성이 있다.(화학공업촉매)<br>　－ 피부에 닿으면 심한 화상 화재 시 **흰 연기**($Al_2O_3$ – 산화알루미늄)<br>　　**흡입 시 기관지나 폐에 유해**<br>② 알킬기와 알루미늄의 유기금속화합물로서 **공기 중에 노출하면 자연발화** 한다.<br>③ 탄소수에 따른 성상<br><br>\| 탄소수 \| \| 성 상 \|<br>\|---\|---\|---\|<br>\| 1개에서 4개까지의 저급 화합물 \| $C_1 \sim C_4$ \| 반응성이 풍부하여 공기와 접촉 시 자연발화 한다. \|<br>\| 5개의 화합물 \| $C_5$ \| 점화원에 의해 불이 붙는다. \|<br>\| 6개 이상의 화합물 \| $C_6 \sim$ \| 공기 중에서 서서히 산화하여 흰 연기가 발생한다. \|<br><br>④ 물과 반응 시 메탄, 에탄 등의 가스 발생 － **주수소화 금지**<br>　$(CH_3)_3Al + 3H_2O \rightarrow Al(OH)_3 + 3CH_4\uparrow$<br>　$(C_2H_5)_3Al + 3H_2O \rightarrow Al(OH)_3 + 3C_2H_6\uparrow$<br>⑤ TEA(트리에틸알루미늄)의 연소 반응식<br>　$2(C_2H_5)_3Al + 21O_2 \rightarrow Al_2O_3 + 12CO_2 + 15H_2O$<br>⑥ 그 외 알콜, 할로겐원소, $CO_2$, $CCl_4$등과 반응<br>⑦ **희석제 [헥산($C_6H_{14}$), 벤젠($C_6H_6$), 톨루엔($C_6H_5CH_3$)]을 넣어 20%용액으로 저장 취급**<br>⑧ 탱크 저장 시 **불활성가스 봉입**(위험물 시설기준 참조)<br>⑨ 화재초기에는 인화성액체 화재와 유사(건조분말, $CO_2$가 적응성이 있음)<br>⑩ 화재 확대 시 금속분 화재와 유사하여 절대 주수엄금($CO_2$ 적응성 없음)<br>⑪ 종류<br>　트리이소부틸알루미늄(Tri isobutyl aluminium) － $(C_4H_9)_3Al$<br>　디메틸알루미늄클로라이드(Dimethyl aluminium chloride) － $(CH_3)_2AlCl$<br>　메틸알루미늄브로마이드(Methyl aluminium bromide) － $(CH_3)AlBr$ |
| 알킬리튬<br>$R - Li$ | ① 무색의 가연성 액체, 자극성<br>② 알킬기와 리튬 금속의 화합물로서 **유기금속화합물이며 공기 중 노출시 자연발화**<br>③ 물과 반응하여 메탄 에탄 등이 발생 및 **제3류 위험물중 반응열이 가장 크다.**<br>　$CH_3Li + H_2O \rightarrow LiOH + CH_4$<br>　$C_2H_5Li + H_2O \rightarrow LiOH + C_2H_6$<br>④ 알콜, 할로겐원소, $CO_2$, $CCl_4$등과 반응<br>⑤ 저장 시 탱크내 불활성가스 봉입<br>⑥ 희석제(헥산, 펜탄)을 넣어 저장 취급한다.<br>⑦ 종류<br>　부틸리튬(Butyl lithium) － $C_4H_9Li$<br>　페닐리튬(Phenyl lithium) － $C_6H_5Li$ |

| 구 분 | 품 명 | 특 성 |
|---|---|---|
| 황린 $P_4$ | 노란색의 황린 | ① **백색 또는 담황색** – 백린은 투명한 왁스질 고체로, 빛을 쬐면 빠르게 노랗게 변색되는데 황린이라고 하는 이유이다.<br>② 증기는 공기보다 무겁고 맹독성 (치사량 0.05 g)<br>③ 공기 중 격렬하게 연소하여 유독성 가스인 오산화인($P_2O_5$)의 흰연기를 낸다.<br> 황린의 연소식 $P_4 + 5O_2 \rightarrow 2P_2O_5$<br>④ 발화점(34℃)이 매우 낮은 자연발화성 고체<br>⑤ 물과 반응하지 않기에 pH 9 정도의 물속에 저장함.<br> ※ 벤젠, 이황화탄소에 녹는다.<br>⑥ 강알칼리 용액과 반응하여 유독성의 포스핀가스($PH_3$)를 발생한다. $P_4 + 3KOH + 3H_2O \rightarrow 3KH_2PO_2 + PH_3\uparrow$ |
| 알칼리금속 (1족 원소) | 리튬 Li 루비듐 Rb 등 | ① 리튬(Li)<br> 금속 중 비열이 가장 크다.<br> 은백색의 무른 경금속<br> $2Li + 2H_2O \rightarrow 2LiOH + H_2\uparrow$<br>② 석유, 경유, 유동파라핀 등의 보호액 속에 넣은 내통에 밀봉 저장 한다.<br><br>보호액속의 리튬　리튬– 빨간색 |
| 알칼리 토금속 (2족 원소) | 베릴륨 Be 칼슘 Ca 스트론튬 Sr 바륨 Ba 등 | ① 칼슘(Ca) – 은백색의 무른 경금속, 연소시 **오렌지불꽃**을 내면서 연소하여 산화칼슘(CaO)이 되며 **물과의 반응시 수소 발생**<br> $Ca + 2H_2O \rightarrow Ca(OH)_2 + H_2\uparrow$<br>② 연소시 색상<br><br>칼 슘 –　　바 륨 –　　Sr – 진한<br>주황색　　황록색　　빨강색 |
| 유기금속 화합물 | | ① 저급(탄소수가 1개에서 4개) 유기금속화합물은 반응성이 풍부하여 자연발화 할 수 있다.<br>② 알킬알루미늄 및 알킬리튬에 준함<br> $Zn(CH_3)_2$ – 디메틸아연 |
| 금속의 수소화물 | ·수소화리튬 LiH<br>·수소화나트륨 NaH<br>·수소화칼륨 KH<br>·수소화칼슘 $CaH_2$<br>·수소화리튬 알루미늄 $LiAlH_4$ 등 | ① 물과 반응시 수소 발생<br> $NaH + H_2O \rightarrow NaOH + H_2\uparrow$　$KH + H_2O \rightarrow KOH + H_2\uparrow$<br> $LiAlH_4 + 4H_2O \rightarrow LiOH + Al(OH)_3 + 4H_2\uparrow$<br>② 염소와 반응식 수소 발생 $2NaH + 2Cl \rightarrow 2NaCl + H_2\uparrow$<br>③ 강산과 반응시 수소 발생 및 혼촉 발화 위험<br> $NaH + HCl \rightarrow NaCl + H_2\uparrow$<br>④ 암모니아와 반응시 수소와 칼륨아미드 생성<br> $KH + NH_3 \rightarrow KNH_2 + H_2\uparrow$<br>⑤ 수소화칼륨은 공기와 반응할 수 있으므로 석유속에 보관한다. |

| 구 분 | 품 명 | 특 성 |
|---|---|---|
| 금속의 인화물 | 인화칼슘 $Ca_3P_2$ | ① 적갈색의 괴상고체로서 인화석회라고도 한다.<br>② 인화석회(인화칼슘)과 물과의 반응시 포스핀 가스 발생<br>$Ca_3P_2 + 6H_2O \rightarrow 3Ca(OH)_2 + 2PH_3$<br>③ 산, 알카리와 반응시 가연성 및 유독성인 $PH_3$ 가스발생<br>$Ca_3P_2 + HCl \rightarrow 3CaCl_2 + 2PH_3$ |
| | 인화 알루미늄 $AlP$ | ① 물과 반응하여 포스핀 생성<br>$AlP + 3H_2O \rightarrow Al(OH)_3 + PH_3 \uparrow$ |
| | 인화아연 $Zn_3P_2$ | ① 물과 반응하여 포스핀 생성<br>$Zn_3P_2 + 6H_2O \rightarrow 3Zn(OH)_2 + 2PH_3 \uparrow$ |
| 칼슘 또는 알루 미늄의 탄화물 | 탄화칼슘 $CaC_2$ | ① 탄화물을 영어로는 카바이드(carbide) 일명 **카바이트**라고 하며 **흑회색**(순수한 것은 무색 투명)의 덩어리로서 예전 포장마차 조명을 밝히기 위해 사용함.<br>② 공기 중에서 안정하지만 350℃ 이상에서 산화<br>$2CaC_2 + O_2 \rightarrow 2CaO + 4C$<br><br>탄화칼슘<br>③ 물과 반응 시 소석회와 아세틸렌($C_2H_2$)가스 발생<br>습기가 없는 밀폐용기에 저장하고 용기에는 불활성가스를 봉입시킬 것.<br>㉠ 물과의 반응 $CaC_2 + 2H_2O \rightarrow Ca(OH)_2 + C_2H_2 \uparrow + 27.8\,kcal$<br>(소석회, 수산화칼슘)(아세틸렌)<br>㉡ 아세틸렌가스와 금속과 반응 $C_2H_2 + 2Ag \rightarrow Ag_2C_2 + H_2 \uparrow$<br>금속의 아세틸리드(acetylide :폭발물질)를 생성<br>④ 질소와의 반응식<br>$CaC_2 + N_2 \rightarrow CaCN_2 + C + 74.6\,kcal$<br>(석회질소)(탄소) |
| | 탄화 알루미늄 $Al_4C_3$ | ① 황색결정이며 상온에서 물과 반응해 $CH_4$ 생성<br>$Al_4C_3 + 12H_2O \rightarrow 4Al(OH)_3 + 3CH_4$<br>습기가 없는 밀폐용기에 저장하고 용기에는 불활성가스를 봉입시킬 것.<br>② 강산화제, 강산류와 반응시 격렬하게 반응 발열 |
| 기타 금속 탄화물 | | ① 물과 반응시 아세틸렌 발생 – $Li_2C_2$ $Na_2C_2$ $K_2C_2$ $MgC_2$<br>② 물과 반응시 메탄가스 발생 – $Be_2C$<br>탄화베릴륨 – $Be_2C + 4H_2O \rightarrow 2Be(OH)_2 + CH_4 \uparrow$<br>③ 물과 반응시 메탄과 수소가스 발생 – $Mn_3C$<br>탄화망간 – $Mn_3C + 6H_2O \rightarrow 3Mn(OH)_2 + CH_4 + H_2 \uparrow$ |

# 실전 예상문제

 **01** 제3류 위험물의 금수성에 해당하는 성상에 대한 설명으로 옳지 않는 것은?

① 물과 접촉하여 자연발화 하는 경우 금수성에 해당된다.

② 물과 접촉하여 자연발화 하지 않을 경우 화염을 접촉 시 착화하는 경우 금수성에 해당된다.

③ 물과 접촉하여 가연성 성분을 함유한 가스의 발생량이 200ℓ 이상인 경우 금수성에 해당된다.

④ 물과 접촉하여 연기밀도 400g/ℓ 이상인 경우 금수성에 해당된다.

> **해설**
> 물과 접촉하여 자연발화 하는 경우, 착화하는 경우(금수성 시험방법에는 자연발화하지 않을시 화염을 접촉하여 착화유무 확인 함) 또는 가연성 성분을 함유한 가스의 발생량이 200ℓ 이상인 경우 금수성 물질에 해당

 **02** 제3류 위험물의 일반적인 성질에 해당되는 것은?

① 나트륨, 칼륨, 황린을 제외하고 물보다 무겁다.

② 황린을 제외하고 모두 물에 대하여 위험한 반응을 초래하는 물질이다.

③ 유별이 다른 위험물과는 유별로 저장하고 1m 간격을 두면 동일한 장소에 저장할 수 있다.

④ 위험물 제조소에 청색 바탕에 백색 글씨로 "물기주의"를 표시한 주의사항 게시판을 설치한다.

> **해설**
> 1. 나트륨, 칼륨, 니켈을 제외하고는 모두 물보다 무겁다.
> 2. 유별을 달리하는 위험물은 동일한 저장소에 저장하지 아니하여야 한다.
>    다만, 옥내저장소 또는 옥외저장소에 있어서 위험물을 유별로 정리하여 저장하고 1m 이상 간격을 둘 경우 동일 장소에 저장 가능 – 제3류 위험물 중 알킬알루미늄등과 제4류 위험물(알킬알루미늄 또는 알킬리튬을 함유한 것에 한함)을 저장하는 경우
> 3. 제3류 위험물 중 황린 그 밖에 물속에 저장하는 물품과 금수성물질은 동일한 저장소에서 저장 금지
> 4. 금수성물질인 제3류 위험물은 "물기엄금"으로 주의사항 게시판을 설치한다.

**03** 제3류 위험물인 금수성물질의 화재 시 소화설비의 적응성을 가장 잘 나타낸 것은?

① 할로겐화합물　　② 인산염류　　③ 탄산수소염류　　④ 이산화탄소

| | 대상물의 구분 | 대상물 구분 | | | | | | | | | |
|---|---|---|---|---|---|---|---|---|---|---|---|
| 소화설비의 구분 | | 건축물·그 밖의 공작물 | 전기설비 | 제1류 위험물 | | 제2류 위험물 | | | 제3류 위험물 | | 제4류 위험물 | 제5류 위험물 | 제6류 위험물 |
| | | | | 알칼리금속의 과산화물등 | 그 밖의 것 | 철분·금속분·Mg등 | 인화성고체 | 그 밖의 것 | 금수성물품 | 그 밖의 것 | | | |

| 소화설비의 구분 | | | 건축물·그 밖의 공작물 | 전기설비 | 알칼리금속의 과산화물등 | 그 밖의 것 | 철분·금속분·Mg등 | 인화성고체 | 그 밖의 것 | 금수성물품 | 그 밖의 것 | 제4류 위험물 | 제5류 위험물 | 제6류 위험물 |
|---|---|---|---|---|---|---|---|---|---|---|---|---|---|---|
| 물분무등소화설비 | 이산화탄소소화설비 | | | ○ | | | | ○ | | X | | ○ | | |
| | 할로겐화합물소화설비 | | | ○ | | | | ○ | | X | | ○ | | |
| | 분말소화설비 | 인산염류등 | ○ | ○ | | ○ | | ○ | ○ | X | | ○ | | ○ |
| | | 탄산수소염류등 | | ○ | ○ | | ○ | ○ | | ○ | | ○ | | |
| | | 그 밖의 것 | | | ○ | | ○ | | | ○ | | | | |

 **04** 제3류 위험물에 물과 반응시 일어나는 공통현상은 어느 것인가?

① 산화반응          ② 환원반응          ③ 발열반응          ④ 흡열반응

해설
제3류 위험물은 물과 반응시 발열반응을 하고 각 종 가연성, 유독성가스를 방출한다.

 **05** 다음 중 금수성 물질이 아닌 것은?

① Sr          ② $(CH_3)_3Al$          ③ $C_4H_9Li$          ④ $P_4$

해설
$P_4$: 황린은 금수성 물질이 아니고 자연 발화성 물질로서 발화점이 낮아 물속에 저장한다.

 **06** 제3류 위험물의 화재 시 가장 적당한 소화방법은?

① 대량의 주수소화                    ② 이산화탄소 소화약제에 의한 질식소화
③ 할로겐화합물 소화약제에 의한 소화          ④ 마른모래 등 건조사에 의한 질식소화

해설
제3류 위험물은 주수소화시 가연성가스를 방출하므로 적합하지 않으며 이산화탄소 및 할로겐화합물 소화약제 사용시 탄소를 유리하여 연소가 지속된다.

정답  04 ③  05 ④  06 ④

**●●○ 07** 제3류 위험물 화재의 진압대책으로 옳지 않은 것은?

① 황린을 제외한 대부분은 물에 의한 냉각소화가 불가능하다.
② K, Na 등은 특별한 소화수단이 없으므로 연소 확대 방지에 주력한다.
③ 트리메틸알루미늄은 물과 반응하여 수소를 발생하므로 주수소화는 좋지 않다.
④ 인화칼슘은 물과 반응하여 포스핀가스가 발생하므로 마른모래로 피복 소화한다.

> **해설**
> $(CH_3)_3Al + 3H_2O \rightarrow Al(OH)_3 + 3CH_4 \uparrow$ 트리메틸알루미늄은 물과 반응하여 메탄을 발생한다.

**●●○ 08** 제3류 위험물 중의 K(칼륨)의 저장 및 취급 시 주의사항으로 부적당한 것은?

① 통풍이 잘되고 건조한 냉암소에 밀봉하여 저장한다.
② 산과 반응하여 아세틸렌을 발생하므로 주의해야 한다.
③ 유동파라핀, 석유, 경유 등의 보호액속에 저장한다.
④ 용기의 파손 부식에 주의하고 피부에 닿지 않도록 한다.

> **해설**
> $2K + 2HCl \rightarrow 2KCl + H_2 \uparrow$ 수소가 발생하므로 주의해야 한다.

**●●○ 09** 제3류 위험물인 칼륨 및 나트륨을 저장한 곳에 화재예방을 위해 준비해야 할 것은?

① 팽창질석 및 팽창진주암
② 질식소화에 필요한 대량의 수증기
③ 내알콜포 소화설비
④ 습기 많은 모래

> **해설**
> 칼륨 및 나트륨은 물과 반응하여 가연성 가스인 수소를 발생한다.

**●●● 10** 칼륨(K)의 보호액으로 적당한 것은?

① 유동파라핀 ② 물 ③ 이황화탄소 ④ 아세틸렌

> **해설**
> 유동파라핀, 석유, 경유 등의 보호액속에 저장

**정답** 07 ③ 08 ② 09 ① 10 ①

**11** 다음은 칼륨과 물이 반응하여 생성된 화학반응식을 나타낸 것이다. 옳은 것은?

① 탄화칼륨 + 수소 + 발열반응    ② 염화칼륨 + 수소 + 발열반응

③ 탄화칼륨 + 수소 + 흡열반응    ④ 수산화칼륨 + 수소 + 발열반응

> **해설**
> $2K + 2H_2O \rightarrow 2KOH(수산화칼륨) + H_2\uparrow + Q(발열반응)$

 **12** 나트륨의 화학적 성질로 옳은 것은?

① 산과 반응하여 산소를 발생한다.    ② 할론과 반응하여 조연성의 $O_3$를 발생한다.

③ 물과 반응하여 수소를 발생한다.    ④ $CO_2$와 반응하여 수소를 발생한다.

> **해설**
> $2Na + 2H_2O \rightarrow 2NaOH + H_2\uparrow$

 **13** 은백색의 광택이 있는 물질로 물과 반응하여 수소 가스를 발생시키는 것은?

① $CaC_2$          ② P          ③ $Na_2O_2$          ④ Na

> **해설**
> $CaC_2 + 2H_2O \rightarrow Ca(OH)_2[(소석회, 수산화칼슘)] + C_2H_2\uparrow [아세틸렌] + 27.8\ kcal$
> $4P + 6H_2O \rightarrow 4PH_3\uparrow(포스핀) + 3O_2$
> $2Na_2O_2 + 2H_2O \rightarrow 4NaOH(수산화나트륨) + O_2\uparrow + 발열$
> $2Na + 2H_2O \rightarrow 2NaOH(수산화나트륨) + H_2\uparrow$

 **14** 칼륨과 나트륨에 대한 설명 중 잘못된 것은?

① 비중, 녹는점, 끓는점 모두 나트륨이 칼륨보다 크다.

② 물과 반응할 때 이온화 경향이 큰 칼륨이 나트륨보다 급격히 반응한다.

③ 두 물질 모두 은색의 광택이 있는 경금속으로 비중은 물보다 크다.

④ 두 물질 모두 공기 중의 수분과 반응하여 수소를 발생하며 자연발화를 일으키기 쉬우므로 석유 속에 저장한다.

> **해설**
> 나트륨의 비중 0.97, 칼륨의 비중 0.86으로 나트륨이 칼륨보다 크며 둘 다 물보다 가벼운 경금속이다.

**정답** 11 ④  12 ③  13 ④  14 ③

●●○ **15** 트리메틸알루미늄은 물과 폭발적으로 반응한다. 이때 발생하는 기체는 무엇인가?

① 메탄        ② 수소        ③ 에탄        ④ 산소

> **해설**
> $(CH_3)_3Al + 3H_2O \rightarrow Al(OH)_3 + 3CH_4 \uparrow$    트리메틸알루미늄은 물과 반응하여 메탄을 발생한다.

●●● **16** 알킬알루미늄 화재 시 적당한 소화제는 무엇인가?

① 알코올포        ② 이산화탄소        ③ 할론 1301        ④ 마른모래

> **해설**
> 알킬알루미늄은 연소 시 주수소화 하는 경우 알킬에 해당하는 알칸의 파라핀계탄화수소를 발생한다.
> 또한 이산화탄소, 할로겐화합물과는 반응이 활성화되어 사용 불가하다.

●●○ **17** 자연발화성 물질인 트리에틸알루미늄이 물과 접촉하면 어떤 가스가 발생하는가?

① $CH_4$        ② $C_2H_6$        ③ $C_3H_8$        ④ $C_2H_2O$

> **해설**
> $(C_2H_5)_3Al + 3H_2O \rightarrow Al(OH)_3 + 3C_2H_6 \uparrow$

●●● **18** 알킬알루미늄이 공기 중에서 자연발화 할 수 있는 탄소 수의 범위는?

① $C_1 \sim C_4$        ② $C_1 \sim C_6$        ③ $C_1 \sim C_8$        ④ $C_1 \sim C_{10}$

> **해설**
> $C_1 - C_4$까지의 화합물(저급)은 반응성이 풍부하여 공기와 접촉 자연발화하며 탄소수가 5개까지는 점화원에 의해
> 불이 붙고 6개 이상은 공기 중에서 서서히 산화하여 흰 연기가 발생한다.

●●● **19** 황린의 위험성에 대한 설명이다. 틀린 것은?

① 발화점은 34℃로 매우 낮아 위험하다.
② 증기는 유독하며 피부에 접촉되면 화상을 입는다.
③ 상온에 방치하면 증기를 발생시키고 환원하여 발열한다.
④ 백색 또는 담황색의 고체로 물 속에 저장한다.

> **해설**
> 황린은 가연물로 환원하지 않고 산화하는 환원제이다.

**정답**   15 ①   16 ④   17 ②   18 ①   19 ③

●●○ **20** 다음 중 황린에 대한 설명으로 옳지 않는 것은?

① 연소시 검정색의 유독성가스를 발생한다.
③ 황린 자체와 증기 모두 인체에 유독하다.
② 공기 중에서 산화하고 산화열이 축적되어 자연발화 한다.
④ 황린은 수중에 저장하여야 한다.

> **해설**
> 공기 중 격렬하게 연소하여 유독성 가스인 오산화인 ($P_2O_5$)의 흰 연기를 낸다.

●●○ **21** 황린은 공기 속에서 서서히 산화하여 자연발화 하면서 흰 연기를 내는데 이것은 무엇인가?

① $P_2O_5$　　　　② $PH_3$　　　　③ $P_5O_2$　　　　④ $P_2O_2$

> **해설**
> 공기 중 격렬하게 연소하여 유독성 가스인 오산화인 ($P_2O_5$)의 흰 연기를 낸다.

●●● **22** 황린이 자연발화하기 쉬운 이유는 어느 것인가?

① 비등점이 낮고 증기의 비중이 작기 때문
② 녹는점이 낮고 상온에서 액체로 되어 있기 때문
③ 착화점이 낮고 산소와 결합력이 강하기 때문
④ 인화점이 낮고 가연성 물질이기 때문

> **해설**
> 황린의 발화점은 34℃로서 착화온도가 매우 낮아 상온 부근에서도 자연발화한다.

●●○ **23** 황린에 관한 설명 중 옳지 않은 것은?

① 발화점이 34℃로 매우 낮고 독성이 없다.
② 공기 중에 방치하면 자연발화 될 가능성이 크다.
③ 물속에 저장한다.
④ 연소시 오산화인의 흰 연기가 발생한다.

> **해설**
> 독성(치사량 0.05 g), 증기는 공기보다 무겁고 맹독성이며 공기 중 격렬하게 연소하여 유독성 가스인 오산화인 ($P_2O_5$)의 흰연기를 낸다.

정답　20 ①　21 ①　22 ③　23 ①

**••○ 24**

다음 황린에 대한 설명으로 옳지 않은 것은?

① 황린이 발화하면 이산화염소의 흰 연기를 발생한다.
② 황린이 공기 중에서 산화하고 산화열이 축적되어 자연발화 한다.
③ 황린 자체와 증기는 모두 인체에 유독하다.
④ 황린의 저장은 콘크리트 수조 내에 저장한다.

> **해설**
> 연소시 오산화인의 흰 연기가 발생한다.

**••○ 25**

황린의 저장 및 취급에 있어서 주의사항으로 옳지 않는 것은?

① 물과의 접촉을 피할 것
② 독성이 강하므로 취급에 주의할 것
③ 산화제와의 접촉을 피할 것
④ 발화점이 낮으므로 화기의 접근을 피할 것

> **해설**
> 황린은 3류 위험물로서 자연발화성 물질(화기엄금)이며 제3류 위험물중 유일하게 금수성이 아닌 물질이다.

**•••  26**

다음 중 착화온도(발화점)가 가장 낮은 것은?

① 삼황화린          ② 적린          ③ 황          ④ 황린

> **해설**

| 품명 | 삼황화린 | 오황화린 | 칠황화린 | 적린 | 유황 | 황린 |
|------|---------|---------|---------|------|------|------|
| 발화점 | 100℃ | 142℃ | 250℃ | 260℃ | 360℃ | 34℃ |

**•••  27**

인화칼슘의 위험성으로서 옳은 것은?

① 물과 반응하여 수산화칼슘과 산소를 발생한다.
② 산소와 반응하여 가연성의 포스핀가스를 발생한다.
③ 물과 반응하여 독성이 있는 포스핀을 발생한다.
④ 산과 반응하여 유독성인 수소를 발생한다.

> **해설**
> 물과의 반응식 $Ca_3P_2 + 6H_2O \rightarrow 3Ca(OH)_2 + 2PH_3$(포스핀)
> 산소와의 반응식 $2Ca_3P_2 + 3O_2 \rightarrow 6CaO + 4P$
> 염산과의 반응식 $Ca_3P_2 + HCl \rightarrow 3CaCl_2 + 2PH_3$(포스핀)

 **정답** 24 ① 25 ① 26 ④ 27 ③

**28** 칼슘카바이트($CaC_2$)의 위험성으로 틀린 것은?

① 습기와 접촉하면 아세틸렌가스를 발생시킨다.
② 건조공기와 반응하므로 용기에 밀봉하여 저장한다.
③ 질소와 반응하여 석회질소와 탄소가 된다.
④ 흑회색의 덩어리로 공기 중에서는 안정하다.

> **해설**
> 물과의 반응식  $CaC_2 + 2H_2O \rightarrow Ca(OH)_2[(소석회, 수산화칼슘)] + C_2H_2 \uparrow [아세틸렌] + 27.8\ kcal$
> 질소와의 반응식  $CaC_2 + N_2 \rightarrow CaCN_2[석회질소] + C[탄소]$
> 칼슘카바이트는 예전 포장마차에서 조명용으로 불을 밝혔던 흑회색의 덩어리로서 건조한 공기와 반응하지 않는다.

**29** 다음 중 $CaC_2$에서 아세틸렌가스 제조반응식으로 옳은 것은?

① $CaC_2 + 2H_2O \rightarrow Ca(OH)_2 + C_2H_2 \uparrow$
② $CaC_2 + H_2O \rightarrow CaO + C_2H_2 \uparrow$
③ $2CaC_2 + 6H_2O \rightarrow 3Ca(OH)_2 + 2C_2H_2 \uparrow$
④ $CaC_2 + 3H_2O \rightarrow CaCO_3 + 2CH_3 \uparrow$

> **해설**
> $CaC_2 + 2H_2O \rightarrow Ca(OH)_2[(소석회, 수산화칼슘)] + C_2H_2 \uparrow [아세틸렌] + 27.8\ kcal$

**30** 다음은 $CaC_2$의 성질을 설명한 것이다. 틀린 것은?

① 순수한 것은 백색의 고체이나 보통은 흑회색 고체이다.
② 물과 반응하여 생석회와 아세틸렌 가스가 생성된다.
③ 고온에서 질소와 반응하여 석회질소와 탄소가 된다.
④ 습한 공기와는 상온에서도 반응한다.

> **해설**
> $CaC_2$은 물과 반응하여 소석회$[Ca(OH)_2]$가 생기며 생석회는 $CaO$로서 산화칼슘이다.
> 생석회는 물과 반응시 고온의 열을 내며 소석회가 된다.  $CaO + H_2O \rightarrow Ca(OH)_2$

**정답** 28 ② 29 ① 30 ②

•○○ **31** 다음 카바이트류 중 물(6 mol)과 작용하여 $CH_4$와 $H_2$가스를 발생하는 것은?

① $Na_2C_2$　　　　　② $MgC_2$　　　　　③ $Al_4C_3$　　　　　④ $Mn_3C$

 해설

$Mn_3C + 6H_2O \rightarrow 3Mn(OH)_2 + CH_4 + H_2 \uparrow$
$Na_2C_2 + 2H_2O \rightarrow 2NaOH + C_2H_2$ 아세틸렌 발생
$MgC_2 + H_2O \rightarrow Mg(OH)_2 + C_2H_2$ 아세틸렌 발생
$Al_4C_3 + H_2O \rightarrow Al(OH)_3 + 3CH_4$ 메탄 발생

•○○ **32** 알킬알루미늄은 반응성이 큰 이유로 희석제를 첨가하여 농도를 희석시켜 저장, 취급한다. 희석제가 아닌 것은?

① 헥산　　　　　② 벤젠　　　　　③ 톨루엔　　　　　④ 프탈산디메틸

 해설

프탈산디메틸은 제5류 위험물인 과산화벤조일의 희석제로 사용된다.

| 알킬알루미늄, 알킬리튬 | 희석제 | 헥산, 벤젠, 톨루엔 |
|---|---|---|
| 과산화수소 | 안정제 | 인산, 요산, 요소, 글리세린 등 |
| 과산화벤조일 | 희석제 | 프탈산디메틸, 프탈산디부틸 |
| 니트로셀룰로오스 | 희석제 | 물 20%, 프로필알코올 30%로 습윤 |

•○○ **33** 다음 위험물 중 지정수량이 다른 것은?

① 칼륨　　　　　② 유기과산화물　　　　　③ 셀룰로이드　　　　　④ 황린

해설

| 품명 또는 품목 | 류별 | 위험등급 | 지정수량 |
|---|---|---|---|
| 칼륨, 나트륨, 알킬알루미늄, 알킬리튬 | 제3류 | I | 10 kg |
| 황린 | 제3류 | I | 20 kg |
| 유기과산화물(과산화벤조일, 과산화메틸에틸케톤) | 제5류 | I | 10 kg |
| 질산에스테르류(NC, 셀룰로이드, NG 등) | 제5류 | I | 10 kg |

**4** 제4류 위험물

**(1) 분류 및 대표성질**

액체(제3석유류, 제4석유류 및 동식물유류에 있어서는 1기압과 섭씨 20℃에서 액상인 것에 한한다)로서 **인화의 위험성**이 있는 것을 말한다.

| 대표성상 | 품명 | 위험등급 | 지정수량 | 예방대책 및 소화방법 등 |
|---|---|---|---|---|
| ☞ 인화성 액체<br><br>1. 인화성<br>　1) **상온·상압**에서 대부분 **가연성 액체**<br>　2) 연소범위 하한이 가연성가스보다 낮은 것이 많음.<br>　　(1 ~ 2 V%)<br>　3) 인화점, 착화점이 낮다.<br><br>2. 액체(무색 투명액체)<br>　1) 일반적으로 물보다 가볍다.<br>　　(CS₂, 초산, 의산, 타르유,<br>　　에틸렌글리콜, 글리세린, 아닐린<br>　　등은 무겁다)<br>　2) 물에 녹지 않음<br>　　(수용성 등은 제외)<br>　3) 액체의 유동성으로 화재의 확대 위험이 크다.<br>　　주수 소화 불가(유면확대)<br>　4) 증기는 공기보다 무겁고 마취성<br>　　(HCN은 공기보다 가볍다)<br>　5) 독성물질 : 이황화탄소, 피리딘,<br>　　벤젠, 톨루엔, 메틸알코올,<br>　　히드라진, 타르유, 아닐린 등<br>　6) 전기의 부도체로서 정전기의<br>　　발생, 축적이 용이<br>　7) 휘발성이 강하다.<br>　8) 특유의 냄새 | 특수인화물류 | I | 50 ℓ | 1. 예방대책<br>　1) 화기, 가열, 고온체의 접근 금지<br>　2) 직사광선 차단, 통풍, 낮은 온도에서 저장<br>　3) 유류탱크 등에서의 누출방지<br>　4) 인화점이 낮은 석유류는 불활성 가스 봉입<br><br>2. 소화방법<br>　1) 초기 - 이산화탄소, 포, 물분무, 분말 등에 의해 소화<br>　2) 대규모 화재 포에 의한 질식 또는 제거소화<br>　3) 수용성 석유류 : 알코올형포, 다량의 물에 의한 희석<br>　4) 물보다 무거운 것(CS₂ 등) : 물에 의한 질식소화도 가능 |
| | 제1석유류 | II | 200 ℓ<br><br>수용성은<br>400 ℓ | |
| | 알코올류 | II | 400 ℓ | |
| | 제2석유류 | III | 1,000 ℓ<br><br>수용성은<br>2,000 ℓ | |
| | 제3석유류 | III | 2,000 ℓ<br><br>수용성은<br>4,000 ℓ | |
| | 제4석유류<br>(공업유) | III | 6,000 ℓ | |
| | 동·식물유류 | III | 10,000 ℓ | |

| 구분 | 분류기준 | 분 류 |
|---|---|---|
| 특수인화물류 | 인화점 −20℃ 이하로서 비점 40℃ 이하 또는 발화점 100℃ 이하 | 디에틸에테르 $C_2H_5OC_2H_5$   아세트알데히드 $CH_3CHO$   산화프로필렌 $CH_3CH_2CHO$   이황화탄소 $CS_2$ |

| 제1석유류 | 인화점 : 21℃ 미만 | 휘발유 | 의산에스테르류 $HCOOR$ · 의산메틸 $HCOOCH_3$ · 의산에틸 $HCOOC_2H_5$ | 초산에스테르류 $CH_3COOR$ · 초산메틸 $CH_3COOCH_3$ · 초산에틸 $CH_3COOC_2H_5$ | 피리딘 $C_5H_5N$ | | | 시안화수소 $HCN$ | 아세톤DMK $CH_3COCH_3$ |
|---|---|---|---|---|---|---|---|---|---|
| | | | | | 벤젠 $C_6H_6$ | 톨루엔 (메틸벤젠) $C_6H_5CH_3$ | | | MEK $CH_3COC_2H_5$ |
| | | | | | | | | | 콜로디온 $C_{12}H_{16}N_4O_{18}$ |

| 알코올류 | 탄소원자수가 1개~3개인 포화1가 알코올 및 변성알코올 | 메틸알코올 $CH_3OH$     에틸알코올 $C_2H_5OH$     프로필알코올 $C_3H_7OH$ |
|---|---|---|

| 제2석유류 | 인화점 : 21℃ 이상 70℃ 미만 | 경유 (디젤유) | 의산 (개미산, 포름산) $HCOOH$ | 초산 (아세트산) $CH_3COOH$ | 클로로벤젠 $C_6H_5Cl$ | 에틸벤젠 $C_6H_5C_2H_5$ | 스틸렌 $C_6H_5C_2H_3$ | 크실렌 $C_6H_4(CH_3)_2$ |
|---|---|---|---|---|---|---|---|---|
| | | 등유(케로신) | | | | | | |
| | | 송근유 | | | | | | 히드라진 $N_2H_4$ |
| | | 송정유 (테레핀유) | | | | | 메틸셀로솔브 | |
| | | 장뇌유 | | | | | 에틸셀로솔브 | |

| 제3석유류 | 인화점 : 70℃ 이상 200℃ 미만 | 중유 | 에틸렌글리콜 − 2가알코올 $C_2H_4(OH)_2$ | 글리세린 − 3가알코올 $C_3H_5(OH)_3$ | 니트로벤젠 $C_6H_5NO_2$ | 아닐린 $C_6H_5NH_2$ |
|---|---|---|---|---|---|---|
| | | 타르유(클레오소오트유) | | | | |

제4석유류 : 기어유, 실린더유 그밖에 1기압에서 인화점이 200℃ 이상 250℃ 미만의 것

동·식물유류 : 동물의 지육 등 또는 식물의 종자나 과육으로부터 추출한 것으로서 1기압에서 인화점이 250℃ 미만인 것

인화성액체 중 수용성액체란 온도 20℃, 기압 1기압에서 동일한 양의 증류수와 완만하게 혼합하여, 혼합액의 유동이 멈춘 후 당해 혼합액이 균일한 외관을 유지하는 것을 말한다. (위 표에서 **파란색은 수용성임**)

## (2) 품명별 물성 및 특성

### ① 특수인화물

1기압에서 발화점 100℃ 이하 또는 인화점 −20℃ 이하로서 비점 40℃ 이하인 것으로 이소프렌($C_5H_8$ : −54℃), 이소펜탄($C_5H_{12}$ : −51℃) 등

| 디에틸에테르 $C_2H_5OC_2H_5$ | ① 무색 투명하고 휘발성 있는 액체로서 "에테르"라고 함 ② 공기 중에서 산화되어 과산화물 생성(폭발력이 강함) ③ 물에 녹기 어렵고 유기용매인 알코올, 벤젠에 잘 녹는다. ④ 증기는 마취성이 있고 전기의 부도체로 정전기 발생우려 ⑤ 강산화제, 강산류와 접촉시 발열 발화 ⑥ 비중 0.72, 증기비중 2.55, 용기의 공간용적은 2% 이상 | 인화점 : −45℃ |
|---|---|---|
| | | 연소범위 : 1.9 ~ 48% |
| | | 발화점 : 180℃ |
| | | 비점 : 34.6℃ |
| 아세트알데히드 $CH_3CHO$ | ① 무색 액체로 휘발성이며 물, 알코올, 에테르와 잘 혼합하며 은거울 반응(은도금)을 한다. ※ 은거울반응 : 환원성 유기화합물을 확인하는 반응 $R-CHO + 2Ag(NH_3)_2OH →$ $R-COOH + 4NH_3 + H_2O + 2Ag↓ (은거울)$ ② 수은, 동(구리), 은, 마그네슘 또는 이들의 합금과 접촉시 폭발성 화합물 금속의 아세틸리드 생성 수은은매 자동으로~ | 인화점 : −38℃ |
| | | 연소범위 : 4.1 ~ 57% (제4류 위험물 중 가장 넓다) |
| | ③ 공기 중에서 과산화물을 생성 폭발 ④ 저장 시 공기와의 접촉을 피한다. (불연성가스 봉입, 보냉장치 설치) | 비점 : 20℃ |
| 산화프로필렌 $CH_3CH_2CHO$ | ① 무색의 휘발하기 쉬운 자극성 액체 ② 수은, 구리(동), 은, 마그네슘 또는 이들의 합금과 혼합 → 폭발성 화합물 생성 ③ 반응성이 풍부하여 여러 물질과 반응하며 60℃ 이상 에서 수분 존재 시 격렬하게 중합반응 | 인화점 : −37℃ |
| | | 연소범위 : 2.1~38.5% |
| | | 비점 : 35℃ |
| 이황화탄소 $CS_2$ | ① 무색 투명한 액체로 액체 및 증기는 독성, 비중이 1보다 크다. ② 증기 흡입 시 중추신경을 마비 (허용농도 20 ppm) ③ 가연성 증기 발생 억제하기 위해 수조(물속)에 저장 ④ 이황화탄소의 반응식 • 연소반응식 $CS_2+3O_2 → 2SO_2↑+CO_2↑$ – 파란 불꽃을 띰 • 물과의 반응(150℃) $CS_2+2H_2O → 2H_2S↑ + CO_2↑$ | 인화점 : −30℃ |
| | | 연소범위 : 1.2 ~ 44% |
| | | 발화점 : 100℃ |
| | | 비점 : 46.4℃ |

② 제1석유류

1기압에서 인화점 21℃ 미만으로 시클로헥산, 염화아세틸 등

| | | 구 분 | 인화점 | 발화점 | |
|---|---|---|---|---|---|
| 의산 (개미산) (포름산) 에스테르류 HCOOR | | 의산메틸 | − 18.9℃ | 456℃ | |
| | | 의산에틸 | − 20℃ | 455℃ | |
| | | 의산프로필 | −3℃ | 455℃ | |
| | | 의산부틸 | 18℃ | 325℃ | |
| | 의산메틸 $HCOOCH_3$ | ① 럼주와 같은 향기를 가진 **무색,투명** 액체<br>② 증기는 마취성이 있으나 독성은 없다.<br>③ 물에 녹으며 물과 반응하여 메틸알코올과 의산이 생성된다.<br>④ $HCOOCH_3 + H_2O \rightarrow CH_3OH + HCOOH$<br>　　　　　　　　　　(메틸알코올)　(의산) | | | |
| | 의산에틸 $HCOOC_2H_5$ | ① **복숭아향**의 냄새 및 물에 일부 녹는다.<br>② $HCOOC_2H_5 + H_2O \rightarrow C_2H_5OH + HCOOH$<br>　　　　　　　　　　(에틸알코올)　(의산) | | | |
| 초산 에스테르류 $CH_3COOR$ | | 구분 | 인화점 | 발화점 | 연소범위 |
| | | 초산메틸 | −10℃ | 501℃ | 3.1~16% |
| | | 초산에틸 | −5℃ | 460℃ | 2.2~11.4% |
| | | 초산프로필 | 14.4℃ | 450℃ | 2~8% |
| | 초산메틸 $CH_3COOCH_3$ | ① 수용성으로 분류는 되지 않았지만 물에 잘 녹는다.<br>② 피부에 접촉 시 **탈지작용**(지방층이 녹아서 피부에 하얀 분비물이 생겨 건조한 상태가 되는 현상)<br>③ 알코올용포 사용 가능하다.<br>④ 물과 반응하여 메틸알코올과 초산이 생성된다. | | | |
| | 초산에틸 $CH_3COOC_2H_5$ | ① **딸기 냄새**가 나는 **무색**, 투명 액체 − 향료용(과자, 아이스크림 등)<br>② 물에 약간 녹는다. | | | |

| 벤젠 $C_6H_6$ | | ① **무색투명**한 액체이고 특유향기(방향족탄화수소)<br>② 수소가 다른 원자나 원자단으로 치환반응, 연소시 다량의 흑연 발생<br>③ **증기는 독성이 매우 강함**<br>　급성중독 : 0.3% 이상 흡입시 환각상태<br>　만성중독 : 중추신경마비 | 인화점 : −11℃ |
|---|---|---|---|
| | | | 발화점 : 540℃ |
| | | | 연소범위 : 1.4~7.1% |
| 톨루엔 $C_6H_5CH_3$ | | ① **메틸벤젠** : 벤젠의 유도체<br>② 독성이 있으나 벤젠보다 약하다.<br>　(허용농도 200 ppm), TNT의 원료로 사용<br>③ 톨루엔의 연소반응식<br>　$C_6H_5CH_3 + 9O_2 \rightarrow 7CO_2 + 4H_2O$ | 인화점 : 4.4℃ |
| | | | 발화점 : 550℃ |
| | | | 연소범위 : 1.4~6.7% |

| 피리딘 $C_5H_5N$ | 수용성 | ① 약알칼리성으로 강한 악취와 독성이 있으며 물, 알코올, 벤젠, 에테르에 녹는다. | 인화점 : 20℃ |
| | | | 발화점 : 492.2℃ |
| | | | 폭발범위 : 1.8~12.4% |
| 아세톤 $CH_3COCH_3$ DMK | 수용성 | ① 무색의 액체로 독특한 냄새가 있고 물, 유기용제에 잘 녹는다.<br>② 공기와 장기간 접촉 시 과산화물이 생겨 갈색병에 저장하여야 한다.<br>③ $C_2H_2$를 잘 용해시키며 탈지작용을 한다.<br>④ 아세톤 검출방법 : 요오드포름 반응 | 인화점 : −18℃ |
| | | | 발화점 : 538℃ |
| | | | 연소범위 : 2.5~12.8% |
| | | | 비점 : 56.6℃ |
| 메틸에틸케톤 $CH_3COC_2H_5$ MEK | | ① 물과 유기용매에 잘 녹으며 탈지작용을 한다.<br>② 박하 및 달콤한 냄새 | 인화점 : −9℃ |
| | | | 발화점 : 505℃ |
| | | | 연소범위 : 1.4~11.4% |
| 콜로디온 $C_{12}H_{16}O_6(NO_3)_4$ | | ① 질화도가 낮은 질화면(니트로셀룰로오스)에 부피비로 에틸알코올과 에테르를 3:1 비율로 녹인 무색 또는 엷은 황색의 끈적끈적한 액체로서 연소 시 폭발적으로 연소 한다.<br>② 질화도 : 니트로셀룰로오스에 함유된 질소의 함유량<br>③ 용제 증발 시 질화면(니트로셀룰로오스)만 남는다.<br> → 제5류 위험물(분해, 폭발)<br>④ 인화점 : −18℃<br>⑤ 방부효과, 보호효과가 있어 붕대재료로 사용 | |
| 가솔린 (휘발유) | | 탄소(5~9개)와 수소로 이루어진 지방족 탄화수소이다.<br> | 인화점 : −20~−43℃ |
| | | | 발화점 : 300℃ |
| | | | 연소범위 : 1.4~7.6% |

③ 알코올류

㉠ 1분자를 구성하는 탄소원자의 수가 1개부터 3개까지인 포화1가 알코올(함유량이 60 wt% 이상) 및 변성알코올을 말한다.

㉡ 변성알코올 : 주성분 에틸알코올에 변성제로 벤젠, 피리딘, 메틸알코올, 등유를 넣은 것

| 메틸알코올 $CH_3OH$ 목정 | ① 무색 투명한 휘발성의 액체로 물에 잘 녹는다.(수용성) ② 독성이 강하여 8~20 m$\ell$ 흡입 시 실명, 30~50 m$\ell$ 정도는 사망 ③ 연소 시 불꽃이 잘 보이지 않는다. → 완전연소   $2CH_3OH + 3O_2 \rightarrow 2CO_2 + 4H_2O$ ④ 알칼리금속과의 반응식(수소발생)   $2Na + 2CH_3OH \rightarrow 2CH_3ONa + H_2\uparrow$ ⑤ 산화하면 의산(개미산, 포름산, HCOOH)이 된다.   메틸알코올($CH_3OH$)이 수소 2개 잃고 ➜   포름알데히드(HCHO)가 되고 산소 1개 얻고 ➜   의산(HCOOH)이 된다. | 인화점 : 11℃ |
| | | 발화점 : 464℃ |
| | | 연소범위 : 6~36% |
| 에틸알코올 $C_2H_5OH$ 주정(술) | ① 특유의 향기가 있는 액체, 독성이 없다, 수용성이다. ② 에틸알코올이 산화하면 초산($CH_3COOH$)이 된다.   에틸알코올($C_2H_5OH$)이 수소 2개 잃고 ➜   아세트알데히드($CH_3CHO$)가 되고 산소를 1개 얻고 ➜   초산($CH_3COOH$)이 된다. ③ 요오드포름 반응   수산화칼륨과 요오드를 가하여 요오드포름의 황색   침전이 생성되는 반응에 이용된다.   $C_2H_5OH + 6KOH + 4I_2 \rightarrow CHI_3\downarrow + 5KI + HCOOK + 5H_2O$ | 인화점 : 13℃ |
| | | 발화점 : 423℃ |
| | | 연소범위 : 3.3~19% |
| 프로필알코올 $C_3H_7OH$ | 무색 투명의 냄새가 나는 액체(수용성) | 인화점 : 15℃ |
| | | 발화점 : 404℃ |
| | | 연소범위 : 2~12.7% |
| 변성알코올 | 공업용으로 이용되는 알코올로 주성분은 에탄올이다. | |

④ 제2석유류

㉠ 등유, 경유 그 밖에 1기압에서 인화점이 21℃ 이상 70℃ 미만인 것으로 아크릴산, 디부틸아민, 벤즈알데히드 등

㉡ 도료류 그 밖의 물품에 있어서 가연성 액체량이 40 wt% 이하이면서 인화점이 40℃ 이상인 동시에 연소점이 60℃ 이상인 것은 제외한다.

| 의산<br>HCOOH<br>포름산, 개미산 | ① 무색 투명한 자극성 액체, 부식성이 있어 내산성의 용기 사용, 피부에 접촉 시 수포성의 화상<br>② 초산보다 강한 산성이며, 물·에테르·알코올에 녹으며 (수용성) 환원력이 강하다.<br>③ 유기과산화물과 접촉 시 폭발 | 인화점 : 69℃ |
| | | 발화점 : 601℃ |
| | | 연소범위 : 18~57% |
| 초산<br>$CH_3COOH$<br>아세트산 | ① 수용성으로 물에 잘 녹으며 16.7℃ 이하에서 동결(빙초산)되며 물보다 무겁다. 자극성 냄새와 **신맛(식초)**이 난다.<br>② 금속과 접촉 시 수소발생, 부식성이 있어 내산성의 용기 사용, 피부에 접촉 시 수포성의 화상 | 인화점 : 40℃ |
| | | 발화점 : 427℃ |
| | | 연소범위 : 5.4~6% |
| 클로로벤젠<br>$C_6H_5Cl$ | ① 마취성이 있으며 석유와 비슷한 냄새의 무색 액체<br>② 연소 시 염화수소가스 발생<br> • $C_6H_5Cl + 7O_2 \rightarrow 6CO_2 + 2H_2O + HCl$ | 인화점 : 27℃ |
| | | 발화점 : 590℃ |
| | | 연소범위 : 1.3~11% |
| 에틸벤젠<br>$C_6H_5C_2H_5$ | ① 에틸벤젠은 독특한 냄새를 가진 무색의 액체로서 인화점이 15℃ 이다.<br>② 주로 용매, 합성 고무, 자동차 및 항공기 연료의 성분 등으로 사용됨 | |
| 스틸렌<br>$C_6H_5C_2H_3$<br>**(비닐벤젠)** | ① 무색의 독특한 냄새를 가진 액체<br>② 가열, 빛, 과산화물에 의해 쉽게 중합반응 | 인화점 : 32℃ |
| | | 발화점 : 490℃ |
| | | 연소범위 : 1~7 % |

| 크실렌<br>$C_6H_4(CH_3)_2$ | ① **무색 투명**하고 휘발성이며 특유의 냄새가 있다.<br>② **이성질체의 종류** |
| | |

| 구분 | ortho-크실렌<br>(오르토-크실렌) | meta-크실렌<br>(메타-크실렌) | para-크실렌<br>(파라-크실렌) |
| --- | --- | --- | --- |
| 구조식 | $CH_3$ $CH_3$ | $CH_3$ $CH_3$ | $CH_3$ $CH_3$ |
| 인화점 | 17℃(제1석유류) | 23℃(제2석유류) | 23℃(제2석유류) |
| 발화점 | 468℃ | 527℃ | 528℃ |
| 연소범위 | 1.0 ~ 6.0 | 1.1 ~ 7.0 | 1.1 ~ 7.0 |

② BTX(합성섬유 : 벤젠, 톨루엔, 크실렌으로 구성) 중 독성이 가장 약하다.

| 등유<br>(케로신) | ① 탄소수가 9~18개 정도로서 상온에서 위험은 없다.<br>② 포화, 불포화탄화수소의 혼합물<br>③ 전기의 부도체로 정전기 발생 | 인화점 : 30~60℃ |
| | | 발화점 : 254℃ |
| | | 연소범위 :<br>2.6~13.5% |
| 경유<br>(디젤유) | ① 탄소수 15~20개 정도 되는 탄화수소의 혼합물 | 인화점 : 40~70℃ |
| | | 발화점 : 200℃ |
| | | 연소범위 : 1~6% |
| 송정유<br>$C_{10}H_{16}$<br>(테레핀유) | ① 소나무과 식물의 뿌리에서 추출한 불쾌한 냄새가 있는 **무색<br>혹은 담황색 액체**<br>② 공기 중에서 산화중합반응을 하므로 천이나 포 등의<br>다공성 물질에 적셔서 방치 시 자연발화 | 인화점 : 35℃ |
| | | 발화점 : 240℃ |
| | | |
| 장뇌유 | ① 녹나무를 증류하여 얻는 물질<br>② 장뇌를 분리한 후의 기름으로 방향성을 가진 액체이다. | 인화점 : 47.2℃ |
| 송근유 | ① 소나무 뿌리를 건류하여 얻은 타르를 분류하여 얻는다.<br>② 엷은 황색 또는 진한갈색의 독특한 냄새를 가지는 액체이다. | |
| 히드라진<br>$N_2H_4$ | ① **무색의 맹독성** 가연성 액체이며 연소 시 **보라색 불꽃**<br>② **발암성 물질, 피부 호흡기에 심하게 유독**하다.<br>③ **물이나 알코올에 잘 녹으며** 유리 침식 및 코르크, 고무<br>분해<br> • 약알칼리성으로 공기 중에서 180℃에서 분해<br> • $2N_2H_4 \rightarrow 2NH_3 + N_2 + H_2$ | 인화점 : 52.2℃ |
| 메틸셀로솔브<br>에틸셀로솔브 | ① 무색의 상쾌한 냄새가 나는 휘발성 액체로 수용성이다.<br>② 저장용기는 스테인리스 용기를 사용한다. | |

예제
01

**제4류 위험물 중 제2석유류에 해당하지 않는 것은?**

① 테레핀유                          ② 케로신

③ 디젤유                            ④ 타르유

해답  ④

⑤ 제3석유류

**중유, 클레오소트유 그 밖에 1기압에서 인화점이 70 ℃ 이상 200 ℃ 미만인 것을** 말한다. 다만, 도료류 그 밖의 물품은 가연성 액체량이 40 wt% 이하인 것은 제외한다.

| | | |
|---|---|---|
| 에틸렌글리콜 $C_2H_4(OH)_2$ | ① 물보다 무겁고 수용성<br>② 무색의 끈기 있는 흡습성의 액체로서 **독성**이 있으며 단맛이 난다.<br>③ 2가 알코올 → "OH가 2개 있다"라는 말이다. | 인화점 : 111℃ |
| | | 발화점 : 413℃ |
| 글리세린 $C_3H_5(OH)_3$ | ① 물보다 무겁고 수용성이며 독성은 없으며 점성의 액체로서 단맛이 난다.<br>② 3가 알코올 → "OH가 3개 있다"라는 말이다. | 인화점 : 160℃ |
| | | 발화점 : 393℃ |
| **니트로벤젠** $C_6H_5NO_2$ | ① 암갈색, 갈색의 특이한 냄새가 나는 액체로서 인화점이 88℃이다.<br>※ 제5류 위험물이 아니다!!! | |
| **아닐린** $C_6H_5NH_2$ | ① 알카리금속 및 알카리토금속류와 반응하여 수소와 아닐리드 생성, **물보다 무겁고 독성**이 있다.<br>② 물에는 약간 녹고 기름성의 액체 | |
| **중유** | ① 인화점이 60~150℃로서 분무성에 따라 분무성이 좋아 착화가 잘되는 직류중유와 분무성이 나빠 착화가 잘 안되는 분해중유로 구분 | |
| **클레오소오트유 (타르유)** | ① 물보다 무겁고 독성이 있으며 **타르산**을 포함하고 있어 용기를 부식시키므로 내산성 용기 사용<br>② 증기는 유독하고 주성분은 나프탈렌, 안트라센이다 | |

⑥ 제4석유류

ㄱ 기어유, 실린더유 그 밖에 1기압에서 인화점이 200℃ 이상 250℃ 미만의 것을 말한다. 다만 도료류 그 밖의 물품은 가연성 액체량이 40 wt% 이하인 것은 제외한다.

ㄴ 비중이 1보다 적다.

ㄷ 상온에서 인화의 위험은 없지만 연소 시 소화 곤란하다.

⑦ 동 · 식물유류

ㄱ 동물의 지육 등 또는 식물의 종자나 과육으로부터 추출한 것으로서 1기압에서 인화점이 250℃ 미만인 것을 말한다. 다만, 법 제20조제1항의 규정에 의하여 행정안진부령으로 정하는 용기기준과 수납 · 저장기준에 따라 수납되어 저장 · 보관되고 용기의 외부에 물품의 통칭명, 수량 및 화기엄금(화기엄금과 동일한 의미를 갖는 표시를 포함한다)의 표시가 있는 경우를 제외한다.

ㄴ 위험성 : 다공성물질에 젖어 있는 상태로 방치시 자연발화(산화중합열)

ㄷ 불포화도가 큰 유지는 요오드 함량이 크고(건성유 : 요오드값이 130 이상) 공기와 친화력이 좋아 자연발화의 위험이 있다.

# 실전 예상문제

 **01** 제4류 위험물의 공통적인 성질이 아닌 것은?

① 증기는 공기보다 무겁다.
② 인화되기 쉬우나 연소하기 어려운 물질이다.
③ 증기는 자극성 및 마취성이 있다.
④ 물보다 가볍고 물에 녹기 어렵다.

> **해설**
> 인화 및 연소되기 쉬우며 연소속도가 매우 빠르다.

 **02** 제4류 위험물의 특성을 설명한 것이다. 잘못 된 것은?

① 증기비중은 대부분 공기보다 무겁다.
② 산소의 농도가 증가하면 연소범위가 증가한다.
③ 낮은 연소범위에서도 점화원에 의하여 연소한다.
④ 연소형태는 액체 자체의 분해 연소이다.

> **해설**
> 제4류 위험물은 액체 증발에 의한 증발연소이다.

 **03** 다음 물질 중 물보다 비중이 작은 것으로만 이루어진 것은?

① 에테르, 이황화탄소  ② 벤젠, 글리세린
③ 가솔린, 메탄올   ④ 글리세린, 아닐린

> **해설**
> 물보다 비중이 큰 제 4류 위험물
>
> | 구 분 | 품명 |
> |---|---|
> | 특수인화물 | $CS_2$ |
> | 제2석유류 | 초산, 의산 |
> | 제3석유류 | 타르유, 에틸렌글리콜, 글리세린, 아닐린 |

**정답** 01 ② 02 ④ 03 ③

**●●● 04** | 제4류 위험물 중 석유류의 분류가 옳은 것은?

① 제1석유류 : 아세톤, 가솔린, 히드라진
② 제2석유류 : 등유, 경유, 테레핀유
③ 제3석유류 : 중유, 송근유, 클레오소오트유
④ 제4석유류 : 윤활유, 가소제, 에틸렌글리콜

> **해설**
> 히드라진은 제2석유류, 송근유는 제2석유류, 에틸렌글리콜은 제3석유류다.

**●○○ 05** | 제4류 위험물 취급, 화재 시 주의사항으로 틀린 것은?

① 통풍이 잘되는 냉암소에 저장한다.
② 2석유류의 초산, 의산은 비수용성으로 화재 시 수성막포를 사용해야 한다.
③ 증기는 낮은 곳에 체류하므로 환기에 주의한다.
④ 빈 용기라도 가연성 증기가 있을 수 있으므로 취급에 주의한다.

> **해설**
> 초산, 의산은 수용성으로 내알코포를 사용하여야 한다.

**●○○ 06** | 제4류 위험물의 일반적인 취급상의 주의사항으로 옳은 것은?

① 정전기가 축적되어 있으면 불꽃 방전에 의해서 착화되는 수가 있으므로 정전기가 축적되지 않도록 한다.
② 증기의 배출은 지표로 향하게 할 것
③ 위험물이 유출되었을 때 액면이 확대되지 않게 흙 등으로 조치한 후 자연증발 시킬 것
④ 독성이 없고 물에 녹지 않는 위험물을 폐기할 경우 물을 섞어 하수구에 버릴 것

> **해설**
> 증기는 상부로 배출시켜야 안전하며 위험물을 자연증발 시킬 경우 점화원에 의해 발화할 수 있으므로 빠른 회수장치가 필요하다. 또한 물에 녹지 않는 위험물은 반드시 유분리장치를 통해서 분리해야 한다.

**07** 다음 위험물을 취급할 때 충격, 마찰에 의한 위험이 가장 적은 물질은?

① $C_3H_5(ONO_2)_3$

② $(C_6H_5CO)_2O_2$

③ $C_6H_2CH_3(NO_2)_3$

④ $C_2H_4(OH)_2$

**해설**

제5류 위험물 : $C_3H_5(ONO_2)_3$ – 니트로글리세린(NG), $(C_6H_5CO)_2O_2$ – 과산화벤조일(BPO)

$C_6H_2CH_3(NO_2)_3$ – 트리니트로톨루엔(TNT)

제4류 위험물 : $C_2H_4(OH)_2$ – 에틸렌글리콜

 **08** 제4류 위험물의 소화에 가장 많이 사용되는 방법은?

① 다량의 물로 주수소화 한다.

② 연소물을 제거한다.

③ 공기를 차단한다.

④ 인화점 이하로 냉각한다.

**해설**

제4류 위험물은 질식소화, 연쇄반응 억제 소화 방법이 효과적이다.

 **09** 대량의 제4류 위험물 화재에 있어서 물로 소화하는 것은 적절하지 못한데 그 이유는 무엇인가?

① 가연성 가스를 발생한다.

② 연소하는 유면을 확대시킨다.

③ 유독성 가스가 발생한다.

④ 화재 온도가 높아 물의 수소결합이 파괴되어 폭발한다.

**해설**

제4류 위험물은 대부분 물보다 가벼워 물 위에 떠서 유면을 확대시킨다.

 **10** 다음 위험물의 화재 발생 시 소화제로 옳지 않은 것은?

① K – 탄산수소염류 분말소화약제

② $C_2H_5OC_2H_5$ – $CO_2$

③ Na – 마른모래

④ $C_6H_6$ – $H_2O$

**해설**

$C_6H_6$은 벤젠으로 제4류 위험물 중 제1석유류로서 물보다 가볍다.

**정답** 07 ④ 08 ③ 09 ② 10 ④

●○○ **11** 인화성액체 위험물 중 화재 발생 시 자극성 유독가스를 발생시키는 것은?

① 디에틸에테르 ② 이황화탄소
③ 콜로디온 ④ 아세트알데히드

> **해설**
> 연소 시 독성 발생하는 위험물
> 이황화탄소(황을 함유하고 있다), 피리딘, 벤젠, 톨루엔, 메틸알코올(공업용), 히드라진

●○○ **12** 인화성액체 위험물 중 독성 물질이 아닌 것은?

① 이황화탄소 ② 피리딘 ③ 아닐린 ④ 콜로디온

> **해설**
> 문제 11번 해설 참조

●○○ **13** 다음 특수인화물이 아닌 것은?

① 아세트알데히드 ② 에테르 ③ 이황화탄소 ④ 산화에틸렌

> **해설**
> 산화에틸렌이 아닌 산화프로필렌이 특수인화물이다.

●○○ **14** 제4류 위험물 중 제1석유류에 해당되는 것은?

① 아세톤 ② 중유 ③ 클레오소오트유 ④ 아닐린

> **해설**
> 중유, 클레오소오트유, 아닐린 – 제3석유류

●○○ **15** 다음 제4류 위험불 중 세2식유류에 해당히는 것은?

① 콜로디온 ② 테레핀유 ③ 휘발유 ④ 피리딘

> **해설**
> 휘발유, 피리딘, 콜로디온 – 제1석유류,  레핀유는 송정유로 제2석유류이다.

**정답** 11 ② 12 ④ 13 ④ 14 ① 15 ②

**16** 제3석유류에 해당하는 것은?

① 의산　　　　　　② 니트로벤젠　　　　③ 초산　　　　　　④ 크실렌

> 해설
> 의산, 초산, 크실렌 – 제2석유류

**17** 다음 위험물 중 독성이 강하고 제2석유류에 속하는 물질은 어느 것인가?

① $CH_3COOH$　　　　　　　　　　② $C_6H_6$
③ $C_6H_5CH = CH_2$　　　　　　　　④ $C_6H_5NH_2$

> 해설
> $C_6H_5CH = CH_2$ 스틸렌은 벤젠에서 유도된 물질로서 독성이 강하다.
> $CH_3COOH$는 초산으로 제2석유류에 속하지만 독성이 없고 $C_6H_6$(벤젠), $C_6H_5NH_2$(아닐린)은 독성이
> 강하지만 각각 제1석유류, 제3석유류에 속한다.

**18** 다음 중 3가 알코올에 해당되는 것은?

① 메탄올　　　　　　② 에탄올　　　　　③ 에틸렌글리콜　　　　④ 글리세린

> 해설
> 메탄올, 에탄올, 프로판올 – 1가 알코올(OH가 한 개), 에틸렌글리콜 $C_2H_4(OH)_2$ – 2가 알코올(OH가 두 개)
> 글리세린 $C_3H_5(OH)_3$ – 3가 알코올(OH가 세 개)

**19** 다음 인화성 액체 위험물의 제4석유류 지정수량으로 맞는 것은?

① 200 ℓ　　　　　② 2,000 ℓ　　　　　③ 4,000 ℓ　　　　　④ 6,000 ℓ

> 해설
> 제4석유류 – 지정수량 : 6,000 ℓ 이상

**20** 위험물안전관리법에서 정의한 제2석유류의 인화점은 얼마 미만인가?

① 21℃ 미만　　　　　　　　　　② 21℃ 이상 ~ 70℃ 미만
③ 70℃ 이상 ~ 200℃ 미만　　　　④ 70℃ 이상 ~ 250℃ 미만

> 해설
> 제2석유류 인화점 : 21℃ 이상 ~ 70℃ 미만　　　제3석유류 인화점 : 70℃ 이상 ~ 200℃ 미만

정답　16 ②　17 ③　18 ④　19 ④　20 ②

**21** 1기압에서 인화점이 21℃ 이상 70℃ 미만인 위험물은?

① 제2석유류 – 초산, 의산에스테르류　　② 제2석유류 – 등유, 경유

③ 제3석유류 – 중유, 클레오소오트유　　④ 제3석유류 – 니트로벤젠, 아닐린

> **해설**
> 제2석유류(인화점 : 21℃ 이상 ~ 70℃ 미만) : 초산, 의산, 클로로벤젠, 에틸벤젠, 스틸렌, 크실렌, 경유, 등유, 히드라진, 메틸셀로솔브, 에틸셀로솔브, 송근유, 송정유, 장뇌유

 **22** 다음 물질 중 인화점이 가장 낮은 것은?

① 에테르　　　　② 이황화탄소　　　　③ 아세톤　　　　④ 벤젠

> **해설**
> 에테르 : −45℃로 가장 낮다.

 **23** 다음 위험물 중 물에 잘 녹으면서 물보다 가벼우며 인화점이 가장 낮은 위험물은?

① 아세톤　　　　② 디에틸에테르　　　　③ 이황화탄소　　　　④ 산화프로필렌

> **해설**
> 디에틸에테르는 물에 녹지 않는다. 보기 중 산화프로필렌은 물에 잘 녹으며 인화점이 −37℃로 가장 낮다.

 **24** 다음 위험물 중 물보다 가볍고 인화점이 가장 낮은 물질은?

① 이황화탄소　　　　② 아세트알데히드　　　　③ 테레핀유　　　　④ 산화프로필렌

> **해설**
> 물보다 가볍고 인화점이 가장 낮은 것은 보기 중에서 아세트알데히드가 인화점이 −38℃로 가장 낮다.

 **25** 다음 중 휘발유의 인화점은?

① −18℃　　　　② −43℃　　　　③ 11℃　　　　④ 40℃

> **해설**
> 휘발유는 탄소수가 5개~9개로서 인화점은 −20℃ ~ −43℃ 정도다.
> 아세톤 : −18℃
> 메틸알코올 : 11℃
> 초산 : 40℃

 **정답** 　21 ②　22 ①　23 ④　24 ②　25 ②

●●● 26  다음 화합물 중 인화점이 가장 낮은 것은?

① 초산메틸　　　　② 초산에틸　　　　③ 초산부틸　　　　④ 초산아밀

> **해설**
> 파라핀계탄화수소의 경우 분자량이 많아질수록 인화점은 커진다. 초산아밀은 초산헥산을 말한다.

●●○ 27  "에테르 A, 아세톤 B, 피리딘 C, 톨루엔 D, 벤젠 E"라고 할 때 다음 중 인화점이 낮은 것부터 순서대로 되어 있는 것은?

① A－B－E－D－C　　　　　　　　② A－C－B－D－E
③ A－B－C－D－E　　　　　　　　④ A－D－C－B－E

> **해설**
> 에테르 : －45℃, 아세톤 : －18℃, 벤젠 : －11℃ 톨루엔 : 4.4℃, 피리딘 : 20℃,

●●○ 28  다음 위험물 중 물에 잘 녹는 것은?

① $CH_3CHO$　　　　　　　　　　② $C_2H_5OC_2H_5$
③ $P_4$　　　　　　　　　　　　　④ $C_2H_5ONO_2$

> **해설**
> 특수인화물 중 $CH_3CHO$(아세트알데히드)와 $CH_3CH_2CHO$(산화프로필렌)은 물에 잘 녹는다.
> $P_4$ : 황린(3류), $C_2H_5ONO_2$ : 질산에틸(5류)

●●○ 29  다음은 제4류 위험물 중 물에 잘 녹지 않는 물질은?

① 피리딘　　　　　② 아세톤　　　　　③ 초산에틸　　　　④ 아닐린

> **해설**
> 아닐린은 물에 녹지 않는다. 피리딘, 아세톤은 수용성이며 초산에틸은 수용성인 초산에서 수소가 알킬기인 에틸로 치환한 것으로 수용성은 아니지만 물에 녹는 성질이 있다.

●●○ 30  다음 위험물 취급 중 정전기의 발생시 위험이 가장 큰 물질은 어느 것인가?

① 가솔린　　　　② 아세톤　　　　③ 메탄올　　　　④ 과산화수소

> **해설**
> 인화점이 낮을수록 정전기 발생시 위험하다. 가솔린(휘발유) : －20 ～ －43℃, 아세톤 : －18℃,
> 메탄올 : 11℃, 과산화수소는 제6류 위험물인 불연성.

**정답**　26 ①　27 ①　28 ①　29 ④　30 ①

**●●● 31** 에테르가 공기와 장시간 접촉시 생성되는 것으로 불안정한 폭발성 물질에 해당하는 것은?

① 수산화물　　　　② 과산화물　　　　③ 질소화합물　　　　④ 에테르화합물

> **해설**
> 에테르는 공기 중에서 산화되어 과산화물 생성(폭발력이 강함)

**●●○ 32** 에테르의 성질을 설명한 것 중에서 틀린 것은?

① 알코올에는 잘 녹지 않으나 물에는 잘 녹는다.
② 제4류 위험물 중 가장 인화하기 쉬운 분류에 속한다.
③ 부도체로서 정전기를 발생하기 쉽다.
④ 소화약제로는 포소화약제가 적합하다.

> **해설**
> 특수인화물 중 에테르와 이황화탄소는 물에 녹지 않는다.

**●●● 33** 에테르를 저장, 취급할 때의 주의사항으로 틀린 것은?

① 장시간 공기와 접촉하고 있으면 과산화물이 생성되어 폭발 위험이 있다.
② 연소 범위는 가솔린보다 좁지만 인화점과 착화온도가 낮으므로 주의를 요한다.
③ 에테르는 비전도성이므로 정전기 발생에 주의를 요한다.
④ 소화방법으로는 질식소화, 부촉매에 의한 연쇄반응 억제소화가 적합하다.

> **해설**
> 에테르의 연소범위 : 1.9~48%,　가솔린의 연소범위 : 1.4~7.6%

**●●○ 34** 다음 설명은 $C_2H_5OC_2H_5$의 성상 및 보관방법에 대한 설명이다. 틀린 것은?

① 휘발성이 큰 액체로서 자극성의 마취작용이 있다.
② 무색의 액체로 인화점이 0℃보다 높다.
③ 보관할 때는 적갈색 병에 넣고 건조한 냉암소에 보관한다.
④ 햇빛에 노출하거나 장시간 공기와 접촉하면 폭발성의 과산화물이 생성 될 수 있다.

> **해설**
> 에테르의 인화점 : −45℃

●●○ **35** 디에틸에테르의 성상 중 틀리는 것은?

① 인화성이 강하며 증기는 마취성이 있다.
② 인화점 및 착화온도가 가솔린보다 낮다.
③ 연소범위가 가솔린보다 넓다.
④ 증기밀도가 가솔린보다 크다.

> **해설**
>
> $$증기밀도 = \frac{분자량}{22.4}$$
>
> • 가솔린은 탄소수가 5개~9개인 물질로서 $C_2H_5OC_2H_5$보다 분자량이 크다. 따라서 증기밀도는 에테르가 작다.

●●● **36** 아세트알데히드의 저장 시 주의점이 아닌 것은?

① 구리나 철의 합금 용기에 저장하여야 한다.
② 화기를 가까이 하여서는 아니 된다.
③ 용기의 파손에 주의한다.
④ 건조한 냉암소에 저장한다.

> **해설**
>
> 수은, 구리(동), 은, 마그네슘 또는 이들의 합금과 접촉시 폭발성 화합물 금속의 아세틸리드 생성한다.

●●● **37** 다음 제4류 위험물 중 연소범위가 가장 넓은 것은?

① 디에틸에테르            ② 산화프로필렌
③ 이황화탄소              ④ 아세트알데히드

> **해설**
>
> 아세트알데히드는 제4류 위험물 중 연소범위가 4.1~57%로서 가장 넓다

●●● **38** 산화프로필렌의 성상에 대한 설명 중 옳지 않는 것은?

① 은, 마그네슘 등과 접촉시 폭발성인 아세틸라이드를 생성한다.
② 연소 범위가 비교적 넓다.
③ 비점은 35℃이고 인화점은 −37℃이다.
④ 반응성이 작고, 증기밀도가 1보다 낮다.

> **해설**
>
> 산화프로필렌($CH_3CH_2CHO$)은 반응성이 풍부하여 여러 물질과 반응하며 60℃ 이상에서 수분 존재 시 격렬하게 중합반응 한다. $증기밀도 = \dfrac{분자량}{22.4} = \dfrac{58}{22.4} = 2.59$ 로서 1보다 크다.

 **정답**   35 ④   36 ①   37 ④   38 ④

**39** 산화프로필렌($CH_3CH_2CHO$)의 특징이 아닌 것은?

① 비점 및 인화점이 낮고 반응성이 적다.
② 연소범위가 넓다.
③ 증기를 흡입하면 인체에 해롭다.
④ 증기밀도가 1보다 크다.

> **해설**
> 산화프로필렌은 반응성이 풍부하여 여러 물질과 반응하고 특히 수은, 구리(동), 은, 마그네슘 등의 금속이나 합금과 반응하여 폭발성 아세틸라이드를 생성한다.

**40** 산화프로필렌의 특성 상 저장, 취급 시 주의사항 중 틀린 것은?

① 액체가 피부에 닿으면 화상을 입고 증기를 마시면 위독하다.
② 인화점이 0℃ 이하이므로 용기에 수납 밀전하고 불활성 가스로 채워둔다.
③ 반응성이 커서 증기나 액체는 구리, 은, 마그네슘 등의 금속이나 합금과 반응하여 아세틸라이드를 생성한다.
④ 연소범위가 좁고, 증기압이 낮으므로 위험성이 높다.

> **해설**
> 산화프로필렌은 연소범위가 2.5~38.5%로서 비교적 넓고 증기압이 커 위험성이 크다.

**41** 발화의 위험성으로 인해 석유, 유동파라핀, 물 속 등에 저장하지 않은 것은?

① 황린          ② 포르말린          ③ 칼륨          ④ 이황화탄소

> **해설**
> • 포르말린은 포름알데히드(HCHO)의 37% 정도 수용액으로서 별도의 물질 속에 저장하지 않는다.
> • 황린, 이황화탄소 : 물속 저장
> • 칼륨, 나트륨 : 석유, 유동파라핀 등에 저장

**42** 제4류 위험물 중 착화온도가 가장 낮고 대단히 휘발하기 쉬우므로 용기나 탱크에 저장시 물로 덮어서 증기의 증발을 막는 위험물은 어느 것인가?

① 이황화탄소      ② 콜로디온      ③ 에틸에테르      ④ 가솔린

> **해설**
> 이황화탄소는 증기의 증발을 막기 위해 물속에 저장한다.

 **43** $CS_2$를 물속에 저장하는 이유는 무엇인가?

① 착화온도가 낮아 상온에서 발화하기 때문
② 가연성 증기의 발생을 방지하기 위해
③ 상온에서 수소 가스를 방출하기 때문
④ 공기와 접촉시 폭발의 위험성이 크기 때문

> **해설**
> 제2류 위험물 – 착화온도가 낮아 발화하기 쉽다.
> 제4류 위험물인 이황화탄소는 가연성 증기의 발생이 쉬워 점화원이 있으면 발화한다.

 **44** 아세톤의 일반적인 성상에 관한 설명이다. 틀린 것은?

① 물에 잘 녹는다.
② 일광에 쪼이면 환원 중합된다.
③ 요오드포름 반응을 일으킨다.
④ 아세틸렌을 녹이므로 아세틸렌 저장에 이용된다.

> **해설**
> 아세톤은 수용성으로 물에 잘 녹고 가열시 증발된다.

 **45** 다음은 아세톤에 대한 성질이다. 틀린 것은?

① 아세틸렌의 저장에 이용된다.      ② 증기비중이 1보다 작다.
③ 상온에서도 인화의 위험이 매우 높다.      ④ 요오드포름 반응을 일으킨다.

> **해설**
> 아세톤은 $CH_3COCH_3$로서 증기비중 $= \dfrac{분자량}{29} = \dfrac{58}{29} = 2.59$ 로 1보다 크다.

**정답**   42 ①   43 ②   44 ②   45 ②

**46** 아세톤의 일반적 성질에 맞지 않는 것은?

① 독특한 향기를 낸다.      ② 대단히 휘발하기 쉬운 무색 액체이다.
③ 보관 중 황색으로 변한다.      ④ 일광에 쪼이면 중합된다.

> **해설**
> 아세톤은 수용성으로 물에 잘 녹고 가열시 증발된다.

 **47** 가솔린의 성질 중 옳지 않은 것은?

① 휘발성의 무색 액체이다.      ② 가솔린은 화학적으로 단일 물질이다
③ 발화점은 300℃이다.      ④ 증기는 공기보다 약 3~4배 무겁다.

> **해설**
> 가솔린은 무색(보통은 노란색) 액체로서 탄소(5~9개)와 수소로 이루어진 지방족 탄화수소이다.

 **48** 다음 중 4류 위험물의 BTX에 속하지 않는 것은?

① 벤젠      ② 톨루엔
③ 스틸렌      ④ 크실렌

> **해설**
> BTX(합성섬유) = 벤젠, 톨루엔, 크실렌

 **49** 벤젠의 성질에 대한 설명 중 틀린 것은?

① 증기는 유독하다.
② 정전기가 발생해도 그다지 위험하지는 않다.
③ $CS_2$보다 인화점이 높다.
④ 방향족 탄화수소로 독특한 냄새가 있는 무색의 액체이다.

> **해설**
> 벤젠은 최소점화에너지가 0.2 mJ로서 매우 작으며 점화원에 의해 연소한다.

●○○ **50** 톨루엔의 일반적 성질에 대하여 다음 중 틀린 것은?

① 증기밀도는 공기보다 작다.
② 인화점이 낮고 물에는 녹지 않는다.
③ 휘발성이 있는 무색 투명한 액체이다.
④ 증기는 독성이 있지만 벤젠에 비해 약한 편이다.

> **해설**
>
> 증기밀도 $= \dfrac{분자량}{22.4} = \dfrac{92}{22.4} = 4.1$ 로서 공기의 증기밀도 1.29보다 크다.
> 톨루엔은 벤젠의 수소 1개가 메틸로 치환한 물질로서 독성은 벤젠보다 약하다.

●●● **51** 다음 설명은 어떤 물질을 설명하고 있는가?

이 물질의 용제가 알코올, 에테르이므로 상온에서 휘발하여 인화되기 쉽고, 용제가 휘발하면 폭발성의 니트로셀룰로오스가 남는다.

① 산화프로필렌 　　② 에테르 　　③ 아세틸라이드 　　④ 콜로디온

●●○ **52** 콜로디온은 질화도가 낮은 질화면을 에틸알코올과 에테르의 비율을 몇 대 몇으로 혼합한 액에 녹인 것인가?

① 1 : 2 　　　　② 2 : 1 　　　　③ 1 : 3 　　　　④ 3 : 1

> **해설**
>
> 콜로디온은 질화도가 낮은 질화면을 에틸알코올과 에테르의 비율을 3 : 1 혼합한 액에 녹인 것이다.

●○○ **53** 의산(포름산, 개미산)에틸의 성질 중 틀린 것은?

① 증기는 다소 마취성이 있으나 독성은 없다.
② 유기용매와는 자유로이 혼합되나 물과는 혼합되지 않는다.
③ 휘발하기 쉽고 인화성인 액체이다.
④ 부식성이 있으며 피부에 접촉 시 수포성의 화상을 입는다.

> **해설**
>
> 의산에틸은 수용성인 의산에서 수소 1개가 에틸로 치환한 것으로 물에 잘 녹지는 않지만 녹는 성질이 있다.

**정답** 　50 ① 　51 ④ 　52 ④ 　53 ②

**54** 다음 제 4류 위험물의 알코올류에 해당하지 않는 것은?

① 고형알코올 ② 메틸알코올 ③ 에틸알코올 ④ 변성알코올

 해설

알코올의 종류 - 메틸알코올, 에틸알코올, 이소프로필알코올, 변성알코올이며 고형알코올은 제2류 위험물의 인화성 고체이다.

**55** 다음 위험물 중 알코올류에 속하지 않는 것은?

① 에틸알코올 ② 메틸알코올 ③ 변성알코올 ④ 제삼부틸알코올

 해설

알코올의 종류 - 메틸알코올, 에틸알코올, 이소프로필알코올, 변성알코올이며 부틸알코올은 제2류 위험물의 인화성 고체이다.

**56** 메탄올 성상으로 옳지 않은 것은?

① 인화점은 에탄올보다 크다. ② 연소범위는 에틸알코올보다 넓다.
③ 독성이 있다. ④ 증기는 공기보다 약간 무겁다.

 해설

| 구 분 | 인화점 | 발화점 | 연소범위 |
|---|---|---|---|
| 메틸알코올 $CH_3OH$ | 11℃ | 464℃ | 6.0 ~ 36% |
| 에틸알코올 $C_2H_5OH$ | 13℃ | 423℃ | 3.3 ~ 19% |
| 프로필알코올 $C_3H_7OH$ | 15℃ | 404℃ | 2.0 ~ 12.7% |

분자량이 많아질수록 인화점은 커지고 연소범위는 좁아지며 발화점은 낮아진다.

**57** 제4류 위험물의 알코올류 중 폭발범위와 인화점 면으로 보아서 가장 위험성이 큰 것은 어느 것인가?

① 메탄올 ② 에탄올 ③ 프로판올 ④ 부탄올

 해설

문제 56번 해설 참조

**58** 제4류 위험물의 알코올류 중 발화점이 가장 낮은 것은?

① 메탄올 ② 에탄올 ③ 프로판올 ④ 부탄올

 해설

부탄올은 제2석유류이다.

정답 54 ① 55 ④ 56 ① 57 ① 58 ③

••• 59  **알코올류에서 탄소수가 증가할 때 변화하는 현상이 아닌 것은?**

① 인화점이 높아진다.　　　　　　　② 수용성이 감소된다.

③ 연소범위가 좁아진다.　　　　　　④ 발화점이 높아진다.

> **해설**
>
> 알코올류는 탄소수가 증가할수록(분자량이 많아질수록) 인화점이 높아지고, 발화점이 낮아지고, 연소범위가 좁아지며, 수용성이 감소하는 특성이 있다.

•○○ 60  **메틸알코올에 대한 설명 중 틀린 것은?**

① 증기는 가열된 산화구리를 환원하여 구리를 만들고 포름알데히드가 된다.

② 물에 잘 녹는다.

③ 연소 범위는 에틸알코올보다 넓다.

④ 주정이라고 부른다.

> **해설**
>
> 메틸알코올은 공업용으로 나무를 건류할 때 생기는 수용액 속에 들어 있어 목정이라 부르고 주정은 에틸알코올을 말한다. 메틸알코올은 산화구리를 환원시키는 대신 자기 자신은 산화하여(수소 2개를 잃음) HCOH의 포름알데히드가 된다.

••○ 61  **다음 중 에탄올과 이성질체의 관계가 있는 것은?**

① $CH_3OCH_3$　　　　　　　　　　② $CH_3CHO$

③ $CH_3COOH$　　　　　　　　　　④ $CH_3OH$

> **해설**
>
> 이성질체란 화학식은 같지만 구조가 서로 다른 분자를 말한다.
> $C_2H_5OH$은 에테르 $CH_3OCH_3$와 이성질체이다.

•○○ 62  **에틸렌글리콜에 대한 설명으로 옳지 않은 것은?**

① 갈색의 액체로 방향성이 있고 쓴맛이 난다.

② 물, 알코올 등에 잘 녹는다.

③ 분자량은 약 62이고 비중은 1.1이다.

④ 자동차 등의 부동액에 사용된다.

> **해설**
>
> $C_2H_4(OH)_2$ : 2가 알코올로서 독성이 있으며 무색으로서 단맛이 난다.

**정답** 59 ④　60 ④　61 ①　62 ①

**63** 클로로벤젠에 대한 설명 중 옳은 것은?

① 물에 잘 녹는 성질이 있다.
② 독성이 있고 은색의 액체이다.
③ 인화점은 중유보다 높다.
④ 제2석유류에 속한다.

> **해설**
> 인화점이 32℃인 무색의 클로로벤젠은 제2석유류로 제3석유류인 중유보다 인화점이 낮다.
> 독성이 강한 벤젠에서 유도된 물질로서 비수용성이며 독성이 강하다.

**64** 동·식물유류에 관한 설명 중 틀린 것은?

① 요오드값이 클수록 자연발화 위험이 크다.
② 요오드값 130 이상인 것을 건성유라 한다.
③ 동·식물유류는 연소위험성은 제3석유류보다 높다.
④ 아마인유는 건성유이므로 자연발화 위험이 있다.

> **해설**
> 동·식물유류는 인화점이 제3석유류보다 높아 연소위험성이 제3석유류보다 낮다.

**65** 동·식물유류의 저장 및 취급방법으로 옳지 않은 것은?

① 액체 누설에 주의하고 화기접근을 피한다.
② 인화점 이상으로 가열하지 않도록 주의한다.
③ 건성유는 섬유류 등에 스며들지 않도록 한다.
④ 불건성유는 공기 중에서 쉽게 굳어지므로 질소로 퍼지시켜 불활성화 해야 한다.

> **해설**
> 불건성유는 공기 중에서 굳지 않으며 산소와 친화력이 작아 자연발화의 우려가 없어 퍼지할 필요가 없다.
> 퍼지란 불활성화 하는 방법을 말한다. (소방안전관리론 참조)

**66** 동·식물유류가 흡수된 기름걸레를 보아둔 곳에시 화제가 발생한 이유가 아닌 것은?

① 습도가 높았다.
② 산화되기 쉬운 기름이었다.
③ 통풍이 잘 되는 곳에 쌓여 있었다.
④ 온도가 높은 곳에 대량으로 쌓여 있었다.

> **해설**
> 자연발화의 조건
> - 습도가 높고 온도가 높아야 한다. 통풍이 잘 되면 공기에 의해 냉각되므로 자연발화 조건과 멀다.

**정답** 63 ④  64 ③  65 ④  66 ③

**●●○ 67** 동·식물유류의 성질로서 옳은 것은?

① 보통 인화점이 높다.
② 요오드가 130 이상인 것을 불건성유라고 한다.
③ 돼지기름, 소기름은 동식물유류에 속하지 않는다.
④ 분자 속에 불포화결합이 많을수록 건조되기 어렵다.

> **해설**
> 동·식물유류는 인화점이 제4류 위험물 중 가장 높으며 유지의 불포화도가 크면 많은 요오드가 함유되며 그 값이 130 이상인 것을 건성유라고 한다. 건성유는 산소와의 결합력이 좋아 자연발화하기 쉽다.

**●●● 68** 다음 설명 중 옳은 것은?

① 건성유는 공기 중의 산소와 반응하여 자연발화를 일으킨다.
② 요오드값이 클수록 불포화결합은 적다.
③ 불포화도가 크면 산소와의 결합이 어렵다.
④ 반건성유는 요오드값이 100 이상 140 미만이다.

> **해설**
> 유지의 불포화도가 크면 많은 요오드가 함유되며 요오드 값(g)이 130 이상인 것을 건성유라고 한다.
> 건성유는 산소와 결합력이 좋아 자연발화하기 쉽다.
>
> | 구 분 | 건성유 | 반건성유 | 불건성유 |
> |---|---|---|---|
> | 요오드값 | 130 이상 | 100 초과 ~ 130 미만 | 100 이하 |
> | 종 류 | 정어리기름, 동유, 해바라기유, 아마인유, 들기름 | 콩기름, 참기름, 옥수수기름, 면실유 | 돼지기름, 올리브유, 땅콩기름, 야자유, 동백유, 피마자유(아주까리 기름) |
> | 요오드값 | 100 g의 유지가 흡수하는 요오드의 g 수 | | |

**5** 제5류 위험물

**(1) 분류 및 대표성질**

**고체 또는 액체**로서 **폭발의 위험성** 또는 **가열분해의 격렬함**에 대한 성질과 상태를 나타내는 것을 말한다.

| 대표성상 | 품명 | 위험등급 | 지정수량 | 예방대책 및 소화방법 |
|---|---|---|---|---|
| ☞ 자기반응성물질<br><br>1. 자기반응성<br> 1) 산소를 함유한 가연성 물질로서 연소 시 자기연소하며 연소속도가 매우 **빠르다.**<br> 2) 산소 공급 없이도 가열, 충격, 마찰 또는 접촉에 의해 착화, 폭발 용이<br> 3) 대기 중에서 장기간 방치 시 산화반응에 의한 열분해로 자연발화(강산화성) | 유기과산화물<br>질산에스테르류 | I | 10 kg | 1. 예방대책<br> 1) 화염, 불꽃 등의 점화원 엄금<br> 2) 가열, 충격, 마찰을 피한다.<br> 3) 강산화제, 강산류 혼촉 금지<br> 4) 소량씩 저장<br> 5) 안정제의 증발 억제<br> 6) **화기엄금, 충격주의** |
| | 히드록실아민<br>히드록실아민염류 | II | 100 kg | |
| 2. 물질<br> 1) 가연성의 액체 및 고체<br> 2) 물에 불용성, 유기용제에는 잘 용해된다.<br>  히드라진유도체는 반대<br>  (트리니트로페놀은 냉수에 잘 녹지 않고 온수에 잘 녹는다.)<br> 3) **연소시 다량의 유독성가스 발생**<br> 4) 강산화제, 강산류와 혼합 시 위험성 증대<br> 5) 히드라진유도체를 제외하고 유기화합물 또는 질소를 함유한 유기질소화합물이다 | 니트로화합물<br>니트로소화합물<br>아조화합물<br>디아조화합물<br>히드라진 유도체 | II | 200 kg | 2. 소화방법<br> 1) 화재 초기<br>  • **다량의 주수**에 의한 **냉각소화**<br>  • **질식소화는 적응성 없음**<br> 2) 공기호흡기 등의 보호장구 착용<br> 3) 폭발대비 충분한 안전거리 확보 |
| | 금속의 아지화합물<br>질산구아니딘 | II | 200 kg | |

### (2) 품명별 물성 및 특성

① 유기과산화물

    ㉠ 불안정한 분자구조(–O···O–)를 가진 산화물 ➔ 가열, 충격, 마찰에 의해 쉽게 분해, 폭발

    ㉡ 과산화수소($H_2O_2$)의 수소원자 ➔ 유기기(탄소를 함유한 알킬기 등)로 치환

    ㉢ 저장·취급 : 불활성 용매, 가소제, 물로 희석(건조나 고농도의 상태가 되지 않도록 관리)

| 과산화벤조일<br>$(C_6H_5CO)_2O_2$<br>BPO<br>벤조일퍼옥사이드<br><br>과산화벤조일 | ① 무색 무취 백색 결정의 고체(비중 1.33)<br>② 건조한 상태에서는 위험하여 수분에 흡수시켜 저장 및 이송<br>③ 폭발성 감소제(희석제)<br>   프탈산디메틸$(COOCH_3)_2$, 프탈산디부틸$(COOC_4H_9)_2$<br>④ 연소 시 흰 연기 발생<br>⑤ 발화점 125℃, 융점 103~105℃ |
|---|---|
| 과산화메틸에틸케톤<br>$(CH_3COC_2H_5)_2O_2$<br>MEKPO | ① 무색, 특이한 냄새가 나는 기름모양의 액체<br>② 희석제는 과산화벤조일과 동일<br>③ 수은, 철, 납, 구리합금, 알칼리금속에 접촉시 분해<br>④ 연소 시 흰 연기 발생<br>⑤ 인화점 172℃, 발화점 177℃ |

② 질산에스테르류( – $ONO_2$ )

    질산의($HNO_3$) 수소원자를 알킬기로 치환된 화합물로서 폭약의 원료로 많이 사용

| 니트로셀룰로오스<br>NC<br>$[C_6H_7O_2(ONO_2)_3]_n$<br>질화면, 면(화)약<br>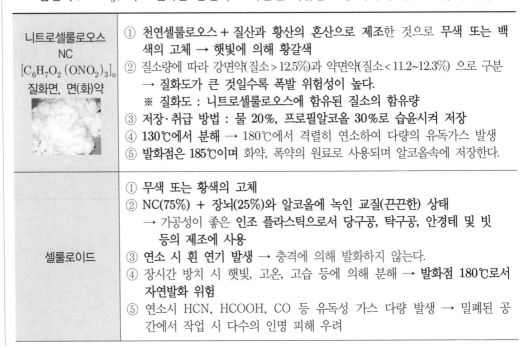 | ① 천연셀룰로오스 + 질산과 황산의 혼산으로 제조한 것으로 무색 또는 백색의 고체 → 햇빛에 의해 황갈색<br>② 질소량에 따라 강면약(질소 > 12.5%)과 약면약(질소 < 11.2~12.3%) 으로 구분 → 질화도가 큰 것일수록 폭발 위험성이 높다.<br>  ※ 질화도 : 니트로셀룰로오스에 함유된 질소의 함유량<br>③ 저장·취급 방법 : 물 20%, 프로필알코올 30%로 습윤시켜 저장<br>④ 130℃에서 분해 → 180℃에서 격렬히 연소하여 다량의 유독가스 발생<br>⑤ 발화점은 185℃이며 화약, 폭약의 원료로 사용되며 알코올속에 저장한다. |
|---|---|
| 셀룰로이드 | ① 무색 또는 황색의 고체<br>② NC(75%) + 장뇌(25%)와 알코올에 녹인 교질(끈끈한) 상태<br>   → 가공성이 좋은 인조 플라스틱으로서 당구공, 탁구공, 안경테 및 빗 등의 제조에 사용<br>③ 연소 시 흰 연기 발생 → 충격에 의해 발화하지 않는다.<br>④ 장시간 방치 시 햇빛, 고온, 고습 등에 의해 분해 → **발화점 180℃로서 자연발화 위험**<br>⑤ 연소시 HCN, HCOOH, CO 등 유독성 가스 다량 발생 → 밀폐된 공간에서 작업 시 다수의 인명 피해 우려 |

| 질산메틸<br>$CH_3ONO_2$ | ① 무색, 투명, 단맛의 액체로서 독성이 있다.<br>② 인화점이 15℃로서 인화의 위험성이 크다 – 로켓 추진제로도 사용<br>③ 메틸알코올과 질산의 반응으로 생성<br>　→ $CH_3OH + HNO_3 \rightarrow CH_3ONO_2 + H_2O$ |
|---|---|
| 질산에틸<br>$C_2H_5ONO_2$ | ① 무색 액체이며 인화점이 10℃로서 인화의 위험성이 크다.<br>② 에틸알코올과 질산의 반응으로 생성<br>　→ $C_2H_5OH + HNO_3 \rightarrow C_2H_5ONO_2 + H_2O$ |
| 니트로글리콜<br>$C_2H_4(ONO_2)_2$ | ① 무색(공업용은 분홍색) 단맛의 액체<br>② 에틸렌글리콜(2가알코올) + 질산과 황산의 혼산으로 제조 |
| 니트로글리세린<br>NG<br>$C_3H_5(ONO_2)_3$ | ① 무색 투명(공업용은 담황색)이고 단맛이 나는 액체이며 겨울철 동결됨<br>② 글리세린(3가 알코올) + 질산과 황산의 혼산으로 제조<br>③ 40 ~ 50℃에서 분해 → 145℃ 격렬히 분해<br>④ 저장·취급 : 다공성 물질(규조토)에 흡수시켜 저장 → 다이나마이트<br>⑤ 약한 충격에도 폭발하여 폭굉의 우려 있어 액체 상태 운반 금지<br>⑥ 니트로글리세린의 분해반응식<br>　$4C_3H_5(ONO_2)_3 \rightarrow 12CO_2 + 10H_2O + 6N_2 + O_2\uparrow$ |

③ 히드록실아민, 히드록실아민염류

④ 니트로 화합물

　㉠ 유기화합물의 수소원자를 니트로기($-NO_2$)로 치환한 화합물

　㉡ 니트로기가 많을수록 연소 쉽고 폭발력 커짐, 공기 중 자연 발화 위험성이 없다.

　㉢ 연소 시 $CO$, $N_2O$ 등 유독가스 다량 발생

　㉣ 용 도 : 화약 등의 폭약으로 사용

| 트리니트로톨루엔<br>(TNT)<br>$C_6H_2CH_3(NO_2)_3$<br> | ① 순수한 것은 무색이며 담황색의 고체<br>② 충격에는 민감하지 않으나 급격한 타격에 의하여 폭발한다.<br>③ 충격감도는 피크린산 보다 둔감함(강력한 폭약)<br>④ TNT의 분해반응식<br>　$2C_6H_2CH_3(NO_2)_3 \rightarrow 12CO + 2C + 3N_2\uparrow + 5H_2\uparrow$<br>⑤ 비점 280℃, 융점 81℃, 발화점 300℃, 비중 1.66 |
|---|---|
| 트리니트로페놀<br>(피크린산)<br>$C_6H_2OH(NO_2)_3$<br> | ① 순수한 것은 무색 공업용은 황색의 고체, 쓴맛, 독성이 있다.<br>② 단독적으로는 가열, 충격 시에도 안정한 편이다.<br>③ 냉수에 조금 녹고 온수에 잘 녹는다.<br>④ 금속과 반응 시 수소가 발생하며 검은 연기가 발생한다.<br>⑤ 금속염, 가솔린, 황 등과 혼합 시 심하게 폭발한다.<br>⑥ 피크린산(TNP)의 분해반응식<br>　$2C_6H_2OH(NO_2)_3 \rightarrow 4CO_2 + 6CO + 2C + 3N_2\uparrow + 3H_2\uparrow$<br>⑦ 비점 255℃, 융점 122.5℃, 발화점 300℃, 비중 1.8 |

• 기타종류 – 디 니트로 벤젠[$C_6H_4(NO_2)_2$ Di Nitro Benzene]

디 니트로 톨루엔[$C_6H_3CH_3(NO_2)_2$ Di Nitro Toluene]

디 니트로 페놀[($C_6H_4OH(NO_2)_2$ Di Nitro Phenol]

⑤ 니트로소 화합물

㉠ **니트로소기(–NO)를 가진 화합물**

㉡ 대부분 불안정하며 연소속도가 빠르다.

㉢ 종류 : 파라 디니트로소 벤젠 $C_6H_4(NO)_2$,

디니트로소 레조르신 $C_6H_2OH_2(NO)_2$

디니트로소 펜타메틸렌테드라민 $C_5H_{10}N_4(NO)_2$

㉣ 위험성 : 분해, 가열, 충격에 의해 폭발, 연소생성물 유독

⑥ 아조화합물

㉠ **아조기( – N = N – )가 주성분으로 함유된 물질**

㉡ 종류 : 아조디카르본아미드, 아조벤젠, 디아조아미노벤젠

㉢ 위험성 : 가열에 의한 발포 공정시 폭발적으로 분해

㉣ 용도 : P.E(폴리에틸렌), P.P(폴리프로필렌), PVC(폴리염화비닐) 등의 합성수지 발포제

⑦ 디아조 화합물

㉠ **디아조기( –N ≡ N–)를 가진 화합물**

㉡ 종 류 : 디아조디니트로페놀

㉢ 위험성 : 가열, 충격에 의해 폭발하여 안정제로 황산알루미늄 사용

㉣ 용 도 : 기폭제, 공업용 뇌관

⑧ 히드라진 유도체($H_4N_2$)

㉠ **무색 액체로서 맹독성, 부식성 물질, 암모니아 냄새가 난다.**

㉡ 열에 의해 분해 : 암모니아($NH_3$) 발생

㉢ 인화점 : 38℃, 발화점 : 270℃

㉣ 종 류 : 염산히드라진 $N_2H_4HCl$,

황산히드라진 $N_2H_4H_2SO_4$

디에틸히드라진 $N_2H_4(C_2H_5)_2$

㉤ 용 도 : 발포제의 원료, 의약 및 농약의 합성원료

# 실전 예상문제

 **01** 제5류 위험물의 공통성질이 아닌 것은?

① 자연발화의 위험성을 갖는다.
② 물에는 녹지 않고 유기용매에는 잘 녹는다.
③ 산소 공급 없이 자기연소를 한다.
④ 가열, 충격, 마찰 등으로 폭발의 위험이 있는 산화성 액체이다.

**해설**
산화성액체는 제6류 위험물이다.

 **02** 제5류 위험물 중 니트로화합물의 지정수량은?

① 10 kg          ② 100 kg          ③ 200 kg          ④ 300 kg

**해설**
니트로화합물은 위험등급 2등급이고 지정수량은 200 kg으로서 자연발화 위험성이 없다.

 **03** 제5류 위험물의 특징에 대한 설명으로 옳은 것은?

① 자기반응성 유기화합물로 가열, 충격, 마찰에 의한 폭발 및 자연발화의 위험성을 갖는다.
② 가열, 충격, 마찰에는 위험성을 갖는 자기반응성 무기화합물이다.
③ 자기반응성 무기화합물로 가열, 충격, 마찰에 의한 폭발 및 자연발화의 위험성이 없다.
④ 자기반응성 유기화합물로 착화, 폭발이 잘 일어나지 않는다.

**해설**
제5류 위험물은 유기화합물로서 가열, 충격, 마찰에 폭발의 우려가 있으며 자연발화의 위험성이 있다.

 **04** 제5류 위험물에 해당하지 않은 것은?

① 피크린산                    ② 니트로벤젠
③ 니트로글리콜                ④ 니트로글리세린

**해설**
니트로벤젠은 제4류 위험물의 제3석유류이다.

**정답**  01 ④   02 ③   03 ①   04 ②

**05** 위험물안전관리법령에서 규정한 제5류 위험물 중 니트로화합물은?

① 트리니트로톨루엔 ② 니트로벤젠
③ 니트로글리세린 ④ 니트로글리콜

> **해설**
> 니트로화합물은 니트로기($-NO_2$)를 가진 화합물로서 트리니트로톨루엔, 트리니트로페놀 등이 있다.

 **06** 자체에서 산소를 함유하고 있어 공기 중의 산소를 필요로 하지 않고 자기연소하는 것은 어느 것인가?

① 의산에스테르류 ② 히드라진
③ 초산에스테르류 ④ 질산에스테르류

> **해설**
> 의산에스테르류, 히드라진, 초산에스테르류는 인화성 액체의 제4류 위험물이다.

 **07** 물에 잘 녹지 않고 물과 반응하지 않기 때문에 물에 의한 냉각소화가 효과적인 것은?

① 제2류 위험물 ② 제3류 위험물
③ 제4류 위험물 ④ 제5류 위험물

> **해설**
> 2류의 금속분 등, 3류(황린 제외), 4류 위험물은 물에 의한 소화가 부적합하다.

 **08** 화재 초기를 지난 제5류 위험물의 소화방법으로 적합한 것은?

① 이산화탄소소화약제에 의한 질식소화 및 냉각소화
② 포소화설비에 의한 질식소화
③ 다량의 물에 의한 냉각소화
④ 연쇄반응에 억제에 의한 소화

> **해설**
> 제5류 위험물은 물에 의한 냉각소화가 적합하다. 자기연소성 물질로서 질식소화는 불가능하다.

**정답** 05 ① 06 ④ 07 ④ 08 ③

**09** 벤조일퍼옥사이드의 일반적인 성질에 대한 설명 중 틀린 것은?

① 상온에서 안정하다.　　　　　　　② 물에 잘 녹는다.
③ 강한 산화성 물질이다.　　　　　　④ 가열, 충격, 마찰에 폭발의 우려가 있다.

제5류 위험물은 히드라진유도체를 제외하고 물에 녹지 않는다. 피크린산은 온수에 잘 녹는다.

**10** 순도가 높은 과산화벤조일의 희석제로서 옳은 것은?

① 묽은 황산　　　② 질소　　　③ 이산화망간　　　④ 프탈산디부틸

과산화퍼옥사이드, 과산화메틸에틸케톤의 희석제로는 프탈산디메틸, 프탈산디부틸을 사용한다.

**11** 과산화벤조일의 저장 및 취급사항으로 옳지 않은 것은?

① 단독적으로 안정하지만 다른 물질과 혼합하면 위험하다.
② 환기가 잘되는 냉암소에 저장해야 한다.
③ 산화성 물질과의 혼합을 피해야 한다.
④ 가열, 마찰, 충격 등을 피해야 한다.

유기과산화물은 과산화수소의 수소가 유기기로 치환한 것으로 안정한 물분자에 산소 1개가 더 있는 $-O\cdots O-$의 불안정한 구조를 가지고 있다.

과산화벤조일　　　　　니트로셀룰로오스

**12** 질화면을 강면약과 약면약으로 구분하는 기준은?

① 물질의 경화도　　　　　　　　　② 수산기의 수
③ 질산기의 수　　　　　　　　　　④ 탄소 함유량

질소량에 따라 강면약(질소 > 12.5%)과 약면약(질소 < 11.2~12.3%) 으로 구분
→ 질화도가 큰 것일수록 폭발 위험성이 높다.
※ 질화도 : 니트로셀룰로오스에 함유된 질소의 함유량

**●●○ 13** | **니트로셀룰로오스의 저장 및 취급상 틀린 것은?**

① 온도가 낮은 찬 곳에 저장한다.
② 햇빛이 잘 들어오는 건조한 곳에 저장한다.
③ 알코올로 적신 후 안정제를 가하여 저장한다.
④ 타격, 마찰이 발생하지 않은 장소에 보관한다.

> **해설**
> 모든 위험물은 건조한 냉암소에 저장한다. 즉 어두워야 하므로 햇빛을 차단해야 한다.

**●○○ 14** | **니트로셀룰로오스에 대해서 옳은 것은?**

① 천연셀룰로오스와 글리세린의 혼합물이다.
② 셀룰로이드의 염산화합물이다.
③ 제5류 질산에스테르류에 속한다.
④ 글리세린에 질산과 황산의 혼산으로 제조한 것이다.

> **해설**
> 천연셀룰로오스+질산과 황산의 혼산으로 제조한 것으로 무색 또는 백색의 고체 → 햇빛에 의해 황갈색으로 변한다.
> 니트로글리세린은 글리세린(3가 알코올) + 질산과 황산의 혼산으로 제조한 것으로 상온 액체이며 겨울철 동결됨

**●●● 15** | **셀룰로이드의 위험성에 맞지 않는 것은?**

① 충격에 의하여 발화, 폭발한다.
② 화염에 닿으면 착화한다.
③ 연소속도가 빠르다.
④ 공기 중의 습도와 온도가 높을 때 자연발화를 일으키는 위험이 있다.

> **해설**
> 셀룰로이드는 인조플라스틱으로 당구공, 탁구공, 안경테 등의 재료로 사용되며 충격에 의해 발화하지 않는다.

**●●○ 16** | **셀룰로이드를 취급할 때 주의사항으로 틀린 것은?**

① 냄새가 나거나 변색된 것은 열분해가 진행되고 있는 것이다.
② 저장하는 실내는 저온하고 습도를 높여야 한다.
③ 알코올용액(30%)으로 습면하고 저장한다.
④ 분해시 발생하는 열이 축적되지 않도록 밀폐용기의 사용을 금한다.

> **해설**
> 제5류 위험물 저장장소는 저온 저습(건조)한 곳이어야 한다.

**정답** 13 ② 14 ③ 15 ① 16 ②

**••• 17** 셀룰로이드를 다량 저장할 경우 적절한 저장소는?

① 고온 다습한 장소
② 고온 저습한 장소
③ 저온, 다습한 장소
④ 저온, 저습한 장소

제5류 위험물 저장장소는 저온 저습(건조)한 곳이어야 한다.

**•○○ 18** 질산에틸의 성상 중 옳은 것은?

① 황색이고 불쾌한 냄새가 난다.
② 알코올에는 녹지 않는다.
③ 물에는 아주 잘 녹는다.
④ 상온에서는 액체이다.

제5류 위험물은 히드라진유도체를 제외하고 물에 녹지 않는다. 피크린산은 온수에 잘 녹는다.
질산에틸은 향기가 있고 단맛이 나는 무색의 액체로서 휘발성이 강하며 불용성이나 알코올에는 잘 녹는다.

**•○○ 19** 질산에틸의 성상에 관한 설명 중 틀린 것은?

① 향기를 갖고 단맛이 있는 무색의 액체이다.
② 휘발성 물질로 그 증기 밀도는 공기보다 가볍다.
③ 물에는 녹지 않으나 알코올에 녹으며 용제로 사용된다.
④ 상온에서 가연성 증기를 발생하며 인화의 위험성이 있다.

질산에틸의 분자식은 $C_2H_5ONO_2$로서 공기의 분자량(29)보다 크므로 증기밀도는 공기보다 무겁다.

**•○○ 20** 질산에스테르류로서 규조토에 어떤 위험물을 흡수시켜 다이나마이트를 제조하는가?

① 니트로셀룰로오스
② 질산에틸
③ 니트로글리세린
④ 트리니트로톨루엔

니트로글리세린은 다공성 물질(규조토)에 흡수시켜 저장하는데 이를 다이나마이트라고 한다.

**21** TNT는 다음 어느 물질의 유도체인가?

① 톨루엔        ② 페놀        ③ 아닐린        ④ 벤즈알데히드

해설

$C_6H_5CH_3$의 톨루엔에서 수소3개가 니트로기($NO_2$)로 치환한 것이 TNT[$C_6H_2CH_3(NO_2)_3$]이다.

**22** 다음 보기 중 TNT가 폭발하였을 때 생성되는 가스가 아닌 것은?

① CO        ② $N_2$        ③ $PH_3$        ④ $H_2$

해설

트리니트로톨루엔의 분자식은 $C_6H_2CH_3(NO_2)_3$로서 인의 성분이 없기 때문에 포스핀이 생성 될 수 없다.

**23** 다음 위험물 중 톨루엔에 질산, 황산을 반응시켜 생성되는 물질로서 니트로글리세린과 달리 장기간 저장해도 자연분해 할 위험 없이 안전한 것은 무엇인가?

① $C_6H_2OH(NO_2)_3$                ② $C_6H_5NO_2$

③ $C_6H_2CH_3(NO_2)_3$             ④ $C_2H_4(ONO_2)_2$

해설

톨루엔에 질산, 황산을 반응시켜 생성되는 물질은 트리니트로톨루엔으로 분자식은 $C_6H_2CH_3(NO_2)_3$이다.
$C_6H_2OH(NO_2)_3$ – 트리니트로페놀(피크린산), $C_6H_5NO_2$ – 니트로벤젠(4류위험물)
$C_2H_4(ONO_2)_2$ – 니트로글리콜

**24** 다음에서 설명하는 제5류 위험물에 해당하는 것은?

> 담황색 고체로서 강한 폭발력을 가지고 있고 에테르에 잘 녹는다. 융점은 약 81℃이다.

① 질산메틸                ② 트리니트로톨루엔

③ 니트로글리세린          ④ 니트로글리콜

해설

질산메틸, 니트로글리세린, 니트로글리콜은 액체이다.

**25** 피크린산에 대한 설명 중 틀린 것은?

① 광택이 있는 황색의 결정이며 발화점은 300℃이다.
② 충격에 민감해서 작은 충격에도 폭발할 위험이 있다.
③ 에테르, 알코올, 벤젠 등에 잘 녹는다.
④ 냉수에는 대개 녹지 않는다.

> **해설**
> 피크린산(TNP), TNT는 떨어트려도 폭발하지 않을 정도로서 비교적 충격에 민감하지 않다.

**26** 트리니트로페놀에 대한 설명을 옳은 것은?

① 발화방지를 위해 과산화수소에 저장한다.
② 쓴 맛을 내며 독성이 없다.
③ 무색 투명한 액체이다.
④ 알코올, 벤젠 등에 녹는다.

> **해설**
> 순수한 것은 무색 공업용은 황색의 고체, 쓴맛, 독성이 있으며 단독적으로는 가열, 충격 시에도 안정한 편이다.
> 제5류 위험물은 물에 녹지 않으며 유기용매(알코올, 벤젠 등)에 잘 녹는다.

**27** 니트로소화합물의 성질에 관한 설명으로 맞는 것은?

① $-NO$ 기를 가진 화합물이다.          ② $-ONO_2$ 기를 가진 화합물이다.
③ $-NO_2$ 기를 가진 화합물이다.          ④ $-NO_3$ 기를 가진 화합물이다.

> **해설**
> 니트로소화합물은 $-NO$ 기를 가진 화합물이다. 종류로는 파라 디니트로소 벤젠 $C_6H_4(NO)_2$,
> 디니트로소 레조르신 $C_6H_2OH_2(NO)_2$, 디니트로소 펜타메틸렌테드라민 $C_5H_{10}N_4(NO)_2$ 등이 있다.

**28** 제5류 위험물의 종류기 이닌 것은?

① 아조화합물          ② 디아조화합물          ③ 히드라진          ④ 히드록실아민

> **해설**
> 히드라진은 제4류 위험물의 제2석유류이다.

●○○ **29** 제5류 위험물 중 ( -N ≡ N-)를 가진 화합물은?

① 아조화합물

② 디아조화합물

③ 니트로소화합물

④ 히드록실아민

> **해설**
>
> ( -N ≡ N-) : 디아조기(삼중결합)를 가진 화합물을 디아조화합물이라 한다.
> (-N=N-) : 아조기(이중결합)를 가진 화합물을 아조화합물이라 한다.
> NO : 니트로소기를 가진 화합물을 니트로소화합물이라 한다.

※ 참고

1833년 스웨덴 스톡홀름에서 태어난 노벨은 아버지가 세운 니트로글리세린 공장 덕분에 자연히 화약에 관심을 가지게 되었습니다. 니트로글리세린은 폭발력이 아주 좋았으나, 한 가지 단점을 지니고 있었습니다. 그것은 다름 아닌 안전문제였죠. 휘발성이 아주 강한 이 액체는 흔들면 폭발하는 성질이 있기 때문에 이것을 운반할 때는 매우 조심해야 했습니다. 때문에 아버지의 공장은 많은 어려움을 겪었는데, 노벨은 이와 같은 니트로글리세린의 폭발을 해결할 방법을 찾기 위해 연구를 시작했습니다.

당시 니트로글리세린을 운송할 때는 안전을 위해 나무상자에 톱밥을 가득 채워 넣었습니다. 그러다가 톱밥 대신 규조토라는 물질을 사용하게 되었는데, 규조토는 노벨의 공장 옆에 매장되어 있어 마음대로 퍼서 사용할 수 있었습니다. 그런데 이것을 사용한 지 얼마 되지 않아 상자를 나르던 직공 한 명이 재미있는 현상을 발견했습니다. 니트로글리세린 용기가 깨져 흘러나왔는데도 나무상자 밖으로 유출되지 않고 전부 규조토에 흡수되어 버린 거죠. 이 이야기를 전해들은 노벨은 좋은 생각이 떠올랐습니다. 규조토를 잘 이용하면 그가 원하는 폭약을 만들 수 있다는 데 생각이 미친 것이었습니다.

규조토란 아주 작은 크기의 규조류라고 불리는 부유성 조류(藻類)의 껍질로 이루어진 퇴적물입니다. 흔히 돌말이라고 불리는 규조류는 수중 생태계의 생산자로서 어패류의 먹이로도 중요한 역할을 합니다. 규조류는 특히 백악기 때 크게 번성했는데, 이때 퇴적되어 두꺼운 지층을 이룬 것이 땅위로 나온 것을 규조토라 합니다. 규조류는 그 껍질의 복잡한 구조로 인해 밀도가 낮고 흡착성이 매우 좋은 특성을 지니고 있었습니다. 따라서  다공질의 규조토는 자기 무게의 3배에 이르는 니트로글리세린을 흡수할 수 있으며, 그래도 조금밖에 젖지 않는다는 걸 노벨은 밝혀냈습니다.

더욱이 니트로글리세린을 흡착한 규조토는 아무리 흔들어도 폭발하지 않는 안전한 성질을 보였습니다. 그러나 뇌관을 사용해서 기폭하면 아주 큰 폭발을 일으킬 수 있었습니다. 노벨은 우연히 발견한 규조토를 이용해 다이너마이트를 발명하게 되었던 거죠. 즉, 최초의 다이너마이트는 24.5%의 규조토에 75%의 니트로글리세린을 흡착시키고 여기에 0.5%의 탄산나트륨을 가하여 고형화한 것입니다. 이렇게 만들어진 다이너마이트는 풀과 같은 성질을 지녀 광산이나 채석장에서 암석을 폭발할 때나 건설공사 현장에서 사용하기에 안성맞춤이었습니다. <출처 : See Hint.com>

**정답** 29 ②

**6** 제6류 위험물

**(1) 분류 및 대표성질**

**액체**로서 **산화력의 잠재적인 위험성**에 대한 성질과 상태를 나타내는 것을 말한다.

| 대표성상 | 품 명 | 위험등급 | 지정수량 | 예방대책 및 소화(분해)방법 등 |
|---|---|---|---|---|
| ☞ 산화성 액체<br><br>1. 산화성<br>　① 산소를 함유한 강산화성 액체<br>　② 조연성 액체(자체는 불연성)<br>　③ 가연성물질, 유기물등과 혼합, 혼촉 시 발화<br>　④ 과산화수소를 제외 하고 모두 강산으로 피부 접촉 시 부식<br><br>2. 액체<br>　① 증기는 유독<br>　　－ 과산화수소 제외<br>　② 물과 접촉하면 발열<br>　　－ 과산화수소 제외<br>　③ 무기화합물<br>　④ 모두 수용성 | 질산<br>과염소산<br>과산화수소<br>할로겐간화합물 | I | 300 kg | 1. 예방대책<br>　① 가연성물질과의 혼촉 방지 및 염기, 물과 접촉 방지<br>　② 용기의 밀전, 파손 방지<br>　③ 가열에 의한 유독성가스 발생 억제<br><br>2. 소화방법(분해방법)<br>　① 화재 초기에 과산화수소는 대량의 주수소화<br>　② $CO_2$(폭발의 우려가 없는 경우 소화기는 가능), 제3종 분말(인산암모늄), 마른 모래 등에 의한 질식소화<br>　③ 화재 진압 시 공기호흡기 및 보호의 착용 |

**Point**

위험물의 정의
• 과산화수소는 그 농도가 36 wt%(중량퍼센트) 이상인 것
• 질산은 그 비중이 1.49 이상인 것

## (2) 품명별 물성 및 특성

| 구 분 | 특 성 |
|---|---|
| 질산<br>$HNO_3$ | ① 유독성, 자극성, 부식성이며 강산화성 물질로서 **흡습성(발열), 휘발성이 강하다.**<br>② 햇빛에 의해 분해되어 갈색증기 $NO_2$ 및 $O_2$ 발생<br>　－ 질산의 분해 반응식 : $4HNO_3 \rightarrow 2H_2O + 4NO_2\uparrow + O_2\uparrow$<br>③ 질산에 부식되지 않는<br>　백금(Pt), 갈색 유리병에 넣어 냉암소에 보관<br>④ 비점 86℃, 융점 -42℃, 비중 1.49의 무색 액체이다.<br>⑤ 발연질산 : 진한질산에 이산화질소를 녹인 것<br>　－ 진한질산은 물과 반응시 심하게 발열하고 다른 가연성 물질을<br>　　발화시킨다. (주수소화 금지) |
| 과염소산<br>$HClO_4$ | ① 유독성, 자극성, 부식성이며 강산화성 물질로서 **흡습성(발열),**<br>**휘발성이 강하다.**<br>② 가열시 분해, 폭발에 의해 **유독성의 염소** 발생<br>③ 유기물과의 접촉 시 폭발적으로 발화<br>④ 유리, 도자기 밀폐용기에 넣어 저온에서 저장<br>　(가열하면 적갈색의 증기 발생)<br>⑤ 무색 액체로서 물과 반응 시 심하게 발열한다. |
| 과산화수소<br>$H_2O_2$ | ① **무색, 투명하며 다량의 경우 청색을 띄며 가열에 의해 산소 발생하며**<br>　진한 과산화수소는 독성이 있으며 강한 자극성<br>② **수용액 상태의 경우 비교적 안정**하며 고농도의 경우 가열, 충격, 마찰에 의해<br>**폭발 (60 wt% 이상)**<br>③ 암모니아와 접촉 시 폭발 위험<br>④ **저장용기**<br>　㉠ 구멍이 있는 마개 사용(환기) : 폭발 방지<br>　㉡ 유리용기는 과산화수소 분해 촉진하므로 안 됨<br>　㉢ 과산화수소의 안정제 : 인산($H_3PO_4$), 요산($C_5H_4N_4O_3$), 요소, 글리세린 등의<br>　　　　　　　　　　　　　안정제 첨가하여 분해 억제<br>　－ 알칼리성에서는 쉽게 분해되나 산성에서는 비교적 안정하여 분해를 억제<br>　　시키는 성질이 있다.<br>　㉣ 과산화수소 3% : 옥시돌 － 소독약<br>⑤ 과산화수소의 분해반응식<br>　$H_2O_2 \rightarrow H_2O + [O]$ 발생기산소 : 표백작용<br>⑥ 물, 알코올, 에테르에 녹고 벤젠, 석유에는 불용 |

## 실전 예상문제

**••• 01** 산화성액체 위험물의 공통 성질이 아닌 것은?

① 물과 만나면 발열한다.

② 비중이 1보다 크며 물에 녹지 않는다.

③ 부식성 및 유독성이 강한 강산화제이다.

④ 모두 무기화합물이다.

> **해설**
> 제6류 위험물은 모두 수용성이다.

**••○ 02** 제6류 위험물의 특성으로 옳지 않은 것은?

① 자극성으로 피부에 닿지 않도록 한다.

② 화재시 마른모래로 덮어 소화 한다.

③ 습기가 많은 곳에서 취급한다.

④ 접촉시에는 다량의 물로 씻어낸다.

> **해설**
> 위험물 보관장소 – 건조한 냉암소

**•○○ 03** 제6류 위험물에 속하지 않는 것은?

① 과산화수소     ② 과염소산     ③ 황산     ④ 질산

> **해설**
> 황산은 법 개정으로 제6류 위험물에서 제외 됨

**•○○ 04** 과염소산에 대한 설명으로 옳지 않은 것은?

① 유독성, 자극성, 부식성이며 강산화성 물질로서 흡습성(발열), 휘발성이 강하다

② 가열시 분해·폭발에 의해 유녹성의 염소 발생한다.

③ 유기물과의 접촉시 폭발적으로 발화한다.

④ 유리, 도자기, 철제의 밀폐용기에 넣어 저장한다.

> **해설**
> 과염소산은 강산으로 금속을 부식시키므로 철제 등의 저장용기는 적합하지 않다.

**정답**   01 ②   02 ③   03 ③   04 ④

**05** **산화성 액체 위험물 중 질산에 대한 설명으로 옳지 않은 것은?**

① 무색의 액체로서 부식성, 유독성이 강하다.
② 비중은 1.49로서 물보다 무겁다.
③ 햇빛에 분해하여 적갈색의 증기를 발생한다.
④ 물과 반응하면 흡열반응을 한다.

> **해설**
> 질산은 햇빛에 분해하여 유독성의 적갈색 $NO_2$ (이산화질소)를 발생하며 물과 반응하여 발열한다.

 **06** **질산에 대한 성상으로 옳지 않은 것은?**

① 무색 투명하며 공업용은 회색을 띤다.
② 금, 백금을 제외한 모든 금속과 반응하여 질산염을 만든다.
③ 햇빛에 분해되어 발생되는 적갈색 가스는 인체에 유해하다.
④ 환원성물질이나 유기질과 반응하여 발화한다.

> **해설**
> 질산은 제6류 위험물로서 강산화성 물질이다.

 **07** **질산의 위험성에 관한 설명 중 옳은 것은?**

① 마찰, 충격에 의해 착화한다.　　　　② 공기 속에서 자연발화 한다.
③ 인화점이 낮고 발화하기 쉽다.　　　④ 환원물질과 혼합 시 발화한다.

> **해설**
> 질산은 산화성액체로서 불연성이지만 환원성물질(가연물)과 혼합시 발화한다.

 **08** **제6류 위험물 질산의 비중은 얼마 이상인가?**

① 1.29　　　　　② 1.49　　　　　③ 1.62　　　　　④ 1.82

> **해설**
> 질산은 그 비중이 1.49 이상인 것, 과산화수소는 그 농도가 36 wt%(중량퍼센트) 이상인 것

**정답** 05 ④　06 ④　07 ④　08 ②

**••○ 09** 질산의 성질과 관계가 없는 것은?

① 부식성         ② 가연성         ③ 불연성         ④ 조연성

 **해설**
질산은 유독성, 자극성, 부식성이며 강산화성 물질로서 흡습성(발열), 휘발성이 강하다 또한 불연성이며 산소를
가지고 있어 다른 물질의 산화를 돕는 조연성물질

**••○ 10** 진한 질산을 물에 부었을 때 일어나는 현상은 어느 것인가?

① 조연성의 수소 가스가 발생         ② 적갈색의 이산화질소가 발생한다.

③ 많은 열을 발생하고 용기파손을 초래         ④ 아무 반응을 하지 않는다.

 **해설**
질산은 물과 만나면 발열반응을 하며 물과 반응 시 $NO_2$가 발생하는게 아니라 가열 분해 시 발생된다.

**••○ 11** 진한 질산을 가열할 경우 발생하는 자극성인 적갈색 증기는?

① NO         ② $NO_2$         ③ $O_2$         ④ $N_2$

 **해설**
햇빛에 의해 분해되어 갈색증기 $NO_2$ 및 $O_2$ 발생
– 질산의 분해반응식 $4HNO_3 \rightarrow 2H_2O + 4NO_2 \uparrow + O_2 \uparrow$

**••○ 12** 다음 제6류 위험물인 과산화수소의 성질 중 틀린 것은?

① 석유, 벤젠에는 용해하지 않는다.

② 용기는 구멍이 뚫린 마개를 사용한다.

③ 에테르, 알콜에는 용해한다.

④ 순수한 것은 담황색 액체이다.

 **해설**
무색, 투명하며 다량의 경우 청색을 띤다. 과산화수소는 석유, 벤젠에는 불용 에테르, 알코올에는 용해한다.
폭발방지를 위해 구멍이 있는 마개 사용(환기)

 **정답**    09 ②    10 ③    11 ②    12 ④

**13** 과산화수소의 성질에 관한 설명이다. 옳지 않은 것은?

① 순수한 것은 점성이 있는 무색 액체이며, 다량이면 청색을 띤다.
② 순도가 높은 것은 불순물, 구리, 은, 백금 등이 미립자에 의하여 폭발적으로 분해한다.
③ 에테르에 녹지 않으며, 벤젠에는 녹는다.
④ 강력한 산화제이나 환원제로서 작용하는 경우도 있다.

> **해설**
> 고농도(60% 이상)의 경우 가열, 충격, 마찰에 의해 발화. 폭발하며 석유, 벤젠에는 불용 에테르, 알코올에는 용해

**14** 과산화수소가 상온에서 분해 시 발생하는 물질은?

① $H_2O + O_2$     ② $H_2O + N_2$     ③ $H_2O + H_2$     ④ $H_2O + CO_2$

> **해설**
> $2H_2O_2 \rightarrow 2H_2O + O_2$     발생기산소 : 표백작용

**15** 과산화수소에 대한 설명 중 옳지 않은 것은?

① 인화성 물질에 고농도의 과산화수소가 유출되면 화재가 발생할 수 있다.
② 과산화수소의 안정제는 인산($H_3PO_4$), 요산($C_5H_4N_4O_3$), 요소, 글리세린 등이다.
③ 상온에서도 분해되어 물과 산소가 발생한다.
④ 순수한 것은 점성이 없는 무색투명한 액체이다.

> **해설**
> 모든 유체는 고유의 점성이 있으며 물보다 점성이 크다.

**16** 석유와 벤젠에 불용성이고, 피부와 접촉시 수종을 생기게 하는 위험물은 무엇인가?

① 과산화나트륨     ② 과산화수소     ③ 과산화벤조일     ④ 과산화칼륨

> **해설**
> 과산화수소는 석유, 벤젠에는 불용 에테르, 알코올에는 용해한다.
> 진한 과산화수소는 독성이 있으며 강한 자극성을 주며, 피부와 접촉시 수종을 일으킨다.

**정답** 13 ③ 14 ① 15 ④ 16 ②

●●○ **17** 과산화수소 취급시 옳지 않은 것은?

① 벤젠에 용해한다.
② 누출될 경우 다량의 물로 씻어 흘려 보낸다.
③ 폭발방지를 위해 작은 구멍이 있는 마개를 사용하여 보관한다.
④ 직사광선을 피해 냉암소에 저장한다.

> **해설**
> 과산화수소는 석유, 벤젠에는 불용 에테르, 알코올에는 용해한다.

●●● **18** $MgO_2$와 염산의 반응으로 생성된 물질로서 석유와 벤젠이 불용성이고, 피부와 접촉시 수포가 생기는 물질은?

① 과산화나트륨　　　　　　　　　② 과산화칼륨
③ 과산화벤조일　　　　　　　　　④ 과산화수소

> **해설**
> 과산화수소는 석유, 벤젠에는 불용 에테르, 알코올에는 용해한다.
> $MgO_2 + 2HCl \rightarrow Mg(Cl)_2 + H_2O_2$

●○○ **19** 다음은 과산화수소의 성질 및 취급방법에 관한 설명이다. 틀린 것은?

① 햇볕에 의하여 분해한다.
② 산성에서는 분해가 어렵다.
③ 저장 용기는 마개로 꼭 막아둔다.
④ 에탄올, 에테르 등에는 용해되지만 벤젠에는 녹지 않는다.

> **해설**
> 폭발방지를 위해 작은 구멍이 있는 마개를 사용하여 보관한다.

●○○ **20** 과산화수소 분해방지용 안정제로 사용할 수 있는 물질은?

① Ag　　　　　　② HBr　　　　　　③ $MnO_2$　　　　　　④ $H_3PO_4$

> **해설**
> 과산화수소의 안정제 : 인산($H_3PO_4$), 요산($C_5H_4N_4O_3$), 요소, 글리세린 등이다.

**정답** 　17 ①　18 ④　19 ③　20 ④

●○○ **21**   과산화수소 용액의 분해를 방지하기 위한 방법으로 가장 거리가 먼 것은?

① 햇빛 차단
② 암모니아 첨가
③ 인산을 첨가
④ 요산을 첨가

 **해설**

암모니아와 접촉시 폭발위험이 있다. 인산, 요산은 분해방지용 안정제이다.

●○○ **22**   제6류 위험물인 과산화수소에 대한 설명 중 틀린 것은?

① 유리용기에 장기간 보관하여도 무방하다.
② 냉암소에 저장하고 온도의 상승을 방지한다.
③ 용기의 내압상승을 방지하기 위하여 아주 작은 구멍을 낸다.
④ 농도가 클수록 위험하므로 분해방지 안정제를 넣어 산소분해를 억제한다.

**해설**

투명한 유리용기는 햇빛 등에 의해 과산화수소가 분해되므로 적갈색의 유리용기를 사용하여야 한다.

**정답**   21 ②   22 ①

# 위험물안전관리법

## 1. 위험물안전관리법 목적 등

**1** 목적 및 국가의 책무

(1) 목적

위험물의 저장·취급 및 운반과 이에 따른 안전관리에 관한 사항을 규정함으로 써 위험물로 인한 위해를 방지하여 공공의 안전을 확보함을 목적으로 한다.

(2) 국가의 책무

① 위험물의 유통실태 분석      ② 위험물에 의한 사고 유형의 분석

③ 사고 예방을 위한 안전기술 개발      ④ 전문인력 양성

⑤ 그 밖에 사고 예방을 위하여 필요한 사항

**2** 위험물안전관리법 적용제외

**항공기·선박·철도 및 궤도**에 의한 위험물의 저장·취급 및 운반에 있어서는 이를 적용하지 아니한다.

**3** 위험물의 정의

**인화성** 또는 **발화성** 등의 성질을 가지는 것으로 대통령령이 정하는 물품(1류 ~ 6류 위험물)

**4** 위험물의 저장 또는 취급 기준

(1) 지정수량 이상의 위험물 : **위험물안전관리법**

① 제조소등에서의 위험물의 저장 또는 취급 – 중요기준 및 세부기준에 따라야 한다.

> • 벌칙 : 중요기준에 따르지 아니한 자 – **1천500만원 이하의 벌금** /
>  세부기준에 따르지 아니한자 – **200만원 이하의 과태료**

| 중요기준 | 화재 등 위해의 예방과 응급조치에 있어서 큰 영향을 미치거나 그 기준을 위반하는 경우 **직접적으로 화재를 일으킬 가능성이 큰 기준**으로서 행정안전부령이 정하는 기준 |
|---|---|
| 세부기준 | 화재 등 위해의 예방과 응급조치에 있어서 중요기준보다 상대적으로 적은 영향을 미치거나 그 기준을 위반하는 경우 **간접적으로 화재를 일으킬 수 있는 기준** 및 위험물의 안전관리에 필요한 표시와 서류·기구 등의 비치에 관한 기준으로서 행정안전부령이 정하는 기준 |

② 제조소등의 위치·구조 및 설비의 기술기준은 행정안전부령으로 정한다.

(2) 지정수량 미만의 위험물 : **시·도의 조례**

(3) 임시로 저장, 취급하는 장소의 위치·구조·설비·저장·취급의 기준 : 시·도의 조례

(4) 지정수량의 배수

① 둘 이상의 품명을 저장 시 사용한다.

$$지정배수 = \frac{저장(취급)량}{지정수량} + \frac{저장(취급)량}{지정수량} + \frac{저장(취급)량}{지정수량}$$

② 둘 이상의 위험물을 같은 장소에서 저장 또는 취급하는 경우에 있어서 당해 장소에서 저장 또는 취급하는 **각 위험물의 수량을 그 위험물의 지정수량으로 각각 나누어 얻은 수의 합계가 1 이상인 경우 당해 위험물은 지정수량 이상의 위험물로 본다.**

---

**예제 01**

$C_2H_5OC_2H_5$ 100 $\ell$, $C_6H_6$ 800 $\ell$, $C_2H_4(OH)_2$ 2,000 $\ell$의 위험물을 함께 저장 시 지정배수는?

① 6.5배 　　　　② 8 　　　　③ 10.5배 　　　　④ 12배

**해답** ①

1. 지정배수 $= \dfrac{저장(취급)량}{지정수량} + \dfrac{저장(취급)량}{지정수량} + \dfrac{저장(취급)량}{지정수량} = \dfrac{100}{50} + \dfrac{800}{200} + \dfrac{2,000}{4,000} = 6.5$배

2. $C_2H_5OC_2H_5$ 에테르 - 특수인화물 : 50 $\ell$
   $C_6H_6$ 벤젠 - 제1석유류(비수용성) : 200 $\ell$
   $C_2H_4(OH)_2$ 에틸렌글리콜 - 제 3석유류(수용성) : 4,000 $\ell$

---

## 2. 제조소 등

(1) **제조소 등**이란 **제조소, 저장소, 취급소**를 말한다.

(2) 위험물의 저장 및 취급의 제한

위험물 지정수량 이상의 위험물을 저장소가 아닌 장소에서 저장하거나 제조소등이 아닌 장소에서 취급하여서는 아니된다.

　• 벌칙 : 3년 이하의 징역 또는 3천만원 이하의 벌금

---

**▌Point**

**제조소 등이 아닌 장소에서 지정수량 이상의 위험물을 취급할 수 있는 경우(시·도의 조례)**

(1) 관할소방서장의 승인을 받아 지정수량 이상의 위험물을 90일 이내의 임시로 저장 또는 취급하는 경우
　벌칙 : 승인을 받지 아니한자 - 200만원 이하의 과태료

(2) 군부대가 지정수량 이상의 위험물을 군사목적으로 임시로 저장 또는 취급하는 경우
　- 제조소등을 설치하거나 그 위치·구조 또는 설비를 변경하고자 하는 군부대의 장은 제조소등의 소재지를 관할하는 **시·도지사와 협의**(설계도서, 서류등 제출)하여야 하며 협의가 된 경우 허가를 받은 것으로 보며 군 부대의 장은 탱크안전성능검사와 완공검사를 자체적으로 할 수 있고 시·도지사에게 통보할 것

| 구 분 | | 내 용 |
|---|---|---|
| 제조소 | | 위험물을 제조할 목적으로 지정수량 이상의 위험물을 취급하기 위하여 설치 허가를 받은 장소 |
| 저장소 | | 지정수량 이상의 위험물을 저장하기 위한 대통령령이 정하는 장소로서 허가를 받은 장소 |
| | 1) 옥내저장소 | 옥내에 위험물을 저장(저장에 따르는 취급을 포함)하는 장소<br>옥내 : 지붕과 기둥 또는 벽 등에 의하여 둘러싸인 곳을 말함 |
| | 2) 옥외탱크저장소 | 옥외에 있는 탱크에 위험물을 저장하는 장소 |
| | 3) 옥내탱크저장소 | 옥내에 있는 탱크에 위험물을 저장하는 장소 |
| | 4) 지하탱크저장소 | 지하에 매설한 탱크에 위험물을 저장하는 장소 |
| | 5) 간이탱크저장소 | 간이탱크에 위험물을 저장하는 장소 |
| | 6) 이동탱크저장소 | 차량에 고정된 탱크에 위험물을 저장하는 장소 |
| | 7) 암반탱크저장소 | 암반내의 공간을 이용한 탱크에 액체의 위험물을 저장하는 장소 |
| | 8) 옥외저장소 | 옥외에 다음의 위험물을 저장하는 장소 |

| 제2류 위험물 | 제4류 위험물 | 제6류 위험물 |
|---|---|---|
| 유황<br>인화성고체 | 제1석유류·알코올류·<br>제2석유류·제3석유류·<br>제4석유류 및 동식물유류 | 과산화수소<br>질산<br>과염소산 |
| **(인화점이 섭씨 0℃ 이상인 것(톨루엔, 피리딘 등)에 한한다)** | | |

| 구 분 | | 내 용 |
|---|---|---|
| 취급소 | | 지정수량 이상의 위험물을 제조외의 목적으로 취급하기 위한 대통령령이 정하는 장소로서 허가를 받은 장소 |
| | 1) 주유취급소 | 고정된 주유설비에 의하여 자동차, 항공기 또는 선박 등의 연료탱크에 직접주유하기 위하여 위험물을 취급하는 장소 |
| | 2) 판매취급소 | 점포에서 위험물을 용기에 담아 판매하기 위하여 **지정수량 40배 이하**의 위험물을 취급하는 장소 |
| | 3) 이송취급소 | 배관 및 이에 부속된 설비에 의하여 위험물을 이송하는 장소<br><br>※ **이송취급소의 제외**<br>① **송유관**에 의하여 위험물을 이송하는 경우<br>② 제조소등에 관계된 시설(배관을 제외한다) 및 그 부지가 같은 사업소 안에 있고 **당해 사업소 안에서만 위험물을 이송하는 경우**<br>③ **사업소와 사업소의 사이에 도로**(폭 **2 m 이상**의 일반교통에 이용되는 도로로서 자동차의 통행이 가능한 것을 말한다)**만 있고 사업소와 사업소 사이의 이송배관이 그 도로를 횡단하는 경우**<br>④ 사업소와 사업소 사이의 이송배관이 **제3자**(당해 사업소와 관련이 있거나 유사한 사업을 하는 자에 한한다)**의 토지만을 통과하는 경우로서 배관의 길이가 100 m 이하인 경우**<br>⑤ 해상구조물에 설치된 배관(이송되는 위험물이 별표 1의 제4류 위험물 중 제1석유류인 경우에는 배관의 내경이 30 ㎝ 미만인 것에 한한다)으로서 당해 **해상구조물에 설치된 배관이 길이가 30 m 이하인 경우**<br>⑥ 「농어촌 전기공급사업 촉진법」에 따라 설치된 자가발전시설에 사용되는 위험물을 이송하는 경우 |
| | 4) 일반취급소 | 주유 취급소, 판매 취급소 및 이송 취급소에 해당하지 않는 모든 취급소 |

## 3. 제조소 등의 설치·변경 등

시·도지사에게 허가, 신고하여야 하며 관련서류는 시도지사 또는 소방서장에게 제출 한다.

| 구 분 | 내 용 | 방법 | 벌칙 |
|---|---|---|---|
| 설치 | 제조소등을 설치하고자 할 때 | 허가 | 5년 이하의 징역 또는 1억원 이하의 벌금 |
| 변경 | 위치, 구조 또는 설비의 변경 없이 위험물의 품명, 수량 또는 지정수량의 배수를 변경하고자 하는 날의 1일 전까지 | 신고 | 200만원 이하의 과태료 |
| 지위승계 | 지위 승계한 날로부터 30일 이내 | 신고 | |
| 폐지 | 제조소등의 용도 폐지 시 폐지한 날로부터 14일 이내 | 신고 | |
| 사용중지, 재개 | 중지하려는 날 또는 재개하려는 날의 14일 전 | 신고 | |

### ※ 제조소등의 사용 중지 (시행일 2021. 10. 21)

(1) 관계인
  ① **사용중지 (3개월** 이상 위험물을 저장하지 아니하거나 취급하지 아니하는 것) 하려는 경우
    – 위험물의 제거 및 제조소등에의 출입통제 등 안전조치 시행 다만, 위험물안전관리자가 계속하여 직무를 수행하는 경우에는 제외 함
  ② 사용을 중지하는 기간 동안 위험물안전관리자를 선임하지 아니할 수 있다.

(2) 시·도지사
안전조치 및 직무를 적합하게 수행하는지 확인, 위해방지를 위해 안전조치 명할 수 있다.

  • 벌칙 : 안전조치 이행명령을 따르지 아니한 자 – 1500만원 이하의 벌금

(3) 시·도지사, 소방본부장 또는 소방서장
공공의 안전을 유지하거나 재해의 발생을 방지하기 위하여 긴급한 필요가 있다고 인정하는 때에는 제조소등의 사용을 일시정지하거나 그 사용을 제한할 것을 명할 수 있다.

  • 벌칙 : 제조소등의 사용정지명령을 위반한 자 – 1500만원 이하의 벌금

## 4. 제조소 등의 변경허가를 받아야 하는 경우

• 벌칙 : 변경허가를 받지 아니하고 제조소등을 변경한 자 – 1천500만원 이하의 벌금

**1** 제조소 또는 일반취급소의 경우

① 제조소 또는 일반취급소의 **위치를 이전**하는 경우
② 건축물의 **벽·기둥·바닥·보 또는 지붕을 증설 또는 철거**하는 경우
③ **배출설비를 신설**하는 경우
④ **위험물취급탱크를 신설·교체·철거 또는 보수**(탱크의 본체를 절개하는 경우에 한한다)하는 경우
⑤ **위험물취급탱크의 노즐 또는 맨홀을 신설하는 경우**(노즐 또는 맨홀의 직경이 250 mm를 초과하는 경우)
⑥ 위험물취급탱크의 **방유제의 높이 또는 방유제 내의 면적을 변경**하는 경우
⑦ 위험물취급탱크의 **탱크전용실을 증설 또는 교체**하는 경우
⑧ **300 m**(지상에 설치하지 아니하는 배관의 경우에는 30 m)**를 초과하는 위험물배관을 신설·교체·철거 또는 보수**(배관을 절개하는 경우에 한한다)하는 경우
⑨ **불활성기체의 봉입장치를 신설**하는 경우
⑩ **방화상 유효한 담을 신설·철거 또는 이설**하는 경우
⑪ 위험물의 **제조설비 또는 취급설비**(펌프설비를 제외한다)**를 증설**하는 경우
⑫ **옥내소화전설비·옥외소화전설비·스프링클러설비·물분무등소화설비를 신설·교체**(배관·밸브·압력계·소화전본체·소화약제탱크·포헤드·포방출구 등의 교체는 제외한다) **또는 철거**하는 경우
⑬ **자동화재탐지설비를 신설 또는 철거**하는 경우

**예제 02** 제조소 등의 변경허가를 받아야 하는 경우가 아닌 것은?

① 배출설비를 신설하는 경우  ② 탱크전용실을 증설 또는 교체하는 경우
③ 자동화재탐지설비를 철거하는 경우  ④ 불활성기체의 봉입장치를 교체하는 경우

해답 ④
불활성기체의 봉입장치를 교체하는 경우가 아닌 신설하는 경우 변경허가를 받아야 한다.

**2** 옥내저장소 등의 경우

위험물안전관리법 시행규칙 별표1의 2 참조

**3** 제조소 등의 허가, 변경, 신고를 하지 않아도 되는 경우

(1) **주택의 난방시설**(공동주택의 중앙난방시설을 제외)**을 위한 저장소 또는 취급소**
(2) **농예용·축산용 또는 수산용**으로 필요한 **난방시설 또는 건조시설을 위한 지정수량 20배 이하의 저장소**

## 5. 제조소 등의 완공검사 신청 – 시도지사

제조소등의 위치·구조 또는 설비를 변경함에 있어서 변경허가를 신청하는 때에 화재예방에 관한 조치사항을 기재한 서류를 제출하는 경우에는 **당해 변경공사와 관계가 없는 부분은 완공검사를 받기 전에 미리 사용할 수 있다.**

| 제조소 등 | 완공검사 신청 시기 |
|---|---|
| 지하탱크가 있는 제조소등 | 지하탱크를 매설하기 전 |
| 이동탱크저장소 | 이동저장탱크를 완공하고 상시 설치 장소(상치장소)를 확보한 후 |
| 이송취급소 | **이송배관 공사의 전체 또는 일부를 완료한 후.** 다만, 지하·하천 등에 매설하는 이송배관의 공사의 경우에는 이송배관을 매설하기 전 |
| 전체 공사가 완료된 후에는 완공검사를 실시하기 곤란한 경우 | • 위험물설비 또는 배관의 설치가 완료되어 **기밀시험 또는 내압시험**을 실시하는 시기<br>• 배관을 지하에 설치하는 경우에는 시·도지사, 소방서장 또는 기술원이 지정하는 부분을 매몰하기 직전<br>• 기술원이 지정하는 부분의 **비파괴시험을 실시하는 시기** |
| 위에 해당하지 아니하는 제조소등의 경우 | 제조소등의 공사를 완료한 후 |

• 벌칙 : 제조소 등의 완공검사를 받지 아니하고 위험물을 저장·취급한 자 : 1천500만원 이하의 벌금

## 6. 탱크안전성능검사의 대상이 되는 탱크 및 신청시기

| 구 분 | 대 상 | 신청 시기 |
|---|---|---|
| 기초·지반검사 | **특정옥외탱크**(옥외탱크저장소의 액체위험물탱크 중 그 용량이 100만ℓ 이상인 탱크) | 위험물탱크의 **기초 및 지반에** 관한 공사의 개시 전 |
| 용접부검사 | **특정옥외탱크**<br>(비파괴시험, 진공시험, 방사선투과시험으로 함) | 탱크본체에 관한 공사의 개시 전 |
| 충수·수압검사 | 액체위험물을 저장 또는 취급하는 탱크<br><br>[ TIP<br><br>**충수 수압검사 제외**<br>① 제조소 또는 일반취급소에 설치된 탱크로서 용량이 **지정수량 미만**<br>② 특정설비에 관한 **검사에 합격한** 탱크<br>③ **안전인증을 받은** 탱크 | 위험물을 저장 또는 취급하는 탱크에 **배관 그 밖의 부속설비를 부착하기 전** |
| 암반탱크검사 | 액체위험물을 저장 또는 취급하는 암반내의 공간을 이용한 탱크 | 암반탱크의 본체에 관한 공사의 개시 전 |

(1) 허가를 받은 자

설치 또는 그 위치·구조 또는 설비의 변경공사 시 **완공검사를 받기 전**에 기술기준에 적합한지의 여부를 확인하기 위하여 **시·도지사가 실시하는 탱크안전성능검사**를 받아야 한다.

(2) **탱크안전성능검사의 내용은** 대통령령, **검사의 실시 등에 필요한 사항은** 행정안전부령

(3) 검사자 : 설치장소 관할소방서장, 한국소방산업기술원, 설치장소에서 제작하지 않는 경우에는 위험물탱크의 제작지를 관할하는 소방서장

(4) 탱크안전성능검사에 합격한 경우 탱크안전성능검사의 면제

① **시·도지사가 면제할 수 있는 탱크안전성능검사는 충수·수압검사**로 한다.

② 위험물탱크에 대한 충수·수압검사를 면제받고자 하는 자

완공검사를 받기 전에 당해 시험에 합격하였음을 증명하는 서류를 시·도지사에게 제출

---

**예제 03** 위험물안전관리법에 의한 기초·지반 검사와 용접부 검사 대상이 되는 탱크는?

① 액체위험물 저장 탱크  ② 암반내의 공간을 이용한 탱크
③ 준특정옥외탱크  ④ 특정옥외탱크

**해답** ④

---

## 7. 예방규정을 정하여야 할 제조소 등의 기준

**1** 예방규정을 작성해야 하는 대상

제조소등의 관계인은 예방규정을 정하여 당해 제조소등의 사용을 시작하기 전에 시·도지사에게 제출하여야 한다. 예방규정을 변경한 때에도 또한 같다.

| 구 분 | 지정수량의 배수 |
|---|---|
| 암반탱크저장소, 이송취급소 | 지정수량 관계없이 예방규정을 정하여야 함 |
| 제조소, 일반취급소 | 10배 이상 |
| 옥외저장소 | 100배 이상 |
| 옥내저장소 | 150배 이상 |
| 옥외탱크저장소 | 200배 이상 |

---

**예제 04** 옥외저장소는 지정수량 몇 배 이상인 경우 예방규정을 작성해야 하는가?

① 10배 ② 100배

③ 150배 ④ 200배

**해답** ②

---

**2 예방규정의 내용**

(1) 위험물의 안전관리업무를 담당하는 자의 직무 및 조직에 관한 사항

(2) 안전관리자가 여행·질병 등으로 인하여 그 직무를 수행할 수 없을 경우 그 직무의 대리자에 관한 사항

(3) 자체소방대를 설치하여야 하는 경우에는 자체소방대의 편성과 화학소방자동차의 배치에 관한 사항

(4) 위험물의 안전에 관계된 작업에 종사하는 자에 대한 안전교육에 관한 사항

(5) 위험물시설 및 작업장에 대한 안전순찰에 관한 사항

(6) 위험물시설·소방시설 그 밖의 관련시설에 대한 점검 및 정비에 관한 사항

(7) 위험물시설의 운전 또는 조작에 관한 사항 등

**3 예방규정의 제출**

(1) 제조소 등의 관계인은 예방규정을 제정하거나 변경한 경우에는 제정 또는 변경한 예방규정 1부를 첨부하여 시·도지사 또는 소방서장에게 제출하여야 한다.

(2) 미제출시의 벌칙

| 내 용 | 벌 금 |
|---|---|
| 예방규정을 정하여 당해 제조소 등의 사용을 시작하기 전에 시·도지사에게 미제출 | 1천500만원 이하 |
| 예방규정이 적합지 않아 변경을 명하였는데도 변경하지 않는 경우 | |
| 예방규정을 변경한 때에도 시·도지사에게 미제출 | 1천만원 이하 |

(3) 예방규정은 안전보건관리규정과 통합하여 작성할 수 있다.

## 8. 위험물안전관리자 선임 및 신고 등

| 구 분 | 내 용 | 기 간 | 벌 칙 |
|---|---|---|---|
| 위험물안전관리자 선임 | • 제조소등의 관계인은 완공 후<br>• 위험물안전관리자 해임 또는 퇴직 시 | 30일<br>이내 | 1천500만원 이하의 벌금 |
| 위험물안전관리자 신고 | 제조소등의 관계인은 소방본부장<br>또는 소방서장에게 신고 | 14일<br>이내 | 200만원 이하의 과태료 |
| 대리자 지정 | 위험물안전관리자가 직무 수행이<br>불가능 시 대리자 지정 | 30일<br>이내 | 1천500만원 이하의 벌금 |

**Point**

안전관리자의 대리자의 자격
① 안전교육을 받은 자
② 제조소등의 위험물 안전관리업무에 있어서 안전관리자를 지휘·감독하는 직위에 있는 자

## 9. 위험물 취급자격자의 자격

| 위험물취급자격자의 구분 | 취급할 수 있는 위험물 |
|---|---|
| 위험물기능장, 위험물산업기사, 위험물기능사 | 모든 위험물 |
| 안전관리자 교육이수자 | 제4류 위험물 |
| 소방공무원 경력자(3년 이상) | |

**Point**

안전관리자 교육이수자, 소방공무원 경력자는 제4류 위험물을 취급할 수는 있지만 제조소등에 따른 지정된 위험물의 지정배수를 초과하게 되면 취급 할 수 없다.
제조소의 경우 5배 초과 시 취급할 수 없다!!!

## 10. 제조소 등에 선임하여야 하는 안전관리자의 자격

| 제조소등의 종류 및 규모 | | | 지정수량 | 안전관리자의 자격 |
|---|---|---|---|---|
| 제조소 | 제4류 위험물만을 취급하는 것 | | 5배 이하 | 모두 가능 |
| | | | 5배 초과 | 자격증 소지자<br>(기능사는 경력 2년 이상) |
| | 그 밖의 위험물을 취급하는 것 | | – | 자격증 소지자 |
| 저장소 | 옥내저장소 | 특수인화물, 제1석유류 | 5배 이하 | 모두 가능<br>⎡ 위험물 기능장<br>위험물 산업기사<br>위험물 기능사<br>안전관리자교육이수자<br>⎣ 소방공무원경력자 |
| | | 알코올류 ~ 동식물유류 | 40배 이하 | |
| | 옥외탱크저장소 | 특수인화물 ~ 알코올류 | 5배 이하 | |
| | | 제2석유류 ~ 동식물유류 | 40배 이하 | |
| | 옥내탱크저장소 | 특수인화물 ~ 알코올류 | 5배 이하 | |
| | | 제2석유류 ~ 동식물유류 | 배수 없음 | |
| | 지하탱크저장소 | 특수인화물 | 40배 이하 | |
| | | 제1석유류 ~ 동식물유류 | 250배 이하 | |
| | 위에 해당하지 않는 그 밖의 것 | | | 자격증 소지자<br>(기능사는 경력 2년 이상) |
| 취급소 | 주유취급소 | – (배수에 관계없음) | | 모두 가능 |
| | 판매취급소 | 특수인화물 | 5배 이하 | |
| | | 제1석유류 · 알코올류<br>· 제2석유류 · 제3석유류 ·<br>제4석유류 · 동식물유류 | 배수 없음 | |
| | 일반취급소<br>• 위험물을 소비하는 것<br>• 위험물을 용기 또는 차량에 고정된 탱크에 주입하는것 | 제1류 석유류 ~<br>동·식물유류<br>(제1석유류 · 알코올류의 취급량이 지정수량의 10배 이하인 경우에 한한다) | 50배 이하 | |
| | 일반취급소 | 특수인화물, 제1석유류 | 10배 이하 | |
| | | 제2석유류 · 제3석유류 ·<br>제4석유류 · 동식물유류 | 20배 이하 | |
| | 농어촌 전기공급사업 촉진법<br>– 자가발전시설에 사용되는 위험물을 취급하는 일반취급소 | | | |
| | 위에 해당하지 아니하는 취급소 | | | 자격증 소지자<br>(기능사는 경력 2년 이상) |

## 11. 안전관리자를 중복하여 선임할 수 있는 경우

| 대상물과 대상물 | | | 조 건 | 설치인 |
|---|---|---|---|---|
| **7개 이하의 일반취급소** (보일러·버너 등 위험물을 소비하는 장치) | **저장소** (그 일반취급소에 공급하기 위한 위험물을 저장하는 저장소) | | 일반취급소 및 저장소가 모두 동일구내에 있는 경우 | 동일인 |
| **5개 이하의 일반취급소** (차량에 고정된 탱크 또는 운반용기에 **옮겨 담기 위한 취급소**) | **저장소** (그 일반취급소에 공급하기 위한 위험물을 저장하는 저장소) | | 동일구내에 있는 경우, 일반취급소간의 보행거리가 300 m 이내인 경우 | 동일인 |
| 저장소 | **저장소** | | 동일구내에 있거나 상호 100 m 이내의 거리에 있는 저장소 | 동일인 |
| | 옥내저장소 옥외저장소 암반탱크저장소 | 10개 이하 | | |
| | 옥외탱크저장소 | 30개 이하 | | |
| | 옥내탱크저장소 지하탱크저장소 간이탱크저장소 | 제한 없음 | | |
| **5개 이하의 제조소등** 각 제조소 등에서 저장 또는 취급하는 위험물의 최대수량이 **지정수량의 3천배 미만일 것.** (저장소 제외) | | | 동일구내에 위치하거나 상호 100 m 이내의 거리에 있을 것 | 동일인 |
| **선박주유취급소의 고정주유설비에 공급**하기 위한 위험물을 저장하는 **저장소와 당해 선박주유취급소** | | | – | 동일인 |

**Tip**

다음의 장소에 1인의 안전관리자를 중복하여 선임한 경우 **대리자의 자격이 있는 자를 각 제조소등별로 지정하여 안전관리자를 보조**하게 하여야 한다.

| 이송취급소 | 제조소 | 일반취급소 |
|---|---|---|

다만, 인화점이 38℃ 이상인 제4류 위험물만을 지정수량의 30배 이하로 취급하는 일반취급소로서 다음에 해당하는 일반취급소를 제외한다.
1. 보일러·버너 또는 이와 비슷한 것으로서 위험물을 소비하는 장치로 이루어진 일반취급소
2. 위험물을 용기에 옮겨 담거나 차량에 고정된 탱크에 주입하는 일반취급소

## 12. 자체소방대를 두어야 하는 제조소 등

**1** 대상

| 제4류 위험물 | 제조소, 일반취급소 | 지정수량의 3,000배 이상 |
|---|---|---|
| | 옥외탱크저장소 | 지정수량의 50만배 이상 |

• 벌칙 : 자체소방대를 두지 아니한 관계인 - 1년 이하의 징역 또는 1천만원 이하의 벌금

**Tip**

**자체소방대의 설치 제외대상인 일반취급소**

(1) 이동저장탱크 그 밖에 이와 유사한 것에 위험물을 주입하는 일반취급소
(2) 보일러, 버너 그 밖에 이와 유사한 장치로 위험물을 소비하는 일반취급소
(3) 용기에 위험물을 옮겨 담는 일반취급소
(4) 유압장치, 윤활유순환장치 그 밖에 이와 유사한 장치로 위험물을 취급하는 일반취급소
(5) 「광산보안법」의 적용을 받는 일반취급소

### 자체소방대에 두는 화학소방자동차 및 인원

**2**

| 사업소의 구분(최대수량) | | 화학소방자동차 | 자체 소방대원의 수 |
|---|---|---|---|
| 제조소 일반취급소 | 지정수량의 3천배 이상 12만배 미만의 사업소 | 1대 | 5인 |
| | 지정수량의 12만배 이상 24만배 미만인 사업소 | 2대 | 10인 |
| | 지정수량의 24만배 이상 48만배 미만인 사업소 | 3대 | 15인 |
| | 지정수량의 48만배 이상인 사업소 | 4대 | 20인 |
| 옥외탱크 저장소 | 지정수량의 50만배 이상인 사업소 | 2대 | 10인 |

• 비고 : 화학소방자동차에는 행정안전부령이 정하는 소화능력 및 설비를 갖추어야 하고, 소화활동에 필요한 소화약제 및 기구(방열복 등 개인장구를 포함한다)를 비치하여야 한다.

**예제 04**

제조소의 경우 취급하는 제4류 위험물의 지정수량 몇 배 이상시 자체소방대를 두어야 하는가?

① 1,000배  ② 2,000배
③ 3,000배  ④ 4,000배

해답 ③

## 13. 화학소방자동차의 소화능력 및 설비의 기준

| 구분 | 포수용액 방사차 | 이산화탄소 방사차 | 할로겐화합물 방사차 | 분말 방사차 | 제독차 |
|---|---|---|---|---|---|
| 토출량 | 2,000 ℓ/min | 40 kg/sec | 40 kg/sec | 35 kg/sec | − |
| 설비 | 소화약액 탱크, 소화약액 혼합장치 | 이산화탄소 저장용기 | 할로겐화물탱크, 가압용 가스설비 | 분말탱크, 가압용 가스설비 | − |
| 방사시간 | 50분 | 75초 | 25초 | 40초 | − |
| 저장량 | 10만 ℓ 이상의 포수용액 | 3,000 kg 이상 | 1,000 kg 이상 | 1,400 kg 이상 | 가성소오다 및 규조토를 각각 50 kg 이상 |

**예제 05**

위험물안전관리법에 의한 화학소방자동차의 소화능력 및 설비기준에서 분말 방사차의 분말의 방사능력은 매초 몇 kg 이상이어야 하는가?

① 25 kg
② 30 kg
③ 35 kg
④ 40 kg

 해답 ③

**예제 06**

위험물안전관리법에 의한 화학소방자동차의 소화능력 및 설비기준에서 포수용액 방사차의 최소 포 방사시간은?

① 20분
② 30분
③ 45분
④ 50분

해답 ④

## 14. 정기점검, 정기검사, 구조안전점검

| 구 분 | | 대 상 | 시 기 |
|---|---|---|---|
| 정기점검 | | • 예방규정을 정해야 하는 제조소 등<br>• 지하탱크저장소, 이동탱크저장소<br>• 위험물을 취급하는 탱크로서 지하에 매설된 탱크가 있는 제조소·주유취급소 또는 일반취급소 | 연 1회 이상 정기점검을 실시하고 3년간 보관<br>※ 점검을 한 날부터 30일 이내에 점검결과를 시·도지사에게 제출 |
| 정기검사 | 정밀정기검사 | 50만 ℓ 이상의 옥외탱크 저장소<br>(준특정옥외저장탱크) | • 완공검사합격확인증을 발급받은 날부터 12년<br>• 최근의 정밀정기검사를 받은 날부터 11년<br>※ 구조안전점검을 실시하는 때에 함께 받을 수 있다<br>※ 차기 정기검사 시까지 보관 |
| | 중간정기검사 | | • 완공검사합격확인증을 발급받은 날부터 4년<br>• 최근의 정밀정기검사 또는 중간정기검사를 받은 날부터 4년<br>※ 차기 정기검사 시까지 보관 |
| 구조안전점검 | | | • 완공검사합격확인증을 교부받은 날부터 12년<br>• 최근의 정밀정기검사를 받은 날부터 11년<br>• 특정옥외저장탱크에 안전조치를 한 후 기술원에 구조안전점검시기 연장신청을 하여 당해 안전조치가 적정한 것으로 인정받은 경우에는 최근의 정밀정기검사를 받은 날부터 13년<br>※ 25년 동안 보관 (연장 신청한 경우는 30년) |

• 벌칙 : 정기점검, 정기검사 받지 아니한 관계인 – 1년 이하의 징역 또는 1천만원 이하의 벌금 / 점검결과를 기록 보존하지 아니한자 – 200만원 이하의 과태료

---

**예제 07**

위험물안전관리법에 의한 제조소 등에 대한 점검에 관한 내용으로 옳지 않은 것은?

① 예방규정을 정해야 하는 제조소등은 정기점검 대상이다.

② 지하탱크저장소, 이동탱크저장소는 연 2회 이상 정기점검을 실시하고 3년간 보관하여야 한다.

③ 액체위험물을 저장 또는 취급하는 100만 ℓ 이상의 옥외탱크저장소는 정기검사 후 관련서류를 차기 정기검사시까지 보관하여야 한다.

④ 50만ℓ 이상의 옥외저장탱크는 구조안전점검을 받아야 한다.

해답 ②

## 15. 탱크의 용량

**1** 탱크의 용량 = 탱크의 내용적 – 공간용적

(1) 탱크의 내용적

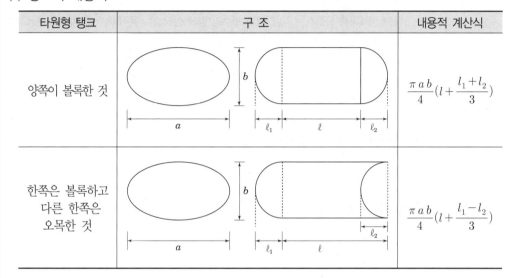

| 타원형 탱크 | 구 조 | 내용적 계산식 |
|---|---|---|
| 양쪽이 볼록한 것 | | $\dfrac{\pi\,a\,b}{4}(l+\dfrac{l_1+l_2}{3})$ |
| 한쪽은 볼록하고 다른 한쪽은 오목한 것 | | $\dfrac{\pi\,a\,b}{4}(l+\dfrac{l_1-l_2}{3})$ |

| 원통형 탱크 | 구 조 | 내용적 계산식 |
|---|---|---|
| 횡으로 설치한 것 | | $\pi r^2(l+\dfrac{l_1+l_2}{3})$ |
| 종으로 설치한 것 | | $\pi\,r^2\,l$ |

(2) 공간용적

① 탱크 내용적의 $\dfrac{5}{100}$ 이상 $\dfrac{10}{100}$ 이하

> **Tip**
>
> 공간용적과 관련된 부분
>
> 1. 소화설비(소화약제 방출구를 탱크안의 윗부분에 설치하는 것에 한한다)를 설치하는 탱크의 공간용적
>    당해 소화설비의 **소화약제방출구 아래의 0.3 m 이상 1 m 미만 사이의 면으로부터 윗부분의 용적으로**
>    한다.
> 2. 암반탱크의 공간용적
>    당해 탱크내에 용출하는 **7일간의 지하수의 양에 상당하는 용적**과 당해 **탱크의 내용적의 100분의 1의 용**
>    **적중에서 보다 큰 용적을 공간용적으로** 한다.
> 3. 고체위험물 : 운반용기 내용적의 **95% 이하**의 수납률로 수납할 것.(**공간용적 : 5% 이상**)
> 4. 액체위험물 : 운반용기 내용적의 **98% 이하**의 수납률로 수납하되, 55℃의 온도에서 누설되지 아니하도록
>    충분한 공간용적을 유지하도록 할 것.(**공간용적 : 2% 이상**)

**2** 이동저장탱크의 용량 **최대적재량 이하**로 한다.


## 16. 위험물의 운반, 위험물의 운송

**1** 위험물의 운반

(1) 그 용기·적재방법 및 운반방법에 관한 중요기준과 세부기준에 따라 행하여야 한다.

  • 벌칙 : 중요기준에 따르지 아니한자 – 1천만원 이하의 벌금 / 세부기준 – 200만원 이하의 과태료

(2) 위험물운반자(운반용기에 수납된 위험물을 지정수량 이상으로 차량에 적재하여 운반하는
    차량의 운전자)의 요건
    – 위험물 분야의 자격을 취득하거나 교육을 수료할 것 [2021.6.10.일 시행]

(3) 운반용기의 검사자 – 시도지사

  • 벌칙 : 운반용기에 대한 **검사를 받지 아니하고 운반용기를 사용하거나 유통시킨 자**
      – 1년 이하의 징역 또는 1천만원 이하의 벌금


**2** 위험물의 운송

(1) 이동탱크저장소 위험물운송자 : 운송책임자 및 이동탱크저장소운전자
  ① **운송책임자** : 위험물 운송의 감독 또는 지원을 하는 자
  ② 위험물 운송책임자의 자격
    ㉠ 국가기술자격을 취득하고 관련 업무에 1년 이상 종사한 경력이 있는 자
    ㉡ 안전교육을 수료하고 관련 업무에 2년 이상 종사한 경력이 있는 자

(2) **이동탱크저장소에 의하여 위험물을 운송 시**

위험물운송자는 **국가기술자격증** 또는 **교육수료증을 지참**하여야 한다.

- 벌칙 : 국가기술자격증 또는 교육수료증을 지니지 아니하거나 위험물의 운송에 관한 기준을 따르지 아니한 자 - **200만원 이하의 과태료**

(3) **운송책임자의 감독·지원을 받아 운송하여야 하는 위험물**

**알킬알루미늄, 알킬리튬 및 이 물질을 함유하는 위험물**

- 벌칙 : 국가기술자격증이 없거나 교육을 받지 아니한자, 운송책임자의 감독, 지원을 받지 아니한 자 - **1천만원 이하의 벌금**

## 17. 위험물 누출 등의 사고 조사

(1) **소방청장, 소방본부장 또는 소방서장**

① 위험물의 누출·화재·폭발 등의 사고가 발생한 경우 사고의 원인 및 피해 등을 조사하여야 한다.

② 사고 조사에 필요한 경우 자문을 하기 위하여 관련 분야에 전문지식이 있는 사람으로 구성된 사고조사위원회를 둘 수 있다.

③ 사고조사위원회의 구성과 운영 등에 필요한 사항은 대통령령으로 정한다.

(2) **사고조사위원회의 구성 등**

① 사고조사위원회(이하 "위원회")는 위원장 1명을 포함하여 7명 이내의 위원으로 구성한다.

② 위원회의 위원

ⓐ 소방청장, 소방본부장 또는 소방서장이 임명하거나 위촉하고, 위원장은 위원 중에서 소방청장, 소방본부장 또는 소방서장이 임명하거나 위촉한다.

1. 소속 소방공무원
2. 기술원의 임직원 중 위험물 안전관리 관련 업무에 5년 이상 종사한 사람
3. 한국소방안전원의 임직원 중 위험물 안전관리 관련 업무에 5년 이상 종사한 사람
4. 위험물로 인한 사고의 원인·피해 소사 및 위험물 안전관리 간련 업무 등에 관한 학식과 경험이 풍부한 사람

ⓑ 위촉되는 민간위원의 임기는 2년으로 하며, 한 차례만 연임할 수 있다.

ⓒ 위원회에 출석한 위원에게는 예산의 범위에서 수당, 여비, 그 밖에 필요한 경비를 지급할 수 있다. 다만, 공무원인 위원이 그 소관 업무와 직접적으로 관련되어 위원회에 출석하는 경우에는 지급하지 않는다.

## 18. 안전교육

(1) 실시자 – 소방청장

(2) 대상
  ① 안전관리자로 선임된 자
  ② 탱크시험자의 기술인력으로 종사하는 자
  ③ 위험물운반자·운송자로 종사하는 자

(3) 교육과정, 대상자, 시간, 시기 등

| 교육과정 | 교육대상자 | 교육시간 | 교육시기 | 교육기관 |
|---|---|---|---|---|
| 강습교육 | 안전관리자가 되고자 하는 자 | 24시간 | 최초 선임되기 전 | 안전원 |
| | 위험물운반자가 되고자 하는자 | 8시간 | 최초 선임되기 전 | 안전원 |
| | 위험물운송자가 되고자 하는자 | 16시간 | 최초 선임되기 전 | 안전원 |
| 실무교육 | 안전관리자 | 8시간 이내 | 선임된 날부터 6개월 이내 교육을 받은 후 2년마다 1회 | 안전원 |
| | 위험물운반자 | 4시간 이내 | 종사한 날부터 6개월 이내 | 안전원 |
| | 위험물운송자 | 8시간 이내 | 교육을 받은 후 3년마다 1회 | 안전원 |
| | 탱크시험자의 기술인력 | 8시간 이내 | 기술인력으로 등록된 날부터 6개월 이내 교육을 받은 후 2년마다 1회 | 기술원 |

## 19. 벌칙(과징금 및 벌금, 과태료)

(1) 과징금
  ① 시·도지사는 제조소등에 대한 사용의 정지가 그 이용자에게 심한 불편을 주거나 그 밖에 공익을 해칠 우려가 있는 때에는 사용정지처분에 갈음하여 **2억원 이하의 과징금을 부과**할 수 있다.
  ② 과징금을 부과하는 위반행위의 종별·정도 등에 따른 과징금의 금액 그 밖의 필요한 사항은 행정안전부령으로 정한다.
  ③ 시·도지사는 과징금을 납부하여야 하는 자가 납부기한까지 이를 납부하지 아니한 때에는 「지방행정제재·부과금의 징수 등에 관한 법률」에 따라 징수

## (2) 벌칙

| | | |
|---|---|---|
| 제조소등에서 위험물을 유출·방출 또는 확산시켜 | 사람 또는 재산에 대하여 위험을 발생시킨 자 | 1년 이상 10년 이하의 징역 |
| | 상해(傷害) | 무기 또는 3년 이상의 징역 |
| | 사망 | 무기 또는 5년 이상의 징역 |
| **업무상 과실**로 제조소등에서 위험물을 유출·방출 또는 확산시켜 | 사람 또는 재산에 대하여 위험을 발생시킨 자 | 7년 이하의 금고 또는 7천만원 이하의 벌금 |
| | 사상(死傷) | 10년 이하의 징역 또는 금고나 1억원 이하의 벌금 |

## (3) 1천500만원 이하의 벌금

① 수리·개조 또는 이전의 명령에 따르지 아니한 자
② 업무정지명령을 위반한 자
③ 탱크안전성능시험 또는 점검에 관한 업무를 허위로 하거나 그 결과를 증명하는 서류를 허위로 교부한 자

## (4) 1천만원 이하의 벌금

① 위험물의 취급에 관한 안전관리와 감독을 하지 아니한 자
② 안전관리자 또는 그 대리자가 참여하지 아니한 상태에서 위험물을 취급한 자
③ 관계인의 정당한 업무를 방해하거나 출입·검사 등을 수행하면서 알게 된 비밀을 누설한 자
④ 자격요건을 갖추지 아니한 위험물운반자, 자격요건 및 감독 또는 지원을 받아 운송하여야 하는 규정을 위반한 위험물운송자

## 20. 조치명령 등

| 내 용 | 조치명령등의 권한자 |
|---|---|
| 출입·검사 등<br>– 화재의 예방 또는 진압대책을 위하여 필요한 때 필요한 보고 또는 자료제출을 명령<br>　• 벌칙 : 명령을 위반하여 보고 또는 자료제출을 하지 아니하거나 허위의 보고 또는 자료제출을 한 자 또는 관계공무원의 출입·검사 또는 수거를 거부·방해 또는 기피한 자<br>　– 1년 이하의 징역 또는 1천만원 이하의 벌금 | 소방청장(중앙119구조본부장 및 그 소속 기관의 장을 포함), 시·도지사, 소방본부장 또는 소방서장 |

| | |
|---|---|
| 위험물의 누출·화재·폭발 등의 사고가 발생한 경우 사고의 원인 및 피해 등의 조사자 | 소방청장, 소방본부장 또는 소방서장 |
| 1. 탱크시험자에 대하여 필요한 보고 또는 자료제출 등의 명령<br>　• 벌칙 : 탱크시험자로 등록하지 아니하고 탱크시험자의 업무를 한 자 − 1년 이하의 징역 또는 1천만원 이하의 벌금<br>2. 무허가장소의 위험물에 대한 조치명령<br>　• 벌칙 : 위반한자 − 1천500만원 이하의 벌금<br>3. 제조소등에 대한 긴급 사용정지명령 등<br>　• 벌칙 : 위반한자 − 1천500만원 이하의 벌금<br>4. 저장·취급기준 준수명령 등<br>　• 벌칙 : 위반한자 − 1천500만원 이하의 벌금 | 시·도지사, 소방본부장 또는 소방서장 |
| 위험물의 유출 및 확산의 방지등 응급조치 명령 | 소방본부장 또는 소방서장 |
| 위험물의 운송자격 확인 요구<br>(주행중의 이동탱크저장소를 정지 가능)<br>　• 벌칙 : 위반한자 − 1천500만원 이하의 벌금 | 소방공무원 또는 국가경찰공무원 |

## 21. 청 문

시·도지사, 소방본부장 또는 소방서장은 제조소등 설치허가의 취소, 탱크시험자의 등록취소의 경우 청문을 실시하여야 한다.

## 실전 예상문제

 **01** 다음은 위험물 안전관리법의 목적이다. ( )안에 들어갈 알맞은 말은 무엇인가?

> 위험물의 ( )·( ) 및 ( )과 이에 따른 안전관리에 관한 사항을 규정함으로써 위험물로 인한 위해를 방지하여 공공의 안전을 확보함을 목적으로 한다.

① 저장, 취급, 운반      ② 제조, 저장, 취급
③ 저장, 취급, 판매      ④ 제조, 저장, 판매

**해설**
위험물의 저장·취급 및 운반과 이에 따른 안전관리에 관한 사항을 규정함으로써 위험물로 인한 위해를 방지하여 공공의 안전을 확보함을 목적으로 한다.

 **02** 위험물안전관리법을 적용받지 아니하는 것이 아닌 것은?

① 항공기에 의한 위험물의 저장·취급 및 운반
② 자력항행능력이 없어 다른 선박에 의하여 끌리거나 밀려서 항행되는 선박에 의한 위험물의 저장·취급 및 운반
③ 철도 및 궤도에 의한 위험물의 저장·취급 및 운반
④ 자동차에 의한 위험물의 저장·취급 및 운반

**해설**
· 위험물안전관리법 적용제외 대상 – 항공기, 선박, 철도 및 궤도에 의해 위험물의 저장, 취급하는 것
· 운반 자동차에 의한 위험물의 저장·취급 및 운반은 이동저장탱크를 말한다.

 **03** 위험물안전관리법상 "위험물"의 정의는?

① 산화성 또는 가연성 등의 성질을 가지는 것으로서 대통령령으로 정하는 물품
② 발화성 또는 가연성 등의 성질을 가지는 것으로서 대통령령으로 정하는 물품
③ 인화성 또는 발화성 등의 성질을 가지는 것으로서 대통령령으로 정하는 물품
④ 가연성 또는 발화성 등의 성질을 가지는 것으로서 대통령령으로 정하는 물품

**해설**
위험물의 정의 : 인화성 또는 발화성 등의 성질을 가지는 것으로서 대통령령으로 정하는 물품으로
1류 ~ 6류 위험물

 **정답**   01 ①   02 ④   03 ③

**04** 화재 등 위해의 예방과 응급조치에 있어서 큰 영향을 미치거나 그 기준을 위반하는 경우 직접적으로 화재를 일으킬 가능성이 큰 기준으로서 행정안전부령이 정하는 기준을 무슨 기준이라 하는가?

① 세부기준      ② 중요기준      ③ 법적기준      ④ 기술기준

위험물의 저장 또는 취급에 관한 중요기준에 따르지 아니한 자 – 1천500만원 이하의 벌금
위험물의 운반에 관한 중요기준에 따르지 아니한 자 – 1천만원 이하의 벌금
세부기준 – 화재 등 위해의 예방과 응급조치에 있어서 중요기준보다 상대적으로 적은 영향을 미치거나
            그 기준을 위반하는 경우 간접적으로 화재를 일으킬 수 있는 기준 및 위험물의 안전관리에 필요한
            표시와 서류·기구 등의 비치에 관한 기준으로서 행정안전부령이 정하는 기준.

**05** 위험물 안전관리법상 지정수량 미만인 위험물의 저장 또는 취급에 관한 기준은 무엇으로 정하는가?

① 시·도의 조례      ② 행정안전부령      ③ 대통령령      ④ 건설교통부령

지정수량 이상의 위험물 : 위험물안전관리법
지정수량 미만의 위험물 : 시·도의 조례
임시로 저장, 취급하는 장소의 위치·구조·설비·저장·취급의 기준 : 시·도의 조례
제조소등의 위치·구조 및 설비의 기술기준은 행정안전부령으로 정한다.

**06** 둘 이상의 위험물을 같은 장소에서 저장 또는 취급하는 경우에 있어서 당해 장소에서 저장 또는 취급하는 각 위험물의 수량을 그 위험물의 지정수량으로 각각 나누어 얻은 수의 합계가 얼마 이상인 경우 당해 위험물은 지정수량 이상의 위험물로 보는가?

① 0.5                                       ② 1
③ 2                                       ④ 3

저장 또는 취급하는 각 위험물의 수량을 그 위험물의 지정수량으로 각각 나누어 얻은 수의 합계가 1 이상인
경우 당해 위험물은 지정수량 이상의 위험물로 본다.

**07** 피리딘 800 ℓ, 초산 2,000 ℓ, 중유 10,000 ℓ 위험물들을 함께 저장시 지정배수는?

① 8배      ② 10      ③ 12배      ④ 13배

1. 지정배수 $= \dfrac{저장(취급)량}{지정수량} + \dfrac{저장(취급)량}{지정수량} + \dfrac{저장(취급)량}{지정수량} = \dfrac{800}{400} + \dfrac{2,000}{2,000} + \dfrac{10,000}{2,000} = 8배$
2. 지정수량 – 제1석유류 : 피리딘(수용성) – 400 ℓ, 2석유류 : 초산(수용성) – 2,000 ℓ,
                3석유류 : 중유 – 2,000 ℓ

**정답**    04 ②    05 ①    06 ②    07 ①

**08** 위험물제조소등에 해당되지 않는 것은?

① 제조소      ② 판매소      ③ 저장소      ④ 취급소

해설
위험물제조소등 : 제조소. 저장소, 취급소를 말하며 판매소는 판매취급소로 취급소 중 하나이다.

 **09** 위험물 취급소가 아닌 것은?

① 주유취급소      ② 판매취급소      ③ 저장취급소      ④ 일반취급소

해설
취급소의 종류 - 주유취급소, 판매취급소, 이송취급소, 일반취급소로 구분한다.

 **10** 군사목적으로 위험물제조소등을 설치하고자 할 경우 당해 군부대의 장이 사전에 협의해야 하는 자는?

① 소방청장관      ② 관할 소방본부장
③ 시도지사      ④ 관할 소방서장

해설
군사목적으로 위험물제조소등을 설치 또는 변경 시 소재지를 관할하는 시·도지사와 협의해야 한다.

 **11** 위험물 지위승계시, 제조소등의 용도폐지 시 각각 시도지사에게 몇 일 이내 신고하여야 하며 위험물안전관리자 대리자 지정기간은 며칠인가?

① 30일, 14일, 30일      ② 30일, 30일, 30일
③ 30일, 30일, 14일      ④ 14일, 14일, 14일

해설

| 지위 승계한 날로부터 30일 이내 | 신고 | |
|---|---|---|
| 제조소등의 용도 폐지 시 폐지한 날로부터 14일 이내 | 신고 | 200만원 이하의 과태료 |
| 직무 수행이 불가능 시 30일 이내 대리자 지정 | - | 1천500만원 이하의 벌금 |

**●●○ 12** 위험물안전관리법령에 의한 벌칙이 다른 하나는 어떤 것인가?

① 지정수량의 배수를 변경하고자 하는 날의 1일 이후에 신고
② 지위승계한 날로부터 30일 이후에 신고
③ 제조소등의 용도 폐지 시 폐지한 날로부터 14일 이후에 신고
④ 위험물안전관리자 선임을 30일 이후에 한 경우

**해설**

| 구 분 | 내 용 | 방법 | 벌칙 |
|---|---|---|---|
| 설치 | 제조소등을 설치하고자 할 때 | 허가 | 5년 이하의 징역 또는 1억원 이하의 벌금 |
| 변경 | 위치, 구조 또는 설비의 변경 없이 위험물의 품명, 수량 또는 지정수량의 배수를 변경하고자 하는 날의 1일 전까지 | 신고 | 200만원 이하의 과태료 |
| 지위승계 | 지위 승계한 날로부터 30일 이내 | 신고 | |
| 폐지 | 제조소등의 용도 폐지 시 폐지한 날로부터 14일 이내 | 신고 | |

| 구 분 | 내 용 | 기 간 | 벌 칙 |
|---|---|---|---|
| 위험물안전관리자 선임 | • 제조소등의 관계인은 완공 후 <br>• 위험물안전관리자 해임 또는 퇴직시 | 30일 이내 | 1천500만원 이하의 벌금 |
| 위험물안전관리자 신고 | 소방본부장 또는 소방서장에게 신고 | 14일 이내 | 200만원 이하의 과태료 |
| 대리자 지정 | 직무 수행이 불가능시 대리자 지정 | 30일 이내 | 1천500만원 이하의 벌금 |

**●●○ 13** 위험물 제조소등을 운영하는 자가 위치, 구조, 설비, 위험물의 품명, 수량, 지정수량의 배수를 변경하고자 할 때 반드시 허가를 받아야 하는 것은?

① 설비의 변경                    ② 위험물의 품명의 변경
③ 지정수량 배수의 변경          ④ 위험물의 수량의 변경

**해설**

위치, 구조 또는 설비의 변경 - 허가
위험물의 품명, 수량 또는 지정수량의 배수를 변경 - 1일전까지 신고

**●○○ 14** 제조소등의 변경허가를 받아야 하는 경우가 아닌 것은?

① 100 m를 초과하는 위험물배관을 신설·교체·철거 또는 보수(배관을 절개하는 경우에 한한다) 하는 경우
② 불활성기체의 봉입장치를 신설하는 경우
③ 방화상 유효한 담을 신설·철거 또는 이설하는 경우
④ 위험물의 제조설비 또는 취급설비(펌프설비를 제외한다)를 증설하는 경우

**해설**

300m(지상에 설치하지 아니하는 배관의 경우에는 30m)를 초과하는 위험물배관을 신설·교체·철거 또는 보수 (배관을 절개하는 경우에 한한다)하는 경우 - 변경허가를 받아야 한다.

**정답**  12 ④   13 ①   14 ①

●○○ **15** 허가를 받지 아니하고 당해 제조소등을 설치하거나 그 위치·구조 또는 설비를 변경할 수 있으며, 신고를 하지 아니하고 위험물의 품명·수량 또는 지정수량의 배수를 변경할 수 있는 제조소등이 아닌 것은?

① 주택의 난방시설을 위한 저장소 또는 취급소
② 공동주택의 중앙난방시설을 위한 저장소 또는 취급소
③ 농예용·축산용 또는 수산용으로 필요한 난방시설 위한 지정수량 20배 이하의 저장소
④ 농예용·축산용 또는 수산용으로 필요한 건조시설을 위한 지정수량 20배 이하의 저장소

1. 주택의 난방시설(공동주택의 중앙난방시설을 제외한다)을 위한 저장소 또는 취급소
2. 농예용·축산용 또는 수산용으로 필요한 난방시설 또는 건조시설을 위한 지정수량 20배 이하의 저장소

●●● **16** 제조소등의 완공검사 신청시기로 옳지 않은 것은?

① 지하탱크가 있는 제조소등 – 지하탱크를 매설하기 전
② 이동탱크저장소 – 이동저장탱크를 완공 후
③ 이송취급소 – 이송배관 공사의 전체 또는 일부를 완료한 후. 다만, 지하·하천 등에 매설하는 이송배관의 공사의 경우에는 이송배관을 매설하기 전
④ 전체 공사가 완료된 후에는 완공검사를 실시하기 곤란한 경우 – 기밀시험 또는 내압시험을 실시하는 시기

이동탱크저장소 – 이동저장탱크를 완공 한 다음 상치장소를 확보한 후 실시

●●○ **17** 탱크안전성능검사별 대상이 되는 탱크와 신청시기가 올바르지 못한 것은?

① 기초·지반검사 – 특정옥외탱크 – 위험물탱크의 기초 및 지반에 관한 공사의 개시 전
② 용접부검사 – 특정옥외탱크 – 탱크본체에 관한 공사 완료 후
③ 충수·수압검사 – 액체위험물을 저장 또는 취급하는 탱크 – 탱크에 배관 및 그 밖의 부속설비를 부착하기 전
④ 암반탱크검사 – 액체위험물을 저장 또는 취급하는 암반내의 공간을 이용한 탱크 – 암반탱크의 본체에 관한 공사의 개시 전

용접부검사 – 탱크본체에 관한 공사의 개시 전 신청

**18** 위험물저장탱크의 충수, 수압검사에 대한 설명 중 옳지 않은 것은?

① 액체위험물을 저장 또는 취급하는 탱크는 전부 충수·수압검사를 받아야 한다.
② 제조소 또는 일반취급소에 설치된 탱크로서 용량이 지정수량 미만인 경우 충수·수압검사를 받지 않아도 된다.
③ 특정설비에 관한 검사에 합격한 탱크, 성능검사에 합격한 탱크는 충수·수압검사를 받지 않아도 된다.
④ 충수·수압검사는 위험물을 저장 또는 취급하는 탱크에 배관 그 밖의 부속설비를 부착한 후 실시한다.

**해설**

| 충수·수압검사 | 액체위험물을 저장 또는 취급하는 탱크<br>– 위험물을 저장 또는 취급하는 탱크에 배관 그 밖의 부속설비를 부착하기 전 실시 |
|---|---|
| | **충수 · 수압검사  제외 대상** |
| | ① 제조소 또는 일반취급소에 설치된 탱크로서 용량이 지정수량 미만 |
| | ② 특정설비에 관한 검사에 합격한 탱크 |
| | ③ 성능검사에 합격한 탱크 |

**19** 탱크안전성능검사의 대상이 되는 탱크의 탱크안전성능검사를 받아야 하는 자는 누구에게 탱크안전성능 검사를 신청 할 수 있는가?

① 위험물탱크의 설치장소 관할소방서장, 한국소방산업기술원, 위험물탱크의 제작지를 관할하는 소방서장
② 위험물탱크의 설치장소 관할소방서장, 한국소방산업기술원
③ 한국소방산업기술원, 위험물탱크의 제작지를 관할하는 소방서장
④ 위험물탱크의 설치장소 관할소방서장

**해설**

탱크의 탱크안전성능검사자 – 탱크 제작지 관할 소방서장, 탱크 설치장소 관할 소방서장, 한국소방산업기술원

**정답** 18 ④  19 ①

**•••20** 지정수량의 몇 배 이상의 위험물을 취급하는 제조소에는 화재예방을 위한 예방규정을 정하여야 하는가?

① 5                 ② 10

③ 20               ④ 30

 예방규정을 정해야 할 제조소등

| 제조소, 일반취급소 | 지정수량의 10배 이상 위험물을 취급 |
|---|---|
| 옥외저장소 | 지정수량의 100배 이상 위험물을 저장 |
| 옥내저장소 | 지정수량의 150배 이상 위험물을 저장 |
| 옥외탱크저장소 | 지정수량의 200배 이상 위험물을 저장 |
| 암반탱크저장소, 이송취급소 | 지정수량 관계없이 예방규정을 정하여야 함 |

**•••21** 위험물제조소등의 관계인이 화재 등 재해발생시 비상조치를 위하여 정하여야 하는 예방규정에 관한 설명으로 옳은 것은?

① 위험물안전관리자가 선임되고 신고하기전에 정하여 시행한다.
② 제조소등을 사용하기 시작한 후 30일 이내에 예방규정을 정하여 시행한다.
③ 예방규정을 정하여 한국소방안전협회의 검토를 받아 시행한다.
④ 예방규정을 정하고 당해 제조소등의 사용을 시작하기 전에 시·도지사에게 제출한다.

해설
예방규정을 정하여야 하는 제조소등은 제조소등을 사용하기 전에 정하여 시도지사에게 제출 후 검토를 받아야 한다. 위험물이 아닌 특정소방대상물의 경우 일정규모 이상시 방재(건축)계획서를 수립하는 것과 마찬가지이다.

**•••22** 위험물안전관리자를 해임한 때에는 해임 한 날부터 며칠 이내에 위험물안전관리자를 선임하여야 하는가?

① 14       ② 20       ③ 25       ④ 30

| 관계인은 제조소 등의 완공 후 또는 해임 또는 퇴직시 위험물안전관리자를 30일 이내에 선임 | 미선임 – 1천500만원 이하의 벌금 |
|---|---|
| 위험물안전관리자 선임신고는 14일 이내 소방본부장 또는 소방서장에게 신고 | 위험물안전관리자 선·해임 신고 태만 – 200만원 이하의 과태료 |
| 기타사유로 직무 수행이 불가능 시 대리자 지정 (30일) | 미지정시 – 1천500만원 이하의 벌금 |

**●○○ 23** 위험물안전관리자를 선임시 얼마 이내에 소방본부장 또는 소방서장에게 신고하여야 하는가?

① 1주일          ② 2주일          ③ 3주일          ④ 4주일

위험물안전관리자 선임신고는 14일 이내 소방본부장 또는 소방서장에게 신고, 미신고(200만원 이하의 과태료)

**●●● 24** 위험물안전관리자를 선임하지 않은 관계자에 대한 벌칙은?

① 1천500만원 이하의 벌금          ② 300만원 이하의 벌금
③ 200만원 이하의 벌금             ④ 100만원 이하의 벌금

미선임 – 1천500만원 이하의 벌금

**●●● 25** 위험물을 취급할 수 있는 위험물취급자격자의 구분으로 옳지 않은 것은?

① 위험물기능장 – 모든 위험물
② 위험물기능사 – 국가 기술자격증에 기재된 유(類)의 위험물
③ 위험물산업기사 – 모든 위험물
④ 안전관리자교육이수자 – 위험물 중 제4류 위험물

위험물기능장, 위험물산업기사, 위험물기능사의 자격을 취득한 사람 – 시행령 별표 1의 모든 위험물 취급이 가능하다.

**●●● 26** 제조소등의 관계인은 위험물의 안전관리에 관한 직무를 수행하게 하기 위하여 제조소등마다 위험물취급자격자를 위험물안전관리자로 선임하여야 하는데 해당하지 않는 제조소등은?

① 옥내탱크저장소          ② 간이탱크저장소
③ 이동탱크저장소          ④ 암반탱크저장소

이동탱크저장소는 안전관리자를 별도로 선임하지 않는다.

**⬥정답** 23 ②  24 ①  25 ②  26 ③

**27** 위험물 취급자로 옳지 않은 것은?

① 위험물취급자격자                    ② 관계자
③ 위험물안전관리자                    ④ 대리자

해설
제조소등에 있어서 위험물취급자격자가 아닌 자는 안전관리자 또는 대리자가 참여한 상태에서 위험물을 취급하여야 한다.

**28** 상호 100 m 이내의 거리에 있는 저장소로서 저장소의 규모, 저장하는 위험물의 종류 등을 고려하여 행정안전부령이 정하는 저장소를 동일인이 설치한 경우 다수의 제조소 등을 설치한 자가 1인의 안전관리자를 중복하여 선임할 수 있는데 10개 이하의 저장소까지 중복 선임 가능한 저장소가 아닌 것은?

① 옥내저장소                    ② 옥외저장소
③ 암반탱크저장소                ④ 옥외탱크저장소

해설
동일구내에 있거나 상호 100 m 이내의 거리에 있는 저장소로서 동일인이 여러 개의 저장소를 설치한 경우 중복 선임 가능한 개수는 ① 10개 이하 – 옥내저장소, 옥외저장소, 암반탱크저장소 ② 30개 이하 – 옥외탱크저장소 ③ 옥내탱크, 지하탱크, 간이탱크저장소는 개수와 상관없이 중복 선임이 가능하다.

**29** 1인의 안전관리자를 중복하여 선임한 경우 대리자의 자격이 있는 자를 각 제조소등 별로 지정하여 안전관리자를 보조하게 하여야 한다. 이에 해당하지 않는 것은?

① 제조소                    ② 이송취급소
③ 일반취급소                ④ 저장소

해설
제조소, 이송취급소, 일반취급소의 경우 1인의 안전관리자를 중복하여 선임시 대리자의 자격이 있는 자를 각 제조소등 별로 지정하여 안전관리자를 보조하게 하여야 한다.

**30** 제4류 위험물을 지정수량의 몇 배 이상 저장하거나 취급하는 제조소 또는 일반취급소에는 자체소방대를 두어야 하는가?

① 10배            ② 500배            ③ 1,000배            ④ 3,000배

해설
자체소방대 설치대상 : 지정수량의 3,000배 이상의 제4류 위험물을 취급하는 제조소, 일반취급소

정답    27 ②    28 ④    29 ④    30 ④

●○○ **31** 자체소방대의 설치 제외 대상인 일반취급소에 해당하지 않는 일반취급소는?

① 세정작업의 일반취급소
② 보일러, 버너 그 밖에 이와 유사한 장치로 위험물을 소비하는 일반취급소
③ 이동저장탱크 그 밖에 이와 유사한 것에 위험물을 주입하는 일반취급소
④ 용기에 위험물을 옮겨 담는 일반취급소

> **해설**
> 자체소방대의 설치 제외대상인 일반취급소
> (1) 보일러, 버너 그 밖에 이와 유사한 장치로 위험물을 소비하는 일반취급소
> (2) 이동저장탱크 그 밖에 이와 유사한 것에 위험물을 주입하는 일반취급소
> (3) 용기에 위험물을 옮겨 담는 일반취급소
> (4) 유압장치, 윤활유순환장치 그 밖에 이와 유사한 장치로 위험물을 취급하는 일반취급소
> (5) 「광산보안법」의 적용을 받는 일반취급소

●●● **32** 위험물제조소등의 자체소방대 내용으로 옳지 않은 것은?

① 지정수량의 3,000배 이상의 제4류 위험물을 취급하는 제조소, 일반취급소의 경우 설치한다.
② 지정수량의 12만배 미만의 사업소의 경우 화학소방자동차 1대와 자체소방대원의 수는 5인 이상이다.
③ 화학소방자동차에는 소화능력 및 설비를 갖추어야 하고, 소화활동에 필요한 소화약제 및 기구(방열복 등 개인장구는 포함하지 아니한다)를 비치하여야 한다.
④ 자체소방대를 두지 아니한 관계인은 1년 이하의 징역 또는 1천만원 이하의 벌금에 처한다.

> **해설**
> 화학소방자동차에는 행정안전부령이 정하는 소화능력 및 설비를 갖추어야 하고, 소화활동에 필요한 소화약제 및 기구(방열복 등 개인장구를 포함한다)를 비치하여야 한다.

●●○ **33** 화학소방자동차에 갖추어야 하는 소화능력 및 설비의 기준 중 이산화탄소 방사차의 내용 중 옳지 않은 것은?

① 토출량은 40 kg/sec 이상이어야 한다.
② 방사시간은 최소 75초 이상이다.
③ 저장량은 3,000 kg 이상이어야 한다.
④ 설비는 이산화탄소저장용기와 가압용가스설비가 필요하다.

> **해설**
> 이산화탄소소화약제는 자체 증기압이 커(20℃  60기압) 별도의 가압용가스설비가 필요하지 않다.

**정답** 31 ① 32 ③ 33 ④

**••• 34**  구조안전점검 대상이 되는 옥외탱크저장소의 액체위험물탱크의 용량은 얼마 이상인가?

① 10만 ℓ 이상　　　② 50만 ℓ 이상　　　③ 100만 ℓ 이상　　　④ 200만 ℓ 이상

**해설**

옥외탱크저장소의 액체위험물탱크 중 그 용량이 50만 ℓ 이상인 탱크(준특정옥외탱크)부터 구조안전점검 대상이다.

**••◦ 35** 다음은 옥외탱크저장소 중 특정옥외탱크에 대하여 실시하는 구조안전점검을 받는 시기이다. 차례대로 가로에 들어갈 연수는 얼마인가?

> ― 제조소등의 설치허가에 따른 완공검사필증을 교부받은 날부터 (　)년
> ― 최근의 정기검사를 받은 날부터 (　)년
> ― 당해 기간 이내에 특정옥외저장탱크의 사용중단 등으로 구조안전점검을 실시하기가 곤란한 경우 특정옥외저장탱크에 안전조치를 한 후 기술원에 구조안전점검시기 연장신청을 하여 당해 안전조치가 적정한 것으로 인정받은 경우에는 최근의 정기검사를 받은 날부터 (　)년

① 11, 12, 13　　　② 12, 13, 14　　　③ 12, 11, 13　　　④ 13, 12, 11

**해설**

구조안전점검을 받은 후 25년(연장 신청 후 검사를 받은 경우 30년) 동안 관계서류를 보관해야 한다.

**••• 36** 위험물을 저장 또는 취급하는 탱크의 용량산정 방법은?

① 탱크의 용량 = 탱크의 공간용적 − 탱크의 내용적
② 탱크의 용량 = 탱크의 내용적 − 탱크의 공간용적
③ 탱크의 용량 = 탱크의 전용적 − 탱크의 공간용적
④ 탱크의 용량 = 탱크의 공간용적 − 탱크의 전용적

**••• 37** 타원형탱크 중 한쪽은 볼록하고 다른 한쪽은 오목한 모양의 위험물탱크의 내용적은?

① $\dfrac{\pi}{4}ab\left(\ell + \dfrac{\ell_1 + \ell_2}{3}\right)$　　　　　② $\dfrac{\pi}{4}ab\left(\ell + \dfrac{\ell_1 - \ell_2}{3}\right)$

③ $\dfrac{\pi}{4}ab\left(\ell - \dfrac{\ell_1 + \ell_2}{3}\right)$　　　　　④ $\dfrac{\pi}{4}ab\left(\ell - \dfrac{\ell_1 - \ell_2}{3}\right)$

**정답**　34 ②　35 ③　36 ②　37 ②

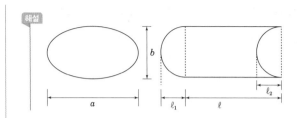

$$\frac{\pi}{4}ab(\ell + \frac{\ell_1 - \ell_2}{3})$$

**38** 다음 위험물탱크의 내용적은 얼마인가?

① $12\pi$      ② $15\pi$

③ $18\pi$      ④ $21\pi$

 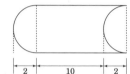

> **해설**
>
> $\frac{\pi}{4}ab(\ell + \frac{\ell_1 - \ell_2}{3}) = \frac{\pi}{4} \times 6 \times (12 + \frac{2-2}{3}) = 18\pi$

**39** 다음 중 위험물탱크 안전성능시험자로 시·도지사에게 등록하기 위하여 갖추어야 할 사항이 아닌 것은?

① 자본금      ② 기술인력      ③ 사무실      ④ 장비

> **해설**
>
> | 기술인력 | 시설 | 장비 |
> |---|---|---|
> | 1. 위험물기능장 또는 위험물산업기사 1인 이상<br>2. 위험물산업기사 또는 위험물기능사 2인 이상<br>3. 기계분야 및 전기분야의 소방설비기사 1인 이상 | 전용사무실을 갖출 것 | 1. 절연저항계<br>2. 접지저항측정기<br>　(최소눈금 0.1 Ω 이하)<br>3. 가스농도측정기<br>4. 정전기 전위측정기 등 |

**40** 제조소 등에서 위험물을 유출·방출 또는 확산시켜 사람의 생명·신체 또는 재산에 대하여 위험을 발생시킨 자의 벌칙은?

① 1년 이상 10년 이하의 징역에 처한다.      ② 1년 이상 7년 이하의 징역에 처한다.

③ 1년 이상 5년 이하의 징역에 처한다.      ④ 1년 이상 3년 이하의 징역에 처한다.

> **해설**
>
> | 제조소 등에서<br>위험물을 유출·<br>방출 또는 확산시켜 | 사람의 생명·신체 또는 재산에 대하여 위험을 발생시킬 때 | 1년 이상 10년 이하의 징역 |
> |---|---|---|
> | | 사람을 상해(傷害)에 이르게 한 때 | 무기 또는 3년 이상의 징역 |
> | | 사망에 이르게 한 때 | 무기 또는 5년 이상의 징역 |

**정답**  38 ③  39 ①  40 ①

# 시설기준(위험물제조소 등)

## 1. 위험물 제조소

**1** 제조소의 안전거리

(1) 건축물의 외벽 또는 이에 상당하는 공작물의 외측으로부터 당해 제조소의 외벽 또는 이에 상당하는 공작물의 외측까지의 수평거리(6류 위험물은 제외)

| 안전거리 | 해당 대상물 | |
|---|---|---|
| 50 m 이상 | 유형문화재, 기념물 중 지정문화재 | |
| 30 m 이상 | ① 학교<br>② 종합병원, 병원, 치과병원, 한방병원, 요양병원 | |
| | ③ 공연장, 영화상영관 등 | 수용인원 : 300명 이상 |
| | ④ 아동복지시설, 장애인복지시설, 모·부자복지시설, 보육시설, 가정폭력 피해자시설 등 | 수용인원 : 20명 이상 |
| 20 m 이상 | 고압가스, 액화석유가스, 도시가스를 저장 또는 취급하는 시설 | |
| 10 m 이상 | 주거 용도에 사용되는 것 | |
| 5 m 이상 | 사용전압 35,000 V를 초과하는 특고압가공전선 | |
| 3 m 이상 | 사용전압 7,000 V 초과 35,000 V 이하의 특고압가공전선 | |

(2) 제조소등이 설치될 때 주위에 방호대상물이 있는 경우 **연소확대방지 및 안전을 위해 지켜야 할 거리**

(3) 불연재료로 된 방화상 유효한 담 또는 벽을 설치하는 경우에는 안전거리를 단축할 수 있다.(아래표는 참고)

| 불연재료로 된 방화상 유효한 담 또는 벽을 설치하는 경우에는 안전거리를 단축 | 취급하는 위험물의 최대수량(지정수량의 배수) | 안전거리(이상) | | |
|---|---|---|---|---|
| | | 수거용 건축물 | 학교·유치원등 | 문화재 |
| 제조소·일반취급소 | 10배 미만 | 6.5 | 20 | 35 |
| | 10배 이상 | 7.0 | 22 | 38 |

**안전거리 규정 여부**

| 구 분 | 안전거리 규정 | 미규정 |
|---|---|---|
| 제조소 | 제조소 | - |
| 저장소 | 옥내저장소<br>옥외저장소<br>옥외탱크저장소 | 옥내탱크저장소<br>지하탱크저장소<br>간이탱크저장소<br>이동탱크저장소<br>암반탱크저장소 |
| 취급소 | 이송취급소<br>일반취급소 | 주유취급소<br>판매취급소 |

> **예제 01**
>
> 위험물 안전관리법에 따른 제조소 등에서 안전거리 규정을 정하지 않은 제조소등은 무엇인가?
>
> ① 옥내저장소        ② 옥외탱크저장소
>
> ③ 옥내탱크저장소      ④ 옥외저장소
>
> **해답** ③

## 2 제조소의 보유공지

| 취급하는 위험물의 최대수량 | 공지의 너비 |
|---|---|
| 지정수량의 10배 이하 | 3 m 이상 |
| 지정수량의 10배 초과 | 5 m 이상 |

**(1) 정의**

제조소 등이 설치되면 주위의 대상물과의 관계없이 확보해야 할 절대적인 공간

**(2) 보유공지 목적**

| 연소확대의 방지 | 화재 등의 경우 피난의 원활 | 소화활동의 공간 확보 |
|---|---|---|

**(3) 보유공지 제외**

제조소의 작업공정이 다른 작업장의 작업공정과 연속되어 있어, 제조소의 건축물 그 밖의 공작물의 주위에 공지를 두게 되면 그 제조소의 작업에 현저한 지장이 생길 우려가 있는 경우 당해 제조소와 다른 작업장 사이에 방화상 유효한 격벽(방화벽)을 설치한 때에는 당해 제조소와 다른 작업장사이에 공지를 보유하지 아니할 수 있다.

## 방화상 유효한 격벽(방화벽)

- 방화벽은 내화구조로 할 것, 다만 제6류 위험물인 경우에는 불연재료로 할 수 있다.
- 방화벽에 설치하는 출입구 및 창 등의 개구부는 가능한 한 최소로 하고, 출입구 및 창에는 자동폐쇄식의 갑종방화문을 설치할 것.
- 방화벽의 양단 및 상단이 외벽 또는 **지붕으로부터 50 cm 이상 돌출**하도록 할 것.

Point

## 제조소 등의 보유공지

| 배수 \ 제조소등 | 제조소 | 옥외저장소 | 옥내저장소 내화구조 | 옥내저장소 기타구조 | 옥외탱크저장소 | |
|---|---|---|---|---|---|---|
| 5배 이하 | | – | – | 0.5 | 500배 | 3 |
| 5배 초과 10배 이하 | 3 | 3 | 1 | 1.5 | 500~ 1,000배 | 5 |
| 10배 초과 20배 이하 | 5 | 5 | 2 | 3 | 1,000배~ 2,000배 | 9 |
| 20배 초과 50배 이하 | | 9 | 3 | 5 | 2,000배~ 3,000배 | 12 |
| 50배 초과 200배 이하 | | 12 | 5 | 10 | 3,000배~ 4,000배 | 15 |
| 200배 초과 | | 15 | 10 | 15 | 4,000배 초과 | 지름 또는 높이 중 큰 수치 적용 (횡형탱크는 긴변) 30 m 초과 : 30 m 이상 15 m 미만 : 15 m 이상 |

※ 옥내저장소 내화구조 : 벽, 기둥, 바닥이 내화구조인 경우를 말함

※ 암기 순서

1. 옥외저장소 : 3의 배수를 적어주자. 단, 여기서 6이 아니라 1이 작은 5라는 것에 절대 주의!!

2. 옥내저장소 암기법 :

| | 내화 | 기타 |
|---|---|---|
| 5배 이하 | – | 0.5 |

를 암기한 후 기타구조는 0.5에서

3, 6, 10, 20, 30을 곱하여 아래 칸에 쓰면 기타구조 보유공지는 완성!!
내화구조는 대각선으로 기타구조의 전 단계 값을 적어주되 소수점이 있으면 절상 한 값을 적어주면 된다.

3. 옥외탱크저장소는 옥외저장소와 동일하게 3의 배수로 적되 역시 두 번째 값이 6이 아니라 5임을 주의 하고 배수는 5배 이하에서 100을 곱하여 500배(옥외저장탱크는 많은 양을 저장한다는 것을 상기하라!)이 하가 되고 두 번째, 세 번째도 마찬가지임(10배 초과~20배 이하에서 100을 곱하면 1,000배~2,000 배가 된다.) 그 다음은 1,000배씩 늘어난다는 것을 잊지 말자!!!!!

4. **펌프설비 주위의 보유공지 – 기본 3 m**

**3** 제조소의 표지 및 게시판

(1) 위험물제조소의 표지

① 크기 : 한 변의 길이 0.3 m 이상,
다른 한 변의 길이 0.6 m 이상

② 색상 : **백색바탕에 흑색 문자**

| | |
|---|---|
| 위험물제조소 | → 표지 |
| 화기엄금 | → 주의사항 게시판 |
| 류 별 | |
| 품명및수량 | |
| 허가번호및년월일  제 0 호  년 월 일 | → 방화에 관한 게시판 |
| 취급책임자 | |

표지 및 게시판

(2) 게시판 – 방화에 관하여 필요한 사항을 게시

① 크기 : 한 변의 길이 0.3 m 이상,
다른 한 변의 길이 0.6 m 이상

② 기재 내용  **유품 저지안**

| 유별 | 제 4 류 |
|---|---|
| 품명 | 제2석유류(경유) |
| 저장(취급) 최대수량 | 20,000 ℓ |
| 지정수량의 배수 | 20배 |
| 안전관리자의 성명 또는 직명 | 박 병 임 |

③ 색상 : 백색바탕에 흑색 문자

(3) 게시판 – 주의사항을 표시

| 위험물의 종류 | 주의사항 | 게시판의 색상 | |
|---|---|---|---|
| 제1류 위험물 중 알칼리금속의 과산화물<br>제3류 위험물 중 금수성물질 | 물기엄금 | 청색바탕에<br>백색문자 | 물기엄금 |
| 제2류 위험물(인화성 고체는 제외) | 화기주의 | 적색바탕에<br>백색문자 | 화기주의 |
| 제2류 위험물 중 인화성 고체<br>제3류 위험물 중 자연발화성물질<br>제4류 위험물<br>제5류 위험물 | 화기엄금 | 적색바탕에<br>백색문자 | 화기엄금 |
| 제1류 위험물의 알카리금속의 과산화물외의 것과 제6류 위험물 | 별도의 표시 없음 | | |

**TIP**

기타 표지, 게시판의 바탕 및 문자의 색상

| 구 분 | | 게시판의 색상 |
|---|---|---|
| 옥외저장탱크의 주입구<br>주의사항 게시판<br>(인화점이 21℃ 미만) | 백색바탕에 적색문자 | 화기엄금 |
| 이동탱크저장소의 표지 | 흑색바탕에 황색문자 | 위험물 |
| 주유취급소<br>주유 중 엔진정지 | 황색바탕에 흑색문자 | 주유 중 엔진 정지 |

**4** 건축물의 구조(불연재료 이상)

(1) **지하층이 없도록 하여야 한다.**

(2) 건축물의 구조

| 불연재료 | 벽, 기둥, 바닥, 보, 지붕, 서까래 및 계단 |
|---|---|
| 내화구조 | 연소의 우려가 있는 외벽(출입구 외 개구부가 없어야 한다.) |

(3) **지붕**은 폭발력이 위로 방출될 정도의 **가벼운 불연재료**로 덮어야 한다.

**Tip**

지붕을 내화구조로 할 수 있는 경우(폭발 우려가 없거나 견딜 수 있는 경우)

① 제2류 위험물(분상의 것과 인화성고체는 제외)
② 제4류 위험물 중 제4석유류, 동식물유류
③ 제6류 위험물
④ 밀폐형 구조의 건축물이 다음과 같은 경우
　㉠ 발생할 수 있는 내부의 과압(過壓) 또는 부압(負壓)에 견딜 수 있는 철근콘크리트조일 것
　㉡ 외부화재에 90분 이상 견딜 수 있는 구조일 것

(4) **출입구 등**

| 출입구<br>비상구 | 연소 우려가 있는<br>외벽의 출입구 | 건축물의 창<br>출입구의 유리 | 액체의 위험물을 취급하는 건축물의 바닥 |
|---|---|---|---|
| 방화문 | 자동폐쇄식의<br>갑종방화문 | 망입유리 | 위험물이 스며들지 못하는 재료를 사용하고,<br>적당한 경사를 두어 그 최저부에 집유설비 설치 |

**5** 옥외에서 액체위험물을 취급하는 설비의 바닥

(1) 바닥의 둘레에 높이 **0.15 m 이상의 턱을 설치**하여 위험물이 외부로 흘러나가지 아니하도록 하여야 한다.

(2) 바닥의 최저부에 집유설비

(3) **위험물(온도 20℃의 물 100 g에 용해되는 양이 1 g 미만인 것에 한함)을 취급하는 설비에는 집유설비에 유분리장치를 설치**할 것

→ 용해도가 1% 이상인 것은 유분리 장치를 하지 않음

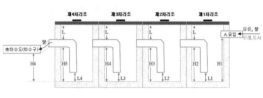

유분리장치

> **Point**
>
> 위험물 취급 시 누출 방지 턱의 설치 높이
> - 제조소, 옥외저장탱크, 옥내저장탱크, 이송취급소 – 내부에 설치 : 0.2 m 이상
>   외부에 설치 : 0.15 m 이상
> - 옥내저장탱크 탱크전용실의 문턱 높이 – 용량 수용 가능한 높이 이상
> - 주유취급소, 판매취급소 – 0.1 m 이상

**6** 채광 및 조명설비

| 채광설비 | 불연재료 및 연소의 우려가 없는 장소에 설치하되 채광면적을 최소로 할 것 |
|---|---|
| 조명설비 | ① 가연성가스등이 체류할 우려가 있는 장소의 조명등 : 방폭등 <br> ② 전선 : 내화·내열전선 사용 <br> ③ 점멸스위치 : 출입구 바깥부분에 설치 |

채광설비

조명설비

방폭등

**7** 환기 및 배출설비

(1) 환기설비(가연성증기 · 미분이 체류할 우려가 없는 경우)

① 자연배기방식

② 환기구

지붕 위 또는 지상 2 m 이상의 높이에 회전식 고정벤틸레이터 또는 루프팬방식으로 설치

③ 급기구

㉠ 위치 : 낮은 곳에 설치(체류할 우려가 없고 공기보다 가볍기 때문에 아래에서 위로 급기
되어야 자연스럽게 배출된다) 및 가는 눈의 구리망으로 인화방지망을 설치

㉡ 개수 : 바닥면적 150 m²마다 1개 이상 설치

㉢ 크기 : 800 cm² 이상

| 바 닥 면 적 | 급기구의 면적 |
|---|---|
| 150 m² 이상 | 800 cm² 이상 |
| 120 m² 이상 150 m² 미만 | 600 cm² 이상 |
| 90 m² 이상 120 m² 미만 | 450 cm² 이상 |
| 60 m² 이상 90 m² 미만 | 300 cm² 이상 |
| 60 m² 미만 | 150 cm² 이상 |

바닥면적 150 m² 미만시 환기설비의 급기구 크기

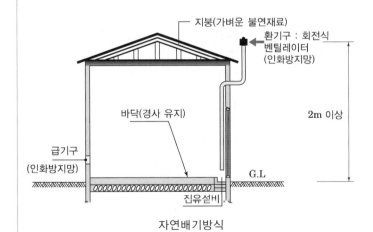

자연배기방식

벤틸레이터 및 루프팬

(2) 배출설비(가연성증기·미분이 체류할 우려가 있는 경우)
① 강제배기방식
　배풍기 – 옥내닥트의 내압이 대기압 이상이 되지 아니
　　하는 위치에 설치하여야 한다.
② 배출방식에 따른 배출능력

배출설비(국소방식)

| 배출방식 | 배출능력(시간당) |
|---|---|
| 국소방식 | 배출장소 용적의 20배 이상 |
| 전역방출방식 | 바닥면적 1 m² 당 18 m³ 이상 |

**Tip**

전역방출방식으로 하는 경우
1. 위험물취급설비가 배관이음 등으로만 된 경우
2. 건축물의 구조·작업장소의 분포 등의 조건에 의하여 전역방식이 유효한 경우

③ 배출구 – 지상 2 m 이상, 화재시 자동으로 폐쇄되는 방화댐퍼를 설치
④ 급기구
　**높은 곳에 설치**(높은 곳에서 아래로 급기되어야 체류하고 있는 가연성증기 등이 비산
　하지 않는다) 및 **가는 눈의 구리망으로 인화방지망을 설치**

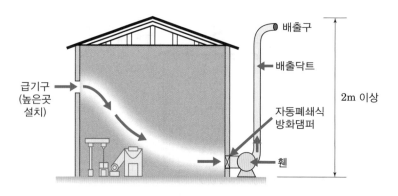

배출설비

---

**예제 02**

가연성 증기가 체류할 우려가 있는 위험물 제조소 건축물에 배출설비 설치 시 배출 능력은 몇 m³/h 이상이어야 하는가? (단, 전역 배출 방식이 아닌 경우이고 배출장소 의 크기는 가로 8 m, 세로 6 m, 높이 5 m이다.)

① 1,200                 ② 2,400

③ 3.600                 ④ 4,800

해답 ④

국소배출방식의 경우 1시간당 배출 능력은 배출장소용적의 20배 이상이므로

배출장소용적 = 8×6×5 = 240m³     ∴ 배출능력 = 240 m³/hr×20 = 4,800 m³/hr

---

**8 정전기 제거설비**

| 접지에 의한 방법 | 공기 중의 상대습도를 70% 이상으로 하는 방법 | 공기를 이온화하는 방법 |
|---|---|---|

**9 피뢰설비**

지정수량의 10배 이상의 위험물을 제조시(제6류 위험물은 제외)에는 설치

**10 기타설비**

(1) 위험물 누출 · 비산방지설비      (2) 가열 · 냉각설비 등의 온도측정장치

(3) 가열건조설비, 전기설비        (4) 가열건조설비

(5) **압력계 및 안전장치**

  ① 자동적으로 압력의 상승을 정지시키는 장치

  ② 감압측에 안전밸브를 부착한 감압밸브

  ③ 안전밸브를 병용하는 경보장치

  ④ **파괴판**(위험물의 성질에 따라 안전밸브의 작동이 곤란한 가압설비에 한한다)

**11 위험물 취급탱크 방유제, 방유턱의 용량 – (지정수량 1/5 미만은 제외)**

| 구 분 | 옥외 [ 액체위험물(이황화탄소 제외) ] | | 옥내 | |
|---|---|---|---|---|
| | 방 유 제 | | 방 유 턱 | |
| 탱크의 수 | 1기 | 2기 이상 | 1기 | 2기 이상 |
| 용량 | 50% 이상 | 최대탱크 50% 이상 + 나머지 탱크의 합계의 10% 이상 | 100% 이상 | 최대탱크의 100% 이상 |

Tip

방유제의 용량 = 방유제의 내용적 − (① + ② + ③ + ④)
① 용량이 최대인 탱크 외의 탱크의 방유제 높이 이하 부분의 용적
② 당해 방유제 내에 있는 모든 탱크의 지반면 이상 부분의 기초의 체적
③ 간막이 둑의 체적
④ 당해 방유제 내에 있는 배관 등의 체적

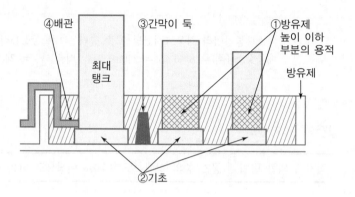

## 12 배관

(1) 배관의 재질 : 강관 그 밖에 이와 유사한 금속성 또는 이와 동등 이상의 배관
(2) **수압시험 : 최대상용압력의 1.5배 이상**
(3) 배관을 지상에 설치하는 경우에는 지진·풍압·지반침하 및 온도변화에 안전한 구조의 지지물에 설치
(4) **지면에 닿지 아니하도록 하고** 배관의 외면에 부식방지를 위한 도장을 하여야 한다.
(5) 배관을 지하에 매설하는 경우
  ① 금속성 배관의 외면에는 부식방지를 위하여 도복장·코팅 또는 전기방식 등의 필요한 조치를 할 것
  ② 배관의 접합부분(용접에 의한 접합부 또는 위험물의 누설의 우려가 없다고 인정되는 방법에 의하여 접합된 부분을 제외한다)에는 위험물의 누설여부를 점검할 수 있는 점검구를 설치
  ③ 지면에 미치는 중량이 당해 배관에 미치지 아니하도록 보호할 것

## 13 특례

(1) 고인화점 위험물의 제조소의 특례
  인화점이 100℃ 이상인 제4류 위험물("고인화점위험물")만을 100℃ 미만의 온도에서 취급하는 제조소

(2) 알킬알루미늄 등, 아세트알데히드 등을 취급하는 제조소의 특례

| 알킬알루미늄 등<br>(알킬알루미늄<br>또는 알킬리튬을<br>함유하고 있는 것) | • 누설범위를 국한하기 위한 설비 설치<br>• 누설된 알킬알루미늄 등을 안전한 장소에 설치된 저장실에<br>  유입시킬 수 있는 설비 설치<br>• **불활성기체(질소, 이산화탄소)를 봉입하는 장치를 갖출 것** |
|---|---|
| 아세트알데히드 등<br>(아세트알데히드 또는<br>산화프로필렌을<br>함유하고 있는 것) | • 수은(Hg)·동(Cu)·은(Ag)·마그네슘(Mg) 또는 이들을 성분으로<br>  하는 합금으로 만들지 아니할 것<br>• 아세트알데히드 등을 취급하는 설비에는 연소성 혼합기체의 생성에<br>  의한 폭발을 방지하기 위한 **불활성기체 또는 수증기를 봉입하는<br>  장치를 갖출 것**<br>• **냉각장치 또는 보냉장치는 2 이상 설치**하여 하나의 냉각장치 또는<br>  보냉장치가 고장난 때에도 일정 온도를 유지할 수 있도록 하고,<br>  다음의 기준에 적합한 비상전원을 갖출 것<br>  – 상용전력원이 고장인 경우에 자동으로 비상전원으로 전환되어<br>    가동되도록 할 것<br>  – 비상전원의 용량은 냉각장치 또는 보냉장치를 유효하게 작동<br>    시킬 수 있을 것 |

(3) 히드록실아민등을 취급하는 제조소의 특례

① 안전거리

안전거리 $D = 51.1\sqrt[3]{N}$ (m)　　　$N$ : 지정수량(히드록실아민 : 100 kg)의 배수

② 제조소 주위의 담 또는 토제의 설치기준

| 구 분 | | 내 용 |
|---|---|---|
| 제조소의 외벽, 이에 상당하는 공작물의<br>외측으로부터의 거리 | | 2 m 이상 |
| 높이 | | 히드록실아민등을 취급 하는 부분의 높이 이상 |
| 담의 두께 | 철근콘크리트조,<br>철골철근콘크리트조 | 15 cm 이상 |
| | 보강콘크리트블록조 | 20 cm 이상 |
| 토제의 경사면의 경사도 | | 60° 미만 |

③ 안전조치

히드록실아민등의 온도 및 농도의 상승에 의한 위험한 반응을 방지하기 위한 조치 및 철이온 등의 혼입에 의한 위험한 반응을 방지하기 위한 조치를 강구할 것.

---

**예제 03**

히드록실아민 등을 취급하는 제조소의 안전거리는? (단, N은 지정배수이다.)

① $D = 51.1\sqrt{N}\,(\mathrm{m})$

② $D = 51.1\sqrt[3]{N}\,(\mathrm{m})$

③ $D = \dfrac{51.1 \times N}{3}\,(\mathrm{m})$

④ $D = \dfrac{51.1 \times N}{5}\,(\mathrm{m})$

해답 ②

---

**14** 방화상 유효한 벽의 높이(안전거리 단축)

방화상 유효한 벽의 높이는 다음에 의하여 산정한 높이 이상으로 한다.

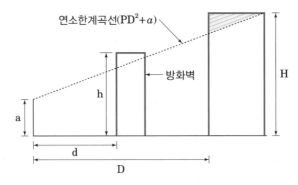

- a : 제조소 등의 외벽의 높이(m)
- h : 방화상 유효한 담의 높이(m)
- H : 인근 건축물 또는 공작물의 높이(m)
- d : 제조소 등과 방화상 유효한 담과의 거리(m)
- D : 제조소 등과 인근 건축물 또는 공작물과의 거리(m)
- P : 상수

(1) $H \leq PD^2 + a$ 일 때 $h = 2$

(2) $H > PD^2 + a$ 일 때 $h = H - P(D^2 - d^2)$

여기서 산출된 수치 h가

① 2 미만일 때에는 벽의 높이를 2m

② 4 이상일 때에는 벽의 높이를 4m로 하고 다음의 소화설비를 보강하여야 한다.

| 설치대상 | 보강내용 |
|---|---|
| 소화기 설치대상 | 대형소화기를 1개 이상 증설 |
| 대형소화기 설치대상 | 옥내소화전, 옥외소화전, 스프링클러·물분무, 포, 이산화탄소·할로겐화합물, 분말소화설비 설치 대상 중 설치 |
| 옥내소화전, 옥외소화전, 스프링클러·물분무, 포, 이산화탄소·할로겐화합물, 분말소화설비 설치 대상 | 반경 30 m마다 대형소화기 1개 이상을 증설 |

**예제 04**

제조소의 경우 방화상 유효한 벽을 설치하는 경우 안전거리를 단축할 수 있다.
다음 그림에서 $H < PD^2 + a$인 경우 $h(\text{m})$는 얼마로 하여야 하는가?

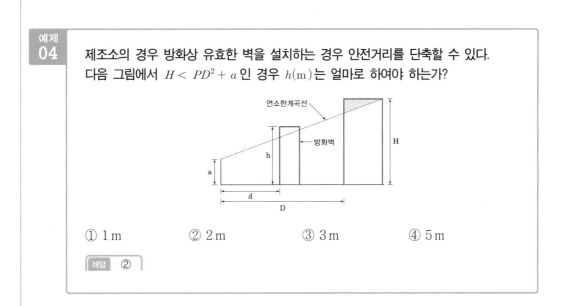

① 1 m      ② 2 m      ③ 3 m      ④ 5 m

해답 ②

### (3) P의 값

| 인근 건축물 또는 공작물의 구분 | P의 값 |
|---|---|
| ① 학교·주택·문화재 등의 건축물 또는 공작물이 목조인 경우<br>② 학교·주택·문화재 등의 건축물 또는 공작물이 방화구조 또는 내화구조이고, 제조소등에 면한 부분의 개구부에 방화문이 설치되지 아니한 경우 | 0.04 |
| ① 학교·주택·문화재 등의 건축물 또는 공작물이 방화구조인 경우<br>② 학교·주택·문화재 등의 건축물 또는 공작물이 방화구조 또는 내화구조이고, 제조소등에 면한 부분의 개구부에 을종방화문이 설치된 경우 | 0.15 |
| ① 학교·주택·문화재 등의 건축물 또는 공작물이 내화구조이고, 제조소등에 면한 개구부에 갑종방화문이 설치된 경우 | ∞ |

### (4) a의 값

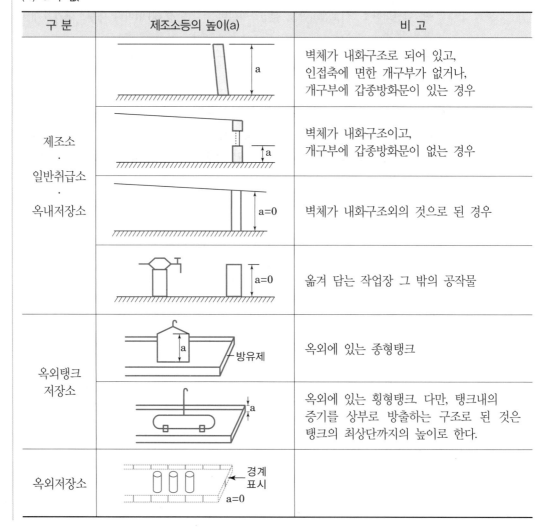

| 구 분 | 제조소등의 높이(a) | 비 고 |
|---|---|---|
| 제조소 · 일반취급소 · 옥내저장소 | a | 벽체가 내화구조로 되어 있고, 인접축에 면한 개구부가 없거나, 개구부에 갑종방화문이 있는 경우 |
| | a | 벽체가 내화구조이고, 개구부에 갑종방화문이 없는 경우 |
| | a=0 | 벽체가 내화구조외의 것으로 된 경우 |
| | a=0 | 옮겨 담는 작업장 그 밖의 공작물 |
| 옥외탱크 저장소 | a (방유제) | 옥외에 있는 종형탱크 |
| | a | 옥외에 있는 횡형탱크 다만, 탱크내의 증기를 상부로 방출하는 구조로 된 것은 탱크의 최상단까지의 높이로 한다. |
| 옥외저장소 | a=0 (경계표시) | |

**15** 방화상 유효한 벽의 길이

(1) 제조소 등의 인접건축물에 면한 벽의 양끝과 그 양끝을 중심으로 하고 안전거리를 반지름으로 한 각외주선과 인접건축물과 만나는 점을 이은 각 직선의 거리로 한다.

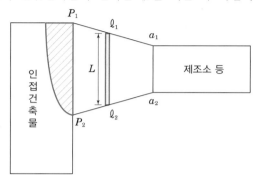

(2) 방화상 유효한 벽은 제조소등으로부터 5 m 미만의 거리에 설치하는 경우에는 내화구조로, 5 m 이상의 거리에 설치하는 경우에는 불연재료로 하고, 제조소 등의 벽을 공용할 경우에는 그 벽을 내화구조로 하고 개구부를 설치하여서는 아니된다.

---

**예제 05**

제조소의 안전거리 단축을 위해 설치한 방화상 유효한 벽을 제조소등으로부터 5 m 미만의 거리에 설치 시 그 벽은 무엇으로 설치하여야 하는가?

① 난연재료　　　② 준불연재료　　　③ 불연재료　　　④ 내화구조

해답 ④

---

※ 제조소등에서 예외 기준

| | | | |
|---|---|---|---|
| 제조소 | 지붕 : 불연재료 | ⇨ 지붕을 내화구조로 할 수 있는 경우 | 1. 제2류 위험물(분상의 것과 인화성고체는 제외)<br>2. 제4류 위험물 중 제4석유류, 동식물유류<br>3. 제6류 위험물 |
| 옥내<br>저장소 | 지붕 : 불연재료 | ⇨ 지붕을 내화구조로 할 수 있는 경우 | 1. 제2류 위험물(분상의 것과 인화성고체 제외)<br>2. 제6류 위험물만의 저장창고 |
| | 안전거리 | ⇨ 안전거리 제외할 수 있는 경우 | 1. 제4석유류 또는 동식물유류<br>   – 지정수량의 20배 미만<br>2. 제6류 위험물<br>3. 지정수량의 20배(하나의 저장창고의 바닥면적이 150 ㎡ 이하인 경우에는 50배) 이하의 위험물을 저장 또는 취급하는 옥내저장소<br>① 저장창고의 벽·기둥·바닥·보 및 지붕이 내화구조<br>② 저장창고의 출입구에 수시로 열 수 있는 자동폐쇄방식의 갑종방화문이 설치되어 있을 것<br>③ 저장창고에 창이 설치하지 아니할 것 |
| | 지면에서 처마까지의 높이(처마높이)가 6 m 미만인 단층 건물 | ⇨ 처마 높이를 20 m 이하로 할 수 있는 경우 | 제2류 또는 제4류 위험물만을 저장하는 아래 기준에 적합한 창고<br>1. 벽, 기둥, 보 및 바닥을 내화구조로 할 것<br>2. 출입구에 갑종방화문을 설치할 것<br>3. 피뢰침을 설치할 것(단, 안전상 지장이 없는 경우에는 예외) |
| | 벽, 기둥, 바닥 : 내화구조 | ⇨ 연소의 우려가 없는 벽·기둥 및 바닥은 불연재료로 할 수 있는 경우 | 1. 지정수량의 10배 이하의 위험물의 저장창고<br>2. 제2류 위험물(인화성고체는 제외)<br>3. 제4류 위험물(인화성이 70℃ 미만의 제외)만의 저장 창고 |
| | 천장 설치금지 | ⇨ 난연재료 또는 불연재료의 천장을 설치할 수 있는 경우 | 제5류 위험물만의 저장창고에 있어서는 당해 저장창고 내의 온도를 저온으로 유지하기 위한 경우 |
| 고인화점<br>위험물의<br>옥외탱크<br>저장소 | 펌프설비 주위에 1 m 이상 너비의 보유공지를 보유 | ⇨ 제외할 수 있는 경우 | 1. 내화구조로 된 방화상 유효한 격벽을 설치하는 경우<br>2. 제6류 위험물<br>3. 지정수량의 10배 이하의 위험물 |
| 옥내탱크<br>저장소 | 탱크 전용실을 단층 건축물에 설치 | ⇨ 탱크 전용실을 단층 건축물 외에 설치할 수 있는 경우 | 1. 제2류 위험물 중 황화린·적린 및 덩어리 유황<br>2. 제3류 위험물 중 황린<br>3. 제4류 위험물 중 인화점이 38℃ 이상인 위험물<br>4. 제6류 위험물 중 질산<br>* 1,2,4는 탱크전용실이 1층 또는 지하1층에 있어야 한다. |
| 옥외<br>저장소 | 보유공지 | ⇨ 보유공지의 1/3 | 제4류 위험물 중 제4석유류와 제6류 위험물 |
| | 저장할 수 있는 위험물 | | 1. 제2류 위험물 중 유황, 인화성고체(인화점이 0℃ 이상인 것에 한함)<br>2. 제4류 위험물 중 제1석유류(인화점이 0℃ 이상인 것에 한함), 제2석유류, 제3석유류, 제4석유류, 알코올류, 동식물유류<br>3. 제6류 위험물 |

# 실전 예상문제

 **01** 위험물제조소의 안전거리로서 옳지 않은 것은?

① 3 m 이상 – 7 kV 이상 35 kV 이하의 특고압가공전선
② 20 m 이상 – 주거용으로 사용하는 것
③ 30 m 이상 – 학교, 병원
④ 50 m 이상 – 유형 문화재

> **해설**
> 주거 용도에 사용되는 것 – 10 m 이상

 **02** 위험물제조소의 안전거리를 30 m 이상으로 하여야 하는 경우에 해당되지 않는 것은?

① 요양병원으로서 수용인원이 10명 이상인 것
② 학교
③ 공연장으로서 수용인원이 30명 이상인 것
④ 치과병원

> **해설**

| 안전거리 | 대 상 |
|---|---|
| 30 m 이상 | ① 학교<br>② 종합병원, 병원, 치과병원, 한방병원, 요양병원<br>③ 공연장, 영화상영관 그 밖의 유사한 시설로서 300명 이상 수용할 수 있는 것<br>④ 아동복지시설, 장애인복지시설, 모·부자복지시설, 보육시설, 가정폭력 피해자시설<br>  등으로서 20명 이상의 인원을 수용할 수 있는 것 |

 **03** 지정수량 3배의 히드록실아민을 취급하는 제조소의 안전거리[m]는?

① 73.7        ② 74.8        ③ 85.2        ④ 170

> **해설**
> 안전거리 $D(\mathrm{m}) = 51.1\sqrt[3]{N} = 51.1\sqrt[3]{3} = 73.69\,\mathrm{m}$   $N$ : 지정수량(2등급 100 kg)의 배수

 **정답** | 01 ② 02 ③ 03 ①

**04** 히드록실아민을 1,000 kg 취급하는 제조소의 경우 안전거리[m]는 약 얼마인가?

① 약 50 ② 약 80 ③ 약 110 ④ 약 180

> **해설**
>
> 안전거리 $D\,(\mathrm{m}) = 51.1\sqrt[3]{N} = 51.1\sqrt[3]{10} = 110.09\,\mathrm{m}$    $N$ : 지정수량(2등급 100kg)의 배수

 **05** 지정수량 10배 위험물을 저장하는 제조소의 보유공지는?

① 3 m 이상 ② 5 m 이상 ③ 3 m 초과 ④ 5 m 초과

> **해설**
>
> 보유공지 10배 이하 – 3 m 이상, 10배 초과 – 5 m 이상

 **06** 위험물을 취급하는 건축물의 방화벽을 불연재료로 하였다. 주위에 보유공지를 두지 않고 취급할 수 있는 위험물의 종류는?

① 제1류 위험물 ② 제3류 위험물 ③ 제5류 위험물 ④ 제6류 위험물

> **해설**
>
> 제조소에서 방화상 유효한 격벽(방화벽)을 설치하면 보유공지 제외
> ① 방화벽은 내화구조로 할 것, 다만 제6류 위험물인 경우에는 불연재료로 할 수 있다.
> ② 방화벽에 설치하는 출입구 및 창 등의 개구부는 가능한 한 최소로 하고, 출입구 및 창에는 자동폐쇄식의 갑종방화문을 설치할 것.
> ③ 방화벽의 양단 및 상단이 외벽 또는 지붕으로부터 50 cm 이상 돌출하도록 할 것.

 **07** 보유공지의 기능으로 적당하지 않은 것은?

① 위험물시설의 화재시 연소방지 ② 위험물의 원활한 배출 공지 확보
③ 소방활동의 공간 확보 ④ 피난상 필요한 공간 확보

> **해설**
>
> 보유공지 설치 목적 – 연소확대의 방지, 화재등의 경우 피난의 원활, 소화활동의 공간 확보

**••• 08** 위험물제조소별 주의사항으로 옳지 않은 것은?

① 칠황화린 – 화기주의　　　　　　② 제삼부틸알콜 – 화기주의
③ 벤젠 – 화기엄금　　　　　　　　④ 니트로글리세린 – 화기엄금

제삼부틸알콜은 제4류 위험물이 아닌 제2류 위험물의 인화성고체에 해당한다. 인화성고체는 화기엄금이다.

**••• 09** 제2류 위험물 인화성고체의 주의사항 및 게시판 표시내용으로 맞는 것은 무엇인가?

① 적색 바탕에 백색 문자의 "화기주의"
② 청색 바탕에 백색 문자의 "물기엄금"
③ 적색 바탕에 백색 문자의 "화기엄금"
④ 청색 바탕에 백색 문자의 "물기주의"

**••○ 10** 위험물제조소 크기 및 표지의 바탕색은?

① 0.3 m × 0.6 m, 흑색　　　　　　② 0.5 m × 0.5 m, 흑색
③ 0.3 m × 0.6 m, 백색　　　　　　④ 0.5 m × 0.5 m, 백색

"위험물 제조소" 표지
① 크기 : 한 변의 길이 0.3 m 이상, 다른 한 변의 길이 0.6 m 이상
② 색상 : 백색바탕에 흑색문자

**••• 11** 제3류 위험물 중 자연발화성 물질을 저장하는 위험물제조소의 게시판의 적합한 표시사항은?

① 가연물접촉주의　　　　　　　　② 물기엄금
③ 화기엄금　　　　　　　　　　　④ 점화원주의

**해설**

| 제3류 위험물 중 금수성물질 | 물기엄금 | 청색바탕에 백색문자 |
| --- | --- | --- |
| 제3류 위험물 중 자연발화성물질 | 화기엄금 | 적색바탕에 백색문자 |

**12** 위험물 제조소의 건축물의 구조로 잘못 된 것은?

① 벽, 기둥, 서까래 및 계단은 난연재료로 할 것
② 지하층이 없도록 할 것
③ 지붕은 폭발력이 위로 방출될 정도의 가벼운 불연재료로 덮을 것
④ 연소의 우려가 있는 외벽에 설치하는 출입구에는 수시로 열수 있는 자동폐쇄식의 갑종방화문을 설치할 것

> **해설**
> 제조소의 구조는 모두 불연재료 이상이다.

 **13** 위험물을 취급하는 위험물 제조소는 특별한 경우를 제외하고 어떤 구조로 하여야 하는가?

① 지하층이 없도록 하여야 한다.
② 벽, 기둥, 바닥은 내화구조로 하여야 한다.
③ 지붕은 폭발력에 견디는 내화구조로 하여야 한다.
④ 연소 우려 있는 외벽은 출입구를 설치해서는 안된다.

> **해설**
> 벽, 기둥, 바닥은 불연재료로 하여야 하며 지붕은 가벼운 불연재료, 연소우려 있는 외벽의 출입구는 자동폐쇄식의 갑종방화문으로 설치하여야 한다.

 **14** 제조소 옥외에서 액체위험물을 취급하는 바닥의 기준으로 틀린 것은?

① 바닥의 둘레에 높이 0.2 m 이상의 턱을 설치할 것
② 바닥은 콘크리트 등 위험물이 스며들지 아니하는 재료로 할 것
③ 바닥은 턱이 있는 쪽이 낮게 경사지게 한 후 최저부에 집유설비를 할 것
④ 위험물(온도 20℃의 물 100 g에 용해되는 양이 1 g 미만인 것에 한함)을 취급하는 설비에는 집유설비에 유분리장치를 설치할 것

> **해설**
> 옥외에서 위험물을 취급시 0.15 m 이상의 턱을 설치해서 유출, 확산을 방지해야 한다.

 **15** 위험물을 취급하는 제조소의 구조 중 반드시 내화구로로 하여야 할 것은?

① 바닥 ② 벽
③ 기둥 ④ 연소우려가 있는 외벽

> **해설**
> 제조소의 구조는 모두 불연재료 이상이다. 단, 연소우려가 있는 부분은 내화구조로 하여야 한다.

**정답** 12 ① 13 ① 14 ① 15 ④

**16** 위험물 제조소의 옥외에서 액체의 위험물을 취급하는 설비의 바닥은 어떤 재료를 사용하여야 하는가?

① 방염재료 ② 방습재료
③ 내화재료 ④ 불침윤재료

> **해설**
> 제조소의 옥외에서 액체의 위험물을 취급하는 설비의 바닥은 스며들지 않도록 콘크리트 및 불침윤재료로 해야 한다.

 **17** 위험물제조소의 배출설비의 배출능력은 1시간당 배출장소용적의 몇 배 이상인 것으로 하여야 하는가?

① 10 ② 20
③ 30 ④ 40

> **해설**
> 배출방식에 따른 배출능력
>
> | 배출방식 | 배출능력(시간당) |
> | --- | --- |
> | 국소방식 | 배출장소 용적의 20배 이상 |
> | 전역방출방식 | 바닥면적 1 m² 당 18 m³ 이상 |

 **18** 다음 중 위험물 제조소에 채광, 조명 및 환기설비의 설치기준으로 틀린 것은?

① 채광면적은 최소로 한다.
② 환기는 강제배기방식으로 한다.
③ 점멸스위치는 출입구 바깥부분에 설치한다.
④ 급기구는 낮은 곳에 설치한다.

> **해설**
> 환기설비는 자연배출방식을 말하며 배출설비는 강제배기방식이다.

**정답** 16 ④ 17 ② 18 ②

**19** 위험물 제조소의 환기설비 중 급기구의 크기는? (단, 급기구를 설치할 바닥면적은 135 m²이다.)

① 150 cm² 이상　　　　　　　　② 300 cm² 이상
③ 450 cm² 이상　　　　　　　　④ 600 cm² 이상

**해설** 환기설비 – 급기구의 크기

| 바 닥 면 적 | 급기구의 면적 |
|---|---|
| 150 m² 이상 | 800 cm² 이상 |
| 120 m² 이상 150 m² 미만 | 600 cm² 이상 |
| 90 m² 이상 120 m² 미만 | 450 cm² 이상 |
| 60 m² 이상 90 m² 미만 | 300 cm² 이상 |
| 60 m² 미만 | 150 cm² 이상 |

 **20** 위험물제조소의 바닥면적이 75 m²일 때 환기설비의 급기구 크기는?

① 150 cm² 이상　　　　　　　　② 300 cm² 이상
③ 450 cm² 이상　　　　　　　　④ 800 cm² 이상

**해설** 문제 19번 해설 참조

 **21** 지정수량 10배 이상을 취급하는 몇 류 위험물 제조소에는 피뢰침을 설치하지 않아도 되는가?

① 제1류 위험물　　　　　　　　② 제4류 위험물
③ 제5류 위험물　　　　　　　　④ 제6류 위험물

**해설** 피뢰침 – 지정수량의 10배 이상의 위험물 취급, 저장하는 제조소(제6류 위험물은 제외)등에 설치

 **22** 위험물제조소에서 위험물을 취급할 때에는 정전기를 제거하는 설비를 하여야 한다. 정전기를 유효하게 제거할 수 있는 방법이 될 수 없는 것은?

① 접지를 한다.　　　　　　　　② 제전기를 설치한다.
③ 공기를 이온화한다.　　　　　　④ 공기 중의 상대습도를 70% 이하로 한다.

**해설**

| 접지에 의한 방법 | 공기 중의 상대습도를 70% 이상으로 하는 방법 | 공기를 이온화하는 방법 |
|---|---|---|

**정답** 19 ④　20 ②　21 ④　22 ④

**23** 다음 중 위험물의 누출, 비산 방지를 위하여 설치하는 구조로 틀린 것은?

① 플로우트 스위치　　　　　　　② 되돌림관
③ 수막　　　　　　　　　　　　　④ 세이프티밸브

> **해설**
> 안전밸브는 누출, 비산 방지용이 아닌 압력 상승시 압력 배출 장치이다.

 **24** 위험물제조소에 설치하는 안전장치 중에서 위험물의 성질에 따라 안전밸브의 작동이 곤란한 가압설비에 한하여 설치하는 것은?

① 자동적으로 압력의 상승을 정지시키는 장치
② 감압측에 안전밸브를 부착한 감압밸브
③ 안전밸브를 병용하는 경보장치
④ 파괴판

> **해설**
> 파괴판 − 위험물의 성질에 따라 안전밸브의 작동이 곤란한 가압설비에 한하여 설치한다.

 **25** 위험물제조소의 옥외에 하나의 탱크에 설치하는 방유제의 용량은 당해 탱크 용량의 몇 % 이상으로 하는가?

① 50　　　　　　② 80　　　　　　③ 100　　　　　　④ 110

> **해설**

| 구 분 | 옥　외 [ 액체위험물(이황화탄소 제외) ] | | 옥　내 | |
|---|---|---|---|---|
| | 방 유 제 | | 방 유 턱 | |
| 탱크의 수 | 1기 | 2기 이상 | 1기 | 2기 이상 |
| 용량 | 50% 이상 | 최대탱크 50% 이상 + 나머지 탱크의 합계의 10% 이상 | 100% 이상 | 최대탱크의 100% 이상 |

 **26** 위험물 제조소의 옥외에 액체위험물을 취급하는 200 m³ 용량의 탱크 1기와 100 m³ 용량의 탱크 2기 주위에 설치하여야 할 방유제의 최소 기준용량은?

① 100 m³　　　　② 120 m³　　　　③ 150 m³　　　　④ 200 m³

> **해설**
> 최대탱크 50% 이상 + 나머지 탱크의 합계의 10% 이상 = 100 + 20 = 120 m³

**정답** 23 ④　24 ④　25 ①　26 ②

**27** 아세트알데히드 또는 산화프로필렌을 취급하는 설비에 사용할 수 있는 금속은?

① 수은           ② 동           ③ 마그네슘           ④ 알루미늄

 **해설**

아세트알데히드 또는 산화프로필렌을 취급하는 설비 – 수은($Hg$)·동($Cu$)·은($Ag$)·마그네슘($Mg$) 또는 이들을 성분으로 하는 합금으로 만들지 아니하여야 한다. 폭발성 물질인 아세틸라이드를 생성하기 때문이다.

**28** 아세트알히드등을 취급하는 제조소의 특례의 내용으로 옳지 않은 것은?

① 수은($Hg$)·동($Cu$)·은($Ag$)·마그네슘($Mg$) 또는 이들을 성분으로 하는 합금으로 만들지 아니할 것

② 아세트알데히드 등을 취급하는 설비에는 연소성 혼합기체의 생성에 의한 폭발을 방지하기 위한 불활성기체 또는 수증기를 봉입하는 장치를 갖출 것

③ 냉각장치 또는 보냉장치는 1 이상 설치하여 하나의 장치가 고장난 때에도 일정 온도를 유지할 수 있을 것

④ 냉각장치 또는 보냉장치는 비상전원을 갖출 것

 **해설**

냉각장치 또는 보냉장치는 2 이상 설치하여 하나의 장치가 고장난 때에도 일정 온도를 유지할 수 있을 것

## 2. 옥내저장소

**1** 단층건물의 옥내저장소 저장창고

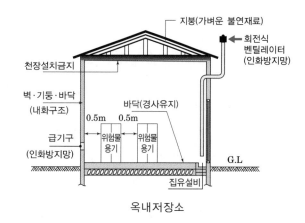

옥내저장소

(1) 구조

① 위험물의 저장을 전용으로 하는 독립된 건축물로 하여야 한다.

② 저장창고의 **벽, 기둥 및 바닥**은 **내화구조**로 하고, 보와 서까래는 **불연재료**로 하여야 한다.

**Tip**

연소의 우려가 없는 벽·기둥 및 바닥을 불연재료로 할 수 있는 경우
• 지정수량의 10배 이하의 위험물의 저장창고
• 제2류 위험물(인화성 고체는 제외) 저장창고
• 제4류 위험물(인화점 70℃ 미만은 제외) 저장 창고

③ 저장창고는 지붕을 폭발력이 위로 방출될 수 있을 정도의 가벼운 불연재료로 하고, **천장을 만들지 아니하여야 한다.**

**Tip**

• **지붕을 내화구조로 할 수 있는 경우**
제2류 위험물(분상의 것과 인화성 고체를 제외한다)과 제6류 위험물만의 저장창고

• **난연재료 또는 불연재료로 된 천장을 설치할 수 있는 경우**
제5류 위험물만의 저장창고에 있어서는 당해 저장창고내의 온도를 저온으로 유지하기 위한 경우

④ 출입구 등

| 출입구<br>비상구 | 연소 우려가 있는<br>외벽의 출입구 | 건축물의 창<br>출입구의 유리 | 액체의 위험물을 취급하는 건축물의 바닥 |
|---|---|---|---|
| 방화문 | 자동폐쇄식의<br>갑종방화문 | 망입유리 | 위험물이 스며들지 못하는 재료를 사용하고,<br>적당한 경사를 두어 그 최저부에 집유설비 설치 |

⑤ 바닥을 지반면보다 높게 하고 물이 스며 나오거나 스며들지 아니하는 구조이어야 하는 품목

| 제1류 위험물 중 알카리금속의 과산화물 | 제2류 위험물 중 철분, 금속분, 마그네슘 |
|---|---|
| 제3류 위험물 중 금수성물질 | 제4류 위험물 |

⑥ 채광, 조명, 환기, 배출설비

　• 배출설비 – 인화점이 70℃ 미만인 위험물의 저장창고에 설치

　　　　　　　　(체류한 가연성의 증기를 지붕 위로 배출)

　• 채광, 조명, 환기 설비는 제조소에 준하여 설치

⑦ 피뢰침 설치 – 지정수량의 10배 이상의 저장창고(제6류 위험물은 제외)

⑧ 통풍장치, 냉방장치

제5류 위험물 중 셀룰로이드 그 밖에 온도의 상승에 의하여 분해·발화할 우려가 있는 것의 저장창고는 당해 위험물이 발화하는 온도에 달하지 아니하는 온도를 유지하는 구조로 하거나 비상전원을 갖춘 **통풍장치 또는 냉방장치 등의 설비를 2 이상 설치**하여야 한다.

(2) 지면에서 처마까지의 높이(처마높이) : 6 m 미만

> **Point**
>
> 제2류 또는 제4류 위험물만을 저장하는 창고의 처마 높이를 20 m 이하로 할 수 있는 경우
> ① 벽, 기둥, 바닥 및 보를 내화구조로 할 것
> ② 출입구에 갑종방화문을 설치할 것
> ③ 피뢰침을 설치할 것(단, 안전상 지장이 없는 경우에는 예외)

(3) 하나의 저장창고의 바닥면적

| 위험물을 저장하는 창고의 종류 | 바닥면적 |
|---|---|
| ① 위험등급 Ⅰ등급인 위험물<br>② 제4류 위험물 중 제1석유류 및 알코올류 | 1,000 m² 이하 |
| ③ 그 밖의 위험물 | 2,000 m² 이하 |
| ①~②와 ③의 위험물을 내화구조의 격벽으로 완전히 구획된 실에 각각 저장하는 창고(이 경우 ①~②의 저장면적은 500 m²을 초과할 수 없다) | 1,500 m² 이하 |

• 바닥면적은 2 이상의 구획된 실이 있는 경우에는 각 실의 바닥면적의 합계를 말한다.
• ①~②의 위험물과 ③의 위험물을 같은 저장창고에 저장하는 때에는 ①~②의 위험물을 저장하는 것으로 보아 그에 따른 바닥면적을 적용한다.

내화구조의 격벽으로 구획된 실에 각각 저장하는 창고

**2** 다층건물의 옥내저장소 저장창고

| 구 분 | 내 용 |
|---|---|
| 저장품목 | 제2류 또는 제4류의 위험물만을 저장<br>(인화성고체 및 인화점이 70℃ 미만인 제4류 위험물은 제외) |
| 내화구조 | 벽, 기둥, 바닥, 보 |
| 불연재료 | 계단 |
| 연소의 우려가 있는 외벽 | 출입구외의 개구부를 갖지 아니하는 벽으로 설치 |
| 2층 이상의 층의 바닥 | 개구부 설치 금지 다만, 내화구조의 벽과 갑종방화문 또는<br>을종 방화문으로 구획된 계단실은 제외 |
| 높이(층고) | 바닥면으로부터 상층의 바닥(상층이 없는 경우에는 처마)까지의<br>높이(층고)는 6 m 미만 |
| 바닥면적 합계 | 1,000 m² 이하 |

**3** 복합용도 건축물의 옥내저장소의 기준

옥내저장소 외의 용도로 사용하는 부분이 있는 건축물에 설치하는 옥내저장소

| 구 분 | 내 용 |
|---|---|
| 지정수량 | 20배 이하 |
| 위치 | 건축물의 1층 또는 2층의 어느 하나의 층에 설치 |
| 내화구조 | 벽, 기둥, 바닥, 보, 지붕 |
| 구획 | 바닥과 벽으로 구획<br>(출입구외의 개구부가 없는 두께 70 mm 이상의 철근콘크리트조 등의 구조) |
| 층고 | 6 m 미만 |
| 바닥면적 | 75 m² 이하 |
| 출입구 | 자동폐쇄방식의 갑종방화문 |
| 창 | 설치금지 |
| 환기, 배출설비 | 방화상 유효한 댐퍼 등을 설치 |

**4** 옥내저장소의 안전거리 – 제조소와 동일

> **Point**
>
> 옥내저장소의 안전거리 제외 대상
> ① 제4석유류 또는 동식물유류 – 지정수량의 20배 미만
> ② 제6류 위험물
> ③ 기타 위험물 – 지정수량의 20배(하나의 저장창고의 바닥면적이 150 m² 이하인 경우에는 50배) 이하의 위험물을 저장 또는 취급하는 옥내저장소
> ㉠ 저장창고의 벽·기둥·바닥·보 및 지붕이 내화구조
> ㉡ 저장창고의 출입구에 수시로 열 수 있는 자동폐쇄방식의 갑종방화문이 설치되어 있을 것
> ㉢ 저장창고에 창이 설치하지 아니할 것

**5** 옥내저장소의 보유공지

| 저장 또는 취급하는 위험물의 최대수량 | 공지의 너비 | |
|---|---|---|
| | 벽·기둥 및 바닥이 내화구조로 된 건축물 | 그 밖의 건축물 |
| 지정수량의 5배 이하 | – | 0.5 m 이상 |
| 지정수량의 5배 초과 10배 이하 | 1 m 이상 | 1.5 m 이상 |
| 지정수량의 10배 초과 20배 이하 | 2 m 이상 | 3 m 이상 |
| 지정수량의 20배 초과 50배 이하 | 3 m 이상 | 5 m 이상 |
| 지정수량의 50배 초과 200배 이하 | 5 m 이상 | 10 m 이상 |
| 지정수량의 200배 초과 | 10 m 이상 | 15 m 이상 |

※ 지정수량의 20배를 초과하는 옥내저장소와 동일한 부지내에 있는 다른 옥내저장소와의 사이에는 동표에 정하는 공지의 너비의 3분의 1(당해 수치가 3 m 미만인 경우에는 3 m)의 공지를 보유할 수 있다.

**6** 옥내저장소의 표지 및 게시판 – 제조소와 동일

**7** 특례

(1) 지정과산화물(제5류 위험물 중 유기과산화물)을 저장 또는 취급하는 옥내저장소

| 구 분 | 내 용 | |
|---|---|---|
| 안전거리<br>보유공지 | • 시행규칙 별표5 옥내저장소 부표 및 부표2 참조.<br>• 담 또는 토제 설치 시 안전거리 및 보유공지를 단축할 수 있다. | |
| 외벽 | 20 cm 이상의 철근콘크리트조나 철골철근콘크리트조<br>30 cm 이상의 보강콘크리트블록조 | |
| 담 또는<br>토제 | 거리 | 저장창고의 외벽으로부터 2 m 이상<br>(옥내저장소의 공지너비의 5분의 1을 초과할 수 없다. ) |
| | 높이 | 저장창고의 처마높이 이상 |
| | 두께 | 15 cm 이상의 철근콘크리트조나 철골철근콘크리트조<br>20 cm 이상의 보강콘크리트블록조 |
| | 경사면 | 토제의 경사면의 경사도는 60° 미만으로 할 것 |
| | 제외기준 | ① 대상 : 지정수량의 5배 이하 저장하고<br>② 외벽 : 30 cm 이상의 철근콘크리트조 또는 철골철근콘크리트조로 할 경우<br>      → 외벽은 담 또는 토제를 대신 할 수 있다 |
| 구획 | 옥내저장창고는 150 m² 이내마다 격벽으로 완전하게 구획할 것<br>※ 격벽의 기준<br>• 30 cm 이상의 철근콘크리트조 또는 철골철근콘크리조,<br>  40 cm 이상의 보강콘크리트블록조<br>• 당해 저장 창고의 양측의 외벽으로부터 1 m 이상,<br>  상부의 지붕으로부터 50 cm 이상 돌출하게 할 것<br> | |
| 지붕 | ① 중도리 또는 서까래의 간격은 30 cm 이하로 할 것<br>② 지붕의 아래쪽 면에는 한 변의 길이가 45 cm 이하의 환강경량형강 등으로 된 강제의 격자를 설치할 것<br>③ 지붕의 아래쪽 면에 철망을 쳐서 불연재료의 도리·보 또는 서까래에 단단히 결합할 것<br>④ 두께 5 cm 이상, 너비 30 cm 이상의 목재로 만든 받침대를 설치할 것 | |
| 출입구 | 갑종방화문 | |
| 창 | 바닥면으로부터 높이 | 2 m 이상 |
| | 하나의 벽면에 두는 창의 면적의 합계 | 당해 벽면의 면적의 1/80 이내 |
| | 하나의 창의 면적 | 0.4 m² 이내 |

**지정과산화물을 저장 또는 취급하는 옥내저장소에 대한 설명으로 옳지 않은 것은?**

① 옥내저장소의 외벽을 철근콘크리트조나 철골철근콘크리트조로 하는 경우 20 cm 이상으로 하여야 한다.

② 옥내저장창고는 150 m² 이내마다 격벽으로 완전하게 구획하여야 하며 당해 저장 창고의 양측의 외벽으로부터 1 m 이상, 상부의 지붕으로부터 50 cm 이상 돌출하게 하여야 한다.

③ 옥내저장소의 창은 바닥면으로부터 높이 2 m 이상이어야 하며 하나의 벽면에 두는 창의 면적의 합계는 당해 벽면의 면적의 1/80 이내이어야 한다.

④ 담 또는 토제는 저장창고의 외벽으로부터 3 m 이상 거리를 두어야 한다.

해답 ④

(2) 히드록실아민 등을 저장 또는 취급하는 옥내저장소

– 히드록실아민 등의 온도의 상승에 의한 위험한 반응을 방지하기 위한 조치를 강구하는 것으로 한다.

(3) 고인화점 위험물의 특례 – 시행규칙 별표5 옥내저장소 참조

(4) 알칼알루미늄 등을 저장 또는 취급한 옥내저장소 – 제조소 동일

(5) 소규모 옥내저장소의 특례(지정수량의 50배 이하, 처마높이 6 m 미만인 것)

| 구 분 | 내 용 | |
|---|---|---|
| 보유공지 | 저장 또는 취급하는 위험물의 최대수량 | 공지의 너비 |
| | 지정수량의 5배 이하 | – |
| | 지정수량의 5배 초과 20배 이하 | 1 m 이상 |
| | 지정수량의 20배 초과 50배 이하 | 2 m 이상 |
| 바닥면적 | 150 m² 이하 | |
| 내화구조 | 벽, 기둥, 바닥, 보, 지붕 | |
| 출입구 | 수시로 개방할 수 있는 자동폐쇄방식의 갑종방화문 | |
| 창 | 설치 금지 | |

# 실전 예상문제

**••• 01** 위험물저장소로서 옥내저장소의 저장 창고는 위험물 저장을 전용으로 하여야 하며, 지면에서 처마까지의 높이는 몇 m 미만인 단층건축물로 하여야 하는가?

① 3        ② 4        ③ 5        ④ 6

**해설**
옥내저장소의 저장 창고 지면에서 처마까지의 높이 : 6 m 이하

**••∘ 02** 옥내저장소의 바닥을 반드시 물이 스며들지 않는 구조로 할 필요가 없는 것은?

① 니트로글리세린      ② 금속분      ③ 니트로벤젠      ④ 알킬알루미늄

**해설**
니트로글리세린은 제5류 위험물로서 물과 반응하지 않으며 소화방법은 주수소화이다.

**••• 03** 옥내저장소 하나의 저장창고의 바닥 면적을 1,000 m² 이하로 해야 하는 것으로 틀린 것은?

① 제1류 위험물 중 아염소산염류, 염소산염류, 과염소산염류, 무기과산화물, 그 밖에 지정수량이 50 kg인 위험물
② 제2류 위험물 중 황화린, 적린, 유황의 지정수량이 100 kg인 위험물
③ 제4류 위험물 중 특수인화물, 제1석유류 및 알코올류
④ 제6류 위험물

**해설**
옥내저장소 하나의 저장창고의 바닥 면적이 1,000 m² 이하인 위험물의 종류
− Ⅰ등급 위험물과 제4류 위험물 중 제1석유류 및 알코올류

**••• 04** 옥내저장소의 하나의 저장창고 바닥면적은 칼륨, 나트륨, 알킬알루미늄, 일킬리튬을 저장하는 창고에 있어서는 몇 m² 이하로 하여야 하는가?

① 500        ② 1,000        ③ 1,500        ④ 2,000

**해설**
제3류 위험물 중 칼륨, 나트륨, 알킬알루미늄, 알킬리튬, 그 밖에 지정수량이 10 kg인 위험물 및 황린은 위험등급 Ⅰ등급으로 저장할 수 있는 면적은 1,000 m² 이하이어야 한다.

**정답**   01 ④   02 ①   03 ②   04 ②

**05** 옥내저장소에서 위험물의 구분 없이 내화구조의 격벽으로 완전히 구획된 실에 각각 저장하는 경우 바닥면적은 몇 m² 이하로 하여야 하는가?

① 500 ② 1,000 ③ 1,500 ④ 2,000

해설

| 위험물을 저장하는 창고의 종류 | 바닥면적 |
|---|---|
| 위험물의 구분 없이 내화구조의 격벽으로 완전히 구획된 실에 각각 저장하는 창고 | 1,500 m² 이하 |

**06** 다른 건축물과 안전거리를 두어야 하는 옥내저장소는?

① 지정수량 20배 미만의 제4석유류를 저장하는 옥내저장소
② 지정수량 20배 미만의 동·식물유류를 취급하는 옥내저장소
③ 지정수량 5배 미만의 제1석유류를 저장하는 옥내저장소
④ 제6류 위험물을 저장 또는 취급하는 옥내저장소

해설
※ 옥내저장소의 안전거리 제외 대상
① 제4석유류 또는 동식물유류 - 지정수량의 20배 미만
② 제6류 위험물
③ 기타 위험물 - 지정수량의 20배(하나의 저장창고의 바닥면적이 150 m² 이하인 경우에는 50배) 이하의 위험물을 저장 또는 취급하는 옥내저장소
　가. 저장창고의 벽·기둥·바닥·보 및 지붕이 내화구조
　나. 저장창고의 출입구에 수시로 열 수 있는 자동폐쇄방식의 갑종방화문이 설치되어 있을 것
　다. 저장창고에 창이 설치하지 아니할 것

**07** 저장 또는 취급하는 위험물의 최대수량이 지정수량의 80배일 때 옥내저장소의 공지의 너비는?
(단, 벽, 기둥 및 바닥이 내화구조로 된 건축물이다.)

① 1.5 m 이상 ② 2 m 이상 ③ 3 m 이상 ④ 5 m 이상

해설

| 제조소등 배수 | 제조소 | 옥외저장소 | 옥내저장소 | | 옥외탱크저장소 | |
|---|---|---|---|---|---|---|
| | | | 내화구조 | 기타구조 | | |
| 5배 이하 | - | - | - | 0.5 | 500배 | 3 |
| 5배 초과 10배 이하 | 3 | 3 | 1 | 1.5 | 500 ~ 1,000배 | 5 |
| 10배 초과 20배 이하 | 5 | 5 | 2 | 3 | 1,000배 ~ 2,000배 | 9 |
| 20배 초과 50배 이하 | - | 9 | 3 | 5 | 2,000배 ~ 3,000배 | 12 |
| 50배 초과 200배 이하 | - | 12 | 5 | 10 | 3,000배 ~ 4,000배 | 15 |
| 200배 초과 | - | 15 | 10 | 15 | 4,000배 초과 | 지름 (횡형탱크는 긴변) 또는 높이 중 큰 수치 적용 |

 **정답** 05 ③ 06 ③ 07 ④

**08** 옥내저장소에 알카리금속의 과산화물을 저장할 때 표시하는 "물기엄금"이라는 게시판의 색깔은?

① 적색바탕에 흑색문자　　　　　　　② 청색바탕에 흑색문자

③ 청색바탕에 백색문자　　　　　　　④ 적색바탕에 백색문자

해설

제조소등의 주의사항 게시판 – 물기엄금 : 청색바탕에 백색문자

**09** 옥내저장소의 특례 중 지정과산화물(제5류 위험물 중 유기과산화물)을 저장 또는 취급하는 경우 담 또는 토제에 대한 설치기준으로 옳지 않은 것은?

① 저장창고의 외벽으로부터 2 m 이상 이격해야 한다.

② 높이는 저장창고에서 사용하는 유기과산화물의 취급하는 부분의 높이 이상해야 한다.

③ 토제의 경사면의 경사도는 60° 미만으로 할 것

④ 두께는 15 cm 이상의 철근콘크리트조나 철골철근콘크리트조로 하여야 한다.

해설

| | | |
|---|---|---|
| 담 또는<br>토제 | 거리 | 저장창고의 외벽으로부터 2 m 이상<br>(옥내저장소의 공지의 너비의 5분의 1을 초과할 수 없다. ) |
| | 높이 | 저장창고의 처마높이 이상 |
| | 두께 | 15 cm 이상의 철근콘크리트조나 철골철근콘크리트조<br>20 cm 이상의 보강시멘트블록조 |
| | 경사면 | 토제의 경사면의 경사도는 60° 미만으로 할 것 |
| | 제외기준 | ① 대상 : 지정수량의 5배 이하 저장하고<br>② 외벽 : 30 cm 이상의 철근콘크리트조 또는 철골철근콘크리트조로 할 경우<br>　　　→ 외벽은 담 또는 토제에 대신 할 수 있다 |

 **10** 옥내저장소의 특례 중 지정과산화물(제5류 위험물 중 유기과산화물)을 저장 또는 취급하는 경우 옥내저장창고는 몇 m² 이내마다 격벽으로 완전하게 구획하여야 하는가?

① 50　　　　　　② 75　　　　　　③ 100　　　　　　④ 150

해설

옥내저장창고는 150 m² 이내마다 격벽으로 완전하게 구획할 것
※ 격벽은 30 cm 이상의 철근 콘크리트조 또는 철골철근콘크리트조, 40 cm 이상의 보강콘크리트블록조
※ 당해 저장 창고의 양측의 외벽으로부터 1 m 이상, 상부의 지붕으로부터 50 cm 이상 돌출하게 할 것.

## 3. 옥외탱크저장소

옥외저장탱크

### 1 옥외탱크저장소의 안전거리

– 제조소와 동일

### 2 옥외탱크저장소의 보유공지

| 저장 또는 취급하는 위험물의 최대수량 | | 공지의 너비 |
|---|---|---|
| 지정수량 | 500배 이하 | 3 m 이상 |
| | 500배 초과 1,000배 이하 | 5 m 이상 |
| | 1,000배 초과 2,000배 이하 | 9 m 이상 |
| | 2,000배 초과 3,000배 이하 | 12 m 이상 |
| | 3,000배 초과 4,000배 이하 | 15 m 이상 |
| | 4,000배 초과 | (1) 최대지름과 높이 중 큰 것과 같은 거리 이상.<br><table><tr><td>30 m 초과</td><td>30 m 이상</td></tr><tr><td>15 m 미만</td><td>15 m 이상</td></tr></table>(2) 지름 : 횡형인 경우에는 긴 변 |

※ 보유공지를 줄일 수 있는 경우

| 제6류 위험물 | – | 보유공지의 1/3 이상<br>(최소 1.5 m 이상) … ① |
|---|---|---|
| | 옥외저장탱크를 동일 구내에 2개 이상 인접하여 설치 | ①에 의한 너비의 1/3 이상<br>(최소 1.5 m 이상) |
| 제6류 위험물<br>외의 위험물 | 옥외저장탱크를 동일한 방유제안에 2개 이상 인접하여 설치 (지정수량 4,000배 초과 시 제외) | 보유공지의 1/3 이상<br>(최소 3 m 이상) |
| | 물분무설비로 방호조치를 하는 경우 | 보유공지의 1/2 이상<br>(최소 3 m 이상) |

※ 물분무소화설비 설치 기준
  • 탱크의 표면에 방사하는 물의 양은 탱크의 원주 길이 1 m에 대하여 분당 $37 \ell$ 이상으로 할 것
  • 수원의 양은 위의 규정에 의한 수량으로 20분 이상 방사할 수 있는 수량으로 할 것

### 3 옥외탱크저장소의 표지 및 게시판 – 제조소와 동일함

※ 탱크의 군에 있어서는 그 의미 전달에 지장이 없는 범위 안에서 보기 쉬운 곳에 일괄 설치할 수 있다.

**4** 특정 및 준특정 옥외저장탱크의 기초 및 지반

(1) 위험물안전관리법 시행규칙 별표6 Ⅳ 참조
(2) 특정 옥외저장탱크 : 액체위험물의 최대수량이 100만 ℓ 이상의 옥외저장탱크
(3) 준특정 옥외저장탱크 : 액체위험물의 최대수량이 50만 ℓ 이상 100만 ℓ 미만의
                                        옥외저장탱크

**5** 옥외탱크저장소의 외부구조 및 설비

(1) 옥외저장탱크
  ① 두께
     옥외저장탱크, 준특정 옥외탱크 - 3.2 mm 이상의 강철판 (특정옥외저장탱크는 제외)
  ② 수압, 충수시험
    ㉠ 압력탱크(최대상용압력이 대기압을 초과하는 탱크)
       - 최대상용압력 × 1.5배, 10분간 수압시험 실시
    ㉡ 압력탱크외의 탱크 - 충수시험

> **Point**
>
> 위험물시설기준의 압력탱크의 정의, 수압시험 / 안전장치 작동압력

| 구 분 | | 옥외저장탱크 | 지하저장탱크<br>이동저장탱크 | 간이저장탱크 | 이동저장탱크<br>안전장치 작동압력 | |
|---|---|---|---|---|---|---|
| 압력탱크<br>정의 | | 탱크의 최대<br>상용압력이<br>대기압 초과 | 탱크의 최대상용<br>압력이<br>46.7 kPa 이상 | – | 탱크 내 상용압력 | |
| | | | | | 20 kPa 이하 | 20 kPa 초과 |
| 수압시험 | 압력<br>탱크 | 최대상용압력<br>× 1.5배<br>시간 : 10분 | 최대상용압력<br>× 1.5배<br>시간 : 10분 | – | 20 kPa 이상<br>24 kPa 이하<br>에서 작동 | 상용압력<br>1.1배 이하<br>에서 작동 |
| | 압력탱크<br>외의<br>탱크 | 충수시험 | 70 kPa의 압력으로<br>10분간 실시 | 좌동 | | |

※ 통기관 설치 시 압력탱크의 기준 - 최대상용압력이 부압 또는 정압 5 kPa를 초과하는 탱크
※ 이송취급소 배관의 내압시험
   배관 등은 최대상용압력의 1.25배 이상의 압력으로 4시간 이상 수압을 가하여 누설 등의 이상이
   없을 것

③ 특정옥외탱크의 용접부의 검사

방사선투과시험, 진공시험 등의 비파괴시험에 적합할 것

④ 제4류 위험물만 저장하는 옥외저장탱크에는 위험물의 출입 및 직사광선에 의해 생기는 내압의 변화를 안전하게 조정하기 위해 안전장치 또는 통기관을 설치해야 한다.

㉠ 압력탱크
  - 압력탱크의 기준 : 최대상용압력이 부압 또는 정압 5 kPa를 초과하는 탱크
  - 압력계 및 안전장치를 설치

㉡ 압력탱크외의 탱크
  - 밸브 없는 통기관 또는 대기밸브 부착 통기관을 설치

| 구 분 | | 내 용 |
|---|---|---|
| 밸브 없는 통기관 | 직경 | 30 mm 이상 |
| | 구조 | 선단은 수평면보다 45° 이상 구부려 빗물 등의 침투를 막는 구조 |
| | 인화점이 38℃ 미만 | 화염방지장치 설치 |
| | 인화점이 38℃ 이상 | 40메쉬(mesh) 이상의 구리망 또는 동등 이상의 성능의 인화방지장치<br>※ 인화점이 70℃ 이상의 위험물만을 해당 위험물의 인화점 미만의 온도로 저장 또는 취급하는 탱크에 설치하는 통기관은 제외 |
| | 가연성 증기를 회수하는 밸브를 통기관에 설치하는 경우 | • 당해 통기관의 밸브는 저장탱크에 위험물을 주입하는 경우를 제외하고는 항상 개방되어 있는 구조<br>• 폐쇄 시 10 kPa 이하의 압력에서 개방되는 구조<br>• 개방 시 유효단면적은 777.15 mm² 이상<br>($\pi r^2 \times 1.1 = \pi \times 15\,mm \times 15\,mm \times 1.1 = 777.15\,mm^2$ ) |
| 대기밸브부착 통기관 | - | • 저장할 위험물의 휘발성이 강한 경우 설치<br>• 5 kPa 이하의 압력차이로 작동할 수 있을 것<br>• 가는 눈의 구리망 등으로 인화방지장치를 할 것 |

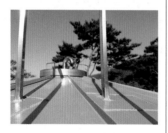

통기관

가연성증기를 회수하는 밸브 설치한 통기관

대기밸브부착 통기관

⑤ 액체위험물의 옥외저장탱크의 계량장치

　㉠ 기밀부유식 계량장치

　　(위험물의 양을 자동적으로 표시하는 장치)

　㉡ 부유식 계량장치(증기가 비산하지 아니하는 구조)

　㉢ 전기압력자동방식, 방사성동위원소를 이용한 자동계량장치

　㉣ 유리게이지

계량장치 및 주입구

⑥ 옥외저장탱크의 주입구

　㉠ 화재예방상 지장이 없는 장소에 설치할 것

　㉡ 주입구에는 밸브 또는 뚜껑을 설치할 것

　㉢ 휘발유, 벤젠 그 밖에 정전기에 의한 재해가
　　발생할 우려가 있는 액체위험물의 옥외저장탱크
　　의 주입구부근에는 정전기를 유효하게 제거하기
　　위한 접지전극을 설치할 것

　㉣ 주입구 근처에는 방유턱을 설치, 집유설비 등을
　　설치

옥외저장탱크의 주입구

　㉤ 인화점이 21℃ 미만인 위험물의 옥외저장탱크의 주입구에 게시판

| 게시판의 크기 | 한 변이 0.3 m 이상, 다른 한 변이 0.6 m 이상의 직사각형 |
|---|---|
| 게시판의 표시 | 옥외저장탱크 주입구, 위험물의 유별, 품명, 주의사항 |
| 게시판의 색상 | 백색바탕에 흑색문자(주의사항은 백색바탕에 적색문자로 할 것) |

⑦ 밸브, 배수관 등

| 구 분 | 내 용 | |
|---|---|---|
| 밸브 | 주강 또는 동등이상 및 새지 않는 구조 | |
| 배수관 | 탱크의 옆판에 설치(조건 만족 시 밑판 설치 가능) | |
| 피뢰침 | 지정수량의 10배 이상시 설치 | |
| | 설치제외 | 1. 제6류 위험물<br>2. 탱크에 저항이 5Ω 이하인 접지시설을 설치하는 경우<br>3. 인근 피뢰설비의 보호범위 내에 들어가는 경우<br>4. 주위의 상황에 따라 안전상 지장이 없는 경우 |

⑧ 이황화탄소의 옥외저장탱크

　벽 및 바닥의 두께가 0.2 m 이상이고 누수가 되지 아니하는 철근콘크리트의 수조에 넣
어 보관한다.

⑨ 옥외저장탱크의 펌프설비

| 구 분 | | 내 용 |
|---|---|---|
| 펌프실 내 설치하는 펌프설비 | 불연재료 | 펌프실의 벽, 기둥, 바닥, 보, 가벼운 지붕 |
| | 창 및 출입구 | 갑종방화문 또는 을종방화문을 설치 |
| | 창 및 출입구의 유리 | 망입유리 |
| | 게시판 | 인화점이 21℃ 미만인 위험물을 취급하는 펌프설비에 설치<br>– 옥외저장탱크 펌프설비의 표시를 한 게시판<br>– 방화에 관하여 필요한 사항을 게시한 게시판 |
| | 턱 | 바닥의 주위에 높이 0.2 m 이상 |
| 펌프실외에 설치하는 펌프설비 | 턱 | 높이 0.15 m 이상<br> |
| | 바닥 | 콘크리트 등 위험물이 스며들지 아니하는 재료로 적당히 경사지게 하여 그 최저부에는 집유설비설치 |
| | 보유공지 | 3 m 이상<br>보유공지 제외 – 제6류 위험물, 지정수량의 10배 이하 위험물, 방화상 유효한 격벽 설치 시 |
| | 펌프설비에서 옥외저장탱크 까지 거리 | 옥외저장탱크의 보유공지 너비의 1/3 이상 |

---

**예제 01**

옥외탱크저장소의 펌프실 외에 설치하는 펌프설비에서 옥외저장탱크까지 거리는 얼마 이상으로 하여야 하는가?

① 옥외저장탱크의 보유공지 너비의 1/2 이상
② 옥외저장탱크의 보유공지 너비의 1/3 이상
③ 옥외저장탱크의 보유공지 너비의 1/4 이상
④ 옥외저장탱크의 보유공지 너비의 1/5 이상

**해답** ②

(2) 준특정, 특정옥외저장탱크의 구조

- 위험물안전관리시행규칙 별표 6 Ⅶ, Ⅷ 참조

**6** 옥외탱크저장소의 방유제(인화성액체의 위험물의 옥외탱크저장소 - CS₂ 제외)

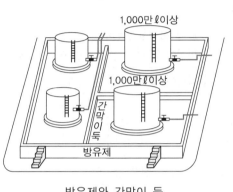

방유제와 간막이 둑

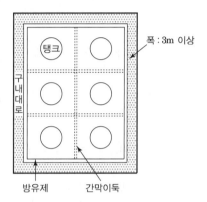

방유제 노면도로 등

(1) 방유제의 용량

| 탱크가 하나일 때 | 탱크가 2기 이상일 때 |
|---|---|
| 탱크 용량의 110% 이상<br>(인화성이 없는 액체위험물은 100%) | 탱크 중 용량이 최대인 것의 용량의 110% 이상<br>(인화성이 없는 액체위험물은 100%) |

> 방유제 용량 = 내용적 - (최대용량인 탱크외의 탱크의 방유제 높이 이하의 용적 + 기초체적
> + 간막이 둑의 체적 + 방유제 내의 배관 체적)

(2) 방유제 높이, 면적 등

| 구 분 | 내 용 | |
|---|---|---|
| 면적 | 8만 m² 이하 | |
| 높이 | 0.5 m 이상 3 m 이하 | |
| 두께 | 0.2 m 이상 | |
| 지하매설깊이 | 1 m 이상 | |

| 재질 | 철근콘크리트 |
|---|---|
| 계단 또는 경사로 | 높이가 1 m 이상이면 50 m마다 설치할 것(방유제 내에 유출유 확인 등) |
| 방유제 외면의 1/2 이상 | 자동차 등이 통행할 수 있는 3 m 이상의 노면 폭을 확보한 구내도로에 접할 것 |

| 방유제 내에 설치하는 옥외저장탱크의 수 | 10 이하 | − |
|---|---|---|
| | 20 이하 | 모든 옥외저장탱크의 용량이 20만 ℓ 이하이고, 위험물의 인화점이 70℃ 이상 200℃ 미만(제3석유류)인 경우 |
| | 제한없음 | 인화점이 200℃ 이상인 경우 |

| 탱크의 옆판으로부터 일정 거리 (단, 인화점이 200℃ 이상인 위험물은 제외) | 지름이 15 m 미만 | 지름이 15 m 이상 | |
|---|---|---|---|
| | 탱크 높이의 1/3 이상 | 탱크 높이의 1/2 이상 | |

방유제와 탱크간의 거리

| 간막이 둑 | 용량이 1,000만 ℓ 이상인 옥외저장탱크의 주위에 설치하는 방유제에는 당해 탱크마다 설치 | | |
|---|---|---|---|
| | 높이 | 0.3 m 이상 (방유제 내에 설치되는 옥외저장탱크의 용량의 합계가 2억 ℓ를 넘는 방유제에 있어서는 1 m 이상) | (방유제 높이 − 0.2 m) 이하 |
| | 재질 | 흙 또는 철근콘크리트 | |
| | 용량 | 간막이 둑안에 설치된 탱크의 용량의 10% 이상 | |

| 기타 | 방유제에는 관통배관 설치 금지(조치시 제외) 배수구를 설치하고 개폐밸브를 방유제 밖에 설치할 것. |
|---|---|

---

**예제 02**

방유제 내 설치하는 간막이둑은 탱크 용량이 얼마 이상인 경우 설치하는가?

① 탱크용량이 100만 ℓ 이상

② 탱크용량이 200만 ℓ 이상

③ 탱크용량이 500만 ℓ 이상

④ 탱크용량이 1,000만 ℓ 이상

해답 ④

**7** 특례

### (1) 고인화점 위험물의 옥외탱크저장소

① 고인화점 위험물만을 100℃ 미만의 온도로 저장 또는 취급하는 옥외탱크저장소 중 그 위치·구조 및 설비가 기준에 적합한 경우 보유공지

| 저장 또는 취급하는 위험물의 최대수량 | 공지의 너비 |
|---|---|
| 지정수량의 2,000배 이하 | 3 m 이상 |
| 지정수량의 2,000배 초과 4,000배 이하 | 5 m 이상 |

② 옥외저장탱크의 펌프설비 주위에 1 m 이상 너비의 보유공지를 보유할 것.

> **Tip**
>
> **보유공지 제외 조건**
> • 내화구조로 된 방화상 유효한 격벽을 설치하는 경우
> • 제6류 위험물
> • 지정수량의 10배 이하의 위험물

### (2) 알킬알루미늄 등의 옥외저장탱크

① 누설범위를 국한하기 위한 설비 및 누설된 알킬알루미늄 등을 안전한 장소에 설치된 조에 이끌어 들일 수 있는 설비를 설치
② 불활성의 기체를 봉입하는 장치를 설치할 것

### (3) 아세트알데히드 등의 옥외저장탱크

① 설비는 수은(Hg), 동(Cu), 은(Ag), 마그네슘(Mg)의 합금으로 만들지 아니할 것
② 옥외저장탱크에는 냉각장치, 보냉장치, 연소성 혼합기체의 생성에 의한 폭발을 방지하기 위한 불활성기체의 봉입장치를 설치할 것

### (4) 히드록실아민 등의 옥외탱크저장소

① 히드록실아민 등의 온도의 상승에 의한 위험한 반응을 방지하기 위한 조치
② 철이온 등의 혼입에 의한 위험한 반응을 방지하기 위한 조치를 강구할 것

### (5) 기타 특례

지중탱크에 관계된 옥외탱크저장소의 특례, 해상탱크에 관계된 옥외탱크저장소의 특례, 옥외탱크저장소의 충수시험의 특례 – 위험물안전관리 시행규칙 별표 6 의 XII, XIII, XIV 참조

# 실전 | 예상문제

 **01** 옥외탱크저장소 주위에는 공지를 보유하여야 한다. 저장 또는 취급하는 위험물의 최대 저장량이 지정수량의 1,500배라면 몇 m 이상인 너비의 공지를 보유하여야 하는가?

① 3 　　　　② 5 　　　　③ 9 　　　　④ 12

**해설**

| 배수 \ 제조소등 | 제조소 | 옥외 저장소 | 옥내저장소 내화구조 | 옥내저장소 기타구조 | 옥외탱크저장소 | |
|---|---|---|---|---|---|---|
| 5배 이하 | – | – | – | 0.5 | 500배 | 3 |
| 5배 초과 10배 이하 | 3 | 3 | 1 | 1.5 | 500~1,000배 | 5 |
| 10배 초과 20배 이하 | 5 | 5 | 2 | 3 | **1,000배~2,000배** | **9** |
| 20배 초과 50배 이하 | – | 9 | 3 | 5 | 2,000배~3,000배 | 12 |
| 50배 초과 200배 이하 | – | 12 | 5 | 10 | 3,000배~4,000배 | 15 |
| 200배 초과 | – | 15 | 10 | 15 | 4,000배 초과 | 지름 (횡형탱크는 간변) 또는 높이 중 큰 수치 적용 |

 **02** 옥외탱크저장소 펌프설비의 주위에는 몇 m 이상의 공지를 보유하여야 하는가?

① 3 　　　　② 4 　　　　③ 5 　　　　④ 6

**해설**

옥외탱크저장소의 펌프설비는 3 m 이상의 공지를 보유하여야 한다.

 **03** 옥외탱크저장소의 옥외저장탱크, 준특정옥외저장탱크의 두께는 몇 mm 이상의 강철판인가?

① 1.2 　　　　② 1.6 　　　　③ 2.0 　　　　④ 3.2

**해설**

옥외저장탱크, 준특정옥외저장탱크 − 3.2 mm 이상

**정답** 01 ③ 02 ① 03 ④

••• **04**  옥외탱크저장소에 제4류 위험물을 압력탱크외의 탱크에 저장시 설치하는 밸브 없는 통기관의 지름은?

① 25 mm 이하　　② 25 mm 이상　　③ 30 mm 이하　　④ 30 mm 이상

> **해설**
>
> 옥외탱크저장소로서 제4류 위험물의 압력탱크외의 탱크에 설치하는 밸브 없는 통기관의 지름은 30 mm 이상이며 간이저장탱크의 통기관의 지름은 25 mm 이상이다.

••• **05**  옥외탱크저장소에 설치하는 방유제의 용량은 방유제 내의 최대탱크 용량의 몇 % 이상으로 하는가? (단, 인화성이 없다)

① 100　　② 110　　③ 120　　④ 125

> **해설**

| 탱크가 하나일 때 | 탱크가 2기 이상일 때 |
|---|---|
| 탱크 용량의 110% 이상<br>(인화성이 없는 액체위험물은 100%) | 탱크 중 용량이 최대인 것의 용량의 110% 이상<br>(인화성이 없는 액체위험물은 100%) |

••• **06**  옥외탱크저장소의 방유제 설치기준 중 틀린 것은?

① 면적은 80,000 m² 이하로 할 것
② 방유제의 재질은 흙담으로 할 것
③ 높이는 0.5 m 이상 3 m 이하로 할 것
④ 방유제 내에는 배수구를 설치할 것

> **해설**
>
> 방유제의 재질은 철근콘크리트로 하여야 한다.

••∘ **07**  옥외탱크저장소의 방유제는 방유제 내 설치된 탱크의 지름이 15 m인 경우 그 탱크의 측면으로부터 탱크 높이의 얼마 이상인 거리를 확보하여야 하는가? (단, 인화점이 200℃ 이상인 위험물을 저장, 취급하는 경우이다.)

① 1/2　　　　　　　② 1/3
③ 1/4　　　　　　　④ 확보하지 않아도 된다.

> **해설**
>
> 탱크의 옆판으로부터 방유제까지의 일정 거리(단, 인화점이 200℃ 이상인 위험물은 제외)

| 지름이 15 m 미만 | 지름이 15 m 이상 |
|---|---|
| 탱크 높이의 1/3 이상 | 탱크 높이의 1/2 이상 |

**정답**　04 ④　05 ①　06 ②　07 ④

**08** 옥외탱크저장소의 방유제는 탱크의 지름이 15 m인 경우 그 탱크의 측면으로부터 탱크 높이의 얼마 이상인 거리를 확보하여야 하는가?

① 1/2　　　　　② 1/3　　　　　③ 1/4　　　　　④ 1/5

**해설**

문제 7번 해설 참조

**09** 옥외탱크저장소의 탱크 중 압력 탱크의 수압시험방법으로 옳은 것은?

① 1.1 kg/cm²의 압력으로 10분간 실시
② 1.5 kg/cm²의 압력으로 10분간 실시
③ 최대 상용압력의 1.1배의 압력으로 10분간 실시
④ 최대 상용압력의 1.5배의 압력으로 10분간 실시

**해설**

| 구 분 | | 옥외저장탱크 | 지하저장탱크 이동저장탱크 | 간이저장탱크 | 이동저장탱크 안전장치 작동압력 | |
|---|---|---|---|---|---|---|
| 압력탱크 정의 | | 탱크의 최대상용압력이 대기압 초과 | 탱크의 최대상용압력이 46.7 kPa 이상 | — | 탱크 내 상용압력 | |
| | | | | | 20 kPa 이하 | 20 kPa 초과 |
| 수압 시험 | 압력 탱크 | 최대상용압력 ×1.5배 시간 : 10분 | 최대상용압력 ×1.5배 시간 : 10분 | — | 20 kPa 이상 24 kPa 이하 에서 작동 | 상용압력 1.1배 이하에서 작동 |
| | 압력탱크 외의 탱크 | 충수시험 | 70 kPa의 압력으로 10분간 실시 | 70 kPa의 압력으로 10분간 실시 | | |

**10** 수압시험 시 옥외탱크저장소의 탱크 중 압력탱크의 정의로서 옳은 것은?

① 최대상용압력이 대기압 초과하는 탱크
② 최대상용압력이 46.7 kPa 이상인 탱크
③ 최대상용압력이 부압 또는 정압 5 kPa를 초과하는 탱크
④ 최대상용압력이 20 kPa 초과하는 탱크

**해설**

문제 9번 해설 참조

 **정답** 08 ① 09 ④ 10 ①

**11** 제조소등의 정기점검의 구분에서 구조안전 점검 대상이 되는 위험물탱크의 용량은?

① 10만 $\ell$ 이상의 지하탱크저장소　　② 50만 $\ell$ 이상의 옥외탱크저장소
③ 100만 $\ell$ 이상의 옥외탱크저장소　④ 1,000만 $\ell$ 이상의 옥외탱크저장소

> **해설**
> 구조안전점검의 대상 − 50만 $\ell$ 이상의 옥외탱크저장소 (준특정옥외탱크저장소)

 **12** 옥외저장탱크 저장소의 방유제 내 설치하는 간막이둑에 대한 설명으로 옳지 않은 것은?

① 간막이둑 높이는 0.3 m 이상 ~ 0.5 m 이하이어야 한다.
② 간막이둑의 재질은 흙 또는 철근콘크리트로 한다.
③ 1,000만 $\ell$ 이상인 옥외저장탱크는 당해 탱크마다 설치한다.
④ 용량은 간막이 둑안에 설치된 탱크의 용량의 10% 이상으로 한다.

> **해설**
>
> | 간막이둑 높이 | 최저 : 0.3 m 이상 (방유제 내에 설치되는 옥외저장탱크의 용량의 합계가 2억 $\ell$를 넘는 방유제에 있어서는 1m 이상) | 최고 : (방유제 높이 − 0.2 m) 이하 |
> | --- | --- | --- |

**13** 옥외저장탱크에 이황화탄소를 저장하고자 할 때 벽 및 바닥의 두께는 몇 m 이상인 철근콘크리트의 수조에 넣어 보관하는가?

① 0.1m　　　　　　　　　　　② 0.2m
③ 0.3m　　　　　　　　　　　④ 0.4m

> **해설**
> 이황화탄소의 옥외저장탱크
> 벽 및 바닥의 두께가 0.2 m 이상이고 누수가 되지 아니하는 철근콘크리트의 수조에 넣어 보관한다.

## 4. 옥내탱크저장소

1 단층건물 옥내탱크저장소의 구조 등

### (1) 옥내저장탱크 기준

| 구 분 | 내 용 |
|---|---|
| 옥내저장탱크 설치장소 | 단층건축물에 설치된 탱크전용실에 설치 |
| 옥내저장탱크와 탱크전용실의 벽과의 사이 | |
| 옥내저장탱크의 상호간 | |
| 옥내저장탱크의 용량 | **지정수량의 40배 이하**<br>※ 동일한 탱크 전용실에 2이상 설치하는 경우에는 각 탱크의 용량의 합계(A+B=지정수량 40배 이하)<br>※ 제4석유류 및 동식물유류 외의 제4류 위험물 : 최대 20,000ℓ 이하 |

### (2) 탱크전용실 설치기준

| 구 분 | 내 용 |
|---|---|
| 채광, 조명 환기 및 배출설비 | 제조소의 기준에 준한다. |
| 탱크전용실 출입구 턱의 높이 | **용량 수용 가능한 높이(2기 이상시 최대 탱크용량)** 또는 유출되지 아니하는 구조로 할 것<br> |

| 벽·기둥 및 바닥 | 내화구조 |
|---|---|
| 보, 지붕 | 불연재료 |
| 천장 | 설치 금지 |
| 연소의 우려가 있는 외벽 | 출입구외에는 개구부가 없도록 할 것<br>– 출입구에는 수시로 열 수 있는 자동폐쇄식의 갑종방화문을 설치 |
| 창 및 출입구 | • 갑종방화문 또는 을종방화문<br>• 유리를 이용하는 경우에는 망입유리로 할 것 |
| 바닥 | 액상의 위험물의 옥내저장탱크를 설치시 위험물이 침투하지 아니하는 구조로 하고, 적당한 경사를 두는 한편, 집유설비를 설치할 것 |

## (3) 옥내저장탱크의 펌프설비

| 구 분 | 내 용 |
|---|---|
| 탱크전용실이 있는 건축물에 설치 | 1. 탱크전용실외의 장소에 설치하는 경우<br>옥외저장탱크의 펌프설비의 기준을 준용<br>다만 펌프실의 지붕은 내화구조 또는 불연재료로 할 수 있다.<br><br>2. 탱크전용실에 설치하는 경우<br>펌프설비를 견고한 기초 위에 고정시킨 다음 그 주위에 불연재료로 된 턱을 탱크전용실의 문턱높이 이상으로 설치할 것.<br>다만, 펌프설비의 기초를 탱크전용실의 문턱높이 이상으로 하는 경우를 제외한다. |
| 탱크전용실이 있는 건축물 외의 장소에 설치 | 옥외저장탱크의 펌프설비의 기준을 준용 |

## (4) 기디 기준
① 위험물의 양을 자동적으로 표시하는 자동계량장치 설치할 것
② 주입구 : 옥외저장탱크의 주입구 기준에 준한다.
③ 옥내탱크저장소의 표지 및 게시판 – 제조소와 동일함

(5) 제4류 위험물만을 저장하는 탱크에 설치하는 안전장치 및 통기관
① 압력 탱크
  ㉠ 압력탱크의 기준 : **최대상용압력이 부압 또는 정압 5 kPa를 초과하는 탱크**
  ㉡ 압력계 및 안전장치 설치(안전밸브, 감압밸브, 안전밸브 겸용 경보장치, 파괴판)

② 압력탱크외의 탱크 – 밸브 없는 통기관 또는 대기밸브 부착 통기관 설치

| 구 분 | 내 용 |
|---|---|
| 밸브 없는 통기관 | ㉠ 통기관의 선단은 건축물의 창, 출입구 등의 개구부로부터 1 m 이상 이격<br>㉡ 옥외의 장소에 지면으로부터 4 m 이상의 높이로 설치<br>㉢ 인화점이 40℃ 미만인 위험물의 탱크에 설치하는 통기관에 있어서는 부지경계선으로부터 1.5 m 이상 이격<br>㉣ 가스 등이 체류할 우려가 있는 굴곡이 없도록 할 것<br>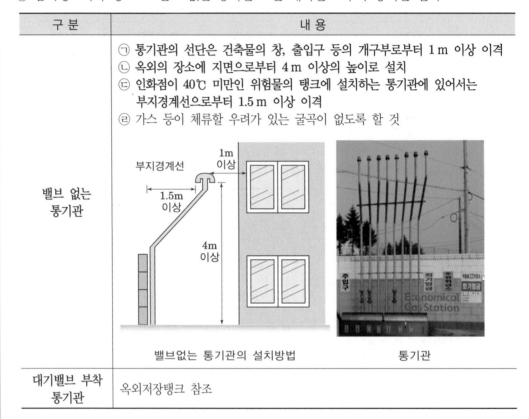<br>밸브없는 통기관의 설치방법　　　통기관 |
| 대기밸브 부착 통기관 | 옥외저장탱크 참조 |

2 옥내탱크저장소의 탱크 전용실을 단층 건축물 외에 설치하는 것

(1) 저장, 취급 할 수 있는 위험물

| 제2류 위험물 | 황화린, 적린 및 덩어리 유황 | 제3류 위험물 | 황린 |
|---|---|---|---|
| 제4류 위험물 | 인화점이 38℃ 이상인 위험물 | 제6류 위험물 | 질산 |

※ 황화린, 적린, 덩어리유황, 황린, 질산 → 1층 또는 지하층의 탱크전용실에 설치할 것

## (2) 옥내저장탱크의 용량

(동일한 탱크전용실에 옥내저장탱크를 2이상 설치하는 경우에는 각 탱크의 용량의 합계)

| 구 분 | 지정수량 | 비 고 |
|---|---|---|
| 1층 이하의 층 | 지정수량의 40배 이하 | 제4석유류, 동식물유류외의 제4류 위험물은 당해 수량이 20,000 ℓ 초과 시 20,000 ℓ 이하 |
| 2층 이상의 층 | 지정수량의 10배 이하 | 제4석유류, 동식물유류외의 제4류 위험물은 당해 수량이 5,000 ℓ 초과 시 5,000 ℓ 이하 |

## (3) 탱크전용실의 설치 기준

| 구 분 | 내 용 |
|---|---|
| 환기 및 배출설비 | 방화상 유효한 댐퍼 등을 설치 |
| 탱크전용실 출입구 턱의 높이 | 당해 탱크전용실내의 옥내저장탱크의 용량을 수용할 수 있는 높이 이상으로 하거나 옥내저장탱크로부터 누설된 위험물이 탱크전용실 외의 부분으로 유출하지 아니하는 구조 (옥내저장탱크가 2 이상인 경우에는 모든 탱크) |
| 벽·기둥, 바닥 및 보 | 내화구조 |
| 지붕 | 상층이 없는 경우에 있어서는 지붕을 불연재료로 설치 |
| 천장 | 설치하지 아니할 것 |
| 출입구 | 수시로 열 수 있는 자동폐쇄식의 갑종방화문을 설치 |
| 창 | 설치하지 아니할 것 |

## (4) 탱크전용실이 있는 건축물에 설치하는 옥내저장탱크의 펌프설비

| 구 분 | 내 용 |
|---|---|
| 탱크전용실외의 장소에 설치하는 경우 | • 펌프실 설치기준<br>  - 벽, 기둥, 바닥 및 보를 내화구조로 할 것<br>  - 상층이 없는 경우에 지붕 : 불연재료<br>  - 천장을 설치하지 아니할 것<br>  - 창을 설치하지 아니할 것(제6류 위험물은 제외)<br>  - 출입구에는 갑종방화문을 설치할 것<br>    (제6류 위험물 : 을종 방화문)<br>  - 펌프실의 환기 및 배출의 설비에는 방화상 유효한 댐퍼 등을 설치할 것<br>  - 불연재료의 턱을 0.2 m 이상의 높이로 설치 |
| 탱크전용실에 펌프설비를 설치하는 경우 | 불연재료로 된 턱을 0.2 m 이상의 높이로 설치 |

# 실전 예상문제

 **01** 옥내탱크저장소의 탱크와 탱크전용실의 벽 및 탱크 상호간의 간격은?

① 0.1 m 이상 　　② 0.5 m 이상 　　③ 1 m 이상 　　④ 1.5 m 이상

> **해설**
> 옥내저장탱크와 탱크전용실의 벽과의 사이, 옥내저장탱크의 상호간 0.5 m 이상 간격을 두어야 한다.

 **02** 단층건물에 저장하는 옥내저장탱크의 용량은 지정수량의 몇 배 이하이어야 하는가?

① 10 　　② 20 　　③ 30 　　④ 40

> **해설**
> 옥내저장탱크의 용량 – 지정수량의 40배 이하
> 동일한 탱크 전용실에 2이상 설치하는 경우에는 각 탱크의 용량의 합계
> ※ 제4석유류 및 동식물유류 외의 제4류 위험물 : 최대 20,000 ℓ 이하

 **03** 단층건물에 저장하는 옥내저장탱크에 2석유류인 경유를 저장하려고 한다. 저장할 수 있는 최대 용량 몇 ℓ인가?

① 10,000 　　② 15,000 　　③ 20,000 　　④ 40,000

> **해설**
> 제4석유류 및 동식물유류 외의 제4류 위험물 : 최대 20,000ℓ 이하

 **04** 옥내저장탱크에 설치하는 밸브 없는 통기관의 내용으로 옳지 않은 것은?

① 통기관의 선단은 건축물의 창, 출입구 등의 개구부로부터 2 m 이상 이격
② 옥외의 장소에 지면으로부터 4 m 이상의 높이로 설치
③ 인화점이 40℃ 미만인 위험물의 탱크에 설치하는 통기관에 있어서는 부지경계선으로부터 1.5 m 이상 이격
④ 가스 등이 체류할 우려가 있는 굴곡이 없도록 할 것

> **해설**
> 통기관의 선단은 건축물의 창, 출입구 등의 개구부로부터 1 m 이상 이격하여야 한다.

**정답** 01 ② 02 ④ 03 ③ 04 ①

**05** 옥내탱크저장소의 탱크 전용실을 단층 건축물 외에 설치하려고 한다. 저장, 취급할 수 없는 위험물은?

① 황화린, 적린 및 덩어리 유황　　　　　② 황린
③ 벤젠　　　　　　　　　　　　　　　　④ 질산

해설
옥내탱크저장소의 탱크 전용실을 단층 건축물 외에 설치시 저장, 취급할 수 있는 위험물의 종류

| 제2류 위험물 | 황화린, 적린 및 덩어리 유황 | 제3류 위험물 | 황린 |
| --- | --- | --- | --- |
| 제4류 위험물 | 인화점이 38℃ 이상인 위험물 | 제6류 위험물 | 질산 |

※ 벤젠은 인화점이 −11℃이므로 저장할 수 없다.

**06** 옥내탱크저장소의 탱크 전용실을 단층 건축물 외에 설치하고자 한다. 탱크전용실을 반드시 1층 또는 지하층에 설치해야 하는 위험물이 아닌 것은?

① 황화린　　　　　② 황린　　　　　③ 중유　　　　　④ 질산

해설
황화린, 적린, 덩어리유황, 황린, 질산 → 1층 또는 지하층의 탱크전용실에 설치할 것

**07** 옥내탱크저장소의 탱크 전용실을 단층 건축물 외에 2층 이상의 층에 설치하고 제3석유류를 저장하고자 할 때 저장할 수 있는 최대수량은?

① 1,000ℓ　　　　② 2,000ℓ　　　　③ 4,000ℓ　　　　④ 5,000ℓ

해설
탱크전용실을 단층건축물 이외의 건축물에 설치하는 경우

| 구 분 | 지정수량 | 비 고 |
| --- | --- | --- |
| 1층 이하의 층 | 지정수량의 40배 이하 | 제4석유류, 동식물유류외의 제4류 위험물은 당해수량이 20,000ℓ 초과 시 20,000ℓ 이하 |
| 2층 이상의 층 | 지정수량의 10배 이하 | 제4석유류, 동식물유류외의 제4류 위험물은 당해수량이 5,000ℓ 초과 시 5,000ℓ 이하 |

**08** 탱크전용실이 있는 건축물의 탱크전용실에 펌프설비를 설치하는 경우 펌프설비 주위에 유출을 방지하고자 몇 m 이상의 턱을 설치해야하는가?

① 0.5m　　　　② 0.1m　　　　③ 0.15m　　　　④ 0.2m

해설
탱크전용실이 있는 건축물의 탱크전용실에 펌프설비를 설치하는 경우 불연재료로 된 턱을 0.2m 이상의 높이로 설치

## 5. 지하탱크저장소

**1** 지하탱크저장소의 기준

(1) 설치장소

위험물을 저장 또는 취급하는 지하탱크는 **지면하에 설치된 탱크전용실에 설치**하여야 한다.

---

> **Tip**
>
> **탱크전용실에 설치하지 않아도 되는 경우** – 제4류 위험물을 저장하고 다음 기준에 적합한 때
> ① 당해 탱크를 지하철·지하가 또는 지하터널로부터 수평거리 10 m 이내의 장소 또는 지하건축물내의 장소에 설치하지 아니할 것
> ② 당해 탱크를 그 수평투영의 세로 및 가로보다 각각 0.6 m 이상 크고 두께가 0.3 m 이상인 철근콘크리트조의 뚜껑으로 덮을 것
> ③ 뚜껑에 걸리는 중량이 직접 당해 탱크에 걸리지 아니하는 구조일 것
> ④ 당해 탱크를 견고한 기초 위에 고정할 것
> ⑤ 당해 탱크를 지하의 가장 가까운 벽·피트·가스관 등의 시설물 및 대지경계선으로부터 0.6 m 이상 떨어진 곳에 매설할 것

지하탱크저장소

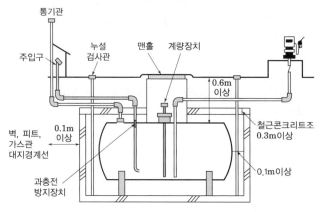

## (2) 탱크전용실, 지하저장탱크의 기준 등

| | | |
|---|---|---|
| 탱크<br>전용실 | 벽, 피트, 가스관 등의 시설물 및 대지경계선 | 0.1 m 이상 |
| | 지하저장탱크와의 거리 | 0.1 m 이상 |
| | 마른 모래<br>마른 자갈분 | 탱크의 주위에 마른 모래 또는 습기 등에 의하여 응고되지 아니하는 입자지름 5 mm 이하의 마른 자갈분으로 채울 것 |
| | 벽 및 바닥, 뚜껑 | ① **두께 0.3 m 이상의 콘크리트구조**<br>② 내부에는 직경 9 mm부터 13 mm까지의 철근을 가로 및 세로로 5 cm부터 20 cm까지의 간격으로 배치할 것<br>③ 적정한 방수조치를 할 것 |
| | 표지 | 제조소와 동일 |
| 지하<br>저장탱크 | 윗 부분 | 지면으로부터 0.6 m 이상 아래 |
| | 2 이상 인접해<br>설치하는 경우 | 그 상호간에 1 m 이상<br>(용량의 합계가 지정수량의 100배 이하인 때에는 0.5 m 이상) |
| | 재질 | 두께 3.2 mm 이상의 강철판 |
| | 수압시험 | <table><tr><td>**압력탱크**</td><td>**압력탱크 외의 탱크**</td></tr><tr><td>최대상용압력의 1.5배의 압력으로 10분간 실시</td><td>70 kPa의 압력으로 10분간 실시</td></tr></table>※ **압력탱크 : 최대상용압력이 46.7 kPa 이상인 탱크** |
| | 배관 | **탱크의 윗부분에 설치**<br><br>※ 윗부분에 설치하지 않아도 되는 경우<br>제2석유류(인화점 40℃ 이상), 제3석유류, 제4석유류, 동식물유류로서 그 직근에 유효한 제어밸브를 설치한 경우 |

## (3) 밸브 없는 통기관 등(제4류 위험물을 저장하는 탱크)

① 압력탱크는 제조소의 안전장치의 기준을 준용하여야 한다.

   ※ 압력탱크의 정의 : 최대상용압력이 부압 또는 정압

                5 kPa을 초과하는 탱크를 말한다.

② 압력탱크외의 탱크

   – 밸브 없는 통기관 또는 대기밸브 부착 통기관 설치

통기관

루프팬

**(4) 누설검사관**

① 액체위험물의 누설을 검사하기 위한 관 설치개수 - 4개소 이상

② 누설검사관의 기준

㉠ **이중관으로 할 것.** 다만, 소공이 없는 상부는 단관으로 할 수 있다.

㉡ 재료는 **금속관 또는 경질합성수지관으로 할 것**

㉢ 관은 **탱크 전용실의 바닥 또는 탱크의 기초 위에 닿게 할 것**

㉣ **관의 밑부분으로부터 탱크의 중심 높이까지의 부분에는 소공이 뚫려 있을 것.** 다만, 지하수위가 높은 장소에 있어서는 지하수위 높이까지의 부분에 소공이 뚫려 있어야 한다.

㉤ 상부는 물이 침투하지 아니하는 구조로 하고, 뚜껑은 검사시에 쉽게 열 수 있도록 할 것

 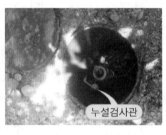 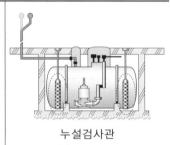

누설검사관

**(5) 과충전방지장치**

① 탱크용량을 초과하는 위험물이 주입될 때 자동으로 그 주입구를 폐쇄하거나 위험물의 공급을 자동으로 차단하는 방법

② 탱크용량의 90%가 찰 때 경보음을 울리는 방법

**(6) 맨홀 설치 기준**

① 맨홀을 지면까지 올라오지 아니하도록 하되, 가급적 낮게 할 것

② 보호틀을 다음 각목에 정하는 기준에 따라 설치할 것

㉠ 보호틀을 탱크에 완전히 용접하는 등 보호틀과 탱크를 기밀하게 접합할 것

㉡ 보호틀의 뚜껑에 걸리는 하중이 직접 보호틀에 미치지 아니하도록 설치하고, 빗물 등이 침투하지 아니하도록 할 것

③ 배관이 보호틀을 관통하는 경우에는 당해 부분을 용접하는 등 침수를 방지하는 조치를 할 것

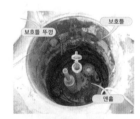 

배관이 보호틀을 관통하는 경우

## (7) 지하저장탱크의 펌프설비

① 펌프 및 전동기를 지하저장탱크밖에 설치하는 펌프설비
 – 옥외저장탱크의 펌프설비의 기준에 준함

② 펌프 또는 전동기를 지하저장탱크안에 설치하는 펌프설비(액중펌프설비)의 설치기준

| | |
|---|---|
| 전동기의<br>구조 등 | • 고정자는 위험물에 침투되지 아니하는 수지가 충전된 금속제의 용기에 수납 할 것<br>• 운전 중에 고정자가 냉각되는 구조로 할 것<br>• 전동기의 내부에 공기가 체류하지 아니하는 구조로 할 것<br>• 접속되는 전선은 위험물이 침투되지 아니하고, 직접 위험물에 접하지 않도록 보호 |
| 액중펌프<br>설비 | • 체절운전에 의한 전동기의 온도상승을방지하기 위한 조치가 강구될 것<br>• 전동기의 온도가 현저하게 상승하거나 펌프의 흡입구가 노출된 경우 전동기를 정지하는 조치가 강구될 것<br><br>액중펌프설비 |
| 설치기준 | • 액중펌프설비는 지하저장탱크와 플랜지접합으로 할 것<br>• 액중펌프설비중 지하저장탱크내에 설치되는 부분은 보호관내에 설치할 것. 다만, 당해 부분이 충분한 강도가 있는 외장에 의하여 보호되어 있는 경우에 있어서는 그러하지 아니하다.<br>• 액중펌프설비중 지하저장탱크의 상부에 설치되는 부분은 위험물의 누설을 점검할 수 있는 조치가 강구된 안전상 필요한 강도가 있는 피트내에 설치할 것 |

## (8) 기타 기준

 – 위험물안전관리법 시행규칙 별표 8 참조

① 이중벽탱크의 지하탱크저장소의 기준

② 특수누설방지구조의 지하탱크저장소의 기준

③ 위험물의 성질에 따른 지하탱크저장소의 특례

## 6. 간이탱크저장소

**1** 설치장소

(1) 옥외에 설치

보유공지 : 옥외에 설치하는 경우에는 그 탱크의 주위에 너비 **1m 이상**의 공지 확보

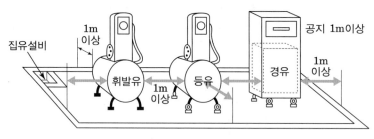

옥외의 간이탱크저장소

(2) 탱크전용실에 설치 및 조건 만족시 옥내 설치 가능

① 전용실의 구조, 창, 출입구, 바닥은 옥내탱크저장소의 설치 기준에 적합할 것

② 전용실의 채광·조명·환기 및 배출의 설비는 옥내저장소의 설치 기준에 적합할 것

③ **전용실 안에 설치하는 경우에는 탱크와 전용실의 벽과의 사이에 0.5 m 이상의 간격을 유지하여야 한다.**

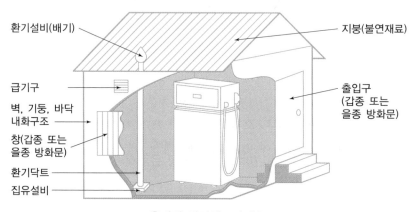

옥내의 간이탱크저장소

**2** 하나의 간이탱크저장소

(1) 간이저장탱크 수 : 3 이하
(2) 동일한 품질의 위험물의 간이저장탱크를 **2 이상 설치 금지**
(3) 표지, 게시판 − 제조소와 동일

**3** 간이저장탱크

(1) 간이저장탱크의 용량 − **600 ℓ 이하**

(2) 간이저장탱크는 두께
 ① **3.2 mm 이상의 강판**으로 흠이 없도록 제작
 ② **70 kPa의 압력으로 10분간의 수압시험**을 실시하여 새거나 변형되지 아니하여야 한다.

(3) 간이저장탱크의 밸브 없는 통기관의 설치 기준
 ① **통기관의 지름은 25 mm 이상**으로 할 것
 ② 통기관은 옥외에 설치하되, 그 선단의 높이는 **지상 1.5 m 이상**
 ③ 통기관의 선단은 수평면에 대하여 아래로 45° 이상 구부려 빗물 등이 침투하지 아니하도록 할 것
 ④ 가는 눈의 구리망 등으로 인화방지장치를 할 것 다만, 인화점 70℃ 이상의 위험물만을 해당 위험물의 인화점 미만의 온도로 저장 또는 취급하는 탱크에 설치하는 통기관에 있어서는 그러하지 아니하다.

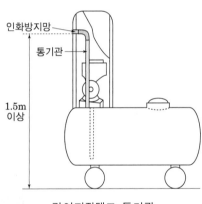

인화방지망

통기관

1.5m 이상

간이저장탱크 통기관

예제 **01** 간이탱크저장소에 동일한 품질의 위험물을 저장하는 간이저장탱크는 몇 기 이상 설치할 수 없는가?

① 1기　　　　　　　　② 2기
③ 3기　　　　　　　　④ 4기

해답 ②

## 7. 이동탱크저장소

**1** 이동탱크저장소의 상치장소

① 옥외에 있는 상치장소

화기를 취급하는 장소 또는 인근의 건축물로부터 5 m 이상(인근의 건축물이 1층인 경우에는 3 m 이상)의 거리를 확보하여야 한다.(단, 하천의 공지나 수면, 내화구조 또는 불연재료의 담 또는 벽 그 밖에 이와 유사한 것에 접하는 경우를 제외)

② 옥내에 있는 상치장소

벽, 바닥, 보, 서까래 및 지붕이 내화구조 또는 불연재료로 된 **건축물의 1층에 설치**하여야 한다.

**2** 이동저장탱크의 구조

| 두께 | 3.2 mm 이상의 강철판 |
|---|---|
| 칸막이 | ① 이동저장탱크는 탱크 전복 시 탱크의 일부가 파손되더라도 전량의 위험물의 누출 방지하기 위해 그 내부에 4,000 ℓ 이하마다 3.2 mm 이상의 **강철판** 또는 동등 이상 의 강도, 내열성 및 내식성이 있는 금속성의 것으로 칸막이를 설치 ② 칸막이로 구획된 각 부분에 맨홀, 안전장치, 방파판을 설치 (용량이 2천ℓ 미만 : 방파판의 설치 제외) 칸막이 / 이동저장탱크 상부 |
| 안전장치 | 상용압력이 20 kPa 이하 탱크 / 상용압력이 20 kPa 초과하는 탱크<br>20 kPa 이상 24 kPa 이하의 압력에서 작동 / 상용압력의 1.1배 이하의 압력에서 작동 |
| 방파판 | ① 위험물 운송 중 내부의 위험물의 출렁임, 쏠림 등을 완화하여 차량의 안전 확보 − 1.6 mm 이상의 강철판 ② 하나의 구획부분에 2개 이상의 방파판을 이동탱크저장소의 진행방향과 평행으로 설치하되, 각 방파판은 그 높이 및 칸막이로부터의 거리를 다르게 할 것 ③ 하나의 구획부분에 설치하는 각 방파판의 면적의 합계는 당해 구획부분의 최대 수직단면적의 50% 이상으로 할 것. 다만, 수직단면이 원형이거나 짧은 지름이 1 m 이하의 타원형일 경우에는 40% 이상으로 할 수 있다. |

| | |
|---|---|
| 방파판 | |
| 방호틀 | ① **탱크 전복 시 부속장치(주입구, 맨홀, 안전장치)보호 하기 위한 두께 2.3 mm 이상의 강철판** 또는 이와 동등 이상의 기계적 성질이 있는 재료로써 산모양의 형상으로 하거나 이와 동등 이상의 강도가 있는 형상으로 할 것<br>② **정상부분은 부속장치보다 50 mm 이상 높게** 하거나 이와 동등 이상의 성능이 있는 것으로 할 것 |
| 측면틀 | ① 탱크 뒷부분의 입면도<br>측면틀의 최외측과 탱크의 최외측을 연결하는 직선(최외측선)의 수평면에 대한 내각이 75° 이상이 되도록 하고, 최대수량의 위험물을 저장한 상태에 있을 때의 당해 탱크중량의 중심점과 측면틀의 최외측을 연결하는 직선과 그 중심점을 지나는 직선 중 최외측선과 직각을 이루는 직선과의 내각이 35° 이상이 되도록 할 것<br><br>② 외부로부터 하중에 견딜 수 있는 구조로 할 것<br>③ **탱크 상부의 네 모퉁이에** 당해 **탱크의 전단 또는 후단으로부터 각각 1 m 이내의** 위치에 설치할 것<br>④ 측면틀에 걸리는 하중에 의하여 탱크가 손상되지 아니하도록 측면틀의 부착 부분에 **받침판을 설치**할 것<br>⑤ **탱크 전복 시 탱그 본체 파손 방지하기 위해 3.2 mm 두께로 할 것** |
| 표지 | <table><tr><td>크기</td><td>한 변의 길이가 0.6 m 이상, 다른 한 변의 길이가 0.3 m 이상의 직사각형</td></tr><tr><td>표시내용</td><td>위험물</td></tr><tr><td>**표시색상**</td><td>**흑색바탕에 황색의 반사도료**</td></tr><tr><td>설치장소</td><td>차량의 전면 및 후면의 보기 쉬운 장소</td></tr></table> |

| 게시판 | 기재 내용 | 유별, 품명, 최대수량, 적재중량 |  |
|---|---|---|---|
| | 문자의 크기 | 가로 40 mm 이상<br>세로 45 mm 이상 | |
| | 여러 품명이 혼재시<br>품명별 문자의 크기 | 가로 20 mm 이상<br>세로 20 mm 이상 | |

| 수압시험 | 압력탱크<br>(최대 상용압력이 46.7 kPa 이상인 탱크) | 압력탱크외의 탱크 |
|---|---|---|
| | 최대상용압력의 1.5배의 압력으로 10분간 | 70 kPa의 압력으로 10분간 |

### 3 배출밸브 및 폐쇄장치, 결합금속구

**(1) 배출밸브**

이동저장탱크의 아랫부분에 배출구를 설치하는 경우에 당해 탱크의 배출구에 **배출밸브를 설치**하고 비상시에 배출밸브를 **폐쇄**할 수 있는 수동폐쇄장치 또는 자동폐쇄장치를 설치

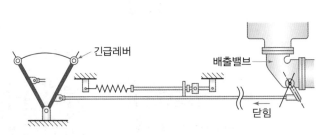

수동폐쇄장치

**(2) 폐쇄장치**

① **수동식폐쇄장치에는 길이 15 cm 이상의 레버를 설치**할 것

② 탱크의 배관의 선단부에는 개폐밸브를 설치할 것

**(3) 결합금속구 등**

① 액체위험물의 이동탱크저장소의 주입호스는 위험물을 저장 또는 취급하는 탱크의 주입구와 결합할 수 있는 금속구를 사용하되, 그 결합금속구(제6류 위험물의 탱크의 것을 제외한다)는 놋쇠 그 밖에 마찰 등에 의하여 불꽃이 생기지 아니하는 재료로 하여야 한다.

② 이동탱크저장소에 주입설비(호스와 개폐밸브의 구조)

　㉠ **주입설비의 길이 : 50 m 이내**로 하고 그 선단에 축척
　　되는 정전기 제거장치를 설치할 것

　㉡ **분당 토출량 : 200 ℓ 이하**

　㉢ 위험물이 샐 우려가 없고 화재예방상 안전한
　　구조로 할 것

주입설비

**4** **이동탱크저장소의 펌프설비**

(1) 차량구동용 엔진의 동력원을 이용하여 위험물을 이송(토출용)하여야 한다.

(2) 외부에서 전원공급 받는 방식의 모터펌프(토출용)

　－ 인화점이 40℃ 이상의 것 또는 비인화성의 것에 한함

(3) 진공흡입방식의 펌프를 이용하여 위험물 이송(흡입용－폐유의 회수용도)

　① 인화점이 70℃ 이상인 폐유 또는 비인화성의 것

　② 감압장치의 배관 및 배관의 이음 : 금속제

　③ 호스 선단에는 돌 등의 고형물이 혼입되지 아니하도록 망 등을 설치할 것

**5** **접지도선 설치 대상**

－ **특수인화물, 제1석유류, 제2석유류**

**6** **특례**

(1) 알킬알루미늄 등을 저장 또는 취급하는 이동탱크저장소

　① 이동저장탱크의 두께 : 10 mm 이상의 강판

　② 수압시험 : 1 MPa 이상의 압력으로 10분간 실시하여 새거나 변형하지 아니할 것

　③ 이동저장탱크의 용량 : 1,900 ℓ 미만

　④ 안전장치 : 수압시험의 압력의 2/3를 초과하고 4/5를 넘지 아니하는 범위의 압력에서
　　　　　　　 작동할 것

　⑤ 매홀, 주입구의 뚜껑 두께 : 10 mm 이상의 강판

　⑥ 이동저장탱크 : 불활성기체 봉입장치 설치(20 kPa 이하의 압력)

　⑦ 외면 : 적색 (백색문자로 주의사항 표시 － 물기엄금)

(2) 컨테이너식 이동탱크저장소의 특례

(3) 주유탱크차의 특례

컨테이너식 이동저장소

## 8. 옥외저장소

**1** 안전거리

(1) 제조소와 동일함

(2) 옥외저장소는 습기가 없고 배수가 잘 되는 장소에
    설치할 것

(3) 위험물을 저장 또는 취급하는 장소의 주위에는
    경계표시(울타리의 기능이 있는 것에 한한다)를
    하여 명확하게 구분할 것

옥외저장소

**2** 옥외저장소의 보유공지

| 저장 또는 취급하는 위험물의 최대수량 | 공지의 너비 |
|---|---|
| 지정수량의 10배 이하 | 3 m 이상 |
| 지정수량의 10배 초과 20배 이하 | 5 m 이상 |
| 지정수량의 20배 초과 50배 이하 | 9 m 이상 |
| 지정수량의 50배 초과 200배 이하 | 12 m 이상 |
| 지정수량의 200배 초과 | 15 m 이상 |

옥외저장소 보유공지

**3** 옥외저장소의 설치기준

(1) 선반 : **불연재료**로 만들고 견고한 지반면에
    고정할 것

(2) 선반의 높이 : **6 m를 초과하지 말 것**

(3) **과산화수소, 과염소산**을 저장하는 옥외저장소
    는 불연성 또는 난연성의 천막 등을 설치하여
    **햇빛을 가릴 것**

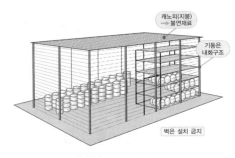

옥외저장소의 선반

(4) 캐노피 또는 지붕을 설치하는 경우
    환기 및 소화활동에 지장을 주지 아니하는 구조로 할 것.
    이 경우 **기둥은 내화구조**로 하고, 캐노피 또는 지붕을 불연재료로 하며, **벽을 설치하지 아
    니하여야 한다.**

(5) 덩어리 상태의 유황을 저장 또는 취급하는 경우

① 하나의 경계표시의 내부의 면적 : 100 ㎡ 이하

② 2 이상의 경계표시를 설치하는 경우

　　각각의 경계표시 내부의 면적을 합산한 면적 − 1,000 ㎡ 이하

③ 인접하는 경계표시와 경계표시와의 간격 : 공지 너비의 2분의 1 이상

　　단, 지정수량의 200배 이상인 경우 경계표시와 경계표시의 거리 : 10 m 이상

④ 경계표시 : 불연재료, 유황이 새지 아니하는 구조, 높이 1.5 m 이하

⑤ 경계표시에는 유황이 넘치거나 비산하는 것을 방지하기 위한 천막 등을 고정하는 장치
를 경계표시의 길이 2 m마다 한 개 이상 설치할 것

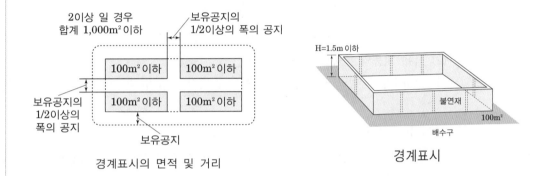

경계표시의 면적 및 거리　　　　　　　경계표시

**4**　옥외저장소의 표지 및 게시판 − 제조소와 동일

**5**　특례

(1) 고인화점 위험물의 옥외저장소의 특례

고인화점 위험물 저장시 보유공지

| 저장 또는 취급하는 위험물의 최대수량 | 공지의 너비 |
|---|---|
| 지정수량의 50배 이하 | 3 m 이상 |
| 지정수량의 50배 초과 200배 이하 | 6 m 이상 |
| 지정수량의 200배 초과 | 10 m 이상 |

(2) 인화성고체, 제1석유류, 알코올류의 옥외저장소의 특례

① 인화성고체, 제1석유류, 알코올류를 저장 또는 취급하는 장소

　　− 위험물을 적당한 온도로 유지하기 위한 살수설비 설치

② 제1석유류 또는 알코올류를 저장 또는 취급하는 장소 : 배수구와 집유설비를 설치할 것.

③ 제1석유류(온도 20℃의 물 100 g에 용해되는 양이 1 g 미만의 것에 한한다)를 저장
또는 취급하는 장소에는 집유설비에 유분리장치를 설치할 것

## 9. 암반탱크저장소(참조)

### 1 개요

(1) 암반탱크저장소란 암반내의 공간을 이용한 탱크에 액체의 위험물을 저장하는 장소.

(2) 지하수면 아래의 천연암반을 굴착, 공간을 만들어 액체위험물을 저장하며 증기의 발생 및 위험물의 누출을 지하수압으로 조절하는 저장소이다.

(3) 원유, 휘발유, 경유, 등유 등 석유제품을 대량 저장할 경우에 암반탱크저장소를 이용하며, 대부분 해안가, 호수, 강가 등 수리조건이 좋은 곳에 위치하고 있다.

### 2 저장원리

(1) 석유 제품이 비수용성이기 때문에 물과 섞이지 않는다.

(2) 석유 제품의 비중이 물보다 작다.

(3) 지하수압이 탱크내부 석유의 압력보다 커서 석유가 외부로 누출되는 것을 막을 수 있다.

### 3 안전거리 및 보유공지

(1) 암반탱크저장소는 수면 아래 지하시설로서 위험성이 낮은 저장소이기 때문에 안전거리 및 보유공지는 규제를 받지 않는다.

### 4 암반탱크 설치기준

(1) 암반탱크는 암반투수계수가 1초당 10만분의 1 m 이하인 천연 암반내에 설치할 것

(2) 암반탱크는 저장할 위험물의 증기압을 억제할 수 있는 지하 수면 하에 설치할 것

(3) 암반탱크의 내벽은 암반균열에 의한 낙반을 방지할 수 있도록 볼트·콘크리트 등으로 보강할 것

(4) 지하수위 관측공의 설치
암반탱크저장소 주위에는 지하수위 및 지하수의 흐름 등을 확인·통제할 수 있는 관측공을 설치하여야 한다.

(5) 계량장치 – 암반탱크저장소에는 위험물의 양과 내부로 유입되는 지하수의 양을 측정할 수 있는 계량구와자동측정이 가능한 계량장치를 설치하여야 한다.

(6) 배수시설 – 암반탱크저장소에는 주변 암반으로부터 유입되는 침출수를 자동으로 배출할 수 있는 시설을 설치하고 침출수에 섞인 위험물이 직접 배수구로 흘러 들어 가지 아니하도록 유분리장치를 설치하여야 한다.

(7) 펌프설비 – 암반탱크저장소의 펌프설비는 점검 및 보수를 위하여 사람의 출입이 용이한 구조의 전용공동에 설치하여야 한다. 다만, 액중펌프를 설치한 경우에는 그러하지 아니하다.

## 실전 예상문제

**••• 01** 지하탱크가 있는 제조소등의 경우 완공검사의 신청시기로 맞는 것은?

① 탱크를 완공하고 상치장소를 확보한 후  ② 지하탱크를 매설하기 전

③ 공사 전체를 완료한 후  ④ 공사 일부를 완료한 후

> **해설**
> 지하에 있는 탱크, 배관의 완공검사는 지하에 매설하기 전에 하여야 한다.

**••• 02** 지하탱크저장소의 탱크전용실은 지하의 가장 가까운 벽, 피트, 가스관 등의 시설물 및 대지경계선으로부터 몇 m 이상 떨어진 곳에 매설하여야 하는가?

① 0.1  ② 0.5  ③ 1  ④ 5

> **해설**
> 지하탱크저장소의 탱크전용실은 지하의 가장 가까운 벽, 피트, 가스관등의 시설물 및 대지경계선과 0.1 m 이상 이격해야 함

**••• 03** 지하탱크저장소의 지하저장탱크 본체 윗부분은 지면으로부터 몇 m 이상 아래에 있어야 하는가?

① 0.3  ② 0.6  ③ 1.2  ④ 1.5

> **해설**
> 지하탱크저장소의 지하저장탱크 본체 윗부분에서 지면까지의 거리 : 0.6 m 이상

**••○ 04** 지하탱크저장소에 지하저장탱크를 2 이상 인접하여 설치하는 경우 그 상호간의 거리는 몇 m 이상 이격해야 하는가? (단, 용량의 합계기 지전수량의 100배 이하인 때이다.)

① 0.5  ② 1  ③ 1.5  ④ 2

> **해설**
> 지하탱크저장소에 지하저장탱크를 2 이상 인접하여 설치하는 경우 그 상호간에 1 m 이상 (용량의 합계가 지정수량의 100배 이하인 때에는 0.5 m) 이격해야 한다.

**정답** 01 ②  02 ①  03 ②  04 ①

**05** 지하저장탱크의 주위에는 당해 탱크로부터 액체위험물의 누설을 검사하기 위한 관을 4개소 이상을 적당한 위치에 설치하여야 한다. 설치기준으로 옳지 않은 것은?

① 이중관으로 설치한다. 다만, 소공이 없는 상부는 단관으로 할 수 있다.
② 재료는 금속관 또는 경질합성수지관으로 한다.
③ 관은 탱크실의 바닥 또는 기초에서 0.1 m 이격하여 설치한다.
④ 관의 밑부분으로부터 탱크의 중심 높이까지의 부분에는 소공이 뚫려 있어야 한다.

> **해설**
> 관은 탱크 전용실의 바닥 또는 탱크의 기초 위에 닿게 할 것

**06** 지하저장탱크 상부가 아닌 다른 부분에 배관이 연결되어 있다. 저장하는 위험물은 무엇인가? (단, 탱크의 직근에 유효한 제어밸브가 설치되어 있다)

① 아세트알데히드　　② 휘발유　　　　　③ 스틸렌　　　　　④ 의산

> **해설**
> ※ 배관을 탱크 윗부분에 설치하지 않아도 되는 경우
> 제2석유류(인화점 40℃ 이상), 제3석유류, 제4석유류, 동식물유류로서 그 직근에 유효한 제어밸브를 설치한 경우
> 제2석유류인 의산의 인화점 : 69℃, 스틸렌의 인화점 : 32℃

**07** 지하탱크저장소의 압력탱크 외의 탱크에 있어서 수압시험 방법으로 옳은 것은?

① 70 kPa의 압력으로 10분간 실시
② 1.5 kg/cm²의 압력으로 10분간 실시
③ 충수시험으로 실시한다.
④ 최대 상용압력의 1.5배의 압력으로 10분간 실시

> **해설**

| 구 분 | | 옥외저장탱크 | 지하저장탱크<br>이동저장탱크 | 간이저장탱크 | 이동저장탱크<br>안전장치 작동압력 | |
|---|---|---|---|---|---|---|
| 압력탱크 정의 | | 탱크의 최대상용압력이<br>대기압 초과 | 탱크의 최대상용압력이<br>46.7 kPa 이상 | – | 탱크 내 상용압력 | |
| | | | | | 20 kPa<br>이하 | 20 kPa<br>초과 |
| 수압<br>시험 | 압력<br>탱크 | 최대상용압력 ×1.5배<br>시간 : 10분 | 최대상용압력 ×1.5배<br>시간 : 10분 | – | 20 kPa<br>이상 | 상용압력<br>1.1 배<br>이하에서<br>작동 |
| | 압력탱크<br>외의 탱크 | 충수시험 | 70 kPa의 압력으로<br>10분간 실시 | 70 kPa의<br>압력으로<br>10분간 실시 | 24 kPa<br>이하<br>에서 작동 | |

••• **08** 지하저장탱크의 액체위험물의 누설을 검사하기 위한 관의 기준으로 적합하지 않은 것은?

① 단관으로 해야 한다. 단 소공이 없는 부분은 이중관으로 할 수 있다.
② 재료는 금속관 또는 경질합성수지관으로 할 것
③ 관은 탱크실의 바닥 또는 기초에 닿게 할 것
④ 관의 밑부분으로부터 탱크의 중심 높이까지의 부분에는 소공이 뚫려 있을 것

> **해설**
> 이중관으로 설치한다. 다만, 소공이 없는 상부는 단관으로 할 수 있다.

••○ **09** 간이탱크저장소가 옥외에 있는 경우 보유공지 너비는 얼마 이상인가?

① 1 m　　　　② 3 m　　　　③ 5 m　　　　④ 6 m

> **해설**
> 옥외에 설치시 보유공지 : 옥외에 설치하는 경우에는 그 탱크의 주위에 너비 1 m 이상의 공지 확보

••• **10** 간이탱크저장소에 저장할 수 있는 간이저장탱크의 수와 각 탱크의 용량은 몇 ℓ 이하인가?

① 간이저장탱크의 수는 2개 이하,　탱크의 용량은 1,000 ℓ 이하
② 간이저장탱크의 수는 2개 이하,　탱크의 용량은 600 ℓ 이하
③ 간이저장탱크의 수는 3개 이하,　탱크의 용량은 1,000 ℓ 이하
④ 간이저장탱크의 수는 3개 이하,　탱크의 용량은 600 ℓ 이하

> **해설**
> 간이저장탱크 수 : 3 이하, 동일한 품질의 위험물의 간이저장탱크를 2 이상 설치 금지,
> 간이저장탱크의 용량 - 600 ℓ 이하

•○○ **11** 간이저장탱크의 수압시험 방법으로 옳은 것은?

① 70 kPa 의 압력으로 10분간의 수압시험을 실시하여 새거나 변형되지 아니하여야 한다.
② 최대상용압력 1.5배의 압력으로 10분간의 수압시험을 실시하여 새거나 변형되지 아니하여야 한다.
③ 충수시험하여 새거나 변형되지 아니하여야 한다.
④ 탱크의 최대상용압력이 46.7 kPa 이상으로 10분 실시하여 새거나 변형되지 아니하여야 한다.

> **해설**
> 간이저장탱크의 수압시험방법 - 70 kPa의 압력으로 10분간의 수압시험을 실시하여 새거나 변형되지 아니하여야 한다.

**정답** | 08 ①　09 ①　10 ④　11 ①

**●●● 12** 다음 중 간이탱크저장소의 통기관의 지름은 몇 mm 이상으로 하는가?

① 20 mm　　　　② 25 mm　　　　③ 30 mm　　　　④ 40 mm

> **해설**
> 간이저장탱크의 밸브 없는 통기관의 설치 기준 - 통기관의 지름은 25 mm 이상으로 할 것

**●○○ 13** 간이탱크저장소의 탱크에 설치하는 밸브 없는 통기관의 기준으로 적합하지 않은 것은?

① 통기관의 지름은 25 mm 이상으로 할 것
② 통기관은 옥내에 설치하되, 그 선단의 높이는 지상 1.5 m 이상으로 할 것
③ 통기관의 선단은 수평면에 대하여 아래로 45° 이상 구부려 빗물 등이 침투하지 아니하도록 할 것
④ 가는 눈의 구리망 등으로 인화방지장치를 할 것

> **해설**
> 통기관은 옥외에 설치하되, 그 선단의 높이는 지상 1.5 m 이상으로 할 것

**●●○ 14** 이동탱크저장소의 옥외에 있는 상치장소는 화기를 취급하는 장소 또는 인근의 건축물로부터 몇 m 이상의 거리를 확보하여야 하는가?(단, 인근의 건축물의 층수는 5층이다)

① 2　　　　　　② 3　　　　　　③ 4　　　　　　④ 5

> **해설**
> 이동탱크저장소의 옥외에 있는 상치장소는 화기를 취급하는 장소 또는 인근의 건축물로부터 5 m 이상(인근의 건축물이 1층인 경우에는 3 m 이상)의 거리를 확보하여야 한다

**●●● 15** 이동저장탱크의 두께는 몇 mm 이상의 강철판을 사용하여 제작하여야 하는가?

① 1.6 mm 이상　　② 2.3 mm 이상　　③ 3.2 mm 이상　　④ 10 mm 이상

> **해설**
> 이동저장탱크
>
> | 탱크두께 | 칸막이 | 측면틀 | 방호틀 | 방파판 |
> |---|---|---|---|---|
> | 3.2 mm 이상 | 3.2 mm 이상 | 3.2 mm 이상 | 2.3 mm 이상 | 1.6 mm 이상 |
>
> • 옥외저장탱크, 준특정옥외저장탱크 지하저장탱크, 간이저장탱크 두께 : 3.2 mm 이상
> • 알킬알루미늄 저장, 취급하는 이동저장탱크의 두께 : 10 mm 이상

**정답** 12 ②　13 ②　14 ④　15 ③

**●●● 16** 이동저장탱크의 방파판은 하나의 구획부분에 몇 개 이상의 방파판을 이동탱크저장소의 진행방향과 평행으로 설치하여야 하는가?

① 1개        ② 2개        ③ 3개        ④ 4개

**해설**
차량의 전복을 방지하기 위해 칸막이 하나의 구획부분에 2개 이상의 방파판을 이동탱크저장소의 진행방향과 평행으로 설치하되, 각 방파판은 그 높이 및 칸막이로부터의 거리를 다르게 해야 한다.

**●●● 17** 이동저장탱크는 탱크 전복 시 탱크의 일부가 파손되더라도 전량의 위험물의 누출 방지하기 위해 그 내부에 몇 $\ell$ 이하마다 3.2 mm 이상의 강철판으로 된 칸막이를 설치하는가?

① 1,000 $\ell$        ② 2,000 $\ell$        ③ 3,000 $\ell$        ④ 4,000 $\ell$

**해설**
이동저장탱크는 탱크 전복 시 탱크의 일부가 파손되더라도 전량의 위험물의 누출 방지하기 위해 그 내부에 4,000 $\ell$ 이하마다 3.2 mm 이상의 강철판 또는 동등이상의 강도, 내열성 및 내식성이 있는 금속성의 것으로 칸막이를 설치 칸막이로 구획된 각 부분에 맨홀, 안전장치, 방파판을 설치(용량이 2천 $\ell$ 미만 : 방파판설치 제외)

**●●● 18** 이동저장탱크에서 위험물 운송 중 내부의 위험물의 출렁임, 쏠림 등을 완화하여 차량의 안전 확보하기 위해 1.6 mm 이상의 강철판으로 설치하는 것은?

① 방호틀        ② 측면틀        ③ 칸막이        ④ 방파판

**해설**
문제16번 해설 참조

**●●● 19** 이동저장탱크 전복시 부속장치(주입구, 맨홀, 안전장치)를 보호하기 위한 두께 2.3 mm 이상의 강철판 또는 이와 동등 이상의 기계적 성질이 있는 재료로써 산모양의 형상으로 하거나 이와 동등 이상의 강도가 있는 형상으로 설치하는 것은?

① 방호틀        ② 측면틀        ③ 칸막이        ④ 방파판

**해설**
• 방호틀 - 부속장치(주입구, 맨홀, 안전장치)보호
• 측면틀 - 탱크 파손 방지
• 칸막이 - 탱크 파손시 전량 누출 방지
• 방파판 - 위험물의 출렁임, 쏠림등을 완화하여 전복 방지

**정답** 16 ②   17 ④   18 ④   19 ①

**20** 이동저장탱크의 측면틀에 대한 설명으로 옳지 않은 것은?

① 외부로부터 하중에 견딜 수 있는 구조로 할 것
② 탱크상부의 네 모퉁이에 당해 탱크의 전단 또는 후단으로부터 각각 2 m 이내의 위치에 설치할 것
③ 측면틀에 걸리는 하중에 의하여 탱크가 손상되지 아니하도록 측면틀의 부착부분에 받침판을 설치할 것
④ 탱크 전복 시 탱크 본체 파손 방지하기 위해 3.2 mm로 할 것

측면틀은 탱크상부의 네 모퉁이에 당해 탱크의 전단 또는 후단으로부터 각각 1 m 이내의 위치에 설치할 것

**21** 이동저장탱크의 표지 및 게시판에 대한 설명으로 틀린 것은?

① 게시판의 기재 내용은 유별, 품명, 최대수량, 적재중량이다.
② 게시판의 문자의 크기는 가로 40 mm 이상, 세로 40 mm 이상이어야 한다.
③ 게시판에는 여러 품명이 혼재시 품명별 문자의 크기를 가로 20 mm 이상, 세로 20 mm 이상 하여야 한다.
④ 차량의 전면 및 후면의 보기 쉬운 장소에는 표지를 부착하여야 한다.

게시판의 문자의 크기는 가로 40 mm 이상, 세로 45 mm 이상이어야 한다.

**22** 이동탱크저장소의 상용압력이 20 kPa을 초과할 경우 안전장치의 작동압력은?

① 상용압력의 1.1배 이하
② 상용압력의 1.5배 이하
③ 20 kPa 이상 24 kPa 이하
④ 40 kPa 이상 48 kPa 이하

해설

| 구 분 | | 옥외저장탱크 | 지하저장탱크 이동저장탱크 | 간이저장탱크 | 이동저장탱크 안전장치 작동압력 | |
|---|---|---|---|---|---|---|
| 압력탱크 정의 | | 탱크의 최대상용압력이 대기압 초과 | 탱크의 최대상용압력이 46.7 kPa 이상 | – | 탱크 내 상용압력 | |
| | | | | | 20 kPa 이하 | 20 kPa 초과 |
| 수압 시험 | 압력 탱크 | 최대상용압력 ×1.5배 시간 : 10분 | 최대상용압력 ×1.5배 시간 : 10분 | – | 20 kPa 이상 24 kPa 이하 에서 작동 | 상용압력 1.1 배 이하에서 작동 |
| | 압력탱크 외의 탱크 | 충수시험 | 70 kPa의 압력으로 10분간 실시 | 70 kPa의 압력으로 10분간 실시 | | |

**23** 위험물안전관리법령상 다음 ( ) 안에 알맞은 수치는?

> 이동저장탱크로부터 위험물을 저장 또는 취급하는 탱크에 인화점이 (   )℃ 미만인 위험물을 주입할 때에는 이동탱크저장소의 원동기를 정지시킬 것

① 40　　　　　② 50　　　　　③ 60　　　　　④ 70

> **해설**
> 이동저장탱크로부터 위험물을 저장 또는 취급하는 탱크에 인화점이 40℃ 미만인 위험물을 주입할 때에는 이동 탱크저장소의 원동기를 정지시켜야 한다.

**24** 알킬알루미늄 등을 저장 또는 취급하는 이동탱크저장소에 대한 설명으로 옳지 않은 것은?

① 이동저장탱크의 두께는 10 mm 이상
② 이동저장탱크의 용량 : 2,000 ℓ 미만으로 할 것
③ 외면은 적색으로 표시한다.
④ 20 kPa 이하의 압력으로 불활성기체 봉입장치 설치할 것

> **해설**
> 이동저장탱크의 용량 : 1,900 ℓ 미만으로 할 것

**25** 옥외저장소에 저장할 수 없는 위험물은?

① 유황　　　　　② 휘발유　　　　　③ 질산　　　　　④ 경유

> **해설**

| 제2류 위험물 | 제4류 위험물 | 제6류 위험물 |
|---|---|---|
| 유황, 인화성고체 | 제1석유류·알코올류·제2석유류·제3석유류·제4석유류 및 동식물유류 | 과산화수소, 질산, 과염소산 |
| | (인화점이 섭씨 0℃ 이상인 것에 한한다) | |

**26** 옥외저장소에 과산화수소 30,000 kg을 저장하고 있다. 보유공지는 얼마 이상 확보해야 하는가?

① 3 m　　　　　② 5 m　　　　　③ 9 m　　　　　④ 12 m

> **해설**
> 과산화수소의 지정수량은 300 kg이고 지정수량의 100배이므로 공지의 너비는 12 m 이상 확보해야 한다.

**정답** 23 ①　24 ②　25 ②　26 ④

●●○ **27** 옥외저장소의 설치기준으로 옳지 않은 것은?

① 선반은 내화구조로 만들고 견고한 지반면에 고정할 것
② 선반의 높이는 6 m를 초과하지 말 것
③ 과산화수소, 과염소산을 저장하는 옥외저장소는 불연성 또는 난연성의 천막 등을 설치하여 햇빛을 가릴 것
④ 캐노피 또는 지붕을 설치하는 경우 기둥은 내화구조로 하고, 캐노피 또는 지붕을 불연재료로 하며, 벽을 설치하지 아니하여야 한다.

기둥은 내화구조, 지붕·캐노피·선반은 불연재료로 만들고 견고한 지반면에 고정할 것

●●● **28** 덩어리 상태의 유황을 저장 또는 취급하는 경우 설치기준으로 옳지 않은 것은?

① 하나의 경계표시의 내부의 면적은 100 m² 이하로 할 것
② 2 이상의 경계표시를 설치하는 경우 각각의 경계표시 내부의 면적을 합산한 면적은 1,000 m² 이하일 것
③ 인접하는 경계표시와 경계표시와의 간격은 공지의 너비의 2분의 1 이상 확보할 것
④ 경계표시는 불연재료, 유황이 새지 아니하는 구조로 하고 높이 1.5 m 이상으로 할 것

경계표시는 불연재료, 유황이 새지 아니하는 구조로 하고 높이 1.5 m 이하
경계표시에는 유황이 넘치거나 비산하는 것을 방지하기 위한 천막 등을 고정하는 장치를 경계표시의 길이 2 m 마다 한 개 이상 설치할 것

●●○ **29** 옥외저장소에 덩어리 상태의 유황을 지정수량 200배 이상 저장하는 경우 인접하는 경계표시와의 간격은?

① 5 m ② 10 m ③ 12 m ④ 15 m

인접하는 경계표시와 경계표시와의 간격 : 공지 너비의 2분의 1 이상
단, 지정수량의 200배 이상인 경우 경계표시와 경계표시의 거리 : 10m 이상

정답 | 27 ① 28 ④ 29 ②

## 10. 주유취급소

**1** 주유공지

(1) 고정주유설비의 주위에는 주유를 받으려는 자동차 등이 출입할 수 있도록
  **너비 15 m 이상, 길이 6 m 이상의 콘크리트 등으로 포장한 공지**

(2) 고정주유설비 – 펌프기기 및 호스기기로 되어 위험물을 자동차등에 직접 주유하기 위한
  설비로서 현수식의 것을 포함한다.

**2** 급유공지

(1) 고정급유설비를 설치하는 경우에 고정급유설비의 호스기기 주위에 필요한 공지

(2) 고정급유설비 – 펌프기기 및 호스기기로 되어 위험물을 용기에 옮겨 담거나
  이동저장탱크에 주입하기 위한 설비로서 현수식의 것을 포함한다.

(3) 공지의 바닥 : 주위 지면보다 높게 하고, 적당한 기울기, 배수구, 집유설비, 유분리장치를
  설치

**3** 주유취급소의 표지 및 게시판

(1) 제조소와 동일

(2) **주유 중 엔진정지 – 황색바탕에 흑색문자**

**주유 중 엔진 정지**

**4** 주유취급소의 저장 또는 취급 가능한 탱크

| 탱크의 용도 및 종류 | 용량 |
|---|---|
| 고정주유 또는 급유설비에 직접 접속하는 3기 이하의 간이탱크 | 600 ℓ 이하 × 3 |
| 폐유탱크 등 – 자동차 등을 점검, 정비하는 작업장 등(주유취급소안에 설치된 것에 한한다)에서 사용하는 폐유, 윤활유 등의 위험물을 저장하는 탱크로서 용량(2이상 설치하는 경우에는 각 용량의 합계를 말한다) | 2,000 ℓ 이하 |
| 보일러 등에 직접 접속하는 전용탱크 | 10,000 ℓ 이하 |
| 자동차 등에 주유하기 위한 고정주유설비에 직접 접속하는 전용탱크 | 50,000 ℓ 이하 |
| 고정급유설비에 직접 접속하는 전용탱크 | 50,000 ℓ 이하 |
| 고속국도의 도로변에 설치된 주유취급소의 탱크의 용량 | 60,000 ℓ 이하 |

• 간이탱크를 제외한 탱크의 용량이 1,000 ℓ를 초과하는 것은 옥외의 지하 또는 캐노피 아래의
  지하(캐노피 기둥의 하부를 제외한다)에 매설하여야 한다.

**5** 고정주유설비 등

**(1) 펌프기기의 토출량**

| 구 분 | 고정주유설비 | | | 고정급유설비 |
|---|---|---|---|---|
| | 제1석유류(휘발유) | 경유 | 등유 | |
| 펌프기기의 최대 토출량 | 50 $\ell$/min 이하 | 180 $\ell$/min 이하 | 80 $\ell$/min 이하 | 300 $\ell$/min 이하 |

- 이동저장탱크에 주입하기 위한 고정급유설비의 펌프기기는 분당 토출량이 200 $\ell$ 이상인 것의 경우에는 주유설비에 관계된 모든 배관의 안지름을 40 mm 이상으로 하여야 한다.

**(2) 고정주유설비 또는 고정급유설비의 주유관의 길이(선단의 개폐밸브를 포함)**

① **5 m 이내**로 하고 그 선단에는 축적된 정전기를 유효하게 제거할 수 있는 장치를 설치할 것

② **현수식**의 경우에는 **지면 위 0.5 m의 수평면에 수직으로 내려 만나는 점을 중심으로 반경 3 m 이내**

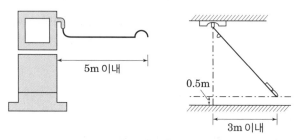

주유관의 길이

**(3) 고정주유설비 등의 이격거리**

| 구 분 (중심선을 기점) | | 고정주유설비 | 고정급유설비 |
|---|---|---|---|
| 건축물의 벽 | | 2 m 이상(개구부가 없는 벽까지는 1 m 이상) | |
| 부지경계선, 담 | | 2 m 이상 | 1 m 이상 |
| 도로경계선 | | 4 m 이상 | 4 m 이상 |
| 자동차등의 점검, 정비 | | 4 m 이상 | – |
| 자동차등의 세정 | 증기세차기 | 4 m 이상 | – |
| | 증기세차기 외의 세차기 | 4 m 이상 | – |

- 고정주유설비와 고정급유설비의 이격거리 – 4 m 이상

| 구 분 | 도로경계선 |
|---|---|
| 자동차등의 점검, 정비를 행하는 설비 | 2 m 이상 |
| 자동차등의 세정을 행하는 설비 | 2 m 이상 |

- 증기세차기를 설치하는 경우 그 주위에 불연재료로 된 높이 1 m 이상의 담을 설치

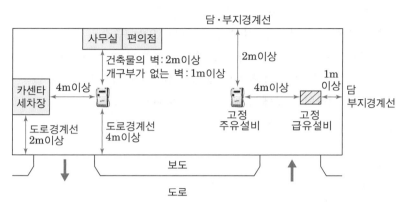

주유취급소 고정주유설비 등의 이격거리

주유취급소에
설치할 수 있는
시설(간판참조)

**6** 주유취급소에 설치 할 수 있는 건축물 또는 시설

(1) 주유취급소에 출입하는 사람을 대상으로 한 점포, 휴게음식점 또는 전시장
(2) 주유취급소의 업무를 행하기 위한 사무소
(3) 자동차 등의 점검 및 간이정비를 위한 작업장
(4) 자동차 등의 세정을 위한 작업장
(5) 주유 또는 등유, 경유를 채우기 위한 작업장
(6) 주유취급소의 관계자가 거주하는 주거시설
(7) 전기자동차용 충전설비
　　(전기를 동력원으로 하는 자동차에 직접 전기를 공급하는 설비를 말한다.)
(8) 건축물 중 주유취급소의 직원 외의 자가 출입하는 (1), (2), (3)의 용도에 제공하는 부분의 면적의 합은 1,000 m²를 초과할 수 없다.

주거시설의 용도에 사용하는 부분

**7** 주유취급소의 건축물의 구조

(1) 벽, 기둥, 바닥, 보 및 지붕 – 내화구조 또는 불연재료
　※ **6**의 (8)에서 면적의 합이 500 m² 초과 시 벽을 내화구조로 할 것
(2) 창 및 출입구 – 방화문 또는 불연재료로 된 문을 설치
　※ **6**의 (8)에서 면적의 합이 500 m² 초과하는 주유취급소로서 하나의 구획된 실의 면적이 500 m² 초과하거나 2층 이상의 층에 설치 시 2면 이상의 벽에 각각 출입구 설치
(3) 주유취급소의 관계자가 거주하는 주거시설의 용도에 사용하는 부분
　① 개구부가 없는 내화구조의 바닥 또는 벽으로 당해 건축물의 다른 부분과 구획
　② 주유를 위한 작업장 등 위험물 취급 장소에 면한 쪽의 벽에는 출입구를 설치 금지
(4) 사무실 등의 창 및 출입구에 유리를 사용하는 경우
　　망입유리 또는 강화유리(강화유리의 두께는 창에는 8 mm 이상, 출입구에는 12 mm 이상)

(5) 건축물 중 사무실 그 밖의 화기를 사용하는 곳
 ① 누설한 가연성의 증기가 그 내부에 유입되지 않는 구조로 할 것
  ㉠ 출입구는 건축물의 안에서 밖으로 수시로 개방할 수 있는 자동폐쇄식의 것으로 할 것
  ㉡ **출입구 또는 사이통로의 문턱의 높이를 15 cm 이상으로 할 것**
  ㉢ **높이 1 m 이하의 부분에 있는 창 등은 밀폐**시킬 것
 ② 자동차 등의 점검 및 간이정비를 위한 작업장, 자동차 등의 세정을 위한 작업장은 제외

(6) 주유원 간이 대기실
 ① **불연재료**로 할 것
 ② **바퀴가 부착되지 아니한 고정식일 것**
 ③ 차량의 출입 및 주유작업에 장애를 주지 아니하는 위치에 설치할 것
 ④ **바닥면적이 2.5 m² 이하일 것**

(7) 전기자동차용 충전설비 기준
 ① 충전기기의 주위에 전기자동차 충전을 위한 **충전공지를 확보**하고, 충전공지 주위를 페인트 등으로 표시하여 그 범위를 알아보기 쉽게 할 것
  – 충전기기 : 충전케이블로 전기자동차에 전기를 직접 공급하는 기기를 말한다.
 ② 전기자동차용 충전설비

| 구 분 | 전기자동차용 충전설비 |
|---|---|
| 전기자동차용 충전설비를 주유취급소에 설치할 수 있는 건축물 밖에 설치하는 경우 | 고정주유설비 및 고정급유설비의 주유관을 최대한 펼친 끝 부분에서 **1 m 이상 떨어지도록 할 것** |
| 전기자동차용 충전설비를 주유취급소에 설치할 수 있는 건축물 안에 설치하는 경우 | • 해당 건축물의 **1층에 설치할 것**<br>• 해당 건축물에 가연성 증기가 남아 있을 우려가 없도록 환기설비 또는 배출설비를 설치할 것 |

**8** 캐노피의 설치 기준

(1) **배관이 캐노피 내부를 통과할 경우에는 1개 이상의 점검구를 설치할 것**
(2) 캐노피 외부의 **점검이 곤란한 장소**에 배관을 설치하는 경우에는 **용접이음**으로 할 것
(3) 캐노피 외부의 배관이 **일광열의 영향을 받을 우려가 있는 경우**에는 **단열재로 피복**할 것

**9** 담 또는 벽

(1) 주유취급소의 주위에는 **자동차 등이 출입하는 쪽 외의 부분에 높이 2 m 이상의 내화구조 또는 불연재료의 담 또는 벽을 설치**하되, 주유취급소의 인근에 연소의 우려가 있는 건축물이 있는 경우에는 소방청장이 정하여 고시하는 바에 따라 방화상 유효한 높이로 하여야 한다.

(2) 담 또는 벽의 일부분에 방화상 유효한 구조의 유리를 부착할 수 있는 경우

① 유리를 부착하는 위치

주입구, 고정주유설비 및 고정급유설비로부터 4 m 이상 이격될 것

② 유리를 부착하는 방법

㉠ 주유취급소 내의 지반면으로부터 70 cm를 초과하는 부분에 한하여 유리를 부착할 것

㉡ 하나의 유리판의 가로의 길이는 2 m 이내일 것

방화유리

㉢ 유리판의 테두리를 금속제의 구조물에 견고하게 고정하고 해당 구조물을 담 또는 벽에 견고하게 부착

㉣ **유리의 구조는 접합유리**(두 장의 유리를 두께 0.76 mm 이상의 폴리비닐부티랄 필름으로 접합한 구조를 말한다)로 하되, 「유리구획 부분의 내화시험방법(KS F 2845)」에 따라 시험하여 **비차열 30분 이상의 방화성능이 인정**될 것

③ 유리를 부착하는 **범위는 전체의 담 또는 벽의 길이의 10분의 2를 초과하지 아니할 것**

**10** 펌프실 등의 구조

(1) 바닥은 위험물이 침투하지 아니하는 구조로 하고 적당한 경사를 두어 집유설비를 설치할 것

(2) 펌프실 등에는 위험물을 취급하는데 필요한 채광, 조명 및 환기를 설비를 할 것

(3) 가연성증기가 체류할 우려가 있는 펌프실 등에는 그 증기를 옥외에 배출하는 설비를 설치할 것

(4) 고정주유설비 또는 고정급유설비중 펌프기기를 호스기기와 분리하여 설치하는 경우에는 펌프실의 출입구를 주유공지 또는 급유공지에 접하도록 하고, 자동폐쇄식의 갑종방화문을 설치할 것

(5) 펌프실 등의 표지 및 게시판

① "위험물 펌프실", "위험물 취급실"이라는 표지를 설치

㉠ 표지의 크기 : 한변의 길이 0.3 m 이상, 다른 한변의 길이 0.6 m 이상

㉡ 표지의 색상 : 백색바탕에 흑색 문자

② 방화에 관하여 필요한 사항을 게시한 게시판 : 제조소와 동일 함

(6) **출입구에는 바닥으로부터 0.1 m 이상의 턱을 설치할 것**

**11** 옥내주유취급소 설치 가능한 건축물 및 구조

**(1) 옥내주유취급소 설치 가능한 건축물**

① 다음 각 목의 주유취급소는 소방청장이 정하여 고시하는 용도로 사용하는 부분이 없는 건축물에 설치할 수 있다.

(옥내주유취급소에서 발생한 화재를 옥내주유취급소의 용도로 사용하는 부분 외의 부분에 자동적으로 유효하게 알릴 수 있는 자동화재탐지설비 등을 설치한 건축물에 한한다.)

㉠ 건축물안에 설치하는 주유취급소

㉡ 캐노피·처마·차양·부연·발코니 및 루버의 수평투영면적이 주유취급소의 공지면적(주유취급소의 부지면적에서 건축물 중 벽 및 바닥으로 구획된 부분의 수평투영면적을 뺀 면적을 말한다)의 3분의 1을 초과하는 주유취급소

**(2) 옥내주유취급소의 구조**

① **벽·기둥·바닥·보 및 지붕을 내화구조**

② 개구부가 없는 내화구조의 바닥 또는 벽으로 당해 건축물의 다른 부분과 구획
　다만, 상부에 상층이 없는 경우에는 지붕을 불연재료로 할 수 있다.

③ 건축물에서 옥내주유취급소(건축물 안에 설치하는 것에 한한다)의 용도에 사용하는 부분의 2 이상의 방면은 자동차 등이 출입하는 측 또는 통풍 및 피난상 필요한 공지에 접하도록 하고 벽을 설치하지 아니할 것

④ 건축물에서 옥내주유취급소의 용도에 사용하는 부분에는 가연성증기가 체류할 우려가 있는 구멍·구덩이 등이 없도록 할 것

⑤ 건축물에서 옥내주유취급소의 용도에 사용하는 부분에 **상층이 있는 경우에는 상층으로의 연소를 방지하기 위하여 내화구조로 된 캔틸레버를 설치**

㉠ 옥내주유취급소의 용도에 사용하는 부분의 바로 위층의 바닥에 이어서 1.5 m 이상 내어 붙일 것. 다만, 바로 위층의 바닥으로부터 높이 7 m 이내에 있는 위층의 외벽에 개구부가 없는 경우 제외

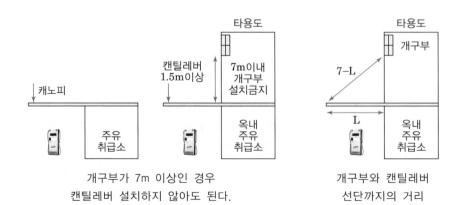

개구부가 7m 이상인 경우
캔틸레버 설치하지 않아도 된다.

개구부와 캔틸레버
선단까지의 거리

ㄴ 캔틸레버 선단과 위층의 개구부(열지 못하게 만든 방화문과 연소방지상 필요한 조치를 한 것을 제외한다)까지의 사이에는 7 m에서 당해 캔틸레버의 내어 붙인 거리를 뺀 길이 이상의 거리를 보유

⑥ 건축물중 옥내주유취급소의 용도에 사용하는 부분 외에는 주유를 위한 작업장 등 위험물취급장소와 접하는 외벽에 창(망입유리로 된 붙박이 창을 제외한다) 및 출입구를 설치하지 아니할 것

## 12 주유취급소의 특례

(1) **고속국도** 주유취급소의 특례

(2) **철도** 주유취급소의 특례

(3) **항공기** 주유취급소의 특례

(4) **선박** 주유취급소의 특례

(5) **수소충전설비**를 설치한 주유취급소의 특례

(6) **자가용** 주유취급소의 특례

(7) 고객이 직접 주유하는(**셀프용**) 주유취급소의 특례

① 고객이 직접 자동차 등의 연료탱크 또는 용기에 위험물을 주입하는 고정주유설비 또는 고정급유설비를 "셀프용고정주유설비" 또는 "셀프용고정급유설비"라 한다.

② **셀프용고정주유설비의 기준**

ㄱ 주유호스의 선단부에 수동개폐장치를 부착한 주유노즐을 설치할 것

ㄴ 주유노즐은 자동차 등의 연료탱크가 가득 찬 경우 자동적으로 정지시키는 구조일 것

ㄷ 주유호스는 200kg 중 이하의 하중에 의하여 파단(破斷) 또는 이탈되어야 하고, 파단 또는 이탈된 부분으로부터의 위험물 누출을 방지할 수 있는 구조일 것

ㄹ 휘발유와 경유 상호간의 오인에 의한 주유를 방지할 수 있는 구조일 것

ㅁ **1회의 연속주유량 및 주유시간의 상한을 미리 설정할 수 있는 구조**일 것

| 구 분 | 주유량의 상한 | 주유시간의 상한 |
|---|---|---|
| 휘발유 | 100 ℓ | 4분 |
| 경 유 | 200 ℓ | 4분 |

③ **셀프용고정급유설비의 기준**

ㄱ 급유호스의 선단부에 수동개폐장치를 부착한 급유노즐을 설치할 것

ㄴ 급유노즐은 용기가 가득 찬 경우에 자동적으로 정지시키는 구조일 것

ㄷ 1회의 연속급유량 및 급유시간의 상한을 미리 설정할 수 있는 구조일 것
급유량의 상한은 100 ℓ 이하, 급유시간의 상한은 6분 이하로 한다.

④ 표시

㉠ 셀프용고정주유설비 또는 셀프용고정급유설비의 주위의 보기 쉬운 곳에 고객이 직접 주유할 수 있다는 의미의 표시를 하고 자동차의 정차위치 또는 용기를 놓는 위치를 표시할 것

㉡ 주유호스 등의 직근에 호스기기 등의 사용방법 및 위험물의 품목을 표시할 것

㉢ 셀프용고정주유설비 또는 셀프용고정급유설비와 셀프용이 아닌 고정주유설비 또는 고정급유설비를 함께 설치하는 경우에는 셀프용이 아닌 것의 주위에 고객이 직접 사용할 수 없다는 의미의 표시를 할 것

⑤ 고객에 의한 주유작업을 감시·제어하고 고객에 대한 필요한 지시를 하기 위한 감시대와 필요한 설비

㉠ 감시대는 모든 셀프용고정주유설비 또는 셀프용고정급유설비에서의 고객의 취급작업을 직접 볼 수 있는 위치에 설치할 것

㉡ 주유 중인 자동차 등에 의하여 고객의 취급작업을 직접 볼 수 없는 부분이 있는 경우에는 당해 부분의 감시를 위한 카메라를 설치할 것

㉢ 감시대에는 모든 셀프용고정주유설비 또는 셀프용고정급유설비로의 위험물 공급을 정지시킬 수 있는 제어장치를 설치할 것

㉣ 감시대에는 고객에게 필요한 지시를 할 수 있는 방송설비를 설치할 것

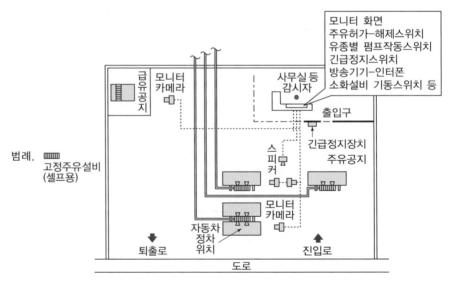

셀프용고정주유설비의 기준

## 11. 판매취급소

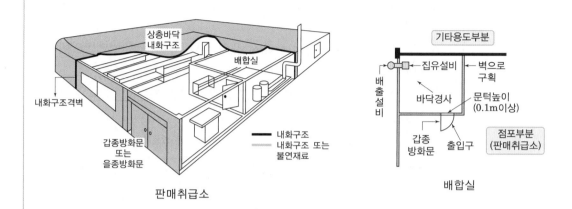

판매취급소

배합실

**1** 제1종 판매취급소의 기준

– 지정수량의 20배 이하 저장 또는 취급

(1) 제1종 판매취급소는 **건축물의 1층에 설치**할 것

(2) 표지 및 게시판 – 제조소와 동일하게 설치

(3) 제1종 판매취급소의 용도로 사용되는 건축물의 부분은 내화구조 또는 불연재료로 하고, 판매취급소로 사용되는 부분과 다른 부분과의 격벽은 내화구조로 할 것

(4) 보를 불연재료, 천장을 설치하는 경우에는 천장을 불연재료로 할 것

(5) 상층의 바닥을 내화구조로 하고, 상층이 없는 경우에 있어서는 지붕을 내화구조로 또는 불연재료로 할 것

(6) 창 및 출입구에는 갑종방화문 또는 을종방화문을 설치할 것

(7) 창 또는 출입구에 유리를 이용하는 경우에는 망입유리

(8) **위험물 배합실의 기준**

  ① **바닥면적은 6 ㎡ 이상 15 ㎡ 이하**일 것

  ② **내화구조 또는 불연재료로 된 벽으로 구획**할 것

  ③ 바닥은 위험물이 침투하지 아니하는 구조로 하여 적당한 경사를 두고 집유설비를 할 것

  ④ 출입구에는 수시로 열 수 있는 자동폐쇄식의 갑종방화문을 설치할 것

  ⑤ **출입구 문턱의 높이는 바닥면으로부터 0.1 m 이상**으로 할 것

  ⑥ 내부에 체류한 가연성의 증기 또는 가연성의 미분을 지붕 위로 방출하는 설비를 할 것

**2** 제2종 판매취급소의 기준

– 지정수량의 40배 이하 저장 또는 취급

(1) 벽, 기둥, 바닥 및 보를 내화구조, 천장이 있는 경우에는 이를 불연재료로 하며, 판매취급소로 사용되는 부분과 다른 부분과의 격벽은 내화구조로 할 것

(2) 상층이 있는 경우에는 상층의 바닥을 내화구조, 상층이 없는 경우에는 지붕을 내화구조로 할 것

(3) 연소의 우려가 없는 부분에 한하여 창을 두되, 당해 창에는 갑종방화문 또는 을종방화문을 설치할 것

(4) 출입구에는 갑종방화문 또는 을종방화문을 설치할 것 - 연소의 우려가 있는 벽 또는 창의 부분에 설치하는 출입구에는 수시로 열 수 있는 자동폐쇄식의 갑종방화문을 설치할 것

| 구분 | 벽, 기둥 | 바닥 | 보 | 천장 | 지붕 |
|------|----------|------|-----|------|------|
| 제1종 | 불연재료 이상 | 내화구조 | 불연재료 | 불연재료 | 불연재료 이상 |
| 제2종 | 내화구조 | 내화구조 | 내화구조 | 불연재료 | 내화구조 |

제1종 판매취급소와 제2종 판매취급소 구조의 차이점

## 12. 이송취급소

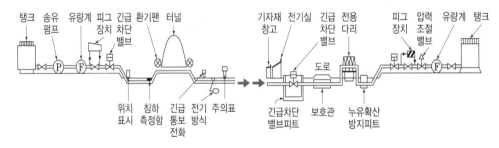

이송취급소

**1** 설치 제외장소

(1) 철도 및 도로의 터널 안

(2) 고속국도 및 자동차전용도로([도로법] 제61조 제1항의 규정에 의하여 지정된 도로를 말한다)의 차도, 길어깨 및 중앙분리대

(3) 호수, 저수지 등으로서 수리의 수원이 되는 곳

(4) 급경사지역으로서 붕괴의 위험이 있는 지역

※ 위 사항 중 지형상 부득이하고 안전조치시 설치 가능하고 (2), (3)의 경우 횡단 가능함

**2** 배관 등의 재료 및 구조

(1) 배관 등의 재료

| 배관 | 고압배관용 탄소강관(KS D 3564) | 압력배관용 탄소강관((KS D 3562) |
|------|---------------------------------|----------------------------------|
|      | 고온배관용 탄소강관(KS D 3570) | 배관용 스테인레스강관(KS D 3576) |
| 밸브 | 주강 플랜지형 밸브(KS B 2361) | |
| 관이음쇠 | 배관용강제 맞대기용접식 관이음쇠 | 철강재 관플랜지 압력단계 |
|          | 관플랜지의 치수허용자 | 강제 용접식 관플랜지 |
|          | 철강재 관플랜지의 기본치수 | 관플랜지의 개스킷자리치수 |

(2) 구조

① 주하중 및 종하중에 의하여 생기는 응력에 대한 안전성이 있어야 한다.

> **Tip**
>
> **참고**
> • 주하중 : 위험물의 중량, 배관 등의 내압, 배관등과 그 부속설비의 자중, 토압, 수압, 열차하중, 자동차
>   하중 및 부력 등
> • 종하중 : 풍하중, 설하중, 온도변화의 영향, 진동의 영향, 지진의 영향, 배의 닻에 의한 충격의 영향,
>   파도와 조류의 영향, 설치 공정상의 영향 및 다른 공사에 의한 영향 등

② 배관의 두께는 배관의 외경에 따라 표에 정한 것 이상으로 하여야 한다.

| 배관의 외경 (단위 mm) | 배관의 두께 (단위 mm) |
|------------------------|------------------------|
| 114.3 미만 | 4.5 |
| 114.3 이상 139.8 미만 | 4.9 |
| ~ | ~ |

③ 배관등의 이음
  ㉠ 아크용접 또는 동등 이상의 용접방법
  ㉡ 용접에 의하는 것이 적당하지 아니한 경우는 플랜지이음
    (위험물의 누설확산을 방지하기 위한 조치할 것)
④ 지하 또는 해저에 설치한 배관
  ㉠ 내구성이 있고 전기절연저항이 큰 도복장재료를 사용하여 외면부식을 방지
  ㉡ 전기방식조치 – 강제배류법 등
⑤ 지상 또는 해상에 설치한 배관
  외면부식을 방지하기 위한 도장을 실시하여야 한다.

**3** 배관 설치의 기준

(1) 지하매설

| 구 분 | 보유거리 (수평거리) | 배관의 외면과 지표면과의 거리 |
|---|---|---|
| 공작물 | 0.3 m 이상 | − |
| 건축물(지하가 내의 건축물은 제외) | 1.5 m 이상 | − |
| 지하가 및 터널 | 10 m 이상(♣) | − |
| 수도시설(위험물의 유입 우려가 있는 것) | 300 m 이상(♣) | − |
| 산이나 들 | − | 0.9 m 이상 |
| 그 밖의 지역 | − | 1.2 m 이상 |

(♣) : 누설확산방지조치시 그 안전거리를 2분의 1의 범위 안에서 단축할 수 있다.

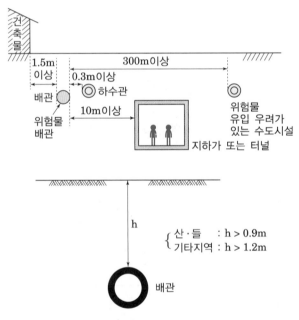

배관의 외면과 지표면과의 거리

① 배관은 지반의 동결로 인한 손상을 받지 아니하는 적절한 깊이로 매설할 것

② 배관의 하부 – 사질토 또는 모래로 20 cm(자동차 등의 하중이 없는 경우에는 10 cm) 이상
배관의 상부 – 사질토 또는 모래로 30 cm(자동차 등의 하중에 없는 경우에는 20 cm) 이상 채울 것

(2) 도로 밑 매설
① 배관은 그 외면으로부터 **도로의 경계에 대하여 1 m 이상의 안전거리**를 둘 것
② 배관 또는 배관을 보호하는 **보호판 또는 방호구조물의 외면으로부터 다른 공작물에 대하여 0.3 m 이상**
③ 전선·수도관·하수도관·가스관 또는 이와 유사한 것이 매설, 매설할 계획이 있는 도로에 매설하는 경우 이들의 상부에 매설하지 아니할 것. 다만, 다른 매설물의 깊이가 2 m 이상인 때에는 제외
④ 기타의 경우

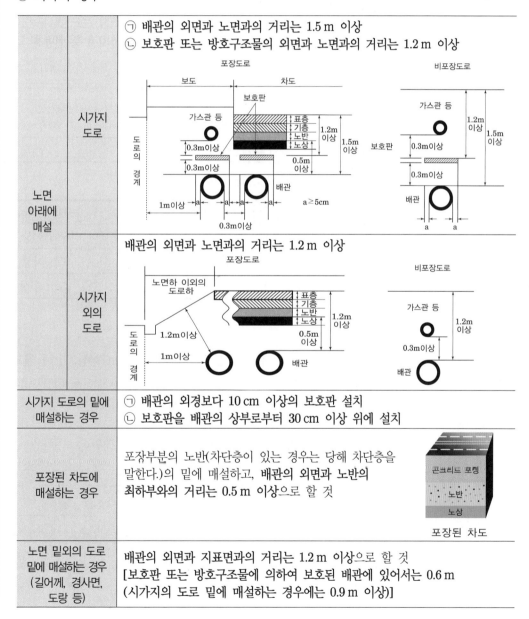

| 노면 아래에 매설 | 시가지 도로 | ㉠ 배관의 외면과 노면과의 거리는 1.5 m 이상<br>㉡ 보호판 또는 방호구조물의 외면과 노면과의 거리는 1.2 m 이상 |
| --- | --- | --- |
| | 시가지 외의 도로 | 배관의 외면과 노면과의 거리는 1.2 m 이상 |
| 시가지 도로의 밑에 매설하는 경우 | | ㉠ 배관의 외경보다 10 cm 이상의 보호판 설치<br>㉡ 보호판을 배관의 상부로부터 30 cm 이상 위에 설치 |
| 포장된 차도에 매설하는 경우 | | 포장부분의 노반(차단층이 있는 경우는 당해 차단층을 말한다.)의 밑에 매설하고, 배관의 외면과 노반의 최하부와의 거리는 0.5 m 이상으로 할 것 |
| 노면 밑외의 도로 밑에 매설하는 경우 (길어깨, 경사면, 도랑 등) | | 배관의 외면과 지표면과의 거리는 1.2 m 이상으로 할 것<br>[보호판 또는 방호구조물에 의하여 보호된 배관에 있어서는 0.6 m<br>(시가지의 도로 밑에 매설하는 경우에는 0.9 m 이상)] |

(3) 지상설치

① 배관이 지표면에 접하지 아니하도록 할 것

② **이송취급소의 지상설치시 안전거리 = 제조소의 안전거리 + 15 m**

| 건축물 등 | 안전거리 |
|---|---|
| • 철도(화물수송용으로만 쓰이는 것을 제외)또는 도로의 경계선<br>• 주택 또는 다수의 사람이 출입하거나 근무하는 장소 | 25 m 이상 |
| • 학교, 병원,<br>• 공연장, 영화상영관 – 300명 이상<br>• 공공공지 또는 도시공원<br>• 판매시설, 숙박시설, 위락시설 등 불특정다중을 수용하는 시설 중 연면적 1,000 ㎡ 이상인 것<br>• 1일 평균 20,000명 이상 이용하는 기차역 또는 버스터미널 | 45 m 이상 |
| 유형문화재와 기념물 중 지정문화재 | 65 m 이상 |
| 가스시설(고압가스, 액화석유가스, 도시가스) | 35 m 이상 |
| 수도시설 중 위험물이 유입될 가능성이 있는 것 | 300 m 이상 |

③ 배관의 상용압력에 따른 공지의 너비

| 배관의 최대상용압력 | 공지의 너비 |
|---|---|
| 0.3 MPa 미만 | 5 m 이상 |
| 0.3 MPa 이상 1 MPa 미만 | 9 m 이상 |
| 1 MPa 이상 | 15 m 이상 |

(4) 철도부지 밑 매설

① 배관은 그 외면으로부터 **철도 중심선에 대하여는 4 m 이상**, 당해 **철도부지의 용지경계에 대하여는 1 m 이상**

② 배관의 외면과 **지표면과의 거리는 1.2 m 이상**으로 할 것

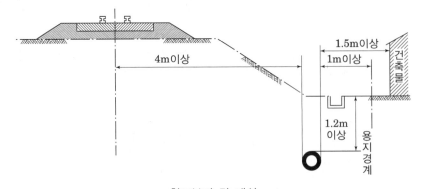

철도부지 밑 매설

**(5) 해저설치**

① 배관은 해저면 밑에 매설할 것

② 배관은 이미 설치된 배관과 교차하지 말 것

③ **배관은 원칙적으로 이미 설치된 배관에 대하여 30 m 이상의 안전거리를 둘 것**

④ 2본 이상의 배관을 동시에 설치하는 경우에는 배관이 상호 접촉하지 아니하도록 필요한 조치를 할 것

**(6) 해상설치**

① 배관은 지진·풍압·파도 등에 대하여 안전한 구조의 지지물에 의하여 지지할 것

② 배관은 선박 등의 항행에 의하여 손상을 받지 아니하도록 해면과의 사이에 필요한 공간을 확보하여 설치

③ 선박의 충돌 등에 의해서 배관 또는 그 지지물이 손상을 받을 우려가 있는 경우에는 견고하고 내구력이 있는 보호설비를 설치할 것

④ 배관은 다른 공작물에 대하여 배관의 유지관리상 필요한 간격을 보유할 것

**(7) 도로횡단설치**

① 배관을 도로 아래에 매설할 것

② 배관을 매설하는 경우 배관을 금속관 또는 방호구조물 안에 설치할 것

③ 배관을 도로상공을 횡단하여 설치하는 경우

배관 및 당해 배관에 관계된 부속설비는 그 아래의 노면과 5 m 이상의 수직거리를 유지할 것

**(8) 하천 등 횡단설치**

① **하천을 횡단하는 경우 : 4 m 이상**

② **수로를 횡단하는 경우**

㉠ **하수도**(상부가 개방되는 구조로 된 것)

**또는 운하 : 2.5 m 이상**

㉡ **좁은 수로**(용수로 그 밖에 이와 유사한 것을 제외) : 1.2 m 이상

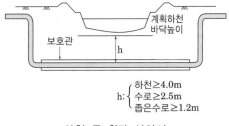

하천 등 횡단 설치시

**4** 기타 설비

(1) 누설확산방지조치

(2) 가연성증기의 체류방지조치

배관을 설치하기 위하여 설치하는 터널(높이 1.5 m 이상인 것에 한한다)에는 가연성 증기의 체류를 방지하는 조치를 하여야 한다.

(3) 비파괴시험

① 배관등의 용접부는 비파괴시험을 실시하여 합격할 것.

② **이송기지내의 지상에 설치된 배관등은 전체 용접부의 20% 이상을 발췌하여 시험**할 수 있다.

(4) 내압시험

**배관 등은 최대상용압력의 1.25배 이상의 압력으로 4시간 이상 수압을 가하여 누설 등의 이상이 없을 것**

(5) 운전상태의 감시장치

① 배관계에는 펌프 및 밸브의 작동상황 등 배관계의 운전상태를 감시하는 장치를 설치할 것

② 배관계에는 압력 또는 유량의 이상변동 등 이상한 상태가 발생시 그 상황을 경보하는 장치를 설치

(6) 안전제어장치

① 압력안전장치·누설검지장치·긴급차단밸브 그 밖의 안전설비의 제어회로가 정상으로 있지 아니하면 펌프가 작동하지 아니하도록 하는 제어기능

② 안전상 이상상태가 발생한 경우에 펌프·긴급차단밸브 등이 자동 또는 수동으로 연동하여 신속히 정지 또는 폐쇄되도록 하는 제어기능

(7) 압력안전장치

배관계에는 **배관내의 압력이 최대상용압력을 초과하거나 유격작용 등에 의하여 생긴 압력이 최대상용압력의 1.1배를 초과하지 아니하도록 제어하는 장치를 설치**할 것

(8) 누설검지장치 및 긴급차단밸브

① 누설검지장치

㉠ 가연성증기를 발생하는 위험물을 이송하는 배관계의 점검상자에는 가연성증기를 검지하는 장치를 설치

ⓛ 배관계 내의 위험물의 양을 측정하는 방법에 의하여 자동적으로 위험물의 누설을 검지하는 장치를 설치

ⓒ 배관계 내의 압력을 측정하는 방법에 의하여 위험물의 누설을 자동적으로 검지하는 장치를 설치

ⓔ 배관계 내의 압력을 일정하게 정지시키고 당해 압력을 측정하는 방법에 의하여 위험물의 누설을 검지하는 장치 또는 이와 동등 이상의 성능이 있는 장치를 설치

② **긴급차단밸브 설치장소**

ⓣ **시가지 : 약 4 km의 간격, 산림지역 : 약 10 km의 간격마다 설치**

ⓛ 하천·호소 등을 횡단하여 설치하는 경우에는 횡단하는 부분의 양 끝

ⓒ 해상 또는 해저를 통과하여 설치하는 경우에는 통과하는 부분의 양 끝

ⓔ 도로 또는 철도를 횡단하여 설치하는 경우에는 횡단하는 부분의 양 끝

③ 긴급차단밸브의 기능

ⓣ 원격조작 및 현지조작에 의하여 폐쇄되는 기능

ⓛ 누설검지장치에 의하여 이상이 검지된 경우에 자동으로 폐쇄되는 기능

④ 긴급차단밸브는 그 개폐상태가 당해 긴급차단밸브의 설치장소에서 용이하게 확인될 수 있을 것

## (9) 위험물 제거조치

배관에는 서로 인접하는 2개의 긴급차단밸브 사이의 구간마다 당해 배관안의 위험물을 안전하게 물 또는 불연성기체로 치환할 수 있는 조치를 하여야 한다.

## (10) 감진장치

배관의 경로에는 안전상 필요한 장소와 **25 km의 거리마다 감진장치 및 강진계를 설치하**여야 한다.

## (11) 경보설비

① 이송기지에는 비상벨장치 및 확성장치를 설치할 것
② 가연성증기를 발생하는 위험물을 취급하는 펌프실 등에는 가연성증기 경보설비를 설치할 것

## (12) 순찰차, 기자재창고

① 순찰차

ⓣ 배관계의 안전관리상 필요한 장소에 둘 것

ⓛ 평면도·종횡단면도 그 밖에 배관 등의 설치상황을 표시한 도면, 가스탐지기, 통신장비, 휴대용조명기구, 응급누설방지기구, 확성기, 방화복(또는 방열복), 소화기, 경계로프, 삽, 곡괭이 등 점검·정비에 필요한 기자재를 비치할 것

② 기자재창고

　㉠ 이송기지, 배관경로(5 km 이하인 것을 제외한다)의 5 km 이내마다의 방재상 유효한 장소 및 주요한 하천·호소·해상·해저를 횡단하는 장소의 근처에 각각 설치할 것. 다만, 특정이송취급소 외의 이송취급소에 있어서는 배관경로에는 설치하지 아니할 수 있다.

　㉡ 기자재창고에는 다음의 기자재를 비치할 것

　　• 3%로 희석하여 사용하는 포소화약제 400 ℓ 이상, 방화복(또는 방열복) 5벌 이상, 삽 및 곡괭이 각 5개 이상

　　• 유출한 위험물을 처리하기 위한 기자재 및 응급조치를 위한 기자재

## (13) 펌프설비

① 보유공지

| 펌프 등의 최대상용압력 | 공지의 너비 |
|---|---|
| 1 MPa 미만 | 3 m 이상 |
| 1 MPa 이상 3 MPa 미만 | 5 m 이상 |
| 3 MPa 이상 | 15 m 이상 |

② **펌프를 설치하는 펌프실의 기준**

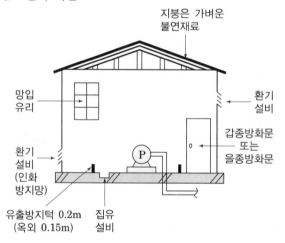

　㉠ 불연재료의 구조 – 지붕은 폭발력이 위로 방출될 정도의 가벼운 불연재료
　㉡ 창 또는 출입구를 설치하는 경우에는 갑종방화문 또는 을종방화문으로 할 것
　㉢ 창 또는 출입구에 유리를 이용하는 경우에는 망입유리로 할 것
　㉣ **바닥은 위험물이 침투하지 아니하는 구조로 하고 그 주변에 높이 20 cm 이상의 턱을 설치할 것**
　㉤ 누설한 위험물이 외부로 유출되지 아니하도록 바닥은 적당한 경사를 두고 그 최저부에 집유설비 설치
　㉥ 가연성증기가 체류할 우려가 있는 펌프실에는 배출설비를 할 것

   ⓢ 펌프실에는 위험물을 취급하는데 필요한 채광·조명 및 환기 설비를 할 것

③ **펌프 등을 옥외에 설치시 기준**

   ㉠ 펌프 등을 설치하는 부분의 지반은 위험물이 침투하지 아니하는 구조로 하고 그 주위에는 **높이 15 cm 이상의 턱을 설치**할 것

   ㉡ 누설한 위험물이 외부로 유출되지 아니하도록 배수구 및 집유설비를 설치할 것.

## (14) 피그장치

> 피그장치는 이송배관의 내 이물질, 먼지, 수분 등을 제거하는 기기로서 유류의 혼합을 억제하는 피그, 배관을 청소하는 피그, 위험물의 제거용 피그 등을 보내거나 받는 장치이다.

① 피그장치는 배관의 강도와 동등 이상의 강도를 가질 것
② 피그장치는 당해 장치의 내부압력을 안전하게 방출할 수 있고 내부압력을 방출한 후가 아니면 피그를 삽입하거나 배출할 수 없는 구조로 할 것
③ 피그장치는 배관 내에 이상응력이 발생하지 아니하도록 설치할 것
④ 피그장치를 설치한 장소의 바닥은 위험물이 침투하지 아니하는 구조로 하고 누설한 위험물이 외부로 유출되지 아니하도록 배수구 및 집유설비를 설치할 것
⑤ **피그장치의 주변에는 너비 3 m 이상의 공지를 보유할 것**

## (15) 위험물 취급시설과 이송기지 부지경계선의 거리

| 배관의 최대상용압력 | 거리 |
|---|---|
| 0.3 MPa 미만 | 5 m 이상 |
| 0.3 MPa 이상 1 MPa 미만 | 9 m 이상 |
| 1 MPa 이상 | 15 m 이상 |

※ 이송기지
  – 이송펌프에 의하여 위험물을 보내거나 받는 작업을 행하는 장소
  – **이송기지의 부지경계선에 높이 50 cm 이상의 방유제를 설치**할 것

(이송기지 구내)

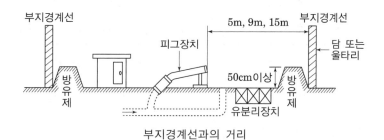

부지경계선과의 거리

## 13. 일반취급소

**1** 일반취급소의 위치·구조 및 설비의 기술기준은 제조소의 규정을 준용한다.

**2** 일반취급소 특례

(1) **분무도장작업등의 일반취급소** – 도장, 인쇄 또는 도포를 위하여 제2류 또는 제4류 위험물(특수 인화물을 제외)의 지정수량의 30배 미만의 것을 취급하는 설비를 건축물에 설치하는 것

(2) **세정작업의 일반취급소** – 세정을 위하여 인화점이 40℃ 이상인 제4류 위험물(지정수량의 30 배 미만)을 취급하는 설비를 건축물에 설치하는 것에 한함

(3) **열처리작업 등의 일반취급소** – 열처리작업 또는 방전가공을 위하여 인화점이 70℃ 이상인 제 4류 위험물(지정수량의 30배 미만)을 취급하는 설비를 건축물에 설치하는 것에 한함

(4) **보일러 등으로 위험물을 소비하는 일반취급소** – 보일러, 버너 등의 장치로 인화점이 38℃ 이상 인 제4류 위험물(지정수량의 30배 미만)을 취급하는 설비를 건축물에 설치하는 것에 한함

(5) **충전하는 일반취급소** – 이동저장탱크에 액체위험물(알킬알루미늄 등, 아세트알데히드 등 및 히드록실아민 등을 제외한다)을 주입하는 일반취급소

(6) **옮겨 담는 일반취급소** – 고정급유설비에 의하여 인화점이 38℃ 이상인 제4류 위험물(지정수량 의 40배 미만)을 용기에 옮겨 담거나 4,000ℓ 이하의 이동저장탱크(용량이 2,000ℓ를 넘는 탱크 에 있어서는 그 내부를 2,000ℓ 이하마다 구획한 것에 한한다)에 주입하는 일반취급소

(7) **유압장치 등을 설치하는 일반취급소** – 위험물을 이용한 유압장치 또는 윤활유 순환장치를 설치 하는 일반취급소(고인화점 위험물만을 100℃ 미만의 온도로 취급하는 것에 한한다)로서 지정수량 의 50배 미만의 것으로 위험물을 취급하는 설비를 건축물에 설치하는 것에 한함

(8) **절삭장치 등을 설치하는 일반취급소** – 절삭유의 위험물을 이용한 절삭장치, 연삭장치 등을 설치하는 일반취급소(고인화점 위험물만을 100℃ 미만의 온도로 취급하는 것에 한한다)로서 지정수량의 30배 미만의 것으로 위험물을 취급하는 설비를 건축물에 설치하는 것에 한함

(9) **열매체유 순환장치를 설치하는 일반취급소** – 위험물 외의 물건을 가열하기 위하여 고인화점 위험물을 이용한 열매체유 순환장치를 설치하는 일반취급소(지정수량의 30배 미만)로 위험 물을 취급하는 설비를 건축물에 설치하는 것에 한함

| 지정수량 | 지정수량 30배 미만 | 지정수량 40배 미만 | 지정수량 50배 미만 |
|---|---|---|---|
| 취급소의 종류 | 기타 취급소 (충전하는 일반취급소 제외) | 옮겨 담는 일반취급소 | 유압장치등을 설치하는 일반취급소 |

일반취급소의 지정수량

**3** 고인화점 위험물만을 취급하는 일반취급소 특례, 화학실험의 일반취급소의 특례

**4** 알킬알루미늄등, 아세트알데히드등 또는 히드록실아민등을 취급하는 일반취급소 특례

## 실전 예상문제

••• **01** 주유취급소의 주유공지란 너비 몇 m 이상, 길이 몇 m 이상의 콘크리트로 포장한 공지를 말하는가?

① 너비 : 3 m,　　길이 : 6 m
② 너비 : 6 m,　　길이 : 3 m
③ 너비 : 6 m,　　길이 : 15 m
④ 너비 : 15 m,　　길이 : 6 m

> **해설**
> 주유취급소의 주유공지 : 너비 : 15 m, 길이 : 6 m

••∘ **02** 주유취급소에 대한 설명 중 틀린 것은?

① "화기엄금"은 적색바탕에 백색문자로 한다.
② "주유 중 엔진정지"는 황색바탕에 흑색문자로 한다.
③ 주유취급소에는 너비 15 m 이상, 길이 6 m 이상의 콘크리트 등으로 포장한 주유공지를 보유 해야 한다.
④ 고정주유설비 또는 고정급유설비의 주유관의 길이는 현수식의 경우 5m 이내로 한다.

> **해설**
> 현수식의 경우 주유관의 길이는 지면 위 0.5 m의 수평면에 수직으로 내려 만나는 점을 중심으로 반경 3 m 이하

••∘ **03** 고정주유설비에 휘발유를 사용할 경우 펌프기기의 최대 토출량은 얼마 이하로 하여야 하는가?

① 20 $\ell$/min 이하
② 25 $\ell$/min 이하
③ 30 $\ell$/min 이하
④ 50 $\ell$/min 이하

> **해설**

| 구 분 | 고정주유설비 | | | 고정급유설비 |
|---|---|---|---|---|
| | 제1석유류(휘발유) | 경유 | 등유 | |
| 펌프기기의 최대 토출량 | 50 $\ell$/min 이하 | 180 $\ell$/min 이하 | 80 $\ell$/min 이하 | 300 $\ell$/min 이하 |

5. 18 광주(민주화운동)　서울에서 광주까지 거리 약 300km로서 300$\ell$/min
　├→ 등유 80$\ell$/min
　├→ 경유 180$\ell$/min
　├→ 제1석유류 50$\ell$/min

**정답** 　01 ④　02 ④　03 ④

**04** 고정주유설비에 등유를 사용할 경우 펌프기기의 최대 토출량은 얼마 이하로 하여야 하는가?

① 50 $\ell$/min 이하      ② 80 $\ell$/min 이하

③ 180 $\ell$/min 이하      ④ 300 $\ell$/min 이하

> **해설**
> 문제 3번 해설 참조

 **05** 주유취급소의 고정주유설비, 고정급유설비에서 건축물의 벽, 부지경계선, 담까지의 거리가 잘못된 것은? (단, 건축물의 벽, 부지경계선, 담에는 개구부가 있다.)

① 고정주유설비에서 건축물의 벽 – 2 m 이상

② 고정급유설비에서 건축물의 벽 – 2 m 이상

③ 고정주유설비에서 부지경계선, 담 – 2 m 이상

④ 고정급유설비에서 부지경계선, 담 – 2 m 이상

> **해설**
>
> | 구 분 | 고정주유설비 | 고정급유설비 |
> |---|---|---|
> | 건축물의 벽 | 2 m 이상 (개구부가 없는 벽까지는 1 m 이상) | |
> | 부지경계선, 담 | 2 m 이상 | 1 m 이상 |

 **06** 주유취급소의 시설기준 중 옳은 것은?

① 보일러 등에 직접 접속하는 전용탱크의 용량은 50,000 $\ell$ 이하이다.

② 주유관의 길이는 3 m 이내이어야 한다.

③ 고정주유설비와 도로경계선과는 2 m 이상 거리 확보해야 한다.

④ 휴게음식점을 설치할 수 있다.

> **해설**
> 보일러 등에 직접 접속하는 전용탱크이 용량은 10,000 $\ell$ 이하이다.
> 고정주유설비와 도로경계선과는 4 m 이상 거리 확보해야 한다.
> 주유관의 길이는 5 m 이내이어야 한다.

**07** 주유취급소의 표시 및 게시판에서 "주유 중 엔진정지"라고 표시하는 게시판의 색깔로서 맞는 것은?

① 황색 바탕에 흑색 문자　　　　　② 흑색 바탕에 황색 문자
③ 황색 바탕에 백색 문자　　　　　④ 백색 바탕에 적색 문자

> **해설**
> "주유 중 엔진정지"는 황색바탕에 흑색문자로 한다.

 **08** 주유취급소에 설치 할 수 있는 일반적인 건축물이 아닌 것은?

① 주유 또는 등유, 경유를 채우기 위한 작업장
② 주유취급소에 출입하는 사람을 대상으로 한 2층에 있는 전시장 및 일반음식점
③ 주유취급소에 출입하는 사람을 대상으로 한 세탁소, 커피숍
④ 전기자동차용 충전설비

> **해설**
> 주유취급소에 설치 할 수 있는 건축물
> 주유취급소에 출입하는 사람을 대상으로 한 점포, 휴게음식점 또는 전시장이며 일반음식점은 설치할 수 없다.
> 일반음식점은 술을 판매하며 배달을 하는 것이 휴게음식점과 다른 점이다.

**09** 주유취급소의 건축물의 구조로서 옳지 못한 것은?

① 건축물의 구조 : 벽, 기둥, 바닥, 보 및 지붕 – 내화구조 또는 불연재료
② 창 및 출입구 : 방화문 또는 불연재료로 된 문을 설치
③ 주유취급소의 관계자가 거주하는 주거시설의 용도에 사용하는 부분 : 개구부가 없는 내화구조의 바닥 또는 벽으로 당해 건축물의 다른 부분과 구획
④ 사무실 등의 창 및 출입구에 유리를 사용하는 경우 : 망입유리 또는 방화유리

> **해설**
> 사무실 등의 창 및 출입구에 유리를 사용하는 경우 : 망입유리 또는 강화유리

 **10** 주유취급소의 주유원 간이 대기실에 대한 설명으로 옳지 않은 것은?

① 내화구조로 할 것
② 바퀴가 부착되지 아니한 고정식일 것
③ 차량의 출입 및 주유작업에 장애를 주지 아니하는 위치에 설치할 것
④ 바닥면적이 2.5 m² 이하일 것

> **해설**
> 주유취급소의 주유원 간이 대기실은 불연재료

**정답** 07 ① 08 ② 09 ④ 10 ①

**11**  옥내주유취급소의 용도에 사용하는 부분에 상층이 있는 경우에는 상층으로의 연소를 방지하기 위하여 내화구조로 된 캔틸레버를 설치한다. 캔틸레버의 길이는 얼마 이상하여야 하는가?

① 1.5 m ② 3 m ③ 5 m ④ 7 m

> **해설**
> 옥내주유취급소의 용도에 사용하는 부분에 상층이 있는 경우에는 상층으로의 연소를 방지하기 위하여 내화구조로 된 캔틸레버를 옥내주유취급소의 용도에 사용하는 부분의 바로 위층의 바닥에 이어서 1.5 m 이상 내어 붙일 것.
> 다만, 바로 위층의 바닥으로부터 높이 7 m 이내에 있는 위층의 외벽에 개구부가 없는 경우 제외

**12**  주유취급소 주위에는 자동차등이 출입하는 쪽 외의 부분에 설치하는 담 또는 벽의 기준은?

① 높이 1 m 이상의 콘크리트블록으로 설치한다.
② 높이 2 m 이상의 난연재료로 설치한다.
③ 높이 1 m 이상의 내화구조 또는 불연재료로 설치한다.
④ 높이 2 m 이상의 불연재료 이상으로 설치한다.

> **해설**
> 주유취급소의 주위에는 자동차 등이 출입하는 쪽외의 부분에 높이 2 m 이상의 내화구조 또는 불연재료의 담 또는 벽을 설치

**13**  다음 중 주유취급소의 특례 기준에 해당하는 것은?

① 전기자동차용 주유취급소 ② 영업용 주유취급소
③ 일반국도 주유취급소 ④ 고속국도 주유취급소

> **해설**
> 전기자동차주유취급소는 특례가 아니다. 또한 영업용, 일반국도주유취급소는 없는 명칭으로 특례에 해당하지 않는다. 특례는 철도, 자가용, 선박, 항공기, 고속국도, 수소충전, 셀프주유취급소이다.

**14** 제2종 판매취급소에서 취급할 수 있는 위험물의 양은 지정수량의 몇 배 이하인가?

① 지정수량의 10배 ② 지정수량의 20배
③ 지정수량의 30배 ④ 지정수량의 40배

> **해설**
> 제1종 판매취급소 - 지정수량의 20배 이하 저장 또는 취급
> 제2종 판매취급소 - 지정수량의 40배 이하 저장 또는 취급

**정답** 11 ① 12 ④ 13 ④ 14 ④

**15** 제2종 판매취급소의 구조에 대한 설명으로 옳지 않는 것은?

① 벽, 기둥, 바닥 – 내화구조　　　　② 보 – 내화구조
③ 지붕 – 내화구조　　　　　　　　④ 천장 – 내화구조

**해설**

제1종 판매취급소와 제2종 판매취급소 구조의 차이점

|  | 벽, 기둥 | 바닥 | 보 | 천장 | 지붕 |
|---|---|---|---|---|---|
| 제1종 | 불연재료 이상 | 내화구조 | 불연재료 | 불연재료 | 불연재료 이상 |
| 제2종 | 내화구조 | 내화구조 | 내화구조 | 불연재료 | 내화구조 |

**16** 제1종 판매취급소의 위험물을 배합하는 실의 기준에 적합하지 않은 것은?

① 바닥면적을 6 m² 이상 15 m² 이하로 할 것
② 내화구조 또는 불연재료로 된 벽으로 구획할 것
③ 바닥에는 적당한 경사를 두고 집유설비를 할 것
④ 출입구에는 갑종방화문 또는 을종방화문을 설치할 것

**해설**

배합실의 출입구에는 수시로 열 수 있는 자동폐쇄식의 갑종방화문을 설치하고 출입구 문턱의 높이는 바닥면으로부터 0.1 m 이상으로 할 것

**17** 제1종 판매취급소의 배합실의 출입구에서 바닥으로부터 몇 m 이상의 문턱을 설치하여야 하는가?

① 0.1　　　　　　② 0.15　　　　　　③ 0.2　　　　　　④ 0.3

**해설**

제1종 판매취급소의 기준 – 지정수량의 20배 이하 저장 또는 취급
1. 제1종 판매취급소는 건축물의 1층에 설치할 것
2. 위험물 배합실의 기준
　① 바닥면적은 6 m² 이상 15 m² 이하일 것
　② 내화구조 또는 불연재료로 된 벽으로 구획할 것
　③ 바닥은 위험물이 침투하지 아니하는 구조로 하여 적당한 경사를 두고 집유설비를 할 것
　④ 출입구에는 수시로 열 수 있는 자동폐쇄식의 갑종방화문을 설치할 것
　⑤ 출입구 문턱의 높이는 바닥면으로부터 0.1 m 이상으로 할 것
　⑥ 내부에 체류한 가연성의 증기 또는 가연성의 미분을 지붕 위로 방출하는 설비를 할 것

**정답**　15 ④　16 ④　17 ①

**18** 저장 또는 취급하는 위험물의 수량이 지정수량의 20배 이하인 제1종 판매취급소의 위치로서 옳은 것은?

① 건축물의 1층에 설치하여야 하며 건축물이 내화구조인 경우 지하층에 설치할 수 있다.

② 건축물의 1층에 설치하여야 한다.

③ 지하층만 있는 건축물에 설치하여야 한다.

④ 폭발시 지붕으로 압력을 방출하여야 하므로 건물의 최상층에 설치한다.

> **해설**
> 17번 해설 참조

 **19** 이송취급소 배관의 재료로 적합하지 않은 것은?

① 고압배관용 탄소강관

② 압력배관용 탄소강관

③ 고온배관용 탄소강관

④ 일반배관용 탄소강관

> **해설**
>
> | 이송취급소의 배관 | 고압배관용 탄소강관(KS D 3564) | 압력배관용 탄소강관((KS D 3562) |
> |---|---|---|
> | | 고온배관용 탄소강관(KS D 3570) | 배관용 스테인레스강관(KS D 3576) |

**20** 이송취급소 배관의 이음방법이 아닌 것은?

① 나사이음

② 아크용접

③ 전기용접

④ 플랜지이음

> **해설**
> 배관등의 이음
> – 아크용접 또는 동등 이상의 용접방법
> – 용접에 의하는 것이 적당하지 아니한 경우는 플랜지이음(위험물의 누설확산을 방지하기 위한 조치할 것)

**21** 이송취급소 배관을 지하에 매설하는 경우 배관 설치의 기준으로 옳지 않은 것은?

① 건축물(지하가 내의 건축물은 제외)과는 1.5 m 이상 거리를 두어야 한다.

② 지하가 및 터널은 10 m 이상 거리를 두어야 한다.

③ 수도법에 의한 수도시설(위험물의 유입 우려가 없는 것)은 300 m 이상 거리를 두어야 한다.

④ 배관은 그 외면으로부터 다른 공작물에 대하여 0.3 m 이상의 거리를 보유할 것.

> **해설**
> 수도법에 의한 수도시설(위험물의 유입 우려가 있는 것)은 300 m 이상 거리를 두어야 한다.
> 배관의 외면과 지표면과의 거리 – 산이나 들에 있어서는 0.9 m 이상, 그 밖의 지역에 있어서는 1.2 m 이상

**정답** 18 ② 19 ④ 20 ① 21 ③

**22** 이송취급소 배관을 도로 밑에 매설하는 경우 배관 설치의 기준으로 옳지 않은 것은?

① 배관은 그 외면으로부터 도로의 경계에 대하여 1 m 이상의 안전거리를 둘 것
② 시가지 도로의 밑에 매설하는 경우 배관 또는 배관을 보호하는 보호판 또는 방호구조물의 외면으로부터 다른 공작물에 대하여 0.3 m 이상 안전거리 둘 것
③ 전선·수도관·하수도관·가스관 또는 이와 유사한 것이 매설, 매설할 계획이 있는 도로에 매설하는 경우에는 이들의 상부에 매설하지 아니할 것. 다만, 다른 매설물의 깊이가 2 m 이상인 때에는 제외한다.
④ 시가지 도로의 밑에 매설하는 경우 배관의 외경보다 10 cm 이상의 보호판을 배관의 하부로부터 30 cm 이상 위에 설치할 것

 **해설**
시가지 도로의 밑에 매설하는 경우 배관의 외경보다 10 cm 이상 보호판을 배관의 상부로부터 30 cm 이상 위에 설치


**23** 이송취급소 배관을 지상에 설치시 안전거리로 옳지 않은 것은?

① 철도(화물수송용으로만 쓰이는 것을 제외)또는 도로의 경계선 – 30 m 이상
② 공연장, 영화상영관 (300명 이상) – 45 m 이상
③ 유형문화재와 기념물 중 지정문화재 – 65 m 이상
④ 수도시설 중 위험물이 유입될 가능성이 있는 것 – 300 m 이상

**해설**
이송취급소 배관을 지상에 설치시 안전거리

| 방호하고자 하는 건축물 등 | 안전거리 |
|---|---|
| ① 철도(화물수송용으로만 쓰이는 것을 제외) 또는 도로의 경계선<br>② 주택 또는 다수의 사람이 출입하거나 근무하는 장소 | 25 m 이상 |
| ① 학교, 병원<br>② 공연장, 영화상영관 – 300명 이상<br>③ 공공공지 또는 도시공원<br>④ 판매시설, 숙박시설, 위락시설 등 불특정다중을 수용하는 시설 중 연면적 1,000 m² 이상인 것<br>⑤ 1일 평균 20,000명 이상 이용하는 기차역 또는 버스터미널 | 45 m 이상 |
| 유형문화재와 기념물 중 지정문화재 | 65 m 이상 |
| 가스시설(고압가스, 액화석유가스, 도시가스) | 35 m 이상 |
| 수도시설 중 위험물이 유입될 가능성이 있는 것 | 300 m 이상 |


**24** 이송취급소 배관이 하천을 횡단하는 경우 하천과의 이격거리는?

① 1.2 m 이상    ② 2.5 m 이상    ③ 3 m 이상    ④ 4 m 이상

**해설**
하천을 횡단 : 4.0 m 이상
수로를 횡단하는 경우 – 하수도(상부가 개방되는 구조로 된 것) 또는 운하 : 2.5 m 이상
　　　　　　좁은 수로 (용수로 그 밖에 이와 유사한 것을 제외) : 1.2 m 이상

 **정답** 22 ④  23 ①  24 ④

**•••○ 25** 이송취급소 배관 등의 용접부는 비파괴시험을 실시하여 합격하여야 하며 이송기지내의 지상에 설치된 배관 등은 전체 용접부의 몇 % 이상을 발췌하여 시험할 수 있는가?

① 5%　　　　　　　② 10%　　　　　　　③ 20%　　　　　　　④ 100%

> **해설**
> 배관 등의 용접부는 비파괴시험을 실시하여 합격하여야 하며 이송기지내의 지상에 설치된 배관 등은 전체 용접부의 20% 이상을 발췌하여 시험할 수 있다.

**•••○ 26** 이송취급소 배관등의 내압시험 방법은?

① 최대상용압력의 1.25배 이상의 압력으로 4시간 이상 수압을 가하여 누설 등의 이상이 없을 것
② 최대상용압력의 1.5배 이상의 압력으로 2시간 이상 수압을 가하여 누설 등의 이상이 없을 것
③ 최대상용압력의 1.5배 이상의 압력으로 10분간 수압을 가하여 누설 등의 이상이 없을 것
④ 최대상용압력의 1.5배 이상의 압력으로 4시간 이상 수압을 가하여 누설 등의 이상이 없을 것

> **해설**
> 이송취급소 배관 등은 최대상용압력의 1.25배 이상의 압력으로 4시간 이상 수압을 가하여 누설 등의 이상이 없을 것

**•○○ 27** 이송취급소 배관 등에 설치하는 긴급차단밸브의 설치 간격으로 적합한 것은?

① 시가지에 설치하는 경우에는 약 1 km의 간격, 산림지역에 설치하는 경우에는 약 25 km의 간격
② 시가지에 설치하는 경우에는 약 2 km의 간격, 산림지역에 설치하는 경우에는 약 20 km의 간격
③ 시가지에 설치하는 경우에는 약 3 km의 간격, 산림지역에 설치하는 경우에는 약 15 km의 간격
④ 시가지에 설치하는 경우에는 약 4 km의 간격, 산림지역에 설치하는 경우에는 약 10 km의 간격

> **해설**
> 시가지에 설치하는 경우에는 약 4 km의 간격, 산림지역에 설치하는 경우에는 약 10 km의 간격

**•○○ 28** 이송취급소 배관 등에 설치하는 감진장치와 강진계의 설치간격은?

① 10 km의 거리마다 감진장치 및 강진계를 설치하여야 한다.
② 15 km의 거리마다 감진장치 및 강진계를 설치하여야 한다.
③ 20 km의 거리마다 감진장치 및 강진계를 설치하여야 한다.
④ 25 km의 거리마다 감진장치 및 강진계를 설치하여야 한다.

> **해설**
> 25 km의 거리마다 감진장치 및 강진계를 설치하여야 한다.

**정답** 25 ③　26 ①　27 ④　28 ④

**29** 이송취급소의 위험물 취급시설과 이송기지 부지경계선의 거리는 배관의 압력이 0.3 MPa 미만일 경우 얼마인가?

① 3 m          ② 5 m          ③ 10 m          ④ 12 m

**해설**

위험물 취급시설과 이송기지 부지경계선의 거리

| 배관의 최대상용압력 | 거리 |
|---|---|
| 0.3 MPa 미만 | 5 m 이상 |
| 0.3 MPa 이상 1 MPa 미만 | 9 m 이상 |
| 1 MPa 이상 | 15 m 이상 |

**30** 일반취급소의 종류 중 저장, 취급하는 지정수량이 다른 취급소는 어떤 취급소인가?

① 옮겨 담는 일반취급소
② 보일러 등으로 위험물을 소비하는 일반취급소
③ 세정작업의 일반취급소
④ 분무도장작업등의 일반취급소

**해설**

| 지정수량 30배 미만 | 지정수량 40배 미만 | 지정수량 50배 미만 |
|---|---|---|
| 기타 취급소<br>(충전하는 일반취급소 제외) | 옮겨 담는 일반취급소 | 유압장치 등을 설치하는 일반취급소 |

## 1. 제조소 등의 소방설비

**1** 소화난이도 등급에 따른 구분

연 : 연면적, 지 : 지정수량

| 구 분 | 소화난이도 I등급 | 소화난이도 II등급 | 소화난이도 III등급 |
|---|---|---|---|
| 제조소<br>일반<br>취급소 | 1. **연 1,000 m² 이상**<br>2. **지 100배 이상**<br>3. 6m 이상(지반면으로부터)<br>　높이에 위험물 설비 있는 것 | 1. **연 600 m² 이상**<br>2. **지 10배 이상** | I, II에 해당 않는 것 |
| 옥내<br>저장소 | 1. **연 150 m² 초과**<br>2. **지 150배 이상**<br>3. 처마의 높이가 6 m 이상<br>　인 단층 건물 | 1. 단층건물 이외의 것<br>2. 다층 및 소규모 옥내저장소<br>3. 지 10배 이상 | I, II에 않는 것 |
| 옥외탱크<br>저장소 | 1. 지 100배 이상<br>　(지중탱크, 해상탱크)<br>2. 지 100배 이상 고체위험물<br>3. 높이 6 m 이상 (탱크상단까지)<br>4. **액표면적 40 m² 이상** | 1. 소화난이도 I 등급<br>　제조소 등 외의 것<br>　(고인화점위험물을 100℃<br>　미만으로 저장하는 것과<br>　6류만 저장은 제외) | – |
| 옥내탱크<br>저장소 | 1. 높이 6 m 이상 (탱크상단까지)<br>2. 액표면적 40 m² 이상 | | |
| 옥외<br>저장소 | 1. 지 100배 이상<br>　(인화성고체, 1석유류, 알코올류)<br>2. 100 m² 이상<br>　(덩어리 유황을 저장하는<br>　경계표시 내부 면적의 합) | 1. 5 m²~100m² 미만<br>　(덩어리 유황을 저장하는<br>　경계표시 내부면적 합)<br>2. 지 10배~100배<br>　(인화성고체,1석유류,알코올류)<br>3. 지 100배 이상(나머지) | 1. 덩어리상태의 유황을<br>　저장하는 것으로 경계<br>　표시 면적 5 m² 미만<br>2. 덩어리상태의 유황<br>　이외의 것을 저장하는<br>　것으로 I,II에 해당하<br>　지 아니한 것 |
| 암반탱크<br>저장소 | 1. 40 m² 이상 (액표면적)<br>2. 지 100배 이상 (고체위험물) | – | – |
| 이송<br>취급소 | 모든 대상 | – | – |
| 주유<br>취급소 | 4-207 페이지 **6**의 (8)에서<br>　면적의 합이 500 m² 초과 | 옥내주유취급소 | 옥내주유취급소 이외의<br>것으로서 I에 해당하지<br>않는 것 |
| 판매<br>취급소 | – | 제2종 판매취급소 | 제1종 판매취급소 |
| 지하,이동,<br>간이탱크 | – | – | 모든 대상 |

**Point**

※ 소화난이도 1등급

| 지정수량 100배 이상 | 제조소, 일반취급소, 옥외저장소, 옥외탱크저장소, 암반탱크저장소 |
|---|---|
| 지정수량 150배 이상 | 옥내저장소 |

※ 알킬알루미늄을 저장, 취급하는 이동탱크저장소는 자동차용 소화기를 설치하는 외에 마른모래나 팽창질석 또는 팽창진주암을 추가로 설치한다.

## 2 제조소등에 설치해야 할 소화설비

### (1) 소화난이도 I 등급

| 제조소 등의 구분 | | | 소화설비 |
|---|---|---|---|
| 제조소 및 일반취급소 옥외저장소 및 이송취급소 | | | 옥내소화전, 옥외소화전, 스프링클러, 물분무등소화설비(화재발생시 연기가 충만할 우려가 있는 장소에는 스프링클러설비 또는 이동식 외의 물분무등소화설비에 한한다) |
| 옥내저장소 | 1. 처마높이가 6 m 이상인 단층건물 2. 다른 용도의 부분이 있는 건축물에 설치한 옥내저장소 | | 스프링클러설비 또는 이동식 외의 물분무등소화설비 |
| | 그 밖의 것 | | 옥외소화전설비, 스프링클러설비, 이동식 외의 물분무등소화설비 또는 이동식 포소화설비(포소화전을 옥외에 설치하는 것에 한한다) |
| 1. 옥외탱크저장소의 지중탱크 또는 해상탱크 외의 것 2. 암반탱크저장소 3. 옥내탱크저장소 | 유황만을 저장 취급하는 것 | | 물분무소화설비 |
| | 인화점 70℃ 이상의 제4류 위험물만을 저장 취급 | | 물분무소화설비 또는 고정식 포소화설비 ※ 옥내탱크저장소는 이동식 이외의 불활성가스 또는 할로겐화합물, 분말 소화설비 추가 됨. |
| | 그 밖의 것 | | 고정식 포소화설비(포소화설비가 적응성이 없는 경우에는 분말소화설비) ※ 옥내탱크저장소는 이동식 이외의 불활성가스 또는 할로겐화합물, 분말 소화설비 추가 됨. |
| 옥외 탱크 저장소 | 지중탱크 | | 고정식 포소화설비, 이동식 이외의 불활성가스 또는 할로겐화합물 소화설비 |
| | 해상탱크 | | 고정식 포소화설비, 물분무소화설비, 이동식 이외의 불활성가스 또는 할로겐화합물 소화설비 |
| 주유취급소 | | | 스프링클러설비(건축물에 한함) 소형수동식소화기등(소요단위에 적합하게) |

## (2) 소화난이도 Ⅱ등급

| 제조소 등의 구분 | 소 화 설 비 |
|---|---|
| 제조소<br>옥내저장소<br>옥외저장소<br>주유취급소<br>판매취급소<br>일반취급소 | 1. 대형수동식소화기<br>　- 방사능력범위 내에 당해 건축물, 그 밖의 공작물 및 위험물이 포함<br>　　되도록 설치<br>2. 소형수동식소화기등<br>　- 당해 위험물의 소요단위의 1/5 이상 되도록 설치 |
| 옥외탱크저장소<br>옥내탱크저장소 | 대형수동식소화기 및 소형수동식소화기 등을 각각 1개 이상 설치할 것 |

## (3) 소화난이도 Ⅲ등급

| 제조소 등의 구분 | 소화설비 | 설치기준 | |
|---|---|---|---|
| 지하탱크저장소 | 소형수동식소화기 등 | 능력단위의 수치가 3 이상 | 2개 이상 |
| 이동탱크저장소 | 자동차용소화기 | 무상의 강화액 8 $\ell$ 이상 | 2개 이상 |
| | | 이산화탄소 3.2 kg 이상 | |
| | | 일브롬화일염화이플루오르화메탄($CF_2ClBr$)<br>　- 하론 1211 : 2 $\ell$ 이상 | |
| | | 일브롬화삼플루오르화메탄($CF_3Br$)<br>　- 하론 1301 : 2 $\ell$ 이상 | |
| | | 이브롬화사플루오르화에탄($C_2F_4Br_2$)<br>　- 하론 2402 : 1 $\ell$ 이상 | |
| | | 소화분말 3.5 kg 이상 | |
| | 마른모래 및<br>팽창질석 또는<br>팽창진주암 | 마른모래 150 $\ell$ 이상(1.5단위) | |
| | | 팽창질석 또는 팽창진주암 640 $\ell$ 이상(4단위) | |
| 그 밖의<br>제조소등 | 소형수동식소화기등 | 능력단위의 수치가 건축물 그 밖의 공작물 및 위험물의 소요단위의 수치에 이르도록 설치할 것. 다만, 옥내소화전설비, 옥외소화전설비, 스프링클러설비, 물분무등소화설비 또는 대형수동식소화기를 설치한 경우에는 당해 소화설비의 방사능력범위 내의 부분에 대하여는 수동식소화기등을 그 능력단위의 수치가 당해 소요단위의 수치의 1/5 이상이 되도록 하는 것으로 족하다. | |

비고) 알킬알루미늄등을 저장 또는 취급하는 이동탱크저장소에 있어서는 자동차용소화기를 설치하는 외에 마른모래나 팽창질석 또는 팽창진주암을 추가로 설치하여야 한다.

## 2. 소화설비의 적응성

| 소화설비＼대상물 | 건축물·그 밖의 공작물 | 전기설비 | 제1류 위험물 | | 제2류 위험물 | | | 제3류 위험물 | | 제4류 위험물 | 제5류 위험물 | 제6류 위험물 |
|---|---|---|---|---|---|---|---|---|---|---|---|---|
| | | | 알칼리금속과산화물등 | 그 밖의 것 | 철분·금속분·마그네슘등 | 인화성고체 | 그 밖의 것 | 금수성물품 | 그 밖의 것 | | | |
| 옥내소화전 또는 옥외소화전설비 | ○ | | | ○ | | ○ | ○ | | ○ | | ○ | ○ |
| 스프링클러설비 | ○ | | | ○ | | ○ | ○ | | ○ | △ | ○ | ○ |
| 물분무소화설비 | ○ | ○ | | ○ | | ○ | ○ | | ○ | ○ | ○ | ○ |
| 포소화설비 | ○ | | | ○ | | ○ | ○ | | ○ | ○ | ○ | ○ |
| 이산화탄소소화설비 | | ○ | | | X | ○ | | X | | ○ | | |
| 할로겐화합물소화설비 | | ○ | | | X | ○ | | X | | ○ | | |
| 분말소화설비 인산염류등 | ○ | ○ | | ○ | X | ○ | | X | | ○ | | ○ |
| 분말소화설비 탄산수소염류등 | | ○ | ○ | | | ○ | | ○ | | ○ | | |
| 분말소화설비 그 밖의 것 | | | ○ | | | ○ | | ○ | | | | |
| 봉상수(棒狀水)소화기 | ○ | | | ○ | | ○ | ○ | | ○ | | ○ | ○ |
| 무상수(霧狀水)소화기 | ○ | ○ | | ○ | | ○ | ○ | | ○ | | ○ | ○ |
| 봉상강화액소화기 | ○ | | | ○ | | ○ | ○ | | ○ | | ○ | ○ |
| 무상강화액소화기 | ○ | ○ | | ○ | | ○ | ○ | | ○ | ○ | ○ | ○ |
| 포소화기 | ○ | | | ○ | | ○ | ○ | | ○ | ○ | ○ | ○ |
| 이산화탄소소화기 | | ○ | | | X | ○ | | X | | ○ | | △ |
| 할로겐화합물소화기 | | ○ | | | X | ○ | | X | | ○ | | |
| 분말소화기 인산염류소화기 | ○ | ○ | | ○ | X | ○ | | X | | ○ | | ○ |
| 분말소화기 탄산수소염류소화기 | | ○ | ○ | | | ○ | | ○ | | ○ | | |
| 분말소화기 그 밖의 것 | | | ○ | | | ○ | | ○ | | | | |
| 기타 물통 또는 수조 | ○ | | | ○ | | ○ | ○ | | ○ | | ○ | ○ |
| 기타 건조사 | | | ○ | ○ | ○ | ○ | ○ | ○ | ○ | ○ | ○ | ○ |
| 기타 팽창질석 또는 팽창진주암 | | | ○ | ○ | ○ | ○ | ○ | ○ | ○ | ○ | ○ | ○ |

비고
1. "○"표시는 당해 소방대상물 및 위험물에 대하여 소화설비가 적응성이 있음을 표시하고, "△"표시는 제4류 위험물을 저장 또는 취급하는 장소의 살수기준면적에 따라 스프링클러설비의 살수밀도가 다음 표에 정하는 기준 이상인 경우에는 당해 스프링클러설비가 제4류 위험물에 대하여 적응성이 있음을, 제6류 위험물을 저장 또는 취급하는 장소로서 폭발의 위험이 없는 장소에 한하여 이산화탄소소화기가 제6류 위험물에 대하여 적응성이 있음을 각각 표시한다.

## 3. 소화설비의 소요단위, 능력단위

### 1 소요단위

소화설비 설치대상이 되는 건축물 그 밖의 공작물의 규모 또는 위험물 양의 기준단위

(1) 규모의 기준

| 면적당 1소요 단위 | | 외벽 | |
|---|---|---|---|
| | | 기 타 구 조 | 내 화 구 조 |
| 규모기준 | 제조소, 취급소 | 50 m² | 100 m² |
| | 저장소 | 75 m² | 150 m² |

(2) 양의 기준

| 위험물 양의 기준 | 지정수량 10배마다 1소요 단위 |
|---|---|

### 2 소화설비의 능력단위

소요단위에 대응하는 소화설비의 소화능력의 기준 단위

(1) 수동식소화기 능력단위 : 형식승인 받은 수치

(2) 기타소화설비의 능력

| 소화설비 | 용량 | 능력단위 |
|---|---|---|
| 소화전용 물통 | 8 ℓ | 0.3 |
| 수조(소화전용 물통 3개 포함) | 80 ℓ | 1.5 |
| 수조(소화전용 물통 6개 포함) | 190 ℓ | 2.5 |
| 마른모래(삽 1개 포함) | 50 ℓ | 0.5 |
| 팽창질석, 팽창진주암(삽 1개 포함) | 160 ℓ | 1 |

## 4. 소화설비 설치기준

**1** 제조소등에 설치된 전기설비(배선, 조명기구 제외)

면적 100 m²당 소형수동식소화기를 1개 이상 설치

**2** 소화설비별 설치기준

| 구 분 | 수평거리 | 설치방법 | 방수량(Q) | 비상전원 | 수원량 | 방수압력 |
|---|---|---|---|---|---|---|
| 옥내소화전 | 25 m 이하 | 각층의 출입구 부근에 1개 이상 설치 | 260 ℓ/min | 45분 이상 | $N \times 7.8$ m³ (가장 많은 층 설치개수 - 최대 5개) | 0.35 MPa 이상 |
| 옥외소화전 | 40 m 이하 | 방호대상물의 각 부분으로부터 설치개수가 1개인 경우 2개 설치 | 450 ℓ/min | 45분 이상 | $N \times 13.5$ m³ (가장 많은 층 설치개수 - 최대 4개, 최소 2개) | 0.35 MPa 이상 |
| 스프링클러 설비 | 1.7 m 이하 | 천장 또는 건축물의 최상부 (천장이 없는 경우) | 80 ℓ/min | 45분 이상 | 폐쇄형 : $30 \times 2.4$ m³ (30개 미만은 설치개수) 개방형 : 설치개수 $\times 2.4$ m³ | 0.1 MPa 이상 |
| 물분무 소화설비 | – | 방호대상물의 모든 표면을 유효하게 소화 할 수 있는 공간 내에 포함하도록 할 것 | 20 ℓ/min | 45분 이상 | 표면적$\times20$ ℓ/(min·m²)$\times$30분 (헤드개수가 가장 많은 구역의 표면적) | 0.35 MPa 이상 |
| 포소화설비 | 이동식 옥내 : 25 m 옥외 : 40 m | ※ 고정포방출구설비 포방출구, 보조포소화전, 연결송액구 설치 $\left(N = \dfrac{A \cdot q}{C}\right)$ N : 연결송액구 개수 A : 탱크의 최대수평 단면적(m²) q : 면적당 방출률 [ℓ/min·m²] C : 800 ℓ/min | 옥내 : 200ℓ/min 옥외 : 400ℓ/min | 방사 시간 × 1.5배 이상 | $N \times Q \times T$ N : 옥내, 옥외 - 최대 4개 T : 30분 | – |
| 이산화탄소 설비 | 이동식 15 m | | – | 1시간 | 위험물세부기준참조 | – |

* 대형수동식소화기 - 보행거리 30 m 이하, 소형수동식소화기 - 보행거리 20 m 이하
* 개방형헤드 설치하는 스프링클러설비의 방사구역은 150 m² 이상으로 할 것(이하시에는 그 면적으로 한다)
* 물분무설비의 방사구역은 150 m² 이상(방호대상물의 표면적이 150 m² 초과 시 당해 표면적)으로 할 것
* 포소화설비의 비상전원은 수원의 양을 계산 시 방사시간의 1.5배 이상 소화설비를 작동시킬 수 있는 용량으로 하며 할론, 분말소화설비는 이산화탄소소화설비 준용한다.
* 수원의 양을 계산할 때에는 30분이지만 비상전원의 시간은 45분이다.

제조소등에 설치하는 옥내소화전의 방수량, 방수압력으로 옳은 것은?

① 130 ℓ/min 이상, 1 MPa 이상
② 130 ℓ/min 이상, 0.17 MPa 이상
③ 260 ℓ/min 이상, 0.17 MPa 이상
④ 260 ℓ/min 이상, 0.35 MPa 이상

해답 ④

제조소 등에 설치하는 스프링클러설비, 물분무소화설비의 비상전원용량은?

① 20분 이상
② 30분 이상
③ 45분 이상
④ 60분 이상

해답 ③

## 5. 경보설비 설치기준

1) 자동화재탐지설비 설치대상

| 제조소등의 구분 | 규모·저장 또는 취급하는 위험물의 종류 최대 수량 등 |
|---|---|
| 제조소<br>일반취급소 | 1. **연면적 500 m² 이상**인 것<br>2. 옥내에서 **지정수량 100배 이상**을 취급하는 것<br>3. 복합용도 건축물에 설치된 일반취급소(일반취급소와 일반취급소 외의<br>    부분이 내화구조의 바닥 또는 벽으로 개구부 없이 구획된 것을 제외) |
| 옥내저장소 | 1. 저장창고의 **연면적 150 m² 초과**하는 것<br>2. **지정수량 100배 이상**(고인화점 위험물만 저장·취급하는것은 제외)<br>3. **처마의 높이가 6 m 이상**의 단층건물<br>4. **복합용도 건축물의 옥내저장소** |
| 옥내탱크저장소 | 단층건물이외의 건축물에 설치된 것으로 소화난이도 등급 Ⅰ에 해당되는 것 |
| 주유취급소 | 옥내주유취급소 |
| 옥외탱크저장소 | **특수인화물, 제1석유류 및 알코올류**를 저장 또는 취급하는 탱크의 용량이 1,000<br>만리터 이상인 것<br>– 자동화재속보설비 설치대상도 됨 |

> **예제 03**
>
> 옥내저장소에 지정수량 몇 배 이상의 위험물을 저장하는 경우 자동화재탐지설비를 설치하여야 하는가?
>
> ① 5배        ② 10배
> ③ 20배       ④ 100배
>
> **해답** ④

(1) **경계구역** – 화재가 발생한 구역을 다른 구역과 구분하여 식별할 수 있는 최소단위의 구역

(2) **설치기준**
　① 경계구역
　　㉠ **2개의 층에 미치지 아니할 것.** 단, 2개층의 합이 500㎡ 이하시 제외
　　㉡ **600㎡ 이하로 할 것**(한변의 길이는 50m 이하).
　　　단, 내부 전체가 보이는 경우 **1,000㎡** 이하
　　㉢ **광전식분리형감지기의 경계구역** – 100m 이하
　② 자동화재탐지설비의 감지기(옥외탱크저장소에 설치하는 감지기는 제외)는 지붕 또는 벽의 옥내에 면한 부분에 유효하게 화재의 발생을 감지할 수 있도록 설치할 것
　③ **옥외탱크저장소 감지기 설치기준**
　　㉠ **불꽃감지기를 설치할 것.** 다만, 불꽃을 감지하는 기능이 있는 지능형 폐쇄회로텔레비전(CCTV)을 설치한 경우 제외
　　㉡ **옥외저장탱크 외측과 보유공지 내에서 발생하는 화재를 유효하게 감지할 수 있는 위치에 설치할 것**
　　㉢ 지지대를 설치하고 그 곳에 감지기를 설치하는 경우 지지대는 벼락에 영향을 받지 않도록 설치할 것
　④ **옥외탱크저장소 자동화재탐지설비 설치 면제**
　　㉠ 옥외탱크저장소의 **방유제(防油堤)와 옥외저장탱크 사이의 지표면을 불연성 및 불침윤성**(수분에 젖지 않는 성질)이 있는 **철근콘크리트 구조** 등으로 한 경우
　　㉡ 「화학물질관리법 시행규칙」 – 화학물질안전원장이 정하는 고시에 따라 가스감지기를 설치한 경우
　⑤ 비상전원을 설치
　⑥ 옥외탱크저장소 **자동화재속보설비 설치 면제**
　　가. ④에 ㉠, ㉡해당하는 경우
　　나. **자체소방대를 설치한 경우**
　　다. **안전관리자가 해당 사업소에 24시간 상주**하는 경우

예제 **04** 옥외탱크저장소 감지기 설치 시 어디에서 발생하는 화재를 유효하게 감지할 수 있는 위치에 설치하여야 하는가?

① 옥외저장탱크 내측의 상부
② 옥외저장탱크 내측과 외측
③ 옥외저장탱크 외측과 보유공지 내
④ 옥외저장탱크 펌프실

해답   ③

2) 자동화재탐지설비, 비상경보설비, 확성장치 또는 비상방송설비 중 1개 이상 설치 대상
   자동화재탐지설비 설치대상 이외의 대상으로 지정수량 10배 이상 저장, 취급하는 것

## 6. 피난설비 설치기준

**1** 주유취급소

(1) 건축물의 2층의 부분을 점포·휴게음식점 또는 전시장의 용도
 ① 당해 건축물의 **2층 이상으로부터 주유취급소의 부지 밖으로 통하는 출입구**
 ② 당해 출입구로 통하는 통로·계단 및 출입구에 유도등을 설치

**2** 옥내주유취급소

 ① 당해 사무소 등의 출입구 및 피난구
 ② 당해 피난구로 통하는 통로·계단 및 출입구에 유도등을 설치

# 실전 예상문제

 **01** 제조소는 연면적이 몇 m² 이상일 때 소화난이도 I등급에 해당하는가?

① 200 ② 500 ③ 600 ④ 1,000

**해설**

| 구 분 | 소화난이도 I등급 | 소화난이도 II등급 | 소화난이도 II등급 |
|---|---|---|---|
| 제조소<br>일반<br>취급소 | 1. 연 1,000 m² 이상<br>2. 지 100배 이상<br>3. 처마의 높이가 6 m 이상 | 1. 연 600 m² 이상<br>2. 지 10배 이상 | I, II에 해당하지<br>아니한 것 |
| 옥내<br>저장소 | 1. 연 150 m² 초과<br>2. 지 150배 이상<br>3. 처마의 높이가 6 m 이상인 단층건물 | 1. 단층건물 이외의 것<br>2. 다층 및 소규모 옥내저장소<br>3. 지 10배 이상 | I, II에 해당하지<br>아니한 것 |

 **02** 옥내저장소의 경우 연면적 몇 m² 초과 및 지정수량 몇 배 이상시 소화난이도 I등급에 해당하는가?

① 100 m², 100배 ② 150 m², 150배
③ 100 m², 150배 ④ 150 m², 100배

**해설**

문제 1번 해설 참조

 **03** 소화난이도 I등급에 해당하려면 일반취급소는 지정수량 몇 배 이상을 취급, 저장하여야 하는가?

① 10 ② 20 ③ 50 ④ 100

**해설**

문제 1번 해설 참조

 **정답** 01 ④ 02 ② 03 ④

**04** 건축물의 외벽이 내화 구조로 된 저장소의 1소요 단위에 해당하는 면적은?

① 50 m²  ② 75 m²
③ 100 m²  ④ 150 m²

> **해설**
>
> | 면적당 1(소요) 단위 | | 외 벽 | |
> |---|---|---|---|
> | | | 기 타 구 조 | 내 화 구 조 |
> | 규모기준 | 제조소, 취급소 | 50 m² | 100 m² |
> | | 저장소 | 75 m² | 150 m² |

 **05** 건축물 외벽이 기타구조로 된 제조소의 1소요 단위에 해당하는 면적은?

① 50 m²  ② 75 m²  ③ 100 m²  ④ 150 m²

> **해설**
>
> 문제 4번 해설 참조

 **06** 소화설비의 설치기준에서 유기과산화물 2,000 kg은 몇 소요단위에 해당하는가?

① 10  ② 20  ③ 30  ④ 40

> **해설**
>
> 유기과산화물의 지정수량은 10 kg이므로 200배에 해당한다.
> 위험물의 양은 10배 마다 1소요단위 이므로 소요단위는 20이다.

 **07** 제3류 위험물에서 금수성물질의 화재시 적응성이 있는 소화설비를 옳게 나타낸 것은?

① 탄산수소염류의 분말소화설비  ② 이산화탄소 소화설비
③ 인산염류의 분말소화설비  ④ 할로겐화합물 소화설비

> **해설**
>
> | 대상물 구분 / 소화설비의 구분 | | | 건축물 · 그 밖의 공작물 | 전기설비 | 제1류 위험물 | | 제2류 위험물 | | | 제3류 위험물 | | 제4류 위험물 | 제5류 위험물 | 제6류 위험물 |
> |---|---|---|---|---|---|---|---|---|---|---|---|---|---|---|
> | | | | | | 알칼리금속과산화물등 | 그 밖의 것 | 철분 · 금속분 · 마그네슘등 | 인화성고체 | 그밖의것 | 금수성물품 | 그 밖의 것 | | | |
> | 물분무등소화설비 | 이산화탄소소화설비 | | | ○ | | | X | ○ | | X | | ○ | | |
> | | 할로겐화합물소화설비 | | | ○ | | | X | ○ | | X | | ○ | | |
> | | 분말소화설비 | 인산염류 등 | ○ | ○ | | ○ | X | ○ | ○ | X | | ○ | | ○ |
> | | | 탄산수소염류 등 | | ○ | ○ | | ○ | ○ | | ○ | | ○ | | |
> | | | 그 밖의 것 | | | ○ | | ○ | | | ○ | | | | |

**정답** | 04 ④  05 ①  06 ②  07 ①

●●○ **08** 다음 중 소화설비의 능력단위가 삽을 포함하여 용량이 100 ℓ일 때 1이 되는 것은?

① 마른모래      ② 팽창진주암      ③ 팽창질석      ④ 물통 3개

 해설

| 소화설비 | 용 량 | 능력단위 |
|---|---|---|
| 마른모래(삽 1개 포함) | 50 ℓ | 0.5 |
| 팽창질석, 팽창진주암(삽 1개 포함) | 160 ℓ | 1 |

●●○ **09** 팽창질석 능력단위 4단위에 해당하는 양은 몇 ℓ인가?

① 160 ℓ      ② 320 ℓ      ③ 480 ℓ      ④ 640 ℓ

 해설

팽창질석 1단위는 160 ℓ이므로 비례식으로 풀면 160ℓ : 1 = x ℓ : 4    ∴ 640 ℓ

●●● **10** 제조소에 면적 300 m²인 전기설비(전선 및 조명설비는 제외)가 설치된 경우 소형 수동식소화기의 설치 개수는?

① 1개 이상      ② 3개 이상      ③ 5개 이상      ④ 7개 이상

 해설

제조소등에 설치된 전기설비(배선, 조명기구 제외) − 면적 100 m² 당 소형수동식소화기를 1개 이상 설치
300 ÷ 100 = 3    ∴ 3개 설치해야 한다.

●●● **11** 위험물제조소에 옥내소화전이 1층에 4개, 2층에 6개가 설치되어 있을 때 수원의 양은 몇 ℓ 이상이어야 하는가?

① 13,000      ② 26,000      ③ 39,000      ④ 46,800

해설

옥내소화전 수원   $NQT = 5(최대 5개) \times 260 \, ℓ/min \times 30분 = 39,000 \, ℓ$

정답    08 ①    09 ④    10 ②    11 ③

**12**  옥내저장소 옥외에 옥외소화전 설비가 6개 설치되어 있다. 수원의 양은 몇 ℓ 이상이어야 하는가?

① 14,000　　　　② 21,000　　　　③ 54,000　　　　④ 81,000

**해설**

옥외소화전 수원　$NQT = 4(최대 4개) \times 450\,\ell/\min \times 30분 = 54,000\,\ell$

**13**  지정수량의 100배 이상을 저장 또는 취급하는 옥내저장소에 설치하여야 하는 경보설비는?
(단, 고인화점 위험물만을 저장 또는 취급하는 것은 제외한다.)

① 비상경보설비　　② 자동화재탐지설비　　③ 비상방송설비　　④ 확성장치

**해설**

| 제조소등의 구분 | 규모·저장 또는 취급하는 위험물의 종류 최대 수량 등 |
|---|---|
| 제조소<br>일반취급소 | 1. 연면적 500 m² 이상인 것<br>2. 옥내에서 지정수량 100배 이상을 취급하는 것<br>3. 복합용도 건축물에 설치된 일반취급소(일반취급소와 일반취급소 외의 부분이 내화구조의 바닥 또는 벽으로 개구부 없이 구획된 것을 제외) |
| 옥내저장소 | 1. 저장창고의 연면적 150 m² 초과하는 것<br>2. 지정수량 100배 이상(고인화점만은 제외)<br>3. 처마의 높이가 6 m 이상의 단층건물<br>4. 복합용도 건축물의 옥내저장소 |

**14**  제조소등의 소화설비의 기준의 소화설비 설치의 구분에 관한 내용으로 옳지 않은 것은?

① 옥내소화전설비 및 이동식물분무등소화설비는 화재발생시 연기가 충만할 우려가 없는 장소 등에 한하여 설치할 것
② 옥외소화전설비는 건축물의 1층 부분만을 방사능력 범위로 하고 건축물의 지하층 및 2층 이상의 층에 대하여 다른 소화설비를 설치할 것.
③ 제4류위험물을 저장 또는 취급하는 탱크(종형탱크는 제외)에 포소화설비를 설치하는 경우에는 고정식 포소화설비를 설치할 것
④ 포소화설비 중 포모니터노즐방식은 옥외의 공작물(펌프설비 등을 포함한다) 또는 옥외에서 저장 또는 취급하는 위험물을 방호대상물로 할 것

**해설**

옥외소화전설비는 건축물의 1층 및 2층 부분만을 방사능력범위로 하고 건축물의 지하층 및 3층 이상의 층에 대하여 다른 소화설비를 설치할 것.

**15** 제조소등의 소화설비의 기준에 의한 옥내소화전설비의 비상전원 중 큐비클 외의 축전지설비 내용으로 옳지 않은 것은?

① 축전지설비는 설치된 실의 벽으로부터 0.5 m 이상 이격할 것
② 축전지설비를 동일실에 2 이상 설치하는 경우에는 축전지설비의 상호간격은 0.6 m(높이가 1.6 m 이상인 선반 등을 설치한 경우에는 1 m) 이상 이격할 것
③ 축전지설비는 물이 침투할 우려가 없는 장소에 설치하고 환기설비를 설치할 것
④ 충전장치와 축전지를 동일실에 설치하는 경우에는 충전장치를 강제의 함에 수납하고 당해 함의 전면에 폭 1 m 이상의 공지를 보유할 것

축전지설비는 설치된 실의 벽으로부터 0.1 m 이상 이격할 것

**16** 제조소등에 설치하는 스프링클러 소화설비의 비상전원으로 축전지설비를 설치하는 경우 축전지실 벽과의 이격거리는 몇 m 이상인가?

① 0.1          ② 0.2          ③ 0.3          ④ 0.4

축전지설비를 설치하는 경우 설치된 실의 벽으로부터 0.1 m 이상 이격할 것

**17** 제조소등의 소화설비의 기준에서 스프링클러설비의 헤드는 반사판으로부터 하방 및 수평방향으로 얼마 이상의 공간을 보유해야 하는가?

① 하방으로 0.45 m, 수평방향으로 0.3 m의 공간을 보유할 것
② 하방으로 0.6 m, 수평방향으로 0.3 m의 공간을 보유할 것
③ 하방으로 0.45 m, 수평방향으로 0.6 m의 공간을 보유할 것
④ 하방으로 0.6 m, 수평방향으로 0.6 m의 공간을 보유할 것

스프링클러헤드의 반사판으로부터 하방으로 0.45 m, 수평방향으로 0.3 m의 공간을 보유할 것
스프링클러헤드는 헤드의 축심이 당해 헤드의 부착면에 대하여 직각이 되도록 설치할 것

**18** 위험물관계법령상 포소화설비의 보조포소화전은 방유제 외측의 소화활동상 유효한 위치에 설치하되 각각의 보조포소화전 상호간의 보행거리가 몇 m 이하가 되도록 설치해야 하는가?

① 25          ② 40          ③ 50          ④ 75

방유제 외측의 소화활동상 유효한 위치에 설치하되 각각의 보조포소화전 상호간의 보행거리가 75 m 이하가 되도록 설치할 것

정답  15 ①  16 ①  17 ①  18 ④

**19** 위험물관계법령상 포소화설비의 보조포소화전은 3개(호스접속구가 3개 미만인 경우에는 그 개수)의 노즐을 동시에 사용할 경우에 각각의 노즐선단의 방사압력이 몇 MPa 이상이고 방사량이 몇 ℓ/min 이상의 성능이 되도록 설치하여야 하는가?

① 방사압력이 0.17 MPa 이상이고 방사량이 260 ℓ/min 이상
② 방사압력이 0.1 MPa 이상이고 방사량이 80 ℓ/min 이상
③ 방사압력이 0.35 MPa 이상이고 방사량이 350 ℓ/min 이상
④ 방사압력이 0.35 MPa 이상이고 방사량이 400 ℓ/min 이상

**해설**

보조포소화전은 3개(호스접속구가 3개 미만인 경우에는 그 개수)의 노즐을 동시에 사용할 경우에 각각의 노즐 선단의 방사압력이 0.35 MPa 이상이고 방사량이 400 ℓ/min 이상의 성능이 되도록 설치할 것

 **20** 위험물관계법령상 포소화설비에서 펌프를 이용하는 가압송수장치의 설치기준으로 옳지 않은 것은?

① 펌프의 토출량은 고정식포방출구의 설계압력 또는 노즐의 방사압력의 허용범위로 포수용액을 방출 또는 방사하는 것이 가능한 양으로 할 것
② 펌프의 토출량이 정격토출량의 150%인 경우에는 전양정은 정격전양정의 65% 이상일 것
③ 펌프는 전용으로 할 것. 다만, 각각의 소화설비의 성능에 지장을 주지 아니하는 경우에는 다른 소화설비와 병용 또는 겸용 할 수 있다.
④ 펌프를 시동한 후 1분 이내에 포수용액을 포방출구 등까지 송액할 수 있도록 하거나 또는 펌프로부터 포방출구 등까지의 수평거리를 500 m 이내로 할 것

**해설**

펌프를 시동한 후 5분 이내에 포수용액을 포방출구 등까지 송액할 수 있도록 하거나 또는 펌프로부터 포방출구 등까지의 수평거리를 500 m 이내로 할 것

## 7. 위험물의 저장 및 취급에 관한 기준

### 1  저장·취급의 공통기준

(1) 제조소등에서 허가 및 신고와 관련되는 품명 외의 위험물 또는 이러한 허가 및 신고와 관련되는 수량 또는 지정수량의 배수를 초과하는 위험물을 저장 또는 취급하지 아니하여야 한다(중요기준).

(2) 위험물을 저장 또는 취급하는 건축물 그 밖의 공작물 또는 설비는 당해 위험물의 성질에 따라 차광 또는 환기를 실시하여야 한다.

(3) 위험물은 온도계, 습도계, 압력계 그 밖의 계기를 감시하여 당해 위험물의 성질에 맞는 적정한 온도, 습도 또는 압력을 유지하도록 저장 또는 취급하여야 한다.

(4) 위험물을 저장 또는 취급하는 경우에는 위험물의 변질, 이물의 혼입 등에 의하여 당해 위험물의 위험성이 증대되지 아니하도록 필요한 조치를 강구하여야 한다.

(5) 위험물이 남아 있거나 남아 있을 우려가 있는 설비, 기계·기구, 용기 등을 수리하는 경우에는 안전한 장소에서 위험물을 완전하게 제거한 후에 실시하여야 한다.

(6) 위험물을 용기에 수납하여 저장 또는 취급할 때에는 그 용기는 당해 위험물의 성질에 적응하고 파손·부식·균열 등이 없는 것으로 하여야 한다.

(7) 가연성의 액체·증기 또는 가스가 새거나 체류할 우려가 있는 장소 또는 가연성의 미분이 현저하게 부유할 우려가 있는 장소에서는 전선과 전기기구를 완전히 접속하고 불꽃을 발하는 기계·기구·공구·신발 등을 사용하지 아니하여야 한다.

(8) 위험물을 보호액중에 보존하는 경우에는 당해 위험물이 보호액으로부터 노출되지 아니하도록 하여야 한다.

### 2  위험물의 유별 저장·취급의 공통기준(중요기준)

| 제1류 위험물 | 가연물과의 접촉, 혼합이나 분해를 촉진하는 물품과의 접근 또는 과열, 충격, 마찰 등을 피하는 한편, 알칼리금속의 과산화물 및 이를 함유한 것에 있어서는 물과의 접촉을 피하여야 한다. |
|---|---|
| 제2류 위험물 | 산화제와의 접촉·혼합이나 불티·불꽃·고온체와의 접근 또는 과열을 피하는 한편, 철분·금속분·마그네슘 및 이를 함유한 것에 있어서는 물이나 산과의 접촉을 피하고 인화성 고체에 있어서는 함부로 증기를 발생시키지 아니하여야 한다. |
| 제3류 위험물 | 자연발화성물질에 있어서는 불티·불꽃 또는 고온체와의 접근·과열 또는 공기와의 접촉을 피하고, 금수성물질에 있어서는 물과의 접촉을 피하여야 한다. |
| 제4류 위험물 | 불티·불꽃·고온체와의 접근 또는 과열을 피하고, 함부로 증기를 발생시키지 아니하여야 한다. |
| 제5류 위험물 | 불티·불꽃·고온체와의 접근이나 과열·충격 또는 마찰을 피하여야 한다. |
| 제6류 위험물 | 가연물과의 접촉·혼합이나 분해를 촉진하는 물품과의 접근 또는 과열을 피하여야 한다. |

**3** 저장의 기준

## (1) 저장소에는 위험물 외의 물품 저장 금지

> **Tip**
>
> **예외규정**
> 옥내저장소 또는 옥외저장소에 위험물과 위험물이 아닌 물품을 함께 저장하는 경우로서 위험물과 위험물이 아닌 물품은 각각 모아서 저장하고 상호간에는 1m 이상의 간격을 두는 경우

## (2) 동일한 저장소에 저장 금지
내화구조의 격벽으로 완전히 구획된 실이 2 이상 있는 저장소에 있어서는 동일한 실을 말한다.

① 유별을 달리하는 위험물은 저장 금지

> **Tip**
>
> **유별을 달리하는 위험물을 동일한 저장소에 저장할 수 있는 경우**
> 1. 옥내저장소 또는 옥외저장소에 아래와 같이 위험물을 유별로 정리하여 저장하고
> 2. 1m 이상 간격을 둘 경우 동일 장소에 저장 가능
>
> | | |
> |---|---|
> | 제1류 위험물 | 자연발화성 물품(황린 또는 이를 함유한 것) |
> | 제1류 위험물(알칼리금속의 과산화물은 제외) | 제5류 위험물 |
> | 제1류 위험물 | 제6류 위험물 |
> | 제2류 위험물 중 인화성고체 | 제4류 위험물 |
> | 제3류 위험물 중 알킬알루미늄등 | 제4류 위험물(알킬알루미늄 또는 알킬리튬을 함유한 것에 한함) |
> | 제5류 위험물 중 유기과산화물 또는 이를 함유한 것 | 제4류 위험물 중 유기과산화물 또는 이를 함유하는 것 |

② 제3류 위험물 중 황린 그 밖에 물속에 저장하는 물품과 금수성 물질은 저장금지

## (3) 옥내저장소, 옥외저장소
① 위험물은 용기에 수납하여 저장 - 덩어리상태의 유황은 제외

> **Tip**
>
> **유황을 용기에 수납하지 아니하고 저장하는 옥외저장소**
> 유황을 경계표시의 높이 이하로 저장하고, 유황이 넘치거나 비산하는 것을 방지할 수 있도록 경계표시 내부의 전체를 난연성 또는 불연성의 천막 등으로 덮고 당해 천막 등을 경계표시에 고정하여야 한다.

② 옥내저장소 저장 시 높이

| 구 분 | 높 이 |
|---|---|
| 그 밖의 경우 | 3 m 이하 |
| 제4류 위험물 중 제3석유류, 제4석유류, 동식물유류를 수납하는 용기만을 겹쳐 쌓는 경우 | 4 m 이하 |
| 기계에 의하여 하역하는 구조로 된 용기만을 겹쳐 쌓는 경우 | 6 m 이하 |

③ 옥외저장소에서 위험물을 수납한 용기를 선반에 저장하는 경우 − 6 m를 초과하지 말것

(4) 옥내저장소
① 동일 품명의 위험물
자연발화 할 우려가 있는 위험물 또는 재해가 현저하게 중대할 우려가 있는 위험물을 다량 저장하는 경우 − 지정수량의 10배 이하마다 구분하여 상호간 0.3 m 이상의 간격을 두어 저장하여야 한다.
② 용기에 수납하여 저장하는 위험물의 온도 : 55℃ 이하

(5) 옥외저장탱크 · 옥내저장탱크 또는 지하저장탱크
① 주된 밸브(액체의 위험물을 이송하기 위한 배관에 설치된 밸브 중 탱크의 바로 옆에 있는 것을 말한다)및 주입구의 밸브 또는 뚜껑은 위험물을 넣거나 빼낼 때 외에는 폐쇄하여야 한다.
② 옥외저장탱크의 주위에 방유제가 있는 경우에는 그 배수구를 평상시 폐쇄하여 두고, 당해 방유제의 내부에 유류 또는 물이 괴었을 때에는 지체없이 이를 배출하여야 한다.

(6) 이동탱크저장소
① 컨테이너식 이동탱크저장소외의 이동탱크저장소에 있어서는 위험물을 저장한 상태로 이동저장탱크를 옮겨 싣지 아니하여야 한다(중요기준).
② 이동탱크저장소에는 당해 이동탱크저장소의 완공검사필증 및 정기점검기록을 비치하여야 한다.
③ 피견인자동차에 고정된 이동저장탱크에 위험물을 저장할 때에는 당해 피견인자동차에 견인자동차를 결합한 상태로 두어야 한다.
④ 알킬알루미늄등을 저장 또는 취급하는 이동탱크저장소
긴급시의 연락처, 응급조치에 관하여 필요한 사항을 기재한 서류, 방호복, 고무장갑, 밸브 등을 죄는 결합공구 및 휴대용 확성기를 비치하여야 한다.

> **Tip**
>
> 다음 각목의 기준에 따라 피견인자동차를 철도 · 궤도상의 차량(이하 "차량")에 싣거나 차량으로부터 내리는 경우에는 그러하지 아니하다.
> ① 피견인자동차를 싣는 작업은 화재예방상 안전한 장소에서 실시하고, 화재가 발생하였을 경우에 그 피해의 확대를 방지할 수 있도록 필요한 조치를 강구할 것
> ② 피견인자동차를 실을 때에는 이동저장탱크에 변형 또는 손상을 주지 아니하도록 필요한 조치할 것
> ③ 피견인자동차를 차량에 싣는 것은 견인자동차를 분리한 즉시 실시하고, 피견인자동차를 차량으로부터 내렸을 때에는 즉시 당해 피견인자동차를 견인자동차에 결합할 것

(7) 알킬알루미늄 등, 아세트알데히드 등 및 디에틸에테르 등

① 저장탱크 내 불활성기체의 봉입, 치환

| 구 분 | 위험물의 종류 | 저장탱크 | 탱크의 구분 | 이유 또는 봉입방법 |
|---|---|---|---|---|
| 봉입 | 알킬알루미늄등 | 옥내저장탱크 옥외저장탱크 | 압력탱크 | 취출에 의하여 당해 탱크내의 압력이 **상용압력 이하로 저하 방지** |
| | | | 압력탱크 외의 탱크 | 취출이나 온도의 저하에 의한 **공기의 혼입을 방지** |
| | | 이동저장탱크 | – | **20 kpa 이하의 압력으로 불활성의 기체를 봉입** |
| | 아세트알데히드등 | 옥내저장탱크 옥외저장탱크 지하저장탱크 | 압력탱크 | 취출에 의하여 당해 탱크내의 압력이 **상용압력 이하로 저하 방지** |
| | | | 압력탱크 외의 탱크 | 취출이나 온도의 저하에 의한 **공기의 혼입을 방지** |
| | | 이동저장탱크 | – | 항상 **불활성의 기체를 봉입** |
| 치환 | 알킬알루미늄등 | 옥내저장탱크 옥외저장탱크 이동저장탱크 | – | 새롭게 주입하는 때에는 미리 당해 탱크안의 공기를 불활성기체와 치환하여 둘 것 |
| | 아세트알데히드등 | 옥내저장탱크 옥외저장탱크 지하저장탱크 이동저장탱크 | – | |

② 에테르, 산화프로필렌 등 저장 시 온도

| 구 분 | 비점 | 옥내저장탱크, 옥외저장탱크, 지하저장탱크 | | 이동저장탱크 | |
|---|---|---|---|---|---|
| | | 압력탱크 외의 탱크 | 압력탱크 | 보냉장치가 있는 경우 | 보냉장치가 없는 경우 |
| 디에틸에테르 | 34.6℃ | 30℃ 이하 | 40℃ 이하 | 비점 이하 | 40℃ 이하 |
| 산화프로필렌 | 35℃ | | | | |
| 아세트알데히드 | 20℃ | 15℃ 이하 | | | |

## 4 취급의 기준

### (1) 위험물의 취급 중 제조에 관한 기준
① 증류공정에 있어서는 위험물을 취급하는 설비의 내부압력의 변동 등에 의하여 액체 또는 증기가 새지 아니하도록 할 것
② 추출공정에 있어서는 추출관의 내부압력이 **비정상**으로 상승하지 아니하도록 할 것
③ 건조공정에 있어서는 위험물의 온도가 **국부적**으로 상승하지 아니하는 방법으로 가열 또는 건조할 것
④ 분쇄공정에 있어서는 위험물의 분말이 **현저하게** 부유하고 있거나 위험물의 분말이 현저하게 기계·기구 등에 부착하고 있는 상태로 그 기계·기구를 취급하지 아니할 것

### (2) 위험물의 취급 중 소비에 관한 기준
① 분사도장작업은 방화상 유효한 격벽 등으로 구획된 안전한 장소에서 실시할 것
② 담금질 또는 열처리작업은 위험물이 위험한 온도에 이르지 아니하도록 하여 실시할 것
③ 버너를 사용하는 경우에는 버너의 역화를 방지하고 위험물이 넘치지 아니하도록 할 것

### (3) 주유취급소·판매취급소·이송취급소 또는 이동탱크저장소에서의 위험물의 취급기준
① 주유취급소(항공기·선박 및 철도주유취급소를 제외한다)에서의 취급기준
  ㉠ 자동차 등에 주유할 때에는 고정주유설비를 사용하여 직접 주유할 것(중요기준)
  ㉡ 자동차 등에 인화점 40℃ 미만의 위험물을 주유할 때에는 자동차 등의 원동기를 정지시킬 것. 다만, 연료탱크에 위험물을 주유하는 동안 방출되는 가연성 증기를 회수하는 설비기 부착된 고정주유설비에 의하여 주유하는 경우에는 그러하지 아니하다
  ㉢ 다른 자동차 등의 주차를 금지하고 자동차 등의 점검·정비 또는 세정을 하지 아니하여야 하는 경우

| 자동차 등에 주유할 때 | 고정주유설비 또는 고정주유설비에 접속된 탱크의 주입구로부터 4 m 이내의 부분 |
|---|---|
| 이동저장탱크로부터 전용탱크에 위험물을 주입할 때 | 전용탱크의 주입구로부터 3 m 이내의 부분 및 전용탱크 통기관의 선단으로부터 수평거리 1.5 m 이내의 부분 |

    ㉣ 주유원 간이대기실 내에서는 화기를 사용하지 아니할 것.
 ② 항공기주유취급소에서의 취급기준
 ③ 철도주유취급소에서의 취급기준
 ④ 선박주유취급소에서의 취급기준
 ⑤ 고객이 직접 주유하는 주유취급소에서의 기준(아래 참조)

**(4) 알킬알루미늄등 및 아세트알데히드등의 취급기준**
 ① **알킬알루미늄등의 제조소 또는 일반취급소**에 있어서 알킬알루미늄등을 취급하는 설비에는 **불활성의 기체를 봉입**할 것
 ② 알킬알루미늄 등의 **이동탱크저장소에 있어서 이동저장탱크로부터 알킬알루미늄등을 꺼낼 때에는 동시에 200 kPa 이하의 압력으로 불활성의 기체를 봉입할 것**
 ③ **아세트알데히드등의 제조소 또는 일반취급소**에 있어서 아세트알데히드등을 취급하는 설비에는 연소성 혼합기체의 생성에 의한 폭발의 위험이 생겼을 경우에 **불활성의 기체 또는 수증기를 봉입**할 것[아세트알데히드등을 취급하는 탱크(옥외에 있는 탱크 또는 옥내에 있는 탱크로서 그 용량이 지정수량의 5분의 1 미만의 것을 제외한다)에 있어서는 불활성의 기체]
 ④ 아세트알데히드등의 **이동탱크저장소에 있어서 이동저장탱크로부터 아세트알데히드등을 꺼낼 때에는 동시에 100 kPa 이하의 압력으로 불활성의 기체를 봉입할 것**

## 8. 위험물의 운반에 관한 기준

**1** 운반용기

**(1) 재질**

| 짚 | 삼 | 유리 | 강판 | 종이 |
|---|---|---|---|---|
| 나무 | 섬유판 | 고무류 | 양철판 | 금속판 |
| 플라스틱 | 합성섬유 | 알루미늄판 | | |

**(2) 운반용기의 구조 및 최대용적**
기계에 의하여 하역하는 구조로 된 용기 및 이외의 용기로 구분 되어 있다.

## 2 적재방법

### (1) 기본사항

① 위험물이 온도변화 등에 의하여 누설되지 아니하도록 운반용기를 밀봉하여 수납할 것.

② 수납하는 위험물과 위험한 반응을 일으키지 아니하는 등 당해 위험물의 성질에 적합한 재질의 운반용기에 수납할 것

### (2) 수납률

① 고체위험물 : 운반용기 내용적의 95% 이하의 수납률로 수납할 것

② 액체위험물 : 운반용기 내용적의 98% 이하의 수납률로 수납하되, 55℃의 온도에서 누설되지 아니하도록 충분한 공간용적을 유지하도록 할 것

③ 제3류 위험물 중 알킬알루미늄등
운반용기의 내용적의 90% 이하의 수납률로 수납하되, 50℃의 온도에서 5% 이상의 공간용적을 유지

### (3) 적재위험물에 따른 조치

① **차광성이 있는 것으로 피복**
  ㉠ 제1류 위험물
  ㉡ 제3류 위험물 중 자연발화성 물질
  ㉢ 제4류 위험물 중 특수인화물
  ㉣ 제5류 위험물
  ㉤ 제6류 위험물

② **방수성이 있는 것으로 피복**
  ㉠ 제1류 위험물 중 알칼리금속의 과산화물 또는 이를 함유한 것
  ㉡ 제2류 위험물 중 철분·금속분·마그네슘 또는 이들 중 어느 하나 이상을 함유한 것
  ㉢ 제3류 위험물 중 금수성 물질

③ **제5류 위험물 중 55℃ 이하의 온도에서 분해될 우려가 있는 것**
  보냉 컨테이너에 수납하는 등 적정한 온도관리를 할 것

④ **충격방지 조치**
  액체위험물 또는 위험등급Ⅱ의 고체위험물을 기계에 의하여 하역하는 구조로 된 운반용기에 수납하여 적재하는 경우

(4) 위험물의 적재금지
　① 혼재가 금지되고 있는 위험물

| 위험물의 구분 | 제1류 | 제2류 | 제3류 | 제4류 | 제5류 | 제6류 |
|---|---|---|---|---|---|---|
| 제1류 | | × | × | × | × | ○ |
| 제2류 | × | | × | ○ | ○ | × |
| 제3류 | × | × | | ○ | × | × |
| 제4류 | × | ○ | ○ | | ○ | × |
| 제5류 | × | ○ | × | ○ | | × |
| 제6류 | ○ | × | × | × | × | |

　• "×" 표시는 혼재할 수 없음을 표시하고, "○" 표시는 혼재할 수 있음을 표시한다.
　• 이 표는 지정수량의 1/10 이하의 위험물에 대하여는 적용하지 아니한다.

　② 고압가스 안전관리법에 의한 고압가스

(5) 위험물을 수납한 운반용기를 겹쳐 쌓는 경우 그 높이를 3 m 이하

(6) 운반용기의 외부 표시 사항
　① 위험물의 품명, 위험등급, 수량, 화학명 및 수용성
　② 수납하는 위험물에 따른 주의사항

| 제1류 위험물 | 알칼리금속의 과산화물 | 화기·충격주의, 물기엄금 및 가연물접촉주의 |
|---|---|---|
| | 그 밖의 것 | 화기·충격주의 및 가연물접촉주의 |
| 제2류 위험물 | 철분·금속분·마그네슘 | 화기주의 및 물기엄금 |
| | 인화성고체 | 화기엄금 |
| | 그 밖의 것 | 화기주의 |
| 제3류 위험물 | 자연발화성물질 | 화기엄금 및 공기접촉엄금 |
| | 금수성물질 | 물기엄금 |
| 제4류 위험물 | | 화기엄금 |
| 제5류 위험물 | | 화기엄금 및 충격주의 |
| 제6류 위험물 | | 가연물접촉주의 |

**3** 운반방법(지정수량 이상 운반시)

(1) 지정수량 이상의 위험물을 차량으로 운반하는 경우
표지에 관련된 내용 : 이동탱크저장소 준용

(2) 지정수량 이상의 위험물을 차량으로 운반하는 경우에는 당해 위험물에 적응성이 있는 소형수동식소화기를 당해 위험물의 소요단위에 상응하는 능력단위 이상 갖추어야 한다.

(3) 품명 또는 지정수량을 달리하는 2 이상의 위험물을 운반하는 경우에 있어서 운반하는 각각의 위험물의 수량을 당해 위험물의 지정수량으로 나누어 얻은 수의 합이 1 이상인 때에는 지정수량 이상의 위험물을 운반하는 것으로 본다.

**4** 위험물의 위험등급

| 종류<br>위험등급 | 제1류 위험물<br>산화성고체 | | 제2류 위험물<br>가연성고체 | | 제3류 위험물<br>금수성 · 자연발화성 | | 제4류 위험물<br>인화성액체 | | 제5류 위험물<br>자기반응성 | | 제6류 위험물<br>산화성액체 | |
|---|---|---|---|---|---|---|---|---|---|---|---|---|
| | 품명(10) | 지정수량(kg) | 품명(7) | 지정수량(kg) | 품명(13) | 지정수량(kg) | 품명(7) | 지정수량(ℓ) | 품명(9) | 지정수량(kg) | 품명(3) | 지정수량(kg) |
| I | 아염소산염류<br>염소산염류<br>과염소산염류<br>무기과산화물 | 50 | – | | 칼륨<br>나트륨<br>알킬알루미늄<br>알킬리튬 | 10 | 특수인화물 | 50 | 유기과산화물<br>질산에스테르류 | 10 | 과산화수소<br>과염소산<br>질산 | 300 |
| | | | | | 황린 | 20 | | | | | | |
| II | 요오드산염류<br>브롬산염류<br>질산염류<br>무수크롬산<br>(삼산화크롬) | 300 | 황화린<br>적린<br>유황 | 100 | 알칼리금속<br>알칼리토금속<br>유기금속화합물 | 50 | 제1석유류 | 비수용성<br>200<br>수용성<br>400 | 히드록실아민<br>히드록실아민염류 | 100 | – | |
| | | | | | | | 알코올류 | 400 | 니트로화합물<br>니트로소화합물<br>아조화합물<br>디아조화합물<br>히드라진 유도체 | 200 | | |
| III | 과망간산염류<br>중크롬산염류 | 1,000 | 철분<br>마그네슘<br>금속분류 | 500 | 금속의 수소화물<br>금속의 인화물<br>칼슘의 탄화물<br>알루미늄의 탄화물<br>염소화규소화합물 | 300 | 제2석유류 | 비수용성<br>1,000<br>수용성<br>2,000 | – | | – | |
| | | | | | | | 제3석유류 | 비수용성<br>2,000<br>수용성<br>4,000 | | | | |
| | | | 인화성고체 | 1,000 | | | 제4석유류 | 6,000 | | | | |
| | | | | | | | 동식물유류 | 10,000 | | | | |

# 실전 예상문제

**●○○ 01**

제조소등에서의 위험물의 저장 및 취급에 관한 기준 중 일반적인 저장의 기준으로 옳지 못한 것은?

① 저장소에는 위험물 외의 물품을 저장 금지해야 한다.
② 동일한 저장소에 유별을 달리하는 위험물은 저장 금지하여야 한다.
③ 동일한 저장소에는 제3류 위험물 중 황린 및 그 밖에 물속에 저장하는 물품과 금수성물질은 저장 금지하여야 한다.
④ 옥내저장소, 옥외저장소의 위험물(덩어리상태의 유황 포함)은 용기에 수납하여 저장 하여야 한다.

 해설
옥내저장소, 옥외저장소의 위험물(덩어리상태의 유황은 제외)은 용기에 수납하여 저장 하여야 한다.

**●●● 02**

제조소등에서의 위험물의 저장 및 취급에 관한 기준 중 저장의 기준에 따라 기계에 의하여 하역하는 구조로 된 용기만을 겹쳐 쌓는 경우 높이는 얼마 이하이어야 하는가?

① 3 m 이하        ② 4 m 이하        ③ 5 m 이하        ④ 6 m 이하

해설

| 저장 시 높이 | 높이 |
|---|---|
| 그 밖의 경우 | 3 m 이하 |
| 제4류 위험물 중 제3석유류, 제4석유류, 동식물유류를 수납하는 용기만을 겹쳐 쌓는 경우 | 4 m 이하 |
| 기계에 의하여 하역하는 구조로 된 용기만을 겹쳐 쌓는 경우 | 6 m 이하 |

**●●○ 03**

제조소등에서의 위험물의 저장 및 취급에 관한 기준 중 저장의 기준에 따라 옥외저장소에서 위험물을 수납한 용기를 선반에 저장하는 경우 높이는 몇 m를 초과하면 안 되는가?

① 3 m        ② 4 m        ③ 5 m        ④ 6 m

정답  01 ④   02 ④   03 ④

●●○ **04** 제조소 등에서의 위험물의 저장 및 취급에 관한 기준 중 저장의 기준에 따라 유별을 달리하는 위험물을 동일한 저장소에 저장할 수 있는 경우가 아닌 것은?

① 제1류 위험물과 자연발화성 물품(황린 또는 이를 함유한 것)
② 제1류 위험물(알칼리금속의 과산화물은 제외)과 제5류 위험물
③ 제1류 위험물과 제6류 위험물
④ 제2류 위험물과 제4류 위험물

> **해설**
> 유별을 달리하는 위험물을 동일한 저장소에 저장할 수 있는 경우
> 1. 옥내저장소 또는 옥외저장소에 있어서 유별을 달리하는 위험물을 저장하고
> 2. 아래와 같이 위험물을 유별로 정리하여 저장하고
> 3. 1m 이상 간격을 둘 경우 동일 장소에 저장 가능
>
> | 제1류 위험물 | 자연발화성 물품(황린 또는 이를 함유한 것) |
> | --- | --- |
> | 제1류 위험물(알칼리금속의 과산화물은 제외) | 제5류 위험물 |
> | 제1류 위험물 | 제6류 위험물 |
> | 제2류 위험물 중 인화성고체 | 제4류 위험물 |
> | 제3류 위험물 중 알킬알루미늄 등 | 제4류 위험물(알킬알루미늄 또는 알킬리튬을 함유한 것에 한함) |
> | 제4류 위험물 중<br>유기과산화물 또는 이를 함유하는 것 | 제5류 위험물 중<br>유기과산화물 또는 이를 함유한 것 |

●●○ **05** 제조소 등에서의 위험물의 저장 및 취급에 관한 기준 중 저장의 기준에 따라 옥내저장소에 동일 품명의 위험물을 저장 시 자연발화 할 우려가 있는 위험물 또는 재해가 현저하게 증대할 우려가 있는 위험물을 다량 저장하는 경우 저장하는 방법은?

① 지정수량의 5배 이하마다 구분하여 상호간 0.1 m 이상의 간격을 두어 저장하여야 한다.
② 지정수량의 10배 이하마다 구분하여 상호간 0.1 m 이상의 간격을 두어 저장하여야 한다.
③ 지정수량의 5배 이하마다 구분하여 상호간 0.3 m 이상의 간격을 두어 저장하여야 한다.
④ 지정수량의 10배 이하마다 구분하여 상호간 0.3 m 이상의 간격을 두어 저장하여야 한다.

> **해설**
> 옥내저장소에 동일 품명의 위험물을 저장시 자연발화 할 우려가 있는 위험물 또는 재해가 현저하게 증대할 우려가 있는 위험물은 지정수량의 10배 이하마다 구분하여 상호간 0.3 m 이상의 간격을 두어 저장하여야 한다.

●●○ **06** 제조소 등에서의 위험물의 저장 및 취급에 관한 기준 숭 서상의 기준에 따라 옥내저장소에 용기에 수납하여 저장하는 위험물의 온도는 몇 ℃ 이하로 저장하여야 하는가?

① 15℃                ② 30℃                ③ 40℃                ④ 55℃

> **해설**
> 옥내저장소에 용기에 수납하여 저장하는 위험물의 온도는 55℃ 이하로 저장해야 한다.

**정답** 04 ④   05 ④   06 ④

**07** 제조소 등에서의 위험물의 저장 및 취급에 관한 기준 중 저장의 기준에 따른 위험물의 저장기준으로 틀린 것은?

① 지하저장탱크의 주된 밸브는 이송할 때 이외에는 폐쇄하여야 한다.
② 이동탱크저장소에는 설치허가증을 비치하여야 한다.
③ 산화프로필렌을 저장하는 이동저장탱크에는 불활성 기체를 봉입하여야 한다.
④ 옥외저장탱크 주위에 설치된 방유제의 내부에 물이나 유류가 고였을 경우 즉시 배출하도록 하여야 한다.

> **해설**
> 이동탱크저장소에는 당해 이동탱크저장소의 완공검사필증 및 정기점검기록을 비치하여야 한다.

**08** 제조소 등에서의 위험물의 저장 및 취급에 관한 기준 중 저장의 기준에 따른 위험물 저장기준의 내용 중 맞는 것은?

① 옥외저장탱크의 주위에 방유제가 있는 경우에는 방유제 내부에 물이 고일 우려가 있어 상시 그 배수구를 개방하여 배출시키고 방유제 내부에 유류가 고였을 때에는 지체 없이 이를 폐쇄하여야 한다.
② 피견인자동차에 고정된 이동저장탱크에 위험물을 저장할 때에는 당해 피견인자동차에 견인자동차를 결합한 상태로 두어야 한다.
③ 옥내저장소 또는 옥외저장소는 위험물과 위험물이 아닌 물품을 함께 저장하는 경우 위험물과 위험물이 아닌 물품은 각각 모아서 저장하고 상호간에는 2 m 이상의 간격을 두어야 한다.
④ 옥내저장소, 옥외저장소에 있어서 덩어리상태의 유황을 포함한 모든 위험물은 용기에 수납하여 저장하여야 한다.

> **해설**
> 1. 옥외저장탱크의 주위에 방유제가 있는 경우에는 방유제 내부에 물이 고일 우려가 있어 상시 그 배수구를 개방하여 배출시키고 방유제 내부에 유류가 고였을 때에는 지체 없이 이를 폐쇄하여야 한다. → 배수구는 상시폐쇄하고 물이 고였을 때 개방한다.
> 2. 옥내저장소 또는 옥외저장소는 위험물과 위험물이 아닌 물품을 함께 저장하는 경우 위험물과 위험물이 아닌 물품은 각각 모아서 저장하고 상호간에는 1 m 이상의 간격을 두어야 한다.
> 3. 옥내저장소, 옥외저장소에 있어서 덩어리상태의 유황을 포함한 모든 위험물은 용기에 수납하여 저장하여야 한다. → 덩어리 상태의 유황은 용기에 수납하지 않아도 된다.

**09** 제조소 등에서의 위험물의 저장 및 취급에 관한 기준 중 저장의 기준에 따라 알킬알루미늄 등을 이동저장탱크에 저장할 때 몇 kPa 이하의 압력으로 불활성의 기체를 봉입하여야 하는가?

① 20    ② 50    ③ 100    ④ 200

> **해설**
> 알킬알루미늄 등을 이동저장탱크에 저장할 때에는 20 kpa 이하의 압력으로 불활성의 기체를 봉입하여야 한다.

**10** 제조소등에서의 위험물의 저장 및 취급에 관한 기준 중 저장의 기준에 따라 보냉장치가 없는 이동
저장탱크에 저장하는 아세트알데히드의 유지온도는?

① 30℃ 이하    ② 30℃ 이상    ③ 40℃ 이하    ④ 40℃ 이상

**해설**

| 구 분 | 비 점 | 옥내저장탱크, 옥외저장탱크, 지하저장탱크 | | 이동저장탱크 | |
|---|---|---|---|---|---|
| | | 압력탱크 외의 탱크 | 압력탱크 | 보냉장치가 있는 경우 | 보냉장치가 없는 경우 |
| 산화프로필렌 디에틸에테르 | 35℃ 34.6℃ | 30℃ 이하 | 40℃ 이하 | 비점 이하 | 40℃ 이하 |
| 아세트알데히드 | 20℃ | 15℃ 이하 | | | |

 **11** 제조소등에서의 위험물의 저장 및 취급에 관한 기준 중 저장의 기준에 따라 보냉장치가 있는 이동
저장탱크에 저장하는 아세트알데히드 또는 산화프로필렌의 온도는 당해 위험물의 (   ) 이하로 유
지하여야 하는가?

① 인화점    ② 비점    ③ 연소점    ④ 발화점

**해설**

문제 10번 해설 참조

 **12** 위험물의 취급 중 제조에 관한 기준으로 옳지 않은 것은?

① 증류공정에 있어서는 위험물을 취급하는 설비의 내부압력의 변동 등에 의하여 액체 또는
증기가 새지 아니하도록 할 것
② 추출공정에 있어서는 추출관의 내부압력이 정상으로 상승하지 아니하도록 할 것
③ 건조공정에 있어서는 위험물의 온도가 국부적으로 상승하지 아니하는 방법으로 가열 또는
건조할 것
④ 분쇄공정에 있어서는 위험물의 분말이 현저하게 부유하고 있거나 위험물의 분말이 현저하게
기계·기구 등에 부착하고 있는 상태로 그 기계·기구를 취급하지 아니할 것

**해설**

추출공정에 있어서는 추출관의 내부압력이 비정상으로 상승하지 아니하도록 할 것

**정답** | 10 ③  11 ②  12 ②

●●● **13** 이동탱크저장소에서의 위험물의 취급기준에 따라 알킬알루미늄 등의 이동탱크저장소에 있어서 이동저장탱크로부터 알킬알루미늄 등을 꺼낼 때에는 동시에 몇 kPa 이하의 압력으로 불활성의 기체를 봉입하여야 하는가?

① 20　　　　　② 100　　　　　③ 200　　　　　④ 300

> **해설**
> 이동탱크저장소에서의 위험물의 취급기준에 따라 알킬알루미늄등의 이동탱크저장소에 있어서 이동저장탱크로부터 알킬알루미늄등을 꺼낼 때에는 동시에 200 kPa 이하의 압력으로 불활성의 기체를 봉입할 것

●●● **14** 이동탱크저장소에서의 위험물의 취급기준에 따라 아세트알데히드 등의 이동탱크저장소에 있어서 이동저장탱크로부터 아세트알데히드 등을 꺼낼 때에는 동시에 몇 kPa 이하의 압력으로 불활성의 기체를 봉입해야 하는가?

① 20　　　　　② 100　　　　　③ 200　　　　　④ 300

> **해설**
> 이동탱크저장소에서의 위험물의 취급기준에 따라 아세트알데히드등의 이동탱크저장소에 있어서 이동저장탱크로부터 아세트알데히드등을 꺼낼 때에는 동시에 100 kPa 이하의 압력으로 불활성의 기체를 봉입할 것

●●● **15** 위험물안전관리법령상 위험물의 운반용기 외부에 표시해야 할 사항이 아닌 것은?
(단, 용기의 용적은 10 ℓ이며 원칙적인 경우에 한한다.)

① 위험물의 화학명　　　　　② 위험물의 지정수량
③ 위험물의 품명　　　　　　④ 위험물의 수량

> **해설**
> 운반용기 외부에 표시해야 할 사항 – 위험물의 품명, 화학명, 수량, 수용성, 위험등급

●○○ **16** 위험물안전관리법령상 위험물의 적재시 혼재기준에서 혼재가 가능한 위험물로 짝지어진 것은?
(단, 각 위험물은 지정수량 100배로 가정한다.)

① 질산칼륨과 가솔린　　　　② 과산화수소와 황린
③ 철분과 유기과산화물　　　④ 등유와 과염소산

> **해설**
>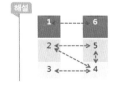
> 빨간색 화살표끼리는 혼재가 가능하다.
> 철분과 유기과산화물은 2류와 5류 위험물로서 혼재가 가능하다.
> 질산칼륨 – 1류, 가솔린 – 4류 / 황린 – 3류, 과산화수소 – 6류
> 과염소산 – 6류, 등유 – 4류

**정답** 13 ③　14 ②　15 ②　16 ③

**17** | 위험물의 운반용기 및 적재방법에 대한 기준으로 틀린 것은?

① 운반용기의 재질은 나무도 된다.
② 고체 위험물은 운반용기 내용적의 90% 이하의 수납률로 수납한다.
③ 액체 위험물은 운반용기 내용적의 98% 이하의 수납률로 수납한다.
④ 알킬알루미늄은 운반용기 내용적의 90% 이하의 수납률로 수납하되 50℃의 온도에서 5% 이상의 공간용적을 유지하도록 한다.

**해설**
고체 위험물은 운반용기 내용적의 95% 이하의 수납률로 수납한다.

**18** | 제3류 위험물 자연발화성물질의 운반용기의 외부 표시 사항(수납하는 위험물 주의사항)으로 옳은 것은?

① 화기엄금
② 물기엄금
③ 화기주의
④ 화기엄금 및 공기접촉엄금

**해설**

| 제3류 위험물 | 자연발화성물질 | 화기엄금 및 공기접촉엄금 |
|---|---|---|

**19** | 제1류 위험물 알칼리금속의 과산화물의 운반용기의 외부 표시 사항(수납하는 위험물 주의사항)으로 맞는 것은?

| A : 화기주의    B : 충격주의    C : 물기엄금    D : 가연물접촉주의 |
|---|

① A, B, C, D
② A, B, C
③ A, B
④ A

**해설**

| 제1류 위험물 | 알칼리금속의 과산화물 | 화기·충격주의, 물기엄금 및 가연물접촉주의 |
|---|---|---|
| | 그밖의 것 | 화기·충격주의 및 가연물접촉주의 |

 **20** | 과산화벤조일의 운반용기 외부에 기재해야 할 주의사항은?

① 물기엄금 및 충격엄금
② 화기엄금 및 충격주의
③ 화기엄금 및 물기주의
④ 취급주의 및 충격주의

**해설**
제5류 위험물은 가연물로 절대 화기엄금해야 하며 충격, 마찰 등에 폭발 우려가 있어 충격주의를 표시하여야 한다.

**정답** 17 ② 18 ④ 19 ① 20 ②

●○○ 21 위험물의 운반 시 용기, 적재방법 및 운반방법에 관하여는 화재 등의 위해예방과 응급조치상의 중요성을 감안하여 정하는 중요기준 및 세부기준은 무엇으로 정하는가?

① 대통령령　　　② 행정안전부령　　　③ 시·도의 조례　　　④ 소방청장고시

> **해설**
> 위험물의 운반 시 용기, 적재방법 및 운반방법에 관하여는 화재 등의 위해예방과 응급조치상의 중요성을 감안하여 정하는 중요기준 및 세부기준은 행정안전부령으로 정한다.

●○○ 22 다음 중 위험물안전관리에 관한 세부기준에서 정한 인화점 측정방법이 아닌 것은?

① 태그밀폐식　　　　　　　　　② 신속평형법
③ 클리브랜드개방컵　　　　　　④ 베타개방식

> **해설**
> 위험물안전관리에 관한 세부기준에서 정한 인화점 측정방법 – 태그밀폐식, 신속평형법, 클리브랜드개방컵

●○○ 23 위험물안전관리법에 따른 과태료 처분에 불복이 있는 사람은 며칠 이내에 이의 제기를 하여야 하는가?

① 10일　　　　　　　　　　② 30일
③ 50일　　　　　　　　　　④ 60일

> **해설**
> 위험물안전관리법에 따른 과태료 처분에 불복이 있는 사람은 30일 이내에 이의 제기 하여야 한다.

●●○ 24 동일한 저장소에 저장할 수 없는 것은?

① 제1류 위험물과 황린
② 제2류 위험물과 제5류 위험물
③ 인화성고체와 제4류 위험물
④ 제1류 위험물(알칼리 금속의 과산화물은 제외)과 제5류 위험물

> **해설**
> 유별을 달리하는 위험물을 동일한 저장소에 저장할 수 있는 경우
> 1. 옥내저장소 또는 옥외저장소에 아래와 같이 위험물을 유별로 정리하여 저장하고
> 2. 1 m 이상 간격을 둘 경우 동일 장소에 저장 가능
>
> | 제1류 위험물 | 자연발화성 물품(황린 또는 이를 함유한 것) |
> |---|---|
> | 제1류 위험물(알칼리금속의 과산화물은 제외) | 제5류 위험물 |
> | 제1류 위험물 | 제6류 위험물 |
> | 제2류 위험물 중 인화성고체 | 제4류 위험물 |
> | 제3류 위험물 중 알킬알루미늄등 | 제4류 위험물(알킬알루미늄 또는 알킬리튬을 함유한 것에 한함) |
> | 제5류 위험물 중 유기과산화물 또는 이를 함유한 것 | 제4류 위험물 중 유기과산화물 또는 이를 함유하는 것 |

**정답** 21 ②　22 ④　23 ②　24 ②

제5과목 • • • •

# 05

Fire Facilities Manager

# 소방시설의 구조원리

# 제5과목

## 소방시설의 구조원리 | 출제문제 분석 · 학습전략

## 1 출제문제 분석

(1) 소방시설구조원리는 크게 소화설비, 경보설비, 피난구조설비, 소화용수설비, 소화활동설비, 기타설비로 구분 되어 있습니다.

(2) 화재안전기준 뿐만 아니라 형식승인, 성능인증 제품검사기술기준, 소방법까지 매우 광범위하며 출제도 다양각색으로 출제됩니다.

(3) 소화설비는 50%를 차지할 정도로 출제 빈도가 많습니다.

(4) 소방시설의 구조, 원리의 개념보다는 화재안전기준 내용 및 수치를 정확히 암기하고 있느냐의 문제가 대다수 이지만 이해하지 않으면 암기하기가 어렵습니다.

(5) 출제되는 동일한 문제는 거의 없지만 문제의 내용은 비슷하여 동일한 문제라고 보아도 무방합니다.

**소방시설구조원리 최근 기출문제 경향**

■ 소화설비 　■ 경보설비 　■ 피난설비
■ 소화용수설비 　■ 소화활동설비 　■ 기타설비

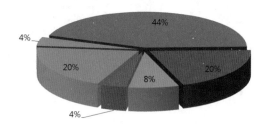

| 구 분 | 출제 빈도순 |
|---|---|
| 소화설비 | 스프링클러, 포, 가스계, 옥내소화전, 옥외소화전설비, 소화기구 등 |
| 경보설비 | 자동화재탐지설비, 누전경보기, 비상방송설비 등 |
| 피난구조설비 | 유도등, 비상조명등, 피난기구 등 |
| 소화용수설비 | 소화수조, 저수조, 상수도소화용수설비 등 |
| 소화활동설비 | 무선통신보조설비, 비상콘센트설비, 연결살수설비, 제연설비 등 |
| 기타설비 | 고층건축물, 도로터널, 비상전원수전설비, 임시소방시설 등 |

## 2 학습전략

(1) 소방시설관리사 2차와 100% 연계된 과목이므로 만점에 가깝도록 학습이 필요합니다.
　소화설비의 경우 100% 2차에 출제가 되고 있으므로 수박 겉핥기식의 공부 방법은 금물입니다.

(2) 이해 위주의 문제는 거의 없으므로 누가 암기를 많이 하고 공부를 많이 하느냐가 관건입니다.

(3) 소방시설구조원리를 그림 등으로 이미지화 시켜 접근하는 방법의 암기가 가장 오랫동안 기억에 남습니다.

(4) 암기 방법은 기존의 암기방법을 이용하는 것도 좋지만 잘 암기가 되지 않은 것은 자기 환경, 주변 등을 이용하여 자기만의 암기방법을 만드시기 바랍니다.

# PART 1 소화설비

## 1. 소화기구 및 자동소화장치의 화재안전기준(NFSC 101)

### 1 설치대상

| 소화기 또는<br>간이소화용구 | • 연면적 33 m² 이상인 것<br>• 지정문화재 및 가스시설<br>• 터널, 지하구, 발전시설 중 전기저장시설 |
|---|---|

※ 노유자시설 - 투척용 소화용구 등을 화재안전기준에 따라 산정된 소화기 수량의 1/2 이상으로 설치할 수 있다.

| 자동소화장치 | 고체에어로졸,<br>가스, 분말,<br>캐비닛형 | 화재안전기준에서 정하는 장소 |
|---|---|---|
| | 주거용 주방 | 아파트등 및 30층 이상 오피스텔의 모든층 |

### 2 정 의

| 소화약제 | 소화기구 및 자동소화장치에 사용되는 소화성능이 있는 고체·액체 및 기체의 물질 |
|---|---|
| 소화기구 | 1. 소화기 - 소화약제를 압력에 따라 방사하는 기구로서 사람이 수동으로 조작하여 소화하는 것<br>① 능력단위에 의한 구분 |

| 구분 | 능력단위 | 비고 |
|---|---|---|
| 소형소화기 | 1 단위 이상이고<br>대형소화기의 능력단위 미만 | |
| 대형소화기 | A급 - 10 단위 이상<br>B급 - 20 단위 이상 | 사람이 운반할 수 있도록<br>운반대와 바퀴가 있음 |

※ 능력단위 : 소화기 및 소화약제에 따른 간이소화용구의 형식승인 된 수치
간이소화용구는 별표2의 수치

**예제 01**

소화기 능력단위에 의한 구분에서 대형소화기 B급은 몇 단위 이상인가?

① 5        ② 10        ③ 15        ④ 20

**해답** ④

② 양에 의한 구분(소형과 대형소화기 구분 기준)

| 구분 | 양 | 구분 | 양 |
|---|---|---|---|
| 물소화기 | 80 ℓ 이상 | 이산화탄소소화기 | 50 kg |
| 강화액소화기 | 60 ℓ 이상 | 할론 | 30 kg |
| 포소화기 | 20 ℓ 이상 | 분말소화기 | 20 kg |

> **암기** 물 팔아(80) 강 60 사고 포 20 사고 이산화탄소 50을 할(할론)부(분말)로 30, 20 샀다.

**예제 02**

소화기를 양에 따라 소형과 대형으로 구분 시 대형 강화액소화기는 몇 ℓ이상인가?

① 20        ② 40        ③ 60        ④ 80

**해답** ③

**2. 자동확산소화기**

화재를 감지하여 자동으로 소화약제를 방출 확산시켜 국소적으로 소화하는 소화기

**3. 간이소화용구**

에어로졸식소화용구, 투척용소화용구 및 소화약제 외의 것을 이용한 소화용구

※ 소화약제 이외의 것을 이용한 간이소화용구의 능력단위(별표 2)

| 간 이 소 화 용 구 | | 능력단위 |
|---|---|---|
| • 마른모래 | 삽을 상비한 50 ℓ 이상의 것 1포 | 0.5단위 |
| • 팽창질석 또는 팽창진주암 | 삽을 상비한 80 ℓ 이상의 것 1포 | |

**소화기구**

소화약제를 자동으로 방사하는 고정된 소화장치   **암기** 고가분 캐주상

– 형식승인 또는 성능인증 받은 유효 설치 범위(설계방호체적, 최대설치높이, 방호면적 등) 이내에 설치

**자동소화장치**

| 고체에어로졸 자동소화장치 |  | 열, 연기 또는 불꽃 등을 감지하여 에어로졸의 소화약제를 방사하여 소화하는 소화장치 |
|---|---|---|

| | | | | |
|---|---|---|---|---|
| 자동소화장치 | 가스 자동소화장치 | | 열, 연기 또는 불꽃 등을 감지하여 가스계 소화 약제를 방사하여 소화하는 소화장치 | |
| | 분말 자동소화장치 | | 열, 연기 또는 불꽃 등을 감지하여 분말의 소화약제를 방사하여 소화하는 소화장치 | |
| | 캐비닛형 자동소화장치 | | 열, 연기 또는 불꽃 등을 감지하여 소화약제를 방사하여 소화하는 캐비닛형태의 소화장치 | |
| | 주거용 주방 자동소화장치 | | 주거용 주방에 설치 | 열발생 조리기구의 사용으로 인한 화재 발생 시 열원(전기 또는 가스)을 자동으로 차단하며 소화약제를 방출하는 소화장치 |
| | 상업용 주방 자동소화장치 | | 상업용 주방에 설치 | |

### 3 설치기준

#### (1) 소화기구 설치기준

① 설치장소에 따라 적합한 종류의 것을 설치할 것

| 적응대상 \ 소화약제 구분 | 가스 | | | 분말 | | 액체 | | | | 기타 | | | |
|---|---|---|---|---|---|---|---|---|---|---|---|---|---|
| | 이산화탄소소화약제 | 할론소화약제 | 할로겐화합물 및 불활성기체 | 인산염류소화약제 | 중탄산염류소화약제 | 산알칼리소화약제 | 강화액소화약제 | 포소화약제 | 물·침윤소화약제 | 고체에어로졸화합물 | 마른모래 | 팽창질석·팽창진주암 | 그 밖의 것 |
| 일반화재(A급 화재) | – | ○ | ○ | ○ | – | ○ | ○ | ○ | ○ | ○ | ○ | ○ | – |
| 유류화재(B급 화재) | ○ | ○ | ○ | ○ | ○ | ○ | ○ | ○ | ○ | ○ | ○ | ○ | – |
| 전기화재(C급 화재) | ○ | ○ | ○ | ○ | ○ | * | * | * | * | ○ | – | – | – |
| 주방화재(K급 화재) | – | – | – | – | * | – | * | * | * | – | – | – | * |

※ 일반화재에 적응성이 없는 약제는 이산화탄소와 분말 중 중탄산염류소화약제 이다.
※ 액체소화기는 전기화재에 적응성이 없으므로 액체소화기 종류를 정확히 파악하자.
※ 마른모래, 팽창질석, 진주암은 전기화재에 적응성이 없다.
※ "*"의 소화약제별 적응성은 형식승인 및 제품검사의 기술기준에 따라 화재 종류별 적응성에 적합한 것으로 인정되는 경우에 한한다.

| 예제 03 | 분말 소화약제 중 중탄산염류소화약제를 사용할 수 없는 장소는? |
|---|---|

① 공작물　　　　② 전기실　　　　③ 전산실　　　　④ 변전실

해답　①

② 특정소방대상물에 따라 소화기구의 능력단위 산정하여 배치

| 특정소방대상물 | 소화기구의 능력단위 - 1단위의 바닥면적($m^2$) |
|---|---|
| • 위락시설 | 30 $m^2$ |
| • 공연장·관람장·장례식장·집회장·의료시설·문화재<br>[암기] 공(연장)관(람장)장 집의 문 | 50 $m^2$ |
| • 관광휴게시설·창고시설·판매시설·노유자시설·숙박시설·<br>근린생활시설·항공기 및 자동차 관련 시설·공동주택·공장·<br>업무시설·운수시설·전시장·방송통신시설<br>[암기] 관(광휴게시설)창 판 노숙 근항 - 공(동주택)공(장)업 운전 방 | 100 $m^2$ |
| • 그 밖의 것 | 200 $m^2$ |

※ 소화기구의 능력단위를 산출함에 있어서 건축물의 **주요구조부가 내화구조**이고, 벽 및 반자의 실내에 면하는 부분이 **불연재료 · 준불연재료 또는 난연재료**로 된 특정소방대상물에 있어서는 위 표의 **기준면적의 2배**를 해당 특정소방대상물의 기준면적으로 한다.

| 예제 04 | 기타구조인 건축물의 지하 1층에 있는 유흥주점이 100 $m^2$인 경우 3단위 소화기 비치 개수는? (단, 내장재는 불연재이다.) |
|---|---|

① 1　　　　　　② 2　　　　　　③ 3　　　　　　④ 4

해답　②

유흥주점은 위락시설로서 1 단위의 면적은 30 $m^2$이다. 따라서 100 $m^2$ ÷ 30 $m^2$ = 3.3단위 이므로 3.3단위 / 3(단위/개) = 1.1개 ∴ 3단위 소화기 2개를 비치하여야 한다.

### ③ 부속용도별로 사용되는 부분에 대한 소화기구 및 자동소화장치를 추가 설치

<table>
<tr><th colspan="2">용 도 별</th><th>설치기준</th></tr>
<tr><td colspan="2">1. 다음 각목의 시설.<br>㉠ 건조실 · 대량화기취급소 · 보일러실(아파트의 경우 방화구획된 것을 제외) · 세탁소 암기 건대보세<br>㉡ 기숙사 · 다중이용업소 · 음식점(지하가의 음식점 포함) · 호텔 · 노유자시설 · 장례식장 · 교육연구시설 · 교정 및 군사시설의 주방 다만, 공장 · 업무시설 · 의료시설의 주방은 공동취사용 일 것<br>㉢ 관리자의 출입이 곤란한 변전실 · 송전실 · 변압기실 및 배전반 (불연재료로 된 상자 안에 장치된 것을 제외한다)</td><td>• 25 $m^2$마다 : 1단위 이상 소화기 설치하고 자동확산소화기 추가 설치 – 10 $m^2$ 이하는 1개, 10 $m^2$ 초과는 2개<br>• ㉡의 주방의 경우 1개 이상은 주방화재용 소화기(k급)를 설치<br>• 설치제외<br>스프링클러 · 간이스프링클러 · 물분무등 또는 상업용자동소화장치가 설치된 경우에는 자동확산소화기 설치 제외</td></tr>
<tr><td colspan="2">2. 발전실 · 변전실 · 송전실 · 변압기실 · 배전반실 · 통신기기실 · 전산기기실 · 기타 이와 유사한 시설이 있는 장소.<br>다만, 1의 ㉢의 장소를 제외한다.</td><td>• 50 $m^2$마다 – 적응성이 있는 소화기 1개 이상 설치하거나<br>• 고체에어로졸 · 가스 · 분말 자동소화 장치, 캐비닛형자동소화장치 중 1개 이상 설치<br>• 다만, 통신기기실 · 전자기기실을 제외한 장소에 있어서는 교류 600 V 또는 직류 750 V 이상의 것에 한한다.</td></tr>
<tr><td>3. 위험물 취급하는 장소</td><td>지정수량의 1/5 이상 지정수량 미만 저장</td><td>• 능력단위 2단위 이상 설치하거나<br>• 고체에어로졸 · 가스 · 분말 · 캐비닛형 자동소화장치 설치</td></tr>
<tr><td rowspan="2">4. 특수가연물 저장 취급 장소</td><td>지정수량 이상</td><td>지정수량의 50배 이상마다 능력단위 1단위 이상</td></tr>
<tr><td>지정수량의 500배 이상</td><td>대형소화기 1개 이상</td></tr>
</table>

5. 고압가스안전관리법 · 액화석유가스의 안전관리 및 사업법 및 도시가스사업법에서 규정하는 가연성가스

<table>
<tr><th colspan="2">구 분</th><th>연소기기</th><th colspan="3">설치기준</th></tr>
<tr><td rowspan="5">고압가스<br>액화석유가스<br>도시가스 등의<br>가연성가스</td><td rowspan="2">연료용</td><td>있음</td><td colspan="3">각 연소기로부터 보행거리 10 m 이내 : 3–1<br>(주거용자동소화기기 설치시 면제)</td></tr>
<tr><td>없음<br>(저장실)</td><td colspan="3">5–2 및 대–1</td></tr>
<tr><td></td><td>저장량</td><td>200 kg 미만</td><td>200이상~300 kg 미만</td><td>300 kg 이상</td></tr>
<tr><td>저장용</td><td>–</td><td>3–2</td><td>5–2</td><td>대–2</td></tr>
<tr><td>제조용 또는<br>연료외의 용</td><td>–</td><td>3–2</td><td>5–1<br>(50 $m^2$마다)</td><td>5–1<br>(50 $m^2$마다)</td></tr>
</table>

예 5–1 : 능력단위 5단위 이상 1개, 대–2 : 대형소화기 2개

※ 액화석유가스 · 기타 가연성가스를 제조하거나 연료외의 용도로 사용하는 장소에 소화기를 설치하는 때에는 해당 장소 바닥면적 50 $m^2$ 이하인 경우에도 해당 소화기를 2개 이상 비치하여야 한다.

④ 기타 기준

㉠ 각 층마다 배치

㉡ 보행거리마다 배치 – 소형소화기 : 20 m 이내, 대형소화기 : 30 m 이내

- 가연성물질이 없는 작업장 : 작업장의 실정에 맞게 보행거리를 완화하여 배치

㉢ 특정소방대상물의 각층이 2 이상의 거실로 구획된 경우

- 바닥면적이 33 m² 이상으로 구획된 각 거실에도 배치할 것

㉣ 아파트의 경우에는 각 세대마다 배치

㉤ 능력단위가 2단위 이상이 되도록 소화기를 설치하여야 할 경우

- 간이소화용구의 능력단위가 전체 능력단위의 2분의 1을 초과하지 아니하게 할 것. 단, 노유자시설은 제외

㉥ 소화기구(자동확산소화기 제외) 설치높이 및 표지

- 설치높이 : 거주자 등이 손쉽게 사용할 수 있는 장소에 바닥으로부터 높이 1.5m 이하
- 표지 부착 내용

| 구분 | 소화기 | 투척용소화용구 | 마른모래 | 팽창질석 및 팽창진주암 |
|---|---|---|---|---|
| 표지에 표시할 내용 | 소화기 | 투척용소화용구 | 소화용모래 | 소화질석 |

(2) 자동확산소화기 설치기준 (신설 2017.4.11.)

① 방호대상물에 소화약제가 유효하게 방사될 수 있도록 설치할 것

② 작동에 지장이 없도록 견고하게 고정할 것

(3) 자동소화장치 설치기준

① 고체에어로졸, 가스, 분말 자동소화장치 설치기준

| 소화약제<br>방출구 | 형식승인 받은 유효설치범위 내에 설치 |
|---|---|
| 자동소화장치 | 방호구역내에 형식승인 된 1개의 제품을 설치<br>연동방식으로서 하나의 형식을 받은 경우에는 1개의 제품으로 본다. |
| 감지부 | • 형식승인된 유효설치범위 내에 설치<br>• 설치장소의 평상시 최고주위온도에 따라 표시온도의 것으로 설치<br>  - 열감지선의 감지부는 형식승인 받은 최고주위온도범위 내에 설치하여야 한다.<br><br>표 아래 참조<br><br>• 화재감지기를 감지부로 사용하는 경우 케비닛형 자동소화장치에 따를 것 |

| 설치장소의 최고주위온도 | 표시온도 |
|---|---|
| 39℃ 미만 | 79℃ 미만 |
| 39℃ 이상 64℃ 미만 | 79℃ 이상 121℃ 미만 |
| 64℃ 이상 106℃ 미만 | 121℃ 이상 162℃ 미만 |
| 106℃ 이상 | 162℃ 이상 |

암기 39와 64는 79(친구)이다. 39와 64를 더하고 +3을 하면 106, 39와 79를 더하고 +3을 하면 121, 39와 121을 더하고 +2를 하면 162가 된다.

② 캐비닛형 자동소화장치 설치기준

| 분사헤드의 설치 높이 | 방호구역의 **바닥으로부터 최소 0.2 m 이상 최대 3.7 m 이하**로 하여야 한다. 다만, 별도의 높이로 형식승인 받은 경우에는 그 범위 내에서 설치할 수 있다 |
|---|---|
| 화재감지기 설치장소 | 방호구역내의 천장 또는 옥내에 면하는 부분에 설치 |
| 화재감지기의 회로 | **교차회로방식** |
| 화재감지기 1개의 담당하는 바닥면적 | 자동화재탐지설비의 화재안전기준 준용 |
| 개구부 및 통기구, 환기장치 | 약제가 방사되기 전에 해당 개구부 및 통기구를 자동으로 폐쇄할 수 있도록 할 것. 다만, 가스압에 의하여 폐쇄되는 것은 소화약제방출과 동시에 폐쇄 |
| 기타 | • 작동에 지장이 없도록 견고하게 고정<br>• 구획된 장소의 방호체적 이상을 방호할 수 있는 소화성능<br>• 방호구역내의 화재감지기의 감지에 따라 작동 |

③ 주거용 주방 자동소화장치

㉠ 설치장소

아파트의 각 세대별 주방 및
오피스텔의 각 실별 주방에 설치

㉡ 구성

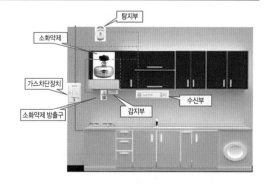

후드에 설치된 소화약제
방출구 및 감지부

  탐 -가수 - 소감

후드 상부 수납장에
있는 저장용기

| 탐지부 | • 가스용 주방자동소화장치를 사용하는 경우 수신부와 분리하여 설치<br>• 공기보다 가벼운 가스 : 천장 면으로부터 30 cm 이하의 위치에 설치<br>• 공기보다 무거운 가스 : 바닥 면으로부터 30 cm 이하의 위치에 설치 |
|---|---|
| 가스 또는 전기 차단장치 | • 상시 확인 및 점검이 가능하도록 설치 |
| 수신부 | • 주위의 열기류 또는 습기 등과 주위온도에 영향을 받지 아니하는 장소<br>• 사용자가 상시 볼 수 있는 장소에 설치 |
| 소화약제 방출구 | • 환기구의 청소부분과 분리 설치<br>• 형식승인 받은 유효설치 높이 및 방호면적에 따라 설치 |
| 감지부 | • 형식승인 받은 유효한 높이 및 위치에 설치 |

④ 상업용 주방자동소화장치

㉠ 소화장치는 조리기구의 종류 별로 성능인증 받은 설계 매뉴얼에 적합하게 설치 할 것

㉡ 감지부는 성능인증 받는 유효높이 및 위치에 설치할 것

㉢ 차단장치(전기 또는 가스)는 상시 확인 및 점검이 가능하도록 설치할 것

㉣ 후드에 방출되는 분사헤드는 후드의 가장 긴 변의 길이까지 방출될 수 있도록 약제 방출 방향 및 거리를 고려하여 설치할 것

㉤ 덕트에 방출되는 분사헤드는 성능인증 받은 길이 이내로 설치할 것

**4** 소화기구 설치제외 장소

**이산화탄소** 또는 **할로겐화합물**을 방사하는 소화기구(자동확산소화기 제외) 설치 제외 장소
- 지하층, 무창층, 밀폐된 거실로서 그 바닥면적이 20 m² 미만의 장소

　(다만, 질식, 독성 등의 우려가 없도록 배기를 위한 유효한 개구부가 있는 장소는 제외)

**5** 수동식소화기의 감소, 면제

| 구 분 | 설치된 설비 | 감소 또는 면제 기준 | 감소 또는 면제되지 않는 대상물 |
|---|---|---|---|
| 소형소화기 | 옥내소화전설비<br>스프링클러설비<br>물분무등소화설비<br>옥외소화전설비 | 소화기의<br>3분의 2를 감소 | 층수가 11층 이상인 부분, 근린생활시설,<br>위락시설, 의료시설, 문화 및 집회시설,<br>운동시설, 판매시설, 운수시설, 숙박시설,<br>노유자시설, 아파트, 방송통신시설,<br>교육연구시설, 항공기 및 자동차관련시설,<br>관광휴게시설, 업무시설(무인변전소를<br>제외한다) |
| | 대형소화기 | 소화기의<br>2분의 1를 감소 | |
| 대형소화기 | 옥내소화전설비<br>스프링클러설비<br>물분무등소화설비<br>옥외소화전설비 | 대형소화기 설치 면제 | － |

**예제 05**

옥내소화전이 설치되어 있는 대상물에 수동식 소형소화기를 설치하면 소화기의 3분의 2를 감소할 수 있는 대상은?

① 아파트　　　② 모텔　　　③ 노유자시설　　　④ 무인변전소

해답　④

**Tip**

| 일반화재<br>(A급 화재) | 나무, 섬유, 종이, 고무, 플라스틱류와 같은 일반 가연물이 타고 나서 **재가 남는 화재**를 말한다.<br>일반화재에 대한 소화기의 적응 화재별 표시는 'A'로 표시한다. |
|---|---|
| 유류화재<br>(B급 화재) | 인화성 액체, 가연성 액체, 석유 그리스, 타르, 오일, 유성도료, 솔벤트, 래커, 알코올 및<br>인화성 가스와 같은 유류가 타고 나서 **재가 남지 않는 화재**를 말한다.<br>유류화재에 대한 소화기의 적응 화재별 표시는 'B'로 표시한다. |
| 전기화재<br>(C급 화재) | 전류가 흐르고 있는 전기기기, 배선과 관련된 화재를 말한다.<br>전기화재에 대한 소화기의 적응 화재별 표시는 'C'로 표시한다. |
| 주방화재<br>(K급 화재) | 주방에서 동식물유를 취급하는 조리기구에서 일어나는 화재를 말한다.<br>주방화재에 대한 소화기의 적응 화재별 표시는 'K'로 표시한다 |

**6** 능력단위

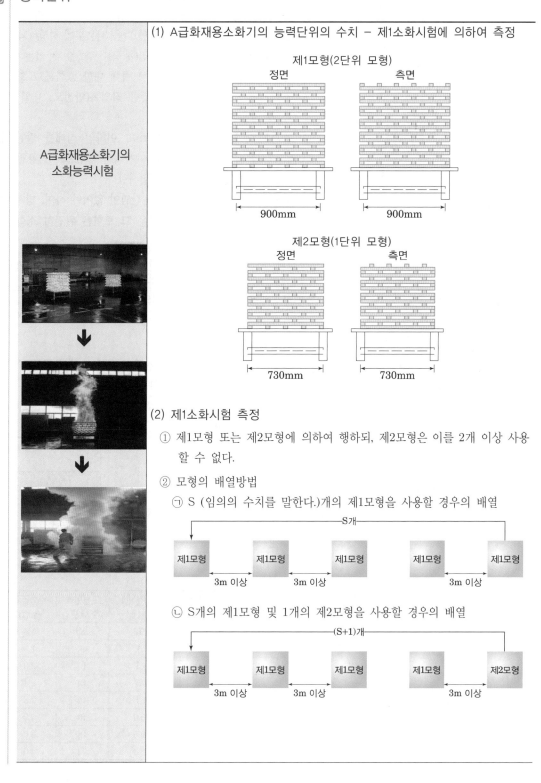

A급화재용소화기의
소화능력시험

(1) A급화재용소화기의 능력단위의 수치 – 제1소화시험에 의하여 측정

제1모형(2단위 모형)

정면          측면

900mm        900mm

제2모형(1단위 모형)

정면          측면

730mm        730mm

(2) 제1소화시험 측정

① 제1모형 또는 제2모형에 의하여 행하되, 제2모형은 이를 2개 이상 사용할 수 없다.

② 모형의 배열방법

㉠ S (임의의 수치를 말한다.)개의 제1모형을 사용할 경우의 배열

S개

제1모형    제1모형    제1모형    제1모형    제1모형

3m 이상    3m 이상         3m 이상

㉡ S개의 제1모형 및 1개의 제2모형을 사용할 경우의 배열

(S+1)개

제1모형    제1모형    제1모형    제1모형    제2모형

3m 이상    3m 이상         3m 이상

| A급화재용소화기의<br>소화능력시험 | ③ 제1모형의 연소대에는 3 ℓ, 제2모형의 연소대에는 1.5 ℓ의 휘발유를 넣어 최초의 제1모형으로부터 순차적으로 불을 붙인다.<br>④ 소화는 최초의 모형에 불을 붙인 다음 3분 후에 시작하되, 불을 붙인 순으로 한다. 이 경우 그 모형에 잔염(불꽃을 알아볼 수 있는 상태를 말한다)이 있다고 인정될 경우에는 다음 모형에 대한 소화를 계속할 수 없다.<br>⑤ 소화기를 조작하는 자는 적합한 **작업복(안전모, 내열성의 얼굴가리개 등)을 착용할 수** 있다.<br>⑥ 소화는 **무풍상태(풍속이 0.5 m/s 이하인 상태를 말한다)와 사용상태** (휴대식은 손에 휴대한 상태, 멜빵식은 멜빵으로 착용한 상태, 차륜식은 고정된 상태를 말한다.)에서 실시한다.<br>⑦ **소화약제의 방사가 완료된 때 잔염이 없어야 하며, 방사완료 후 2분 이내에 다시 불타지 아니한 경우 그 모형은 완전히 소화된 것**으로 본다. |
|---|---|

(3) (2)의 규정에 의하여 소화시험을 한 A급 화재용 소화기의 소화능력단위의 수치는 S개의 제1모형을 완전히 소화한 것은 2S로, S개의 제1모형과 1개의 제2모형을 완전히 소화한 것은 2S+1로 한다.

| B급화재용소화기의<br>소화능력시험 | (1) B급화재용소화기의 능력단위의 수치 – 제2소화시험 및 제3소화시험에 의하여 측정<br><br>(2) 제2소화시험의 측정<br>① 모형은 다음 그림의 형상을 가진 것으로 모형의 종류 중 모형 번호 수치가 1이상인 것을 1개 사용한다.<br>㉠ 모형의 모양 (L은 모형평면 한 변의 치수임)<br><br><br><br>㉡ 모형의 종류 |
|---|---|

| 모형번호<br>수치(T) | 연소면적<br>(m²) | 한변의 길이(L)<br>(cm) | 모형번호<br>수치(T) | 연소면적<br>(m²) | 한변의 길이(L)<br>(cm) |
|---|---|---|---|---|---|
| 0.5 | 0.1 | 31.6 | 8 | 1.6 | 126.5 |
| 1 | 0.2 | 44.7 | 9 | 1.8 | 134.1 |
| 2 | 0.4 | 63.3 | 10 | 2.0 | 141.3 |
| 3 | 0.6 | 77.5 | 12 | 2.4 | 155.0 |
| 4 | 0.8 | 89.4 | 14 | 2.8 | 167.4 |
| 5 | 1.0 | 100.0 | 16 | 3.2 | 178.9 |
| 6 | 1.2 | 109.5 | 18 | 3.6 | 189.7 |
| 7 | 1.4 | 118.3 | 20 | 4.0 | 200.0 |

| B급화재용소화기의 소화능력시험 | ② 소화는 모형에 불을 붙인 다음 1분 후에 시작한다.<br>③ 소화기를 조작하는 자는 소화기를 조작하는 자는 적합한 **작업복(안전모,<br>내열성의 얼굴가리개 등)을 착용할 수 있다.**<br>④ 소화는 **무풍상태와 사용상태에서** 실시한다.<br>⑤ **소화약제의 방사 완료 후 1분 이내에 다시 불타지 아니한 경우<br>그 모형은 완전히 소화된 것**으로 본다.<br><br>(3) 제3소화시험의 측정<br>① 제2소화시험에서 그 소화기가 완전히 소화한 모형번호수치의 2분의 1이<br>하인 것을 2개 이상 5개 이하 사용한다.<br>② 모형의 배열방법은 모형번호수치가 큰 모형으로부터 작은 모형 순으로<br>평면상에 일직선으로 배열하고, 모형과 모형간의 간격은 상호 인접한 모<br>형 중 그 번호 중 그 번호의 수치가 큰 모형의 한 변의 길이보다 길게 하<br>여야 한다.<br>③ 모형에 불을 붙이는 순서는 모형번호수치가 큰 것부터 순차로 하되 시간<br>간격을 두지 아니한다.<br>④ 소화는 최초의 모형에 불을 붙인 다음 1분 후에 시작하되, 불을 붙인 손<br>으로 실시하며, 잔염이 있다고 인정될 경우에는 다음 모형에 대한 소화<br>를 계속할 수 없다.<br>⑤ 소화기를 조작하는 자는 소화기를 조작하는 자는 적합한 **작업복(안전모,<br>내열성의 얼굴가리개 등)을 착용할 수 있다.**<br>⑥ 소화는 무풍상태와 사용 상태에서 실시한다.<br>⑦ 소화약제의 방사완료 후 1분 이내에 다시 불타지 아니한 경우에 그 모형<br>은 완전히 소화된 것으로 본다.<br><br>(4) 제2소화시험 및 제3소화시험을 실시한 B급화재에 대한 능력단위의 수치<br>는 제2소화시험에서 완전히 소화한 모형번호의 수치와 제3소화시험에서<br>완전히 소화한 모형번호 수치의 합계 수와의 산술평균치로 한다. 이 경우<br>산술평균치에서 1 미만의 끝 수는 버린다. |

# 실전 예상문제

**●●○ 01**

포소화기

소화기에 대한 설명으로 옳지 않은 것은?

① 산, 알카리 소화기는 전기실 및 전산실에는 적응성이 없어 사용해서는 안 된다.
② 포말 소화기는 밑 부분의 손잡이를 잡고 거꾸로 들어 약제를 혼합시킨다.
③ $CO_2$, 할론 1301 소화기는 밀폐된 공간에서 사용이 가능하다.
④ 사염화탄소 소화기는 $HCl$ 등의 유독가스가 생성되므로 밀폐된 실내에서는 사용이 곤란하다.

$CO_2$ 소화기는 밀폐된 공간에서 사용시 질식 등의 우려가 있어 사용이 제한된다.

**●●○ 02**

소화기의 소화능력 시험에 관한 기준 중 옳은 것은?

① A급 화재용 소화기의 소화능력시험은 목재를 대상으로 한다.
② B급 화재용 소화기의 소화능력시험은 휘발유와 중유를 대상으로 한다.
③ 소화기를 조작하는 사람은 안전을 위해서 반드시 방화복을 착용한 후 소화한다.
④ 소화기의 소화능력 단위시험은 무풍상태(풍속이 1 m/s 이하인 상태를 말한다)에서 실시한다.

A급 화재용 소화기의 소화능력 단위시험은 목재를 대상으로 하고 B급 화재용 소화기의 소화능력 단위시험은 휘발유를 대상으로 한다. 또한 소화기를 조작하는 자는 적합한 작업복을 착용할 수 있으며 무풍상태란 풍속이 0.5 m/s 이하인 상태를 말한다.

**●●● 03**

분말소화약제 중 인산염류소화약제에 적응성이 없는 화재는?

① A급 화재          ② B급 화재
③ C급 화재          ④ D급 화재

해설

| 소화약제 구분<br>적응대상 | 분 말 | | 액 체 | | | | 기 타 | | | |
|---|---|---|---|---|---|---|---|---|---|---|
| | 인산염류소화약제 | 중탄산염류소화약제 | 산알칼리소화약제 | 강화액소화약제 | 포소화약제 | 물·침윤소화약제 | 고체에어로졸화합물 | 마른모래 | 팽창질석·팽창진주암 | 그 밖의 것 |
| 일반화재(A급 화재) | ○ | – | ○ | ○ | ○ | ○ | ○ | ○ | ○ | – |
| 유류화재(B급 화재) | ○ | ○ | ○ | ○ | ○ | ○ | ○ | ○ | ○ | – |
| 전기화재(C급 화재) | ○ | ○ | * | * | * | * | ○ | – | – | – |

**정답**   01 ③   02 ①   03 ④

●●○ **04** 전기화재에 적응성이 있는 소화약제로 적합한 것은?

① 산알칼리소화약제          ② 강화액소화약제
③ 포소화약제              ④ 고체에어로졸화합물

 해설

| 적응대상 \ 소화약제 구분 | 분 말 | | 액 체 | | | | 기 타 | | | |
|---|---|---|---|---|---|---|---|---|---|---|
| | 인산염류 소화 약제 | 중탄 산염류 소화 약제 | 산알칼리 소화 약제 | 강화액 소화 약제 | 포소화 약제 | 물·침윤 소화 약제 | 고체에 어로졸 화합물 | 마른 모래 | 팽창 질석· 팽창 진주암 | 그 밖의 것 |
| 일반화재(A급 화재) | ○ | − | ○ | ○ | ○ | ○ | ○ | ○ | ○ | − |
| 유류화재(B급 화재) | ○ | ○ | ○ | ○ | ○ | ○ | ○ | ○ | ○ | − |
| 전기화재(C급 화재) | ○ | ○ | * | * | * | * | ○ | − | − | − |

●●● **05** 내화구조인 건축물의 1층에 있는 일반음식점(근린생활시설)의 면적이 670 m²인 경우 3단위 소화기 비치 개수는? (단, 내장재는 난연재료이고 문제에 없는 내용은 무시한다.)

① 1          ② 2          ③ 3          ④ 4

 해설

근린생활시설은 100 m²마다 1단위이나 내화구조, 내장재가 난연재료이므로 200 m²이 1단위가 된다.
670 m² ÷ 200 m² = 3.35단위      3.35 / 3 = 1.12 개      ∴ 3단위 소화기 2개 비치하여야 한다.

●●○ **06** 산·알칼리 소화기에서 소화약을 방출하는데 방사 압력원으로 이용되는 것은?

① 공기          ② 탄산가스          ③ 아르곤          ④ 질소

 해설

$2NaHCO_3$(중탄산나트륨) + $H_2SO_4$(황산) → $Na_2SO_4$(황산나트륨) + $2H_2O$(물) + $2CO_2$(이산화탄소) ↑

●●● **07** 기타구조의 장례식장 면적이 1,800 m²인 경우 A급 3단위 소화기 비치 개수는? (단, 내장재는 불연재료이다.)

① 6          ② 8          ③ 10          ④ 12

 해설

장례식장은 기타구조이므로 50 m²마다 1단위이다.
1,800 m² ÷ 50 m² = 36단위      36 / 3 = 12 개
∴ A급 3단위 소화기 12개 비치하여야 한다.

정답    04 ④    05 ②    06 ②    07 ④

**08** 다음 설명 중 ( )에 들어갈 설비에 해당되지 않는 것은?

> 대형 수동식 소화기를 설치하여야 할 소방대상물 또는 그 부분에 ( ), ( ), ( ) 또는 ( ) 설비
> 를 설치한 경우에는 당해설비의 유효범위 안의 부분에 대하여는 대형 수동식 소화기를 설치하
> 여야 할 대상이라도 설치하지 아니할 수 있다.

① 옥외소화전설비                    ② 연결살수설비(습식)
③ 물분무소화설비                    ④ 스프링클러설비

**해설**
대형소화기 설치 대상에 옥내소화전설비, 스프링클러설비, 물분무등소화설비, 옥외소화전설비 설치시 대형소화기
설치 면제

 **09** 소화기 능력단위에 의한 구분에서 대형소화기 A급은 몇 단위 이상인가?

① 5                ② 10                ③ 15                ④ 20

**해설**
능력단위에 따른 대형소화기 구분 : A급 −10단위 이상, B급 −20단위 이상

 **10** 소화기를 양에 따라 소형과 대형으로 구분시 대형 분말소화기는 몇 kg 이상인가?

① 20                ② 40                ③ 60                ④ 80

**해설**
소형, 대형 소화기를 양에 따라 구분시 기준

| 구분 | 양 | 구분 | 양 |
|---|---|---|---|
| 물소화기 | 80 ℓ 이상 | 이산화탄소소화기 | 50 kg 이상 |
| 강화액소화기 | 60 ℓ 이상 | 할론소화기 | 30 kg 이상 |
| 포소화기 | 20 ℓ 이상 | 분말소화기 | 20 kg 이상 |

 **11** 부속용도별 25 m²마다 1단위 소화기 이상 설치하고 자동확산소화기 추가 설치하는 장소가 아닌 곳
은?

① 건조실            ② 대량화기취급소        ③ 세탁소            ④ 지하구의 제어반

**해설**
지하구의 제어반 또는 분전반은 그 내부에 고체에어로졸·가스·분말 자동소화장치를 설치

**정답** 08 ② 09 ② 10 ① 11 ④

●●● **12** 다중이용업소의 주방의 면적이 10 m²일 때 자동확산소화기는 몇 개 설치해야 하는가?

① 1개       ② 2개       ③ 3개       ④ 4개

자동확산소화기 − 10 m² 이하는 1개, 10 m² 초과는 2개

●○○ **13** 소화기 설치기준으로 옳지 않은 것은?

① 소형 소화기는 보행거리 20 m 이내마다 배치
② 바닥면적이 33 m² 이상으로 구획된 각 거실에도 배치할 것
③ 소화기구 설치 높이는 1 m 이하
④ 대형 소화기는 보행거리 30 m 이내마다 배치

소화기구 설치 높이는 1.5 m 이하

●○○ **14** 특정소방대상물 바닥면적별 소화기구의 능력단위가 다른 소방대상물은?

① 관광휴게시설       ② 의료시설       ③ 장례식장       ④ 문화재

| 특정소방대상물 | 소화기구의 능력단위<br>(1단위의 바닥면적 m²) |
|---|---|
| 1. 위락시설 | 30 m² |
| 2. 공연장 · 관람장 · 장례식장 · 집회장 · 의료시설 · 문화재<br>암기 **공관장 집의 문** | 50 m² |
| 3. 관광휴게시설 · 창고시설 · 판매시설 · 노유자시설 · 숙박시설 · 근린생활시설 ·<br>항공기 및 자동차 관련 시설 · 공동주택 · 공장 · 업무시설 · 운수시설 ·<br>전시장 · 방송통신시설<br>암기 **관창 판 노숙 근항 − 공공업 운전 방** | 100 m² |
| 4. 그 밖의 것 | 200 m² |

## 2. 옥내소화전소화설비(NFSC 102)

**1** 설치대상

| 특정소방대상물 | 설치 대상 | |
|---|---|---|
| 근린생활시설, 판매시설, 운수시설, 의료시설 방송통신시설, 업무시설, 숙박시설, 위락시설 공장, 창고시설, 항공기 및 자동차 관련 시설 발전시설, 장례식장, 복합건축물, 노유자시설 교정 및 군사시설 중 국방·군사시설 | • 연면적 1천5백 m² 이상이거나<br>• 지하층·무창층 또는 층수가 4층 이상인 층 중 바닥면적이 300 m² 이상인 층 | 모든 층에 설치 |
| 그 밖의 대상 | • 연면적 3천 m² 이상이거나<br>• 지하층·무창층(축사는 제외) 또는 층수가 4층 이상인 것 중 바닥면적이 600 m² 이상인 층 | 모든 층에 설치 |
| 건축물의 **옥상**에 설치된 차고 또는 주차장 | 차고 또는 주차의 용도로 사용되는 부분의 면적이 **200 m² 이상**인 것 | |

Point

• 터널

| 소방시설<br>터널길이 | 소화설비, 경보설비, 피난구조설비 | | 소화활동설비 | |
|---|---|---|---|---|
| – | 소화기, 물분무소화설비 | | 제연설비 | |
| 500m | 비상경보설비 | 비상조명등 | 비상콘센트 | 무선통신 보조설비 |
| 1,000m | 옥내소화전설비 | 자동화재 탐지설비 | 연결송수관설비 | |

※ 옥내소화전설비는 터널 길이가 1,000m 미만인 경우에도 행정안전부령으로 정하는 터널에 설치
※ 물분무소화설비, 제연설비는 지하가 중 예상 교통량, 경사도 등 터널의 특성을 고려하여 행정안전부령으로 정하는 터널에 설치

무비비비 – 자옥연 (비상방송설비는 아님!)

• 특수가연물 저장하는 공장, 창고

| 특수가연물을 저장, 취급하는 공장, 창고 | 자탐 | 옥내, 옥외 | 스프링클러 |
|---|---|---|---|
| 저장배수 | 500배 이상 | 750배 이상 | 1,000배 이상 |

※ 특수가연물을 저장, 취급하는 공장, 창고의 지붕, 외벽이 불연재료 또는 내화구조가 아닌 경우 500배 이상 시 스프링클러 설치

**2** 설치제외 대상

(1) 위험물 저장 및 처리 시설 중 가스시설

(2) 지하구

(3) 방재실 등에서 스프링클러설비 또는 물분무등소화설비를 원격으로 조정할 수 있는 업무
시설 중 무인변전소

**3** 옥내소화전 펌프설비 주변 계통도

정압방식의 옥내소화전펌프

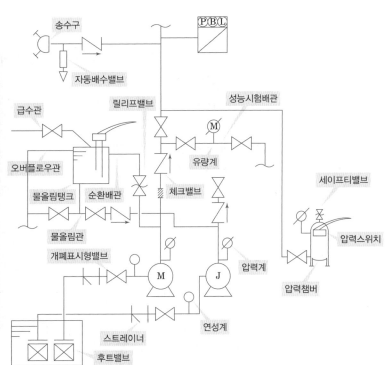

부압방식의 계통도

**4** 수 원

## (1) 소방설비 전용 수조로 설치

**| Point**

**전용수조로 하지 않아도 되는 경우**

① 후드밸브 또는 흡수배관의 흡수구를 다른 설비(소방용설비 외)의 후드밸브 또는 흡수구보다 낮은 위치에 설치한 때

② 고가수조로부터 옥내소화전설비의 수직배관에 물을 공급하는 급수구를 다른 설비의 급수구보다 낮은 위치에 설치한 때

## (2) 수원의 양

$$수원의\ 저수량 = N \times Q \times T$$

※ 설치개수 개정 : 2021.4.21

$N$ : 옥내소화전의 설치개수가 가장 많은 층의 설치개수 → 2개 이상 설치된 경우에는 2개

$Q$ : 정격토출량 → $130 \, \ell / \min$

$T$ : 방사시간 → 20분, 층수가 30층 이상 49층 이하는 40분, 50층 이상은 60분

## (3) 다른 설비와 겸용하는 경우의 유효수량

옥내소화전설비의 후드밸브·흡수구 또는 수직배관의 급수구와 다른 설비의 후드밸브·흡수구 또는 수직배관의 급수구와의 사이의 수량

**| TIP**

**후드밸브 및 voltex plate 설치방법(화재안전기준 해설서)**

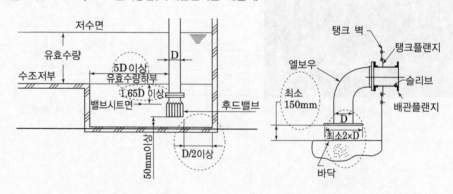

후드밸브 설치 방법      기포 발생 방지의 방지판 (Voltex plate) 설치 방법

(4) 수조 설치기준

| 장소 | • **점검에 편리한 곳에 설치**<br>• **동결방지조치를 하거나 동결의 우려가 없는 장소**에 설치 |
|---|---|
| 수조에<br>설치<br>또는 부착 | • 수조의 외측에 **수위계**를 설치<br>  (제외 – 구조상 불가피한 경우에는 수조의 맨홀 등을 통하여 확인할 수 있는 경우)<br>• 수조의 상단이 바닥보다 높은 때에는 수조의 외측에 **고정식 사다리**를 설치<br>• 수조의 밑 부분에는 **청소용 배수밸브 또는 배수관**을 설치<br>• 수조의 외측의 보기 쉬운 곳에 "옥내소화전설비용 수조"라고 표시한 **표지**를 할 것<br>  그 수조를 다른 설비와 겸용하는 때에는 그 겸용되는 설비의 이름을 표시한<br>  표지를 함께 부착 |
| 수조 부근에<br>설치<br>또는 부착 | • 수조가 실내에 설치된 때에는 그 실내에 **조명설비**를 설치<br>• 옥내소화전펌프의 흡수배관, 수직배관과 수조의 접속부분<br>  – **"옥내소화전설비용 배관"의 표지** 부착. 수조와 가까운 장소에 옥내소화전펌프가<br>    설치되고 옥내소화전펌프라는 표지를 설치한 때에는 제외 |

**5** 옥상수조

(1) **설치 목적**

전동기 등 전원을 사용하는 설비로 가압송수장치를 설치한 경우 고장 등의 문제가 발생시 화재초기에 화재진압, 제어의 대책이 없기 때문에 fail – safe의 관점에서 최악의 상황을 방지하고 옥상수조의 자연압으로 화재 제어하기 위해 설치 함.

(2) **수원 – 유효수량 외에 유효수량의 3분의 1 이상**

(3) **옥상수조 설치 제외 대상**

| 구조적인<br>관점 | • **지하층만 있는 건축물** – 근본적으로 설치 할 수 없음 |
|---|---|
| | • 건축물의 높이가 **지표면으로부터 10 m 이하**인 경우 – 방수압력 확보 불가 |
| | • **수원이 건축물의 최상층에 설치된 방수구보다 높은 위치**에 설치된 경우 – 2중<br>  설치가 됨 |
| 설비적인<br>관점 | • 고가수조, 가압수조를 가압송수장치로 설치한 옥내소화전설비 – 2중 설치가 됨,<br>  가압수조는 전원을 필요로 하지 않기 때문에 설치 목적에 부합됨 |
| | • **주펌프와 동등 이상의 펌프로서 내연기관의 기동과 연동하여 작동되거나**<br>  **비상전원을 연결하여 설치한 경우** – fail-safe 개념에 적합하여 제외 가능함 |
| | • 학교·공장·창고시설로서 **동결의 우려가 있는 장소**에 있어서는 기동스위치에<br>  보호판을 부착하여 옥내소화전함 내에 설치 한 경우 – 옥상수조 설치시 습식이<br>  되어 동파 우려 있으므로 설치 제외함 |

※ 층수가 30층 이상의 특정소방대상물은 무조건 설치하되 고가수조를 가압송수장치로 설치하거나 수원이 건축물의 최상층에 설치된 방수구보다 높은 위치에 설치된 경우에는 제외한다.

### (4) 옥상수조 설치개수

옥상수조는 이와 연결된 배관을 통하여 상시 소화수를 공급할 수 있는 구조인 특정소방대
상물인 경우에는 둘 이상의 특정소방대상물이 있더라도 하나의 특정소방대상물에만 이를
설치할 수 있다.

### 6 가압송수장치

전동기를 이용한
가압송수장치

※ **가압송수장치의 종류**
① 전동기 또는 내연기관에 따른 펌프를 이용하는 가압송수장치
② 고가수조의 자연낙차를 이용한 가압송수장치
③ 압력수조를 이용한 가압송수장치
④ 가압수조를 이용한 가압송수장치

### (1) 전동기 또는 내연기관에 따른 펌프를 이용하는 가압송수장치 설치기준

– 다만, 가압송수장치의 주펌프는 전동기에 따른 펌프로 설치하여야 한다.(15.1.23)

① 장소

㉠ 쉽게 접근할 수 있고 점검하기에 충분한 공간이 있는 장소로서 화재 및 침수 등의 재해
로 인한 피해를 받을 우려가 없는 곳에 설치

㉡ 동결방지조치를 하거나 동결의 우려가 없는 장소에 설치

② 방수압력, 방수량 – 2개 이상 설치된 경우에는 2개를 동시에 사용 시

> 방수압력 : 0.17 MPa 이상 (호스릴옥내소화전설비 동일)
> 방수량 : 130 ℓ/min 이상 (호스릴옥내소화전설비 동일)

㉠ 하나의 옥내소화전을 사용하는 노즐선단에서의 **방수압력이 0.7 MPa을 초과할 경우**
– 호스 접결구의 인입측에 감압장치를
설치하여야 한다.

㉡ 노즐선단에서 방수압력을 0.7 MPa (7 kg/cm²)로
제한하는 이유<반동력>

노즐구경의 1/2정도
거리에서 측정

방사압 테스트
(피토게이지)

> 반동력$(R) = 1.5 \times P(kg/cm^2) \times d^2(cm^2)$
> $= 0.015 \times P(kg/cm^2) \times d^2(mm^2)$

• 노즐구경 d=13 mm
• R(사람이 버틸 수 있는 반동력) =20 kg$_f$ 일 경우

압력 $P = 20/(0.015 \times 13^2) = 7.89 \ kg/cm^2$

감압밸브

이를 준용하여 소화전 노즐 방수 시 압력을 7 kg/cm²(0.7 MPa)으로 제한한 것이다.

㉢ 방수압, 방수량 공식 – $Q(\ell/min) = 0.653 \times d^2(mm) \times \sqrt{10P}(MPa)$

※ 배관의 압력 감압 방법

| 전용배관방식 | 감압밸브방식 | 고가수조방식 | 부스터방식 |
|---|---|---|---|
| | 감압변설치 | (저층부) | |

③ **가압송수장치의 양정 계산** (호스릴옥내소화전설비를 포함한다)

$$H = h_1 + h_2 + h_3 + h_4$$

$H$ : 필요한 낙차(m)

$h_1$ : 소방용호스 마찰손실 수두(m)

$h_2$ : 배관의 마찰손실 수두(m)

$h_3$ : 실양정(m)

$h_4$ : 방사압력환산수두(17 m)

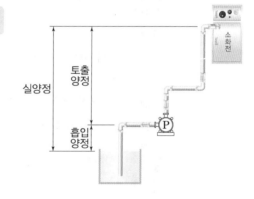

④ **펌프의 토출량**

$$펌프의 토출량 = N \times Q$$

$N$ : 가장 많이 설치된 층의 설치개수 (옥내소화전이 2개 이상 설치된 경우에는 2개)

$Q$ : $130 \, \ell / \min$

⑤ **펌프는 전용**으로 할 것

다른 소화설비와 겸용하는 경우 각각의 소화설비의 성능에 지장이 없을 때에는 제외

⑥ 가압송수장치가 기동이 된 경우에는 자동으로 정지되지 아니하도록 하여야 한다.

단, 충압펌프 제외(2006. 12)

⑦ 가압송수장치에는 **"옥내소화전펌프"**라고 표시한 표지를 할 것

다른 설비와 겸용 시 설비의 이름을 표시한 표지를 함께 하여야 한다.

⑧ 주펌프 주변 설치 계기 및 배관 등

㉠ 펌프의 흡입측

㉮ 연성계 또는 진공계를 설치(부압방식일 때 설치)

단, 수원의 수위가 펌프의 위치보다 높거나 수직회전축
펌프의 경우에는 연성계 또는 진공계를 설치제외 가능

• 수직회전축 펌프는 펌프가 수조의 물속에 잠겨 있기
때문에 펌프의 진공 상태를 확인 할 필요가 없음

수직회전축펌프

㉡ 펌프의 토출측

㉮ 압력계 : 체크밸브 이전에 펌프 토출측 플랜지에서 가까운 곳에 설치
(펌프의 성능을 최대한 정확히 측정하기 위해)

㉯ 순환배관 설치 : 체절운전 시 수온의 상승을 방지하기 위함

㉰ 성능시험배관 : 가압송수장치에는 정격부하 운전 시 펌프의 성능을 시험
하기 위한 배관을 설치

연성계

㉢ 기동장치

ⓐ 자동방식

• 기동용수압개폐장치 또는 이와 동등 이상의 성능이 있는 것을 설치
• 소화설비의 배관내 압력변동을 검지하여 자동적으로 펌프를 기동 및 정지시키는
것으로서 압력챔버 또는 기동용압력스위치 등

압력챔버 - 용적은 100ℓ 이상

압력챔버

압력스위치방식 1

기동용압력스위치

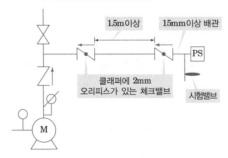

압력스위치방식 2(체크밸브 2개를 설치)

압력스위치방식 3

ⓑ 수동방식 (ON − OFF 방식)

학교·공장·창고시설(옥상수조를 설치한 대상은 제외한다) 로서 **동결의 우려가 있는 장소에 있어서는 기동 스위치에 보호판을 부착하여 옥내소화전함 내에 설치**할 수 있다. 이 경우「**주펌프와 동등 이상의 성능이 있는 별도의 펌프로서 내연기관의 기동과 연동하여 작동되거나 비상전원을 연결한 펌프를 추가 설치**」할 것. 다만, 옥상수조 설치 제외 장소의 구조적인 관점 3가지와 고가수조, 가압수조 방식인 경우 제외(2016. 5. 16)

㉮ 물올림장치 설치기준

**(수원의 수위가 펌프보다 낮은 경우 설치)**

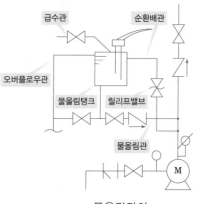

물올림장치

ⓐ 물올림장치에는 **전용의 탱크**를 설치

ⓑ 탱크의 유효수량은 100 ℓ **이상**으로 하되, **구경 15 mm 이상의 급수배관**에 따라 해당 탱크에 물이 계속 보급되도록 할 것

⑨ 기동용수압개폐장치를 기동장치로 사용할 경우 충압 펌프를 설치

㉠ 충압펌프의 정의 및 설치목적

배관내 압력손실에 따른 주펌프의 빈번한 기동을 방지 하기 위하여 충압 역할을 하는 펌프

㉡ 충압펌프의 정격토출압력

그 설비의 **최고위 호스접결구의 자연압보다 적어도 0.2 MPa이 더 크도록 하거나 가압송수장치의 정격토출압력과 같게 할 것** (자연압보다 작은 경우 배관 충수, 충압이 안됨)

㉢ 충압펌프의 정격토출량

**정상적인 누설량보다 적어서는 아니 되며 옥내소화전설비가 자동적으로 작동할 수 있도록 충분한 토출량을 유지할 것**(정상적인 누설량보다 적을 경우 충압펌프는 계속 작동되며 주펌프 토출량보다 많으면 주펌프 자동 기동이 안되므로 주펌프 토출량 보다 작아야 한다.)

㉣ 충압펌프 설치 제외

단, 옥내소화전이 각층에 1개씩 설치된 경우로서 소화용 급수펌프로도 상시 충압이 가능 하고 충압펌프의 정격토출압력의 성능을 만족시 충압펌프 설치 제외

⑩ 내연기관을 사용하는 경우(엔진펌프)

㉠ 내연기관의 기동은 ⑧㉡㉣의 기동장치를 설치하거 나 또는 소화전함의 위치에서 원격조작이 가능하고 기동을 명시하는 적색등을 설치할 것

㉡ 제어반에 따라 내연기관의 자동기동 및 수동기동이 가 능하고, 상시 충전되어 있는 축전지설비를 갖출 것

내연기관에 의한 가압송수장치

ⓒ 내연기관의 연료량은 펌프를 20분 이상 운전할 수 있는 용량일 것(층수가 30층 이상 49층 이하는 40분, 50층이 이상은 60분)

⑪ 가압송수장치는 **부식 등으로 인한 펌프의 고착을 방지할 수 있도록 적합한 것**으로 할 것. 다만, 충압펌프는 제외 <신설 2021. 1. 29.>

ⓐ **임펠러**는 청동 또는 스테인리스 등 부식에 강한 재질을 사용할 것

ⓑ **펌프축**은 스테인리스 등 부식에 강한 재질을 사용할 것

※ 스프링클러등, 포소화설비, 옥외소화전, 소화수조, 연결송수관설비 동일

**(2) 고가수조의 자연낙차를 이용한 가압송수장치 설치기준**

① 정의 : **구조물 또는 지형지물 등에 설치하여 자연낙차의 압력으로 급수하는 수조**

② 고가수조의 자연낙차수두(**수조의 하단으로부터 최고층에 설치된 소화전 호스 접결구까지의 수직거리**를 말한다)

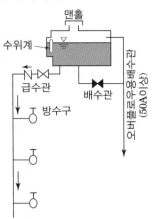

$$H = h_1 + h_2 + 17(호스릴옥내소화전설비를 포함한다)$$

$H$ : 필요한 낙차(m)

$h_1$ : 소방용호스 마찰손실 수두(m)

$h_2$ : 배관의 마찰손실 수두(m)

③ 고가수조에는 **수위계·배수관·급수관·오버플로우관 및 맨홀을 설치할 것** 암기 수배급 오버 맨

**(3) 압력수조를 이용한 가압송수장치 설치기준**

① 정의 : **소화용수와 공기를 채우고 일정압력 이상으로 가압하여 그 압력으로 급수하는 수조**

② 압력수조에는 **수위계, 급수관, 배수관, 급기관, 맨홀, 압력계, 안전장치 및 압력저하 방지를 위한 자동식 공기압축기를 설치** 암기 수급배급맨압안자

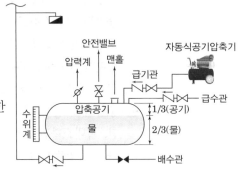

③ **압력수조의 압력**

$$P = P_1 + P_2 + P_3 + 0.17(호스릴옥내소화전설비를 포함한다)$$

$P$ : 필요한 압력(MPa)      $P_1$ : 소방용호스의 마찰손실 수두압(MPa)

$P_2$ : 배관의 마찰손실 수두압(MPa)      $P_3$ : 낙차의 환산 수두압(MPa)

④ 압력수조 내의 공기압력(보일의 법칙)

$$( P_0 + P_a ) \times V_0 = ( P + P_a ) V \quad \Rightarrow \quad P_0 = ( P + P_a ) \frac{V}{V_0} - P_a$$

$P_0$ : 압력수조 내의 필요한 공기압력($kg/cm^2$)    $P_a$ : 대기압($kg/cm^2$)

$V_0$ : 수조 내 공기의 체적($m^3$)    $P$ : 필요한 압력($kg/cm^2$)    $V$ : 수조의 용적($m^3$)

⑤ 펌프방식보다 신속하게 토출이 가능하지만 시간의 경과에 따라 방수압이 감소하는 단점이 있으며 **Air Lock 현상이 발생**할 수 있다.

⑥ **Air Lock 현상**

압력수조와 옥상수조를 연결한 공통 배관으로 물을 토출할 경우 공기압에 의해 압력수조의 물이 전량 방사된 후 공기압에 의해 옥상수조와 연결된 배관에 설치 되어 있는 Check valve가 열리지 못하는 현상으로 "공기의 압력이 옥상수조의 자연압보다 커서 발생하며 공기에 의해 물이 갇혀 있다"라고 해서 Air Lock 현상 이라 한다.

**(4) 가압수조를 이용한 가압송수장치 설치기준**

① 정의

**가압원인 압축공기 또는 불연성 고압기체에 따라 소방용수를 가압시키는 수조**

가압수조

② 설치기준

㉠ 가압수조의 압력은 규정 방수량 및 방수압이 20분 이상 유지될 것

㉡ **가압수조 및 가압원은 방화구획 된 장소에 설치**

㉢ 가압수조를 이용한 가압송수장치는 소방청장이 정하여 고시한 「가압수조식 가압송수장치의 성능인증 및 제품검사의 기술기준」에 적합한 것으로 설치 : 가압수조는 최대상용압력 1.5배의 물의 압력을 가하는 경우 새지 않고 변형이 없을 것

**가압송수장치의 비교**

| 구 분 | 펌프방식 | 고가수조방식 | 압력수조방식 | 가압수조방식 |
|---|---|---|---|---|
| 신뢰성 | 낮다 | 높다 | 높다 | 높다 |
| 부대시설 | 많다 | 적다 | 많다 | 적다 |
| 비상전원 | 필요 | 불필요 | 불필요 | 불필요 |
| 방수압 감소 | 거의 없다 | 거의 없다 | 크게 감소 | 거의 없다 |
| 적용 제한 | 없다 | 있다 (낙차 확보) | 없다 | 없다 |
| 저장 제한 | 없다 | 없다 | 있다 (2/3 이하) | 없다 |

**7** 배 관

배관용탄소강관

덕타일주철관

구리합금관

(1) 배관 및 배관이음쇠

① 배관 내 사용압력에 따른 배관의 종류

| | |
|---|---|
| 1.2 MPa 미만 | ㉠ 배관용탄소강관(KS D 3507) |
| | ㉡ 덕타일 주철관(KS D 4311) |
| | ㉢ 이음매 없는 구리 및 구리합금관– 다만, 습식의 배관에 한한다. |
| | ㉣ 배관용 스테인리스강관(KS D 3576) 또는 일반배관용 스테인리스강관 |
| 1.2 MPa 이상 | ㉠ 압력배관용탄소강관(KS D 3562) |
| | ㉡ 배관용 아크용접 탄소강강관(KS D 3583) |

또는 동등 이상의 강도·내식성 및 내열성을 국내·외 공인기관으로부터 인정 받은 것

② 소방용합성수지배관(CPVC)

CPVC

CPVC배관 + 헤드

**Point**

**소방용 합성수지배관 설치 장소**

1. 배관을 지하에 매설하는 경우
2. 다른 부분과 내화구조로 구획된 덕트 또는 피트의 내부에 설치하는 경우
3. 천장과 반자를 불연재료 또는 준불연 재료로 설치하고 그 내부에 습식으로 배관을 설치하는 경우

③ 배관 이음

㉠ 각 배관과 동등 이상의 성능에 적합한 배관이음쇠를 사용

㉡ 배관용 스테인리스강관의 이음을 용접으로 할 경우에는 알곤용접방식에 따른다.

(2) 배관 설치기준

① 급수배관은 전용

㉠ 정의 : 수원 및 옥외송수구로부터 옥내소화전방수구에 급수하는 배관

㉡ 옥내소화전의 기동시 다른 설비의 용도에 사용하는 배관의 송수를 차단 또는 옥내소화전 설비의 성능에 지장 이 없는 경우에는 다른 설비와 겸용가능

② 펌프의 흡입측 배관 설치기준

㉠ 공기고임이 생기지 아니하는 구조로 하고 여과장치를 설치

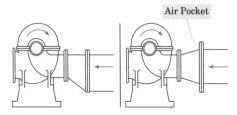

편심레듀셔(O)와 원심레듀셔(X)

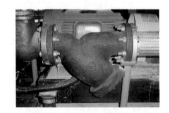

여과장치 : Y형 스트레이너

　　ⓛ 수조가 펌프보다 낮게 설치된 경우에는 각 펌프(충압펌프를 포함한다)마다 수조로부터 별도로 설치할 것

③ 펌프의 토출 측 배관의 구경

　　㉠ 주배관의 구경 : 유속이 4 m/s 이하가 될 수 있는 크기 이상

　　㉡ 가지배관의 구경은 40 mm(호스릴옥내소화전설비의 경우에는 25 mm) 이상

　　㉢ 주배관중 수직배관의 구경은 50 mm(호스릴옥내소화전설비의 경우에는 32 mm) 이상

　　㉣ 소화전 개수 별 주배관의 구경

| 구분 ＼ 소화전 수량 | 1개 | 2개 | 3개 | 4개 | 5개 |
|---|---|---|---|---|---|
| 방수량( $\ell$ / min ) | 130 | 260 | 390 | 520 | 650 |
| 배관의 구경 | 40 | 50 | 65 | 80 | 100 |

※ $d(mm) = 2.303\sqrt{Q(\ell/min)\times 1.5}$　　(1.5 = 150 % 유량을 의미한다.)

　　㉤ 연결송수관설비의 배관과 겸용할 경우

　　주배관 구경 : 100 mm 이상

　　방수구로 연결되는 배관의 구경 : 65 mm 이상

④ 펌프의 성능시험배관

　　㉠ 펌프의 성능

| 펌프 성능 곡선 | 구분 | 운전점 |
|---|---|---|
| 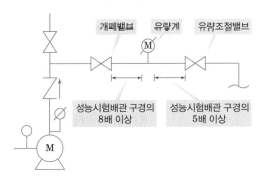 | A | 체절운전점(Shut off point, Churn pressure)<br>정격압력의 140%를 초과하지 아니할 것. |
|  | B | 정격운전점(Rating point)<br>정격토출량의 100% 운전시 정격토출압의 100% 이상 |
|  | C | 과부하운전점(Overload point)<br>정격토출량의 150% 운전시 정격토출압의 65% 이상 |

　　㉡ 펌프의 성능시험배관 설치기준

　　　• 성능시험배관은 **펌프의 토출측**에 설치된 **개폐밸브** 이전에서 분기하여 설치

　　　• 유량계를 기준으로 전단 직관부에 개폐밸브를 후단 직관부에는 유량조절밸브를 설치

　　　• 유량측정장치(유량계)는 성능시험배관의 직관부에 설치하되 펌프의 정격토출량의 175% 이상 측정할 수 있는 성능

⑤ 배관의 기타 설치기준

| | |
|---|---|
| 설치장소 | 동결방지조치를 하거나 동결의 우려가 없는 장소에 설치, 다만, 보온재를 사용할 경우 **난연재료 성능 이상의 것을 사용** |
| 표시 | 배관은 다른 설비의 배관과 쉽게 구분이 될 수 있는 위치에 설치하거나, 그 배관표면 또는 배관 보온재표면의 색상은 한국산업표준(배관계의 식별 표시, KS A 0503)」 또는 **적색**으로 식별이 가능하도록 표시 |
| 릴리프밸브 | 가압송수장치의 **체절운전 시 수온의 상승을 방지**하기 위하여 체크밸브와 펌프 사이에서 분기한 **구경 20 mm 이상**의 배관에 **체절압력 미만에서 개방**되는 릴리프밸브를 설치 |
| 개폐표시형밸브 | 급수배관에 설치되어 급수를 차단할 수 있는 개폐밸브(옥내소화전 방수구를 제외한다)는 개폐표시형밸브로 설치하되 **펌프의 흡입측 배관에는 버터플라이 밸브(우측 사진) 외**의 개폐표시형밸브를 설치하여야 한다. 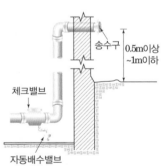 |
| 분기배관 | • 배관 측면에 구멍을 뚫어 2 이상의 관로가 생기도록 가공한 배관으로서 확관형 분기배관과 비확관형 분기배관을 말한다.<br>• 분기배관의 분기간격은 **최소 1.5D 이상** (여기서 D는 분기되는 배관의 호칭지름을 말함)<br><br>분기배관 |

**8** 송수구 설치기준

(1) 소방차가 **쉽게 접근할 수 있는 잘 보이는 장소에 설치**하되 화재층으로부터 지면으로 떨어지는 유리창 등이 송수 및 그 밖의 소화작업에 **지장을 주지 아니하는 장소에 설치**

(2) 송수구에는 이물질을 막기 위한 마개를 씌울 것

(3) **지면으로부터 높이가 0.5 m 이상 1 m 이하**의 위치에 설치

(4) 송수구의 가까운 부분에 **자동배수밸브(또는 직경 5 mm의 배수공) 및 체크밸브를 설치**. (송수구 부터 체크밸브까지 물이 찰 경우 배수하여 동결, 동파 방지 목적) 이 경우 자동배수밸브는 배관안의 물이 잘 빠질 수 있는 위치에 설치하고 배수로 인하여 다른 물건 또는 장소에 피해를 주지 말 것

(5) **구경 65 mm의 쌍구형 또는 단구형**으로 할 것

마개

쌍구형송수구

(6) **송수구로부터 주 배관에 이르는 연결배관에는 개폐밸브를 설치하지 아니할 것** 다만, 스프링클러설비·물분무 소화설비·포소화설비 또는 연결송수관 설비의 배관과 겸용 시 제외

**9** 함 및 방수구 등

## (1) 옥내소화전설비의 함 설치기준

| 문짝의 면적 | $0.5\ \mathrm{m}^2$ 이상 | |
|---|---|---|
| 함의 공간 | 밸브의 조작, 호스의 수납 및 문의 개방 등 옥내소화전 사용에 장애가 없도록 설치할 것<br>연결송수관의 방수구를 같이 설치하는 경우도 동일. | 소화전 |
| 대형공간에 설치할 경우 | • 호스 및 관창은 방수구의 가장 가까운 장소의 벽 또는 기둥 등에 함을 설치하여 비치<br>• 방수구의 위치표지는 표시등 또는 축광도료 등으로 상시 확인이 가능할 것 | |
| 함의 재질<br>(소화전함 성능인증 및 제품검사) | 강판<br>두께 1.5 mm 이상 | ※ 강판 – 염수분무시험방법(KS D 9502)에 따라 시험한 경우 변색 또는 부식되지 아니할 것 |
| | 합성수지재<br>두께 4 mm 이상 | ※ 내열성 및 난연성의 것으로서 80℃의 온도에서 24시간 이내에 열로 인한 변형이 생기지 아니할 것 |

## (2) 옥내소화전 방수구 설치기준

| 설치장소 | • 특정소방대상물의 층마다 설치<br>  복층형 구조의 공동주택의 경우에는 세대의 출입구가 설치된 층에만 설치<br>• 수평거리 : 25 m(호스릴옥내소화전설비를 포함한다) 이하<br>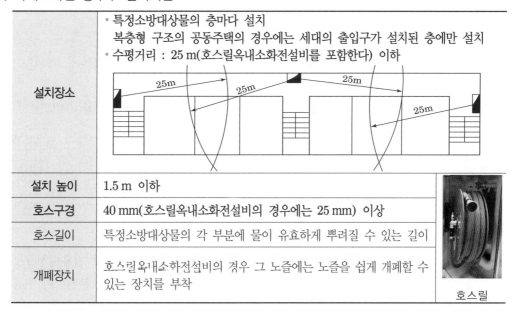 |
|---|---|
| 설치 높이 | 1.5 m 이하 |
| 호스구경 | 40 mm(호스릴옥내소화전설비의 경우에는 25 mm) 이상 |
| 호스길이 | 특정소방대상물의 각 부분에 물이 유효하게 뿌려질 수 있는 길이 |
| 개폐장치 | 호스릴옥내소화전설비의 경우 그 노즐에는 노즐을 쉽게 개폐할 수 있는 장치를 부착 |

호스릴

## (3) 방수구 설치 제외 장소

• 냉장창고 중 온도가 영하인 냉장실 또는 냉동창고의 냉동실
• 고온의 노가 설치된 장소 또는 물과 격렬하게 반응하는 물품의 저장 또는 취급 장소
• 발전소·변전소 등으로서 전기시설이 설치된 장소
• 식물원·수족관·목욕실·수영장(관람석 부분을 제외한다) 또는 그 밖의 이와 비슷한 장소
• 야외음악당·야외극장 또는 그 밖의 이와 비슷한 장소

**(4) 표시등 설치기준**

① 옥내소화전설비의 **위치를 표시하는 표시등** — 함의 상부에 설치

> **표시등의 성능인증 및 제품검사의 기술기준**
> ㉠ 불빛은 부착 면으로부터 **15° 이상의 범위 안에서**
> 부착지점으로부터 **10 m 이내**의 어느 곳에서도 쉽게 식별할
> 수 있는 **적색등**
> ㉡ 사용전압의 **130%인 전압을 24시간 유지 시 단선, 현저한**
> 광속변화, 전류변화 등의 현상이 발생되지 아니할 것

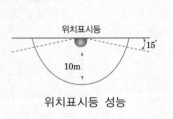

위치표시등 성능

② 가압송수장치의 **기동을 표시하는 표시등**

옥내소화전함의 상부 또는 그 직근에 설치하되 **적색등**으로 할 것
자체소방대(위험물안전관리법에 따른 자체소방대)를 구성하여 운영하는 경우 제외

**(5) 표지**

옥내소화전설비의 함에는 그 표면에 "소화전"이라는 표시와 그 사용요령을 기재한 표지판
(외국어 병기)을 붙여야 한다.

**10 전 원**

**(1) 특정소방대상물의 수전방식에 따른 상용전원**(가압수조방식은 제외)

① **저압수전**

**인입개폐기의 직후에서 분기**하여 **전용배선**으로 하며, 전용의 전선관에 보호 되도록 할 것

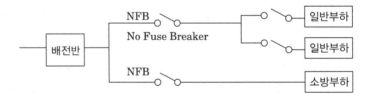

② **특별고압수전 또는 고압수전**

**전력용 변압기 2차측의 주차단기 1차측에서 분기**하여 **전용배선**으로 하되, 상용전원의
상시공급에 지장이 없을 경우에는 **주차단기 2차측에서 분기**하여 **전용배선**으로 할 것
다만, 가압송수장치의 정격입력전압이 수전전압과 같은 경우에는 저압수전 기준 준용.

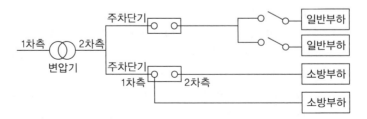

(2) 비상전원

① 설치 대상

　㉠ 층수가 7층 이상으로서 연면적이 2,000㎡ 이상인 것

　㉡ 지하층의 바닥면적의 합계가 3,000㎡ 이상인 것

② 설치 제외

　㉠ 2 이상의 변전소에서 전력을 동시에 공급받을 수 있거나 하나의 변전소로부터 전력의 공급이 중단되는 때에는 자동으로 다른 변전소로부터 전원을 공급받을 수 있도록 상용전원을 설치한 경우

　㉡ 가압수조방식인 경우

③ 비상전원의 종류

　㉠ 자가발전설비, 축전지설비 또는 전기저장장치(Energy Storage System − 외부 전기에너지를 저장해 두었다가 필요한 때 전기를 공급하는 장치)

　㉡ 내연기관에 따른 펌프를 사용하는 경우에는 **내연기관의 기동 및 제어용 축전지**

④ 설치기준

| 구 분 | 설 치 기 준 |
|---|---|
| 설치장소 | **점검에 편리**하고 화재 및 침수 등의 **재해로 인한 피해를 받을 우려가 없는 곳** |
| | 다른 장소와 **방화구획 할 것** |
| | 그 장소에는 비상전원의 공급에 필요한 기구나 설비외의 것(열병합발전설비에 필요한 기구나 설비는 제외한다)을 두어서는 아니 된다. |
| 용량 | **20분 이상** |
| 상용전원 중단 시 | 자동으로 비상전원으로부터 전력을 공급받을 수 있도록 할 것 |
| 실내 설치 시 | 그 실내에 **비상조명등을 설치**할 것 |

**11** 제어반

(1) 감시제어반과 동력제어반으로 구분하여 설치

**Point**

**감시제어반과 동력제어반으로 구분하여 설치하지 아니할 수 있는 경우**

1. 비상전원 설치대상이 아닌 특정소방대상물에 설치되는 옥내소화전설비
2. 내연기관에 따른 가압송수장치를 사용하는 옥내소화전설비
3. 고가수조에 따른 가압송수장치를 사용하는 옥내소화전설비
4. 가압수조에 따른 가압송수장치를 사용하는 옥내소화전설비

감시제어반

동력제어반

### (2) 감시제어반의 기능

| | |
|---|---|
| 각 펌프 | 자동 및 수동으로 작동시키거나 중단시킬 수 있어야 할 것 |
| | 작동여부를 **확인할 수 있는 표시등 및 음향경보기능** |
| 수조 또는 물올림탱크 | **저수위로 될 때 표시등 및 음향**으로 경보할 것 |
| 각 확인회로 | **도통시험 및 작동시험**을 할 수 있어야 할 것<br>기동용수압개폐장치의 압력스위치회로ㆍ수조 또는 물올림탱크의 감시회로를 말한다. |
| 비상전원 | **상용전원 및 비상전원의 공급여부를 확인**할 수 있어야 할 것 (설치한 경우에 한함) |
| 예비전원 | **예비전원 확보되고 예비전원의 적합여부를 시험**할 수 있어야 할 것 |

### (3) 감시제어반 설치기준

① 화재 및 침수 등의 재해로 인한 피해를 받을 우려가 없는 곳에 설치

② 감시제어반은 옥내소화전설비의 전용으로 할 것

　　다만, 옥내소화전설비의 제어에 지장이 없는 경우에는 다른 설비와 겸용 가능

③ **감시제어반은 전용실안에 설치할 것**

> **▌Point▐**
>
> **감시제어반을 전용실 안에 설치하지 않아도 되는 경우**
> 1. 비상전원 설치대상이 아닌 특정소방대상물에 설치되는 옥내소화전설비
> 2. 내연기관에 따른 가압송수장치를 사용하는 옥내소화전설비
> 3. 고가수조에 따른 가압송수장치를 사용하는 옥내소화전설비
> 4. 가압수조에 따른 가압송수장치를 사용하는 옥내소화전설비
> 5. 공장, 발전소 등에서 설비를 집중 제어ㆍ운전할 목적으로 설치하는 중앙제어실내에 감시제어반을 설치 시

### (4) 전용실 설치기준

① **다른 부분과 방화구획을 할 것**

② 기계실 또는 전기실 등의 감시를 위하여 벽에 유리 설치 시
　　**4 m² 미만의 붙박이창**을 설치할 수 있다.

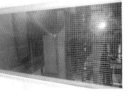

망입유리

| 구분 | 망입유리 | 접합유리 | 복층유리 |
|---|---|---|---|
| 두께 | 7 mm 이상 | 16.3 mm 이상 | 28 mm 이상 |

③ **비상조명등 및 급ㆍ배기설비를 설치**

④ **무선기기 접속단자**(무선통신보조설비가 설치된 특정소방대상물에 한한다)를 설치하고, 유효하게 통신이 가능할 것

⑤ **바닥면적**은 감시제어반의 설치에 필요한 면적 외에 화재 시 소방대원이 그 감시제어반의 조작에 필요한 최소면적 이상

⑥ 전용실에는 특정소방대상물의 기계·기구 또는 시설 등의 제어 및 감시설비외의 것을 두지 아니할 것

⑦ 피난층 또는 지하 1층에 설치할 것

⑧ 지상 2층에 설치하거나 지하 1층 외의 지하층에 설치할 수 있는 경우

  ㉠ 특별피난계단이 설치되고 그 계단(부속실을 포함한다)출입구로부터 **보행거리 5 m 이내**에 전용실의 출입구가 있는 경우

  ㉡ 아파트의 관리동(관리동이 없는 경우에는 경비실)에 설치하는 경우

(5) 동력제어반 설치기준

① **앞면은 적색**으로 하고 "옥내소화전설비용 동력제어반"이라고 표시한 표지를 설치

② **외함은 두께 1.5 mm 이상의 강판** 또는 이와 동등 이상의 강도 및 내열성능이 있을 것

③ 화재 및 침수 등의 재해로 인한 피해를 받을 우려가 없는 곳에 설치

④ 옥내소화전설비의 전용으로 할 것

  다만, 옥내소화전설비의 제어에 지장이 없는 경우에는 다른 설비와 겸용

**12** 배 선

(1) **비상전원으로부터 동력제어반 및 가압송수장치에 이르는 전원회로의 배선은 내화배선**

  **단,** 자가발전설비와 동력제어반이 동일한 실에 설치된 경우에는 자가발전기로부터 그 제어반에 이르는 전원회로의 배선은 제외

(2) **상용전원으로부터 동력제어반에 이르는 배선, 그 밖의 옥내소화전설비의 감시·조작 또는 표시등회로의 배선은 내화배선 또는 내열배선으로 할 것**

  단, 감시제어반 또는 동력제어반 안의 **감시·조작 또는 표시등회로의 배선은 제외**

# 배선에 사용되는 전선의 종류 및 공사방법

**Point**

• 내화배선

| 사용전선의 종류 | 공 사 방 법 |
|---|---|
| 1. 450/750 V 저독성 난연 가교 폴리올레핀 절연 전선<br>2. 0.6/1 kV 가교 폴리에틸렌 절연 저독성 난연 폴리올레핀 시스 전력 케이블<br>3. 6/10 kV 가교 폴리에틸렌 절연 저독성 난연 폴리올레핀 시스 전력용 케이블<br>4. 가교 폴리에틸렌 절연 비닐시스 트레이용 난연 전력 케이블<br>5. 0.6/1 kV EP 고무절연 클로로프렌 시스 케이블<br>6. 300/500 V 내열성 실리콘 고무 절연전선(180℃)<br>7. 내열성 에틸렌-비닐 아세테이트 고무 절연 케이블<br>8. 버스덕트(Bus Duct)<br>9. 기타 전기용품안전관리법 및 전기설비기술기준에 따라 동등 이상의 내화성능이 있다고 주무부장관이 인정하는 것 | 1. 전선관의 종류<br><br>\| 금속관 \| 2종 금속제 가요전선관 \| 합성 수지관 \|<br><br>2. 해당 전선관에 전선을 수납 후<br>내화구조로 된 벽 또는 바닥 등에 벽 또는 바닥의 표면으로부터 25 mm 이상의 깊이로 매설<br><br>다만 다음 각목의 기준에 적합하게 설치하는 경우에는 그러하지 아니하다.<br>• 배선을 내화성능을 갖는 배선전용실 또는 배선용 샤프트·피트·덕트 등에 설치하는 경우<br>• 배선전용실 또는 배선용 샤프트·피트·덕트 등에 다른 설비의 배선이 있는 경우에는 이로 부터 15cm 이상 떨어지게 하거나 소화설비의 배선과 이웃하는 다른 설비의 배선사이에 배선지름(배선의 지름이 다른 경우에는 가장 큰 것을 기준으로 한다)의 1.5배 이상의 높이의 불연성 격벽을 설치하는 경우<br> |
| 내화전선 | 케이블공사의 방법에 따라 설치하여야 한다. |

※ 비고 : 내화전선의 내화성능
① 버너의 노즐에서 75 mm의 거리에서 온도가 750±5℃인 불꽃으로 3시간 동안 가열한 다음 12시간 경과 후 전선간에 허용전류용량 3 A의 퓨즈를 연결하여 내화시험 전압을 가한 경우 퓨즈가 단선되지 아니하는 것
② 소방청장이 정하여 고시한 「소방용전선의 성능인증 및 제품검사의 기술기준」에 적합할 것

**Point**

• 내열배선

| 사용전선의 종류 | 공 사 방 법 |
|---|---|
| 1. 450/750 V 저독성 난연 가교 폴리올레핀 절연 전선<br>2. 0.6/1 kV 가교 폴리에틸렌 절연 저독성 난연 폴리올레핀 시스 전력 케이블<br>3. 6/10 kV 가교 폴리에틸렌 절연 저독성 난연 폴리올레핀 시스 전력용 케이블<br>4. 가교 폴리에틸렌 절연 비닐시스 트레이용 난연 전력 케이블<br>5. 0.6/1 kV EP 고무절연 클로로프렌 시스 케이블<br>6. 300/500 V 내열성 실리콘 고무 절연전선(180℃)<br>7. 내열성 에틸렌-비닐 아세테이트 고무 절연 케이블<br>8. 버스덕트(Bus Duct)<br>9. 기타 전기용품안전관리법 및 전기설비기술기준에 따라 동등 이상의 내열성능이 있다고 주무부장관이 인정하는 것 | 1. 금속관 공사방법<br>2. 금속제 가요전선관 공사방법<br>3. 금속덕트 공사방법<br>4. 케이블 공사방법<br>  (불연성덕트에 설치하는 경우에 한한다)<br><br>다만, 다음 각목의 기준에 적합하게 설치하는 경우에는 그러하지 아니하다.<br><br>• 내화성능을 갖는 배선전용실 또는 배선을 배선용 샤프트 · 피트 · 덕트 등에 설치하는 경우<br><br>• 배선전용실 또는 배선용 샤프트 · 피트 · 덕트 등에 다른 설비의 배선이 있는 경우에는 이로 부터 15 cm 이상 떨어지게 하거나 소화설비의 배선과 이웃 다른 설비의 배선사이에 배선지름(배선의 지름이 다른 경우에는 가장 큰 것을 기준으로 한다)의 1.5배 이상의 높이의 불연성 격벽을 설치하는 경우 |
| 내화전선, 내열전선 | 케이블공사의 방법에 따라 설치하여야 한다 |

※ 비고 : 내열전선의 내열성능
① 온도가 816±10℃인 불꽃을 20분간 가한 후 불꽃을 제거하였을 때 **10초 이내**에 자연소화가 되고, **전선의 연소된 길이가 180 mm 이하** 또는 가열온도의 값을 한국산업표준(KS F 2257-1)에서 정한 건축구조부분의 내화시험방법으로 **15분 동안 380℃까지** 가열한 후 전선의 연소된 길이가 가열로의 벽으로부터 150 mm 이하일 것
② 소방청장이 정하여 고시한 「소방용전선의 성능인증 및 제품검사의 기술기준」에 적합할 것

(3) 표지

① 옥내소화전설비의 과전류차단기 및 개폐기에는 "옥내소화전실비용"이리고 표시한 표지를 하여야 한다.

② 옥내소화전설비용 전기배선의 양단 및 접속단자
  ㉠ 단자에는 "옥내소화전단자"라고 표시한 **표지를 부착할 것**
  ㉡ 옥내소화전설비용 전기배선의 양단에는 **다른 배선과 식별이 용이하도록 표시할 것**

**13** 겸 용

**(1) 수원의 겸용 시 수원의 양**

옥내소화전설비와 스프링클러설비, 간이스프링클러설비, 화재조기진압용 스프링클러설비, 물분무소화설비, 포소화전설비 및 옥외소화전설비의 수원을 겸용하여 설치하는 경우의 저수량

➡ **각 소화설비에 필요한 저수량을 합한 양 이상이 되도록 하여야 한다.**

다만, 이들 소화설비 중 고정식 소화설비(펌프·배관과 소화수 또는 소화약제를 최종 방출하는 방출구가 고정된 설비를 말한다. 이하 같다)가 2 이상 설치되어 있고, 그 소화설비가 설치된 부분이 방화벽과 방화문으로 구획되어 있는 경우에는 각 고정식 소화설비에 필요한 저수량 중 최대의 것 이상으로 할 수 있다.

**(2) 펌프의 겸용 시 토출량**

옥내소화전설비와 스프링클러설비, 간이스프링클러설비, 화재조기진압용 스프링클러설비, 물분무소화설비, 포소화설비 및 옥외소화전설비의 가압송수장치을 겸용하여 설치하는 경우의 펌프의 토출량

➡ **각 소화설비에 해당하는 토출량을 합한 양 이상이 되도록 하여야 한다.** 다만, 이들 소화설비 중 고정식 소화설비가 2 이상 설치되어 있고, 그 소화설비가 설치된 부분이 방화벽과 방화문으로 구획되어 있으며 각 소화설비에 지장이 없는 경우에는 펌프의 토출량 중 최대의 것 이상으로 할 수 있다.

**(3) 소방배관과 일반배관의 겸용**

옥내소화전설비, 스프링클러설비, 간이스프링클러설비, 화재조기진압용 스프링클러설비, 물분무소화설비, 포소화설비 및 옥외소화전설비의 가압송수장치에 있어서 각 토출측배관과 일반급수용의 가압송수장치의 토출측배관을 상호 연결하여 화재시 사용할 수 있다.

➡ 이 경우 연결배관에는 개폐표시형밸브를 설치하여야 하며, 각 소화설비의 성능에 지장이 없도록 하여야 한다.

**(4) 송수구 겸용**

① 옥내소화전설비와 스프링클러설비·간이스프링클러설비·화재조기진압용 스프링클러설비·물분무소화설비·포소화설비 또는 연결송수관설비의 송수구와 겸용으로 설치하는 경우

➡ **스프링클러설비의 송수구의 설치기준으로 설치**

② 옥내소화전설비와 연결살수설비의 송수구와 겸용으로 설치하는 경우

➡ **옥내소화전설비의 송수구의 설치기준으로 설치**

# 실전 예상문제

 **01** 옥내소화전 설치제외 대상이 아닌 것은?

① 위험물 저장 및 처리 시설 중 가스시설
② 지하구
③ 방재실 등에서 스프링클러설비 또는 물분무등소화설비를 원격으로 조정할 수 있는 업무시설 중 무인변전소
④ 특수가연물을 저장, 취급하는 공장, 창고

**해설**

| 특수가연물을 저장, 취급하는 공장, 창고 | 자탐 | 옥내, 옥외 | 스프링클러 |
| --- | --- | --- | --- |
| 저장배수 | 500배 이상 | 750배 이상 | 1,000배 이상 |

 **02** 지하 4층, 지상 40층 주상복합건축물에 옥내소화전이 지하층은 5개, 20층까지는 3개, 40층까지는 2개가 설치되어 있다. 옥내소화전의 수원은 몇 m³ 인가?

① 13 ② 26 ③ 39 ④ 10.4

**해설**

고층건축물의 설치개수는 최대 5개
$N Q T$ = 5개 × 130 $\ell$/min / 개 × 40분 = 26,000 $\ell$ = 26 m³ 이상

 **03** 55층 건물인 주상복합건축물에 옥내소화전이 층 별 2개(지하주차장은 5개)가 설치되어 있으며 지하 펌프실에 주펌프와 동등이상의 예비펌프(엔진펌프)가 설치되어 있다. 옥내소화전설비의 수조의 수원과 옥상수조의 수원은 각각 얼마 이상 저장해야 하는가?

① 10.4 m³ 이상, 3.47 m³ 이상 ② 39 m³ 이상, 0 m³
③ 26 m³ 이상, 8.7 m³ 이상 ④ 39 m³ 이상, 13 m³ 이상

**해설**

• 수원 (저수조) − $N Q T$ = 5개 × 130 $\ell$/min · 개 × 60분
  = 39,000 $\ell$ = 39 m³ 이상
• 옥상수조(30층 이상의 대상물은 고가수조 방식 및 수원이 지붕보다 높게 설치된 경우를 제외하고는 옥상수조가 면제가 되지 않는다.)
  ∴ 39 m³ / 3 = 13 m³ 이상
• 고층건축물의 설치개수는 최대 5개

엔진펌프

 **정답** 01 ④ 02 ② 03 ④

**●○○ 04** 수조에 대한 설치기준으로 옳지 않은 것은?

① 수조의 외측에 수위계를 설치
② 수조의 상단이 바닥보다 높은 때에는 수조의 외측에 고정식 사다리를 설치
③ 수조의 옆 부분에는 청소용 배수밸브 또는 배수관을 설치
④ 수조의 외측의 보기 쉬운 곳에 "옥내소화전설비용 수조"라고 표시한 표지를 할 것

> **해설**
> 수조의 밑 부분에는 청소용 배수밸브 또는 배수관을 설치

**●●○ 05** 옥상수조의 설치기준 및 수원 등에 대한 내용으로 옳지 않은 것은?

① 옥상수조의 수원은 유효수량 외에 유효수량의 3분의 1 이상 확보해야 한다.
② 층수가 30층 이상의 특정소방대상물은 무조건 설치하여야 한다.
③ 옥상수조는 이와 연결된 배관을 통하여 상시 소화수를 공급할 수 있는 구조인 특정소방대상물인 경우에는 둘 이상의 특정소방대상물이 있더라도 하나의 특정소방대상물에만 이를 설치할 수 있다.
④ 건축물의 높이가 지표면으로부터 10 m 이하인 경우 옥상수조 설치가 제외된다.

> **해설**
> 층수가 30층 이상의 특정소방대상물은 무조건 설치하되 고가수조를 가압송수장치로 설치한 옥내소화전설비, 수원이 건축물의 최상층에 설치된 방수구보다 높은 위치에 설치된 경우에는 제외한다. (13.6.10 신설)

**●●○ 06** 부압방식의 옥내소화전설비에서 수조를 일반 시수등과 겸용하는 경우 유효수량은?

① 수조의 바닥면과 일반 급수용 후드밸브 사이의 수량
② 수조의 바닥면과 옥내소화전용 후드밸브 사이의 수량
③ 소화전용 펌프의 후드밸브와 수조 상단 사이의 수량
④ 일반 급수용 후드밸브와 소화전용 후드밸브 사이의 수량

> **해설**
> 부압방식에서 수조를 다른 설비와 겸용시 유효수량은 다른 설비용 후드밸브와 옥내소화전용 후드밸브 사이의 수량을 말한다.

**●●● 07** 옥내소화전설비의 규정 방수압력과 방수량으로 옳게 짝지어진 것은?

① 0.1 MPa − 80 ℓ/min
② 0.1 MPa − 20 ℓ/min
③ 0.17 MPa − 130 ℓ/min
④ 0.25 MPa − 350 ℓ/min

> **해설**
> 규정 방사압력 : 소화전 5개 사용시 모두 0.17 MPa 이상 0.7 MPa 이하
> 규정 방사량   : 소화전 5개 사용시 모두 130 ℓ/min 이상

**정답** 04 ③  05 ②  06 ④  07 ③

**08** 옥내소화전 설비에서 송수펌프의 토출량을 옳게 나타낸 것은?

① Q = N × 130 L/min
② Q = N × 350 L/min
③ Q = N × 80 L/min
④ Q = N × 160 L/min

 **09** 옥내소화전 설비의 가압송수장치의 양정 계산은 $H = h_1 + h_2 + h_3 + h_4$(호스릴옥내소화전설비를 포함한다)의 식에 의해 계산한다. 각 설명으로 옳지 않은 것은?

① $h_1$ : 소방용호스 및 관창의 마찰손실 수두(m)
② $h_2$ : 배관의 마찰손실 수두(m)
④ $h_3$ : 실양정(m)
④ $h_4$ : 방사압력환산수두(17m)

> **해설**
> $h_1$ : 소방용호스 마찰손실 수두(m)

 **10** 옥내소화전설비 펌프의 전양정 공식인 $H = h_1 + h_2 + h_3 + 17$ 의 내용 중 맞지 않는 것은?

① $H$는 전양정(m)
② $h_1$은 노즐선단 방수압력의 환산수두(m)
③ $h_2$는 배관의 마찰손실수두(m)
④ $h_3$는 실양정(m)

 **11** 펌프의 흡입측에 설치하여야 하는 것이 아닌 것은?

① 연성계        ② 압력계        ③ 후드밸브        ④ 여과장치

> **해설**
> 펌프 흡입측에 설치해야 하는 부속품 – 후드밸브, 스트레이너, 연성계 또는 진공계

 **12** 부압방식인 옥내소화전설비의 수조에 설치하는 후트밸브 기능은?

① 여과기능, 저수위 기능
② 체크밸브기능, 유량 확인 기능
③ 여과기능, 급수기능
④ 여과기능, 체크밸브 기능

> **해설**
> 수조의 이물질을 여과하며 펌프 정지시에는 흡입측 배관에 물이 빠지지 않도록 막고 펌프 운전시에 개방되어 물을 송수하는 체크 기능이 있다.

후트밸브

 **정답**   08 ①   09 ①   10 ②   11 ②   12 ④

••• 13 옥내소화전펌프의 성능을 확인하기 위한 펌프의 성능 및 성능시험배관에 대한 설명으로 맞는 것은?

① 펌프의 성능은 체절운전시 정격토출압력의 150%를 초과하지 아니하여야 할 것
② 정격토출량의 150%로 운전시 정격토출압력의 65% 이상이어야 할 것
③ 성능시험배관은 펌프의 토출측에 설치된 체크밸브 이전에서 분기할 것
④ 유량측정장치는 펌프의 정격 토출량의 175%까지 측정할 수 있는 성능이 있을 것

> **해설**
> 펌프의 성능은 체절운전시 정격토출압력의 140%를 초과하지 아니하여야 하며 성능시험배관은 펌프의 토출측에 설치된 개폐밸브 이전에서 분기, 유량측정장치는 펌프의 정격 토출량의 175% 이상 측정할 수 있는 성능이 있을 것

••◦ 14 소화펌프의 성능시험배관의 설치 기준의 위치로서 적합한 것은?

① 펌프와 체크밸브 사이에
② 펌프와 토출측 개폐밸브 사이에
③ 펌프 토출측 개폐밸브 이후에
④ 펌프와 수조사이에

> **해설**
> 펌프의 성능시험배관은 펌프의 토출측 개폐밸브 이전에 분기하여야 한다.

••• 15 수계설비의 가압송수장치에는 체절 운전 시 수온의 상승을 방지하기 위하여 무엇을 설치하여야 하는가?

① 순환 배관
② 물올림 배관
③ 오버플로우배관
④ 성능시험배관

> **해설**
> 수계설비의 가압송수장치에는 체절 운전 시 수온의 상승을 방지하기 위하여 순환배관을 설치한다.

••• 16 가압송수장치 주위에 설치하는 릴리프밸브에 대한 내용으로 옳은 것은?

① 배관 내 압력 상승시 배출하기 위해 설치한다.
② 작동시에는 자동으로 복구 안되 수동으로 복구시켜줘야 한다.
③ 릴리프밸브는 15 mm 이상의 구경으로 해야 한다.
④ 체절 운전 시 수온의 상승을 방지한다.

> **해설**
> 체절 운전 시 수온의 상승을 방지하기 위하여 20 mm 이상의 릴리프밸브를 설치한다.

**정답** 13 ② 14 ② 15 ① 16 ④

**•••17** 펌프 기동장치인 기동용수압개폐장치 중 압력챔버를 설치한 주목적으로 맞는 것은?

① 수격작용을 방지하기 위해서  ② 주펌프의 빈번한 기동을 방지하기 위해서
③ 펌프의 자동 기동을 위하여  ④ 배관내의 압력을 알기 위하여

 압력챔버는 배관에 압력강하시 펌프를 자동으로 작동시키기 위해 설치하며 압력챔버 내 상부에는 압축성유체인 공기가 있어 수격작용을 방지 할 수 있으며 압력계가 부착되어 배관내 압력을 알 수 있다.

**••○18** 펌프 기동장치인 기동용수압개폐장치 중 압력챔버 및 압력챔버에 부착된 장치의 역할이 아닌 것은?

① 수격작용 방지  ② 배관 내 공기 치환(제거)
③ 배관 내의 압력강하시 펌프의 자동기동  ④ 배관내 일정 압력 상승시 압력 배출

 압력챔버 내 상부에는 압축성유체인 공기가 있어 수격작용을 방지할 수 있으며 공기가 없는 경우 펌프는 단속운전하게 된다. 단속운전이란 펌프의 기동, 정지가 빠르게 반복되는 현상으로 이는 MCC 판넬의 전자접촉기가 빠르게 붙었다 떨어졌다 반복함으로서 발열에 의해 화재가 발생 할 수 있다. 압력챔버는 배관 내 공기를 치환하는 것이 아니라 압력챔버 내 가압수가 가득찬 경우 일부를 공기로 치환하여 단속운전을 방지하는 것이다. 또한 압력챔버 상부에는 Safety valve가 설치되어 있어서 배관 내 일정 압력 상승시 작동하여 압력을 배출함으로서 설비 전체를 보호하는 역할을 한다.

**•••19** 펌프 기동장치인 기동용수압개폐장치 중 압력챔버의 용적은 몇 $\ell$ 이상으로 하여야 하는가?

① 50 $\ell$ 이상  ② 100 $\ell$ 이상  ③ 150 $\ell$ 이상  ④ 200 $\ell$ 이상

해설 펌프 기동장치인 기동용수압개폐장치 중 압력챔버의 용적은 100 $\ell$ 이상

**•••20** 충압펌프의 정격토출압력은 호스접결구의 자연압보다 몇 MPa가 더 커야 하나?

① 0.1  ② 0.2  ③ 0.3  ④ 0.5

해설 충압펌프의 정격토출압력은 최상층의 호스접결구의 자연압보다 0.2 MPa 커야 배관 충압이 가능하다. 즉 배관마찰손실 등을 고려하지 않으면 배관마찰손실 등에 의해 양정이 부족하여 충수, 충압이 불가능해진다.

**•••21** 물올림장치의 용량은 몇 $\ell$ 이상인가?

① 100 $\ell$  ② 200 $\ell$  ③ 300 $\ell$  ④ 400 $\ell$

 물올림장치는 설비 전용으로 하고 용량은 100 $\ell$ 이상

**정답** 17 ③  18 ②  19 ②  20 ②  21 ①

●●○ 22 물올림장치의 저수위가 동작하였다. 그 원인으로 볼 수 없는 것은?

① 물올림장치의 자동급수장치의 차단　　② 물올림장치의 배수밸브 개방
③ 후드밸브의 체크밸브 기능 고장　　④ 펌프 토출측 체크밸브의 누수

> **해설**
> 물올림장치는 펌프 토출측 체크밸브 이전에서 분기하기 때문에 ④의 경우 물올림장치의 저수위가 동작하지 않고 압력챔버의 충압펌프 압력스위치가 동작한다.

●●○ 23 소화설비의 가압송수장치인 펌프가 운전시 진동이 심하게 발생되었다면 그 원인이 아닌 것은?

① 모터와 펌프와의 축결합 상태 불량　　② 임펠러의 마모
③ 펌프의 기초 부실　　④ 캐비테이션의 발생

> **해설**
> 임펠러의 심각한 마모는 송수가 불량, 불능한 상태가 된다.

●●● 24 배관에 설치하는 체크 밸브에 표시하여야 하는 사항이 아닌 것은?

① 유수량　　② 호칭구경
③ 사용압력　　④ 유수의 방향

> **해설**
> 체크밸브 표시사항 – 호칭구경, 사용압력, 유수의 방향

●●● 25 옥내소화전설비의 가압송수장치 중 고가수조의 자연낙차수두란?

① 수조의 하단으로부터 최고층에 설치된 소화전 호스접결구까지의 수직거리를 말한다.
② 수조의 상단으로부터 최고층에 설치된 소화전 호스접결구까지의 수직거리를 말한다.
③ 수조 내 수면으로부터 최고층에 설치된 소화전 호스접결구까지의 수직거리를 말한다.
④ 수조에 연결된 배관으로부터 최고층에 설치된 소화전 호스접결구까지의 수직거리를 말한다.

> **해설**
> 고가수조의 자연낙차수두는 수조의 하단으로부터 최고층에 설치된 소화전 호스접결구까지의 수직거리를 말한다.

**●●● 26** 다음 보기 중 고가수조에 설치하여야 하는 것으로 알맞게 묶은 것은?

> 수위계, 급수관, 배수관, 급기관, 맨홀, 압력계, 오버플로우관, 안전장치, 압력저하 방지를 위한 자동식 공기압축기

① 수위계, 급수관, 배수관, 맨홀, 압력계, 오버플로우관
② 수위계, 급수관, 배수관, 급기관, 맨홀, 압력계, 안전장치, 압력저하 방지를 위한 자동식 공기압축기
③ 수위계, 급수관, 배수관, 오버플로우관
④ 수위계, 급수관, 배수관, 맨홀, 오버플로우관

**해설**
고가수조에 설치하여야 하는 것 – 수위계, 배수관, 급수관, 오버플로우관, 맨홀  수배급 오버맨

**●●○ 27** 가압송수장치 중 압력수조에 설치하여야 하는 것이 아닌 것은?

① 급기관      ② 급수관
③ 압력계      ④ 수동식 공기압축기

**해설**
수위계, 급수관, 배수관, 급기관, 맨홀, 압력계, 안전장치, 압력저하 방지를 위한 자동식 공기압축기
 수급 배급 맨압 안자

**●●○ 28** Air Lock 현상이 발생하는 가압송수장치는?

① 전동기 또는 내연기관에 따른 펌프를 이용하는 가압송수장치
② 고가수조의 자연낙차를 이용한 가압송수장치
③ 압력수조를 이용한 가압송수장치
④ 가압수조를 이용한 가압송수장치

**해설**
압력수조와 옥상수조를 연결하여 공통의 배관으로 물을 토출할 경우 공기압에 의해 압력수조의 물이 전량 방사된 후 공기압에 의해 고가수조의 Check valve가 열리지 못하는 현상이다. "공기의 압력이 옥상수조의 자연압보다 커서 발생하며 공기에 의해 물이 갇혀 있다"라고 해서 Air Lock 현상 이라 한다.

 **정답** 26 ④ 27 ④ 28 ③

●○○ **29** 압력수조를 가압송수장치로 설치한 건물의 필요한 압력($P = P_1 + P_2 + P_3 + 0.17$)이 1MPa일 때 압력수조 내의 필요한 공기압력(MPa)은 얼마인가? (단, 수조 내 공기의 체적($m^3$)은 전체 체적의 1/3 이고 대기압은 0.1 MPa이며 보일의 법칙을 이용한다.)

① 0.3 ② 1 ③ 3 ④ 3.2

$$( P_0 + P_a ) \times V_0 = ( P + P_a ) V \rightarrow P_0 = ( P + P_a ) \frac{V}{V_0} - P_a = (1 + 0.1) \frac{1}{\frac{1}{3}} - 0.1 = 3.2 \, \text{MPa}$$

$P_0$ : 압력수조 내의 필요한 공기압력(MPa)    $V_0$ : 수조 내 공기의 체적($m^3$)
$P$ : 필요한 압력(MPa)    $V$ : 수조의 용적($m^3$)    $P_a$ : 대기압(MPa)

●●● **30** 옥내소화전 설비의 배관 내 사용압력이 1.2 MPa 미만일 경우 배관 종류 및 배관이음에 대한 설명으로 옳지 않은 것은?

① 배관용탄소강관(KS D 3507)을 사용 할 수 있다.
② 이음매 없는 구리 및 구리합금관(KS D 5301)을 사용할 수 있다. 다만, 습식의 배관에 한한다.
③ 배관용 스테인리스강관(KS D 3576) 또는 일반배관용 스테인리스강관(KS D 3595)을 사용 할 수 있다.
④ 배관용 스테인리스강관(KS D 3576)의 이음을 용접으로 할 경우에는 전기용접방식에 따른다.

배관용 스테인리스강관(KS D 3576)의 이음을 용접으로 할 경우에는 알곤용접방식에 따른다.

●●○ **31** 펌프의 흡입측 배관에 공기고임이 생기지 아니하는 구조로 하려면 어떤 부속품을 사용하여야 하는가?

① 원심레듀셔 ② 편심레듀셔 ③ 엘보우 ④ Y형 스트레이너

원심레듀셔를 사용할 경우 박리현상이 발생하여 박리점 이후 관과 유체가 박리된 부분에는 역류현상이 발생하고 유체가 관의 내측면과 떨어지므로 공기고임에 따른 Air Pocket이 발생한다.

●●● **32** 펌프의 토출측 주배관의 구경은 유속이 얼마 이하가 될 수 있는 크기 이상으로 하여야 하는가?

① 1 m/sec ② 2 m/sec ③ 3 m/sec ④ 4 m/sec

주배관의 구경 : 유속이 4 m/s 이하가 될 수 있는 크기 이상

정답    29 ④   30 ④   31 ②   32 ④

**33** 옥내소화전 설비의 수직배관으로부터 분기되어 옥내소화전함으로 향하는 수평관내의 유수량이 390 ℓ/min 인 경우 몇 mm 관을 사용하여야 하는가?

① 40 　　　　　 ② 50 　　　　　 ③ 65 　　　　　 ④ 80

> **해설**
>
> 소화전 개수 별 주배관의 구경
>
> | 구분＼소화전 수량 | 1개 | 2개 | 3개 | 4개 | 5개 |
> |---|---|---|---|---|---|
> | 방수량(ℓ/min) | 130 | 260 | 390 | 520 | 650 |
> | 배관의 구경 | 40 | 50 | 65 | 80 | 100 |
>
> ※ $d(\text{mm}) = 2.303 \sqrt{Q(\ell/\min) \times 1.5}$ 　　　※ $1.5 = 150\%$ 유량을 의미한다.

 **34** 옥내소화전의 주배관 중 수직배관의 구경은?

① 32 mm 이상 　　　 ② 40 mm 이상 　　　 ③ 50 mm 이상 　　　 ④ 60 mm 이상

> **해설**
>
> 주배관 중 수직배관의 구경은 50 mm(호스릴옥내소화전설비의 경우에는 32 mm) 이상
> 옥내소화전방수구와 연결되는 가지배관의 구경은 40 mm(호스릴옥내소화전설비의 경우에는 25 mm) 이상
> 연결송수관설비의 배관과 겸용할 경우 주배관은 구경 100 mm 이상, 방수구로 연결되는 배관의 구경은 65 mm 이상

 **35** 옥내소화전과 연결송수관 설비의 배관을 겸용할 경우 주배관의 구경은?

① 50 mm 이상 　　　 ② 65 mm 이상 　　　 ③ 80 mm 이상 　　　 ④ 100 mm 이상

> **해설**
>
> 연결송수관설비의 배관과 겸용할 경우 주배관은 구경 100 mm 이상, 방수구로 연결되는 배관의 구경은 65 mm 이상

 **36** 급수배관에 설치되어 급수를 차단할 수 있는 개폐밸브(옥내소화전방수구를 제외한다)는 개폐표시형밸브로 설치하되 펌프의 흡입측 배관에는 무슨 밸브 외의 개폐표시형밸브를 설치하여야 하는가?

① 게이트밸브 　　　　　　　 ② 글로브밸브
③ 앵글밸브 　　　　　　　　 ④ 버터플라이밸브

> **해설**
>
> 급수배관에 설치되어 급수를 차단할 수 있는 개폐밸브(옥내소화전방수구를 제외한다)는 개폐표시형밸브로 설치
> 하되 펌프의 흡입측 배관에는 버터플라이밸브(마찰손실이 커서 사용 불가)외의 개폐표시형밸브를 설치하여야 한다.

 **정답** 33 ③ 　 34 ③ 　 35 ④ 　 36 ④

**37** 옥내소화전 설비의 방수구 설치기준에 관한 설명이다. 틀린 것은?

① 방수구는 소방대상물의 각 부분으로부터 보행거리 25m 이하가 되도록 설치하여야 한다.
② 바닥으로부터의 높이가 1.5 m 이하가 되도록 설치하여야 한다.
③ 호스는 호칭구경 40 mm 이상의 것으로 물이 유효하게 뿌려질 수 있는 길이로 설치할 것
④ 방수구는 특정소방대상물의 각 층마다 설치한다.

특정소방대상물의 층마다 설치하되 수평거리가 25 m(호스릴옥내소화전설비를 포함한다) 이하이어야 한다.

**38** 옥내소화전 함에 사용하는 합성수지재 재질의 두께는 얼마 이상인가?

① 1.0 mm      ② 1.5 mm      ③ 2.0 mm      ④ 4 mm

해설

| 함의 재질 | 두께 1.5 mm 이상의 강판 |
| --- | --- |
| | 두께 4 mm 이상의 합성수지재 |

**39** 옥내소화전 설비의 방수구 설치기준으로 옳지 않은 것은?

① 특정소방대상물의 층마다 설치하되 수평거리가 25 m(호스릴옥내소화전설비를 포함한다) 이하이어야 한다.
② 설치 높이는 바닥으로부터 1.5 m 이하에 설치하여야 한다.
③ 호스구경은 40 mm(호스릴옥내소화전설비의 경우에는 25 mm) 이상으로 하여야 한다.
④ 호스길이는 소화전함마다 15 m 호스 2개를 비치한 길이 이상으로 하여야 한다.

해설
특정소방대상물의 각 부분에 물이 유효하게 뿌려질 수 있는 길이로 비치하여야 한다.

**40** 동결의 우려가 있는 장소에 있어서는 기동 스위치에 보호판을 부착하여 옥내소화전함 내에 설치할 수 있다. 그 대상이 아닌 것은?

① 학교시설      ② 공장시설      ③ 창고시설      ④ 군사시설

해설
학교·공장·창고시설(옥상수조를 설치한 대상은 제외한다)로서 동결의 우려가 있는 장소에 있어서는 기동 스위치에 보호판을 부착하여 옥내소화전함 내에 설치할 수 있다.

정답   37 ①   38 ④   39 ④   40 ④

**●●○ 41** 옥내소화전 함에 설치하는 표시등 기준에 맞는 것은?

① 불빛은 부착 면으로부터 15° 이상의 범위 안에서 부착지점으로부터 10 m 이내에서 쉽게 식별할 수 있는 녹색등

② 불빛은 부착 면으로부터 10° 이상의 범위 안에서 부착지점으로부터 15 m 이내에서 쉽게 식별할 수 있는 적색등

③ 불빛은 부착 면으로부터 15° 이상의 범위 안에서 부착지점으로부터 10 m 이내에서 쉽게 식별할 수 있는 적색등

④ 불빛은 부착 면으로부터 15° 이상의 범위 안에서 부착지점으로부터 20 m 이내에서 쉽게 식별할 수 있는 적색등

> **해설**
> 옥내소화전설비의 위치를 표시하는 표시등
> 함의 상부에 설치, 불빛은 부착 면으로부터 **15°** 이상의 범위 안에서 부착지점으로부터
> **10 m** 이내의 어느 곳에서도 쉽게 식별할 수 있는 **적색등**

**●●● 42** 옥내소화전설비 또는 스프링클러설비의 전원에 대한 배선 기준으로 옳은 것은?

① 저압수전일 경우에는 전력용변압기 2차측의 주차단기 1차측에서 분기하여 전용배선으로 한다.

② 고압수전일 경우에는 전력용변압기 2차측에서 직접 분기하여 전용배선으로 한다.

③ 특별고압수전일 경우에는 전력용변압기 1차측의 주차단기 1차측에서 분기하여 전용배선으로 한다.

④ 저압수전일 경우에는 인입개폐기의 직후에서 분기하여 전용배선으로 한다.

> **해설**
> ① 저압수전 – 인입개폐기의 직후에서 분기하여 전용배선으로 하며, 전용의 전선관에 보호되도록 할 것
> ② 특별고압수전 또는 고압수전
>   전력용 변압기 2차측의 주차단기 1차측에서 분기하여 전용배선으로 하되, 상용전원의 상시공급에 지장이 없을 경우에는 주차단기 2차측에서 분기하여 전용배선으로 할 것

**●●● 43** 옥내소화전설비의 비상전원 설치대상으로 옳은 것은?

① 지하층을 제외한 5층 이상이고 연면적 2,000 m² 이상

② 지하층을 제외한 7층 이상이고 연면적 2,000 m² 이상

③ 5층 이상이고 연면적 2,000 m² 이상

④ 7층 이상이고 연면적 2,000 m² 이상

> **해설**
> 비상전원 설치 대상
> 1. 층수가 7층 이상으로서 연면적이 2,000 m² 이상인 것
> 2. 지하층의 바닥면적의 합계가 3,000 m² 이상인 것

**44** 옥내소화전설비의 비상전원 설치기준으로 옳지 않은 것은?

① 점검에 편리하고 화재 및 침수 등의 재해로 인한 피해를 받을 우려가 없는 곳에 설치
② 옥내소화전설비를 유효하게 20분 이상, 층수가 30층 이상 49층 이하는 40분 이상, 50층 이상은 60분 이상 작동할 수 있는 용량일 것
③ 상용전원으로부터 전력의 공급이 중단된 때에는 자동으로 비상전원으로부터 전력을 공급받을 수 있도록 할 것
④ 비상전원(내연기관의 기동 및 제어용 축전지를 포함한다)의 설치장소는 다른 장소와 방화구획 할 것

> **해설**
> 비상전원(내연기관의 기동 및 제어용 축전지를 제외한다)의 설치장소는 다른 장소와 방화구획 할 것.

 **45** 옥내소화전설비 및 스프링클러설비의 감시제어반의 기능으로 옳지 않은 것은?

① 각 펌프를 자동 및 수동으로 작동시키거나 중단시킬 수 있어야 할 것
② 수조 또는 물올림탱크저수위로 될 때 표시등 및 음향으로 경보할 것
③ 상용전원 및 비상전원의 공급여부를 확인할 수 있어야 하며 비상전원 공급시 표시등 및 음향으로 경보할 것
④ 예비전원 확보되고 예비전원의 적합여부를 시험할 수 있어야 할 것

> **해설**
> 상용전원 및 비상전원의 공급여부를 확인할 수 있는 표시등은 해당되나 음향에 대한 기준은 없다.

 **46** 옥내소화전설비 및 스프링클러설비의 전용실 설치기준으로 옳지 않은 것은?

① 다른 부분과 방화구획을 하고 피난층 또는 지하 1층에 설치할 것
② 기계실 또는 전기실 등의 감시를 위하여 벽에 유리 설치 시 4 m² 미만의 붙박이창을 설치할 수 있다.
③ 특별피난계단이 설치되고 그 계단(부속실을 포함한다)출입구로부터 보행거리 5 m 이내에 전용실의 출입구가 있는 경우에는 지상 2층에 설치하거나 지하 1층 외의 지하층에 설치할 수 있다.
④ 바닥면적은 감시제어반의 설치에 필요한 면적 외에 화재 시 소방대원이 그 감시제어반의 조작에 필요한 최소면적은 3 m² 이상하여야 한다.

> **해설**
> 바닥면적은 감시제어반의 설치에 필요한 면적 외에 화재 시 소방대원이 그 감시제어반의 조작에 필요한 최소면적 이상으로 하여야 한다. 즉 면적에 대한 기준은 없다.

 정답 | 44 ④  45 ③  46 ④

**47** 옥내소화전설비의 배선 설치기준에 따라 비상전원으로부터 동력제어반 및 가압송수장치에 이르는 전원회로의 배선은 무슨 배선으로 하여야 하는가?

① 내화배선 또는 내열배선 　　　② 내열배선
③ 내화배선 　　　　　　　　　　④ 차폐배선

> **해설**
> 비상전원으로부터 동력제어반 및 가압송수장치에 이르는 전원회로의 배선은 내화배선으로 하여야 한다.

**48** 옥내소화전설비의 조작회로 및 표시등회로의 전기배선공사 방법으로 틀린 것은?

① 금속관 공사 　　　　　　　　② 합성수지관 공사
③ 금속제 가요전선관 공사 　　　④ 금속덕트 공사

> **해설**
> 조작회로 및 표시등회로의 배선은 내열배선 이상으로 하여야 하며 내열배선은 금속관, 금속제 가요전선관, 금속덕트에 수납하거나 케이블공사방법(불연성덕트에 설치하는 경우에 한한다)에 따른다.

**49** 내열배선 공사방법은 전선을 배관 등에 수납하여야 하는데 그 배관등에 해당하지 않는 것은?

① 금속관 　　　② 금속제가요전선관 　　　③ 금속덕트 　　　④ 합성수지관

> **해설**
> 금속관, 금속제 가요전선관, 금속덕트에 수납하거나 케이블공사방법(불연성덕트에 설치하는 경우에 한한다)에 따른다.

**50** 내화배선은 해당 전선관에 전선을 수납 후 내화구조로 된 벽 또는 바닥 등에 벽 또는 바닥의 표면으로부터 몇 mm 이상의 깊이로 매설하여야 하는가?

① 10 mm 　　　② 15 mm 　　　③ 20 mm 　　　④ 25 mm

> **해설**
> 내화배선은 해당 전선관에 전선을 수납 후 내화구조로 된 벽 또는 바닥 등에 벽 또는 바닥의 표면으로부터 25 mm 이상의 깊이로 매설하여야 한다.

**51** 다음 보기는 내화전선의 내화성능의 기준이다. (　) 들어갈 수치가 순서대로 된것은?

> 버너니의 노즐에서 75 mm의 거리에서 온도가 (　)℃인 불꽃으로 (　)시간동안 가열한 다음 (　)시간 경과후 전선간에 허용전류용량 (　)A의 퓨즈를 연결하여 내화시험 전압을 가한 경우 퓨우즈가 단선되지 아니하는 것

① 750±5, 3, 12, 3 　　　　　　② 810±10, 3, 12, 3
③ 750±5, 3, 12, 1 　　　　　　④ 810±10, 3, 12, 1

> **해설**
> 버너의 노즐에서 75 mm의 거리에서 온도가 750±5℃인 불꽃으로 3시간 동안 가열한 다음 12시간 경과 후 전선 간에 허용전류용량 3 A의 퓨즈를 연결하여 내화시험 전압을 가한 경우 퓨즈가 단선되지 아니하는 것.

**정답** 47 ③　48 ②　49 ④　50 ④　51 ①

# 3. 스프링클러소화설비(NFSC 103)

## 1 설치대상

| 문화 및 집회시설<br>(동·식물원 제외)<br>종교시설<br>(주요구조부가 목재인<br>것은 제외)<br>운동시설<br>(물놀이형 시설 제외) | 무대부 | 면적 | 지하층, 무창층,<br>4층 이상의층 | $300 \, m^2$ 이상 | 모<br>든<br>층 |
|---|---|---|---|---|---|
| | | | 그 밖의 층 | $500 \, m^2$ 이상 | |
| | 영화상영관 | 층의<br>바닥면적 | 지하층<br>무창층 | $500 \, m^2$ 이상 | |
| | | | 그 밖의 층 | $1,000 \, m^2$ 이상 | |
| | 수용인원 | | 100명 이상 | | |

| 판매시설, 운수시설,<br>창고시설 중 물류터미널 | 바닥면적 합계가 5천$m^2$ 이상 또는 수용인원 500명 이상<br>※ 창고시설중 물류터미널은 지붕 또는 외벽이 불연재료가 아니거나<br>　내화구조가 아닌 경우 2천 5백 $m^2$ 이상 또는 수용인원 250명 이상 | 모<br>든<br>층 |
|---|---|---|
| 창고시설<br>(물류터미널은 제외한다) | 바닥면적 합계가 5천$m^2$ 이상<br>※ 지붕 또는 외벽이 불연재료가 아니거나 내화구조가 아닌 경우 2천 5백 $m^2$<br>　이상 | |

| 층수가 6층 이상 | | 모<br>든<br>층 |
|---|---|---|
| 정신의료기관, 노유자시설, 조산원, 산후조리원, 숙박이 가능한<br>수련시설, 종합병원, 병원, 치과병원, 한방병원, 요양병원<br>(정신병원은 제외) | 바닥면적 합계가<br>$600 \, m^2$ 이상 | |
| 교육연구시설·수련시설 내에 있는 학생 수용을 위한 기숙사<br>또는 복합건축물 | 연면적 5천 $m^2$ 이상 | |
| 천장 또는 반자의 높이가 10 m를 넘는 랙식 창고<br>※ 공장 또는 창고시설중 지붕 또는 외벽이 불연재료가 아니거나 내화구조가 아닌<br>　경우 750 $m^2$ 이상 | 바닥면적 합계가<br>1천 5백 $m^2$ 이상 | |
| 지하층·무창층(축사는 제외한다) 또는 층수가 4층 이상인 층<br>※ 공장 또는 창고시설 중 지붕 또는 외벽이 불연재료가 아니거나 내화구조가<br>　아닌 경우 500 $m^2$ 이상 | 바닥면적이 1천 $m^2$ 이상인 층 | |
| 지하가(터널은 제외한다) | 1천 $m^2$ 이상 | |

| 특정소방대상물에 부속된 보일러실 또는 연결통로 등 | | |
|---|---|---|
| 공장 또는<br>창고시설 | 중·저준위방사성폐기물의 저장시설 중 소화수를 수집·처리하는 설비가<br>있는 저장시설 | |
| 교정 및 군사시설 | 1) 보호감호소, 교도소, 구치소 및 그 지소, 보호관찰소, 갱생보호시설,<br>　치료감호시설, 소년원 및 소년분류심사원의 수용거실<br>2) 「출입국관리법」에 따른 보호시설(외국인보호소의 경우에는 피보호자의<br>　생활공간으로 한정한다.)로 사용하는 부분<br>　다만, 보호시설이 임차건물에 있는 경우는 제외한다.<br>3) 유치장 | |

※ 주택법령에 따라 기존의 아파트를 리모델링하는 경우로서 건축물의 연면적 및 층고가 변경되지
　않는 경우에는 해당 아파트의 사용검사 당시의 소방시설 적용기준을 적용한다.
※ 랙식창고 : 물건을 수납할 수 있는 선반이나 이와 비슷한 것을 갖춘 것을 말한다.

**2** 설치제외 대상

위험물저장 및 처리시설 중 가스시설 또는 지하구

**3** 수 원

(1) 폐쇄형스프링클러헤드를 사용하는 경우

$$수원 = N \times Q \times T$$

① $N$ : 스프링클러설비 설치장소별 스프링클러헤드의 기준개수

스프링클러헤드의 설치개수가 가장 많은 층(아파트의 경우에는 설치개수가 가장 많은 세대)에 설치된 스프링클러헤드의 개수가 기준개수보다 작은 경우에는 그 설치개수를 말한다.

| 스프링클러설비 설치장소 | | | 기준개수 |
|---|---|---|---|
| 지하층을 제외한 층수가 10층 이하인 소방대상물 | 공장 또는 창고 (랙크식 창고를 포함) | 특수가연물을 저장·취급하는 것 | 30 |
| | | 그 밖의 것 | 20 |
| | 근린생활시설· 판매시설·운수시설 또는 복합건축물 | 판매시설 또는 복합건축물 (판매시설이 설치되는 복합건축물) | 30 |
| | | 그 밖의 것(근린생활시설, 운수시설) | 20 |
| | 그 밖의 것 | 헤드의 부착높이가 8m 이상인 것 | 20 |
| | | 헤드의 부착높이가 8m 미만인 것 | 10 |
| 아파트 | | | 10 |
| 지하층을 제외한 층수가 11층 이상인 소방대상물(아파트를 제외한다) 지하가 또는 지하역사 | | | 30 |

비고 : 하나의 소방대상물이 2 이상의 "스프링클러헤드의 기준개수"란에 해당하는 때에는 기준개수가 많은 난을 기준으로 한다. 다만, 각 기준개수에 해당하는 수원을 별도로 설치하는 경우에는 그러하지 아니하다.

② $Q$ : 정격토출량 – 80 $\ell/\min$
③ $T$ : 방사시간 – 20분, 층수가 30층 이상 49층 이하는 40분, 50층 이상은 60분

**(2) 개방형스프링클러헤드를 사용하는 경우**

| 헤드 개수 | 내용 |
|---|---|
| 30개 이하 | 수원 $= N \times Q \times T$<br><br>$N$ : 설치 헤드수,  $Q$ : 정격토출량 − 80 $\ell$/min   $T$ : 방사시간 − 20분 |
| 30개 초과 | 수원 : 수리계산에 따라 산출된 가압송수장치의 1분당 송수량에 20을 곱한 양 이상<br><br>수리계산 조건<br>• 하나의 헤드선단에 0.1 MPa 이상 1.2 MPa 이하의 방수압력<br>• 0.1 MPa의 방수압력 기준으로 80 $\ell$/min 이상의 방수성능을 가진 기준개수의 모든 헤드로부터의 방수량을 충족할수 있는 양 이상 |

**4** 옥상수조 – 옥내소화전 준용

**5** 가압송수장치 – 옥내소화전 준용

(1) 전동기 또는 내연기관에 따른 펌프를 이용하는 가압송수장치 설치기준
 ① 정격토출압력은 하나의 헤드선단에 0.1 MPa 이상 1.2 MPa 이하
 ② 송수량은 모든 기준개수의 헤드로부터 0.1 MPa의 방수압력 기준으로 80 $\ell$/min 이상의 방수성능을 가질 것
 ③ **가압송수장치의 1분당 송수량**
   ㉠ **폐쇄형**스프링클러헤드를 사용하는 설비의 경우 – 기준개수에 80 $\ell$를 곱한 양 이상
   ㉡ **개방형**스프링클러 헤드를 사용하는 경우
   • **헤드 수가 30개 이하의 경우 – 그 개수에 80 $\ell$를 곱한 양 이상**
   • **30개를 초과하는 경우 – 수리계산**

(2) 고가수조의 자연낙차를 이용한 가압송수장치

$$\text{양정} : H = h_1 + 10$$

 $H$ : 필요한 낙차(m)     $h_1$ : 배관의 마찰손실 수두(m)

(3) 압력수조를 이용한 가압송수장치

$$\text{압력수조의 압력} : P = p_1 + p_2 + 0.1$$

 $P$ : 필요한 압력(MPa)     $p_1$ : 낙차의 환산 수두압(MPa)
 $p_1$ : 배관의 마찰손실 수두압(MPa)

(4) 가압수조를 이용한 가압송수장치

**6** 유수검지장치의 방호구역, 일제개방밸브의 방수구역

### (1) 폐쇄형스프링클러헤드를 사용하는 설비의 방호구역·유수검지장치 설치기준

| 방호구역 | 바닥면적 | **3,000 m²를 초과하지 아니할 것**<br>※ 폐쇄형스프링클러설비에 **격자형배관방식** (2 이상의 수평주행배관 사이를 가지배관으로 연결하는 방식을 말한다)을 채택하는 때에는 **3,700 m² 범위** 내에서 펌프용량, 배관의 구경등을 수리학적으로 계산한 결과 헤드의 방수압 및 방수량이 방호구역 범위 내에서 소화목적을 달성하는 데 충분할 것 | <br>격자형 배관방식<br>(그리드배관방식) |
|---|---|---|---|
| | 유수검지<br>장치 | • 1개 이상을 설치<br>• 화재발생시 접근이 쉽고 점검하기 편리한 장소에 설치할 것<br>• 실내에 설치하거나 보호용 철망 등으로 구획<br>• 바닥으로부터 0.8 m 이상 1.5 m 이하의 위치에 설치<br>• 개구부가 가로 0.5 m 이상 세로 1 m 이상의 출입문을 설치<br>• 그 출입문 상단에 "유수검지장치실"이라고 표시한 표지를 설치 | |
| | 범위 | **2개 층에 미치지 아니하도록 할 것**<br>다만, 1개 층에 설치되는 스프링클러헤드의 수가 10개 이하인 경우와 **복층형구조의 공동주택에는 3개 층 이내로 할 수 있다.** | |

| 스프링클러헤드에 공급되는 물 | **유수검지장치를 지나도록 할 것**<br>송수구를 통하여 공급되는 물은 그러하지 아니하다. |
|---|---|
| 자연낙차에 따른 압력수가 흐르는 배관 상에 설치된 유수검지장치 | 화재시 물의 흐름을 검지할 수 있는 최소한의 압력이 얻어질 수 있도록 수조의 하단으로부터 낙차를 두어 설치할 것 |
| 조기반응형 스프링클러헤드를 설치하는 경우 | 습식유수검지장치 또는 부압식스프링클러설비를 설치 |

---

**▶Point**

조기반응형 스프링클러헤드
① 정의 – 표준형스프링클러헤드 보다 기류온도 및 기류속도에 조기에 반응하는 것

$$RTI = \tau\sqrt{U} \quad [\sqrt{m \cdot s}]$$

$RTI$ : 반응시간지수     $\tau$ : 시정수(시간),     $U$ : 기류속도
$RTI$ 가 50 이하의 스프링클러헤드 : 조기반응형헤드
$RTI$ 가 50 초과 80 이하의 스프링클러헤드 : 특수반응형헤드
$RTI$ 가 80 초과 350 이하의 스프링클러헤드 : 표준반응형헤드

② 설치 장소 – 공동주택·노유자시설의 거실, 오피스텔·숙박시설의 침실, 병원의 입원실

※ 유수검지장치

| 유수검지장치 | 습식유수검지장치(패들형을 포함한다), 건식유수검지장치, 준비작동식유수검지장치를 말하며 본체내의 유수현상을 자동적으로 검지하여 신호 또는 경보를 발하는 장치 |
|---|---|

| 알람밸브(습식) | 패들형 유수검지장치 | 건식밸브 (드라이밸브) | 준비작동식 (프리액션밸브) |

| 습식 | 가압송수장치에서 폐쇄형스프링클러헤드까지 배관 내에 항상 물이 가압되어 있다가 화재로 인한 열로 폐쇄형스프링클러헤드가 개방되면 배관 내에 유수가 발생하여 습식 유수검지장치가 작동하게 되는 스프링클러설비 |
|---|---|

건식유수검지장치 2차 측에 압축공기 또는 질소 등의 기체로 충전된 배관에 폐쇄형스프링클러헤드가 부착된 스프링클러설비로서 폐쇄형스프링클러헤드가 개방되어 배관내의 압축공기 등이 방출되면 건식유수검지장치 1차측의 수압에 의하여 건식유수검지장치가 작동하게 되는 스프링클러설비. 아래는 드라이밸브 부속장치들이다.

| 에어 레규레이터 (Air Regulator) | 액셀레이터(Accelerator) | 익죠스터(Exhauster) |
|---|---|---|
| 드라이밸브 2차측 공기압을 일정하게 공급하는 장치 | 드라이밸브 클래퍼 급속 개방장치 – 트립시간 단축 | 소화수 이송시간을 단축 |

| 준비작동식 | 가압송수장치에서 준비작동식유수검지장치 1차 측까지 배관 내에 항상 물이 가압되어 있고 2차 측에서 폐쇄형스프링클러헤드까지 대기압 또는 저압으로 있다가 화재발생시 감지기의 작동으로 준비작동식 유수검지장치가 작동하여 폐쇄형스프링클러헤드까지 소화용수가 송수되어 폐쇄형스프링클러헤드가 열에 따라 개방되는 방식의 스프링클러설비 |
|---|---|

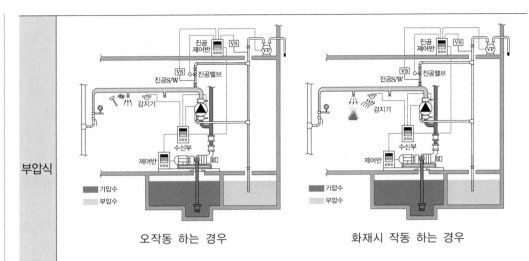

| | | |
|---|---|---|
| 부압식 | 오작동 하는 경우 | 화재시 작동 하는 경우 |

가압송수장치에서 준비작동식유수검지장치의 **1차측까지는 항상 정압의 물이 가압**되고, **2차측 폐쇄형스프링클러헤드까지는 소화수가 부압**으로 되어 있다가 화재 시 감지기의 작동에 의해 정압으로 변하여 유수가 발생하면 작동하는 스프링클러설비

## (2) 개방형스프링클러설비의 방수구역 및 일제개방밸브 설치기준

| 방수 구역 | 범위 | 2개 층에 미치지 아니 할 것 |
|---|---|---|
| | 검지장치 | 일제개방밸브를 설치할 것, 표지는 "일제개방밸브실"이라고 표시 |
| | 헤드 개수 | **50개 이하** 다만, **2개 이상의 방수구역으로 나눌 경우**에는 하나의 방수구역을 담당하는 **헤드의 개수는 25개 이상** |

### ※ 일제개방밸브

| 일제 살수식 | 가압송수장치에서 일제개방밸브 **1차측까지 배관 내에 항상 물이 가압**되어 있고 **2차측에서 개방형스프링클러헤드까지 대기압**으로 있다가 화재발생시 자동감지장치 또는 수동식 기동장치의 작동으로 일제개방밸브가 개방되면 스프링클러헤드까지 소화용수가 송수되는 방식의 스프링클러설비 |
|---|---|
| | **일제개방밸브**: **개방형스프링클러헤드를 사용**하는 일제살수식 스프링클러설비에 설치하는 밸브로서 화재발생시 자동 또는 수동식 기동장치에 따라 밸브가 열려지는 것 |

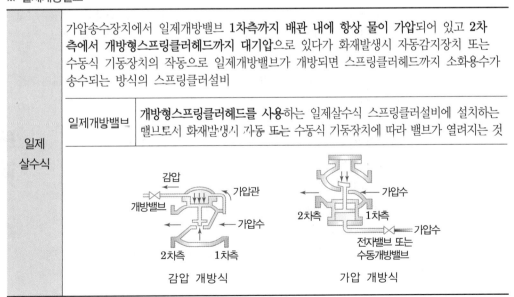

감압 개방식                    가압 개방식

**7** 배 관

(1) 배관의 종류 – 옥내소화전 준용

(2) 급수배관 설치기준

① 정의 – 수원 및 옥외송수구로부터 스프링클러헤드에 급수하는 배관

② 배관의 구경

㉠ **별표 1의 기준**에 따라 설치할 것

㉡ **수리계산** – 가지배관의 유속은 6 m/s, 그 밖의 배관의 유속은 10 m/s를 초과할 수 없다.

**◖ Point**

[별표 1] **스프링클러헤드 수별 급수관의 구경**(단위 : mm)

| 구분 〳 급수관의 구경 | 25 | 32 | 40 | 50 | 65 | 80 | 90 | 100 | 125 | 150 |
|---|---|---|---|---|---|---|---|---|---|---|
| 가 | 2 | 3 | 5 | 10 | 30 | 60 | 80 | 100 | 160 | 161 이상 |
| 나 | 2 | 4 | 7 | 15 | 30 | 60 | 65 | 100 | 160 | 161 이상 |
| 다 | 1 | 2 | 5 | 8 | 15 | 27 | 40 | 55 | 90 | 91 이상 |

1. 폐쇄형스프링클러헤드를 사용하는 설비의 경우
   (1) 1개층에 하나의 급수배관(또는 밸브 등)이 담당하는 구역의 최대면적은 3,000 $m^2$를 초과하지 말 것.
   (2) 일반적인 경우 → "가"란의 기준에 따를 것
      다만, 100개 이상의 헤드를 담당하는 급수배관(또는 밸브)의 구경을 100 mm로 할 경우에는 수리계산을 통하여 위의 ②-㉡ 규정한 배관의 유속에 적합하도록 할 것
   (3) 반자 아래와 반자속의 헤드를 동일 급수관의 가지관상에 병설하는 경우 → "나"란의 기준
   (4) 무대부, 특수가연물에 설치하는 경우 → "다"란의 헤드 수에 따를 것

2. 개방형스프링클러헤드를 설치하는 경우
   (1) 하나의 방수구역이 담당하는 헤드의 개수가 30개 이하일 때 → "다"란의 기준
   (2) 30개를 초과할 때 → 수리계산 방법에 따를 것

③ **급수배관에 설치되어 급수를 차단할 수 있는 개폐밸브**

㉠ 그 밸브의 개폐상태를 감시제어반에서 확인할 수 있도록
   **급수개폐밸브 작동표시 스위치 설치**

㉡ **급수개폐밸브 작동표시 스위치 설치기준**
   • 급수개폐밸브가 잠길 경우 탬퍼 스위치의 **동작**으로 인하여
   **감시제어반 또는 수신기에 표시**되어야 하며 **경보음**을 발할 것

템퍼스위치

탬퍼 스위치

- 탬퍼 스위치는 감시제어반 또는 수신기에서 **동작의 유무확인과 동작시험, 도통시험**을 할 수 있을 것
- 급수개폐밸브의 작동표시 스위치에 사용되는 **전기배선은 내화전선 또는 내열전선**으로 설치

### (3) 가지배관 설치기준

① 정의 – 스프링클러헤드가 설치되어 있는 배관
② **토너먼트(tournament)방식이 아닐 것**
③ **하나의 가지배관의 헤드 개수**
  ㉠ 교차배관에서 분기되는 지점을 기점으로 한쪽 가지배관에 설치되는 헤드의 개수는 **8개 이하**로 할 것.
  ㉡ 반자 아래와 반자속의 헤드를 하나의 가지배관 상에 병설하는 경우에는 반자 아래에 설치하는 헤드의 개수를 말한다.

---

**TIP**

**하나의 가지배관에 8개 이상 설치할 수 있는 경우**

- 기존의 방호구역안에서 칸막이 등으로 구획하여 1개의 헤드를 증설하는 경우
- 습식스프링클러설비 또는 부압식스프링클러설비에 격자형 배관방식을 채택하는 때에는 펌프의 용량, 배관의 구경 등을 수리학적으로 계산한 결과 헤드의 방수압 및 방수량이 소화목적을 달성하는 데 충분하다고 인정되는 경우

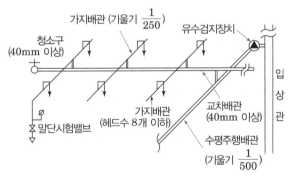

가지배관, 교차배관 등 설치방법

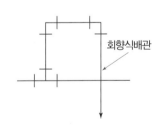

하향식헤드의 설치 방법

④ **가지배관과 스프링클러헤드 사이의 배관을 신축배관으로 하는 경우**
  ㉠ 정의 – 가지배관과 스프링클러헤드를 연결하는 구부림이 용이하고 유연성을 가진 배관
  ㉡ 신축배관의 설치길이 – 각 대상물 별 수평거리를 초과하지 아니할 것

ⓒ 신축배관 성능인증 및 제품검사 기술기준
- 진폭을 5 mm, 진동수를 매초 당 25회로 하여 6시간 동안
  작동시킨 경우 또는 매초 0.35 MPa 부터 3.5 MPa까지의
  압력 변동을 4,000회 실시한 경우에도 변형·누수 되지 아니할 것
- 최고사용압력은 1.4MPa 이상이어야 하고,
  최고사용압력의 1.5배의 수압에 변형·누수 되지 아니할 것

신축배관(후렉시블)

⑤ **하향식헤드를 설치하는 경우**
  ㉠ **가지배관으로부터 헤드에 이르는 헤드접속배관은**
    **가지관 상부에서 분기할 것**
  ㉡ 소화설비용 수원의 수질이 「먹는물관리법」 제5조에 따라 먹는물의 수질기준에 적합하고
    덮개가 있는 저수조로부터 물을 공급받는 경우에는 가지배관의 측면 또는 하부에서 분
    기할 수 있다.

⑥ **배수를 위한 기울기**

| 습식 또는 부압식 스프링클러설비 | 건식, 준비작동식, 일제개방밸브 |
|---|---|
| • 배관을 수평으로 설치<br>• 배관의 구조상 소화수가 남아 있는<br>  곳에는 배수밸브를 설치 | • **수평주행배관**<br>  헤드를 향하여 상향으로 **500분의 1 이상**<br>• **가지배관**<br>  헤드를 향하여 상향으로 **250분의 1 이상**<br>• 배관의 구조상 기울기를 줄 수 없는 경우에는 배수를<br>  원활하게 할 수 있도록 배수밸브를 설치 |

(4) 교차배관의 위치·청소구 설치 기준
① 정의 - 직접 또는 수직배관을 통하여 가지배관에 급수하는 배관

② 교차배관의 위치, 구경
  ㉠ 교차배관은 **가지배관과 수평으로 설치하거나 또는 가지배관 밑에 설치**
  ㉡ 교차배관의 구경 - **최소구경이 40 mm 이상**이 되도록 할 것. 다만, 패들형유수검지장
    치를 사용하는 경우에는 교차배관의 구경과 동일하게 설치할 수 있다.

③ 청소구
  ㉠ 교차배관 끝에 개폐밸브를 설치하고, 호스접결이 가능한 나사식 또는 고정배수 배관식
    으로 할 것
  ㉡ 나사식의 개폐밸브는 옥내소화전 호스접결용의 것으로 하고, 나사보호용의 캡으로 마감
    하여야 한다.

(5) 수직배수배관

① 구경은 50 mm 이상으로 하여야 한다.

② 수직배관의 구경이 50 mm 미만인 경우에는 수직배관과 동일한 구경으로 할 수 있다.

(6) 준비작동식 또는 일제개방밸브 2차 측 배관의 부대설비

① 개폐표시형밸브를 설치할 것

② 개폐표시형밸브와 준비작동식유수검지장치 또는 일제개방밸브 사이의 배관의 구조

　㉠ 수직배수배관과 연결하고 동 연결 배관상에는 개폐밸브를 설치

　㉡ 자동배수장치 및 압력스위치를 설치

　㉢ 압력스위치는 수신부에서 준비작동식유수검지장치 또는 일제개방밸브의 개방여부를 확인할 수 있게 설치

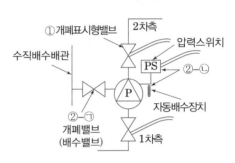

(7) 배관에 설치되는 행가 설치기준

| 가지배관 | • 헤드의 설치 지점 사이마다 1개 이상<br>• 헤드간의 거리가 3.5 m를 초과하는 경우 – 3.5 m 이내마다 1개 이상 설치<br><br>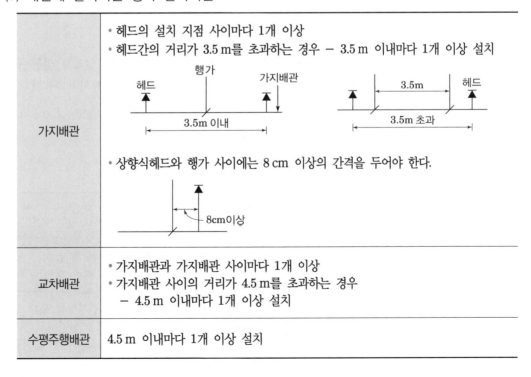<br><br>• 상향식헤드와 행가 사이에는 8 cm 이상의 간격을 두어야 한다. |
|---|---|
| 교차배관 | • 가지배관과 가지배관 사이마다 1개 이상<br>• 가지배관 사이의 거리가 4.5 m를 초과하는 경우<br>　– 4.5 m 이내마다 1개 이상 설치 |
| 수평주행배관 | 4.5 m 이내마다 1개 이상 설치 |

(8) 시험 장치 설치기준

① **설치대상 : 습식, 건식, 부압식 스프링클러설비**

② 설치기준

시험장치

　㉠ **습식스프링클러설비** 및 **부압식스프링클러설비** – **유수검지
　　장치 2차측 배관에 연결**하여 설치

　㉡ **건식스프링클러설비**인 경우 **유수검지장치에서 가장 먼 거리
　　에 위치한 가지배관의 끝으로부터 연결**하여 설치하고 유수검지장치 **2차측 설비의 내용
　　적이 2,840L를 초과**하는 건식스프링클러설비의 경우 시험장치 개폐밸브를 완전 개방 후
　　**1분 이내에 물이 방사**되어야 한다. <개정 2021. 1. 29.>

　㉢ 시험장치 배관의 구경
　　**25mm 이상**으로 하고, 그 끝에 **개폐밸브** 및 **개방형헤드** 또는 **스프링클러헤드와 동등한
　　방수성능을 가진 오리피스**를 설치할 것. 이 경우 개방형헤드는 반사판 및 프레임을 제거
　　한 오리피스만으로 설치할 수 있다.

　㉣ 시험배관의 끝에는 물받이 통 및 배수관을 설치하여 시험 중 방사된 물이 바닥에 흘러내
　　리지 아니하도록 할 것. 목욕실 · 화장실 또는 그 밖의 곳으로서 배수처리가 쉬운 장소에
　　시험배관을 설치한 경우에는 제외

(9) 주차장의 스프링클러설비 배관 방식

① **습식외의 방식**으로 하여야 한다.

② 습식 방식으로 해도 되는 경우

　㉠ 동절기에 상시 **난방**이 되는 곳이거나 그 밖에 **동결의 염려가 없는 곳**

　㉡ 스프링클러설비의 **동결을 방지**할 수 있는 구조 또는 장치가 된 것

**8** 음향장치, 기동장치

(1) 스프링클러설비의 음향장치 설치기준

① 음향장치 경보 방식

| 습식, 건식 | **헤드가 개방되면** 유수검지장치가 화재신호를 발신하고 그에 따라 **음향장치가
경보** |
|---|---|
| 준비작동식
일제개방밸브 | **화재감지기의 감지**에 따라 **음향장치가 경보**되도록 할 것
이 경우 화재감지기회로를 교차회로방식으로 하는 때에는 하나의
화재감지기회로가 화재를 감지하는 때에도 음향장치가 경보
※ **교차회로 방식** – 하나의 준비작동식유수검지장치 또는 일제개방밸브의
　　담당구역 내에 2 이상의 화재감지기 회로를 설치하고 인접한 2 이상의
　　화재감지기가 동시에 감지되는 때에 준비작동식유수검지장치 또는
　　일제개방밸브가 개방 · 작동되는 방식 |

② 음향장치 설치기준

  ㉠ 유수검지장치 및 일제개방밸브 등의 **담당구역마다 설치**

  ㉡ 그 구역의 각 부분으로부터 하나의 음향장치까지의 **수평거리는 25 m 이하**

  ㉢ 음향장치는 **경종 또는 사이렌**(전자식 사이렌을 포함한다)으로 하되, 주위의 소음 및 다른 용도의 경보와 구별이 가능한 음색으로 할 것

  ㉣ 경종 또는 사이렌은 **자동화재탐지설비·비상벨설비 또는 자동식사이렌설비의 음향장치와 겸용**할 수 있다.

  ㉤ **충수가 5층 이상으로서 연면적이 3,000 ㎡를 초과하는 특정소방대상물**

  • 2층 이상의 층에서 발화한 때에는 발화층 및 그 직상층에 경보를 발할 것

  • 1층에서 발화한 때에는 발화층·그 직상층 및 지하층에 경보를 발할 것

  • 지하층에서 발화한 때에는 발화층·그 직상층 및 기타의 지하층에 경보를 발할 것

  ㉥ **충수가 30층 이상의 특정소방대상물**

  • 2층 이상의 층에서 발화한 때에는 발화층 및 그 직상 4개층에 경보를 발할 것

  • 1층에서 발화한 때에는 발화층·그 직상 4개층 및 지하층에 경보를 발할 것

  • 지하층에서 발화한 때에는 발화층·그 직상층 및 기타의 지하층에 경보를 발할 것

  ㉦ **음향장치 구조 및 성능**

  • **정격전압의 80% 전압에서 음향을 발할 수 있는 것**

  • 음량은 부착된 음향장치의 중심으로부터 **1 m 떨어진 위치에서 90 dB 이상**

③ 주 음향장치 설치기준

  수신기의 내부 또는 그 직근에 설치할 것

(2) 기동장치

① 스프링클러설비의 가압송수장치로서 펌프가 설치되는 경우에는 그 펌프의 작동 기준

| 습식, 건식 | **유수검지장치나 기동용수압개폐장치에 의해 작동** 또는 이 두 가지의 혼용 |
|---|---|
| 준비작동식<br>일제개방밸브 | **화재감지기나 기동용수압개폐장치에 따라 작동** 또는 이 두 가지의 혼용 |

② 준비작동식유수검지장치 또는 일제개방밸브의 작동 기준

  ㉠ 담당구역내의 **화재감지기의 동작에 따라 개방 및 작동**될 것

  • 화재감지회로는 **교차회로방식**으로 할 것

**Point**

**교차회로 방식으로 하지 않아도 되는 경우**
• 스프링클러설비의 배관 또는 헤드에 누설경보용 물 또는 압축공기를 채운 경우
• 부압식스프링클러설비의 경우
• 화재감지기를 자동화재탐지설비의화재안전기준(NFSC 203) 제7조제1항의 특수감지기로 설치한 때

- 화재감지기의 설치기준
  - 자동화재탐지설비의화재안전기준(NFSC 203)을 준용할 것
- 화재감지기 회로에는 발신기를 설치할 것
  다만, 자동화재탐지설비의 발신기가 설치된 경우에는 그러하지 아니하다.

> **Point**
>
> **발신기 설치기준**
> - 조작이 쉬운 장소에 설치, 스위치는 바닥으로부터 0.8 m 이상 1.5 m 이하의 높이에 설치
> - 특정소방대상물의 층마다 설치
> - **수평거리가 25 m 이하가 되도록 할 것.**
> - **복도 또는 별도로 구획된 실로서 보행거리가 40 m 이상일 경우에는 추가로 설치**하여야 한다.
> - 발신기의 위치를 표시하는 표시등은 함의 상부에 설치하되, 그 불빛은 부착 면으로부터 15° 이상의 범위 안에서 부착지점으로부터 10 m 이내의 어느 곳에서도 쉽게 식별할 수 있는 적색등으로 할 것

ⓛ 수동기동(전기식 및 배수식)에 따라서도 개방 및 작동될 수 있게 할 것

### 9 헤 드

(1) 스프링클러헤드 설치 장소

① 특정소방대상물의 **천장 · 반자 · 천장과 반자사이 · 덕트 · 선반 기타 이와 유사한 부분**(폭이 **1.2m를 초과**하는 것에 한한다)에 설치하여야 한다.

② **폭이 9 m 이하인 실내**에 있어서는 **측벽에 설치할 수 있다.**

(2) 스프링클러헤드까지의 수평거리(수평기준)

| 설치장소 | | | 수평거리 |
|---|---|---|---|
| 폭 1.2 m 초과하는 천장, 반자, 덕트, 선반 기타 이와 유사한 부분 | 무대부, 특수가연물 | | 1.7 m 이하 |
| | 랙크식 창고 | 특수가연물 | 1.7 m 이하 |
| | | 그 밖의 것 | 2.5 m 이하 |
| | 위 이외의 용도 | 내화구조 | 2.3 m 이하 |
| | | 기타구조 | 2.1 m 이하 |
| 공동주택(아파트) | | | 3.2 m 이하 |

**TIP**

**헤드 배치 방법**

| | | | 수평거리 | 헤드간 거리 |
|---|---|---|---|---|
| 정사각형배치 | | $L$ : 가지배관의 간격<br>$S$ : 헤드간격<br>$S = L$<br>$S = 2R\cos 45$ | 1.7 m | 2.4 m |
| | | | 2.1 m | 2.96 m |
| | | | 2.3 m | 3.25 m |

| | | | 수평거리 | 대각선 거리 |
|---|---|---|---|---|
| 직사각형배치 | | $L$ : 가지배관의 간격<br>$S$ : 헤드간격<br>$S \neq L$<br>대각선 $= 2R$ | 1.7 m | 3.4 m |
| | | | 2.1 m | 4.2 m |
| | | | 2.3 m | 4.6 m |

| | | | 수평거리 | a의 거리 | b의 거리 |
|---|---|---|---|---|---|
| 지그재그배치 | | $a = 2R\cos 30$<br>$b = 2a\cos 30$ | 1.7 m | 2.94 m | 5.09 m |
| | | | 2.1 m | 3.63 m | 6.28 m |
| | | | 2.3 m | 3.98 m | 6.89 m |

## (3) 랙크식창고(수직기준)

| 구분 | 설치 높이 |
|---|---|
| 특수가연물을 저장 또는 취급 | 랙크 높이 4 m<br>이하마다 |
| 그 밖의 것 | 랙크 높이 6 m<br>이하마다 |

다만, 랙크식창고의 천장높이가 13.7 m 이하로서 화재조기진압용 스프링클러설비의 화재안전
기준(NFSC 103B)에 따라 설치하는 경우에는 천장에만 스프링클러헤드를 설치할 수 있다.

(4) 무대부 또는 연소할 우려가 있는 개구부

① 개방형스프링클러헤드를 설치할 것

② 연소할 우려가 있는 개구부 헤드 설치기준

　　㉠ 정의 – 각 방화구획을 관통하는 컨베이어·에스컬레이터 또는 이와 유사한 시설의
　　　　주위로서 방화구획을 할 수 없는 부분

　　㉡ 그 상하좌우에 2.5 m 간격으로(개구부의 폭이 2.5 m 이하인 경우에는 그 중앙에) 스프
　　　링클러헤드를 설치하되, 스프링클러헤드와 개구부의 내측 면으로부터 직선거리는 15 cm
　　　이하가 되도록 할 것

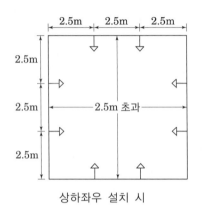

상하좌우 설치 시

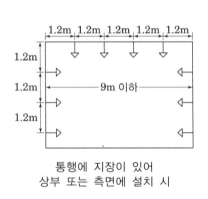

통행에 지장이 있어
상부 또는 측면에 설치 시

　　㉢ 사람이 상시 출입하는 개구부로서 **통행에 지장이 있는 때**
　　　개구부의 **상부 또는 측면**(개구부의 폭이 **9 m 이하**인 경우에 한한다)에 설치하되,
　　　**헤드 상호간의 간격은 1.2 m 이하**로 설치

(5) 스프링클러헤드 설치기준

① 살수가 방해되지 아니하도록 헤드로부터 반경 60 cm 이상의 공간을 보유할 것.
　　다만, 벽과 스프링클러헤드간의 공간은 10 cm 이상으로 한다.

60cm 공간확보　　　　　부착면과의 거리　　　　　장애물과의 이격거리

② **헤드와 그 부착면**(상향식헤드의 경우에는 그 헤드의 직상부의 천장·반자 등)**과의 거리**는
　　**30 cm 이하**

③ **배관·행가 및 조명기구 등 살수를 방해하는 것이 있는 경우에는 ① 및 ②에도 불구하고
　　그로부터 아래에 설치**하여 살수에 장애가 없도록 할 것

다만, 스프링클러헤드와 장애물과의 이격거리를 장애물 폭의 3배 이상 확보한 경우에는 그러하지 아니하다.

④ 스프링클러헤드의 반사판은 그 부착 면과 평행하게 설치할 것

　　다만, 측벽형헤드 또는 연소할 우려가 있는 개구부에 설치하는 헤드는 제외

⑤ 천장의 기울기가 10분의 1을 초과하는 경우 가지관을 천장의 마루와 평행하게 설치

　㉠ 천장의 최상부에 스프링클러헤드를 설치하는 경우 - a 타입

　　• 최상부에 설치하는 헤드의 반사판을 수평으로 설치할 것

　　• 가지관의 최상부에 설치하는 헤드는 천장의 최상부로부터의 수직거리가 90 cm 이하가 되도록 할 것

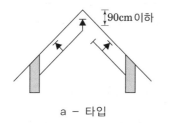

a - 타입

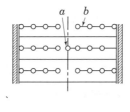

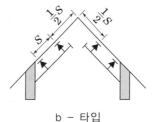

b - 타입

　㉡ 천장의 최상부를 중심으로 가지관을 서로 마주보게 설치하는 경우 - b 타입

　　• 최상부의 가지관 상호간의 거리가 가지관상의 헤드 상호간의 거리의 2분의 1 이하(최소 1 m 이상)가 되게 헤드를 설치하고, 톱날지붕, 둥근지붕 등의 경우에도 이에 준한다.

⑥ 측벽형스프링클러헤드를 설치하는 경우

　㉠ 폭이 4.5 m 미만 - 긴 변의 한쪽 벽에 일렬로 설치하고 3.6 m 이내마다 설치할 것

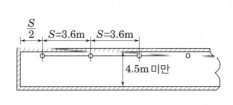

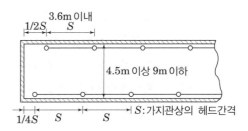

　㉡ 폭이 4.5 m 이상 9 m 이하인 실에 있어서는 긴변의 양쪽에 각각 일렬로 설치하되 마주 보는 헤드가 나란히꼴이 되도록 설치

⑦ 특정소방대상물의 보와 가장 가까운 스프링클러 헤드 설치기준

| 헤드와 반사판 중심과<br>보의 수평거리(D) | 헤드의 반사판 높이와<br>보의 하단 높이의 수직거리(H) |
|---|---|
| 0.75 m 미만 | 보의 하단보다 낮게 설치 |
| 0.75 m 이상 1 m 미만 | 0.1 m 미만일 것 |
| 1 m 이상 1.5 m 미만 | 0.15 m 미만일 것 |
| 1.5 m 이상 | 0.3 m 미만일 것 |

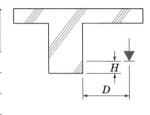

다만, 천장 면에서 보의 하단까지의 길이가 55 cm를 초과하고 보의 하단 측면 끝부분으로부터 스프링클러헤드까지의 거리가 스프링클러헤드 상호간 거리의 2분의 1 이하가 되는 경우에는 스프링클러헤드와 그 부착면과의 거리를 55 cm 이하로 할 수 있다.

⑧ 차폐판

상부에 설치된 헤드의 방출수에 따라 감열부에 영향을 받을 우려가 있는 헤드에는 **방출수를 차단**할 수 있는 유효한 차폐판을 설치할 것

차폐판

⑨ 습식스프링클러설비 및 부압식스프링클러설비 외의 설비에는 상향식 스프링클러헤드를 설치할 것

**Point**

**하향식헤드를 사용해도 되는 경우**
• 드라이펜던트스프링클러헤드를 사용하는 경우
• 스프링클러헤드의 설치장소가 동파의 우려가 없는 곳인 경우
• 개방형스프링클러헤드를 사용하는 경우

(6) 폐쇄형스프링클러헤드 표시온도, 그 설치장소의 평상시 최고 주위온도

① **표시온도(스프링클러헤드의 형식승인 및 제품검사 기술기준)**
폐쇄형스프링클러헤드에서 감열체가 작동하는 온도로서 미리 헤드에 표시한 온도

② **최고주위온도(스프링클러헤드의 형식승인 및 제품검사 기술기준)**
폐쇄형스프링클러헤드의 설치장소에 관한 기준이 되는 온도

$$T_a = 0.9\,T_m - 27.3$$

$T_a$ : 최고주위온도    $T_m$ : 헤드의 표시온도

헤드의 표시온도가 75℃ 미만인 경우의 최고주위온도는 이 식에도 불구하고 39℃로 한다.

③ 설치장소 최고주위온도에 따른 표시온도

| 설치장소의 최고주위온도 | 표시온도 | 작동시간(참고) |
| --- | --- | --- |
| 39℃ 미만 | 79℃ 미만 | 1분 15초 이내 |
| 39℃ 이상  64℃ 미만 | 79℃ 이상 121℃ 미만 | 1분 45초 이내 |
| 64℃ 이상 106℃ 미만 | 121℃ 이상 162℃ 미만 | 3분 이내 |
| 106℃ 이상 | 162℃ 이상 | 5분 이내 |

다만, **높이가 4 m 이상인 공장 및 창고**(랙크식창고를 포함한다)에 설치하는 스프링클러헤드는 그 설치장소의 평상시 **최고 주위온도에 관계없이 표시온도 121℃ 이상**의 것으로 할 수 있다.

④ 표시온도별 색상(스프링클러헤드의 형식승인 및 제품검사 기술기준)

| 퓨지블링크형 | | 유리벌브형 | |
| --- | --- | --- | --- |
| 표시온도(℃) | 색(프레임에 표시) | 표시온도 (℃) | 색(액체의 표시) |
| 77℃ 미만 | 표 시 없 음 | 57℃ | 오 렌 지 |
| 78℃ ~ 120℃ | 흰      색 | 68℃ | 빨      강 |
| 121℃ ~ 162℃ | 파      랑 | 79℃ | 노      랑 |
| 163℃ ~ 203℃ | 빨      강 | 93℃ | 초      록 |
| 204℃ ~ 259℃ | 초      록 | 141℃ | 파      랑 |
| 260℃ ~ 319℃ | 오 렌 지 | 182℃ | 연 한 자 주 |
| 320℃이상 | 검      정 | 227℃ 이상 | 검      정 |

| 77℃ 미만<br>하향식헤드<br>퓨즈블링크 | 78~120℃<br>상향식헤드<br>퓨즈블링크 | 163℃~203℃<br>하향식헤드<br>퓨즈블링크 | 68℃<br>상향식헤드<br>유리벌브형 | 79℃<br>하향식헤드<br>유리벌브형 | 93℃<br>측벽형헤드<br>유리벌브형 | 141℃<br>상향식헤드<br>유리벌브형 |

**10** 헤드 설치 제외 장소

(1) 제외 장소

① 계단실(특별피난계단의 부속실을 포함한다) · 경사로 · 승강기의 승강로 · 비상용승강기의 승강장 · 파이프덕트 및 덕트피트(파이프 · 덕트를 통과시키기 위한 구획된 구멍에 한한다) · 목욕실 · 수영장(관람석부분을 제외 한다) · 화장실 · 직접 외기에 개방되어 있는 복도 · 기타 이와 유사한 장소

② 통신기기실·전자기기실·기타 이와 유사한 장소

③ 발전실·변전실·변압기·기타 이와 유사한 **전기설비가 설치되어 있는 장소**

④ 병원의 수술실·응급처치실·기타 이와 유사한 장소

⑤ 천장과 반자 양쪽이 불연재료로 되어 있는 경우로서 그 사이의 거리 및 구조가 다음 각 목의 어느 하나에 해당하는 부분

　㉠ 천장과 반자사이의 거리가 **2 m 미만인 부분**

　㉡ 천장과 반자사이의 벽이 불연재료이고 천장과 반자사이의 거리가 **2 m 이상**으로서 그 사이에 가연물이 존재하지 아니하는 부분

⑥ 천장·반자중 한쪽이 불연재료로 되어있고 천장과 반자사이의 거리가 **1 m 미만인 부분**

⑦ 천장 및 반자가 불연재료 외의 것으로 되어 있고 **천장과 반자사이의 거리가 0.5 m 미만인 부분**

⑧ 펌프실·물탱크실 엘리베이터 권상기실 그 밖의 이와 비슷한 장소

신설 2013. 6. 10　⑨ 「건축법 시행령」제46조제4항에 따른 공동주택 중 아파트의 대피공간

⑩ **현관 또는 로비 등으로서 바닥으로부터 높이가 20 m 이상인 장소**

⑪ **영하의 냉장창고의 냉장실 또는 냉동창고의 냉동실**

⑫ 고온의 노가 설치된 장소 또는 물과 격렬하게 반응하는 물품의 저장 또는 취급장소

⑬ 불연재료로 된 특정소방대상물 또는 그 부분으로서 다음 각 목의 어느 하나에 해당하는 장소

　㉠ 정수장·오물처리장 그 밖의 이와 비슷한 장소

　㉡ 펄프공장의 작업장·음료수공장의 세정 또는 충전하는 작업장 그 밖의 이와 비슷한 장소

　㉢ 불연성의 금속·석재 등의 가공공장으로서 가연성물질을 저장 또는 취급하지 아니하는 장소

신설 2021. 1. 29　㉣ 가연성 물질이 존재하지 않는 「건축물의 에너지절약설계기준」에 따른 방풍실

⑭ 실내에 설치된 테니스장·게이트볼장·정구장 또는 이와 비슷한 장소로서 실내 바닥·벽·천장이 불연재료 또는 준불연재료로 구성되어 있고 가연물이 존재하지 않는 장소로서 관람석이 없는 운동시설 (지하층은 제외)

(2) 연소할 우려가 있는 개구부에 드렌처설비를 설치한 경우

① 해당 개구부에 한하여 스프링클러헤드를 설치하지 아니할 수 있다.

② 드렌처설비 설치기준

　㉠ 드렌처헤드는 **개구부 위 측에 2.5 m 이내마다 1개를 설치할 것**

　㉡ 제어밸브(일제개방밸브·개폐표시형밸브 및 수동조작부)는 특정소방대상물 층마다에 바닥면으로부터 0.8 m 이상 1.5 m 이하의 위치에 설치할 것

　㉢ **수원의 수량**은 드렌처헤드가 가장 많이 설치된 제어밸브의 **드렌처헤드의 설치개수에 1.6 m³를 곱하여 얻은 수치 이상**이 되도록 할 것

　㉣ 드렌처헤드가 가장 많이 설치된 제어밸브에 설치된 드렌처헤드를 동시에 사용하는 경우에 각각의 헤드선단에 **방수압력이 0.1 MPa 이상, 방수량이 80 ℓ/min 이상**

　㉤ 수원에 연결하는 가압송수장치는 점검이 쉽고 화재 등의 재해로 인한 피해우려가 없는 장소에 설치

**11** 송수구

| 구 분 | 설 치 기 준 |
|---|---|
| 설치장소 | 소방차가 쉽게 접근할 수 있는 잘 보이는 장소에 설치하되 화재 층으로 부터 지면으로 떨어지는 유리창 등이 송수 및 그 밖의 소화작업에 지장을 주지 아니하는 장소 |
| 송수압력범위를 표시한 표지 | 송수구에는 그 가까운 곳의 보기 쉬운 곳에 부착 |
| 마개 | 이물질을 막기 위해 설치 |
| 구경 | 65 mm의 쌍구형 |
| 지면으로부터 높이 | 0.5 m 이상 1 m 이하 |
| **폐쇄형헤드를 사용하는 송수구 개수** | **하나의 층의 바닥면적이 3,000 m²를 넘을 때마다 1개 이상을 설치 (5개를 넘을 경우에는 5개로 한다)** |
| 자동배수밸브 (또는 직경 5 mm의 배수공) | 배관안의 물이 잘 빠질 수 있는 위치에 설치하되, 배수로 인하여 다른 물건 또는 장소에 피해를 주지 아니하여야 한다. |
| 체크밸브를 설치 | 송수구 쪽으로 역류 방지 |
| 주배관에 이르는 연결배관에 개폐밸브를 설치한 경우 | 그 개폐상태를 쉽게 확인 및 조작할 수 있는 옥외 또는 기계실 등의 장소에 설치 |

**12** 전 원

(1) 배선 설치기준 – 옥내소화전 준용

(2) 비상전원

① 종류 : **자가발전설비, 축전지설비, 비상전원수전설비, 전기저장장치**

② **비상전원수전설비**

㉠ 비상전원수전설비는 일반 상용전원의 배선 등을 강화시켜 비상전원화 하여 사용하는 설비이다.

㉡ **차고 · 주차장**으로서 스프링클러설비가 설치된 부분의 바닥면적 [포소화설비의화재안전 기준(NFSC 105) 차고 · 주차장의 바닥면적을 포함]의 **합계가 1,000 m² 미만**인 경우 설치할 수 있다.

㉢ 비상전원수전설비는 소방시설용비상전원수전설비의 화재안전기준에 따라 설치

## (3) 자가발전설비, 축전지설비의 설치기준

| 구 분 | 설 치 기 준 |
|---|---|
| 설치장소 | 점검에 편리하고 화재 및 침수 등의 재해로 인한 피해를 받을 우려가 없는 곳 |
| | 다른 장소와 **방화구획 할 것**(내연기관의 기동 및 제어용 축전기를 제외한다) |
| | 그 장소에는 비상전원의 공급에 필요한 기구나 설비외의 것(열병합발전설비에 필요한 기구나 설비는 제외한다)을 두어서는 아니 된다. |
| 용량 | **20분 이상, 층수가 30층 이상 49층 이하는 40분 이상, 50층 이상은 60분 이상** |
| 상용전원 중단시 | 자동으로 비상전원으로부터 전력을 공급받을 수 있도록 할 것 |
| 실내 설치 시 | 그 실내에 **비상조명등을 설치**할 것 |
| 옥내 설치 시 | 옥외로 직접 통하는 충분한 용량의 **급배기설비**를 설치 |
| 비상전원의 출력용량 | • 비상전원 설비에 설치되어 **동시에 운전될 수 있는 모든 부하의 합계 입력용량**을 기준으로 **정격출력을 선정**할 것. 다만, 소방전원 보존형발전기를 사용할 경우에는 그러하지 아니하다.<br>• 기동전류가 가장 큰 부하가 기동될 때에도 부하의 허용 최저 입력전압 이상의 출력전압을 유지할 것<br>• 단시간 과전류에 견디는 내력은 입력용량이 가장 큰 부하가 최종 기동할 경우에도 견딜 수 있을 것 |
| 자가발전설비의 종류 | **소방 전용 발전기**: 소방부하용량을 기준으로 정격출력용량을 산정하여 사용하는 발전기 |
| | **소방부하 겸용 발전기**: 소방 및 비상부하 겸용으로서 소방부하와 비상부하의 전원용량을 합산하여 정격출력용량을 산정하여 사용하는 발전기 |
| | **소방전원 보존형 발전기**: 소방 및 비상부하 겸용으로서 소방부하의 전원용량을 기준으로 정격출력용량을 산정하여 사용하는 발전기 |
| | ※ 자가발전설비의 정격출력용량은 하나의 건축물에 있어서 소방부하의 설비 용량을 기준으로 하고, 비상부하는 국토교통부장관이 정한 건축전기설비설계 기준의 수용률 범위 중 최대값 이상을 적용한다.<br>※ 수용률 : 여러 시설이 설치된 경우 그 중 사용빈도를 고려하여 동시에 얼마만큼 사용되는지를 조사하여 통계적으로 비율을 정함 (발전기의 전체 용량 결정시 사용) |
| 표지 | **그 부하용도별 표지를 부착** |
| 소방전원 보존형발전기의 제어장치 | • 소방전원 보존형임을 식별할 수 있도록 표기할 것<br>• 발전기 운전 시 소방부하 및 비상부하에 전원이 동시 공급되고, 그 상태를 확인할 수 있는 표시가 되도록 할 것<br>• 발전기가 정격용량을 초과할 경우 비상부하는 자동적으로 차단되고, 소방부하만 공급되는 상태를 확인할 수 있는 표시가 되도록 할 것 |
| 비상전원실의 출입구 외부 | 실의 위치와 **비상전원의 종류를 식별**할 수 있도록 표지판을 부착 |

**13** 제어반

(1) 감시제어반과 동력제어반으로 구분하여 설치

> **Tip**
>
> **구분하지 않고 설치 할 수 있는 경우**
> ① 지하층을 제외한 층수가 7층 이상으로서 연면적이 2,000 m² 이상이 아닌 것
> ② 특정소방대상물로서 지하층의 바닥면적의 합계가 3,000 m² 이상이 아닌 것
> ③ 내연기관, 고가수조, 가압수조에 따른 가압송수장치를 사용하는 스프링클러설비

(2) 감시제어반의 기능
 ① 각 펌프의 작동여부를 확인할 수 있는 표시등 및 음향경보기능이 있어야 할 것
 ② 각 펌프를 자동 및 수동으로 작동시키거나 작동을 중단시킬 수 있어야 한다.
 ③ 비상전원을 설치한 경우에는 상용전원 및 비상전원의 공급여부를 확인할 수 있어야 할 것
 ④ 수조 또는 물올림탱크가 저수위로 될 때 표시등 및 음향으로 경보할 것
 ⑤ 예비전원이 확보되고 예비전원의 적합여부를 시험할 수 있어야 할 것

(3) 감시제어반 설치기준
 ① 전용실 내에 설치시 기준 – 옥내소화전 준용
 ② 각 유수검지장치 또는 일제개방밸브의 작동여부를 확인할 수 있는 표시 및 경보기능
 ③ 일제개방밸브를 개방시킬 수 있는 수동조작스위치를 설치
 ④ 일제개방밸브를 사용하는 설비의 화재감지는 각 경계회로별로 화재표시가 되도록 할 것
 ⑤ 다음의 각 확인회로마다 도통시험 및 작동시험을 할 수 있도록 할 것
  ㉠ 유수검지장치, 일제개방밸브, 기동용수압개폐장치의 압력스위치회로
  ㉡ 수조 또는 물올림탱크의 저수위감시회로
  ㉢ 일제개방밸브를 사용하는 설비의 화재감지기회로
  ㉣ 개폐밸브의 폐쇄상태 확인회로 및 그 밖의 이와 비슷한 회로
 ⑥ 감시제어반과 자동화재탐지설비의 수신기를 별도의 장소에 설치하는 경우에는 이들 상호
  간 연동하여 화재발생 및 다음의 기능을 확인할 수 있도록 할 것
  ㉠ 각 펌프의 작동여부를 확인할 수 있는 표시등 및 음향경보기능이 있어야 할 것
  ㉡ 비상전원을 설치한 경우에는 상용전원 및 비상전원의 공급여부를 확인할 수 있을 것
  ㉢ 수조 또는 물올림탱크가 저수위로 될 때 표시등 및 음향으로 경보할 것

(4) 동력제어반설치기준 – 옥내소화전 준용

**14** 배선 및 수원 및 가압송수장치의 펌프 등의 겸용 – 옥내소화전 준용

# 실전 예상문제

 **01** 스프링클러 소화설비와 물분무소화설비의 설명 중 옳은 사항은?

① 스프링클러의 물의 입자는 물분무의 물의 입자보다 작다.
② 어느 것이나 전기시설 소화에 적당하다.
③ 물분무소화설비는 항공기 격납고에 설치할 수 있다.
④ 물분무소화설비는 자동화재 감지장치가 필요치 않다.

> **해설**
> 물분무 소화설비는 방사되는 물방울의 입자를 작게 하여 냉각효과 뿐만 아니라 질식, 희석 등의 효과가 있는 소화
> 설비로서 전기시설에 적응성이 있으나 스프링클러설비는 전기시설에 적응성이 없다.

 **02** 다음 중 건식 스프링클러 설비에 비해 습식 스프링클러 설비의 특징에 해당하지 않는 것은?

① 보온이 필요하다.　　　　　　　　② 부속장치가 많이 필요치 않다.
③ 공사 재료비가 많이 든다.　　　　　④ 오동작으로 인한 수손 피해가 크다.

> **해설**
> 습식설비는 구조가 간단하여 시설비가 적게 드나 배관에 물이 차 있는 상태로서 동결에 대한 대책이 필요하다.

 **03** 스프링클러설비의 종류 중 습식에 대한 준비작동식의 장점으로 볼 수 없는 것은?

① 헤드의 작동온도가 같을 경우 화재시 살수개시 시간이 빠르다.
② 2차측 배관에 대기압의 공기가 압축되어 수격방지작용 기능을 가진다.
③ 화재시 헤드가 개방되기 전에 감지기에 의한 경보가 가능하다.
④ 배관의 수명이 길다.

> **해설**
> 준비작동식은 2차측이 대기압 또는 저압으로 배관 부식(물과 공기가 있는 부분이 부식)이 습식보다 적어 수명이
> 긴 장점이 있으나 교차회로의 감지기 모두가 동작하는데 걸리는 시간과 헤드까지 물의 이송 시간이 있어 살수개
> 시 시간이 습식보다 느린 단점이 있다.

 **04** 유수검지장치 중 폐쇄형 건식밸브 1차측과 2차측의 상태로 옳은 것은?

① 1차측 : 가압수, 2차측 : 가압수　　② 1차측 : 가압수, 2차측 : 대기압
③ 1차측 : 가압수, 2차측 : 압축공기　④ 1차측 : 가압수, 2차측 : 부압

> **해설**
> 건식밸브는 1차측은 가압수 2차측은 압축공기로 되어 있다.

**정답** 01 ③　02 ③　03 ①　04 ③

**●●○ 05**

다음 중 건식 설비 부속장치가 아닌 것은?

① 리타팅 챔버　　② 익져스트　　③ 에어레귤레이터　　④ 엑셀레이터

> **해설**
> 리타팅챔버는 알람밸브의 부속장치로 오동작 방지 및 압력스위치 보호의 기능을 가진다.

**●●● 06**

건식스프링클러 소화설비에서 건식밸브에서 헤드까지 소화수 이송시간을 단축시켜주는 장치는 무엇인가?

① 익져스터　　② 엑셀레이터　　③ 에어레귤레이터　　④ 압력챔버

> **해설**
> 에어레귤레이터 – 드라이밸브 2차측 공기압이 일정하도록 압축공기를 공급하는 장치
> 엑셀레이터 – 2차측 압축공기를 1차측 클래퍼 하단으로 이송시켜 1차측 수압과 2차측 공기압으로 클래퍼를 급속
> 　　　　　　　개방하는 장치(트립시간을 단축)
> 익죠스터 – 2차측 배관의 압축공기를 배출시켜 소화수 이송시간을 단축한다.

**●●● 07**

건식 스프링클러설비에서 초기소화를 위해 클래퍼 개방시간을 단축시켜 주기 위하여 사용하는 장치는?

① 리타팅챔버　　② 에어레규레이타　　③ 엑셀레이터　　④ 익죠스터

> **해설**
> 엑셀레이터 – 2차측 압축공기를 1차측 클래퍼 하단으로 이송시켜 1차측 수압과 2차측 공기압으로 클래퍼를 급속
> 　　　　　　　개방하는 장치로서 클래퍼 개방시간(트립시간)을 단축하는 장치이다.

**●●● 08**

10층 이하의 시장, 백화점에 폐쇄형 습식 스프링클러 설비를 설치했을 때 수원의 양은?

① 16 m³　　② 32 m³　　③ 48 m³　　④ 96 m³

> **해설**
> 시장, 백화점은 판매시설로서 기준개수가 30개이다. 수원 $= N \times Q \times T = 30 \times 80 \times 20 = 48 \, \text{m}^3$ 이상

**●●● 09**

10층 이하의 소방대상물로서 헤드의 부착높이가 8 m인 장소에 스프링클러 설비를 설치하였을 때 수원의 양은?

① 16 m³　　② 32 m³　　③ 48 m³　　④ 64 m³

> **해설**
> 8m 이상이므로 기준개수는 20개이다. 수원 $= N \times Q \times T = 20 \times 80 \times 20 = 32 \, \text{m}^3$ 이상

**10** 초고층 주상복합건축물의 스프링클러설비 수원은 몇 m³인가?

① 48　　　　　　② 96　　　　　　③ 144　　　　　　④ 192

> **해설**
>
> 초고층이란 층수가 50층 이상 높이가 200 m 이상인 건축물을 말하며 고층이란 층수가 30층 이상 높이가 120 m 이상인 건축물을 말한다. 초고층은 방사시간이 60분이며 헤드 기준개수는 11층 이상이므로 30개가 된다.
> N Q T = 30개 × 80 ℓ/min개 × 60분 = 144,000 ℓ = 144 m³ 이상

 **11** 소방대상물에 스프링클러 설치 개수가 맞지 않는 것은?

① 10층 이하의 창고(특수가연물) : 30개
② 헤드의 부착높이가 8m 이상 : 20개
③ 10층 이하의 판매시설 : 30개
④ 10층 이하의 운수시설 : 10개

> **해설**
>
> 10층 이하의 근린생활시설 및 운수시설 : 20개

**12** 스프링클러 소화설비의 가압송수장치 중 전동기에 의한 펌프를 이용하는 가압송수장치 설치기준으로 옳은 것은?

① 주펌프 및 충압펌프가 동작시 자동으로 정지하여서는 아니된다.
② 충압펌프의 정격 토출량은 정상적인 누설량보다 적어야 되며 주펌프가 자동 기동될 수 있는 양으로 하여야 한다.
③ 정격토출 압력은 하나의 헤드선단에 1.0 MPa 이상의 방수압력이 될 수 있는 크기로 할 것
④ 물올림장치 설치시에는 용량 100 ℓ 이상의 전용 탱크를 설치할 것

> **해설**
>
> 충압펌프는 자동으로 정지하여도 무방하며 정격 토출량은 정상적인 누설량보다 많아야 배관의 압력을 채울 수 있다.

 **13** 정격토출량이 2.4 m³/min 인 펌프를 설치한 스프링클러설비에서 성능시험배관의 유량측정장치가 측정할 수 있는 범위는?

① 3.6 m³/min까지　② 3.6 m³/min 이상　③ 4.2 m³/min까지　④ 4.2 m³/min 이상

> **해설**
>
> 성능시험배관의 유량측정장치는 정격토출량의 175% 이상을 측정할 수 있어야 한다.
> 따라서 2.4 × 1.75 = 4.2 m³/min 이상 측정할 수 있어야 한다.

**정답**　10 ③　11 ④　12 ④　13 ④

**14** 스프링클러 설비의 규정 방수량과 방수압은?

① 60 L/min, 0.1 MPa ~ 1 MPa      ② 60 L/min, 0.1 MPa ~ 1.2 MPa
③ 80 L/min, 0.1 MPa ~ 1 MPa      ④ 80 L/min, 0.1 MPa ~ 1.2 MPa

> **해설**
> 스프링클러 설비의 헤드 1개에서 요구되는 방사압과 방사량은 0.1 MPa ~ 1.2 MPa, 80 L/min이다.

 **15** 스프링클러 설비에서 헤드의 방사량은 150 ℓ/min이다. 이 스프링클러헤드의 방사압력(MPa)은 얼마인가? (단, 방출계수는 K는 80이다.)

① 0.25      ② 0.35      ③ 0.45      ④ 0.55

> **해설**
> $$Q(\ell/\min) = K\sqrt{10\,P(\mathrm{MPa})} \;\Rightarrow\; P = \frac{Q^2}{10K^2} = \frac{150^2}{10\times 80^2} = 0.35\,\mathrm{MPa}$$

 **16** 스프링클러 소화설비 헤드의 설치기준에서 폭이 9 m 이하인 실내에는 어디에도 설치할 수 있는가?

① 바닥      ② 측벽      ③ 천장      ④ 보

> **해설**
> 스프링클러헤드 설치 장소
> 1. 특정소방대상물의 천장·반자·천장과 반자 사이·덕트·선반 기타 이와 유사한 부분(폭이 1.2 m를 초과하는 것에 한한다)에 설치하여야 한다.
> 2. 폭이 9 m 이하인 실내에 있어서는 측벽에 설치할 수 있다.

 **17** 스프링클러 헤드의 수평거리 설치기준에 맞지 않는 것은?

① 극장의 무대부 – 1.5 m 이하      ② 비내화구조 건축물 – 2.1 m 이하
③ 내화구조 건축물 – 2.3 m 이하      ④ 랙크식 창고(특수가연물) – 1.7 m 이하

> **해설**
> 극장의 무대부는 방호대상물의 각 부분으로부터 헤드까지의 수평거리가 1.7 m이다.

 **18** 내화구조 건축물에 폐쇄형 스프링클러 헤드를 정방형으로 설치할 때 헤드와 헤드간의 거리는?

① 2.3 m      ② 3.25 m      ③ 2.96 m      ④ 3.98 m

> **해설**
> 내화구조는 헤드의 수평거리 R이 2.3 m이므로 $S = 2R\cos 45 = 2\times 2.3\times\cos 45 = 3.25\,\mathrm{m}$

**19** 무대부에 개방형 스프링클러 설비의 헤드를 정방형으로 설치시 헤드간의 거리는 얼마 이하이어야 하는가?

① 1.86 m　　　　② 2.40 m　　　　③ 3.25 m　　　　④ 3.60 m

> **해설**
> 무대부의 헤드의 수평거리는 1.7 m 이하이므로 헤드간의 거리
> $S = 2R\cos 45 = 2 \times 1.7 \times \cos 45 = 2.4$ m
> 이하

 **20** 건축물이 내화구조인 경우 12 m × 15 m의 소방대상물에 폐쇄형 스프링클러를 설치한다면 헤드는 몇 개 설치해야 하는가? (단, 헤드는 정방형으로 설치)

① 15　　　　② 18　　　　③ 20　　　　④ 24

> **해설**
> 내화구조 : 헤드의 수평거리는 2.3 m 이하 ➡ 헤드간의 거리 $S = 2R\cos 45 = 2 \times 2.3 \times \cos 45 = 3.25$ m 이하
> 가로 설치개수 12m ÷ 3.25 m/개 = 3.69개　　∴ 4개
> 세로 설치개수 15m ÷ 3.25 m/개 = 4.61개　　∴ 5개 이므로　　전체 헤드 수는 4 × 5 = 20개

 **21** 개방형 스프링클러 헤드를 설치하여야 하는 장소로 맞는 것은?

① 특수가연물을 저장, 취급하는 공장, 창고　　② 연소할 우려가 있는 외벽
③ 연소할 우려가 있는 개구부　　　　　　　　④ 화재 위험도가 큰 랙크식 창고

> **해설**
> 개방형 헤드 설치 장소 : 무대부, 연소할 우려가 있는 개구부

 **22** 다음 중 조기반응형 스프링클러헤드 설치 장소가 아닌 것은?

① 공동주택의 거실　　② 숙박시설의 침실　　③ 오피스텔의 침실　　④ 병원의 응급실

> **해설**
> 조기반응형헤드 설치장소 – 공동주택 · 노유자시설의 거실, 오피스텔 · 숙박시설의 침실, 병원의 입원실

**23** 스프링클러소화설비에서 조기반응형 스프링클러헤드를 설치하는 경우 설치해야 할 유수검지장치 또는 일제개방밸브의 종류는?

① 습식, 부압식 스프링클러설비　　　　　　② 습식, 건식 스프링클러설비
③ 준비작동식, 일제살수식 스프링클러설비　　④ 습식, 건식, 준비작동식 스프링클러설비

> **해설**
> 조기반응형 스프링클러헤드를 설치하는 경우 습식 또는 부압식 스프링클러설비를 설치해야 한다.

**정답**　19 ②　20 ③　21 ③　22 ④　23 ①

●●○ **24** 다음은 스프링클러헤드의 설치기준이다. 맞지 않는 것은?

① 살수가 방해되지 아니하도록 스프링클러 헤드로부터 반경 60 cm 이상의 공간을 보유하여야 한다.

② 스프링클러 헤드와 그 부착면과의 거리는 30 cm 이하로 하여야 한다.

③ 스프링클러 헤드의 반사판이 그 부착면과 평행되게 설치하여야 한다.

④ 배관, 행거, 조명기구 등 살수를 방해하는 것이 있는 경우에는 그로부터 그 밑에 설치해야 한다. 다만 스프링클러헤드와 장애물과의 이격거리를 장애물 폭의 2배 이상 확보한 경우에는 그러하지 아니하다.

**해설**

스프링클러설비는 살수장애 및 미살수구역이 없도록 살수하는 것이 중요하다.
배관, 행거, 조명기구 등 살수를 방해하는 것이 있는 경우에는 그로부터 그 밑에 설치해야 한다. 다만 스프링클러헤드와 장애물과의 이격거리를 장애물 폭의 3배 이상 확보한 경우에는 그러하지 아니하다.

●●● **25** 폐쇄형 스프링클러헤드의 설치장소에 평상시 최고온도가 90℃ 라면 이곳에 설치하는 스프링클러 헤드의 표시온도는 얼마의 것으로 하여야 하는가?

① 68℃ 미만
② 79℃ 미만
③ 79℃ 이상 121℃ 미만
④ 121℃ 이상 162℃ 미만

**해설**

풀이 1.
$T_a = 0.9\ T_m - 27.3$ ($T_a$ : 설치장소에 평상시 최고주위온도, $T_m$ 은 헤드의 표시온도)
$T_m = (T_a + 27.3)\ /\ 0.9 = (90 + 27.3)\ /\ 0.9 = 130.33℃$ 이므로 표시온도 162℃ 미만을 선택하여야 한다.

풀이 2.

| 설치장소의 최고주위온도 | 표시온도 |
|---|---|
| 39℃ 미만 | 79℃ 미만 |
| 39℃ 이상 64℃ 미만 | 79℃ 이상 121℃ 미만 |
| 64℃ 이상 106℃ 미만 | 121℃ 이상 162℃ 미만 |
| 106℃ 이상 | 162℃ 이상 |

●●○ **26** 폐쇄형 스프링클러헤드 설치장소의 최고 주위온도 $T_a = K \cdot T_m - 27.3$ 의 식에 의해 구해진 온도를 말하는데 여기서 상수 K는 얼마인가? (단, $T_m$ 은 헤드의 표시온도)

① 1.0
② 0.7
③ 0.8
④ 0.9

**해설**
$T_a = 0.9\ T_m - 27.3$

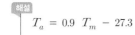 정답 **24** ④ **25** ④ **26** ④

**27** 스프링클러 헤드 설치 제외 장소로 맞지 않는 것은?

① 통신기기실, 전자기기실
② 변전실, 발전실
③ 천장, 반자 중 한쪽이 불연재료로 되어 있는 천장과 반자 사이의 거리가 1 m 미만인 부분
④ 현관 또는 로비 등으로서 바닥으로부터 높이가 15 m 이상인 장소

> **해설**
> 현관 또는 로비 등으로서 바닥으로부터 높이가 20m 이상인 장소 – 스프링클러헤드는 화재플럼에 의한 Ceiling Jet Flow의 흐름을 감지하여 작동하는 원리인데 높이가 너무 높으면 냉각에 의해 Ceiling Jet Flow가 헤드에 도달하지 못하기 때문이다.

 **28** 글라스 벌브형의 스프링클러 헤드에 봉입하는 물질은?

① 물          ② 휘발유          ③ 경유          ④ 알코올–에테르

> **해설**
> glass bulb형 스프링클러 헤드 내부의 물질은 열에 의해 체적팽창이 큰 알코올, 에테르 등을 사용

 **29** 스프링클러헤드의 방수구에서 유출되는 물을 세분시키는 작용을 하는 것은?

① 디프렉타          ② 후레임          ③ 감열체          ④ 퓨지블링크

> **해설**
> 후레임(frame) – 스프링클러헤드의 나사부분과 디프렉타를 연결하는 이음쇠 부분
> 퓨지블링크 – 감열체중 이융성(낮은 열에도 쉽게 녹는 성질) 금속으로 융착되거나 이융성물질 의하여 조립된 것을 말한다.

 **30** 스프링클러 소화설비의 습식 유수검지장치의 리타팅 챔버의 역할에 해당하지 않는 것은?

① 안전밸브의 역할          ② 압력스위치 손상 보호
③ 비화재보 방지            ④ 자동배수장치

> **해설**
> 리타팅챔버의 역할 – 비화재보 방지, 압력스위치 손상 보호, 리타팅챔버에 일시적으로 충수된 가압수 배수 (자동배수장치는 리타팅챔버와 연결된 배수밸브의 아주 작은 오리피스가 그 역할을 한다.)

 **31** 스프링클러 소화설비의 가압송수장치의 압력챔버 기능으로 볼 수 없는 것은?

① 수격의 완충작용          ② 일정범위의 방수압력유지
③ 화재경보의 발령          ④ 펌프의 자동기동

> **해설**
> 압력챔버의 압력스위치 동작시 화재가 아닌 제어이므로 경종 또는 방송의 화재경보가 발령되지는 않는다.

**정답**  27 ④  28 ④  29 ①  30 ①  31 ③

**●●○ 32** 급수개폐밸브에 설치하여 밸브의 개폐 상태를 제어반에 전달하는 장치는?

① 전환 스위치 ② 압력 스위치
③ 패들형 스위치 ④ 템퍼 스위치

> **해설**
> 급수개폐밸브에는 그 밸브의 개폐상태를 감시제어반에서 확인할 수 있도록 급수개폐밸브 작동표시 스위치 (템퍼스위치) 설치

**●○○ 33** 공장 등 대단지의 지하배관에 포스트 인디게이터 밸브(PIV)를 설치하는 이유는?

① 지하 배관 분기 지점을 알기 위해
② 지하 배관 구경을 알기 위해
③ 지하 배관 내 동결방지를 위해
④ 지하 배관 내 개폐 상태를 쉽게 확인하기 위해

PIV

> **해설**
> post indicator valve (PIV)는 지하배관의 개폐 및 개폐유무를 쉽게 확인하기 위해 설치한다.

**●●● 34** 스프링클러 소화설비 유수제어밸브의 표시사항이 아닌 것은?

① 제조번호 ② 사용압력범위 ③ 제조책임자성명 ④ 유수방향의 화살표시

> **해설**
> "유수제어밸브"란 유수검지장치와 일제개방밸브를 말한다.
> 유수제어밸브에 표시하여야 할 내용
> 1. 종별 및 형식  2. 형식승인번호  3. 제조연월 및 제조번호
> 4. 제조업체명 또는 상호  5. 안지름, 호칭압력 및 사용압력범위
> 6. 유수 방향의 화살 표시  7. 설치방향  8. 등가길이는 표시할 내용에 해당하지 않으나 일반적으로 표기함.

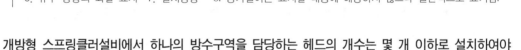

**●●○ 35** 개방형 스프링클러설비에서 하나의 방수구역을 담당하는 헤드의 개수는 몇 개 이하로 설치하여야 하는가?

① 25개 ② 30개 ③ 40개 ④ 50개

> **해설**
> 하나의 방수구역을 담당하는 헤드의 개수는 50개 이하이다.

**●●● 36** 스프링클러 소화설비 급수 배관의 구경이 40 mm일 때 폐쇄형 스프링클러 헤드의 설치 개수는?

① 5개 ② 10개 ③ 30개 ④ 60개

> **해설**
>
> | 구분 \ 급수관의 구경 | 25 | 32 | 40 | 50 | 65 | 80 | 90 | 100 | 125 | 150 |
> |---|---|---|---|---|---|---|---|---|---|---|
> | 폐쇄형 스프링클러헤드 수 | 2 | 3 | 5 | 10 | 30 | 60 | 80 | 100 | 160 | 161 이상 |

**정답** 32 ④  33 ④  34 ③  35 ④  36 ①

••• 37 스프링클러 소화설비 급수배관을 반자 아래와 반자 위에 동일한 배관에 설치하고자 할 때 구경 50 mm 에 설치할 수 있는 폐쇄형 스프링클러 헤드의 설치 개수는?

① 5개        ② 10개        ③ 15개        ④ 30개

 해설

| 구분      급수관의 구경 | 25 | 32 | 40 | 50 | 65 | 80 | 90 | 100 | 125 | 150 |
|---|---|---|---|---|---|---|---|---|---|---|
| 동일배관에 상하향으로 헤드를 설치할 경우 | 2 | 4 | 7 | 15 | 30 | 60 | 65 | 100 | 160 | 161 이상 |

••◦ 38 스프링클러 소화설비를 무대부에 설치하고자 한다. 배관구경이 50 mm 일 때 설치할 수 있는 개방형 스프링클러 헤드의 설치 개수는?

① 2개        ② 5개        ③ 7개        ④ 8개

 해설

| 구분      급수관의 구경 | 25 | 32 | 40 | 50 | 65 | 80 | 90 | 100 | 125 | 150 |
|---|---|---|---|---|---|---|---|---|---|---|
| 무대부, 연소할 우려가 있는 개구부 | 1 | 2 | 5 | 8 | 15 | 27 | 40 | 55 | 90 | 91 이상 |

••• 39 스프링클러 소화설비에서 하나의 가지배관에 설치되는 스프링클러 헤드의 수는 몇 개 이하이어야 하는가?

① 6        ② 8        ③ 10        ④ 12

 해설

하나의 가지배관에 설치하여야 할 헤드의 개수는 8개 이하이다.

••◦ 40 스프링클러 소화설비의 배관의 크기를 정하는데 결정적 요소로서 중요한 것은?

① 물의 유속      ② 물의 밀도      ③ 물의 비중량      ④ 물의 점성계수

해설

$$Q = VA = V\frac{\pi}{4}D^2 \quad \therefore \ D = \sqrt{\frac{4Q}{\pi V}}$$ 배관의 구경을 정하는 가장 중요한 요소는 유량과 유속이다.

••• 41 스프링클러설비의 교차배관에 설치하는 행가는 가지배관과 가지배관의 길이가 몇 m 이상 시 행가를 추가로 설치하는가?

① 2.5        ② 3.5        ③ 4.5        ④ 5.5

해설

| 구 분 | 가지배관 | 교차배관 | 수평주행배관 |
|---|---|---|---|
| 행가 추가 설치기준 | 헤드간의 거리가 3.5 m를 초과하는 경우 | 가지배관 사이의 거리가 4.5 m를 초과하는 경우 | 4.5 m 이내마다 |

정답   37 ③   38 ④   39 ②   40 ①   41 ③

**●●● 42** 스프링클러 소화설비의 배관에 설치하는 수직 배수배관의 구경은?

① 25 mm 이상　　② 30 mm 이상　　③ 40 mm 이상　　④ 50 mm 이상

> **해설**
> 수직배수배관 – 구경은 50 mm 이상 단, 수직배관의 구경이 50 mm 미만인 경우에는 수직배관과 동일한 구경으로 할 수 있다

**●○○ 43** 스프링클러 소화설비를 설치한 층의 바닥 면적이 17,500 m²일 때 유수검지장치를 몇 개 이상 설치하여야 하는가?

① 3개　　　　　② 4개　　　　　③ 5개　　　　　④ 6개

> **해설**
> 하나의 유수검지장치가 담당하는 구역의 면적은 3,000 m² 이하일 것.　17,500 / 3,000 = 5.83　　∴ 6개

**●○○ 44** 습식 및 부압식 스프링클러 설비 외의 유수검지장치에 있어서 수평주행배관의 기울기로서 옳은 것은?

① 수평주행배관은 헤드를 향하여 하향으로 1/250 이상의 기울기를 가질 것
② 수평주행배관은 헤드를 향하여 상향으로 1/250 이상의 기울기를 가질 것
③ 수평주행배관은 헤드를 향하여 하향으로 1/500 이상의 기울기를 가질 것
④ 수평주행배관은 헤드를 향하여 상향으로 1/500 이상의 기울기를 가질 것

> **해설**
>
> | 건식, 준비작동식, 일제살수식 |
> |---|
> | 1. 수평주행배관 – 헤드를 향하여 상향으로 500분의 1 이상 |
> | 2. 가지배관 – 헤드를 향하여 상향으로 250분의 1 이상 |
> | 3. 배관의 구조상 기울기를 줄 수 없는 경우에는 배수를 원활하게 할 수 있도록 배수밸브를 설치 |

**●●○ 45** 삼각, 둥근지붕 등에 설치된 최상부의 스프링클러 헤드와 지붕 꼭대기까지의 수직거리 몇 cm 이하이어야 하는가?

① 50　　　　　② 70　　　　　③ 90　　　　　④ 120

> **해설**
> 천장의 최상부에 스프링클러헤드를 설치하는 경우
> 가지관의 최상부에 설치하는 헤드는 천장의 최상부로부터의 수직거리가 90 cm 이하가 되노록 힐 깃

**●●○ 46** 천장의 기울기가 얼마를 초과하는 경우에는 가지배관을 천장의 마루와 평행하게 설치하여야 하는가?

① 10분의 1　　② 10분의 2　　③ 10분의 5　　④ 1,000분의 168

> **해설**
> 천장의 기울기가 10분의 1을 초과하는 경우에는 가지배관을 천장의 마루와 평행하게 설치하여야 한다.

**정답**　42 ④　43 ④　44 ④　45 ③　46 ①

**47** 폐쇄형 스프링클러 설비의 방호구역, 유수검지장치의 설치기준 내용으로 옳지 않은 것은?

① 하나의 방호구역 바닥면적은 3,000 m²를 초과하지 않도록 하여야 한다.
② 유수검지장치에는 점검의 편의상 세로 0.5 m 이상 가로 1 m 이상의 출입문을 설치하여야 한다.
③ 하나의 방호구역은 2개 층에 미치지 아니하여야 한다. 다만, 1개 층에 설치되는 스프링클러헤드
   의 수가 10개 이하인 경우와 복층형구조의 공동주택에는 3개 층 이내로 할 수 있다.
④ 유수검지장치는 바닥으로부터 0.8~1.5 m의 위치에 설치하여야 한다.

> **해설**
> 하나의 방호구역에 설치하는 유수검지장치에는 가로 0.5 m 이상 세로 1 m 이상의 출입문을 설치하여야 한다.

**48** 스프링클러 소화설비의 음향장치는 유수검지장치 등의 방호구역마다 설치하되 각 부분으로부터 하나
의 음향장치까지의 수평거리는 몇 m 이하인가?

① 10          ② 15          ③ 20          ④ 25

> **해설**
> 음향장치는 유수검지장치 등의 방호구역마다 설치하되 각 부분으로부터 하나의 음향장치까지의 수평거리는 25 m
> 이하이어야 한다. (모든 경보설비의 수평거리는 25 m이다.)

**49** 스프링클러 소화설비인 습식 및 건식 스프링클러설비의 음향장치 및 기동장치에 대한 사항으로 틀린
것은?

① 헤드가 개방되면 유수검지장치가 화재신호를 발신하고 그에 따라 음향장치가 경보한다.
② 음향장치는 방수구역마다 설치한다.
③ 유수검지장치의 발신이나 기동용수압개폐장치에 의하여 작동되거나 또는 이 두 가지의 혼용
   으로 펌프가 기동 된다.
④ 음향장치는 경종 또는 사이렌으로 설치하며 자동화재탐지설비와 겸용 할 수 있다.

> **해설**
> 유수검지장치는 습식(패들형포함)과 건식, 준비작동식으로 담당하는 구역을 방호구역이라 한다.

**50** 건식스프링클러설비 유수검지장치 2차측 설비의 내용적이 (   )L를 초과하는 경우 시험장치 개폐밸
브를 완전 개방 후 1분 이내에 물이 방사되어야 하는가?

① 2,480          ② 2,820          ③ 2,840          ④ 2,860

> **해설**
> 건식스프링클러설비인 경우 유수검지장치에서 가장 먼 거리에 위치한 가지배관의 끝으로부터 연결하여 설치하고
> 유수검지장치 2차측 설비의 내용적이 2,840L를 초과하는 건식스프링클러설비의 경우 시험장치 개폐밸브를 완전 개
> 방 후 1분 이내에 물이 방사되어야 한다.

**정답** 47 ②   48 ④   49 ②   50 ③

**••• 51** 스프링클러 소화설비의 비상전원 설치기준으로 옳은 것은?

① 설치장소는 다른 장소와 불연재료 등으로 구획한다.
② 옥내에 설치하는 비상전원실은 옥외로 직접 통하는 충분한 용량의 급배기설비를 설치하여야 한다.
③ 상용전원 정전시 자동 또는 수동으로 전환된다.
④ 근린생활시설을 제외하고는 당해 설비를 유효하게 10분 이상 작동한다.

> **해설**
> 비상전원 설치장소는 반드시 방화구획하여야 하며 정전시 자동으로 전환되고 당해설비를 최소 20분 이상 작동시켜야 한다.

**••○ 52** 스프링클러 소화설비 제어반의 기능이 아닌 것은?

① 각 펌프의 작동여부를 확인할 수 있는 표시등 및 음향경보기능이 있어야 할 것
② 비상전원의 공급여부를 확인할 수 있는 표시등 및 음향경보기능이 있어야 할 것
③ 확인 회로마다 동작시험 및 도통시험을 할 수 있을 것
④ 수조 또는 물올림탱크가 저수위로 될 때 표시등 및 음향으로 경보할 것

> **해설**
> 비상전원의 공급여부를 확인할 수 있는 표시등이 있어야 할 것. 경보기능은 없다.

**••• 53** 감시제어반과 자동화재탐지설비의 수신기를 별도의 장소에 설치하는 경우 설치기준으로 틀린 것은?

① 비상전원을 설치한 경우에는 상용전원 및 비상전원의 공급여부를 확인할 수 있어야 할 것
② 각 펌프의 작동여부를 확인할 수 있는 표시등 및 음향경보기능이 있어야 할 것
③ 각 펌프를 자동 및 수동으로 작동시키거나 작동을 중단시킬 수 있어야 한다.
④ 수조 또는 물올림탱크가 저수위로 될 때 표시등 및 음향으로 경보할 것

> **해설**
> 감시제어반과 자동화재탐지설비의 수신기를 별도의 장소에 설치하는 경우 상호간 연동하여 화재발생 및 다음의 기능을 확인할 수 있도록 할 것
> ① 각 펌프의 작동여부를 확인할 수 있는 표시등 및 음향경보기능이 있어야 할 것
> ② 비상전원을 설치한 경우에는 상용전원 및 비상전원의 공급여부를 확인할 수 있어야 할 것
> ③ 수조 또는 물올림탱크가 저수위로 될 때 표시등 및 음향으로 경보할 것

**●○○ 54** 스프링클러 소화설비용 전동기의 운전시 회전방향이 역방향으로 양정이 부족하였다. 정상 방향으로 회전시키기 위한 조치는?

① 전동기의 전압을 승압한다.　② 전동기에 공급되는 두 개의 전원선을 바꾸어 준다.
③ 전동기의 극수를 바꾼다.　④ 전동기의 주파수를 증가시킨다.

> **해설**
> 3상 유도형전동기의 경우는 3상 전원선로 중 2상을 바꿔 주고 단상의 경우는 전원선을 바꾸어 주면 전동기의 회전방향이 바뀐다.

**정답** 51 ② 52 ② 53 ③ 54 ②

●○○ **55** 습식스프링클러설비 시험장치 배관의 구경에 대한 설명으로 옳은 것은?

① 가지배관 구경과 동일　　　　　　② 가지배관 구경보다 작게

③ 가지배관 구경보다 크게　　　　　④ 25mm

 **해설**
시험장치 배관의 구경
25mm 이상으로 하고, 그 끝에 개폐밸브 및 개방형헤드 또는 스프링클러헤드와 동등한 방수성능을 가진 오리피스를 설치. 개방형헤드는 반사판 및 프레임을 제거한 오리피스만으로 설치할 수 있다.

●●○ **56** 스프링클러 헤드의 점검사항으로 중요를 요하지 않는 것은?

① 헤드의 수평상태　　② 헤드의 강도　　③ 최고온도의 변화　　④ 헤드의 살수 장애

 **해설**
헤드의 점검시 살수장애 및 설치상태, 헤드 설치장소의 최고주위온도(사무용에서 주방으로 변경 시 헤드의 표시온도는 달라진다) 헤드의 부식유무 등을 확인해야 한다.

●●○ **57** 준비작동식 스프링클러 설비에서 화재발생시 헤드가 개방되었으나 살수가 되지 않았다. 그 원인으로 볼 수 없는 것은?

① 준비작동식 밸브의 1차측 개폐밸브 차단　　② 솔레노이드 밸브의 불량

③ 경보용 압력스위치의 고장　　　　　　　　④ 화재감지기 선로 불량

 **해설**
경보용 압력스위치는 유수 발생시 그 흐름을 검지하여 제어반에 알려주는 장치로서 준비작동식 밸브를 동작시키는 것과는 관계가 없다.

●●● **58** 표준반응, 특수반응, 조기반응이란 스프링클러헤드의 감도를 무엇에 따라 구분한 것인가?

① 기류속도　　　　　② 기류온도　　　　　③ 반응시간지수　　　　④ 반응속도

 **해설**
표준반응, 특수반응, 조기반응이란 스프링클러헤드의 감도를 RTI 값으로 구분한 것이다.
"반응시간지수(RTI)"란 기류의 온도·속도 및 작동시간에 대하여 스프링클러헤드의 반응을 예상한 지수

●●● **59** 폐쇄형 스프링클러 헤드의 감도를 예상하는 지수인 RTI 와 관련이 깊은 것은?

① 기류의 온도와 비열　　　　　　　② 기류의 온도, 속도 및 작동시간

③ 기류의 비열 및 유동방향　　　　　④ 기류의 온도, 속도 및 비열

 **해설**
반응시간지수($RTI$)란 기류의 온도·속도 및 작동시간에 대하여 스프링클러헤드의 반응을 예상한 지수로서 $RTI = \tau \sqrt{U}$ 로 나타낸다.　$RTI(\sqrt{m \cdot s})$ : 반응시간지수　$\tau(s)$ : 시정수　$U(m/s)$ : 기류속도

**정답**　55 ④　56 ②　57 ③　58 ③　59 ②

•○○ **60** | 건식스프링클러헤드란 무엇인가?

① 물과 오리피스가 배관에 의해 분리되어 동파를 방지할 수 있는 스프링클러헤드를 말한다.
② 특정 높은 장소의 화재위험에 대하여 조기에 진화할 수 있도록 설계된 스프링클러헤드를 말한다.
③ 부착나사를 포함한 몸체의 일부나 전부가 천정면 위에 설치되어 있는 스프링클러헤드를 말한다.
④ 부착나사 이외의 몸체 일부나 전부가 보호집안에 설치되어 있는 스프링클러헤드를 말한다.

> **해설**
> "건식스프링클러헤드"란 물과 오리피스가 배관에 의해 분리되어 동파를 방지할 수 있는 스프링클러헤드로서 일명 드라이펜던트 헤드를 말한다.

•○○ **61** | 동일조건의 수압력에서 큰 물방울을 방출하여 화염의 전파속도가 빠르고 발열량이 큰 저장창고 등에서 발생하는 대형화재를 진압할 수 있는 헤드로서 ELO라고 하는 헤드는 무엇인가?

① 라지드롭형스프링클러헤드
② 화재조기진압용스프링클러헤드
③ 리세스드스프링클러헤드
④ 조기반응형스프링클러헤드

> **해설**
> "라지드롭형스프링클러헤드"(ELO)란 동일조건의 수압력에서 큰 물방울을 방출하여 화염의 전파속도가 빠르고 발열량이 큰 저장창고 등에서 발생하는 대형화재를 진압할 수 있는 헤드를 말한다.

••○ **62** | 연소우려가 있는 개구부에 설치하는 드렌처설비에 대한 내용 중 잘못 된 것은?

① 드렌처 헤드는 개구부 위 측에 2.5 m 이내마다 1개를 설치한다.
② 제어밸브는 바닥 면으로부터 0.8 m 이상 1.5 m 이하의 위치에 설치한다.
③ 수량은 드렌처헤드가 가장 많이 설치된 제어밸브의 드렌처헤드의 설치개수에 2.6 m³를 곱하여 얻은 수치 이상이 되도록 할 것
④ 각각의 헤드선단에 방수압력이 0.1 MPa 이상, 방수량이 80 ℓ/min 이상이 되도록 할 것

> **해설**
> 수량은 드렌처헤드가 가장 많이 설치된 제어밸브의 드렌처헤드의 설치개수에 1.6 m³를 곱하여 얻은 수치 이상이 되도록 할 것

••○ **63** | 연소우려가 있는 개구부에 설치하는 드렌처 헤드를 설치한 개구부의 길이가 25 m일 경우 설치하여야 할 헤드 개수는?

① 7
② 8
③ 9
④ 10

> **해설**
> 드렌처 헤드는 개구부 위 측에 2.5 m 이내마다 1개를 설치하므로 $\dfrac{개구부\ 위측의\ 길이(m)}{2.5}-1=\dfrac{25}{2.5}-1=9$ 개

 **정답** | **60** ① **61** ① **62** ③ **63** ③

●○○ **64** 연소할 우려가 있는 개구부(7.5 m × 7.5 m)에 스프링클러헤드를 설치하고자 한다. 수원의 양은 얼마 이상인가?

① 12.8 m³　　② 16 m³　　③ 24 m³　　④ 32 m³

> **해설**
> 연소할 우려가 있는 개구부에는 상하좌우로 헤드를 설치하여야 하며 2.5 m 간격마다 1개 설치
> 한 변의 길이마다 $(7.5 \div 2.5) - 1 = 2$ 개씩 설치하여야 한다. 따라서 총 8개가 설치되고 수원은 헤드 설치개수
> $\times$ 1.6 m³이므로 $8 \times 1.6$ m³ $= 12.8$ m³ 이상 저장하여야 한다.

●●● **65** 내화구조의 10층 건축물에 스프링클러설비를 하려고 한다. 수원의 양은 얼마 이상으로 하여야 하는가? (단, 용도는 업무시설이며 층고는 8 m이며 헤드는 바닥에서 6 m 떨어진 반자에 설치되어 있다.)

① 16 m³　　② 32 m³　　③ 48 m³　　④ 63 m³

> **해설**
> 기준개수는 10층 이하로서 헤드 설치높이가 6 m이므로 10개가 된다. 따라서 16 m³ 이상 저장해야 한다.

●●○ **66** 내화구조인 건축물 11층에 층고가 8 m이고 가로 60 m × 세로 60 m인 실내에 스프링클러 헤드를 정방향으로 설치하려고 한다. 헤드의 설치개수는? (단, 천장과 반자의 거리는 3 m이며 천장, 반자, 벽은 모두 불연재료이며 천장과 반자 속에는 일부 가연물이 있다.)

① 30개　　② 361개　　③ 722개　　④ 1,444개

> **해설**
> 가로 : $60 \div (2 \times 2.3 \times \cos 45) = 18.44$　∴　19개　　세로 : $60 \div (2 \times 2.3 \times \cos 45) = 18.44$　∴　19개
> 설치개수는 $19 \times 19 = 361$개,　천장과 반자 사이에도 설치하여야 하므로 2배하면 722개가 된다.

●○○ **67** 내화구조인 건물 11층의 층고가 6 m이고 가로 60 m × 세로 60 m인 실내에 습식 스프링클러설비를 하려고 한다. 알람밸브는 몇 개가 필요한가? (단, 천장과 반자의 거리는 3 m이며 천장, 반자, 벽은 모두 불연재료이며 천장과 반자속에는 일부 가연물이 있다.)

① 1개　　② 2개　　③ 3개　　④ 4개

> **해설**
> 총 면적이 3,600 m²이므로 2개의 방호구역이 필요하다. 천장과 반자 사이에도 헤드를 설치하여야 하지만 하나의 알람밸브에서 반자아래와 천장과 반자사이에 헤드를 상하향식으로 설치하므로 알람밸브는 증가하지 않는다.

**정답**　64 ①　65 ①　66 ③　67 ②

●●● 68 톱날지붕에 가지배관을 서로 마주보게 설치하는 경우 가지배관 사이의 거리로 맞는 것은? (단, S는 헤드간의 거리이다.)

① 1 m 이상 $\dfrac{S}{2}$ 이하

② 0.5 m 이상 $\dfrac{S}{2}$ 이하

③ 1 m 이상 $S$ 이하

④ 1.5 m 이상 $\dfrac{S}{2}$ 이하

 해설

톱날지붕, 둥근지붕 등에 가지배관을 서로 마주보게 설치하는 경우 가지배관 사이의 거리는 1 m 이상 $\dfrac{S}{2}$ 이하이어야 한다.

●●○ 69 스프링클러 설비의 RDD 와 ADD는 화재가 진행될수록 어떻게 되는가? (단, RDD는 화재진압에 필요한 스프링클러헤드 방출수를 가연물 상단 면적으로 나눈 것이며 ADD는 화염을 통과하여 연소중인 가연물의 상단까지 도달한 양을 가연물 상단의 면적으로 나눈 값이다)

① RDD 와 ADD 모두 감소한다.
② RDD 와 ADD 모두 증가하다.
③ RDD는 증가하고 ADD는 감소한다.
④ RDD는 감소하고 ADD는 증가한다.

 해설

RDD는 화재진압에 필요한 양이므로 화재가 진행될수록 많아지며 ADD는 화염을 통과하여 연소중인 가연물의 상단까지 도달한 양으로 화재가 진행될수록 화세가 커져 줄어든다.

●●● 70 글라스벌브형 스프링클러헤드의 표시온도별 색상으로 옳지 않은 것은?

① 57℃ − 오렌지　　② 68℃ − 빨강　　③ 79℃ − 노랑　　④ 93℃ − 파랑

 해설

| 퓨지블링크형 | | 유리벌브형 | |
|---|---|---|---|
| 표시온도(℃) | 색(프레임에 표시) | 표시온도(℃) | 색(액체의 표시) |
| 77℃ 미만 | 표 시 없 음 | 57℃ | 오 렌 지 |
| 78℃ ~ 120℃ | 흰 색 | 68℃ | 빨 강 |
| 121℃ ~ 162℃ | 파 랑 | 79℃ | 노 랑 |
| 163℃ ~ 203℃ | 빨 강 | 93℃ | 초 록 |
| 204℃ ~ 259℃ | 초 록 | 141℃ | 파 랑 |
| 260℃ ~ 319℃ | 오 렌 지 | 182℃ | 연 한 자 주 |
| 320℃ 이상 | 검 정 | 227℃ 이상 | 검 정 |

정답　68 ①　69 ③　70 ④

**71** 자기발전설비의 비상전원을 사용하는 경우 설치기준으로 옳지 않은 것은?

① 비상전원 설비에 설치되어 동시에 운전될 수 있는 모든 부하의 합계 입력용량을 기준으로 정격 출력을 선정할 것. 다만, 소방전원 보존형발전기를 사용할 경우에는 그러하지 아니하다.

② 기동전류가 가장 큰 부하가 기동될 때에도 부하의 허용 최저입력전압 이상의 출력전압을 유지 할 것

③ 단시간 과전류에 견디는 내력은 입력용량이 가장 큰 부하가 최종 기동할 경우에도 견딜 수 있을 것

④ 소방전원 보존형 발전기는 소방 및 비상부하 겸용으로서 소방부하와 비상부하의 전원용량을 합산하여 정격출력용량을 정할 것

**해설**

| 구 분 | | | 정격출력용량을 산정 기준 |
|---|---|---|---|
| 발전기 | 전용 | 소방 전용 발전기 | 소방부하용량을 기준으로 정격출력용량을 산정하여 사용하는 발전기 |
| | 겸용 | 소방부하 겸용 발전기 | 소방 및 비상부하 겸용으로서 소방부하와 비상부하의 전원용량을 합산하여 정격출력용량을 산정하여 사용하는 발전기 |
| | | 소방전원 보존형 발전기 | 소방 및 비상부하 겸용으로서 소방부하의 전원용량을 기준으로 정격출력용량을 산정하여 사용하는 발전기 |

 **72** 다음 중 용어의 정의에 맞지 않는 것은?

① 설계하중은 헤드를 조립할 때 헤드에 가하도록 미리 설계된 하중을 말한다.

② 후레임(frame)은 헤드의 나사 부분과 디프렉타를 연결하는 이음쇠 부분을 말한다.

③ 반사판은 헤드에서 유출되는 물을 세분화시키는 부분을 말한다.

④ 표시온도는 헤드에 설정된 온도를 말한다.

**해설**

표시온도는 헤드에 표시된 온도로서 헤드가 작동되는 온도를 말한다.

**73** 준비작동식유수검지장치 또는 일제개방밸브의 담당구역내 화재감지회로는 교차회로방식으로 하여야 하는데 그러하지 않아도 되는 경우가 아닌 것은?

① 스프링클러설비의 배관 또는 헤드에 누설경보용 물 또는 압축공기를 채운 경우

② 부압식스프링클러설비를 설치한 경우

③ 화재감지기를 차동식 분포형 열전대식으로 설치한 경우

④ 차동식 스포트형 감지기로 3개의 회로를 구성하는 경우

**해설**

※ 교차회로 방식 – 하나의 준비작동식유수검지장치 또는 일제개방밸브의 담당구역 내에 2 이상의 화재감지기 회로를 설치하고 인접한 2 이상의 화재감지기가 동시에 감지되는 때에 준비작동식유수검지장치 또는 일제개방 밸브가 개방·작동되는 방식

**정답** 71 ④ 72 ④ 73 ④

## 4. 간이스프링클러소화설비(NFSC 103A)

### 1 설치대상

스프링클러설비 설치대상에 해당하지 않는 특정소방대상물 중 화재발생시 인명피해가 많이 발생할 것으로 예상되는 특정소방대상물에 설치하는 수계소화설비임.

| 교육연구시설 내에 합숙소 | 연면적 $100\,\mathrm{m}^2$ 이상 | – |
|---|---|---|
| 숙박시설 중 생활형 숙박시설 | 바닥면적의 합계가 $600\,\mathrm{m}^2$ 이상 | – |
| 복합건축물 | 연면적 1천 $\mathrm{m}^2$ 이상 | 모든층 |
| 근린생활시설 | 바닥면적 합계가 1천 $\mathrm{m}^2$ 이상 | 모든층 |
| | 의원, 치과의원 및 한의원으로서 입원실이 있는 시설 | |
| 노유자 생활시설 | 단독주택 또는 공동주택에 설치되는 시설은 제외 | |
| • 노유자생활시설에 해당하지 않는 노유자시설 | 바닥면적의 합계 $300\mathrm{m}^2$ 이상 $600\mathrm{m}^2$ 미만 | |
| • 의료시설 중 정신의료기관 또는 의료재활시설 | $300\mathrm{m}^2$ 미만이고 창살이 설치된 시설 | |
| 의료시설 중 종합병원, 병원, 치과병원, 한방병원 및 요양병원 (정신병원과 의료재활시설은 제외) | 바닥면적의 합계 $600\mathrm{m}^2$ 미만 | |
| 출입국관리법에 따른 보호시설로 사용하는 부분 | 건물을 임차한 경우 | |
| 조산원 및 산후조리원 | 연면적 $600\mathrm{m}^2$ 미만인 시설 | |

※ **복합건축물** : 하나의 건축물이 근린생활시설, 판매시설, 업무시설, 숙박시설 또는 위락시설의 용도와 주택의 용도로 함께 사용되는 것

※ 창살(철재 · 플라스틱 또는 목재 등으로 사람의 탈출 등을 막기 위하여 설치한 것을 말하며, 화재 시 자동으로 열리는 구조로 되어 있는 창살은 제외)

### 2 수 원

### (1) 간이스프링클러설비의 수원

| 구분 | 수원의 양 |
|---|---|
| 상수도직결형 | 수돗물 |
| 수조 (캐비닛형 포함) | 1. 일반적인 간이스프링클러 설치 대상 $$N \times Q \times T$$ $N$ : 2개  $Q$ : 50 $\ell/\mathrm{min}$  $T$ : 10분 이상 |
| | 2. 아래의 설치장소 <sup>암기</sup> 숙복근 ① 숙박시설 중 생활형 숙박시설로서 해당 용도로 사용되는 바닥면적의 합계가 $600\,\mathrm{m}^2$ 이상인 것 ② 복합건축물로서 연면적 1천 $\mathrm{m}^2$ 이상인 것은 모든 층 ③ 근린생활시설로 사용하는 부분의 바닥면적 합계가 1천 $\mathrm{m}^2$ 이상인 것은 모든 층 $$N \times Q \times T$$ $N$ : 5개  $Q$ : 50 $\ell/\mathrm{min}$  $T$ : 20분 이상 |
| | 3. 적어도 1개 이상의 자동급수장치를 갖출 것 |

※ 기타 수조 등과 관련된 내용은 옥내소화전 및 스프링클러 준용함

**3** 가압송수장치

(1) 방수압력

| 구 분 | 방수압력 | 방수량 | 비 고 |
|---|---|---|---|
| 가장 먼 가지배관에서 2개의 간이헤드를 동시에 개방할 경우 | 0.1 MPa 이상 | 50 L/min 이상 | |
| 간이스프링클러설비가 설치되는 특정소방대상물에 부설된 주차장 부분에 **표준반응형스프링클러 헤드**를 사용할 경우 (물분무등 설치 대상은 제외) | | 80 L/min 이상 | 습식 외의 방식 |

\* 간이헤드 – 폐쇄형헤드의 일종으로 간이스프링클러설비를 설치하여야 하는 특정소방대상물의 화재에 적합한 감도ㆍ방수량 및 살수분포를 갖는 헤드를 말한다.

(2) 가압송수장치의 종류

① **상수도직결형** – 수조를 사용하지 아니하고 상수도에 직접 연결하여 항상 기준 압력 및 방수량 이상을 확보할 수 있는 설비

② **전동기 또는 내연기관에 따른 펌프를 이용하는 가압송수장치**

　　㉠ 수원의 수위가 펌프보다 낮은 위치에 있는 가압송수장치에는 물올림장치를 설치할 것 다만, 캐비닛형은 제외

　　㉡ **기동장치로는 기동용수압개폐장치 또는 이와 동등 이상의 성능이 있는 것을 설치**하고 다음에 따른 **충압펌프를 설치**. 다만, 캐비닛형은 제외 <개정 2013.6.10>

　　　• 펌프의 토출압력은 그 설비의 최고위 살수장치의 자연압보다 적어도 0.2 MPa이 더 크도록 하거나 가압송수 장치의 정격토출압력과 같게할 것 <신설 2013.6.10>

　　　• 펌프의 정격토출량은 정상적인 누설량보다 적어서는 아니되며 간이스프링클러설비가 자동적으로 작동할 수 있도록 충분한 토출량을 유지할 것 <신설 2013.6.10>

　　㉢ **다음에 해당하는 특정소방대상물의 경우에는 상수도직결형 및 캐비닛형 간이스프링클러설비를 제외한 가압송수장치를 설치**. <신설 2013.6.10>

> **Point**
>
> 1. 숙박시설 중 생활형 숙박시설로서 해당 용도로 사용되는 바닥면적의 합계가 600 m² 이상인 것
> 2. 복합건축물로서 연면적 1천 m² 이상인 것은 모든 층
> 3. 근린생활시설로 사용하는 부분의 바닥면적 합계가 1천 m² 이상인 것은 모든층

③ **고가수조의 자연낙차를 이용한 가압송수장치**

④ **압력수조를 이용한 가압송수장치**

⑤ **가압수조를 이용한 가압송수장치**

(3) **기타 내용은 스프링클러설비 준용**

**4** 간이스프링클러설비의 방호구역·유수검지장치

(1) 하나의 방호구역의 바닥면적은 1,000 m²를 초과하지 아니할 것<개정 2013.6.10>
(2) 하나의 방호구역에는 1개 이상의 유수검지장치를 설치하되, 화재발생시 접근이 쉽고 점검하기 편리한 장소에 설치할 것
(3) 하나의 방호구역은 2개층에 미치지 아니하도록 할 것. 다만, 1개층에 설치되는 간이헤드의 수가 10개 이하인 경우에는 3개층 이내로 할 수 있다.

**5** 제어반 설치기준 〈신설 2013.6.10〉

(1) **상수도 직결형의 경우**
급수배관에 설치되어 급수를 차단할 수 있는 개폐밸브(급수차단장치를 포함한다) 및 유수검지장치의 작동 상태를 확인할 수 있어야 하며, **예비전원이 확보되고 예비전원의 적합 여부를 시험**할 수 있어야 한다.

(2) **상수도 직결형을 제외한 방식의 것**
「스프링클러설비의 화재안전기준)」을 준용한다. 다만, 캐비닛형 간이 스프링클러설비는 제외.

**6** 배관 및 밸브

(1) 배관의 종류 <신설 2013.6.10>
① 옥내소화전 설비와 동일
② 상수도직결형에 사용하는 배관 및 밸브는 「수도법」 제14조(수도용 자재와 제품의 인증 등)에 적합한 제품을 사용하여야 한다.
③ 본 조에서 정하지 않은 사항은 건설기술 진흥법 제44조제1항의 규정에 따른 건축기계설비 공사 표준설명서에 따른다.

(2) 배관 이음
① 각 배관과 동등 이상의 성능에 적합한 배관이음쇠를 사용
② 배관용 스테인리스강관(KS D 3576)의 이음을 용접으로 할 경우에는 알곤용접방식

(3) 급수배관 설치기준
① 전용으로 할 것
② **상수도직결형의 경우에는 수도배관 호칭지름 32 mm 이상**의 배관이어야 하고, 간이헤드가 개방될 경우에는 유수신호 작동과 동시에 다른 용도로 사용하는 배관의 송수를 자동 차단할 수 있도록 하여야 하며, 배관과 연결되는 이음쇠 등의 부속품은 물이 고이는 현상을 방지하는 조치를 하여야 한다.

### (4) 간이스프링클러설비의 배관 및 밸브 등의 순서 설치기준

| 구 분 | 배관 등 설치 순서 | | | | | | | | |
|---|---|---|---|---|---|---|---|---|---|
| 상수도<br>직결형 | 수도용<br>계량기 | 급수<br>차단장치 | 개폐<br>표시형<br>밸브 | – | 체크밸브 | 압력계 | – | 유수검지<br>장치 | 2개의<br>시험밸브 |
| 펌프<br>압력수조 | 수원 | 연성계<br>또는<br>진공계 | 펌프<br>또는<br>압력수조 | 압력계 | 체크밸브 | 성능<br>시험배관 | 개폐<br>표시형<br>밸브 | 유수검지<br>장치 | 시험밸브 |
| 가압수조 | 수원 | – | 가압수조 | 압력계 | 체크밸브 | 성능<br>시험배관 | 개폐<br>표시형<br>밸브 | 유수검지<br>장치 | 2개의<br>시험밸브 |
| 캐비닛형 | 수원 | 연성계<br>또는<br>진공계 | 펌프<br>또는<br>압력수조 | 압력계 | 체크밸브 | – | 개폐<br>표시형<br>밸브 | – | 2개의<br>시험밸브 |

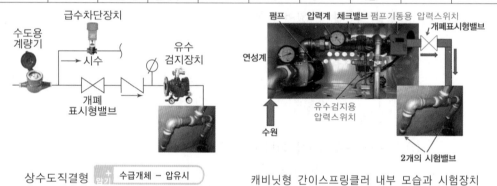

상수도직결형 수급개체 – 압유시  
캐비닛형 간이스프링클러 내부 모습과 시험장치

※ 상수도직결형
  • 유수검지장치(압력스위치 등 유수검지장치와 동등 이상의 기능과 성능이 있는 것을 포함)
  • 간이스프링클러설비 이외의 배관에는 화재시 배관을 차단할 수 있는 급수차단장치를 설치할 것
※ 캐비닛형 간이스프링클러설비 – 가압송수장치, 수조(「캐비닛형 간이스프링클러설비 성능인증 및 제
  품검사의 기술기준」에서 정하는 바에 따라 분리형으로 할 수 있다) 및 유수검지장치 등을 집적화하여
  캐비닛 형태로 구성시킨 간이 형태의 스프링클러설비를 말하며 소화용수의 공급은 상수도와 직결된
  바이패스관 또는 펌프에서 공급받아야 한다.

### (5) 시험장치

**펌프**(캐비닛형 제외)를 **가압송수장치**로 사용하는 경우 **유수검지장치 2차측 배관**에 연결하여
설치하고 **펌프 외의 가압송수장치**를 사용하는 경우 **유수검지장치에서 가장 먼 거리에 위치한
가지배관의 끝**으로부터 연결하여 설치

### (6) 준비작동식유수검지장치〈신설 2013.6.10〉
  • 기동장치 및 2차측 배관의 부대설비 등은 스프링클러설비와 동일

**7** 간이헤드

### (1) 폐쇄형간이헤드를 사용

※ 간이헤드 - 폐쇄형헤드의 일종으로 간이스프링클러설비를 설치하여야 하는 특정소방대상물의 화재에 적합한 감도·방수량 및 살수분포를 갖는 헤드

※ 간이헤드 - RTI가 50 이하인 주거형스프링클러헤드

### (2) 간이헤드의 작동온도

| 실내의 최대 주위천장온도 | 공칭작동온도 |
|---|---|
| 0℃ 이상 38℃ 이하 | 57℃에서 77℃ |
| 39℃ 이상 66℃ 이하 | 79℃에서 109℃ |

### (3) 수평거리는 2.3 m 이하

### (4) 상향식간이헤드 또는 하향식간이헤드 설치기준

① 간이헤드의 디플렉터에서 **천장 또는 반자까지의 거리는 25 mm에서 102 mm 이내**
**플러쉬 스프링클러헤드는 천장 또는 반자까지의 거리를 102 mm 이하가** 되도록 설치

② **측벽형간이헤드의 경우에는 102 mm에서 152 mm 사이에 설치**

### (5) 주차장에는 표준반응형스프링클러헤드를 설치하여야 하며 설치기준은 「스프링클러설비의 화재안전기준」을 준용 <신설 2013.6.10>

**8** 송수구

### (1) 간이스프링클러설비 송수구 - 스프링클러설비 준용

고시원업, 산후조리원업(건축물 전체가 하나의 영업장일 경우 제외)에 설치되는 상수도직결형 또는 캐비닛형의 경우에는 송수구를 설치하지 아니할 수 있다.

### (2) 구경 65 mm의 단구형 또는 쌍구형, 송수배관의 안지름은 40 mm 이상으로 할 것

**9** 비상전원

### (1) 비상전원 또는 비상전원수전설비를 설치

① 간이스프링클러설비를 유효하게 10분(근린생활시설의 경우에는 20분) 이상 작동할 수 있도록 할 것

② 상용전원으로부터 전력의 공급이 중단된 때에는 자동으로 비상전원으로부터 전원을 공급받을 수 있는 구조로 할 것

### (2) 무전원으로 작동되는 간이스프링클러설비의 경우에는 모든 기능이 10분(근린생활시설의 경우에는 20분) 이상 유효하게 지속될 수 있는 구조를 갖추어야 한다.

## 10 간이헤드 수별 급수관의 구경

(단위 : mm)

| 구분 \ 급수관구경 | 25 | 32 | 40 | 50 | 65 | 80 | 100 | 125 | 150 |
|---|---|---|---|---|---|---|---|---|---|
| 가 | 2 | 3 | 5 | 10 | 30 | 60 | 100 | 160 | 161 이상 |
| 나 | 2 | 4 | 7 | 15 | 30 | 60 | 100 | 160 | 161 이상 |

(1) 폐쇄형간이헤드를 사용하는 설비의 경우
  ① 1개층에 하나의 급수배관(또는 밸브 등)이 담당하는 구역의 최대면적은 1,000 m²를 초과하지 아니할 것
  ② "가"란의 헤드수에 따를 것
  ③ 반자 아래의 헤드와 반자속의 헤드를 동일 급수관의 가지관상에 병설하는 경우 – "나"란의 헤드수에 따를 것

(2) "캐비닛형" 및 "상수도직결형"을 사용하는 경우
  ① 주배관은 32 mm, 수평주행배관은 32 mm, 가지배관은 25 mm 이상
  ② 최장배관은 인정받은 길이로 하며 하나의 가지배관에는 간이헤드를 3개 이내로 설치하여야 한다.

> **예제 01**
>
> 간이스프링클러 설비의 캐비넷형 및 상수도직결형을 사용하는 경우 하나의 가지배관에 설치할 수 있는 헤드 수는 몇 개 이하인가?
>
> ① 2개  ② 3개  ③ 5개  ④ 8개
>
> 해답  ②

# 실전 예상문제

**••• 01** 근린생활시설 바닥면적 합계가 몇 m² 이상인 경우 모든층에 간이스프링클러를 설치하여야 하는가?

① 600  ② 1,000  ③ 1,500  ④ 2,000

**해설**

| | | |
|---|---|---|
| 숙박시설 중 생활형 숙박시설 | 바닥면적의 합계가 600 m² 이상 | – |
| 복합건축물 – 하나의 건축물이 근린생활시설, 판매시설, 업무시설, 숙박시설 또는 위락시설의 용도와 주택의 용도로 함께 사용되는 것 | 연면적 1천 m² 이상 | 모든층 |
| 근린생활시설 | 바닥면적 합계가 1천 m² 이상 | 모든층 |

**••• 02** 복합건축물은 연면적 m² 이상인 경우에 모든층 간이스프링클러를 설치하여야 하는가?

① 300  ② 600  ③ 1,000  ④ 1,500

**해설**

복합건축물(하나의 건축물이 근린생활시설, 판매시설, 업무시설, 숙박시설 또는 위락시설의 용도와 주택의 용도로 함께 사용되는 것)

**••• 03** 근린생활시설로 사용하는 부분의 바닥면적 합계가 1천 m² 이상인 것은 모든 층에 간이스프링클러를 설치하여야 한다. 이 경우 수원은 몇 m² 이상이어야 하는가?

① 1  ② 2  ③ 3.2  ④ 5

**해설**

수원  $N \times Q \times T = 5 \times 50 \times 20 = 5\,\mathrm{m}^3$  이상 ($N$ : 5개  $Q$ : 50 $\ell$/min  $T$ : 20분 이상)

| 구분 | 수원의 양 |
|---|---|
| 상수도직결형 | 수돗물 |
| 수조<br>(캐비닛형 포함) | 1. 일반적인 간이스프링클러 설치 대상<br><br>$$N \times Q \times T$$<br><br>$N$ : 2개    $Q$ : 50 $\ell$/min    $T$ : 10분 이상<br><br>2. 아래의 설치장소<br>① 숙박시설 중 생활형 숙박시설 – 바닥면적의 합계가 600 m² 이상인 것<br>② 복합건축물로서 연면적 1천 m² 이상인 것은 모든 층<br>③ 근린생활시설로 사용하는 부분의 바닥면적 합계가 1천 m² 이상인 것은 모든 층<br><br>$$N \times Q \times T$$<br><br>$N$ : 5개    $Q$ : 50 $\ell$/min    $T$ : 20분 이상 |

 **정답**  01 ②  02 ③  03 ④

**04** 간이스프링클러헤드의 방수압력 및 방수량에 대한 설명으로 옳은 것은? (단, 특정소방대상물에 부설된 주차장부분은 제외한다.)

① 방수압력(상수도직결형의 상수도압력)은 가장 먼 가지배관에서 1개의 간이헤드를 동시에 개방할 경우 각각의 간이헤드 선단 방수압력은 0.1 MPa 이상, 방수량은 50 L/min 이상이어야 한다.
② 방수압력(상수도직결형의 상수도압력)은 가장 먼 가지배관에서 1개의 간이헤드를 동시에 개방할 경우 각각의 간이헤드 선단 방수압력은 0.1 MPa 이상, 방수량은 80 L/min 이상이어야 한다.
③ 방수압력(상수도직결형의 상수도압력)은 가장 먼 가지배관에서 2개의 간이헤드를 동시에 개방할 경우 각각의 간이헤드 선단 방수압력은 0.1 MPa 이상, 방수량은 50 L/min 이상이어야 한다.
④ 방수압력(상수도직결형의 상수도압력)은 가장 먼 가지배관에서 2개의 간이헤드를 동시에 개방할 경우 각각의 간이헤드 선단 방수압력은 0.1 MPa 이상, 방수량은 80 L/min 이상이어야 한다.

> **해설**
> 방수압력(상수도직결형의 상수도압력)은 가장 먼 가지배관에서 2개의 간이헤드를 동시에 개방할 경우 각각의 간이헤드 선단 **방수압력은 0.1 MPa 이상, 방수량은 50 L/min** 이상이어야 한다.
> 다만, 간이스프링클러설비가 설치되는 특정소방대상물에 부설된 **주차장부분**(물분무 등 설치 대상은 제외)에 **표준반응형** 스프링클러헤드를 사용할 경우 헤드 1개의 방수량은 **80 L/min** 이상이어야 한다.

**05** 간이스프링클러의 가압송수장치 중 상수도직결형 및 캐비닛형 간이스프링클러설비를 가압송수장치를 설치할 수 있는 경우는?

① 근린생활시설로 사용하는 부분의 바닥면적 합계가 1천 m² 이상인 것은 모든 층
② 숙박시설 중 생활형 숙박시설로서 해당 용도로 사용되는 바닥면적의 합계가 600 m² 이상인 것
③ 복합건축물로서 연면적 1천 m² 이상인 것은 모든 층
④ 교육연구시설 내에 합숙소로서 연면적 100 m² 이상인 것

> **해설**
> 상수도직결형 및 캐비닛형 가압송수장치를 사용 할 수 없는 경우
>
> > 1. 숙박시설 중 생활형 숙박시설로서 해당 용도로 사용되는 바닥면적의 합계가 600 m² 이상인 것
> > 2. 복합건축물로서 연면적 1천 m² 이상인 것은 모든 층
> > 3. 근린생활시설로 사용하는 부분의 바닥면적 합계가 1천 m² 이상인 것은 모든 층

**06** 간이스프링클러설비의 하나의 방호구역의 바닥면적은 몇 m²을 초과하지 아니하여야 하는가?

① 500          ② 1,000          ④ 1,500          ④ 2,000

> **해설**
> 하나의 방호구역의 바닥면적은 1,000 m²를 초과하지 아니할 것<개정 2013.6.10>

**정답**   04 ③   05 ④   06 ②

●●○ 07 간이스프링클러설비 배관 내 사용압력이 1.2 MPa 미만일 경우 조건에 관계없이 사용할 수 있는 배관을 보기에서 모두 고르시오.

> A. 배관용 탄소강관                    B. 이음매 없는 구리 및 구리합금관
> C. 배관용 스테인리스강관              D. 일반배관용 스테인리스강관
> E. 압력배관용탄소강관

① A, B, C, D, E                    ② A, B, C, D
③ E                                ④ A, C, D, E

이음매 없는 구리 및 구리합금관(KS D 5301). 다만, 습식의 배관에 한한다.

(1) 배관 내 사용압력이 1.2MPa 미만일 경우 <신설 2013.6.10>
 ① 배관용 탄소강관(KS D 3507)
 ② 이음매 없는 구리 및 구리합금관(KS D 5301). 다만, 습식의 배관에 한한다.
 ③ 배관용 스테인리스강관(KS D 3576) 또는 일반배관용 스테인리스강관(KS D 3595)
 ④ 동등 이상의 강도·내식성 및 내열성을 가진 것

(2) 배관 내 사용압력이 1.2 MPa 이상일 경우
 ① 압력배관용탄소강관(KS D 3562) 또는 이와 동등 이상의 강도·내식성 및 내열성을 가진 것

●●● 08 간이스프링클러설비 상수도직결형의 경우에는 수도배관 호칭지름  몇 mm 이상의 배관으로 하여야 하는가?

① 25                               ② 32
④ 40                               ④ 50

상수도직결형의 경우에는 수도배관 호칭지름 32 mm 이상의 배관으로 하여야 한다.

**09** 간이스프링클러설비 상수도직결형 배관등의 설치 순서로 옳게 된 것은?

① 수도용계량기 – 급수차단장치 – 체크밸브 – 개폐표시형밸브 – 압력계 – 유수검지장치 – 2개의 시험밸브
② 수도용계량기 – 개폐표시형밸브 – 체크밸브 – 압력계 – 유수검지장치 – 시험밸브
③ 수도용계량기 – 급수차단장치 – 개폐표시형밸브 – 체크밸브 – 압력계 – 유수검지장치 – 1개의 시험밸브
④ 수도용계량기 – 급수차단장치 – 개폐표시형밸브 – 체크밸브 – 압력계 – 유수검지장치 – 2개의 시험밸브

 해설

| 구 분 | 배관 등 설치 순서 | | | | | | | | |
|---|---|---|---|---|---|---|---|---|---|
| 상수도 직결형 | 수도용 계량기 | 급수 차단장치 | 개폐 표시형 밸브 | – | 체크밸브 | 압력계 | – | 유수검지 장치 | 2개의 시험밸브 |
| 펌프 압력수조 | 수원 | 연성계 또는 진공계 | 펌프 또는 압력수조 | 압력계 | 체크밸브 | 성능 시험배관 | 개폐 표시형 밸브 | 유수검지 장치 | 시험밸브 |
| 가압수조 | 수원 | – | 가압수조 | 압력계 | 체크밸브 | 성능 시험배관 | 개폐 표시형 밸브 | 유수검지 장치 | 2개의 시험밸브 |
| 캐비닛형 | 수원 | 연성계 또는 진공계 | 펌프 또는 압력수조 | 압력계 | 체크밸브 | – | 개폐 표시형 밸브 | – | 2개의 시험밸브 |

암기 **상수도 직결형 : 수급개체 – 압유시**

**10** 간이스프링클러설비의 실내의 최대 주위천장온도가 39℃ 이상 66℃ 이하인 경우 헤드의 공칭작동온도는?

① 57℃에서 77℃   ② 78℃에서 109℃   ③ 79℃에서 109℃   ④ 109℃에서 149℃

 해설

간이헤드의 작동온도

| 실내의 최대 주위천장온도 | 공칭작동온도 |
|---|---|
| 0℃ 이상 38℃ 이하 | 57℃에서 77℃ |
| 39℃ 이상 66℃ 이하 | 79℃에서 109℃ |

**11** 간이스프링클러설비의 헤드의 수평거리는 얼마 이하인가?

① 1.8 m 이하   ② 2.1 m 이하   ③ 2.3 m 이하   ④ 2.5 m 이하

해설
간이스프링클러설비의 헤드의 수평거리는 2.3 m 이하이어야 한다.

 **정답** 09 ④   10 ③   11 ③

**12** 간이스프링클러설비의 상향식간이헤드 또는 하향식간이헤드 설치기준으로 옳지 않은 것은?

① 간이헤드의 디플렉터에서 천장 또는 반자까지의 거리는 25 mm에서 102 mm 이내
② 플러쉬 스프링클러헤드의 경우에는 천장 또는 반자까지의 거리를 102 mm 이하가 되도록 설치하여야 한다.
③ 측벽형간이헤드의 경우에는 102 mm에서 152 mm 사이에 설치하여야 한다.
④ 상향식간이헤드 아래 설치되는 하향식간이헤드는 상향식 헤드의 방출수를 차단할 수 있는 유효한 집열판을 설치할 것

> **해설**
> 상향식간이헤드 아래에 설치되는 하향식간이헤드는 상향식 헤드의 방출수를 차단할 수 있는 유효한 차폐판을 설치할 것

 **13** 간이스프링클러설비 송수구는 구경 65 mm의 단구형 또는 쌍구형으로 하여야 하며, 송수배관의 안지름은 몇 mm 이상으로 하여야 하는가?

① 40　　　　　　② 50　　　　　　③ 65　　　　　　④ 100

> **해설**
> 간이스프링클러설비 송수구의 송수배관 안지름은 40 mm 이상으로 하여야 한다.

 **14** 간이스프링클러설비를 "캐비닛형" 및 "상수도직결형"을 사용하는 경우 하나의 가지배관에는 간이헤드를 몇 개 이내로 설치하여야 하는가?

① 3　　　　　　② 5　　　　　　③ 8　　　　　　④ 10

> **해설**
> 간이스프링클러설비를 "캐비닛형" 및 "상수도직결형"을 사용하는 경우 주배관은 32 mm, 수평주행배관은 32 mm, 가지배관은 25 mm 이상으로 설치하여야 하며 하나의 가지배관에는 간이헤드를 3개 이내로 설치하여야 한다.

 **15** 간이스프링클러 설비의 시험장치 설치 위치에 대한 내용으로 옳은 것은? 단, 펌프 외의 가압송수장치를 사용한다.

① 유수검지장치 1차측 배관
② 유수검지장치 2차측 배관
③ 유수검지장치에서 가장 가까운 거리에 위치한 가지배관의 끝
④ 유수검지장치에서 가장 먼 거리에 위치한 가지배관의 끝

> **해설**
> 펌프(캐비닛형 제외)를 가압송수장치로 사용하는 경우 유수검지장치 2차측 배관에 연결하여 설치하고 펌프 외의 가압송수장치를 사용하는 경우 유수검지장치에서 가장 먼 거리에 위치한 가지배관의 끝으로부터 연결하여 설치

**정답** | 12 ④　13 ①　14 ①　15 ④

## 5. 화재조기진압용스프링클러설비(NFSC 103B)

**1** 설치대상

천장 또는 반자의 높이가 10 m를 넘는 랙식 창고로서 연면적 1천5백 m² 이상

**2** 설치제외

(1) 제4류 위험물
(2) 타이어, 두루마리 종이 및 섬유류, 섬유제품 등
  연소 시 화염의 속도가 빠르고 방사된 물이 하부까지에 도달하지 못하는 것

**3** 설치장소의 구조

| 구 분 | 내 용 | 비 고 |
|---|---|---|
| 당해층의 높이 | 13.7 m 이하 | 2층 이상일 경우에는 당해층의 바닥을 내화구조로 하고 다른 부분과 방화구획 할 것 |
| 천장의 기울기 | $\dfrac{168}{1,000}$ 이하 | 이를 초과하는 경우에는 반자를 지면과 수평으로 설치 |
| 천장 | 평평하게 설치 | 철재나 목재트러스 구조인 경우, **철재나 목재의 돌출 부분이 102 mm 이하**(살수장애 방지) |
| 보 | 목재·콘크리트 및 철재 사이의 간격이 0.9 m 이상 2.3 m 이하 | 다만, 보의 간격이 2.3 m 이상인 경우에는 화재조기진압용 스프링클러헤드의 동작을 원활히 하기 위하여 보로 구획된 부분의 천장 및 반자의 넓이가 28 m²를 초과하지 아니할 것 |
| 선반의 형태 | 하부로 물이 침투되는 구조 | |
| 저장물품의 간격 | 모든 방향에서 152 mm 이상 | |
| 환기구 | • 공기의 유동으로 인하여 헤드의 작동온도에 영향을 주지 않는 구조<br>• 화재감지기와 연동하여 동작하는 자동식 환기장치를 설치하지 아니할 것. 다만, 자동식 환기장치를 설치할 경우에는 최소작동온도가 180℃ 이상일 것 | |

**4** 수 원

$$N \times Q \times T = 12 \times K\sqrt{10P} \times 60$$

$Q$ : 토출량($\ell$/min),    $K$ : 상수$[(\ell/\text{min})/(\text{MPa})^{\frac{1}{2}}]$,    $P$ : 헤드 선단의 압력(MPa)

(1) 화재조기진압용 스프링클러설비의 수원은 수리학적으로 가장 먼 가지배관 3개에 각각 4개의 스프링클러헤드가 동시에 개방되었을 때 헤드선단의 압력이 별표3에 의한 값 이상으로 60분간 방사할 수 있는 양

**TIP**

화재조기진압용 스프링클러헤드의 최소방사압력(MPa)

| 최대층고 | 최대저장높이 | 화재조기진압용 스프링클러헤드 K (방사량) | | | | |
|---|---|---|---|---|---|---|
| | | K = 360 하향식 | K = 320 하향식 | K = 240 하향식 | K= 240 상향식 | K = 200 하향식 |
| 13.7 m | 12.2 m | 0.28 | 0.28 | – | – | – |
| 13.7 m | 10.7 m | 0.28 | 0.28 | – | – | – |
| 12.2 m | 10.7 m | 0.17 | 0.28 | 0.36 | 0.36 | 0.52 |
| 10.7 m | 9.1 m | 0.14 | 0.24 | 0.36 | 0.36 | 0.52 |
| 9.1 m | 7.6 m | 0.10 | 0.17 | 0.24 | 0.24 | 0.34 |

(2) 방사압력은 층고의 높이, 방사량, 저장물품의 쌓은 높이에 따라 결정되어진다.

**예제 01**

화재조기진압용 스프링클러 설비의 방사압력을 결정하는 요인 중 관계가 가장 먼 것은?

① 랙 창고의 높이           ② 랙 창고 층의 높이
③ 방사량                    ④ 저장물품의 높이

해답   ①

**5** 배 관

(1) 화재조기진압용 스프링클러설비의 배관은 **습식으로 하여야 한다.**

(2) 가지배관의 배열

① 토너먼트(tournament)방식이 아닐 것

② 가지배관 사이의 거리

| 천장의 높이가 9.1 m 미만 | 2.4 m 이상 3.7 m 이하 |
|---|---|
| 천장의 높이가 9.1 m 이상 13.7 m 이하 | 2.4 m 이상 3.1 m 이하 |

**6** 화재조기진압용 스프링클러설비의 헤드

정의 : 특정 높은 장소의 화재위험에 대하여 조기에
진화할 수 있도록 설계된 스프링클러헤드

화재조기진압용 스프링클러헤드

| 구 분 | 내 용 | | |
|---|---|---|---|
| 헤드 하나의 방호면적 | 6.0 m² 이상 9.3 m² 이하 | | |
| 가지배관의 헤드 사이의 거리 | 천장의 높이 | 9.1 m 미만인 경우 | 2.4 m 이상 3.7 m 이하 |
| | | 9.1 m 이상 13.7 m 이하인 경우 | 2.4 m 이상 3.1 m 이하 |
| 헤드의 반사판 | 천장 또는 반자와 평행하게 설치 | | |
| | 저장물의 최상부와 914 mm 이상 확보 | | |
| 헤드와 벽과의 거리 | 102 mm 이상 ~ 헤드 상호간 거리의 2분의 1 이하 | | |
| 헤드의 작동온도 | 74℃ 이하 | | |
| 상향식 헤드의 감지부 중앙 | 천장 또는 반자와 101 mm 이상 152 mm 이하 | | |
| 상향식 헤드의 반사판의 위치 | 스프링클러배관의 윗부분에서 최소 178 mm 상부에 설치 | | |
| 하향식 헤드의 반사판의 위치 | 천장이나 반자 아래 125 mm 이상 355 mm 이하 | | |

※ 헤드의 살수분포에 장애를 주는 장애물이 있는 경우의 설치기준은 설치되어 장애를 주는 장애물의
종류에 따라 다르다.

**7** 시험장치 설치기준

유수검지장치 2차측 배관에 연결하여 설치, 배관의 구경은 32 mm 이상

**8** 기타 설치기준 등은 옥내소화전, 스프링클러 준용 함

## 실전 예상문제

 **01** 화재조기진압용 스프링클러설비 설치대상으로 옳은 것은?

① 천장 또는 반자의 높이가 10 m를 넘는 랙식 창고로서 연면적 1천5백 m² 이상
② 특수가연물을 1,000배 이상 저장하는 공장, 창고
③ 천장 또는 반자의 높이가 15 m를 넘는 랙식 창고로서 연면적 1천 m² 이상
④ 지하층·무창층(축사는 제외한다) 또는 층수가 4층 이상인 층으로서 바닥면적이 1천 m² 이상
   인 층

> **해설**
> 화재조기진압용 스프링클러설비 설치대상 − 천장 또는 반자의 높이가 10 m를 넘는 랙식 창고로서 연면적
> 1천5백 m² 이상

 **02** 소방관계법령에 따른 화재조기진압용 스프링클러설비를 설치하는 랙식창고의 정의로서 올바른 것은?

① 선반 또는 이와 비슷한 것을 설치하고 승강기에 의하여 수납물을 운반하는 장치를 갖춘 것을
   말한다.
② 선반 또는 이와 비슷한 것을 설치하고 지게차등에 의하여 수납물을 적재하는 창고를 말한다.
③ 물건을 수납할 수 있는 대공간의 창고를 말한다.
④ 물건을 수납할 수 있는 선반이나 이와 비슷한 것을 갖춘 것을 말한다.

> **해설**
> 랙식창고란 물건을 수납할 수 있는 선반이나 이와 비슷한 것을 갖춘 것을 말한다.

 **03** 화재조기진압용 스프링클러설비를 설치하는 설치장소의 구조 등으로 옳지 않은 것은?

① 당해 창고의 높이는 13.7 m 이하로 할 것
② 천장의 기울기 168/1,000 이하로 할 것
③ 천장이 철재나 목재트러스 구조인 경우, 철재나 목재의 돌출부분이 102 mm 이하로 할 것
④ 선반의 형태는 하부로 물이 침투되는 구조

> **해설**
> 당해 층의 높이는 13.7 m 이하로 할 것

**정답** 01 ① 02 ④ 03 ①

●○○ **04** 화재조기진압용 스프링클러설비의 수원을 구하는 식으로 옳은 것은?

(단, $Q$ : 수원의 양($\ell$), $K$ : 상수[ $(\ell / \min) / (\text{MPa})^{\frac{1}{2}}$ ], $P$ : 헤드 선단의 압력(MPa)이다.)

① $Q = 10 \times 60 \times K\sqrt{10P}$
② $Q = 10 \times 60 \times K\sqrt{P}$
③ $Q = 12 \times 60 \times K\sqrt{P}$
④ $Q = 12 \times 60 \times K\sqrt{10P}$

> **해설**
>
> 화재조기진압용 스프링클러설비의 수원은 수리학적으로 가장 먼 가지배관 3개에 각각 4개의 스프링클러헤드가 동시에 개방되었을 때 헤드선단의 압력이 규정값 이상으로 60분간 방사할 수 있는 양이다.
>
> $$Q = 12 \times K\sqrt{10P} \times 60$$
>
> $Q$ : 수원의 양($\ell$), $K$ : 상수[ $(\ell / \min) / (\text{MPa})^{\frac{1}{2}}$ ], $P$ : 헤드 선단의 압력(MPa)

●○○ **05** 화재조기진압용 스프링클러설비의 헤드 설치기준으로 옳지 않은 것은?

① 헤드 하나의 방호면적은 6.0 m² 이상 9.3 m² 이하로 하여야 한다.
② 가지배관의 헤드 사이의 거리는 천장의 높이가 9.1 m 이상 13.7 m 이하인 경우 2.4 m 이상 3.7 m 이하로 하여야 한다.
③ 헤드의 반사판과 저장물의 최상부와 914 mm 이상 확보해야 한다.
④ 헤드의 작동온도는 74℃ 이하이어야 한다.

>  **해설**
>
> | 구 분 | | 내 용 | |
> |---|---|---|---|
> | 헤드 하나의 방호면적 | | 6.0 m² 이상 9.3 m² 이하 | |
> | 가지배관의 헤드 사이의 거리 | 천장의 높이 | 9.1 m 미만인 경우 | 2.4 m 이상 3.7 m 이하 |
> | | | 9.1 m 이상 13.7 m 이하인 경우 | 2.4 m 이상 3.1 m 이하 |

●○○ **06** 천장의 높이가 9.1 m인 랙창고에 화재조기 진압용 스프링클러설비를 설치하였다. 가지배관 사이의 거리는?

① 2.1 m 이상 3.7 m 이하
② 2.4 m 이상 3.7 m 이하
③ 2.1 m 이상 3.1 m 이하
④ 2.4 m 이상 3.1 m 이하

> **해설**
>
> 가지배관 사이의 거리
>
> | 천장의 높이가 9.1 m 미만 | 2.4 m 이상 3.7 m 이하 |
> |---|---|
> | 천장의 높이가 9.1 m 이상 13.7 m 이하 | 2.4 m 이상 3.1 m 이하 |

 **정답** 04 ④ 05 ② 06 ④

## 6. 물분무소화설비(NFSC 104)

### 1 설치대상

| | |
|---|---|
| 항공기 및 자동차 관련 시설 | 항공기격납고 |
| 차고, 주차용건축물 또는 철골 조립식 주차시설 | 연면적 800 m² 이상 |
| 건축물 내부에 설치된 차고 또는 주차장 | 바닥면적의 합계가 200 m² 이상인 층 |
| 기계장치에 의한 주차시설 | 20대 이상 |
| 특정소방대상물에 설치된 전기실·발전실·변전실 | 바닥면적이 300 m² 이상 |
| 행정안전부령으로 정하는 터널 | 물분무소화설비 |

지정문화재 중 소방청장이 문화재청장과 협의하여 정하는 것

소화수를 수집·처리하는 설비가 설치되어 있지 않은 중·저준위방사성폐기물의 저장시설
 – 이산화탄소소화설비, 할론소화설비 또는 할로겐화합물 및 불활성기체소화설비만 가능

※ 특정소방대상물에 설치된 전기실·발전실·변전실
 – 하나의 방화구획 내에 둘 이상의 실(室)이 설치되어 있는 경우에는 이를 하나의 실로 보아 바닥면적을 산정한다.
※ 설치제외 – 위험물저장 및 처리시설 중 가스시설 또는 지하구는 제외한다.
※ 설치대상은 물분무등소화설비(물분무, 미분무, 포, 이산화탄소, 할론, 할로겐화합물 및 불활성기체, 분말, 강화액소화설비, 고체에어로졸 소화설비)와 같다.
※ 50세대 이상의 연립주택 또는 다세대주택의 내부에 설치된 주차장에 물분무등소화설비 설치

### 2 수 원

$$A \times Q \times T$$

| 구 분 | 특수가연물 | 차고 또는 주차장 | 절연유 봉입 변압기 | 케이블트레이<br>케이블덕트 | 콘베이어 벨트 등 |
|---|---|---|---|---|---|
| $A$ | 바닥면적(m²)<br>– 50 m²이하인<br>경우에는 50 m² | 바닥면적(m²)<br>– 50 m²이하인<br>경우에는 50 m² | 바닥부분을 제외한<br>표면적을 합한<br>면적(m²) | 투영된<br>바닥면적(m²) | 벨트부분의<br>바닥면적(m²) |
| $Q$ | 10 ℓ/min | 20 ℓ/min | 10 ℓ/min | 12 ℓ/min | 10 ℓ/min |
| $T$ | 20분 | 20분 | 20분 | 20분 | 20분 |

**3** 기동장치

(1) 수동식기동장치 설치기준

① 직접 조작 – 가압송수장치 및 수동개방밸브를 개방할 수 있도록 설치

② 원격 조작 – 가압송수장치 및 자동개방밸브를 개방할 수 있도록 설치

③ 가까운 곳의 보기 쉬운 곳에 "기동장치"라고 표시한 표지

(2) 자동식 기동장치 설치기준

① 자동화재탐지설비의 감지기의 작동 또는 폐쇄형스프링클러헤드의 개방과 연동하여 경보를 발하고, 가압송수장치 및 자동개방밸브를 기동할 수 있는 것으로 하여야 한다.

② 자동화재탐지설비의 수신기가 설치되어 있는 장소에 상시 사람이 근무하고 있고, 화재 시 물분무소화설비를 즉시 작동시킬 수 있는 경우에는 그러하지 아니하다.

**4** 물분무헤드

직선류 또는 나선류의 물을 충돌·확산시켜 미립상태로 분무함으로서 소화하는 헤드

(1) 물분무헤드 설치 수

표준방사량으로 방호대상물의 화재를 유효하게 소화하는데 필요한 수를 적정한 위치에 설치

(2) 전기의 절연을 위하여 고압의 전기기기와 물분무헤드 사이의 거리

| 전압(kV) | 거리(cm) | 전압(kV) | 거리(cm) |
|---|---|---|---|
| 66 이하 | 70 이상 | 154 초과 181 이하 | 180 이상 |
| 66 초과 77 이하 | 80 이상 | 181 초과 220 이하 | 210 이상 |
| 77 초과 110 이하 | 110 이상 | 220 초과 275 이하 | 260 이상 |
| 110 초과 154 이하 | 150 이상 | | |

(3) 물분무헤드의 종류   DS선 충분

① **디프렉타(deflector)형** – 수류를 살수판에 충돌하여 미세한 물방울을 만드는 물분무헤드
② **슬리트(slit)형** – 수류를 slit(좁고 기다란 틈)에 의해 방출하여 수막상의 분무를 만드는 물분무헤드
③ **선회류형** – 선회류에 의해 확산방출 하든가 선회류와 직선류의 충돌에 의해 확산 방출하여 미세한 물방울로 만드는 물분무헤드
④ **충돌형** – 유수와 유수의 충돌에 의해 미세한 물방울을 만드는 물분무헤드
⑤ **분사형** – 소구경의 오리피스로부터 고압으로 분사하여 미세한 물방울을 만드는 물분무헤드

물분무 헤드의 종류

(4) 물분무헤드의 설치제외

① 물에 심하게 반응하는 물질 또는 물과 반응하여 위험한 물질을 생성하는 물질을 저장 또는 취급하는 장소
② 고온의 물질 및 증류범위가 넓어 끓어 넘치는 위험이 있는 물질을 저장·취급하는 장소
③ **운전시에 표면의 온도가 260℃ 이상**으로 되는 등 직접 분무를 하는 경우 그 부분에 손상을 입힐 우려가 있는 기계장치 등이 있는 장소

**5** 차고 또는 주차장의 배수설비 설치기준

(1) 차량이 주차하는 장소의 적당한 곳에 **높이 10 cm 이상의 경계턱**으로 배수구를 설치할 것
(2) 배수구에는 새어나온 기름을 모아 소화할 수 있도록 **길이 40 m 이하마다 집수관·소화핏트 등 기름분리장치를** 설치할 것
(3) 차량이 주차하는 바닥은 **배수구**를 향하여 100분의 2 이상의 기울기를 유지할 것
(4) 배수설비는 **가압송수장치의 최대송수능력의 수량을 유효하게 배수할 수 있는 크기 및 기울기**로 할 것

**6** 가압송수장치, 배관, 송수구, 전원, 제어반 등은 스프링클러 설비 준용함

– 가연성가스 저장·취급시설에 설치하는 송수구는 20m 이상 이격 또는 높이 1.5m 이상 폭 2.5m 이상의 철근콘크리트 벽을 설치 할 것.

# 실전 예상문제

 **01** 물분무소화설비 설치대상이 아닌 것은?

① 항공기 및 자동차관련시설의 항공기격납고
② 바닥면적의 합계가 200 m² 이상 건축물 내부에 설치된 차고 또는 주차장
③ 바닥면적이 300 m² 이상의 특정소방대상물에 설치된 전기실·발전실·변전실
④ 연면적 600 m² 이상의 주차용 건축물

**해설**

물분무소화설비 설치대상

| 주차용건축물 | 연면적 800 m² 이상 |
|---|---|
| 기계식주차장치 | 20대 이상 |

 **02** 물분무소화설비가 일제살수식 스프링클러 소화설비와 다른 점은?

① 일제살수방식                    ② 감지기 작동에 의한 자동기동
③ 냉각소화                        ④ 질식소화

**해설**

물분무 소화설비는 물방울의 크기가 작아 살수시 빠르게 기화하여 팽창함으로서 질식소화 효과가 나타난다.

 **03** 물분무헤드의 종류 중 소구경의 오리피스로부터 고압으로 분사하여 미세한 물방울을 만드는 물분무 헤드는?

① 디플렉타형          ② 충돌형          ③ 선회류형          ④ 분사형

**해설**

분사형 － 소구경의 오리피스로부터 고압으로 분사하여 미세한 물방울을 만드는 물분무헤드를 말한다.

 **04** 물분무소화설비의 대상별 펌프의 토출량이 잘못된 것은?

① 절연유 봉입 변압기 － 분당 10 ℓ          ② 콘베이어 벨트 등 － 분당 10 ℓ
③ 특수가연물 － 분당 10 ℓ                    ④ 케이블트레이 － 분당 10 ℓ

**해설**

케이블트레이, 케이블덕트 등은 분당 12 ℓ 이상이다.

**정답**  01 ④  02 ④  03 ④  04 ④

**05** 물분무소화설비에서 차고 또는 주차장의 방수량은 바닥면적 1 m²에 대하여 분당 몇 ℓ 이상으로 하여야 하는가?

① 10 ℓ　　　　② 12 ℓ　　　　③ 20 ℓ　　　　④ 40 ℓ

> **해설**
> 차고 주차장의 분당 토출량은 분당 20 ℓ 이상이다.

 **06** 특수가연물을 저장하는 30 m² 창고에 물분무 소화설비를 설치하려고 한다. 수원은 몇 ℓ 이상으로 하여야 하는가?

① 6,000 ℓ　　　　② 10,000 ℓ　　　　③ 12,000 ℓ　　　　④ 20,000 ℓ

> **해설**
> 수원 = $A$(바닥면적)× $Q$(분당토출량)× $T$(방사시간)= 50 × 10 × 20 = 10,000 ℓ 이상
> 바닥의 면적이 50 m² 이하시에는 50 m²으로 한다.
> 특수가연물의 분당 토출량은 10ℓ 이상이며 방사시간은 20분이다. (물분무소화설비의 방사시간은 모두 20분)

 **07** 바닥면적이 200 m²인 주차장에 50 m² 씩 4구역으로 물분무 소화설비를 설치하려고 한다. 물분무 헤드의 표준 방사량이 분당 100 ℓ일 경우 하나의 구역 당 설치해야 할 헤드 수는 몇 개 이어야 하는가?

① 6개　　　　② 8개　　　　③ 10개　　　　④ 12개

> **해설**
> 펌프의 토출량 = $A$(바닥면적) × $Q$(분당토출량) = 50m² × 20ℓ/min · m² = 1,000 ℓ/min 이상
> 물분무헤드 토출량은 개당 100ℓ/min 이므로 1,000ℓ/min ÷ 100ℓ/min · 개 = 10개　∴ 10개 설치해야 한다.

 **08** 물분무 헤드와 고압의 전기기기 사이에는 전기의 절연을 위하여 전압에 따라 일정한 거리를 확보해야 한다. 이때 전압이 154 kV일 때 최소한 얼마 이상의 거리를 유지하여야 하는가?

① 70 cm 이상　　　② 80 cm 이상　　　③ 110 cm 이상　　　④ 150 cm 이상

> **해설**
> 고압의 전기기기가 있는 장소 – 전기의 절연을 위하여 전기기기와 물분무헤드 사이의 거리
>
> | 전압(kV) | 거리(cm) | 전압(kV) | 거리(cm) |
> |---|---|---|---|
> | 66 이하 | 70 이상 | 154 초과 181 이하 | 180 이상 |
> | 66 초과 77 이하 | 80 이상 | 181 초과 220 이하 | 210 이상 |
> | 77 초과 110 이하 | 110 이상 | 220 초과 275 이하 | 260 이상 |
> | 110 초과 154 이하 | 150 이상 |  |  |

●●○ **09** 물분무 헤드와 고압의 전기기기 사이에는 전기의 절연을 위하여 전압에 따라 일정한 거리를 확보해야 한다. 이때 전압이 165 kV일 때 최소한 얼마 이상의 거리를 유지하여야 하는가?

① 150 cm 이상　　② 160 cm 이상　　③ 170 cm 이상　　④ 180 cm 이상

문제 8번 해설 참조

●○○ **10** 다음은 물분무헤드의 설치제외 장소이다 (　) 안에 들어갈 알맞은 것은?

> 운전시에 표면의 온도가 (　　)℃ 이상으로 되는 등 직접 분무를 하는 경우 그 부분에 손상을 입힐 우려가 있는 기계장치 등이 있는 장소

① 100　　　　　② 200　　　　　③ 250　　　　　④ 260

운전시에 표면의 온도가 260℃ 이상으로 되는 등 직접 분무를 하는 경우 그 부분에 손상을 입힐 우려가 있는 기계장치 등이 있는 장소에는 물분무헤드가 제외된다.

●●● **11** 화재안전기준의 물분무 소화설비에서 반드시 배수설비를 하여야 하는 방호대상물은 어떤 것인가?

① 특수가연물 저장 장소　　　　　② 차고, 주차장
③ 절연유봉입변압기　　　　　　　④ 케이블트레이가 설치된 장소

물분무소화설비를 설치하는 차고 또는 주차장에는 배수설비를 해야 한다.

●●● **12** 물분무소화설비의 배수 설비에 관한 설명 중 맞지 않는 것은?

① 차량이 주차하는 장소의 적당한 곳에 높이 10 cm 이상의 경계턱으로 배수구를 설치하여야 한다.
② 배수구에는 새어나온 기름을 모아 소화할 수 있도록 길이 50 m 이하마다 집수관·소화핏트 등 유분리장치를 설치하여야 한다.
③ 차량이 주차하는 바닥은 배수구를 향하는 2/100 이상의 기울기를 유지하여야 한다.
④ 배수 설비는 가압송수장치의 최대 송수능력의 수량을 유효하게 배수할 수 있는 크기 및 기울기로 하여야 한다.

배수구에는 새어나온 기름을 모아 소화할 수 있도록 길이 40 m 이하마다 집수관·소화핏트 등 기름분리장치를 설치할 것

 정답　09 ④　10 ④　11 ②　12 ②

**••• 13** 화재안전기준 소방시설의 배관, 천장, 바닥의 기울기와 관련된 내용들 중 잘못 설명된 것은?

① 스프링클러설비 – 가지배관 – 원활한 배수를 위해 헤드를 향하여 1/250 이상의 기울기를 가질 것
② 물분무소화설비 – 차고, 주차장의 바닥 – 배수구를 향하는 2/100 이상의 기울기를 가질 것
③ 화재조기진압형스프링클러 – 천장 – 헤드의 빠른 감지를 위하여 168/1,000 이상의 기울기를 가질 것
④ 연결살수설비 – 수평주행배관 – 원활한 배수를 위해 헤드를 향하여 1/100 이상의 기울기를 가질 것

**해설**

화재조기진압형스프링클러의 천장 – 헤드의 빠른 감지를 위하여 168/1,000 이하의 기울기를 가질 것

| 설비 | 대상 | 이유 | 기울기 |
|---|---|---|---|
| 스프링클러 | 가지배관 | 원활한 배수를 위해 | 헤드를 향하여 $\frac{1}{250}$ 이상 |
| | 수평주행배관 | 원활한 배수를 위해 | 헤드를 향하여 $\frac{1}{500}$ 이상 |
| | 경사지붕 | 가지관을 천장의 마루와 평행하게 설치 | $\frac{1}{10}$ 을 초과하는 경우 |
| 화재조기진압용 스프링클러 | 천장 | 헤드의 빠른 감지를 위해 | $\frac{168}{1,000}$ 이하 |
| 물분무 | 바닥 | 원활한 배수를 위해 | 배수구를 향하여 $\frac{2}{100}$ 이상 |
| 연결살수설비 | 수평주행배관 | 원활한 배수를 위해 | 헤드를 향하여 $\frac{1}{100}$ 이상 |

※ 참 고

변압기에 설치된 물분무소화설비

**정답** 13 ③

## 7. 미분무소화설비(Watermist system) (NFSC 104A)

### 1 정 의

(1) 미분무소화설비

가압된 물이 헤드 통과 후 미세한 입자로 분무됨으로써 소화성능을 가지는 설비를 말하며, 소화력을 증가시키기 위해 강화액 등을 첨가할 수 있다.

(2) 미분무

물만을 사용하여 소화하는 방식으로 최소설계압력에서 헤드로부터 방출되는 물입자 중 99%의 누적체적분포가 400 $\mu m$ 이하로 분무되고 A, B, C급 화재에 적응성을 갖는 것

> **Point**
>
> $D_V 0.99 = 400 \, \mu m$ – 분무된 물중 99%가 400 $\mu m$ 이하의 크기로 기준평면에 도달함을 말하며 200 $g$이 방사되어 $D_V 0.1 = 100 \, \mu m$, $D_V 0.5 = 200 \, \mu m$ 의 크기를 가졌다면 20 $g$은 100 $\mu m$ 의 크기이고 80 $g$은 100~200 $\mu m$ 이하의 크기임을 의미한다.

(3) 사용압력에 따른 미분무소화설비의 분류

| 저압 미분무 소화설비 | 최고사용압력이 1.2 MPa 이하인 미분무소화설비 |
|---|---|
| 중압 미분무 소화설비 | 사용압력이 1.2 MPa을 초과하고 3.5 MPa 이하인 미분무소화설비 |
| 고압 미분무 소화설비 | 최저사용압력이 3.5 MPa을 초과하는 미분무소화설비 |

### 2 수 원

(1) 수원의 양

$$Q = N \times D \times T \times S + V$$

$Q$ : 수원의 양($m^3$)　　　　　　$N$ : 방호구역(방수구역)내 헤드의 개수
$D$ : 설계유량($m^3$/min)　　　　$T$ : 설계방수시간(min)
$S$ : 안전율(1.2 이상)　　　　　$V$ : 배관의 총체적($m^3$)

### (2) 수질

미분무수 소화설비에 사용되는 용수는 「먹는물관리법」 제5조에 적합하고, 저수조 등에 충수할 경우 필터 또는 스트레이너를 통하여야 하며, 사용되는 물에는 입자·용해고체 또는 염분이 없어야 한다.

### (3) 배관 및 부속용품

① 배관의 연결부(용접부 제외) 또는 주배관의 유입측에는 필터 또는 스트레이너를 설치
  다만, 노즐이 막힐 우려가 없는 경우에는 설치하지 아니할 수 있다.
② 사용되는 스트레이너에는 청소구가 설치 및 검사·유지관리 및 보수 시에 배치위치를 변경 금지
③ **사용되는 필터 또는 스트레이너의 메쉬 – 헤드 오리피스 지름의 80% 이하**가 되어야 한다.

### (4) 첨가제의 양

설계방수시간 내에 충분히 사용될 수 있는 양 이상으로 산정한다. 이 경우 첨가제가 소화약제인 경우 소방청장이 정하여 고시한 소화약제 형식승인 및 제품검사의 기술기준에 적합한 것으로 사용하여야 한다.

## 3 수 조

### (1) 재료

**냉간 압연 스테인리스 강판** 및 **강대(KS D 3698)의 STS 304** 또는 이와 동등 이상의 강도·내식성·내열성이 있는 것으로 하여야 한다.

### (2) 수조를 용접할 경우

용접찌꺼기 등이 남아 있지 아니하여야 하며, 부식의 우려가 없는 용접방식

## 4 가압송수장치

### (1) 전동기, 내연기관을 이용하는 가압송수장치

① 가압송수장치의 송수량
  최저설계압력에서 설계유량(L/min) 이상의 방수성능을 가진 기준개수의 모든 헤드로부터의 방수량을 충족시킬 수 있는 양 이상
② 가압송수장치에는 "미분무펌프"라고 표시한 표지를 할 것.
  다만, 호스릴방식의 경우 "호스릴방식미분무 펌프"라고 표시한 표지를 할 것

(2) 압력수조를 이용하는 가압송수장치

① 압력수조는 배관용스테인리스강관 또는 동등이상의 강도·내식성, 내열성을 갖는 재료

② 용접한 압력수조를 사용할 경우 용접찌꺼기 등이 남아 있지 아니하여야 하며, 부식의 우려가 없는 용접방식으로 하여야 한다.

③ 압력수조는 전용으로 할 것

④ **압력수조의 토출측에는 사용압력의 1.5배 범위를 초과하는 압력계를 설치**

⑤ 작동장치의 구조 및 기능

ㄱ 화재감지기의 신호에 의하여 자동적으로 밸브를 개방하고 소화수를 배관으로 송출할 것

ㄴ 수동작동장치를 설치한 경우 : 부주의로 인한 작동을 방지하기 위한 보호 장치를 강구

(3) 가압수조를 이용하는 가압송수장치

① 가압수조의 압력은 설계 방수량 및 방수압이 설계방수시간 이상 유지되도록 할 것

② 가압수조는 전용으로 설치할 것

**5** 폐쇄형 방호구역, 개방형 방수구역

(1) 방호구역

① 하나의 방호구역의 바닥면은 펌프용량, 배관의 구경 등을 수리학적으로 계산한 결과 헤드의 방수압 및 방수량이 방호구역 범위 내에서 소화목적을 달성할 수 있도록 산정

② 하나의 방호구역은 2개 층에 미치지 아니하도록 할 것

(2) 방수구역

① 하나의 방수구역은 2개 층에 미치지 아니 할 것

② 하나의 방수구역을 담당하는 헤드의 개수는 최대 설계개수 이하로 할 것.
다만, 2개 이상의 방수구역으로 나눌 경우에는 하나의 방수구역을 담당하는 헤드의 개수는 최대설계개수의 1/2 이상으로 할 것

③ **터널, 지하가 등에 설치할 경우 동시에 방수되어야 하는 방수구역은 화재가 발생된 방수구역 및 접한 방수구역으로 할 것**

**6** 배 관

(1) 설비에 사용되는 구성요소는 **STS 304 이상의 재료**를 사용하여야 한다.

(2) **배관은 배관용 스테인리스 강관**(KS D 3576)이나 이와 동등 이상의 강도·내식성 및 내열성을 가진 것으로 하여야 하고, 용접할 경우 용접찌꺼기 등이 남아 있지 아니하여야 하며, 부식의 우려가 없는 용접방식

(3) 펌프 성능시험장치
　① 유입구에는 개폐밸브를 둘 것
　② 개폐밸브와 유량측정장치 사이의 직선거리 및 유량측정장치와 유량조절밸브 사이의 직선거리는 해당 유량측정장치 제조사의 설치사양에 따른다.
　③ 성능시험배관의 호칭은 유량계 호칭에 따를 것

(4) 배관에 설치되는 행가는 다음 각 호의 기준에 따라 설치하여야 한다.
　① 가지배관에는 헤드의 설치지점 사이마다, 교차배관에는 가지배관과 가지배관 사이마다 1개 이상의 행가를 설치할 것
　② 수평주행배관에는 4.5 m 이내마다 1개 이상 설치할 것

(5) 기타 내용은 스프링클러설비 준용

## 7 호스릴방식의 설치 기준

(1) **방호대상물의 각 부분으로부터 하나의 호스 접결구까지의 수평거리가 25 m 이하**
(2) 소화약제 저장용기의 개방밸브는 호스의 설치 장소에서 수동으로 개폐할 수 있는 것으로 할 것
(3) 소화약제 저장용기의 가장 가까운 곳의 보기 쉬운 곳에 표시등을 설치하고 호스릴 미분무 소화설비가 있다는 뜻을 표시한 표지를 할 것

미분무호스릴 방식

(4) 그 밖의 사항은 「옥내소화전설비의 화재안전기준」제7조(함 및 방수구 등)에 적합할 것

## 8 헤 드

(1) 미분무헤드는 소방대상물의 천장·반자·천장과 반자 사이·덕트·선반 기타 이와 유사한 부분에 설계자의 의도에 적합하도록 설치
(2) 하나의 헤드까지의 수평거리 산정은 설계자가 제시
(3) **미분무 설비에 사용되는 헤드는 조기반응형 헤드를 설치**

미분무수 방출시의 모습

(4) 폐쇄형 미분무헤드는 그 설치장소의 평상시 최고주위온도에 따라 다음 식에 따른 표시온도의 것으로 설치

$$T_a = 0.9\,T_m - 27.3°C$$

$T_a$ : 최고주위온도 $\qquad$ $T_m$ : 헤드의 표시온도

(5) 미분무 헤드는 배관, 행거 등으로부터 살수가 방해되지 아니하도록 설치
(6) 미분무 헤드는 설계도면과 동일하게 설치
(7) 미분무 헤드는 한국소방산업기술원 등의 지정받은 기관에서 검증받아야 한다.

### 9 청소·시험·유지 및 관리 등

(1) 미분무 소화설비의 청소·유지 및 관리 등은 건축물의 모든 부분(건축설비를 포함한다)을 완성한 시점부터 최소 연 1회 이상 실시하여 그 성능 등을 확인하여야 한다.
(2) 미분무 소화설비의 배관 등의 청소는 배관의 수리계산 시 설계된 최대방출량으로 방출하여 배관 내 이물질이 제거될 수 있는 충분한 시간동안 실시하여야 한다.

### 10 설계도서 작성

(1) 설계도서 작성 목적 - 미분무소화설비의 성능을 확인하기 위하여

(2) 하나의 발화원을 가정한 설계도서 작성시 고려 사항

| 1. 점화원의 형태 | 4. 문과 창문의 초기상태(열림, 닫힘) 및 시간에 따른 변화상태 |
|---|---|
| 2. 초기 점화되는 연료 유형 | 5. 공기조화설비, 자연형(문, 창문) 및 기계형 여부 |
| 3. 화재 위치 | 6. 시공 유형과 내장재 유형 |

(3) 설계도서의 구분
일반설계도서와 특별설계도서

(4) 설계도서 작성 기준
  ① 공통사항
    ㉠ 일반설계도서는 유사한 특정소방대상물의 화재사례 등을 이용하여 작성
    ㉡ 특별설계도서는 일반설계도서에서 발화 장소 등을 변경하여 위험도를 높게 만들어 작성하여야 한다.
    ㉢ 설계도서는 건축물에서 발생 가능한 상황을 선정하되, 건축물의 특성에 따라 설계도서 유형 중 일반설계도서와 특별설계도서 6개 중 1개 이상을 작성한다.

② 설계도서 유형

| 구 분 | 내 용 |
|---|---|
| 일반설계도서 | 1) 건물용도, 사용자 중심의 일반적인 화재를 가상한다.<br>2) **설계도서에는 다음 사항이 필수적으로 명확히 설명**되어야 한다.<br>　① 건물사용자 특성　　② 사용자의 수와 장소　　③ 실 크기<br>　④ 환기조건　　　　　　⑤ 가구와 실내 내용물　　⑥ 최초 발화물과 발화물의 위치<br>　⑦ 연소 가능한 물질들과 그 특성 및 발화원<br>3) 설계자가 필요한 경우 기타 설계도서에 필요한 사항을 추가할 수 있다. |
| 특별설계도서 | **1**<br>• 내부 문들이 개방되어 있는 상황에서 피난로에 화재가 발생하여 급격한 화재연소가 이루어지는 상황을 가상한다.<br>• 화재시 가능한 피난방법의 수에 중심을 두고 작성한다. |
| | **2**<br>• 사람이 상주하지 않는 실에서 화재가 발생하지만, 잠재적으로 많은 재실자에게 위험이 되는 상황을 가상한다.<br>• 건축물 내의 재실자가 없는 곳에서 화재가 발생하여 많은 재실자가 있는 공간으로 연소 확대되는 상황에 중심을 두고 작성한다. |
| | **3**<br>• 많은 사람들이 있는 실에 인접한 벽이나 덕트 공간 등에서 화재가 발생한 상황을 가상한다.<br>• 화재감지기가 없는 곳이나 자동으로 작동하는 소화설비가 없는 장소에서 화재가 발생하여 많은 재실자가 있는 곳으로의 연소 확대가 가능한 상황에 중심을 두고 작성한다. |
| | **4**<br>• 많은 거주자가 있는 아주 인접한 장소 중 소방시설의 작동범위에 들어가지 않는 장소에서 아주 천천히 성장하는 화재를 가상한다.<br>• 작은 화재에서 시작하지만 큰 대형화재를 일으킬 수 있는 화재에 중심을 두고 작성한다. |
| | **5**<br>• 건축물의 일반적인 사용 특성과 관련, 화재하중이 가장 큰 장소에서 발생한 아주 심각한 화재를 가상한다.<br>• 재실자가 있는 공간에서 급격하게 연소 확대되는 화재를 중심으로 작성한다. |
| | **6**<br>• 외부에서 발생하여 본 건물로 화재가 확대되는 경우를 가상한다.<br>• 본 건물에서 떨어진 장소에서 화재가 발생하여 본 건물로 화재가 확대되거나 피난로를 막거나 거주가 불가능한 조건을 만드는 화재에 중심을 두고 작성한다. |

**11** **설계도서의 검증**

(1) 소방관서에 허가동의를 받기 전에 성능시험기관으로 지정받은 기관에서 그 성능을 검증 받아야 한다.

(2) 설계도서의 변경이 필요한 경우 재검증을 받아야 한다.

••• 01

다음은 미분무소화설비의 미분무에 대한 설명이다. ( )안에 들어갈 알맞은 수치는 얼마인가?

> 물만을 사용하여 소화하는 방식으로 최소설계압력에서 헤드로부터 방출되는 물입자 중 99%의
> 누적체적분포가 ( ) $\mu m$ 이하로 분무되고 A, B, C급 화재에 적응성을 갖는 것

① 100         ② 200         ③ 300         ④ 400

 해설

미분무란 물만을 사용하여 소화하는 방식으로 최소설계압력에서 헤드로부터 방출되는 물입자 중 99%의 누적체적
분포가 400 $\mu m$ 이하로 분무되고 A, B, C급 화재에 적응성을 갖는 것을 말한다.

••○ 02

사용압력에 따른 미분무소화설비의 분류 중 고압 미분무 소화설비에 대한 사용압력으로 옳은 것은?

① 최고사용압력이 1.2 MPa 이하인 미분무소화설비
② 최저사용압력이 1.2 MPa 이하인 미분무소화설비
③ 최저사용압력이 3.5 MPa을 초과하는 미분무소화설비
④ 최고사용압력이 3.5 MPa을 초과하는 미분무소화설비

해설

| 저압 미분무 소화설비 | 최고사용압력이 1.2 MPa 이하인 미분무소화설비 |
|---|---|
| 중압 미분무 소화설비 | 사용압력이 1.2 MPa을 초과하고 3.5 MPa 이하인 미분무소화설비 |
| 고압 미분무 소화설비 | 최저사용압력이 3.5 MPa을 초과하는 미분무소화설비 |

••• 03

미분무소화설비의 수원의 양을 구하는 식으로 옳은 것은?

> $Q$ : 수원의 양($m^3$)         $N$ : 방호구역(방수구역)내 헤드의 개수
> $D$ : 설계유량($m^3/min$)         $T$ : 설계방수시간(min)
> $S$ : 안전율(1.2 이상)         $V$ : 배관의 총체적($m^3$)

① $Q = N \times D \times T \times S \times V$         ② $Q = N \times D \times T \times S + V$
③ $Q = N \times V \times T \times S + D$         ④ $Q = N \times D \times T + S \times V$

해설

미분무소화설비의 수원의 양을 구하는 식은 $Q = N \times D \times T \times S + V$ 이다.

 **정답**   01 ④   02 ③   03 ②

**04** 미분무소화설비의 수질, 배관, 부속용품, 수조 등에 관한 내용으로 옳지 않은 것은?

① 소화용수는 「먹는물관리법」 제5조에 적합하고, 저수조 등에 충수 시 필터 또는 스트레이너를 통하여야 하며, 사용되는 물에는 입자·용해고체 또는 염분이 없어야 한다.
② 배관의 연결부(용접부 포함) 또는 주배관의 유입측에는 필터 또는 스트레이너를 설치
③ 사용되는 필터 또는 스트레이너의 메쉬는 헤드 오리피스 지름의 80% 이하가 되어야 한다.
④ 수조는 냉간 압연 스테인리스 강판 및 강대(KS D 3698)의 STS 304 또는 이와 동등 이상의 강도·내식성·내열성이 있는 것으로 하여야 한다.

**해설**
배관 및 부속용품
(1) 배관의 연결부(용접부 제외) 또는 주배관의 유입측에는 필터 또는 스트레이너를 설치
  다만, 노즐이 막힐 우려가 없는 경우에는 설치하지 아니할 수 있다.
(2) 사용되는 스트레이너에는 청소구가 설치 및 검사·유지관리 및 보수 시에 배치위치를 변경 금지

**05** 미분무소화설비의 펌프 성능시험장치에 설치하지 않는 것은?

① 개폐밸브        ② 유량계        ③ 유량조절밸브        ④ 체크밸브

**해설**
펌프 성능시험장치 설치기준
(1) 유입구에는 개폐밸브를 둘 것
(2) 개폐밸브와 유량측정장치 사이의 직선거리 및 유량측정장치와 유량조절밸브 사이의 직선거리는 해당 유량측정 장치 제조사의 설치사양에 따른다.
(3) 성능시험배관의 호칭은 유량계 호칭에 따를 것

**06** 미분무소화설비 호스릴방식은 방호대상물의 각 부분으로부터 하나의 호스 접결구까지의 수평거리가 몇 m 이하이어야 하는가?

① 10        ② 15        ③ 20        ④ 25

**해설**
미분무소화설비 호스릴방식은 방호대상물의 각 부분으로부터 하나의 호스 접결구까지의 수평거리가 25 m 이하

| 호스릴방식 | 옥내소화전 | 미분무 | 포 | 이산화탄소 | 할론 | 분말 |
|---|---|---|---|---|---|---|
| 수평거리(m) | 25 | 25 | 15 | 15 | 20 | 15 |

07 미분무소화설비는 미분무소화설비의 성능을 확인하기 위하여 설계도서를 작성한다. 이 때 하나의 발화원을 가정한 설계도서 작성시 고려 사항이 아닌 것은?

① 점화원의 형태               ② 화재위치

③ 시공 유형                 ④ 미분무헤드의 방수량

> **해설**
> 하나의 발화원을 가정한 설계도서 작성시 고려 사항 - 소방시설은 고려하지 않는다.
> 1. 점화원의 형태
> 2. 초기 점화되는 연료 유형
> 3. 화재 위치
> 4. 문과 창문의 초기상태(열림, 닫힘) 및 시간에 따른 변화상태
> 5. 공기조화설비, 자연형(문, 창문) 및 기계형 여부
> 6. 시공 유형과 내장재 유형

 08 미분무소화설비의 가압송수장치의 종류가 아닌 것은?

① 전동기 및 내연기관에 따른 펌프를 이용한 가압송수장치

② 고가수조를 이용한 가압송수장치

③ 압력수조를 이용한 가압송수장치

④ 가압수조를 이용한 가압송수장치

> **해설**
> 미분무소화설비의 가압송수장치의 종류
> 전동기 및 내연기관에 따른 펌프를 이용한 가압송수장치, 압력수조를 이용한 가압송수장치, 가압수조를 이용한 가압송수장치

 09 미분무소화설비에 사용되는 배관 및 관부속품 중 필터 또는 스트레이너의 메쉬는 헤드 오리피스 지름의 몇 % 이하가 되어야 하는가?

① 60                   ② 70

③ 80                   ④ 90

> **해설**
> 배관의 연결부(용접부 제외) 또는 주배관의 유입측에는 필터 또는 스트레이너를 설치하고 그 메쉬는 헤드 오리피스 지름의 80% 이하가 되어야 한다.

**정답**   07 ④   08 ②   09 ③

## 8. 포소화설비(NFSC 105)

**1** 설치대상 – 물분무소화설비와 동일

**2** 포소화설비의 종류 및 적응성

| 대상 \ 종류 | 포워터 스프링클러 설비 | 포헤드 설비 | 고정포 방출설비 | 압축 공기포 | 포소화전 설비 | 호스릴포 소화설비 |
|---|---|---|---|---|---|---|
| 특수가연물을 저장·취급하는 공장 또는 창고 | ○ | ○ | ○ | ○ | × | × |
| 차고 또는 주차장 | ○ | ○ | ○ | ○ | △ | △ |
| 항공기격납고 | ○ | ○ | ○ | ○ | × | △ |
| 발전기실, 엔진펌프실, 변압기, 전기케이블실, 유압설비의 바닥면적 300㎡ 미만 | – | – | – | ◎ | – | – |

※ ○ : 적응성 있음, △ : 조건부 적응성 있음, × : 적응성 없음, ◎ : 설치 할 수 있음

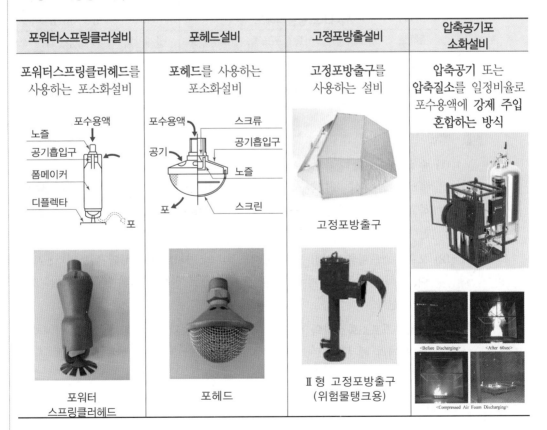

| 포워터스프링클러설비 | 포헤드설비 | 고정포방출설비 | 압축공기포 소화설비 |
|---|---|---|---|
| **포워터스프링클러헤드**를 사용하는 포소화설비 | **포헤드**를 사용하는 포소화설비 | **고정포방출구**를 사용하는 설비 | **압축공기** 또는 **압축질소**를 일정비율로 포수용액에 **강제 주입 혼합하는 방식** |

포워터 스프링클러헤드

포헤드

Ⅱ형 고정포방출구 (위험물탱크용)

**Point**

**대상별 조건부 설치 가능한 설비(연기에 의한 질식의 우려가 적은 경우)**

1. 차고 · 주차장 – 포소화전, 호스릴포소화설비
   - 완전 개방된 옥상주차장 또는 고가 밑의 주차장으로서 주된 벽이 없고 기둥뿐이거나 주위가 위해방지용 철주 등으로 둘러싸인 부분
   - 지상 1층으로서 지붕이 없는 부분
2. 항공기격납고 – 호스릴포소화설비
   - 바닥면적의 합계가 1,000 m² 이상이고 항공기의 격납위치가 한정되어 있는 경우에는 그 한정된 장소 외부 분에 대하여는 호스릴포소화설비를 설치할 수 있다.

**3 가압송수장치**

① 전동기 또는 내연기관에 따른 펌프를 이용하는 가압송수장치
   – 소화약제가 변질될 우려가 없는 곳에 설치
② 고가수조의 자연낙차 및 압력수조, 가압수조를 이용한 가압송수장치
③ 가압송수장치에는 포헤드 · 고정방출구 또는 이동식 포노즐의 방사압력이 허용범위를 넘지 아니하도록 감압장치를 설치하고 그 밖의 기준은 스프링클러설비 준용함.

| 구 분 | 표준방사량 |
|---|---|
| 포워터스프링클러헤드 | 75 ℓ/min 이상 |
| 포헤드, 고정포방출구, 이동식포노즐, 압축공기포 | 설계압력에 따라 방출되는 소화약제의 양 |

④ **압축공기포소화설비에 설치되는 펌프의 양정은 0.4MPa이상**이 되어야 한다.
   다만, 자동으로 급수장치를 설치한 때에는 전용펌프를 설치하지 아니할 수 있다.

**4 배관 등**

(1) 송액관은 포의 방출 종료후 배관안의 액을 배 출하기 위하여 적당한 기울기를 유지하도록 하고 그 낮은 부분에 **배액밸브**를 설치하여야 한다.

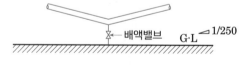

(2) 포워터스프링클러설비 또는 포헤드설비의 가지배관의 배열은 토너먼트방식이 아니어야 하 며, 교차배관에서 분기하는 지점을 기점으로 한쪽 가지배관에 설치하는 헤드의 수는 8개 이 하로 한다.

(3) **압축공기포소화설비의 배관은 토너먼트방식**으로 하여야 하고 소화약제가 균일하게 방출되 는 등거리 배관구조로 설치하여야 한다.

**5** 혼합장치(방식)

| 구 분 | 혼 합 방 식 |
|---|---|
| 라인<br>프로포셔너방식<br>(흡입혼합방식) | 펌프와 발포기의 중간에 설치된 벤추리관의 벤추리 작용에 따라 포 소화약제를 흡입·혼합하는 방식<br><br><br>혼합기(프로포셔너) |

| 장점 | • 시설이 간단하고 가격이 저렴하다. |
|---|---|
| 단점 | • 소방대상물과 1:1 방식으로 혼합기를 통한 압력손실(1/3)이 크다.<br>• 압력손실이 커 혼합기의 흡입 가능 높이가 1.8 m로 제한된다. |

| 구 분 | 혼 합 방 식 |
|---|---|
| 프레져<br>프로포셔너방식<br>(차압혼합방식) | 펌프와 발포기의 중간에 설치된 벤추리관의 벤추리작용과 펌프 가압수의 포 소화약제 저장탱크에 대한 압력에 따라 포 소화약제를 흡입·혼합하는 방식<br><br><br>압송식　　　　　압입식 |

| 장점 | • 혼합 가능한 유량범위(50~200%)가 넓어 1개의 혼합기로 다수의 소방대상물을 방호할 수 있다.<br>• 혼합기에 의한 압력손실(0.035~0.21 MPa)이 적다. |
|---|---|
| 단점 | • 격막이 없는 저장탱크는 물이 유입되면 재사용이 불가하다.<br>• 혼합비에 도달하는 시간이 다소 소요된다. (2~3분, 대형은 15분)<br>• 물과 비중이 비슷한 수성막포 등은 혼합이 어렵다. |

| | |
|---|---|
| 프레져사이드<br>프로포셔너방식<br>(압입혼합방식) | 펌프의 토출관에 압입기를 설치하여 포 소화약제 압입용펌프로 포 소화약제를<br>압입시켜 혼합하는 방식<br><br>혼합기　포 방출구<br>농도조절밸브<br>수원　펌프<br>약제<br>탱크 |

| 장점 | • 소화용수와 약제의 혼합 우려가 없어 장기간 보존하여 사용 가능 함<br>• 혼합기를 통한 압력손실(0.05 ~ 0.34 MPa)이 작다. |
|---|---|
| 단점 | • 약제 이송펌프로 인해 설치비가 비싸다.<br>• 원액펌프의 토출압력이 급수펌프의 토출압력보가 낮으면 약제가<br>혼합기로 유입되지 못한다. |

| | |
|---|---|
| 펌프<br>프로포셔너방식<br>(펌프혼합방식) | 펌프의 토출관과 흡입관 사이의 배관 도중에 설치한 혼합기에 펌프에서 토출된<br>물의 일부를 보내고, 포소화약제 탱크에서 농도조절밸브를 통해 조절된 포<br>소화약제의 필요량을 혼합하여 펌프 흡입측으로 보내어 이를 혼합하는 방식<br><br>포 방출구<br>펌프<br>약제<br>혼합기　탱크<br>수원<br>농도조절밸브 |

| 장점 | • 원액을 사용하기 위한 손실이 적고 보수가 용이함 |
|---|---|
| 단점 | • 펌프의 흡입측 배관의 압력손실이 있을 경우 방출될 소화약제의 양을<br>감소시키거나 원액탱크 쪽으로 물이 역류할 수 있다.<br>• 펌프는 흡입측으로 포가 유입되므로 포 소화약제로 인하여<br>소방펌프의 부식이 발생하게 된다. 따라서 **포소화설비 전용**이어야<br>한다. |

| | |
|---|---|
| 압축공기포<br>믹싱 챔버 방식 | 포수용액에 압축공기를 혼입하여<br>포를 발생시키는 방식 |

| 장점 | • 수원의 양을 줄여 수손피해 최소화<br>• 원거리 방수 가능<br>• 공기 혼입 방식보다 소화효과 빠름 |
|---|---|
| 단점 | • 공기 혼입방식보다 압출압력이 높다. |

**6 토출량, 수원, 약제량**

| 종류 / 대상 | 포워터스프링클러<br>저발표 / 작동(시간 10분) | 포헤드<br>저발표 / 작동(시간 10분) | 압축공기포 | 고정포방출구<br>고발표 / 작동(시간 10분) | 포소화전<br>저발표 / 수동(시간 20분) | 호스릴포<br>호스릴포 / 수동(시간 20분) |
|---|---|---|---|---|---|---|
| 특수가연물 저장 창고·공장 (설비) 겸용시 수원 : 최대의 것 | 1. 토출량 NQ<br>2. 수원(포수용액) NQT<br>3. 약제량 NQTS<br><br>N: 헤드 개수 = 바닥면적 ÷ 8m²<br>Q: 방출율 75 ℓ/min<br><br>* 최대바닥면적은 200 m² 이하일 것<br>단, 항공기 격납고는 항공기 격납고 면적으로 한다. | 1. 토출량 AQ, NQ<br>2. 수원(포수용액) AQT, NQT<br>3. 약제량 AQTS, NQTS<br><br>A: 바닥면적<br>Q: 방출율 ℓ/(min·m²) 포약제 종류 및 설치 대상 마다 다르다<br><br>* 최대바닥면적은 200 m² 이하일 것<br>단, 항공기 격납고는 항공기 격납고 면적으로 한다.<br>포헤드 개수 = 바닥면적 ÷ 9 m² | 1. 토출량 AQ<br>2. 수원(포수용액) AQT<br>3. 약제량 AQTS<br><br>A: 바닥면적<br>Q: 방출율 ℓ/(min·m²)<br>일반가연물, 탄화수소류 1.63<br>특수가연물, 알코올류, 케톤류 2.3<br><br>* 압축공기포소화설비는 설비 겸용시 최대로 하거나 합한다는 내용 없음. | 1. 전역방출방식<br> 1. 토출량 VQ<br> 2. 수원(포수용액) VQT<br> 3. 약제량 VQTS<br> V: 관포체적, 방호구역 체적 보다 0.5m 높이의 가상체적<br> Q: 방출율 ℓ/(min·m³) 포약제 종류 및 설치대상 마다 다른다<br> * 고정포방출구 개수 ~500 m² 마다 1개<br>2. 국소방출방식<br> 1. 토출량 AQ<br> 2. 수원(포수용액) AQT<br> 3. 약제량 AQTS<br> A: 방호면적, 방호대상물 높이의 3배(1 m 미만의 경우 1m)의 거리를 수평으로 연장한 선으로 둘러싸인 부분<br> Q: 방출율 ℓ/(min·m²) 특수가연물 3, 그 외 물품 2 | 1. 토출량 NQ<br>2. 수원(포수용액) NQT<br>3. 약제량 NQTS<br><br>N: 개수 최대 5개<br>Q: 방출율 300 ℓ/(min·개)<br><br>* 바닥면적 200 m² 이하 시 토출량은 230 ℓ/min 으로 할 수 있다.<br>* 바닥면적 200 m² 미만 시 약제량은 75%로 할 수 있다. | 사용불가 |
| 차고 주차장 (설비) 겸용시 수원 : 최대의 것 | | | | | | 좌동 |
| 항공기 격납고 (설비) 겸용시 수원은 합 : 최대 중 자동(최대 + 수동) | | ※ 바닥면적 99 m²일 때의 헤드개수는 99 / 9 = 11개이고<br>바닥면적 가로 11 m, 세로 9 m일 때<br>헤드개수는<br>가로 11 / 2.969 = 3.70<br>세로 9 / 2.969 = 3.03<br>가로 4개 × 세로 4개 = 16개<br>헤드간의 거리<br>S = 2r cos 45 = 2.96<br>여기서 r = 2.1m | ※ 압축공기포소화설비의 분사헤드는 천장 또는 반자에 설치하되 방호대상물에 따라 측벽에 설치할 수 있으며 유류탱크주위에는 바닥면적 13.9㎡마다 1개 이상, 특수가연물저장소에는 바닥면적 9.3㎡마다 1개 이상으로 당해 방호대상물의 화재를 유효하게 소화할 수 있도록 할 것 | | | 사용불가<br><br>상동 |

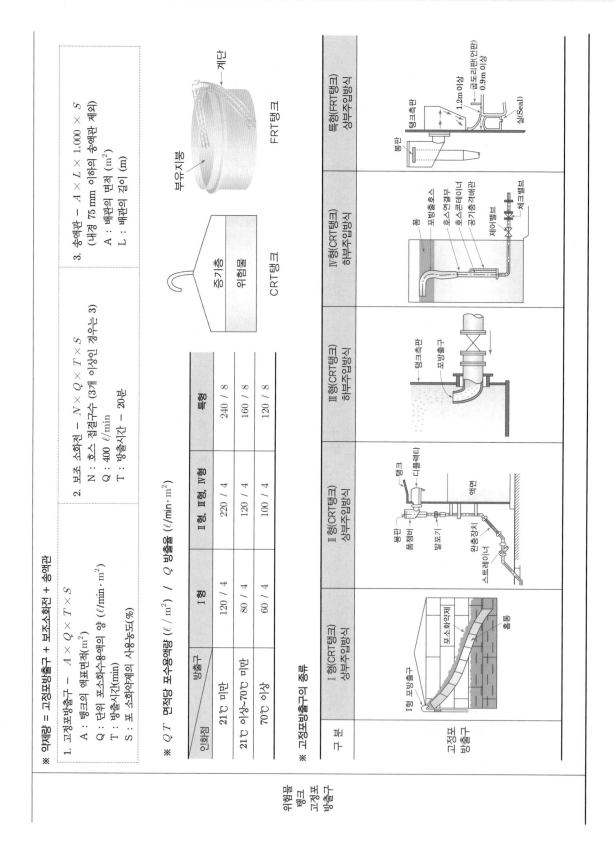

※ 약제량 = 고정포방출구 + 보조소화전 + 송액관

1. 고정포방출구 - $A \times Q \times T \times S$
   - A : 탱크의 액표면적(m²)
   - Q : 단위 포소화수용액의 양 (ℓ/min·m²)
   - T : 방출시간(min)
   - S : 포 소화약제의 사용농도(%)

2. 보조 소화전 - $N \times Q \times T \times S$
   - N : 호스 접결구수 (3개 이상인 경우는 3)
   - Q : 400 ℓ/min
   - T : 방출시간 - 20분

3. 송액관 - $A \times L \times 1{,}000 \times S$
   (내경 75 mm 이하의 송액관 제외)
   - A : 배관의 면적 (m²)
   - L : 배관의 길이 (m)

※ QT 면적당 포수용액량 (ℓ/m²) / Q 방출률 (ℓ/min·m²)

| 방출구 \ 인화점 | I형 | II형, III형, IV형 | 특형 |
|---|---|---|---|
| 21℃ 미만 | 120 / 4 | 220 / 4 | 240 / 8 |
| 21℃ 이상~70℃ 미만 | 80 / 4 | 120 / 4 | 160 / 8 |
| 70℃ 이상 | 60 / 4 | 100 / 4 | 120 / 8 |

※ 고정포방출구의 종류

| 구 분 | I형(CRT탱크) 상부주입방식 | II형(CRT탱크) 상부주입방식 | III형(CRT탱크) 하부주입방식 | IV형(CRT탱크) 하부주입방식 | 특형(FRT탱크) 상부주입방식 |
|---|---|---|---|---|---|
| 고정포방출구 | | | | | |

**7** 포헤드 및 고정포 방출구 설치기준

(1) 포의 팽창비율에 따른 포방출구의 종류

| 팽창비율에 따른 포의 종류 | 포방출구의 종류 |
|---|---|
| 팽창비가 20 이하인 것 (저발포) | 포워터스프링클러헤드, 포헤드 |
| 팽창비가 80 이상 1,000 미만인 것 (고발포) | 고발포용 고정포방출구 |

(2) 포워터스프링클러헤드 및 포헤드 설치기준

① 포워터스프링클러헤드 – 바닥면적 $8\,m^2$ 마다 1개 이상 설치

② 포헤드 – 바닥면적 $9\,m^2$ 마다 1개 이상 설치

③ 포헤드 면적당 분당 방사량

| 포소화약제의 종류 ＼ 소방대상물 | 특수가연물을 저장 취급하는 소방대상물 | 차고, 주차장 및 항공기 격납고 |
|---|---|---|
| 단백포 소화약제 | 6.5 ℓ 이상 | 6.5 ℓ 이상 |
| 합성계면활성제포 소화약제 | 6.5 ℓ 이상 | 8.0 ℓ 이상 |
| 수성막포 소화약제 | 6.5 ℓ 이상 | 3.7 ℓ 이상 |

④ 소방대상물의 보가 있는 부분의 헤드 – 스프링클러설비 준용

⑤ 포워터스프링클러헤드 및 포헤드 상호간에는 다음의 기준에 따른 거리를 두도록 할 것

| 구 분 | 배 치 방 법 |
|---|---|
| **정방형으로 배치** | S = 2r × cos45° ≒ 2.969<br>S : 헤드 상호간의 거리(m)<br>r : 유효반경(2.1 m) |
| **장방형으로 배치** | pt = 2r = 4.2<br>pt : 대각선의 길이(m)<br>r : 유효반경(2.1 m) |

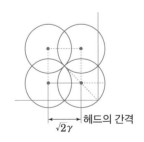

정방향으로 배치할 경우

⑥ 헤드와 벽 방호구역의 경계선과는 수평거리의 2분의 1 이하의 거리를 둘 것

(3) 고발포용포방출구

① **전역방출방식**

㉠ **개구부에 자동폐쇄장치를 설치할 것**

다만, 당해 방호구역에서 외부로 새는 양 이상의 포수용액을 유효하게 추가하여 방출하는 설비가 있는 경우에는 그러하지 아니하다.

※ 자동폐쇄장치 – 갑종방화문·을종방화문 또는 불연재료로된 문으로 포수용액이 방출
되기 직전에 개구부가 자동적으로 폐쇄될 수 있는 장치를 말한다.

ⓛ 고정포방출구의 관포체적당 방출량($\ell / \min \cdot m^3$)

관포체적 – 당해 바닥 면으로부터 방호대상물의 높이보다 0.5 m 높은 위치까지의 체적

고정포방출구 관포체적당 분당 방출량

| 소방대상물<br>포의 팽창비 | 특수가연물 저장·취급 대상물<br>(항공기격납고 방출량 × 0.625) | 차고 또는 주차장<br>(특수가연물 방출량 × 0.888) | 항공기<br>격납고 |
|---|---|---|---|
| 80 이상 250 미만 | 1.25 | 1.11 | 2 |
| 250 이상 500 미만 | 0.31 | 0.28 | 0.5 |
| 500 이상 1,000 미만 | 0.18 | 0.16 | 0.29 |

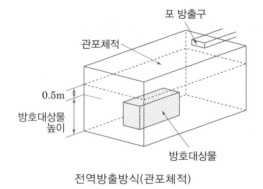

전역방출방식(관포체적)

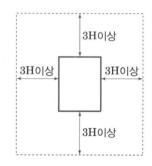

국소방출방식(방호면적)

ⓒ 고정포방출구는 바닥면적 500 $m^2$마다 1개 이상

ⓡ 고정포방출구는 방호대상물의 최고부분보다 높은 위치에 설치할 것

다만, 밀어올리는 능력을 가진 것에 있어서는 방호대상물과 같은 높이로 할 수 있다.

② 국소방출방식

㉠ 방호대상물이 서로 인접하여 불이 쉽게 붙을 우려가 있는 경우에는 불이 옮겨 붙을 우려
가 있는 범위내의 방호대상물을 하나의 방호대상물로 하여 설치할 것

㉡ 고정포방출구(포발생기가 분리되어 있는 것에 있어서는 당해 포발생기를 포함한다)는
방호대상물의 구분에 따라 당해 방호대상물의 높이의 3배(1 m 미만의 경우에는 1 m)의
거리를 수평으로 연장한 선으로 둘러싸인 부분의 면적 1 $m^2$에 대하여 1분당 방출량

| 방호대상물 | 방호면적 1 $m^2$에 대한 1분당 방출량 |
|---|---|
| 특수가연물 | 3 $\ell$ |
| 기타의 것 | 2 $\ell$ |

(4) 차고 · 주차장에 설치하는 호스릴포소화설비 또는 포소화전설비

| 방사압력 | 0.35 MPa 이상(5개 이상 설치시 5개 동시 사용할 경우) |
|---|---|
| 방수량 | 300 ℓ /min 이상<br>(1개층의 바닥면적이 200 m² 이하인 경우에는 230 ℓ /min 이상) |
| 포수용액의 방사 수평거리 | 15 m 이상 |
| 포소화약제 | 저발포용 사용 |
| 호스릴함 또는 호스함 | • 방수구로부터 3 m 이내 설치<br>• 바닥으로부터 높이 1.5 m 이하의 위치에 설치<br>• 표지와 적색의 위치표시등을 설치 |
| 호스릴 방수구 수평거리 | 15 m 이하 |
| 포소화전 방수구 수평거리 | 25 m 이하 |
| 호스릴 또는 호스의 길이 | 방호대상물의 각 부분에 포가 유효하게 뿌려질 수 있도록 할 것 |

**Tip**

포소화설비의 차고, 주차장에서 두 가지 예외 내용이 있다.
1. 그 층의 바닥면적이 200 m² 미만 시 약제량의 75%로 할 수 있다.
2. 바닥면적이 200 m² 이하 시 토출량을 230 ℓ/min으로 할 수 있다.

문제 : 소화전이 1개 설치되어 있는 주차장의 바닥면적이 150 m²일 경우 최소 약제량을 구하시오.
  (단, 단백포의 농도는 3%이다.)

풀이 1.
  약제량 = N × Q × T × S = 1 × 300 × 20 × 0.03 = 180 ℓ
  바닥면적이 200 m² 미만이므로 약제량의 75% 계산하면 180 × 0.75 = 135 ℓ가 된다.

풀이 2.
  약제량 = N × Q × T × S 에서 바닥면적이 200 m² 이하 시 토출량을 230 ℓ/min으로 할 수 있으므로
    = 1 × 230 × 20 × 0.03 = 138 ℓ가 된다. 즉, 약제량 계산이 다르게 나온다.

풀이 3.
  화재안전기준이 토출량인 300 ℓ/min의 76.66% 인 230 ℓ/min으로 할 것이 아니라 소화약제량 계산시
  75%로 할 수 있는 것처럼 토출량도 75%인 225 ℓ/min으로 하면 풀이 1의 약제량 계산과 동일하다.
  약제량 = N × Q × T × S  = 1 × 225 × 20 × 0.03 = 135 ℓ 가 된다.

화재안전기준 개선안
  1. 토출량 : 200 m² 이하, 약제량 : 200 m² 미만 → 이하 또는 미만으로 통일화해야 한다.
  2. "바닥면적이 200 m² 이하 시 토출량을 230 ℓ/min → 225 ℓ/min으로 할 수 있다"로 해야 계산 등의
    혼란이 없을 것으로 판단된다.

**8** 포 소화약제 저장탱크 설치기준

(1) 화재 등의 재해로 인한 피해를 받을 우려가 없는 장소에 설치

(2) **기온의 변동으로 포의 발생에 장애를 주지 아니하는 장소에 설치**
다만, 기온의 변동에 영향을 받지 아니하는 포 소화약제의 경우
에는 그러하지 아니하다.

(3) **포 소화약제가 변질될 우려가 없고 점검에 편리한 장소에 설치**

(4) 가압송수장치 또는 포 소화약제 혼합장치의 기동에 따라 압력이
가해지는 것 또는 상시 가압된 상태로 사용되는 것에 있어서는
**압력계를 설치할 것**

(5) 포 소화약제 저장량의 확인이 쉽도록 **액면계 또는 계량봉 등을**
설치할 것

포 소화약제 저장탱크

(6) **가압식이 아닌 저장탱크는 그라스게이지를 설치하여 액량을 측
정할 수 있는 구조일 것**

**9** 개방밸브(일제개방밸브)

(1) 자동 개방밸브는 화재감지장치의 작동에 따라 자동으로 개방되는 것으로 할 것

(2) 수동 개방밸브는 화재 시 쉽게 접근할 수 있는 곳에 설치할 것

**10** 기동장치

(1) 포소화설비의 수동식 기동장치

① 직접조작 또는 원격조작에 따라 가압송수장치·수동식개방밸브 및 소화약제 혼합장치를
기동할 수 있는 것

② **2 이상의 방사구역을 가진 포소화설비에는 방사구역을 선택할 수 있는 구조일 것**

③ 기동장치의 조작부는 화재 시 쉽게 접근할 수 있는 곳에 설치하되
바닥으로부터 0.8m 이상 1.5m 이하의 위치에 설치하고, 유효한 보호장치를 설치

④ 기동장치의 조작부 및 호스 접결구에는 가까운 곳의 보기 쉬운 곳에 각각 "기동장치의
조작부" 및 "접결구"라고 표시한 표지를 설치

⑤ **포소화설비의 수동식 기동장치**
㉠ **차고, 주차장 : 각 방사구역마다 1개 이상 설치**
㉡ **항공기격납고 : 각 방사구역마다 2개 이상을 설치**
그 중 1개는 각 방사구역으로부터 가장 가까운 곳 또는 조작에 편리한
장소에 설치하고, 1개는 화재감지 수신기를 설치한 감시실 등에 설치

(2) 포소화설비의 자동식 기동장치

① 자동화재탐지설비의 감지기의 작동 또는 폐쇄형스프링클러헤드의 개방과 연동하여 가압송
수장치, 일제개방밸브 및 포 소화약제 혼합장치를 기동

⊙ **폐쇄형스프링클러헤드를 사용하는 경우**

| 표시온도 | 79℃ 미만 |
|---|---|
| 스프링클러헤드<br>1개의 경계면적 | $20\ \mathrm{m}^2$ 이하 |
| 부착면의 높이 | 바닥으로부터 5 m 이하 |
| 하나의 감지장치<br>경계구역 | 하나의 층이<br>되도록 할 것 |

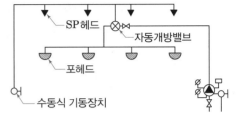

폐쇄형헤드 사용 시

⊙ **화재감지기를 사용하는 경우**

| 화재감지기 | 자동화재탐지설비<br>기준에 따라 설치 |
|---|---|
| 화재감지기 회로 | 발신기를 설치 |
| 동결우려가<br>있는 장소 | 자동화재탐지설비와 연동 |

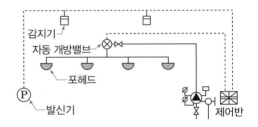

화재감지기 사용 시

② 자동화재탐지설비의 수신기가 설치된 장소에 상시 사람이 근무하고 있고,
화재 시 즉시 당해 조작부를 작동시킬 수 있는 경우 제외

(3) 포소화설비의 기동장치에 설치하는 자동경보장치

① 자동화재탐지설비에 따라 경보를 발할 수 있는 경우에는 음향경보장치를 설치하지 아니할
수 있다.

② 방사구역마다 일제개방밸브와 그 일제개방밸브의 작동여부를 발신하는 발신부를 설치할 것
이 경우 각 일제개방밸브에 설치되는 발신부 대신 1개층에 1개의 유수검지장치를 설치할
수 있다.

③ 상시 사람이 근무하고 있는 장소에 수신기를 설치하되, 수신기에는 폐쇄형스프링클러헤드
의 개방 또는 감지기의 작동여부를 알 수 있는 표시장치를 설치할 것

④ 하나의 소방대상물에 2 이상의 수신기를 설치하는 경우에는 수신기가 설치된 장소 상호간
에 동시 통화가 가능한 설비를 할 것

**11** 송수구

(1) 스프링클러 설비 송수구 준용

(2) 압축공기포소화설비를 스프링클러 보조설비로 설치하거나 압축공기포 소화설비에 자동으로
급수되는 장치를 설치한때에는 송수구 설치를 아니할 수 있다.

## 실전 예상문제

**●●○ 01** 각 소화설비 방사 시 최소 방사 압력이 가장 큰 것은?

① 스프링클러 설비　　② 옥내소화전 설비　　③ 옥외소화전 설비　　④ 포소화전설비

> **해설**
> 스프링클러 설비 : 0.1~1.2 MPa, 옥내소화전 설비 : 0.17~0.7 MPa,
> 옥외소화전 설비 : 0.25~0.7 MPa, 포소화전설비 : 0.35~0.7 MPa

**●●● 02** 다음 중 공기포를 형성하는 곳은 어느 것인가?

① 혼합장치　　　　② 약제탱크　　　　③ 포헤드　　　　④ 압입용펌프

> **해설**
> 수조에서의 물과 약제탱크의 포소화약제 원액이 혼합장치에서 섞여 포수용액이 되고 그 수용액이 포헤드를 지나갈 때 유입공기에 의해 공기포가 형성된다.

**●●○ 03** 포 소화설비에서의 필요하지 않는 설비는?

① 가압송수장치　　② 약제탱크　　　　③ 혼합장치　　　　④ 정압작동장치

> **해설**
> 정압작동장치는 분말소화설비의 장치이다.

**●●○ 04** 포 소화설비에 구성요인 중 혼합장치를 설치하는 이유는?

① 일정한 방사압을 유지하기 위하여　　　② 일정한 유량을 유지하기 위하여
③ 일정한 혼합비율을 유지하기 위하여　　④ 일정한 공기포를 형성하기 위하여

> **해설**
> 물과 약제농도의 혼합비율을 유지하기 위해 설치하며 3%의 포원액이라 하면 97% 물과 혼합하여 100% 포수용액을 만든다.

**●●○ 05** 포소화약제의 혼합장치 방식이 아닌 것은?

① 포워터 프로포셔너　　　　　　　　　② 라인 프로포셔너
③ 프레져 프로포셔너　　　　　　　　　④ 프레져 사이드 프로포셔너

> **해설**
> 포소화설비의 혼합장치 – 라인 프로포셔너, 프레져 프로포셔너, 프레져 사이드 프로포셔너, 펌프프로포셔너, 압축공기포 믹싱챔버방식

 **정답**　01 ④　02 ③　03 ④　04 ③　05 ①

**06** 펌프와 발포기의 중간에 설치된 벤츄리관의 벤츄리작용에 의하여 포소화약제를 흡입, 혼합하는 방식은?

① 펌프 프로포셔너 ② 라인 프로포셔너

③ 프레져 프로포셔너 ④ 프레져 사이드 프로포셔너

> **해설**
> 펌프와 발포기의 중간에 설치된 벤추리관의 벤추리작용에 따라 포 소화약제를 흡입·혼합하는방식
> – 라인 프로포셔너

 **07** 다음은 포 소화설비의 혼합방식에 관한 것이다. 포소화약제 가압펌프를 별도로 사용하는 방식은?

① 펌프혼합방식 ② 흡입혼합방식 ③ 차압혼합방식 ④ 압입혼합방식

> **해설**
> 흡입혼합방식(라인 프로포셔너), 차압혼합방식(프레져 프로포셔너),
> 압입혼합방식(프레져 사이드 프로포셔너), 펌프혼합방식(펌프 프로포셔너)

 **08** 항공기격납고에 설치할 수 없는 포소화설비의 종류는 무엇인가?

① 포헤드설비 ② 고정포방출설비 ③ 포소화전설비 ④ 호스릴포소화설비

> **해설**
>
> | 대상＼종류 | 포워터스프링 클러설비 | 포헤드설비 | 고정포방출설비 | 포소화전설비 | 호스릴포 소화설비 |
> |---|---|---|---|---|---|
> | 항공기격납고 | ○ | ○ | ○ | × | △ |

 **09** 차고·주차장에 포소화전 또는 호스릴포소화설비를 설치할 수 있는 조건이 아닌 것은?

① 완전 개방된 옥상주차장
② 옥외로 통하는 개구부가 상시 개방된 구조의 부분으로서 그 개방된 부분의 합계면적이 당해 차고 또는 주차장의 바닥면적의 10% 이상인 부분
③ 고가 밑의 주차장 등으로서 주된 벽이 없고 기둥뿐이거나 주위가 위해 방지용 철주 등으로 둘러싸인 부분
④ 지상 1층으로서 지붕이 없는 부분

> **해설**
> 차고·주차장에 포소화전 또는 호스릴포소화설비를 설치하기 위해서는 소화 시 연기에 의한 질식의 우려가 없어야 하는 조건이 필요함

 **정답** 06 ② 07 ④ 08 ③ 09 ②

••• 10 포워터스프링클러헤드의 표준방사량은 몇 $\ell/\min$ 이상인가?

① 35 ② 50 ③ 65 ④ 75

| 구 분 | 표준방사량 |
|---|---|
| 포워터스프링클러헤드 | 75 $\ell/\min$ 이상 |
| 포헤드, 고정포방출구, 이동식포노즐 | 설계압력에 따라 방출되는 소화약제의 양 |

••○ 11 옥외탱크 저장소를 설치하는 포소화설비의 포소화약제 탱크용량을 결정하는데 필요 없는 것은?

① 고정포 방출구의 종류 ② 위험물의 양
③ 포소화약제의 사용농도 ④ 위험물의 종류

포소화설비의 고정포방출구 약제량 계산식 − $A \times Q \times T \times S$
A : 탱크의 액표면적($\text{m}^2$)
Q : 단위 포소화수용액의 양 ($\ell/\text{m}^2 \cdot \min$) − 위험물의 종류 및 고정포방출구의 종류에 따라 결정 된다.
T : 방출시간(min)
S : 포 소화약제의 사용농도(%)

••• 12 직경이 10 m인 위험물 옥외탱크저장소에 고정포방출구를 2개 설치하였다. 소화에 필요한 약제량은 얼마인가? (단, 단위 포소화수용액의 양은 4 $\ell/\text{m}^2 \cdot$ min, 단백포는 3% 원액, 방사시간 30분)

① 283 $\ell$ 이상 ② 326 $\ell$ 이상 ③ 566 $\ell$ 이상 ④ 1,130 $\ell$ 이상

해설

고정포방출구 − $A \times Q \times T \times S = \frac{\pi}{4}10^2 \times 4 \times 30 \times 0.03 = 282.74$ $\ell$ 이상

A : 탱크의 액표면적($\text{m}^2$) Q : 단위 포소화수용액의 양 ($\ell/\text{m}^2 \cdot \min$)
T : 방출시간(min) S : 포 소화약제의 사용농도(%)

••• 13 포 소화설비에서 포워터 스프링클러헤드를 설치하고자 하는 바닥면적이 160 $\text{m}^2$인 경우 수원의 양($\text{m}^3$)은?

① 10 ② 15 ③ 20 ④ 30

수원(포수용액) − NQT = 20개 × 75 $\ell/\min \cdot$ 개 × 10 min = 15,000 $\ell$ = 15 $\text{m}^3$ 이상
포워터스프링클러헤드 개수는 160 $\text{m}^2 \div 8(\text{m}^2/\text{개}) = 20$개

정답 10 ④ 11 ② 12 ① 13 ②

**14**  바닥면적이 150 m²인 주차장에 호스릴 포소화설비를 하였다. 포방출구는 10개이고 포소화약제의 농도는 3%이다. 최소 포소화약제의 저장량(m³)은 얼마인가?

① 0.675　　　　② 0.788　　　　③ 0.9　　　　④ 1.05

> **해설**
> 약제량
> N(최대 5개) × Q × T (수동은 20분) × S = 5개 × 300 ℓ/m²·min × 20 min × 0.03 = 900 ℓ = 0.9 m³
> 단, 바닥면적이 200 m² 미만시 약제의 양은 75%로 할 수 있으므로 0.9 m³ × 0.75 = 0.675 m³ 이상

**15** 다음은 고발포용포방출구를 전역방출방식으로 설치 할 때의 기준이다. 잘못된 것은?

① 고정포방출구는 바닥면적 500 m²마다 1개 이상으로 하여 방호대상물의 화재를 유효하게 소화하여야 한다.

② 개구부에 자동폐쇄장치를 설치하여야 하며 자동폐쇄장치란 갑종방화문·을종방화문 또는 불연재료로된 문으로 포수용액이 방출되기 직전에 개구부가 자동적으로 폐쇄될 수 있는 장치를 말한다.

③ 항공기격납고에 포의 팽창비가 100인 경우 당해 방호구역의 관포체적 1 m³에 대하여 1분당 방출량은 0.5 ℓ/m³ 이다.

④ 관포체적은 당해 바닥면으로부터 방호대상물의 높이보다 0.5 m 높은 위치까지의 체적을 말한다.

> **해설**
> 고정포방출구 체적당 분당 방출량 (ℓ/min·m³)
>
> | 소방대상물<br>포의 팽창비 | 항공기<br>격납고 | 특수가연물 저장.취급 대상물<br>(항공기격납고 방출량 × 0.625) | 차고 또는 주차장<br>(특수가연물 방출량 × 0.888) |
> |---|---|---|---|
> | 80 이상 250 미만 | 2 | 1.25 | 1.11 |
> | 250 이상 500 미만 | 0.5 | 0.31 | 0.28 |
> | 500 이상 1,000 미만 | 0.29 | 0.18 | 0.16 |

**16**  특수가연물을 가로, 세로, 높이가 2 m × 2 m × 0.5 m인 방호대상물에 저장하고 있다. 여기에 고발포용포방출구를 국소방출방식으로 설치하고자 하는 경우 약제량은 얼마인가? (단, 소화약제는 단백포 3%이다.)

① 15 ℓ　　　　② 18.8 ℓ　　　　③ 22.5 ℓ　　　　④ 48.75 ℓ

> **해설**
> 약제량 = A(방호면적) × Q (특수가연물 : 3 ℓ/m²·min) × T (자동은 10분) × S
> 　　　　= 5 m × 5 m × 3 ℓ/m²·min × 10 min × 0.03 = 22.5 ℓ
> 방호면적은 높이의 3배를 수평으로 연장한 선이므로 0.5 m × 3 = 1.5 m 이며
> 방호면적의 가로의 길이는 1.5 + 2 + 1.5 = 5 m가 된다. (세로는 가로의 길이와 동일하다)

**17** 포소화설비에서 혼합장치 (3%)를 사용하여 방출시 포원액은 $10\,\ell/\min$ 소모된다. 이 설비가 20분 작동되면 소모된 수원의 양($m^3$)은?

① 6.5        ② 8.2        ③ 10        ④ 12

> **해설**
> $10\,\ell/\min$ 이 20분 동작하면 $200\,\ell$가 되며 수원의 양은 3% : 97% = 200 : X
> $\therefore\ 6{,}466.67\,\ell$ = 약 $6.5\,m^3$

 **18** 포소화설비의 저장탱크 설치기준으로 옳지 않은 것은?

① 포 소화약제가 변질될 우려가 없고 점검에 편리한 장소에 설치할 것
② 가압송수장치 또는 포 소화약제 혼합장치의 기동에 따라 압력이 가해지는 것 또는 상시 가압된 상태로 사용되는 것에 있어서는 압력계를 설치할 것
③ 포 소화약제 저장량의 확인이 쉽도록 액면계 또는 계량봉 등을 설치할 것
④ 축압식이 아닌 저장탱크는 그라스게이지를 설치하여 액량을 측정할 수 있는 구조로 할 것

> **해설**
> 가압식이 아닌 저장탱크는 그라스게이지를 설치하여 액량을 측정할 수 있는 구조로 할 것

 **19** 포소화설비의 수동식 기동장치의 설명으로 옳지 않은 것은?

① 직접조작 또는 수동조작에 따라 가압송수장치·수동식개방밸브 및 소화약제 혼합장치를 기동할 수 있는 것
② 2 이상의 방사구역을 가진 포소화설비에는 방사구역을 선택할 수 있는 구조
③ 차고 또는 주차장에 설치하는 포소화설비의 수동식 기동장치는 방사구역마다 1개 이상 설치
④ 항공기격납고에는 수동식 기동장치를 각 방사구역마다 2개 이상을 설치하여야 한다.

> **해설**
> 포소화설비의 수동식 기동장치 **직접조작 또는 원격조작**에 따라 가압송수장치·수동식개방밸브 및 소화약제 혼합장치를 기동할 수 있는 것

 **20** 차고 또는 주차장에 설치하는 포소화설비의 수동식 기동장치는 방사구역마다 몇 개 이상 설치하여야 하는가?

① 1        ② 2        ③ 3        ④ 4

> **해설**
> 차고 또는 주차장에 설치하는 포소화설비의 수동식 기동장치는 방사구역마다 1개 이상 설치
> 항공기격납고에는 수동식 기동장치를 각 방사구역마다 2개 이상을 설치하여야 한다.

**정답**   17 ①   18 ④   19 ①   20 ①

**21** 포소화설비의 자동식 기동장치로 폐쇄형스프링클러헤드를 사용하는 경우에 1개의 스프링클러헤드의 경계면적은 몇 m² 이하인가?

① 5 　　　　　② 10 　　　　　③ 15 　　　　　④ 20

해설

포소화설비의 자동식 기동장치용 폐쇄형스프링클러헤드

| 표시온도 | 79℃ 미만 |
|---|---|
| 1개의 스프링클러헤드의 경계면적 | 20 m² 이하 |
| 부착면의 높이 | 바닥으로부터 5 m 이하 |
| 하나의 감지장치 경계구역 | 하나의 층이 되도록 할 것 |

 **22** 포소화설비의 자동식 기동장치로 폐쇄형스프링클러헤드를 사용하는 경우에 표시온도 및 부착높이는 각각 얼마인가?

① 68℃ 미만, 바닥으로부터 3.7 m 이하　　② 72℃ 미만, 바닥으로부터 4.2 m 이하
③ 79℃ 미만, 바닥으로부터 5 m 이하　　④ 72℃ 미만, 바닥으로부터 5 m 이하

해설

문제 21번 해설 참조

 **23** 포의 팽창비율에 따른 포의 종류 중 저발포는 팽창비가 얼마 이하인가?

① 10 　　　　　② 20 　　　　　③ 30 　　　　　④ 80

해설

| 팽창비율에 따른 포의 종류 | 포방출구의 종류 |
|---|---|
| 팽창비가 20 이하인 것(저발포) | 포워터스프링클러헤드, 포헤드 |
| 팽창비가 80 이상 1,000 미만인 것(고발포) | 고발포용 고정포방출구 |

 **24** 포워터스프링클러헤드는 소방대상물의 천장 또는 반자에 설치하되, 바닥면적 m²마다 1개 이상 설치하여야 하는가?

① 7 　　　　　② 8 　　　　　③ 9 　　　　　④ 10

해설

포워터스프링클러헤드는 소방대상물의 천장 또는 반자에 설치하되, 바닥면적 8 m²마다 1개 이상 설치
포헤드는 소방대상물의 천장 또는 반자에 설치하되, 바닥면적 9 m²마다 1개 이상

정답　21 ④　22 ③　23 ②　24 ②

**25** 차고 주차장에 설치하는 호스릴 포소화설비의 설치기준에 맞지 않는 것은?

① 포소화약제는 저발포용을 사용하여야 한다.

② 호스릴을 호스릴 포 방수구부터 분리하여 비치할 때는 그로부터 5 m 이내에 호스릴함을 설치하여야 한다.

③ 호스릴함은 바닥으로부터 높이 1.5 m 이하의 위치에 설치하여야 한다.

④ 방화대상물의 각 부분으로부터 하나의 호스릴 방수구까지의 수평거리는 15 m 이하가 되어야 한다.

> **해설**
> 호스릴함 또는 호스함 – 방수구로부터 3 m 이내 설치, 바닥으로부터 높이 1.5 m 이하의 위치에 설치

 **26** 공기포 원액의 시험시료를 저장탱크에서 채취할 경우 채취방법 중 옳은 것은 어느 것인가?

① 저장조의 상부에서 채취      ② 저장조의 중간에서 재취

③ 저장조의 하부에서 재취      ④ 저장조의 상부, 중간 및 하부에서 채취

> **해설**
> 저장조의 상부에서 채취시 포가 발생하기 때문에 하부에서 채취해야 한다.

 **27** 휘발유를 저장하는 직경이 10 m인 위험물 옥외탱크저장소에 특형 고정포방출구를 설치하였다. 소화에 필요한 최소 약제량은 약 얼마인가? (단, 포소화약제는 단백포 3%이며 탱크 측판에서 굽도리판까지의 거리는 2.5 m이다.)

① 425 ℓ 이상     ② 450 ℓ 이상     ③ 480 ℓ 이상     ④ 520 ℓ 이상

> **해설**
>
> 소화약제량
> $$A \times Q \times T \times S = \left( \frac{\pi}{4}10^2 - \frac{\pi}{4}5^2 \right) \times 8 \times 30 \times 0.03 = 424.115 \, \ell$$
>
> A : 탱크의 액표면적($m^2$)      Q : 단위 포소화수용액의 양 ($\ell/m^2 \cdot min$)
> T : 방출시간(min)              S : 포 소화약제의 사용농도(%)
>
> 1. 특형 방출구를 설치하였으므로 위험물저장탱크는 FRT탱크이고 탱크의 액표면적은 부상지붕과 탱크 측벽 사이의 환상부분에만 해당되므로 탱크의 면적에서 부상지붕의 면적을 뺀 환상부분의 면적은 굽도리판까지 거리가 2.5 m이므로 $\frac{\pi}{4}10^2 - \frac{\pi}{4}5^2$ 가 된다.
>
> 2. 탱크에 특형 고정포방출구를 설치하고 휘발유(인화점이 $-20 \sim -43 \, ℃$)를 저장하였으므로 단위 포소화수용액의 양은 8 $\ell/m^2 \cdot min$이고 방사시간은 30분 ($240 \, \ell/m^2 \div 8 \, \ell/m^2 \cdot min$ )이다.
>
>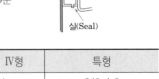
>
> ※ $QT$ 면적당 포수용액량 ($\ell/m^2$) / $Q$ 방출율 ($\ell/m^2 \cdot min$)

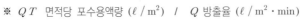

| 방출구 인화점 | I형 | II형, III형, IV형 | 특형 |
|---|---|---|---|
| 21℃ 미만 | 120 / 4 | 220 / 4 | 240 / 8 |

 **정답**   25 ②   26 ③   27 ①

## 9. 이산화탄소소화설비(NFSC 106)

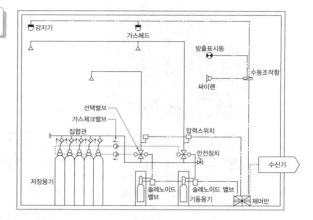

가스소화설비 계통도

**1** 설치대상 – 물분무소화설비와 동일

**2** 이산화탄소 분사헤드 설치제외 장소

① 방재실·제어실 등 사람이 상시
   근무하는 장소

② 니트로셀룰로스·셀룰로이드제품
   등 자기연소성물질을 저장·취급
   하는 장소

③ 나트륨·칼륨·칼슘 등 활성금속물질을 저장·취급하는 장소

④ 전시장 등의 관람을 위하여 다수인이 출입·통행하는 통로 및 전시실 등

**3** 소화약제 저장용기

(1) 이산화탄소 소화약제의 저장용기 장소기준

① **방호구역외의 장소에 설치할 것**
   다만, 방호구역내에 설치할 경우에는 피난 및 조작
   이 용이하도록 피난구 부근에 설치하여야 한다.

② **온도가 40℃ 이하이고,**
   **온도변화가 적은 곳에 설치할 것**

③ **직사광선 및 빗물이 침투할 우려가 없는 곳에 설치**
   할 것

④ **방화문으로 구획된 실에 설치할 것**

⑤ 용기의 설치장소에는 당해 용기가 설치된 곳임을
   표시하는 표지를 할 것

⑥ **용기간의 간격**은 점검에 지장이 없도록
   **3 cm 이상**의 간격을 유지할 것

⑦ **저장용기와 집합관을 연결하는 연결배관에는**
   **(가스)체크밸브를 설치할 것**
   다만, 저장용기가 하나의 방호구역만을 담당하는 경
   우에는 그러하지 아니하다.

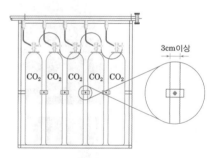

저장용기간의 간격

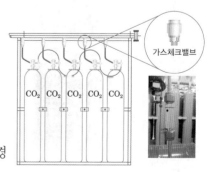

집합관과 저장용기 사이의 체크밸브

## (2) 가스계 소화약제의 저장용기 등의 기준

| 구분 | 이산화탄소소화설비 고압식 | 이산화탄소소화설비 저압식 | 할론소화설비 2402 | 할론소화설비 1211 | 할론소화설비 1301 | 할로겐화합물 및 불활성기체소화설비 | 분말소화설비 제종 | 분말소화설비 제2·3종 | 분말소화설비 제4종 |
|---|---|---|---|---|---|---|---|---|---|
| 저장용기의 저장온도, 압력 | 20℃ 6.0 MPa | −18℃ 2.1 MPa | (할론소화설비) | 축압식 저장용기 20℃에서 질소로 축압 / 1.1 또는 2.5 MPa | 축압식 / 2.5 또는 4.2 MPa | 화재안전기준 할로겐화합물 및 불활성기체소화설비 별표1 참조 | 가압식 최고사용압력의 1.8배 이하 | | |
| 저장용기 내압시험압력 | 25 MPa | 3.5 MPa | | − | − | | 축압식 내압시험압력의 0.8배 이하 | | |
| 안전밸브 작동압력 | − | 내압시험압력의 0.64배~0.8배 | | − | − | | | | |
| 안전장치(봉판) 작동압력 | 내압시험압력의 0.8배 | 내압시험압력의 0.8배 ~ 1배 | | − | − | | | | |
| 저장용기 충전비(ℓ/kg)·충전밀도(kg/m³) [CO₂·할론·분말] | 1.5 이상 1.9 이하 | 1.1 이상 1.4 이하 | 가압식 0.51 이상 0.67 미만 / 축압식 0.67 이상 2.75 이하 | 0.7이상 1.4이하 | 0.9이상 1.6이하 | | 가압식 0.8ℓ 이상 / 축압식 1ℓ 이상 | | 1.25ℓ 이상 |
| 자동냉동장치 | 이산화탄소 저압식 자동냉동장치 | −18℃ 2.1 MPa유지 | | − | − | | | | |
| 압력경보장치 | | 1.9 MPa 이하 시 2.3 MPa 이상 시 | | | | | | | |
| 헤드방사압력 | 2.1 MPa 이상 | 1.05 MPa 이상 | 0.1 MPa 이상 (상온 에제 − 무상 방사) | 0.2 MPa 이상 | 0.9 MPa 이상 | | | | |
| 별도독립방식 | − | | 방출 경로 배관 내용적 / 저장용기 소화약제량 환산체적 = 1.5 이상시 | | | 제조업체 정한값 이상시 | | | |

| 정압작동장치 | 압력스위치식, 시한릴레이방식, 기계적인방식 |
| --- | --- |
| 청소장치 | 전류 소화약제 처리 |

| 소화약제 1kg당 | 가압용 | 축압용 |
| --- | --- | --- |
| 질소 | 40 ℓ | 10 ℓ |
| $CO_2$ | 20 g | |

※ 배관청소에 필요한 양은 별도 저장
※ 3병 이상시 2병 이상에 전자개방밸브 설치
※ 압력조정장치(15 MPa → 2.5 MPa 이하로 압력조정)는 가압용기마다 1개씩 설치

— | —

가압식저장용기에는 2.0 MPa 이하의 압력 조정할 수 있는 압력조정장치 설치 및 가압용가스용기 설치(21℃에서 2.5 또는 4.2 MPa압력으로 질소로 저장)

가압용기/가스용기 설치기준

1. 수동식
2. 자동식
   1) 전기식 — 7병 이상시 2병 이상에 전자개방밸브 설치
   2) 가스압력식 ⑤ (2) ② 참조
   3) 기계식
      저장용기 설치 개방할 수 있는 구조
3. 출입문마다 방출표시등 설치

기동장치 설치기준

1. 이산화탄소소화설비 준용
2. 수동식
   — 5 kg 힘을 가하여 기동 할 수 있는 구조

이산화탄소소화설비와 동일

좌동

(3) 이산화탄소 소화약제 저장용기의 개방밸브

　　전기식 · 가스압력식 또는 기계식에 따라 자동으로 개방되고 수동으로도 개방되는 것으로서 안전장치가 부착된 것으로 하여야 한다.

(4) 저장용기와 선택밸브 또는 개폐밸브 사이의 안전장치

　　내압시험압력 0.8배에서 작동

선택밸브
저장용기
안전장치

안전장치

### 4 가스소화약제 저장량

(1) 전역방출방식

① 가연성액체 또는 가연성가스등 표면화재 방호대상물

$$( V \times Q ) \times N + A K$$

| | |
|---|---|
| $V$ | 방호구역의 체적($\mathrm{m}^3$)<br>※ 불연재료나 내열성의 재료로 밀폐된 구조물이 있는 경우에는 그 체적을 감한 체적 |

| | 방호구역 체적 $1\mathrm{m}^3$에 대한 양(kg) | | |
|---|---|---|---|
| $Q$ | **방호구역체적($\mathrm{m}^3$)** | **방호구역체적 $1\,\mathrm{m}^3$에 대한 소화약제의 양 (Q)(kg)** | **소화약제 저장량의 최저한도의 양** |
| | $45\,\mathrm{m}^3$ 미만 | 1.0 kg 이상 | 45 kg |
| | $45\,\mathrm{m}^3$ 이상 $150\,\mathrm{m}^3$ 미만 | 0.9 kg 이상 | 45 kg |
| | $150\,\mathrm{m}^3$ 이상 $1,450\,\mathrm{m}^3$ 미만 | 0.8 kg 이상 | 135 kg |
| | $1,450\,\mathrm{m}^3$ 이상 | 0.75 kg 이상 | 1,125 kg |

| | |
|---|---|
| $N$ | 보정계수(N)<br> – 설계농도가 34% 초과시 기본 소화약제량에 곱한다.<br> 예 설계농도가 60%라고 하면<br> $( V \times Q ) \times 2.2$ <br><br>(그래프: 보정계수 vs 설계농도(%)) |

| | |
|---|---|
| $A$ | 개구부면적($\mathrm{m}^2$)<br>※ 개구부의 면적은 방호구역 전체 표면적의 3% 이하로 하여야 한다. |

| | |
|---|---|
| $K$ | 개구부면적 $1\mathrm{m}^2$당 가산량 → $5\,\mathrm{kg/m}^2$, 자동폐쇄장치가 설치된 경우 $0\,\mathrm{kg/m}^2$ |

② 종이·목재·석탄·섬유류·합성수지류 등 심부화재 방호대상물

$$V \times Q + A \times K$$

| $V$ | 방호구역의 체적($\mathrm{m}^3$)<br>※ 불연재료나 내열성의 재료로 밀폐된 구조물이 있는 경우에는 그 체적을 감한 체적 |
|---|---|

<table>
<tr>
<td rowspan="5">$Q$</td>
<td colspan="3">방호구역 체적 $1\mathrm{m}^3$에 대한 양(kg)</td>
</tr>
<tr>
<td>방호대상물</td>
<td>방호구역체적 $1\mathrm{m}^3$에 대한<br>소화약제의 양(Q)(kg)</td>
<td>설계농도</td>
</tr>
<tr>
<td>유압기기를 제외한 전기설비, 케이블실</td>
<td>1.3 kg</td>
<td>50%</td>
</tr>
<tr>
<td>체적 55 $\mathrm{m}^3$ 미만의 전기설비</td>
<td>1.6 kg</td>
<td>50%</td>
</tr>
<tr>
<td>서고, 전자제품창고, 목재가공품창고,<br>박물관    서전목박</td>
<td>2.0 kg</td>
<td>65%</td>
</tr>
</table>

| | 고무류, 모피창고, 집진설비, 석탄창고,<br>면화류창고    고모집석면 | 2.7 kg | 75% |
|---|---|---|---|

| $A$ | 개구부면적($\mathrm{m}^2$)<br>※ 개구부의 면적은 방호구역 전체 표면적의 3% 이하로 하여야 한다. |
|---|---|

| $K$ | 개구부면적 $1\mathrm{m}^2$당 가산량 → $10\,\mathrm{kg/m}^2$, 자동폐쇄장치가 설치된 경우 $0\,\mathrm{kg/m}^2$ |
|---|---|

(2) 국소방출방식

① 윗면이 개방된 용기에 저장하는 경우와 화재시 연소면이 한정되고 가연물이 비산할 우려가 없는 경우

$$A \times Q \times N$$

| $A$ | 방호대상물의 **표면적**($\mathrm{m}^2$) |
|---|---|
| $Q$ | 방호대상물의 표면적 $1\mathrm{m}^2$에 대하여 13 kg |
| $N$ | 고압식의 것에 있어서는 1.4, 저압식의 것에 있어서는 1.1 |

② ① 외의 경우

$$V \times Q \times N$$

| $V$ | 방호공간(방호대상물의 각부분으로부터 0.6 m의 거리에 따라 둘러싸인 공간) $(\text{m}^3)$ |
|---|---|
| $Q$ | 방호공간의 체적 $1\text{m}^3$에 대한 양$(\text{kg}/\text{m}^3)$<br><br>$$Q = 8 - 6\frac{a}{A}$$<br><br>a : 방호대상물 주위에 설치된 (방호공간의) 벽면적의 합계$(\text{m}^2)$<br>A : 방호공간의 벽면적(벽이 없는 경우에는 벽이 있는 것으로 가정한 당해 부분의 면적)의 합계$(\text{m}^2)$ |
| $N$ | 고압식의 것에 있어서는 1.4, 저압식의 것에 있어서는 1.1 |

(3) 호스릴방식

① 호스릴 1개당 90 kg

② 설치 장소(화재 시 현저하게 연기가 찰 우려가 없는 장소 - 차고 또는 주차의 용도로 사용되는 부분 제외)

㉠ 지상 1층 및 피난층에 있는 부분으로서 지상에서 수동 또는 원격조작에 따라 개방할 수 있는 개구부의 유효면적의 합계가 바닥면적의 15% 이상이 되는 부분

㉡ 전기설비가 설치되어 있는 부분 또는 다량의 화기를 사용하는 부분(당해 설비의 주위 5 m 이내의 부분을 포함한다)의 바닥면적이 당해 설비가 설치되어 있는 구획의 바닥면적의 5분의 1 미만이 되는 부분

호스릴방식

③ 설치기준

| 구 분 | | 내 용 |
|---|---|---|
| 수평거리 | | 15 m 이하 |
| 노즐 | | 하나의 노즐마다 60 kg/min 이상의 소화약제를 방사할 수 있는 것 |
| 저장용기 | 설치장소 | 호스릴을 설치하는 장소마다 설치 |
| | 개방밸브 | 호스의 설치장소에서 수동으로 개폐할 수 있는 것 |
| | 표시등, 표지 | 저장용기의 가장 가까운 곳의 보기 쉬운 곳에 설치 |

### 5 기동장치

수동식기동장치와
비상스위치

수동식기동장치

**(1) 이산화탄소소화설비의 수동식 기동장치**

① 수동식 기동장치의 부근에는 소화약제의 방출을 지연시킬 수 있는 비상스위치 (자동복귀형 스위치로서 수동식 기동장치의 타이머를 순간정지시키는 기능의 스위치)를 설치

② **전역방출방식에 있어서는 방호구역마다, 국소방출방식에 있어서는 방호대상물마다 설치**할 것

③ 당해방호구역의 출입구부분 등 조작을 하는 자가 쉽게 피난할 수 있는 장소에 설치할 것

④ 기동장치의 조작부는 바닥으로부터 높이 0.8 m 이상 1.5 m 이하의 위치에 설치하고, 보호판 등에 따른 보호장치를 설치할 것

⑤ 기동장치에는 그 가까운 곳의 보기 쉬운 곳에 "이산화탄소소화설비 기동장치"라고 표시한 표지를 할 것

⑥ 전기를 사용하는 기동장치에는 전원표시등을 설치할 것

⑦ 기동장치의 방출용 스위치는 음향경보장치와 연동하여 조작될 수 있는 것으로 할 것

**(2) 이산화탄소소화설비의 자동식 기동장치**

자동화재탐지설비의 감지기의 작동과 연동되고 수동으로도 기동할 수 있는 구조

① **전기식 기동장치**

**7병 이상의 저장용기를 동시에 개방하는 설비에 있어서는 2병 이상의 저장용기에 전자 개방밸브를 부착**

전기식기동장치

② **가스압력식 기동장치**

| 기동용기 설치기준 | |
|---|---|
| 기동용가스용기 및 밸브 | 25 MPa 이상 압력에 견딜 것 |
| 기동용가스용기 | 충전여부를 확인 할수 있는 압력게이지 설치 |
| 안전장치 | 내압시험압력 0.8배 ~ 1배 이하에서 작동 |
| 용적 | 5 $\ell$ 이상 |
| 질소등의 비활성기체 | 6.0MPa 이상의 압력으로 충전(21℃) |

기동용기

③ **기계식 기동장치**

**저장용기를 쉽게 개방할 수 있는 구조로 할 것**

공기팽창을 공압관에 전달하면 저장용기의 주밸브가 개방되는 방식으로 국내에 설치 사례가 없다.

**(3) 가스방출표시등**

이산화탄소소화설비가 설치된 부분의 출입구 등의 보기 쉬운 곳에 **소화약제의 방사를 표시하는 표시등**을 설치. (질식 등에 의한 방사구역 출입금지표시)

배 관 - 배관은 전용으로 할 것

| 구분 | 이산화탄소소화설비 | 할론소화설비 | 할로겐화합물 및 불활성기체소화설비 | 분말소화설비 |
|---|---|---|---|---|
| 강관 | ※ spps(압력배관용 탄소강관)<br>고압식 #80, 저압식 #40 / 20mm 이하 #40<br>또는 이와 동등 이상의 강도 및 방식처리 | ※ spps # 40<br>또는 이와 동등 이상의 강도 및 방식처리 | ※ 저장용기 방출 내압에 견딜 것<br>- 이와 동등이상의 강도 및 방식처리 | ※ spps(배관용 탄소강관)<br>- 이와 동등이상의 강도 및 내식성, 내열성<br>축압식 2.5 이상 4.2 MPa 이하 → #40 또는 동등 이상의 강도 내식성 |
| 동관<br>(이음이 없는 동 및 동합금) | 구분 내압시험압력 / 고압식 16.5 MPa / 저압식 3.75 MPa | 좌동 | 저장용기 방출 내압에 견딜 것 | ※ 고정압력 또는 최고사용압력의 1.5배 이상에 견딜 것 |
| 배관부속 및 밸브류 | 저압식 호칭압력 2.0 MPa / 고압식 1차 호칭압력 4.0 MPa, 2차 호칭압력 2.0 MPa | 강관, 동관과 동등이상의 강도, 내식성 | * 상동<br>* 좌동 | ※ 합금과 동일<br>※ 밸브류는 개폐위치, 개폐방향 표시 |
| 배관의 구경 | 방사시간내 약제 방출 가능한 구경 | 좌동 | 좌동 | 좌동 |
| 방사시간 | 1. 전역방출방식<br>- 표면화재 60초 이내<br>- 심부화재 7분 이내<br>(설계농도가 2분 이내에 30%에 도달)<br>2. 국소방출방식 - 30초 이내 | 10초 이내 | 1. 할로겐화합물 소화약제<br>- 10초 이내<br>2. 불활성가스계 소화약제<br>- B급: 1분 이내<br>- A, C급: 2분 이내 | 30초 이내 |
| 선택밸브 | 2이상의 방호구역 또는 대상물이 저장용기 공용시 설치 및 표시 | 좌동 | 좌동 | 좌동 |
| 분기배관 | 성능검증 받은것 사용 | 좌동 | 규정없음 | 이산화탄소와 동일 |
| 분사헤드 | 1. 부식방지조치<br>2. 갯수: 방사시간 충족 할 것<br>3. 방출율, 방출압력: 제조사 사양<br>4. 제조업체, 제조일자, 오리피스 크기 표시<br>5. 오리피스면적<br>- 연결배관의 70% 이하 | 좌동 | 1. 좌동<br>2. 설치높이<br>- 0.2 m 이상 3.7 m 이하<br>- 3.7 m 초과시 다른 열의 헤드 설치 | — |
| 수동잠금밸브 | CO₂만 해당 - 저장용기와 선택밸브 사이의 집합배관에는 수동잠금밸브를 설치하되 선택밸브 직전에 설치할 것. 다만, 선택밸브가 없는 설비의 경우에는 저장용기실 내에 설치하되 조작 및 점검이 쉬운 위치에 설치하여야 한다. | | | |

**7** 선택밸브

(1) 하나의 소방대상물 또는 2 이상의 방호구역 또는 방호대상물이 있어 **이산화탄소 저장용기를 공용하는 경우 선택밸브를 설치**

(2) 방호구역 또는 방호대상물마다 설치할 것

(3) 각 선택밸브에는 그 담당방호구역 또는 방호대상물을 표시할 것

선택밸브

**8** 분사헤드

| | |
|---|---|
| 전역방출방식 | 방사된 소화약제가 방호구역의 전역에 균일하게 신속히 확산할 수 있도록 할 것<br>분사헤드의 방사압력이 2.1 MPa(저압식의 것에 있어서는 1.05 MPa) 이상의 것으로 할 것 |
| 국소방출방식 | 소화약제의 방사에 따라 가연물이 비산하지 아니하는 장소에 설치할 것 |

**Point**

**이산화탄소소화설비의 분사헤드 설치기준**

(1) 부식방지조치를 하여야 하며 오리피스의 크기, 제조일자, 제조업체가 표시 되도록 할 것
(2) 갯수는 방호구역에 방사시간이 충족되도록 설치할 것
(3) 방출율 및 방출압력은 제조업체에서 정한 값으로 할 것
(4) 오리피스의 면적은 분사헤드가 연결되는 배관 구경 면적의 70%를 초과하지 아니할 것

**9** 자동식 기동장치 화재감지기

(1) 각 방호구역내의 화재감지기의 감지에 따라 작동되도록 할 것

(2) 화재감지기의 회로는 교차회로방식으로 설치할 것. 다만, 특수감지기 제외

(3) 교차회로내의 각 화재감지기회로별로 설치된 화재감지기 1개가 담당하는 바닥면적은 자동화재탐지설비 준용

**10** 제어반, 화재표시반

(1) 자동화재탐지설비의 수신기의 제어반이 화재표시반의 기능을 가지고 있는 것에 있어서는 화재표시반을 설치하지 아니할 수 있다.

(2) 제어반 및 화재표시반의 설치장소는 화재에 따른 영향, 진동 및 충격에 따른 영향 및 부식의 우려가 없고 점검에 편리한 장소에 설치할 것

(3) 제어반 및 화재표시반에는 당해 회로도 및 취급설명서를 비치할 것

(4) 제어반은 수동기동장치 또는 감지기에서의 신호를 수신하여 음향경보 장치의 작동, 소화약제의 방출 또는 지연 기타의 제어기능을 가지고 제어반에는 전원표시등을 설치 할 것

(5) 수동잠금밸브의 개폐여부를 확인할 수 있는 표시등을 설치할 것

(6) 화재표시반은 제어반에서의 신호를 수신하여 작동

　① 각 방호구역마다 음향경보장치의 조작 및 감지기의 작동을 명시하는 표시등과 이와 연동하여 작동하는 벨·부자 등의 경보기를 설치, 이 경우 음향경보장치의 조작 및 감지기의 작동을 명시하는 표시등을 겸용할 수 있다.

　② 수동식 기동장치에 있어서는 그 방출용스위치의 작동을 명시하는 표시등을 설치할 것

　③ 소화약제의 방출을 명시하는 표시등을 설치할 것

　④ 자동식 기동장치에 있어서는 자동·수동의 절환을 명시하는 표시등을 설치할 것

**11** 음향경보장치

수동식기동장치

(1) 음향경보장치

　① 수동식 기동장치를 설치한 것에 있어서는 그 기동장치의 조작과정에서, 자동식 기동장치를 설치한 것에 있어서는 화재감지기와 연동하여 자동으로 경보를 발하는 것

　② **소화약제의 방사개시후 1분 이상 경보를 계속할 수 있을 것**

　③ 방호구역 또는 방호대상물이 있는 구획 안에 있는 자에게 유효하게 경보할 수 있는 것

(2) 방송에 따른 경보장치를 설치할 경우

　① 증폭기 재생장치는 화재시 연소의 우려가 없고, 유지관리가 쉬운 장소에 설치

　② **방호구역 또는 방호대상물이 있는 구획의 각 부분으로부터 하나의 확성기까지의 수평거리는 25m 이하**

　③ 제어반의 복구스위치를 조작하여도 경보를 계속 발할 수 있을 것

**12** 자동폐쇄장치

(1) 환기장치를 설치한 것에 있어서는 **이산화탄소가 방사되기 전에 당해 환기장치가 정지**

(2) 개구부가 있거나 **천장으로부터 1m 이상의 아래 부분 또는 바닥으로부터 당해층의 높이의 3분의 2 이내의 부분에 통기구**가 있어 이산화탄소의 유출에 따라 소화효과를 감소시킬 우려가 있는 것에 있어서는 이산화탄소가 방사되기 전에 당해 개구부 및 통기구를 **폐쇄**할 수 있도록 할 것

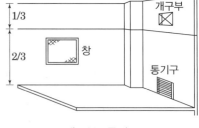

개구부, 통기구

(3) 자동폐쇄장치는 방호구역 또는 방호대상물이 있는 구획의 밖에서 복구할 수 있는 구조로 하고, 그 위치를 표시하는 표지를 할 것

개구부에 설치된 자동폐쇄장치 –
피스톤릴리즈담파(PRD)

피스톤릴리즈

자동폐쇄장치
복구스위치

## 13 과압배출구

이산화탄소소화설비의 방호구역에 소화약제가 방출시 과압으로 인하여 구조물 등에 손상이 생길 우려가 있는 장소에는 **과압배출구를 설치**하여야 한다.

과압배출구(Pressure Relief Vent) 면적

$$X = \frac{239Q}{\sqrt{P}}$$

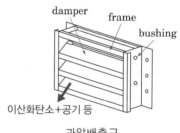

과압배출구

$X$ : 과압배출구 면적($\mathrm{mm}^2$)

$Q$ : 계산된 $CO_2$ 흐름율($\mathrm{kg\,/\,min}$)

$P$ : 방호구역 허용강도($\mathrm{kPa}$)

　　Light building 1.2

　　Normal building 2.4

　　Vault building 4.8

$$X = \frac{24.13Q}{\sqrt{P}}$$

$X$ : 과압배출구 면적($\mathrm{mm}^2$)

$Q$ : 계산된 $CO_2$ 흐름율($\mathrm{kg\,/\,min}$)

$P$ : 방호구역 허용강도($\mathrm{kg\,/\,cm}^2$)

## 14 배출설비

지하층, 무창층 및 밀폐된 거실 등에 이산화탄소소화설비를 설치한 경우에는 소화약제의 농도를 희석시키기 위한 배출설비를 갖추어야 한다.

**15** 비상전원

**(1) 종류**
**자가발전설비, 축전지설비**(제어반에 내장하는 경우를 포함한다), **또는 전기저장장치**

**(2) 설치기준**
① 점검에 편리하고 화재 및 침수 등의 재해로 인한 피해를 받을 우려가 없는 곳에 설치할 것
② 이산화탄소소화설비를 유효하게 20분 이상 작동할 수 있어야 할 것
③ 상용전원으로부터 전력의 공급이 중단된 때에는 자동으로 비상전원으로부터 전력을 공급받을 수 있도록 할 것
④ 비상전원의 설치장소는 다른 장소와 방화구획 할 것
　이 경우 그 장소에는 비상전원의 공급에 필요한 기구나 설비 외의 것(열병합발전설비에 필요한 기구나 설비는 제외한다)을 두어서는 아니 된다.
⑤ 비상전원을 실내에 설치하는 때에는 그 실내에 비상조명등을 설치할 것

**16** 설계프로그램

이산화탄소소화설비를 컴퓨터 프로그램을 이용하여 설계하는 경우에는 가스계소화설비의 설계프로그램 성능인증 및 제품검사의 기술기준에 적합한 설계프로그램을 사용하여야 한다.

**17** 안전시설 등

이산화탄소소화설비가 설치된 장소에 설치하는 안전시설

**(1) 시각경보장치**
소화약제 방출시 방호구역 내와 부근에 가스방출시 영향을 미칠 수 있는 장소에 시각경보장치를 설치하여 소화약제가 방출되었음을 알도록 할 것.

**(2) 위험경고표지**
방호구역의 출입구 부근 잘 보이는 장소에 약제방출에 따른 위험경고표지를 부착할 것.

# 실전 예상문제

 **01** 다음 중에서 이산화탄소 분사헤드를 설치할 수 있는 장소는?

① 디에틸에테르를 저장, 취급하는 곳　　② 벤조일퍼옥사이드(B.P.O)를 저장, 취급하는 곳
③ 셀룰로이드 제품을 저장, 취급하는 곳　④ 나트륨, 칼륨 등을 저장, 취급하는 곳

> **해설**
> 디에틸에테르는 제4류 위험물의 특수인화물로서 설치제외 대상에 해당하지 않는다.
> 이산화탄소 분사헤드 설치제외 장소
>
> > 1. 방재실·제어실등 사람이 상시 근무하는 장소 – 질식등의 우려
> > 2. 니트로셀룰로스·셀룰로이드제품 등 자기연소성물질을 저장·취급하는 장소 – 적응성 없음
> > 3. 나트륨·칼륨·칼슘 등 활성금속물질을 저장·취급하는 장소 –탄소의 유리로 연소 지속 됨
> > 4. 전시장 등의 관람을 위하여 다수인이 출입·통행하는 통로 및 전시실 등 – 질식 등의 우려

 **02** 이산화탄소 소화약제의 저장용기 장소기준으로 옳지 않은 것은?

① 방호구역외의 장소에 설치할 것
② 온도가 40℃ 이하이고, 온도변화가 적은 곳에 설치할 것
③ 직사광선 및 빗물이 침투할 우려가 없는 곳에 설치할 것
④ 방화구획된 실에 설치할 것

> **해설**
> 저장용기는 방화문으로 구획된 실에 설치할 것

 **03** 이산화탄소 소화설비의 설치방법에 따라 분류하지 않는 것은?

① 전역방출방식　　② 국소방출방식　　③ 이동식　　④ 저압방식

> **해설**
> 설치방법에 따른 분류 – 전역방출 방식, 국소방출 방식, 이동식
> 저장압력에 따른 분류 – 고압식, 저압식

 **04** 이산화탄소 소화설비의 저압식 저장용기에 설치하며 내압시험압력의 0.64배~0.8배에서 작동하는 것은?

① 자동냉동장치　　② 안전장치　　③ 압력경보장치　　④ 안전밸브

> **해설**
> 안전밸브는 저압식 저장용기에 설치하며 내압시험압력의 0.64배~0.8배에서 작동하는 밸브이다.

**정답** 　01 ①　02 ④　03 ④　04 ④

**05** 이산화탄소의 저압식의 저장온도와 압력은 얼마인가?

① 20℃, 6.0 MPa    ② 15℃, 5.3 MPa    ③ −18℃, 2.1 MPa    ④ −56.4℃, 0.5 MPa

> **해설**
> 이산화탄소의 저압식은 −18℃에서 2.1 MPa으로 저장한다.

 **06** 저압식 저장용기에 설치하는 압력경보장치의 작동 압력은 얼마인가?

① 2.2 MPa 이상 2.0 MPa 이하    ② 2.3 MPa 이상 1.9 MPa 이하
③ 2.4 MPa 이상 1.8 MPa 이하    ④ 2.5 MPa 이상 1.7 MPa 이하

> **해설**
> 압력경보장치는 저장압력인 2.1 MPa의 ± 0.2 MPa에서 작동한다.

 **07** 이산화탄소 소화약제의 저장용기 충전비로서 옳은 것은?

① 저압식은 1.1 이상 1.4 미만    ② 저압식은 1.5 이상 1.9 이하
③ 고압식은 1.5 이상 1.9 미만    ④ 고압식은 1.5 이상 1.9 이하

> **해설**
> 저압식의 충전비(약제용기 체적 / 약제량)는 1.1 이상 1.4 이하, 고압식은 1.5 이상 1.9 이하이다.

 **08** 이산화탄소 소화설비의 저압식 $CO_2$저장용기의 충전비는?

① 1.1 이상 1.4 이하    ② 1.1 초과 1.4 이하    ③ 1.1 이상 1.4 미만    ④ 1.1초과 1.4 미만

> **해설**
> 저압식의 충전비(약제용기 체적 / 약제량)는 1.1 이상 1.4 이하, 고압식은 1.5 이상 1.9 이하이다.

**09** 이산화탄소 소화설비의 소화약제 저장용기의 선택밸브 또는 개폐밸브 사이에 설치하는 안전장치의 작동압력은 얼마이어야 하는가?

① 내압시험압력의 0.64배 내지 0.8배    ② 내압시험압력의 0.8배
③ 내압시험압력의 1.0배    ④ 내압시험압력의 1.5배

> **해설**
> 소화약제 저장용기의 선택밸브 또는 개폐밸브 사이에 설치하는 안전장치의 작동압력은 내압시험압력의 0.8배에서 작동해야 한다.
> • 안전밸브(저압식) : 과압을 방지하기 위한 밸브로서 과압을 해소시 자동 복구되는 타입의 밸브
> • 안전장치(저압식, 고압식) : 압력 상승시 설비를 보호하기 위한 장치로 작동 시 자동 복구 안되는 장치(봉판)

**정답**    **05** ③    **06** ②    **07** ④    **08** ①    **09** ②

**••• 10** 가연성액체를 저장하는 개구부가 없는 창고에 전역방출방식으로 이산화탄소 소화설비를 하려고 한다. 창고의 체적이 500 m³일 때 소화약제량은?

① 500 kg 이상    ② 450 kg 이상    ③ 400 kg 이상    ④ 375 kg 이상

 해설

가연성액체 또는 가연성가스등 표면화재 방호대상물 약제량

$(V \times Q) \times N + AK = 500 \times 0.8 = 400$ kg 이상 저장하여야 한다.

V : 방호구역체적(m³)                    Q : 방호구역체적 1m³에 대한 소화약제의 양(kg/m³)
N : 보정계수(설계농도에 따른 수치)      A : 개구부 면적(m²)
K : 개구부 면적에 따른 가산량 (kg/m²)

| 방호구역체적(m³) | 방호구역체적 1 m³에 대한 소화약제의 양 (Q)(kg) | 소화약제 저장량의 최저한도의 양 |
|---|---|---|
| 45 m³ 미만 | 1.0 kg 이상 | 45 kg |
| 45 m³ 이상 150 m³ 미만 | 0.9 kg 이상 | 45 kg |
| 150 m³ 이상 1,450 m³ 미만 | 0.8 kg 이상 | 135 kg |
| 1,450 m³ 이상 | 0.75 kg 이상 | 1,125 kg |

**••• 11** 가연성액체를 저장, 취급하는 공장에 전역방출방식으로 이산화탄소 소화설비를 하려고 한다. 공장의 면적이 200 m², 높이가 4 m일 때 소화약제량은? (단, 설계시의 설계농도가 60%이며 이에 해당하는 보정계수는 2.2 이고 개구부의 면적은 50 m²이고 자동폐쇄장치가 설치되어 있지 않다.)

① 890 kg 이상    ② 1,200 kg 이상    ③ 1,458 kg 이상    ④ 1,658 kg 이상

 해설

가연성액체 또는 가연성가스등 표면화재 방호대상물 약제량

$(V \times Q) \times N + AK = (800 \times 0.8) \times 2.2 + 50 \times 5 = 1,658$ kg 이상 저장하여야 한다.

$N$ : 보정계수 − 설계농도가 34% 초과시 해당하는 보정계수를 기본 소화약제량에 곱한다.

$K$ : 개구부 면적당 소화약제 가산량 (kg/m²) − 5 kg/m²

**••• 12** 면적이 30 m², 높이가 1.3 m인 가연성가스를 취급하는 장소에 이산화탄소소화설비가 설치되어 있다. 소화약제량은 최소 얼마 이상이어야 하는가? (개구부는 없으며 설계농도는 34%이다.)

① 30 kg 이상    ② 39 kg 이상    ③ 40 kg 이상    ④ 45 kg 이상

해설

가연성액체 또는 가연성가스등 표면화재 방호대상물 약제량

$(V \times Q) \times N + AK = 39$ m³ × 1 kg/m³ = 39 kg 이상이지만 방호구역 체적이 45 m³ 미만인 경우 소화약제 저장량의 최저한도의 양은 45 kg이다.

**●●● 13** 면화류를 저장하는 창고에 $CO_2$ 소화설비를 하려고 한다. 소화약제 저장량은 몇 kg 이상으로 하여야 하는가? (단, 이 창고의 면적은 20 m², 층고는 5 m이며 창고 안에는 10 m³의 철근콘크리트 기둥이 있으며 개구부 면적은 1 m² 으로 자동폐쇄장치가 설치되어 있지 않다.)

① 190 　　　　② 248 　　　　③ 253 　　　　④ 280

> **해설**
> 종이·목재·석탄·섬유류·합성수지류 등 심부화재 방호대상물 약제량
> $V \times Q + A \times K = 90 \times 2.7 + 1 \times 10 = 253$ kg 이상 저장하여야 한다.
> 1. $V$ : 방호구역의 체적(m³)　단, 불연재료의 체적은 제외한다.　∴ 100 − 10 = 90 m³
> 2. $Q$ : 체적당 약제량 (kg/m³)
>
> | 방호대상물 | Q : 방호구역체적 1m³에 대한 소화약제의 양(kg) | 설계농도 |
> |---|---|---|
> | 고무류, 모피창고, 집진설비, 석탄창고, 면화류창고  고모집에 석면 있어요? | 2.7 kg | 75% |
>
> 3. $A$ : 개구부 면적 (m²)
> 4. $K$ : 개구부 면적당 소화약제 가산량 (kg/m²) − 10 kg/m²

**●●● 14** 유압기기가 없는 전기실의 체적이 1,200 m³ 공간에 이산화탄소 소화설비를 전역방출방식으로 설치하고자 할 때 필요한 소화약제의 양은 몇 kg 이상으로 하여야 하는가? (단, 개구부 면적은 3 m²이고 자동폐쇄장치가 설치되어 있다.)

① 1,560 　　　　② 1,590 　　　　③ 1,920 　　　　④ 1,950

> **해설**
> 종이·목재·석탄·섬유류·합성수지류 등 심부화재 방호대상물 약제량
> $V \times Q + A \times K = 1,200 \times 1.3 = 1,560$ kg 이상
>
> | 방호대상물 | Q : 방호구역 체적 1 m³에 대한 소화약제의 양(kg) |
> |---|---|
> | 유압기기를 제외한 전기설비, 케이블실 | 1.3 kg |
> | 체적 55 m³ 미만의 전기설비 | 1.6 kg |

**●●○ 15** 다음은 호스릴 이산화탄소 설비의 설치기준이다. 옳지 않은 것은?

① 노즐 당 이산화탄소 약제 방출량은 20℃에서 60 kg/min 이상이어야 한다.
② 소화약제 저장용기는 호스릴을 설치하는 장소마다 설치하여야 한다.
③ 소화약제 저장용기의 가장 가까운 보기 쉬운 곳에 표시등 또는 표지를 설치해야 한다.
④ 저장용기의 개방밸브는 호스의 설치장소에서 자동으로 개폐할 수 있어야 한다.

> **해설**
> 저장용기의 개방밸브는 호스의 설치장소에서 수동으로 개폐할 수 있어야 한다.

**정답** 13 ③ 　14 ① 　15 ④

**●●○ 16**

3개의 호스릴이 설치된 이산화탄소 소화설비에서 소화약제의 저장량은 몇 kg 이상으로 해야 하는가?

① 45　　　　② 90　　　　③ 180　　　　④ 270

> **해설**
> 호스릴 1개당 90 kg 저장하여야 하므로 총 270 kg을 저장하여야 한다.

**●○○ 17**

이산화탄소 소화설비의 수동식기동장치의 설치기준 중 적합하지 않은 것은?

① 전역방출방식에 있어서는 방호구역마다, 국소방출방식에 있어서는 방호대상물마다 설치할 것
② 수동식 기동장치의 부근에는 소화약제의 방출을 지연시킬 수 있는 비상스위치를 설치하여야 한다.
③ 기동장치의 방출용 스위치는 음향 경보장치와 연동하여 조작될 수 있는 것으로 할 것
④ 전기를 사용하는 기동장치 및 그 외 기동장치에는 전원 표시등을 설치하여야 한다.

> **해설**
> 수동식기동장치의 설치기준 – 전기를 사용하는 기동장치에는 전원표시등을 설치할 것

**●●● 18**

이산화탄소 소화설비 자동식기동장치의 가스압력식에 설치하는 기동용기의 내용적은 몇 ℓ 이상으로 하여야 하는가?

① 0.5　　　　② 1.0　　　　③ 2.0　　　　④ 5.0

> **해설**
>
> | 기동용기 설치기준 | |
> | --- | --- |
> | 용적 | 5 ℓ 이상 |
> | 질소등의 비활성기체 | 6.0MPa 이상의 압력으로 충전(21℃) |

**●●● 19**

이산화탄소 소화설비의 전기식 기동장치는 저장용기를 7병 이상 동시 개방하는 경우 몇 병 이상에 전자개방밸브를 부착하여야 하는가?

① 1병　　　　② 2병　　　　③ 3병　　　　④ 4병

> **해설**
> 7병 이상의 저장용기를 동시에 개방하는 설비에 있어서는 2병 이상의 저장용기에 전자 개방밸브를 부착하여야 한다.

**정답** 16 ④　17 ④　18 ④　19 ②

**●●○ 20** 이산화탄소 소화설비의 약제 방출시 점등되는 가스방출표시등의 주된 설치 목적은?

① 소화약제 방출을 알리기 위해서 설치한다.
② 화재구역을 알리기 위해 설치한다.
③ 방호구역 내 사람들에게 대피를 알리기 위해 설치한다.
④ 소화약제 방출시 사람의 진입을 막기 위해 설치한다.

> **해설**
> 이산화탄소소화설비가 설치된 부분의 출입구 등의 보기 쉬운 곳에 소화약제의 방사를 표시하는 표시등을 설치하며 그 본래의 목적은 방호구역 내 산소 농도의 감소에 따른 질식 및 온도강하 등으로 인한 인명피해를 막기 위해서 설치한다.

**●●○ 21** 이산화탄소 소화설비 제어반의 제어기능이 아닌 것은?

① 수동기동장치 작동                ② 음향경보장치의 작동
③ 소화약제의 지연                  ④ 소화약제의 방출

> **해설**
> 제어반에는 전원표시등을 설치하고 수동기동장치 또는 감지기에서의 신호를 수신하여 음향경보장치의 작동, 소화약제의 방출 또는 지연 기타의 제어기능을 가질 것

**●●● 22** 이산화탄소소화설비를 고압식으로 설치할 경우 사용해야할 배관(강관)으로 알맞은 것은?

① 배관용탄소강관                   ② 배관용탄소강관 #80
③ 압력배관용탄소강관 #80           ④ 압력배관용탄소강관 #40

> **해설**

| 구분 | 이산화탄소 | 할론 | 할로겐화합물 및 불활성기체 | 분말 |
|---|---|---|---|---|
| 강관 | 1. spps<br><table><tr><td>고압식</td><td>저압식</td></tr><tr><td>#80</td><td>#40</td></tr></table>2. 이와 동등 이상의 강도 및 방식처리<br>3. 20 mm 이하 : #40으로 설치가능 | 1. spps # 40<br>2. 이와 동등 이상의 강도 및 방식 처리 | 1. 저장용기 방출 내압에 견딜 것<br>2. 이와 동등이상의 강도 및 방식처리 | 1. spp<br>2. 이와 동등 이상의 강도 및 내식성, 내열성<br><br>축압식 2.5 이상 4.2 MPa 이하 → #40 또는 동등 이상 강도 내식성 |

••• **23** 특정소방대상물에 이산화탄소 소화설비가 국소방출방식으로 설치되어 있다. 분사헤드에서 소화약제를 방사하는데 필요한 시간은?

① 10초 이내 ② 30초 이내
③ 1분 이내 ④ 2분 이내

| 구분 | 이산화탄소소화설비 | 할론소화설비 | 할로겐화합물 및 불활성기체소화설비 | 분말소화설비 |
|---|---|---|---|---|
| 방사시간 | 1. 전역방출방식<br>　- 표면화재 60초 이내<br>　- 심부화재 7분 이내<br>　　(설계농도가 2분 이내에<br>　　30%에 도달)<br>2. 국소방출방식 - 30초 이내 | 10초 이내 | 1. 할로겐화합물 소화약제<br>　- 10초 이내<br>2. 불활성기체 소화약제<br>　B급 : 1분 이내<br>　A, C급 : 2분이내 | 30초 이내 |

••• **24** 이산화탄소 소화설비의 고압식 분사헤드의 방사압력은?

① 0.9 MPa 이상 ② 1.05 MPa 이상
③ 1.4 MPa 이상 ④ 2.1 MPa 이상

| 구 분 | 이산화탄소소화설비 | | 할론소화설비 | | |
|---|---|---|---|---|---|
| | 고압식 | 저압식 | 2402 | 1211 | 1301 |
| 헤드방사압력 | 2.1 MPa | 1.05 MPa | 0.1 MPa<br>(상온 액체 - 무상방사) | 0.2 MPa | 0.9 MPa |

••◦ **25** 이산화탄소소화설비의 분사헤드 설치기준으로 옳지 않는 것은?

① 부식방지조치를 하여야 하며 오리피스의 크기, 제조일자, 제조업체가 표시 되도록 할 것
② 갯수는 방호구역에 방사시간이 충족되도록 설치할 것
③ 방출율 및 방출압력은 제조업체에서 정한 값으로 할 것
④ 오리피스의 면적은 분사헤드가 연결되는 배관 구경 면적의 80%를 초과하지 아니할 것

해설
오리피스의 면적은 분사헤드가 연결되는 배관 구경 면적의 70%를 초과하지 아니할 것
가스계에서 헤드의 오리피스 구경을 제한하는 이유는 방사시간과 방사압을 맞추기 위해서다.
또한 오리피스 면적을 70% 이하로 제한하는 이유는 헤드의 설치개수와 관련이 있는데 오리피스의 면적을 크게 할 경우 헤드 설치개수가 줄어들어 방호구역 전역에 균일하게 확산이 되지 않기 때문에 제한하고 있다.

정답 **23** ② **24** ④ **25** ④

**26** 다음 중 이산화탄소소화설비에 대한 설명으로 옳지 않은 것은?

① 자동식 기동장치는 각 방호구역내의 화재감지기의 감지에 따라 작동되도록 할 것
② 음향경보장치는 소화약제의 방사개시 후 1분 이상 경보를 계속할 수 있을 것
③ 음향경보장치를 방송에 따른 경보장치로 설치한 경우 제어반의 복구스위치를 조작하여도 경보
　를 계속 발할 수 있을 것
④ 자동폐쇄장치는 방호구역 또는 방호대상물이 있는 구획의 안에서 복구할 수 있는 구조로 하고,
　그 위치를 표시하는 표지를 할 것

**해설**
자동폐쇄장치는 방호구역 또는 방호대상물이 있는 구획의 밖에서 복구할 수 있는 구조로 하고, 그 위치를 표시하는
표지를 할 것

 **27** 다음 중 이산화탄소소화설비에 대한 설명으로 옳지 않은 것은?

① 비상전원의 종류는 자가발전설비 또는 축전지설비(제어반에 내장하는 경우를 포함한다)로 해야 한다.
② 비상전원은 이산화탄소소화설비를 유효하게 30분 이상 작동할 수 있어야 한다.
③ 지하층, 무창층 및 밀폐된 거실 등에 이산화탄소소화설비를 설치한 경우에는 소화약제의 농도
　를 희석시키기 위한 배출설비를 갖추어야 한다.
④ 이산화탄소소화설비를 컴퓨터프로그램을 이용하여 설계하는 경우에는 가스계소화설비의 설계
　프로그램 성능인증 및 제품검사의 기술기준에 적합한 설계프로그램을 사용하여야 한다.

**해설**
비상전원은 이산화탄소소화설비를 유효하게 20분 이상 작동할 수 있어야 한다.

 **28** 이산화탄소 소화설비의 음향경보장치는 소화약제의 방사개시 후 몇 분 이상 경보를 계속할 수 있어야
하는가?

① 1　　　　　　　② 2　　　　　　　③ 3　　　　　　　④ 4

**해설**
음향경보장치 – 소화약제의 방사개시 후 1분 이상 경보를 계속할 수 있을 것

 **29** 이산화탄소 소화설비 설치장소인 방호구역의 허용강도가 1.2 kPa이고 계산된 $CO_2$ 흐름률 1 kg/min
이라면 압력배출구 면적(mm²)은 얼마로 하여야 하는가?

① 약 50　　　　　② 약 100　　　　③ 약 150　　　　④ 약 218

**해설**

$$X = \frac{239Q}{\sqrt{P}} = \frac{239 \times 1}{\sqrt{1.2}} = 218.18 \, \text{mm}^2$$

$X$ : 과압배출구 면적(mm²)　　$Q$ : 계산된 $CO_2$ 흐름율(kg / min)　　$P$ : 방호구역 허용강도(kPa)

**정답**　26 ④　27 ②　28 ①　29 ④

## 10. 할론소화설비(NFSC 106)

**1** 설치대상 - 물분무소화설비와 동일

**2** 소화약제 저장용기

(1) 설치장소, 설치기준

① 이산화탄소소화설비의 이산화탄소 소화약제의 저장용기 등의 기준 도표 참조

② 동일 집합관에 접속되는 용기의 소화약제 충전량은 동일충전비의 것이어야 할 것

③ 하나의 구역을 담당하는 소화약제 저장용기의 소화약제량의 체적합계보다 그 소화약제 방출시 방출경로가 되는 배관(집합관 포함)의 내용적이 1.5배 이상일 경우에는 해당 방호구역에 대한 설비는 별도 독립방식으로 하여야 한다.

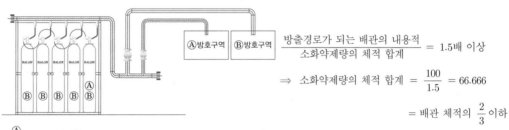

$$\frac{\text{방출경로가 되는 배관의 내용적}}{\text{소화약제량의 체적 합계}} = 1.5\text{배 이상}$$

$$\Rightarrow \text{소화약제량의 체적 합계} = \frac{100}{1.5} = 66.666$$

$$= \text{배관 체적의 } \frac{2}{3} \text{ 이하}$$

Ⓐ:A,B공용용기  Ⓑ:B전용용기  ▭:A구역 배관내용적
Ⓑ

저장용기의 병용

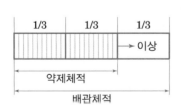

A구역 소화약제량을 체적으로 환산한
경우 약제 방출경로가 되는 배관의 체적의 $\frac{2}{3}$ 이하시
별도독립배관방식으로 할 것

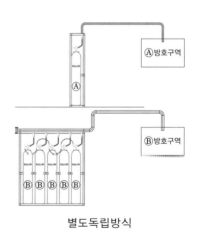

별도독립방식

**3** 할론 소화약제의 저장량

## (1) 전역방출방식

$$V \times Q \ + A \times K$$

| $V$ | 방호구역의 체적($m^3$)<br>※ 불연재료나 내열성의 재료로 밀폐된 구조물이 있는 경우에는 그 체적을 감한 체적 |
|---|---|

| $Q$ | 방호구역 체적 $1m^3$에 대한 양(kg) |

| 소방대상물 또는 그 부분 | | 소화약제의<br>종별 | 방호구역의 체적 $1m^3$당<br>소화약제의 양 | 개구부 면적 $1m^2$ 당<br>소화약제의양(가산량) |
|---|---|---|---|---|
| 차고, 주차장, 전기실,<br>통신기기실, 전산실 등 | | 할론 1301 | 0.32 kg 이상<br>0.64 kg 이하 | 2.4 kg |
| 특수<br>가연물을<br>저장취급<br>하는 소방<br>대상물<br>또는<br>그부분 | 가연성고체류<br>가연성액체류 | 할론 2402 | 0.40 kg 이상<br>1.10 kg 이하 | 3.0 kg |
| | | 할론 1211 | 0.36 kg 이상<br>0.71 kg 이하 | 2.7 kg |
| | | 할론 1301 | 0.32 kg 이상<br>0.64 kg 이하 | 2.4 kg |
| | 면화류, 나무껍질,<br>대팻밥, 넝마,<br>종이부스러기,<br>사류, 볏짚류,<br>목재가공품,<br>나무부스러기 | 할론 1211 | 0.60 kg 이상<br>0.71 kg 이하 | 4.5 kg |
| | | 할론 1301 | 0.52 kg 이상<br>0.64 kg 이하 | 3.9 kg |
| | 합성수지류 | 할론 1211 | 0.36 kg 이상<br>0.71 kg 이하 | 2.7 kg |
| | | 할론 1301 | 0.32 kg 이상<br>0.64 kg 이하 | 2.4 kg |

※ 기본 소화약제량의 증가
0.32 → 0.36 → 0.4 → 0.44 → 0.48 → 0.52 → 0.56 → 0.60 : 0.04씩 증가

| $A$ | 개구부 면적($m^2$) |
|---|---|

| $K$ | 개구부 면적 $1m^2$당 가산량<br>※ 개구부 가산량의 증가<br>　2.4 → 2.7 → 3.0 → 3.3 → 3.6 → 3.9 → 4.2 → 4.5 : 0.3씩 증가 |
|---|---|

2) 국소방출방식

① 윗면이 개방된 용기에 저장하는 경우와 화재시 연소면이 한정되고 가연물이 비산할 우려 가 없는 경우

$$A \times Q \times N$$

| $A$ | 방호대상물의 **표면적**($\text{m}^2$) | |
|---|---|---|
| $Q$ | 소화약제의 종별 | 방호대상물의 표면적 1 $\text{m}^2$에 대한 소화약제의 양(kg) |
| | 2402 | 8.8 |
| | 1211 | 7.6 |
| | 1301 | 6.8 |
| $N$ | 할론 2402 또는 할론 1211 : 1.1     할론 1301 : 1.25 | |

② ① 외의 경우

$$V \times Q \times N$$

| $V$ | 방호공간(방호대상물의 각부분으로부터 0.6 m의 거리에 따라 둘러싸인 공간) ($\text{m}^3$) | |
|---|---|---|
| $Q$ | 방호공간의 체적 1 $\text{m}^3$에 대한 양 (kg/$\text{m}^3$)<br><br><br>$$Q = X - Y\frac{a}{A}$$<br><br>a : 방호대상물 주위에 설치된 벽의 면적의 합계($\text{m}^2$)<br>A : 방호공간의 벽면적(벽이 없는 경우에는 벽이 있는 것으로 가정한 당해 부분의 면적)의 합계($\text{m}^2$) | |
| | 소화약제의 종별 | X의 수치 | Y의 수치 |
| | 2402 | 5.2 | 3.9 |
| | 1301 | 4 | 3 |
| | 1211 | 4.4 | 3.3 |
| $N$ | 할론 2402 또는 할론 1211 : 1.1     할론 1301 : 1.25 | |

(3) 호스릴할론

| 소화약제의 종별 | 소화약제의 양 | 분당 방출량 |
|---|---|---|
| 2402 | 50 kg | 45 kg/min |
| 1211 | 50 kg | 40 kg/min |
| 1301 | 45 kg | 35 kg/min |

**4** 분사헤드

| 전역방출방식 | • 방사된 소화약제가 방호구역의 전역에 균일하게 신속히 확산할 수 있도록 할 것<br>• **할론 2402 : 분사헤드는 당해 소화약제가 무상으로 분무되는 것**으로 할 것 |
|---|---|
| 국소방출방식 | • 소화약제의 방사에 따라 가연물이 비산하지 아니하는 장소에 설치할 것<br>• **할론 2402 : 분사헤드는 당해 소화약제가 무상으로 분무되는 것**으로 할 것 |

**5** 호스릴할론 소화설비

**(1) 설치장소 – 화재 시 현저하게 연기가 찰 우려가 없는 장소**

① 지상 1층 및 피난층에 있는 부분으로서 지상에서 수동 또는 원격조작에 따라 개방할 수 있는 개구부의 유효면적의 합계가 바닥면적의 15% 이상이 되는 부분

② 전기설비가 설치되어 있는 부분 또는 다량의 화기를 사용하는 부분(당해 설비의 주위 5 m 이내의 부분을 포함한다)의 바닥면적이 당해 설비가 설치되어 있는 구획의 바닥면적의 5분의 1 미만이 되는 부분

**(2) 설치기준**

① 방호대상물의 각 부분으로부터 하나의 호스접결구까지의 **수평거리가 20 m 이하**

② 소화약제의 저장용기의 개방밸브는 호스릴의 설치장소에서 수동으로 개폐할 수 있는 것으로 할 것

③ 소화약제의 저장용기는 호스릴을 설치하는 장소마다 설치할 것

④ 소화약제 저장용기의 가까운 곳의 보기 쉬운 곳에 적색의 표시등을 설치하고, 표지를 할 것

**6** 배관 – 이산화탄소소화설비 참조

**7** 기타 내용

• 기동장치, 제어반등, 선택밸브, 자동식 기동장치의 화재감지기, 음향경보장치, 자동폐쇄장치, 비상전원, 설계프로그램 – 이산화탄소소화설비 참조

• 분사헤드 설치제외, 과압배출구, 배출설비 – 이산화탄소소화설비 내용에는 있지만 할론 소화 설비에는 규정 없음

## 실전 예상문제

•••01 할론 소화설비에서 하나의 구역을 담당하는 소화약제 저장용기의 소화약제량의 체적 합계 보다 그 소화약제 방출시 방출 경로가 되는 배관(집합관 포함)의 내용적이 몇 배 이상일 경우에 별도 독립방식으로 하여야 하는가?

① 1배      ② 1.2배      ③ 1.5배      ④ 2배

•••02 면적이 200 m², 층고가 4 m인 차고, 주차장에 할론 1301의 할론 소화설비를 설치하려고 한다. 소화약제 최소 저장량(kg)은 얼마 이상으로 하여야 하는가? (단, 개구부 면적은 5 m²이며 자동 폐쇄장치가 설치되어 있지 않다.)

① 256      ② 268      ③ 281      ④ 306

> **해설**
>
> $V \times Q + A \times K = 800 \times 0.32 + 5 \times 2.4 = 268$ kg 이상 저장하여야 한다.
> 1. $V$ : 방호구역의 체적($m^3$) 단, 불연재료의 체적은 제외한다.
> 2. $Q$ : 방호구역 체적당 약제량 $(kg/m^3)$
>
> | 소방대상물 또는 그 부분 | 소화약제의 종별 | 방호구역의 체적 1$m^3$당 소화약제의 양 | 개구부 면적 1$m^2$ 당 소화약제의양(가산량) |
> |---|---|---|---|
> | 차고, 주차장, 전기실, 통신기기실, 전산실 등 | 할론 1301 | 0.32kg 이상 0.64kg 이하 | 2.4kg |
>
> 3. $A$ : 개구부 면적 ($m^2$)
> 4. $K$ : 개구부 면적당 소화약제 가산량 $(kg/m^2)$ – 2.4 $kg/m^2$

•••03 할론 1301의 소화설비를 국소방출방식으로 표면적이 50 m² 인 전기실에 설치하고자 한다. 최소약제량은? 단, 화재시 연소면이 한정되고 가연물이 비산할 우려가 없다.

① 250      ② 325      ③ 385      ④ 425

> **해설**
>
> 윗면이 개방된 용기에 저장하는 경우와 화재시 연소면이 한정되고 가연물이 비산할 우려가 없는 경우의 약제량
> $A \times Q \times N = 50 \times 6.8 \times 1.25 = 425$ kg 이상
>
> | $A$ | 방호대상물의 표면적 ($m^2$) | |
> |---|---|---|
> | | 소화약제의 종별 | 방호대상물의 표면적 1$m^2$에 대한 소화약제의 양(kg) |
> | $Q$ | 2402 | 8.8 |
> | | 1211 | 7.6 |
> | | 1301 | 6.8 |
> | $N$ | 할론 2402 또는 할론 1211 : 1.1    할론 1301 : 1.25 | |

**정답**   01 ③   02 ②   03 ④

**04** 할론 1301의 소화설비를 호스릴방식으로 설치하고자 한다. 호스릴 1개당 저장량(kg)은?

① 40　　　　　　② 45　　　　　　③ 50　　　　　　④ 55

**해설**

| 소화약제의 종별 | 소화약제의 양 | 분당 방출량 |
|---|---|---|
| 2402 | 50 kg | 45 kg/min |
| 1211 | 50 kg | 40 kg/min |
| 1301 | 45 kg | 35 kg/min |

 **05** 할론 소화설비의 저장용기에 가압용 가스를 사용할 때 가장 적당한 가스는?

① 아르곤　　　　② 이산화탄소　　　③ 질소　　　　　④ 산소

**해설**

소화약제 중 자체 증기압이 낮은 경우 축압식 또는 가압식으로 사용하는데 가압용기에 저장하는 가스는 용기를 부식시키지 않으며 쉽게 구할 수 있는 불연성인 질소(대기중 79%)를 사용한다.

 **06** 축압식저장용기 (20℃)의 할론 소화약제별 충전 압력을 옳게 표시한 것은?

① Halon 1301 − 2.5 또는 4.2 MPa　　　② Halon 1211 − 2.5 또는 4.2 MPa
③ Halon 1301 − 1.1 또는 2.5 MPa　　　④ Halon 1211 − 1.1 또는 4.2 MPa

**해설**

| 하론 1211 | 하론 1301 |
|---|---|
| 축압식저장용기 20℃, 질소 ||
| 1.1 (저압식)또는 2.5(고압식) MPa | 2.5(저압식) 또는 4.2(고압식) MPa |

**07** 특수가연물인 면화류를 저장하는 체적 50 m³ 의 창고에 전역방출방식으로 할론 1301을 설치하려고 한다. 방호구역의 체적 1 m³ 당 소화약제의 양은 최소 kg 이상이어야 하는가?

① 0.24　　　　　② 0.32　　　　　③ 0.52　　　　　④ 0.6

**해설**

| 소방대상물 또는 그 부분 || 소화약제의 종별 | 방호구역의 체적 1m³ 당 소화약제의 양 | 개구부 면적 1m² 당 소화약제의양(가산량) |
|---|---|---|---|---|
| 특수가연물을 저장 취급하는 소방대상물 또는 그부분 | 면화류, 나무껍질, 대팻밥, 넝마, 종이부스러기, 사류, 볏짚류, 목재가공품, 나무부스러기 | 할론 1211 | 0.60 kg 이상 0.71 kg 이하 | 4.5 kg |
| | | 할론 1301 | 0.52 kg 이상 0.64 kg 이하 | 3.9 kg |

 **정답**　04 ② 　05 ③ 　06 ① 　07 ③

••• 08 할론 소화설비의 Halon1301의 분사헤드의 방사압력은?

① 0.1 MPa 이상　　② 0.2 MPa 이상　　③ 0.9 MPa 이상　　④ 1.4 MPa 이상

해설

| 구분(저장용기 등) | 이산화탄소소화설비 | | 할론소화설비 | | |
|---|---|---|---|---|---|
| | 고압식 | 저압식 | 2402 | 1211 | 1301 |
| 헤드방사압력 | 2.1 MPa | 1.05 MPa | 0.1 MPa (상온 액체 − 무상방사) | 0.2 MPa | 0.9 MPa |

••◦ 09 호스릴방식의 소화설비 중에서 방호대상물의 각 부분으로부터 하나의 호스 접결구까지의 수평거리를 20m로 할 수 있는 것은?

① 포 소화설비　　　　　　　　　② 미분무 소화설비
③ 할론 소화설비　　　　　　　　④ 분말 소화설비

해설

| 호스릴방식 | 옥내소화전 | 미분무 | 포 | 이산화탄소 | 할론 | 분말 |
|---|---|---|---|---|---|---|
| 수평거리(m) | 25 | 25 | 15 | 15 | 20 | 15 |

••• 10 할론 소화설비를 전역방출방식으로 하는 소화약제 중 방출하는 분사헤드는 당해 소화약제가 무상으로 분무되도록 하여야 하는 소화약제는?

① 할론 1211　　　② 할론 1301　　　③ 할론 1040　　　④ 할론 2402

해설

할론 2402는 상온에서 액체이므로 헤드에서 방출 시 빠르게 기화하기 위하여 분사헤드는 당해 소화약제가 무상으로 분무되는 것으로 하여야 한다.

## 11. 할로겐화합물 및 불활성기체소화설비(NFSC 107A)

**1** 설치대상 - 물분무소화설비와 동일

**2** 설치제외

(1) 사람이 상주하는 곳으로서 최대허용설계농도를 초과하는 장소
(2) 제3류위험물 및 제5류위험물을 사용하는 장소. 다만, 소화성능이 인정되는 위험물은 제외한다.

**3** 정의

할로겐화합물(할론 1301, 할론 2402, 할론 1211 제외) 및 불활성기체로서 전기적으로 비전도성이며 휘발성이 있거나 증발 후 잔여물을 남기지 않는 소화약제

| 할로겐화합물<br>소화약제 | **불소, 염소, 브롬 또는 요오드** 중 하나 이상의 원소를 포함하고 있는<br>유기화합물을 기본성분으로 하는 소화약제 |
|---|---|
| 불활성기체<br>소화약제 | **헬륨, 네온, 아르곤 또는 질소가스** 중 하나 이상의 원소를 기본성분으로<br>하는 소화약제 |
| 충전밀도 | 용기의 단위용적당 소화약제의 중량의 비율 $(kg/m^3)$ |

**4** 소화약제의 종류

| 할로겐화합물 소화약제 | | | 불활성기체 소화약제 |
|---|---|---|---|
| FC-3-1-10 | HFC-227ea | FIC-13I1 | IG-01 |
| FK-5-1-12 | HFC-23 | | IG-100 |
| HCFC BLEND A | HFC-236fa | | IG-541 |
| HCFC-124 | HFC-125 | | IG-55 |

5 │ 저장용기

(1) 설치장소의 기준

온도가 55℃ 이하인 곳에 설치(그 밖은 이산화탄소소화설비와 동일)

(2) 설치기준

① 저장용기의 충전밀도 및 충전압력은 별표1에 따를 것(아래 표는 참고)

| 항목 ＼ 소화약제 | HCFC-124 | | HFC-125 | | HFC-236fa | | | FK-5-1-12 |
|---|---|---|---|---|---|---|---|---|
| 최대충전밀도(kg/m³) | 1,185.4 | 1,185.4 | 865 | 897 | 1,185.4 | 1,201.4 | 1,185.4 | 1,441.7 |
| 21℃ 충전압력(kPa) | 1,655* | 2,482* | 2,482* | 4,137* | 1,655* | 2,482* | 4,137* | 2,482** |
| 최소사용 설계압력(kpa) | 1,951 | 3,199 | 3,392 | 5,764 | 1,931 | 3,310 | 6,068 | 2,482 |

② 저장용기는 약제명·저장용기의 자체중량과 총중량·충전일시·충전압력 및 약제의 체적을 표시할 것

③ 집합관에 접속되는 저장용기는 동일한 내용적을 가진 것으로 충전량 및 충전압력이 같도록 할 것

④ 저장용기에 충전량 및 충전압력을 확인할 수 있는 장치를 하는 경우에는 해당 소화약제에 적합한 구조

⑤ 저장용기 재충전, 교체

| 구 분 | 약제량 손실 | 압력손실 |
|---|---|---|
| 할로겐화합물 소화약제 | 5%를 초과 | 10%를 초과 |
| 불활성기체 소화약제 | – | 5%를 초과 |

⑥ 하나의 방호구역을 담당하는 저장용기의 소화약제의 체적합계보다 소화약제의 방출시 방출경로가 되는 배관(집합관을 포함한다)의 내용적의 비율이 소화약제 제조업체(이하 "제조업체"라 한다)의 설계기준에서 정한 값 이상일 경우에는 당해 방호구역에 대한 설비는 별도 독립방식으로 하여야 한다.

**6** 소화약제량

**(1) 할로겐화합물 소화약제**

$$W = \frac{V}{S}\left[\frac{C}{100-C}\right]$$

W : 소화약제의 무게(kg)

V : 방호구역의 체적($m^3$)

S : 소화약제별 선형상수

$(K_1 + K_2 \times t)(m^3/kg)$

C : 체적에 따른 소화약제의 설계농도(%)

t : 방호구역의 최소예상온도(℃)

| 소화약제 | $K_1$ | $K_2$ |
|---|---|---|
| FC-3-1-10 | 0.0941 | 0.0003 |
| HCFC BLEND A | 0.2413 | 0.0008 |
| HCFC-124 | 0.1575 | 0.0006 |
| HFC-125 | 0.1825 | 0.0007 |
| HFC-227ea | 0.1269 | 0.0005 |
| HFC-23 | 0.3164 | 0.0012 |
| HFC-236fa | 0.1413 | 0.0006 |
| FIC-1311 | 0.1138 | 0.0005 |
| FK-5-1-12 | 0.0664 | 0.0027 |

**(2) 불활성기체 소화약제**

$$X = 2.303\frac{Vs}{S}Log_{10}\left[\frac{100}{100-C}\right]$$

X : 공간체적당 더해진 소화약제의 부피($m^3/m^3$)

S : 소화약제별 선형상수$(K_1 + K_2 \times t)(m^3/kg)$

C : 체적에 따른 소화약제의 설계농도(%)

Vs : 20℃에서 소화약제의 비체적($m^3/kg$)

t : 방호구역의 최소예상온도(℃)

| 소화약제 | $K_1$ | $K_2$ |
|---|---|---|
| IG-01 | 0.5685 | 0.00208 |
| IG-100 | 0.7997 | 0.00293 |
| IG-541 | 0.6579 | 0.00239 |
| IG-55 | 0.6598 | 0.00242 |

**(3) 체적에 따른 소화약제의 설계농도(%)**

① 상온에서 제조업체의 설계기준에서 정한 실험수치를 적용한다.

② 설계농도는 소화농도(%)에 안전계수(A · C급화재 1.2, B급화재 1.3)를 곱한 값으로 할 것

③ 사람이 상주하는 곳에서는 최대허용설계농도를 초과할 수 없다.

| 소 화 약 제 | 최대허용 설계농도(%) | 소 화 약 제 | 최대허용 설계농도(%) |
|---|---|---|---|
| FC-3-1-10 | 40 | HCFC-124 | 1.0 |
| HFC-23 | 30 | FIC-13I1 | 0.3 |
| HFC-236fa | 12.5 | IG-01 | 43 |
| HFC-125 | 11.5 | IG-100 | 43 |
| HFC-227ea | 10.5 | IG-541 | 43 |
| HCFC BLEND A | 10 | IG-55 | 43 |
| FK-5-1-12 | 10 | | |

**7** 배 관

(1) 소화약제의 배관두께

① **배관의 두께**는 다음의 계산식에서 구한 값(t) 이상일 것. 다만, 분사헤드 설치부는 제외한다.

$$\text{관의 두께 } t\,(\text{mm}) = \frac{PD}{2SE} + A$$ PD 2세 아

| P : 최대허용압력(kPa) | D : 배관의 바깥지름(mm) | A : 나사이음, 홈이음 등의 허용값(mm) (헤드설치부분은 제외한다) | | |
|---|---|---|---|---|
| | | 나사이음 | 절단홈이음 | 용접이음 |
| | | 나사의 높이 | 홈의 깊이 | 0 |

SE : 최대허용응력(kPa)
= 배관재질 인장강도의 1/4값과 항복점의 2/3 값 중 적은 값 × 배관이음효율 × 1.2

※ 배관재질 인장강도의 1/4값과 항복점의 2/3 값 중 적은 값(참고)

| 구분 | | 인장강도(MPa 이상) | 항복점(MPa 이상) |
|---|---|---|---|
| SPPS | 2종 | 3.8 / 4 = 0.95 | 2.2 × 2 / 3 = 1.47 |
| | 3종 | 4.2 / 4 = 1.05 | 2.5 × 2 / 3 = 1.67 |

※ 배관이음효율

| 이음매 없는 배관 | 전기저항 용접배관 | 가열맞대기 용접배관 |
|---|---|---|
| 1.0 | 0.85 | 0.60 |

② 배관과 배관, 배관과 배관부속 및 밸브류의 **접속**
**나사접합, 용접접합, 압축접합 또는 플랜지접합 등의 방법을 사용**하여야 한다.

③ 배관의 구경
당해 방호구역에 소화약제가 10초(불활성기체 소화약제는 B급 : 1분, A,C 급 : 2분) 이내에 방호구역 각 부분에 최소설계농도의 95% 이상 해당하는 약제량이 방출되도록 하여야 한다.

(2) 배관부속 및 밸브류
강관 또는 동관과 동등 이상의 강도 및 내식성이 있는 것으로 할 것

**8** 분사헤드

(1) **설치 높이**는 방호구역의 바닥으로부터 **최소 0.2 m 이상 최대 3.7 m 이하**로 하여야 하며 **천장높이가 3.7 m를 초과할 경우에는 추가로 다른 열의 분사헤드를 설치할 것**
다만, 분사헤드의 성능인정 범위 내에서 설치하는 경우에는 그러하지 아니하다.

(2) 갯수는 방호구역에 충족되도록 설치할 것

(3) 부식방지조치를 하여야 하며 오리피스의 크기, 제조일자, 제조업체가 표시 되도록 할 것

(4) 방출율 및 방출압력은 제조업체에서 정한 값으로 한다.

(5) **오리피스의 면적은 분사헤드가 연결되는 배관구경면적의 70%를 초과하여서는 아니 된다.**

**9** 기동장치

(1) 수동식 기동장치

 ① **방호구역마다 설치(국소방출방식 방호대상물이란 내용 없음)**

 ② **5 kg 이하의 힘을 가하여 기동할 수 있는 구조로 설치**

 ③ 기타 기준은 이산화탄소 소화설비와 동일

(2) 자동식 기동장치 – 이산화탄소 소화설비와 동일

(3) 방출표시등

 소화약제소화설비가 설치된 구역의 출입구에는 소화약제가 방출되고 있음을 나타내는
 표시등을 설치

**10** 과압배출구

소화약제소화설비의 방호구역에 소화약제가 방출시 과압으로 인하여 구조물 등에 손상이 생길 우려가 있는 장소에는 과압배출구를 설치하여야 한다.

**과압배출구(Pressure Relief Vent)면적**

$$X = \frac{42.9Q}{\sqrt{P}}$$

 $X$ : 과압배출구 면적($cm^2$)

 $Q$ : 계산된 Inergen흐름율($m^3/min$)

 $P$ : 방호구역 허용강도($kg/m^2$)

 경량칸막이 10, 블록마감 50, 철근콘크리트 100

**11** 기타 내용

선택밸브, 자동식기동장치의 화재감지기, 음향경보장치, 자동폐쇄장치, 비상전원, 설계프로그램, 제어반등 – 이산화탄소화설비 준용

**실전 예상문제**

## 01 할로겐화합물 및 불활성기체 소화설비를 설치할 수 없는 위험물은?

① 제1류위험물 및 제6류위험물      ② 제2류위험물 및 제4류위험물
③ 제3류위험물 및 제5류위험물      ④ 제2류위험물 및 제3류위험물

> **해설**
> 할로겐화합물 및 불활성기체 소화설비는 제3류위험물 및 제5류위험물을 사용하는 장소에 설치할 수 없다.
> 다만, 소화성능이 인정되는 위험물은 제외한다.

## 02 다음 중 불활성기체 소화약제의 기본 성분이 아닌 것은?

① 헬륨      ② 네온      ③ 아르곤      ④ 크세논

> **해설**
> 불활성기체 소화약제 – 헬륨, 네온, 아르곤 또는 질소가스 중 하나 이상의 원소를 기본성분으로 하는 소화약제

## 03 화재안전기준에서 정한 할로겐화합물 및 불활성기체소화약제의 종류가 아닌 것은?

① IG−541      ② HFC − 125
③ FC−3−1−10      ④ IG−10

> **해설**

| 할로겐화합물 소화약제 | | | 불활성기체 소화약제 |
|---|---|---|---|
| FC−3−1−10 | HFC−227ea | FIC−13I1 | IG−01 |
| FK−5−1−12 | HFC−23 | | IG−100 |
| HCFC BLEND A | HFC−236fa | | IG−541 |
| HCFC−124 | HFC−125 | | IG−55 |

## 04 화재안전기준에서 정한 소화약제의 종류 중 IG − 01은 무슨 가스로 이루어진 것인가?

① 질소      ② 아르곤      ③ 네온      ④ 헬륨

> **해설**
> IG − 01에서 0은 질소를 1은 아르곤을 말한다. 따라서 IG − 01은 아르곤 100%로 된 소화약제이다.

**정답**   01 ③   02 ④   03 ④   04 ②

**05** 화재안전기준에서 정한 소화설비 중 약제의 저장용기 내 저장상태가 기체상태인 약제는?

① FE−241　　　　② NAFS − Ⅲ　　　　③ FM − 200　　　　④ INERGEN

> **해설**
> 불활성기체의 경우 소화약제가 저장용기 내 기체상태이며 할로겐화합물의 경우 액상 상태이다.
> FE−241(HCFC−124), NAFS − Ⅲ(HCFC BLEND A), FM − 200(HFC−227ea)

 **06** 할로겐화합물 및 불활성기체의 저장용기에 표시사항이 아닌 것은?

① 약제명, 약제의 체적　　　　　　　　② 저장용기의 자체중량과 총중량
③ 저장용기의 체적　　　　　　　　　　④ 충전일시, 충전압력

> **해설**
> 저장용기는 약제명·저장용기의 자체중량과 총중량·충전일시·충전압력 및 약제의 체적을 표시할 것

 **07** 할로겐화합물 및 불활성기체의 저장용기를 교체 또는 충전해야 하는 기준이 아닌 것은?

① 할로겐화합물 소화약제 약제량 손실이 5%를 초과
② 할로겐화합물 소화약제 압력손실이 10%를 초과
③ 불활성기체 소화약제 약제량 손실이 5%를 초과
④ 불활성기체 소화약제 압력손실이 5%를 초과

> **해설**
> 저장용기를 재충전, 교체 해야 하는 경우
>
> | 구 분 | 약제량 손실 | 압력손실 |
> |---|---|---|
> | 할로겐화합물 소화약제 | 5%를 초과 | 10%를 초과 |
> | 불활성기체 소화약제 | − | 5%를 초과 |

 **08** 할로겐화합물 소화약제 소화약제량 구하는 식으로 옳은 것은? 단, W는 소화약제의 무게, V 는 방호구역의 체적, S는 소화약제별 선형상수, C는 체적에 따른 소화약제의 설계농도이다.

① $W = \dfrac{V}{S} \times \dfrac{C}{100 - C}$　　　　　　　② $W = \dfrac{V}{S} \times \dfrac{100}{100 - C}$

③ $W = \dfrac{S}{V} \times \dfrac{100}{100 - C}$　　　　　　　④ $W = \dfrac{S}{V} \times \dfrac{C}{100 - C}$

> **해설**
> 할로겐화합물 소화약제 소화약제량 $W = \dfrac{V}{S} \times \dfrac{C}{100 - C}$ 이다.

**정답**　05 ④　06 ③　07 ③　08 ①

**09** 불활성기체 소화약제를 20℃로 유지되고 있는 전기실에 설치하고자 한다. 소화약제의 소화농도가 10%인 경우 방호구역 체적당 약제량(m³/m³)은 얼마인가?

① 0.1        ② 0.128        ③ 0.15        ④ 0.18

> **해설**
>
> 방호구역 체적당 약제량
>
> $$X = 2.303 \frac{V_S}{S} \text{Log}_{10}(\frac{100}{100-C})\,(\text{m}^3/\text{m}^3) = 2.303\,\text{Log}_{10}(\frac{100}{100-12}) = 0.128\,(\text{m}^3/\text{m}^3)$$
>
> $X$ : 공간체적당 더해진 소화약제의 부피(m³/m³)     $C$ : 체적에 따른 소화약제의 설계농도(%)
> $S$ : 소화약제별 선형상수(K₁ + K₂ × t)(m³/kg)     $Vs$ : 20℃에서 소화약제의 비체적(m³/kg)
> $t$ : 방호구역의 최소예상온도(℃)
>
> 1. S는 소화약제별 선형상수로서 방호구역이 20℃이므로 20℃에서 소화약제의 비체적인 $V_S$와 동일하여 계산할 필요가 없다.
> 2. 방호구역이 전기실이므로 C급 화재이며 소화농도가 10%이므로 설계농도는 안전계수 1.2를 곱하여 12%로 적용한다. [설계농도는 소화농도(%)에 안전계수(A·C급화재 1.2, B급화재 1.3)를 곱한 값으로 할 것]

 **10** 화재안전기준에서 정한 할로겐화합물 및 불활성기체소화약제 중 최대허용설계농도가 가장 큰 것은?

① IG −541        ② FC−3−1−10        ③ HFC−236fa        ④ HFC−125

> **해설**
>
> | 소 화 약 제 | 최대허용 설계농도(%) | 소 화 약 제 | 최대허용 설계농도(%) |
> |---|---|---|---|
> | FC−3−1−10 | 40 | FK−5−1−12 | 10 |
> | HFC−23 | 30 | HCFC BLEND A | 10 |
> | HFC−236fa | 12.5 | HCFC−124 | 1.0 |
> | HFC−125 | 11.5 | FIC−13I1 | 0.3 |
> | HFC−227ea | 10.5 | 불활성가스계 | 43 |

 **11** 할로겐화합물 및 불활성기체소화약제 소화설비의 분사헤드의 설치높이로 맞는 것은?

① 최소 0.5 m 이상 최대 3.7 m 이하      ② 최소 1 m 이상 최대 3.5 m 이하
③ 최소 0.2 m 이상 최대 3.5 m 이하      ④ 최소 0.2 m 이상 최대 3.7 m 이하

> **해설**
>
> 분사헤드의 설치 높이는 방호구역의 바닥으로부터 최소 0.2 m 이상 최대 3.7 m 이하로 하여야 하며 천장높이가 3.7 m를 초과할 경우에는 추가로 다른 열의 분사헤드를 설치할 것

**정답**   09 ②   10 ①   11 ④

**••• 12** 할로겐화합물 및 불활성기체소화약제 소화설비의 배관의 두께를 결정하는 식으로 옳은 것은? (단, P : 최대허용압력(kPa), D : 배관의 바깥지름(mm), A : 나사이음, 홈이음 등의 허용값(mm), SE : 최대허용응력(kPa) 이다.)

① $t = \dfrac{PD}{2SE} + A$  ② $t = \dfrac{PD}{2SE} - A$

③ $t = \dfrac{SE}{2PD} + A$  ④ $t = \dfrac{PD}{2SE} \times A$

> **해설**
>
> 관의 두께 $t = \dfrac{PD}{2SE} + A$   PD 2세 아
>
> P : 최대허용압력(kPa),  D : 배관의 바깥지름(mm),  A : 나사이음, 홈이음 등의 허용값(mm)
> SE : 최대허용응력(kPa)

**•∘∘ 13** 할로겐화합물 및 불활성기체소화약제의 배관 두께 산정식은 $t = \dfrac{PD}{2SE} + A$ 이다. 여기서 $SE$(최대허용응력)의 설명으로 옳은 것은?

① 배관재질 인장강도의 2/3값과 항복점의 1/4 값 중 적은 값 × 배관이음효율 × 1.3
② 배관재질 인장강도의 2/3값과 항복점의 1/4 값 중 적은 값 × 배관이음효율 × 1.2
③ 배관재질 인장강도의 1/4값과 항복점의 2/3 값 중 적은 값 × 배관이음효율 × 1.3
④ 배관재질 인장강도의 1/4값과 항복점의 2/3 값 중 적은 값 × 배관이음효율 × 1.2

> **해설**
>
> SE : 최대허용응력(kPa) = 배관재질 인장강도의 1/4값과 항복점의 2/3 값 중 적은 값 × 배관이음 효율 × 1.2
> 응력(stress)은 외력(外力)이 재료에 작용할 때 그 내부에 생기는 저항력. 변형력이라고도 하고 내력(內力)이라고도 한다. 외력이 증가함에 따라 증가하지만 이에는 한도가 있어서 응력이 그 재료 고유의 한도에 도달하면 외력에 저항할 수 없게 되어 그 재료는 마침내 파괴된다.

**•∘∘ 14** 할로겐화합물소화약제는 10초(불활성기체 소화약제는 B급 1분, A, C급 2분) 이내에 방호구역 각 부분에 최소설계농도의 몇 % 이상 해당하는 약제량이 방출되어야 하는가?

① 85%  ② 90%  ③ 95%  ④ 100%

> **해설**
>
> 당해 방호구역에 할로겐화합물소화약제가 10초(불활성기체 소화약제는 B급 1분, A, C급 2분)이내에 방호구역 각 부분에 최소설계농도의 95% 이상 해당하는 약제량이 방출되도록 하여야 한다.

**정답** 12 ①  13 ④  14 ③

## 12. 분말소화설비(NFSC 108)

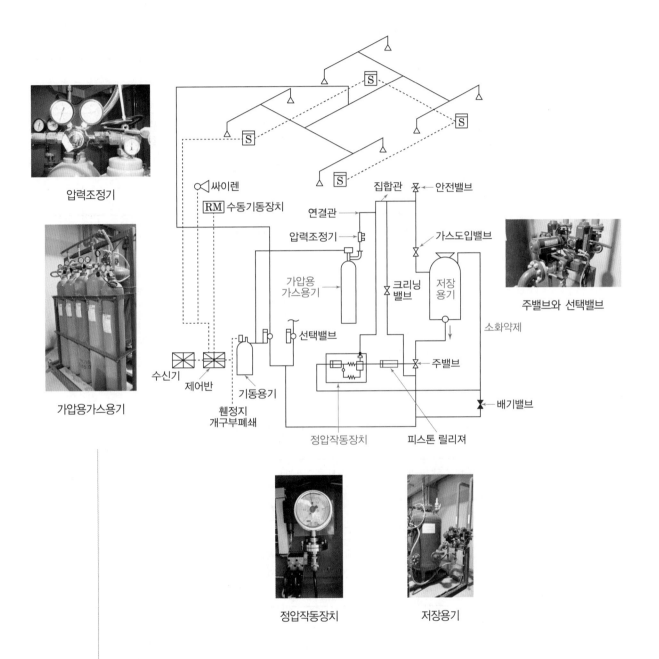

압력조정기

가압용가스용기

싸이렌
RM 수동기동장치
연결관
압력조정기
가압용
가스용기
선택밸브
수신기
제어반
기동용기
휀정지
개구부폐쇄
정압작동장치
피스톤 릴리져
집합관
안전밸브
가스도입밸브
크리닝
밸브
저장
용기
소화약제
주밸브
배기밸브

주밸브와 선택밸브

정압작동장치                저장용기

**1** 설치대상 – 물분무소화설비와 동일

### 2 소화약제의 저장량 – 차고 또는 주차장 : 제3종분말

#### (1) 전역방출방식

$$V \times Q \ + \ A \times K$$

| $V$ | 방호구역의 체적($\mathrm{m}^3$) | | |
|---|---|---|---|
| $Q$ | 방호구역 체적 $1\mathrm{m}^3$에 대한 양(kg) | | |

| 소화약제의 종별 | 방호구역 체적 $1\mathrm{m}^3$에 대한 소화약제의 양 | 개구부의 면적 $1\mathrm{m}^2$에 대한 소화약제의 양(가산량) |
|---|---|---|
| 제1종 | 0.6 | 4.5 |
| 제2종, 제3종 | 0.36 | 2.7 |
| 제4종 | 0.24 | 1.8 |

> 1종은 1×0.6 = 0.6  2종, 3종은 2×3×0.6 = 0.36  4종은 4×0.6 = 0.24

> 1 2 3 4
> 8 7 6 5
> 위 처럼 1부터 8까지 시계방향으로 쓰고 중간에 소수점을 찍으면 1.8, 2.7, 3.6, 4.5가 되는데 여기서 3.6을 제외하면 개구부 가산량이 된다.

| $A$ | 개구부면적($\mathrm{m}^2$) |
|---|---|
| $K$ | 개구부 면적 $1\mathrm{m}^2$당 가산량 |

#### (2) 국소방출방식

$$V \times Q \times N$$

| $V$ | 방호공간(방호대상물의 각부분으로부터 $0.6\,\mathrm{m}$의 거리에 따라 둘러싸인 공간) ($\mathrm{m}^3$) |
|---|---|
| $Q$ | 방호공간의 체적 $1\mathrm{m}^3$에 대한 양($\mathrm{kg}/\mathrm{m}^3$) |

$$Q \ = \ X - \ Y \frac{a}{A}$$

a : 방호대상물 주위에 설치된 벽의 면적의 합계($\mathrm{m}^2$)
A : 방호공간의 벽면적(벽이 없는 경우에는 벽이 있는 것으로 가정한 당해 부분의 면적)의 합계($\mathrm{m}^2$)

| 소화약제의 종별 | X의 수치 | Y의 수치 |
|---|---|---|
| 제1종 | 5.2 | 3.9 |
| 제2종, 제3종 | 3.2 | 2.4 |
| 제4종 | 2 | 1.5 |

| $N$ | 1.1 |
|---|---|

**(3) 호스릴 방식**

| 소화약제의 종별 | 소화약제의 양 | 분당 방출량 |
|---|---|---|
| 제1종 | 50 kg | 45 kg/min |
| 제2종, 제3종 | 30 kg | 27 kg/min |
| 제4종 | 20 kg | 18 kg/min |

① 소화약제의 저장용기의 개방밸브는 호스릴의 설치장소에서 수동으로 개폐할 수 있는 것으로 할 것

② 소화약제의 저장용기는 호스릴을 설치하는 장소마다 설치할 것

③ 저장용기에는 그 가까운 곳의 보기 쉬운 곳에 적색의 표시등을 설치하고, 이동식분말소화설비가 있다는 뜻을 표시한 표지를 할 것

**3 저장용기 등**

**(1) 저장용기 설치장소, 설치기준 – 이산화탄소소화설비 참조**

**(2) 청소장치 – 저장용기 및 배관에는 잔류 소화약제를 처리할 수 있는 청소장치를 설치할 것**

| 구분 | 분말소화약제 압송중 | 저장용기내 잔압방출 조작중 | 크리닝(청소)조작 중(배관청소) |
|---|---|---|---|
| 밸브의 상태 | | | |
| OPEN ◎ | 가스도입밸브, 주밸브, 선택밸브 | 배기밸브, 선택밸브 | 크리닝밸브, 선택밸브 |
| CLOSE ⊠ | 배기밸브, 크리닝밸브 | 가스도입밸브, 주밸브, 크리닝밸브 | 가스도입밸브, 주밸브, 배기밸브 |

**(3) 지시압력계**

축압식의 분말소화설비는 사용압력의 범위를 표시한 지시압력계를 설치할 것

(4) 정압작동장치

분말소화약제는 고체로서 유동성이 좋지 않아 방사구역에 골고루 신속하게 방사되기 어렵기 때문에 정압작동장치를 이용하여 일정 압력에 도달 후 주밸브를 개방하는 방식을 채택하고 있다.

| 압력스위치식 | 시한릴레이방식 | 기계적방식 |
|---|---|---|
| | | |
| 저장용기의 압력이 정해진 압력에 도달되면 압력스위치를 작동시켜 주밸브를 개방하는 방식 | 저장용기의 압력이 정해진 압력에 도달할 시간을 미리 예측하여 타이머로 설정한 후 일정 시간이 지나면 주밸브를 개방하는 방식 | 저장용기의 압력이 일정 압력에 도달 하면 정압작동레버에 의해 주밸브를 개방시켜 주는 방식 |

**5  가압용가스용기**

(1) 가압용 가스용기는 분말소화약제의 저장용기에 접속하여 설치

(2) 가압용가스 용기를 3병 이상 설치한 경우에 있어서는 2개 이상의 용기에 전자개방밸브를 부착

(3) 가압용가스 용기에는 2.5 MPa 이하의 압력에서 조정이 가능한 압력조정기를 설치

(4) 가압용가스 또는 축압용가스의 기준

① 가압용가스 또는 축압용가스는 질소가스 또는 이산화탄소로 할 것

② 소화약제 1 kg당 저장량

| 소화약제 1 kg마다 저장량 | 가압용가스 | 축압용가스 |
|---|---|---|
| 질소가스 | 40 ℓ 이상 | 10 ℓ 이상 |
| 이산화탄소 | 20 g 이상 | 20 g 이상 |

※ 질소가스는 35℃에서 1기압의 압력상태로 환산한 용량을 말한다.

③ 소화약제 1 kg당 저장량 외 청소에 필요한 양을 가산하여야 하며 배관의 청소에 필요한 양의 가스는 별도의 용기에 저장하여야 한다.

**6** 배 관 (위험물안전관리에 관한 세부기준 등)

| 배관의 분기 방법 |
|---|

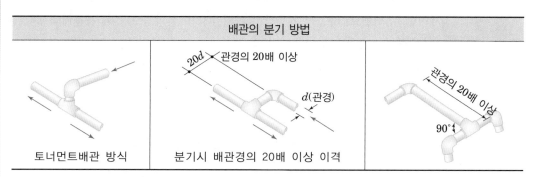

| 토너먼트배관 방식 | 분기시 배관경의 20배 이상 이격 | |

(1) **토너먼트 배관 방식으로 할 것**

각 헤드까지 배관의 마찰손실을 동일하게 함으로서 **일정한 방사량과 방사압력을 유지하기 위해서이다.**

(2) 가스와 분말의 분리를 방지하기 위하여 **배관의 최소 굵기는 20 mm 이상일 것**

(3) **배관의 분기는 관경의 20배 이상의 간격을 두고 분기할 것**

(4) 분말 저장용기 **주밸브로부터 노즐까지의 배관길이는 150 m 이하일 것**

(5) **Tee를 사용하여 분기시에는 2방향이 대칭**이 되도록 하여 배관 단면적의 합계가 일정하도록 할 것

---

**예제 01**

토너먼트 방식으로 분말 소화설비의 배관을 설치하는 이유 중 가장 적당한 것은?

① 헤드에서 일정한 압력을 유지하기 위해
② 헤드에서 일정한 방사량과 방사압력을 유지하기 위해
③ 배관의 마찰손실을 적게 하기 위해
④ 헤드에서 일정한 방사량을 유지하기 위해

 ②

---

**7** 분사헤드

| 전역방출방식 | • 방사된 소화약제가 방호구역의 전역에 균일하고 신속하게 확산할 수 있도록 할 것<br>• 소화약제 저장량을 **30초 이내에 방사**할 수 있는 것으로 할 것<br>• **분사헤드의 방사압력은 0.1 MPa 이상일 것(위험물안전관리에 관한 세부기준)** |
|---|---|
| 국소방출방식 | • 소화약제의 방사에 따라 가연물이 비산하지 아니하는 장소에 설치할 것<br>• 저장량의 소화약제를 **30초 이내에 방사**할 수 있는 것으로 할 것 |

※ 호스릴분말소화설비 설치장소 – 이산화탄소소화설비 준용

**8** 기동장치 등

제어반, 선택밸브, 자동식 기동장치 화재감지기, 음향경보장치, 자동폐쇄장치, 비상전원 동일 −
이산화탄소소화설비 참조

**9** 작동의 흐름

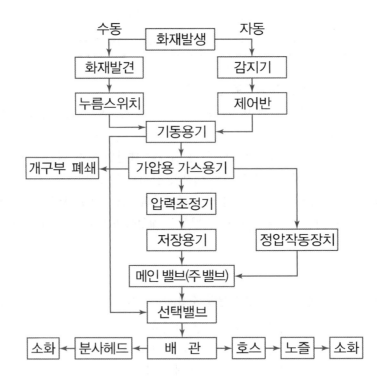

# 실전 예상문제

 **01** 분말소화약제의 저장용기 설치 기준에 맞지 않는 것은?

① 방호구역 내에 설치한다.
② 온도가 40℃ 이하이고 온도변화가 적은 곳에 설치한다.
③ 직사광선 및 빗물의 침투할 우려가 없는 곳에 설치한다.
④ 방화문으로 구획된 실에 설치한다.

**해설**
방호구역외의 장소에 설치할 것. 다만, 방호구역 내에 설치할 경우에는 피난 및 조작이 용이하도록 피난구 부근에 설치하여야 한다.

 **02** 제1종 분말을 250 kg을 저장하려고 할 때 저장용기의 내용적(ℓ)은 얼마 이상으로 하여야 하는가?

① 200 ℓ                    ② 250 ℓ
③ 312.5 ℓ                  ④ 275 ℓ

**해설**
저장용기 충전비(ℓ/kg)
제1종 분말소화약제 − 1 kg당 0.8 ℓ 이상    ∴  0.8 ℓ/kg × 250 kg = 200 ℓ 이상으로 하여야 한다.

 **03** 분말 소화설비 저장용기의 충전비는 최소 얼마 이상이어야 하는가?

① 0.8              ② 1.0              ③ 1.25             ④ 1.5

**해설**

| 구 분 | 제1종분말 | 제2종분말, 제3종분말 | 제4종분말 |
|---|---|---|---|
| 충전비(ℓ/kg) | 0.8 | 1 | 1.25 |

 **04** 제3종 분말 소화약제의 충전비(ℓ/kg)는?

① 0.8              ② 1.0              ③ 1.25             ④ 1.5

**해설**
문제 3번 해설 참조

 **정답** 01 ①  02 ①  03 ①  04 ②

**05**  면적이 200 m², 층고가 4 m인 차고, 주차장에 제3종 분말소화설비를 설치하려고 한다. 소화약제 최소 저장량(kg)은 얼마 이상으로 하여야 하는가? (단, 개구부 면적은 5 m²이며 자동폐쇄장치가 설치되어 있지 않다.)

① 262.5 kg    ② 284.5 kg    ③ 298.5 kg    ④ 301.5 kg

**해설**

$V \times Q + A \times K = 800 \times 0.36 + 5 \times 2.7 = 301.5$ kg 이상 저장하여야 한다.

1. $V$ : 방호구역의 체적(m³)  단, 불연재료의 체적은 제외한다.
2. $Q$ : 방호구역 체적당 약제량 (kg/m³)

| 소화약제의 종별 | 방호구역 체적 1m³에 대한<br>소화약제의 양 | 개구부의 면적 1m²에 대한<br>소화약제의 양(가산량) |
|---|---|---|
| 제1종 | 0.6 | 4.5 |
| 제2종, 제3종 | 0.36 | 2.7 |
| 제4종 | 0.24 | 1.8 |

3. $A$ : 개구부 면적 (m²)
4. $K$ : 개구부 면적당 소화약제 가산량 (kg/m²)

 **06**  호스릴 분말소화설비에 제3종 분말소화약제를 90 kg 설치하였다면 호스릴은 몇 개인가?

① 1개    ② 2개    ③ 3개    ④ 4개

**해설**

분말소화약제별 호스릴소화설비 약제량 및 분당 방출량

| 소화약제의 종별 | 소화약제의 양 | 분당 방출량 |
|---|---|---|
| 제1종 | 50 kg | 45 kg/min |
| 제2종, 제3종 | 30 kg | 27 kg/min |
| 제4종 | 20 kg | 18 kg/min |

> 분당 방출량은 개구부 면적당 소화약제 가산량(kg/m²) × 10
> 소화약제의 양은 분당방출량을 반올림한 수치

 **07**  전역방출방식 분말소화설비에서 방호구역의 개구부에 자동폐쇄장치를 설치하지 아니한 경우에 개구부의 면적 (m²)당 분말소화약제의 가산량으로 잘못된 것은?

① 제1종 분말 − 4.5 kg          ② 제2종 분말 − 3.6 kg
③ 제3종 분말 − 2.7 kg          ④ 제4종 분말 − 1.8 kg

**해설**

제2종 분말소화약제는 개구부 면적당 2.7 kg 이상 가산하여야 한다.
제2종과 제3종은 체적당 소화약제량, 개구부 가산량, 호스릴 당 약제량 등 모두가 같다.

 **정답**  05 ④  06 ③  07 ②

**08** 분말 소화설비의 가압용 가스에 질소가스를 사용시 10 kg 소화약제를 사용하다면 필요한 가압용가스의 양은 얼마인가? (단, 배관 청소에 필요한 양은 제외)

① 200 ℓ  ② 400 ℓ  ③ 600 ℓ  ④ 800 ℓ

해설
10 kg × 40 ℓ/kg = 400 ℓ 이상
가압용가스 또는 축압용가스의 기준
1. 가압용가스 또는 축압용가스는 질소가스 또는 이산화탄소로 할 것
2. 소화약제 1 kg마다 저장량

| 구 분 | 가압용가스 | 축압용가스 |
|---|---|---|
| 질소가스 | 40 ℓ 이상 | 10 ℓ 이상 |
| 이산화탄소 | 20 g 이상 | 20 g 이상 |

 **09** 분말소화약제의 가압용 가스용기를 몇 병 이상 설치한 경우에 2개 이상의 용기에 전자 개방밸브를 부착하여야 하는가?

① 3병  ② 5병  ③ 7병  ④ 10병

해설
분말소화약제의 가압용가스 용기를 3병 이상 설치한 경우에 있어서는 2개 이상의 용기에 전자개방밸브를 부착하여야 한다.

 **10** 분말 소화설비 작동 후 저장용기 및 배관에 잔류 소화약제를 처리할 수 있는 장치는?

① 배출 장치  ② 청소 장치
③ 분해 장치  ④ 배수 장치

해설
저장용기 및 배관에는 잔류 소화약제를 처리할 수 있는 청소장치를 설치할 것

 **11** 차고, 주차장에만 사용할 수 있는 분말 소화약제는?

① 제1종 분말  ② 제2종 분말
③ 제3종 분말  ④ 제4종 분말

해설
분말소화설비에 사용하는 소화약제는 제1종분말·제2종분말·제3종분말 또는 제4종분말로 하여야 한다.
다만, 차고 또는 주차장에 설치하는 분말소화설비의 소화약제는 제3종분말로 하여야 한다.

 **정답** 08 ② 09 ① 10 ② 11 ③

**••• 12** 분말소화설비에서 분말소화약제의 방사 시간으로 적합한 것은?

① 10초　　　　② 30초　　　　③ 60초　　　　④ 100초

> **해설**
>
> | 구분 | 이산화탄소소화설비 | 할론소화설비 | 할로겐화합물등 소화설비 | 분말소화설비 |
> |---|---|---|---|---|
> | 방사시간 | 1. 전역방출방식<br>　－ 표면화재 60초 이내<br>　－ 심부화재 7분 이내<br>　　(설계농도가 2분 이내에 30%에 도달)<br>2. 국소방출방식 － 30초 이내 | 10초 이내 | 1. 할로겐화합물 소화약제<br>　－ 10초 이내<br>2. 불활성기체 소화약제<br>　－ B급 : 1분 이내<br>　－ A, C급 : 2분 이내 | 30초 이내 |

**••○ 13** 호스릴 분말소화설비 중 제3종 분말은 하나의 노즐마다 분당 몇 kg을 방사할 수 있어야 하는가?

① 18　　　　② 27　　　　③ 36　　　　④ 45

> **해설**
>
> 문제 5번 해설 참조 － 하나의 노즐 당 분당 방사량은 개구부 가산량에 10을 곱한 수치이다.

**••○ 14** 방호구역의 체적이 300 m³ 인 곳에 제1종 분말소화약제를 설치하고자 한다. 소화 분말로서 설치해야 할 헤드의 수는? (단, 개구부는 없으며 분사 헤드의 방출율은 20 kg/분·개이다.)

① 3개　　　　② 5개　　　　③ 9개　　　　④ 18개

> **해설**
>
> 약제량은 $V \times Q + A \times K = 300 \times 0.6 = 180\,\text{kg}$ 이며 분말소화설비는 30초 이내 방사가 되어야 하고
>
> 하나의 헤드당 방출율은 20kg/분·개이므로 $\dfrac{180\,\text{kg}/30\,\text{sec}}{20\,\text{kg}/60\,\text{sec} \cdot \text{개}} = 18$ 개가 필요하다.

**••• 15** 분말소화설비에 있어서 정압작동장치의 설치 목적은 다음 중 어느 것인가?

① 분말약제가 굳는 것을 방지하기 위해서
② 방사구역에 일정압력 이상으로 균등하게 확산하기 위해서
③ 배관의 보호를 위해서
④ 저장 용기내의 압력을 안전하게 유지하기 위해서

> **해설**
>
> 분말소화약제는 고체로서 유동성이 좋지 않아 방사구역에 균등하게 확산되도록 방사하기 어렵기 때문에 정압작동장치를 이용하여 일정 압력에 도달 후 주밸브를 개방하는 방식을 채택하고 있다.

**정답** 　12 ②　13 ②　14 ④　15 ②

**16** 분말소화설비의 정압작동장치의 종류에 맞지 않는 것은?

① 압력스위치 방식　　　　　　　② 기계적인 방식
③ 시한릴레이 방식　　　　　　　④ 전기적인 방식

> **해설**
> 정압작동장치의 종류 – 압력스위치 방식, 시한릴레이 방식, 기계적인 방식

 **17** 분말 소화설비 작동 후 배관 속에 잔류하고 있는 소화약제는 어떻게 처리하는가?

① 청소장치를 이용하여 물로 청소한다.
② 배출밸브를 열어 자동 배출 시킨다.
③ 고압의 질소가스로 청소한다.
④ 햇빛에 분해되어 자동으로 없어지므로 별도의 청소장치가 필요없다.

> **해설**
> 분말이 수분을 흡수하여 배관에 고착되어 버리면 배관의 면적이 작아지며 마찰손실은 커진다. 따라서 고압의 질소
> 또는 이산화탄소를 별도의 용기에 저장하여 저장용기 등의 잔류 소화약제를 처리할 수 있는 청소장치가 필요하다.

 **18** 분말 소화설비의 배관의 설치 기준에 대한 설명이다. 관계가 없는 것은?

① 동관의 경우에는 배관의 최고사용압력의 1.2배 이상의 압력에 견딜 수 있어야 한다.
② 배관은 전용으로 한다.
③ 강관을 사용하는 경우 배관은 아연 도금에 의한 배관용 탄소 강관을 사용한다.
④ 밸브류는 개폐위치 또는 개폐 방향을 표시한 것으로 한다.

> **해설**
> 동관은 고정압력 또는 최고사용압력의 1.5배 이상에 견딜 것

 **19** 다음 중 분말소화설비의 배관 시공방법으로 맞지 않는 것은?

① 주 밸브에서 헤드까지의 배관의 분기는 전부 토너멘트 방식으로 하여야 한다.
② 저장용기 등으로부터 배관의 굴절부까지의 거리는 배관 내경의 10배 이상으로 하여야 한다.
③ 배관의 관 부속 및 밸브류는 배관과 동등이상의 강도 및 내식성이 있는 것으로 하여야 한다.
④ 동관을 사용하는 배관은 고정압력 또는 최고 사용압력의 1.5배 이상의 압력에 견딜 수 있어야
한다.

> **해설**
> 배관의 분기시 배관경의 20배 이상 이격하여야 한다.

 **정답** 16 ④　17 ③　18 ①　19 ②

## 13. 옥외소화전소화설비(NFSC 109)

**1** 설치대상

(1) 지상 1층 및 2층의 바닥면적의 합계 − 9천 $m^2$ 이상

> **Point**
>
> ※ 이 경우 동일 구내에 둘 이상의 특정소방대상물이 행정안전부령으로 정하는 연소우려가 있는 구조인 경우에는 이를 하나의 특정소방대상물로 본다.
> ※ 행정안전부령으로 정하는 연소우려가 있는 구조 (아래사항을 모두 만족해야 한다)
> 　1. 건축물대장의 건축물 현황도에 표시된 대지경계선 안에 2 이상의 건축물이 있는 경우
> 　2. 각각의 건축물이 다른 건축물의 외벽으로부터 수평거리가 1층에 있어서는 6 m 이하, 2층 이상의 층에 있어서는 10 m 이하
> 　3. 개구부가 다른 건축물을 향하여 설치된 구조

(2) 국보 또는 보물로 지정된 목조건축물

**2** 수 원

$$수원 = N \times Q \times T$$

$N$ : 옥외소화전의 설치개수(옥외소화전이 2개 이상 설치된 경우에는 2개)

$Q$ : 정격토출량 → 350 $\ell/min$　　　$T$ : 방사시간 → 20분

**3** 가압송수장치, 배관 등

(1) 방수압력 : 0.25 MPa 이상

(2) 방수량 : 350 $\ell/min$ 이상

(3) 호스 : **구경 65 mm**

(4) 하나의 호스접결구에서 소방대상물까지의 수평거리
　　− 40 m 이하

(5) 기타 기준은 옥내소화전설비 준용 – 옥상수조는 설치하지 않음.

옥외소화전 배관
(수도용도복장강관)

**4** 소화전함 등

옥외소화전설비에는 **옥외소화전마다 그로부터 5 m 이내의 장소에 소화전함을 설치**

| 옥외소화전 | 소화전함 |
| --- | --- |
| 10개 이하 | 옥외소화전마다 5 m 이내의 장소에 1개 이상 설치 |
| 11개 이상 30개 이하 | 11개 이상의 소화전함을 각각 분산하여 설치 |
| 31개 이상 | 옥외소화전 3개마다 1개 이상 설치 |

# 실전 예상문제

**01** 지상 1층 및 2층의 바닥면적의 합계가 몇 m² 이상시 옥외소화전설비를 설치하여야 하는가?

① 5,000      ② 9,000      ③ 10,000      ④ 15,000

**해설**
옥외소화전 설치대상
지상 1층 및 2층의 바닥면적의 합계 : 9천 m² 이상, 국보 또는 보물로 지정된 목조건축물


**02** 다음 중 옥외소화전 설명 중 맞지 않는 것은 어떤 것인가?

① 옥외소화전 설비의 수원은 옥외소화전 설치개수(2 이상일 때는 2) × 3.5 m³ 이상이다.
② 호스는 구경 65 mm의 것으로 하여야 한다.
③ 호스접결구는 각 소방대상물로부터 하나의 호스접결구까지 수평거리 40 m 이하일 것
④ 노즐선단의 방수압력은 0.25 MPa 이상이어야 한다.

**해설**
옥외소화전 설비의 수원은 옥외소화전 설치개수(2 이상일 때는 2)×7 m³ 이상이다.


**03** 옥외소화전 설비의 법정 방수압력과 방수량으로 맞는 것은?

① 0.17 MPa − 130 L/min      ② 0.25 MPa − 300 L/min
③ 0.25 MPa − 350 L/min      ④ 0.35 MPa − 350 L/min

**해설**
옥외 소화전 설비의 법정 방수압력과 방수량 : 0.25 MPa 이상, 350 L/min 이상


**04** 소화전함은 옥외소화전마다 그로부터 몇 m 이내의 장소에 설치하여야 하는가?

① 1 m 미만      ② 3 미만      ③ 5 m 미만      ④ 10 m 미만

**해설**
옥외소화전설비에는 옥외소화전마다 그로부터 5 m 이내의 장소에 소화전함을 설치하고
포소화전설비는 소화전마다 그로부터 3 m 이내의 장소에 소화전함을 설치하여야 한다.


**정답** 01 ②   02 ①   03 ③   04 ③

●○○ **05** 옥외 소화전함에 설치하지 않아도 되는 것은?

① 옥외소화전이라고 표시한 표지　　　② 가압송수장치 조작 스위치

③ 가압송수장치 기동 확인 램프　　　④ 가압송수장치 정지 확인 램프

가압송수장치 기동확인 램프가 켜지지 않으면 정지상태를 말하므로 정지확인 램프는 필요 없다.

●○○ **06** 옥외소화전의 30개 설치되어 있을 때 소화전함 설치개수는 몇 개인가?

① 5　　　　　　② 11　　　　　　③ 20　　　　　　④ 30

| 옥외소화전 | 소화전함 |
|---|---|
| 10개 이하 | 옥외소화전마다 5 m 이내의 장소에 1개 이상 |
| 11개 이상 30개 이하 | 11개 이상의 소화전함을 각각 분산하여 설치 |
| 31개 이상 | 옥외소화전 3개마다 1개 이상 |

●○○ **07** 옥외소화전이 33개 설치되어 있을 때 소화전함 설치개수는 몇 개인가?

① 5　　　　　　② 11　　　　　　③ 20　　　　　　④ 30

31개 이상의 경우 옥외소화전 3개마다 1개 이상이므로 33 / 3 = 11개 설치하여야 한다.

●○○ **08** 옥외소화전의 노즐(구경 19 mm)에서 방수압을 측정하였더니 0.3 MPa이었다면 방수량은?

① 350 L/min　　　　　　② 380.5 L/min

③ 399.4 L/min　　　　　　④ 408.3 L/min

$$Q = 0.653\,d^2\sqrt{10P} = 0.653 \times 19^2 \times \sqrt{10 \times 0.3} = 408.3\,\ell/\min$$

## 14. 고체에어로졸소화설비의 화재안전기준(NFSC 110) 2021. 9. 30., 제정, 시행

**1** 설치대상 – 물분무소화설비와 동일

**2** 설치제외

① 니트로셀룰로오스, 화약 등의 **산화성 물질**
② 리튬, 나트륨, 칼륨, 마그네슘, 티타늄, 지르코늄, 우라늄 및 플루토늄과 같은 **자기반응성 금속**
③ **금속 수소화물**
④ 유기 과산화수소, 히드라진 등 **자동 열분해를 하는 화학물질**
⑤ 가연성 증기 또는 분진 등 **폭발성 물질이 대기에 존재할 가능성이 있는 장소**

**3** 정의

① 고체에어로졸소화설비
　설계밀도 이상의 고체에어로졸을 방호구역 전체에 균일하게 방출하는 설비로서 분산(Dispersed)방식이 아닌 압축(Condensed)방식
② 설계밀도
　소화설계를 위하여 필요한 것으로 소화밀도에 안전계수를 곱하여 얻어지는 값
③ 소화밀도
　방호공간내 규정된 시험조건의 화재를 소화하는데 필요한 단위체적($m^3$)당 고체에어로졸화합물의 질량(g)
④ 안전계수
　**설계밀도를 결정하기 위한 안전율 (1.3)**
⑤ 고체에어로졸
　고체에어로졸화합물의 연소과정에 의해 생성된 직경 10 $\mu$m 이하의 고체 입자와 기체 상태의 물질로 구성된 혼합물
⑥ 고체에어로졸화합물
　**과산화물질, 가연성물질 등의 혼합물**로서 화재를 소화하는 비전도성의 미세입자인 에어로졸을 만드는 고체화합물
⑦ 고체에어로졸발생기
　고체에어로졸화합물, 냉각장치, 작동장치, 방출구, 저장용기로 구성되어 에어로졸을 발생시키는 장치
⑧ 상주장소
　일반적으로 사람들이 거주하는 장소 또는 공간

⑨ 비상주장소

짧은 기간 동안 간헐적으로 사람들이 출입할 수는 있으나 일반적으로 사람들이 거주하지 않는 장소 또는 공간

⑩ 방호체적

벽 등의 건물 구조 요소들로 구획된 방호구역의 체적에서 **기둥 등 고정적인 구조물의 체적을 제외**한 것

⑪ 열 안전이격거리

고체에어로졸 방출 시 발생하는 온도에 영향을 받을 수 있는 모든 구조·구성요소와 고체에어로졸 발생기 사이에 안전확보를 위해 필요한 이격거리

**4** 일반조건

① 고체에어로졸은 전기 전도성이 없어야 한다.
② 약제 방출 후 해당 화재의 재발화 방지를 위하여 **최소 10분간 소화밀도를 유지**하여야 한다.
③ 고체에어로졸소화설비에 사용되는 주요 구성품은 형식승인 및 제품검사를 받은 것이어야 한다.
④ **고체에어로졸소화설비는 비상주장소에 한하여 설치한다.** 다만, 고체에어로졸소화설비 약제의 성분이 인체에 무해함을 국내·외 국가공인 시험기관에서 인증받고, 과학적으로 입증된 최대허용설계밀도를 초과하지 않는 양으로 설계하는 경우 상주장소에 설치할 수 있다.
⑤ 고체에어로졸소화설비의 **소화성능이 발휘될 수 있도록 방호구역 내부의 밀폐성을 확보**하여야 한다.
⑥ 방호구역 출입구 인근에 고체에어로졸 방출 시 주의사항에 관한 내용의 표지를 설치하여야 한다.
⑦ 이 기준에서 규정하지 않은 사항은 형식승인 받은 제조업체의 설계 매뉴얼에 따른다.

**5** 고체에어로졸발생기 설치기준

① 밀폐성이 보장된 방호구역 내에 설치하거나, 밀폐성능을 인정할 수 있는 별도의 조치를 취할 것
② 천장이나 벽면 상부에 설치하되 고체에어로졸 화합물이 균일하게 방출되도록 설치
③ 직사광선 및 빗물이 침투할 우려가 없는 곳에 설치
④ 열 안전이격거리를 준수하여 설치
  ㉮ **인체와의 최소 이격거리**
    고체에어로졸 방출 시 75 ℃를 초과하는 온도가 인체에 영향을 미치지 아니하는 거리
  ㉯ **가연물과의 최소 이격거리**
    고체에어로졸 방출 시 200 ℃를 초과하는 온도가 가연물에 영향을 미치지 아니하는 거리
⑤ 하나의 방호구역에는 동일 제품군 및 동일한 크기의 고체에어로졸발생기를 설치할 것
⑥ 방호구역의 높이는 형식승인 받은 고체에어로졸발생기의 최대 설치높이 이하로 할 것

**6** │ 고체에어로졸화합물의 양

$$m = d \times V$$

$m$ : 필수소화약제량($g$)

$d$ : 설계밀도($\mathrm{g/m^3}$)=소화밀도($\mathrm{g/m^3}$) × 1.3(안전계수)

　　소화밀도 : 형식승인 받은제조사의 설계 매뉴얼에 제시된 소화밀도

$V$ : 방호체적($\mathrm{m^3}$)

**7** │ 기동

① 고체에어로졸소화설비는 화재감지기 및 수동식 기동장치의 작동과 연동하여 기계적 또는 전기적 방식으로 작동하여야 한다.

② 고체에어로졸소화설비 기동 시에는 **1분 이내에 고체에어로졸 설계밀도의 95 % 이상을 방호구역에 균일하게 방출**하여야 한다.

③ 수동식 기동장치 설치기준

　㉮ **제어반마다 설치**

　㉯ **방호구역의 출입구마다 설치**하되 출입구 인근에 사람이 쉽게 조작할 수 있는 위치에 설치

　㉰ 기동장치의 조작부 : 바닥으로부터 0.8 m 이상 1.5 m 이하의 위치에 설치

　㉱ 기동장치의 조작부에 보호판 등의 보호장치 부착

　㉲ 기동장치 인근의 보기 쉬운 곳에 "고체에어로졸소화설비 수동식 기동장치"라고 표시한 표지를 부착

　㉳ 전기를 사용하는 기동장치에는 전원표시등을 설치

　㉴ 방출용 스위치의 작동을 명시하는 표시등을 설치

　㉵ **50 N 이하의 힘으로 방출용 스위치를 기동**할 수 있도록 할 것

④ 고체에어로졸의 방출을 지연시키기 위해 방출지연스위치 설치기준

　㉮ 수동으로 작동하는 방식으로 설치하되 **방출지연스위치를 누르고 있는 동안만 지연**되도록 할 것

　㉯ 방호구역의 출입구마다 설치하되 피난이 용이한 출입구 인근에 사람이 쉽게 조작할 수 있는 위치에 설치

　㉰ **방출지연스위치 작동 시에는 음향경보를 발할 것**

　㉱ **방출지연스위치 작동 중 수동식 기동장치가 작동되면 수동식 기동장치의 기능이 우선될 것**

**8** │ 제어반등

① 고체에어로졸소화설비의 제어반 설치기준

　㉮ 전원표시등을 설치

　㉯ 화재, 진동 및 충격에 따른 영향과 부식의 우려가 없고 점검에 편리한 장소에 설치

　　　㉣ 제어반에는 해당 회로도 및 취급설명서를 비치

　　　㉤ 고체에어로졸소화설비의 작동방식(자동 또는 수동)을 선택할 수 있는 장치를 설치

　　　㉥ 수동식 기동장치 또는 화재감지기에서 신호를 수신할 경우 다음의 기능을 수행할 것

　　　　　가. 음향경보 장치의 작동

　　　　　나. 고체에어로졸의 방출

　　　　　다. 기타 제어기능 작동

　　② 고체에어로졸소화설비의 화재표시반 설치기준

　　다만, 자동화재탐지설비 수신기의 제어반이 화재표시반의 기능을 가지고 있는 경우 설치 제외

　　　㉮ 전원표시등을 설치

　　　㉯ 화재, 진동 및 충격에 따른 영향 및 부식의 우려가 없고 점검에 편리한 장소에 설치

　　　㉰ 화재표시반에는 해당 회로도 및 취급설명서를 비치

　　　㉱ 고체에어로졸소화설비의 작동방식(자동 또는 수동)을 표시등으로 명시

　　　㉲ 고체에어로졸소화설비가 기동할 경우 음향장치를 통해 경보를 발할 것

　　　㉳ 제어반에서 신호를 수신할 경우 방호구역별 경보장치의 작동, 수동식 기동장치의 작동 및 화재감지기의 작동 등을 표시등으로 명시

　　③ 고체에어로졸소화설비가 설치된 구역의 출입구 – 고체에어로졸의 방출을 명시하는 표시등을 설치

　　④ 고체에어로졸소화설비의 오작동을 제어하기 위해 제어반 인근에 설비정지스위치를 설치

## 9 음향장치 설치기준

　① 화재감지기가 작동하거나 수동식 기동장치가 작동할 경우 음향장치가 작동

　② 음향장치

　　㉮ 방호구역마다 설치, 수평거리는 25 m 이하

　　㉯ 경종 또는 사이렌(전자식 사이렌을 포함)으로 하되, 주위의 소음 및 다른 용도의 경보와 구별이 가능한 음색으로 할 것. 이 경우 경종 또는 사이렌은 자동화재탐지설비·비상벨설비 또는 자동식사이 렌설비의 음향장치와 겸용할 수 있다.

　　㉰ 정격전압의 80 % 전압에서 음향을 발할 수 있는 것

　　㉱ 음량은 부착된 음향장치의 중심으로부터 1 m 떨어진 위치에서 90 dB 이상

　③ 주 음향장치는 화재표시반의 내부 또는 그 직근에 설치

　④ 고체에어로졸의 방출 개시 후 **1분 이상 경보**를 계속 발할 것

## 10 화재감지기 설치기준

　① 감지기의 종류

　　㉮ 광전식 공기흡입형 감지기

　　㉯ 아날로그 방식의 광전식 스포트형 감지기

ⓑ 중앙소방기술심의위원회의 심의를 통해 고체에어로졸소화설비에 적응성이 있다고 인정된 감지기

② 화재감지기 1개가 담당하는 바닥면적 : 자동화재탐지설비의 화재안전기준 규정에 따른 바닥면적

## 11 방호구역의 자동폐쇄

－ 고체에어로졸소화설비가 기동할 경우 자동적으로 폐쇄

① 방호구역 내의 개구부와 통기구는 고체에어로졸이 방출되기 전에 폐쇄되도록 할 것

② 방호구역 내의 환기장치는 고체에어로졸이 방출되기 전에 정지되도록 할 것

③ 자동폐쇄장치의 복구장치는 제어반 또는 그 직근에 설치하고, 해당 장치를 표시하는 표지를 부착할 것

## 12 비상전원

① 종류

자가발전설비, 축전지설비(제어반에 내장하는 경우를 포함) 또는 전기저장장치

② 설치제외

2 이상의 변전소에서 전력을 동시에 공급받을 수 있거나 하나의 변전소로부터 전력의 공급이 중단되는 때에는 자동으로 다른 변전소로부터 전력을 공급받을 수 있도록 상용전원을 설치한 경우

③ 설치기준

㉮ 점검에 편리하고 화재 및 침수 등의 재해로 인한 피해를 받을 우려가 없는 곳에 설치

㉯ 고체에어로졸소화설비에 최소 20분 이상 유효하게 전원을 공급

㉰ 상용전원으로부터 전력의 공급이 중단된 때에는 자동으로 비상전원으로부터 전력을 공급받을 수 있도록 할 것

㉱ 비상전원의 설치장소는 다른 장소와 방화구획할 것(제어반에 내장하는 경우는 제외). 이 경우 그 장소에는 비상전원의 공급에 필요한 기구나 설비 외의 것(열병합발전설비에 필요한 기구나 설비는 제외한다)을 두어서는 안된다.

㉲ 비상전원을 실내에 설치하는 때에는 그 실내에 비상조명등을 설치

## 13 배선 등

① 고체에어로졸소화설비의 배선

㉮ 비상전원으로부터 제어반에 이르는 전원회로배선은 내화배선.

다만, 자가발전설비와 제어반이 동일한 실에 설치된 경우 제외

ⓐ 상용전원으로부터 제어반에 이르는 배선, 그 밖의 고체에어로졸소화설비의 감시회로·조작
   회로 또는 표시등회로의 배선은 내화배선 또는 내열배선.
   다만, 제어반 안의 감시회로·조작회로 또는 표시등회로의 배선은 제외
ⓑ 화재감지기의 배선 – 자동화재탐지설비 준용
② 과전류차단기 및 개폐기 –  고체에어로졸소화설비용의 표지를 부착
③ 전기배선의 양단 및 접속단자의 표시
ⓐ 단자 – 고체에어로졸소화설비단자라고 표시한 표지를 부착
ⓑ 전기배선의 양단 – 다른 배선과 식별이 용이하도록 표시

**14** 과압배출구

고체에어로졸소화설비의 방호구역에는 고체에어로졸 방출 시 과압으로 인한 구조물 등의 손상
을 방지하기 위하여 과압배출구를 설치

## 실전 예상문제

 **01** 고체에어로졸소화설비의 화재안전기준상 설치 제외 대상물이 아닌 것은?

① 니트로셀룰로오스, 유기과산화수소, 히드라진
② 마그네슘, 리튬, 나트륨
③ 금속 수소화물
④ 황화린, 적린, 유황

> **해설**
> 1. 니트로셀룰로오스, 화약 등의 산화성 물질
> 2. 리튬, 나트륨, 칼륨, 마그네슘, 티타늄, 지르코늄, 우라늄 및 플루토늄과 같은 자기반응성 금속
> 3. 금속 수소화물
> 4. 유기 과산화수소, 히드라진 등 자동 열분해를 하는 화학물질
> 5. 가연성 증기 또는 분진 등 폭발성 물질이 대기에 존재할 가능성이 있는 장소

**02** 고체에어로졸소화설비의 화재안전기준상 정의로서 옳지 않은 것은?

① 고체에어로졸소화설비 – 설계밀도 이상의 고체에어로졸을 방호구역 전체에 균일하게 방출하는 설비로서 압축(Condensed)방식이 아닌 분산(Dispersed)방식
② 설계밀도 – 소화설계를 위하여 필요한 것으로 소화밀도에 안전계수를 곱하여 얻어지는 값
③ 소화밀도 – 방호공간내 규정된 시험조건의 화재를 소화하는데 필요한 단위체적($m^3$)당 고체에어로졸화합물의 질량(g)
④ 안전계수 – 설계밀도를 결정하기 위한 안전율로서 1.3을 말한다.

> **해설**
> 고체에어로졸소화설비 – 설계밀도 이상의 고체에어로졸을 방호구역 전체에 균일하게 방출하는 설비로서 분산(Dispersed)방식이 아닌 압축(Condensed)방식

 **03** 고체에어로졸소화설비의 화재안전기준상 정의로서 옳지 않은 것은?

① 고체에어로졸화합물 – 불연성물질, 가연성물질 등의 혼합물로서 화재를 소화하는 비전도성의 미세입자인 에어로졸을 만드는 고체화합물
② 고체에어로졸 – 고체에어로졸화합물의 연소과정에 의해 생성된 직경 10 $\mu$m 이하의 고체 입자와 기체 상태의 물질로 구성된 혼합물
③ 고체에어로졸발생기 – 고체에어로졸화합물, 냉각장치, 작동장치, 방출구, 저장용기로 구성되어 에어로졸을 발생시키는 장치
④ 상주장소 – 일반적으로 사람들이 거주하는 장소 또는 공간

 **정답** 01 ④  02 ①  03 ①

> **해설**
>
> 고체에어로졸화합물 – 과산화물질, 가연성물질 등의 혼합물로서 화재를 소화하는 비전도성의 미세입자인 에어로졸을 만드는 고체화합물

**04** 고체에어로졸소화설비의 화재안전기준상 약제 방출 후 해당 화재의 재발화 방지를 위하여 최소 몇 분간 소화밀도를 유지하여야 하는가?

① 5분 　　　　　② 10분 　　　　　③ 20분 　　　　　④ 30분

> **해설**
>
> 고체에어로졸소화설비는 약제 방출 후 해당 화재의 재발화 방지를 위하여 최소 10분간 소화밀도를 유지하여야 한다.

**05** 고체에어로졸소화설비의 화재안전기준상 고체에어로졸발생기는 열 안전이격거리를 준수하여 설치하여야 한다. 다음 (  ) 안에 알맞은 것은?

> 고체에어로졸발생기 열 안전이격거리
> 가. 인체와의 최소 이격거리
> 　　고체에어로졸 방출 시 (  ) ℃를 초과하는 온도가 인체에 영향을 미치지 아니하는 거리
> 나. 가연물과의 최소 이격거리
> 　　고체에어로졸 방출 시 (  ) ℃를 초과하는 온도가 가연물에 영향을 미치지 아니하는 거리

① 75 ℃, 200 ℃ 　　　　　　　　② 95 ℃, 250 ℃
③ 105 ℃, 260 ℃ 　　　　　　　　④ 105 ℃, 3000 ℃

> **해설**
>
> 고체에어로졸발생기는 열 안전이격거리를 준수하여 설치
> 가. 인체와의 최소 이격거리
> 　　고체에어로졸 방출 시 75 ℃를 초과하는 온도가 인체에 영향을 미치지 아니하는 거리
> 나. 가연물과의 최소 이격거리
> 　　고체에어로졸 방출 시 200 ℃를 초과하는 온도가 가연물에 영향을 미치지 아니하는 거리

**06** 고체에어로졸소화설비의 화재안전기준상 다음 조건에 따른 고체에어로졸화합물의 필수소화약제량은?

> <조건>
> 1. 방호대상물의 체적은 100m³이며 개구부의 크기는 20m² 이다.
> 2. 소화밀도는 90 g/m³ 이다.

① 9,000 g 　　　② 10,800 g 　　　③ 11,700 g 　　　④ 15,700 g

**정답** 　04 ② 　05 ① 　06 ③

해설

$$m = d \times V$$

$m$ : 필수소화약제량(g)

$d$ : 설계밀도(g/m³) = 소화밀도(g/m³) × 1.3(안전계수)
　소화밀도 : 형식승인 받은제조사의 설계 매뉴얼에 제시된 소화밀도

$V$ : 방호체적(m³)

[풀이]
$m = 90 \times 1.3 \times 100 = 11,700$ g

**●●● 07** 고체에어로졸소화설비의 화재안전기준상 기동에 관한 내용으로 옳지 않은 것은?

① 고체에어로졸소화설비 기동 시에는 2분 이내에 고체에어로졸 설계밀도의 95 % 이상을 방호구역에 균일하게 방출하여야 한다.
② 방출지연스위치 작동 중 수동식 기동장치가 작동되면 수동식 기동장치의 기능이 우선되어야 한다.
③ 수동식 기동장치는 50 N 이하의 힘으로 방출용 스위치를 기동할 수 있도록 할 것
④ 수동식 기동장치 제어반마다 설치하여야 한다.

 해설
고체에어로졸소화설비 기동 시에는 1분 이내에 고체에어로졸 설계밀도의 95 % 이상을 방호구역에 균일하게 방출하여야 한다.

**●●● 08** 고체에어로졸소화설비의 화재안전기준상 고체에어로졸소화설비의 제어반등의 설치기준으로 옳지 않은 것은?

① 화재, 진동 및 충격에 따른 영향과 부식의 우려가 없고 점검에 편리한 장소에 설치 할 것
② 고체에어로졸소화설비의 작동방식(자동 또는 수동)을 선택할 수 있는 장치를 설치 할 것
③ 고체에어로졸소화설비가 설치된 구역의 출입구에는 고체에어로졸의 방출을 명시하는 표시등을 설치하여야 한다.
④ 고체에어로졸소화설비의 오작동을 제어하기 위해 제어반 인근에 방출지연스위치를 설치하여야 한다.

 해설
고체에어로졸소화설비의 오작동을 제어하기 위해 제어반 인근에 설비정지스위치를 설치

 정답　07 ① 　08 ④

••• 09 고체에어로졸소화설비의 화재안전기준상 음향장치는 고체에어로졸의 방출 개시 후 몇 분 이상 경보를 계속 발하여 하는가?

① 1분 ② 2분 ③ 5분 ④ 10분

해설
음향장치 설치기준 - 고체에어로졸의 방출 개시 후 1분 이상 경보를 계속 발할 것

정답 09 ①

# PART 2

# 경보설비

## 1. 비상경보설비 및 단독경보형감지기의 화재안전기준(NFSC 201)

### 1 개요

**비상경보설비는 수신기와 발신기, 음향장치(경종 또는 사이렌)로만 이루어진 설비이다.**
즉, 화재를 자동으로 관계인에게 통보하는 것이 아니라 화재를 발견한 사람이 직접 수동으로
주위 사람에게 화재를 알리는 방식의 경보설비이다. 따라서 설치하는 대상이 중요도가 낮고 작
은 규모의 대상물이다.

| 종류 | 비상벨설비 | 화재발생 상황을 경종으로 경보하는 설비 |
|---|---|---|
| | 자동식사이렌설비 | 화재발생 상황을 사이렌으로 경보하는 설비 |

### 2 설치대상

(1) 연면적 400 m² 이상(터널과 동식물관련시설 제외)

(2) 지하층 또는 무창층의 바닥면적이 150 m²(공연장인 경우 100 m²) 이상인 것

(3) 50명 이상의 근로자가 작업하는 옥내작업장

(4) 지하가 중 터널로서 길이가 500 m 이상인 것

### 3 설치 제외대상 및 면제기준

(1) 설치 제외대상

　① 위험물 저장 및 처리 시설 중 가스시설

　② **지하구**

　③ 모래·석재 등 불연재료 창고

(2) 면제기준

　① 자동화재탐지설비를 화재안전기준에 적합하게 설치한 경우에는 그 설비의 유효범위안의
　　부분에서 설치가 면제된다.

　② 단독경보형감지기를 2개 이상의 단독경보형감지기와 연동하여 설치하는 경우에는 그 설비
　　의 유효범위안의 부분에서 설치가 면제된다.

**4** 계통도 및 배선

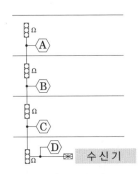

비상경보설비 계통도

| 기호 | 전선의 종류, 가닥수, 배관의 관경 | 전선의 종류 | | | | | | |
|---|---|---|---|---|---|---|---|---|
| | | 경종 · 표시등 공통 | 경종 | 표시등 | 응답 | 전화 | 공통 | 회로 |
| A | 2.5sq － 7 (22) | 1 | 1 | 1 | 1 | 1 | 1 | 1 |
| B | 2.5sq － 8 (28) | 1 | 1 | 1 | 1 | 1 | 1 | 2 |
| C | 2.5sq － 9 (28) | 1 | 1 | 1 | 1 | 1 | 1 | 3 |
| D | 2.5sq － 10 (28) | 1 | 1 | 1 | 1 | 1 | 1 | 4 |

전선의 종류, 가닥수, 관경

**5** 비상경보설비에 사용되는 제품의 범례

| 수신기 | 발신기세트 | 발신기 | 경종(비상벨) | 싸이렌 |
|---|---|---|---|---|

| | 부수신기 | | 옥내소화전 내장용 | | 비상용 누름버튼 | | 방수용 | | 전자싸이렌 |
|---|---|---|---|---|---|---|---|---|---|
| | 제어반 | Ⓟ | 옥외형 P형발신기 | Ⓔ | 기동 누름버튼 | Ⓑ | 화재 경보벨 | Ⓜ | 모터싸이렌 |

**6** 설치기준

| 설치장소 | | 부식성가스 또는 습기 등으로 인하여 부식의 우려가 없는 장소에 설치 |
|---|---|---|
| 지구음향장치 | 설치 방법 | • 층마다 설치<br>• **수평거리가 25 m 이하** |
| | 음향 | **정격전압의 80% 전압에서 음향을 발할 것**(건전지 방식 제외) |
| | 음량 | 부착된 **음향장치의 중심으로부터 1 m 떨어진 위치에서 90 dB 이상** |
| 발신기 | 설치장소<br>수평거리<br>보행거리 | • 조작이 쉬운 장소에 설치하고 **소방대상물의 층마다 설치**<br>• **수평거리가 25 m 이하**<br>• 복도 또는 별도로 구획된 실로서 보행거리가 40 m 이상일 경우에는 추가 설치 |
| | 설치높이 | 조작스위치는 바닥으로부터 **0.8 m 이상 1.5 m 이하**의 높이에 설치할 것 |
| | 위치표시등 | • 발신기 함의 상부에 설치<br>• 그 불빛은 부착면으로부터 15° 이상의 범위안에서 부착지점으로부터 10 m 이내의 어느 곳에서도 쉽게 식별할 수 있는 적색등 |

위치표시등 성능

**Point**

**음향장치의 중심으로부터 1 m 떨어진 지점에서의 음압**

| 구 분 | 주음향장치 | 전화용부저 및 고장표시 장치 |
|---|---|---|
| 경종 | 90 dB 이상 | – |
| 중계기 | 90 dB 이상 | 60 dB 이상 |
| 수신기 | 90 dB 이상 | 60 dB 이상 |
| 가스누설경보기 | 공업용 – 90 dB 이상 | 60 dB 이상 |
| | 단독형, 영업용 – 70 dB 이상 | – |
| 간이형수신기 | 70 dB 이상 | – |
| 누전경보기 수신부 | 70 dB 이상 | 60 dB 이상 |
| 유도등 | ※ 소음시험 : 0.1 m의 거리에서 40 dB 이하(비상조명등 동일) | |

1. 수경 가공 중 – 90 dB   2. 그 외 – 70 dB   3. 고장, 전화 – 60 dB   4. 소음시험 – 40 dB

**7** 상용전원, 예비전원, 배선

| | | |
|---|---|---|
| 상용전원 | 종류 | 축전지 또는 교류전압의 옥내간선<br><br><br>축전지　　　　　교류전압의 옥내간선 |
| | 배선 | 전원까지 전용으로 하고 내화배선, 그 밖의 배선은 내화 또는 내열배선<br><br>다른 전선과 별도의 관, 덕트, 몰드, 풀박스 등에 설치<br>단, 60 V 미만의 약전류에 사용하는 전선으로 각각의 전압이 동일할 때는 제외 |
| | 표지 | 개폐기에 비상벨설비 또는 자동식사이렌설비용의 표지 |
| | 절연저항 | ① 전원회로의 전로와 대지 사이 및 배선상호간의 절연저항은 「전기사업법」 제 67조에 따른 기술기준에 따른다.<br><br>표 참조 ↓ |

| 전로의 사용전압[V] | DC 시험전압[V] | 절연전항[MΩ] |
|---|---|---|
| SELV 및 PELV | 250 | 0.5 |
| FELV, 500 V 이하 | 500 | 1.0 |
| 500 V 초과 | 1,000 | 1.0 |

[주] 특별저압(Extra lowvoltage : 2차 전압이 AC 50 V, DC 120 V SELV(비접지회로 구성) 및 PELV(접지회로 구성)은 1차와 2차가 전기적으로 절연된 회로, FELV는 1차와 2차가 전기적으로절연되지 않은 회로

② 부속회로의 전로와 대지 사이 및 배선 상호간의 절연저항

| 1경계구역 | 직류 250 V의<br>절연저항측정기 | 절연저항이 0.1MΩ<br>이상 |
|---|---|---|

| | | |
|---|---|---|
| 예비전원 | 용량 | 감시상태 60분간 지속 후 유효하게 10분 이상 경보할 수 있는 축전지 또는 전기저장장치 다만, 상용전원이 축전지설비인 경우<br><br><br>경보설비 내부에 있는 축전지 (예비전원)　　　전기저장장치 (Energy Storage System)<br><br>또는 건전지를 주전원으로 사용하는 무선식 설비인 경우에는 그러하지 아니하다. |

TIP

**※ 예비전원에 대한 규정(형식승인 및 성능인증 기준)**

① 가스누설경보기

| 구 분 | 1회로 | 2회로 이상 |
|---|---|---|
| 내용 | 감시상태를 20분간 계속한 후 유효 하게 작동되어 10분간 경보할 수 있는 용량 | 감시상태를 10분 계속 한 후 2회선을 유효하게 작동시키고 10분간 경보할 수 있는 용량 |
| 감시상태 | 20분 | 10분 |
| 경보시간 | 10분 | 10분 |

② 설비별 예비전원의 종류

| 설비 \ 예비전원 | 밀폐형 축전지 | 무보수 밀폐형 축전지 | 무보수 밀폐형 연축전지 | 알칼리계 2차 축전지 | 리튬계 2차 축전지 | 원통밀폐형 니켈카드뮴 축전지 | 암기법 |
|---|---|---|---|---|---|---|---|
| 간이형수신기 | O | | | O | O | | 무−알리 |
| 자동화재속보기 비상조명등 | | O | | O | O | | 무−알리 |
| 가스누설경보기 | | | O | O | O | | 무−알리 |
| 유도등 | | | | O | O | | 알리 |
| 수신기, 중계기 | | | O | | | O | 무−원 |

③ 예비전원 시험의 종류
상온 충방전시험, 주위온도 충방전시험, 안전장치시험

---

**예제 01**

**유도등 예비전원 종류로 사용할 수 있는 축전지는?**

① 무보수 밀폐형축전지　　　　② 알칼리계 2차 축전지
③ 원통 밀폐형 니켈카드뮴축전지　④ 밀폐형축전지

 ②

**8** 단독경보형감지기

화재발생 상황을 단독으로 감지하여 자체에 내장된 음향장치로 경보하는 감지기

(1) 설치장소

단독경보형감지기

자동화재탐지설비 설치대상이 되지 않는 중요도가 작고 소규모 대상물에 설치한다.

① 연면적 600 m² 미만의 숙박시설

② 연면적 1천 m² 미만의 아파트, 기숙사

③ 교육연구시설 또는 수련시설 내에 있는 합숙소 또는 기숙사로서 연면적 2천 m² 미만인 것

④ 숙박시설이 있는 수용인원 100인 이하 수련시설

(2) 설치기준

① 각 실마다 설치하되, 바닥면적이 150 m²를 초과하는 경우에는 150 m²마다 1개 이상 설치
   ※ 이웃하는 실내의 바닥면적이 각각 30 m² 미만이고 벽체의 상부의 전부 또는 일부가 개방되어 이웃하는 실내와 공기가 상호 유통되는 경우에는 이를 1개의 실로 본다.

② 최상층의 계단실의 천장에 설치(외기가 상통하는 계단실의 경우를 제외한다.)

③ 건전지를 주전원으로 사용하는 경우 정상적인 작동상태를 유지할 수 있도록 건전지를 교환

④ 상용전원을 주전원으로 사용하는 단독경보형감지기의 2차전지는 제품검사에 합격한 것을 사용

---

**예제 02**

아래와 같은 평면도에서 단독경보형감지기의 최소 설치개수는? (단, A실과 B실 사이는 벽체 상부의 전부가 개방되어 있으며, 나머지 벽체는 전부 폐쇄되어 있음)

① 3  ② 4
③ 5  ④ 6

| A실<br>(바닥면적 20m²) | B실<br>(바닥면적 30m²) | C실<br>(바닥면적 30m²) | D실<br>(바닥면적 30m²) |
|---|---|---|---|
| E실<br>(바닥면적 160m²) | | | |

**해답** ④

설치기준

① 각 실마다 설치하되, 바닥면적이 150 m²를 초과하는 경우에는 150 m²마다 1개 이상 설치
   ※ 이웃하는 실내의 바닥면적이 각각 30 m² 미만이고 벽체의 상부의 전부 또는 일부가 개방되어 이웃하는 실내와 공기가 상호 유통되는 경우에는 이를 1개의 실로 본다.

② 최상층의 계단실의 천장에 설치(외기가 상통하는 계단실의 경우를 제외한다.)

위 설치기준에 따라

| A실 − 1개 | B실 − 1개 | C실 − 1개 | D실 − 1개 |
|---|---|---|---|
| E실 − 2개 | | | |

B실의 면적은 30 m² 미만이 아닌 이상이므로 A실과 하나의 실로 볼 수 없음.
E실은 바닥면적이 150 m² 초과하여 2개 설치

---

## ※ 절연저항 [절연저항계 (Meggar) – DC 500 V]

| 구 분 | | 측정 부위 | 절연저항 | 비 고 |
|---|---|---|---|---|
| 누전경보기 | 수신부 | 절연된 충전부와 외함간의 등 | 5 MΩ 이상 | 변류기 절연저항(접지와 동일(측정부는 수신부와 다름) |
| 가스누설경보기 | 경보기 | 절연된 충전부와 외함간 | 5 MΩ 이상 | 회선수 및 접속되는 중계기가 10 이상인 것 – 1회선 당 50 MΩ 이상 |
| | | 교류 입력측과 외함간 | 20 MΩ 이상 | |
| | | 절연된 선로간 | 20 MΩ 이상 | |
| | 음향장치 | 충전부와 비충전부 | 20 MΩ 이상 | |
| 자탐 | 감지기 | 절연된 단자 / 단자와 외함간 | 50 MΩ 이상 | |
| | 발신기 | 절연된 단자 / 단자와 외함간 | 20 MΩ 이상 | |
| | 경종 | 절연된 단자간 / 단자와 외함간 | 20 MΩ 이상 | |
| | 시각경보기 | 전원부 양단자 / 앞선을 단락시킨 부분과 비충전부 | 5 MΩ 이상 | |
| | 중계기 | 절연된 충전부와 외함간 / 절연된 선로간 | 20 MΩ 이상 | 교류 입력측(상)과 외함 측정 |
| | 수신기 | 절연된 충전부와 외함 | 5 MΩ 이상 | 접속되는 회선수 및 중계기가 10 이상인 것 – 50 MΩ 이상 |
| | | 교류 입력측과 외함간 | 20 MΩ 이상 | |
| | | 절연된 선로간 | 20 MΩ 이상 | |
| | 간이형 수신기 | 절연된 충전부와 외함 | 5 MΩ 이상 | 접속되는 회선수가 10 이상인 것 – 1회선당 50 MΩ 이상이어야 한다. |
| | | 교류 입력측과 외함 | 20 MΩ 이상 | |
| 비상조명등 유도등 | | 교류 입력측과 외함 / 교류 입력측과 충전부 / 절연된 충전부의 외함 | 5 MΩ 이상 | |
| 비상콘센트 | | 절연된 충전부와 외함 | 20 MΩ 이상 | |
| 속보기 | | 절연된 충전부와 외함 | 5 MΩ 이상 | |
| | | 교류 입력측과 외함간 | 20 MΩ 이상 | |
| | | 절연된 선로간 | 20 MΩ 이상 | |

**암기**

1. 자동화재탐지설비
   ① 감지기 50 MΩ 이상
   ② 정온식감지선형감지기 : 선간에서 1 m 당 1,000 MΩ 이상
   ③ DC 250 V Meggar로 하나의 경계구역 절연저항 측정시 0.1 MΩ 이상 (비상경보, 비상방송 선로 동일)
2. 5 MΩ 이상
   ① 유도등, 시각경보기, 비상조명등, 누전경보기
   ② 모든 기기의 충전부와 외함 (비상콘센트, 중계기 제외)
3. 기타 – 20 MΩ 이상

유사비는 충전의함 (비충 제외)

※ 절연내력시험

| 구 분 | | 절연내력시험 |
|---|---|---|
| 누전경보기 | 수신부 | 실효전압 500 V의 교류전압을 가하는 시험에서 1분 |
| | 변류기 | 실효전압 500 V의 교류전압을 가하는 시험에서 1분 |
| 가스누설경보기 | 음향장치 | 음향장치이음증전부와 비충전부 실효전압 500 V의 교류전압을 가하는 시험에서 1분 |
| | 경보기 | 실효전압 500 V의 교류전압을 가하는 시험에서 1분 |
| 자탐 | 감지기 | 감지기의 단자와 외함간 실효전압 500 V의 교류전압을 가하는 시험에서 1분 |
| | 발신기 | 발신기의 단자와 외함간 실효전압 500 V 1분 |
| | 경종 | 단자와 외함간 실효전압 500 V 1분 |
| | 시각경보기 | 전원부 양단자 또는 양선을 단락시킨 부분과 비충전부 실효전압 500 V 1분 |
| | 중계기 | 중계기의 절연된 충전부와 외함간 및 절연된 선로간 실효전압 500V 1분 |
| | 수신기 | 수신기의 절연된 충전부와 외함간, 절연된 선로간 실효전압 500 V 1분 |
| | 간이형수신기 | 절연된 충전부와 외함간, 교류입력측과 외함간 실효전압 500 V 1분 |
| 비상조명등 | | 교류입력측과 외함사이, 절연된 교류입력측과 충전부사이, 절연된 충전부의 외함사이 실효전압 500 V 1분 |
| 비상콘센트 | | 절연된 충전부와 외함간의 정격전압 150 V 이하의 경우 실효전압 1,000 V 1분 |
| 유도등 | | 교류입력측과 외함사이, 교류입력측과 충전부와 외함사이, 절연된 충전부와 외함사이 실효전압 500 V 1분 |
| 속보기 | | 절연된 충전부와 외함간, 교류입력측과 외함간 실효전압 500 V 1분 |

**암기**

| 정격전압 | 60 V 이하 | 60 V를 초과하고 150 V 이하 | 150 V를 초과 |
|---|---|---|---|
| 실효전압 | 500 V | 1,000 V | 1,000 V + 정격전압 × 2 |
| 절연내력시험에 견디는 시간 | 1분 이상 | | |

**예제 03**

유도등의 정격전압이 220 V일 경우 절연내력시험의 실효전압은?

① 500 V  ② 1,000 V  ③ 1,440 V  ④ 1,500 V

해답 ③

실효전압 = 1,000 + 220 × 2 = 1,440 V

참고 : 형식승인 및 제품검사기술기준에서 누전경보기의 변류기는 정격전압이 250 V를 초과하는 것은 정격전압에 2를 곱하며 1,000 V를 더한 값으로 되어 있으나 오타로 보여짐 (150 V가 아닌 → 250 V로 되어 있음)

※ 비상전원

| 설비 | 비상전원종류 | | | | 시간 (분) | 특이사항 |
|---|---|---|---|---|---|---|
| | 자가발전 설비 | 축전지 설비 | 전기저장 장치 | 비상전원 수전설비 | | |
| 옥내소화전 | ○ | ○ | ○ | | 20 40 60 | • 설치대상<br> - 층수가 7층 이상으로서 연면적이 2,000 m² 이상인 소방대상물<br> - 지하층 바닥면적 합계가 3,000 m² 이상인 소방대상물<br>옥내소화전, 스프링클러는 20분, 30층 이상 49층 이하는 40분, 50층 이상은 60분 |
| 스프링클러 | ○ | ○ | ○ | ○ | 상동 | • 비상전원수전설비 설치할 수 있는 대상<br> - 차고·주차장으로서 스프링클러설비가 설치된 부분의 바닥면적(포소화설비가 설치된 차고·주차장의 바닥면적 포함) 합계가 1,000 m² 미만인 소방대상물 [암기: 축 복 근] |
| 간이s/p | ○ | ○ | ○ | ○ | 10,20 | 숙박시설(생활용), 복합건축물, 근린생활시설인 경우 20분 |
| ESFR | ○ | ○ | ○ | | 20 | 물분무 등과, 미분무소화설비는 스프링클러 설비 준용 |
| 포 | ○ | ○ | ○ | ○ | 20 | • 비상전원수전설비 설치할 수 있는 대상<br> - 호스릴포소화설비 또는 포소화전설비만을 설치한 차고, 주차장<br> - 포헤드설비 또는 고정포방출설비가 설치된 부분의 바닥면적(스프링클러설비가 설치된 차고·주차장의 바닥면적 포함) 합계가 1,000 m² 미만인 소방대상물 |
| 이산화탄소 | ○ | ○ | ○ | | 20 | 가스계도 동일 - 할론, 할로겐화합물 및 불활성기체, 분말 |
| 경보설비 | × | ○ | ○ | | — | 경보설비는 축전지설비만 가능.<br> - 비상방송, 자탐 동일 : 시간은 60분 감시 10분 경보, 30층 이상은 30분 경보 |
| 유도등 | × | ○ | ○ | | 20,60 | 지하층을 제외한 층수가 11층 이상 및 지지도여소는 60분<br> - 지하도여소 : 지하상가, 지하역사, 여객자동차시설, 소매시장 |
| 비상조명등 | ○ | ○ | ○ | | 20,60 | |
| 제연설비 | ○ | ○ | ○ | | 20 | |
| 연결송수관 | ○ | ○ | ○ | | 20 | 높이 70 m 이상의 소방대상물은 연결송수관 펌프 설치 대상 |
| 비상콘센트 | ○ | × | ○ | ○ | 20 | 지하층을 제외한 층수가 7층 이상으로서 연면적이 2,000 m² 이상인 소방대상물<br>지하층 바닥면적 합계가 3,000 m² 이상인 소방대상물 |
| 무·통 | × | ○ | ○ | | 30 | |

비상전원수전설비는 오직 축전지설비만 가능  비상콘센트는 축전지 설비 안 됨

1. 유도등과 무통, 경보(비상경보, 비상방송, 자탐)설비는 오직 축전지설비만 가능하고 [암기: 유무경 - 축]
2. 비상전원수전설비 설치대상 - 포, 스프링클러, 간이스프링클러, 비상콘센트 [암기: 포스비간]

# 실전 예상문제

 **01** 지상 4층인 건축물에 층별로 발신기 1개가 설치된 비상경보설비가 있다. 1층의 수신기에서 첫 번째 발신기까지의 전선수는 어떻게 되는가?

① 7가닥             ② 8가닥

③ 9가닥             ④ 10가닥

**해설**

| 층 | 전선의 종류, 가닥수, 배관의 관경 | 전선의 종류 | | | | | | |
|---|---|---|---|---|---|---|---|---|
| | | 경종·표시등공통 | 경종 | 표시등 | 응답 | 전화 | 공통 | 회로 |
| 4 | 2.5sq − 7(22) | 1 | 1 | 1 | 1 | 1 | 1 | 1 |
| 3 | 2.5sq − 8(28) | 1 | 1 | 1 | 1 | 1 | 1 | 2 |
| 2 | 2.5sq − 9(28) | 1 | 1 | 1 | 1 | 1 | 1 | 3 |
| 1 | 2.5sq − 10(28) | 1 | 1 | 1 | 1 | 1 | 1 | 4 |

 **02** 부수신기의 표시로 옳은 것은?

①     ②     ③     ④

**해설**

수신기, 제어반, 표시반

 **03** 경보설비에 변압기를 사용하는 경우 정격 1차전압은 몇 V 이하로 하여야 하는가?

① 100       ② 150       ③ 300       ④ 400

**해설**

모든 소방 경보기구의 1차측 정격전압은 300 V 이하이어야 한다.

 **04** 경보설비에 사용하는 기구의 정격전압이 몇 V 이상이면 그 금속제 외함에는 접지단자를 설치하여야 하는가?

① 60       ② 100       ③ 150       ④ 200

**해설**

정격전압이 60 V를 넘는 기구의 금속제 외함에는 접지단자를 설치하여야 한다.

**정답**   01 ④   02 ④   03 ③   04 ①

**05** 비상경보설비의 발신기 설치기준으로 옳은 것은?

① 조작이 쉬운 장소에 설치하고, 조작스위치는 바닥으로부터 1.5 m 이하의 높이에 설치할 것
② 소방대상물의 층마다 설치하고 부식성가스 또는 습기 등으로 인하여 부식의 우려가 없는 장소에 설치
③ 소방대상물의 각 부분으로부터 하나의 발신기까지의 수평거리는 25 m 이하가 되도록 하고 복도 또는 별도로 구획된 실로서 수평거리가 50 m 이상일 경우에는 추가로 설치
④ 발신기표시등은 함의 상부에 설치하되, 그 불빛은 부착면으로부터 10° 이상의 범위 안에서 부착지점으로부터 15 m 이내의 어느 곳에서 쉽게 식별할 수 있는 적색등으로 할 것

 **해설**
조작스위치는 바닥으로부터 0.8 m 이상 1.5 m 이하의 높이에 설치
소방대상물의 층마다 설치하되 수평거리가 25 m 이하, 복도 또는 별도로 구획된 실로서 보행거리가 40 m 이상일 경우에는 추가로 설치

**06** 비상경보설비에는 설비에 대한 감시상태를 몇 분간 지속한 후 유효하게 10분 이상 경보를 할 수 있는 축전지설비를 설치하여야 하는가?

① 20분　　　　　　　　　　② 30분
③ 45분　　　　　　　　　　④ 60분

 **해설**
감시상태 60분간 지속 후 유효하게 10분 이상 경보할 수 있는 축전지를 설치해야 한다.

**07** 수신기 예비전원의 축전지로서 옳은 것은?

① 무보수밀폐형 연축전지, 알칼리계 2차 축전지
② 알칼리계 2차 축전지, 리튬계 2차 축전지
③ 무보수밀폐형 연축전지, 알칼리계 2차 축전지
④ 무보수밀폐형 연축전지, 원통밀폐형 니켈카드뮴축전지

 **해설**
수신기와 중계기의 예비전원은 무보수밀폐형 연축전지, 원통밀폐형 니켈카드뮴축전지를 사용하여야 한다.

**08** 발신기의 절연된 단자간 또는 단자와 외함간 사이의 절연저항은 500 V 절연저항계로 측정시 몇 MΩ 이상 되어야 하는가?

① 3      ② 5      ③ 10      ④ 20

**해설**

| 발신기 | 절연된 단자간 / 단자와 외함간 | 20 MΩ 이상 |
|---|---|---|

**+암기**

1. 자동화재탐지설비
   - 직류 250 V 메가로 하나의 경계구역 절연저항 측정시 0.1 MΩ 이상
   - 감지기 50 MΩ 이상
   - 정온식감지선형감지기 - 선간에서 1 m 당 1,000 MΩ 이상
2. 5 MΩ 이상 **+암기 유시비누 충전외함(비중 제외)**
   유도등, 시각경보기, 비상조명등, 누전경보기 및 모든 기기의 충전부와 외함
   (비상콘센트, 중계기는 20 MΩ 이상이므로 제외)
3. 20 MΩ 이상 - 기타

**09** 수신기의 절연된 충전부와 외함간, 절연된 선로간은 실효전압 500 V를 가하여 몇 분 동안 견디어야 하는가?

① 1      ② 3      ③ 5      ④ 10

**해설**

| 정격전압 | 60 V 이하 | 60 V를 초과하고 150 V 이하 | 150 V를 초과 |
|---|---|---|---|
| 실효전압 | 500 V | 1,000 V | 1,000 V + 정격전압 × 2 |
| 절연내력시험에 견디는 시간 | 1분 이상 | | |

**10** 비상전원으로 비상전원수전설비를 사용할 수 없는 소화설비는?

① 스프링클러설비      ② 간이스프링클러설비
③ 포소화설비      ④ 분말소화설비

**해설**
비상전원수전설비를 사용할 수 있는 소방시설 - 포, 스프링클러, 비상콘센트, 간이스프링클러설비

**11** 비상전원의 종류 중 자가발전설비를 비상전원으로 사용할 수 있는 소방시설은?

① 비상경보설비      ② 유도등      ③ 비상조명등      ④ 무선통신보조설비

**해설**
비상전원의 종류 중 자가발전설비를 비상전원으로 사용할 수 없는 소방시설 - 유도등, 무선통신보조설비, 경보설비(비상경보, 비상방송, 자탐 등) **암기 유무경축**

**정답** 08 ④   09 ①   10 ④   11 ③

**12** 축전지설비를 비상전원으로 사용할 수 없는 소방시설은?

① 비상콘센트설비　　　　　　　　　② 스프링클러설비
③ 청정소화약제소화설비　　　　　　④ 제연설비

> **해설**
> 비상콘센트의 비상전원은 자가발전설비, 비상전원수전설비만 가능하다.

**13** 비상경보설비의 음향장치에서 음량은 부착된 음향장치의 중심으로부터 1 m 떨어진 위치에서 몇 dB 이상이 되는 것으로 하여야 하는가?

① 40　　　　　　② 60　　　　　　③ 70　　　　　　④ 90

> **해설**
> 1. 수신기, 경종, 가스누설경보기 공업용, 중계기 : 90 dB　 수경 가공 중
> 2. 단독경보형감지기(화재 음향) : 85 dB
> 3. 나머지 : 70 dB
> 4. 소음, 고장 : 60 dB

**14** 발신기는 정격전압에서 몇 회의 반복시험을 하여도 이상이 없어야 하는가?

① 1,000회　　　　② 2,000회　　　　③ 5,000회　　　④ 10,000회

> **해설**
>
> | 구 분 | 정격전압에서의 반복시험 | 구 분 | 정격전압에서의 반복시험 |
> |---|---|---|---|
> | 감지기 | 1,000회 | 발신기 | 5,000회 |
> | 속보기 | 1,000회 | 간이형수신기 | 10,000회 |
> | 중계기 | 2000회 | 누전경보기(수신부) | 10,000회 |
> | 유도등 | 2,500회 | 비상조명등 | 10,000회 |
>
>  1. 감속(1,000) 중(2,000) 유(2,500)발(5,000) – 감속 중 (사고) 유발 천천이 25.5
> 2. 나머지는 10,000회
> 3. 모든 설비의 스위치 – 1만회
> 4. 모든 설비의 전원스위치 – 5천회

●○○ **15** 단독경보형 감지기의 설치 기준으로 옳지 않는 것은?

① 각 실마다 설치하되 바닥면적 150 m²를 초과하는 경우에는 150 m²마다 2개 이상을 설치할 것
② 최상층의 계단실의 천장에 설치할 것
③ 이웃하는 실내의 바닥면적이 각각 30 m² 미만이고 벽체의 상부의 전부 또는 일부가 개방되어 이웃하는 실내와 공기가 상호 유통되는 경우에는 이를 1개의 실로 본다.
④ 건전지를 주전원으로 사용하는 경우 정상적인 작동상태를 유지할 수 있도록 건전지를 교환

 해설
각 실마다 설치하되, 바닥면적이 150 m²를 초과하는 경우에는 150 m²마다 1개 이상 설치

●○○ **16** 다음은 단독경보형감지기 음향기준이다. 가로 안에 들어갈 알맞은 수치는?

건전지의 성능이 저하되어 건전지의 교체가 필요한 경우에는 음성안내를 포함한 음향 및 표시등에 의하여 72시간 이상 경보 할 수 있어야 한다. 이 경우 음향경보는 1 m 떨어진 거리에서 (  ) dB [음성안내는 (  ) dB] 이상이어야 한다.

① 90, 70           ② 90, 85           ③ 70, 60           ④ 70, 40

 해설
건전지의 성능이 저하되어 건전지의 교체가 필요한 경우에는 음성안내를 포함한 음향 및 표시등에 의하여 72시간 이상 경보할 수 있어야 한다. 이 경우 음향경보는 1 m 떨어진 거리에서 70 dB(음성안내는 60 dB) 이상이어야 한다.

●○○ **17** 단독경보형감지기의 화재경보음은 감지기로부터 1 m 떨어진 지점에서 몇 dB 이상으로 10분 이상 경보 할 수 있어야 하는가?

① 70           ② 80           ③ 85           ④ 90

 해설
감지기에 내장하는 음향(음성 제외)장치
사용전압에서의 음압은 무향실내에서 정위치에 부착된 음향장치의 중심으로부터 1 m 떨어진 지점에서 70 dB 이상이어야 한다. 다만, 단독경보형의 화재경보용으로 사용되는 음향장치는 1 m 떨어진 거리에서 85 dB 이상이어야 한다.

정답   15 ①   16 ③   17 ③

## 2. 비상방송설비의 화재안전기준(NFSC 202)

### 1 개요

경보설비는 경종, 싸이렌으로 화재를 알리는 것 이외에 음성으로 화재를 알려주는 비상방송설비가 있다. 비상방송설비는 자동으로 화재를 통보하여 주기도 하지만 비상마이크로 화재를 통제하며 현재의 상황, 피난의 방향등을 거주자에게 음성으로 직접 전달할 수 있는 장점이 있다.

### 2 설치대상

(1) **연면적 3천5백 $m^2$ 이상인 것**
(2) **지하층을 제외한 층수가 11층 이상인 것**
(3) **지하층의 층수가 3개층 이상인 것**

### 3 설치제외 및 면제

(1) 제외

① 위험물 저장 및 처리 시설 중 가스시설
② 지하가 중 터널, 축사 및 지하구
③ 사람이 거주하지 않는 동물 및 식물 관련 시설

(2) 면제

자동화재탐지설비 또는 비상경보설비와 동등 이상의 음향을 발하는 장치를 부설한 방송설비를 화재안전기준에 적합하게 설치한 경우에는 그 설비의 유효범위안의 부분에서 설치가 면제된다.

### 4 배선

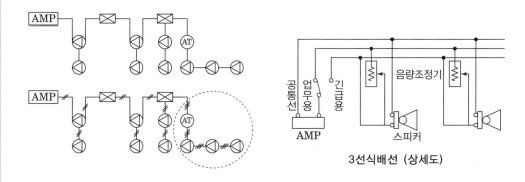

3선식배선 (상세도)

**5** 비상방송설비에 사용되는 제품의 범례

| 비상방송설비 | 증폭기(앰프) | 스피커(확성기) | 음량조정기 | 축전지 |
|---|---|---|---|---|
|  |  |  |  |  |
| ⊟ | **AMP** | ▽ | (AT) | ⊣⊢⊣ |
| 방송장비 | 증폭기 | 스피커 | 음량조정기 | 축전지 |

증폭기 – 전압전류의 진폭을 늘려 감도를 좋게 하고 미약한 음성전류를 커다란 음성전류로 변화시켜
　　　　소리를 크게 하는 장치
확성기 – 소리를 크게 하여 멀리까지 전달될 수 있도록 하는 장치로써 일명 스피커
음량조절(정)기 – 가변저항을 이용하여 전류를 변화시켜 음량을 크게 하거나 작게 조절할 수 있는
　　　　　　　　장치

**6** 설치기준

(1) 다른 전기회로에 따라 유도장애가 생기지 아니하도록 할 것
(2) 기동장치에 따른 화재신고를 수신한 후 필요한 음량으로 화재발생 상황 및 피난에
　　유효한 방송이 자동으로 개시될 때까지의 소요시간은 10초 이하

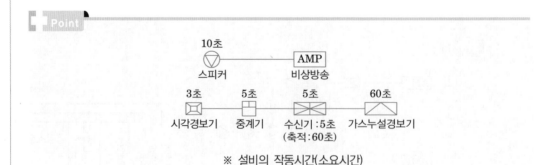

※ 설비의 작동시간(소요시간)

(3) 다른 방송설비와 공용하는 것에 있어서는 화재 시 비상경보외의 방송을 차단할 수 있
　　는 구조

(4) 기타 설치기준

| 구 분 | | | 내 용 | |
|---|---|---|---|---|
| 음향장치 | 자동화재탐지설비의 작동과 연동하여 작동할 수 있는 것 | | | |
| | 확성기 | 음성입력 | 3 W(실내는 1 W) 이상 | |
| | | 수평거리 | 25 m 이하 | 수평거리 |
| | 음량조정기 설치 시 | 배선 | 3선식 (공통선, 업무용선, 비상용선) | |
| 조작부 | 조작스위치 | 설치 높이 | 0.8 m 이상 1.5 m 이하 | |
| | 기동장치 작동 시 | 해당 기동장치가 작동한 층 또는 구역을 표시 | | 방송장비 조작부 |
| | 설치장소 | 수위실 등 상시 사람이 근무하는 장소 및 점검이 편리하고 방화상 유효한 곳에 설치(증폭기 동일) | | |
| | 하나의 대상물에 2이상 설치 시 | 상호간에 동시통화가 가능한 설비를 설치 어느 조작부에서도 전 구역에 방송을 할 수 있도록 할 것 | | |
| 배선 | 확성기 또는 배선이 단락 또는 단선 시 | 다른 층의 화재통보에 지장이 없도록 할 것 | | |
| 상용전원 | 종류 | 축전지 또는 교류전압의 옥내간선 | | |
| | 배선 | 전용으로 하고 내화배선, 그 밖의 배선은 내화 또는 내열배선 | | |
| | | 다른 전선과 별도의 관, 덕트, 몰드, 풀박스 등에 설치. 단, 60 V 미만의 약전류에 사용하는 전선으로 각각의 전압이 동일할 때는 제외한다. | | |
| | 표지 | 개폐기에는 비상방송설비용의 표지 | | |
| | 절연저항 | 비상경보설비와 동일함 | | |
| 비상전원 | 축전지, 전기저장장치 | 설비감시상태 60분 지속 후 유효하게 10분 경보 | | |

### 7 경보방식

| 화재층 \ 대상물 | 층수가 5층 이상으로서 연면적이 3,000 m²를 초과 | 층수가 30층 이상의 특정소방대상물 |
|---|---|---|
| 2층 이상 | 발화층, 그 직상층 | 발화층, 그 직상 4개층 |
| 1층 | 발화층, 그 직상층, 지하전층 | 발화층, 그 직상 4개층, 지하전층 |
| 지하층 | 발화층, 그 직상층, 지하전층 | 발화층, 그 직상층, 지하전층 |

(1) 5층 이상 및 연면적 3천 m² 초과이고 30층 미만의 대상물에서 우선발화방식의 예

| 층 \ 화재층 | 2층 | 1층 | 지하1층 | 지하2층 |
|---|---|---|---|---|
| 3층 |  |  |  |  |
| 2층 | 화재 |  |  |  |
| 1층 |  | 화재 |  |  |
| 지하1층 |  |  | 화재 |  |
| 지하2층 |  |  |  | 화재 |
| 지하3층 |  |  |  |  |

(2) 30층 이상의 대상물에서 우선발화방식의 예

| 층 \ 화재층 | 2층 | 1층 | 지하1층 | 지하2층 |
|---|---|---|---|---|
| 7층 |  |  |  |  |
| 6층 |  |  |  |  |
| 5층 |  |  |  |  |
| 4층 |  |  |  |  |
| 3층 |  |  |  |  |
| 2층 | 화재 |  |  |  |
| 1층 |  | 화재 |  |  |
| 지하1층 |  |  | 화재 |  |
| 지하2층 |  |  |  | 화재 |
| 지하3층 |  |  |  |  |

## 실전 예상문제

**01** 비상방송설비의 설치대상이 아닌 것은?

① 연면적 3천5백 $m^2$ 이상인 것
② 지하층을 제외한 층수가 11층 이상인 것
③ 지하층의 층수가 3개층 이상인 것
④ 지하층의 바닥면적의 합계가 3,000 $m^2$ 이상인 것

지하층의 바닥면적의 합계가 3,000 $m^2$ 이상인 것은 무선통신보조설비의 설치대상이다.

**02** 비상방송설비를 실내에 설치한 경우 확성기의 음성입력은 몇 W인가?

① 1  ② 3  ③ 5  ④ 10

확성기의 음성입력은 3 W(실내는 1 W) 이상

**03** 비상방송설비의 확성기는 각 층마다 설치하되 그 층의 각 부분으로부터 다른 확성기까지의 수평거리는 몇 m 이하이어야 하는가?

① 25  ② 30  ③ 35  ④ 40

확성기의 수평거리는 25 m 이하

**04** 비상방송설비에서 음량 조정기를 설치할 경우 배선방식으로 옳은 것은?

① 2선식  ② 3선식
③ 4선식  ④ 5선식

| 음량조정기 설치 시 | 배선 | 3선식(공통선, 업무용선, 비상용선) |
| --- | --- | --- |

 **정답**  01 ④  02 ①  03 ①  04 ②

**05** 비상방송설비의 전로와 대지 사이 및 배선 상호간의 절연저항은 1경계구역마다 직류 250 V의 절연 저항측정기를 사용하여 측정한 절연저항이 MΩ 이상이 되어야 하는가?

① 0.1　　　　　　② 0.2　　　　　　③ 0.3　　　　　　④ 0.4

> **해설**
> 전로와 대지 사이 및 배선 상호간의 절연저항은 1경계구역마다 직류 250V의 절연저항측정기를 사용하여 측정한 절연저항이 0.1 MΩ 이상이 되도록 할 것 - 비상경보, 비상방송, 자탐 동일

 **06** 비상방송설비 상용전원의 배선은 다른 전선과 별도의 관, 덕트, 몰드, 풀박스 등에 설치하여야 하나 몇 V 미만의 약전류에 사용하는 전선으로 각각의 전압이 동일할 때는 제외하는가?

① 24　　　　　　② 60　　　　　　③ 100　　　　　　④ 220

> **해설**
> 상용전원의 배선은 다른 전선과 별도의 관, 덕트, 몰드, 풀박스 등에 설치. 단, 60 V 미만의 약전류에 사용하는 전선으로 각각의 전압이 동일할 때는 제외한다. (비상경보 및 자탐 동일)

**07** 비상방송설비를 기동장치에 의한 화재신호를 수신한 후 필요한 음량으로 화재발생 상황 및 피난에 유효한 방송이 자동으로 개시될 때까지의 소요시간은 몇 이하로 하여야 하는가?

① 3초　　　　　　② 5초　　　　　　③ 10초　　　　　　④ 60초

> **해설**
>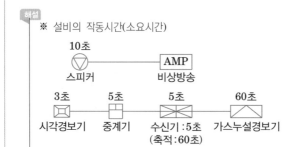

 **08** 연면적이 3,000 m²이고 지하 3층, 지상 5층의 소방대상물에 비상방송설비를 설치하였다. 지하 3층 에서 발화한 경우 우선적으로 경보를 하여야 할 층은?

① 지하 2층, 지하3층　　　　　　　　② 지하 1층 ~ 지하 3층
③ 1층 ~ 지하 4층　　　　　　　　　　④ 전층

> **해설**
> 층수가 5층 이상으로서 연면적이 3,000 m² 를 초과하는 특정소방대상물에 해당이 되지 않아 전층 발화하여야 한다.

 **정답** 05 ①　06 ②　07 ③　08 ④

●●● **09** 연면적이 3,500 m²이고 지하 4층, 지상 5층의 소방대상물에 비상방송설비를 설치하였다. 지하 3층에서 발화한 경우 우선적으로 경보를 하여야 할 층은?

① 지하 2층, 지하 3층
② 지하 1층 ~ 지하 3층
③ 지상 1층 ~ 지하 4층
④ 지하 1층 ~ 지하 4층

**해설**

층수가 5층 이상으로서 연면적이 3,000 m²를 초과하는 특정소방대상물은 직상층 우선발화방식에 해당이 된다.

| 대상물<br>화재층 | 층수가 5층 이상으로서<br>연면적이 3,000 m²를 초과 | 층수가 30층 이상의<br>특정소방대상물 |
|---|---|---|
| 2층 이상 | 발화층, 그 직상층 | 발화층, 그 직상 4개층 |
| 1층 | 발화층, 그 직상층, 지하전층 | 발화층, 그 직상 4개층, 지하전층 |
| **지하층** | **발화층, 그 직상층, 지하전층** | **발화층, 그 직상층, 지하전층** |

●●● **10** 층수가 45층인 특정소방대상물의 지하1층에서 화재시 경보는 어디 층에 발하여야 하는가?

① 지하전층
② 1층, 지하전층
③ 지하1층, 1층, 2층, 3층, 4층
④ 지하전층, 1층, 2층, 3층, 4층

**해설**

층수가 30층 이상의 특정소방대상물의 경보방식 : 문제 8번 해설 참조

●●● **11** 층수가 30층인 특정소방대상물에서 1층에서 화재시 경보는 어디 층에 발하여야 하는가?

① 지하전층, 1층, 2층
② 1층, 2층
③ 지하전층, 1층, 2층, 3층, 4층, 5층
④ 1층, 2층, 3층, 4층, 5층

**해설**

층수가 30층 이상의 특정소방대상물의 경보방식
– 1층에서 발화한 때에는 발화층·그 직상 4개층 및 지하층에 경보를 발할 것

## 3. 자동화재탐지설비 및 시각경보장치의 화재안전기준(NFSC 203)

### 1 개요

화재시 가연물이 연소되면 연기, 가스, 열, 불꽃의 연소생성물이 발생하는데 이를 감지하여 자동으로 관계자에게 화재를 통보해주는 설비로서 **수신기, 중계기, 발신기, 감지기, 경종, 시각경보기 등으로 구성**되어 있다.

### 2 설치 대상

| 특정소방대상물의 종류 | | | 연면적 등 |
|---|---|---|---|
| 의료시설 | 요양병원(정신병원과 의료재활시설은 제외) | | ― |
| | 정신의료기관과 의활재료시설 | 바닥면적 합계 | 300m² 이상 |
| | | 창살이 설치된 경우 | 300m² 미만 |
| 노유자 생활시설에 해당하지 않는 노유자시설 | | | 400 m² 이상 |
| 근린생활시설(목욕장은 제외), 위락시설, 숙박시설, 의료시설(정신의료기관과 요양병원 제외), 복합건축물, 장례식장 | | | **600 m² 이상** |
| 공동주택, 근린생활시설 중 목욕장, 문화 및 집회시설, 종교시설, 판매시설, 운수시설, 운동시설, 업무시설, 공장, 창고시설, 위험물 저장 및 처리 시설, 방송통신시설, 항공기 및 자동차 관련 시설, 관광 휴게시설, 지하가(터널은 제외), 발전시설, **교정 및 군사시설 중 국방·군사시설** | | | **1천 m² 이상** |
| 동물 및 식물관련시설, 분뇨 및 쓰레기 처리시설, **교정 및 군사시설(국방·군사시설은 제외)**, 교육연구시설(교육시설 내에 있는 기숙사 및 합숙소를 포함), 수련시설(숙박시설이 있는 수련시설은 제외), 묘지 관련 시설 | | | **2천 m² 이상** |
| 숙박시설이 있는 수련시설(수용인원) | | | 100명 이상 |
| 터널(길이) | | | 1천 m 이상 |
| 특수가연물을 저장·취급하는 공장 및 창고시설 | | | 500배 이상 |
| 노유자 생활시설, 지하구, 판매시설 중 전통시장, 근린생활시설 중 조산원 및 산후조리원, 발전시설 중 전기저장시설 | | | ― |

| 구 분 | 설 치 대 상 |
|---|---|
| 600 m² 이상 | 근위숙의 복장 |
| 1,000 m² 이상 | ― |
| 2,000 m² 이상 | 동 분교 교수 묘 |

### 3 설치 면제기준

자동화재탐지설비의 기능(감지·수신·경보기능을 말한다)과 성능을 가진 준비작동식 스프링클러설비를 화재안전기준에 적합하게 설치한 경우에는 그 설비의 유효범위에서 설치가 면제된다.

**4** 자동화재탐지설비에서 사용하는 제품의 범례와 그림기호

| 구분 | | 차동식 | 정온식 | | 보상식 |
|---|---|---|---|---|---|
| 열감지기 스포트형 | 이미지 | | | | |
| | 그림기호 | | 방수형 | | |
| | | | 내산형 | | |
| | | | 내알칼리형 | | |

| 구분 | | 차동식 | | | 정온식감지선형감지기 |
|---|---|---|---|---|---|
| | | 열전대 | 열반도체 | 공기관 | |
| 열감지기 분포형 | 이미지 | 열전대부 | 감열부 열반도체소자 동니켈선 | | Outer Jacket (시스) Heat sensitive polymer 70도, 90도선 Protective Tape (P.S테이프) Steel Conductors (강선) |
| | 그림기호 | | ∞ | — | ⊙ |

| 구분 | | 광전식 | 이온화식 | 광전식연기감지기 (아날로그) |
|---|---|---|---|---|
| 연기감지기 | 이미지 | | | |
| | 그림기호 | S P | S I | S A |

기타 그림기호    점검박스붙이형 ⑤    매입형 ⑤

**5** 경계구역

특정소방대상물 중 화재신호를 발신하고 그 신호를 수신 및 유효하게 제어할 수 있는 구역

**(1) 자동화재탐지설비의 경계구역 설정기준**
    (단, 성능을 별도로 인정받은 경우에는 그 성능인정범위를 경계구역으로 할 수 있다.)

| 구 분 | 설 정 기 준 |
|---|---|
| 면적별<br>기준 | • 2개 이상의 건축물에 미치지 아니하도록 할 것<br>• 하나의 경계구역의 면적은 $600\,\mathrm{m}^2$ 이하, 한변의 길이는 $50\,\mathrm{m}$ 이하<br><br><br><br>※ 해당 특정소방대상물의 주된 출입구에서 그 내부 전체가 보이는 것에 있어서는 한 변의 길이가 $50\,\mathrm{m}$의 범위 내에서 $1,000\,\mathrm{m}^2$ 이하 |
| 수직별<br>기준 | 1. 2개 이상의 층에 미치지 아니 할 것<br>   – 2개의 층의 면적이 합이 $500\,\mathrm{m}^2$ 이하 시 2개의 층을 하나의 경계구역으로 설정 가능<br>2. 계단(※ 직통계단외의 것에 있어서는 떨어져 있는 상하계단의 상호간의 수평거리가 $5\,\mathrm{m}$ 이하로서 서로 간에 구획되지 아니한 것에 한한다.) · 경사로 · 엘리베이터 권상기실 · 린넨슈트 · 파이프 피트 및 덕트 기타 이와 유사한 부분은 별도로 경계구역을 설정<br>   – 지하층의 계단 및 경사로(지하층의 층수가 1일 경우는 제외한다)는 별도로 하나의 경계구역으로 설정<br>   – 계단 및 경사로의 하나의 경계구역 높이는 $45\,\mathrm{m}$ 이하 |
| 거리별<br>기준 | • 터널 – 하나의 경계구역의 길이는 $100\,\mathrm{m}$ 이하 |

(2) 경계구역 면제

① 대상 : 외기에 면하여 상시 개방된 부분이 있는 차고·주차장·창고 등
② 범위 : 외기에 면하는 각 부분으로부터 5 m 미만의 범위 안에 있는 부분은 경계구역의 면적에 산입하지 아니한다.

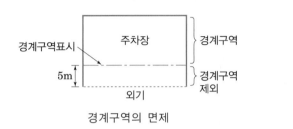

경계구역의 면제

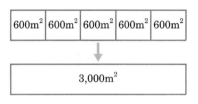

스프링클러 방호구역과 경계구역 겸용

(3) 경계구역 겸용

스프링클러설비·물분무등소화설비·제연설비의 화재 감지장치로서 화재감지기를 설치한 경우의 경계구역은 해당 소화설비의 방사구역 또는 제연구역과 동일하게 설정할 수 있다.

**6** 수신기

감지기나 발신기에서 발하는 화재신호를 직접 수신하거나 중계기를 통하여 수신하여 화재의 발생을 표시 및 경보하여 주는 장치

(1) 수신기 선정기준

① **경계구역을 각각 표시할 수 있는 회선수 이상의 수신기를 설치**

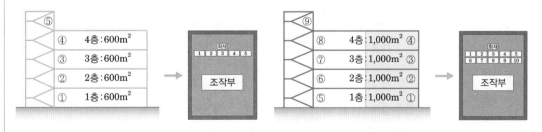

5회로용 수신기          10회로용 수신기

② **4층 이상의 특정소방대상물에는 발신기와 전화통화가 가능한 수신기를 설치**
③ 특정소방대상물에 가스누설탐지설비가 설치된 경우 가스누설탐지설비로부터 가스누설신호를 수신하여 가스누설경보를 할 수 있는 수신기를 설치
  (가스누설탐지설비의 수신부를 별도로 설치 시 제외)

(2) 오동작을 일으킬 수 있는 장소의 경우

> **Point**
>
> **오동작(비화재보)을 일으킬 수 있는 장소**
> 다음의 장소로서 일시적으로 발생한 열·연기 또는 먼지 등으로 인하여 감지기가 화재신호를 발신
> 할 우려가 있는 장소
> ① 지하층·무창층 등으로서 환기가 잘되지 아니하는 장소
> ② 실내면적이 40 m² 미만인 장소
> ③ 감지기의 부착면과 실내바닥과의 거리가 2.3 m 이하인 장소

① 축적기능 등이 있는 수신기를 설치

> **Tip**
>
> **축적형 수신기**
> 화재 축적시간(5초 이상 60초 이내)동안 지구표시장치의 점등 및 주음향장치를 명동시킬 수 있으며 공칭축적
> 시간은 10초 이상 60초 이내에서 10초 간격

② 오동작을 일으킬 수 있는 장소에 축적형수신기를 설치하면 안되는 경우

   ㉠ 감지기 회로를 교차회로 방식으로 설치

   ㉡ 특수감지기를 설치

> **Point**
>
> **특수감지기**
>
> | 축적방식의 감지기 | 불꽃감지기 | 광전식분리형감지기 | 복합형감지기 |
> |---|---|---|---|
> | 정온식감지선형감지기 | 분포형감지기 | 다신호방식의 감지기 | 아날로그방식의 감지기 |
>
> 암기 축 불광 복정 분다아(**축 불광**동에서 **복정**에서 **분당**으로 이사)

③ 특수감지기 중 축적형 감지기가 설치 불가한 경우

   ㉠ 축적기능이 있는 수신기에 연결하여 사용하는 감지기

      – 축적형감지기가 설치된 장소에는 감지기회로의 감시전류를 단속적으로 차단시켜 화재
      를 판단하는 방식외의 것을 말한다.

   ㉡ 급속한 연소 확대가 우려되는 장소에 사용되는 감지기

   ㉢ 교차회로방식에 사용되는 감지기

### (3) 수신기 설치기준

| 설치장소 | 수위실 등 상시 사람이 근무하는 장소 | 사람이 상시 근무하는 장소가 없을 경우 관계인이 쉽게 접근할 수 있고 관리가 용이한 장소에 설치 |
|---|---|---|
| | 경계구역 일람도를 비치 | 부수신기는 제외 |
| 음향기구 | 음량 및 음색이 다른 기기의 소음 등과 명확히 구별 | |
| 경계구역 | 감지기·중계기 또는 발신기가 작동하는 경계구역을 표시 | 하나의 경계구역은 하나의 표시등(P형) 또는 하나의 문자(R형)로 표시 |
| 조작 스위치 | 바닥으로부터의 높이가 0.8 m 이상 1.5 m 이하인 장소 | |
| 하나의 특정소방대상물에 2 이상의 수신기를 설치하는 경우 | 수신기를 상호간 연동하여 화재발생 상황을 각 수신기마다 확인할 수 있을 것 | |
| 화재·가스·전기등에 대한 종합방재반을 설치한 경우 | 해당 조작반에 수신기의 작동과 연동하여 감지기·중계기 또는 발신기가 작동하는 경계구역을 표시 | |

### (4) 수신기의 종류

| 수신기 단독으로만 설치 시 | 수신기와 가스누설경보기 수신부 겸하여 설치 시 |
|---|---|
| P형, R형 | GP형, GR형 |
| P형 수신기 (Proprietary), R형수신기 (Record), G (Gas) | |

① **P형 수신기**

감지기 또는 P형발신기로부터 발하여지는 신호를 직접 또는 중계기를 통하여 **공통신호**로서 수신하여 화재의 발생을 당해 소방대상물의 관계자에게 경보하여 주는 것을 말한다.

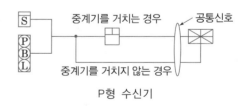

P형 수신기

② **R형수신기**

감지기 또는 P형발신기로부터 발하여지는 신호를 직접 또는 중계기를 통하여 **고유신호**로서 수신하여 화재의 발생을 당해 소방대상물의 관계자에게 경보하여 주는 것을 말한다.

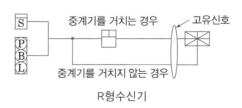

R형수신기

③ 다신호식 수신기

| 감지기로부터 최초의 화재신호를 수신하는 경우 | 두 번째 화재신호 이상을 수신하는 경우 |
|---|---|
| • 주음향장치 또는 부음향장치의 명동<br>• 지구표시장치에 의한 경계구역을 각각<br>  자동으로 표시 | • 주음향장치 또는 부음향장치의 명동<br>• 지구표시장치에 의한 경계구역을 각각<br>  자동으로 표시<br>• 화재등 및 지구음향장치가 자동적으로 작동 |

④ 아나로그수신기

아나로그 감지기로부터 출력된 신호를 수신한 경우 예비표시 및 화재표시를 표시함과 동시에 입력신호량을 표시할 수 있어야 하며 **작동레벨을 설정할 수 있는 조정장치**가 있어야 한다.

(5) 수신기 시험 종류

① P형 1급 수신기 시험

| 예비전원시험 | 비상전원시험 | 회로저항시험 | 도통시험 | 저전압시험 |
|---|---|---|---|---|
| 작동시험 | 동시동작시험 | 공통선시험 | 지구음향장치의<br>작동시험 | 절연저항시험 |

> 예. 비. 회. 로(도). 저. 작. 동. 공. 지(예비회로 저작동 공지)

② P형 2급 수신기 시험 – 화재표시작동 시험, 예비전원 시험

(6) 수신기의 예비전원

① 종류 – 무보수밀폐형 연축전지, 원통밀폐형 니켈카드뮴축전지

② 용량

㉠ 감시상태를 60분간 지속한 후 유효하게 10분 이상 경보할 수 있는 용량

㉡ 층수가 30층 이상은 30분 이상 경보할 수 있는 용량

③ 지구음향장치의 작동을 위한 예비전원의 소비전류

㉢ P형 수신기에 있어서는 접속가능한 회선수에 2를 곱하여 얻은 수의 지구음향장치가 울리는데 소비되는 전류로 한다. (R형 수신기의 경우는 접속가능한 중계기의 회선수)

㉣ 직상층발화식인 수신기로서 경종 또는 중계기의 회선수가 20을 넘는 경우에는 20을 부하로 하는 전류를 소비전류로 한다.

(7) P형 수신기와 R형 수신기의 비교

초고층, 대형건물 등 건물의 규모가 커지자 P형수신기는 두 가지 큰 문제점이 발생하였다. 첫 번째는 거리가 멀어질수록 전압이 강하되는 **전압강하**이다. 이로 인해 원활한 감시 및 로컬의 각종 기기가 동작 하지 않는 등의 문제가 돌출되었고

두 번째는 **간선수의 증가**이다. 수신기에서 모든 회로마다 실선 배선을 하여야 하므로 배선수가 급격히 증가되어 전선관의 크기도 커질 뿐 아니라 유지 보수 시 선로 찾기가 수월하지가 않다. 따라서 이 두 가지 문제점을 해결하기 위한 수신기가 R형 수신기이다. 전압강하는 **통신선을 사용**하여 방지하고 간선수의 증가는 **다중전송방식을 사용**하여 간선수를 최소화시켰다. P형은 회로수별로 간선수가 필요 하지만 R형은 전원 2선, 통신 2선 총 4선만 간선을 사용한다. 이 두 수신기를 비교하면 다음과 같다.

| 구 분 | P형 | R형 |
|---|---|---|
| 대상물의 적용 | 소형, 저층건물 | 대형, 고층, 초고층 건물 |
| 간선수, 전압강하 | 간선수가 많고<br>전압강하가 크다 | 간선수가 적고<br>전압강하가 없다 |
| 신호 전달 방식 | 개별신호선(1:1 방식)에 의한<br>전회로의 공통신호 방식 | 다중통신선에 의한<br>각 회선 고유신호 방식 |
| 배선(간선) | 각층에서 수신기까지<br>실선배선함으로서 100층이라 하면<br>최소 100가닥 이상 필요 | 각층의 중계기부터 수신기까지<br>통신선 2선, 전원선 2선만 배선 |
| 중계기 | 사용하지 않음<br>(제품별 사용하는 경우 있음) | 사용함 |
| 수신기 네트워크<br>구성시 수신기와<br>부수신기의 관계 | 주종관계<br>주수신기 다운 시<br>전체 시스템 다운 | 대등관계(peer to peer)<br>주수신기 다운 시<br>부수신기 각자 기능 유지<br>stand alone(독립 수행)기능 가능 |
| 경제성 | 저가 | 고가 |
| 공사 및 증설 등 | 배관이 커지고 가닥수가 많아 공사시 불편하고 공간이 많이 필요하며 증설 시 수신기부터 포설해야 하므로 공사, 증설 등이 용이하지 않다 | 전선수가 적어 공간이 작고 증설 시 중계기만 추가하면 되므로 공사, 증설이 용이 함<br>단, 수신기의 프로그램 수정이 필요 |

※ 공통신호 : 신호가 동일하여 감지기와 발신기 신호를 구별할 수 없음
고유신호 : 신호를 부호화하는 방법으로 감지기와 발신기 신호를 구별할 수 있는 신호

(8) 다중전송방식
 ① **다중전송방식의 종류**
  ㉠ **시 분할 다중방식**(TDM 방식 : time division multiplexer)
    서로 다른 신호를 시간차를 두고 송신하는 방식

ⓒ **주파수 분할 다중방식(FDM 방식 : frequency division multiplexer)**

전송로가 가지는 주파수 대역폭을 전송신호 대역폭 단위, 즉 채널로 분할하고 각 신호를 서로 다른 채널로 전송하는 방법과 전송신호가 디지털신호이면 각 채널을 사용하는 시간을 나누어서 전송하는 방법

② **다중전송방법**

PCM(pulse code modulation)

아나로그 데이터 신호를 표본화, 양자화, 부호화하여 0과1의 이진법 신호로 바꾸어 주어 저장, 전송하는 변조 방법

| 구 분 | 내 용 |
|---|---|
| 표본화 | 아나로그 신호를 디지털신호로 바꾸기 위해 표본을 취하는 것을 의미<br>예 신호의 크기를 1.4, 1.9처럼 표본을 채취 |
| 양자화 | 데이터 크기에 따라 높이가 다른 펄스열로 나열한 1차적인 펄스변조법(PAM)<br>예 1.4, 1.9처럼 표본을 채취한 것을 1.4 → 1, 1.9 → 2로 양자화 시키는 것 |
| 부호화 | 양자화한 멀티레벨 신호를 컴퓨터 파일처럼 0과 1만의 데이터열로 전송하기 위해 2진신호로 변환하는 것<br>예 2진법으로 1은 001, 2는 010, 3은 011 처럼 부호화 시키는 것 |

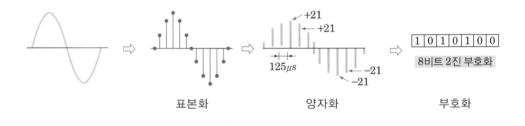

표본화                    양자화                    부호화

**7** 중계기

**(1) 개요**

감지기·발신기 또는 전기적접점 등의 작동에 의한 신호 또는 가스누설경보기의 탐지부에서 발하여진 가스누설신호를 받아 이를 수신기, 자동소화설비의 제어반, 또는 가스누설경보기에 발신하여 소화설비·제연설비 그밖에 이와 유사한 방재설비에 제어신호를 발신하는 것을 말하며 집합형과 분산형 2종류가 있으나 집합형 중계기는 구형이라 현재는 거의 설치하지 않는다.

## (2) 집합형 중계기와 분산형 중계기의 비교

| 구 분 | 집합형 중계기 | 분산형 중계기 |
|---|---|---|
| 계통도 | | ⊟ : 중계기<br>◐ : 감지기<br>경종등<br> |
| 형태 | 하나의 중계기에 입력회로, 출력회로수가 30~40회로 이상 모여 있는 집합 형태의 타입— 동방전자 D—MUX 3000 등의 수신기와 연결된 구형 타입이다. | 중계기 하나에 입력과 출력의 비가 많아야 1:1, 2:2, 4:4 방식 등으로 구성된 중계기로 신형 타입이다. (회로수는 5회로 이하) |
| 중계기의 크기 | 중계기가 집합된 타입이라 크다 | 제조사별로 손바닥에서 주먹만큼의 크기를 가지므로 작다 |
| 설치장소 | EPS실과 같은 배선전용실 또는 피트 공간 내 설치 | 발신기 내부에 설치 또는 펌프실, 수조실의 경우 저수위, 템퍼스위치 등 확인 회로가 많아 전용함 내에 설치되어 있다. |
| 설치비용 | 집합용이라 가격이 저렴하고 증설시 설치된 장소부터 증설해야 하므로 배관, 전선 비용이 많이 든다. | 많은 중계기를 사용하므로 가격이 비싸고 (대신 신뢰도가 높다) 증설시 가장 가까운 중계기에서 분기가 가능하므로 저렴하다. |

## (3) 설치기준

| 설치<br>위치 | 수신기와 감지기 사이에 설치<br>(수신기에서 직접 감지기회로의 도통시험을 행하지 아니하는 것에 한함) |
|---|---|
| | 조작 및 점검에 편리하고 화재 및 침수등의 재해로 인한 피해를 받을 우려가 없는 장소 |

**수신기에 따라 감시되지 아니하는 배선을 통하여 전력을 공급받는 것**(중계기전원반을 말함)
- 전원 입력측의 배선에 **과전류 차단기를 설치**
- 해당 전원의 정전이 즉시, 수신기에 표시되며
  **상용전원 및 예비전원의** 시험을 할 수 있을 것

중계기 전원반

**8** 감지기

화재시 발생하는 열, 연기, 불꽃 또는 **연소생성물을 자동적으로 감지하여 수신기에 발신**하는 장치

## (1) 감지기 종류와 작동 원리

| 감 지 기 | | | 작 동 원 리 |
|---|---|---|---|
| 열 | 차동식 스포트 $\dfrac{d\theta}{dt} = \dfrac{15℃}{\min}$ | 공기식 | 다이어프램의 공기 압력 > 리크(누설) 압력 |
| | | 열기전력식 | **제벽효과** : 냉접점/온접점 일정한 온도차 → 기전력발생 |
| | | 반도체식 | • 서미스터 방식 : 휘스톤 브릿지 원리 <br> • 감열식 싸이리스터 방식 <br>　gate 열에 의해 저항감소, 싸이리스터 턴온[turn on : 비도통(off) 상태가 도통상태(on)으로 천이하는 것] |
| | 차동식 분포형 | 공기관식 | 공기압력 > 다이아프램 접점수고(압력) |
| | | 열전대식 | **제벽효과** : 냉접점/온접점 일정한 온도차 → 기전력발생 |
| | | 열반도체식 | **제벽효과** : 냉접점/온접점 일정한 온도차 → 기전력발생 |
| | 정온식 | 스포트형 | 바이메탈 활곡/바이메탈 반전/ 금속의 팽창계수/ 기체, 액체 팽창/가용절연물 단락 |
| | | 감지선형 | 가용절연물 단락 |
| | 보상식 | | (차동식의 공기압력 > 리크압력) + 정온식의 바이메탈 원리 ➔ 동작속도가 빠르다 |
| | 광센서 | | **빛의 산란**, Anti−stokes와 Stoke의 강도비 |
| 연기 | 이온화식 | 스포트형 | 이온전류 감소(저항의 증가) |
| | 광전식 | 스포트형 | 광량의 증가 |
| | | 분리형 | 광량의 감소 |
| | | 공기흡입형 | 광량의 증가 |
| 불꽃 | 자외선 | | 자외선 파장 검출 |
| | 적외선 | | 적외선 파장 검출 |

(2) 부착높이에 따른 감지기 설치기준

| 부착높이 | 감지기의 종류 | 비 고 |
|---|---|---|
| 4 m 미만 | 차동식(스포트형, 분포형). 보상식 스포트형<br>정온식(스포트형, 감지선형)<br>이온화식 또는 광전식(스포트형, 분리형, 공기흡입형)<br>열복합형, 연기복합형, 열연기복합형, 불꽃감지기 | 모든 감지기<br>설치 가능 |
| 4 m 이상<br>8 m 미만 | 차동식(스포트형, 분포형), 보상식 스포트형<br>**정온식(스포트형, 감지선형) 특종 또는 1종**<br>**이온화식 1종 또는 2종**<br>**광전식(스포트형, 분리형, 공기흡입형) 1종 또는 2종**<br>열복합형, 연기복합형, 열연기복합형, 불꽃감지기 | 정온식 2종<br>이온화식 3종<br>광전식 3종<br>감지기는 적응성<br>없음 |
| 8 m 이상<br>15 m 미만 | 차동식 분포형, 이온화식 1종 또는 2종<br>광전식(스포트형, 분리형, 공기흡입형) 1종 또는 2종<br>연기복합형, 불꽃감지기 | 열감지기는 적응성 없음<br>(차동식분포형은 제외) |
| 15 m 이상<br>20 m 미만 | 이온화식 1종, 연기복합형, 불꽃감지기<br>광전식(스포트형, 분리형, 공기흡입형) 1종 | 열감지기는 무조건<br>적응성 없으며 연기는<br>2종 적응성 없음 |
| 20 m 이상 | 불꽃감지기<br>광전식(분리형, 공기흡입형)중 아나로그방식 | 연기 1종 적응성 없음 |

비고) 1) 감지기별 부착높이 등에 대하여 별도로 형식승인 받은 경우에는 그 성능 인정범위 내에서 사용할 수 있다.
　　　2) 부착높이 20 m 이상에 설치되는 광전식 중 아나로그방식의 감지기는 공칭감지농도 하한값이 감광율 5 %/m 미만인 것으로 한다.

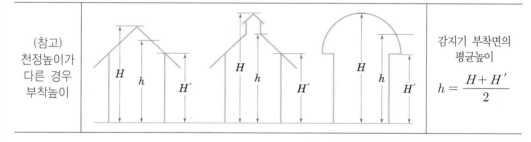

| (참고)<br>천정높이가<br>다른 경우<br>부착높이 | | 감지기 부착면의<br>평균높이<br>$h = \dfrac{H + H'}{2}$ |

(3) 연기감지기

① 설치장소

　다만, 교차회로방식에 따른 감지기가 설치된 장소 또는 특수감지기가 설치된 장소에는 그러하지 아니하다.

　㉠ 계단·경사로 및 에스컬레이터 경사로

　㉡ 복도(30 m 미만의 것을 제외한다.)

　㉢ 엘리베이터 승강로 (권상기실이 있는 경우에는 권상기실)·린넨슈트·파이프 피트 및 덕트 기타 이와 유사한 장소

　㉣ 천장 또는 반자의 높이가 15 m 이상 20 m 미만의 장소

ⓜ 특정소방대상물의 취침 · 숙박 · 입원 등 이와 유사한 용도로 사용되는 거실
  • 공동주택 · 오피스텔 · 숙박시설 · 노유자시설 · 수련시설
  • 교육연구시설 중 합숙소
  • 의료시설, 근린생활시설 중 입원실이 있는 의원 · 조산원
  • 교정 및 군사시설
  • 근린생활시설 중 고시원

② 설치기준
  ㉠ 감지기는 천장 또는 반자의 옥내에 면하는 부분에 설치할 것(열감지기 동일)
  ㉡ 면적, 거리에 따른 설치개수

| 구 분 | | 연기감지기의 종류 | |
|---|---|---|---|
| | | 1, 2종 | 3종 |
| 감지기<br>설치 높이 | 4 m 미만 | 150 m² | 50 m² |
| | 4 m 이상 20 m 미만 | 75 m² | – |
| 복도, 통로 (보행거리) | | 30 m마다 | 20 m마다 |
| 계단, 경사로 (수직거리) | | 15 m마다 | 10 m마다 |

  ㉢ 천장 또는 반자가 낮은 실내 또는 좁은 실내에 있어서는 출입구의 가까운 부분에 설치할 것
  ㉣ 천장 또는 반자부근에 배기구가 있는 경우에는 그 부근에 설치할 것
  ㉤ 감지기(차동식분포형의 것을 제외한다)는 실내로의 공기유입구로부터 1.5 m 이상 떨어진 위치에 설치할 것(열감지기 동일)

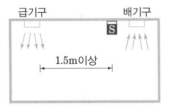

급기구 및 배기구 있을 때 설치기준

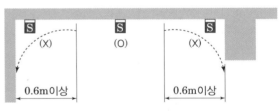

벽, 보가 있을 때

  ㉥ 감지기는 벽 또는 보로부터 0.6 m 이상 떨어진 곳에 설치할 것

③ 연기감지기의 종류

　㉠ 광전식감지기

　　주위의 공기가 일정한 농도의 연기를 포함하게
　　되는 경우에 작동하는 것으로서 **일국소의 연기**
　　**에 의하여 광전소자에 접하는 광량의 변화로**
　　**작동**하는 것

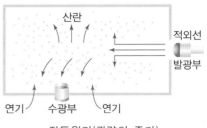

작동원리(광량의 증가)

　㉡ 이온화식감지기

　　주위의 공기가 일정한 농도의 연기를 포함하게
　　되는 경우에 작동하는 것으로서 **일국소의 연기에**
　　**의하여 이온전류가 변화하여 작동**하는 것

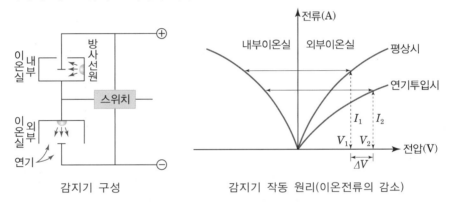

감지기 구성　　　　감지기 작동 원리(이온전류의 감소)

**(4) 열감지기**

① 설치기준

　㉠ 차동식스포트형·보상식스포트형 및 정온식스포트형 감지기의 유효감지면적($m^2$)

| 부착높이 및 소방대상물의 구분 | | 감지기의 종류 | | | | | | |
|---|---|---|---|---|---|---|---|---|
| | | 차동식 스포트형 | | 보상식 스포트형 | | 정온식 스포트형 | | |
| | | 1종 | 2종 | 1종 | 2종 | 특종 | 1종 | 2종 |
| 4 m 미만 | 주요구조부를 내화구조 | 90 | 70 | 90 | 70 | 70 | 60 | 20 |
| | 기타 구조 | 50 | 40 | 50 | 40 | 40 | 30 | 15 |
| 4 m 이상 8 m 미만 | 주요구조부를 내화구조 | 45 | 35 | 45 | 35 | 35 | 30 | – |
| | 기타 구조 | 30 | 25 | 30 | 25 | 25 | 15 | – |

　㉡ 스포트형감지기는 45° 이상 경사되지 아니하도록 부착할 것

ⓒ **정온식감지기**

주방·보일러실 등으로서 다량의 화기를 취급하는 장소에 설치하되,
**공칭작동온도가 최고주위온도보다 20℃ 이상 높은 것으로 설치**

② **보상식스포트형감지기**

**정온점이 감지기 주위의 평상시 최고온도보다 20℃ 이상 높은 것으로 설치**

② **열감지기 종류**

③ **차동식스포트형**

주위온도가 일정 상승율 이상이 되는 경우에 작동하는 것으로서 일국소에서의 열 효과
에 의하여 작동되는 것

| | | |
|---|---|---|
| 공기식 | 온도상승으로 **감열부가 팽창**하여 다이어프램을 밀어올려 접점이 붙어 화재신호 발신 | |
| 열기전력식 | 온도상승으로 **반도체 열전대**에 열 전달되어 **열기전력이 발생** 하여 릴레이가 붙어 화재신호 발신 | |
| 반도체식 | 온도상승으로 인한 **반도체의 특성을 이용**하여 화재신호 발신 하는데 **휘스톤브리지 원리**를 이용한 **서미스터 방식**과 감열식의 **싸이리스터 방식**이 있다. | |

ⓛ 차동식분포형감지기

주위온도가 일정 상승률 이상이 되는 경우에 작동하는 것으로서 넓은 범위 내에서의 열 효과의 누적에 의하여 작동되는 것

| 구분 | 내 용 | | |
|---|---|---|---|
| 공기관식 | 1. 설치기준 | | |
| | 구분 | | 설 치 기 준 |
| | 공기관 | 배관방법 | 도중에서 분기하지 아니하도록 할 것 |
| | | 노출부분 | 감지구역마다 20 m 이상(실보 방지) |
| | | 공기관의 길이(검출부 1개당) | 100 m 이하(오보 방지) |
| | | 감지구역의 각 변과의 수평거리 | 1.5 m 이하 |
| | | 공기관 상호간의 거리 | 6 m(내화구조 − 9 m) 이하 |
| | | 두께 및 바깥지름 | 0.3 mm 이상<br>1.9 mm 이상<br><br>0.3mm 이상<br>1.9mm 이상 |
| | 검출부 | 기울기 | 5° 이상 경사되지 아니하도록 부착 |
| | | 설치높이 | 바닥으로부터 0.8 m 이상 1.5 m 이하의 위치에 설치 |
| | | 구성 | 다이아프램 / 금속판<br>리크구멍 / 압력 조절 구멍<br>접점 / 수고접점 |

공기관식 감지기
검출부에 공기관(흰색)을
연결한 모습

공기관 연결 동관(좌측)과
수신기와의 연결단자(우측)

검출부의 옆 모습

## 2. 공기관 설치방법

| 고정방법 | 직선부분 | 35 cm 이내 |
|---|---|---|
| | 굴곡부분 | 5 cm 이내 |
| | 접속부분 | 5 cm 이내 |

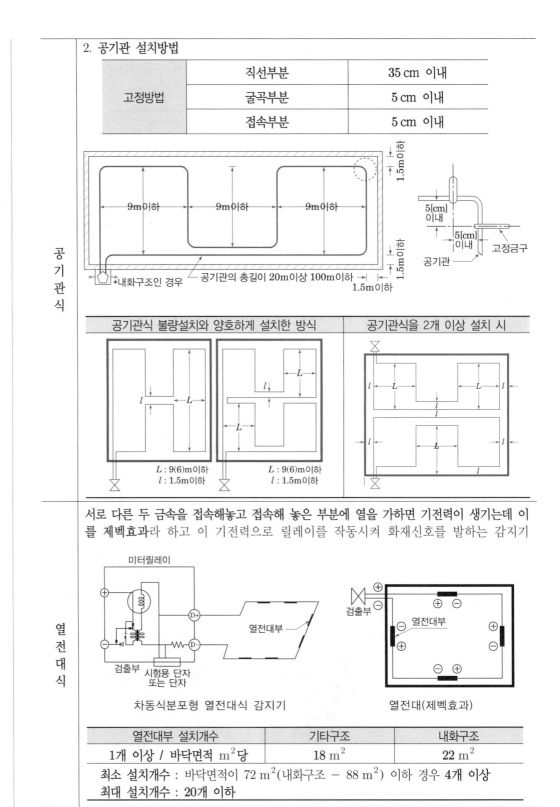

**공기관식**

공기관식 불량설치와 양호하게 설치한 방식

L : 9(6)m이하
l : 1.5m이하

L : 9(6)m이하
l : 1.5m이하

공기관식을 2개 이상 설치 시

**열전대식**

서로 다른 두 금속을 접속해놓고 접속해 놓은 부분에 열을 가하면 기전력이 생기는데 이를 **제벡효과**라 하고 이 기전력으로 릴레이를 작동시켜 화재신호를 발하는 감지기

차동식분포형 열전대식 감지기

열전대(제벡효과)

| 열전대부 설치개수 | 기타구조 | 내화구조 |
|---|---|---|
| 1개 이상 / 바닥면적 m²당 | 18 m² | 22 m² |

최소 설치개수 : 바닥면적이 72 m²(내화구조 − 88 m²) 이하 경우 4개 이상
최대 설치개수 : 20개 이하

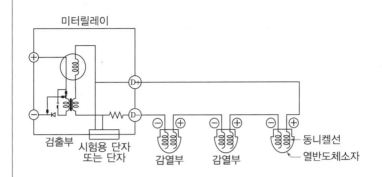

| 부착높이, 구조 | | 감지기의 종류 | |
|---|---|---|---|
| | | 1종 | 2종 |
| 8 m 미만 | 내화구조 | 65 m$^2$ | 36 m$^2$ |
| | 기타구조 | 40 m$^2$ | 23 m$^2$ |
| 8 m 이상 15 m 미만 | 내화구조 | 50 m$^2$ | 36 m$^2$ |
| | 기타구조 | 30 m$^2$ | 23 m$^2$ |

**최소기준** : 실이 위의 표에 바닥면적의 2배 이하 시 하나의 검출기에 접속하는
　　　　　 감지부는 2개 이상
　　　 ※ 단, 부착높이가 8 m 미만이고, 바닥면적이 표에 따른 면적 이하인 경우
　　　　　 에는 1개 이상 설치
**최대기준** : 하나의 검출기에 접속하는 감지부는 15개 이하

(열반도체식)

ⓒ 정온식감지기

| 구분 | 내 용 |
|---|---|
| 스포트형 | 일국소의 주위온도가 일정한 온도 이상이 되는 경우에 작동하는 것으로서 외관이 전선으로 되어 있지 아니한 것<br>※ 정온식 스포트형 감지기의 작동원리 |

바이메탈의 활곡을 이용　　　　　바이메탈의 반전을 이용

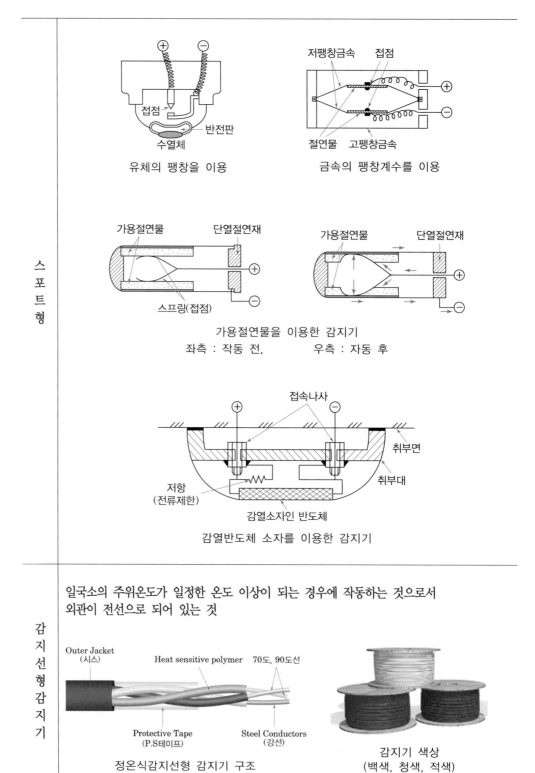

유체의 팽창을 이용

금속의 팽창계수를 이용

가용절연물을 이용한 감지기
좌측 : 작동 전,          우측 : 자동 후

감열반도체 소자를 이용한 감지기

스
포
트
형

감
지
선
형
감
지
기

일국소의 주위온도가 일정한 온도 이상이 되는 경우에 작동하는 것으로서
외관이 전선으로 되어 있는 것

정온식감지선형 감지기 구조

감지기 색상
(백색, 청색, 적색)

1. 정온식감지선형 감지기의 색상별 공칭작동온도

| 백색 | 청색 | 적색 |
|---|---|---|
| 80℃ 이하 | 80℃ 이상 120℃ 이하 | 120℃ 이상 |

2. 설치기준

① 감지기와 감지구역의 각부분과의 수평거리

| 구 분 | 1종 | 2종 |
|---|---|---|
| 내화구조 | 4.5 m 이하 | 3 m 이하 |
| 기타 구조 | 3 m 이하 | 1 m 이하 |

② 보조선이나 고정금구를 사용하여 감지선이 늘어지지 않도록 설치
③ 단자부와 마감 고정금구와의 설치간격은 10 cm 이내로 설치
④ 감지선형 감지기의 굴곡반경은 5 cm 이상

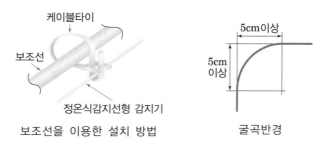

보조선을 이용한 설치 방법    굴곡반경

⑤ 케이블트레이에 감지기를 설치하는 경우에는 케이블트레이 받침대에 마감금구를 사용하여 설치

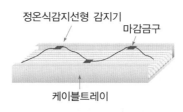

케이블트레이에 설치방법

⑥ 창고의 천장 등에 지지물이 적당하지 않는 장소에서는 보조선을 설치하고 그 보조선에 설치
⑦ 분전반 내부에 설치하는 경우 접착제를 이용하여 돌기를 바닥에 고정시키고 그 곳에 감지기를 설치
⑧ 그 밖의 설치방법은 형식승인 내용, 형식승인 사항이 아닌 것은 제조사의 시방(示方)에 따라 설치

감지선형감지기

ⓛ 보상식스포트형(감지기의 형식승인 기준에 의한 정의)

차동식스포트와 정온식스포트형 감지기 성능을 가진 것으로서 두 개의 성능 중 어느 한 기능이 작동되면 작동신호를 발하는 것을 말한다.

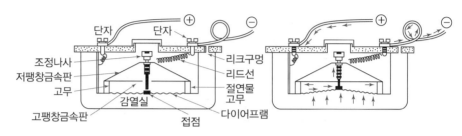

보상식 스포트형감지기의 구조

Tip

※ 참조 : 시간에 따른 감지기 작동 순서
보상식(c) → 차동식(b) → 정온식(a)

t : 급격한 온도상승(표면화재)
s : 완만한 온도 상승(훈소)
M : 일시적인 온도상승(비화재보)

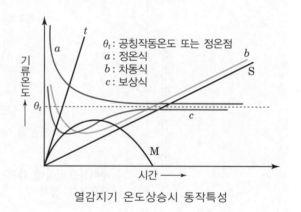

$θ_t$ : 공칭작동온도 또는 정온점
a : 정온식
b : 차동식
c : 보상식

열감지기 온도상승시 동작특성

(5) 다신호방식의 감지기 – 화재신호를 발신하는 감도에 적합한 장소에 설치

| 구 분 | 복합형 감지기 | 다신호식 감지기 |
|---|---|---|
| 원리 | 감지원리가 다른 감지소자의 조합 | 감지원리는 같으나<br>종, 감도, 축적여부 등이 다른 감지소자의 조합 |
| 동작<br>방식 | 두 기능이 모두 작동되는 때(AND회로)<br>각 기능이 작동되는 때(OR회로) | 각 감지소자가 작동하는 때(OR회로)<br>※ 2신호식 수신기 필요 |
| 종류 | ① 열복합형 감지기<br>② 연복합형 감지기<br>③ 열연복합형 감지기 | ① 광전식 1종 축적형/비축적형<br>② 정온식 스포트형 60℃/70℃<br>③ 이온화식 스포트형 1종/2종 |
| 목적 | 비화재보를 방지 | 비화재보를 방지 |

## (6) 불꽃감지기

### ① 종류

| 불꽃 자외선식 | 불꽃에서 방사되는 자외선의 변화가 일정량 이상 되었을 때 작동하는 것으로서 일국소의 자외선에 의하여 수광소자의 수광량 변화에 의해 작동하는 것을 말한다. |
|---|---|
| 불꽃 적외선식 | 불꽃에서 방사되는 적외선의 변화가 일정량 이상 되었을 때 작동하는 것으로서 일국소의 적외선에 의하여 수광소자의 수광량 변화에 의해 작동하는 것을 말한다. |
| 불꽃 자외선 · 적외선 겸용식 | 불꽃에서 방사되는 불꽃의 변화가 일정량 이상 되었을 때 작동하는 것으로서 자외선 또는 적외선에 의한 수광소자의 수광량 변화에 의하여 1개의 화재신호를 발신하는 것을 말한다. |
| 불꽃 복합식 | 불꽃 자외선식과 불꽃 적외선식 두 가지 성능을 가진 것으로서 두 가지 성능의 감지기능이 함께 작동될 때 화재신호를 발신하거나 또는 두개의 화재신호를 각각 발신하는 것을 말한다. |

### ② 설치기준

ㄱ 공칭감시거리 및 공칭시야각은 형식승인 내용에
  따를 것
ㄴ 감지기는 공칭감시거리와 공칭시야각을 기준으로
  **감시구역이 모두 포용 될 수 있도록 설치**
ㄷ 감지기는 화재감지를 유효하게 감지할 수 있는
  **모서리 또는 벽 등에 설치**
ㄹ 감지기를 천장에 설치하는 경우에는 감지기는
  **바닥을 향하여 설치**
ㅁ 수분이 많이 발생할 우려가 있는 장소에는 **방수형**으로 설치
ㅂ 그 밖의 설치기준은 형식승인 내용에 따르며 형식승인
  사항이 아닌 것은 제조사의 시방에 따라 설치

불꽃감지기

### ③ 설치장소 - 회학공장·격납고·제련소 등에 설치

## (7) 아날로그방식의 감지기

공칭감지온도범위 및
공칭감지농도범위에 적합한
장소에 설치

아날로그감지기 앞면과 뒷면(원 : 주소용 딥 스위치)

(8) 광전식분리형감지기

① 개요

송광부와 수광부로 구성된 구조로 송광부와 수광부 사이의 공간에 일정한 농도의 연기를 포함하게 되는 경우에 작동하는 것

송광부, 수광부가 함께 있는 분리형감지기     광전식분리형감지기 설치기준

② 설치기준

㉠ 감지기의 수광면은 햇빛을 직접 받지 않도록 설치
㉡ 광축(송광면과 수광면의 중심을 연결한 선)은 나란한 벽으로부터 0.6 m 이상 이격하여 설치
㉢ 감지기의 송광부와 수광부는 설치된 뒷벽으로부터 1 m 이내 위치에 설치
㉣ 광축의 높이는 천장 등 높이의 80% 이상(오동작 방지)
㉤ 감지기의 광축의 길이는 공칭감시거리 범위 이내
㉥ 그 밖의 설치기준은 형식승인 내용 또는 제조사의 시방에 따라 설치

③ 설치장소 – 화학공장·격납고·제련소등에 설치

(9) 광전식 공기흡입형 감지기

① 개요

감지기 내부에 장착된 공기흡입장치로 감지하고자 하는 위치의 공기를 흡입하고 흡입된 공기에 일정한 농도의 연기가 포함된 경우 작동하는 것

광전식 공기흡입형 감지기     전력구(지하구)에 설치된 가스소화설비 및 정온식감지선형 감지기 4회로

② 설치장소 – 전산실 또는 반도체 공장 등

(10) 설치장소별 감지기 종류

| 층수가 30층 이상의 특정소방대상물에 설치하는 감지기 | 아날로그방식의 감지기로서 감지기의 작동 및 설치지점을 수신기에서 확인 할 수 있는 것으로 설치 다만, 공동주택의 경우에는 감지기별로 작동 및 설치지점을 수신기에서 확인할 수 있는 아날로그방식 외의 감지기로 설치할 수 있다.<개정 2013.6.10> |
|---|---|

(11) 감지기 설치제외 장소

① 천장 또는 반자의 높이가 20 m 이상인 장소.

② 목욕실 · 욕조나 샤워시설이 있는 화장실 · 기타 이와 유사한 장소

③ 파이프덕트 등 이와 비슷한 것으로서 2개층마다 방화구획된 것이나 수평단면적이 5 m² 이하인 것

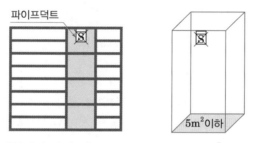

2개층마다 방화구획 또는 수평단면적이 5m² 이하

④ 부식성가스가 체류하고 있는 장소

⑤ 고온도 및 저온도로서 감지기의 기능이 정지되기 쉽거나 감지기의 유지관리가 어려운 장소

⑥ 먼지 · 가루 또는 수증기가 다량으로 체류하는 장소 또는 주방 등 평시에 연기가 발생하는 장소(연기감지기에 한한다)

⑦ 헛간 등 외부와 기류가 통하는 장소로서 감지기에 따라 화재발생을 유효하게 감지할 수 없는 장소

⑧ 프레스공장 · 주조공장 등 화재발생의 위험이 적은 장소로서 감지기의 유지관리가 어려운 장소

**9** 발신기 – 화재발생 신호를 수신기에 수동으로 발신하는 장치

(1) 발신기의 종류

| 구 분 | 설치장소 | 방폭구조 | 방수성 |
|---|---|---|---|
| 분 류 | 옥외형과 옥내형 | 방폭형과 비방폭형 | 방수형과 비방수형 |

(2) 설치기준(지하구의 경우에는 발신기를 설치하지 아니할 수 있다.)

| 설치장소 | 특정소방대상물의 층마다 설치하되 조작이 쉬운 장소에 설치 |
|---|---|
| 설치높이 | 바닥으로부터 0.8 m 이상 1.5 m 이하 |
| 수평거리, 보행거리 | **수평거리 25 m 이하**<br>**복도 또는 별도로 구획된 실로서 보행거리 40 m 이상 시 추가 설치** |
| 기둥 또는 벽이 설치되지 아니한 대형공간 | 가까운 장소의 벽 또는 기둥 등에 설치 |
| 발신기의 위치를 표시하는 표시등 | 함의 상부에 설치하되, 그 불빛은 부착면으로부터 15° 이상의 범위 안에서 부착지점으로부터 10 m 이내의 어느 곳에서도 쉽게 식별할 수 있는 적색등 |

(3) 발신기의 조작부

① 손끝으로 눌러 작동하는 방식의 발신기는 손 끝이 접하는 면에 **지름 20 mm 이상의 투명 유기질 유리를 사용한 누름판을 설치**하여야 한다.

② 작동스위치의 동작방향으로 가하는 **힘이 2 kg$_f$을 초과하고 8 kg$_f$ 이하인 범위에서 확실하게 동작**

**10** 음향장치 및 시각경보장치

(1) 음향장치

| | | |
|---|---|---|
| 음향장치 | 구조 및 성능 | 정격전압의 80% 전압에서 음향을 발할 수 있는 것<br>(건전지를 주전원으로 사용하는 음향장치는 제외) |
| | 음량 | 부착된 음향장치의 중심으로부터 1 m 떨어진 위치에서 90 dB 이상 |
| | 감지기 및 발신기의 작동과 연동하여 작동 | |
| | 비상방송설비의 화재안전기준에 적합한 방송설비를 자동화재탐지설비의 감지기와 연동하여 작동하도록 설치한 경우에는 지구음향장치를 설치하지 아니할 수 있다. | |
| 주음향장치 | 설치장소 | 수신기의 내부 또는 그 직근에 설치 |
| 지구<br>음향장치 | 설치장소 | 특정소방대상물의 층마다 설치 |
| | 수평거리 | 25 m 이하 |
| | 기둥 또는 벽이 설치되지 아니한 대형공간의 경우 | 설치 대상 장소의 가장 가까운 장소의 벽 또는 기둥 등에 설치 |

## (2) 경보방식

| 화재층 / 대상물 | 층수가 5층 이상으로서<br>연면적이 3,000 m²를 초과 | 층수가 30층 이상의<br>특정소방대상물 |
|---|---|---|
| 2층 이상 | 발화층, 그 직상층 | 발화층, 그 직상 4개층 |
| 1층 | 발화층, 그 직상층, 지하전층 | 발화층, 그 직상 4개층, 지하전층 |
| 지하층 | 발화층, 그 직상층, 지하전층 | 발화층, 그 직상층, 지하전층 |

## (3) 청각장애인용 시각경보장치

① 개요

자탐설비에서의 화재신호를 시각경보기에 전달하여 청각장애인에게 점멸형태의 시각경보를 하는 것

② 설치대상(자동화재탐지설비가 반드시 설치되어 있어야 한다.)

근린생활시설, 문화 및 집회시설, 종교시설, 판매시설, 운수시설, 운동시설, 위락시설, 창고시설 중 물류터미널, 의료시설, 노유자시설, 업무시설, 숙박시설, 발전시설 및 장례식장, 교육연구시설 중 도서관, 방송통신시설 중 방송국, 지하가 중 지하상가

③ 설치기준

| 설치장소 | 복도·통로·청각장애인용 객실 및 공용으로 사용하는 거실<br>(로비, 회의실, 강의실, 식당, 휴게실, 오락실, 대기실, 체력단련실, 접객실, 안내실, 전시실, 기타 이와 유사한 장소) | |
|---|---|---|
| 설치위치 | 복도, 통로, 공용으로<br>사용하는 거실 등 | 각 부분으로부터 유효하게 경보를 발할 수 있는<br>위치에 설치 |
| | 공연장·집회장·관람장 등 | 시선이 집중되는 무대부 부분 등에 설치 |
| 설치높이 | 2 m 이상 2.5 m 이하 | 천장의 높이가 2 m 이하 시 천장으로부터 15 cm 이내 설치 |
| 광원 | 전용의 축전지설비에 의하여 점등되도록 할 것. 시각경보기에 작동전원을 공급할 수 있도록 형식승인을 얻은 수신기를 설치 한 경우 제외<br>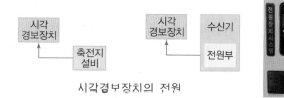<br>시각경보장치의 전원<br>하나의 특정소방대상물에 2 이상의 수신기가 설치된 경우 어느 수신기에서도 지구음향장치 및 시각경보장치를 작동할 수 있도록 할 것<br>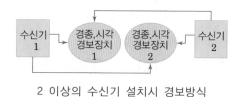<br>2 이상의 수신기 설치시 경보방식 | |

**11** 전원

(1) 자동화재탐지설비의 상용전원

① 전기가 정상적으로 공급되는 **축전지 또는 교류전압의 옥내 간선**

② **전원까지의 배선은 전용으로 할 것**

③ 개폐기에는 "자동화재탐지설비용"이라고 표시한 표지

(2) 예비전원

**감시상태를 60분간 지속한 후 유효하게 10분 이상(층수가 30층 이상은 30분 이상) 경보**할 수 있는 축전지설비 **또는 전기저장장치**를 설치(수신기에 내장하는 경우를 포함하며, 상용전원이 축전지설비인 경우 또는 건전지를 주전원으로 사용하는 무선식 설비인 경우에는 제외 함)

(3) 예비전원 종류 및 용량 – 비상경보설비 참조

(4) 축전지 용량 계산(참조)

① **축전지를 필요로 하는 부하의 결정**

동시 소비 가능량의 최대치를 필요부하용량으로 산정

② **방전전류의 산출**

방전전류 [A] = 필요 부하용량 [VA] ÷ 정격전압 [V]

③ **방전시간 결정**

필요부하용량의 방전시간을 결정

④ **부하특성곡선 작성**

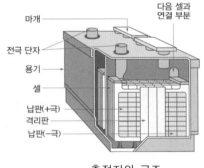

축전지의 구조

⑤ **축전지 Cell 수의 결정(Cell 수 = 전지 수)**

축전지 Cell의 수 = 필요 부하 정격전압 [V] ÷ 1 Cell의 공칭전압 [V]

⑥ **방전종지전압의 결정(1셀의 허용 최저전압 결정)**

축전지 단자의 허용최저전압 = 부하의 허용최저전압 + 전압강하 전압

부하가 작동하기 위한 허용최저전압을 85 V라 하고 전압강하를 5 V라 하면 축전지 단자의 허용최저전압은 90 V가 된다.

정격전압이 100 V, 1개 Cell의 공칭전압이 2 V라고 하면 50셀이 필요하다.

그러면 1셀의 허용최저전압은 허용최저전압이 90 V이고 50셀이 있으므로 90 ÷ 50 = 1.8 [V/Cell]이 되는데 이를 방전종지전압이라고 한다.

⑦ **용량 환산시간 결정**

축전지의 방전시간은 화학에너지가 전기에너지로 변화할 때 온도에 따라 달라지므로 이 온도와 방전시간을 고려한 시간개념의 용량환산시간을 결정해야 한다.

| 형식 | 온도℃ | 방전시간 : 10분 | | | 방전시간 : 30분 | | |
|---|---|---|---|---|---|---|---|
| | | 1.6 v | 1.7 v | 1.8 v | 1.6 v | 1.7 v | 1.8 v |
| CS | 25 | 0.9 0.8 | 1.15 1.06 | 1.6 1.42 | 1.41 1.34 | 1.6 1.55 | 2.0 1.88 |
| | 5 | 1.15 1.1 | 1.35 1.25 | 2.0 1.8 | 1.75 | 1.85 1.8 | 2.45 2.35 |
| | −5 | 1.35 1.25 | 1.6 1.5 | 2.65 2.25 | 2.05 2.05 | 2.2 2.2 | 3.1 3.0 |
| HS | 25 | 0.58 | 0.7 | 0.93 | 1.03 | 1.14 | 1.38 |
| | 5 | 0.62 | 0.74 | 1.05 | 1.11 | 1.22 | 1.54 |
| | −5 | 0.68 | 0.82 | 1.15 | 1.2 | 1.35 | 1.68 |

연축전지의 용량환산시간 산출표(CS : 클래드식, HS : 페이스트식)

⑧ 축전지 용량 계산식

$$C = \frac{1}{L} \left[ K_1 I_1 + K_2 (I_2 - I_1) + \cdots + K_n (I_n - I_{n-1}) \right] [AH]$$

$C$ : 필요 축전지 용량 [Ah](해당온도의 축전지 용량 − 보통 5℃ 또는 25℃)

$L$ : 보수율(경년용량 저하율) − 일반적으로 25%의 여율율인 0.8로 계산한다.

$K$ : 용량 환산시간

$I$ : 부하특성별 방전 전류 [A]

**예제 01**

정격전압이 100 V 인 40 W 120개, 60 W 50개의 비상조명등이 있다. 방전시간은 30분, 연축전지 HS형 54셀, 허용최저전압 90 V일 때 축전지 용량(Ah)은?
(단, 보수율은 0.80이며 최저축전지 온도는 5℃이다.)

① 118.95　　　　② 126　　　　③ 140.55　　　　④ 156.34

**해답** ①

$$C = \frac{1}{L} KI\,[Ah] = \frac{1}{0.8} \cdot 1.22 \cdot 78 = 118.95\,[Ah]$$

1. $K$을 구하기 위해 알아야 할 것

　① 방전시간 : 30분

　② 방전종지전압(1셀당 허용최저전압) $= \frac{90}{54} = 1.67 \fallingdotseq 1.7\,[\text{V/Cell}]$

　③ 축전지의 형식 : HS형　　④ 축전지의 온도 : 5 ℃

2. 아래표에서 용량환산시간을 찾으면 1.22가 된다.

| 형식 | 온도℃ | 10분 | | | 30분 | | |
|------|-------|------|------|------|------|------|------|
| | | 1.6[v] | 1.7[v] | 1.8[v] | 1.6[v] | 1.7[v] | 1.8[v] |
| CS | 25 | 0.9 | 1.15 | 1.6 | 1.41 | 1.6 | 2.0 |
| | | 0.8 | 1.06 | 1.42 | 1.34 | 1.55 | 1.88 |
| | 5 | 1.15 | 1.35 | 2.0 | 1.75 | 1.85 | 2.45 |
| | | 1.1 | 1.25 | 1.8 | | 1.8 | 2.35 |
| | −5 | 1.35 | 1.6 | 2.65 | 2.05 | 2.2 | 3.1 |
| | | 1.25 | 1.5 | 2.25 | 2.05 | 2.2 | 3.0 |
| HS | 25 | 0.58 | 0.7 | 0.93 | 1.03 | 1.14 | 1.38 |
| | 5 | 0.62 | 0.74 | 1.05 | 1.11 | ▶1.22 | 1.54 |
| | −5 | 0.68 | 0.82 | 1.15 | 1.2 | 1.35 | 1.68 |

연축전지의 용량환산시간 산출표(CS : 클래드식, HS : 페이스트식)

3. 전류 $I = \frac{P}{V} = \frac{40 \cdot 120 + 60 \cdot 50}{100} = 78A$

12 배선

(1) 설치기준

| 구 분 | 설 치 기 준 |
|---|---|

전원회로의 배선 - 내화배선

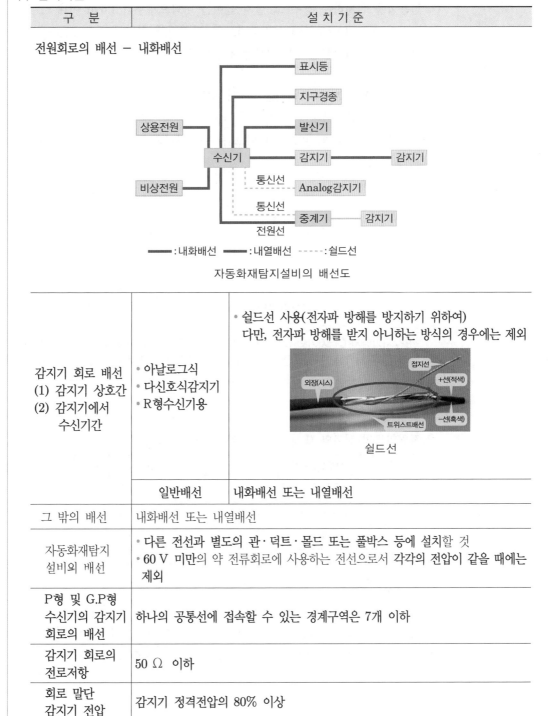

자동화재탐지설비의 배선도

| 감지기 회로 배선<br>(1) 감지기 상호간<br>(2) 감지기에서<br>수신기간 | • 아날로그식<br>• 다신호식감지기<br>• R형수신기용 | • 쉴드선 사용(전자파 방해를 방지하기 위하여)<br>다만, 전자파 방해를 받지 아니하는 방식의 경우에는 제외<br><br>쉴드선 |
|---|---|---|
| | 일반배선 | 내화배선 또는 내열배선 |
| 그 밖의 배선 | 내화배선 또는 내열배선 | |
| 자동화재탐지<br>설비외 배선 | • 다른 전선과 별도의 관·덕트·몰드 또는 풀박스 등에 설치할 것<br>• 60 V 미만의 약 전류회로에 사용하는 전선으로서 각각의 전압이 같을 때에는<br>제외 | |
| P형 및 G.P형<br>수신기의 감지기<br>회로의 배선 | 하나의 공통선에 접속할 수 있는 경계구역은 7개 이하 | |
| 감지기 회로의<br>전로저항 | 50 Ω 이하 | |
| 회로 말단<br>감지기 전압 | 감지기 정격전압의 80% 이상 | |

(2) 감지기회로의 도통시험을 위한 종단저항

① 점검 및 관리가 쉬운 장소에 설치

② **전용함을 설치하는 경우 그 설치 높이는 바닥으로부터 1.5 m 이내**

③ 감지기 회로의 끝부분에 설치하며, 종단감지기에 설치할 경우에는 구별이 쉽도록 해당 감지기의 기판 및 감지기 외부등에 별도의 표시

(3) 감지기 사이의 회로의 배선은 송배전식으로 할 것

송배전 방식이란 보내기 방식으로 감지기와 감지기를 결선 할 때 하나의 감지기에서 두 개의 다른 감지기로 배선하면 안 되고 반드시 하나의 감지기에서 또 다른 하나의 감지기로만 배선해야 한다.

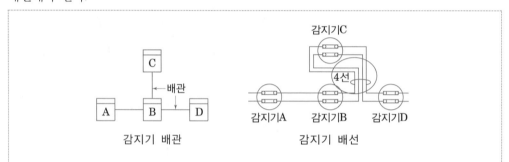

감지기 배관                    감지기 배선

B감지기에서 C감지기와 D감지기로 동시 배선은 안 된다. B감지기에서 C감지기로 2선이 갔다가 다시 B감지기쪽 배관을 통해서 D감지기로 가야 하기 때문에 2가닥이 더 추가되어 4가닥 임

(4) 절연저항

① **전원회로의 전로와 대지 사이 및 배선 상호간의 절연저항**

| 전로의 사용전압[V] | DC 시험전압[V] | 절연전항[MΩ] |
|---|---|---|
| SELV 및 PELV | 250 | 0.5 |
| FELV, 500 V 이하 | 500 | 1.0 |
| 500 V초과 | 1,000 | 1.0 |

[주] 특별저압(Extra lowvoltage : 2차 전압이 AC 50 V, DC 120 V SELV(비접지회로 구성) 및 PELV (접지회로 구성)은 1차와 2차가 전기적으로 절연된 회로, FELV는 1차와 2차가 전기적으로절연되지 않은 회로

② **감지기회로 및 부속회로의 전로와 대지 사이 및 배선 상호간의 절연저항**

1경계구역마다 직류 250 V의 절연저항측정기를 사용하여 측정한 절연저항이 0.1 *MΩ* 이상

## 실전 예상문제

 **01** 연면적 600 m² 이상시 자동화재탐지설비를 설치해야 하는 특정소방대상물이 아닌 것은?

① 업무시설　　　　② 숙박시설　　　　③ 의료시설　　　　④ 장례식장

> 해설

| 연면적 | 특정소방대상물의 종류 |
|---|---|
| 600 m² 이상 | 근린생활시설(목욕장은 제외한다), 위락시설, 숙박시설, 의료시설, 복합건축물, 장례식장 |

 **02** 자동화재 탐지설비의 설치대상이 아닌 것은?

① 길이가 1,000 m 이상의 터널　　　　② 연면적 600 m² 이상의 복합건축물
③ 연면적 600 m² 이상인 운수시설　　　　④ 지하구

> 해설
>
> 운수시설은 연면적이 1,000 m² 이상이어야 자동화재 탐지설비의 설치한다.

 **03** 자동화재탐지설비의 경계구역 설정기준을 옳지 않은 것은?

① 2개 이상의 건축물에 미치지 아니하도록 할 것
② 하나의 경계구역의 면적은 600 m² 이하, 한 변의 길이는 50 m 이하
③ 2개 이상의 층에 미치지 아니 할 것 단, 2개의 층의 면적이 합이 600 m² 이하 시 2개의 층을 하나의 경계구역으로 설정 가능하다.
④ 계단 및 경사로의 하나의 경계구역은 높이 45 m 이하로 한다.

> 해설
>
> 2개의 층의 면적이 합이 500 m² 이하 시 2개의 층을 하나의 경계구역으로 설정 가능하다.

**04** 터널은 하나의 경계구역의 길이를 몇 m 이하로 하여야 하는가?

① 100　　　　② 350　　　　③ 700　　　　④ 1,000

> 해설

| 거리별 기준 | 터널 - 하나의 경계구역의 길이는 100 m 이하 |
|---|---|

 정답　01 ①　02 ③　03 ③　04 ①

**05** 오동작을 일으킬 수 있는 장소의 경우 축적기능 등이 있는 수신기를 설치할 수 있는데 오동작을 일으킬 수 있는 장소의 기준이 아닌 것은?

① 지하층으로서 환기가 잘되지 아니하는 장소
② 실내 면적이 $20 \text{ m}^2$ 미만인 장소
③ 감지기의 부착면과 실내바닥과의 거리가 2.3 m 이하인 장소
④ 무창층으로서 환기가 잘 되지 아니하는 장소

> **해설**
> 실내 면적이 $40 \text{ m}^2$ 미만인 장소는 오동작을 일으킬 수 있는 장소로서 오동작 방지를 해야 한다.

 **06** 축적형 수신기 공칭축적 시간을 옳게 설명한 것은?

① 10초 이상 60초 이내에서 5초 간격
② 10초 이상 60초 이내에서 10초 간격
③ 10초 이상 60초 이내에서 15초 간격
④ 10초 이상 60초 이내에서 20초 간격

> **해설**
> 축적형 수신기 – 화재 축적시간(5초 이상 60초 이내)동안 지구표시장치의 점등 및 주음향장치를 명동시킬 수 있으며 공칭축적 시간은 10초 이상 60초 이내에서 10초 간격.

 **07** 감지기 또는 P형발신기로부터 발하여지는 신호를 직접 또는 중계기를 통하여 고유신호로서 수신하여 화재의 발생을 당해 소방대상물의 관계자에게 경보하여 주는 수신기는?

① P형 수신기
② R형수신기
③ M형 수신기
④ GP형 수신기

> **해설**
> R형수신기 – 감지기 또는 P형발신기로부터 발하여지는 신호를 직접 또는 중계기를 통하여 고유신호로서 수신하여 화재의 발생을 당해 소방대상물의 관계자에게 경보

 **08** P형 1급수신기의 화재작동시험이 제대로 되지 않았다. 해당 점검부분이 아닌 것은?

① 릴레이의 동작유무
② 지구표시등의 단선
③ 회로선택스위치의 불량
④ 도통시험스위치의 불량

> **해설**
> 도통시험스위치는 회로의 단선유무를 체크하는 스위치이며 화재작동시험은 동작시험스위치를 누르고 실시한다.

**정답** 05 ② 06 ② 07 ② 08 ④

**09** P형 1급 수신기 자체에서 실시하는 검사와 관계없는 것은?

① 비상전원시험
② 화재표시 동작시험
③ 절연내력시험
④ 지구음향장치의 작동시험

> **해설**
> P형 1급수신기에서의 시험
>
> | 예비전원시험 | 비상전원시험 | 회로저항시험 | 도통시험 | 저전압시험 |
> |---|---|---|---|---|
> | 동작시험 | 동시동작시험 | 공통선시험 | 지구음향장치의 작동시험 | 절연저항시험 |

 **10** 다음 중 R형수신기를 설명하는 것이 아닌 것은?

① 대형, 고층, 초고층 건물에 설치한다.
② 간선수가 적고 전압강하가 적다.
③ 신호전달 방식은 개별신호선(1:1 방식)에 의한 전회로의 공통신호 방식을 사용한다.
④ 수신기 네트워크 구성시 수신기와 부수신기의 관계는 대등관계(peer to peer)가 된다.

> **해설**
> R형수신기의 신호전달 방식은 다중통신선에 의한 각 회선 고유신호 방식이다.

 **11** R형수신기의 다중전송방식에 PCM은 아나로그 데이터 신호를 0과1의 이진법 신호로 바꾸어 주어 저장, 전송하는 변조 방법이다. 변조과정이 아닌 것은?

① 표본화
② 양자화
③ 부호화
④ 부분화

> **해설**
>
> | 구 분 | 내 용 |
> |---|---|
> | 표본화 | 아나로그 신호를 디지털신호로 바꾸기 위해 표본을 취하는 것을 의미<br>**예** 신호의 크기를 1.4, 1.9처럼 표본을 채취 |
> | 양자화 | 데이터 크기에 따라 높이가 다른 펄스열로 나열한 1차적인 펄스변조법(PAM)<br>**예** 1.4, 1.9처럼 표본을 채취한 것을 1.4 → 1, 1.9 → 2로 양자화시키는 것 |
> | 부호화 | 양자화한 멀티레벨 신호를 컴퓨터 파일처럼 0과 1만의 데이터열로 전송하기 위해 2진신호로 변환하는 것<br>**예** 2진법으로 1은 001, 2는 010처럼 부호화시키는 것 |

 **12** 35층 공동주택에 설치하는 수신기의 예비전원 용량은 감시상태를 60분간 지속한 후 유효하게 몇 분 이상 경보할 수 있는 용량으로 하여야 하는가?

① 10분
② 20분
③ 30분
④ 60분

> **해설**
> 층수가 30층 이상은 30분 이상 경보할 수 있는 용량

**정답** 09 ③  10 ③  11 ④  12 ③

**13** 발신기 스위치를 작동시켰더니 화재표시등이 동작을 하지 않았다. 그 원인이 아닌 것은?

① 응답램프 불량 ② 배선의 단선 ③ 발신기 접점불량 ④ 화재표시등의 단선

> **해설**
> 응답램프가 불량이어도 화재는 표시가 된다. 응답램프는 수신반에서 발신기와 감지기를 구별하는데 사용된다.

 **14** 수신기에서 직접 감지기회로의 도통시험을 행하지 아니하는 자동화재탐지설비의 중계기는 어디에 설치하는가?

① 수신기와 감지기 사이에 설치 ② 감지기와 발신기 사이에 설치
③ 전원 입력측의 배선에 설치 ④ 감지기 말단에 설치

> **해설**
>
> | 설치<br>위치 | 수신기와 감지기 사이에 설치<br>(수신기에서 직접 감지기회로의 도통시험을 행하지 아니하는 것에 한함) |
> |---|---|
> | | 조작 및 점검에 편리하고 화재 및 침수 등의 재해로 인한 피해를 받을 우려가 없는 장소 |

 **15** 중계기의 구조 및 기능에 관한 설명으로 옳은 것은?

① 정격전압이 60 V를 넘는 중계기의 외함에는 접지단자를 설치한다.
② 예비전원회로는 단락사고 등으로부터 보호하기 위한 개폐기를 설치한다.
③ 화재신호에 영향을 미칠 우려가 있더라도 조작부는 설치하여야 한다.
④ 수신 개시로부터 발신 개시까지의 시간은 30초 이내이어야 한다.

> **해설**
> 예비전원회로는 단락사고 등으로부터 보호하기 위한 퓨즈를 설치하고 화재신호에 영향을 미칠 우려가 있으면 조작부등은 설치하지 않아야 하며 수신 개시로부터 발신 개시까지의 시간은 5초 이내이어야 한다.

**16** 중계기는 화재 신호를 수신하고부터 발신개시까지의 시간은 몇 초 이내로 하여야 하는가?

① 3 ② 5 ③ 10 ④ 60

> **해설**

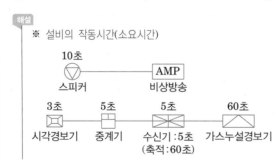

정답 | 13 ① 14 ① 15 ① 16 ②

**17** 자동화재탐지설비의 중계기 전원반에 반드시 설치하여야 할 시험 장치는?

① 회로도통시험 　　② 비상전원시험 　　③ 절연저항시험 　　④ 예비전원시험

> **해설**
> 중계기전원반에는 예비전원 시험을 할 수 있는 장치를 설치하여야 한다.

 **18** 중계기 전원반 내 변압기의 정격 1차 전압은 얼마인가?

① 110 V 이하 　　② 220 V 이하 　　③ 300 V 이하 　　④ 380 V 이하

> **해설**
> 경보설비의 모든 소방 기기의 1차 정격전압은 300 V 이하

 **19** 부착면의 높이가 4 m 이상 8 m 미만인 곳에는 설치 할 수 없는 감지기는?

① 차동식 분포형 감지기 　　　　　② 이온화식 감지기 2종
③ 광전식 감지기 2종 　　　　　　④ 정온식 스포트형 감지기 2종

> **해설**
>
> | 부착높이 | 감지기의 종류 | 비고 |
> |---|---|---|
> | 4m 이상 8m 미만 | 차동식(스포트형, 분포형), 보상식 스포트형<br>**정온식(스포트형, 감지선형) 특종 또는 1종**<br>**이온화식 1종 또는 2종**<br>**광전식(스포트형, 분리형, 공기흡입형) 1종 또는 2종**<br>열복합형, 연기복합형, 열연기복합형, 불꽃감지기 | 정온식 2종<br>이온화식 3종<br>광전식 3종<br>감지기는 적응성 없음 |
> | 8m 이상 15m 미만 | 차동식 분포형, 이온화식 1종 또는 2종<br>광전식(스포트형, 분리형, 공기흡입형) 1종 또는 2종<br>연기복합형, 불꽃감지기 | 열감지기는 적응성 없음<br>(분포형은 제외) |

 **20** 부착면의 높이가 8 m 이상 15 m 미만의 장소에는 사용할 수 없는 감지기는?

① 차동식 분포형 　　　　　　② 차동식 스포트형 1종
③ 이온화식 1종 　　　　　　④ 광전식 2종

> **해설**
> 감지기 부착면의 높이가 8 m 이상 15 m 미만의 장소에 설치하는 감지기는 분포형을 제외한 열감지기는 적응성이
> 없다.

**정답** 17 ④　18 ③　19 ④　20 ②

**21** 일국소의 온도상승률이 일정한 온도상승률 이상으로 상승하면 동작하는 감지기는?

① 차동식 스포트형 감지기        ② 보상식 스포트형 감지기

③ 정온식 스포트형 감지기        ④ 차동식 분포형 감지기

**해설**

| 차동식 스포트 $\dfrac{d\theta}{dt} = \dfrac{15℃}{\min}$ | 공기식 | 열에 의한 챔버의 공기압력이 오동작을 방지하는 리크(누설)압력보다 클 때 작동 |
|---|---|---|
| | 열기전력식 | 제벡효과 : 냉접점/온접점 일정한 온도차 → 기전력발생 |
| | 반도체식 | 서미스터 방식 : 휘스톤 브릿지 원리<br>감열식 싸이리스터방식 : gate 열에 의해 저항감소, 싸이리스터 턴온 |

 **22** 스포트형감지기는 몇 도 이상 경사되지 않도록 부착하여야 하는가?

① 5        ② 15        ③ 25        ④ 45

**해설**

스포트형감지기는 45° 이상 경사되게 부착시 화재 감지 능력이 저하된다.

 **23** 기타구조의 소방대상물에 감지기 부착높이를 4 m 미만에 부착한 차동식 스포트형 2종 감지기 1개의 감지면적은 몇 m² 인가?

① 40        ② 45        ③ 70        ④ 90

**해설**

| 부착높이 및 소방대상물의 구분<br>바닥면적(m²)마다 1개 이상 설치 | | 감지기의 종류 | | | | | | |
|---|---|---|---|---|---|---|---|---|
| | | 차동식 스포트형 | | 보상식 스포트형 | | 정온식 스포트형 | | |
| | | 1종 | 2종 | 1종 | 2종 | 특종 | 1종 | 2종 |
| 4 m 미만 | 주요구조부를 내화구조 | 90 | 70 | 90 | 70 | 70 | 60 | 20 |
| | 기타 구조 | 50 | 40 | 50 | 40 | 40 | 30 | 15 |
| 4 m 이상 8 m 미만 | 주요구조부를 내화구조 | 45 | 35 | 45 | 35 | 35 | 30 | |
| | 기타 구조 | 30 | 25 | 30 | 25 | 25 | 15 | |

 **24** 주위온도가 일정한 온도 이상 되었을 때 작동하는 감지기로서 주방, 보일러실에 설치하는 감지기는?

① 정온식 스포트형 감지기        ② 차동식 분포형 감지기

③ 이온화식 감지기        ④ 광전식 감지기

**해설**

| 정온식 | 스포트형 | 바이메탈 활곡/바이메탈 반전/금속의 팽창계수/기체, 액체 팽창/가용절연물 단락 |
|---|---|---|
| | 감지선형 | 가용절연물 단락 |

**정답**    21 ①    22 ④    23 ①    24 ①

●●○ **25** 정온식 스포트형 감지기의 감도에 따른 종류가 아닌 것은?

① 특종       ② 제1종       ③ 제2종       ④ 제3종

해설
정온식감지기의 종별 – 특종, 1종, 2종

●●● **26** 정온식감지기는 공칭작동온도가 최고주위온도보다 섭씨 몇 도 이상 높은 것으로 설치하여야 하는가?

① 10도       ② 15도       ③ 20도       ④ 25도

●○○ **27** 방수형 정온식감지기의 그림기호는?

①       ②       ③       ④

방수형
차동식감지기

해설
차동식스포트형감지기,       정온식감지기,       보상식감지기

●○○ **28** 정온식감지기(아날로그식 제외)의 공칭작동온도는 60℃에서 150℃까지의 범위로 하되, 60℃에서 80℃인 것은 ( A ) ℃ 간격으로, 80℃ 이상인 것은 ( B ) ℃ 간격으로 하여야 하는가?

① A – 5, B – 5    ② A – 5, B – 10    ③ A – 10, B – 5    ④ A – 10, B – 10

해설
정온식감지기(아날로그식 제외)의 공칭작동온도는 60℃에서 150℃까지의 범위로 하되, 60℃에서 80℃인 것은 5℃ 간격으로, 80℃ 이상인 것은 10℃ 간격으로 하여야 한다. 보상식스포트형감지기의 정온점도 동일하다.

●●○ **29** 공기 팽창과 금속 팽창을 병행한 방식으로 열감지기 중 반응속도가 가장 빠른 감지기는?

① 차동식스포트형감지기       ② 정온식스포트형감지기
③ 보상식스포트형감지기       ④ 복합형 열감지기

해설
차동식스포트형과 정온식스포트형 감지기 성능을 가진 것으로서 두 개의 성능 중 어느 한 기능이 작동되면 작동신호를 발하는 것은 보상식 스포트형 감지기이다. (감지기 형식승인 및 제품검사 기술기준에 의한 정의)

정답    25 ④    26 ③    27 ④    28 ②    29 ③

**30** 내화구조 건축물에 설치한 정온식감지선형감지기와 감지구역의 각 부분과의 수평거리는 1종에 있어서는 몇 [m] 이하가 되도록 설치하여야 하는가?

① 1　　　　　　　② 2　　　　　　　③ 3　　　　　　　④ 4.5

해설

감지기와 감지구역의 각부분과의 수평거리

| 구 분 | 1종 | 2종 |
|---|---|---|
| 내화구조 | 4.5 m 이하 | 3 m 이하 |
| 기타 구조 | 3 m 이하 | 1 m 이하 |

**31** 정온식감지선형감지기의 외피에는 공칭작동온도에 따라 색상을 표시하는데 다음 보기의 경우 색상은 순서대로 무슨 색인가?

〈보기〉

| 색상 | ( ) | ( ) | ( ) |
|---|---|---|---|
| 공칭작동온도 | 80℃ 이하 | 80℃ 이상 120℃ 이하 | 120℃ 이상 |

① 백색, 청색, 적색　② 백색, 황색, 청색　③ 백색, 청색, 황색　④ 적색, 청색, 백색

해설

정온식감지선형 감지기의 색상별 공칭작동온도(감지기 형식승인 및 제품검사 기술기준)

| 색상 | 백색 | 청색 | 적색 |
|---|---|---|---|
| 공칭작동온도 | 80℃ 이하 | 80℃ 이상 120℃ 이하 | 120℃ 이상 |

**32** 차동식분포형 공기관식 감지기 검출부는 몇 도 이상 경사되지 않도록 부착하여야 하는가?

① 5°　　　　　　　② 10°　　　　　　　③ 15°　　　　　　　④ 45°

해설

| 차동식분포형감지기 | | 설 치 기 준 |
|---|---|---|
| 검출부 | 기울기 | 5° 이상 경사되지 아니하도록 부착 |
| | 설치높이 | 바닥으로부터 0.8 m 이상 1.5 m 이하의 위치에 설치 |

**33** 차동식분포형 공기관식감지기의 검출부는 바닥으로부터 설치 위치는?

① 0.5 m 이상 ~ 1.0 m 미만　　　　② 0.5 m 이상 ~ 1.0 m 이하
③ 0.8 m 이상 ~ 1.5 m 미만　　　　④ 0.8 m 이상 ~ 1.5 m 이하

해설

문제 32번 해설 참조

 **정답** 30 ④　31 ①　32 ①　33 ④

**34** 차동식분포형 공기관식감지기 설치기준 중 검출부 1개당 공기관의 노출 부분의 길이는 감지구역마다 얼마 인가?

① 10 m 이상 100 m 이하      ② 10 m 이상 200 m 이하
③ 20 m 이상 100 m 이하      ④ 20 m 이상 200 m 이하

**해설**

| 구 분 | | 설 치 기 준 |
|---|---|---|
| 공기관 | – | 도중에서 분기하지 아니하도록 할 것 |
| | 노출부분 | 감지구역마다 20 m 이상(실보 방지) |
| | 공기관의 길이(검출부 1개당) | 100 m 이하(오보 방지) |
| | 감지구역의 각 변과의 수평거리 | 1.5 m 이하 |
| | 공기관 상호간의 거리 | 6 m(내화구조 – 9 m) 이하 |

**35** 공기관식 차동식분포형 감지기의 설치 기준으로 틀린 것은?

① 공기관의 노출부분은 오보방지를 위해 감지구역마다 20 m 이상 되도록 할 것
② 공기관과 감지구역의 각 변과의 수평거리는 1.5 m 이하가 되도록 할 것
③ 공기관 상호간의 거리는 6 m 이하(내화구조는 9 m 이하)가 되도록 하여야 한다.
④ 공기관은 도중에서 분기하지 아니하도록 하여야 한다.

**해설**

문제 34번 해설 참조

**36** 차동식분포형 공기관식감지기를 현장에서 가열시험 한 결과 기준치보다 늦게 동작하였다 그 이유가 아닌 것은?

① 접점수고가 규정치 이상이었다.      ② 리크저항이 규정치 이하이었다.
③ 공기관이 일부 막혀 있었다.      ④ 리크저항이 규정치 이상이었다.

**해설**

차동식분포형 공기관식감지기 작동시험시 접접수고가(작동압력)이 규정치보다 큰 경우, 리크저항(누설저항)이 규정치보다 작으면 빠져나가는 공기의 양이 많아 늦게 동작한다.

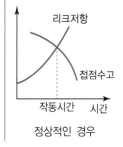

정상적인 경우

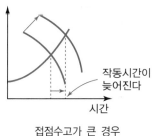

접점수고가 큰 경우

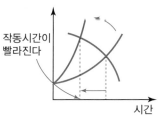

리크저항이 큰 경우

**정답**   34 ③   35 ①   36 ④

●●● 37  차동식분포형 열전대식감지기에서 하나의 검출부에 접속하는 열전대부는 최대 몇 개 이하로 하여야 하는가?

① 10              ② 15              ③ 20              ④ 25

> **해설**
>
> | 열전대부 설치개수 | 기타구조 | 내화구조 |
> |---|---|---|
> | 1개 이상 / 바닥면적 m²당 | 18 m² | 22 m² |
>
> 최소 설치개수 : 바닥면적이 72 m² 이하(내화구조 − 88 m² 이하) 경우 **4개 이상**
> 최대 설치개수 : **20개 이하**

●●● 38  차동식분포형 열반도체식 감지기의 작동원리는 무슨 효과인가?

① 제벡효과          ② 펠티어효과          ③ 줄 − 톰슨효과          ④ 핀치효과

> **해설**
>
> 차동식분포형 열반도체식 감지기의 작동원리는 서로 다른 두 금속을 접속해놓고 접속해 놓은 부분에 열을 가하면 기전력이 생기는데 이를 제벡효과라 하고 이 기전력으로 미터릴레이를 작동시켜 화재신호를 발하는 감지기이며 열전대식감지기의 작동원리도 제벡효과이다.

●●● 39  열반도체식 감지기 하나의 검출부에 접속하는 감지부는 최대 몇 개 이하로 하여야 하는가?

① 10개              ② 15개              ③ 20개              ④ 25개

> **해설**
>
> **최대기준** : 하나의 검출기에 접속하는 감지부는 15개 이하

●●○ 40  내화구조 건축물에 차동식분포형 열반도체식감지기 1종을 설치하고자 한다. 감지부의 최소 설치개수는? (단, 감지기의 부착높이는 8 m 미만이며 바닥면적 60 m² 이다.)

① 1개              ② 2개              ③ 3개              ④ 4개

> **해설**
>
> **최소기준** : 하나의 검출기에 접속하는 감지부는 2개 이상이지만(실이 기준 바닥면적의 2배 이하 시 설치기준) 부착높이가 8 m 미만이고, 바닥면적이 기준면적 이하인 경우에는 1개 이상 설치토록 되어 있다.
>
> | 부착높이, 구조 | | 감지기의 종류 | |
> |---|---|---|---|
> | | | 1종 | 2종 |
> | 8 m 미만 | 내화구조 | 65 | 36 |
> | | 기타구조 | 40 | 23 |
> | 8 m 이상 15 m 미만 | 내화구조 | 50 | 36 |
> | | 기타구조 | 30 | 23 |

 **정답** | 37 ③  38 ①  39 ②  40 ①

**41** 연기감지기를 계단 및 경사로에 설치하고자 할 때 2종은 수직거리 몇 m마다 1개 이상 설치하여야 하는가?

① 10 m  ② 15 m
③ 20 m  ④ 30 m

**해설**

연기감지기 설치 개수

| 구 분 | | 연기감지기의 종류 | |
|---|---|---|---|
| | | 1, 2종 | 3종 |
| 감지기 설치 높이 | 4 m 미만 | 150 m$^2$ | 50 m$^2$ |
| | 4 m 이상 20 m 미만 | 75 m$^2$ | − |
| 복도, 통로 (보행거리) | | 30 m마다 | 20 m마다 |
| 계단, 경사로 (수직거리) | | 15 m마다 | 10 m마다 |

 **42** 복도, 통로에 1종 연기감지기를 설치하고자 한다. 설치기준은?

① 보행거리 20 m마다  ② 수평거리 20 m마다
③ 보행거리 30 m마다  ④ 수평거리 30 m마다

**해설**

문제 41번 해설 참조

 **43** 계단이 수직거리가 65 m인 경우 연기감지기 3종을 설치할 때 최소 몇 개 설치해야 하는가?

① 4개  ② 5개
③ 6개  ④ 7개

**해설**

연기감지기 3종을 계단에 설치시 수직거리 10 m마다 설치하여야 하므로 65 / 10 = 6.5  ∴ 7개 설치하여야 한다.

 **44** 내화구조 건축물 1층의 바닥면적이 500 m$^2$ 인 장소에 2종 연기감지기를 4 m 미만인 반자에 설치하고자 한다. 최소 설치개수는?

① 1개  ② 2개
③ 3개  ④ 4개

**해설**

2종 연기감지기를 부착 높이 4 m 미만인 장소에 설치시 1개당 유효감지면적은 150 m$^2$이므로
500 / 150 = 3.33  ∴ 4개 설치하여야 한다.

 **정답**  41 ②  42 ③  43 ④  44 ④

**45**
특정소방대상물의 취침·숙박·입원 등 이와 유사한 용도로 사용되는 거실에 연기감지기를 설치하지 않아도 되는 용도는?

① 교육연구시설 중 합숙소  ② 다중이용업소의 구획된 실
③ 근린생활시설 중 고시원  ④ 교정 및 군사시설

특정소방대상물의 취침·숙박·입원 등 이와 유사한 용도로 사용되는 거실의 연기감지기 설치 장소
• 공동주택·오피스텔·숙박시설·노유자시설·수련시설
• 교육연구시설 중 합숙소
• 의료시설, 근린생활시설 중 입원실이 있는 의원·조산원
• 교정 및 군사시설
• 근린생활시설 중 고시원

**46**
연기감지기는 벽 또는 보로부터 최소 몇 m 이상 떨어진 곳에 설치하는가?

① 0.1    ② 0.6    ③ 0.8    ④ 1

감지기는 벽 또는 보로부터 0.6 m 이상 떨어진 곳에 설치할 것

**47**
연기감지기 설치기준으로 옳지 않은 것은?

① 천장 또는 반자가 낮은 실내 또는 좁은 실내에 있어서는 출입구의 가까운 부분에 설치할 것
② 천장 또는 반자부근에 배기구가 있는 경우에는 그 부근에 설치할 것
③ 감지기는 벽 또는 보로부터 0.6 m 이상 떨어진 곳에 설치할 것
④ 감지기(차동식분포형의 것을 제외한다)는 실내로의 공기유입구로부터 1 m 이상 떨어진 위치에 설치할 것

감지기(차동식분포형의 것을 제외한다)는 실내로의 공기유입구로부터 1.5 m 이상 떨어진 위치에 설치할 것

**48**
불꽃감지기에 대한 설치기준이 아닌 것은?

① 수분이 많이 발생할 우려가 있는 장소에는 방수형으로 설치하여야 한다.
② 감지기는 공칭감시거리와 공칭시야각을 기준으로 감시구역이 모두 포용 될 수 있도록 설치하여야 한다.
③ 감지기는 화재감지를 유효하게 감지할 수 없는 모서리 부분을 제외한 장소에 설치하여야 한다.
④ 감지기를 천장에 설치하는 경우에는 감지기는 바닥을 향하여 설치하여야 한다.

감지기는 화재감지를 유효하게 감지할 수 있는 모서리 또는 벽 등에 설치

정답  45 ②  46 ②  47 ④  48 ③

**49**  광전식분리형감지기 광축의 높이는 천장 등 높이의 몇 % 이상이어야 하는가?

① 60%  ② 70%  ③ 80%  ④ 90%

> **해설**
> 광축의 높이는 천장 등(천장의 실내에 면한 부분 또는 상층의 바닥 하부면을 말한다) 높이의 80% 이상이어야 한다.

**50**  광전식 분리형 감지기 설치기준으로 옳지 않은 것은?

① 감지기의 수광면은 햇빛을 직접 받지 않도록 설치할 것
② 광축(송광면과 수광면의 중심을 연결한 선)은 나란한 벽으로부터 0.6 m 이상 이격하여 설치할 것
③ 감지기의 송광부와 수광부는 설치된 뒷벽으로부터 0.5 m 이내 위치에 설치할 것
④ 감지기의 광축의 길이는 공칭감시거리 범위 이내로 할 것

> **해설**
> 감지기의 송광부와 수광부는 설치된 뒷벽으로부터 1 m 이내 위치에 설치할 것

**51**  감지원리는 같으나 종, 감도, 축적여부 등이 다른 감지소자의 조합으로 된 감지기는?

① 복합형감지기
③ 아나로그감지기
② 다신호식감지기
④ 보상식감지기

> **해설**
>
> | 구 분 | 복합형 감지기 | 다신호식 감지기 |
> |---|---|---|
> | 원리 | 감지원리가 다른 감지소자의 조합 | 감지원리는 같으나 종, 감도, 축적여부 등이 다른 감지소자의 조합 |
> | 예 | 열복합형(차동식+정온식) | 정온식스포트형 60℃ / 70℃ |

**52**  층수가 30층 이상의 특정소방대상물에 설치하는 감지기는?(단, 공동주택은 제외한다)

① 복합형감지기
③ 아나로그감지기
② 다신호식감지기
④ 공기흡입형감지기

> **해설**
>
> | | |
> |---|---|
> | 층수가 30층 이상의 특정소방대상물에 설치하는 감지기 | 아날로그방식의 감지기로서 감지기의 작동 및 설치지점을 수신기에서 확인 할 수 있는 것으로 설치할 것. 다만, 공동주택의 경우에는 감지기별로 작동 및 설치지점을 수신기에서 확인할 수 있는 아날로그방식 외의 감지기로 설치할 수 있다.<개정 2013.6.10> |

**정답**  49 ③  50 ③  51 ②  52 ③

**53** 감지기 설치제외 장소가 아닌 것은?

① 천장 또는 반자의 높이가 20 m 이상인 장소
② 프레스공장·주조공장 등 화재발생의 위험이 적은 장소로서 감지기의 유지관리가 어려운 장소
③ 파이프덕트 등 이와 비슷한 것으로서 2개층마다 방화구획되거나 수평단면적이 5 m² 이하인 것
④ 화재발생의 위험이 적은 장소의 화장실·기타 이와 유사한 장소

> **해설**
> 목욕실·욕조나 샤워시설이 있는 화장실·기타 이와 유사한 장소가 감지기 설치 제외 장소이다.

 **54** 자동화재탐지설비의 발신기의 설치기준으로 옳은 것은?

① 특정소방대상물의 층마다 설치하되 오동작을 막기 위해 조작이 어려운 장소에 설치하여야 한다.
② 기둥 또는 벽이 설치되지 아니한 대형공간은 가까운 장소의 벽 또는 기둥 등에 설치한다.
③ 당해 소방대상물의 각 부분으로부터 하나의 발신기까지의 보행거리는 25 m 이하가 되도록 설치한다.
④ 발신기는 수평거리 25 m 이하와 복도 또는 별도로 구획된 실로서 수평거리 40 m 이상시 설치하여야 한다.

> **해설**
>
> | 설치장소 | 특정소방대상물의 층마다 설치하되 조작이 쉬운 장소에 설치 |
> |---|---|
> | 수평거리 보행거리 | 수평거리 25 m 이하<br>복도 또는 별도로 구획된 실로서 보행거리 40 m 이상시 설치 |

 **55** 발신기의 조작부 등에 설명으로 옳지 않은 것은?

① 손끝으로 눌러 작동하는 방식의 발신기는 손 끝이 접하는 면에 지름 20 mm 이상의 투명 유기질 유리를 사용한 누름판을 설치하여야 한다.
② 발신기에는 작동스위치를 보호할 수 있는 보호장치를 설치할 수 있으며 보호장치는 쉽게 해제하거나 파손할 수 없는 구조이어야 한다.
③ 2 kg의 힘을 가하는 경우 동작되지 아니하여야 한다.
④ 작동스위치의 동작방향으로 가하는 힘이 2 kg_f 을 초과하고 8 kg_f 이하인 범위에서 확실하게 동작하여야 한다.

> **해설**
> 발신기에는 작동스위치를 보호할 수 있는 보호장치를 설치할 수 있으며 보호장치는 쉽게 해제하거나 파손할 수 있는 구조이어야 한다.

 **정답** 53 ④  54 ②  55 ②

**56** 발신기는 정격전압에서 정격전류를 흘려 몇 회의 작동 반복시험을 하는 경우 그 구조 기능에 이상이 생기지 아니하여야 하는가?

① 1,000회      ② 2,000회      ③ 5,000회      ④ 10,000회

**해설**

| 구 분 | 정격전압에서의 반복시험 | 비 고 |
|---|---|---|
| 감지기 | 1,000회 | |
| 속보기 | 1,000회 | |
| 중계기 | 2,000회 | |
| 유도등 | 2,500회 | AC점등, DC점등, 소등의 순서가 1회임 |
| 발신기 | 5,000회 | |
| 간이형수신기 | 10,000회 | |
| 누전경보기(수신부) | 10,000회 | 누전작동시험을 실시 |
| 비상조명등 | 10,000회 | |
| 경종 | | 정격전압에서<br>1. 울림 5분, 정지 5분의 작동을 반복하여 8시간<br>2. 72시간 울리게 하는 시험 |

**암기+**
1. 감속(1,000) 중(2,000) 유(2,500)발(5,000) – (차량 속도) 감속 중(사고) 유발 천천이 25.5
2. 나머지는 10,000회
3. 모든 설비의 스위치 – 1만회(비상조명등은 5,000회)
4. 모든 설비의 전원스위치 – 5천회

**57** 시각경보장치 설치기준으로 옳지 않은 것은?

① 복도·통로·청각장애인용 객실 및 공용으로 사용하는 거실에 설치하여야 한다.
② 공연장·집회장·관람장 등은 공연, 집회 등을 위해 시선이 집중되는 무대부 이외의 부분 등에 설치하여야 한다.
③ 설치높이는 2 m 이상 2.5m 이하로 하되 천장의 높이가 2 m 이하시 천장으로부터 15 cm 이내 설치한다.
④ 하나의 특정소방대상물에 2 이상의 수신기가 설치된 경우 어느 수신기에서도 시각경보장치를 작동할 수 있도록 할 것

**해설**
공연장·집회장·관람장 등은 시선이 집중되는 무대부 부분에 설치하여야 한다.

**정답** 56 ③   57 ②

**58** 감지기는 동작시 동작을 표시하는 작동표시장치를 설치하여야 한다. (단, 그 작동표시장치를 설치하지 않아도 되는 감지기가 아닌 것은?)

① 방폭구조인 감지기
② 차동식분포형감지기
③ 정온식감지선형감지기
④ 광전식분리형감지기

> **해설**
> 감지기에 작동표시장치를 설치하지 않아도 되는 감지기
> 방폭구조인 감지기, 감지기가 작동한 경우 수신기에 그 감지기가 작동한 내용이 표시되는 감지기(아날로그 감지기 등), 차동식분포형감지기, 정온식감지선형감지기는 작동표시장치를 설치하지 아니할 수 있다.

 **59** 감지기의 형식 분류 중 잘못된 것은?

① 방수유무에 따라 방수형, 비방수형으로 구분한다
② 불꽃감지기는 옥내형, 옥외형, 도로형으로 구분한다
③ 화재신호의 발신방법에 따라 단신호식, 다신호식, 아나로그식으로 구분한다.
④ 연기의 축적에 따라 축적형, 축적대기형, 비축적형으로 구분한다.

> **해설**
>
> | 감지기의 형식 | 방수 유무 | 내식성 유무 | 재용성 유무 | 연기의 축적 | 방폭구조 여부 | 화재신호의 발신방법 | 불꽃 감지기 |
> |---|---|---|---|---|---|---|---|
> | 구 분 | 방수형 비방수형 | 내산형 내알카리형 보통형 | 재용형 비재용형 | 축적형 비축적형 | 방폭형 비방폭형 | 단신호식 다신호식 아날로그식 | 옥내형 옥외형 도로형 |

 **60** 감지기의 부착면과 실내바닥과의 거리가 2.3 m 이하인 곳으로서 일시적으로 발생한 열, 연기 등으로 인하여 화재신호를 발신할 수 있는 장소에 설치할 수 있는 감지기는?

① 정온식스포트형감지기
② 정온식감지선형감지기
③ 광전식스포트형감지기
④ 이온화식감지기

> **해설**
> 특수감지기의 종류 **암기** 축 불광 복정 분다아(축 불광동에서 복정에서 분당)
>
> | 축적방식의 감지기 | 불꽃감지기 | 광전식분리형감지기 | 복합형감지기 |
> |---|---|---|---|
> | 정온식감지선형감지기 | 분포형감지기 | 다신호방식의 감지기 | 아날로그방식의 감지기 |

 **61** 감지기회로의 배선을 교차회로방식으로 하지 않아도 되는 것은?

① 준비작동식 스프링클러설비
② 이산화탄소 소화설비
③ 하론소화설비
④ 분말소화설비

> **해설**
> 교차회로 방식으로 하지 않아도 되는 경우
> ① 스프링클러설비의 배관 또는 헤드에 누설경보용 물 또는 압축공기를 채운 경우
> ② 부압식스프링클러설비의 경우   ③ 특수감지기로 설치한 때

 **정답** 58 ④  59 ④  60 ②  61 ①

**●●● 62** | 자동화재탐지설비의 상용전원으로부터 수신기까지의 배선방법으로 잘못된 것은?

① MI 케이블 사용하여 케이블공사방법에 따라 공사한다.
② 내열배선 또는 내화배선으로 하여야 한다.
③ 내화전선 사용하여 케이블공사방법에 따라 공사한다.
④ 내화전선 이외의 전선은 금속관등에 수납하여 내화구조의 주요 구조부에 매입하여야 한다.

> **해설**
> 상용전원으로부터 수신기까지는 내화배선으로 하여야 한다.

**●●● 63** | 자동화재탐지설비의 감지기회로의 전로저항은 몇 Ω 이하이어야 하는가?

① 10　　　　　② 50　　　　　③ 75　　　　　④ 100

> **해설**
> 감지기회로의 전로저항　50 Ω 이하

**●●● 64** | GP형 수신기의 감지기회로 배선 중 하나의 공통선에 접속할 수 있는 경계구역은 몇 회로 이하로 하여야 하는가?

① 5　　　　　② 7　　　　　③ 9　　　　　④ 11

> **해설**
> P형 수신기 및 G.P형 수신기의 감지기 회로의 배선 – 하나의 공통선에 접속할 수 있는 경계구역은 7개 이하

**●●● 65** | 감지기회로 및 부속회로의 전로와 대지 사이 및 배선 상호간의 절연저항은 1경계구역마다 직류 250 V의 절연저항측정기를 사용하여 측정한 절연저항이 얼마 이상이어야 하는가?

① 0.1 MΩ　　　　② 0.2 MΩ　　　　③ 0.3 MΩ　　　　④ 0.5 MΩ

> **해설**
> 감지기회로 및 부속회로의 전로와 대지 사이 및 배선 상호간의 절연저항
> – 1경계구역마다 직류 250 V의 절연저항측정기를 사용하여 측정한 절연저항이 0.1 MΩ 이상

**정답** | 62 ② 　63 ② 　64 ② 　65 ①

**∙∙∘ 66** 수신기 점검 항목 중 작동기능 점검 항목이 아닌 것은?

① 1개 경계구역 1개 표시등 또는 문자 표시 여부
② 수신기 음향기구의 음량음색 구별 가능 여부
③ 경계구역 일람도 비치 여부
④ 조작스위치의 높이는 적정하며 정상 위치에 있는지 여부

> **해설**
>
> 수신기 점검 항목 – 점검항목 중 "●"는 종합정밀점검의 경우에만 해당한다.
>
> ○ 수신기 설치장소 적정(관리용이) 여부
> ○ 조작스위치의 높이는 적정하며 정상 위치에 있는지 여부
> ● 개별 경계구역 표시 가능 회선수 확보 여부
> ● 축적기능 보유 여부(환기·면적·높이 조건 해당할 경우)
> ○ 경계구역 일람도 비치 여부
> ○ 수신기 음향기구의 음량·음색 구별 가능 여부
> ● 감지기·중계기·발신기 작동 경계구역 표시 여부(종합방재반 연동 포함)
> ● 1개 경계구역 1개 표시등 또는 문자 표시 여부
> ● 하나의 대상물에 수신기가 2 이상 설치된 경우 상호 연동되는지 여부

**∙∙∘ 67** 배선에 대한 점검항목 중 종합정밀 점검 항목이 아닌 것은?

① 수신기 도통시험 회로 정상 여부
② 종단저항 설치 장소, 위치 및 높이 적정 여부
③ 종단저항 표지 부착 여부(종단감지기에 설치할 경우)
④ 감지기회로 송배전식 적용 여부

> **해설**
>
> 배선 점검 항목 – 점검항목 중 "●"는 종합정밀점검의 경우에만 해당한다.
>
> ● 종단저항 설치 장소, 위치 및 높이 적정 여부
> ● 종단저항 표지 부착 여부(종단감지기에 설치할 경우)
> ○ 수신기 도통시험 회로 정상 여부
> ● 감지기회로 송배전식 적용 여부
> ● 1개 공통선 접속 경계구역 수량 적정 여부(P형 또는 GP형의 경우)

## 4. 자동화재속보설비(NFSC 204)

**1** 개요

화재신호를 통신망을 통하여 음성 등의 방법으로 소방관서에 통보하는 장치로서 화재시 수신기와 연동하여 화재상황을 소방관서에 통보해주는 A형 화재속보기와 소방관서와 관계인에게 통보해주는 B형 화재 속보기로 구분되며 화재상황을 사람이 수동으로 소방관서에 통보하는 게 아니라 자동으로 통보하기 때문에 대상물의 위치 등을 신속 정확하게 통보 할 수 있는 장점이 있다.

자동화재속보기

※ '통신망'이란 유선이나 무선 또는 유무선 겸용 방식을 구성하여 음성 또는 데이터 등을 전송할 수 있는 집합체

**2** 설치대상

| | |
|---|---|
| ① 보물 또는 국보로 지정된 목조건축물<br>② 노유자 생활시설<br>③ 층수가 30층 이상인 것<br>④ 판매시설 중 전통시장<br>⑤ 노유자 생활시설, 층수가 30층 이상인 것, 판매시설 중 전통시장, 근린 생활시설 중 의원, 치과의원 및 한의원으로서 입원실이 있는 시설, 조산원 및 산후조리원, 발전시설 중 전기저장시설 | 바닥면적과 상관없이 설치하여야 하는 대상물 |
| ⑥ 의료시설 / 종합병원, 병원, 치과병원, 한방병원 및 요양병원 | |
| ⑥ 의료시설 / 정신병원 및 의료재활시설 | 바닥면적이 500 m² 이상인 층이 있는 것 |
| ⑦ 노유자시설 | |
| ⑧ 수련시설(숙박시설이 있는 건축물만 해당) | |
| ⑨ 업무시설, 공장, 창고시설, 교정 및 군사시설 중 국방·군사시설, 발전시설<br>※ 사람이 근무하지 않는 시간에는 무인경비시스템으로 관리하는 시설만 해당 | 바닥면적이 1,500 m² 이상인 층이 있는 것 |

**3** 설치제외

설치대상의 ①, ⑦, ⑧, ⑨는 관계인이 24시간 상시 근무하고 있는 경우에는 자동화재속보설비를 설치하지 않을 수 있다.

**4** 설치기준

(1) 자동화재탐지설비와 연동으로 작동하여 자동적으로 화재발생 상황을 소방관서에 전달될 것. 이 경우 부가적으로 특정소방대상물의 관계인에게 화재발생상황을 전달되도록 할 수 있다.

(2) 조작스위치는 바닥으로부터 0.8 m 이상 1.5 m 이하, 그 보기 쉬운 곳에 스위치임을 표시한 표지 할 것

(3) 속보기는 소방관서에 통신망으로 통보하도록 하며, 데이터 또는 코드전송방식을 부가적으로 설치할 수 있다. 단, 데이터 및 코드전송방식의 기준은 소방청장이 정한다.

(4) **문화재에 설치하는 자동화재속보설비 속보기에 감지기를 직접 연결하는 방식(자동화재탐지 설비 1개의 경계구역에 한한다)으로 할 수 있다.**

(5) 속보기는 성능인증 및 제품기준에 적합한 것으로 설치하여야 한다.

### 5 속보기의 종류

(1) A형 화재 속보기

① P형, R형, GP형, GR형 수신기 또는 복합형 수신기로부터 발하는 화재신호를 수신하여 **20초 이내에 소방대상물의 위치를 3회 이상 소방관서에 자동적으로 통보**

② **지구등이 없음**

(2) B형 화재 속보기

① **P형 또는 R형 수신기와 A형 화재속보기의 기능을 통합한 것**

② 감지기 등을 통하여 송신된 화재신호를 수신하여 소방대상물의 관계자에게 경보를 발하고, **20초 이내에 소방대상물의 위치를 3회 이상 소방관서에 자동적으로 통보**

③ **지구등, 단락 및 단선 시험장치가 존재**

### 6 속보기의 구조

(1) 부식에 의하여 기계적 기능에 영향을 초래할 우려가 있는 부분 칠, 도금 등으로 기계적 내식가공을 하거나 방청가공을 하여야 하며, 전기적 기능에 영향이 있는 단자 등은 동합금이나 이와 동등이상의 내식성능이 있는 재질을 사용

(2) **외부에서 쉽게 사람이 접촉할 우려가 있는 충전부**
충분히 보호되어야 하며 **정격전압이 60 V를 넘고 금속제 외함을 사용 시 외함에 접지**단자를 설치

(3) **극성이 있는 배선을 접속하는 경우**
**오접속 방지를 위한 필요한 조치** 및 커넥터로 접속하는 방식은 구조적으로 오접속이 되지 않는 형태

(4) 내부에는 예비전원(**알칼리계 또는 리튬계 2차축전지, 무보수밀폐형축전지**)을 설치
**예비전원의 인출선 또는 접속단자는 오접속을 방지하기 위하여 적당한 색상에 의하여 극성을 구분하여야 한다.**

(5) 예비전원회로에는 단락사고 등을 방지하기 위한 퓨즈, 차단기등과 같은 보호장치를 하여야 한다.

(6) 전면에는 주전원 및 예비전원의 상태를 표시할 수 있는 장치와 작동 시 작동여부를 표시하는 장치 설치

(7) 화재표시 복구스위치 및 음향장치의 울림을 정지시킬 수 있는 스위치를 설치

(8) 작동시 그 작동시간과 작동회수를 표시할 수 있는 장치 설치

(9) 수동통화용 송수화장치를 설치

(10) 표시등에 전구를 사용하는 경우에는 2개를 병렬로 설치. 다만, 발광다이오드는 제외

(11) 속보기의 기능에 유해한 영향을 미치는 부속장치는 설치하지 아니하여야 한다.

## 7 속보기의 기능

(1) 작동신호를 수신하거나 수동으로 동작시키는 경우

    **20초 이내에 소방관서에 자동적으로 신호를 발하여 통보**하되, **3회 이상 속보**할 것

(2) 주전원이 정지한 경우

    **자동적으로 예비전원으로 전환**되고, 주전원이 정상상태로 복귀한 경우에는 자동적으로 예비전원에서 주전원으로 전환되어야 한다.

(3) 예비전원은 **자동적으로 충전**되어야 하며 **자동과충전방지장치가 있어야 한다.**

(4) 화재신호를 수신하거나 속보기를 수동으로 동작시키는 경우

    자동적으로 적색 화재표시등이 점등, 음향장치로 화재를 경보, 화재표시 및 경보는 수동으로 복구 및 정지시키지 않는 한 지속되어야 한다.

(5) 연동 또는 수동으로 소방관서에 화재발생 음성정보를 속보중인 경우에도 **송수화장치를 이용한 통화가 우선적으로 가능**하여야 한다.

(6) 예비전원을 병렬로 접속하는 경우에는 **역충전 방지등의 조치**를 하여야 한다.

(7) 예비전원 용량은 **감시상태를 60분간 지속한 후 10분 이상 동작**

(8) 속보기는 연동 또는 수동 작동에 의한 다이얼링 후 소방관서와 전화접속이 이루어지지 않는 경우 최초 다이얼링을 포함하여 **10회 이상 반복적으로 접속을 위한 다이얼링**이 이루어져야 한다.

    이 경우 **매회 다이얼링 완료 후 호출은 30초 이상 지속**되어야 한다.

(9) 속보기의 **송수화장치가 정상위치가 아닌 경우에도 연동 또는 수동으로 속보가 가능**하여야 한다.

(10) 음성으로 통보되는 속보내용 - 당해 소방대상물의 위치, 화재발생 및 속보기에 의한 신고임을 확인

(11) 속보기는 음성속보방식 외에 데이터 또는 코드전송방식 등을 이용한 속보기능을 부가로 설치 할 수 있다.

## 예상문제

●●○ 01 자동화재속보설비 설치 대상으로 옳지 않은 것은?

① 층수가 30층 이상인 것
② 보물 또는 국보로 지정된 목조건축물
③ 노유자 생활시설
④ 업무시설, 공장으로서 연면적이 1천5백 m² 이상인 대상물

해설

| 업무시설, 공장, 창고시설, 교정 및 군사시설 중<br>국방·군사시설, 발전시설<br>※ 사람이 근무하지 않는 시간에는 무인경비시스템으로<br> 관리하는 시설만 해당한다. | 바닥면적이 1천5백 m² 이상인 층이 있는 것 |
|---|---|

●●○ 02 관계인이 24시간 상시 근무하고 있는 경우에도 자동화재속보설비를 설치하여야 하는 대상물은?

① 노유자시설
② 보물 또는 국보로 지정된 목조건축물
③ 층수가 30층 이상(공동주택은 제외한다.)
④ 업무시설, 공장으로서 바닥면적이 1천5백 m² 이상인 층이 있는 것

해설

관계인이 24시간 상시 근무하고 있는 경우에는 자동화재속보설비를 설치하지 아니할 수 있다.
다만, 노유자 생활시설 및 요양시설과 층수가 30층 이상(공동주택은 제외한다.)의 특정소방대상물은 설치해야 함.

●●○ 03 자동화재속보설비 설치기준으로 옳지 않은 것은?

① 자동화재탐지설비와 연동으로 작동하여 자동적으로 화재발생 상황을 소방관서에 전달될 것
② 스위치는 바닥으로부터 0.8 m 이상 1.5 m 이하, 그 보기 쉬운 곳에 스위치임을 표시한 표지할 것
③ 속보기는 소방관서에 통신망으로 통보하도록 하며, 데이터 또는 코드전송방식을 부가적으로 설
 치할 수 있다.
④ 문화재에 설치하는 자동화재속보설비는 속보기에 감지기를 직접 연결하는 방식(자동화재탐지
 설비 5개의 경계구역에 한한다)으로 할 수 있다.

해설

문화재에 설치하는 자동화재속보설비는 속보기에 감지기를 직접 연결하는 방식(자동화재탐지설비 1개의 경계구역
에 한한다.)으로 할 수 있다.

정답 01 ④ 02 ③ 03 ④

**●●● 04** 자동화재속보설비의 속보기에 대한 설명으로 옳지 않은 것은?

① 수신기로부터 발하는 화재신호를 수신하여 30초 이내에 소방대상물의 위치를 3회 이상 소방관서에 자동적으로 통보하여야 한다.
② B형 화재 속보기는 P형 또는 R형 수신기와 A형 화재속보기의 기능을 통합한 것이다.
③ B형 화재 속보기는 지구등, 단락 및 단선 시험장치가 있다.
④ 그 기능에 따라 A형 화재속보기와 B형 화재속보기로 구분한다.

> **해설**
> 수신기로부터 발하는 화재신호를 수신하여 20초 이내에 소방대상물의 위치를 3회 이상 소방관서에 자동적으로 통보하여야 한다.

**●●○ 05** 자동화재속보설비의 속보기 구조로 옳지 않는 것은?

① 외부에서 쉽게 사람이 접촉할 우려가 있는 충전부는 충분히 보호되어야 하며 정격전압이 60 V를 넘고 금속제 외함을 사용 시 외함에 접지단자를 설치
② 극성이 있는 배선을 접속하는 경우에는 오접속 방지를 위한 필요한 조치를 하여야 한다.
③ 예비전원의 인출선 또는 접속단자는 오접속을 방지하기 위하여 적당한 색상에 의하여 극성을 구분하여야 한다.
④ 표시등에 전구를 사용하는 경우에는 2개를 직렬로 설치하여야 한다. 다만 발광다이오드는 제외한다.

> **해설**
> 표시등에 전구를 사용하는 경우에는 2개를 병렬로 설치. 다만, 발광다이오드는 제외

**●○○ 06** 자동화재속보설비의 속보기의 기능으로 옳지 않은 것은?

① 작동신호를 수신하거나 수동으로 동작시키는 경우 20초 이내에 소방관서에 자동적으로 신호를 발하여 통보하되, 3회 이상 속보할 수 있어야 한다.
② 주전원이 정지한 경우에는 자동적으로 예비전원으로 전환되고, 주전원이 정상상태로 복귀한 경우에는 자동적으로 예비전원에서 주전원으로 전환되어야 한다.
③ 예비전원은 자동적으로 충전되어야 하며 자동과충전방지장치가 있어야 한다.
④ 예비전원은 감시상태를 10분간 지속한후 60분 이상 동작할 수 있는 용량이어야 한다.

> **해설**
> 예비전원은 감시상태를 60분간 지속한후 10분 이상 동작

**●●○ 07** 자동화재속보설비의 예비전원이 아닌 것은?

① 알칼리계 2차축전지　　② 리튬계 2차축전지
③ 무보수 밀폐형축전지　　④ 원통밀폐형 니켈카드늄축전지

> **해설**
> 자동화재속보기 예비전원 – 무보수밀폐형축전지, 알칼리계 또는 리튬계 2차축전지　무하마드 알리

## 5. 누전경보기 (NFSC 205)

**1** 개요

누전경보기는 회로에서 **전류의 누설 즉, 누전이 발생 시 이를 관계인에게 통보해주는 설비**이다. 하지만 소방관계법령에 의한 누전경보기는 **계약전류 100 A를 초과하는 내화구조가 아닌 대상물**로 한정하고 있음을 정확히 알아야 한다.

내화구조가 아닌 건축물로서 벽, 바닥 또는 천장의 전부나 일부를 불연재료 또는 준불연재료가 아닌 재료에 철망을 넣어 만든 건물의 전기설비로부터 누설전류를 탐지하여 경보를 발하며 변류기와 수신부로 구성된 것으로 사용전압 600 V 이하인 경계전로의 누설전류를 검출하여 당해 소방 대상물의 관계자에게 경보를 발하는 설비이다.

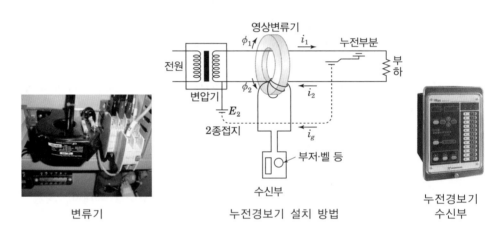

변류기      누전경보기 설치 방법      누전경보기
수신부

**2** 설치대상

**계약전류용량**(같은 건축물에 계약종별이 다른 전기가 공급되는 경우에는 그 중 최대계약전류용량을 말한다)**이 100암페어를 초과**하는 특정소방대상물(내화구조가 아닌 건축물로서 벽·바닥 또는 반자의 전부나 일부를 불연재료 또는 준불연재료가 아닌 재료에 철망을 넣어 만든 것만 해당한다)에 설치하여야 한다.

**3** 설치제외 및 면제

(1) 제외
  ① 위험물 저장 및 처리 시설 중 가스시설
  ② 지하가 중 터널
  ③ 지하구

(2) 면제

누전경보기를 설치하여야 하는 특정소방대상물 또는 그 부분에 아크경보기 또는 지락차단
장치를 설치한 경우에는 그 설비의 유효범위안의 부분에서 설치가 면제된다.

  ※ 아크경보기 – 옥내배전선로의 단선이나 선로손상 등에 의하여 발생하는 아크를 감지하
    고 경보하는 장치

**4** 설치기준

(1) 경계전로의 정격전류에 따른 누전경보기 설치

| 60 A를 초과하는 전로 | 60 A 이하의 전로 |
| --- | --- |
| 1급 누전경보기 | 1급 또는 2급 누전경보기 |

  ※ 정격전류가 60 A를 초과하는 경계전로가 분기되어 각 분기회로의 정격전류가 60 A
    이하로 되는 경우 당해 분기회로마다 2급 누전경보기를 설치 시 당해 경계전로에 1급
    누전경보기를 설치한 것으로 본다.

(2) 수신부

 ① 정의

   변류기로부터 검출된 신호를 수신하여 누전의 발생을 해당 특정소방대상물의 관계인에게
   경보하여 주는 것

 ② 기능

   감도조정기능, 누전량 측정기능, 자체회로 시험기능 등

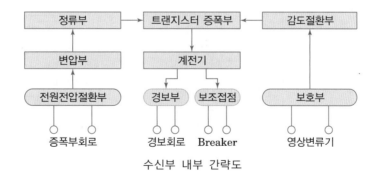

수신부 내부 간략도

 ③ 설치장소

   ㉠ 옥내의 점검에 편리한 장소에 설치
   ㉡ 가연성의 증기 · 먼지 등이 체류할 우려가 있는 장소의 전기회로의 경우 차단기구를 가진
     수신부를 설치 및 차단기구는 해당 장소외의 안전한 장소에 설치

**Point**

**누전경보기의 수신부 설치 제외 장소** 🔑 대고-온-가-습-화
(방폭·방식·방습·방온·방진 및 정전기 차폐 등의 방호조치를 한 것은 제외)

• 대전류회로·고주파 발생회로 등에 따른 영향을 받을 우려가 있는 장소
• 온도의 변화가 급격한 장소
• 가연성의 증기·먼지·가스 등이나 부식성의 증기·가스 등이 다량으로 체류하는 장소
• 습도가 높은 장소
• 화약류를 제조하거나 저장 또는 취급하는 장소

ⓒ **음향장치**는 수위실 등 상시 사람이 근무하는 장소에 설치, 음량 및 음색은 다른 기기의 소음 등과 명확히 구별할 수 있는 것

**(3) 변류기**

① 정의 및 종류
  ㉠ 정의 - **경계전로의 누설전류를 자동적으로 검출하여 이를 누전경보기의 수신부에 송신하는 것**
  ㉡ 종류 - **옥외형, 옥내형/관통형, 분할형**

② 설치장소
  ㉠ 특정소방대상물의 형태, 인입선의 시설방법 등에 따라 **옥외 인입선의 제1지점의 부하측 또는 제2종 접지선측의 점검이 쉬운 위치에 설치**

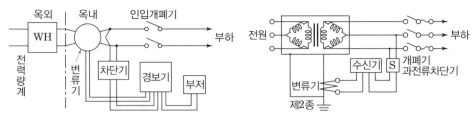

옥외 인입선의 제1지점의 부하측에 설치하는 경우　　　제2종 접지선측에 설치하는 경우

  ㉡ 인입선의 형태 또는 특정소방대상물의 구조상 부득이한 경우에는 인입구에 근접한 옥내에 설치 가능

③ 옥외 설치하는 경우
  변류기를 옥외의 전로에 설치하는 경우에는 **옥외형으로 설치**할 것

### (4) 전원

① 전원의 설치방법

전원은 분전반으로부터 전용회로로 하고 각 극에 **개폐기 및 15 A 이하의 과전류차단기를 설치(배선용 차단기에 있어서는 20 A)** 이하의 것으로 각 극을 개폐할 수 있는 것

㉠ 과전류 차단기

배선용차단기, 퓨즈 등과 같이 과부하전류 및 단락전류를 자동차단하는 기구

㉡ 배선용차단기(MCCB : Molded-Case Circuit Breaker)

개폐기구, 트립장치 등을 절연물의 용기 내에 일체로 조립한 것이며, 통상 사용 상태의 전로를 수동 또는 절연물 용기 외부의 전기조작장치 등에 의하여 개폐할 수가 있고, 또 과부하 및 단락 등일 경우, 자동적으로 전로를 차단하는 기구

② **전원의 분기방법**

전원을 분기할 때에는 다른 차단기에 따라 전원이 차단되지 아니하도록 할 것

③ 표지

전원의 개폐기에는 누전경보기용임을 표시한 표지를 할 것

---

**5** **작동원리(키르히호프 제1법칙 - 전류에 의한 법칙)**

### (1) 단상2선식 교류회로

단상교류회로에 부하를 연결하여 전류를 흘리면 아래그림에서 정상상태인 경우 $I_1$ 과 $I_2$ 의 크기는 같다. 하지만 전류의 방향은 서로 반대가 되므로 그로 인해 발생되는 자속 $\varnothing_1$ 과 $\varnothing_2$ 는 상쇄되어 변류기에 나타나는 합성자속은 0 이 된다.

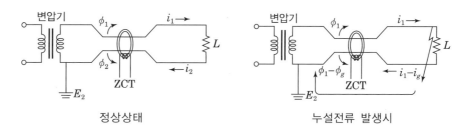

정상상태 　　　　　 누설전류 발생시

그러나 누전 발생시 누설전류만큼 합성자속은 편차를 이루게 되어
$\varnothing_1 - \varnothing_2 = \varnothing_1 - (\varnothing_1 - \varnothing_g) = \varnothing_g$ 가 되어 영상변류기의 2차측에 기전력이 발생되며 (자속이 생기면 유도기전력이 생김) 이때의 전압은 실효값으로 다음식과 같다.

$$E = 4.44 f \cdot N_2 \cdot \varnothing_g \times 10^{-8} \, [\, V \,]$$

$E$ : 유기전압　　　　　　　　　$f$ : 주파수
$N_2$ : 변류기 2차 권수　　　　　$\varnothing_g$ : 누설전류에 의한 자속

## (2) 3상 교류회로의 누설전류

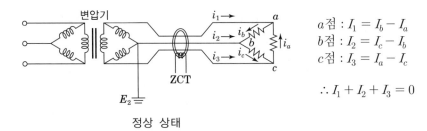

$a$점 : $I_1 = I_b - I_a$
$b$점 : $I_2 = I_c - I_b$
$c$점 : $I_3 = I_a - I_c$

$\therefore I_1 + I_2 + I_3 = 0$

정상 상태

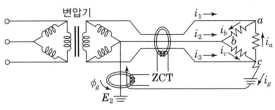

$a$점 : $I_1 = I_b - I_a$
$b$점 : $I_2 = I_c - I_b$
$c$점 : $I_3 = I_a - I_c + I_g$

$\therefore I_1 + I_2 + I_3 = I_g$

누설전류 발생시

## 5-1. 누전경보기의 형식승인 및 제품검사기술기준

**1** 누전경보기의 구조 및 기능 – 자동화재속보설비 준용

**2** 부품의 구조 및 기능

(1) 표시등
   ① 누전화재의 발생을 표시하는 표시등(누전등) – 적색
   ② 누전화재가 발생한 경계전로의 위치를 표시하는 표시등(지구등) – 적색
   ③ 기타의 표시등 – 적색외의 색으로 표시
   ④ 주위의 밝기가 300 ℓx인 장소에서 측정하여 앞면으로부터 3 m 떨어진 곳에서 확실히 식별

(2) 경보기구에 내장하는 음향장치
   ① 사용전압의 80%인 전압에서 소리를 내어야 한다.
   ② 사용전압에서의 음압은 무향실내에서 정위치에 부착된 음향장치의 중심으로부터 1 m 떨어진 지점에서 누전경보기는 70 dB 이상, 고장표시장치용 등의 음압은 60 dB 이상

(3) 변압기
   정격 1차 전압은 300 V 이하로 한다. 외함은 접지할 것
(4) 누전경보기에 차단기구를 설치하는 경우
   ① 개폐부는 원활하고 확실하게 작동하여야 하며 정지점이 명확하여야 한다.
   ② 개폐부는 수동으로 개폐되어야 하며 자동적으로 복귀하지 아니하여야 한다.

**3** 변류기

(1) 변류기는 구조에 따라 옥외형과 옥내형으로 구분
   수신부와의 상호호환성 유무에 따라 호환성형 및 비호환성형으로 구분
(2) 공칭작동전류치 – 200 mA 이하
(3) 감도조정장치 – 조정범위는 최대치가 1 A일 것
(4) 절연저항시험, 절연내력시험 – 비상경보설비 참조
(5) 전압강하방지시험
   변류기(경계전로의 전선을 그 변류기에 관통시키는 것은 제외한다)는 경계전로에 정격전류를 흘리는 경우, 그 경계전로의 전압강하는 0.5 V 이하이어야 한다.

감도조정장치

**4** 수신부

(1) 수신부 구조

**정격전류가 60 A 이하의 경계전로에 한하여 사용하는 것을 2급**
**정격전류가 60 A 초과의 경계전로에 한하여 사용하는 것을 1급으로 구분**
**변류기와의 호환성유무에 따라 호환성형 및 비호환성형으로 구분**한다.

(2) **주전원의 양극을 동시에 개폐할 수 있는 전원스위치를 설치**하여야 한다.

(3) 누전표시

변류기로부터 송신된 신호를 수신하는 경우 – 적색표시 및 음향신호에 의하여 누전을 자동
표시하고 차단기구가 있는 것은 차단 후에도 누전되고 있음을 적색표시로 계속 표시

(4) **수신부의 기능**

① **호환성형 수신부**

신호입력회로에 공칭작동전류치에 대응하는 변류기의 설계출력전압의 52%인 전압을 가하
는 경우 30초 이내에 작동하지 아니하여야 하며, 공칭작동전류치에 대응하는 변류기의 설
계출력전압의 75%인 전압을 가하는 경우 1초(차단기구가 있는 것은 0.2초)이내에 작동하
여야 한다.

② **비호환성형 수신부**

신호입력회로에 공칭작동전류치의 42%에 대응하는 변류기의 설계출력전압을 가하는 경우
30초 이내에 작동하지 아니하여야 하며, 공칭작동전류치에 대응하는 변류기의 설계출력
전압을 가하는 경우 1초(차단기구가 있는 것은 0.2초)이내에 작동하여야 한다.

(5) 전원전압변동시험

전원전압을 정격전압의 80%에서 120%까지의 범위로 변화시키는 경우 기능에 이상이 없을 것

# 실전 예상문제

 **01** 다음은 누전경보기 설치대상을 설명한 것이다. (    )안에 들어갈 알맞은 수치는?

> 계약전류용량이 (    ) 암페어를 초과하는 특정소방대상물(내화구조가 아닌 건축물로서
> 벽·바닥 또는 반자의 전부나 일부를 불연재료 또는 준불연재료가 아닌 재료에 철망을 넣
> 어 만든 것만 해당한다)에 설치하여야 한다.

① 50              ② 60              ③ 80              ④ 100

**해설**
계약전류용량이 100암페어를 초과하는 특정소방대상물(내화구조가 아닌 건축물로서 벽·바닥 또는 반자의 전부나
일부를 불연재료 또는 준불연재료가 아닌 재료에 철망을 넣어 만든 것만 해당한다)에 설치하여야 한다.

 **02** 누전경보기는 사용전압 몇 V 이하인 경계전로의 누설전류를 검출하여 당해 소방 대상물의 관계자에게 경보를 발하는가?

① 100              ② 300              ③ 500              ④ 600

**해설**
내화구조가 아닌 건축물로서 벽, 바닥 또는 천장의 전부나 일부를 불연재료 또는 준불연재료가 아닌 재료에 철망을
넣어 만든 건물의 전기설비로부터 누설전류를 탐지하여 경보를 발하며 변류기와 수신부로 구성된 것으로 사용전압
600 V 이하인 경계전로의 누설전류를 검출하여 당해 소방 대상물의 관계자에게 경보를 발하는 설비이다.

 **03** 60 A를 초과하는 전로에 설치하여야 할 누전경보기는?

① 특급 누전경보기      ② 1급 누전경보기      ③ 2급 누전경보기      ④ 3급 누전경보기

**해설**

| 60A를 초과하는 전로 | 60A 이하의 전로 |
| --- | --- |
| 1급 누전경보기 | 1급 또는 2급 누전경보기 |

 **04** 누전경보기의 수신부 설치 제외 장소가 아닌 것은?

① 화약류를 제조하거나 저장 또는 취급하는 장소
② 대전류회로·고주파 발생회로 등에 따른 영향을 받을 우려가 있는 장소
③ 습도가 높고 온도가 높은 장소
④ 가연성의 증기·먼지·가스 등이나 부식성의 증기·가스 등이 다량으로 체류하는 장소

**해설**
누전경보기의 수신부 설치 제외 장소 – 온도의 변화가 급격한 장소

**정답**    01 ④    02 ④    03 ②    04 ③

**05** 누전경보기용 검출기의 원리를 설명한 법칙은?

① 키르히호프 제 1법칙                    ② 키르히호프 제 2법칙
③ 패러데이의 제 1법칙                    ④ 렌쯔의 법칙

> **해설**
> 키르히호프 제 1법칙 – 유체의 연속방정식과 같은 원리로서 회로의 한 접속점에서 접속점에 흘러 들어오는 전류의 합과 흘러 나가는 전류의 합은 같다.

**06** 일반적인 누전경보기의 주요 구성요소는?

① 변류기, 수신기, 전원장치, 증폭기        ② 변류기, 수신기, 음향장치, 차단기구
③ 수신기, 감지기, 전원장치, 변류기        ④ 변류기, 증폭기, 차단장치, 수신기

> **해설**
> 차단기구, 변류기, 수신기, 음향장치

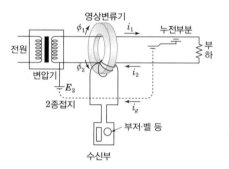

**07** 누전경보기의 변류기는 소방대상물의 형태, 인입선의 시설방법 등에 따라 어디에 설치하는가?

① 옥외 인입선의 제1지점의 전원측 또는 제1종 접지선측의 점검이 쉬운 위치에 설치
② 옥외 인입선의 제1지점의 부하측 또는 제1종 접지선측의 점검이 쉬운 위치에 설치
③ 옥외 인입선의 제1지점의 전원측 또는 제2종 접지선측의 점검이 쉬운 위치에 설치
④ 옥외 인입선의 제1지점의 부하측 또는 제2종 접지선측의 점검이 쉬운 위치에 설치

> **해설**
> 특정소방대상물의 형태, 인입선의 시설방법 등에 따라 옥외 인입선의 제1지점의 부하측 또는 제2종 접지선측의 점검이 쉬운 위치에 설치

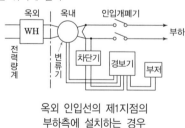

옥외 인입선의 제1지점의
부하측에 설치하는 경우

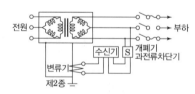

제2종 접지선측에 설치하는 경우

 **정답** 05 ① 06 ② 07 ④

**●●● 08** 누전경보기 전원은 분전반으로부터 전용회로로 하고 각 극에 개폐기 및 몇 A 이하의 과전류차단기를 설치하여야 하는가?

① 5  ② 10
③ 15  ④ 20

> **해설**
> 전원은 분전반으로부터 전용회로로 하고 각 극에 개폐기 및 15 A 이하의 과전류차단기를 설치
> (배선용 차단기에 있어서는 20 A 이하의 것으로 각 극을 개폐할 수 있는 것으로 설치)

**●●● 09** 누전경보기의 전원에 배선용차단기를 설치할 경우 그 용량은 몇 A 이하의 것으로 설치하여야 하는가?

① 5  ② 10
③ 15  ④ 20

> **해설**
> 전원은 분전반으로부터 전용회로로 하고 각 극에 개폐기 및 15 A 이하의 과전류차단기를 설치
> (배선용 차단기에 있어서는 20 A 이하의 것으로 각 극을 개폐할 수 있는 것으로 설치)

**●●● 10** 누전경보기 경보기구에 내장하는 음향장치의 음압은 무향실내에서 정위치에 부착된 음향장치의 중심으로부터 1 m 떨어진 지점으로부터 몇 db 이상이어야 하는가?

① 60  ② 70
③ 80  ④ 90

> **해설**
> 누전경보기는 70 dB 이상, 고장표시장치용 등의 음압은 60 dB 이상

**●●● 11** 누전경보기에 설치된 변류기의 감도조정장치는 조정범위의 최대치가 몇 A 이하이어야 하는가?

① 1 A 이하  ② 2 A 이하
③ 3 A 이하  ④ 4 A 이하

> **해설**
> 감도조정장치 – 조정범위는 최대치가 1 A일 것

••• 12 누전경보기에 설치된 변류기의 공칭작동전류치는 얼마 이하이어야 하는가?

① 50 mA 이하          ② 100 mA 이하
③ 200 mA 이하          ④ 300 mA 이하

변류기의 공칭작동전류치 – 200 mA 이하

••• 13 누전경보기에 사용하는 영상변류기를 분류할 때 바르지 않은 것은?

① 정격전류에 따라 1급과 2급으로 나뉜다.
② 구조에 따라 옥내형과 옥외형으로 나뉜다.
③ 구성에 따라 관통형과 분할형으로 나뉜다.
④ 수신부와의 호환성 유무에 따라 호환성형 및 비호환성형으로 구분

정격전류에 따라 1급과 2급으로 나누는 것은 누전경보기의 수신부이다.

| 구 분 | 모 양 | |
|---|---|---|
| 구조에 따른 분류<br>영상변류기 | 옥내형<br>(관통형) | 옥외형<br>(분할용) |
| 구성에 따른 분류<br>철심<br>관통형   검출용<br>2차권선   분할형 | 분할용<br>(옥내형) | 관통형<br>(옥외형) |
| 수신부와 호환성<br>유무에 따른 분류 | 호환성 타입 | 비호환성 타입 |

## 6. 가스누설경보기의 화재안전기준(NFSC 206)

### 1 정의

| | |
|---|---|
| 가연성 가스 경보기 | 보일러 등 가스연소기에서 액화석유가스(LPG), 액화천연가스(LNG) 등의 가연성가스가 새는 것을 탐지하여 관계자나 이용자에게 경보하여 주는 것<br>다만, 탐지소자 외의 방법에 의하여 가스가 새는 것을 탐지하는 것, 점검용으로 만들어진 휴대용탐지기 또는 연동기기에 의하여 경보를 발하는 것은 제외 |
| 일산화탄소 경보기 | 일산화탄소가 새는 것을 탐지하여 관계자나 이용자에게 경보하여 주는 것<br>다만, 탐지소자 외의 방법에 의하여 가스가 새는 것을 탐지하는 것, 점검용으로 만들어진 휴대용탐지기 또는 연동기기에 의하여 경보를 발하는 것은 제외 |
| 탐지부 | 가스누설경보기(=경보기) 중 가스누설을 탐지하여 중계기 또는 수신부에 가스누설의 신호를 발신하는 부분 또는 가스누설을 탐지하여 수신부 등에 가스누설의 신호를 발신하는 부분 |
| 수신부 | 경보기 중 탐지부에서 발하여진 가스누설신호를 직접 또는 중계기를 통하여 수신하고 이를 관계자에게 음향으로서 경보하여 주는 것 |
| 분리형 | 탐지부와 수신부가 분리되어 있는 형태의 경보기 |
| 단독형 | 탐지부와 수신부가 일체로 되어있는 형태의 경보기 |
| 가스연소기 | 가스레인지 또는 가스보일러 등 가연성가스를 이용하여 불꽃을 발생하는 장치 |

### 2 가연성가스 경보기

가연성가스를 사용하는 가스연소기가 있는 경우에는 가연성가스(액화석유가스(LPG), 액화천연가스(LNG) 등)의 종류에 적합한 경보기를 가스연소기 주변에 설치

(1) 분리형 경보기
  ① 수신부 설치기준
    ㉠ 가스연소기 주위의 경보기의 상태 확인 및 유지 관리에 용이한 위치에 설치
    ㉡ 가스누설 음향의 음량과 음색이 다른 기기의 소음 등과 명확히 구별될 것
    ㉢ **가스누설 음향은 수신부로부터 1m 떨어진 위치에서 음압이 70dB 이상**
    ㉣ 수신부의 조작 스위치는 바닥으로부터의 높이가 0.8m 이상 1.5m 이하인 장소에 설치
    ㉤ 수신부가 설치된 장소에는 관계자 등에게 신속히 연락할 수 있도록 **비상연락 번호를 기재한 표를 비치**
  ② 탐지부 설치기준
    ㉠ **가스연소기의 중심으로부터 직선거리 8m(공기보다 무거운 가스를 사용하는 경우 : 4m) 이내에 1개 이상 설치**
    ㉡ 천정으로부터 탐지부 하단까지의 거리가 0.3m 이하가 되도록 설치
       다만, 공기보다 무거운 가스 : 바닥면으로부터 탐지부 상단까지의 거리는 0.3m 이하

(2) 단독형 경보기 설치기준

① 가스연소기 주위의 경보기의 상태 확인 및 유지 관리에 용이한 위치에 설치

② 가스누설 음향의 음량과 음색이 다른 기기의 소음 등과 명확히 구별될 것

③ 가스누설 음향장치는 **수신부로부터 1m 떨어진 위치에서 음압이 70dB 이상**

④ **가스연소기의 중심으로부터 직선거리 8m(공기보다 무거운 가스를 사용하는 경우에는 4m) 이내에 1개 이상 설치**

⑤ 천장으로부터 경보기 하단까지의 거리가 0.3m 이하가 되도록 설치

　　다만, 공기보다 무거운 가스 ; 바닥면으로부터 단독형 경보기 상단까지의 거리는 0.3m 이하

⑥ 경보기가 설치된 장소에는 관계자 등에게 신속히 연락할 수 있도록 비상연락 번호를 기재한 표를 비치할 것

**3** 일산화탄소 경보기

(1) 일산화탄소 경보기를 설치하는 경우에는 가스연소기 주변에 설치할 수 있다.

(2) 분리형 경보기의 수신부 설치기준

① 가스누설 음향의 음량과 음색이 다른 기기의 소음 등과 명확히 구별될 것

② 가스누설 음향은 **수신부로부터 1m 떨어진 위치에서 음압이 70dB 이상**일 것

③ 수신부의 조작 스위치는 바닥으로부터의 높이가 0.8m 이상 1.5m 이하인 장소에 설치할 것

④ 수신부가 설치된 장소에는 관계자 등에게 신속히 연락할 수 있도록 비상연락 번호를 기재한 표를 비치할 것

(3) 분리형 경보기의 탐지부

－ **천정으로부터 탐지부 하단까지의 거리가 0.3m 이하**

(4) 단독형 경보기 설치기준

① 가스누설 음향의 음량과 음색이 다른 기기의 소음 등과 명확히 구별될 것

② 가스누설 음향장치는 **수신부로부터 1m 떨어진 위치에서 음압이 70dB 이상**

③ 단독형 경보기는 천장으로부터 경보기 하단까지의 거리가 0.3m 이하가 되도록 설치

④ 경보기가 설치된 장소에는 관계자 등에게 신속히 연락할 수 있도록 비상연락 번호를 기재한 표를 비치할 것

(5) 중앙소방기술심의위원회의 심의를 거쳐 일산화탄소경보기의 성능을 확보할 수 있는 별도의 설치방법을 인정받은 경우에는 해당 설치방법을 반영한 제조사의 시방에 따라 설치할 수 있다.

> **예제 01**
>
> 일산화탄소 경보기 분리형 경보기의 탐지부의 설치 높이는? (단, 공기의 평균분자량은 29이다.)
>
> ① 천정으로부터 탐지부 하단까지의 거리가 0.3 m 이하
> ② 바닥면으로부터 탐지부 상단까지의 거리는 0.3m 이하
> ③ 바닥면으로부터 탐지부 상단까지의 거리는 0.2m 이하
> ④ 바닥면으로부터 천정까지 아무 위치나 상관 없다.
>
> 해답  ①

## 4 설치장소

– 분리형 경보기의 탐지부 및 단독형 경보기는 다음의 장소 이외의 장소에 설치한다.
1. 출입구 부근 등으로서 외부의 기류가 통하는 곳
2. 환기구 등 공기가 들어오는 곳으로부터 1.5m 이내인 곳
3. 연소기의 폐가스에 접촉하기 쉬운 곳
4. 가구 · 보 · 설비 등에 가려져 누설가스의 유통이 원활하지 못한 곳
5. 수증기, 기름 섞인 연기 등이 직접 접촉될 우려가 있는 곳

> **예제 02**
>
> 분리형 경보기의 탐지부 및 단독형 경보기의 설치하지 말아야 할 장소의 기준으로 옳지 않은 것은?
>
> ① 출입구 부근 등으로서 외부의 기류가 통하는 곳
> ② 환기구 등 공기가 들어오는 곳으로부터 1 m 이내인 곳
> ③ 연소기의 폐가스에 접촉하기 쉬운 곳
> ④ 가구·보·설비 등에 가려져 누설가스의 유통이 원활하지 못한 곳
>
> 해답  ②

## 6-1. 가스누설경보기의 형식승인 및 제품검사의 기술기준

**1** 개요

(1) 가스누설경보기는 소방관계법에 따라 설치대상이 정해져 있으며 가스시설이 설치된 경우에 한해 설치된다. 가스누설경보기는 충전소, 아파트 각 세대 보일러실, 건물 내 보일러 근처, 근린생활시설(설치대상 아님)의 식당의 주방에 많이 설치되어 있으며 사용하는 LPG, LNG 등의 가연성가스의 누설, 체류를 탐지하여 관계자에게 경보를 발하고 가스누설차단장치에 의해 가스가 차단되어 폭발이나 화재를 예방하고 유독가스로 인한 중독 사고를 미연에 방지 할 수 있는 경보장치이다.

(2) **가스누설경보기**
**가연성가스 또는 불완전연소가스가 새는 것을 탐지하여 관계자나 이용자에게 경보하여 주는 것**을 말한다. 다만, 탐지소자외의 방법에 의하여 가스가 새는 것을 탐지하는 것, 점검용으로 만들어진 휴대용검지기 또는 연동기기에 의하여 경보를 발하는 것은 제외한다.

**2** 설치대상 - 가스시설이 설치된 경우만 해당

(1) 창고시설 중 물류터미널, 문화 및 집회시설, 판매시설, 장례식장, 수련시설, 의료시설
(2) 운수시설, 운동시설, 노유자시설, 숙박시설, 종교시설

> 창문 판 장수의 운! 운! 노숙 종 !!! [창문 판 장수의 운(2)으로 노숙 쫑(끝)] !!!)

**3** 가스누설 경보기의 분류

(1) 구조에 따른 분류
 ① 단독형 : 탐지부와 수신부가 일체형인 경보기(가정용)
 ② 분리형 : 1회로 이상인 공업용과 1회로인 영업용, 휴대용으로 탐지부와 수신부가
　　　　　분리된 경보기

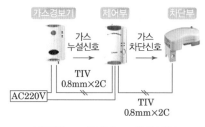

단독형 + 제어부 + 차단장치

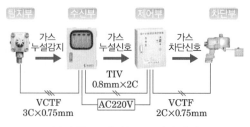

분리형 + 제어부 + 차단장치

(2) 용도에 따른 분류
  ① 가정용(단독형)
  ② 영업용(분리형 − 1회로)
  ③ 공업용(분리형 − 1회로 이상)

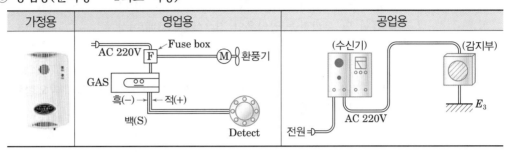

| 가정용 | 영업용 | 공업용 |
|---|---|---|

(3) 경보방식에 따른 분류
  ① 즉시 경보형 : 가스농도가 설정 값에 이르면 즉시 경보
  ② 경보 지연형 : 가스농도가 설정 값에 달한 후 계속해서 20~60초 정도 지속되는 경우에 경보
  ③ 반즉시 경보형 : 가스농도가 높을수록 경보지연시간을 짧게 한 것


**4** 탐지부의 검지방식 − 반도체식, 접촉 연소식, 기체 열전도식

(1) 반도체식 검지기
  산화석($SnO_2$)이나 산화철($FeO$)의 반도체를 히터로 350℃ 정도 가열하여 두고 여기에 가연
  성가스가 접촉하면 가스가 반도체의 표면에 흡착되어 반도체의 저항치가 감소하는 특성을 이
  용하여 가스를 검출하는 것이다.

(2) 접촉 연소식 검지기
  가연성가스와 산소와의 연소열을 전기 신호로 변환하는 방식으로 수증기나 온도, 습도의 영향
  이 적어 가장 많이 사용

(3) 기체 열전도식 검지기
  기체의 열전도율의 차이를 검지하는 방식

**5** 일반구조

(1) 경보기의 수신부 및 분리형의 탐지부 외함은 불연성 또는 난연성의 재질

 **강판을 사용하는 경우에는 두께 1.0 mm 이상인 것**

 **합성수지를 사용하는 경우에는 두께가 강판의 2.5배**

 (단독형 및 분리형중 영업용인 경우에는 1.5배)이상

---

**03** 가스누설 경보기의 일반 구조의 수신부 및 분리형의 탐지부 외함은 불연성 또는 난연성의 재질로써 강판의 두께는?

① 두께 1.0 mm 이상　　　　　② 두께 2.0 mm 이상

③ 두께 3.0 mm 이상　　　　　④ 두께 4.0 mm 이상

**해답** ①

---

(2) 가스가 머무를 수 있는 장소에 설치되는 부분은 보통의 상태에서 불꽃을 발생하지 아니하는 구조이어야 하며 분리형중 공업용의 탐지부는 방폭규정에 적합하여야 한다.

(3) 극성이 있는 경우에는 오 접속을 방지하기 위하여 필요한 조치를 하여야 한다.

(4) 정격전압이 60 V를 초과하는 기구의 금속제 외함에는 접지단자를 설치하여야 한다.

(5) 예비전원 설치기준

 ① 예비전원을 경보기의 주전원으로 사용하여서는 아니 된다.

 ② 예비전원을 단락사고 등으로부터 보호하기 위한 퓨즈 등 과전류 보호장치를 설치

 ③ 축전지를 병렬로 접속하는 경우에는 역충전 방지 등의 조치를 강구하여야 한다.

 ④ 축전지를 직렬 또는 병렬로 사용하는 경우에는 용량(전압, 전류 등)이 균일한 축전지를 사용

**6** 분리형수신부의 구조

(1) 내부에 주전원의 양쪽극을 동시에 개폐할 수 있는 전원스위치를 설치

(2) 주전원의 양선(영업용은 1선 이상) 및 예비전원회로(예비전원을 설치하는 경우에 한한다)의 1선과 수신부에서 외부부하에 전력을 공급하는 회로에는 **퓨즈, 브레이커 등의 보호장치를 설치 등**

**7** 분리형수신부의 기능

(1) 가스누설표시 작동시험장치의 조작중에 다른 회선으로부터 가스누설신호를 수신하는 경우 가스누설표시가 될 수 있어야 한다.

(2) **2회선에서 가스누설신호를 동시에 수신하는 경우 가스누설표시를 할 수 있어야 한다.**

(3) **도통시험장치의 조작중에** 다른 회선으로부터 누설신호를 수신하는 경우 **가스누설표시를 할 수 있어야 한다.** 다만, 접속할 수 있는 회선수가 1인 것 및 탐지부의 전원의 정지를 경음부 측에서 알 수 있는 장치를 가진 것에 있어서는 그러하지 아니하다.

(4) 수신개시부터 가스누설표시까지 소요시간은 **60초** 이내이어야 한다.


**8** 부품의 구조 및 기능

(1) 스위치

① 조작이 쉽고 작동이 확실하여야 하며, 정지점이 명확하고 적정하여야 한다.

② 각 접점의 최대사용전압으로 최대사용전류의 **200%인 전류**를 저항부하를 통하여 흘리는 작동을 **1만회(전원스위치의 경우에는 5천회)반복**하는 경우 그 구조 또는 기능에 이상이 없어야 한다.

③ 접점은 최대사용전류 용량에 적합하여야 하고 부식될 우려가 없는 것이어야 한다.

④ 눌혀서 끊어지는 형의 스위치(수은스위치 등)를 사용할 경우에는 정위치에 복귀시키는 것을 잊지 아니하도록 알려주는 적당한 장치를 하여야 한다.


(2) 표시등

① 전구는 사용전압의 **130%인 교류전압을 20시간** 연속하여 가하는 경우 단선, 현저한 광속 변화, 흑화, 전류의 저하 등이 발생하지 아니하여야 한다.

② 소켓은 접촉이 확실하여야 하며 쉽게 전구를 교체할 수 있도록 부착하여야 한다.

③ **전구는 2개 이상을 병렬로 접속**하여야 한다. 다만, **방전등 또는 발광다이오드**의 경우에는 제외

④ **가스의 누설을 표시하는 표시등**("누설등") – **황색**

⑤ **가스가 누설된 경계구역의 위치를 표시하는 표시등** ("지구등") – **황색**

⑥ 주위의 밝기가 **300 ℓx인 장소에서 측정**하여 앞면으로부터 **3 m** 떨어진 곳에서 켜진 등이 확실히 식별되어야 한다.

가스누설경보기

(3) 음향장치

① **사용전압의 80%인 전압에서 음향**을 발하여야 한다.

② 사용전압에서의 음압은 무향실내에서 정위치에 부착된 음향장치의 중심으로부터 1 m 떨어진 지점에서 **주음향장치용의 것은 90 dB(단, 단독형 및 분리형중 영업용인 경우에는 70 dB)이상**이어야 한다.

다만, **고장표시용 등의 음압은 60 dB 이상**이어야 한다.

③ 사용전압으로 **8시간 연속하여 울리게 하는 시험** 또는 **정격전압에서 3분20초 동안 울리고 6분40초 동안 정지하는 작동을 반복**하여 통산한 울림 시간이 **20시간**이 되도록 시험하는 경우 그 구조 또는 기능에 이상이 생기지 아니하여야 한다.

④ **충전부와 비충전부 사이의 절연내력**은 60 Hz의 정현파에 가까운 **실효전압 500 V(정격전압이 60 V를 초과하고 150 V 이하인 것은 1 kV, 정격전압이 150 V를 초과하는 것은 그 정격전압에 2를 곱하여 1 kV를 더한 값)**의 교류전압을 가하는 시험에서 1분간 견디는 것이어야 한다.

⑤ **충전부와 비충전부 사이의 절연저항은 DC 500 V의 절연저항계로 측정하는 경우 20 MΩ 이상**

(4) 변압기

**정격 1차전압은 300 V 이하**로 하고, 분리형중 공업용의 변압기 외함에는 접지단자를 설치

(5) 예비전원

경보기의 주전원으로 사용하여서는 아니 된다.

인출선은 적당한 색깔에 의하여 쉽게 구분할 수 있어야 한다.

**9** 기타 시험

(1) **반복시험 – 1만회**
(2) 전원전압변동시험 – 사용전원전압 ±10%인 전압

# 실전 예상문제

**●●○ 01** 가스누설경보기의 용도에 따른 분류가 아닌 것은?

① 가정용      ② 영업용      ③ 업무용      ④ 공업용

 가스누설 경보기의 분류

| 구 분 | 구조에 따른 분류 | 용도에 따른 분류 | 경보방식에 따른 분류 |
|---|---|---|---|
| 종 류 | 단독형, 분리형 | 가정용(단독형)<br>영업용(분리형 − 1회로)<br>공업용(분리형 − 1회로 이상) | 즉시 경보형<br>경보 지연형<br>반즉시 경보형 |

**●○○ 02** 가스누설경보기 탐지부의 검지방식이 아닌 것은?

① 반도체식      ② 접촉 연소식      ③ 기체 열전도식      ④ 열복사선식

 가스누설경보기 탐지부의 검지방식 − 반도체식, 접촉 연소식, 기체 열전도식

**●●● 03** 가스누설경보기의 일반적인 구조 내용으로 옳지 않은 것은?

① 극성이 있는 경우에는 오접속을 방지하기 위하여 필요한 조치를 하여야 한다.
② 정격전압이 100 V를 초과하는 기구의 금속제 외함에는 접지단자를 설치하여야 한다.
③ 예비전원을 경보기의 주전원으로 사용하여서는 아니 된다.
④ 축전지를 병렬로 접속하는 경우에는 역충전 방지 등의 조치를 강구하여야 한다.

 정격전압이 60 V를 초과하는 기구의 금속제 외함에는 접지단자를 설치하여야 한다.
축전지를 직렬 또는 병렬로 사용하는 경우에는 용량(전압, 전류 등)이 균일한 축전지를 사용

**●●● 04** 가스누설경보기의 문리형 수신무는 수신개시부터 가스누설표시까지 소요시간은 몇 초 이내이이아 하는가?

① 3초      ② 5초      ③ 10초      ④ 60초

 수신개시부터 가스누설표시까지 소요시간은 60초 이내이어야 한다.

**정답**   01 ③   02 ④   03 ②   04 ④

●●○ **05** 가스누설경보기의 가스의 누설을 표시하는 표시등과 가스가 누설된 경계구역의 위치를 표시하는 표시등의 색상은 각각 무슨 색인가?

① 황색, 황색　　　　② 황색, 적색　　　　③ 황색, 주황색　　　　④ 적색, 황색

> **해설**
> 가스의 누설을 표시하는 표시등(이하 이 기준에서 "누설등"이라 한다) – 황색
> 가스가 누설된 경계구역의 위치를 표시하는 표시등(이하 이 기준에서 "지구등"이라 한다) – 황색

●●○ **06** 공업용 가스누설경보기의 음압은 무향실내에서 정위치에 부착된 음향장치의 중심으로부터 1 m 떨어진 지점에서 주음향장치용의 것은 몇 dB 이상이어야 하는가? (단, 단독형 및 분리형중 영업용은 제외한다.)

① 60　　　　　　② 70　　　　　　③ 80　　　　　　④ 90

> **해설**
> 1. 수신기, 경종, 가스누설경보기 공업용, 중계기 : 90 dB　　[수경 가공 중]
> 2. 단독경보형감지기(화재 음향) : 85 dB
> 3. 나머지 : 70 dB
> 4. 소음, 고장 : 60 dB

●●○ **07** 가연성가스 경보기 중 분리형 경보기 탐지부는 가스연소기의 중심으로부터 직선거리 (　) m(공기보다 무거운 가스를 사용하는 경우 : 4m) 이내에 1개 이상 설치하여야 하는가?

① 2　　　　　　② 4　　　　　　③ 6　　　　　　④ 8

> **해설**
> 분리형 경보기 탐지부 설치기준
> ㉠ 가스연소기의 중심으로부터 직선거리 8m(공기보다 무거운 가스를 사용하는 경우 : 4m) 이내에 1개 이상 설치
> ㉡ 천정으로부터 탐지부 하단까지의 거리가 0.3m 이하가 되도록 설치
> 　다만, 공기보다 무거운 가스 : 바닥면으로부터 탐지부 상단까지의 거리는 0.3m 이하

# PART 3 피난구조설비

## 1. 피난기구의 화재안전기준(NFSC 301)

### 1 설치대상

**특정소방대상물의 모든 층**

※ 설치제외 – 피난층, 지상1층, 지상2층 및 층수가 11층 이상인 층
　　　　　　다만 노유자 시설 중 피난층이 아닌 지상1층과 피난층이 아닌 지상2층은 설치
　　　　　　해야 한다.
　　　　　– 위험물 저장 및 처리시설 중 가스시설, 지하가 중 터널 또는 지하구

### 2 적응성 및 설치개수 등

(1) 소방대상물의 설치장소별 피난기구의 적응성

| 피난기구의<br>종류(10개) | 미끄럼대, 구조대, 다수인피난장비, 승강식피난기, 피난교,<br>공기안전매트, 간이완강기, 완강기, 피난사다리, 피난용트랩 | | |
|---|---|---|---|
| 용도 | **노유자시설** | 조산원, 의료시설,<br>근린생활시설 중<br>입원실이 있는 의원,<br>접골원 | 그 밖의 것 |
| 지하층 | 피난용트랩 | 피난용트랩 | 피난용트랩,<br>피난사다리 |
| 지상층(3층까지만<br>가능한 피난기구) | **미끄럼대, 구조대** | 미끄럼대 | 미끄럼대, 피난용트랩 |
| 지상층 중 사용불가 | 공기안전매트,<br>간이완강기 , 완강기,<br>피난사다리, 피난용트랩 | 공기안전매트,<br>간이완강기, 완강기,<br>피난사다리 | – |

※ 영업장의 위치가 4층 이하인 다중이용업소 – 구조대, 피난사다리, 미끄럼대, 완강기, 다수인피난장비,
　　　　　　　　　　　　　　　　　　　　　　승강식피난기
※ 간이완강기의 적응성은 숙박시설의 3층 이상에 있는 객실에
　　공기안전매트의 적응성은 아파트(주택법시행령 제48조의 규정에 해당하는 공동주택)에 한한다.

　　간이완강기 – 지지대 또는 단단한 물체에 걸어서 사용자의 몸무게에 의하여 자동적으로 내려올
　　　　　　　　　수 있는 기구 중 사용자가 교대하여 연속적으로 사용할 수 없는 일회용의 것

(2) 피난기구 설치 개수

① 층마다 설치하되 면적별 1개 이상 설치

| 구 분 | 그 밖의 용도 | 위락시설 · 문화집회 및 운동시설 · 판매시설 또는 복합용도 | 숙박시설 · 노유자시설 및 의료시설 |
|---|---|---|---|
| 층의 바닥면적 | 1,000 m² | 800 m² | 500 m² |

※ 복합용도 – 령 별표 2 : 특정소방대상물의 제1호 내지 제4호 또는 제8호 내지 제18호중 2 이상의 용도로 사용되는 층
※ 계단실형 아파트에 있어서는 각 세대

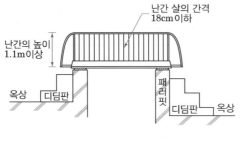

② 숙박시설(휴양콘도미니엄을 제외한다)
　– 추가로 객실마다 완강기 또는 둘이상의 간이완강기를 설치

간이완강기

③ 아파트 – 하나의 관리주체가 관리하는 아파트 구역마다 공기안전매트 1개 이상을 추가로 설치
　　　　　단, 옥상으로 피난이 가능하거나 인접세대로 피난할 수 있는 구조인 경우 제외

※ 공기안전매트 – 화재 발생시 사람이 건축물 내에서 외부로 긴급히 뛰어 내릴 때 충격을 흡수하여 안전하게 지상에 도달할 수 있도록 포지에 공기 등을 주입하는 구조로 되어 있는 것

**3** 피난기구 설치 기준

(1) 위치

① 계단 · 피난구 기타 피난시설로부터 적당한 거리에 있는 안전한 구조로 된 피난 또는 소화활동상 유효한 개구부(가로 0.5 m 이상 세로 1 m 이상. 개구부 하단이 바닥에서 1.2 m 이상이면 발판 등을 설치, 밀폐된 창문은 쉽게 파괴할 수 있는 파괴장치를 비치)에 고정하여 설치하거나 필요한 때에 신속하고 유효하게 설치할 수 있는 상태일 것

② 피난기구를 설치하는 개구부는 서로 동일직선상이 아닌 위치에 있을 것
　다만, 간이완강기, 피난교, 피난용트랩, 아파트에 설치되는 피난기구(다수인 피난장비는 제외한다) 기타 피난 상 지장이 없는 것에 있어서는 그러하지 아니하다.

피난교

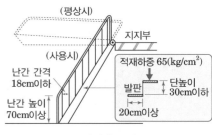

피난용트랩

## (2) 설치방법

① 기둥·바닥·보 등 견고한 부분에 볼트조임·매입·용접 기타의 방법으로 견고하게 부착

② **4층 이상의 층에 피난사다리(하향식 피난구용 내림식사다리는 제외한다)**

　　– **금속성 고정사다리를 설치**하고, 당해 고정사다리에는 쉽게 피난할 수 있는 구조의 노대를 설치

| 피난사다리 | 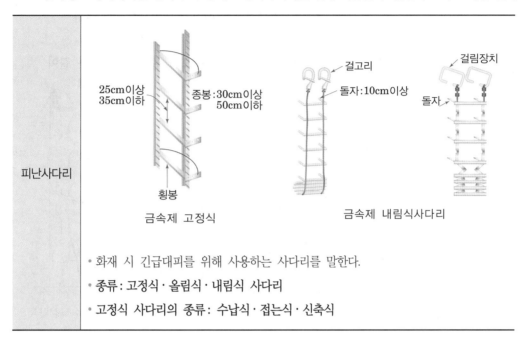 |
|---|---|
| | • 화재 시 긴급대피를 위해 사용하는 사다리를 말한다.<br>• **종류: 고정식·올림식·내림식 사다리**<br>• **고정식 사다리의 종류: 수납식·접는식·신축식** |

③ **완강기 – 강하 시 로프가 소방대상물과 접촉하여 손상되지 아니하도록 할 것**

| 완강기 | 사용자의 몸무게에 따라 자동적으로 내려올 수 있는 기구중 사용자가 교대하여 연속적으로 사용할 수 있는 것 | 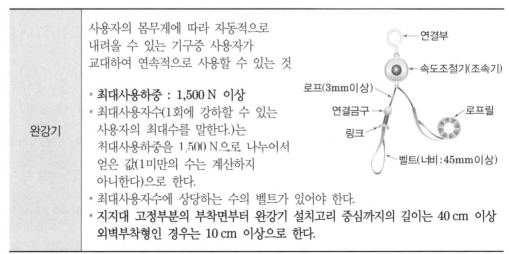 |
|---|---|---|
| | • **최대사용하중 : 1,500 N 이상**<br>• 최대사용자수(1회에 강하할 수 있는 사용자의 최대수를 말한다.)는 최대사용하중을 1,500 N으로 나누어서 얻은 값(1미만의 수는 계산하지 아니한다)으로 한다.<br>• 최대사용자수에 상당하는 수의 벨트가 있어야 한다.<br>• 지지대 고정부분의 부착면부터 완강기 설치고리 중심까지의 길이는 40 cm 이상 외벽부착형인 경우는 10 cm 이상으로 한다. | |

④ **완강기 로프의 길이**– 부착위치에서 지면 기타 피난상 유효한 착지 면까지의 길이

⑤ 미끄럼대 – 안전한 강하속도를 유지하도록 하고,
　　　　　　 전락방지를 위한 안전조치를 할 것

미끄럼대

⑥ 구조대의 길이
　　– 정의 : 포지 등을 사용하여 자루형태로 만든 것으로서 화재
　　　　　 시 사용자가 그 내부에 들어가서 내려옴으로써 대피
　　　　　 할 수 있는 것
　　– 피난 상 지장이 없고 안정한 강하속도를 유지할 수 있는 길이

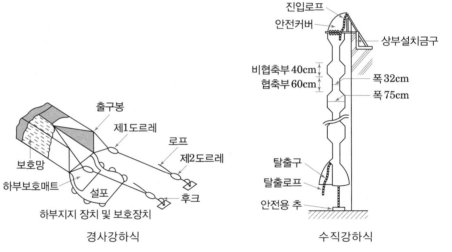

경사강하식　　　　　　　　　　　수직강하식

⑦ 다수인 피난장비 설치기준
　　– 화재 시 2인 이상의 피난자가 동시에 해당층에서 지상 또는
　　　피난층으로 하강하는 피난기구

**TIP**

다수인 피난장비 설치기준
1. 피난에 용이하고 안전하게 하강할 수 있는 장소에 적재 하중을 충분히 견딜 수 있도록「건축물의 구조기준 등에 관한 규칙」에서 정하는 구조안전의 확인을 받아 견고하게 설치
2. 다수인피난장비 보관실은 건물 외측보다 돌출되지 아니하고, 빗물·먼지 등으로부터 장비를 보호할 수 있는 구조 일 것
3. 사용 시에 보관실 외측 문이 먼저 열리고 탑승기가 외측으로 자동으로 전개될 것
4. 하강 시에 탑승기가 건물 외벽이나 돌출물에 충돌하지 않도록 설치할 것
5. 상·하층에 설치할 경우에는 탑승기의 하강경로가 중첩되지 않도록 할 것
6. 하강 시에는 안전하고 일정한 속도를 유지하도록 하고 전복, 흔들림, 경로이탈 방지를 위한 안전조치
7. 보관실의 문에는 오작동 방지조치를 하고, 문 개방 시에는 당해 소방대상물에 설치된 경보설비와 연동하여 유효한 경보음을 발하도록 할 것
8. 피난층에는 해당 층에 설치된 피난기구가 착지에 지장이 없도록 충분한 공간을 확보할 것
9. 그 성능을 검증받은 것으로 설치

⑧ 승강식피난기 및 하향식 피난구용 내림식사다리 설치기준

    ㉠ 승강식피난기

       – 사용자의 몸무게에 의하여 자동으로 하강하고 내려서면 스스로 상승하여 연속적으로 사용할 수 있는 무동력 승강식피난기

승강식피난기

하향식 피난구용 내림식사다리

    ㉡ 하향식 피난구용 내림식사다리

       – 하향식 피난구 해치에 격납하여 보관하고 사용시에는 사다리 등이 소방대상물과 접촉되지 아니하는 내림식 사다리

---

**Point**

1. 승강식피난기 및 하향식 피난구용 내림식사다리의 설치경로
   **설치층에서 피난층까지 연계될 수 있는 구조로 설치할 것**
   단, 건축물의 구조 및 설치 여건 상 불가피한 경우는 제외

2. **대피실의 면적**
   $2\,m^2$(2세대 이상일 경우에는 $3\,m^2$) 이상, 건축법시행령 제46조제4항의 규정에 적합하고,
   **하강구(개구부) 규격은 직경 60 cm 이상일 것.** 단, 외기와 개방된 장소에는 그러하지 아니한다.

3. 하강구 내측에는 기구의 연결 금속구 등이 없어야 하며 전개된 피난기구는 하강구 수평투영면적 공간 내의 범위를 침범하지 않는 구조이어야 할 것. 단, 직경 60cm 크기의 범위를 벗어난 경우이거나, 직하층의 바닥면으로부터 높이 50 cm 이하의 범위는 제외 한다.

4. **대피실의 출입문은 갑종방화문으로** 설치하고, 피난방향에서 식별할 수 있는 위치에 "대피실" 표지판을 부착할 것. 단, 외기와 개방된 장소에는 그러하지 아니 한다.

5. **착지점과 하강구는 상호 수평거리 15 cm 이상의 간격을 둘 것**

6. **대피실 내에는 비상조명등을 설치** 할 것

7. 대피실에는 층의 위치표시와 피난기구 사용설명서 및 주의사항 표지판을 부착할 것

8. 대피실 출입문이 개방되거나, 피난기구 작동 시 해당층 및 직하층 거실에 설치된 표시등 및 경보장치가 작동되고, 감시 제어반에서는 피난기구의 작동을 확인 할 수 있어야 할 것

9. 사용 시 기울거나 흔들리지 않도록 설치할 것

10. 승강식피난기는 그 성능을 검증받은 것으로 설치할 것

**4** 피난기구의 위치표지(제4조)

(1) 피난기구를 설치한 장소에는 가까운 곳의 보기 쉬운 곳에 피난기구의 위치 표시

(2) 발광식 또는 축광식표지와 그 사용방법을 표시한 표지 부착

 ① 축광식표지 설치기준

  - 방사성물질을 사용하는 위치표지는 쉽게 파괴되지 아니하는 재질로 처리할 것

  - 축광표지의 성능인증 및 제품검사 기술 기준에 적합하여야 한다.

**5** 설치 제외(제5조)

 - 숙박시설(휴양콘도미니엄을 제외한다)에 설치되는 완강기 및 간이완강기는 제외

(1) 다음 각 목의 기준에 적합한 층

 ① 주요구조부가 **내화구조**로 되어 있어야 할 것

 ② 실내의 면하는 부분의 마감이 **불연재료·준불연재료 또는 난연재료**로 되어 있고 **방화구획이 적합**할 것

 ③ **거실의 각 부분으로부터 직접 복도로 쉽게 통할 수 있어야 할 것**

 ④ 복도에 2 이상의 **특별피난계단 또는 피난계단**이 설치되어 있을 것

 ⑤ 복도의 어느 부분에서도 **2 이상의 방향으로 각각 다른 계단에 도달할 수 있어야 할 것**

(2) 옥상의 직하층 또는 최상층(관람집회 및 운동시설 또는 판매시설을 제외한다)

 ① 주요구조부가 내화구조로 되어 있어야 할 것

 ② 옥상의 면적이 $1,500 \text{ m}^2$ 이상이어야 할 것

 ③ 옥상으로 쉽게 통할 수 있는 창 또는 출입구가 설치되어 있어야 할 것

 ④ 옥상이 소방사다리차가 쉽게 통행할 수 있는 도로(폭 6 m 이상의 것을 말한다.) 또는 공지(공원 또는 광장 등을 말한다.)에 면하여 설치되어 있거나 옥상으로부터 피난층 또는 지상으로 통하는 2 이상의 피난계단 또는 특별피난계단이 건축법시행령 제35조의 규정에 적합하게 설치되어 있어야 할 것

(3) 다음 각 목의 기준에 적합한 층

 ① 주요구조부가 내화구조

 ② 지하층을 제외한 층수가 4층 이하

 ③ 소방사다리차가 쉽게 통행할 수 있는 도로 또는 공지에 면하는 부분에 유효한 개구부가 2 이상 설치되어 있는 층(문화집회, 운동시설, 판매시설 및 영업시설 또는 노유자시설의 용도의 층 - 바닥면적이 $1,000 \text{ m}^2$ 이상 시 제외)

(4) 편복도형 아파트 또는 발코니 등을 통하여 인접세대로 피난할 수 있는 구조로 되어 있는 계단실형 아파트

(5) 주요구조부가 내화구조로서 거실의 각 부분으로 직접 복도로 피난할 수 있는 학교(강의실 용도로 사용되는 층에 한한다)

(6) 무인공장 또는 자동창고로서 사람의 출입이 금지된 장소(관리를 위하여 일시적으로 출입하는 장소를 포함한다)

(7) 건축물의 옥상부분으로서 거실에 해당하지 아니하고 「건축법 시행령」 제119조 제1항 제9호에 해당하여 층수로 산정된 층으로 사람이 근무하거나 거주하지 아니하는 장소

발코니 등을 통하여
인접세대로 피난할
수 있는 구조

### 6 피난기구 설치의 감소(제6조)

(1) 피난기구를 설치하여야 할 소방대상물 중 피난기구의 2분의 1을 감소할 수 있는 경우
(설치하여야 할 피난기구의 수 − 소수점 이하의 수는 1로 한다.)
 ① 주요구조부가 내화구조로 되어 있을 것
 ② 직통계단인 피난계단 또는 특별피난계단이 2 이상 설치되어 있을 것

(2) 피난기구를 설치하여야 할 소방대상물 중 주요구조부가 내화구조이고 다음의 기준에 적합한 건널 복도가 설치되어 있는 층에는 피난기구의 수에서 해당 건널 복도의 수의 2배의 수를 뺀 수로 한다.
 ① 내화구조 또는 철골조로 되어 있을 것
 ② 건널 복도 양단의 출입구에 자동폐쇄장치를 한 갑종방화문(방화셔터를 제외한다)이 설치되어 있을 것
 ③ 피난·통행 또는 운반의 전용 용도일 것

(3) 피난기구를 설치하여야 할 소방대상물 중 다음 기준에 적합한 노대가 설치된 거실의 바닥면적은 피난기구의 설치개수 산정을 위한 바닥면적에서 이를 제외한다.
 ① 노대를 포함한 소방대상물의 주요구조부가 내화구조일 것
 ② 노대가 거실의 외기에 면하는 부분에 피난 상 유효하게 설치되어 있어야 할 것
 ③ 노대가 소방사다리차가 쉽게 통행할 수 있는 도로 또는 공지에 면하여 설치되어 있거나, 또는 거실부분과 방화 구획되어 있거나 또는 노대에 지상으로 통하는 계단 그 밖의 피난기구가 설치되어 있어야 할 것

## 2. 인명구조기구(NFSC 302)

**1** 설치대상

지하층을 포함하는 층수가 7층 이상인 관광호텔 및 지하층 포함하는 층수가 5층 이상인 병원
다만, 병원의 경우에는 인공소생기를 설치하지 아니할 수 있다.

**2** 인명구조기구의 종류(제3조)

| | |
|---|---|
| 방열복 | 고온의 복사열에 가까이 접근하여 소방활동을 수행할 수 있는 내열피복 |
| 방화복 | 화재진압 등의 소방활동을 수행할 수 있는 피복(헬멧, 보호장갑 및 안전화를 포함 한다) |
| 공기호흡기 | 소화활동 시에 화재로 인하여 발생하는 각종 유독가스 중에서 일정시간 사용할 수 있도록 제조된 압축공기식 개인호흡장비(보조마스크 포함한다) |
| 인공소생기 | 호흡 부전 상태인 사람에게 인공호흡을 시켜 환자를 보호하거나 구급하는 기구 |

인공소생기

방열복

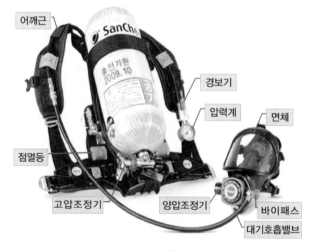

공기호흡기

**3** 설치기준(제4조)

(1) 특정소방대상물의 용도 및 장소별로 설치하여야 할 인명구조기구

| 특정소방대상물 | 인명구조<br>기구의 종류 | 설치 수량 |
|---|---|---|
| • 지하층을 포함하는 층수가 7층 이상인 관광호텔 및 지하층 포함하는 층수가 5층 이상인 병원 | 방열복 또는 방화복<br>인공소생기<br>공기호흡기 | **각 2개 이상 비치**할 것.<br>다만, 병원의 경우에는 인공소생기를 설치하지 않을 수 있다. |
| • 문화 및 집회시설 중 수용인원 100명 이상의 영화상영관<br>• 판매시설 중 대규모 점포<br>• 운수시설 중 지하역사<br>• 지하가 중 지하상가 | 공기호흡기 | **층마다 2개 이상 비치**할 것.<br>다만, 각 층마다 갖추어 두어야 할 공기호흡기 중 일부를 직원이 상주하는 인근 사무실에 갖추어 둘 수 있다. |
| • 물분무등소화설비 중 이산화탄소소화설비를 설치하여야 하는 특정소방대상물 | 공기호흡기 | 이산화탄소소화설비가 설치된 장소의 출입구 외부 인근에 1대 이상 비치할 것 |

(2) 화재 시 쉽게 반출 사용할 수 있는 장소에 비치할 것
(3) 인명구조기구가 설치된 가까운 장소의 보기 쉬운 곳에 "인명구조기구"라는 축광식표지와 그 사용방법을 표시한 표시를 부착하되, 축광식표지는 소방청장이 고시한 「축광표지의 성능인증 및 제품검사의 기술기준」에 적합한 것으로 설치할 것
(4) 방열복은 소방청장이 고시한 「소방용 방열복의 성능인증 및 제품검사의 기술기준」에 적합한 것으로 설치할 것
(5) 방화복은 「소방장비 표준규격 및 내용연수에 관한 규정」 제3조에 적합한 것으로 설치할 것.

---

**예제 01**

**인명구조기구 설치기준으로 옳지 않은 것은?**

① 방열복·공기호흡기(보조마스크 포함) 및 인공소생기를 층마다 각 2개 이상 비치할 것
② 화재시 쉽게 반출 사용할 수 있는 장소에 비치할 것
③ 인명구조기구가 설치된 가까운 장소의 보기 쉬운 곳에 "인명구조기구"라는 표지판 등을 설치할 것
④ 영화상영관, 대규모 점포는 수용인원이 100명 이상인 경우 층마다 2대 이상 보조마스크가 장착된 인명구조용 공기호흡기를 설치하여야 한다.

해답 ①

# 실전 예상문제

••• 01 특정 소방대상물 내 피난기구를 설치하지 않아도 되는 층이 아닌 것은?

① 피난층      ② 지상1층      ③ 지상2층      ④ 지상3층

 해설

피난기구 설치 – 특정소방대상물의 모든 층에 설치하여야 한다.
※ 설치제외 – 피난층, 지상1층, 지상2층 및 층수가 11층 이상인 층

••• 02 의료시설의 4층에 적응성이 없는 피난기구는?

① 미끄럼대      ② 구조대      ③ 다수인피난장비      ④ 승강식피난기

 해설

| 피난기구의<br>종류(10개) | 미끄럼대, 구조대, 다수인피난장비, 승강식피난기, 피난교,<br>공기안전매트, 간이완강기, 완강기, 피난사다리, 피난용트랩 | | |
|---|---|---|---|
| 용도 | 노유자시설 | 조산원, 의료시설, 근린생<br>활시설 중 입원실이 있는<br>의원, 접골원 | 그 밖의 것 |
| 지하층 | 피난용트랩 | 피난용트랩 | 피난용트랩, 피난사다리 |
| 지상층(3층까지만<br>가능한 피난기구) | 미끄럼대, 구조대 | 미끄럼대 | 미끄럼대, 피난용트랩 |
| 지상층 중 사용불가 | 공기안전매트, 간이완강기,<br>완강기, 피난사다리, 피난용트랩 | 공기안전매트, 간이완강기,<br>완강기, 피난사다리 | – |

••• 03 위락시설이 4층에 있는 경우 설치할 수 없는 피난기구는?

① 미끄럼대      ② 구조대      ③ 완강기      ④ 간이완강기

 해설

위락시설은 그 밖의 것에 해당되나 다중이용업소에 해당되므로 설치할 수 있는 피난기구는
구조대 · 피난사다리 · 미끄럼대 · 완강기 · 다수인피난장비 · 승강식피난기가 된다.

 정답    01 ④    02 ①    03 ④

••◦ **04** 노유자시설의 3층에 설치하여야 할 피난기구의 종류가 아닌 것은?

① 미끄럼대      ② 피난교      ③ 구조대      ④ 피난사다리

**해설**
문제 2번 해설 참조

•••◦ **05** 각 층의 면적이 1,200 m²인 지상 3층의 숙박시설이 있다. 설치하여야 할 피난기구 설치 개수는 몇 개인가? (단, 지하층은 없으며 각 실에 설치하는 간이완강기는 제외하며 기타 조건은 무시한다.)

① 2개      ② 3개      ③ 4개      ④ 5개

**해설**
숙박시설은 500 m²마다 피난기구를 설치하여야 하므로 1,200 / 500 = 2.4    ∴ 3개 설치하여야 한다.

| 구 분 | 그 밖의 용도 | 위락시설·문화집회 및 운동시설·판매시설 또는 복합용도 | 숙박시설·노유자시설 및 의료시설 |
|---|---|---|---|
| 층의 바닥면적 | 1,000 m² | 800 m² | 500 m² |

•••◦ **06** 피난기구는 계단 · 피난구 기타 피난시설로부터 적당한 거리에 있는 안전한 구조로 된 피난 또는 소화활동상 유효한 개구부에 고정하여 설치하여야 한다. 이때 개구부의 크기는?

① 가로 0.5 m 이상 세로 0.5 m 이상      ② 가로 0.5 m 이상 세로 1 m 이상
③ 가로 1 m 이상 세로 0.5 m 이상      ④ 가로 1 m 이상 세로 1 m 이상

**해설**
유효한 개구부는 가로 0.5 m 이상 세로 1 m 이상의 크기이며 개부구 하단이 바닥에서 1.2 m 이상이면 발판 등을 설치, 밀폐된 창문은 쉽게 파괴할 수 있는 파괴장치를 비치하여야 한다.

••◦ **07** 피난기구를 설치하는 개구부는 서로 동일직선상이 아닌 위치에 있어야 한다. 그러하지 않아도 되는 피난기구는?

① 간이완강기      ② 완강기      ③ 피난사다리      ④ 구조대

**해설**
간이완강기, 피난교, 피난용트랩, 아파트에 설치되는 피난기구(다수인 피난장비는 제외한다), 기타 피난 상 지장이 없는 것에 있어서는 피난기구를 설치하는 개구부가 동일직선상의 위치에 있어도 된다.

**정답**    04 ④    05 ②    06 ②    07 ①

**08** 4층 이상의 층에 설치할 수 있는 금속성 피난사다리는?

① 올림식 사다리 　　② 거치식 사다리 　　③ 내림식 사다리 　　④ 고정식 사다리

해설
고정식사다리의 종류 – 수납식, 접는식, 신축식
"수납식"이란 횡봉이 종봉내에 수납되어 사용하는 때에 횡봉을 꺼내어 사용할 수 있는 구조를 말한다.
"접는식"이란 사다리 하부를 접을 수 있는 구조를 말한다.
"신축식"이란 사다리 하부를 신축할 수 있는 구조를 말한다.

 **09** 완강기의 구성품이 아닌 것은?

① 속도조절기 　　② 지지대 　　③ 연결금속구 　　④ 벨트

해설
완강기는 속도조절기(조속기) · 속도조절기의 연결부 · 로우프 · 연결금속구 및 벨트로 구성되어야 한다.

 **10** 인명구조기구 설치대상으로 옳은 것은?

① 지하층을 포함하는 층수가 7층 이상인 관광호텔 및 지하층 포함하는 층수가 5층 이상인 병원
② 지하층을 제외한 층수가 7층 이상인 관광호텔 및 지하층 포함하는 층수가 5층 이상인 병원
③ 지하층을 포함하는 층수가 5층 이상인 관광호텔 및 7층 이상인 병원
④ 지하층을 제외한 층수가 5층 이상인 관광호텔 및 7층 이상인 병원

해설
인명구조기구 설치 대상 – 지하층을 포함하는 층수가 7층 이상인 관광호텔 및 지하층 포함하는 층수가 5층 이상인 병원

 **11** 인명구조기구의 종류가 아닌 것은?

① 인공소생기 　　② 방열복 　　③ 공기호흡기 　　④ 방독면

해설
인명구조기구의 종류 : 방열복 또는 방화복, 공기호흡기, 인공소생기

 **12** 수용인원 100명 이상인 영화상영관, 대규모점포, 지하가 중 지하상가, 철도 및 도시철도 시설 중 지하역사에는 보조마스크가 장착된 인명구조용 공기호흡기(충전기는 제외한다) 층마다 몇 대 이상 설치하여야 하는가?

① 1대 이상 　　② 2대 이상 　　③ 3대 이상 　　④ 4대 이상

해설

| • 영화상영관, 대규모점포, 지하가 중 지하상가 철도 및 도시철도 시설 중 지하역사 | 수용인원 100명 이상 | 층마다 두 대 이상 |
| --- | --- | --- |
| • 이산화탄소소화설비 설치한 경우 | 특정소방대상물의 출입구 외부 인근에 | 한 대 이상 비치 |

정답　08 ④　09 ②　10 ①　11 ④　12 ②

## 3. 유도등 및 유도표지(NFSC 303)

### 1 설치대상

(1) 피난구유도등, 통로유도등 및 유도표지 - 특정소방대상물에 설치
(2) 객석유도등 - 유흥주점영업(카바레, 나이트클럽 등)과 문화 및 집회시설, 종교시설, 운동시설에 설치

### 2 설치제외

(1) 지하가 중 터널, 축사로서 가축을 직접 가두어 사육하는 부분

(2) 조건을 만족 시 제외하는 경우

① **피난구유도등**

㉠ 바닥면적이 1,000 m² 미만인 층으로서 옥내로부터 직접 지상으로 통하는 출입구(외부의 식별이 용이한 경우에 한한다)

개정 2021. 7. 8

㉡ **대각선 길이가 15 m 이내인 구획된 실의 출입구**

㉢ 거실 각 부분으로부터 하나의 출입구에 이르는 보행거리가 20 m 이하이고 비상조명등과 유도표지가 설치된 거실의 출입구

㉣ 출입구가 3 이상 있는 거실로서 그 거실 각 부분으로부터 하나의 출입구에 이르는 보행거리가 30 m 이하인 경우에는 주된 출입구 2개소외의 출입구(유도표지가 부착된 출입구를 말한다). 다만, 공연장·집회장·관람장·전시장·판매시설·운수시설·숙박시설·노유자시설·의료시설·장례식장은 제외

② **통로유도등**

㉠ 구부러지지 아니한 복도 또는 통로로서 길이가 30 m 미만인 복도 또는 통로

㉡ ㉠에 해당되지 않는 복도 또는 통로로서 보행거리가 20 m 미만이고 그 복도 또는 통로와 연결된 출입구 또는 그 부속실의 출입구에 피난구유도등이 설치된 복도 또는 통로

③ **객석유도등**

㉠ 주간에만 사용하는 장소로서 채광이 충분한 객석

㉡ 거실 등의 각 부분으로부터 하나의 거실출입구에 이르는 보행거리가 20 m 이하인 객석의 통로로서 그 통로에 통로유도등이 설치된 객석

④ **유도표지**

㉠ 피난구, 통로유도등이 적합하게 설치된 출입구·복도·계단 및 통로

㉡ ①의 ㉠, ㉡과 ②에 해당하는 출입구·복도·계단 및 통로

### 3 설치기준

(1) 설치장소별 유도등 및 유도표지의 종류

| 구분 | 객석유도등 | 피난구유도등 | | | 통로 유도등 | 유도표지 |
|---|---|---|---|---|---|---|
| | | 대형 | 중형 | 소형 | | |
| 설치장소 | 공연장 운동시설 관람장 **집회장** (종교 집회장 포함) 유흥주점 영업 (**카바레, 나이트클럽** 등) | 공연장, 운수시설, 관람장 **집회장(종교집회장포함)** 판매시설, 전시장, 지하상가 **유흥주점영업 (카바레, 나이트클럽등)** 의료시설, 지하철역사 위락시설, 관광숙박업 방송통신시설, 장례식장 | 11층 이상의 부분 **숙박시설 (관광숙박업 제외)** 오피스텔 지하층 무창층 | 기숙사, 업무시설 노유자시설, 다중이용업소 근린생활시설, 교육연구시설 공장·창고시설 자동차정비공장 자동차운전·정비학원 **발전시설**, 종교시설 (집회장 용도 제외) **수련시설,** 교정 및 군사시설 (국방·군사시설 제외) 복합건축물, 아파트 | 피난구 유도등 설치대상 | 그 밖의 대상물 |

> 🔖 암기  객석유도등 – 공운관 집     대형 – 공운관 집 판 전지유의 지위 관통장     중형 – 11일 오지무(11일에 오지워 ~)

(2) 피난구유도등

① 정의

피난구 또는 피난경로로 사용되는 출입구를 표시하여 피난을 유도하는 등

고휘도용

형광등램프용

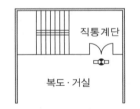
설치장소

② 설치장소

ⓐ 옥내로부터 직접 지상으로 통하는 출입구 및 그 부속실의 출입구

ⓑ 직통계단·직통계단의 계단실 및 그 부속실의 출입구

ⓒ ⓐ과 ⓑ에 따른 출입구에 이르는 복도 또는 통로로 통하는 출입구

ⓓ 안전구획된 거실로 통하는 출입구

③ 설치높이 – 바닥으로부터 높이 1.5 m 이상으로서 출입구에 인접하도록 설치

④ 피난층으로 향하는 피난구의 위치를 안내할 수 있도록 ②의 ⓐ 또는 ⓑ의 출입구 인근 천장에 ②의 ⓐ 또는 ⓑ에 따라 **설치된 피난구유도등의 면과 수직이 되도록 피난구유도등을 추가로 설치**하여야 한다. 다만, ②의 ⓐ 또는 ⓑ에 따라 설치된 피난구유도등이 입체형인 경우에는 제외 <신설 2021. 7. 8.>

입체형 : 유도등 표시면을 2면 이상으로 하고 각 면마다 피난유도표시가 있는 것

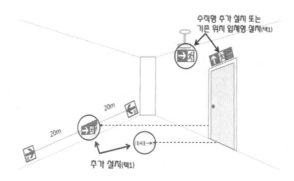

(3) 통로유도등 – 피난통로를 안내하기 위한 유도등(백색바탕에 녹색으로 피난방향을 표시한 등)

① 통로유도등의 설치장소에 따른 분류

| 복도통로유도등 | | 피난통로가 되는 복도에 설치하는 통로유도등으로서 피난구의 방향을 명시하는 것 |
|---|---|---|
| 거실통로유도등 | | 집무, 작업, 집회, 오락 그 밖에 이와 유사한 목적을 위하여 계속적으로 사용하는 거실, 주차장등 개방된 복도에 설치하는 유도등으로 피난의 방향을 명시하는 것 |
| 계단통로유도등 | | 피난통로가 되는 계단이나 경사로에 설치하는 통로유도등으로 바닥면 및 디딤바닥면을 비추는 것 |

② 통로유도등 설치기준

| 복도통로유도등 | 가. 복도에 설치하되 (2) ②의 ㉠ 또는 ㉡에 따라 피난구유도등이 설치된 출입구의 맞은편 복도에는 입체형으로 설치하거나, 바닥에 설치할 것<br>나. 구부러진 모퉁이 및 가목에 따라 설치된 통로유도등을 기점으로 보행거리 20 m 미다 설치할 것<br>다. **바닥으로부터 높이 1 m 이하**의 위치에 설치할 것<br>　다만, **지하층 또는 무창층의 용도가 도매시장·소매시장·여객자동차터미널· 지하역사 또는 지하상가**인 경우에는 **복도·통로 중앙부분의 바닥**에 설치하여야 한다. 〈암기〉 지지도여소(지지도가 여당이 작다)<br>라. 바닥에 설치하는 통로유도등은 하중에 따라 파괴되지 아니하는 강도의 것으로 할 것<br>마. **설치개수** $= \dfrac{\text{구부러진 곳이 없는 부분의 보행거리(m)}}{20} - 1$ |
|---|---|

| 거실통로유도등 | 가. **거실의 통로에 설치할 것.**<br>　다만, 거실의 통로가 벽체 등으로 구획된 경우에는 복도통로유도등을 설치<br>나. **구부러진 모퉁이 및 보행거리 20 m마다 설치할 것**<br>다. **바닥으로부터 높이 1.5 m 이상의 위치에 설치할 것**<br>　다만, 거실통로에 기둥이 설치된 경우에는 기둥부분의 바닥으로부터 높이 1.5 m 이하의 위치에 설치할 수 있다.<br>라. **설치개수** $= \dfrac{구부러진\ 곳이\ 없는\ 부분의\ 보행거리(m)}{20} - 1$ |
|---|---|
| 계단통로유도등 | 가. **각층의 경사로 참 또는 계단참마다 설치 할 것**<br>　− 1개층에 경사로 참 또는 계단참이 2 이상 있는 경우에는<br>　　**2개의 계단참마다 설치**<br>나. **바닥으로부터 높이 1 m 이하의 위치에 설치할 것** |

☆ 거실 통로유도등 설치 높이 − 1.5 m 이상, 복도와 계단은 1 m 이하임!!

③ 각 거실과 그로부터 지상에 이르는 복도 또는 계단의 통로에 설치
④ 통행에 지장이 없도록 설치할 것
⑤ 주위에 이와 유사한 등화광고물·게시물 등을 설치하지 아니할 것

---

※ **조도** − 유도등의 형식승인 및 제품검사의 기술기준(제23조 조도시험)

　㉠ **계단통로유도등**은 바닥면 또는 디딤바닥 면으로부터 **높이 2.5 m**의 위치에 그 유도등을 설치하고 그 유도등의 바로 밑으로부터 **수평거리로 10 m** 떨어진 위치에서의 **법선조도가 0.5 ℓx** 이상이어야 한다.

　㉡ **복도통로유도등**은 바닥면으로부터 **1 m** 높이에, **거실통로유도등**은 바닥면으로부터 **2 m** 높이에 설치하고 그 유도등의 중앙으로부터 0.5 m 떨어진 위치의 바닥면 조도와 유도등의 전면 중앙으로부터 0.5 m 떨어진 위치의 조도가 **1 ℓx** 이상이어야 한다. 다만, 바닥면에 설치하는 통로유도등은 그 유도등의 바로 윗부분 **1 m의 높이**에서 법선조도가 **1 ℓx 이상**이어야 한다.

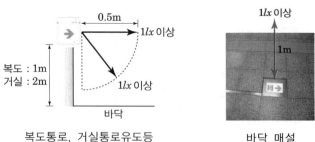

복도통로, 거실통로유도등　　　　　　바닥 매설

**TIP**

유도등 크기와 평균휘도(참조)

| 종     별 | | 1대1표시면(mm) | 기타 표시면 | | 평균휘도(cd/m²) | |
|---|---|---|---|---|---|---|
| | | | 짧은변(mm) | 최소면적(m²) | 상용점등시 | 비상점등시 |
| 피난구<br>유도등 | 대형 | 250 이상 | 200 이상 | 0.10 | 320 이상 800 미만 | 100 이상 |
| | 중형 | 200 이상 | 140 이상 | 0.07 | 250 이상 800 미만 | |
| | 소형 | 100 이상 | 110 이상 | 0.036 | 150 이상 800 미만 | |
| 통로<br>유도등 | 대형 | 400 이상 | 200 이상 | 0.16 | 500 이상 1,000 미만 | 150 이상 |
| | 중형 | 200 이상 | 110 이상 | 0.036 | 350 이상 1,000 미만 | |
| | 소형 | 130 이상 | 85 이상 | 0.022 | 300 이상 1,000 미만 | |

(4) 객석유도등

① 객석의 통로, 바닥 또는 벽에 설치하는 유도등

② 객석유도등은 **객석의 통로, 바닥 또는 벽에 설치**하여야 한다.

③ 객석내의 통로가 경사로 또는 수평로로 되어 있는 부분의 설치개수

$$설치 개수 = \frac{객석의\ 통로의\ 직선부분의\ 길이(m)}{4} - 1(소수점\ 이하는$$

객석유도등

1로 본다.)

④ 객석내의 통로가 **옥외 또는 이와 유사한 부분에 있는 경우** 해당 통로 전체에 미칠 수 있는 수의 유도등을 설치

⑤ 조도시험 시 바닥면 또는 디딤 바닥면에서 **높이 0.5 m**의 위치에 설치하고 그 유도등의 바로 밑에서 **0.3m** 떨어진 위치에서의 수평조도가 **0.2 ℓx** 이상이어야 한다.

(5) 유도표지

① **피난구유도표지**

㉠ 피난구 또는 피난경로로 사용되는 출입구를 표시하여 피난을 유도하는 표지

㉡ **출입구 상단에 설치**

피난구유도표지

② **통로유도표지**

㉠ 피난통로가 되는 **복도, 계단등에 설치**하는 것으로서 **피난구의 방향을 표시**하는 유도표지

㉡ 계단에 설치하는 것을 제외하고는 각층마다 복도 및 통로의 각 부분으로부터 하나의 유도표지까지의 **보행거리가 15 m 이하**가 되는 곳과 **구부러진 모퉁이의 벽에 설치**할 것

통로유도표지

㉢ **바닥으로부터 높이 1 m 이하의 위치에 설치**

③ 유도표지 설치기준

㉠ 주위에는 이와 유사한 등화·광고물·게시물 등을 설치하지 아니할 것

㉡ 유도표지는 부착판 등을 사용하여 쉽게 떨어지지 아니하도록 설치할 것

㉢ 축광방식의 유도표지 : 외광 또는 조명장치에 의하여 상시 조명이 제공되거나 비상조명
등에 의한 조명이 제공되도록 설치

※ 유도표지 성능 – 축광표지의 성능인증 및 제품검사의 기술기준

㉠ 방사성물질을 사용하는 유도표지는 쉽게 파괴되지 아니하는 재질로 처리할 것

㉡ 200 ℓx밝기의 광원으로 20분간 조사시킨 상태에서 다시 주위조도를 0ℓx로 하여 **60분간 발
광** 시킨 후 직선거리 **20 m 떨어진 위치**에서 보통시력(시력 1.0에서 1.2)으로 유도표지가 있
다는 것이 식별되어야 하고 **3 m 거리**에서 표시면의 문자 또는 화살표등을 쉽게 식별할 수
있을 것

㉢ 표지면의 휘도 시험을 실시하는 경우 휘도

| 구분 | 5분 | 10분 | 20분 | 60분 |
|---|---|---|---|---|
| mcd/ 1㎡ | 110mcd 이상 | 50mcd 이상 | 24mcd 이상 | 7mcd 이상 |

㉣ 유도표지의 크기

| 단위 (mm) | 가로의 길이 | 세로의 길이 |
|---|---|---|
| 피난구유도표지 | 360 이상 | 120 이상 |
| 복도통로유도표지 | 250 이상 | 85 이상 |

④ 유도표지 개수

$$설치\ 개수 = \frac{구부러진\ 곳이\ 없는\ 부분의\ 보행거리(m)}{15} - 1$$

## 4 피난유도선

(1) 정의

축광방식(햇빛이나 전등불에 따라 축광)또는 광원점등방식(전류에 따라 점등하여 빛이 발광)
유도체로서 어두운 상태에서 피난을 유도할 수 있도록 띠 형태로 설치되는 피난유도시설

(2) 피난유도선의 종류

① 축광방식의 피난유도선

| | |
|---|---|
| 설치위치 | 구획된 각 실로부터 주출입구 또는 비상구까지 설치할 것 |
| 설치높이 | 바닥으로부터 높이 **50 cm 이하**의 위치 또는 바닥 면에 설치할 것 |
| 피난유도 표시부 | **50 cm 이내의 간격으로 연속**되도록 설치 |
| 설치방법 | 부착대에 의하여 견고하게 설치할 것 |
| | 외광 또는 조명장치에 의하여 상시 조명이 제공되거나 비상조명등에 의한 조명이 제공되도록 설치 할 것 |

② 광원점등방식의 피난유도선

| 설치위치 | 구획된 각 실로부터 주출입구 또는 비상구까지 설치할 것 |
|---|---|
| 설치높이 | 바닥으로부터 **높이 1 m 이하**의 위치 또는 바닥 면에 설치 |
| 피난유도 표시부 | **50 cm 이내의 간격으로 연속되도록 설치**하되 실내장식물 등으로 설치가 곤란할 경우 1 m 이내로 설치 |
| 설치방법 | 수신기로부터의 화재신호 및 수동조작에 의하여 광원이 점등되도록 설치할 것 |
| | 비상전원이 상시 충전상태를 유지하도록 설치할 것 |
| | 바닥에 설치되는 피난유도 표시부는 매립하는 방식을 사용할 것 |
| 피난유도 제어부 설치 높이 | 바닥으로부터 0.8 m 이상 1.5 m 이하 |

※ **피난유도선**은 「피난유도선의 성능인증 및 제품검사의 기술기준」에 적합한 것으로 설치하여야 한다.

**5** 유도등의 전원

(1) 상용 전원

축전지 또는 교류전압의 옥내간선으로 하고, 전원까지의 배선은 전용

(2) 비상전원

① 축전지 또는 전기저장장치

  ※ 광속표준전압 – 비상전원으로 유도등을 켜는데 필요한 축전지의 단자전압

② 용량

  유도등을 **20분 이상** 유효하게 작동시킬 수 있는 용량으로 할 것

  다만, 다음 각 목의 특정소방대상물의 경우에는 그 부분에서 피난층에 이르는 부분의 유도등을 **60분 이상** 유효하게 작동시킬 수 있는 용량으로 하여야 한다.

  ㉠ 지하층을 제외한 층수가 11층 이상의 층

  ㉡ 지하층 또는 무창층으로서 용도가 지하역사, 지하상가, 도매시장, 여객자동차터미널, 소매시장

  > 11 – 지지도여소 (11년도에는 지지도가 여당이 작다)

**6** 유도등의 배선

**(1) 배선 방법**

유도등의 인입선과 옥내배선은 직접 연결할 것

유도등의 인입선

옥내배선

**(2) 2선식과 3선식 배선**

① **2선식 배선**

**(충전선과 공통선)**

유도등은 전기회로에

점멸기를 설치하지 아니하고

항상 점등 상태를 유지할 것

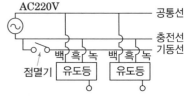

2선식 배선과 3선식 배선

개정 2021. 7. 8

② **3선식 배선(내화배선, 내열배선)**

**(충전선 : 흑색, 공통선 : 백색, 기동선 : 녹색 또는 적색)**

㉠ **점멸기를 설치할 수 있는 경우 - 3선식이 가능한 경우를 말한다.**

• 특정소방대상물 또는 그 부분에 사람이 없는 경우

• 다음에 해당하는 장소로서 3선식 배선에 따라 상시 충전되는 구조인 경우

**▷ Point**

1. 외부광(光)에 따라 피난구 또는 피난방향을 쉽게 식별할 수 있는 장소
2. 공연장, 암실(暗室) 등으로서 어두워야 할 필요가 있는 장소
3. 특정소방대상물의 관계인 또는 종사원이 주로 사용하는 장소

㉡ 3선식 배선으로 상시 충전되는 유도등의 전기회로에 점멸기를 설치하는 경우 다음에 의해 점등 될 것

**▷ Point**

• 자동화재탐지설비의 감지기 또는 발신기가 작동되는 때
• 비상경보설비의 발신기가 작동되는 때
• 상용전원이 정전되거나 전원선이 단선되는 때
• 방재업무를 통제하는 곳 또는 전기실의 배전반에서 수동으로 점등하는 때
• 자동소화설비가 작동되는 때

# 실전 예상문제

•••○ **01** 다음 중 소방대상물에 대한 유도등의 종류가 적응성이 없는 것은?

① 운동시설 – 객석유도등
② 의료시설 – 대형 피난구유도등
③ 종교집회장 – 소형 피난구유도등
④ 기숙사 – 소형 피난구유도등

**해설**

| 구분 | 객석유도등 | 피난구유도등 | | | 통로유도등 | 유도표지 |
|---|---|---|---|---|---|---|
| | | 대 형 | 중 형 | 소 형 | | |
| 설치장소 | 공연장 운동시설 관람장 집회장 (종교집회장 포함) 유흥주점영업 (카바레, 나이트클럽 등) | 공연장, 운수시설, 관람장 집회장(종교집회장포함) 판매시설, 전시장, 지하상가 유흥주점영업 (카바레, 나이트클럽) 의료시설, 지하철역사 위락시설, 관광숙박업 방송통신시설, 장례식장 | 11층 이상의 부분 숙박시설 (관광숙박업 제외) 오피스텔 지하층 무창층 | 기숙사, 업무시설 노유자시설, 다중이용업소 근린생활시설, 교육연구시설 공장 · 창고시설 자동차정비공장 자동차운전 · 정비학원 발전시설, 종교시설 (집회장 용도 제외) 수련시설, 교정 및 군사시설 (국방 · 군사시설 제외) 복합건축물, 아파트 | 피난구 유도등 설치대상 | 그 밖의 대상물 |

•••• **02** 피난구유도등의 설치기준으로 옳지 않은 것은?

① 옥내로부터 직접 지상으로 통하는 출입구 및 그 부속실의 출입구에 설치하여야 한다.
② 직통계단 · 직통계단의 계단실 및 그 부속실의 출입구에 설치하여야 한다.
③ 출입구 상단에 설치하여야 한다.
④ 안전구획된 거실로 통하는 출입구에 설치하여야 한다.

피난구유도등이 설치높이 – 바닥으로부터 높이 1.5 m 이상의 곳에 설치
피난구유도표지 – 출입구 상단에 설치

•••• **03** 피난구유도등은 바닥으로부터 높이 몇 m 이상의 곳에 설치하여야 하는가?

① 1 ② 1.2 ③ 1.5 ④ 2

피난구유도등의 설치높이 – 바닥으로부터 높이 1.5 m 이상의 곳에 설치

**정답** 01 ③ 02 ③ 03 ③

**04** 피난구유도등의 표시색으로 적합한 것은?

① 녹색바탕에 백색문자          ② 녹색바탕에 흑색문자
③ 백색바탕에 흑색문자          ④ 백색바탕에 녹색문자

**해설**

| 피난구 유도등 – 녹색바탕에 백색문자 | 통로유도등 – 백색바탕에 녹색문자 |
|---|---|
| 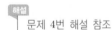 | |

 **05** 통로유도등의 표시색으로 적합한 것은?

① 녹색바탕에 백색문자          ② 녹색바탕에 흑색문자
③ 백색바탕에 흑색문자          ④ 백색바탕에 녹색문자

**해설**
문제 4번 해설 참조

**06** 집무, 작업, 집회, 오락 그 밖에 이와 유사한 목적을 위하여 계속적으로 사용하는 거실, 주차장등 개방된 복도에 설치하는 유도등으로 피난의 방향을 명시한 유도등은?

① 복도통로유도등          ② 거실통로유도등
③ 계단통로유도등          ④ 복합표시형피난구유도등

**해설**

| 거실통로유도등 |  | 집무, 작업, 집회, 오락 그 밖에 이와 유사한 목적을 위하여 계속적으로 사용하는 거실, 주차장등 개방된 복도에 설치하는 유도등으로 피난의 방향을 명시하는 것 |
|---|---|---|

 **07** 복도통로유도등은 구부러진 모퉁이 및 보행거리 몇 m 마다 설치하는가?

① 20        ② 30        ③ 35        ④ 40

**해설**
가. 복도에 설치하되 피난구유도등이 설치된 출입구의 맞은편 복도에는 입체형으로 설치하거나, 바닥에 설치할 것
나. 구부러진 모퉁이 및 가목에 따라 설치된 통로유도등을 기점으로 보행거리 20 m 마다 설치할 것

**정답**   04 ①   05 ④   06 ②   07 ①

**08** 복도통로유도등 및 계단통로유도등은 바닥으로부터 높이 몇 m 이하의 위치에 설치하여야 하는가?

① 0.5　　　　　　　② 0.6　　　　　　　③ 0.8　　　　　　　④ 1

> **해설**
> 복도통로유도등은 바닥으로부터 높이 1 m 이하의 위치에 설치하여야 한다.

 **09** 복도의 길이가 구부러진 곳이 없는 부분의 보행거리가 60 m인 경우 복도통로유도등 설치개수는?

① 2　　　　　　　　② 3　　　　　　　　③ 4　　　　　　　　④ 4

> **해설**
> $$설치개수 = \frac{구부러진 \ 곳이 \ 없는 \ 부분의 \ 보행거리(m)}{20} - 1 = \frac{60}{20} - 1 = 2 \ 개$$

**10** 복도 또는 거실 통로유도등의 조명도로 맞는 것은?

① 유도등의 중앙으로부터 0.5 m 떨어진 위치의 바닥면의 조도가 0.2 lx 이상
② 유도등의 중앙으로부터 0.5 m 떨어진 위치의 바닥면의 조도가 0.5 lx 이상
③ 유도등의 중앙으로부터 0.5 m 떨어진 위치의 바닥면의 조도가 1 lx 이상
④ 유도등의 중앙으로부터 0.5 m 떨어진 위치의 바닥면의 조도가 2 lx 이상

> **해설**
> 유도등의 중앙으로부터 0.5 m 떨어진 위치의 바닥면 조도와 유도등의 전면 중앙으로부터 0.5 m 떨어진 위치의 조도가 1 lx 이상 (바닥에 매설한 것은 통로유도등의 직상부 1 m의 높이에서 측정하여 1 $\ell x$ 이상)

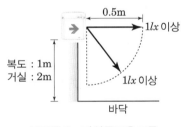

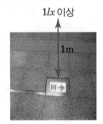

복도통로, 거실통로유도등　　　　　　　바닥 매설

 **11** 거실통로유도등 바닥으로부터 어느 위치에 설치하여야 하는가?

① 0.5 m 이하　　　② 1 m 이하　　　③ 1.5 m 이하　　　④ 1.5 m 이상

> **해설**
> 거실통로유도등은 바닥으로부터 높이 1.5 m 이상의 위치에 설치할 것

**정답** 08 ④　09 ①　10 ③　11 ④

●●● **12** 유도등에 관한 설명으로 틀린 것은?

① 통로유도등의 바탕색은 녹색, 문자색은 백색이다.
② 통로유도등의 종류는 복도, 거실, 계단통로유도등 3가지로 구분 한다.
③ 피난구유도등은 피난구의 바닥으로부터 높이 1.5 m 이상의 곳에 설치하여야 한다.
④ 거실통로유도등은 바닥으로부터 높이가 1.5 m 이상의 위치에 설치하여야 한다.

> **해설**
> 통로유도등 - 백색바탕에 녹색문자

●●○ **13** 피난구유도등의 표시면과 피난목적이 아닌 안내표시면이 구분되어 함께 설치된 유도등을 무엇이라 하는가?

① 복합표시형피난구유도등　　　　　② 안내표시형피난구유도등
③ 멀티표시형피난구유도등　　　　　④ 종합표시형피난구유도등

> **해설**
> 복합표시형피난구유도등 - 표시면과 피난목적이 아닌 안내표시면이 구분되어 함께 설치된 유도등

●●● **14** 객석 통로의 직선부분의 길이가 44 m이다. 객석유도등의 최소 몇 개 설치하여야 하는가?

① 8개　　　　　② 9개　　　　　③ 10개　　　　　④ 11개

> **해설**
> $$설치개수 = \frac{객석의\ 통로의\ 직선부분의\ 길이(m)}{4} - 1 = \frac{44}{4} - 1 = 10 \quad \therefore \ 10개\ 설치$$

●●● **15** 복도의 길이가 구부러진 곳이 없는 부분의 보행거리가 60 m인 경우 유도표지의 표지 개수는 최소 몇 개인가?

① 1　　　　　② 2　　　　　③ 3　　　　　④ 4

> **해설**
> **통로유도표지** - 계단에 설치하는 것을 제외하고는 각층마다 복도 및 통로의 각 부분으로부터 하나의 유도표지까지의 보행거리가 15 m 이하가 되는 곳과 구부러진 모퉁이의 벽에 설치하고 바닥으로부터 높이 1 m 이하의 위치에 설치
> $$설치개수 = \frac{구부러진\ 곳이\ 없는\ 부분의\ 보행거리(m)}{15} - 1 = \frac{60}{15} - 1 = 3\ 개$$

**정답**　12 ①　13 ①　14 ③　15 ③

**16** 유도표지 성능으로 옳지 않는 것은?

① 방사성물질을 사용하는 유도표지는 쉽게 파괴되지 아니하는 재질로 처리할 것

② 유도표지는 주위 조도 0 $\ell x$ 에서 60분간 발광 후 직선거리 10 m 떨어진 위치에서 보통시력으로 유도표지가 있다는 것이 식별되어야 한다.

③ 유도표지는 주위 조도 0 $\ell x$ 에서 60분간 발광 후 3 m 거리에서 표시면의 문자 또는 화살표등을 쉽게 식별할 수 있을 것

④ 유도표지의 표지면의 휘도는 주위 조도 0 $\ell x$ 에서 60분간 발광 후 7 mcd/m² 이상일 것

> **해설**
> 유도표지는 주위 조도 0 $\ell x$ 에서 60분간 발광 후 직선거리 20 m 떨어진 위치에서 보통시력으로 유도표지가 있다는 것이 식별되어야 한다.

**17** 유도등의 종류 중 비상전원의 상태를 감시할 수 있는 점검스위치가 없는 것은?

① 거실통로유도등 　② 계단통로유도등 　③ 피난구유도등 　④ 객석유도등

**18** 유도등의 전원에 대한 설명으로 옳은 것은?

① 상용전원은 교류전압의 옥내간선으로만 하고, 전원까지의 배선은 전용으로 하여야 한다.

② 비상전원은 축전지 및 자가발전설비로 할 것

③ 비상전원 용량은 유도등을 20분 이상 유효하게 작동시킬 수 있는 용량으로 하되 지하층을 제외한 층수가 30층 이상인 경우에는 60분으로 하여야 한다.

④ 유도등의 인입선과 옥내배선은 직접 연결할 것

> **해설**
> 상용전원 – 축전지 또는 교류전압의 옥내간선, 비상전원 – 축전지
> 비상전원 용량 – 11층 이상시 전층 60분용으로 설치

**19** 유도등 배선에 점멸기를 설치할 수 없는 경우는?

① 외부광(光)에 따라 피난구 또는 피난방향을 쉽게 식별할 수 있는 장소

② 공연장, 암실(暗室) 등으로서 어두어야 할 필요가 있는 장소

③ 특정소방대상물의 관계인 또는 종사원이 주로 사용하는 장소

④ 특정소방대상물 또는 그 부분에 사람의 출입이 제한되는 경우

> **해설**
> 특정소방대상물 또는 그 부분에 사람이 없는 경우 3선식 배선에 의한 점멸기를 설치할 수 있다.

 16 ② 17 ④ 18 ④ 19 ④

**20** 3선식 배선으로 상시 충전되는 유도등의 전기회로에 점멸기를 설치하는 경우에 점등되어야 하는 경우가 아닌 것은?

① 자동화재탐지설비의 감지기 또는 발신기가 작동되는 때
② 비상경보설비의 발신기가 작동되는 때
③ 상용전원이 정전되거나 전원선이 단선되는 때
④ 자동확산소화장치가 작동되는 때

> **해설**
> 자동소화설비가 작동되는 때, 방재업무를 통제하는 곳 또는 전기실의 배전반에서 수동으로 점등하는 때에 유도등은 점등되어야 한다.

 **21** 객석유도등의 조도는 통로바닥의 중심선 0.5 m 높이에서 측정하여 몇 $\ell x$ 이상이어야 하는가?

① 0.1 $\ell x$      ② 0.2 $\ell x$      ③ 0.5 $\ell x$      ④ 1 $\ell x$

> **해설**
> 객석유도등의 조도는 통로바닥의 중심선 0.5 m 높이에서 측정하여 0.2 $\ell x$ 이상이어야 한다.

 **22** 축광방식의 피난유도선에 대한 설명으로 옳지 않은 것은?

① 설치위치는 구획된 각 실로부터 주출입구 또는 비상구까지 설치할 것
② 설치높이는 바닥으로부터 높이 50 cm 이하의 위치 또는 바닥 면에 설치할 것
③ 피난유도 표시부는 1 m 이내의 간격으로 연속되도록 설치
④ 설치방법 외광 또는 조명장치에 의하여 상시 조명이 제공되거나 비상조명등에 의한 조명이 제공되도록 설치 할 것

> **해설**
> 피난유도 표시부는 50 cm 이내의 간격으로 연속되도록 설치

 **23** 광원점등방식의 피난유도선에 대한 설명으로 옳지 않은 것은?

① 설치위치는 구획된 각 실로부터 주출입구 또는 비상구까지 설치할 것
② 설치높이는 바닥으로부터 높이 50 cm 이하의 위치 또는 바닥 면에 설치
③ 피난유도 표시부는 50 cm 이내의 간격으로 연속되도록 설치하되 실내장식물 등으로 설치가 곤란할 경우 1 m 이내로 설치
④ 피난유도 제어부 설치 높이는 바닥으로부터 0.8 m 이상 1.5 m 이하

> **해설**
> 설치높이는 바닥으로부터 높이 1 m 이하의 위치 또는 바닥면에 설치

**정답** 20 ④  21 ②  22 ③  23 ②

## 4. 비상조명등(NFSC 304)

### 1 개요

비상조명등은 예비전원이 내장된 것과 축전지설비와 자가발전설비에 의해 점등되는 방식이 있다. 안전성을 확보하기 위해서는 한 순간도 정전이 발생하지 않는 축전지 타입이 좋으며 그 이유는 자가발전설비는 정격주파수에 도달하는 시간 동안은 정전이 지속되기 때문이다.

### 2 설치대상

(1) 지하층을 포함하는 층수가 5층 이상인 건축물로서 연면적 3천 $m^2$ 이상인 것
(2) 지하층 또는 무창층의 바닥면적이 $450\,m^2$ 이상인 경우에는 그 지하층 또는 무창층
(3) 지하가 중 터널로서 그 길이가 $500\,m$ 이상인 것

> 지포5 앤3000  무지바 450 (쥐포5마리엔 3000원 묻지마 450원)

### 3 정의

(1) 비상조명등
　　화재발생 등에 따른 정전 시에 안전하고 원활한 피난활동을 할 수 있도록 거실 및 피난통로 등에 설치되어 자동 점등되는 조명등으로서 상용전원이 정전되는 경우 비상전원으로 자동 전환되어 점등되는 조명등
　① 전용형
　　상용광원(상용전원에 의해 점등되는 광원)과 비상용광원(비상전원에 의해 점등되는 광원)이 각각 별도로 내장되어 있거나 또는 비상시에 점등하는 비상용광원만 내장되어 있는 비상조명등을 말한다.
　② 겸용형
　　동일한 광원을 상용광원과 비상용광원으로 겸하여 사용하는 비상조명등을 말한다.
　③ 광속표준전압
　　비상전원으로 비상조명등을 켜는데 필요한 축전지의 단자전압을 말한다.
　④ 유효점등시간
　　유효한 조도를 확보할 수 있도록 예비전원에 의하여 지속적으로 점등할 수 있는 시간을 말한다.

(2) 휴대용비상조명등
　　화재발생 등으로 정전시 안전하고 원활한 피난을 위하여 피난자가 휴대할 수 있는 조명등

**4** 설치제외 및 면제

(1) 제외

① 비상조명등

ㄱ 창고시설 중 창고 및 하역장

ㄴ 위험물 저장 및 처리 시설 중 가스시설

ㄷ 거실의 각 부분으로부터 하나의 출입구에 이르는 **보행거리가 15 m 이내인 부분**

ㄹ 의원·경기장·공동주택·의료시설·학교의 거실

예비전원 내장형

② 휴대용비상조명등

ㄱ 지상1층 또는 피난층으로서 복도·통로 또는 창문 등의 개구부를 통하여 피난이 용이한 경우

ㄴ 숙박시설로서 복도에 비상조명등을 설치한 경우

휴대용비상조명등

**5** 설치기준

(1) 비상조명등

| 구 분 | | 설 치 기 준 |
|---|---|---|
| 설치위치 | | 각 거실과 그로부터 지상에 이르는 복도·계단 및 그 밖의 통로 |
| 조도 | | 각 부분의 바닥에서 1 $\ell x$ 이상 |
| 비상조명등 | 예비전원 내장형 | • 평상시 점등여부를 확인할 수 있는 **점검스위치를** 설치<br>• 해당 조명등을 유효하게 작동시킬 수 있는 용량의 **축전지와 예비전원 충전장치를 내장**<br><br>비상조명등<br>사용설명서 ◐━ 교류전원 표시등<br>◐━ 예비전원 감시등<br>┃━ 점검 스위치 |
| | 예비전원 비 내장형 | ※ 비상전원은 **자가발전설비, 축전지설비** 또는 전기저장장치 설치<br>– 비상전원 설치기준은 옥내소화전과 동일 |
| 비상전원 용량 | 20분 | 일반 대상물 |
| | 60분 | • 지하층을 제외한 층수가 11층 이상의 층<br>• 지하층 또는 무창층으로서 용도가 지하역사 또는 지하상가·도매시장·여객자동차터미널·소매시장  11-지지도여소 |

(2) 휴대용비상조명등

① 설치장소 및 설치 개수

| 구 분 | 내 용 | | |
|---|---|---|---|
| 설치 개수 | 숙박시설의 객실마다 | 1개 이상 | |
| | 다중이용업소의 영업장안의 구획된 실마다 | | |
| | 대규모점포(지하상가 및 지하역사를 제외한다)와 수용인원 100명 이상의 영화상영관 | 보행거리 50 m 이내마다 | 3개 이상 |
| | 지하상가 및 철도 및 도시철도시설 지하역사 | 보행거리 25 m 이내마다 | 3개 이상 |

- 다중이용업소의 경우 외부에 설치 시 출입문 손잡이로부터 1m 이내 부분에 설치

② 설치기준

ㄱ 설치높이 : 0.8 m 이상 1.5 m 이하

ㄴ 건전지 및 충전식의 밧데리의 용량 : 20분 이상

ㄷ 어둠속에서 위치를 확인할 수 있도록 할 것

ㄹ 사용 시 자동으로 점등되는 구조

ㅁ 외함은 난연성능이 있을 것

ㅂ 건전지를 사용시 방전방지조치 및 충전식 밧데리의 경우에는 상시 충전되도록 할 것

**6** 비상조명등 형식승인 및 제품검사기술기준

(1) 전선

| 구 분 | | 내 용 |
|---|---|---|
| 전선의 굵기(단면적) | 인출선 | $0.75 \text{ mm}^2$ 이상 |
| | 인출선외의 경우 | $0.5 \text{ mm}^2$ 이상 |
| 전선의 길이 | 인출선 | 전선인출 부분으로부터 150 mm 이상 |

※ 유도등 동일

(2) 비상점등 회로의 보호

비상조명등은 비상점등을 위하여 비상전원으로 전환되는 경우 비상섬등 회로로 징격진류의 1.2배 이상의 전류가 흐르거나 램프가 없는 경우에는 3초 이내에 예비전원으로부터의 비상전원 공급을 차단하여야 한다.

## 실전 예상문제

●○○ **01** 비상조명등의 비상전원으로 비상조명등을 켜는데 필요한 축전지의 단자전압을 무슨 전압이라 하는가?

① 정격전압　　　　　　　　　　　　② 대지전압
③ 허용최저전압　　　　　　　　　　④ 광속표준전압

> **해설**
> 광속표준전압 − 비상조명등의 비상전원으로 비상조명등을 켜는데 필요한 축전지의 단자전압

●●● **02** 비상조명등 설치 제외 등의 장소가 아닌 것은?

① 창고시설 중 창고 및 하역장
② 위험물 저장 및 처리 시설 중 가스시설
③ 거실의 각 부분으로부터 하나의 출입구에 이르는 보행거리가 20 m 이내인 부분
④ 의원·경기장·공동주택·의료시설·학교의 거실

> **해설**
> 거실의 각 부분으로부터 하나의 출입구에 이르는 보행거리가 15 m 이내인 부분

●●● **03** 비상조명등이 설치된 장소의 조도는 각 부분의 바닥에서 몇 $\ell x$ 이상이어야 하는가?

① 1 $\ell x$　　　　　② 1.5 $\ell x$　　　　　③ 2 $\ell x$　　　　　④ 3 $\ell x$

> **해설**
> 조도는 각 부분의 바닥에서 1 $\ell x$ 이상

●○○ **04** 지하층 또는 무창층으로서 용도가 지하역사 또는 지하상가, 도매시장·여객자동차터미널·소매시장인 경우 비상조명등의 비상전원은 몇 분 이상 작동할 수 있어야 하는가?

① 20분　　　　　② 30분　　　　　③ 40분　　　　　④ 60분

> **해설**
> 11층 이상의 건축물 또는 지하층 또는 무창층으로서 용도가 지하역사 또는 지하상가·도매시장·
> 여객자동차터미널·소매시장의 비상전원 용량은 60분 이상이다. 　**11-지지도여소**

**정답** 　01 ④　02 ③　03 ①　04 ④

●○○ **05** 비상조명등은 정격사용전압에서 몇 회의 작동을 반복하여 실시하는 경우 그 구조 또는 기능에 이상이 생기지 아니하여야 하는가?

① 1,000　　　　　② 2,000　　　　　③ 5,000　　　　　④ 10,000

비상조명등 형식승인 및 제품검사기술기준 제16조(반복시험) – 비상조명등은 정격사용전압에서 1만회의 작동을 반복하여 실시하는 경우 그 구조 또는 기능에 이상이 생기지 아니하여야 한다.

●○○ **06** 비상조명등의 외함 재질의 기준으로 옳지 않은 것은?

① 두께 0.5 mm 이상의 방청가공된 금속판
② 두께 3 mm 이상의 내열성 강화유리
③ 난연재료 또는 방염성능이 있는 두께 3 mm 이상의 합성수지
④ 두께 5 mm 이상의 열경화성 플라스틱

비상조명등 형식승인 및 제품검사기술기준 제7조(외함의 재질)
1. 두께 0.5 mm 이상의 방청가공된 금속판
2. 두께 3 mm 이상의 내열성 강화유리
3. 난연재료 또는 방염성능이 있는 두께 3 mm 이상의 합성수지

●○○ **07** 비상조명등 형식승인 및 제품검사기술기준에 의한 인출선의 전선의 굵기와 전선의 길이는 각각 얼마 이상으로 하여야 하는가?

① 굵기 : 0.75 mm² 이상, 길이 : 전선인출 부분으로부터 150 mm 이상
② 굵기 : 1.5 mm² 이상, 길이 : 전선인출 부분으로부터 200 mm 이상
③ 굵기 : 2.0 mm² 이상, 길이 : 전선인출 부분으로부터 250 mm 이상
④ 굵기 : 2.5 mm² 이상, 길이 : 전선인출 부분으로부터 300 mm 이상

비상조명등 전선 (※ 유도등 동일)

| 구 분 | | 내 용 |
| --- | --- | --- |
| 전선의 굵기(단면적) | 인출선 | 0.75 mm² 이상 |
| | 인출선인의 경우 | 0.5 mm² 이상 |
| 전선의 길이 | 인출선 | 전선인출 부분으로부터 150 mm 이상 |

**정답** 05 ④　06 ④　07 ①

**●●○ 08** 휴대용비상조명등 설치장소에 대한 설명으로 옳지 않은 것은?

① 숙박시설의 객실마다 설치, 다중이용업소는 영업장의 구획된 실 마다 설치
② 다중이용업소의 경우 외부에 설치 시 출입문 손잡이로부터 1 m 이내 부분에 설치가 가능하다.
③ 판매시설 중 대규모 점포, 수용인원 300명 이상의 영화상영관에 설치
④ 철도 및 도시철도시설 중 지하역사, 지하가 중 지하상가에 설치

판매시설 중 대규모 점포, 수용인원 100명 이상의 영화상영관에 설치

**●●● 09** 휴대용비상조명등 설치기준으로 그 내용이 옳은 것은?

① 숙박시설의 객실마다 1개 이상, 다중이용업소의 영업장안의 구획된 실마다 2개 이상 설치하여야 한다.
② 대규모점포(지하상가 및 지하역사를 제외한다)와 영화상영관은 보행거리 25 m 이내마다 3개 이상 설치하여야 한다.
③ 지하상가 및 지하역사는 수평거리 25 m 이내마다 3개 이상 설치하여야 한다.
④ 설치높이는 0.8 m 이상 1.5 m 이하에 설치하고 배터리의 용량은 20분 이상이어야 한다.

| 구 분 | 내 용 | | |
|---|---|---|---|
| 설치개수 | 숙박시설의 객실마다 | 1개 이상 | |
| | 다중이용업소의 영업장안의 구획된 실마다 | | |
| | 대규모점포(지하상가 및 지하역사를 제외한다)와 수용인원 100명 이상의 영화상영관 | 보행거리 50 m 이내마다 | 3개 이상 |
| | 지하상가 및 지하역사 | 보행거리 25 m 이내마다 | 3개 이상 |
| 설치높이 | | 0.8 m 이상 1.5 m 이하 | |
| 건전지 및 충전식의 배터리의 용량 | | 20분 이상 | |

# 소화용수설비

## 1. 상수도소화용수설비(NFSC 401)

### 1 설치대상

연면적 5천 m² 이상

가스시설로서 지상에 노출된 탱크의 저장용량의 합계가 100톤 이상

※ 설치제외 – 위험물 저장 및 처리시설 중 가스시설, 지하가 중 터널 또는 지하구
※ 상수도소화용수설비를 설치하여야 하는 특정소방대상물의 대지 경계선으로부터 180 m 이내에 구경 75 mm 이상인 상수도용 배수관이 설치되지 아니한 지역에 있어서는 화재안전기준에 따른 소화수조 또는 저수조를 설치하여야 한다.

### 2 설치기준

(1) 호칭지름 75 mm 이상의 수도배관에 호칭지름 100 mm 이상의 소화전을 접속
　• 호칭지름 : 일반적으로 표기하는 배관의 직경

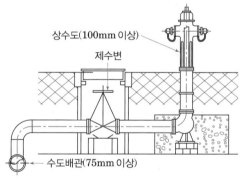

상수도소화용수설비

상수도소화전 / 제수변

(2) 소화전은 소방자동차 등의 진입이 쉬운 도로변 또는 공지에 설치

(3) 소화전은 특정소방대상물의 수평투영면의 각 부분으로부터 140 m 이하가 되도록 설치
　• 수평투영면 : 건축물을 수평으로 투영 하였을 경우의 면

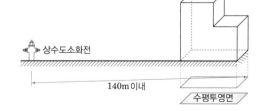

## 2. 소화수조 및 저수조(NFSC 402)

**1** 설치대상 – 상수도소화용수 설비와 동일

**2** 설치제외

소화용수설비를 설치하여야 할 특정소방대상물에 있어서 **유수의 양이 0.8 m³/min 이상인 유수**를 사용할 수 있는 경우에는 소화수조를 설치하지 아니할 수 있다.

**3** 소화수조

수조를 설치하고 여기에 소화에 필요한 물을 항시 채워두는 것(저수조라고도 한다.)

(1) 소화수조 또는 저수조의 저수량

① 연면적을 기준면적으로 나누어 얻은 수(소수점 이하의 수는 1로 본다)에 20 m³를 곱한 양 이상

$$\frac{연면적}{기준면적} \ (소수점\ 이하의\ 수는\ 1로\ 본다) \times 20\ m^3$$

② 기준면적

| 소방대상물의 구분 | 면적 |
|---|---|
| 1층 및 2층의 바닥면적 합계가 15,000 m² 이상인 소방대상물 | 7,500 m² |
| 위에 해당되지 아니하는 그 밖의 소방대상물 | 12,500 m² |

(2) 소화수조 또는 저수조의 **흡수관투입구 또는 채수구 설치위치**
   – 소방차가 2 m 이내의 지점까지 접근할 수 있는 위치

(3) 지하에 설치하는 소화용수설비의 흡수관투입구
   ① 한변이 0.6 m 이상이거나 직경이 0.6 m 이상
   ② 흡수관 투입구 설치 개수

| 소요수량 | 설치개수 |
|---|---|
| 80 m³ 미만 | 1개 이상 |
| 80 m³ 이상 | 2개 이상 |

③ 표지 – "흡수관투입구"라고 표시

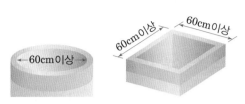

흡수관 투입구

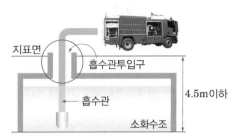

소화수조

## (4) 소화용수설비에 설치하는 채수구 설치기준

① 채수구 – 소방차의 소방호스와 접결되는 흡입구(송수구와 모양 동일)

② 소방용호스 또는 소방용흡수관에 사용하는 구경 **65 mm 이상의 나사식 결합금속구를 설치**할 것

③ 설치높이 – **지면으로부터의 높이가 0.5 m 이상 1 m 이하의 위치에 설치**

④ **채수구의 수**

채수구

| 소요수량 | 20 m$^3$ 이상<br>40 m$^3$ 미만 | 40 m$^3$ 이상<br>100 m$^3$ 미만 | 100 m$^3$ 이상 |
|---|---|---|---|
| 채수구의 수 | 1개 | 2개 | 3개 |

⑤ "채수구"라고 표시한 표지

## 4 가압송수장치

(1) 소화수조 또는 저수조가 지표면으로부터의 깊이(수조 내부 바닥까지의 길이)가 4.5 m 이상인 지하에 있는 경우 가압송수장치를 설치하여야 한다.

다만, 저수량을 지표면으로부터 4.5 m 이하인 지하에서 확보할 수 있는 경우에는 소화수조 또는 저수조의 지표면으로부터의 **깊이에 관계없이** 가압송수장치를 설치하지 아니할 수 있다.

(2) 가압송수장치의 1분당 양수량

| 소요수량 | 20 m$^3$ 이상 40 m$^3$ 미만 | 40 m$^3$ 이상 100 m$^3$ 미만 | 100 m$^3$ 이상 |
|---|---|---|---|
| 가압송수장치의 1분당 양수량 | 1,100 ℓ 이상 | 2,200 ℓ 이상 | 3,300 ℓ 이상 |

(3) 소화수조가 옥상 또는 옥탑의 부분에 설치된 경우
  – 지상에 설치된 채수구에서의 압력이 압력이 0.15 MPa 이상

(4) 전동기 또는 내연기관에 따른 펌프를 이용하는
  가압송수장치 설치기준 – 스프링클러설비 준용

# 실전 예상문제

 **01** 상수도소화용수설비를 설치하여야 하는 특정소방대상물은 연면적(m²)이 얼마 이상이어야 하는가?

① 연면적 3천 m² 이상
② 연면적 5천 m² 이상
③ 연면적 1만 m² 이상
④ 연면적 1만5천 m² 이상

해설
상수도소화용수설비 설치대상
– 연면적 5천 m² 이상, 가스시설로서 지상에 노출된 탱크의 저장용량의 합계가 100톤 이상

 **02** 상수도소화용수설비를 설치하여야 하는 특정소방대상물의 대지 경계선으로부터 (　　)m 이내에 구경 (　　)mm 이상인 상수도용 배수관이 설치되지 아니한 지역에 있어서는 화재안전기준에 따른 소화수조 또는 저수조를 설치하여야 한다. 각각에 들어갈 알맞은 수치는?

① 100, 80
② 140, 80
③ 140, 100
④ 180, 75

해설
상수도소화용수설비를 설치하여야 하는 특정소방대상물의 대지 경계선으로부터 180 m 이내에 구경 75 mm 이상인 상수도용 배수관이 설치되지 아니한 지역에 있어서는 화재안전기준에 따른 소화수조 또는 저수조를 설치하여야 한다.

 **03** 상수도 소화용수설비의 소화전은 소방대상물의 수평투영면의 각 부분으로부터 몇 m 이하가 되도록 설치하여야 하는가?

① 100 m
② 120 m
③ 140 m
④ 150 m

해설
소화전은 특정소방대상물의 수평투영면의 각 부분으로부터 140 m 이하가 되도록 설치한다.

 **04** 상수도 소화용수설비의 설치기준으로 맞지 않는 것은?

① 호칭지름 75 mm 이상의 수도배관에 호칭지름 100 mm 이상의 소화전을 접속하여야 한다.
② 소화전은 특정소방대상물의 수평투영면의 각 부분으로부터 140 m 이하가 되도록 설치한다.
③ 소화전은 소방자동차 등의 진입이 쉬운 도로변 또는 공지에 설치한다.
④ 소화전으로부터 제수변까지의 거리는 1 m 이내의 거리에 설치하여야 한다.

해설
소화전으로부터 제수변까지의 거리에 대한 규정 없다.

정답　01 ② 　02 ④ 　03 ③ 　04 ④

**●○○ 05** 소화용수설비를 설치하여야 할 특정소방대상물에 있어서 유수의 양이 몇 $m^3$/min 이상인 유수를 사용할 수 있는 경우에는 소화수조를 설치하지 아니할 수 있는가?

① 0.5 m        ② 0.6 m        ③ 0.7 m        ④ 0.8 m

> **해설**
> 소화용수설비를 설치하여야 할 특정소방대상물에 있어서 유수의 양이 0.8 $m^3$/min 이상인 유수를 사용할 수 있는 경우에는 소화수조를 설치하지 아니할 수 있다.

**●●● 06** 연면적 35,000 $m^2$, 지하2층 지상 6층 창고의 소화용수의 저수량은 몇 $m^3$이 필요한가? (단, 1층 및 2층의 바닥면적이 각각 5,000 $m^2$이다.)

① 40        ② 60        ③ 80        ④ 100

> **해설**
> 소화수조 또는 저수조의 저수량
> 
> $$\frac{연면적}{기준면적}(소수점\ 이하의\ 수는\ 1로\ 본다) \times 20\ m^3 = \frac{35,000}{12,500} = 2.8$$
> 
> $$\therefore 3 \times 20 = 60\ m^3\ 이상$$
> 
> | 소방대상물의 구분 | 기준면적 |
> |---|---|
> | 1층 및 2층의 바닥면적 합계가 15,000 $m^2$ 이상인 소방대상물 | 7,500 $m^2$ |
> | 위에 해당되지 아니하는 그 밖의 소방대상물 | 12,500 $m^2$ |

**●●● 07** 1층과 2층의 바닥면적이 합이 15,000 $m^2$이고, 연면적이 20,000 $m^2$인 특정소방대상물에 소화수조를 설치시 필요한 수원의 양은 얼마인가?

① 20 $m^3$        ② 40 $m^3$        ③ 60 $m^3$        ④ 80 $m^3$

> **해설**
> 소화수조 또는 저수조의 저수량
> 
> $$\frac{연면적}{기준면적}(소수점\ 이하의\ 수는\ 1로\ 본다) \times 20\ m^3 = \frac{20,000}{7,500} = 2.6 \quad \therefore 3 \times 20 = 60\ m^3\ 이상$$

**●●○ 08** 소화수조 또는 저수조의 채수구 또는 흡수관투입구는 소방차가 몇 m 까지 접근해야 하는가?

① 1 m        ② 2 m        ③ 3 m        ④ 4 m

> **해설**
> 소화수조 또는 저수조의 채수구 또는 흡수관투입구의 설치위치 – 소방차가 2 m 이내의 지점까지 접근할 수 있는 위치

**정답**    05 ④    06 ②    07 ③    08 ②

**09** 소화수조 또는 저수조의 수원의 양이 80 m³ 일 때 흡수관투입구의 설치 개수는?

① 1개 이상 　　　② 2개 이상 　　　③ 3개 이상 　　　④ 4개 이상

> **해설**
>
> 흡수관 투입구 설치 개수
>
> | 소요수량 | 설치개수 |
> | --- | --- |
> | 80 m³ 미만 | 1개 이상 |
> | 80 m³ 이상 | 2개 이상 |

 **10** 소화수조 또는 저수조의 채수구는 지면으로부터 높이는 얼마인가?

① 0.5 m 이상 1.0 m 이하 　　　　② 0.8 m 이상 1.5 m 이하
③ 1 m 이하 　　　　　　　　　　　④ 1.5 m 이하

> **해설**
>
> 채수구의 설치높이 – 지면으로부터의 높이가 0.5 m 이상 1 m 이하의 위치에 설치

 **11** 소화수조 또는 저수조가 지표면으로부터 깊이 몇 m 이상인 경우에 가압송수장치를 설치하여야 하는가?

① 4 m 　　　　② 4.5 m 　　　　③ 5 m 　　　　④ 5.5 m

**12** 지면으로부터 4.5 m 이하 깊이의 지하에 설치된 소화용수설비의 소화용수량이 100 m³인 경우 설치하여야 할 채수구의 수와 가압송수장치의 1분당 양수량은 각각 얼마 이상으로 하여야 하는가?

① 1개, 　1,100 ℓ 이상 　　　　② 2개, 　2,200 ℓ 이상
③ 3개, 　3,300 ℓ 이상 　　　　④ 4개, 　4,400 ℓ 이상

> **해설**
>
> 채수구의 수, 가압송수장치의 1분당 양수량
>
> | 소요수량 | 20 m³ 이상 40 m³ 미만 | 40 m³ 이상 100 m³ 미만 | 100 m³ 이상 |
> | --- | --- | --- | --- |
> | 채수구의 수 | 1개 | 2개 | 3개 |
> | 가압송수장치의 1분당 양수량 | 1,100 ℓ 이상 | 2,200 ℓ 이상 | 3,300 ℓ 이상 |

 **13** 지하에 설치하는 소화용수 설비의 소요수량이 80 m³일 경우에 채수구는 몇 개를 설치하여야 하는가?

① 1개 　　　　② 2개 　　　　③ 3개 　　　　④ 4개

> **해설**
>
> 문제 12번 해설 참조

**정답** 　09 ② 　10 ① 　11 ② 　12 ③ 　13 ②

**14** 소화수조가 옥상 또는 옥탑의 부분에 설치된 경우에는 지상에 설치된 채수구에서의 압력은 얼마 이상이어야 하는가?

① 0.15 MPa 이상  ② 0.25 MPa 이상  ③ 0.3 MPa 이상  ④ 0.35 MPa 이상

해설
소화수조가 옥상 또는 옥탑의 부분에 설치된 경우에는 지상에 설치된 채수구에서의 압력은 0.15 MPa 이상이어야 한다.

**15** 다음 소화용수설비 내용 중 맞는 내용은?

① 소화수조, 저수조의 채수구 또는 흡수관투입구는 소방차가 1 m 이내의 지점까지 접근할 수 있는 위치에 설치한다.
② 소화수조 또는 저수조의 저수량은 연면적을 기준면적으로 나누어 얻은 수(소수점 이하의 수는 1로 본다)에 10 m³를 곱한 양 이상으로 한다.
③ 지하에 설치하는 소화용수설비의 흡수관투입구는 소요수량이 40 m³ 미만인 것은 1개 이상, 40 m³ 이상인 것은 2개 이상 설치한다.
④ 소화용수설비를 설치하여야 할 특정소방대상물에 있어서 유수의 양이 0.8 m³/min 이상인 유수를 사용할 수 있는 경우에는 소화수조를 설치하지 아니할 수 있다.

해설
1. 소화수조, 저수조의 채수구 또는 흡수관투입구는 소방차가 2 m 이내의 지점까지 접근 할 수 있는 위치에 설치한다.
2. 소화수조 또는 저수조의 저수량은 연면적을 기준면적으로 나누어 얻은 수(소수점이하의 수는 1로 본다)에 20 m³를 곱한 양 이상으로 한다.
3. 지하에 설치하는 소화용수설비의 흡수관투입구는 소요수량이 80 m³ 미만인 것은 1개 이상, 80 m³ 이상인 것은 2개 이상을 설치한다.

※ 참고 – 휀의 종류

| 시로코 휀(multiblade fan) – 소방용 휀으로 많이 사용 | radial fan | turbo fan |
|---|---|---|
| vane axial fan | tube axial fan | propeller fan |

# PART 5 소화활동설비

## 1. 제연설비(NFSC 501)-거실, 통로

### 1 설치대상

| 문화 및 집회시설, 종교시설, 운동시설로서 무대부 | 바닥면적이 200 m² 이상 |
|---|---|
| 문화 및 집회시설 중 영화상영관 | 수용인원 100명 이상 |
| 근린생활시설, 판매시설, 운수시설, 숙박시설, 위락시설, 의료시설, 노유자시설, 창고시설 중 물류터미널 | 지하층 또는 무창층으로서 바닥면적의 합이 1천 m² 이상인 층 |
| 운수시설 중 시외버스정류장, 철도 및 도시철도시설, 공항시설 및 항만시설의 대합실 또는 휴게시설 | 지하층 또는 무창층의 바닥면적이 1천 m² 이상 |
| 지하가(터널은 제외한다) | 연면적 1천 m² 이상 |

지하가 중 예상 교통량, 경사도 등 터널의 특성을 고려하여 **행정안전부령**으로 정하는 터널

### 2 제연구역 선정 및 구획

(1) 제연구역의 선정

① 하나의 제연구역의 면적은 1,000 m² 이내

※ 제연구역 – 제연경계(제연설비의 일부인 천장을 포함한다)에 의해 구획된 건물 내의 공간을 말한다.

제연경계 ← Smoke Layer(연기층)

Clear Layer(청결층)

제연경계

② 거실과 통로(복도를 포함한다)는 상호 제연구획 할 것

③ 통로상의 제연구역은 보행중심선의 길이가 60 m를 초과하지 아니할 것

④ 하나의 제연구역은 직경 60 m 원내에 들어갈 수 있을 것

⑤ 하나의 제연구역은 2개 이상 층에 미치지 아니하도록 할 것

다만, 층의 구분이 불분명한 부분은 그 부분을 다른 부분과 별도로 제연구획하여야 한다.

(2) 제연구역의 구획

① **구획의 종류**

ㄱ 보

ㄴ 제연경계벽("제연경계"라 한다)

ㄷ 벽(화재 시 자동으로 구획되는 가동벽·셔터·방화문을 포함)으로 구획

② **재질**

내화재료, 불연재료 또는 제연경계벽으로 성능을 인정받은 것으로서 화재 시 쉽게 변형·파괴되지 아니하고 연기가 누설되지 않는 기밀성 있는 재료

③ **제연경계**

제연경계의 폭이 0.6 m 이상이고, 수직거리는 2 m 이내

다만, 구조상 불가피한 경우는 2 m를 초과할 수 있다.

※ 제연경계의 폭 : 제연경계의 천장 또는 반자로부터
　　　　　　　　　그 수직하단까지의 거리

※ 수직거리 : 제연경계의 바닥으로부터 그 수직하단까지의 거리

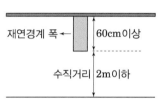

**TIP**

**연기의 생성율값($M$)**

$$M = 0.188 \, P \, Y^{\frac{3}{2}} \, [\text{kg}/\text{s}]$$

$P$ : 화재의 크기(둘레)[m], $Y$ : 천장공간높이(연기층까지의 높이 : 수직거리)[m]

**청결층 깊이가 y가 될 때 까지 시간 (sec) – 힌클리의 공식**

$$t = \frac{20A}{P\sqrt{g}} \left( \frac{1}{\sqrt{Y}} - \frac{1}{\sqrt{H}} \right) [\text{s}]$$

$A$ : 화재실의 바닥면적$(\text{m}^2)$,　　$Y$ : 청결층의 높이$(\text{m})$,　　$H$ : 층 높이$(\text{m})$,

$P$ : 화염의 둘레$(\text{m})$,　　　　$g$ : 중력가속도$(\text{m}/\text{s}^2)$

④ **제연경계벽**

배연 시 기류에 따라 그 하단이 쉽게 흔들리지 아니하여야 하며, 또한 가동식의 경우에는 급속히 하강하여 인명에 위해를 주지 아니하는 구조

**3** 제연방식

**(1) 예상제연구역**

① 정의 : 화재발생 시 연기의 제어가 요구되는 제연구역

② 화재 시 연기배출("배출")과 동시에 공기유입이 될 수 있게 하고,
배출구역이 거실일 경우에는 통로에 동시에 공기가 유입될 수 있도록 하여야 한다.

**(2) 예상제연구역 외에서의 배출**

**통로와 인접하고 있는 거실의 바닥면적이 50 m² 미만으로 구획**(제연경계에 따른 구획은 제외
한다. 다만, 거실과 통로와의 구획은 그러하지 아니하다)되고 그 거실에 통로가 인접하여 있는
경우 → 화재 시 그 거실에서 직접 배출하지 아니하고 **인접한 통로의 배출로 갈음**할 수 있다.
다만, 그 거실이 다른 거실(A)의 피난을 위한 **경유거실(B)**인 경우에는 그 거실에서 **직접 배출**
하여야 한다.

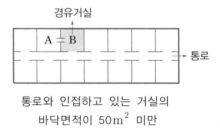

통로와 인접하고 있는 거실의
바닥면적이 50m² 미만

**(3) 예상제연구역의 제외**

**통로의 주요 구조부가 내화구조**이며 마감이 불연재료 또는 난연재료로 처리되고 가연성
내용물이 없는 경우 통로 예상제연구역으로 간주하지 아니할 수 있다.
다만, 화재발생시 연기의 유입이 우려되는 통로는 제외한다.

---

**예제 01** | **거실 제연설비에 대해 옳지 않은 것은?**

① 제연경계의 폭은 0.6 m 이상이어야 한다.

② 제연경계의 수직거리는 2 m 이내이어야 한다.

③ 통로와 인접하고 있는 거실의 바닥면적이 50 m² 미만으로 구획된 경우 인접한 통
로에서 배출할 수 있다.

④ 하나의 제연구역은 직경 40 m 원내에 들어갈 수 있어야 한다.

해답 ④

하나의 제연구역은 직경 60 m 원내에 들어 갈 수 있어야 함

---

## 4 제연방식에 따른 배출량, 배출구, 유입구

### (1) 단독제연방식

#### ① 거실

| 구분 | 배출량 | 배출구 | 유입구(급기구) |
|---|---|---|---|
| **400m² 미만** | • 바닥면적 1 m²당 1 m³/min 이상<br>　- 최저 배출량은 5,000 m³/hr 이상<br>　- 경유거실 : 기준량의 1.5배 이상<br>• 바닥면적이 50 m² 미만인 예상제연구역의 통로배출방식<br><br>**통로배출방식**<br><br>| 통로길이 | 수직거리(제연경계) | 배출량 | 비고 |<br>|---|---|---|---|<br>| 40 m 이하 | 2 m 이하 | 25,000 m³/hr | 벽으로 구획된 경우를 포함한다. |<br>| | 2 m 초과 2.5 m 이하 | 30,000 m³/hr | |<br>| | 2.5 m 초과 3 m 이하 | 35,000 m³/hr | |<br>| | 3 m 초과 | 45,000 m³/hr | |<br>| 40 m 초과 60 m 이하 | 2 m 이하 | 30,000 m³/hr | 벽으로 구획된 경우를 포함한다. |<br>| | 2 m 초과 2.5 m 이하 | 35,000 m³/hr | |<br>| | 2.5 m 초과 3 m 이하 | 40,000 m³/hr | |<br>| | 3 m 초과 | 50,000 m³/hr | | | **설치장소**<br><br>| 예상제연구역 | 설치장소 |<br>|---|---|<br>| 벽으로 구획된 구역 | 천장 또는 반자와 바닥 사이의 중간 윗부분 |<br>| 제연경계로 구획 | 천장·반자 또는 이에 가까운 벽의 부분 |<br>| | 벽에 설치하는 경우<br>- 배출구의 하단이 당해 예상제연 구역에서 제연경계폭이 가장 짧은 제연경계의 하단보다 높이 | • 제연경계에 따른 구역 제외<br>　(거실과 통로는 제외)<br>① 바닥외의 장소에 설치<br>② 공기유입구와 배출구간의 직선거리는 5 m 이상<br>다만, 공연장·집회장·위락 시설의 용도로 사용되는 부분의 바닥면적이 200 m²를 초과하는 경우의 공기유입구는 400 m² 이상의 급기구 기준에 따름 |
| **400m² 이상** | • 예상제연구역이 직경 40 m인 원 내 : 40,000 m³/hr 이상<br><br>| 수직거리(제연경계) | 배출량 |<br>|---|---|<br>| 2 m 이하 | 40,000 m³/hr 이상 |<br>| 2 m 초과 2.5 m 이하 | 45,000 m³/hr 이상 |<br>| 2.5 m 초과 3 m 이하 | 50,000 m³/hr 이상 |<br>| 3 m 초과 | 60,000 m³/hr 이상 |<br><br>• 예상제연구역이 직경 40 m인 원 초과 : 45,000 m³/hr 이상<br><br>| 수직거리(제연경계) | 배출량 |<br>|---|---|<br>| 2 m 이하 | 45,000 m³/hr 이상 |<br>| 2 m 초과 2.5 m 이하 | 50,000 m³/hr 이상 |<br>| 2.5 m 초과 3 m 이하 | 55,000 m³/hr 이상 |<br>| 3 m 초과 | 65,000 m³/hr 이상 | | **설치장소**<br><br>| 예상제연구역 | 설치장소 |<br>|---|---|<br>| 벽으로 구획된 구역 | 천장·반자 또는 이에 가까운 벽의 부분 |<br>| | 배출구의 하단과 바닥간의 최단거리가 2 m 이상 / 벽에 설치 |<br>| 제연경계로 구획 | 천장·반자 또는 이에 가까운 벽의 부분 |<br>| | 벽 또는 제연경계에 설치하는 경우<br>- 배출구의 하단이 제연경계의 폭이 가장 짧은 제연경계의 하단보다 높이 | • 제연경계에 따른 구역 제외<br>　(거실과 통로는 제외)<br>① 바닥으로부터 1.5 m 이하의 높이에 설치하고 그 주변 2 m 이내에는 가연성 내용물이 없도록 할 것<br>※ 공동예상제연구역안에 설치된 각 예상제연구역의 벽으로 구획된 경우 동일 |

## ② 통로

| 배출량 | | |
|---|---|---|
| 배출량 - 45,000 m³/hr 이상 | | |

| 수직 거리 (제연경계) | 배출 량 |
|---|---|
| 2 m 이하 | 45,000 m³/hr 이상 |
| 2 m 초과 2.5 m 이하 | 50,000 m³/hr 이상 |
| 2.5 m 초과 3 m 이하 | 55,000 m³/hr 이상 |
| 3 m 초과 | 65,000 m³/hr 이상 |

**배출구**

| 예상제연구역 | 설치장소 |
|---|---|
| 벽으로 구획 | 천장·반자 또는 이에 가까운 벽의 부분 : 벽에 설치 — 배출구의 하단과 바닥간의 최단거리가 2 m 이상 |
| 제연경계로 구획 | 천장·반자 또는 이에 가까운 벽의 부분 — 벽 또는 제연경계에 설치하는 경우 — 벽 또는 제연경계의 하단이 해당 제연경계폭이 가장 짧은 배출구의 하단이 제연경계의 가장 낮은 부분보다 높이 되도록 하여야 한다. |

**유입구 (급기구)**

· 거실이 제연경계로 구획(상호제연 제외)
① 벽에 설치 : 바닥으로부터 1.5 m 이하의 높이에 설치하고 그 주변 2 m 이내에는 가연성 내용물이 없도록 할 것
② 벽 이외의 장소에 설치 : 유입구의 상단이 천장 또는 반자와 바닥간 중간 보다 아래 설치하고 제연경계 하단보다도 낮게 설치
※ 공동예상제연구역안에 설치된 각 예상제연 구역이 일부 또는 전부가 제연경계로 구획된 경우 동일

※ 예상제연구역의 각 부분으로부터 하나의 배출구까지의 수평거리는 10 m 이내가 되도록 하여야 한다.
※ 수직거리가 구획부분에 따라 다른 경우에는 수직거리가 긴 것을 기준으로 한다.

## (2) 공동제연방식 (2개 이상의 예상제연구역)

① 공동예상제연구역을 동시에 배출하고자 할 때의 배출량 다만, 거실과 통로는 공동예상제연구역으로 할 수 없다.
② 공동예상제연구역이 거실일 때에는 그 바닥면적이 1,000 m² 이하이며, 직경 40 m 원 안에 들어가야 하고, 공동제연예상구역이 통로일 때에는 보행중심선의 길이를 40 m 이하로 하여야 한다.

· 공동예상제연구역안에 설치된 예상제연구역이 각각 벽으로 구획된 경우
(제연구역의 구획 중 출입구만을 제연경계로 구획한 경우를 포함한다)

배출량 = A 구역의 배출량 + B 구역의 배출량 + C 구역의 배출량

· 공동예상제연구역 안에 설치된 예상제연구역이 각각 제연경계로 구획된 경우
(예상제연구역의 구획 중 일부가 제연경계로 구획된 경우를 포함하나 출입구 부분만을 제연경계로 구획한 경우를 제외한다)

배출량 = A 구역의 배출량, B 구역의 배출량, C 구역의 배출량 중 최대의 것

· 공동예상제연구역 안에 설치된 예상제연구역이 벽과 제연경계로 구획된 경우

배출량 = A 구역의 배출량 + B 구역의 배출량과 C 구역의 배출량 중 최대의 것

(3) 상호제연방식

인접한 제연구역 또는 통로에 유입되는 공기를 당해 예상제연구역에 대한 공기유입으로 하는 경우에는 그 인접한 제연구역 또는 통로의 유입구가 제연경계 하단보다 높은 경우에는 그 인접한 제연구역 또는 통로의 화재 시 유입구 설치기준

① 각 유입구는 자동폐쇄 될 것

② 당해구역 내에 설치된 유입풍도가 당해 제연구획부분을 지나는 곳에 설치된 댐퍼는 자동폐쇄될 것

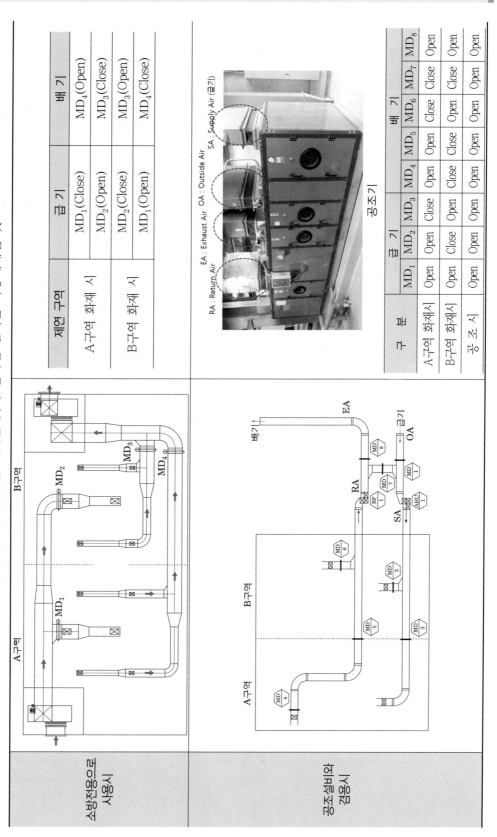

| 제어구역 | 급기 | 배기 |
|---|---|---|
| A구역 화재 시 | MD$_1$(Close) | MD$_4$(Open) |
|  | MD$_2$(Open) | MD$_3$(Close) |
| B구역 화재 시 | MD$_2$(Close) | MD$_3$(Open) |
|  | MD$_1$(Open) | MD$_4$(Close) |

EA : Exhaust Air  OA : Outside Air
RA : Return Air  SA : Supply Air (급기)

공조기

| 구분 | 급기 | | | | 배기 | | | |
|---|---|---|---|---|---|---|---|---|
|  | MD$_1$ | MD$_2$ | MD$_3$ | MD$_4$ | MD$_5$ | MD$_6$ | MD$_7$ | MD$_8$ |
| A구역 화재시 | Open | Open | Close | Open | Open | Close | Close | Open |
| B구역 화재시 | Open | Close | Open | Close | Close | Open | Close | Open |
| 공조 시 | Open | Open | Open | Open | Open | Open | Open | Open |

소방전용으로 사용시

공조설비와 겸용시

**5** 배출기 및 배출풍도(예상제연구역의 연기를 외부로 배출하도록 하는 풍도)

(1) 배출기 설치기준

① 배출기의 배출능력은 배출량 이상이 되도록 할 것

② 배출기와 배출풍도의 접속부분에 사용하는 **캔버스**는 **내열성(석면재료는 제외한다)**이 있는 것으로 할 것

③ 배출기의 전동기부분과 배풍기 부분은 분리하여 설치, 배풍기 부분은 유효한 내열처리를 할 것

배풍기

배출기　전동기

(2) 배출풍도 설치기준

① **배출풍도**

재질 : 아연도금강판 또는 이와 동등 이상의 내식성·내열성이 있는 것

단열처리 : **내열성(석면재료를 제외한다)**의 단열재

강판의 두께

| 풍도단면의 긴변 또는 직경의 크기 | 450 mm 이하 | 450 mm 초과 750 mm 이하 | 750 mm 초과 1,500 mm 이하 | 1,500 mm 초과 2,250 mm 이하 | 2,250 mm 초과 |
|---|---|---|---|---|---|
| 강판두께 | 0.5 mm | 0.6 mm | 0.8 mm | 1.0 mm | 1.2 mm |

② 배출기의 흡입측 풍도안의 풍속은 15 m/s 이하로 하고 배출측 풍속은 20 m/s 이하로 할 것

**6** 유입풍도(예상제연구역으로 공기를 유입하도록 하는 풍도) 등

| 옥외에 면한 배출구 및 공기유입구 | | 비 또는 눈 등이 들어가지 아니하도록 하고, 배출된 연기가 공기유입구로 순환유입 되지 아니 할 것 |
|---|---|---|
| 유입풍도 | 풍속 | 20 m/s 이하 |
| | 강판두께 | 배출풍도 동일 |
| 예상 제연구역 | 공기가 유입되는 순간의 풍속 | 5 m/s 이하 |
| | 공기유입구의 구조 | 유입공기를 하향 60° 이내로 분출 |
| | 공기유입구의 크기 | 예상제연구역 배출량 $1 \text{ m}^3$/min에 대하여 $35 \text{ cm}^2$ 이상 |
| | 공기 유입량 | 배출량 이상 |

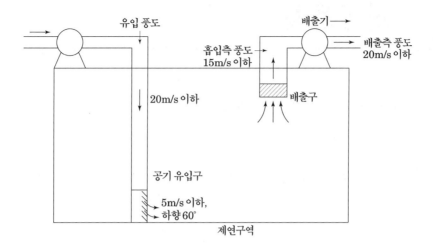

### 7 제연설비의 전원 및 기동

**(1) 비상전원은 자가발전설비, 축전지설비 또는 전기저장장치**

　- 설치기준 : 옥내소화전설비와 동일

**(2) 가동식의 벽·제연경계벽·댐퍼 및 배출기의 작동**

　① 자동화재감지기와 연동되어야 한다.
　② 예상제연구역(또는 인접장소) 및 제어반에서 수동으로 기동이 가능하도록 하여야 한다.

### 8 배출구·공기유입구의 설치 및 배출량 산정에서 제외하는 장소

① 화장실·목욕실·주차장
② 발코니를 설치한 숙박시설(가족호텔 및 휴양콘도미니엄에 한 한다)의 객실
③ 사람이 상주하지 아니하는 기계실·전기실·공조실·$50\,m^2$ 미만의 창고 등으로 사용되는 부분

# 실전 예상문제

 **01** 제연구역의 선정에 대한 설명 중 잘못된 것은?

① 하나의 제연구역의 면적은 600 m² 이내로 하여야 한다.
② 거실과 통로는 상호 제연구획하여야 한다.
③ 통로상의 제연구역은 보행중심선의 길이가 60 m를 초과하지 아니할 것
④ 하나의 제연구역은 직경 60 m 원내에 들어갈 수 있을 것

**해설**
제연구역의 선정
하나의 제연구역의 면적은 1,000 m² 이내로 하여야 한다.
하나의 제연구역은 2개 이상 층에 미치지 아니하도록 할 것

 **02** 하나의 제연구획의 면적은 몇 m² 이내로 하여야 하는가?

① 600 m²　　　② 1,000 m²　　　③ 2,000 m²　　　④ 3,000 m²

**해설**
하나의 제연구역의 면적은 1,000 m² 이내로 하여야 한다.

 **03** 제연구역의 구획의 종류로 적합하지 않는 것은?

① 보　　　② 제연경계벽　　　③ 벽　　　④ 기둥

**해설**
구획의 종류
① 보 ② 제연경계벽("제연경계"라 한다) ③ 벽(화재시 자동으로 구획되는 가동벽·셔터·방화문을 포함)

 **04** 거실제연설비 제연구역 구획 종류의 재질은 내화재료와 어떤 재료가 가능한지 보기에서 모두 고르면?

〈보기〉

| A. 불연재료 | B. 준불연재료 | C. 난연재료 | D. 방염재료 |

① A, B, C, D　　　② A, B, C　　　③ A, B　　　④ A

**해설**
내화재료, 불연재료 또는 제연경계벽으로 성능을 인정받은 것으로서 화재시 쉽게 변형·파괴되지 아니하고 연기가 누설되지 않는 기밀성 있는 재료

 **정답** 01 ① 02 ② 03 ④ 04 ④

**05** 거실 제연설비의 제연경계의 폭은 얼마 이상 이어야 하는가?

① 0.3 m 이상      ② 0.6 m 이상      ③ 0.9 m 이상      ④ 1.2 m 이상

**해설**

제연경계의 폭 : 제연경계의 천장 또는 반자로부터 그 수직하단까지의 거리로서 0.6 m 이상으로 하여야 한다.

 **06** 거실 제연설비의 수직거리는 몇 m 이내로 하여야 하는가?

① 1 m      ② 1.5 m      ③ 2 m      ④ 2.5 m

**해설**

수직거리 : 제연경계의 바닥으로부터 그 수직하단까지의 거리로서 2 m 이내로 하여야 한다.

 **07** 거실제연설비의 배출량을 산정하고자 한다. 200 m$^2$ 거실을 단독제연방식으로 할 때 배출량은 얼마 이상이어야 하는가?

① 100 m$^3$/min                     ② 200 m$^3$/min

③ 400 m$^3$/min                     ④ 800 m$^3$/min

**해설**

예상제연구역 바닥면적 400 m$^2$ 미만 − 바닥면적 1 m$^2$당 1 m$^3$/min 이상

200 m$^2$ × 1 m$^3$/min · m$^2$ = 200 m$^3$/min

 **08** 거실제연설비의 배출량을 산정하고자 한다. 50 m$^2$ 거실을 단독제연방식으로 할 때 배출량은 얼마 이상이어야 하는가?

① 3,000 m$^3$/hr 이상                  ② 5,000 m$^3$/hr 이상

③ 7,500 m$^3$/hr 이상                  ④ 8,000 m$^3$/hr 이상

**해설**

예상제연구역 바닥면적 400 m$^2$ 미만 − 바닥면적 1 m$^2$당 1 m$^3$/min 이상

50 m$^2$ × 1 m$^3$/min · m$^2$ = 50 m$^3$/min = 3,000 m$^3$/hr

하지만 최저배출량은 5,000 m$^3$/hr 이상이므로 5,000 m$^3$/hr 이상으로 하여야 한다.

 **정답**    05 ②    06 ③    07 ②    08 ②

**09** 거실제연설비의 배출량을 산정하고자 한다. $50\,m^2$ 거실을 단독제연방식으로 할 때 배출량은 얼마 이상이어야 하는가? (단, 거실은 경유거실이다.)

① $3,000\,m^3/hr$ 이상        ② $5,000\,m^3/hr$ 이상

③ $7,500\,m^3/hr$ 이상        ④ $8,000\,m^3/hr$ 이상

**해설**

예상제연구역 바닥면적 $400\,m^2$ 미만 − 바닥면적 $1\,m^2$당 $1\,m^3/min$ 이상

$50\,m^2 \times 1\,m^3/min \cdot m^2 = 50\,m^3/min = 3,000\,m^3/hr$ 하지만 최저배출량은 $5,000\,m^3/hr$ 이상이므로

$5,000\,m^3/hr$ 이상으로 하여야 한다. 또한 경유거실의 경우 기준량의 1.5배 이상하여야 하므로

$5,000\,m^3/hr \times 1.5 = 7,500\,m^3/hr$ 이상 하여야 한다.

**10** 바닥면적이 $50\,m^2$ 미만인 거실의 예상제연구역을 통로배출방식으로 배출하고자 한다. 통로의 길이가 $40\,m$ 이하이고 제연경계의 수직거리가 $2\,m$ 이하인 경우 배출량은?

① $25,000\,m^3/hr$        ② $30,000\,m^3/hr$

③ $35,000\,m^3/hr$        ④ $45,000\,m^3/hr$

**해설**

거실의 예상제연구역을 통로배출방식으로 하는 경우

| 통로길이 | 수직거리(제연경계) | 배 출 량 | 비 고 |
|---|---|---|---|
| 40 m 이하 | 2 m 이하 | $25,000\,m^3/hr$ | 벽으로 구획된 경우를 포함한다. |
| | 2 m 초과 2.5 m 이하 | $30,000\,m^3/hr$ | |
| | 2.5 m 초과 3 m 이하 | $35,000\,m^3/hr$ | |
| | 3 m 초과 | $45,000\,m^3/hr$ | |

**11** $100\,m^2$ 인 거실에 단독제연방식으로 거실제연설비를 하고자 한다. 이때 공기의 유입구는 배출구와 몇 m 이상 이격해야 하는가?

① $5\,m$ 이상        ② $10\,m$ 이상

③ $15\,m$ 이상        ④ $20\,m$ 이상

**해설**

단독제연방식 − 거실

| 구 분 | 유 입 구 (급기구) |
|---|---|
| $400\,m^2$ 미만 | • 제연경계에 따른 구획 제외(거실과 통로는 제외)<br>1) 바닥외의 장소에 설치<br>2) 공기유입구와 배출구간의 직선거리는 $5\,m$ 이상 |

••• 12  500 m² 인 거실에 단독제연방식으로 거실제연설비를 하고자 한다. 이때 공기의 유입구 설치장소는 바닥으로부터 1.5 m 이하의 높이에 설치하고 그 주변 몇 m 이내에는 가연성 내용물이 없도록 하여야 하는가?

① 1 m          ② 2 m          ③ 3 m          ④ 5 m

**해설**

단독제연방식 - 거실

| 구 분 | 유 입 구 (급기구) |
|---|---|
| 400 m² 이상 | • 바닥으로부터 1.5 m 이하의 높이에 설치하고 그 주변 2 m 이내에는 가연성 내용물이 없도록 할 것<br>- 제연경계에 따른 구획 제외(거실과 통로는 제외) |

••• 13 예상 제연구역의 각 부분으로부터 하나의 배출구까지의 수평거리는?

① 5 m 이내                    ② 10 m 이내
③ 15 m 이내                  ④ 20 m 이내

**해설**

예상제연구역의 각 부분으로부터 하나의 배출구까지의 수평거리는 10 m 이내가 되도록 하여야 한다.

••• 14  거실제연 설비의 배출기 및 배출풍도에 대한 설명으로 옳지 않은 것은?

① 배출기의 배출능력은 배출량 이상이 되도록 할 것
② 배출기와 배출풍도의 접속부분에 사용하는 캔버스는 내열성(석면재료는 제외한다)이 있는 것으로 할 것
③ 배출기의 전동기부분과 배풍기 부분은 분리하여 설치, 배풍기 부분은 유효한 내열처리를 할 것
④ 풍도단면의 긴변 또는 직경의 크기가 450 mm 이하인 경우 강판의 두께는 0.6 mm 이상으로 하여야 한다.

**해설**

| 풍도단면의 긴변 또는 직경의 크기 | 450 mm 이하 | 450 mm 초과 750 mm 이하 | 750 mm 초과 1,500 mm 이하 | 1,500 mm 초과 2,250 mm 이하 | 2,250 mm 초과 |
|---|---|---|---|---|---|
| 강판두께 | 0.5 mm | 0.6 mm | 0.8 mm | 1.0 mm | 1.2 mm |

**정답** 12 ②   13 ②   14 ④

●●● **15**

거실 제연설비의 배출 풍도 및 유입풍도 등에 대한 풍속의 기준들이다. 보기에 들어갈 알맞은 수치는 각각 얼마인가?

─────────── 〈보기〉 ───────────

1. 배출기의 흡입측 풍도안의 풍속은 ( A )m/s 이하로 하고 배출측 풍속은 ( B )m/s 이하로 할 것
2. 유입풍도안의 풍속은 ( C )m/s 이하로 할 것
3. 예상제연구역에 공기가 유입되는 순간의 풍속은 ( D )m/s 이하가 되도록 하여야 한다.

| | A | B | C | D |
|---|---|---|---|---|
| ① | 15 | 20 | 20 | 5 |
| ② | 20 | 15 | 15 | 5 |
| ③ | 15 | 20 | 15 | 5 |
| ④ | 20 | 15 | 20 | 10 |

배출기의 흡입측 풍도안의 풍속은 15 m/s 이하로 하고 배출측 풍속은 20 m/s 이하
유입풍도안의 풍속은 20 m/s 이하
예상제연구역에 공기가 유입되는 순간의 풍속은 5 m/s 이하

●●● **16**

예상제연구역에 공기가 유입되는 순간의 풍속은 5 m/s 이하가 되도록 하고, 유입구의 구조는 유입 공기를 하향 몇 도 이내로 분출할 수 있도록 하여야 하는가?

① 15° 이내　　　② 30° 이내　　　③ 45° 이내　　　④ 60° 이내

예상제연구역에 공기가 유입되는 순간의 풍속은 5 m/s 이하가 되도록 하고, 유입구의 구조는 유입공기를 하향 60° 이내로 분출할 수 있도록 하여야 한다.

●●● **17**

예상제연구역 배출량이 6,000 m³/hr인 예상제연구역에 공기유입구의 크기는 얼마 이상으로 하여야 하는가?

① 1,500 cm²　　　② 2,500 cm²　　　③ 3,500 cm²　　　④ 4,500 cm²

예상제연구역에 대한 공기유입구의 크기
해당 예상제연구역 배출량 1 m³/min에 대하여 35 cm² 이상으로 하여야 한다.
6,000 m³/hr = 100 m³/min 이므로 100 m³/min × 35 cm² / (m³/min) = 3,500 cm² 이상으로 하여야 한다.

정답 | 15 ① 16 ④ 17 ③

**18** 제연설비에서 가동식의 벽, 제연 경계벽, 댐퍼 및 배출기의 작동은 무엇과 연동되어야 하며, 예상제연구역 및 제어반에서 어떤 기동이 가능하도록 하여야 하는가?

① 자동화재감지기, 자동기동
② 자동화재감지기, 수동기동
③ 발신기, 자동기동
④ 발신기, 수동기동

**해설**
가동식의 벽·제연경계벽·댐퍼 및 배출기의 작동
1. 자동화재감지기와 연동되어야 한다.
2. 예상제연구역(또는 인접장소) 및 제어반에서 수동으로 기동이 가능하도록 하여야 한다.

**19** 제연설비를 설치하여야 할 소방대상물의 배출구·공기유입구의 설치 및 배출량 산정에서 제외하는 장소가 아닌 것은?

① 화장실·목욕실·주차장
② 발코니를 설치한 숙박시설(가족호텔 및 휴양콘도미니엄에 한 한다)의 객실
③ 사람이 상주하지 아니하는 기계실·전기실·공조실
④ $100 \text{ m}^2$ 미만의 창고

**해설**
제연설비를 설치하여야 할 소방대상물 중 화장실·목욕실·주차장·발코니를 설치한 숙박시설(가족호텔 및 휴양콘도미니엄에 한 한다)의 객실과 사람이 상주하지 아니하는 기계실·전기실·공조실·$50 \text{ m}^2$ 미만의 창고 등으로 사용되는 부분에 대하여는 배출구·공기유입구의 설치 및 배출량 산정에서 이를 제외한다.

**20** 배풍기 점검 항목 중 작동기능 점검 항목이 아닌 것은?

① 배풍기 내열성 단열재 단열처리 여부
② 배출기 회전이 원활하며 회전방향 정상 여부
③ 변형·훼손 등이 없고 V-벨트 기능 정상 여부
④ 본체의 방청, 보존상태 및 캔버스 부식 여부

**해설**
배출기 점검 항목 - 점검항목 중 "●"는 종합성능심검의 경우에만 해당한다
● 배출기와 배출풍도 사이 캔버스 내열성 확보 여부
○ 배출기 회전이 원활하며 회전방향 정상 여부
○ 변형·훼손 등이 없고 V-벨트 기능 정상 여부
○ 본체의 방청, 보존상태 및 캔버스 부식 여부
● 배풍기 내열성 단열재 단열처리 여부

## 2. 특별피난계단의 계단실 및 부속실의 제연설비(NFSC 501A)

**1** 설치대상

(1) 특별피난계단 설치 대상 - 11층 이상(공동주택은 16층 이상), 지하3층 이하
(2) 비상용 승강기의 승강장 설치 대상 - 31 m 이상 건축물, 10층 이상의 아파트
(3) 피난용 승강기의 승강장

**2** 제연방식

(1) 차압

제연구역(제연 하고자 하는 계단실 및 부속실 또는 비상용승강기 승강장)에 옥외의 신선한 공기를 공급하여 제연구역의 기압을 제연구역 이외의 옥내보다 높게 하되 일정한 기압의 차이를 유지하게 함으로써 옥내로부터 제연구역내로 연기가 침투하지 못하도록 할 것

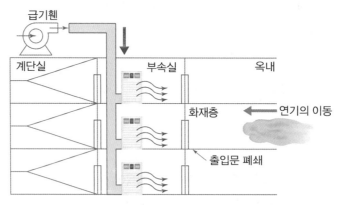

출입문이 닫혀 있을 경우의 연기 유입 방지 - 차압

| 구분 | 기준 |
|---|---|
| 옥내와 제연구역의 차압 | 40 Pa 이상<br>(스프링클러설비 설치 시 12.5 Pa) |
| 출입문이 일시적으로 개방되는 경우 개방되지 아니하는 제연구역과 옥내와의 차압 | 차압의 70% 이상 |
| 계단실과 부속실을 동시에 제연하는 경우 | • 부속실의 기압은 계단실과 같을 것<br>• 계단실의 기압보다 낮게 할 경우에는 압력 차이는 5 Pa 이하 |

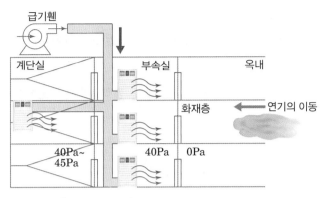

계단실과 부속실을 동시에 가압하는 경우의 차압

(2) 방연풍속(옥내로부터 제연구역내로 연기의 유입을 유효하게 방지할 수 있는 풍속)(제10조)

　피난을 위하여 제연구역의 출입문이 일시적으로 개방되는 경우 방연풍속을 유지하도록 옥외의 공기를 제연구역내로 보충 공급하도록 할 것

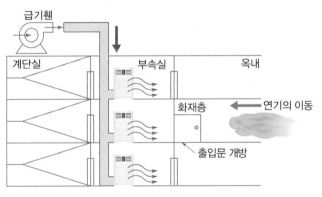

출입문이 개방 되었을 때 연기 유입 방지 – 방연풍속

| 제연구역 선정 | 가압실 | 부속실과 면하는 부분 | 방연풍속 |
|---|---|---|---|
| 계단실 단독제연 | 계단실 | – | 0.5 m/s |
| 계단실 및 그 부속실을 동시에 제연 | 계단실, 부속실 | – | 0.5 m/s |
| 부속실만을 단독으로 제연 | 부속실, 비상용승강기 승강장 | 거실 | 0.7 m/s |
| 비상용승강기 승강장 단독 제연 | | 방화구조의 복도 (내화시간 30분 이상인 구조 포함) | 0.5 m/s |

## (3) 과압방지

출입문이 닫히는 경우 제연구역의 과압을 방지할 수 있는 유효한 조치를 하여 차압을 유지할 것

> 제연설비가 가동되었을 경우 출입문의 개방에 필요한 힘 – 110 N 이하

**TIP**

제연구역의 방화문을 여는데 필요한 힘

$$F = F_1 + F_2 + F_3$$

$F_1$ : 차압이 방화문에 미치는 힘
$F_2$ : 도어클로저의 폐쇄력(자동으로 닫히게 하는 힘)
$F_3$ : 경첩의 저항력

문을 개방하는데 필요한 힘

옥내에서 문을 여는데 필요한 일($N \times m$) = 제연구역에서 방화문 중심에 작용하는 일($N \times m$)

$$N \times (W - d) = P \times A \times \frac{W}{2} \Rightarrow N = \frac{PAW}{2(W - d)}$$

$N$ : 문을 개방하는데 필요한 힘($N$)        $W$ : 방화문의 폭(m)
$d$ : 방화문 손잡이에서 방화문까지의 거리(m)     $P$ : 차압(Pa)
$A$ : 방화문의 면적($m^2$)

## 3 급기량

**Point**

**급기량 = 누설량 + 보충량**

1. 급기량 – 제연구역에 공급하여야 할 공기량
2. 누설량 – 틈새를 통하여 제연구역으로부터 흘러나가는 공기량(차압을 유지하기 위해 필요한 량)
3. 보충량 – 방연풍속을 유지하기 위하여 제연구역에 보충하여야 할 공기량

## (1) 누설량

① 차압을 유지하기 위하여 제연구역에 공급하여야 할 공기량
② 누설량은 대상물 전체의 제연구역 누설량을 합한 양
③ 누설량 공식

$$Q = 0.827 A \sqrt{P} \times 1.25$$

$Q$ : 누설량($m^3/s$)        $A$ : 누설틈새면적($m^2$)        $P$ : 차압($Pa$)

④ 누설틈새 면적의 기준

| 제연구역으로부터 공기가 누설하는 틈새면적 | | | | |
|---|---|---|---|---|

$$A = \frac{L}{\ell} \times A_d$$

$A$ : 출입문의 틈새($\text{m}^2$),　　$L$ : 출입문 틈새의 길이($\text{m}$),　　$\ell$, $A_d$ : 상수

**출입문**

| 상수 | 외여닫이문 | | 쌍여닫이문 | 승강기의 출입문 |
|---|---|---|---|---|
| $\ell$ | 5.6 | | 9.2 | 8.0 |
| $A_d$ | 제연구역의 실내 쪽으로 열리도록 설치하는 경우 | 제연구역의 실외 쪽으로 열리도록 설치하는 경우 | – | – |
| | 0.01 | 0.02 | 0.03 | 0.06 |

※ L의 수치가 $\ell$의 수치 이하인 경우에는 $\ell$의 수치로 할 것
※ $\ell$의 수치

| 외여닫이문 | 쌍여닫이문 | 승강기의 출입문 |
|---|---|---|
| $2 \times 2 + 0.8 \times 2 = 5.6$ | ($2 \times 3 + 0.8 \times 4 = 9.2$) | ($2 \times 3 + 0.5 \times 4 = 8$) |

**창문**

| 구 분 | 여닫이식 창문 | | 미닫이식 창문 |
|---|---|---|---|
| | (창틀에 방수패킹이 없는 경우) | (창틀에 방수패킹이 있는 경우) | |
| 틈새면적 ($\text{m}^2$) | $2.55 \times 10^{-4}$ × 틈새의 길이($\text{m}$) | $3.61 \times 10^{-5}$ × 틈새의 길이($\text{m}$) | $1.00 \times 10^{-4}$ × 틈새의 길이($\text{m}$) |

| 승강기의 승강로를 경유하여 승강로의 외부로 유출하는 유출면적 | 승강로 상부의 승강로와 기계실 사이의 개구부 면적을 합한 것 |
|---|---|
| 제연구역을 구성하는 벽체 (반자속의 벽체를 포함한다) | • 벽돌 또는 시멘트블록 등의 조적구조이거나 석고판 등의 조립구조인 경우에는 불연재료를 사용하여 틈새를 조정할 것.<br>• 제연구역의 내부 또는 외부면을 시멘트모르터로 마감하거나 철근콘크리트 구조의 벽체로 하는 경우에는 그 벽체의 공기누설은 무시할 수 있다. |
| 제연설비의 완공 시 제연구역의 출입문등 | 크기 및 개방 방식이 해당 설비의 설계 시와 같아야 한다. |

---

**예제 02**

전실에서 옥내의 방화문 크기가 2.1 m × 0.9 m이다. 출입문 틈새면적($\text{m}^2$)은 얼마인가? (단, 외여닫이문이고 옥내에서 부속실로 개방이 되는 출입문이며 계산결과는 소수점 4째 자리에서 반올림 할 것)

① 0.011　　　　② 0.012　　　　③ 0.013　　　　④ 0.021

해답 ①

$$A = \frac{L}{\ell} \times A_d = \frac{6}{5.6} \times 0.01 = 0.0107 \, \text{m}^2$$

⑤ 방화문의 경우 누설틈새 면적의 기준

한국산업표준에서 정하는 「문세트(KS F 3109)」에 따른 기준을 고려하여 산출할 수 있다.

기준 − 25 Pa일 때 $0.9\,\mathrm{m^3/min \cdot m^2}$를 초과하지 않을 것

⑥ 누설틈새 면적의 합

| 직렬 누설틈새 합 | 병렬 누설틈새의 합 |
|---|---|
| 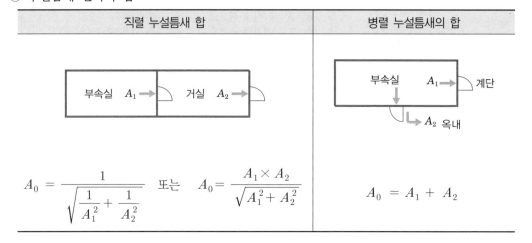 $A_0 = \dfrac{1}{\sqrt{\dfrac{1}{A_1^2} + \dfrac{1}{A_2^2}}}$ 또는 $A_0 = \dfrac{A_1 \times A_2}{\sqrt{A_1^2 + A_2^2}}$ | $A_0 = A_1 + A_2$ |

**예제 03**

다음 그림의 누설틈새 면적의 합($\mathrm{m^2}$)은 얼마인가? (단, $A_1$, $A_2 = 0.01\,\mathrm{m^2}$)

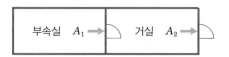

① $7.07 \times 10^{-3}\,\mathrm{m^2}$  ② $3.53 \times 10^{-3}\,\mathrm{m^2}$

③ $0.02\,\mathrm{m^2}$  ④ $0.0001\,\mathrm{m^2}$

해답 ①

식 : $\dfrac{1}{A_0^2} = \dfrac{1}{A_1^2} + \dfrac{1}{A_2^2} + \dfrac{1}{A_3^2} + \cdots$

풀이 : $A_0 = \dfrac{A_1 \times A_2}{\sqrt{A_1^2 + A_2^2}} = \dfrac{0.01 \times 0.01}{\sqrt{0.01^2 + 0.01^2}} = 7.07 \times 10^{-3}\,\mathrm{m^2}$

(2) 보충량

① 방연풍속을 유지하기 위해 필요한 풍량

$$q = K \left( \frac{S \times V}{0.6} \right) - Q_0$$

$q$ : 보충량($m^3/s$),      $K$ : 상수(부속실수 20개 이하 → 1, 20개 초과 → 2),

$S$ : 방화문의 면적($m^2$),     $V$ : 방연풍속(m/s),       $Q_0$ : 거실유입풍량($m^3/s$)

㉠ K : 보충량은 부속실(또는 승강장)의 수가 20 이하는 1개층 이상, 20을 초과하는 경우에는 2개층 이상의 보충량으로 한다.

㉡ 0.6 : 부속실의 출입구를 통과할 때의 풍량과 풍속은 송풍기에서 발생하는 풍량과 풍속보다 댐퍼와 출입구간의 거리에 따른 손실, 댐퍼의 개구율, 덕트 등의 마찰손실 등에 의해 작기 때문에 이것을 보정하기 위한 요소이다.

㉢ 거실유입풍량 − 급기댐퍼에서 옥내의 출입구로의 풍량 외에 방화문이 개방되지 않는 부속실에서 계단실 또는 승강장을 통해 방화문이 개방된 부속실을 통한 옥내로의 풍량을 의미한다.

**4** 제연구역의 과압방지조치

| 과압<br>방지<br>조치 | 1. **과압방지장치를 설치**<br>• 제연구역의 압력을 자동으로 조절하는 성능이 있을 것<br>• 차압과 방연풍속을 만족하여야 한다.<br><br>2. **자동차압과압조절형댐퍼를 설치할 경우**<br>• 차압범위의 수동설정기능과 설정범위의 차압이 유지되도록 개구율을 자동조절하는 기능이 있을 것<br>• 옥내와 면하는 개방된 출입문이 완전히 닫히기 전에 개구율을 자동 감소시켜 과압을 방지하는 기능이 있을 것<br>• 주위온도 및 습도의 변화에 의해 기능이 영향을 받지 아니하는 구조일 것<br>• 자동차압 · 과압조절형댐퍼의 성능인증 및 제품검사의 기술기준에 적합한 것으로 설치할 것<br><br>3. **플랩댐퍼를 설치하는 경우**<br>• 부속실의 설정압력범위를 초과하는 경우 압력을 배출하여 설정압 범위를 유지하게 하는 과압방지장치를 말한다.<br>• 행정안전부령장관이 고시하는 성능인증 및 제품검사의 기술기준에 적합한 것으로 설치<br>• 플랩댐퍼에 사용하는 철판 : 두께 1.5 mm 이상의 열간압연 연강판 또는 이와 동등 이상의 내식성 및 내열성이 있는 것으로 할 것 |
| --- | --- |

### 5 유입공기의 배출

누설량과 보충량은 화재실인 옥내로 유입되는 유입공기(제연구역으로부터 옥내로 유입하는 공기)에 해당되며 이를 배출하지 않을 시 옥내 압력상승으로 인해 부속실로 연기가 유입되므로 이를 배출하여야 한다. 아울러 유입공기는 화재층의 제연구역과 면하는 옥내로부터 옥외로 배출되도록 하여야 한다. 다만, 직통계단식 공동주택 제외

| 유입공기의 배출 방식 | | |
|---|---|---|
| 수직 풍도 | 옥상으로 직통하는 전용의 배출용 수직풍도를 설치하여 배출하는 것.<br><br>다만, 지하층만을 제연하는 경우 배출용 송풍기의 설치위치는 배출된 공기로 인하여 피난 및 소화활동에 지장을 주지 아니하는 곳에 설치할 수 있다.<br><br>1. 자연배출식 굴뚝효과에 따라 배출하는 것<br><br>2. 기계배출식 수직풍도의 상부에 전용의 배출용 송풍기를 설치하여 강제로 배출하는 것<br><br> | **1. 수직풍도**<br>① **내화구조**(건축물의 피난·방화구조 등의 기준에 관한 규칙의 내화구조인 벽, 외벽중 비내력벽 성능 이상일 것)<br>② 수직풍도의 내부면은 **두께 0.5 mm 이상의 아연도금강판**<br><br>**2. 배출댐퍼 설치**<br>① **두께 1.5 mm 이상의 강판**<br>② 평상시 닫힌 구조로 기밀상태를 유지할 것<br>③ 개폐여부를 당해 장치 및 제어반에서 확인할 수 있는 감지기능을 내장하고 있을 것<br>④ 구동부의 작동상태와 닫혀 있을 때의 기밀상태를 수시로 점검할 수 있는 구조일 것<br>⑤ 풍도의 내부마감상태에 대한 점검 및 댐퍼의 정비가 가능한 이·탈착구조로 할 것<br>⑥ 화재층의 옥내에 설치된 화재감지기의 동작에 따라 당해층의 댐퍼가 개방될 것<br>⑦ 개방 시의 실제개구부(개구율을 감안한 것을 말한다)의 크기는 수직풍도의 내부단면적과 같도록 할 것<br>⑧ 댐퍼는 풍도내의 공기흐름에 지장을 주지 않도록 수직풍도의 내부로 돌출하지 않게 설치할 것 |
| | | **3. 수직풍도의 내부단면적** |
| | 자연 배출식 | $$A_P = \frac{Q_N}{2}\,(\text{m}^2) = \frac{S \cdot V}{2}\,(\text{m}^2)$$<br><br>$A_P$ : 수직풍도의 내부단면적(m²)<br>$Q_N$ : 수직풍도가 담당하는 1개층의 제연구역의 출입문 (옥내와 면하는 출입문) 1개의 면적 $S$ (m²)와 방연풍속인 $V$ (m/s)를 곱한 값(m³/s)<br>※ 수직풍도의 길이가 100 m를 초과하는 경우에는 산출수치의 1.2배 이상 |
| | 기계 배출식 | 풍속 15 m/s 이하 |

| | | |
|---|---|---|
| 수직<br>풍도 | | **4. 배출용송풍기의 설치기준**<br>　① 열기류에 노출되는 송풍기 및 그 부품들은 **250℃의 온도에서**<br>　　 **1시간 이상 가동상태를 유지할 것**<br>　② 송풍기의 풍량은 $Q_N$에 여유량을 더한 양을 기준으로 할 것<br>　③ **송풍기는 옥내의 화재감지기의 동작에 따라 연동하도록 할 것**<br><br>5. 수직풍도의 상부의 말단(기계배출식의 송풍기도 포함한다)<br>　　 빗물이 흘러들지 아니하는 구조로 하고, 옥외의 풍압에 따라<br>　　 배출성능이 감소하지 아니하도록 유효한 조치를 할 것 |
| 배<br>출<br>구 | 건물의 옥내와 면하는<br>외벽마다 옥외와<br>통하는 배출구를<br>설치하여 배출하는 것 | **1. 배출구에는 개폐기를 설치할 것**<br>　① 빗물과 이물질이 유입하지 아니하는 구조로 할 것<br>　② **옥외쪽으로만 열리도록 하고 옥외의 풍압에 따라 자동으로**<br>　　 **닫히도록 할 것**<br>**2. 개폐기의 개구면적**<br><br>$$A_O = \frac{Q_N}{2.5} = \frac{S \cdot V}{2.5}\,(\mathrm{m}^2)$$<br><br>　$A_O$ : 개폐기의 개구면적(m²)<br>　$Q_N$ : 수직풍도가 담당하는 1개 층의 제연구역의<br>　　　　 출입문(옥내와 면하는 출입문을 말한다) 1개의<br>　　　　 면적(m²)과 방연풍속(m/s)를 곱한 값(m³/s) |
| 제연<br>설비 | 거실제연설비가 설치되어 있고 당해 옥내로부터 옥외로 배출하여야 하는 유입공기의 양을<br>거실제연설비의 배출량에 합하여 배출하는 경우 **유입공기의 배출은 당해 거실제연설비에 따른**<br>**배출로 갈음할 수 있다.** | |

## 6 급 기

### (1) 부속실 및 계단실 등의 급기방식

| 제연구역 | 설치기준 | |
|---|---|---|
| 부속실 | • 동일수직선상의 모든 부속실은 하나<br>　의 전용수직풍도를 통해 동시에 급<br>　기할 것<br>• 동일수직선상에 2대 이상의 급기송<br>　풍기가 설치되는 경우에는 수직풍도<br>　를 분리하여 설치할 수 있다. | |

| | | |
|---|---|---|
| 계단실 및 부속실 | 계단실에 대하여는 그 부속실의 수직 풍도를 통해 급기 할 수 있다. | |
| 계단실 | 전용수직풍도를 설치하거나 계단실에 급기풍도 또는 급기송풍기를 직접 연결하여 급기하는 방식 | |
| 비상용승강기의 승강장 | 비상용승강기의 승강로를 급기풍도를 사용할 수 있다. | |

(2) 급기구

① 설치위치

㉠ **급기용 수직풍도와 직접 면하는 벽체 또는 천장**(당해 수직풍도와 천장급기구 사이의 풍도를 포함한다)에 **고정**하되 급기되는 기류 흐름이 출입문으로 인하여 차단되거나 방해받지 아니하도록 **옥내와 면하는 출입문으로부터 가능한 먼 위치에 설치할 것**

㉡ 계단실과 그 부속실을 동시에 제연하거나 또는 계단실만을 제연하는 경우
- 급기구는 계단실 매 3개층 이하의 높이마다 설치할 것

㉢ 계단실의 높이가 31 m 이하로서 계단실만을 제연하는 경우
- 하나의 계단실에 하나의 급기구만을 설치할 수 있다.

② 급기구의 댐퍼 설치기준
　㉠ 두께 1.5 mm 이상의 강판
　㉡ 자동차압조절형 댐퍼

　　• 차압범위의 수동설정기능과 설정범위의 차압이 유지되도록
　　　개구율을 자동조절하는 기능이 있을 것
　　• 옥내와 면하는 개방된 출입문이 완전히 닫히기 전에 개구율을
　　　자동감소시켜 과압을 방지하는 기능이 있을 것
　　• 주위온도 및 습도의 변화에 의해 기능이 영향을 받지 아니하
　　　는 구조일 것

자동차압조절형 댐퍼

　　• 성능인증 및 제품검사의 기술기준에 적합한 것으로 설치할 것
　㉢ 자동차압·과압조절형이 아닌 댐퍼
　　• 개구율을 수동으로 조절할 수 있는 구조로 할 것
　㉣ 옥내에 설치된 화재감지기에 따라 모든 제연구역의 댐퍼가 개방되도록 할 것
　　다만, 둘 이상의 특정소방대상물이 지하에 설치된 주차장으로 연결되어 있는 경우에는
　　주차장에서 하나의 특정소방대상물의 제연구역으로 들어가는 입구에 설치된 제연용
　　연기감지기의 작동에 따라 특정소방대상물의 해당 수직풍도에 연결된 모든 제연구역의
　　댐퍼가 개방되도록 할 것

(3) 급기풍도
① 구조
　풍도는 정기적으로 풍도내부를 청소할 수 있는 구조

② 수직풍도 이외의 풍도(금속판으로 설치하는 풍도)
　㉠ 풍도는 아연도금강판 또는 이와 동등 이상의
　　내식성·내열성이 있는 것으로 하며, 불연재료
　　(석면재료를 제외한다)인 단열재로 유효한
　　단열처리 할 것

수직풍도이외의 풍도

　㉡ 방화구획이 되는 전용실에 급기송풍기와 연결되는 닥트는 단열이 필요 없다.
　㉢ 강판의 두께

| 풍도단면의 긴변 또는 직경의 크기 | 450 mm 이하 | 450 mm 초과 750 mm 이하 | 750 mm 초과 1,500 mm 이하 | 1,500 mm 초과 2,250 mm 이하 | 2,250 mm 초과 |
|---|---|---|---|---|---|
| 강판두께 | 0.5 mm | 0.6 mm | 0.8 mm | 1.0 mm | 1.2 mm |

　㉣ 풍도에서의 누설량은 급기량의 10%를 초과하지 아니할 것

### (4) 급기송풍기

① **송풍기가 담당하는 제연구역에 대한 급기량의 1.15배 이상**으로 할 것
다만, 풍도에서의 누설을 실측하여 조정하는 경우에는 그러하지 아니한다.

② **송풍기에는 풍량조절장치를 설치하여 풍량조절을 할 수 있도록 할 것**

③ 송풍기에는 **풍량을 실측할 수 있는 유효한 조치**를 할 것

④ 송풍기는 인접장소의 화재로부터 영향을 받지 아니하고 접근 및 점검이 용이한 곳에 설치할 것

⑤ 송풍기는 **옥내의 화재감지기의 동작에 따라 작동**하도록 할 것

⑥ 송풍기와 연결되는 **캔버스는 내열성(석면재료를 제외한다)이 있는 것**으로 할 것

### (5) 외기 취입구

① **외기를 옥외로부터 취입하는 경우**
취입구는 연기 또는 공해물질 등으로 오염된 공기를 취입하지 아니하는 위치에 설치할 것

| 구 분 | 수평거리 | 수직거리 |
|---|---|---|
| 배기구 등과의 이격거리<br>(유입공기, 주방의 조리대의 배출공기 또는 화장실의 배출공기 등을 배출하는 배기구를 말한다) | 5 m 이상 | 1 m 이상 낮은 위치 |

② **취입구를 옥상에 설치하는 경우**

| 구 분 | 수평거리 | 수직거리 |
|---|---|---|
| 옥상의 외곽 면과의 이격거리 | 5 m 이상 | 외곽면의 상단으로 부터 하부로 수직거리 1 m 이하의 위치에 설치 |

풍량조절장치

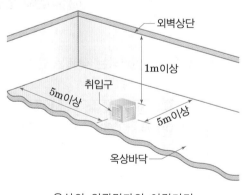

옥상의 외곽면과의 이격거리

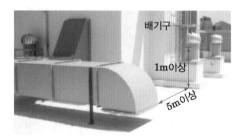

배기구등과의 이격거리

③ 취입구는 빗물과 이물질이 유입하지 아니하는 구조로 할 것

④ 취입구는 취입공기가 옥외의 바람의 속도와 방향에 따라 영향을 받지 아니하는 구조로 할 것

**7** 제연구역 및 옥내의 출입문

(1) 제연구역의 출입문 설치기준

① 제연구역의 출입문(창문을 포함 한다)

자동폐쇄장치

   ㉠ 언제나 닫힌 상태를 유지

   ㉡ 자동폐쇄장치에 의해 자동으로 닫히는 구조

   ㉢ **아파트인 경우** 제연구역과 계단실 사이의 출입문은

     **자동폐쇄장치에 의하여 자동으로 닫히는 구조**로 하여야 한다.

② 제연구역의 출입문에 설치하는 자동폐쇄장치

   제연구역의 기압에도 불구하고 출입문을 용이하게 닫을 수 있는 충분한 폐쇄력이 있을 것

**TIP**

**자동폐쇄장치의 성능인증 및 제품검사기술기준**

1. 정의

| 일반차압용<br>자동폐쇄장치 | 제연구역과 옥내사이의 최소차압이 40 Pa 이상으로 유지되는 장소에<br>설치하는 자동폐쇄장치 |
|---|---|
| 저차압용 자동폐쇄장치 | 제연구역과 옥내사이의 차압이 12.5 Pa 이상 32.5 Pa 이하로 유지되는 장소에<br>설치하는 자동폐쇄장치 |

2. 구조

  ① 문과 문틀 또는 벽 등에 견고하게 부착할 수 있는 구조로서 제어부·구동장치 등으로 구성한다.

  ② 문을 개방상태로 유지시키다가 작동신호 등에 의하여 자동적으로 원활하게 닫히게 하며 작동신호가 유지되는 동안에는 문을 자동적으로 닫히게 하는 구조이어야 하고 작동신호 등이 해제되면 원래의 상태로 문을 개방고정 할 수 있는 구조이어야 한다.

  ③ 언제든지 쉽게 수동으로 문을 열리게 하거나 닫히게 할 수 있는 구조이어야 한다.

  ④ 수신기 등의 외부장치에서 작동상태 감시 및 도통상태를 확인할 수 있어야 한다.

  ⑤ 조작 및 작동시에 사람이 다치지 아니하도록 하는 안전한 구조로서 전선 등이 외부에 노출되면 안된다.

  ⑥ 쉽게 보수·점검을 할 수 있는 구조이어야 한다.

  ⑦ 전원이 차단될 경우 즉시 자동적으로 문을 닫아주는 기능을 가지고 있는 구조이어야 한다.

3. 작동시험

  자동폐쇄장치는 수동조작 및 외부작동신호(수신기 등의 원격 제어신호 포함)에 의하여 즉시 폐쇄 작동되어야 하며 10초 이내에 문이 완전하게 닫혀져야 한다.

4. 기능시험

  ① 출입문용 자동폐쇄장치의 닫히는 힘은 37 N 이상이어야 하며 닫히는 시간은 10초 이내이어야 한다.

   (저차압용 댐퍼가 설치된 제연구역에 부착되는 자동폐쇄장치의 경우에는 17 N 이상)

  ② 창문용 자동폐쇄장치가 완전히 닫히는 시간은 10초 이내이어야 한다.

  ③ 정지상태(문이 개방되어 유지되는 상태)를 수동으로 해제하는데 소요되는 힘은 80 N 이하이어야 한다.

④ 자동폐쇄장치의 열리는 힘은 60 N 이하이어야 한다.

5. 내구성능
   50,000회를 반복하는 경우에 현저한 성능의 변화·기름의 누설 또는 손상 등이 생기지 아니할 것

---

**예제 04**

아래 보기는 저차압용 자동폐쇄장치의 정의이다. 가로 안에 들어갈 압력은 각각 얼마 인가?

〈보기〉

제연구역과 옥내사이의 차압이 (    )Pa 이상 (    )Pa 이하로 유지되는 장소에 설치하는 자동폐쇄장치

① 12.5, 40    ② 12.5, 32.5    ③ 28, 40    ④ 12.5, 28

해답 ②

---

(2) 옥내의 출입문 설치기준

① 방화구조의 복도가 있는 경우로서 복도와 거실사이의 출입문에 한한다.

② 출입문은 언제나 닫힌 상태를 유지하거나 자동폐쇄장치에 의해 자동으로 닫히는 구조로 할 것

③ 거실 쪽으로 열리는 구조의 출입문에 자동폐쇄장치를 설치하는 경우에는 출입문의 개방 시 유입공기의 압력에도 불구하고 출입문을 용이하게 닫을 수 있는 충분한 폐쇄력이 있는 것으로 할 것

**8 수동기동장치**

(1) 배출댐퍼 및 개폐기의 직근과 제연구역에 전용의 수동기동장치를 설치
   (계단실 및 그 부속실을 동시에 제연하는 제연구역에는 그 부속실에만 설치)

> **Point**
>
> ※ **수동기동장치 작동시 연동설비**
> 1. 전층의 제연구역에 설치된 급기댐퍼의 개방
> 2. 당해층의 배출댐퍼 또는 개폐기의 개방
> 3. 급기송풍기 및 유입공기의 배출용 송풍기(설치한 경우에 한한다)의 작동
> 4. 개방·고정된 모든 출입문(제연구역과 옥내사이의 출입문에 한한다)의 개폐장치의 작동

(2) 옥내에 설치된 **수동발신기의 조작**에 따라서도 **작동**할 것

**9** 제어반

**(1) 비상용축전지**

제어반의 기능을 1시간 이상 유지할 수 있는 용량으로 설치

**(2) 제어반의 기능**

① 감시 및 원격조작기능

ㄱ 급기용 댐퍼의 개폐

ㄴ 배출댐퍼 또는 개폐기의 작동여부

ㄷ 급기송풍기와 유입공기의 배출용 송풍기(설치한 경우에 한한다)의 작동여부

ㄹ 제연구역의 출입문의 일시적인 고정개방 및 해정

② 감시기능

ㄱ 수동기동장치의 작동여부

ㄴ 급기구 개구율의 자동조절장치(설치하는 경우에 한한다)의 작동여부

다만, 급기구에 차압표시계를 고정부착한 자동차압·과압조절형 댐퍼를 설치하고 당해 제어반에도 차압표시계를 설치한 경우에는 그러하지 아니하다.

ㄷ 감시선로의 단선

③ 예비전원이 확보되고 예비전원의 적합 여부를 시험할 수 있어야 할 것

**10** 비상전원

－ 옥내소화전설비의 비상전원 설치기준과 동일

**11** TAB (시험, 측정 및 조정 등)

**(1) 제연설비의 시험등의 시기**

제연설비는 설계목적에 적합한지 사전에 검토, 건물의 모든 부분(건축설비를 포함한다)을 완성하는 시점부터 시험 등(확인, 측정 및 조정)을 하여야 한다.

**(2) 제연설비의 시험 등의 기준**

① 제연구역의 모든 출입문등의 크기와 열리는 방향이 설계 시와 동일한지 여부를 확인

ㄱ 동일하지 아니한 경우

급기량과 보충량 등을 다시 산출하여 조정가능여부 또는 재설계·개수의 여부를 결정할 것

ㄴ 동일한 경우

출입문마다 그 바닥사이의 틈새가 평균적으로 균일한지 여부를 확인하고, 큰 편차가 있는 출입문 등에 대하여는 그 바닥의 마감을 재시공하거나, 출입문 등에 불연재료를 사용하여 틈새를 조정할 것

② 제연구역의 출입문 및 복도와 거실(옥내가 복도와 거실로 되어있는
경우에 한한다) 사이의 출입문마다 제연설비가 작동하고 있지 아니
한 상태에서 그 **폐쇄력을 측정**할 것

③ 옥내의 충별로 화재감지기(수동기동장치를 포함한다)를 동작시켜
제연설비가 작동하는지 여부를 확인할 것
다만, 둘 이상의 특정소방대상물이 지하에 설치된 주차장으로
**연결되어 있는 경우**에는 주차장에서 하나의 특정소방대상물의
제연구역으로 들어가는 입구에 설치된 제연용 연기감지기의
작동에 따라 특정소방대상물의 해당 수직풍도에 연결된 모든
제연구역의 댐퍼가 개방되도록 하고 **비상전원을 작동시켜 급기
및 배기용 송풍기의 성능이 정상인지 확인**할 것

폐쇄력 측정

④ 제연설비가 작동하는 경우 다음의 기준에 따른 시험 등을
실시 할 것
　㉠ 부속실과 면하는 옥내 및 계단실의 출입문을 동시에 개방할
　　경우, 유입공기의 풍속이 방연풍속에 적합한지 여부를 확인
　　하고, 적합하지 아니한 경우에는 급기구의 개구율과 송풍기
　　의 풍량조절댐퍼 등을 조정하여 적합하게 할 것
　　이 경우 유입공기의 풍속은 출입문의 개방에 따른 개구부를
　　대칭적으로 균등 분할하는 10 이상의 지점에서 측정하는
　　풍속의 평균치로 할 것
　㉡ ㉠의 기준에 따른 시험등의 과정에서 **출입문을 개방하지
　　아니하는** 제연구역의 실제 차압이 기준에 적합한지 여부를
　　출입문 등에 차압측정공을 설치하고 이를 통하여 차압측정기구로
　　실측하여 확인·조정할 것

방연풍속 측정

차압측정공

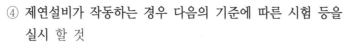
부속실　　옥내
[차압측정과 너트 체결]　6φ타공　[차압측정 젠더]

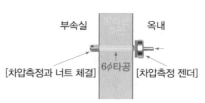
젠더를 이용한 차압측정

ⓒ 제연구역의 출입문이 모두 닫혀 있는 상태에서 제연설비를 가동시킨 후 출입문의 개방에 필요한 힘을 측정하여 개방력에 적합한지 여부를 확인하고, 적합하지 아니한 경우에는 급기구의 개구율 조정 및 플랩댐퍼(설치하는 경우에 한한다)와 풍량조절용댐퍼 등의 조정에 따라 적합하도록 조치할 것.

ⓔ ㉠의 기준에 따른 시험 등의 과정에서 부속실의 개방된 출입문이 자동으로 완전히 닫히는지 여부를 확인하고, 닫힌 상태를 유지할 수 있도록 조정할 것

# 실전 예상문제

**●●● 01** 제연구역과 옥내 사이에 유지하여야 하는 최소차압은 몇 Pa 이상으로 하여야 하는가? (단, 스프링클러가 설치되어 있지 않는 대상물이다.)

① 12.5　　　　　　　　　　　　　② 28
③ 40　　　　　　　　　　　　　　④ 50

 해설

| 옥내와 제연구역의 차압 | 40 Pa 이상(스프링클러설비가 설치 시 12.5 Pa) |
| --- | --- |
| 출입문이 일시적으로 개방되는 경우<br>개방되지 아니하는 제연구역과 옥내와의 차압 | 차압의 70% 이상 |
| 계단실과 부속실을 동시에 제연하는 경우 | • 부속실의 기압은 계단실과 같을 것<br>• 계단실의 기압보다 낮게 할 경우에는 압력 차이는 5 Pa 이하 |

**●●● 02** 스프링클러 설비가 설치된 경우에 제연구역과 옥내 사이에 유지하여야 하는 최소차압은 몇 Pa 이상으로 하여야 하는가?

① 8　　　　　　　　　　　　　　② 12.5
③ 17.5　　　　　　　　　　　　④ 28

 해설
문제1번 해설 참조

**●●● 03** 계단실과 부속실을 동시에 제연하는 경우 부속실의 기압은 계단실과 같게 하거나 계단실의 기압보다 낮게 할 경우에는 부속실과 계단실의 압력 차이는 몇 Pa 이하가 되도록 하는가?

① 2　　　　　　　　　　　　　　② 3
③ 4　　　　　　　　　　　　　　④ 5

해설
문제1번 해설 참조

 정답　01 ③　02 ②　03 ④

**04** 계단실만 단독으로 제연하는 경우 또는 계단실 및 그 부속실을 동시에 제연하는 경우에 방연풍속은 얼마 이상으로 하여야 하는가?

① 0.5 m/s     ② 0.7 m/s     ③ 1 m/s     ④ 2 m/s

**해설**

| 구 분 | 제연구역 선정 | 가압실 | 조건 | 방연풍속 |
|---|---|---|---|---|
| 제연구역의 선정 | 계단실 | 계단실 | – | 0.5 m/s |
| | 계단실 및 그 부속실 | 계단실, 부속실 | – | 0.5 m/s |
| | 부속실 | 부속실, | 면하는 부분이 거실 | 0.7 m/s |
| | 비상용승강기 승강장 | 비상용승강기승강장 | 면하는 부분이 복도 및 구조가 방화구조 (내화시간 30분 이상인 구조포함) | 0.5 m/s |

 **05** 부속실 제연설비가 가동되었을 경우 출입문의 개방에 필요한 힘은 몇 N 이하이어야 하는가?

① 90      ② 110      ③ 133      ④ 180

**해설**

과압방지 – 피난을 위하여 일시 개방된 출입문이 다시 닫히는 경우 제연구역의 과압을 방지할 수 있는 유효한 조치를 하여 차압을 유지하여야 하고 제연설비가 가동되었을 경우 출입문의 개방에 필요한 힘은 110 N 이하

 **06** 특별피난계단의 계단실 및 부속실 제연설비에 대한 설치기준 내용으로 옳지 않은 것은?

① 제연구역과 옥내와의 사이에 유지하여야 하는 최소차압은 40 Pa 이상으로 하여야 한다.
② 계단실과 부속실을 동시에 제연하는 경우 부속실의 기압은 계단실과 같게 하거나 압력차이가 5 Pa 이하가 되도록 하여야 한다.
③ 계단실 및 부속실을 동시에 제연시 방연풍속은 0.5 m/s 이상이어야 한다.
④ 제연설비가 가동되지 않았을 경우의 평소 출입문의 개방에 필요한 힘은 110 N 이하로 하여야 한다.

**해설**

제연설비가 가동되었을 경우 출입문의 개방에 필요한 힘은 110 N 이하

 **07** 부속실 제연설비의 차압을 유지하기 위하여 제연구역에 공급하여야 할 공기량을 무엇이라 하는가?

① 급기량     ② 배출량     ③ 보충량     ④ 누설량

**해설**

누설량 – 차압을 유지하기 위하여 제연구역에 공급하여야 할 공기량

**정답**   04 ①   05 ②   06 ④   07 ④

**08** 부속실 제연설비의 방연풍속을 유지하기 위해 필요한 풍량을 무엇이라 하는가?

① 급기량      ② 배출량      ③ 보충량      ④ 누설량

> **해설**
> 보충량 – 부속실 제연설비의 방연풍속을 유지하기 위해 필요한 풍량

 **09** 부속실 제연설비의 보충량이 600 m³/min일 때 플랩댐퍼의 날개면적(m²)은?

① 1.71      ② 1.85      ③ 2.1      ④ 5.85

> **해설**
> 플랩댐퍼를 설치하는 경우 날개의 면적은 다음식에 따라 산출한 수치이상으로 할 것
>
> $$A_f = q \,/\, 5.85 = 600/60 \div 5.85 = 1.709 \,\mathrm{m^2}$$
>
> $A_f$ : 플랩댐퍼의 날개면적($\mathrm{m^2}$)
> $q$ : 제연구역에 대한 보충량($\mathrm{m^3/s}$)
> ♣ 플랩댐퍼의 날개면적에 관한 기준은 화재안전기준에서 삭제되었다.

 **10** 부속실 제연설비에 설치하는 배출댐퍼 설치기준으로 맞지 않는 것은?

① 두께 1.5 mm 이상의 강판 하여야 한다.
② 평상시 닫힌 구조로 기밀상태를 유지하고 개폐여부를 당해 장치 및 제어반에서 확인할 수 있는 감지기능을 내장하고 있을 것
③ 화재층의 옥내에 설치된 화재감지기의 동작에 따라 전층의 댐퍼가 개방될 것
④ 풍도의 내부마감상태에 대한 점검 및 댐퍼의 정비가 가능한 이·탈착구조로 할 것

> **해설**
> 화재층의 옥내에 설치된 화재감지기의 동작에 따라 당해층의 댐퍼가 개방될 것.

 **11** 특별피난계단이 설치된 소방대상물의 부속실에만 제연설비를 하려고 한다. 유입공기의 배출 방식을 자연배출식으로 할 경우 수직풍도의 내부단면적은 몇 m² 이상으로 하여야 하는가? (단, 제연구역의 출입문은 2 m²이고 부속실과 면한 부분은 거실이다)

① 0.5 m²      ② 0.7 m²      ③ 0.84 m²      ④ 1 m²

> **해설**
>
> $$A_P = \frac{Q_N}{2}\,(\mathrm{m^2}) = \frac{2 \times 0.7}{2} = 0.7 \,\mathrm{m^2}$$
>
> | 자연 배출식 | $A_P$ : 수직풍도의 내부단면적($\mathrm{m^2}$)<br>$Q_N$ : 수직풍도가 담당하는 1개층의 제연구역의 출입문(옥내와 면하는 출입문) 1개의 면적($\mathrm{m^2}$)과 방연풍속(m/s)를 곱한 값($\mathrm{m^3/s}$)<br>※ 수직풍도의 길이가 100m를 초과하는 경우에는 산출수치의 1.2배 이상 |
> |---|---|
> | 기계 배출식 | 풍속 15m/s 이하 |

 **정답**   08 ③   09 ①   10 ③   11 ②

••• 12 | 특정소방대상물의 부속실에만 제연설비를 하려고 한다. 유입공기의 배출 방식을 자연배출식으로 할 경우 수직풍도의 내부단면적은 몇 m² 이상으로 하여야 하는가? (단, 제연구역의 출입문은 2 m²이며 부속실과 면하는 부분은 거실이고 수직풍도의 길이는 120 m이다.)

① 0.5 m²　　　　　② 0.7 m²　　　　　③ 0.84 m²　　　　　④ 1.5 m²

 해설

$$A_P = \frac{Q_N}{2} \, (m^2) = \frac{2 \times 0.7}{2} = 0.7 \, m^2$$ 이지만 수직풍도의 길이가 100 m를 초과하므로 0.7×1.2 = 0.84 m²

••• 13 | 특정소방대상물의 부속실에만 제연설비를 하려고 한다. 유입공기의 배출 방식을 자연배출식이 아닌 기계배출식으로 할 경우 수직풍도 내부의 풍속은 몇 m/s 이하로 하여야 하는가?

① 5　　　　　② 10　　　　　③ 15　　　　　④ 20

 해설

기계 배출식 – 풍속 15 m/s 이하

••∘ 14 | 특별피난계단의 계단실 및 부속실 제연설비에 설치된 제연구역의 제연방식이 아닌 것은?

① 부속실만을 단독으로 제연방식　　　　　② 비상용승강기 승강장 단독 제연방식
③ 계단실 및 그 부속실을 동시 제연방식　　④ 계단실과 승강장을 동시 제연방식

 해설

제연구역의 제연방식은 계단실만을 단독, 부속실만을 단독, 비상용승강기 승강장 단독, 계단실 및 그 부속실을 동시 제연하는 방식이다.

••• 15 | 부속실 및 계단실 등의 급기방식을 설명한 것으로 옳지 않은 것은?

① 부속실을 제연하는 경우 동일수직선상의 모든 부속실은 하나의 전용수직풍도를 통해 동시에 급기할 것
② 부속실을 제연하는 경우 동일수직선상에 2대 이상의 급기송풍기가 설치되는 경우에는 수직풍도를 분리하여 설치할 수 있다.
③ 계단실 및 부속실을 동시에 제연하는 경우 계단실에 대하여는 그 부속실의 수직풍도를 통해 급기 할 수 있다.
④ 비상용승강기의 승강장을 제연하는 경우 비상용승강기의 승강로를 급기풍도로 사용할 수 없다.

 해설

♣ 비상용승강기의 승강장을 제연하는 경우 비상용승강기의 승강로를 급기풍도로 사용할 수 있다.

**••○ 16** 부속실 제연설비의 계단실과 그 부속실을 동시에 제연하거나 또는 계단실(계단실의 높이가 31 m 초과)만을 제연하는 경우의 계단실의 급기구 설치방법은?

① 급기구는 계단실 매 3개층 이하의 높이마다 설치 할 것
② 급기구는 계단실 매 5개층 이하의 높이마다 설치 할 것
③ 하나의 계단실에 하나의 급기구만을 설치 할 것
④ 급기구는 계단실 전층에 설치 할 것

> **해설**
> 1. 계단실과 그 부속실을 동시에 제연하거나 또는 계단실만을 제연하는 경우
>    – 급기구는 계단실 매 3개층 이하의 높이마다 설치할 것.
> 2. 계단실의 높이가 31 m 이하로서 계단실만을 제연하는 경우 – 하나의 계단실에 하나의 급기구만을 설치할 수 있다.

**•••○ 17** 부속실 제연설비의 옥내에 설치된 화재감지기에 따라 부속실의 급기구 (급기댐퍼)는 어떻게 개방되어야 하는가?

① 해당층 제연구역의 댐퍼가 개방되도록 할 것
② 모든 제연구역의 댐퍼가 개방되도록 할 것
③ 화재층 및 그 직상, 직하 3개층의 제연구역의 댐퍼가 개방되도록 할 것
④ 화재층 및 그 직상, 직하 1개층의 제연구역의 댐퍼가 개방되도록 할 것

> **해설**
> 옥내에 설치된 화재감지기에 따라 모든 제연구역의 댐퍼가 개방되도록 할 것

**•••○ 18** 부속실 제연설비에 설치된 수직풍도 이외의 풍도로서 해당 풍도에서의 누설량은 급기량의 몇 %를 초과하지 아니하여야 하는가?

① 0.5        ② 1        ③        ④ 10

> **해설**
> 수직풍도 이외의 풍도에서의 누설량은 급기량의 10%를 초과하지 아니할 것

**••○ 19** 부속실 제연설비의 급기송풍기 설치기준으로 옳지 않은 것은?

① 송풍기가 담당하는 제연구역에 대한 급기량의 1.15배 이상으로 할 것.
② 송풍기의 배출측에는 풍량조절장치를 설치하여 풍량조절을 할 수 있도록 할 것
③ 송풍기와 연결되는 캔버스는 내구성(석면재료를 제외한다)이 있는 것으로 할 것
④ 송풍기는 옥내의 화재감지기의 동작에 따라 작동하도록 할 것

> **해설**
> 송풍기와 연결되는 캔버스는 내열성(석면재료를 제외한다)이 있는 것으로 할 것

**정답** 16 ① 17 ② 18 ④ 19 ③

**20** 부속실 제연설비에서 옥외취입구를 옥상에 설치하는 경우의 설치기준으로 옳지 않는 것은?

① 유입공기, 주방의 조리대의 배출공기 또는 화장실의 배출공기 등을 배출하는 배기구와 수평 거리 5 m 이상 이격할 것

② 유입공기, 주방의 조리대의 배출공기 또는 화장실의 배출공기 등을 배출하는 배기구와 수직 거리 3 m 이상 이격할 것

③ 옥상의 외곽 면과의 수평거리는 5 m 이상 이격할 것

④ 옥상의 외곽 면과의 수직거리는 외곽면의 상단으로부터 하부로 수직거리 1 m 이하의 위치에 설치할 것

**해설**

| 취입구 | 수평거리 | 수직거리 |
|---|---|---|
| 배기구 등<br>(유입공기, 주방의 조리대의 배출공기 또는 화장실의<br>배출공기 등을 배출하는 배기구를 말한다) | 5 m 이상 | 1 m 이상 낮은 위치 |
| 옥상의 외곽 면 | 5 m 이상 | 외곽면의 상단으로부터 하부로<br>수직거리 1 m 이하의 위치에 설치 |

 **21** 배출댐퍼 및 개폐기의 직근과 제연구역에 설치된 전용의 수동기동장치를 작동시 연동설비가 아닌 것은?

① 전층의 제연구역에 설치된 급기댐퍼의 개방 및 당해층의 배출댐퍼 또는 개폐기의 개방

② 개방·고정된 모든 출입문(제연구역과 옥내사이의 출입문에 한한다)의 개폐장치의 작동

③ 급기송풍기 및 유입공기의 배출용 송풍기(설치한 경우에 한한다)의 작동

④ 주음향 및 지구음향장치의 작동

**해설**

※ 수동기동장치 작동시 연동설비
1. 전층의 제연구역에 설치된 급기댐퍼의 개방
2. 당해층의 배출댐퍼 또는 개폐기의 개방
3. 급기송풍기 및 유입공기의 배출용 송풍기(설치한 경우에 한한다)의 작동
4. 개방·고정된 모든 출입문(제연구역과 옥내사이의 출입문에 한한다)의 개폐장치의 작동

**정답** 20 ② 21 ④

## 3. 연결송수관설비(NFSC 502)

### 1 설치대상

(1) 층수가 5층 이상이고 연면적 6천 $m^2$ 이상
(2) 지하층을 포함하는 층수가 7층 이상
(3) 지하층의 층수가 3개층 이상 지하층의 바닥면적의 합계가 1천 $m^2$ 이상인 것
 ※ 설치제외 – 위험물 저장 및 처리 시설 중 가스시설 또는 지하구

### 2 송수구 설치기준

| 구 분 | 설치 기준 | |
|---|---|---|
| 위 치 | 1. 소방차가 쉽게 접근할 수 있고 잘 보이는 장소에 설치<br>2. 화재층으로부터 지면으로 떨어지는 유리창 등이 송수 및<br> 그 밖의 소화 작업에 지장을 주지 아니하는 장소 | |
| 높 이 | 지면으로부터 0.5 m 이상 1 m 이하 | |
| 구 경 | 65 mm의 쌍구형 | |
| 마 개 | 이물질을 막기 위한 마개를 씌울 것 | |
| 표 지 | 1. 송수압력범위를 표시한 표지<br>2. "연결송수관설비송수구"라고 표시한 표지 | |
| 자동배수밸브 및<br>체크밸브 설치 순서 | 습식 송수구·자동배수밸브·체크밸브 |
| | 건식 송수구·자동배수밸브·체크밸브·자동배수밸브 |
| | • 자동배수밸브 설치 장소<br> – 배관안의 물이 잘빠질 수 있는 위치에 설치<br> – 배수로 인하여 다른 물건이나 장소에 피해를 주지 않을 것 | |
| 송수구로부터<br>연결송수관설비의<br>주배관에 이르는<br>연결배관에 개폐밸브를<br>설치한 때 | 1. 그 개폐상태를 쉽게 확인 및 조작할 수 있는 옥외 또는 기계실 등의<br> 장소에 설치<br>2. 개폐밸브에는 급수개폐밸브 작동표시 스위치를 설치 | |
| 설치개수 | **연결송수관의 수직배관마다 1개 이상을 설치**<br>다만, 하나의 건축물에 설치된 각 수직배관이 중간에 개폐밸브가 설치되지<br>아니한 배관으로 상호 연결되어 있는 경우에는 건축물마다 1개씩 설치할<br>수 있다. | |

건식

**3** 배관 등

(1) 주배관의 구경은 100 mm 이상

　① 연결송수관설비의 배관의 겸용

　　주배관의 구경이 100 mm 이상인 옥내소화전설비·스프링클러설비 또는 물분무등
　　소화설비의 배관과 겸용할 수 있다.

　② 층수가 30층 이상의 특정소방대상물은 스프링클러설비의 배관과 겸용 불가

(2) 습식으로 하여야 하는 경우

　　지면으로부터의 높이가 31 m 이상 또는 지상 11층 이상인 특정소방대상물

> **예제 01** 연결송수관 설비의 습식 방식은 몇 층 이상의 특정소방대상물에 해당하는가?
>
> ① 3층 이상　　　　　　　② 5층 이상
> ③ 7층 이상　　　　　　　④ 11층 이상
>
> **해답** ④

(3) 연결송수관설비의 수직배관

　　내화구조로 구획된 계단실(부속실을 포함한다) 또는 파이프덕트 등 화재의 우려가 없는
　　장소에 설치. 단, 학교 또는 공장이거나 배관주위를 1시간 이상의 내화성능이 있는 재료로
　　보호하는 경우 제외

(4) 기타 – 옥내소화전 배관 준용

**4** 방수구 설치 기준

(1) 특정소방대상물의 층마다 설치

**Point**

**방수구 설치 제외 층**

(1) 아파트의 1층 및 2층

(2) 소방차의 접근이 가능하고 소방대원이 소방차로부터 각 부분에 쉽게 도달할 수 있는 피난층

(3) 송수구가 부설된 옥내소화전을 설치한 특정소방대상물로서 다음의 어느 하나에 해당하는 층
　(집회장·관람장·백화점·도매시장·소매시장·판매시설·공장·창고시설 또는 지하가를 제외한다)
　① 지하층을 제외한 층수가 4층 이하이고 연면적이 6,000 m² 미만인 특정소방대상물의 지상층
　② 지하층의 층수가 2 이하인 특정소방대상물의 지하층

## (2) 설치 높이 및 위치

① 설치높이 – 바닥으로부터 높이 0.8 m 이상 1.5 m 이하

② 설치위치

| 바닥면적 | 설치위치 | | | |
|---|---|---|---|---|
| 1천 m² 미만인 층 (아파트 포함) | 계단으로부터 5 m 이내 | 계단의 부속실을 포함하며 계단이 2 이상 있는 경우에는 그 중 1개의 계단 | | |
| 1천 m² 이상인 층 (아파트 제외) | 각 계단으로부터 5 m 이내 | 계단의 부속실을 포함하며 계단이 3 이상 있는 층의 경우에는 그 중 2개의 계단 | | |
| | 계단으로부터 5m 이내 설치하고 **수평 거리 기준**에 맞도록 추가 배치 할 것 | 수평 거리 | 25 m | 1. 지하가(터널 제외) 2. 지하층의 바닥면적의 합계가 3,000 m² 이상인 것 |
| | | | 50 m | 위에 해당하지 않는 것 |

## (3) 기타기준

① **11층 이상의 부분에 설치하는 방수구는 쌍구형으로 설치**

| 단구형으로 설치할 수 있는 경우 | 아파트의 용도로 사용되는 층 |
|---|---|
| | 스프링클러설비가 유효하게 설치되어 있고 방수구가 2개소 이상 설치된 층 |

② 방수구의 호스접결구는 바닥으로부터 높이 0.5 m 이상 1 m 이하

③ 방수구는 개폐기능을 가진 것으로 설치하여야 하며, 평상 시 닫힌 상태를 유지할 것

④ 방수구는 연결송수관설비의 전용방수구 또는 옥내소화전방수구로서 구경 65 mm의 것으로 설치

– 방수구의 위치표시 및 설치기준 : 표시등 또는 축광식표지
  ㉠ 표시등을 설치하는 경우
    함의 상부에 설치하되, 그 불빛은 부착면으로부터 15° 이상의 범위안에서 부착지점으로부터 10 m 이내의 어느 곳에서도 쉽게 식별할 수 있는 적색등으로 하고 표시등은 사용전압의 130%인 전압을 24시간 연속하여 가하는 경우에도 단선, 현저한 광속변화, 전류변화 등의 현상이 발생되지 아니할 것
    – 표시등의 성능인증 및 제품검사의 기술기준

  ㉡ 축광식표지를 설치하는 경우
    축광표지의 성능인증 및 제품검사의 기술기준에 적합한 것으로 설치

**5** 방수기구함 설치기준

(1) 방수기구함은 피난층과 가장 가까운 층을 기준으로 3개층마다 설치하되, 그 층의 방수구마다 보행거리 5 m 이내에 설치할 것

(2) 방수기구함에는 길이 15 m의 호스와 방사형 관창을 다음 각목의 기준에 따라 비치할 것
 ① 호스의 길이 - 담당하는 구역의 각 부분에 유효하게 물이 뿌려질 수 있도록 비치
   쌍구형 방수구는 단구형 방수구의 2배 이상의 개수를 설치
 ② 방사형 관창
   단구형 방수구의 경우에는 1개 이상 비치(쌍구형은 2개 이상)

(3) 방수기구함에는 "방수기구함"이라고 표시한 축광식 표지를 할 것. 이 경우 축광식 표지는 「축광표지의 성능인증 및 제품검사의 기술기준」에 적합한 것으로 설치

**6** 가압송수장치

(1) 설치 대상
   지표면에서 최상층 방수구의 높이가 70 m 이상의 특정소방대상물에 설치

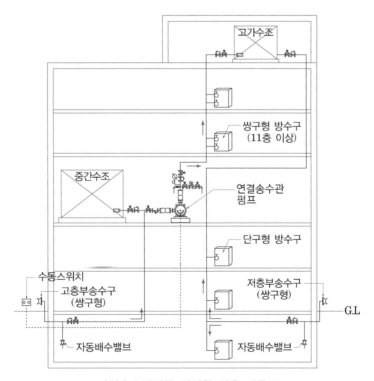

가압송수장치를 설치한 경우 계통도

(2) 펌프의 토출량 및 양정 등

① 해당 층에 설치된 **방수구가 3개를 초과(방수구가 5개 이상인 경우에는 5개)**하는 것에 있어서는 1개마다 800 $\ell/\text{min}$(계단식 아파트의 경우에는 400 $\ell/\text{min}$)를 가산

| 구 분 | 3개 이하 | 4개 | 5개 이상 |
|---|---|---|---|
| 일반 대상물 | 2,400 $\ell/\text{min}$ | 3,200 $\ell/\text{min}$ | 4,000 $\ell/\text{min}$ |
| 계단식 아파트 | 1,200 $\ell/\text{min}$ | 1,600 $\ell/\text{min}$ | 2,000 $\ell/\text{min}$ |

② **펌프의 양정은 최상층에 설치된 노즐선단의 압력이 0.35 MPa 이상**의 압력이 되도록 할 것

③ 가압송수장치는 방수구가 개방될 때 자동으로 기동되거나 또는 수동스위치의 조작에 따라 기동

④ **수동스위치는 2개 이상을 설치**

　㉠ **1개는 송수구의 부근**에 설치

　㉡ **송수구로부터 5 m 이내의 보기 쉬운 장소**에 바닥으로부터 높이 0.8 m 이상 1.5 m 이하

　㉢ 1.5 mm 이상의 강판함에 수납하여 설치하고 "연결송수관설비 수동스위치"라고 표시한 표지를 부착할 것. 이경우 문짝은 불연재료로 설치할 수 있다.

　㉣ 「전기사업법」 제67조에 따른 기술기준에 따라 접지하고 빗물등이 들어가지 아니하는 구조

⑤ 기타 사항은 옥내소화전 설비 준용

**7** 전원, 배선 등 – 옥내소화전설비 준용

**8** 송수구의 겸용

연결송수관설비의 송수구를 옥내소화전설비 · 스프링클러설비 · 간이스프링클러설비 · 화재조기 진압용 스프링클러설비 · 물분무소화설비 · 포소화설비 또는 연결살수설비와 겸용으로 설치하는 경우 – 스프링클러설비의 송수구 설치기준 준용

# 실전 예상문제

**••• 01** 연결송수관설비의 송수구의 부근 배관 부속의 설치 순서가 옳게된 것은? (배관은 건식이다.)

① 송수구 · 자동배수밸브 · 체크밸브의 순으로 설치
② 송수구 · 자동배수밸브 · 체크밸브 · 개폐밸브의 순으로 설치
③ 송수구 · 체크밸브 · 자동배수밸브의 순으로 설치
④ 송수구 · 자동배수밸브 · 체크밸브 · 자동배수밸브의 순으로 설치

> **해설**
> 습식의 경우에는 송수구 · 자동배수밸브 · 체크밸브의 순으로 설치
> 건식의 경우에는 송수구 · 자동배수밸브 · 체크밸브 · 자동배수밸브의 순으로 설치

**••• 02** 연결송수관설비를 습식으로 하여야 하는 경우는?

① 지면으로부터의 높이가 31 m 이상 또는 지상 10층 이상인 특정소방대상물
② 지면으로부터의 높이가 41 m 이상 또는 지상 10층 이상인 특정소방대상물
③ 지면으로부터의 높이가 31 m 이상 또는 지상 11층 이상인 특정소방대상물
④ 지면으로부터의 높이가 41 m 이상 또는 지상 11층 이상인 특정소방대상물

>
> 지면으로부터의 높이가 31 m 이상 또는 지상 11층 이상인 특정소방대상물 – 습식설비

**••• 03** 연결송수관 설비의 송수구는 연결송수관의 어느 배관마다 1개 이상 설치하여야 하는가?

① 수평주행배관        ② 주배관        ③ 수직배수배관        ④ 수직배관

> **해설**
> 송수구는 연결송수관의 수직배관마다 1개 이상을 설치할 것.
> 다만, 하나의 건축물에 설치된 각 수직배관이 중간에 개폐밸브가 설치되지 아니한 배관으로 상호 연결되어 있는 경우에는 건축물마다 1개씩 설치할 수 있다.

**••• 04** 여결송수관설비이 주배관의 구경은 몇 mm 이상으로 하여야 하는가?

① 65        ② 80        ③ 100        ④ 150

>
> 연결송수관설비의 주배관의 구경은 100 mm 이상
> 층수가 30층 이상의 특정소방대상물은 스프링클러설비의 배관과 겸용 불가

 **정답**   01 ④   02 ③   03 ④   04 ③

**05** 송수구가 부설된 옥내소화전을 설치한 지하2층, 지상 8층 업무시설에 연결송수관 설비의 방수구를 반드시 설치하여야 하는 층은?

① 지하2층　　　　　② 지하1층　　　　　③ 소방차가 접근이 쉬운 피난층　　　　④ 2층

> **해설**
> ※ 설치 제외 층
> (1) 아파트의 1층 및 2층
> (2) 소방차의 접근이 가능하고 소방대원이 소방차로부터 각 부분에 쉽게 도달할 수 있는 피난층
> (3) 송수구가 부설된 옥내소화전을 설치한 특정소방대상물로서 다음의 어느 하나에 해당하는 층
> 　　(집회장·관람장·백화점·도매시장·소매시장·판매시설·공장·창고시설 또는 지하가를 제외한다)
> 　　① 지하층을 제외한 층수가 4층 이하이고 연면적이 6,000 m² 미만인 특정소방대상물의 지상층
> 　　② 지하층의 층수가 2 이하인 특정소방대상물의 지하층

**06** 바닥면적 1천 m² 이상인 층(아파트를 제외한다)의 연결송수관 설비의 방수구 설치 기준으로 옳은 것은?

① 각 계단으로부터 3 m 이내 설치 할 것

② 각 계단으로부터 5 m 이내 설치하고 지하가(터널은 제외한다)는 수평거리 50 m마다 설치할 것

③ 각 계단으로부터 5 m 이내 설치하고 지하층의 바닥면적의 합계가 3,000 m² 이상인 것은 보행거리 25 m마다 설치할 것

④ 각 계단으로부터 5 m 이내 설치하고 지하층의 바닥면적의 합계가 3,000 m² 이상인 것은 수평거리 25 m마다 설치할 것

> **해설**

| 바닥면적 1천 m² 미만인 층 (아파트를 포함한다) | · 계단으로부터 5 m 이내 ※ 계단의 부속실을 포함하며 계단이 2 이상 있는 경우에는 그 중 1개의 계단을 말한다. | | |
|---|---|---|---|
| 바닥면적 1천 m² 이상인 층 (아파트를 제외한다) | · 각 계단으로부터 5 m 이내 ※ 계단의 부속실을 포함하며 계단이 3 이상 있는 층의 경우에는 그 중 2개의 계단을 말한다. | | |
| | · 수평거리 ※ 계단으로부터 5 m 이내 설치하고 수평거리 기준에 맞도록 추가 배치 할 것) | 25 m | · 지하가(터널은 제외한다) · 지하층의 바닥면적의 합계가 3,000 m² 이상인 것 |
| | | 50 m | 위에 해당하지 않는것 |

**07** 연결송수관 설비의 방수구는 바닥면적 1,000 m² 미만인 층(아파트 포함)은 계단으로부터 몇 m 이내에 설치하여야 하는가?

① 1 m　　　　　② 2 m　　　　　③ 3 m　　　　　④ 5 m

> **해설**
> 문제 6번 해설 참조

 **정답**　05 ④　06 ④　07 ④

**08** 연결송수관 설비의 방수구에 대한 설치기준으로 옳지 않은 것은?

① 방수구는 당해층의 바닥으로부터 0.5~1.0 m 위치에 설치한다.
② 11층 이상의 층부터는 쌍구형 방수구로 하여야 한다.
③ 방수구의 결합 금속구는 구경 65 mm의 것으로 한다.
④ 특정소방대상물의 3층부터 설치한다.

> **해설**
> 특정소방대상물의 층마다 설치하여야 한다. 아파트의 경우 3층부터 설치한다.

 **09** 연결송수관 설비의 방수구를 쌍구형으로 설치해야 할 층은 몇 층부터인가?

① 3        ② 5        ③ 7        ④ 11

> **해설**
> 11층 이상의 부분에 설치하는 방수구는 쌍구형으로 설치
>
> | 단구형으로<br>설치할 수 있는 경우 | 아파트의 용도로 사용되는 층 |
> | --- | --- |
> | | 스프링클러설비가 유효하게 설치되어 있고 방수구가 2개소 이상 설치된 층 |

 **10** 연결송수관 설비의 방수기구함 등의 설치기준으로 옳지 않은 것은?

① 방수기구함은 피난층과 가장 가까운 층을 기준하여 3개층마다 설치하되, 그 층의 방수구마다 보행거리 5 m 이내에 설치할 것
② 방수기구함에는 길이 15 m의 호스와 방사형 관창을 비치할 것
③ 방수구가 쌍구형 방수구인 경우에는 직사형 관창 2개 이상 비치할 것
④ 방수기구함에는 "방수기구함"이라고 표시한 표지를 할 것

> **해설**
> 방수구가 쌍구형 방수구인 경우에는 방사형 관창 2개 이상 비치할 것

 **11** 연결송수관 설비의 가압송수장치 설치대상으로 옳은 것은?

① 지표면에서 최상층 방수구가 설치된 층의 높이가 70 m 이상의 특정소방대상물에 설치
② 지하층 펌프에서 최상층 방수구의 높이가 70 m 이상의 특정소방대상물에 설치
③ 지하층 펌프에서 최상층 방수구가 설치된 층의 높이가 70 m 이상의 특정소방대상물에 설치
④ 지표면에서 최상층 방수구의 높이가 70 m 이상의 특정소방대상물에 설치

> **해설**
> 연결송수관 설비의 가압송수장치 설치 대상
> - 지표면에서 최상층 방수구의 높이가 70 m 이상의 특정소방대상물에 설치

 **정답** 08 ④  09 ④  10 ③  11 ④

**••• 12** 복도식 아파트에 연결송수관 설비의 방수구가 층별 2개 설치되어 있다. 연결송수관 설비의 가압송수장치 펌프의 토출량은 얼마 이상인가?

① 800 ℓ/min    ② 1,200 ℓ/min    ③ 1,600 ℓ/min    ④ 2,400 ℓ/min

 해설

해당 층에 설치된 방수구가 3개를 초과(방수구가 5개 이상인 경우에는 5개)하는 것에 있어서는 1개마다 800 ℓ/min(계단식 아파트의 경우에는 400 ℓ/min)를 가산

| 토출량(ℓ/min) | 3개 이하 | 4개 | 5개 이상 |
|---|---|---|---|
| 일반 대상물 | 2,400 | 3,200 | 4,000 |
| 계단식 아파트 | 1,200 | 1,600 | 2,000 |

**••• 13** 연결송수관 설비의 가압송수장치인 펌프가 설치되어 있다. 펌프의 양정은 최상층에 설치된 노즐선단의 압력이 얼마 이상 되어야 하는가?

① 0.17 MPa    ② 0.25 MPa    ③ 0.3 MPa    ④ 0.35 MPa

 해설

펌프의 양정은 최상층에 설치된 노즐선단의 압력이 0.35 MPa 이상의 압력이 되도록 할 것

**••• 14** 연결송수관 설비 가압송수장치의 수동스위치는 2개 이상을 설치하고 1개는 송수구의 부근에 설치하되 송수구로부터 몇 m 이내의 보기 쉬운 장소에 바닥으로부터 높이 0.8 m 이상 1.5 m 이하에 설치하여야 하는가?

① 1    ② 2    ③ 3    ④ 5

해설

수동스위치는 2개 이상을 설치하고 1개는 송수구의 부근에 설치하되 송수구로부터 5 m 이내의 보기 쉬운 장소에 바닥으로부터 높이 0.8 m 이상 1.5 m 이하 위치에 설치하여야 한다.

정답  12 ④  13 ④  14 ④

## 4. 연결살수설비(NFSC 503)

### 1 설치대상

| 판매시설, 운수시설, 창고시설 중 물류터미널 | 바닥면적의 합계가 1천 $m^2$ 이상 |
|---|---|
| 지하층(피난층으로 주된 출입구가 도로와 접한 경우는 제외한다) | 바닥면적의 합계가 150 $m^2$ 이상 |
| 아파트의 지하층(대피시설로 사용하는 것만 해당한다) | 바닥면적의 합계가 700 $m^2$ 이상 |
| 교육연구시설 중 학교의 지하층 | 바닥면적의 합계가 700 $m^2$ 이상 |

위의 특정소방대상물에 부속된 연결통로

가스시설 - 지상에 노출된 탱크의 용량이 30톤 이상인 탱크시설

※ 지하구는 제외

### 2 송수구 설치기준

(1) 송수구에는 이물질을 막기 위한 마개를 씌워야 한다.

(2) 지면으로부터 높이가 0.5 m 이상 1 m 이하

(3) 송수구는 구경 65 mm의 쌍구형으로 설치

　　　다만, **하나의 송수구역에 부착하는 살수헤드의 수가 10개 이하인 것은 단구형 가능**

(4) 송수구로부터 주배관에 이르는 연결배관에는 개폐밸브를 설치하지 아니 할 것

　　　다만, 스프링클러·물분무·포 또는 연결송수관설비의 배관과 겸용시 제외

(5) 송수구의 부근에는 표지와 송수구역 일람표를 설치(선택밸브를 설치 시 제외)

(6) **자동배수밸브와 체크밸브 설치기준**

　① **폐쇄형헤드**를 사용하는 설비의 경우에는 **송수구·자동배수밸브·체크밸브**의 순으로 설치

　② **개방형헤드**를 사용하는 설비의 경우에는 **송수구·자동배수밸브**의 순으로 설치

　③ 자동배수밸브는 배관안의 물이 잘 빠질 수 있는 위치에 설치하되, 배수로 인하여 다른
　　물건 또는 장소에 피해를 주지 아니할 것

(7) 소방차가 쉽게 접근할 수 있고 노출된 장소에 설치할 것.

　※ **가연성가스의 저장·취급시설**에 설치하는 연결살수설비의 송수구는 그 방호대상물로부터
　　**20 m 이상**의 거리를 두거나 방호대상물에 면하는 부분이 **높이 1.5 m 이상 폭 2.5 m 이
　　상의 철근콘크리트 벽으로 가려진 장소에 설치**

(8) **개방형헤드를 사용하는 연결살수설비에 있어서 하나의 송수구역에 설치하는 살수헤드의 수
　는 10개 이하**

(9) 개방형헤드를 사용하는 송수구의 호스접결구는 각 송수구역마다 설치

　　　다만, 송수구역을 선택할 수 있는 선택밸브가 설치되어 있고 각 송수구역의 주요구조부가
　　　내화구조로 되어 있는 경우 제외

**3** 연결살수설비의 선택밸브 설치 시 설치기준

(1) 화재 시 연소의 우려가 없는 장소로서 조작
   및 점검이 쉬운 위치에 설치
(2) 자동개방밸브에 따른 선택밸브를 사용하는
   경우에는 송수구역에 방수하지 아니하고
   자동밸브의 작동시험이 가능하도록 할 것
(3) 선택밸브의 부근에는 송수구역 일람표를 설치

선택밸브

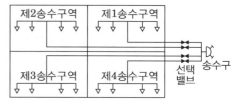

송수구역 일람표

**4** 배관 등

(1) 배관의 종류
   − 옥내소화전설비와 동일

(2) 연결살수설비의 배관의 구경
   ① 연결살수설비 전용헤드를 사용하는 경우

| 하나의 배관에 부착하는 살수헤드의 개수 | 1개 | 2개 | 3개 | 4개 또는 5개 | 6개 이상 10개 이하 |
|---|---|---|---|---|---|
| 배관의 구경(mm) | 32 | 40 | 50 | 65 | 80 |

   ② 스프링클러헤드를 사용하는 경우
      스프링클러설비의 화재안전기준(NFSC 103) 준용

(3) 폐쇄형헤드를 사용하는 연결살수설비의 주배관은 다음 각 호의 어느 하나에 해당 하는
   배관 또는 수조에 접속하여야 한다. 이 경우 접속부분에는 **체크밸브**를 설치하되 점검하
   기 쉽게 하여야 한다.
   1. 옥내소화전설비의 주배관(옥내소화전설비가 설치된 경우에 한한다)
   2. 수도배관(연결살수설비가 설치된 건축물 안에 설치된 수도배관 중 구경이 가장 큰 배관
      을 말한다)
   3. 옥상에 설치된 수조(다른 설비의 수조를 포함한다)

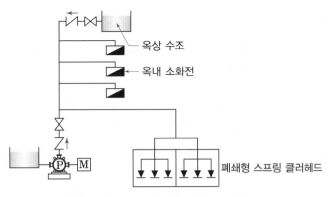

습식설비 – 옥내소화전에 연결된 경우

**(4) 시험배관 설치**

① 송수구에서 가장 먼 거리에 위치한 가지배관의 끝으로부터 연결하여 설치할 것

② **시험장치 배관의 구경은 25mm 이상**으로 하고, 그 끝에는 물받이 통 및배수관을 설치하여 시험 중 방사된 물이 바닥으로 흘러내리지 아니하도록 할 것. 다만, 목욕실·화장실 또는 그 밖의 배수처리가 쉬운 장소의 경우에는 물받이 통 또는 배수관을 설치 제외

**(5) 배관은 동결방지조치를 하거나 동결의 우려가 없는 장소에 설치**

**(6) 개방형헤드를 사용하는 연결살수설비**

① 수평주행배관의 기울기 – 헤드를 향하여 상향으로 100분의 1 이상

② 주배관 중 낮은 부분에는 자동배수밸브를 설치

**(7) 기타기준 – 스프링클러설비 준용**

① **급수배관에 설치되어 급수를 차단할 수 있는 개폐밸브는 개폐표시형**으로 하여야 한다.
   이 경우 펌프의 흡입측배관에는 버터플라이밸브(볼형식의 것을 제외한다)외의 개폐표시형 밸브를 설치
   – 템퍼스위치 설치 기준 없음

5 연결살수설비의 헤드

(1) 연결살수설비의 헤드는 **연결살수설비전용헤드** 또는 **스프링클러헤드로 설치**

디플렉터

연결살수설비 전용헤드

(2) 건축물에 설치하는 연결살수설비의 헤드 설치기준
① 천장 또는 반자의 실내에 면하는 부분에 설치할 것
② 천장 또는 반자의 각 부분으로부터 하나의 살수헤드까지의 수평거리
ㄱ 연결살수설비전용헤드의 경우은 3.7 m 이하
ㄴ 스프링클러헤드의 경우는 2.3 m 이하
ㄷ 살수헤드의 부착면과 바닥과의 높이가 2.1 m 이하인 부분은 살수헤드의 살수분포에 따른 거리로 설치

(3) 폐쇄형스프링클러헤드 설치 시 – 스프링클러 준용

(4) 가연성 가스의 저장·취급시설에 설치하는 연결살수설비의 헤드
다만, 지하에 설치된 가연성가스의 저장·취급시설로서 지상에 노출된 부분이 없는 경우에는 제외
① 연결살수설비 전용의 개방형헤드를 설치
② 가스저장탱크·가스홀더 및 가스발생기의 주위에 설치하되, 헤드상호간의 거리는 3.7 m 이하
③ 헤드의 살수범위는 가스저장탱크·가스홀더 및 가스발생기의 몸체의 중간 윗부분의 모든 부분이 포함되도록 하여야 하고 살수된 물이 흘러내리면서 살수범위에 포함되지 아니한 부분에도 모두 적셔질 수 있도록 할 것

(5) 헤드의 설치제외
① 상점(판매시설과 운수시설을 말하며, 바닥면적이 150 m² 이상인 지하층에 설치된 것을 제외한다)으로서 주요구조부가 내화구조 또는 방화구조로 되어 있고 바닥면적이 500 m² 미만으로 방화구획되어 있는 특정소방대상물 또는 그 부분
② 스프링클러설비 헤드 제외 장소와 동일

6 연결살수설비의 송수구 겸용

(1) 스프링클러·간이스프링클러·화재조기진압용 스프링클러·물분무·포 또는 연결송수관설비와 겸용으로 설치하는 경우 – 스프링클러설비의 송수구 설치기준

(2) 옥내소화전설비의 송수구와 겸용으로 설치하는 경우 – 옥내소화전설비의 송수구의 설치기준 따를 것

## 실전 예상문제

**•••01** 연결살수설비의 설치대상 기준이 아닌 것은?

① 아파트의 지하층(대피시설로 사용하는 것만 해당한다) − 바닥면적의 합계가 700 m² 이상
② 학교의 지하층 − 바닥면적의 합계가 700 m² 이상
③ 지하층(피난층으로 주된 출입구가 도로와 접한 경우는 제외한다) − 바닥면적의 합계가 150 m² 이상
④ 가스시설 − 지상에 노출된 탱크의 용량이 100톤 이상인 탱크시설

**해설**

| 지하층(피난층으로 주된 출입구가 도로와 접한 경우는 제외한다) | 바닥면적의 합계가 150 m² 이상 |
|---|---|
| 아파트의 지하층(대피시설로 사용하는 것만 해당한다) | 바닥면적의 합계가 700 m² 이상 |
| 교육연구시설 중 학교의 지하층 | 바닥면적의 합계가 700 m² 이상 |
| 위의 특정소방대상물에 부속된 연결통로 | |
| 가스시설 − 지상에 노출된 탱크의 용량이 30톤 이상인 탱크시설 | |

**•○○02** 연결살수설비의 송수구의 구경은?

① 65 mm  ② 80 mm  ③ 100 mm  ④ 125 mm

**해설**

송수구는 구경 65 mm의 쌍구형으로 설치 다만, 하나의 송수구역에 부착하는 살수헤드의 수가 10개 이하인 것은 단구형 가능

**•••03** 연결살수설비의 송수구는 하나의 송수구역에 설치하는 헤드의 수가 몇 개 이하일 때는 단구형으로 할 수 있는가?

① 5개 이하
③ 15개 이하
② 10개 이하
④ 20개 이하

**해설**

송수구는 구경 65 mm의 쌍구형으로 설치하여야 한다.
다만, 하나의 송수구역에 부착하는 살수헤드의 수가 10개 이하인 것은 단구형으로 설치 가능

**04** 연결살수설비의 송수구의 설치기준 중 가연성가스의 저장·취급시설에 설치하는 연결살수설비의 송수구는 그 방호대상물 로부터 몇 m 이상의 거리를 두거나 방호대상물에 면하는 부분이 높이 1.5 m 이상 폭 2.5 m 이상의 철근콘크리트 벽으로 가려진 장소에 설치 하여야 하는가?

① 5                    ② 10                    ③ 15                    ④ 20

> **해설**
> 가연성가스의 저장·취급시설에 설치하는 연결살수설비의 송수구는 그 방호대상물로부터 20 m 이상의 거리를 두어야 한다.

 **05** 연결살수설비에서 연결살수전용 헤드를 사용하는 경우 하나의 배관에 부착하는 살수헤드의 개수와 배관의 구경이 일치하는 것은?

① 배관의 구경이 32 mm 것에는 2개의 헤드
② 배관의 구경이 40 mm 것에는 3개의 헤드
③ 배관의 구경이 50 mm 것에는 4개의 헤드
④ 배관의 구경이 65 mm 것에는 5개의 헤드

> **해설**
> 연결살수설비 전용헤드를 사용하는 경우
>
> | 하나의 배관에 부착하는 살수헤드의 개수 | 1개 | 2개 | 3개 | 4개 또는 5개 | 6개 이상 10개 이하 |
> |---|---|---|---|---|---|
> | 배관의 구경(mm) | 32 | 40 | 50 | 65 | 80 |

 **06** 연결살수설비에서 연결살수전용 헤드를 사용하는 경우 배관의 구경이 80 mm일 때 하나의 배관에 부착하는 살수헤드의 개수는?

① 3개                    ② 4개 또는 5개            ③ 6개 이상            ④ 6개 이상 10개 이하

> **해설**
> 문제 5번 해설 참조

**07** 개방형헤드를 사용하는 연결살수설비가 설치되어 있다. 수평주행배관의 기울기 헤드를 향하여 상향으로 얼마 이상으로 하여야 하는가?

① 1/ 100                ② 1/ 250                ③ 1/ 500                ④ 1/ 1,000

> **해설**
> 개방형헤드를 사용하는 연결살수설비의 수평주행배관의 기울기 - 헤드를 향하여 상향으로 100분의 1 이상

**정답** 04 ④   05 ④   06 ④   07 ①

**08** 연결살수설비의 헤드에 대한 내용으로 옳지 않은 것은?

① 연결살수설비의 헤드는 연결살수설비전용헤드 또는 스프링클러헤드로 설치
② 천장 또는 반자의 실내에 면하는 부분에 설치할 것
③ 천장 또는 반자의 각 부분으로부터 하나의 살수헤드까지의 수평거리는 연결살수설비전용헤드의 경우는 3.7 m 이하
④ 천장 또는 반자의 각 부분으로부터 하나의 살수헤드까지의 수평거리는 스프링클러헤드의 경우는 2.1 m 이하

 천장 또는 반자의 각 부분으로부터 하나의 살수헤드까지의 수평거리는 스프링클러헤드의 경우는 2.3 m 이하

**09** 가연성가스의 저장, 취급시설에 설치하는 연결 살수 설비의 헤드설치 기준이 아닌 것은?

① 연결살수설비의 전용의 개방형 헤드를 설치 할 것
② 가스저장탱크, 가스홀더 및 가스발생기 주위에 설치
③ 헤드 상호간의 거리는 3.7 m 이하로 설치하여야 한다.
④ 헤드의 살수범위는 가스저장탱크, 가스홀더 및 가스발생기의 몸체의 상부 부분의 모든 부분이 포함되도록 하여야 한다.

 가연성 가스의 저장·취급시설에 설치하는 연결살수설비의 헤드
헤드의 살수범위는 가스저장탱크·가스홀더 및 가스발생기의 몸체의 중간 윗부분의 모든 부분 포함되도록 하여야 하고 살수된 물이 흘러내리면서 살수범위에 포함되지 아니한 부분에도 모두 적셔질 수 있도록 할 것

**10** 연결살수설비의 가지배관은 교차배관에서 분기되는 지점을 기점으로 한쪽 가지배관에 설치되는 헤드의 개수는?

① 6개 이하　　② 8개 이하　　③ 10개 이하　　④ 15개 이하

 스프링클러설비와 동일하게 8개 이하이다.

## 5. 비상콘센트설비

### 1 개요

(1) 화재시 진압 또는 인명 구출 등을 위해 소방대가 사용하는 설비를
소화활동설비라 한다. 그 중 비상콘센트설비는 소화활동장비의 필요한
전원을 전용회선으로 공급받기 위한 설비를 말한다.

비상콘센트

(2) 수납형
비상콘센트설비의 플럭접속기 및 배선용차단기 등이 노출된
구조로 옥내소화전함 등의 내부에 설치되는 형태의 비상콘센트설비를 말한다.

### 2 설치대상

(1) 층수가 11층 이상인 특정소방대상물의 경우에는 11층 이상의 층

(2) 지하층의 층수가 3개층 이상이고 지하층의 바닥면적의 합계가 1천 $m^2$ 이상인 것은 지하층의 전층

(3) 지하가 중 터널로서 길이가 5백 m 이상인 것

※ 설치제외 대상 – 위험물 저장 및 처리 시설 중 가스시설, 지하구

### 3 전원

(1) 상용전원

① 저압수전 – 인입개폐기의 직후에서 분기하여 전용배선

② 특별고압수전 또는 고압수전 – 전력용변압기 2차측의 주차단기 1차측 또는 2차측에서 분기하여 전용배선으로 할 것

(2) 비상전원

① 종류

자가발전설비, 비상전원수전설비 또는 전기저장장치

② 설치대상

㉠ 지하층을 제외한 층수가 7층 이상으로서 연면적이 2,000 $m^2$ 이상

㉡ 지하층의 바닥면적의 합계가 3,000 $m^2$ 이상

③ 설치제외

㉠ 2 이상의 변전소에서 전력을 동시에 공급받는 경우

㉡ 하나의 변전소로부터 전력의 공급이 중단되는 때에는 자동으로 다른 변전소로부터 전력을 공급받은 수 있도록 상용전원을 설치한 경우

④ 설치기준

 ㉠ 자가발전설비

  – 옥내소화전설비의 비상전원 설치기준과 동일

 ㉡ **비상전원수전설비**는 「소방시설용비상전원수전설비의 화재안전기준(NFSC 602)」에 따라 설치

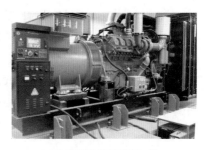
자가발전설비(발전기)

(3) 비상콘센트설비의 전원회로

① 전원회로(비상콘센트에 전력을 공급하는 회로를 말한다)

| 전　원 | 단상교류 220 V |
|---|---|
| 공급용량 | 1.5 kVA 이상 |
| 플러그접속기(= 콘센트) | 접지형2극 플러그접속기(KS C 8305) |

② 설치방법

 ㉠ 전원회로는 각층에 2 이상이 되도록 설치 단, 층에 비상콘센트가 1개인 때에는 하나의 회로로 할 수 있다.

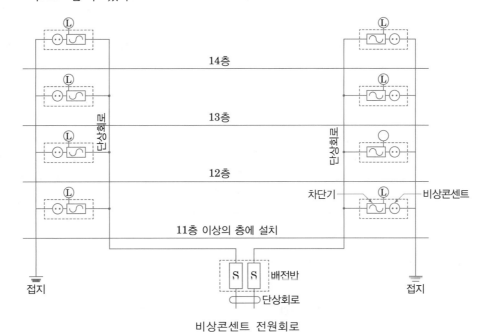
비상콘센트 전원회로

 ㉡ 전원회로는 주배전반에서 전용회로로 할 것

  다만, 다른 설비의 회로의 사고에 따른 영향을 받지 아니한 것은 제외

 ㉢ 전원으로부터 각층의 비상콘센트에 분기되는 경우에는 분기배선용 차단기를 보호함안에 설치

ⓡ 콘센트마다 배선용 차단기(KS C 8321)를 설치하여야 하며, 충전부가 노출되지 아니하도록 할 것

ⓜ 개폐기에는 "비상콘센트"라고 표시한 표지

ⓑ 비상콘센트용의 풀박스 등은 방청도장을 한 것으로서, 두께 1.6 mm 이상의 철판

ⓢ 하나의 전용회로에 설치하는 비상콘센트는 10개 이하로 할 것

ⓞ 전선의 용량은 각 비상콘센트(비상콘센트가 3개 이상인 경우에는 3개)의 공급용량을 합한 용량 이상

③ 접지공사

비상콘센트의 플러그접속기의 칼받이의 접지극에는 접지공사를 하여야 한다.

접지극    접지극

단상용 플러그접속기와 플러그

**4** 설치높이 · 위치 (연결송수관 방수구 설치기준과 동일)

① 설치높이 − 바닥으로부터 높이 0.8 m 이상 1.5 m 이하

② 설치위치

| 바닥면적 | 설치위치 | | | |
|---|---|---|---|---|
| 1천 $m^2$ 미만인 층 (아파트 포함) | 계단으로부터 5 m 이내 | 계단의 부속실을 포함하며 계단이 2 이상 있는 경우에는 그 중 1개의 계단 | | |
| 1천 $m^2$ 이상인 층 (아파트 제외) | 각 계단으로부터 5 m 이내 | 계단의 부속실을 포함하며 계단이 3 이상 있는 층의 경우에는 그 중 2개의 계단 | | |
| | 계단으로부터 5m 이내 설치하고 수평 거리 기준에 맞도록 추가 배치 할 것 | 수평 거리 | 25 m | 1. 지하가(터널 제외) 2. 지하층의 바닥면적의 합계가 3,000 $m^2$ 이상인 것 |
| | | | 50 m | 위에 해당하지 않는 것 |

**5** 절연저항 및 절연내력

(1) 절연저항

전원부(충전부)와 외함 사이를 500V 절연저항계로 측정할 때 20MΩ 이상

(2) 절연내력

| 전원부와 외함 사이에 정격전압 | 150 V 이하 | 150 V 이상 |
|---|---|---|
| 실효전압 | 1,000 V | (정격전압 × 2) + 1,000 V |
| 절연이 파괴되지 않는 시간 | 1분 이상 | 1분 이상 |

**절연저항과 절연내력의 의미**

| 절연저항 | 절연체의 저항이 좋아야 외부로 전류가 흘러나올 수 없으며 절연저항이 나쁘면 전류가 흘러나와 감전 등의 원인이 된다. 따라서 절연저항시험을 하는 이유는 절연이 얼마나 잘 되어 있는지를 확인하기 위해서이다. |
|---|---|
| 절연내력 | 이상전압에 의해 절연체의 절연이 파괴될 수 있다. 즉, 여기에 견디는 절연체의 내력(견디는 힘)이다. 절연내력시험을 하는 이유는 평상시보다 높은 전압을 인가될 경우 절연의 파괴 여부를 확인하기 위해서이다. |

## 6 보호함 설치기준

(1) 보호함에는 **쉽게 개폐할 수 있는 문을 설치**할 것

(2) 보호함 표면에 **"비상콘센트"라고 표시한 표지**를 할 것

(3) **보호함 상부에 적색의 표시등을 설치**할 것.
   비상콘센트의 보호함을 옥내소화전함 등과 접속하여 설치 시 옥내소화전함 등의 표시등과 겸용할 수 있다.

비상콘센트 보호함

(4) 외함의 두께

| 강판 | 스테인레스판 | 자기소화성이 있는 합성수지 |
|---|---|---|
| 두께 1.6 mm 이상 | 두께 1.2 mm 이상 | 두께 3 mm 이상 |

## 7 배선

전원회로의 배선은 내화배선, 그 밖의 배선은 내화배선 또는 내열배선으로 할 것

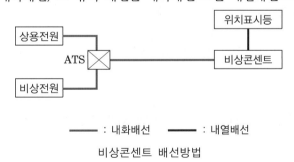

──── : 내화배선    ──── : 내열배선
비상콘센트 배선방법

## 실전 예상문제

•••01 비상콘센트의 전원회로 공급용량으로 옳은 것은?

① 단상교류 : 220 V, 1.5 kVA  ② 단상교류 : 220 V, 1.0 kVA
③ 단상교류 : 200 V, 1.5 kVA  ④ 단상교류 : 200 V, 1.0 kVA

> **해설**
> 비상콘센트의 전원회로 공급용량 – 단상교류 : 220 V, 1.5 kVA
> ♣ 3상교류에 관련된 내용은 전부 삭제됨

•••02 비상콘센트설비의 전원회로는 각 층에 있어서 몇 개 이상의 회로가 되도록 설치하여야 하는가?

① 1  ② 2  ③ 3  ④ 5

> **해설**
> 전원회로는 각층에 2 이상이 되도록 설치 단, 층에 비상콘센트가 1개인 때에는 하나의 회로로 할 수 있다.

•••03 비상콘센트설비에서 하나의 전용회로에 설치할 수 있는 비상콘센트의 수는 몇 개 이하로 하는가?

① 5  ② 10  ③ 15  ④ 20

> **해설**
> 하나의 전용회로에 설치하는 비상콘센트는 10개 이하로 할 것

•••04 비상콘센트의 전선의 용량은 몇 개의 비상콘센트의 공급용량을 합한 용량 이상으로 하여야 하는가?

① 1개  ② 2개  ③ 3개  ④ 4개

> **해설**
> 전선의 용량은 각 비상콘센트(비상콘센트가 3개 이상인 경우에는 3개)의 공급용량을 합한 용량 이상으로 하여야 한다.

•••05 비상콘센트설비의 전원부와 외함 사이를 500 V 절연저항계로 측정시 절연저항은 몇 MΩ 이상이어야 하는가?

① 5  ② 10  ③ 15  ④ 20

> **해설**
> 충전부(전원부)와 외함 사이의 절연저항값은 모두 5 MΩ 이상이어야 하나 중계기와 비상콘센트만 20 MΩ 이상이다.

**정답** 01 ①  02 ②  03 ②  04 ③  05 ④

**•••06** 비상콘센트설비의 전원회로의 설치기준으로 옳지 않은 것은?

① 하나의 전용회로에 설치하는 비상콘센트는 10개 이하로 하여야 한다.
② 콘센트마다 배선용 차단기(KS C 8321)를 설치하여야 하며, 충전부가 노출되지 아니하도록 할 것
③ 비상콘센트용의 풀박스 등은 방청도장을 한 것으로서 두께 1.5 mm 이상의 철판으로 하여야 한다.
④ 단상교류 1.5 kVA 이상 220 V를 사용한다.

**해설**

비상콘센트용의 풀박스 등은 방청도장을 한 것으로서 두께 1.6 mm 이상의 철판으로 하여야 한다.

**•••07** 비상콘센트의 플러그접속기는 접지형 몇 극 플러그 접속기를 사용해야 하는가?

① 1극      ② 2극      ③ 3극      ④ 4극

**해설**

| 전 원 | 단상교류 220 V |
|---|---|
| 공급용량 | 1.5 kVA 이상 |
| 플러그접속기(= 콘센트) | 접지형2극 플러그접속기(KS C 8305) |

**••○08** 바닥면적 1천 m² 이상인 층(아파트를 제외한다)의 비상콘센트 설치 기준으로 옳은 것은?

① 각 계단으로부터 3 m 이내 설치할 것
② 각 계단으로부터 5 m 이내 설치하고 지하가(터널은 제외한다)는 수평거리 50 m마다 설치할 것
③ 각 계단으로부터 5 m 이내 설치하고 지하층의 바닥면적의 합계가 3,000 m² 이상인 것은 보행거리 25 m마다 설치할 것
④ 각 계단으로부터 5 m 이내 설치하고 지하층의 바닥면적의 합계가 3,000 m² 이상인 것은 수평거리 25 m마다 설치할 것

**해설**

| 바닥면적 | 설치위치 | | | |
|---|---|---|---|---|
| 1천 m² 미만인 층 (아파트 포함) | 계단으로부터 5 m 이내 | 계단의 부속실을 포함하며 계단이 2 이상 있는 경우에는 그 중 1개의 계단 | | |
| 1천 m² 이상인 층 (아파트 제외) | 각 계단으로부터 5 m 이내 | 계단의 부속실을 포함하며 계단이 3 이상 있는 층의 경우에는 그 중 2개의 계단 | | |
| | 계단으로부터 5m 이내 설치하고 수평 거리 기준에 맞도록 추가 배치 할 것 | 수평거리 | 25 m | 1. 지하가(터널 제외) 2. 지하층의 바닥면적의 합계가 3,000 m² 이상인 것 |
| | | | 50 m | 위에 해당하지 않는 것 |

**09** 비상콘센트 전원부와 외함 사이에 정격전압이 220 V인 비상콘센트는 실효전압 몇 V를 가하여 1분 이상 견디어야 하는가?

① 220 V      ② 500 V      ③ 1,000 V      ④ 1,440 V

**해설**
절연내력

| 전원부와 외함 사이에 정격전압 | 60 V 이하 | 150 V 이하 | 150 V 이상 |
|---|---|---|---|
| 실효전압 | 500 V | 1,000 V | (정격전압 × 2) + 1,000 V |
| 절연이 파괴되지 않는 시간 | 1분 이상 | 1분 이상 | 1분 이상 |

정격전압이 150V 이상이므로 실효전압 = (정격전압 × 2) + 1,000 V = 220 × 2) + 1,000 V = 1,440 V

 **10** 비상콘센트의 전원회로와 비상전원회로는 각각 어떤 배선으로 하여야 하는가?

① 내화배선, 내화배선             ② 내열배선, 내화배선
③ 내화배선, 내열배선             ④ 내열배선, 내열배선

**해설**
전원회로의 배선은 내화배선, 그밖의 배선은 내화배선 또는 내열배선으로 하고 비상전원회로는 내화배선으로 할 것

 **11** 지하 6층, 지상 6층인 건축물의 각 층의 면적이 200 m²(가로 10 m, 세로 20 m)이다. 설치해야 할 비상콘센트의 최소 수는 몇 개인가?

① 1개      ② 2개      ③ 6개      ④ 8개

**해설**
비상콘센트 설치대상
지하층 제외한 11층 이상에 설치하여야 하므로 지상층은 설치되지 않으며 지하3층 이상으로서 바닥면적 합이 1천제곱미터 이상이므로 지하전층에 설치하여야 한다.

 **12** 지하 6층, 지상 6층인 건축물의 각 층의 면적이 100 m²(가로 10 m, 세로 10 m)이다. 설치해야 할 비상콘센트의 수는 몇 개인가?

① 0개      ② 2개      ③ 4개      ④ 6개

**해설**
지하층 제외한 11층 이상에 설치하여야 하므로 지상층은 설치되지 않으며 지하3층 이상으로서 바닥면적 합이 1천제곱미터 이상에 해당되지 않으므로 지하층도 설치대상이 아니다.

**정답**    09 ④    10 ①    11 ③    12 ①

## 6. 무선통신보조설비(NFSC 505)

### 1 개요

**무선통신보조설비는 소화활동설비 중 하나로 소방대가 소화 활동을 위해 사용하는 무전기의 무선교신의 성능을 보조해주는 설비**로서 지하, 지상의 전파가 잘 이루어지지 않는 곳에 누설동축케이블, 안테나 등을 설치하여 무선교신이 잘 이루어지도록 해주는 설비이다. 지상이라고 무전이 꼭 잘 통하는 것은 아니기 때문에 그 현장에서 성능을 확인 후 무전이 잘 이루어지지 않으면 설치하는 것이 바람직하다.

### 2 설치대상

| 설치대상 | 설치 층 |
|---|---|
| 지하층의 바닥면적의 합계가 3천 $m^2$ 이상 | 지하층의 전층 |
| 지하층의 층수가 3개층 이상이고 지하층의 바닥면적의 합계가 1천 $m^2$ 이상 | 지하층의 전층 |
| 층수가 30층 이상 | 16층 이상의 전층 |
| 지하가(터널은 제외한다)의 연면적 1천 $m^2$ 이상 | - |
| 공동구 | - |

### 3 설치 제외 및 면제기준

(1) 제외

① 위험물 저장 및 처리시설 중 가스시설

② **지하층으로서 특정소방대상물의 바닥부분 2면 이상이 지표면과 동일하거나 지표면으로부터의 깊이가 1 m 이하인 경우**에는 해당층에 한하여 무선통신보조설비를 설치하지 아니할 수 있다.

(2) 면제

무선통신보조설비를 설치하여야 하는 특정소방대상물에 이동통신구내중계기설로설비 또는 무선이동중계기(「전파법」 제58조의2에 따른 적합성평가를 받은 제품만 해당한다) 등을 화재안전기준의 무선통신보 조설비기준에 적합하게 설치한 경우에는 설치가 면제된다.

**4** 구성

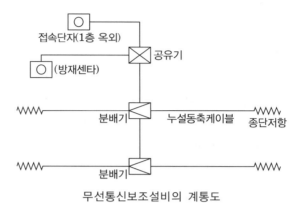

무선통신보조설비의 계통도

| | |
|---|---|
| 접속단자 | **무선기(무전기)와 케이블을 연결하기 위한 접속단자**<br><br>무선기접속단자함　　접속단자　　케이블 |
| 옥외안테나 | 감시제어반 등에 설치된 무선중계기의 입력과 출력포트에 연결되어 송수신 신호를 원활하게 방사·수신하기 위해 옥외에 설치하는 장치<br><신설 2021. 3. 25.> |
| 무선중계기 | 안테나를 통하여 수신된 무전기 신호를 증폭한 후 음영지역에 재방사하여 무전기 상호 간 송수신이 가능하도록 하는 장치<br><신설 2021. 3. 25.> |
| 혼합기 | 두개 이상의 입력신호를 원하는 비율로 조합한 출력이 발생하도록 하는 장치 |

| 분파기<br>branching filter<br>分波器 | 서로 다른 주파수의 합성된 신호를 분리하기 위해서 사용하는 장치 | |
|---|---|---|
| 공유기 | 소방무선, FM 신호, TRS신호를 결합하거나 분배하는 기능이다 | |
| 분배기<br>distributor<br>分配器 | 신호의 전송로가 분기되는 장소에 설치하는 것으로 임피던스 매칭(Matching)과 신호 균등분배를 위해 사용하는 장치 | |
| 증폭기 | • 신호 전송 시 신호가 약해져 수신이 불가능해지는 것을 방지하기 위해서 증폭하는 장치<br>• 증폭기의 전면에는 주 회로의 **전원**이 정상인지의 여부를 표시할 수 있는 표시등 및 전압계를 설치<br> | |
| 무반사종단저항 | 무선기로 말을 하면 그 음성은 전파에 실려 케이블 끝까지 전송하게 되는데 그 전파가 케이블 끝에서 소멸되지 않으면 반송파가 생기는데 이는 전파와 합성되어 합성파(정재파)를 만들어 잡음을 발생 시킨다. 따라서 반송파가 생기지 않도록 하기 위해서 케이블 끝에 무반사종단저항을 설치한다. | |
| 동축케이블<br>ECX<br>(Coaxial Cable) | 전송선로의 일종으로, 중심에 초의 심지와 같이 도체가 있고, 그 주변을 둘러싸는 높은 유전상수를 갖는 유연한 유전체와 다시 이를 감싸는 도체망으로 구성된 케이블(보통 TV 안테나선으로 많이 사용함) | |

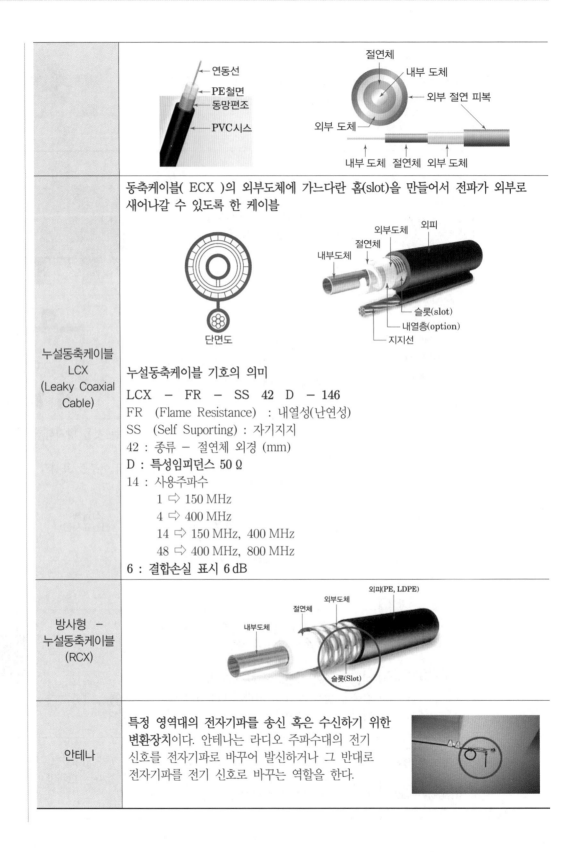

| | |
|---|---|
| 누설동축케이블 LCX (Leaky Coaxial Cable) | 동축케이블( ECX )의 외부도체에 가느다란 홈(slot)을 만들어서 전파가 외부로 새어나갈 수 있도록 한 케이블<br><br>**누설동축케이블 기호의 의미**<br><br>LCX – FR – SS 42 D – 146<br>FR (Flame Resistance) : 내열성(난연성)<br>SS (Self Suporting) : 자기지지<br>42 : 종류 – 절연체 외경 (mm)<br>D : 특성임피던스 50 Ω<br>14 : 사용주파수<br>    1 ⇨ 150 MHz<br>    4 ⇨ 400 MHz<br>    14 ⇨ 150 MHz, 400 MHz<br>    48 ⇨ 400 MHz, 800 MHz<br>6 : 결합손실 표시 6 dB |
| 방사형 – 누설동축케이블 (RCX) | |
| 안테나 | **특정 영역대의 전자기파를 송신 혹은 수신하기 위한 변환장치**이다. 안테나는 라디오 주파수대의 전기 신호를 전자기파로 바꾸어 발신하거나 그 반대로 전자기파를 전기 신호로 바꾸는 역할을 한다. |

| 무선통신보조설비 그림기호 | 분파기 | F | 혼합기 | ▽ | 분배기 | ⊐□⊏ | 무선기 접속단자 | ◎ |
|---|---|---|---|---|---|---|---|---|
| | 커넥터 | —□ | 무반사 종단저항 | —/\/\/— | 분기기 | ⊐□⊏ | 누설 동축 케이블 | ▬▬▬ |

※ 누설동축케이블
1. 일반 배선용 그림기호보다 굵게 한다.
2. 천장 은폐형은 ▬ ▬ ▬ 을 사용하여도 좋다.
3. 필요에 따라 종별, 형식, 사용길이 등을 기입한다.　예　▬ ▬ ▬　LCX500 100 m
4. 내열형은 필요에 따라 H를 기입한다. H─LCX200 50 m

## 5　설치기준

(1) 누설동축케이블 등 설치기준

① 소방전용주파수대(450 MHz)에서 전파의 전송 또는 복사에 적합한 것으로서 소방전용의 것으로 할 것 다만, 소방대 상호간의 무선연락에 지장이 없는 경우에는 다른 용도와 겸용 가능

② **누설동축케이블 등**

| | |
|---|---|
| 누설동축케이블 및 동축케이블 | ㉠ 불연 또는 난연성으로 할 것 |
| | ㉡ 습기에 따라 전기의 특성이 변질되지 아니할 것 |
| | ㉢ 노출하여 설치한 경우에는 피난 및 통행에 장애가 없도록 할 것 |
| | ㉣ 화재에 따라 해당 케이블의 피복이 소실된 경우에 케이블 본체가 떨어지지 아니하도록 **4 m 이내마다 금속제 또는 자기제등의 지지금구**로 **벽·천장·기둥 등에 견고하게 고정**시킬 것 다만, 불연재료로 구획된 반자 안에 설치하는 경우에는 제외 |
| | ㉤ **임피던스는 50 Ω** 으로 하고, 이에 접속하는 안테나·분배기 기타의 장치는 해당 임피던스에 적합한 것으로 할 것 |
| 누설동축케이블 및 안테나 | ㉥ 금속판 등에 따라 전파의 복사 또는 특성이 현저하게 저하되지 아니하는 위치에 설치할 것 |
| | ㉦ **고압의 전로로부터 1.5 m 이상 떨어진 위치에 설치할 것** 해당 전로에 정전기 차폐장치를 유효하게 설치한 경우 제외 |
| 누설동축케이블 | ㉧ 끝부분에는 무반사 종단저항을 견고하게 설치할 것 |

③ 누설동축케이블 + 안테나 또는 동축케이블과 + 안테나로 구성

| 방식 | 계통도 | 용도 | 특성 |
|---|---|---|---|
| 동축케이블과 누설동축 케이블 접속 | 무반사종단저항 | 터널, 지하가 (폭이 좁고 거리가 긴 장소) | 노출시공 − 유지보수가 용이하며 균일하고 광범위한 전파 방사 가능 |
| 동축케이블과 안테나 접속 | 안테나 | 극장, 대강장, 주차장 (폭이 넓고 장애물이 없는 장소) | 은폐시공− 미관이 좋고 화재영향 작음 장소가 넓어 말단 신호 약해 잡음 발생 |
| 동축케이블과 누설동축 케이블, 안테나 접속 | LCX + 안테나 | 모든 장소에 적응성 있도록 설치 가능 | 신호가 약한 부분에 LCX 설치하여 안테나 단점 보완 함 |

### (2) 무선기기 접속단자 설치기준

「전파법」에 제58조에 따른 적합성평가를 받은 무선이동중계기를 설치하는 경우에는 제외

무선기접속단자함　　　무선기 접속단자함 내부

무전기 접속 단자

무전기 접속용 케이블

| 설치장소 | • 화재층으로부터 지면으로 떨어지는 유리창 등에 의한 지장을 받지 않고 지상에서 유효하게 소방활동을 할 수 있는 장소<br>• 수위실 등 상시 사람이 근무하고 있는 장소 |
|---|---|
| 설치높이 | 바닥으로부터 높이 0.8 m 이상 1.5 m 이하 |
| 지상에<br>설치하는<br>접속단자 | **보행거리 300 m 이내마다 설치** |
| | **다른 용도로 사용되는 접속단자에서 5 m 이상 이격하여 설치** |
| | • 단자를 보호하기 위하여 견고하고 함부로 개폐할 수 없는 구조의 보호함을 설치<br>• 보호함의 표면에는 "무선기 접속단자"라고 표시한 표지 |
| | 먼지 · 습기 및 부식 등에 따라 영향을 받지 아니하도록 조치 |

### (3) 분배기 · 분파기 및 혼합기 등 설치기준

① **임피던스는 50Ω 의 것**으로 할 것
② 먼지 · 습기 및 부식 등에 따라 기능에 이상을 가져오지 아니하도록 할 것
③ 점검에 편리하고 화재 등의 재해로 인한 피해의 우려가 없는 장소에 설치할 것

### (4) 증폭기 및 무선이동중계기 설치기준

① 전원은 전기가 정상적으로 공급되는 축전지, 전기저장장치 또는 교류전압 옥내간선으로 하고, 전원까지의 배선은 전용
② 증폭기의 전면에는 주 회로의 전원이 정상인지의 여부를 표시할 수 있는 표시등 및 전압계를 설치
③ 증폭기에는 비상전원이 부착된 것으로 하고 해당 **비상전원 용량은 무선통신보조설비를 유효하게 30분 이상** 작동시킬 수 있는 것으로 할 것
④ 증폭기 및 무선중계기를 설치하는 경우에는 전파법에 따른 적합성평가를 받은 제품으로 설치하고 임의로 변경하지 않도록 할 것 <개정 2021. 3. 25.>

⑤ 디지털 방식의 무전기를 사용하는데 지장이 없도록 설치할 것 <신설 2021. 3. 25.>

(5) 무선통신보조설비 설치기준 〈신설 2021. 3. 25.〉

① 누설동축케이블 또는 동축케이블과 이에 접속하는 안테나가 설치된 층
  – 모든 부분(계단실, 승강기, 별도 구획된 실 포함)에서 유효하게 통신이 가능할 것
② 옥외 안테나와 연결된 무전기와 건축물 내부에 존재하는 무전기 간의 상호통신, 건축물 내부에 존재하는 무전기 간의 상호통신, 옥외 안테나와 연결된 무전기와 방재실 또는 건축물 내부에 존재하는 무전기와 방재실간의 상호통신이 가능할 것

(6) 옥외안테나 설치기준 〈개정 2021. 3. 25.〉

① 건축물, 지하가, 터널 또는 공동구의 출입구 및 출입구 인근에서 통신이 가능한 장소에 설치
② 다른 용도로 사용되는 안테나로 인한 통신장애가 발생하지 않도록 설치할 것
③ 옥외안테나는 견고하게 설치하며 파손의 우려가 없는 곳에 설치하고 그 가까운 곳의 보기 쉬운 곳에 "무선통신보조설비 안테나"라는 표시와 함께 통신 가능거리를 표시한 표지를 설치할 것
④ 수신기가 설치된 장소 등 사람이 상시 근무하는 장소에는 옥외 안테나의 위치가 모두 표시된 옥외안테나 위치표시도를 비치할 것

그레이딩(Grading) (참조)

① 증폭기를 설치하지 아니하고 전송손실(도체손실 + 절연체손실 + 복사손실)과 결합손실을 가지고 신호레벨 감소를 저하시키지 않게 하는 그레이딩(Grading)[정합 – matching] 방법을 사용하기도 한다.
② 결합손실 – 말 그대로 회로에 어떤 기기들을 접속했을 때 생기는 손실이며 슬롯의 크기와 각도에 의해 조절이 가능하다.
③ 결합손실이 작은 것은 복사손실이 크고 전송손실이 크며 전송손실은 회로에서의 주파수가 커지면 증가한다. 따라서 무선통신보조설비의 소방전용 주파수대를 낮추는 방안도 필요하다.

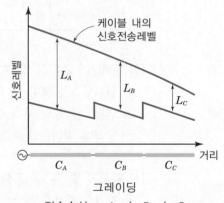

그레이딩

전송손실 : A 〈 B 〈 C
결합손실 : A 〉 B 〉 C

④ 그레이딩은 아래 그림에서처럼 신호레벨이 높은 곳에서는 결합손실이 큰 케이블을 사용하고 신호레벨이 낮은 곳에서는 결합손실이 작은 케이블을 사용하여 그림 가운데의 계단처럼 신호레벨을 균등한 신호레벨로 평준화시켜 주는 것을 말한다.

⑤ 임피던스 매칭

어떤 부하에 동축케이블 등을 통하여 전압을 가하면 케이블 어느 지점 이던지 전압 분포는 동일하여야 하는데 동축케이블과 특성 임피던스가 다른 저항으로 결합하면 서로의 임피던스가 달라 고주파 전력의 일부가 송신기 측으로 되돌아오는데 이를 반사파라고 한다. 즉 **임피던스가 정합(매칭)이 되지 않으면 반사파가 생기고 반사파에 의해 입사파와 반사파가 합성된 합성파(정재파)가 생기며 이는 전력손실로 나타나게 된다.** 반사량이 많아질수록 정재파는 커지며 정재파가 1일 때 반사파가 하나도 없는 최적의 조건을 말한다.

**누설동축케이블에서는 이런 정재파비를 1.5 이하로 하여야 한다. ( loss율 4% )**

## 실전 예상문제

••• 01 무선통신보조설비 설치대상으로 옳지 않은 것은?

① 지하층의 바닥면적의 합계가 3천 m² 이상은 지하층의 전층
② 지하층의 층수가 3개층 이상이고 지하층의 바닥면적의 합계가 1천 m² 이상은 지하층의 전층
③ 층수가 30층 이상은 30층 이상의 전층
④ 지하가(터널은 제외한다)은 연면적 1천 m² 이상

해설

| 설치 대상 | 설치 층 |
|---|---|
| 지하층의 바닥면적의 합계가 3천 m² 이상 | 지하층의 전층 |
| 지하층의 층수가 3개층 이상이고 지하층의 바닥면적의 합계가 1천 m² 이상 | 지하층의 전층 |
| 층수가 30층 이상 | 16층 이상의 전층 |
| 지하가(터널은 제외한다)의 연면적 1천 m² 이상 | – |
| 공동구 | – |

••• 02 신호의 전송로가 분기되는 장소에 설치하는 것으로 임피던스 매칭(Matching)과 신호 균등분배를 위해 사용하는 장치를 무엇이라 하는가?

① 분파기          ② 분배기          ③ 공유기          ④ 혼합기

해설

분파기 : 서로 다른 주파수의 합성된 신호를 분리하기 위해서 사용하는 장치
공유기 : 소방무선, FM 신호. TRS신호를 결합하거나 분배하는 기능의 장치
혼합기 : 두개 이상의 입력신호를 원하는 비율로 조합한 출력이 발생하도록 하는 장치

••○ 03 누설동축케이블에 LCX – FR – SS 42 D – 146라고 표시되어 있다. 여기서 D가 의미하는 것은?

① 케이블 종류        ② 내열성        ③ 절연체의 외경        ④ 특성임피던스

해설

누설동축케이블 기호의 의미          LCX – FR – SS 20 D – 146
LCX (Leaky Coaxial Cable) : 누설동축케이블          SS  (Self Supporting) : 자기지지
FR  (Flame Resistance)  : 내열성(난연성)          D : 특성임피던스 50 Ω
42 : 종류 – 절연체 외경 (mm)          6 : 결합손실 표시 6 dB
14 : 사용주파수

정답  01 ③  02 ②  03 ④

**04** 화재안전기준에 의한 무선통신보조설비 방식으로 옳게 설명한 것은?

① 누설동축케이블과 동축케이블 또는 동축케이블과 이에 접속하는 안테나에 의한 것일 것
② 누설동축케이블과 이에 접속하는 안테나 또는 동축케이블과 누설동축케이블
③ 누설동축케이블과 이에 접속하는 안테나 또는 동축케이블과 이에 접속하는 안테나에 의한 것일 것
④ 누설동축케이블과 동축케이블 또는 동축케이블과 누설동축케이블 방식

**해설**
누설동축케이블 + 안테나 또는 동축케이블과 + 안테나에 따른 것으로 할 것

 **05** 무선통신보조설비의 설치기준으로 틀린 것은?

① 누설동축케이블은 화재에 따라 해당 케이블의 피복이 소실된 경우에 케이블 본체가 떨어지지
아니하도록 4 m 이내마다 금속제 또는 자기제등의 지지금구로 벽·천장·기둥 등에 견고하게
고정시킬 것
② 누설동축케이블은 불연성 또는 난연성의 것으로서 습기에 따라 전기의 특성이 변질되지 아니할 것
③ 누설동축케이블 또는 동축케이블의 임피던스는 5 Ω 으로 하고 이에 접속하는 안테나·분배기
기타의 장치는 해당 임피던스에 적합한 것으로 하여야 한다.
④ 누설동축케이블 및 안테나는 고압의 전로로부터 1.5 m 이상 떨어진 위치에 설치할 것.

**해설**
누설동축케이블 또는 동축케이블의 임피던스는 50 Ω으로 하여야 한다.

 **06** 지하 주차장에 무선통신보조설비의 누설동축케이블을 설치하였다. 잘못 설치한 것은?

① 4 m마다 자기체의 지지금구로 천정에 견고하게 고정하였다.
② 누설동축케이블의 끝부분에 무반사 종단저항을 설치하였다.
③ 누설동축케이블의 임피던스는 50 Ω 으로 하였다.
④ 누설동축 케이블과 고압전로와는 1 m의 간격을 유지 하였다.

**해설**
누설동축케이블 및 안테나는 고압의 전로로부터 1.5 m 이상 떨어진 위치에 설치할 것

 **정답** 04 ③  05 ③  06 ④

**••• 07** 무선통신보조설비의 누설동축 케이블의 끝부분에는 전파가 반사되는 것을 방지하기 위해 어떤 것을 설치하는가?

① 종단저항      ② 컨덕턴스      ③ 임피던스      ④ 무반사종단저항

> **해설**
> 무선기로 말을 하면 그 음성은 전파에 실려 케이블 끝까지 전송하게 되어 지는데 그 전파가 케이블 끝에서 소멸 되지 않으면 반송파가 생기는데 이는 전파와 합성되어 합성파(정재파)를 만들어 잡음을 발생 시킨다. 따라서 반송파가 생기지 않도록 하기 위해서 케이블 끝에 무반사종단저항을 설치한다.

**••• 08** 지상에 설치하는 무선기기의 접속단자는 보행거리 몇 m 이내마다 설치하는가?

① 100      ② 200      ③ 300      ④ 350

> **해설**
> 지상에 설치하는 무선기기의 접속단자 − 보행거리 300 m 이내마다 설치

**••• 09** 무선통신보조설비의 누설동축케이블의 임피던스와 분배기, 분파기, 혼합기의 임피던스는 몇 Ω이어야 하는가?

① 5      ② 10      ③ 35      ④ 50

> **해설**
> 누설동축케이블, 분배기·분파기 및 혼합기 등 − 임피던스는 50 Ω의 것으로 할 것

**••• 10** 무선통신보조설비의 증폭기에는 몇 분 이상 용량의 비상전원을 부착하여야 하는가?

① 20      ② 30      ③ 40      ④ 60

> **해설**
> 증폭기에는 비상전원이 부착된 것으로 하고 해당 비상전원 용량은 무선통신보조설비를 유효하게 30분 이상 작동시킬 수 있는 것으로 할 것

**••○ 11** 무선통신보조설비에는 신호가 약해지는 것을 방지하기 위해 증폭기를 설치한다. 이 증폭기를 설치하지 않고 전파를 전송할 수 있는 방법을 무엇이라 하는가?

① 업그레이드      ② 그레이딩      ③ 에코 매칭      ④ 플러그인

> **해설**
> 증폭기를 설치하지 아니하고 전송손실(도체손실 + 절연체손실 + 복사손실)과 결합손실을 가지고 신호레벨 감소를 저하시키지 않게 하는 그레이딩(Grading)[정합 − matching] 방법을 사용하기도 한다.

Fire Facilities Manager

# 기 타 설 비

## 1. 소방시설용비상전원수전설비(NFSC 602)

### 1 정 의

| | |
|---|---|
| 인입구배선 | 인입선 연결점으로부터 특정소방대상물내에 시설하는 인입개폐기에 이르는 배선 |
| 소방회로 | 소방부하에 전원을 공급하는 전기회로 |
| 수전설비 | 전력수급용 계기용변성기·주차단장치 및 그 부속기기 |
| 변전설비 | 전력용변압기 및 그 부속장치 |
| 전용큐비클식 | 소방회로용의 것으로 수전설비, 변전설비 그 밖의 기기 및 배선을 금속제 외함에 수납한 것 |
| 공용큐비클식 | 소방회로 및 일반회로 겸용의 것으로서 수전설비, 변전설비 그 밖의 기기 및 배선을 금속제 외함에 수납한 것 |
| 전용배전반 | 소방회로 전용의 것으로서 개폐기, 과전류차단기, 계기 그 밖의 배선용기기 및 배손을 금속제 외함에 수납한 것 |
| 공용배전반 | 소방회로 및 일반회로 겸용의 것으로서 개폐기, 과전류차단기, 계기 그 밖의 배선용기기 및 배선을 금속제 외함에 수납한 것 |
| 전용분전반 | 소방회로 전용의 것으로서 분기 개폐기, 분기과전류차단기 그 밖의 배선용기기 및 배선을 금속제 외함에 수납한 것 |
| 공용분전반 | 소방회로 및 일반회로 겸용의 것으로서 분기개폐기, 분기과전류차단기 그 밖의 배선용기기 및 배선을 금속제 외함에 수납한 것 |

### 2 인입선 및 인입구 배선의 시설

(1) 인입선 – 특정소방대상물에 화재가 발생할 경우에도 화재로 인한 손상을 받지 않도록 설치
(2) 인입구배선 – 내화배선

**3** 특별고압 또는 고압으로 수전하는 경우

(1) 방화구획형

① 전용의 방화구획 내에 설치

② 소방회로배선은 일반회로배선과 불연성 벽으로 구획

다만, 소방회로배선과 일반회로배선을 15 cm 이상 떨어져 설치한 경우 제외

③ 일반회로에서 과부하, 지락사고 또는 단락사고가 발생한 경우에도 이에 영향을 받지 아니하고 계속하여 소방회로에 전원을 공급시켜 줄 수 있어야 할 것

④ 소방회로용 개폐기 및 과전류차단기에는 "소방시설용"이라 표시

⑤ 전기회로는 고압 또는 특별고압 수전의 경우와 같이 결선할 것

**Point**

**[별표1] 고압 또는 특별고압 수전의 경우**

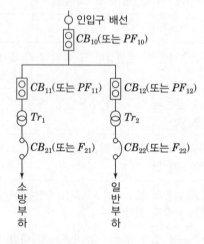

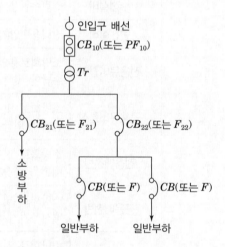

1. 전용의 전력용변압기에서 소방부하에 전원을 공급하는 경우

① 일반회로의 과부하 또는 단락사고시에
   $CB_{10}$(또는 $PF_{10}$)이
   $CB_{12}$(또는 $PF_{12}$) 및 $CB_{22}$(또는 $F_{22}$)보다
   먼저 차단되어서는 아니된다.

② $CB_{11}$(또는 $PF_{11}$)은 $CB_{12}$(또는 $PF_{12}$)와
   동등이상의 차단용량일 것.

| 약호 | 명 칭 |
|------|-------|
| CB | 전력차단기 |
| PF | 전력퓨즈(고압 또는 특별고압용) |
| F | 퓨즈(저압용) |
| Tr | 전력용변압기 |

2. 공용의 전력용변압기에서 소방부하에 전원을 공급하는 경우

① 일반회로의 과부하 또는 단락사고시에
   $CB_{10}$(또는 $PF_{10}$)이 $CB_{22}$(또는 $F_{22}$) 및
   $CB$(또는 $F$)보다
   먼저 차단되어서는 아니된다.

② $CB_{21}$(또는 $F_{21}$)은 $CB_{22}$(또는 $F_{22}$)와
   동등이상의 차단용량일 것.

| 약호 | 명 칭 |
|------|-------|
| CB | 전력차단기 |
| PF | 전력퓨즈(고압 또는 특별고압용) |
| F | 퓨즈(저압용) |
| Tr | 전력용변압기 |

(2) 옥외개방형

① **건축물의 옥상에 설치하는 경우**

  – 건물 내 화재가 발생할 경우에도 화재로 인한 손상을 받지 않도록 설치

② **공지에 설치하는 경우**

  – 인접 건축물에 화재가 발생한 경우에도 화재로 인한 손상을 받지 않도록 설치

③ **그 밖의 옥외개방형의 설치**

  ㉠ 소방회로배선은 일반회로배선과 불연성 벽으로 구획

    다만, 소방회로배선과 일반회로배선을 15 cm 이상 떨어져 설치한 경우 제외

  ㉡ 일반회로에서 과부하, 지락사고 또는 단락사고가 발생한 경우에도 이에 영향을 받지
    아니하고 계속하여 소방회로에 전원을 공급시켜 줄 수 있어야 할 것

  ㉢ 소방회로용 개폐기 및 과전류차단기에는 "소방시설용"이라 표시

  ㉣ 전기회로는 고압 또는 특별고압 수전의 경우와 같이 결선할 것

(3) 큐비클형

① **전용큐비클 또는 공용큐비클식으로 설치**

② **외함은 두께 2.3 mm 이상의 강판**과 이와 동등 이상의 강도와 내화성능이 있는 것으로
  제작하여야 하며, 개구부(제3호에 게기하는 것은 제외한다)에는 갑종방화문 또는 을종
  방화문을 설치

③ 다음(옥외에 설치하는 것은 ㉠부터 ㉢까지)에 해당하는 것은 외함에 노출하여 설치할수
  있다.

  ㉠ 표시등(불연성 또는 난연성재료로 덮개를 설치한 것에 한한다)

  ㉡ 전선의 인입구 및 인출구

  ㉢ 환기장치

  ㉣ 전압계(퓨즈 등으로 보호한 것에 한한다)

  ㉤ 전류계(변류기의 2차측에 접속된 것에 한한다)

  ㉥ 계기용 전환스위치(불연성 또는 난연성재료로 제작된 것에 한한다)

④ 외함은 건축물의 바닥 등에 견고하게 고정

⑤ 외함에 수납하는 수전설비, 변전설비 그 밖의 기기 및 배선

  ㉠ 외함 또는 프레임(frame) 등에 견고하게 고정

  ㉡ 외함의 바닥에서 10 cm(시험단자, 단자대 등의 충전부는 15 cm) 이상의 높이에 설치

⑥ 전선 인입구 및 인출구에는 금속관 또는 금속제 가요전선관을 쉽게 접속할 수 있도록
  할 것

⑦ 환기장치
  • 내부의 온도가 상승하지 않도록 환기장치를 할 것
  • **자연환기구의 개구부 면적의 합계**
    – **외함의 한 면에 대하여 해당 면적의 3분의 1 이하**
      이 경우 **하나의 통기구의 크기는 직경 10 mm 이상의 둥근 막대가 들어가서는 아니 된다.**
  • 자연환기구에 따라 충분히 환기할 수 없는 경우에는 환기설비를 설치
  • 환기구
    금속망, 방화댐퍼 등으로 방화조치 및 옥외에 설치하는 것은 빗물 등이 들어가지 않도록 할 것
⑧ 공용큐비클식의 소방회로와 일반회로에 사용되는 배선 및 배선용기기는 불연재료로 구획

**4** 저압으로 수전하는 경우

저압으로 수전하는 비상전원설비
– 전용배전반 (1·2종)·전용분전반(1·2종)또는 공용분전반(1·2종)

(1) 제1종 배전반 및 제1종 분전반 설치기준
  ① 외함은 두께
    1.6 mm(전면판 및 문은 2.3 mm) 이상의 강판 및 동등 이상의 강도와 내화성능이 있는 것으로 제작
  ② 외함의 내부
    외부의 열에 의해 영향을 받지 많도록 내열성 및 단열성이 있는 재료를 사용하여 단열
    이 경우 단열부분은 열 또는 진동에 따라 쉽게 변형되지 아니하여야 한다.
  ③ 다음 에 해당하는 것은 외함에 노출하여 설치할 수 있다.
    ㉠ 표시등(불연성 또는 난연성재료로 덮개를 설치한 것에 한한다)
    ㉡ 전선의 인입구 및 입출구
  ④ 외함
    금속관 또는 금속제 가요전선관을 쉽게 접속할 수 있도록 하고, 당해 접속부분에는 단열조치
  ⑤ 공용배전반 및 공용분전반의 경우
    소방회로와 일반회로에 사용하는 배선 및 배선용 기기는 불연재료로 구획

**(2) 제2종 배전반 및 제2종 분전반 설치기준**

① 외함

㉠ 두께 1 mm(함전면의 면적이 1,000 cm² 를 초과하고 2,000 cm² 이하인 경우에는 1.2 mm, 2,000 cm² 를 초과하는 경우에는 1.6 mm) 이상의 강판과 이와 동등 이상의 강도와 내화성능이 있는 것으로 제작

㉡ 금속관 또는 금속제 가요전선관을 쉽게 접속할 수 있도록 하고, 당해 접속부분에는 단열 조치

② 표시등, 전선의 인입구, 입출구 및 120℃의 온도를 가했을 때 이상이 없는 전압계 및 전류계는 외함에 노출하여 설치할 것

③ 단열을 위해 배선용 불연전용실내에 설치

④ 공용배전반 및 공용분전반의 경우
소방회로와 일반회로에 사용하는 배선 및 배선용 기기는 불연재료로 구획

**(3) 그 밖의 배전반 및 분전반의 설치기준**

① 일반회로에서 과부하·지락사고 또는 단락사고가 발생한 경우에도 이에 영향을 받지 아니하고 계속하여 소방회로에 전원을 공급시켜 줄 수 있어야 할 것

② 소방회로용 개폐기 및 과전류차단기에는 "소방시설용"이라는 표시를 할 것

③ 전기회로는 저압수전의 경우와 같이 결선할 것

**Point**

**[별표 2] 저압수전의 경우**

1. 일반회로의 과부하 또는 단락사고시 $S_M$이 $S_N$, $S_{N1}$ 및 $S_{N2}$보다 먼저차단 되어서는 아니된다.
   ※ S : 저압용개폐기 및 과전류차단기
2. $S_F$는 $S_N$과 동등 이상의 차단용량일 것.

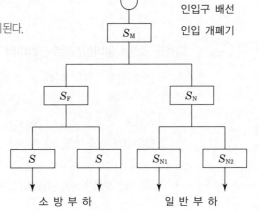

# 실전 예상문제

**01** 소방시설용비상전원수전설비의 인입구배선은 어떤 배선으로 하여야 하는가?

① 내열배선
② 내화배선
③ 내열 또는 내화배선
④ 차폐배선

인입선 및 인입구 배선의 시설
1. 인입선 – 특정소방대상물에 화재가 발생할 경우에도 화재로 인한 손상을 받지 않도록 설치
2. 인입구배선 – 내화배선

**02** 소방시설용비상전원수전설비의 특별고압 또는 고압으로 수전하는 경우 방식이 아닌 것은?

① 방화구획형
② 옥외개방형
③ 큐비클형
④ 배전반 및 분전반형

특별고압 또는 고압으로 수전하는 경우 방식 – 방화구획형, 옥외개방형, 큐비클형
저압으로 수전하는 경우 방식 – 배전반 및 분전반

**03** 소방시설용비상전원수전설비의 큐비클형 외함은 두께 몇 mm 이상의 강판과 이와 동등 이상의 강도와 내화성능이 있는 것으로 제작하여야 하는가?

① 1.6
② 2.3
③ 3.2
④ 7

외함은 두께 2.3 mm 이상의 강판과 이와 동등 이상의 강도와 내화성능이 있는 것으로 제작

**04** 다음은 소방시설비상전원수전설비의 수전 방식을 나타낸 것이다. 잘못 설명된 것은?

① $S$ 는 저압용 개폐기이다.
② $S_F$는 $S_N$과 동등 이상의 차단용량 일 것
③ 일반회로 단락시 $S_M$이 $S_N$보다 먼저 차단되면 안된다.
④ 고압수전방식의 결선 방법이다.

우측의 결선 방법은 저압수전방식의 결선방법이다.

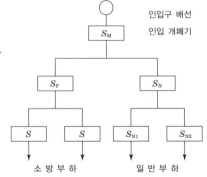

정답 01 ② 02 ④ 03 ② 04 ④

## 2. 도로터널(NFSC 603)

**1** 설치대상

| 소방시설<br>터널길이 | 소화설비, 경보설비, 피난설비 | | 소화활동설비 | |
|---|---|---|---|---|
| – | 소화기, 물분무화설비 | | 제연설비 | |
| 500 m | 비상경보설비 | 비상조명등 | 비상콘센트 | 무선통신보조설비 |
| 1,000 m | 옥내소화전설비 | 자동화재탐지설비 | 연결송수관설비 | |

※ 물분무화설비, 제연설비는 지하가 중 예상 교통량, 경사도 등 터널의 특성을 고려하여 행정안전부령으로 정하는 터널에 설치

> **무비비비 – 자옥연** (비상방송설비는 아님!)

**2** 정의

| 도로터널 | 「도로법」 제8조에서 규정한 도로의 일부로서 자동차의 통행을 위해 지붕이 있는 지하 구조물 |
|---|---|
| 설계화재강도 | 터널 화재시 소화설비 및 제연설비 등의 용량산정을 위해 적용하는 차종별 최대열방출률(MW) |
| 종류환기방식 | 터널 안의 배기가스와 연기 등을 배출하는 환기설비로서 기류를 종방향(출입구 방향)으로 흐르게 하여 환기하는 방식 |
| 횡류환기방식 | 터널 안의 배기가스와 연기 등을 배출하는 환기설비로서 기류를 횡방향(바닥에서 천장)으로 흐르게 하여 환기하는 방식 |
| 반횡류환기방식 | 터널 안의 배기가스와 연기 등을 배출하는 환기설비로서 터널에 수직배기구를 설치해서 횡방향과 종방향으로 기류를 흐르게 하여 환기하는 방식 |
| 연기발생률 | 일정한 설계화재강도의 차량에서 단위 시간당 발생하는 연기량 |
| 피난연결통로 | 본선터널과 병설된 상대터널이나 본선터널과 평행한 피난통로를 연실하기 위한 연결통로 |
| 배기구 | 터널 안의 오염공기를 배출하거나 화재발생시 연기를 배출하기 위한 개구부 |

**3** 각 소방시설별 설치기준

(1) 소화기

① 소화기의 능력단위

A급 화재는 3단위 이상, B급 화재는
5단위 이상 및 C급 화재에 적응성

② 소화기의 총중량 – 7 kg 이하

③ 설치방법

㉠ 주행차로의 우측 측벽에 50 m 이내의
간격으로 2개 이상을 설치

㉡ 편도2차선 이상 양방향 터널과 4차로 이상 일방향 터널의 경우
– 양쪽 측벽에 각각 50 m 이내의 간격으로 엇갈리게 2개 이상을 설치

④ 바닥면(차로 또는 보행로를 말한다. 이하 같다)으로부터 1.5 m 이하의 높이에 설치

⑤ 소화기구함의 상부에 "소화기"라고 조명식 또는 반사식의 표지판을 부착

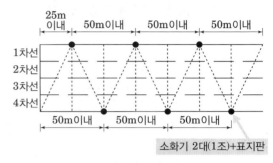

편도2차선 이상 양방향 터널과
4차로 이상 일방향 터널

(2) 옥내소화전설비

① 소화전함과 방수구

㉠ 주행차로 우측 측벽을 따라 50 m 이내의 간격으로 설치

㉡ 편도 2차선 이상의 양방향 터널이나 4차로 이상의 일방향 터널의 경우
– 양쪽 측벽에 각각 50 m 이내의 간격으로 엇갈리게 설치

② 수원

$$N \times Q \times T$$

$N$ : 옥내소화전의 설치개수 2개(4차로 이상의 터널의 경우 3개)

$Q$ : 190 $\ell/\min$

$T$ : 40분 이상

③ 방사압

각 옥내소화전의 노즐선단에서의 방수압력은 0.35 MPa 이상,
방수압력이 0.7 MPa을 초과할 경우에는 호스접결구의 인입측에 감압장치를 설치

④ 압력수조나 고가수조가 아닌 전동기 및 내연기관에 의한 펌프를 이용하는 가압송수장치
– 주펌프와 동등 이상인 별도의 예비펌프를 설치할 것

⑤ 방수구

    40 mm 구경의 단구형을 옥내소화전이 설치된 벽면의 바닥면으로부터 1.5 m 이하의 높이에 설치

⑥ 소화전함

    옥내소화전 방수구 1개, 15 m 이상의 소방호스 3본 이상 및 방수노즐을 비치

⑦ 옥내소화전설비의 비상전원은 40분 이상

(3) 물분무소화설비

① 물분무 헤드 방수량 – 도로면에 1 m² 당 6 ℓ/min 이상

② 물분무설비의 하나의 방수구역 : 25 m 이상

③ 수원 : 3개 방수구역을 동시에 40분 이상 방수할 수 있는 수량을 확보

④ 물분무설비의 비상전원은 40분 이상

(4) 비상경보설비

① 발신기 및 음향장치 설치위치 – 도로터널의 옥내소화전과 동일

② 발신기 설치 높이 – 0.8 m 이상 1.5 m 이하

③ 음향장치 – 비상경보설비와 연동하여 비상방송설비 적합하게 설치 시 제외 가능

④ 음량장치의 음량 – 음향장치의 중심으로부터 1 m 떨어진 위치에서 90 dB 이상

⑤ 음향장치는 터널내부 전체에 동시에 경보를 발하도록 설치

⑥ 시각경보기 – 주행차로 한쪽 측벽에 50 m 이내의 간격, 비상경보설비 상부에 설치
                           동기방식에 의해 작동

(5) 자동화재탐지설비

① 터널에 설치할 수 있는 감지기의 종류

    ㉠ 차동식분포형감지기

    ㉡ 정온식감지선형감지기(아날로그식에 한한다)

    ㉢ 중앙기술심의위원회의 심의를 거쳐 터널화재에 적응성이 있다고 인정된 감지기

정온식감지선형

② 설치기준

    ㉠ 하나의 경계구역의 길이는 100 m 이하

    ㉡ 감지기의 작동에 의하여 다른 소방시설 등이 연동되는 경우

        해당 소방시설 등의 작동을 위한 정확한 발화위치를 확인할 필요가 있는 경우에는 경계구역의 길이가 해당 설비의 방호구역 등에 포함되도록 설치

    ㉢ 감지기의 설치기준

**Point**

1. 감지기
   ① 감열부(열을 감지하는 기능을 갖는 부분)와 감열부 사이의 이격거리 – 10 m 이하
   ② 감지기와 터널 좌·우측 벽면과의 이격거리 – 6.5 m 이하

2. 터널 천장의 구조가 아치형의 터널에 감지기를 터널 진행방향으로 설치하고자 하는 경우
   ① 감열부와 감열부 사이의 이격거리 – 10 m 이하로 하여 아치형 천장의 중앙 최상부에 1열로 감지기를 설치
   ② 감지기를 2열 이상으로 설치시 – 감열부와 감열부 사이의 이격거리는 10 m 이하
   감지기 간의 이격거리는 6.5 m 이하

3. 감지기를 천장면에 설치하는 경우
   감기기가 천장면에 밀착되지 않도록 고정금구 등을 사용하여 설치

4. 형식승인 내용에 설치방법이 규정된 경우에는 형식승인 내용에 따라 설치
   감지기와 천장면과의 이격거리에 대해 제조사의 시방서에 규정되어 있는 경우
   – 시방서의 규정

   ㄹ 발신기 및 지구음향장치는 터널의 비상경보설비 준용

(6) 비상조명등
 ① 상시 조명이 소등된 상태에서 비상조명등이 점등되는 경우
   • 터널안의 차도 및 보도의 바닥면의 조도는 $10 \ell x$ 이상
   • 그 외 모든 지점의 조도는 $1 \ell x$ 이상
 ② 비상조명등 비상전원 – 60분 이상
 ③ 비상조명등에 내장된 예비전원이나 축전지설비는 상용전원의 공급에 의하여 상시 충전

(7) 제연설비
 ① 제연설비 설계기준
   ㄱ 설계화재강도 : 20 MW
   ㄴ 연기발생률 : 80 $m^3$/s
   ㄷ 배출량 – 발생된 연기와 혼합된 공기를 충분히 배출할 수 있는 용량 이상
   ㄹ 화재강도가 설계화재강도 보다 높을 것으로 예상될 경우
     – 위험도분석을 통하여 설계화재강도를 설정
 ② 제연설비 설치기준
   ㄱ 종류환기방식 – 제트팬의 소손을 고려
     하여 예비용 제트팬을 설치

제트팬 → 환기

→ → → 차량진행방향

ⓛ 횡류환기방식(또는 반횡류환기방식) 및 대배기구 방식의 배연용 팬

　내열온도 등 − 덕트의 길이에 따라서 노출온도가 달라질 수 있으므로 수치해석 등을
　　통해서 적용

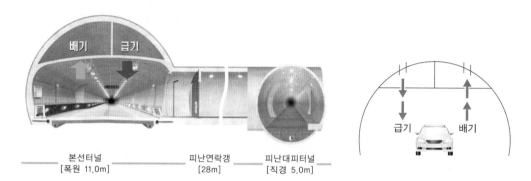

| 본선터널<br>[폭원 11.0m] | 피난연락갱<br>[28m] | 피난대피터널<br>[직경 5.0m] |

ⓒ 대배기구의 개폐용 전동모터

　정전 등 전원이 차단되는 경우에도 조작상태를 유지

　※ 균일배기방식 − 개폐조정 불가

$$Q \text{(배출량)} = 80 + 3.0 \ A \qquad (A : \text{터널의 입구 면적})$$

　　대배기구방식 − 선택적 배연가능 (전동 모터)

$$Q \text{(배출량)} = 80 + 1.0 \ A$$

ⓔ 화재에 노출이 우려되는 제연설비와 전원공급선 및 제트팬 사이의 전원공급장치 등
　− 250℃의 온도에서 60분 이상 운전상태를 유지

③ 제연설비의 기동

　㉠ 화재감지기가 동작되는 경우

　ⓛ 발신기의 스위치 조작 또는 자동소화설비의 기동장치를 동작시키는 경우

　ⓒ 화재수신기 또는 감시제어반의 조작스위치를 동작시키는 경우

④ 비상전원 − 60분 이상

(8) 연결송수관설비

① 방수압력 − 0.35 MPa 이상, 방수량 − 400 ℓ/min 이상

② 방수구

　50 m 이내의 간격으로 옥내소화전함에 병설하거나 독립적으로 터널출입구 부근과
　피난연결통로에 설치

③ 방수기구함

　• 50 m 이내의 간격으로 옥내소화전함 안에 설치하거나 독립적으로 설치

　• 방수기구함에는 65 mm 방수노즐 1개와 15 m 이상의 호스 3본을 설치

(9) 무선통신보조설비

① 무선통신보조설비의 무전기접속단자 설치 위치

    − 방재실과 터널의 입구 및 출구, 피난연결통로

② 무선통신보조설비와 겸용 − 라디오 재방송설비가 설치되는 터널의 경우

(10) 비상콘센트설비

① 비상콘센트설비의 전원회로 − 단상교류 220 V

② 공급용량은 1.5 kVA 이상

③ 주배전반에서 전용회로로 할 것

    (다른 설비의 회로의 사고에 따른 영향을 받지 아니하면 제외)

④ 콘센트마다 배선용 차단기(KS C 8321)를 설치 및 충전부가 노출되지 아니할 것

⑤ 설치 위치

    − 주행차로의 우측 측벽에 50 m 이내의 간격으로 바닥으로부터 0.8 m 이상 1.5 m 이하

---

**예제 01**

편도 4차선 일방향 도로터널에 비상콘센트를 설치하고자 한다. 설치 방법은?

① 주행차로의 우측 측벽에 50 m 이내의 간격으로 설치
② 주행차로의 보행거리 50 m 이내의 간격으로 설치
③ 주행차로의 직선거리 50 m 이내의 간격으로 설치
④ 주행차로의 수평거리 50 m 이내의 간격으로 설치

해답 ①

주행차로의 우측 측벽에 50 m 이내의 간격으로 바닥으로부터 0.8 m 이상 1.5 m 이하에 설치한다.

# 실전 | **예상문제**

 **01** 도로터널 화재안전기준에 따라 터널에 설치하지 않는 소방설비는 무슨 설비인가?

① 소화기        ② 물분무소화설비        ③ 유도등        ④ 무선통신보조설비

**해설**
도로터널에는 유도등 기준이 없다.

 **02** 도로터널의 길이가 500 m일 때 설치하지 않아도 되는 소방시설은?

① 무선통신보조설비     ② 비상경보설비     ③ 비상콘센트     ④ 옥내소화전설비

**해설**

| 소방시설<br>터널길이 | 소화설비, 경보설비, 피난설비 | | 소화활동설비 | |
|---|---|---|---|---|
| – | 소화기, 물분무화설비 | | 제연설비 | |
| 500m | 비상경보설비 | 비상조명등 | 비상콘센트 | 무선통신보조설비 |
| 1,000m | 옥내소화전설비 | 자동화재탐지설비 | 연결송수관설비 | |

※ 물분무화설비, 제연설비는 지하가 중 예상 교통량, 경사도 등 터널의 특성을 고려하여 행정안전부령으로 정하는 터널에 설치

**암기** **무비비비 – 자옥연** (비상방송설비는 아님!)

 **03** 도로터널 안의 배기가스와 연기 등을 배출하는 환기설비로서 기류를 터널 출입구 방향으로 흐르게 하여 환기하는 방식을 무슨 방식이라 하는가?

① 종류환기방식      ② 횡류환기방식      ③ 반횡류환기방식      ④ 대배기구방식

**해설**

| 종류<br>환기방식 | 터널 안의 배기가스와 연기 등을 배출하는 환기설비로서 기류를 종방향(출입구 방향)으로<br>흐르게 하여 환기하는 방식 |
|---|---|

 **04** 도로터널에 설치하는 수동식 소화기의 능력단위로 맞는 것은?

① A급화재 1단위 이상, B급화재 3단위 이상    ② A급화재 2단위 이상, B급화재 4단위 이상
③ A급화재 3단위 이상, B급화재 5단위 이상    ④ A급화재 4단위 이상, B급화재 6단위 이상

**해설**
소화기의 능력단위 – A급 화재는 3단위 이상, B급 화재는 5단위 이상 및 C급 화재에 적응성

**정답**    01 ③    02 ④    03 ①    04 ③

**●●● 05** 도로터널에 설치하는 수동식소화기의 총중량은 사용 및 운반이 편리성을 고려하여 몇 kg 이하로 하여야 하는가?

① 3.3 kg　　　② 4 kg　　　③ 6.6 kg　　　④ 7 kg

> **해설**
> 소화기의 총중량 – 7 kg 이하

**●●● 06** 도로터널에 설치하는 수동식소화기는 주행차로의 우측 측벽에 몇 m 이내의 간격으로 2개 이상을 설치하여야 하는가?

① 20 m　　　② 25 m　　　③ 30 m　　　④ 50 m

> **해설**
> 설치방법
> 주행차로의 우측 측벽에 50 m 이내의 간격으로 2개 이상을 설치
> 편도2차선 이상 양방향 터널과 4차로 이상 일방향 터널의 경우
> – 양쪽 측벽에 각각 50 m 이내의 간격으로 엇갈리게 2개 이상을 설치

**●●● 07** 편도2차선 이상 양방향의 도로터널의 길이가 300 m일 때 설치해야할 소화기 개수는?

① 18개　　　② 20개　　　③ 22개　　　④ 24개

> **해설**
> 편도2차선 이상 양방향 터널이므로 지그재그식으로 설치하여야 한다.
> 한쪽 방향은 $\frac{300}{50}-1=5$, 다른 한쪽 방향은 $\frac{300}{50}=6$ 총 11개소 설치
> 11개소 2개씩 설치하면 22개가 된다.

**●●● 08** 도로터널에 옥내소화전설비를 설치하고자 할 때 4차로 이상의 터널의 경우 수원의 양은?

① 10.4 m³　　　② 11.4 m³　　　③ 15.2 m³　　　④ 22.8 m³

> **해설**
> 수원 $N \times Q \times T = 3 \times 190 \times 40 = 22.8$ m³ 이상
> $N$ : 옥내소화전의 설치개수 2개(4차로 이상의 터널의 경우 3개)　　$Q$ : 190 $\ell/min$　　$T$ : 40분 이상

**09** 도로터널에 설치하는 옥내소화전설비의 설치기준으로 옳지 않은 것은?

① 소화전함과 방수구는 주행차로 우측 측벽을 따라 50 m 이내의 간격으로 설치한다.
② 소화전함과 방수구는 편도 2차선 이상의 양방향 터널이나 3차로 이상의 일방향 터널의 경우에는 양쪽 측벽에 각각 50 m 이내의 간격으로 엇갈리게 설치할 것
③ 옥내소화전 2개(4차로 이상의 터널인 경우 3개)를 동시에 사용할 경우 각 옥내소화전의 노즐선단에서의 방수압력은 0.35 MPa 이상으로 할 것
④ 옥내소화전 2개(4차로 이상의 터널인 경우 3개)를 동시에 사용할 경우 각 옥내소화전의 노즐선단에서의 방수량은 190 ℓ/min 이상이 되는 성능의 것으로 할 것

> **해설**
> 편도 2차선 이상의 양방향 터널이나 4차로 이상의 일방향 터널의 경우에는 양쪽 측벽에 각 각 50 m 이내의 간격으로 엇갈리게 설치할 것

**10** 도로터널에 설치하는 옥내소화전 함 내 15 m 이상의 소방호스 몇 본 이상 및 방수노즐을 비치하여야 하는가?

① 1본 　　　　② 2본 　　　　③ 3본 　　　　④ 4본

> **해설**
> 옥내소화전 방수구 1개, 15 m 이상의 소방호스 3본 이상 및 방수노즐을 비치

**11** 도로터널에 설치하는 물분무소화설비 설치기준으로 옳지 않은 것은?

① 물분무 헤드 방수량은 도로면에 1 m²당 6 ℓ/min 이상 일 것
② 물분무설비의 하나의 방수구역은 25m 이상으로 할 것
③ 수원은 1개 방수구역을 동시에 40분 이상 방수할 수 있는 수량을 확보 할 것
④ 물분무설비의 비상전원은 40분 이상으로 할 것

> **해설**
> 수원은 3개 방수구역을 동시에 40분 이상 방수할 수 있는 수량을 확보 할 것

**12** 도로티널에 설치할 수 있는 감지기는?

① 차동식스포트형 　　② 정온식스포트형 　　③ 보상식스포트형 　　④ 차동식분포형

> **해설**
> 터널에 설치할 수 있는 감지기의 종류 – 차동식분포형감지기, 정온식감지선형감지기(아날로그식에 한한다)

**13** 도로터널의 자동화재탐지설비의 설치기준으로 옳지 않은 것은?

① 하나의 경계구역의 길이는 100 m 이하
② 감열부(열을 감지하는 기능을 갖는 부분)와 감열부 사이의 이격거리는 10 m 이하
③ 감지기와 터널 좌·우측 벽면과의 이격거리는 6.5 m 이하
④ 터널 천장의 구조가 아치형의 터널에 감지기를 터널 진행방향으로 설치하고자 하는 경우 감열부와 감열부 사이의 이격거리는 6.5 m 이하로 하여 아치형 천장의 중앙 최상부에 1열로 감지기를 설치한다.

> **해설**
> 터널 천장의 구조가 아치형의 터널에 감지기를 터널 진행방향으로 설치하고자 하는 경우 감열부와 감열부 사이의 이격거리는 10 m 이하로 하여 아치형 천장의 중앙 최상부에 1열로 감지기를 설치한다.

 **14** 도로터널에 설치하는 감지기의 설치기준으로 틀린 것은?

① 감지기의 감열부와 감열부 사이의 이격거리는 10 m 이하로 할 것
② 감지기와 터널 좌, 우측 벽면과의 이격거리는 10 m 이하로 설치할 것
③ 터널 천장의 구조가 아치형의 터널에 감지기를 터널 진행방향으로 설치하고자 하는 경우에는 감열부와 감열부 사이의 이격거리를 10 m 이하로 하여 아치형 천장의 중앙 최상부에 1열로 감지기를 설치하여야 한다.
④ 터널 천장의 구조가 아치형의 터널에 감지기를 터널 진행방향으로 설치하고자 하는 경우 감지기를 2열 이상으로 설치시 감열부와 감열부 사이의 이격거리는 10 m 이하, 감지기 간의 이격거리는 6.5 m 이하로 설치할 것

> **해설**
> 감지기와 터널 좌, 우측 벽면과의 이격거리는 6.5 m 이하로 설치할 것

 **15** 도로터널에 설치하는 비상조명등의 조도는? (단, 터널안의 차도 및 보도의 바닥면 조도를 말한다.)

① 0.2 $\ell x$　　　② 1 $\ell x$　　　③ 2 $\ell x$　　　④ 10 $\ell x$

> **해설**
> 상시 조명이 소등된 상태에서 비상조명등이 점등되는 경우 터널안의 차도 및 보도의 바닥면의 조도는 10 $\ell x$ 이상 그 외 모든 지점의 조도는 1 $\ell x$ 이상

 **16** 도로터널에 설치하는 비상조명등의 비상전원은 몇 분 이상 점등되어야 하는가?

① 20분　　　② 30분　　　③ 40분　　　④ 60분

> **해설**
> 비상조명등 비상전원 - 60분 이상

**정답** 13 ④　14 ②　15 ④　16 ④

**••• 17** 도로터널에 설치하는 제연설비의 설계시 설계화재강도는 얼마로 하는가?

① 5 MW      ② 20 MW      ③ 50 MW      ④ 100 MW

> **해설**
> 제연설비 설계기준 – 설계화재강도 20 MW

**••• 18** 도로터널에 설치하는 제연설비의 설계시 연기발생률은 얼마로 하는가?

① 20 $m^3$/s      ② 40 $m^3$/s      ③ 60 $m^3$/s      ④ 80 $m^3$/s

> **해설**
> 제연설비 설계기준 – 연기발생률 80 $m^3$/s

**••• 19** 도로터널에 설치하는 제연설비의 비상전원은 얼마 이상으로 하여야 하는가?

① 20분 이상      ② 30분 이상      ③ 40분 이상      ④ 60분 이상

**••• 20** 도로터널에 설치된 연결송수관설비의 방수압력은 최소 얼마 이상으로 하여야 하는가?

① 0.17 MPa      ② 0.25 MPa      ③ 0.3 MPa      ④ 0.35 MPa

> **해설**
> 도로터널에 설치된 연결송수관설비 : 방수압력 – 0.35 MPa 이상, 방수량 – 400 $\ell$/min 이상

**••• 21** 도로터널에 설치된 연결송수관설비의 방수량은 최소 얼마 이상으로 하여야 하는가?

① 130 $\ell$/min      ② 300 $\ell$/min      ③ 350 $\ell$/min      ④ 400 $\ell$/min

> **해설**
> 도로터널에 설치된 연결송수관설비 : 방수압력 – 0.35 MPa 이상, 방수량 – 400 $\ell$/min 이상

**••• 22** 도로터널에 설치하는 비상콘센트설비의 전원회로와 공급용량은?

① 전원회로 : 단상교류 100 V      공급용량 1.5 kVA 이상
② 전원회로 : 단상교류 220 V      공급용량 1.5 kVA 이상
③ 전원회로 : 단상교류 380 V      공급용량 1.5 kVA 이상
④ 전원회로 : 단상교류 380 V      공급용량 3 kVA 이상

> **해설**
> 1. 비상콘센트설비의 전원회로 – 단상교류 220 V
> 2. 공급용량은 1.5 kVA 이상

**정답**   17 ②   18 ④   19 ④   20 ④   21 ④   22 ②

## 3. 고층건축물의 화재안전기준(NFSC 604)

**1** 정의

고층건축물 - 층수가 30층 이상이거나 높이가 120 m 이상인 건축물

**2** 고층건축물에 설치해야 할 소방설비

(1) 옥내소화전설비

| 구 분 | 설 치 기 준 |
|---|---|
| 수원의 양 | 옥내소화전 소화설비 참조 |
| 옥상수조 수원의 양 | 옥내소화전 소화설비 참조 |
| 가압송수장치 | 전동기 또는 내연기관을 이용한 펌프방식의 가압송수장치<br>- 옥내소화전설비 전용으로 설치하여야 하며, 옥내소화전설비 주펌프 이외에 동등 이상인 별도의 예비펌프를 설치하여야 한다. |
| 급수배관 | 전용으로 하여야 한다<br>- 옥내소화전설비의 성능에 지장이 없는 경우에는 연결송수관설비의 배관과 겸용 |
| 수직배관 | 50층 이상인 건축물의 옥내소화전 주배관은 2개 이상(주배관 성능을 갖는 동일 호칭배관)으로 설치하여야 하며, 하나의 수직배관의 파손 등 작동 불능 시에도 다른 수직배관으로부터 소화용수가 공급되도록 구성하여야 한다. |
| 비상전원 | 층수가 30층 이상 49층 이하는 40분 이상, 50층 이상은 60분 이상 |

2) 스프링클러설비

| 구 분 | 설 치 기 준 |
|---|---|
| 수원의 양 | 스프링클러 소화설비 참조 |
| 옥상수조 | 스프링클러 소화설비 참조 |
| 가압송수장치 | 전동기 또는 내연기관을 이용한 펌프방식의 가압송수장치<br>- 스프링클러설비 전용으로 설치하여야 하며, 스프링클러설비 주펌프 이외에 동등 이상인 별도의 예비펌프를 설치하여야 한다. |
| 급수배관 | 전용으로 하여야 한다. (겸용 불가) |
| 수직배관 | 50층 이상인 건축물의 스프링클러 주배관은 2개 이상(주배관 성능을 갖는 동일 호칭배관)으로 설치하여야 하며, 하나의 수직배관의 파손 등 작동 불능 시에도 다른 수직배관으로부터 소화용수가 공급되도록 구성하여야 하며 각 각의 수직배관에 유수검지장치를 설치하여야 한다. |
| 스프링클러 헤드 | 50층 이상인 건축물에는 2개 이상의 가지배관 양방향에서 소화용수가 공급되도록 하고, 수리계산에 의한 설계를 하여야 한다. |
| 음향장치 | 스프링클러 소화설비 참조 |
| 비상전원 | 층수가 30층 이상 49층 이하는 40분 이상, 50층 이상은 60분 이상 |

## (3) 비상방송설비

| 구 분 | 설 치 기 준 |
|---|---|
| 음향장치 | 경보방식은 비상방송설비 참조 |
| 비상전원 | 감시상태를 60분간 지속한 후 유효하게 30분 이상 경보할 수 있는 축전지설비(수신기에 내장하는 경우를 포함한다) 또는 전기저장장치를 설치 |

## (4) 자동화재탐지설비

| 구 분 | 설 치 기 준 |
|---|---|
| 감지기 | 아날로그방식의 감지기로서 감지기의 작동 및 설치지점을 수신기에서 확인할 수 있는 것으로 설치하여야 한다. 다만, 공동주택의 경우에는 감지기별로 작동 및 설치 지점을 수신기에서 확인할 수 있는 아날로그방식 외의 감지기로 설치할 수 있다. |
| 통신·신호배선 | 50층 이상의 건축물은 이중배선을 설치하도록 하고 단선(斷線) 시에도 고장표시가 되며 정상 작동할 수 있는 성능을 갖도록 설비를 하여야 한다.<br>1. 수신기와 수신기 사이의 통신배선<br>2. 수신기와 중계기 사이의 신호배선<br>3. 수신기와 감지기 사이의 신호배선 |
| 음향장치 | 경보방식은 비상방송설비와 동일 |
| 비상전원 | 감시상태를 60분간 지속한 후 유효하게 30분 이상 경보할 수 있는 축전지설비(수신기에 내장하는 경우를 포함한다) 또는 전기저장장치를 설치<br>– 다만, 상용전원이 축전지설비인 경우에는 그러하지 아니하다. |

## (5) 특별피난계단의 계단실 및 부속실 제연설비

| 구 분 | 설 치 기 준 |
|---|---|
| 비상전원 | 자가발전설비, 축전지설비 또는 전기저장장치으로 하고 제연설비를 유효하게 40분 이상 작동할 수 있도록 할 것. 다만, 50층 이상인 건축물의 경우에는 60분 이상 작동할 수 있어야 한다. |

## (6) 연결송수관설비

| 구 분 | 설 치 기 준 |
|---|---|
| 배관 | 전용으로 한다.<br>다만, 주배관의 구경이 100 mm 이상인 옥내소화전설비와 겸용할 수 있다. |
| 비상전원 | 자가발전설비, 축전지설비(내연기관에 따른 펌프를 사용하는 경우에는 내연기관의 기동 및 제어용 축전지를 말한다) 또는 전기저장장치로서 연결송수관설비를 유효하게 40분 이상 작동할 수 있어야 할 것. 다만, 50층 이상인 건축물의 경우에는 60분 이상 작동할 수 있어야 한다. |

(7) 피난안전구역의 소방시설

초고층 및 지하연계 복합건축물 재난관리에 관한 특별법시행령 제14조제2항에 따라 **피난안전구역에 설치하는 소방시설**은 별표 1과 같이 설치하여야 하며, 이 기준에서 정하지 아니한 것은 개별 화재안전기준에 따라 설치하여야 한다.

**Point**

**별표 1. 피난안전구역에 설치하는 소방시설 설치기준**

| 구 분 | 설치기준 |
|---|---|
| 제연설비 | 피난안전구역과 비 제연구역간의 **차압은 50 Pa**(옥내에 스프링클러설비가 설치된 경우에는 **12.5 Pa**) 이상으로 하여야 한다. 다만 피난안전구역의 한쪽 면 이상이 외기에 개방된 구조의 경우에는 설치하지 아니할 수 있다. |
| 피난유도선 | 피난유도선은 다음 각호의 기준에 따라 설치하여야 한다.<br>① 피난안전구역이 설치된 층의 계단실 출입구에서 피난안전구역 주 출입구 또는 비상구까지 설치할 것<br>② 계단실에 설치하는 경우 계단 및 계단참에 설치할 것<br>③ 피난유도 표시부의 너비는 최소 25 mm 이상으로 설치할 것<br>④ 광원점등방식(전류에 의하여 빛을 내는 방식)으로 설치하되, 60분 이상 유효하게 작동할 것 |
| 비상조명등 | 피난안전구역의 비상조명등은 상시 조명이 소등된 상태에서 그 비상조명등이 점등되는 경우 각 부분의 바닥에서 조도는 10 ℓx 이상이 될 수 있도록 설치할 것 |
| 휴대용<br>비상조명등 | ① 피난안전구역에는 휴대용비상조명등 설치기준.<br>㉠ 초고층 건축물에 설치된 피난안전구역<br>피난안전구역 위층의 재실자수(「건축물의 피난·방화구조 등의 기준에 관한 규칙」별표 1의2에 따라 산정된 재실자 수를 말한다)의 **10분의 1 이상**<br>㉡ 지하연계 복합건축물에 설치된 피난안전구역<br>피난안전구역이 설치된 층의 수용인원(영 별표 2에 따라 산정된 수용인원을 말한다)의 **10분의 1 이상**<br>② 건전지 및 충전식 건전지의 용량은 **40분 이상** 유효하게 사용할 수 있는 것으로 한다. 다만, 피난안전구역이 **50층 이상**에 설치되어 있을 경우의 용량은 **60분 이상**으로 할 것 |
| 인명구조<br>기구 | ① 방열복, 인공소생기를 각 2개 이상 비치할 것<br>② 45분 이상 사용할 수 있는 성능의 공기호흡기(보조마스크를 포함한다)를 2개 이상 비치하여야 한다. 다만, 피난안전구역이 50층 이상에 설치되어 있을 경우에는 동일한 성능의 예비용기를 10개 이상 비치할 것<br>③ 화재시 쉽게 반출할 수 있는 곳에 비치할 것<br>④ 인명구조기구가 설치된 장소의 보기 쉬운 곳에 "인명구조기구"라는 표지판 등을 설치할 것 |

## 실전 예상문제

 **01** 고층건축물 화재안전기준에 의한 옥내소화전 설치기준으로 옳지 않은 것은?

① 전동기 또는 내연기관을 이용한 펌프방식의 가압송수장치는 옥내소화전설비 전용으로 설치하여야 하며, 옥내소화전설비 주펌프 이외에 동등 이상인 별도의 예비펌프를 설치하여야 한다.

② 급수배관은 전용으로 하여야 한다. 단, 옥내소화전설비의 성능에 지장이 없는 경우에도 연결송수관설비의 배관과 겸용이 불가능하다.

③ 50층 이상인 건축물의 옥내소화전 주배관은 2개 이상(주배관 성능을 갖는 동일 호칭배관)으로 설치하여야 하며, 하나의 수직배관의 파손 등 작동 불능 시에도 다른 수직배관으로부터 소화용수가 공급되도록 구성하여야 한다.

④ 비상전원의 용량은 50층 이상인 경우 60분이다.

**해설**

급수배관은 전용으로 하여야 한다. 단, 옥내소화전설비의 성능에 지장이 없는 경우에는 연결송수관설비의 배관과 겸용이 가능하다.

| 구 분 | 설 치 기 준 |
|---|---|
| 가압송수장치 | **전동기 또는 내연기관을 이용한 펌프방식의 가압송수장치** <br> – 옥내소화전설비 전용으로 설치하여야 하며, 옥내소화전설비 주펌프 이외에 동등 이상인 별도의 예비펌프를 설치하여야 한다. |
| 급수배관 | 전용으로 하여야 한다 <br> – 옥내소화전설비의 성능에 지장이 없는 경우에는 연결송수관설비의 배관과 겸용 |
| 수직배관 | **50층 이상인 건축물의 옥내소화전 주배관은 2개 이상(주배관 성능을 갖는 동일 호칭배관)으로 설치**하여야 하며, 하나의 수직배관의 파손 등 작동 불능 시에도 다른 수직배관으로부터 소화용수가 공급되도록 구성하여야 한다. |
| 비상전원 | 옥내소화전 소화설비와 동일 |

 **02** 고층건축물 화재안전기준에 의한 몇 층 이상의 건축물에 설치된 스프링클러 헤드는 2개 이상의 가지배관 양방향에서 소화용수가 공급되어야 하는가?

① 11층      ② 30층      ③ 45층      ④ 50층

**해설**

| 스프링클러 헤드 | 50층 이상인 건축물에는 2개 이상의 가지배관 양방향에서 소화용수가 공급되도록 하고, 수리계산에 의한 설계를 하여야 한다. |
|---|---|

 **정답** 01 ②   02 ④

03 고층건축물 화재안전기준에 의한 자동화재탐지설비의 통신·신호배선은 50층 이상의 건축물의 경우 이중배선을 설치하도록 되어 있다. 이중배선을 하지 않아도 되는 배선은?

① 수신기와 수신기 사이의 통신배선      ② 수신기와 중계기 사이의 신호배선
③ 수신기와 발신기 사이의 신호배선      ④ 수신기와 감지기 사이의 신호배선

**해설**

| | |
|---|---|
| 통신·신호배선 | 50층 이상의 건축물은 **이중배선을 설치**하도록 하고 단선(斷線) 시에도 고장표시가 되며 정상 작동할 수 있는 성능을 갖도록 설비를 하여야 한다.<br>1. 수신기와 수신기 사이의 통신배선<br>2. 수신기와 중계기 사이의 신호배선<br>3. 수신기와 감지기 사이의 신호배선 |

 04 피난안전구역에 설치하는 소방시설 설치기준 중 제연설비에서 피난안전구역과 비 제연구역간의 차압은 얼마 이상으로 하여야 하는가? (단, 옥내에 스프링클러설비가 설치되어 있지 않다)

① 12.5 Pa      ② 28 Pa      ③ 40 Pa      ④ 50 Pa

**해설**

| 구 분 | 설치기준 |
|---|---|
| 제연설비 | 피난안전구역과 비 제연구역간의 **차압은 50 pa**(옥내에 스프링클러설비가 설치된 경우에는 **12.5 Pa**) 이상으로 하여야 한다. 다만 피난안전구역의 한쪽 면 이상이 외기에 개방된 구조의 경우에는 설치하지 아니할 수 있다. |

05 피난안전구역에 설치하는 소방시설 설치기준 중 피난유도선 설치기준으로 옳지 않은 것은?

① 피난안전구역이 설치된 층의 계단실 출입구에서 피난안전구역 주 출입구 또는 비상구까지 설치할 것
② 계단실에 설치하는 경우 계단 및 계단참에 설치할 것
③ 피난유도 표시부의 너비는 최소 30 mm 이상으로 설치할 것
④ 광원점등방식(전류에 의하여 빛을 내는 방식)으로 설치하되, 60분 이상 유효하게 작동할 것

**해설**

| 구 분 | 설치기준 |
|---|---|
| 피난유도선 | 피난유도선은 다음 각호의 기준에 따라 설치하여야 한다.<br>• 피난안전구역이 설치된 층의 계단실 출입구에서 피난안전구역 주 출입구 또는 비상구까지 설치할 것<br>• 계단실에 설치하는 경우 계단 및 계단참에 설치할 것<br>• 피난유도 표시부의 너비는 최소 25 mm 이상으로 설치할 것<br>• 광원점등방식(전류에 의하여 빛을 내는 방식)으로 설치하되, 60분 이상 유효하게 작동할 것 |

**정답**   03 ③   04 ④   05 ③

●●● **06** 피난안전구역에 설치하는 소방시설 설치기준 중 비상조명등은 상시 조명이 소등된 상태에서  그 비상조명등이 점등되는 경우 각 부분의 바닥에서 조도는 몇 $\ell x$ 이상이 될 수 있도록 설치하여야 하는가?

① 1 $\ell x$　　　　② 5 $\ell x$　　　　③ 10 $\ell x$　　　　④ 20 $\ell x$

해설

| 구 분 | 설치기준 |
|---|---|
| 비상조명등 | 피난안전구역의 비상조명등은 상시 조명이 소등된 상태에서  그 비상조명등이 점등되는 경우 각 부분의 바닥에서 조도는 10 $\ell x$ 이상이 될 수 있도록 설치할 것 |

●●● **07** 피난안전구역에 설치하는 소방시설 설치기준 중 초고층 건축물에 설치된 피난안전구역의 휴대용비상조명등의 설치개수는?

① 피난안전구역 위층의 재실자수의 10분의 1 이상
② 피난안전구역이 설치된 층의 수용인원의 10분의 1 이상
③ 피난안전구역 위층의 재실자수의 10분의 2 이상
④ 피난안전구역이 설치된 층의 수용인원의 10분의 2 이상

해설

| 구 분 | 설치기준 |
|---|---|
| 휴대용 비상조명등 | 피난안전구역에는 휴대용비상조명등 설치기준.<br>1. 초고층 건축물에 설치된 피난안전구역<br>　　**피난안전구역 위층의 재실자수**(「건축물의 피난 · 방화구조 등의 기준에 관한 규칙」 별표 1의<br>　　2에 따라 산정된 재실자 수를 말한다)**의 10분의 1 이상**<br>2. 지하연계 복합건축물에 설치된 피난안전구역<br>　　**피난안전구역이 설치된 층의 수용인원**(영 별표 2에 따라 산정된 수용인원을 말한다)**의<br>　　10분의 1 이상**<br>3. 건전지 및 충전식 건전지의 용량은 **40분 이상** 유효하게 사용할 수 있는 것으로 한다.<br>　　다만, 피난안전구역이 **50층 이상**에 설치되어 있을 경우의 용량은 **60분 이상**으로 할 것 |

●●● **08** 피난안전구역에 설치하는 소방시설 설치기준 중 고층건축물의 경우 휴대용비상조명등 건전지의 용량은 몇 분 이상 유효하게 사용할 수 있는 것으로 하여야 하는가?

① 20분　　　　② 30분　　　　③ 40분　　　　④ 60문

해설
고층건축물의 정의 : 층수가 30층 이상이거나 높이가 120 m 이상인 건축물 – 40분용 휴대용비상조명등
초고층건축물의 정의 : 층수가 50층 이상이거나 높이가 200 m 이상인 건축물 – 60분용 휴대용비상조명등

정답 **06** ③ **07** ① **08** ③

**●○○ 09** 피난안전구역에 설치하는 소방시설 설치기준 중 인명구조기구에 대한 설치기준으로 옳지 않은 것은?

① 방열복, 인공소생기를 각 2개 이상 비치할 것
② 45분 이상 사용할 수 있는 성능의 공기호흡기(보조마스크를 포함한다)를 5개 이상 비치하여야 한다.
③ 피난안전구역이 50층 이상에 설치되어 있을 경우에는 45분 이상 사용할 수 있는 성능의 공기호흡기(보조마스크를 포함한다)의 예비용기를 10개 이상 비치할 것
④ 화재시 쉽게 반출할 수 있는 곳에 비치하고 "인명구조기구"라는 표지판 등을 설치할 것

 해설

| 구 분 | 설치기준 |
|---|---|
| 인명<br>구조기구 | 가. 방열복, 인공소생기를 각 2개 이상 비치할 것<br>나. 45분 이상 사용할 수 있는 성능의 공기호흡기(보조마스크를 포함한다)를 2개 이상 비치하여야 한다.<br>　피난안전구역이 50층 이상에 설치되어 있을 경우에는 동일한 성능의 예비용기를 10개 이상 비치할 것<br>다. 화재시 쉽게 반출할 수 있는 곳에 비치할 것<br>라. 인명구조기구가 설치된 장소의 보기 쉬운 곳에 "인명구조기구"라는 표지판 등을 설치할 것 |

**●○○ 10** 고층건축물 화재안전기준에 따른 특별피난계단의 계단실 및 부속실 제연설비의 비상전원 용량은?(단, 층수는 44층이다.)

① 20분　　　② 40분　　　③ 60분　　　④ 120분

해설
　고층건축물의 특별피난계단의 계단실 및 부속실의 비상전원은 제연설비를 유효하게 40분 이상 작동시킬 수 있어야 하며 50층 이상인 경우 60분 이상 작동시킬 수 있어야 한다.

## 4. 지하구의 화재안전기준(NFSC 605)

### 1 정의

지하구

| 지하구 | 1. 전력·통신용의 전선이나 가스·냉난방용의 배관 또는 이와 비슷한 것을 집합수용하기 위하여 설치한 지하 인공구조물로서 사람이 점검 또는 보수를 하기 위하여 출입이 가능한 것 중 다음에 해당하는 것<br>① 전력 또는 통신사업용 지하 인공구조물로서 전력구(케이블 접속부가 없는 경우에는 제외) 또는 통신구 방식으로 설치된 것<br>② ①외의 지하 인공구조물로서 폭이 1.8미터 이상이고 높이가 2미터 이상이며 길이가 50미터 이상인 것<br>2. 「국토의 계획 및 이용에 관한 법률」 제2조제9호에 따른 공동구<br>– 전기·가스·수도 등의 공급설비, 통신시설, 하수도시설 등 지하매설물을 공동 수용함으로써 미관의 개선, 도로구조의 보전 및 교통의 원활한 소통을 위하여 지하에 설치하는 시설물 |
|---|---|
| 제어반 | 설비, 장치 등의 조작과 확인을 위해 제어용 계기류, 스위치 등을 금속제 외함에 수납한 것 |
| 분전반 | 분기개폐기·분기과전류차단기 그밖에 배선용기기 및 배선을 금속제 외함에 수납한 것 |
| 방화벽 | 화재 시 발생한 열, 연기 등의 확산을 방지하기 위하여 설치하는 벽 |
| 분기구 | 전기, 통신, 상하수도, 난방 등의 공급시설의 일부를 분기하기 위하여 지하구의 단면 또는 형태를 변화시키는 부분 |
| 환기구 | 지하구의 온도, 습도의 조절 및 유해가스를 배출하기 위해 설치되는 것으로 자연환기구와 강제환기구로 구분 |
| 작업구 | 지하구의 유지관리를 위하여 자재, 기계기구의 반·출입 및 작업자의 출입을 위하여 만들어진 출입구 |
| 케이블 접속부 | 케이블이 지하구 내에 포설되면서 발생하는 직선 접속 부분을 전용의 접속재로 접속한 부분 |
| 특고압 케이블 | 사용전압이 7,000V를 초과하는 전로에 사용하는 케이블 |

### 2 소화기구 및 자동소화장치 설치기준

(1) 소화기구 중 소화기

① 능력단위

A급 화재는 개당 **3단위** 이상

B급 화재는 개당 **5단위** 이상

C급 화재에 적응성이 있는 것

② 소화기 한대의 총중량 – 사용 및 운반의 편리성을 고려하여 **7kg 이하**

③ 사람이 출입할 수 있는 출입구(환기구, 작업구 포함) 부근 – **5개 이상** 설치

④ 바닥면으로부터 1.5m 이하의 높이에 설치

⑤ 소화기의 상부에 "소화기"라고 표시한 **조명식 또는 반사식의 표지판을 부착**하여 사용자가 쉽게 인지 할 수 있도록 할 것

## (2) 자동소화장치

① 지하구 내 **발전실 · 변전실 · 송전실 · 변압기실 · 배전반실 · 통신기기실 · 전산기기실**·기타 이와 유사한 시설이 있는 장소 중 **바닥면적이 300㎡** 미만인 곳
   - 유효설치 방호체적 이내의 **고체에어로졸 · 가스 · 분말 · 캐비닛형** 자동소화장치를 설치 다만 물분무등소화설비를 설치한 경우에는 제외

② **제어반 또는 분전반**마다
   - **고체에어로졸 · 가스 · 분말 자동소화장치** 또는 유효설치 방호체적 이내의 **소공간용 소화용구**를 설치

③ **케이블접속부**(절연유를 포함한 접속부에 한함)마다
   - ㉠ **고체에어로졸 · 가스 · 분말 자동소화장치**, 중앙소방기술심의위원회의 심의를 거쳐 소방청장이 **인정하는 자동소화장치 설치**
   - ㉡ 소화성능이 확보될 수 있도록 방호공간을 구획하는 등 유효한 조치를 하여야 한다.

## 3 자동화재탐지설비

### (1) 감지기

① 먼지 · 습기 등의 영향을 받지 아니하고 **발화지점(1m 단위)과 온도**를 확인할 수 있는 것을 설치

② 지하구 천장의 중심부에 설치하되 감지기와 천장 중심부 하단과의 **수직거리는 30cm 이내**로 할 것.

③ 발화지점이 지하구의 실제거리와 일치하도록 수신기 등에 표시할 것.

④ 공동구 내부에 상수도용 또는 냉·난방용 설비만 존재하는 부분은 감지기를 설치하지 않을 수 있다.

### (2) 발신기 등

발신기, 지구음향장치 및 시각경보기는 설치하지 않을 수 있다.

## 4 유도등

사람이 출입할 수 있는 출입구(환기구, 작업구를 포함)에는 해당 지하구 환경에 적합한 크기의 피난구유도등을 설치하여야 한다.

**5** 연소방지설비

**(1) 연소방지설비의 배관 설치기준**

① 배관의 종류

   ㉠ 배관용 탄소강관

   ㉡ 압력배관용 탄소강광

   ㉢ 이와 동등 이상의 강도·내식성 및 내열성을 가진 것

② 급수배관(송수구로부터 연소방지설비 헤드에 급수하는 배관)은 전용

③ 배관의 구경

   ㉠ 연소방지설비전용헤드를 사용하는 경우

| 하나의 배관에 부착하는 살수헤드의 개수 | 1개 | 2개 | 3개 | 4개 또는 5개 | 6개 이상 |
|---|---|---|---|---|---|
| 배관의 구경(mm) | 32 | 40 | 50 | 65 | 80 |

   ㉡ 개방형 스프링클러헤드를 사용하는 경우 − 스프링클러설비기준에 따를 것

④ 교차배관

   가지배관과 수평으로 설치하거나 또는 가지배관 밑에 설치하고, 그 구경은 ③에 따르되, 최소구경이 40mm 이상이 되도록 할 것

⑤ 배관에 설치되는 행가 − 스프링클러설비와 동일

⑥ 분기배관 − 「분기배관의 성능인증 및 제품검사의 기술기준」에 적합한 것으로 설치

**(2) 연소방지설비의 헤드 설치기준**

① 천장 또는 벽면에 설치할 것

② 헤드간의 수평거리

   ㉠ **연소방지설비 전용헤드 : 2m 이하**

   ㉡ **스프링클러헤드 : 1.5m 이하**

③ 소방대원의 출입이 가능한 **환기구·작업구마다 지하구의 양쪽방향**으로 **살수헤드를 설정**하되, 한쪽 방향의 **살수구역의 길이는 3m 이상**으로 할 것. 다만, **환기구 사이의 간격이 700m를 초과할 경우에는 700m 이내마다 살수구역을 설정**하되, 지하구의 구조를 고려하여 방화벽을 설치한 경우에는 그러하지 아니하다.

④ 연소방지설비 전용헤드 − 「소화설비용헤드의 성능인증 및 제품검사 기술기준」에 적합한 '살수헤드'를 설치

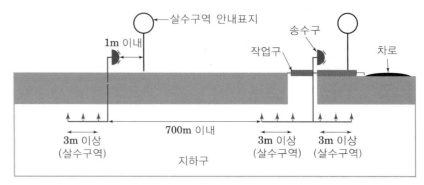

연소방지설비

### (3) 송수구 설치기준
① 소방차가 쉽게 접근할 수 있는 노출된 장소에 설치하되, 눈에 띄기 쉬운 보도 또는 차도에 설치할 것
② 송수구는 구경 65mm의 쌍구형으로 할 것
③ 송수구로부터 1m 이내에 살수구역 안내표지를 설치할 것
④ 지면으로부터 높이가 0.5m 이상 1m 이하의 위치에 설치할 것
⑤ 송수구의 가까운 부분에 자동배수밸브(또는 직경 5mm의 배수공)를 설치할 것. 이 경우 자동배수밸브는 배관안의 물이 잘 빠질 수 있는 위치에 설치하되, 배수로 인하여 다른 물건 또는 장소에 피해를 주지 아니하여야 한다.
⑥ 송수구로부터 주배관에 이르는 연결배관에는 개폐밸브를 설치하지 아니할 것
⑦ 송수구에는 이물질을 막기 위한 마개를 씌어야 한다.

### 6 연소방지재

지하구 내에 설치하는 케이블·전선 등에는 다음의 기준에 따라 연소방지재를 설치.
다만, 케이블·전선 등을 다음 제1호의 난연성능 이상을 충족하는 것으로 설치한 경우에는 연소방지재를 설치하지 않을 수 있다.

### (1) 연소방지재
한국산업표준(KS C IEC 60332-3-24)에서 정한 난연성능 이상의 제품을 사용하되 다음의 기준을 충족하여야 한다.
① 시험에 사용되는 연소방지재는 시료(케이블 등)의 아래쪽(점화원으로부터 가까운 쪽)으로부터 **30cm 지점부터 부착 또는 설치**되어야 한다.
② 시험에 사용되는 시료(케이블 등)의 단면적은 $325\mathrm{mm}^2$로 한다.
③ 시험성적서의 유효기간은 발급 후 3년으로 한다.

### (2) 연소방지재는 다음에 해당하는 부분에 제1호와 관련된 시험성적서에 명시된 방식으로 시험

성적서에 명시된 길이 이상으로 설치하되, **연소방지재 간의 설치 간격은 350m를 넘지 않도록 하여야 한다.**

① 분기구

② 지하구의 인입부 또는 인출부

③ 절연유 순환펌프 등이 설치된 부분

④ 기타 화재발생 위험이 우려되는 부분

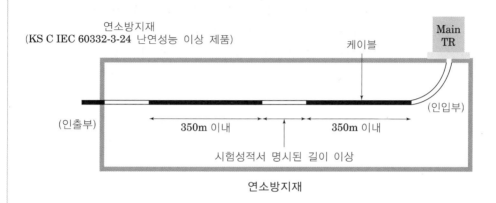

연소방지재

## 7 방화벽

항상 닫힌 상태를 유지하거나 자동폐쇄장치에 의하여 화재 신호를 받으면 자동으로 닫히는 구조

(1) 내화구조로서 홀로 설 수 있는 구조

(2) 방화벽의 출입문은 갑종방화문으로 설치

(3) 방화벽을 관통하는 케이블·전선 등에는 내화충전 구조로 마감

(4) 방화벽은 분기구 및 국사·변전소 등의 건축물과 지하구가 연결되는 부위(**건축물로부터 20m 이내**)에 설치

(5) 자동폐쇄장치를 사용하는 경우에는 「자동폐쇄장치의 성능인증 및 제품검사의 기술기준」에 적합한 것으로 설치

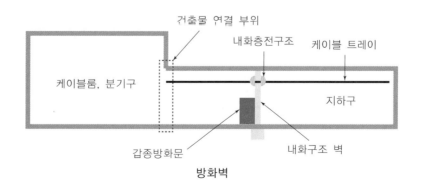

방화벽

**8** 무선통신보조설비

무전기접속단자는 방재실과 공동구의 입구 및 연소방지설비 송수구가 설치된 장소(지상)에 설치

**9** 통합감시시설

(1) 소방관서와 지하구의 통제실 간에 화재 등 소방활동과 관련된 정보를 상시 교환할 수 있는 정보통신망을 구축할 것

(2) 정보통신망(무선통신망을 포함)은 광케이블 또는 이와 유사한 성능을 가진 선로일 것

(3) 수신기는 지하구의 통제실에 설치하되 화재신호, 경보, 발화지점 등 수신기에 표시되는 정보가 적합한 방식으로 119상황실이 있는 관할 소방관서의 정보통신장치에 표시되도록 할 것

## 실전 예상문제

**●●● 01** 연소방지설비 설치대상은?

① 통신사업용 지하구 ② 터널
③ 지하상가 ④ 전력사업용 지하가

지하구(전력 또는 통신사업용인 것만 해당한다)에 설치

**●●● 02** 지하구의 화재안전기준에 따라 사람이 출입할 수 있는 출입구(환기구, 작업구 포함) 부근에 몇 개 이상이 소화기를 비치해야 하는가?

① 2개 이상 ② 3개 이상
③ 4개 이상 ④ 5개 이상

소화기구 중 소화기
① 능력단위 – A급 화재는 개당 3단위 이상, B급 화재는 개당 5단위 이상, C급 화재에 적응성이 있는 것
② 소화기 한대의 총중량 – 사용 및 운반의 편리성을 고려하여 7kg 이하
③ 사람이 출입할 수 있는 출입구(환기구, 작업구 포함) 부근 – 5개 이상 설치

**●●● 03** 지하구의 화재안전기준에 따라 케이블접속부(절연유를 포함한 접속부에 한함)마다 설치 하지 않아도 되는 것은?

① 고체에어로졸 자동소화장치 ② 가스식 자동소화장치
③ 분말식 자동소화장치 ④ 캐비닛형 자동소화장치

케이블접속부(절연유를 포함한 접속부에 한함)마다 – 고체에어로졸·가스·분말 자동소화장치, 중앙소방기술심의위원회의 심의를 거쳐 소방청장이 인정하는 자동소화장치 설치

정답 01 ① 02 ④ 03 ④

**•••04** 지하구의 화재안전기준에 따라 감지기 설치 기준으로 옳지 않은 것은?

① 먼지·습기 등의 영향을 받지 아니하고 발화지점(1m 단위)과 온도를 확인할 수 있는 것을 설치
② 지하구 천장의 중심부에 설치하되 감지기와 천장 중심부 하단과의 수직거리는 30cm 이내로 할 것.
③ 발화지점이 지하구의 실제거리와 일치하도록 수신기 등에 표시할 것.
④ 공동구 외부에 상수도용 또는 냉·난방용 설비만 존재하는 부분은 감지기를 설치하지 않을 수 있다.

 **해설**

공동구 내부에 상수도용 또는 냉·난방용 설비만 존재하는 부분은 감지기를 설치하지 않을 수 있다.

**•••05** 연소방지설비에서 배관의 구경이 50 mm일 때 살수헤드의 개수는 몇 개까지 부착할 수 있는가? (단, 살수헤드는 연소방지설비의 전용헤드이다.)

① 2 　　　　② 3 　　　　③ 4~5 　　　　④ 6개 이상

 **해설**

| 하나의 배관에 부착하는 살수헤드의 개수 | 1개 | 2개 | 3개 | 4개 또는 5개 | 6개 이상 |
|---|---|---|---|---|---|
| 배관의 구경(mm) | 32 | 40 | 50 | 65 | 80 |

**•••06** 연소방지설비의 전용헤드를 사용하는 경우 배관의 구경과 헤드의 개수로 틀린 것은?

① 40 mm － 2개 　　　　② 50 mm － 3개
③ 65 mm － 4~5개 　　　　④ 80 mm － 6개~10개

 **해설**

80 mm는 6개 이상이다.

**•••07** 연소방지설비의 전용헤드의 경우 방수헤드간의 수평거리는 얼마 이하로 하여야 하는가?

① 1.5 m 이하 　　② 1.7 m 이하 　　③ 2.0 m 이하 　　④ 2.1 m 이하

**해설**

방수헤드간의 수평거리

| 연소방지설비 전용헤드 | 스프링클러헤드의 경우 |
|---|---|
| 2 m 이하 | 1.5 m 이하 |

 **정답** 　04 ④ 　05 ② 　06 ④ 　07 ③

**••• 08** 지하구의 화재안전기준에 따라 환기구 사이의 간격이 몇 m를 초과할 경우에는 700m 이내마다 살수구역을 설정하여야 하는가?

① 350  ② 700  ③ 1,000  ④ 1,500

 **해설**

연소방지설비의 헤드 설치기준
– 소방대원의 출입이 가능한 환기구·작업구마다 지하구의 양쪽방향으로 살수헤드를 설정하되, 한쪽 방향의 살수구역의 길이는 3m 이상으로 할 것. 다만, 환기구 사이의 간격이 700m를 초과할 경우에는 700m 이내마다 살수구역을 설정하되, 지하구의 구조를 고려하여 방화벽을 설치한 경우에는 그러하지 아니하다.

**••• 09** 연소방지설비의 방화벽(화재의 연소를 방지하기 위하여 설치하는 벽)의 설치기준으로 옳지 않은 것은?

① 내화구조로서 홀로 설 수 있는 구조
② 방화벽에 출입문을 설치하는 경우에는 갑종방화문으로 설치
③ 방화벽을 관통하는 케이블·전선 등에는 내화충전구조로 마감
④ 방화벽은 분기구 및 국사·변전소 등의 건축물과 지하구가 연결되는 부위(건축물로부터 10m 이내)에 설치

 **해설**

방화벽은 분기구 및 국사·변전소 등의 건축물과 지하구가 연결되는 부위(건축물로부터 20m 이내)에 설치

## 5. 임시소방시설의 화재안전기준(NFSC 606)

### 1 개요

인화성(引火性) 물품을 취급하는 작업 등 대통령령으로 정하는 작업(화재위험작업)에 해당하는 공사현장에 설치하는 소방시설에 대한 기준 임

> ※ 화재위험작업
> 1. 인화성·가연성·폭발성 물질을 취급하거나 가연성 가스를 발생시키는 작업
> 2. 용접·용단 등 불꽃을 발생시키거나 화기를 취급하는 작업
> 3. 전열기구, 가열전선 등 열을 발생시키는 기구를 취급하는 작업
> 4. 소방청장이 정하여 고시하는 폭발성 부유분진을 발생시킬 수 있는 작업
> 5. 그 밖에 위와 비슷한 작업으로 행정안전부령장관이 정하여 고시하는 작업

### 2 정의

| 간이소화장치 | 공사현장에서 화재위험작업 시 신속한 화재 진압이 가능하도록 물을 방수하는 이동식 또는 고정식 형태의 소화장치 |
|---|---|
| 비상경보장치 | 화재위험작업 공간 등에서 수동조작에 의해서 화재경보상황을 알려줄 수 있는 설비(비상벨, 사이렌, 휴대용확성기 등)를 말한다. |
| 간이피난유도선 | 화재위험작업 시 작업자의 피난을 유도할 수 있는 케이블형태의 장치 |

### 3 소화기

(1) 성능 – 소화기의 소화약제는 적응성이 있는 것을 설치

(2) 설치기준
① 소화기는 **각 층마다 능력단위 3단위 이상인 소화기 2개 이상을** 설치
② **화재위험작업의 경우**
  – 작업종료 시까지 작업지점으로부터 **5 m이내** 쉽게 보이는 장소에 능력단위 **3단위 이상인 소화기 2개 이상과 대형소화기 1개를 추가 배치**

### 4 간이소화장치

(1) 성능
① 수원은 20분 이상의 소화수를 공급할 수 있는 양
② 소화수의 방수압력 – **최소 0.1 MPa 이상**
③ **방수량 65 L/min 이상**

(2) **설치기준** (화재위험작업의 경우)
① 작업종료 시까지 작업지점으로부터 25 m 이내에 설치 또는 배치하여 상시 사용이 가능하여야 하며 동결방지조치를 하여야 한다.
② 넘어질 우려가 없어야 하고 손쉽게 사용할 수 있어야 하며, 식별이 용이하도록 "간이소화장치" 표시를 하여야 한다.

(3) **설치제외**
소방청장이 정하여 고시하는 기준에 맞는 소화기를 비치한 경우 – **대형소화기를 작업지점으로부터 25 m 이내 쉽게 보이는 장소에 6개 이상을 배치한 경우**를 말한다.

[5] 비상경보장치

(1) **성능**
화재사실 통보 및 대피를 해당 작업장의 모든 사람이 알 수 있을 정도의 음량을 확보

(2) **설치기준**
화재위험작업의 경우 작업종료 시까지 작업지점으로부터 5 m 이내에 설치 또는 배치하여 상시 사용이 가능하여야 한다.

[6] 간이피난유도선 설치기준

(1) 간이피난유도선은 광원점등방식으로 공사장의 출입구까지 설치하고 공사의 작업 중에는 상시 점등되어야 한다.
(2) 설치위치는 바닥으로부터 **높이 1 m 이하**로 하며, 작업장의 어느 위치에서도 출입구로의 피난방향을 알 수 있는 표시를 하여야 한다.

## 실전 예상문제

● ● ● **01** 소방관계 법령에 따른 임시소방시설 중 화재위험작업에 설치하는 소방시설의 종류와 설치기준으로 옳지 않은 것은?

① 소화기는 동의를 받아야 하는 특정소방대상물의 건축·대수선·용도변경 또는 설치 등을 위한 공사 중 화재위험작업을 하는 현장(작업현장)에 설치하여야 한다.

② 간이소화장치는 연면적 3,000 m² 이상 또는 해당 층의 바닥면적이 600 m² 이상인 지하층, 무창층 및 4층 이상의 층에 설치하여야 한다.

③ 비상경보장치는 연면적 400 m² 이상 또는 해당 층의 바닥면적이 150 m² 이상인 지하층 또는 무창층에 설치하여야 한다.

④ 간이 피난유도장치는 바닥면적이 100 m² 이상인 지하층 또는 무창층의 작업현장에 설치한다.

**해설**

| 종 류 | 정 의 | 규 모 |
|---|---|---|
| 간이 피난유도장치 | 화재가 발생한 경우 피난구 방향을 안내할 수 있는 장치 | 바닥면적이 150 m² 이상인 지하층 또는 무창층의 작업현장에 설치한다. |

● ○ ○ **02** 임시소방시설의 간이소화장치는 어떤 장치 인가?

① 물을 방사(放射)하여 화재를 진화할 수 있는 장치

② 쉽게 사용할 수 있는 소화기 3개

③ 자동으로 화재를 진화할수 있는 간이스프링클러 장치

④ 자동으로 화재를 진화할수 있는 자동확산소화장치

**해설**

| 종 류 | 정 의 |
|---|---|
| 간이소화장치 | 물을 방사(放射)하여 화재를 진화할 수 있는 장치 |

**정답** 01 ④ 02 ①

**03** 임시소방시설 중 화재위험작업에 설치하는 소방시설에 대한 설명 중 옳지 않은 것은?

① 옥내소화전을 설치하는 경우 간이소화장치를 설치한 것으로 본다.
② 대형소화기를 작업지점으로부터 25 m 이내 쉽게 보이는 장소에 6개 이상을 배치한 경우 간이소화장치를 설치한 것으로 본다.
③ 비상방송설비 또는 자동화재탐지설비(단독경보형감지기 포함)을 설치한 경우 비상경보장치를 설치한 것으로 본다.
④ 피난유도선, 피난구유도등, 통로유도등 또는 비상조명등을 적합하게 설치한 경우 간이피난유도선을 설치한 것으로 본다.

**해설**

| 비상경보장치를 설치한 것으로 보는 소방시설 | 비상방송설비 또는 자동화재탐지설비 |
| --- | --- |

 **04** 임시소방시설의 화재안전기준에 따른 인화성(引火性) 물품을 취급하는 작업 등 대통령령으로 정하는 작업(화재위험작업)에 해당하지 않는 것은?

① 인화성·가연성·폭발성 물질을 취급하거나 지연성 가스를 발생시키는 작업
② 용접·용단 등 불꽃을 발생시키거나 화기를 취급하는 작업
③ 전열기구, 가열전선 등 열을 발생시키는 기구를 취급하는 작업
④ 소방청장이 정하여 고시하는 폭발성 부유분진을 발생시킬 수 있는 작업

**해설**
인화성·가연성·폭발성 물질을 취급하거나 가연성 가스를 발생시키는 작업

memo

제6과목 • • •

# 06

Fire Facilities Manager

# 과년도 기출문제

Fire Facilities Manager

# 과년도 기출문제

※ 법의 개정으로 인해 용어의 변경 등은 현행법에 맞도록 편집하였으며 학습의 혼란을 가져올 수 있는 부분은 예상문제로 대체하였음

**제1과목** 소방안전관리론 및 화재역학

**1** 다중이용업소의 실내장식물 중 방염대상물품이 아닌 것은?

① 너비 10 cm 이하의 반자돌림대
② 방음용 커튼
③ 합판과 목재
④ 두께 2 mm 이상의 종이벽지

| | |
|---|---|
| 방염대상물품 | 1. 제조 또는 가공 공정에서 방염처리를 한 물품(합판·목재류의 경우 설치 현장에서 방염처리를 한 것을 포함)<br>① 창문에 설치하는 커텐류 (블라인드 포함)<br>② 카펫, 두께 2 mm 미만인 벽지류로서 종이벽지 제외<br>③ 무대용, 전시용 합판 또는 섬유판<br>④ 암막, 무대막, 스크린 (영화상영관, 골프장)<br><br>방염 안된 소파와 방염된 소파<br>⑤ 섬유류 또는 합성수지류 등을 원료로 하여 제작된 소파·의자 - 다중이용업소의 단란주점영업, 유흥주점영업 및 노래연습장업의 영업장에 설치하는 것만 해당)<br>2. 건축물 내부의 천장이나 벽에 부착하거나 설치하는 것<br>① 종이류(2 mm 이상), 합성수지류, 섬유류를 주원료로 한 물품<br>② 합판, 목재, 간이칸막이, 흡음재, 방음재(흡음, 방음용 커튼 포함)<br><br>방염 표시<br>※ 실내장식물 제외 물품<br>• 가구류(옷장, 찬장, 식탁용의자, 사무용책상, 사무용의자 및 계산대 등)<br>• 너비 10 cm 이하의 반자돌림대 등<br>• 건축법에 의한 내부 마감 재료(방화에 지장이 없는 재료) |

**2** 건축방재계획 중 공간적 대응에서 회피성에 대한 설명인 것은?

① 내화성능, 방연성능, 초기소화대응능력 등의 화재의 대응하여 저항하는 성능
② 화재가 발생한 경우 안전피난 시스템
③ 제연설비, 방화문, 방화셔터, 자동화재탐지설비, 스프링클러설비 등에 의한 대응이다.
④ 불연화, 난연화, 내장재의 제한, 용도별구획 등으로 출화, 화재확대 등을 감소 시키고자 하는 예방적조치이다.

> 방화계획의 구분 중 Passive system인 공간적대응
> ① 대항성 - 화재의 성상(열, 연기 등)에 대응하는 성능과 항력(내화구조, 방화구조, 방화구획, 건축물의 방·배연성능 등의 성능을 말함)
> ② 회피성 - 화재의 발화, 확대 등 저감시키는 예방 조치 또는 상황(불연화, 난연화, 내장제 제한, 방화훈련 등)
> ③ 도피성 - 화재로부터 피난할수 있는 공감성과 시스템 형상(직통계단, 피난계단, 코어구성 등)

**3** 소화기를 양에 따라 소형과 대형으로 구분시 대형 이산화탄소 소화기는 몇 kg 이상인가?

① 20
② 50
③ 60
④ 80

소형, 대형 소화기를 양에 따라 구분시 기준

| 구분 | 양 | 구분 | 양 |
|---|---|---|---|
| 물소화기 | 80 ℓ | 이산화탄소소화기 | 50 kg |
| 강화액소화기 | 60 ℓ | 할로겐화합물소화기 | 30 kg |
| 포말소화기 | 20 ℓ | 분말소화기 | 20 kg |

**4** 화재성장기 때 에너지 방출속도로 옳지 않은 것은?

① 기화면적에 비례    ② 열유속에 비례
③ 유효연소열에 비례    ④ 기화열에 비례

$$Q = \dot{m}''A\triangle Hc \text{ [kW]} = \frac{\dot{Q}''}{L}A\triangle Hc \text{ [kW]}$$

L (기화열)은 열방출율과 반비례한다.

**5** 화재가혹도의 설명으로 틀린 것은?

① 화재하중이 작으면 화재가혹도가 작다
② 화재실내 단위시간당 축적되는 열이 크면 화재가혹도가 크다.
③ 화재규모 판단척도로 주수시간 결정인자
④ 화재발생으로 건물내 수용재산 및 건물자체 손상입히는 정도이다

주수시간을 결정하는 인자는 화재하중이며 주수율을 결정하는 인자는 화재강도이다.

**6** 가로 1 m×세로 1 m의 개구부가 존재하는 구획실에서 환기지배형 화재가 발생하여 플래시오버 이전에 개구부 높이가 2배 증가하였다면 이 구획실의 환기인자는 약 몇 배 증가하는가?

① 1.4        ② 2.8
③ 4.2        ④ 5.6

환기요소
$$f = A\sqrt{H}$$
$A$ : 개구부 면적($m^2$), $H$ : 개구부 높이(m)
개구부 높이가 2배로 증가하여 2m가 되면 개구부 면적은 $2m^2$ 이 되므로 환기인자(요소)는
$f = A\sqrt{H} = 2\sqrt{2} ≒ 2.8$ 이 된다.

**7** 다음 중 위험도가 가장 큰 것은?

① $CO$        ② $H_2S$
③ $NH_3$        ④ $CS_2$

위험도 $H = \dfrac{U - L}{L}$
$CO : 12.5 \sim 74 \quad \therefore H = 4.92$
$H_2S : 4 \sim 44 \quad \therefore H = 10$
$NH_3 : 15 \sim 28 \quad \therefore H = 0.866$
$CS_2 : 1.2 \sim 44 \quad \therefore H = 35.6$

**8** 고체표면의 화염확산으로 옳지 않은 것은?

① 화염확산방향이 수평전파 할 때 확산속도가 가장 빠르다.
② 화염확산에서 중력과 바람영향은 중요변수가 된다.
③ 화염확산속도는 화재위험성평가에서 중요한 역할을 한다.
④ 바람과 같은 방향으로의 화염확산은 순풍에서의 화염확산이라 한다.

화염확산방향이 상향전파 → 수평전파 → 하향전파 할 때의 순으로 확산속도가 느려진다.

**9** 화재발생시 건물 내 재실자들의 피난 소요시간을 확보하거나 줄일 수 있는 방법 중 옳지 않은 것은?

① 난연성 이상의 건축 내장재를 사용한다.
② 재실자들에게 화재를 가상한 피난교육 및 훈련을 실시한다.
③ 총 피난시간을 증가시키는 구조로 건물을 설계한다.
④ 피난 이동시간을 줄이기 위해 피난통로에 장애물등을 적재하지 않는다.

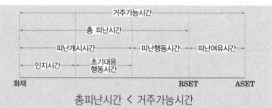

총피난시간 < 거주가능시간

총 피난시간 = 인지시간 + 초기대응 행동시간 + 피난행동시간
거주가능시간 = 총피난시간 + 피난여유시간
∴ 거주가능시간(ASET) > 총 피난시간 (RSET)
피난계획 수립시 거주가능시간을 늘리고 총피난시간을 줄이는 방법이 필요하다.

정답  04 ④  5 ③  6 ②  7 ④  8 ①  9 ③

**10** 섬유 중 발화온도로 가장 높은 것은?

① 나일론　　　　② 순면
③ 양모　　　　　④ 폴리에틸렌

식물성과 합성섬유는 일반적으로 발화온도가 낮아 위험하며 동물성은 발화온도가 높아 덜 위험하다.

**11** 폭발성가스의 최소점화에너지 미만의 범위 내에서 사용하도록 설계된 전기기기에서 단락, 단선시 전기불꽃이 발생해도 폭발성가스가 점화되지 않게 하는 원리의 방폭구조는?

① 본질안전방폭구조　　② 압력방폭구조
③ 내압방폭구조　　　　④ 유입방폭구조

어떤 문제가 생겨도 본질적으로 안전한 구조이며 제0종 장소에서 사용할 수 있는 유일한 방폭구조이다.

**12** 할로겐화합물 및 불활성기체소화약제에서 ODP를 현저히 낮추기 위해 배제하는 원소는?

① F　　　　　② Cl
③ Br　　　　　④ I

할로겐화합물 및 불활성기체소화약제를 구성하는 원소
- C, H, F, Cl, I 이다. 즉 브롬은 없다.
ODP (오존 파괴지수)
어떤 물질이 오존파괴에 기여하는 능력을 상대적으로 나타내는 지표로서 기준 물질인 CFC-11의 ODP를 1로 하여 같은 무게의 어떤 물질이 오존을 파괴하는 량을 나타낸 것을 말한다.
$$ODP = \frac{어떤\ 물질\ 1kg이\ 파괴하는\ 오존량}{CFC-11\ 1kg이\ 파괴하는\ 오존량}$$

**13** 화염이 다른 층으로 확대되지 못하도록 구획하는 건축물의 방재계획으로 옳은 것은?

① 단면계획　　　　② 재료계획
③ 평면계획　　　　④ 입면계획

단면계획은 건물 내부에서의 상층으로 연소확대 방지, 피난안전층, 수직으로의 양방향 피난(피난층 및 옥상광장, 헬리포트) 대책을 고려하여야 한다.
입면계획은 건물 외벽의 마감재, 외벽을 통한 상층으로의 연소 확대방지 대책에 대한 고려가 필요하다.

**14** 구획실 화재의 현상에 대한 설명 중 옳지 않은 것은?

① 중성대가 개구부에 형성될 때 중성대 아래쪽은 공기가 유입되고 위쪽은 연기가 유출된다.
② 연기와 공기흐름은 주로 온도상승에 의한 부력 때문이다.
③ 백드래프트는 연료지배형 화재에서 발생한다.
④ 벽면코너화염이 단일벽면화염보다 화염전파속도가 빠르다.

백드래프는 플래시오버를 지난 환기지배형 화재의 성격을 띠는 감쇠기때 발생한다.
구획실 화재의 화염전파속도는 코너(2방향이 밀폐), 벽면(1방향이 밀폐), 실 중앙 부분(개방) 순이다.

**15** 천장 높이가 6 m 미만인 거실의 거실피난허용시간은? (단, A는 거실의 면적이다.)

① $2\sqrt{A}$　　　　② $4\sqrt{A}$
③ $6\sqrt{A}$　　　　④ $8\sqrt{A}$

| 구분 | 거실 피난허용 시간 | 복도 피난허용시간 | 층 피난허용시간 |
|---|---|---|---|
| 피난 시간 평가 | $T_1 = (2또는3) \times \sqrt{A}$ | $T_2 = 4 \times \sqrt{A_1+A_2}$ | $T_3 = 8 \times \sqrt{A_1+A_2}$ |

2 : 천장높이가 6 m 미만인 거실
3 : 천장높이가 6 m 이상인 거실
A : 거실 면적[m²]
$A_1$ : 거실면적 합계[m²]
$A_2$ : 복도면적 합계[m²]

## 16 다음 설명 중 틀린 것은?

① 불연성가스 등을 가연성혼합기에 첨가하면 MOC (최소산소농도)는 감소된다.
② MOC는 공기와 연료의 혼합기 중 산소의 부피를 나타내는 %의 단위로 나타낸다.
③ LOI(한계산소지수)는 가연물을 수직으로 하여 가장 윗부분에 착화하며 연소를 계속 유지시킬 수 있는 산소의 최저 체적농도(vol%)를 말한다.
④ 가연성가스의 조성이 완전연소조성 부근일 경우 최소발화에너지(MIE)는 최대가 된다.

최소점화에너지(MIE)는 연소조건이 가장 적합한 화학양론적 조성비를 가질 때 최소가 된다.

## 17 자동화재탐지설비의 연기감지기가 아닌 것은?

① 이온화식 감지기
② 광전식 분리형 감지기
③ 연기복합식 감지기
④ 차동식분포형 감지기

- 스포트형 열감지기 – 차동식(공기식. 열기전력식, 반도체식), 정온식, 보상식
- 분포형 열감지기 – 공기관식, 열전대식, 열반도체식

## 18 다음 중 소염거리에 대한 설명으로 옳지 않은 것은?

① 점화를 일으키지 않는 전극간의 최대거리를 소염거리라 한다.
② 발열보다 방열이 커서 점화되지 않는 원리이다.
③ 최소점화에너지는 소염거리와 연소속도에 비례한다.
④ 최소점화에너지는 화염온도에 비례한다.

화염면 전체에서 얻어지는 에너지[최소점화(발화, 착화)에너지]와 소염거리의 관계

$$H = l^2 \lambda \frac{T_f - T_g}{S}$$

$H$ : 화염면 전체에서 얻어지는 에너지[J]
$l$ : 소염거리[m]                    $\lambda$ : 화염 평균 전달율
$T_f$ : 화염온도[K]                 $T_g$ : 가스온도[K]
$S$ : 연소속도[m/s]

화염면 전체에서 얻어지는 에너지는 소염거리 2승에 비례하며 화염온도와 미연가스온도의 차에 비례하며 연소속도와 반비례한다.

## 19 고점도 유류 아래서 물이 비등할 때 탱크 밖으로 물과 기름이 거품형태로 넘치는 현상을 무엇이라 하는가?

① 보일오버                    ② 슬롭오버
③ 프로스오버                 ④ 롤 오버

| 구분 | Mechanism | 방지 대책 |
|---|---|---|
| Froth Over | 화재가 아닌 경우로서 고점도 유류 아래서 물이 비등할 때 탱크 밖으로 물과 기름이 거품형태로 넘치는 현상 ex) 뜨거운 아스팔트가 물이 약간 채워진 탱크차에 옮겨질 때 탱크차 하부의 물이 가열, 장시간 경과 후 비등 | 수층 방지 |

## 20 화재 발생 시 다량의 물로 주수소화하면 안되는 것은?

① 과산화벤조일
② 메틸에틸케톤퍼옥사이드
③ 과산화나트륨
④ 질산나트륨

과산화나트륨은 물과 반응시 산소가 발생하여 주수소화를 금지한다.
$2Na_2O_2 + 2H_2O \rightarrow 4NaOH + O_2\uparrow +발열$
제5류 위험물인 과산화벤조일, 메틸에틸케톤퍼옥사이드 및 제1류 위험물인 질산나트륨은 주수소화(분해방지)한다.

정답  16 ④  17 ④  18 ③  19 ③  20 ③

**21** 인간의 심장에 영향을 주지 않는 최대농도의 의미를 가지고 있는 것은?

① LC50　　　　　　② LD50
③ LOAEL　　　　　④ NOAEL

- NOAEL(No Observable Adverse Effect Level)
  - 최대허용설계농도을 말함
  - 농도를 증가시킬 때 아무런 악영향도 감지할 수 없는 최대 농도 → 심장에 독성을 미치지 않는 최대농도
- LOAEL (Lowest Observable Adverse Effect Level)
  - 농도를 감소시킬 때 악영향을 감지할 수 없는 최소농도 → 심장에 독성이 미치는 최저농도
- LC50 (Lethal Concentration 50%)
  한 무리의 실험동물의 50%를 죽이게 하는 독성물질의 농도로 균일하다고 생각되는 모집단 동물의 반수를 사망하게 하는 공기 중의 가스농도 및 액체 중의 물질의 농도이다. 즉, 50%의 치사농도로 반수치사농도라고도 하며, LD50(50% 치사량)과 같은 개념으로 쓰이기도 한다.
- LD50 (Lethal Dose 50% )
  독극물의 투여량에 대한 시험생물의 반응을 치사율로 나타낼 수 있을 때의 투여량, 그 수치가 낮다는 것은 적은 양에도 한 무리의 50%가 사망한다는 것으로 위험한 물질을 의미한다.

**22** 화재 시 평소에 사용하던 출입구나 통로 등 습관적으로 친숙해 있는 경로로 도피하려는 본능을 무엇이라 하는가?

① 귀소본능　　　　② 지광본능
③ 추종본능　　　　④ 퇴피본능

피난계획시 인간의 피난행동 특성(본능) 고려
- 좌회, 귀소, 지광, 퇴피, 추종본능

| 좌회 본능 | 오른손잡이는 왼쪽으로 회전하려고 함. |
|---|---|
| 귀소 본능 | 왔던 곳 또는 상시 사용하는 곳으로 놀아가려 함 |
| 지광 본능 | 밝은 곳으로 향함 |
| 퇴피 본능 | 위험을 확인하고 위험으로부터 멀어지려 함 |
| 추종 본능 | 위험 상황에서 한 리더를 추종하려함 |

**23** 작열연소에 대한 설명으로 옳은 것은?

① 연소속도가 매우 빠른 화재이다.
② 불꽃과 열을 내며 연소하는 것을 말한다.
③ 저강도의 표면화재이다.
④ 연료의 표면에서 불꽃을 발생하지 않는 연소이다.

작열연소는 심부화재로서 가연성가스의 휘발성분이 없거나 증기압이 작아 표면에서 연소하는 표면연소이며 불꽃이 없는 연소이기 때문에 느린 연소속도를 가지며 온도가 낮아 저강도 화재의 성격을 보인다.

**24** 창고의 크기가 가로 5 m × 세로 1 m × 높이 1 m인 5,000 kcal/kg의 발열량을 갖는 가연물로 가득 차 있다면 이 건물 내의 화재화중은 몇 kg/m² 인가? (단, 가연물의 비중은 0.9로 한다.)

① 1,000
② 2,000
③ 3,000
④ 4,000

화재하중 $Q = \dfrac{\sum (G_i \cdot H_i)}{H \cdot A} = \dfrac{\sum Q_i}{4,500 \cdot A}$ [kg/m²]

$G_i$ = 가연물의 질량(kg)
$H_i$ = 가연물의 단위 발열량 (kcal/kg)
$Q_i$ = 가연물의 전 발열량 (kcal)
$H$ = 목재의 단위 질량당 발열량(4,500 kcal/kg)
$A$ = 바닥면적(m²)

가연물의 밀도는 비중이 0.9이므로

$S = 0.9 = \dfrac{\rho}{\rho_w}$ ∴ $\rho = 900$ kg/m³ 이며

밀도에 체적을 곱하면 가연물의 질량(kg)을 알 수 있다.

화재하중 $= \dfrac{5,000\,\text{kcal/kg} \times 900\,\text{kg/m}^3 \times (5 \times 1 \times 1)\text{m}^3}{4,500 \times 5 \times 1}$

$= 1,000$ kg/m²

**25** 위험물화재의 연소확대 시 위험성 중 이연성에 관한 설명 중 옳은 것은?

① 연소열이 작다.
② 연소속도가 빠르다.
③ 낮은 산소농도에서도 연소되기 쉽다.
④ 연소점이 낮고, 연소가 계속 되기 쉽다.

> 이연성 물질 - 특수가연물처럼 물질에 착화한 뒤 연소속도가 빠르다는 것으로 상온에서는 위험성이 없는 성질을 가진 면(綿), 목면의 넉마, 볏짚, 대패밥, 종이 등으로서 착화온도가 높은 물질

---

**제2과목** 소방수리학·약제화학 및 소방정기

**26** 다음 중 압력 측정기기가 아닌 것은?

① 시차액주계
② 로타미터
③ 마노미터
④ 피에조미터

| 압력 측정기기 | | | 유량측정기기 |
|---|---|---|---|
| 피에조미터 | 마노미터 | 시차액주계 | 로타미터 |
| | | | 오리피스타입 |

**27** 배관 부속품인 분류티에 의한 손실을 지름이 40 mm 이고 관마찰계수가 0.04인 관의 길이로 환산한다면 상당 길이는 몇 m인가? (단, 분류티의 부차적 손실계수는 10 이다.)

① 10
② 20
③ 30
④ 40

$$K(\text{손실계수}) = \lambda(\text{마찰계수}) \frac{L(\text{길이: m})}{D(\text{직경: m})}$$

$$\therefore L(\text{상당관길이}) = \frac{KD}{\lambda} = \frac{10 \times 0.04}{0.04} = 10\,\text{m}$$

**28** 포소화설비의 고정포방출구 약제량 산출방식으로 옳은 것은? (단, A : 탱크의 액표면적($m^2$)  Q : 단위 포소화수용액의 양 ($\ell/m^2 \cdot$ min)  T : 방출시간(min)  S : 포소화약제의 사용농도(%) 이다.)

① $A \times Q \times T \times S$
② $A \times Q \times T \div S$
③ $A \times Q \times S \div T$
④ $A \times Q \times T + S$

| 위험물탱크 포소화약제량 | | |
|---|---|---|
| 고정포방출구 | 보조 소화전 | 송액관 |
| $A \times Q \times T \times S$<br>A : 탱크의 액표면적($m^2$)<br>Q : 단위 포소화수용액의 양 ($\ell/m^2 \cdot$ min)<br>T : 방출시간 (min)<br>S : 포 소화약제의 사용농도 (%) | $N \times Q \times T \times S$<br>N : 호스 접결구수 (3개 이상인 경우는 3)<br>Q : 400 $\ell$/min | $A \times L \times 1,000 \times S$<br>※ 내경 75mm 이하의 송액관 제외<br>A : 배관의 면적($m^2$)<br>L : 배관의 길이(m)<br>※ 1,000을 곱하는 이유는 $m^3$을 $\ell$로 환산하기 위해서 이다. |

**29** 다음 포 소화약제 중 팽창비에 따른 저발포와 고발포를 임의로 발포 할 수 있는 포 소화약제는?

① 단백포
② 불화 단백포
③ 수성막포
④ 합성계면 활성제포

> 합성계면활성제포의 약제농도는 1%, 1.5%, 2%의 고발포와 3%, 6%의 저발포 모두 사용 된다.

**정답**  25 ②  26 ②  27 ①  28 ①  29 ④

**30** 유체의 유동에 따른 오일러방정식 조건으로 옳지 않은 것은?

① 유선을 따라 입자가 이동
② 비점성유체
③ 비압축성유체
④ 정상류

| 구분 | 오일러의 운동방정식 | 베르누이 방정식 (유체의 에너지 보존의 법칙) |
|---|---|---|
| 정의 | 시간에 대해 공간의 각점 흐름의 상태를 살피는 운동방정식 | 배관내 어느 지점에서든지 유체가 갖는 역학적에너지 (압력에너지, 운동에너지, 위치에너지)는 같다 |
| 조건 | 정상 유동, 유선을 따라 입자가 운동, 비점성 유체(마찰이 없는 유체) | 정상유동(정상류), 유선을 따라 입자가 이동, 비점성유체 (마찰이 없는 유체), 비압축성유체 |

암기 정유점압(정육점에는 오일러가 있고 정육점 앞에는 베르누이가 서 있다.)

**31** 지름 15cm 인 매끈한 원관에 물(동점성계수 $\nu$ =1.1 ×$10^{-4}$m² /s)이 3 m/s의 속도로 흐르고 있다. 길이 10 m에 대한 손실수두는 얼마인가?

① 3.62 m
② 4.26 m
③ 4.68 m
④ 4.84 m

$$Re = \frac{\rho VD}{\mu}\left(\frac{관성력}{점성력}\right) = \frac{VD}{\nu} = \frac{3 \times 0.15}{1.1 \times 10^{-4}} = 4,090.9 \ (난류)$$

난류이므로 패닝의 법칙을 이용한다.

$$H = \frac{2f\ell V^2}{gD} = \frac{2 \times 0.0395 \times 10 \times 3^2}{9.8 \times 0.15} = 4.84\,m$$

$$f = 0.3164 Re^{-\frac{1}{4}} = 0.0395$$

**32** 펌프의 양정이 부족하여 양정을 4배로 하려면 회전수는 몇 배 하여야 하는가?

① 1배
② 2배
③ 3배
④ 4배

$\dfrac{H_2}{H_1} = \left(\dfrac{N_2}{N_1}\right)^2$   에서

$4 = \left(\dfrac{N_2}{N_1}\right)^2$   $\therefore \dfrac{N_2}{N_1} = 2배$

상사법칙 – 비교회전도가 같은 서로 다른 펌프의 경우 "상사성을 갖는다"라고 하고 유량, 양정, 동력은 회전수와 임펠러의 직경과 일정한 관계가 있는데 이를 상사법칙이라 한다.

$$\frac{Q_2}{Q_1} = \left(\frac{N_2}{N_1}\right)^1 \cdot \left(\frac{D_2}{D_1}\right)^3, \ \frac{H_2}{H_1} = \left(\frac{N_2}{N_1}\right)^2 \cdot \left(\frac{D_2}{D_1}\right)^2$$

$$\frac{L_2}{L_1} = \left(\frac{N_2}{N_1}\right)^3 \cdot \left(\frac{D_2}{D_1}\right)^5$$

Q : 유량(m³/min)     H : 양정(m)
L : 축동력(kW)     N : 회전수(rpm)
D : 임펠러외경(mm)

**33** 유체의 운동에 따른 정상류와 비정상류를 구별하는 물리량이 아닌 것은?

① 온도
② 체적
③ 압력
④ 밀도

1. 정상류 (steady flow)
   임의의 한점에서 온도, 속도, 압력, 밀도 등의 값이 시간의 변화에 따라 변하지 않는 흐름

   $$\frac{\alpha T}{\alpha t} = 0 \qquad \frac{\alpha v}{\alpha t} = 0 \qquad \frac{\alpha p}{\alpha t} = 0 \qquad \frac{\alpha \rho}{\alpha t} = 0$$

   암기 정상류 – 시간에 따라 티비프로($TVP\rho$) (TV 프로)가 변하지 않는 흐름

2. 비정상류 (unsteady flow)
   임의의 한점에서 온도, 속도, 압력, 밀도 등의 값이 시간의 변화에 따라 변화하는 흐름

**34** 물의 수소결합에 의한 특성이 아닌 것은?

① 비열과 현열이 크다.
② 융해잠열, 증발잠열이 크다.
③ 표면장력이 작다.
④ 동파가 발생한다.

물분자와 물분자가 인력에 의해 표면을 최소화하기 때문에 표면장력이 크다.
물은 원자와 원자의 극성공유결합과 분자와 분자의 수소결합을 하고 있어 비열과 현열, 융해잠열, 증발잠열이 크며 표면장력이 큰 특성이 있다.

정답 **30** ③ **31** ④ **32** ② **33** ② **34** ③

**35** 성능이 같은 두 대의 소화펌프를 병렬로 연결하였을 때의 유량(Q)과 양정(H)은?

① 유량 Q, 양정 H
② 유량 Q, 양정 2H
③ 유량 2Q, 양정 H
④ 유량 2Q, 양정 2H

| 펌프를 2대 연결 방법 | | 직렬 연결 | 병렬 연결 |
|---|---|---|---|
| 성능 | 유량(Q) | Q | 2Q |
| | 양정(H) | 2H | H |

**36** 펌프의 양정이 100 m이고 토출량이 390 ℓ/min일 때 수동력($kg_f \cdot m/s$)은 얼마인가? 단, 효율은 65%이고 전달계수는 1.10이다.

① 6.37
② 12.75
③ 54
④ 650

수동력
$\gamma H Q = 1000 kg_f / m^3 \times 100 m \times 0.39 m^3 / 60s = 650 \ kg_f \ m/s$

**37** 교류 전류에 대한 R L C회로에서 전류와 전압이 동상인 회로는?

① R 회로
② L 회로
③ C회로
④ R L C회로

회로에 저항만 있는 경우 – R
① $v = \sqrt{2} \ V \sin \omega t \ [V]$
② $i = \sqrt{2} \ I \sin \omega t \ [A]$ 으로 전류와 전압은 동상이다.
동상이란 전류와 전압의 주기가 동일함을 말하며 동상의 경우 전류의 최대값과 전압의 최대값의 곱으로 전력이 최대가 된다. 따라서 저항만이 있을 경우 최대한의 전력을 공급할 수 있다. 또한 L(인덕턴스)와 C(커패시턴스)는 전압과 전류가 동상이 아니므로 전력의 크기는 저항만 있을 경우보다 작다. 즉 인덕턴스와 커패시턴스는 전력을 감소시키는 무효전력에 해당된다.

**38** 콘덴서가 20 Ω일 때 60 Hz에서의 정전용량[μF]은 얼마인가?

① 132
② 160
③ 190
④ 210

$X_C \ [\Omega] = \dfrac{1}{\omega C} = \dfrac{1}{2\pi f C}$
$\therefore C[F] = \dfrac{1}{2\pi f \cdot X_C} = \dfrac{1}{2 \cdot \pi \cdot 60 \cdot 20}$
$= 0.000132 \ F \ = 132 \ \mu F$
$X_C$ : 용량성(콘덴서)리액턴스[Ω]
$\omega$ : 각 주파수($2\pi f$),   $C$ : 정전용량[F]

**39** 누전경보기의 작동원리를 설명하는 법칙은 무엇인가?

① 렌쯔의 법칙
② 키르히호프 제1법칙
③ 플레밍의 왼손법칙
④ 패러데이의 법칙

누전경보기는 영상변류기에 들어가는 전류와 나오는 전류의 합이 0이 아닐 경우 작동되는 경보기로 누설전류에 의한 누전을 검지하여 경보하는 기기이다. 이는 "회로의 한 접속점에서 접속점에 흘러 들어오는 전류의 합과 흘러 나가는 전류의 합은 같다."라는 키르히호프 제1법칙의 원리를 응용한 것이다.

**40** 전지의 자기방전을 보충함과 동시에 상용부하에 대한 전력공급은 충전기가 부담하도록 하되, 충전기가 부담하기 어려운 일시적인 대전류 부하는 축전지로 하여금 부담케 하는 충전방식은?

① 급속충전
② 부동충전
③ 균등충전
④ 세류충전

전지의 자기방전을 보충함과 동시에 부하의 전력공급은 충전기(=정류기)가 담당하되 과부하의 경우 축전지가 일시적으로 부담해주는 방식

정답  35 ③  36 ④  37 ①  38 ①  39 ②  40 ②

**41** 온도를 전압으로 변환시키는 요소는?

① 광전지      ② 열전대
③ 차동변압기      ④ 벨로우즈

광전지 : 빛을 전압으로 변환
차동변압기 : 변위를 전압으로 변환
벨로우즈 : 압력을 변위로 변환

**42** 2 A의 전류가 5초 동안 흘러 30 J의 일을 하였다면 전압[V]은?

① 3      ② 12
③ 30      ④ 300

$$V[V] = \frac{W[J]}{Q[C]} = \frac{W[J]}{I[A] \cdot t[s]} = \frac{30}{2 \cdot 5} = 3\,[V]$$

**43** 다음 중 펌프의 비속도 값이 큰 순서대로 나열한 것은?

① 터빈펌프 > 볼류트펌프 > 축류펌프
② 터빈펌프 > 볼류트펌프 > 사류펌프
③ 축류펌프 > 볼류트펌프 > 터빈펌프
④ 축류펌프 > 터빈펌프 > 사류펌프

| 비교회전도<br>(비속도) | 1,000 | 800 | 300(볼류트)~100(터빈) |
|---|---|---|---|
| 종류 | 축류식 | 사류식 | 원심식 |

**44** 교류 회로의 기호법 표시에 대한 내용으로 옳지 않은 것은?

① 기호법이란 사인과 교류를 복소수로 나타내어 교류 회로를 계산하는 방법이다.
② 복소수 $Z = a + jb$에서 a는 실수부, b는 허수부라고 한다.
③ 복소수의 크기를 나타내는 값을 "절대값"이라 하고 절대값 $= \sqrt{(실수부)^2 + (허수부)^2}$ 으로 계산한다.
④ 허수의 단위는 $j$로 표시하고 $j = \sqrt{-1}$, $j^2 = 1$로 계산한다.

허수의 단위는 $j$로 표시하고 $j = \sqrt{-1}$, $j^2 = -1$로 계산한다.

교류회로의 기호법 표시의 예

$$v = \sqrt{2}\,V\sin\left(\omega t - \frac{2\pi}{3}\right) = V\angle - \frac{2\pi}{3}\,[V]$$

$$= V\left(\cos - \frac{2\pi}{3} + j\sin - \frac{2\pi}{3}\right) = V(\cos - 120 + j\sin - 120)$$

$$= V(-0.5 - j0.86) = V\left(-\frac{1}{2} - j\frac{\sqrt{3}}{2}\right)$$

**45** 다음 물질 중 질식소화가 적당하지 않은 것은?

① 초산에스테르류
② 고무류
③ 면화류
④ 질산에스테르류

질산에스테르류는 제5류 위험물로서 자기반응성물질이므로 질식소화는 효과가 없다.

**46** 다음 중 할로겐화합물 및 불활성기체소화약제인 FIC − 13I1 의 원소가 아닌 것은?

① I      ② Cl
③ F      ④ C

FIC − (0)13I1
맨 앞 0은 생략된 것으로 탄소를 말하며 +1을 하여 C가 1개가 되며 두 번째 1은 수소를 말하며 −1을 하여 H는 0이 되며, 세 번째 3은 불소를 말하며 +, −의 가감을 하지 않아 F는 3개가 되어 $CF_3$가 된다. 이는 메탄의 유도체로 수소 4개가 다른 원소로 치환하여야 하나 3개만 치환되어 1개가 부족하다. 이 부족한 것을 맨 마지막 I (요오드) 1개가 차지한다. 따라서 $CF_3I$ 의 분자식을 갖는다.

**47** 가스 소화약제는 초기에 소화가 가능한 표면화재에 주로 사용 하나 심부화재에 적용할 경우에도 소화가 가능하고 재발화 방지를 위해 일정시간 농도를 유지하여야 하는데 이때 필요한 시간을 무엇이라 하는가?

① Soaking Time      ② shocking Time
③ Keeping Time      ④ Looking time

심부화재시 재발화 방지를 위해 고농도로 일정시간 흠뻑 적시는 시간이 필요한데 이를 Soaking Time 또는 Holding time 이라고 한다.

**48** 스케줄 No.를 바르게 나타낸 것은? (단, 재료의 허용응력과 최고사용압력의 단위는 $kg_f/cm^2$이다.)

① $Sch\ No = \dfrac{재료의\ 허용응력}{최고사용압력} \times 1,000$

② $Sch\ No = \dfrac{최고사용압력}{재료의\ 허용응력} \times 1,000$

③ $Sch\ No = \dfrac{재료의\ 허용응력}{최고사용압력} \times 10$

④ $Sch\ No = \dfrac{최고사용압력}{재료의\ 허용응력} \times 10$

최고사용압력과 재료의 허용응력의 단위가 $kg_f/cm^2$인 경우

$Sch\ No = \dfrac{사용압력(내부작용)압력(kg_f/cm^2)}{재료의\ 허용응력(kg_f/cm^2)} \times 1,000$

1. $Sch\ No$

$Sch\ No = \dfrac{최고사용압력(내부작용)압력(kg_f/cm^2)}{재료의\ 허용응력(kg_f/mm^2)} \times 10$

2. SI 단위시 계산

최고사용압력 $kg_f/cm^2$을 MPa,

재료의 허용응력 $kg_f/mm^2$ $N/mm^2$으로 환산하면

$Sch\ NO = \dfrac{P\ kg_f/cm^2}{S\ kg_f/mm^2} \times 10$

$\Rightarrow \dfrac{\frac{1.0332P'}{0.101325}MPa}{\frac{S'}{9.8}N/mm^2} \times 10 \fallingdotseq \dfrac{P'\ MPa}{S'\ N/mm^2} \times 1,000$

**49** 다음은 물의 단점을 보완하기 위한 첨가제에 대한 설명이다. 옳지 않은 것은?

① 0℃이하 온도에서 동결(응고)로 이송이 안되고 동파인 배관파손으로 소화효과 감소하여 부동액을 첨가한다.

② 심부화재인 산불화재, 원면화재, 분체화재시 물을 살수하면 깊게 침투되지 못해 소화가 어려워 증점제를 첨가한다.

③ 물과 기름은 잘 섞이지 않으나 큰 압력으로 세차게 방사시 순간적으로 썩이게 되는데 이 효과를 이용하여 산소의 차단 및 가연성기체의 증발을 막아 소화하는데 소화효과를 높이기 위해 물에 섞는 것을 유화제라고 한다.

④ 산불화재의 경우 높은 곳에서 물을 뿌릴 경우 잎과 가지, 기둥에는 부착력이 낮아 소화하기 곤란하므로 물에 점성을 키워 화심에 도착율을 높이고 부착성을 강화시켜 소화를 도와주는 첨가제가 증점제이다.

| 침투제 (Wetting Agent) | ① 물의 표면장력은 72.75 dyne/cm로서 굉장히 크다. 따라서 심부화재인 산불화재, 원면화재, 분체화재시 물을 살수하면 깊게 침투되지 못해 소화가 어렵다. ② 물에 계면활성제(약 1%)을 첨가하여 표면장력을 낮추면 침투효과를 높여 소화에 도움을 준다. ③ 침투제는 소화효과는 없고 표면장력을 낮추어 침투효과와 물의 확산만 도와준다. |
|---|---|

**50** 분말 소화약제 중 $CO_2$를 발생하지 않는 것은?

① 제1종 분말      ② 제2종 분말
③ 제3종 분말      ④ 제4종 분말

| 분말 소화약제 생성물 | 제1종 | 제2종 | 제3종 | 제4종 |
|---|---|---|---|---|
| $H_2O$ | O | O | O | X |
| $CO_2$ | O | O | X | O |
| $NH_3$ | X | X | O | O |

**제3과목** 소방관련법령

**51** 소방시설 설치유지 및 안전관리에 관한 법령상 형식승인을 받는 소방용품에 포함되지 않는 것은?

① 누전경보기
② 소화전함
③ 관창(菅槍)
④ 예비전원이 내장된 비상조명등

소방용품 – 소방시설등을 구성하거나 소방용으로 사용되는 제품 또는 기기로서 대통령령으로 정하는 것

| 구 분 | | 구성하는 제품 또는 기기 |
|---|---|---|
| 형식승인제품 | 소화설비 | 소화기구(소화약제 외의 것을 이용한 간이소화용구는 제외한다)<br>소화설비를 구성하는 소화전, 송수구, **관창(菅槍)**, 소방호스, 스프링클러헤드, 기동용수압개폐장치, 유수제어밸브 및 가스관선택밸브 |
| | 경보설비 | **누전경보기** 및 가스누설경보기<br>경보설비를 구성하는 수신기, 발신기, 중계기, 감지기 및 음향장치(경종만 한한다) |
| | 피난설비 | 피난사다리, 구조대, 완강기(간이완강기 및 지지대를 포함한다)<br>공기호흡기(충전기를 포함한다)<br>유도등 및 **예비전원이 내장된 비상조명등** |
| | 소화용 | 소화약제[상업용자동소화장치, 캐비넷형자동소화장치 및 소화설비용 (자동소화장치, 포, $CO_2$, 할론, 청정, 분말, 강화액)에 한함]<br>방염제(방염액 · 방염도료 및 방염성물질) |
| | 기타 | 그 밖에 행정안전부령으로 정하는 소방 관련 제품 또는 기기 |
| 성능인증제품 | | 1. 소화기가압용 가스용기, 지시압력계<br>2. 표시등, 소방용전선(내화전선 및 내열전선), 예비전원, 비상콘센트설비, 비상경보설비의 축전지, 자동화재속보설비의 속보기, 탐지부, 비화재보방지기<br>3. 소방용밸브(개폐표시형 밸브, 릴리프 밸브, 푸트 밸브), 소방용 압력스위치 소방용 스트레이너, **소화전함**, 스프링클러설비 신축배관, 소방용 합성수지배관 소화설비용 헤드(물분무헤드, 분말헤드, 포헤드, 살수헤드), 방수구<br>4. 축광표지(유도표지 및 위치표지), 공기안전매트, 소방용흡수관<br>5. 그 밖에 소방청장이 고시하는 소방용품 |

**52** 소방기본법에 의한 소방대의 정의에 해당하지 않는 소방대원은?

① 소방공무원
② 구급소방대원
③ 의용소방대원
④ 의무소방원

소방대

화재를 진압하고 화재, 재난·재해, 그 밖의 위급한 상황에서 구조·구급 활동 등을 하기 위하여 구성된 조직체

암기+ 소무용

| 소방공무원 | 의무소방원 | 의용소방대원 |
|---|---|---|

**53** 자체소방대를 두어야 하는 제조소등의 기준에 따라 위험물 지정수량의 10만배인 경우 화학소방자동차와 소방대원 보유는?

① 1대 – 5인
② 2대 – 10인
③ 3대 – 15인
④ 4대 – 20인

1. 자체소방대를 두어야 하는 제조소등
 1) 대상 – 지정수량의 3,000배 이상의 제4류 위험물을 취급하는 제조소, 일반취급소
 2) 자체소방대에 두는 화학소방자동차 및 인원

| | 사업소의 구분 | 화학소방자동차 | 자체소방대원의 수 |
|---|---|---|---|
| 최대수량의 합 | 지정수량의 12만배 미만의 사업소 | 1대 | 5인 |
| | 지정수량의 12만배 이상 24만배 미만인 사업소 | 2대 | 10인 |
| | 지정수량의 24만배 이상 48만배 미만인 사업소 | 3대 | 15인 |
| | 지정수량의 48만배 이상인 사업소 | 4대 | 20인 |

※ 비고 : 화학소방자동차에는 행정안전부령이 정하는 소화능력 및 설비를 갖추어야 하고, 소화활동에 필요한 소화약제 및 기구(방열복 등 개인장구를 포함한다)를 비치하여야 한다.

정답 **51** ② **52** ② **53** ①

**54** 소방시설점검에 필요한 장비기준에서 공통시설이 아닌 것은?

① 방수압력측정계
② 절연저항계
③ 전류전압측정계
④ 열·연감지기시험기

| 장비기준 | |
|---|---|
| 소방시설 | 장비 및 규격 |
| 공통시설 | 방수압력측정계 · 절연저항계 · 전류전압측정계 |

**55** 다음 중 방염대상물품이 아닌 것은?

① 커텐류, 블라인드
② 두께가 2mm 이상인 벽지류
③ 전시용 합판 또는 섬유판
④ 노래연습장업의 소파, 의자

| 방염대상물품 | |
|---|---|
| 방염대상물품 | 1. 방염 대상물품<br>① 창문에 설치하는 커텐류(블라인드 포함)<br>② 카펫, 두께 2 mm 미만인 벽지류(종이벽지 제외)<br>③ 무대용, 전시용 합판 또는 섬유판<br>④ 암막, 무대막, 스크린(영화상영관, 골프장)<br>⑤ 섬유류 또는 합성수지류 등을 원료로 하여 제작된 소파·의자 – 다중이용업소의 단란주점영업, 유흥주점영업 및 노래연습장업의 영업장에 설치하는 것만 해당한다.<br>2. 실내장식물<br>– 다중이용업소의 천장과 벽에만 설치 하는 것<br>① 종이류(2 mm 이상), 합성수지류, 섬유류를 주원료로한 물품<br>② 합판, 목재, 칸막이, 간이칸막이, 흡음재, 방음재(흡음, 방음용 커튼 포함)<br><br>★ 실내장식물 제외 물품 등<br>① 가구류(옷장, 찬장, 식탁, 식탁용 의자, 사무용 책상, 사무용 의자 및 계산대 등)<br>② 너비 10 cm 이하인 반자돌림대 등<br>③ 건축법에 의한 내부마감재료 |

**56** 종업원이 10명인 숙박시설의 수용인원 수는? (단, 침대는 없으며 전체 바닥면적은 900 m² 이다.)

① 10명
② 300명
③ 310명
④ 900명

침대가 없는 숙박시설의 수용인원
= 종사자 수 + 바닥면적의 합계를 3 m²로 나누어 얻은 수
= 10인 + 900 m²/ 3 m² ·인 = 310인

수용인원 산정방법

| 구 분 | 용도 | 수용인원 산정수 | | |
|---|---|---|---|---|
| 숙박시설이 있는 특정소방대상물 | 침대가 있는 숙박시설 | 종사자 수 + 침대 수(2인용 침대는 2개로 산정한다) | | |
| | 침대가 없는 숙박시설 | 종사자 수 + 바닥면적의 합계를 3 m²로 나누어 얻은 수 | | |
| 기타 대상물 | 강의실·교무실·상담실·실습실·휴게실 | 바닥면적의 합계를 1.9 m²로 나누어 얻은 수 | | |
| | 강당, 문화 및 집회시설 운동시설, 종교시설 | 바닥면적의 합계를 4.6 m²로 나누어 얻은 수 | | |
| | | 관람석이 있는 경우 | 고정식 의자 | 의자 수 |
| | | | 긴 의자 | 정면너비 ÷ 0.45 m |
| | 그 밖의 특정 소방대상물 | 바닥면적의 합계를 3 m²로 나누어 얻은 수 | | |

**57** 화재조사자의 교육을 실시 할 수 있는 자는?

① 소방청장, 소방본부장, 소방서장
② 소방청장, 소방본부장
③ 소방청장
④ 소방본부장, 소방서장

•화재조사자 – 소방청장, 소방본부장 또는 소방서장
•화재조사를 전담하는 부서를 설치·운영하는 대상
  – 소방청, 시·도의 소방본부와 소방서
•화재조사자의 교육을 실시하는 자 – 소방청장

**정답** 54 ④ 55 ② 56 ③ 57 ③

## 58 다음 중 소방신호의 종류로서 옳은 것은?

① 소집신호　　　　② 피난신호
③ 해산신호　　　　④ 훈련신호

소방신호의 종류별 소방신호의 방법

| 구분 신호의 종류 | 타종 신호 | 싸이렌 신호 | | | 그 밖의 신호 |
|---|---|---|---|---|---|
| | | 간격 | 작동시간 | 회수 | |
| 경계신호 | 1타와 연2타를 반복 | 5초 | 30초 | 3회 | 통풍대, 게시판, 기 |
| 발화신호 | 난타 | 5초 | 5초 | 3회 | |
| 해제신호 | 상당한 간격을 두고 1타씩 반복 | – | 60초 | 1회 | |
| 훈련신호 | 연3타 반복 | 10초 | 60초 | 3회 | |

1. 소방신호의 방법은 그 전부 또는 일부를 함께 사용할 수 있다.
2. 게시판을 철거하거나 통풍대 또는 기를 내리는 것으로 소방활동이 해제되었음을 알린다.
3. 소방대의 비상소집을 하는 경우에는 훈련신호를 사용할 수 있다.

## 59 소방시설업에 등록기준 및 영업범위에 대한 설명 중 옳은 것은?

① 전문소방시설설계업의 등록기준 중 인력기준은 주된 기술인력은 기술사 1인, 보조기술인력은 2명이다.
② 전문소방공사감리업인 경우 법인의 자본금은 1억원 이상이다.
③ 소방시설관리사와 소방설비기사(기계분야) 자격을 함께 취득한 사람은 소방시설관리업과 일반소방시설공사업(기계분야)에 주된 기술인력으로 선임할 수 있다.
④ 일반소방공사감리업의 영업범위는 연면적 1만㎡ 미만의 특정소방대상물에 설치되는 기계분야 소방시설의 감리(제연설비가 설치되는 특정소방대상물은 제외한다)이다.

・설계업의 기술인력 – 주인력 1명, 보조인력 1명
・공사업만 자본금이 필요하며 설계업, 감리업은 자본금이 필요 없다.
・일반소방공사감리업의 영업범위는 연면적 3만㎡ 미만 (공장의 경우에는 1만㎡) 미만이다.(설계업 동일)

## 60 다음 중 시·도지사의 업무가 아닌 것은?

① 관할 지역의 특성을 고려하여 소방업무에 관한 종합계획의 시행에 필요한 세부계획을 매년 수립하여야 한다.
② 소방력을 확충하기 위하여 필요한 계획을 수립하여 시행하여야 한다.
③ 소방용수시설을 설치하고 유지, 관리하여야 한다.
④ 다중이용업소의 안전관리기본계획은 5년마다 수립, 시행하여야 한다.

・소방업무에 관한 종합계획의 수립·시행 등

| 구 분 | 주체 | 수립시기 |
|---|---|---|
| 종합계획 | 국가 | 5년마다 |
| 세부계획 | 시·도지사 | 매년 |

・소방용수시설의 설치 및 관리 등

| 소방용수시설 설치·유지·관리 및 소방용수표지 설치 | 소방용수시설 및 지리조사 |
|---|---|
| 시·도지사 | 소방본부장, 소방서장 |

・다중이용업소의 안전관리기본계획의 수립·시행 등

| 기본계획 | 연도별계획 | 집행계획 |
|---|---|---|
| 소방청장 | 소방청장 | 소방본부장 |
| 5년마다 | 매년 | 매년 |

**61** 소방시설 등의 자체점검 등에 관한 설명으로 옳지 않은 것은?

① 특정소방대상물의 관계인은 자체점검을 하거나 관리업자 또는 소방안전관리자로 선임된 소방시설관리사 및 소방기술사로 하여금 정기적으로 점검해야 한다.

② 특정소방대상물의 관계인 등이 점검을 한 경우에는 그 점검 결과를 행정안전부령으로 정하는 바에 따라 소방본부장이나 소방서장에게 보고하여야 한다.

③ 소방시설관리업자는 점검을 실시한 경우 점검이 끝난 날부터 7일 이내에 점검인력 배치 상황을 포함한 점검실적을 소방시설관리업자에 대한 평가 등에 관한 업무를 위탁받은 법인 또는 단체("평가기관")에 통보하여야 한다.

④ 작동기능점검을 실시한 자는 그 점검결과를 2년간 자체보관하고 종합정밀점검을 실시한 자는 30일 이내에 그 결과를 적은 소방시설등 점검결과 보고서를 소방청장, 소방본부장 또는 소방서장에게 제출하여야 한다.

> 소방시설관리업자는 점검을 실시한 경우 점검이 끝난 날부터 10일 이내에 점검인력 배치 상황을 포함한 점검실적을 소방시설관리업자에 대한 평가 등에 관한 업무를 위탁받은 법인 또는 단체("평가기관")에 통보하여야 한다.

**62** 소방청장, 소방본부장 또는 소방서장이 다중이용업소에 대한 화재위험평가를 실시하는 대상이 아닌 것은?

① 하나의 건축물에 다중이용업소로 사용하는 영업장 바닥면적의 합계가 1000 ㎡ 이상인 경우

② 2,000 ㎡ 지역 안에 다중이용업소가 50개 이상 밀집하여 있는 경우

③ 5층 이상인 건축물로서 다중이용업소가 10개 이상 있는 경우

④ 지하층에 다중이용업소가 5개 이상 밀집하여 있는 경우

> 화재위험평가 대상
> (도로로 둘러싸인 일단(一團)의 지역의 중심지점을 기준)
> 1. 하나의 건축물에 다중이용업소로 사용하는 영업장 바닥면적의 합계가 1천 ㎡ 이상인 경우
> 2. 2천 ㎡ 지역 안에 다중이용업소가 50개 이상 밀집하여 있는 경우
> 3. 5층 이상인 건축물로서 다중이용업소가 10개 이상 있는 경우
>
> 암기 천/이천에 오십 - 오열(전세값이 천 또는 이천에 오십!! 오열하겠네)

**63** 화재안전기준이 변경되어 그 기준이 강화되는 경우 기존의 특정소방대상물에 변경으로 강화된 기준을 적용하여야 하는 소방시설이 아닌 것은?

① 소화기구

② 자동화재속보설비

③ 지하구에 설치하는 소방시설

④ 의원에 설치하는 자동화재탐지설비

> 소방시설기준 적용의 특례 - 대통령령 또는 화재안전기준이 변경되어 그 기준이 강화되는 경우 아래의 소방시설등의 경우에는 대통령령 또는 화재안전기준의 변경으로 강화된 기준을 적용한다.
>
> 1. 소화기구·비상경보설비·자동화재속보설비 및 피난설비
>    암기 소비자 피
> 2. 지하구에 설치하여야 하는 소방시설등
> 3. 노유자(老幼者)시설, 의료시설에 설치하여야 하는 간이스프링클러설비 및 자동화재탐지설비
> • 의원은 의료시설이 아닌 근린생활시설이다.

**64** 소방시설설치유지 및 안전관리에 관한 법률에서 규정한 소방시설의 분류로 옳지 않은 것은?

① 소화설비 - 강화액소화설비

② 소방용수설비 - 저수조

③ 피난설비 - 인명구조기구

④ 경보설비 - 통합감시시설

> 소방시설의 종류 - 소화설비, 경보설비, 피난설비, 소화용수설비, 소화활동설비

**65** 다음 방염성능기준에 대한 설명으로 틀린 것은?

① 발연량을 측정하는 경우 최대연기밀도는 400 이하
② 탄화한 면적은 50 cm² 이내, 탄화한 길이는 20 cm 이내
③ 불꽃에 의하여 완전히 녹을 때까지 불꽃의 접촉횟수는 3회 이상
④ 버너의 불꽃을 제거한 때부터 불꽃을 올리며 연소하는 상태가 그칠 때까지 시간은 30초 이내

| 방염성능기준 | |
|---|---|
| 잔염시간 | 버너의 불꽃을 제거한 때부터 불꽃을 올리며 연소하는 상태가 그칠 때까지의 시간 20초 이내(불꽃연소) |
| 잔신시간 | 버너의 불꽃을 제거한 때부터 불꽃을 올리지 아니하고 연소하는 상태가 그칠 때까지의 시간 30초 이내(작열연소) |
| 탄화 면적 | 50 cm² 이내 |
| 탄화 길이 | 20 cm 이내 |
| 접염횟수 | 불꽃에 의해 완전히 녹을 때까지의 불꽃 접촉횟수 3회 이상 |
| 발연량 | 최대 연기밀도 400 이하 |

**66** 구조안전점검 대상이 되는 옥외탱크저장소의 액체위험물탱크의 용량은 얼마 이상인가?

① 10만 ℓ 이상
② 50만 ℓ 이상
③ 100만 ℓ 이상
④ 200만 ℓ 이상

옥외탱크저장소의 액체위험물탱크 중 그 용량이 50만 ℓ 이상인 탱크(준특정옥외탱크)는 구조안전점검 대상이다.

**67** 소방시설별 하자보수 보증기간으로 맞지 않는 것은?

① 연소방지설비 - 2년
② 무선통신보조설비 - 2년
③ 연결살수설비 - 3년
④ 비상조명등 - 2년

| 하자기간 | 소화설비 | 경보설비 | 피난설비 | 소화용수설비 | 소화활동설비 |
|---|---|---|---|---|---|
| 2년 | – | 비상경보설비 비상방송설비 | 피난기구, 유도등, 유도표지, 비상조명등 | – | 무선통신보조설비 |
| 3년 | 자동식소화기 옥내·옥외소화전 스프링클러 간이스프링클러 물분무등 | 자동화재탐지설비 | – | 상수도 소화용수설비 | 소화활동설비 (무선통신보조설비는 제외한다) |

**68** 소방기본법령상에 정한 소방청장관, 소방본부장, 소방서장이 소방대원에게 시켜야 할 소방훈련이 아닌 것은?

① 인명구조훈련   ② 화재피난훈련
③ 응급처치훈련   ④ 인명대피훈련

| 훈련의 종류 | 교육 대상자 | | |
|---|---|---|---|
| 화재진압훈련 | 화재진압업무를 담당하는 소방공무원 | 의무소방원 | 의용소방대원 |
| 인명구조훈련 | 구조업무를 담당하는 소방공무원 | | |
| 응급처치훈련 | 구급업무를 담당하는 소방공무원 | | |
| 인명대피훈련 | 소방공무원 | | |
| 현장지휘훈련 | 지방소방위·지방소방경·지방소방령 및 지방소방정 | | |

암기 + 위 경령 정

정답  65 ④  66 ②  67 ①  68 ②

**69** 시도지사가 선정하는 화재경계지구 대상 지역이 아닌 장소는?

① 시장지역
② 소방시설·소방용수시설 또는 소방출동로가 없는 지역
③ 시·도의 조례로 정하는 지역
④ 석유화학제품을 생산하는 공장이 있는 지역

> 시·도의 조례로 정하는 지역 또는 장소 – 화재로 오인할 만한 우려가 있는 불을 피우거나 연막(煙幕) 소독을 하려는 자는 시·도의 조례로 정하는 바에 따라 관할 소방본부장 또는 소방서장에게 신고하는 대상이다.
> ※ 시·도지사 는 대통령령으로 정하는 지역을 화재경계지구로 지정
>
> **시소위 석공목산**
>
> ① 시장지역
> ② 소방시설·소방용수시설 또는 소방 출동로가 없는 지역
> ③ 위험물의 저장 및 처리시설이 밀집한 지역
> ④ 석유화학제품을 생산하는 공장이 있는 지역
> ⑤ 공장·창고가 밀집한 지역
> ⑥ 목조건물이 밀집한 지역
> ⑦ 산업단지
> ⑧ 소방청장관·소방본부장 또는 소방서장이 지정할 필요가 있다고 인정하는 지역

**70** 소방안전관리대상물이 아닌 특정소방대상물에 소방안전관리 업무가 아닌 것은?

① 소방계획서 작성
② 피난시설, 방화구획 및 방화시설의 유지, 관리
③ 소방시설이나 그 밖의 소방관련시설의 유지, 관리
④ 화기취급의 감독

| 구 분 | 업 무 내 용 |
|---|---|
| 소방안전관리대상물의 소방안전관리자 | 1. 자위소방대(自衛消防隊) 및 초기 대응체계의 구성·운영·교육<br>2. 피난계획에 관한 사항과 대통령령으로 정하는 사항이 포함된 소방계획서의 작성 및 시행<br>3. 소방훈련 및 교육<br>4. 피난시설, 방화구획 및 방화시설의 유지·관리<br>5. 소방시설이나 소방 관련 시설의 유지·관리<br>6. 화기(火氣) 취급의 감독<br>7. 그 밖에 소방안전관리에 필요한 업무 |
| 특정소방대상물의 관계인(소방안전관리대상물은 제외한다) | 4. 피난시설, 방화구획 및 방화시설의 유지·관리<br>5. 소방시설이나 소방 관련 시설의 유지·관리<br>6. 화기(火氣) 취급의 감독<br>7. 그 밖에 소방안전관리에 필요한 업무 |

**71** 성능위주설계를 하여야 하는 특정소방대상물의 기준에 해당되지 않는 것은?

① 연면적 20만 m² 이상인 특정소방대상물(아파트는 제외한다)
② 지하층을 포함한 층수가 30층 이상이거나 건축물의 높이가 120 m 이상인 특정소방대상물(아파트는 제외한다)
③ 하나의 건축물에 영화상영관이 10개 이상인 특정소방대상물
④ 연면적 3만 m² 이상인 철도 및 도시철도 시설, 공항시설

> 성능위주설계를 하여야 하는 특정소방대상물
> 1. 연면적 3만 m² 이상인 철도 및 도시철도 시설, 공항시설
> 2. 연면적 20만 m² 이상인 특정소방대상물. (아파트는 제외한다)
> 3. 지하층을 포함한 층수가 30층 이상이거나 건축물의 높이가 100 m 이상인 특정소방대상물(아파트는 제외한다)
> 4. 하나의 건축물에 영화상영관이 10개 이상인 특정소방대상물

**정답** 69 ③ 70 ① 71 ②

**72** 다음 중 다중이용업소에 해당되지 않는 것은?

① 지상 1층에 설치된 바닥면적 300 m²의 일반음식점
② 2층에 설치된 바닥면적의 합계가 120 m²의 제과점 영업
③ 화재위험평가결과 위험유발지수가 디(D) 등급 또는 이(E) 등급에 해당하는 영업
④ 수용인원 300인 이상의 학원

※ 대통령령으로 지정한 다중이용업소
다중이용업소
1. 식품접객업
   ① 휴게음식점영업·제과점영업 또는 일반음식점영업
      – 바닥면적의 합계가 100 m²(지하층에 설치된 경우 – 66 m²) 이상
      단, 지상1층 또는 지상과 직접 접하는 층에 설치되고 주출입구가 지면과 연결되는 영업장은 제외
   ② 단란주점영업과 유흥주점영업
2. 영화상영관·비디오물감상실업·비디오물소극장업
3. 수용인원이 300인 이상인 학원 등
4. 목욕장업 및 수용인원 100명 이상 찜질방(맥반석이나 대리석 등 돌을 가열하여 발생하는 열기나 원적외선 등을 이용하여 땀을 배출하게 할 수 있는 시설)
5. 게임제공업·인터넷컴퓨터게임시설제공업 및 복합유통게임제공업
6. 노래연습장업, 산후조리업, 고시원업, 권총사격장, 골프 연습장업, 안마시술소
7. 화재위험평가결과 위험유발지수가 디(D) 등급 또는 이(E) 등급에 해당
8. 행정안전부령으로 정하는 영업
   전화방업·화상대화방업, 수면방업, 콜라텍업

**73** 위험물저장탱크의 충수, 수압검사에 대한 설명 중 옳지 않은 것은?

① 액체위험물을 저장 또는 취급하는 탱크는 전부 충수·수압검사를 받아야 한다.
② 제조소 또는 일반취급소에 설치된 탱크로서 용량이 지정수량 미만인 경우 충수·수압검사를 받지 않아도 된다.
③ 특정설비에 관한 검사에 합격한 탱크, 성능검사에 합격한 탱크는 충수·수압검사를 받지 않아도 된다.
④ 충수·수압검사는 위험물을 저장 또는 취급하는 탱크에 배관 그 밖의 부속설비를 부착한 후 실시한다.

| 충수·수압검사 | 액체위험물을 저장 또는 취급하는 탱크 – 위험물을 저장 또는 취급하는 탱크에 배관 그 밖의 부속설비를 부착하기 전 실시 |
|---|---|
| | 충수·수압검사 제외 |
| | ① 제조소 또는 일반취급소에 설치된 탱크로서 용량이 지정수량 미만 |
| | ② 특정설비에 관한 검사에 합격한 탱크 |
| | ③ 성능검사에 합격한 탱크 |

**74** 건축허가 동의 시 필요한 서류 등이 아닌 것은?

① 건축물의 단면도 및 주단면 상세도(내장재료를 명시한 것에 한한다) 및 창호도
② 소방시설설계업등록증과 소방시설을 설계한 기술인력자의 기술자격증
③ 건축물의 층별 평면도 및 층별 계통도
④ 소방시설 설치계획표

건축허가 동의 시 필요한 서류 등
1. 동의요구서
2. 건축허가신청서 및 건축허가서등 건축허가등을 확인할 수 있는 서류의 사본.
3. 설계도서. 다만, ①,②의 설계도서는 소방시설공사 착공신고대상에 해당되는 경우에 한한다.
   ① 건축물의 단면도 및 주단면 상세도 (내장재료를 명시한 것에 한한다)
   ② 창호도
   ③ 소방시설(기계·전기분야의 시설을 말한다)의 층별 평면도 및 층별 계통도(시설별 계산서를 포함한다.)
   ④ 소방시설 설치계획표 (소방시설 설비별, 층별 필요한 수량을 적어 놓은 표)
   ⑤ 소방시설설계업등록증과 소방시설을 설계한 기술인력자의 기술자격증

정답  72 ①  73 ④  74 ③

**75** 위험물안전관리자를 해임한 때에는 해임한 날부터 며칠 이내에 위험물안전관리자를 선임하여야 하는가?

① 15          ② 20
③ 25          ④ 30

| 관계인은 제조소등의 완공 후 또는 해임 또는 퇴직시 위험물안전관리자를 30일 이내에 선임 | 미선임<br>– 1천500만원 이하의 벌금 |
|---|---|
| 위험물안전관리자 선임신고는 14일 이내 소방본부장 또는 소방서장에게 신고 | 위험물안전관리자 선·해임 신고 태만<br>– 200만원이하의 과태료 |
| 기타사유로 직무 수행이 불가능 시 대리자 지정 (30일) | 미지정시<br>– 1천500만원 이하의 벌금 |

---

**제4과목** 위험물의 성상 및 시설기준

**76** 적린에 대한 설명으로 옳지 않은 것은?

① 황린의 동소체이다.
② 무취의 암적색 분말이다.
③ 이황화탄소, 에테르에 녹는다.
④ 다량의 물로 냉각소화, 소량 시 모래등으로 질식소화 한다.

| 적린<br>$P$<br> | 1. 암적색 무취의 분말로서 독성이 강하다.<br>2. 융점은 600℃이고 발화점이 260℃로서 자연발화의 위험이 있으나 발화점이 34℃인 황린($P_4$)에 비해 안정<br>3. 황린(제3류 위험물)의 동소체 (동소체 유무 확인 – 연소생성물로 확인)<br>4. 적린의 연소반응식 $4P+5O_2 \rightarrow 2P_2O_5$ → 연소시 유독성의 오산화인 $P_2O_5$ 발생<br>5. 강알칼리($OH$)와 반응하여 유독성의 포스핀 생성<br>6. 다량의 물로 냉각소화, 소량시 모래 등으로 질식소화<br>7. 이황화탄소, 에테르, 암모니아에 녹지 않으며 접촉 시 발화한다. |
|---|---|

**77** 위험물제조소등에 기재하여야 할 게시판에 주의사항으로 틀린 것은?

① 과산화나트륨 – 물기엄금
② 탄화칼슘 – 물기엄금
③ 인화성고체 – 화기엄금
④ 과산화수소 – 화기주의

| 위험물의 종류 | 주의<br>사항 | 게시판의 색상 | |
|---|---|---|---|
| 제1류 위험물 중 알칼리금속의 과산화물 제3류 위험물 중 금수성물질 | 물기<br>엄금 | 청색바탕에 백색문자 | 물기엄금 |
| 제2류 위험물 (인화성 고체는 제외) | 화기<br>주의 | 적색바탕에 백색문자 | 화기주의 |
| 제2류 위험물 중 인화성 고체 제3류 위험물 중 자연발화성물질 제4류 위험물 제5류 위험물 | 화기<br>엄금 | 적색바탕에 백색문자 | 화기엄금 |
| 제1류 위험물의 알카리금속의 과산화물외의 것과 제6류 위험물 | | 별도의 표시 없음 | |

**78** K(칼륨)을 보관하는 보호액의 종류가 아닌 것은?

① 등유
② 물
③ 유동파라핀
④ 경유

칼륨은 금수성 및 자연발화성 물질로서 공기 중 산소 및 수분의 접촉을 차단하여 산화를 방지 하기 위해 석유, 경유, 유동파라핀등의 보호액속에 넣은 내통에 밀봉 저장한다.

---

**정답** 75 ④ 76 ③ 77 ④ 78 ②

**79** 과산화마그네슘이 산과 반응 시 생성물질은?

① 산화마그네슘      ② 수소

③ 산소      ④ 과산화수소

| 과산화 마그네슘 $MgO_2$ | 1. 가열분해반응식 $2MgO_2 \rightarrow 2MgO + O_2 \uparrow$ <br> 2. 산과의 반응 <br>      $MgO_2 + 2HCl \rightarrow MgCl_2 + H_2O_2$ |
|---|---|

**80** 과산화나트륨의 설명으로 옳지 않은 것은?

① 순수한 것은 백색이지만 보통은 황백색이다.

② 물과의 반응식은

     $2Na_2O_2 + 2H_2O \rightarrow 4NaOH + O_2 \uparrow +$ 발열 이다.

③ 산과 반응하면 과산화수소를 발생한다.

④ 알코올에 녹아 산소를 발생한다.

| 과산화나트륨 $Na_2O_2$ 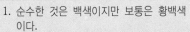 | 1. 순수한 것은 백색이지만 보통은 황백색이다. <br> 2. 물과의 반응 → $O_2$ 와 반응열에 의해 연소, 폭발(금수성) <br>    $2Na_2O_2 + 2H_2O \rightarrow 4NaOH + O_2 \uparrow +$ 발열 <br> 3. $CO_2$ 와 반응 - 산소방출 <br>    (이산화탄소 소화약제 적응성 없음) <br>    $2Na_2O_2 + 2CO_2 \rightarrow 2Na_2CO_3 + O_2 \uparrow$ <br> 4. 산과 반응 시 과산화수소($H_2O_2$)생성 <br>    $Na_2O_2 + 2HCl \rightarrow 2NaCl + H_2O_2 \uparrow$ <br> 5. 알코올에 녹지 않는다. |
|---|---|

**81** 질산의 성질에 대한 설명으로 옳은 것은?

① 진한질산을 가열하면 적갈색의 갈색증기인 $NH_3$가 발생한다.

② 습한 공기 중에서 흡열반응을 하는 무색의 무거운 액체이다.

③ 환원제와 혼합 시 발화한다.

④ 질산은 그 비중이 1.42 이상인 것을 말한다.

| 질산 $HNO_3$ | 1. 유독성, 자극성, 부식성이며 강산화성 물질로서 흡습성(발열), 휘발성이 강하다. <br> 2. 햇빛에 의해 분해되어 갈색증기 $NO_2$ 및 $O_2$ 발생 <br>    - 질산의 분해반응식 <br>    $4HNO_3 \rightarrow 2H_2O + 4NO_2 \uparrow + O_2 \uparrow$ <br> 3. 질산에 부식되지 않는 백금(Pt), 갈색 유리병에 넣어 냉암소에 보관 <br> 4. 비점 86℃, 융점 -42℃, 비중 1.49의 담황색 액체이다. |
|---|---|

**82** 제2류 위험물인 인화성고체가 아닌 것은?

① 고형알코올

② 메타알데히드

③ 제삼부틸알코올

④ 변성알코올

변성알코올은 제4류 위험물의 알코올류에 해당된다.

**83** 다음 위험물 중 위험등급 2등급인 것은?

① 디에틸에테르

② 아세톤

③ 경유

④ 클레오소오트유

| I | 특수인화물 | 디에틸에테르, 아세트알데히드 등 |
|---|---|---|
| II | 제1석유류 | 휘발유, 피리딘, 아세톤 등 |
| | 알코올류 | 메틸알코올, 에틸알코올 등 |
| III | 제2석유류 | 경유, 등유, 초산, 의산 등 |
| | 제3석유류 | 타르유(글레오소오토유), 중유 등 |
| | 제4석유류 | 공업유 |
| | 동·식물유류 | 동·식물유류 |

정답   79 ④   80 ④   81 ③   82 ④   83 ②

**84** 다음 보기에서 설명하는 위험물은?

제4류 위험물의 제2석유류로서 무색의 맹독성 가
연성 액체이며 연소 시 보라색 불꽃을 낸다.
발암성 물질, 피부 호흡기에 심하게 유독하다

① 아세톤　　　　　② 히드라진
③ 콜로디온　　　　④ 디에틸에테르

• 아세톤 – 제1석유류
• 콜로디온 – 제1석유류
• 디에틸에테르 – 특수인화물류

| 벤젠 $C_6H_6$ | ① 무색투명한 액체이고 특유향기(방향족탄화수소) ② 수소가 다른 원자나 원자단으로 치환반응, 연소 시 다량의 흑연 발생 ③ 증기는 독성이 매우 강함 | 인화점 −11℃ |
|---|---|---|
| | | 발화점 540℃ |
| | | 연소범위 1.4~7.1% |

**85** 질산에스테르류 중 고체인 것은?

① 니트로셀룰로오스
② 질산메틸
③ 니트로글리콜
④ 니트로글리세린

질산에스테르류($-ONO_2$)
질산의($HNO_3$) 수소원자를 알킬기로 치환된 화합물로서 폭
약의 원료로 많이 사용

| 니트로셀룰로오스 NC $[C_6H_7O_2(ONO_2)_3]$ | 고체 |
|---|---|
| 셀룰로이드 | |
| 질산메틸 $CH_3ONO_2$ | 액체 |
| 질산에틸 $C_2H_5ONO_2$ | |
| 니트로글리콜 $C_2H_4(ONO_2)_2$ | |
| 니트로글리세린 NG $C_3H_5(ONO_2)_3$ | |

**86** 벤젠에 대한 설명으로 틀린 것은?

① 지방족 탄화수소의 화합물이다.
② 제4류 위험물의 제1석유류로서 지정수량이 200ℓ
이다.
③ 물에는 녹지 않고, 알코올이나 아세톤에는 녹는다.
④ BTX 중에서 가장 독성이 강하다.

**87** 다음 중 절대 주수소화해서는 안되는 위험물은?

① 인화칼슘　　　　② 질산칼륨
③ 유황　　　　　　④ 과산화수소

| 인화칼슘 $Ca_3P_2$ | 1. 적갈색의 괴상고체로서 인화석회라고도 한다. 2. 인화석회(인화칼슘)와 물과의 반응 시 포스핀 가스 발생 $Ca_3P_2 + 6H_2O \rightarrow 3Ca(OH)_2 + 2PH_3$ 3. 산, 알카리와 반응 시 가연성 및 유독성인 $PH_3$ 가스발생 $Ca_3P_2 + HCl \rightarrow 3CaCl_2 + 2PH_3$ |
|---|---|

**88** 다음은 제 2류 위험물인 마그네슘의 정의이다. (　)안
에 들어갈 수치는 각각 얼마인가?

〈보기〉
(　　)체를 통과하지 아니하는 덩어리 및 직경
(　　) 이상의 막대 모양의 것은 제외

① 1 mm, 1 mm
② 1 mm, 2 mm
③ 2 mm, 1 mm
④ 2 mm, 2 mm

정답　84 ②　85 ①　86 ①　87 ①　88 ④

| 유황 | 순도가 60wt% 이상인 것 |
|---|---|
| 철분 | 53 $\mu m$표준체 통과하는 것이 50 wt% 미만인 것은 제외 |
| 마그네슘 | 2 mm체를 통과하지 아니하는 덩어리 및 직경 2 mm 이상의 막대 모양의 것은 제외 |
| 금속분 | 알칼리금속·알칼리토류금속·철 및 마그네슘 외의 금속의 분말을 말하고, 구리분·니켈분 및 150 $\mu m$의 체를 통과하는 것이 50 wt% 미만인 것은 제외한다. |
| 인화성고체 | 고형알코올 및 1기압에서 인화점이 40℃ 미만인 고체 |

**89** 옥내저장소에 다음의 위험물을 저장할 때 지정수량의 배수는? 〈휘발유 400 $\ell$, 아세톤 400 $\ell$, 니트로벤젠 4,000 $\ell$, 글리세린 8,000 $\ell$〉

① 3배
③ 6배
② 4배
④ 7배

1. 지정배수 $= \dfrac{저장(취급)량}{지정수량} + \dfrac{저장(취급)량}{지정수량} + \dfrac{저장(취급)량}{지정수량}$

 $= \dfrac{400}{200} + \dfrac{400}{400} + \dfrac{4,000}{2,000} + \dfrac{8,000}{4,000} = 7배$

2. 지정수량
 제1석유류 : 휘발유(비수용성) - 200 $\ell$
 제1석유류 : 아세톤(수용성) - 400 $\ell$
 제3석유류 : 니트로벤젠(비수용성) - 2,000 $\ell$
 제3석유류 : 글리세린(수용성) - 4,000 $\ell$

**90** 셀프용 고정주유설비의 기준으로 맞지 않는 것은?

① 주유호스의 선단부에 수동개폐장치를 부착한 주유노즐을 설치하여야 한다.
② 경유의 1회 연속주유량의 상한은 200 $\ell$ 이하로 하며, 주유시간의 상한은 4분 이하로 한다.
③ 1회의 연속주유량 및 주유시간의 상한을 미리 설정할 수 있는 구조이어야 한다.

④ 휘발유 1회 주유량의 상한은 200 $\ell$ 이하이고, 주유시간의 상한은 6분 이하로 한다.

취급소의 특례
 – 고객이 직접 주유하는(셀프용) 주유취급소의 특례
1. **셀프용고정주유설비의 기준**
 ① 주유호스의 선단부에 수동개폐장치를 부착한 주유노즐을 설치할 것.
 ② 주유노즐은 자동차 등의 연료탱크가 가득 찬 경우 자동적으로 정지시키는 구조일 것
 ③ 주유호스는 20 kg$_f$ 이하의 하중에 의하여 파단(破斷) 또는 이탈되어야 하고, 파단 또는 이탈된 부분으로부터의 위험물 누출을 방지할 수 있는 구조일 것
 ④ 휘발유와 경유 상호간의 오인에 의한 주유를 방지할 수 있는 구조일 것
 ⑤ 1회의 연속주유량 및 주유시간의 상한을 미리 설정할 수 있는 구조일 것. 이 경우 **주유량의 상한은 휘발유는 100 $\ell$ 이하, 경유는 200 $\ell$ 이하로 하며, 주유시간의 상한은 4분 이하로 한다.**

2. 셀프용고정급유설비의 기준
 ① 급유호스의 선단부에 수동개폐장치를 부착한 급유노즐을 설치할 것
 ② 급유노즐은 용기가 가득찬 경우에 자동적으로 정지시키는 구조일 것
 ③ 1회의 연속급유량 및 급유시간의 상한을 미리 설정할 수 있는 구조일 것 이 경우 **급유량의 상한은 100$\ell$ 이하, 급유시간의 상한은 6분 이하로 한다.**

**91** 옥내저장소 옥외에 옥외소화전 설비가 6개 설치되어 있다. 수원의 양은 몇 $\ell$ 이상이어야 하는가?

① 14,000
② 21,000
③ 54,000
④ 81,000

위험물안전관리법(세부기준)
옥외소화전 수원
$NQT = 4(최대4개) \times 450 \, \ell/min \times 30분 = 54,000 \, \ell$

정답 89 ④ 90 ④ 91 ③

**92** 이송취급소에서 배관을 지하에 매설하는 경우 지하가까지의 안전거리는 얼마 이상인가?

① 0.3 m 이상　　② 1.5 m 이상
③ 10 m 이상　　④ 300 m 이상

| 이송취급소 배관을 지하매설시 기준 | | |
|---|---|---|
| 구 분 | 보유거리 (수평거리) | 배관의 외면과 지표면과의 거리 |
| 공작물 | 0.3 m 이상 | – |
| 건축물(지하가 내의 건축물은 제외) | 1.5 m 이상 | – |
| 지하가 및 터널 | 10 m 이상 ( ♣ ) | – |
| 수도시설(위험물의 유입우려가 있는 것) | 300 m 이상 ( ♣ ) | – |
| 산이나 들 | – | 0.9 m 이상 |
| 그 밖의 지역 | – | 1.2 m 이상 |

( ♣ ) : 누설확산방지조치시 그 안전거리를 2분의 1의 범위 안에서 단축할 수 있다.

**93** 옥내저장소 하나의 저장창고의 바닥 면적을 1,000 m² 이하로 해야 하는 것으로 옳지 않은 것은?

① 제1류 위험물 중 아염소산염류, 염소산염류, 과염소산염류, 무기과산화물, 그 밖에 지정수량이 50 kg 인 위험물
② 제2류 위험물 중 황화린, 적린, 유황의 지정수량이 100 kg인 위험물
③ 제4류 위험물 중 특수인화물, 제1석유류
④ 제6류 위험물

옥내저장소 하나의 저장창고의 바닥 면적이 1,000 m² 이하인 위험물의 종류
 － Ⅰ등급 위험물과 제4류 위험물 중 제1석유류 및 알코올류

**94** 다음 위험물을 운반하고자 할 때 주의 사항으로 옳지 않은 것은?

① 제6류 위험물 － 가연물 접촉주의
② 제5류 위험물 － 화기엄금, 충격주의
③ 제4류 위험물 － 화기엄금
④ 제2류 위험물(인화성고체) － 화기주의

| 운반용기의 외부 표시 사항 1. 위험물의 품명, 위험등급, 수량, 화학명 및 수용성 2. 수납하는 위험물에 따른 주의사항 | | |
|---|---|---|
| 제1류 위험물 | 알칼리금속의 과산화물 | 화기·충격주의, 물기엄금 및 가연물접촉주의 |
| | 그밖의 것 | 화기·충격주의 및 가연물접촉주의 |
| 제2류 위험물 | 철분·금속분·마그네슘 | 화기주의 및 물기엄금 |
| | 인화성고체 | 화기엄금 |
| | 그 밖의 것 | 화기주의 |
| 제3류 위험물 | 자연발화성물질 | 화기엄금 및 공기접촉엄금 |
| | 금수성물질 | 물기엄금 |
| 제4류 위험물 | | 화기엄금 |
| 제5류 위험물 | | 화기엄금 및 충격주의 |
| 제6류 위험물 | | 가연물접촉주의 |

**95** 제4류 위험물 중 착화온도가 가장 낮고 대단히 휘발하기 쉬우므로 용기나 탱크에 저장시 물로 덮어서 증기의 증발을 막는 위험물은 어느 것인가?

① 이황화탄소　　② 콜로디온
③ 에틸에테르　　④ 가솔린

이황화탄소는 증기의 증발을 막기 위해 물속에 저장한다.

**96** 지하저장탱크의 윗 부분은 지면으로부터 몇 m 이상 아래에 있어야 하는가?

① 0.1m  　　　　② 0.5m
③ 0.6m  　　　　④ 1.0m

| 지하저장탱크 | 윗 부분 | 지면으로부터 0.6 m 이상 아래 | |
|---|---|---|---|
| | 2 이상 인접해 설치하는 경우 | 그 상호간에 1 m 이상 (용량의 합계가 지정수량의 100배 이하인 때에는 0.5 m) | |
| | 재질 | 두께 3.2 mm 이상의 강철판 | |
| | 수압시험 | 압력탱크 | 압력탱크 외의 탱크 |
| | | 최대상용압력의 1.5배의 압력으로 10분간 실시 | 70 kPa의 압력으로 10분간 실시 |
| | | ※ 압력탱크 : 최대상용압력이 46.7 kPa 이상인 탱크 | |
| | 배관 | 탱크의 윗부분에 설치 | |
| | | ※ 윗부분에 설치하지 않아도 되는 경우 제2석유류(인화점 40℃ 이상), 제3석유류, 제4석유류, 동식물유류로서 그 직근에 유효한 제어밸브를 설치한 경우 | |

**97** 지하저장탱크는 액체위험물의 누설을 검사하기 위한 관을 설치하여야 하는데 틀린 것은?

① 이중관으로 할 것. 다만, 소공이 없는 상부는 단관으로 할 수 있다
② 재료는 금속관, 경질합성수지관으로 할 것
③ 관은 탱크전용실 바닥 또는 탱크의 기초 위에 닿게 할 것
④ 액체위험물의 누설을 검사하기 위한 관은 탱크 앞 뒤로 2개소 이상 설치 할 것

누설검사관
1. 액체위험물의 누설을 검사하기 위한 관 설치개수
　- 4개소 이상
2. 누설검사관의 기준
　① 이중관으로 할 것. 다만, 소공이 없는 상부는 단관으로 할 수 있다.
　② 재료는 금속관 또는 경질합성수지관으로 할 것
　③ 관은 탱크 전용실의 바닥 또는 탱크의 기초 위에 닿게 할 것
　④ 관의 밑부분으로부터 탱크의 중심 높이까지의 부분에는 소공이 뚫려 있을 것. 다만, 지하수위가 높은 장소에 있어서는 지하수위 높이까지의 부분에 소공이 뚫려 있어야 한다.
　⑤ 상부는 물이 침투하지 아니하는 구조로 하고, 뚜껑은 검사시에 쉽게 열 수 있도록 할 것

**98** 위험물의 취급 중 제조에 관한 기준으로 옳은 것은?

① 증류공정에 있어서는 위험물을 취급하는 설비의 내부압력의 변동 등에 의하여 액체 또는 증기가 새지 아니하도록 할 것
② 추출공정에 있어서는 추출관의 내부압력이 정상으로 상승하지 아니하도록 할 것
③ 분쇄공정에 있어서는 위험물의 분말이 일시적으로 가라 앉거나 위험물의 분말이 일시적으로 기계·기구 등에 부착하고 있는 상태로 그 기계·기구를 취급하지 아니할 것
④ 건조공정에 있어서는 위험물의 온도가 전체적으로 상승하지 아니하는 방법으로 가열 또는 건조 할 것

취급의 기준 – 위험물의 취급 중 제조에 관한 기준
1. 증류공정에 있어서는 위험물을 취급하는 설비의 내부압력의 변동 등에 의하여 액체 또는 증기가 새지 아니하도록 할 것
2. 추출공정에 있어서는 추출관의 내부압력이 비정상으로 상승하지 아니하도록 할 것
3. 건조공정에 있어서는 위험물의 온도가 국부적으로 상승하지 아니하는 방법으로 가열 또는 건조할 것
4. 분쇄공정에 있어서는 위험물의 분말이 현저하게 부유하고 있거나 위험물의 분말이 현저하게 기계·기구 등에 부착하고 있는 상태로 그 기계·기구를 취급하지 아니할 것

**정답** 96 ③　97 ④　98 ①

**99** 용량이 1,000만 ℓ 이상인 옥외저장탱크의 주위에 설치하는 방유제에는 당해 탱크마다 간막이 둑을 설치해야 하는데 설치기준으로 틀린 것은?

① 간막이 둑의 재질은 간막이 둑은 흙 또는 철근콘크리트로 할 것
② 간막이 둑의 용량은 간막이 둑 안에 설치된 탱크의 용량의 10% 이상일 것
③ 간막이 둑의 높이는 0.3 m 이상으로 하되 방유제 높이보다 0.2 m 이상 낮게 할 것
④ 방유제 내에 설치되는 옥외저장탱크의 용량이 2억 ℓ를 넘는 방유제에 있어서는 1 m 이상으로 하되 방유제의 높이보다 0.5m 이상 낮게 할 것

| 간막이 둑 | | 용량이 1,000만 ℓ 이상인 옥외저장탱크의 주위에 설치하는 방유제에는 당해 탱크마다 설치 | |
|---|---|---|---|
| 간막이 둑 | 높이 | 0.3 m 이상 (방유제 내에 설치되는 옥외저장탱크의 용량의 합계가 2억 ℓ를 넘는 방유제에 있어서는 1 m 이상) | (방유제 높이 − 0.2 m) 이하 |
| 간막이 둑 | 재질 | 흙 또는 철근콘크리트 | |
| 간막이 둑 | 용량 | 간막이 둑안에 설치된 탱크의 용량의 10% 이상 | |

**100** 이동탱크저장소의 구조에 대한 설명 중 옳은 것은?

① 방파판은 두께 1.6 mm 이상의 강철판으로 할 것
② 하나의 구획부분에 2개 이상의 방파판을 이동탱크저장소의 수직방향과 평행으로 설치하되 각 방파판은 그 높이 및 칸막이로부터의 거리를 다르게 할 것
③ 하나의 구획부분에 설치하는 각 방파판의 면적의 합계는 당해 구획 부분의 최대 수직단면적의 40% 이상으로 할 것
④ 방호틀의 두께는 3.2 mm 이상의 강철판 또는 이와 동등 이상의 기계적 성질이 있는 재료로써 산 모양의 형상으로 하거나 이와 동등 이상의 강도가 있는 형상으로 할 것

하나의 구획부분에 2개 이상의 방파판을 이동탱크저장소의 진행방향과 평행으로 설치하고 면적은 최대 수직단면적의 50% 이상, 방호틀의 두께는 2.3 mm 이상

제5과목 **소방시설의 구조원리**

**101** 연결살수설비에 스프링클러헤드를 사용하는 경우 하나의 배관에 부착하는 헤드의 수가 5개인 경우 배관의 구경은?

① 32 mm
② 40 mm
③ 50 mm
④ 65 mm

연결살수설비의 배관의 구경
(1) 연결살수설비 전용헤드를 사용하는 경우

| 하나의 배관에 부착하는 살수헤드의 개수 | 1개 | 2개 | 3개 | 4개 또는 5개 | 6개 이상 10개 이하 |
|---|---|---|---|---|---|
| 배관의 구경 (mm) | 32 | 40 | 50 | 65 | 80 |

(2) 스프링클러헤드를 사용하는 경우
스프링클러설비의 화재안전기준(NFSC 103) 준용

| 급수관의 구경 구분 | 25 | 32 | 40 | 50 | 65 | 80 | 90 | 100 | 125 | 150 |
|---|---|---|---|---|---|---|---|---|---|---|
| 헤드 수 | 2 | 3 | 5 | 10 | 30 | 60 | 80 | 100 | 160 | 161 이상 |

**102** 비화재보의 우려가 있는 장소에 감지기를 교차회로방식으로 설치하지 않아도 되는 감지기?

① 정온식스포트형감지기
② 보상식감지기
③ 차동식스포트형
④ 차동식분포형감지기

정답 99 ④  100 ①  101 ②  102 ④

**103** 휴대용비상조명등 설치기준으로 그 내용이 옳은 것은?

① 숙박시설의 객실마다 1개 이상, 다중이용업소의 영업장안의 구획된 실마다 2개 이상 설치하여야 한다.
② 대규모점포(지하상가 및 지하역사를 제외한다)와 영화상영관은 보행거리 25 m 이내마다 3개 이상 설치하여야 한다.
③ 지하상가 및 지하역사는 수평거리 25 m 이내마다 3개 이상 설치하여야 한다.
④ 설치높이는 0.8 m 이상 1.5 m 이하에 설치하여야 한다.

| 구분 | 내 용 | |
|---|---|---|
| 설치개수 | 숙박시설의 객실마다 | 1개 이상 |
| | 다중이용업소의 영업장안의 구획된 실마다 | |
| | 대규모점포(지하상가 및 지하역사를 제외한다)와 영화상영관 | 보행거리 50 m 이내마다 / 3개 이상 |
| | 지하상가 및 지하역사 | 보행거리 25 m 이내마다 / 3개 이상 |
| 설치높이 | | 0.8 m 이상 1.5 m 이하 |
| 건전지 및 충전식의 밧데리의 용량 | | 20분 이상 |

**104** 건식스프링클러헤드란 무엇인가?

① 물과 오리피스가 배관에 의해 분리되어 동파를 방지할 수 있는 스프링클러헤드를 말한다.
② 특정 높은 장소의 화재위험에 대하여 조기에 진화할 수 있도록 설계된 스프링클러헤드를 말한다.
③ 부착나사를 포함한 몸체의 일부나 전부가 천정면 위에 설치되어 있는 스프링클러헤드를 말한다.
④ 부착나사이의이 몸체 일부나 전부가 보호집인에 설치되어 있는 스프링클러헤드를 말한다.

"건식스프링클러헤드"란 물과 오리피스가 배관에 의해 분리되어 동파를 방지할 수 있는 스프링클러헤드를 말한다. 일명 드라이펜던트 헤드를 말한다.

**105** 옥내소화전의 물올림장치에 설치기준으로 옳은 것은?

① 용량은 100 ℓ 이상으로 하고 전용으로 할 것
① 용량은 200 ℓ 이상으로 하고 전용으로 할 것
① 용량은 100 ℓ 이상으로 하고 겸용 할 수 있다.
① 용량은 200 ℓ 이상으로 하고 겸용 할 수 있다.

물올림장치 설치기준
(수원의 수위가 펌프보다 낮은 위치에 있는 가압송수장치)
① 물올림장치에는 전용의 탱크를 설치
② 탱크의 유효수량은 100 ℓ 이상으로 하되, 구경 15 mm 이상의 급수배관에 따라 해당 탱크에 물이 계속 보급되도록 할 것

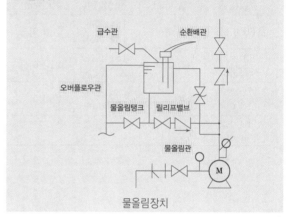

물올림장치

**106** 옥내소화전 설비의 수조에 대한 설치기준으로 옳지 않은 것은?

① 수조의 외측에 수위계를 설치
② 수조의 상단이 바닥보다 높은 때에는 수조의 외측에 고정식 사다리를 설치
③ 수조의 옆 부분에는 청소용 배수밸브 또는 배수관을 설치
④ 수조의 외측의 보기 쉬운 곳에 "옥내소화진실비용 수조"라고 표시한 표지를 할 것

수조의 밑 부분에는 청소용 배수밸브 또는 배수관을 설치

**107** 물분무 헤드와 고압의 전기기기 사이에는 전기의 절연을 위하여 전압에 따라 일정한 거리를 확보해야 한다. 이때 전압이 154 kV일 때 최소한 얼마 이상의 거리를 유지하여야 하는가?

① 70 cm 이상
② 80 cm 이상
③ 110 cm 이상
④ 150 cm 이상

고압의 전기기기가 있는 장소
- 전기의 절연을 위하여 전기기기와 물분무헤드 사이의 거리

| 전압(kV) | 거리(cm) | 전압(kV) | 거리(cm) |
|---|---|---|---|
| 66 이하 | 70 이상 | 154 초과 181 이하 | 180 이상 |
| 66 초과 77 이하 | 80 이상 | 181 초과 220 이하 | 210 이상 |
| 77 초과 110 이하 | 110 이상 | 220 초과 275 이하 | 260 이상 |
| 110 초과 154 이하 | 150 이상 | | |

**108** 직경이 10 m인 위험물 옥외탱크저장소에 고정포방출구를 2개 설치하였다. 소화에 필요한 약제량은 얼마인가? (단, 포면적당 방출량 4 $\ell/m^2 \cdot min$, 단백포 3% 원액, 방사시간 30분)

① 283 $\ell$ 이상
② 326 $\ell$ 이상
③ 566 $\ell$ 이상
④ 1,130 $\ell$ 이상

고정포방출구

$A \times Q \times T \times S = \dfrac{\pi}{4} 10^2 \times 4 \times 30 \times 0.03 = 282.74\,\ell$

A : 탱크의 액표면적($m^2$)
Q : 단위 포소화수용액의 양 ($\ell/m^2 \cdot min$)
T : 방출시간(min)
S : 포 소화약제의 사용농도(%)

**109** 바닥면적 1,000 $m^2$, 천장 높이 6 m, 반자는 3.8 m에 설치되어 있으며 차동식스포트형 2종감지기는 반자에 설치되어 있다. 내화구조가 아닌 기타구조인 경우 설치개수는?

① 12개       ② 15개
③ 20개       ④ 25개

| 부착높이 및 소방대상물의 구분 바닥면적마다 1개 이상을 설치(단위 $m^2$) | | 감지기의 종류 차동식 스포트형 | |
|---|---|---|---|
| | | 1종 | 2종 |
| 4 m 미만 | 주요구조부를 내화구조 | 90 | 70 |
| | 기타 구조 | 50 | 40 |
| 4 m 이상 8 m 미만 | 주요구조부를 내화구조 | 45 | 35 |
| | 기타 구조 | 30 | 25 |

차동식스포트형 2종감지기
- 감지기 부착높이 4 m 미만, 기타구조의 경우 감지면적은 40 $m^2$ 이므로 1,000 ÷ 40 = 25 개

**110** 30층의 특정소방대상물에 옥내소화전이 층당 6개 설치된 경우 펌프성능시험배관의 유량계 용량은 몇 $\ell$ 이상으로 하여야 하는가?

① 682.5 $\ell$ 이상
② 910 $\ell$ 이상
③ 1,137.5 $\ell$ 이상
④ 1,365 $\ell$ 이상

펌프의 토출량
- N Q = (최대) 5개 × 130 $\ell/min$ = 650 $\ell/min$
· 유량계의 용량은 펌프의 정격토출량의 175% 이상 측정할 수 있어야 한다. 따라서 650 × 1.75 = 1,137.5 $\ell$ 이상

정답   107 ④   108 ①   109 ④   110 ③

**111** 정온식감지선형 감지기의 설치기준으로 옳지 않은 것은?

① 감지선형 감지기의 굴곡반경은 5 cm 이하로 할 것
② 단자부와 마감 고정금구와의 설치간격은 10 cm 이내로 할 것
③ 감지기와 감지구역의 각 부분과의 수평거리가 내화구조의 경우 1종 4.5 m, 2종 3 m 이하로 할 것
④ 지하구나 창고의 천장 등에 지지물이 적당하지 않는 장소는 보조선을 사용하여 그 보조선에 설치할 것

감지선형감지기 (설치기준)
일국소의 주위온도가 일정한 온도 이상이 되는 경우에 작동하는 것으로서 외관이 전선으로 되어 있는 것
1. 감지기와 감지구역의 각 부분과의 수평거리

| 구 분 | 1종 | 2종 |
|---|---|---|
| 내화구조 | 4.5 m 이하 | 3 m 이하 |
| 기타 구조 | 3 m 이하 | 1 m 이하 |

2. 보조선이나 고정금구를 사용하여 감지선이 늘어지지 않도록 설치
3. 단자부와 마감 고정금구와의 설치간격은 10 cm 이내로 설치
4. 감지선형 감지기의 굴곡반경은 5 cm 이상

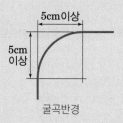

굴곡반경

5. 케이블트레이에 감지기를 설치하는 경우에는 케이블트레이 받침대에 마감금구를 사용하여 설치
6. 지하구나 창고의 천장 등에 지지물이 적당하지 않는 장소에서는 보조선을 설치하고 그 보조선에 설치
7. 분전반 내부에 설치하는 경우 접착제를 이용하여 돌기를 바닥에 고정시키고 그 곳에 감지기를 설치
8. 그 밖의 설치방법은 형식승인 내용, 형식승인 사항이 아닌 것은 제조사의 시방(示方)에 따라 설치

**112** 옥내소화전설비의 배선 설치기준에 따라 비상전원으로부터 동력제어반 및 가압송수장치에 이르는 전원회로의 배선은 무슨 배선으로 하여야 하는가?

① 내화배선 또는 내열배선
② 내열배선
③ 내화배선
④ 차폐배선

비상전원으로부터 동력제어반 및 가압송수장치에 이르는 전원회로의 배선은 내화배선으로 하여야 한다.

**113** 이산화탄소소화설비 소화약제 저장용기의 설치기준으로 옳지 않은 것은?

① 저장용기의 충전비는 저압식에 있어서는 1.1 이상 1.5 이하로 할 것
② 저장용기의 내압시험압력은 고압식은 25 MPa, 저압식은 3.5 MPa 이다.
③ 저압식 저장용기는 2.3 MPa 이상 1.9 MPa 이하에서 작동하는 압력경보장치 설치할 것
④ 저압식 저장용기에는 내압시험압력의 0.64배 ~ 0.8배 압력에서 작동하는 안전밸브를 설치할 것

저장용기의 충전비는 저압식에 있어서는 1.1 이상 1.4 이하로 할 것

**114** 소화수를 공급하는 배관에 설치된 개폐밸브에 템퍼스위치를 설치하지 않아도 되는 설비는?

① 옥내소화전
② 스프링클러
③ 간이스프링클러
④ 물분무소화설비

옥내소화전, 옥외소화전설비의 경우 개폐밸브에 템퍼스위치를 설치하라는 설치기준은 없다.

**115** 광전식분리형감지기 설치기준으로 옳지 않은 것은?

① 감지기의 송광면은 햇빛을 직접 받지 않도록 설치
② 광축은 나란한 벽으로부터 0.6 m 이상 이격하여 설치
③ 광축의 높이는 천장 등 높이의 80 % 이상
④ 감지기의 송광부와 수광부는 설치된 뒷벽으로부터 1 m 이내 위치에 설치

광전식분리형감지기 설치기준
1. 감지기의 수광면은 햇빛을 직접 받지 않도록 설치
2. 광축(송광면과 수광면의 중심을 연결한 선)은 나란한 벽으로부터 0.6 m 이상 이격하여 설치
3. 감지기의 송광부와 수광부는 설치된 뒷벽으로부터 1 m 이내 위치에 설치
4. 광축의 높이는 천장 등(천장의 실내에 면한 부분 또는 상층의 바닥 하부면을 말한다) 높이의 80 % 이상
5. 감지기의 광축의 길이는 공칭감시거리 범위 이내
6. 그 밖의 설치기준은 형식승인 내용에 따르며 형식승인 사항이 아닌 것은 제조사의 시방에 따라 설치

**116** 동일조건의 수압력에서 큰 물방울을 방출하여 화염의 전파속도가 빠르고 발열량이 큰 저장창고 등에서 발생하는 대형화재를 진압할 수 있는 헤드로서 ELO라고 하는 헤드는 무엇인가?

① 라지드롭형스프링클러헤드
② 화재조기진압용스프링클러헤드
③ 리세스드스프링클러헤드
④ 조기반응형스프링클러헤드

"라지드롭형스프링클러헤드"(ELO)란 동일조건의 수압력에서 큰 물방울을 방출하여 화염의 전파속도가 빠르고 발열량이 큰 저장창고 등에서 발생하는 대형화재를 진압할 수 있는 헤드를 말한다.

**117** 연기감지기를 계단 및 경사로에 설치하고자 할 때 2종은 수직거리 몇 m마다 1개 이상 설치하여야 하는가?

① 10 m        ② 15 m
③ 20 m        ④ 30 m

| 면적당 / 거리당 설치개수 | | 연기감지기의 종류 | |
| --- | --- | --- | --- |
| | | 1,2종 | 3종 |
| 부착높이 | 4 m 미만 | 150 m² | 50 m² |
| | 4 m 이상 20 m 미만 | 75 m² | – |
| 보행거리 | 복도, 통로 | 30 m마다 | 20 m마다 |
| 수직거리 | 계단, 경사로 | 15 m마다 | 10 m마다 |

**118** 객석유도등은 바닥면 또는 디딤 바닥면에서 높이 0.5 m의 위치에 설치하고 그 유도등의 바로 밑에서 0.3m 떨어진 위치에서 측정하여 수평조도가 몇 $\ell x$ 이상이어야 하는가?

① $0.1\ell x$        ② $0.2\ell x$
③ $0.5\ell x$        ④ $1\ell x$

객석유도등은 바닥면 또는 디딤 바닥면에서 높이 0.5 m의 위치에 설치하고 그 유도등의 바로 밑에서 0.3m 떨어진 위치에서의 수평조도가 0.2 $\ell x$ 이상이어야 한다.[유도등의 형식승인 및 제품검사 기술기준 제23조(조도시험)]

**119** 비상콘센트의 전원회로 공급용량으로 옳은 것은?

① 단상교류 : 220 V, 1.5 kVA
② 단상교류 : 220 V, 1.0 kVA
③ 단상교류 : 200 V, 1.5 kVA
④ 단상교류 : 200 V, 1.0 kVA

비상콘센트의 전원회로 공급용량 – 단상교류 : 220 V, 1.5 kVA
♣ 3상교류에 관련된 내용은 전부 삭제 됨(2013년 9월)

**120** 부속실 제연설비에 설치된 수직풍도 이외의 풍도로서 해당 풍도에서의 누설량은 급기량의 몇 %를 초과하지 아니하여야 하는가?

① 0.1        ② 0.5
③ 5          ④ 10

수직풍도 이외의 풍도에서의 누설량은 급기량의 10%를 초과하지 아니할 것

정답  115 ①  116 ①  117 ①  118 ②  119 ①  120 ④

**121** 유량이 0.52 m³/min 일 때 옥내소화전설비의 주배관은 최소 몇 mm 이상으로 하여야 하는가?

① 50

② 65

③ 80

④ 100

---

펌프의 토출 측 배관의 구경

1. 주배관의 구경 : 유속이 4 m/s 이하가 될 수 있는 크기 이상
2. 옥내소화전방수구와 연결되는 가지배관의 구경은 40 mm (호스릴옥내소화전설비의 경우에는 25 mm) 이상
3. 주배관중 수직배관의 구경은 50 mm (호스릴옥내소화전설비의 경우에는 32 mm) 이상
4. 소화전 개수 별 주배관의 구경

| 소화전 수량 구분 | 1개 | 2개 | 3개 | 4개 | 5개 |
|---|---|---|---|---|---|
| 방수량 ( $\ell$ / min ) | 130 | 260 | 390 | 520 | 650 |
| 배관의 구경 | 40 | 50 | 65 | 80 | 100 |

※ $d(\text{mm}) = 2.303 \sqrt{Q(\ell/\text{min}) \times 1.5}$

※ 1.5 = 150% 유량을 의미한다.

---

**122** 감지기는 동작 시 동작을 표시하는 작동표시장치를 설치하여야 한다. 단, 그 작동표시장치를 설치하지 않아도 되는 감지기가 아닌 것은?

① 방폭구조인 감지기

② 차동식분포형감지기

③ 정온식감지선형감지기

④ 광전식스포트형감지기

---

감지기에 작동표시장치를 설치하지 않아도 되는 감지기
방폭구조인 감지기,

1. 감지기가 작동한 경우 수신기에 그 감지기가 작동한 내용이 표시되는 감지기(아날로그 감지기 등)
2. 차동식분포형감지기
3. 정온식감지선형감지기

---

**123** 자동화재탐지설비의 감지기회로의 전로저항은 몇 Ω 이하이어야 하는가?

① 10

② 50

③ 75

④ 100

---

감지기회로의 전로저항  50 Ω 이하

---

**124** 의료시설의 4층에 적응성이 없는 피난기구는?

① 미끄럼대

② 구조대

③ 다수인피난장비

④ 승강식피난기

---

| 설치장소 \ 층별 | 3층 | 4층 이상 10층 이하 |
|---|---|---|
| 의료시설, 근린생활시설 중 입원실이 있는 의원, 조산원, 접골원 | **미끄럼대** · 구조대 · 피난교 · 피난용트랩 · 다수인피난장비 · 승강식피난기 | 구조대 · 피난교 · 피난용트랩 · 다수인피난장비 · 승강식피난기 |

---

**125** 누전경보기 설치 제외 장소가 아닌 것은?

① 화약류를 제조하거나 저장 또는 취급하는 장소

② 온도의 높은 장소

③ 가연성의 증기, 먼지, 가스 등이나 부식성의 증기, 가스 등이 다량으로 체류하는 장소

④ 습도가 높은 장소

---

누전경보기의 수신부 설치 제외 장소

대고-온-가-습-화

1. 대전류회로 · 고주파 발생회로 등에 따른 영향을 받을 우려가 있는 장소
2. 온도의 변화가 급격한 장소
3. 가연성의 증기 · 먼지 · 가스 등이나 부식성의 증기 · 가스 등이 다량으로 체류하는 장소
4. 습도가 높은 장소
5. 화약류를 제조하거나 저장 또는 취급하는 장소

---

정답   121 ③   122 ④   123 ②   124 ①   125 ②

**01** 화재의 정의로 틀린 것은?

① 불을 사용하는 사람의 부주의에 의해 불이 확산 하는 연소이다.
② 사람의 의도에 반하여 출화되고 확산되는 연소의 현상이다.
③ 인명 및 경제적인 손실을 방지하기 위하여 소화해야 하는 연소현상이다.
④ 대기 중에 방치한 철이 녹스는 현상이다.

대기 중에 방치한 철이 녹스는 현상은 연소처럼 급격한 산화 현상이 아니므로 화재가 아니다.

**02** 화재의 성장속도가 빠름(fast) 일때 열방출율
$Q = \alpha t^2$ [kW] 에서 화재강도계수 $\alpha$ [kW / s²]는 얼마인가?

① 0.00293
② 0.01172
③ 0.04689
④ 0.18757

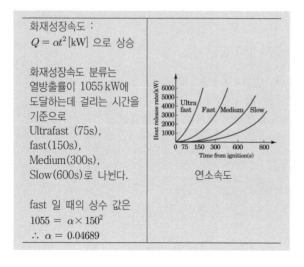

화재성장속도 :
$Q = \alpha t^2$ [kW] 으로 상승

화재성장속도 분류는
열방출률이 1055 kW에 도달하는데 걸리는 시간을 기준으로
Ultrafast (75s),
fast (150s),
Medium (300s),
Slow (600s)로 나뉜다.

연소속도

fast 일 때의 상수 값은
$1055 = \alpha \times 150^2$
$\therefore \alpha = 0.04689$

**03** 발화점이 가장 낮은 것은?

① 메탄
② 에탄
③ 부탄
④ 헥산

파라핀계 탄화수소의 특징
 – 분자량이 많아질수록 발화점은 낮아진다.

**04** 연소반응속도에 관한 설명으로 옳지 않은 것은?

① 분자간의 충돌빈수가 증가할수록 증가한다.
② 활성화에너지가 클수록 증가한다.
③ 온도가 높을수록 증가한다.
④ 시간 변화량에 대한 농도 변화량이 클수록 증가 한다.

아레니우스의 반응속도 $V = C \cdot e^{-\frac{Ea}{RT}}$
C : 충돌빈도계수,     Ea : 활성화에너지[J/kg]
T : 반응계온도[K],     R : 기체상수[J/kg K]

**05** 액체이산화탄소 20 kg이 30℃의 대기중으로 방출되었다. 대기중에서 기체상태의 이산화탄소의 체적[m³]은 약 얼마인가? (단, 대기압은 1기압, 이산화탄소는 이상기체라 가정한다. 기체상수는 0.082 m³·atm / ( mol ·K ))

① 1,200
② 11,293
③ 15,200
④ 18,293

$$V = \frac{WRT}{PM} = \frac{20 \times 0.082 \times (273 + 30)}{1 \times 44} = 11,293.6 \text{ m}^3$$

정답  01 ④  02 ③  03 ④  04 ②  05 ②

**06** 건축물의 화재안전에 대한 공간적 대응방법 중 대항성에 해당하지 않는 것은?

① 건축물의 내장재의 불연화, 난연화 성능
② 건축물의 내화성능
③ 건축물의 방화구획 성능
④ 건축물의 방배연 성능

> 건출물의 내장재의 불연화 성능은 공간적 대응방법의 대항성이 아니라 회피성이다.
> 건축물의 방 배연의 성능은 설비를 말하는 것이 아니고 순수하게 건축물 구조에 의한 연기제어로 대항성에 해당된다.

**07** 화재의 분류에 관한 설명으로 틀린것은?

① A급 화재는 액체탄화수소의 화재이며 발생연기는 흑색이다.
② B급 화재는 유류의 화재이며 증기발생에 주의해야 한다.
③ C급 화재는 통전중의 전기화재를 말한다.
④ D급 화재는 금속화재로 주수소화시 가연성증기를 발생할 위험이 있다.

> A급 화재는 일반화재이다. 액체탄화수소의 화재는 B급화재이다.

**08** 염화비닐 단위체(monomer)가 폴리염화비닐로 되는 반응과정에서 발열을 동반하며 압력이 급상승하여 폭발하는 현상은?

① 분해폭발        ② 산화폭발
③ 분무폭발        ④ 중합폭발

> 자연발화의 형태중 하나인 중합열
> – 단위체(단량체)가 중합체(고분자물질)로 중합되면서 발열하는 열

**09** 건축물의 바깥쪽에 설치하는 피난계단의 구조로 기준에 적합하지 않는 것은?

① 건축물의 내부에서 계단으로 통하는 출입구는 갑종방화문으로 설치 할 것
② 계단의 유효너비는 0.9 m 이상이어야 한다.
③ 계단은 내화구조로 하고 지상까지 직접 연결할 것
④ 계단은 그 계단으로 통하는 출입구 외의 창문 등으로부터 1 m 이상의 거리에 두고 설치할 것

> 건축물의 바깥쪽에 설치하는 피난계단의 구조.
> 1. 계단은 그 계단으로 통하는 출입구외의 창문등(망이 들어있는 유리의 붙박이창으로서 그 면적이 각각 1 m² 이하인 것을 제외한다)으로부터 2 m 이상의 거리를 두고 설치할 것
> 2. 건축물의 내부에서 계단으로 통하는 출입구에는 갑종방화문을 설치할 것
> 3. 계단의 유효너비는 0.9 m 이상으로 할 것
> 4. 계단은 내화구조로 하고 지상까지 직접 연결되도록 할 것

**10** 가연성 액체탄화수소가 유출되어 화재가 발생한 경우 소화에 적합한 Twin Agent System의 약제 성분은?

① 단백포 + 제3종 분말소화약제
② 단백포 + 제2종 분말소화약제
③ 수성막포 + 제3종 분말소화약제
④ 수성막포 + 제4종 분말소화약제

> Twin Agent System은
> 수성막포 + 제3종 분말소화약제를 말한다.

**11** 허용농도가 가장 낮은 독성가스는?

① 일산화질소
② 황화수소
③ 염화수소
④ 염소

> 일산화질소 : 25 ppm,    황화수소 : 10 ppm,
> 염화수소 : 5 ppm,        염소 : 0.5 ppm

**정답**  06 ①  07 ①  08 ④  09 ④  10 ③  11 ④

**12** 목조건축물의 화재에 대한 설명으로 틀린것은?

① 목조 건축물 화재시 플래시오버에 도달하는 시간이 내화건축물 보다 빠르다.
② 건조한 목재는 셀룰로오스가 주성분이다.
③ 목재는 열전도도가 낮아 철보다 단열효과가 작다
④ 목재에 함유되어 있는 수분의 양은 연소속도에 큰 영향을 미친다.

> 목조건축물이 개방계에 있는 경우 플래시오버의 발생 확률은 거의 없으나 구획된 목조건축물을 의미하면 내화구조의 건축물보다 플래시오버에 도달하는 시간이 더 빠르다.
> 또한 목재는 열전도도가 낮아 열을 전달하지 않고 축적되어 철보다 단열효과가 크다.
>
> 플래시오버 영향요소
> 천장높이, 실의 모양, 내장재의 재질과 두께, 점화원의 크기, 점화원의 위치와 연료 높이, 개구부의 크기

**13** 건출물의 피난 방화등의 기준에 관한 규칙에서 내화구조인 벽에 관한 기준으로 옳지 않은 것은?

① 벽돌조로서 두께가 19 cm 이상인 것
② 철근콘크리트조 또는 철골철근콘크리트조로서 두께가 10 cm 이상인 것
③ 골구를 철골조로 하고 그 양면을 두께 5 cm 이상의 콘크리트블록, 벽돌 또는 석재로 덮은 것
④ 고온, 고압의 증기로 양생된 경량기포 콘크리트 패널로서 두께가 20 cm 이상인 것

| 구 분 | | 외벽중 비내력벽 | 벽 |
|---|---|---|---|
| 철근콘크리트조 철골철근콘크리트조 | | 7 | 10 |
| 무근콘크리트조, 콘크리트블록조, 석조 | | 7 | – |
| 벽돌조 | | 7 | 19 |
| 고온·고압의 증기로 양생된 경량기포 콘크리트패널 경량기포 콘크리트블록조 | | – | 10 |
| 철 골 조 | 철망모르타르 덮은 것 | 3 | 4 |
| | 콘크리트블록·벽돌 또는 석재로 덮은 것 | 4 | 5 |
| | – | – | – |
| 철 재 | 콘크리트블록 벽돌, 석재로 덮은 것 | 4 | 5 |
| | 양면을 철망모르타르 또는 콘크리트로 덮은 것 | – | – |

**14** 화상에 관한 설명으로 틀린것은?

① 15% 미만의 부부층 화상, 50% 이하의 표층화상을 경중화상이라 한다.
② 표피뿐만 아니라 진피도 손상을 입은 화상을 3도 화상이라 한다.
③ 3도 화상을 입은 환자는 쇼크에 빠질 우려가 있어 생체징후를 자주 측정하고 산소를 공급하면서 이송해야 한다.
④ 10% 이상의 전층화상을 중증화상이라 한다.

> 표피뿐만 아니라 진피도 손상을 입은 화상을 2도 화상이라 한다.
> ·화상면적에 의한 분류

| 면적별 화상의 구분 | 1도 화상 (표층화상) | 2도 화상 (부분층화상) | 3도 화상 (전층화상) |
|---|---|---|---|
| 경중화상 | 50% 미만 | 15% 미만 | – |
| 중간화상 | 50 ~ 75% 미만 | 15 ~ 30% 미만 | – |
| 중증화상 | 75% 초과 | 30% 초과 | 10%를 초과 |

**15** 피난 복도 계획시 고려해야 할 일반적인 사항에 해당되지 않는 것은?

① 피난 복도의 폭은 재실자가 빠른 시간 내에 안전한 피난처로 갈 수 있도록 하는 것이 좋다.
② 피난 복도의 천장은 가능한 낮게 하고 천장에는 불연재를 사용한다.
③ 피난 복도에는 피난에 방해가 되는 시설물을 설치하지 않아야 한다.
④ 피난 복도에는 피난방향 및 계단 위치를 알 수 있는 표식을 한다.

> 피난 복도의 천장은 가능한 높게 하여야 연기 유입시에도 피난이 원활하다.

정답 12 ③ 13 ④ 14 ② 15 ②

**16** 구획화재에서 화재온도 상승곡선을 정하는 온도인자는 무엇인가?

① 환기요소 ÷ 실내의 전표면적
② 환기요소 × 바닥면적
③ 환기요소 ÷ 바닥면적
④ 바닥면적 ÷ 환기요소

화재강도를 결정하는 온도인자

$$F_0 = \frac{A\sqrt{H}}{A_T}$$ $A_T$ = 실내의 전표면적[m²]

환기요소(인자)가 클수록 온도가 높고 실내의 전표면적이 작을수록 집열되어 온도가 높다.

**17** 가로, 세로, 높이 10×20×3의 공간에 발열량이 9,000 kcal/kg인 가연물 3,000 kg과 4,500 kcal/kg인 가연물 2,000 kg이 저장되어 있다. 화재하중은 얼마인가?

① 40        ② 60
③ 120       ④ 160

화재하중 $Q = \dfrac{\sum (G_i \cdot H_i)}{H \cdot A} = \dfrac{\sum Q_i}{4,500 \cdot A}$ [kg/m²]

$G_i$ = 가연물의 질량(kg)
$H_i$ = 가연물의 단위 발열량 (kcal/kg)
$Q_i$ = 가연물의 전 발열량 (kcal)
$H$ = 목재의 단위 질량당 발열량(4,500 kcal/kg)
$A$ = 바닥면적(m²)

화재하중은 $\dfrac{9,000 \times 3,000 + 4,500 \times 2,000}{4,500 \times 10 \times 20} = 40 \ \text{kg}/\text{m}^2$

**18** 화재의 현장에 있는 불특정 다수인으로 이루어진 집단은 패닉상태가 되기 쉬운데 이 집단의 일반적인 특징으로 옳지 않은 것은?

① 우연적으로 발생하는 집단이다.
② 각 개인에게 고유의 임무가 부여된다.
③ 감정적인 분위기의 집단이다.
④ 암시에 걸리기 쉽다.

패닉의 상태에서는 각 개인에게 고유의 임무가 부여되기 어렵다.

**19** 열전도율 1.4 kcal/m·h·℃, 두께 10 cm, 면적 30 m²인 벽체가 있다. 벽체의 내측온도는 30℃, 외측온도는 –5℃일 때 벽체를 통한 손실열량(kcal/h)은? 단 푸리에 법칙을 이용한다.

① 14,700
② 15,500
③ 16,000
④ 17,400

$q = K \cdot A \cdot \dfrac{\Delta t}{\Delta l} \ (W)$

$q = 1.4 \ \text{kcal}/\text{m}\cdot\text{h}\cdot\text{℃} \times 30 \, \text{m}^2 \times \dfrac{30 - (-5)\text{℃}}{0.1 \, \text{m}}$

$\quad = 14,700 \, \text{kcal}/\text{h}$

**20** 초고층 건축물에는 피난층 또는 지상으로 통하는 직통계단과 직접 연결되는 피난안전구역을 지상층으로부터 최대 ( )개 층마다 1개소 이상을 설치하여야하는가?

① 30
② 35
③ 40
④ 45

피난안전구역 설치장소
① 초고층 건축물(50층 이상 200 m 이상)
  – 지상층으로 부터 최대 30개 층마다 1개소 이상 설치
② 준초고층 건축물
  (30층 이상 49층 이하, 120 m 이상 200 m 이하)
  – 해당 건축물 전체 층수의 2분의 1에 해당하는 층으로 부터 상하 5개층 이내에 1개소 이상 설치

정답   16 ①   17 ①   18 ②   19 ①   20 ①

**21** 플래시오버가 발생하기 위해 필요한 열량에 관한 설명으로 옳지 않은 것은? (단, McCaffrey, Quintiere, Harkleroad의 계산식을 이용한다.)

① 열량은 환기구의 높이의 4제곱근에 비례한다.
② 열량은 단면적의 제곱근에 비례한다.
③ 열량은 열손실계수의 제곱근에 비례한다.
④ 열량은 접촉면의 표면적에 비례한다.

> 플래시오버 발생 예측 열량 – McCaffrey, Quintiere, Harkleroad의 계산식
>
> $$Q = 610 \left( h_k \, A_T \, A \sqrt{H} \right)^{\frac{1}{2}} \, [\text{kW}]$$
>
> $h_k$ : 열전도계수,  $A_T$ : 구획내부 표면적,
> $A$ : 개구부 면적,  $H$ : 개구부의 높이
>
> 열량은 접촉면의 표면적에 비례하는 것이 아니라 제곱근에 비례한다.

**22** 발포 폴리스타이렌이 연소 시 발생 할 수 있는 연소가 아닌 것은?

① 이산화탄소  ② 수증기
③ 시안화수소  ④ 아크로레인

> 화학식 $C_8 H_8$  벤젠 고리에서 수소 1개를 바이닐기($H_2 C = CHR$)로 치환한 구조를 가지고 있다. 상온에서 액체 상태이며 무색이다. 불이 잘 붙으며 끈적거리고 특이한 냄새가 난다. 극성이 없기 때문에 물에는 거의 녹지 않으며 에테르나 벤젠 같은 무극성 용매에는 잘 녹는다.
> • 탄소, 수소, 산소가 연소하여 질소를 가진 시안화수소 ($HCN$)이 생성될 수 없다.

**23** 가연물 연소시 발생되는 연기의 농도와 가시거리에 관한 설명으로 옳지 않은 것은?

① 어두침침한 것을 느낄 정도의 감광계수는 $0.5\,\text{m}^{-1}$ 이고 가시거리가 4 m이다.
② 건물을 잘 아는 사람이 피난에 지장을 느낄 정도의 감광계수는 $0.3\,\text{m}^{-1}$이고 가시거리가 5 m이다.
③ 건물을 잘 알지 못하는 사람의 경우 가시거리는 20 ~30 m이고 감광계수는 0.07~0.13 $\text{m}^{-1}$이다 .
④ 감광계수와 가시거리는 반비례의 관계를 갖는다.

| 감광계수 $(\text{m}^{-1})$ | 가시거리 [m] | 상 황 |
|---|---|---|
| 0.1 | 20~30 | 연기감지기가 작동할 때 농도 |
| 0.3 | 5 | 건물내부에 익숙한 사람이 피난에 지장을 느낄 정도의 농도 |
| 0.5 | 3 | 어두운 것을 느낄 정도의 농도 |
| 1 | 1~2 | 거의 앞이 보이지 않을 정도의 농도 |
| 10 | 0.2~0.5 | 화재 최성기 때의 농도 |
| 30 | – | 출화실에서 연기가 분출할 때의 농도 |

감광계수와 관련된 내용이 상이하여 모두 정답 처리 함.

**24** 화재시 피난로가 되는 계단, 부속실 등에 외부공기를 급기하여 가압하는 제연방식은?

① 스모그타워 방식
② 제1종 기계제연방식
③ 제2종 기계제연방식
④ 제3종 기계제연방식

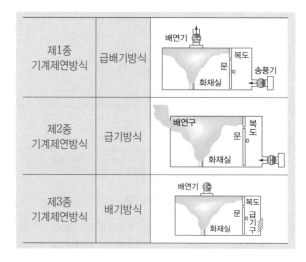

| 제1종 기계제연방식 | 급배기방식 | |
| 제2종 기계제연방식 | 급기방식 | |
| 제3종 기계제연방식 | 배기방식 | |

**25** 건축물내 연기유동과 확산에 관한 설명으로 옳지 않은 것은?

① 연기의 수평이동 속도는 0.5~1 m/s 이다.
② 건물내부의 온도가 건물 외부보다 높을 경우 연기의 흐름은 아래로 이동한다.
③ 계단실 등 수직방향으로의 연기속도는 화재초기 1.5 m/s, 농연 시 3~4 m/s 정도다
④ 연기의 비중은 공기보다 크지만 연기는 온도가 높아 건물의 상부로 이동한다.

> 건물 내부의 온도가 건물 외부의 온도보다 높을 경우
> 굴뚝효과에 의한 연기의 흐름은 아래가 아닌 위로 이동한다

---

**제2과목**  소방수리학, 약제화학, 소방전기

**26** 어떤 두 물체가 제3의 물질과 각각 열평형 상태에 있을때 어떤 두물체는 서로 열평형 상태이다. 이 법칙은 무엇을 설명한 법칙인가?

① 열역학 제0법칙  ② 열역학 제1법칙
③ 열역학 제2법칙  ④ 열역학 제3법칙

> 열역학 0법칙
> 1. A와 B가 C와 열평형이면 A 와 B 도 열평형 상태이다.
> 2. 고온에서 저온으로 열의 이동이 있어 두 물체가 열평형을 유지한다. ─ 온도계

---

**27** 밀폐한 실에서 공기의 압력을 일정하게 유지하면서 공기의 온도를 0℃에서 546℃로 증가시키면 공기의 체적은 처음보다 몇 배 증가하는가?

① 1.5배  ② 3배
③ 6배  ④ 9배

> $$\frac{P_0 V_0}{T_0} = \frac{PV}{T} \Rightarrow \frac{V_0}{0+273} = \frac{V}{546+273}$$
> $$\Rightarrow \frac{V}{V_0} = \frac{819}{273} = 3$$

---

**28** 다음 그림의 유속비($\frac{V_1}{V_2}$)는? 단 정상유동이고 물은 이상유체로 흐른다고 가정한다.

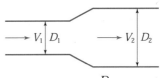

① $(\frac{D_2}{D_1})^2$  ② $\frac{D_2}{D_1}$

③ $\frac{D_1}{D_2}$  ④ $(\frac{D_1}{D_2})^2$

> $$Q_1 = Q_2 \Rightarrow \frac{\pi D_1^2}{4} V_1 = \frac{\pi D_2^2}{4} V_2$$
> $$\Rightarrow \frac{V_1}{V_2} = \frac{D_2^2}{D_1^2} = (\frac{D_2}{D_1})^2$$

---

**29** 관성력과 표면장력의 비를 나태내는 무차원수는?

① 그래쇼프 수  ② 프루드 수
③ 오일러 수  ④ 웨버 수

>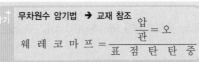
> 무차원수 암기법 → 교재 참조
> $$웨 \, 레 \, 코 \, 마 \, 프 = \frac{압}{관} = 오$$
> $$\frac{}{표 \, 점 \, 탄 \, 탄 \, 중}$$
>
> 웨이버수, 레이놀드수, 코우시스수, 마하수, 프루드수, 표면장력,
> 점성력, 탄성력, 탄성력, 중력, 관성력, 압축력, 오일러수

---

**30** 비중이 1.2인 액체가 대기 중에 상부가 개방된 탱크에 있을 때 액면으로부터 1 m 떨어진 A점의 계기압력은 수은주로 몇 mmHg인가? (단, 수은의 비중은 13.6이다.)

① 62  ② 72
③ 88.2  ④ 102

> $$P_g = rh = 1.2 \times 1,000 \times 1 = 1,200 \, kg_f/m^2$$
> $$1,200 \, kg_f/m^2 \times \frac{760 \, mmHg}{10,332 \, kg_f/m^2} = 88.269 \, mmHg$$

---

**정답**  25 ②  26 ①  27 ②  28 ①  29 ④  30 ③

**31** 내경이 D, 길이가 L 인 직관에 물의 양이 $200\,\ell/min$일 때 마찰손실압력이 0.02 MPa이다. 물의 양이 $400\,\ell/min$으로 증가하면 마찰손실압력은 약 얼마인가? 단, 하젠윌리엄공식을 이용하고 조도계수는 일정하다.

① 0.06  ② 0.072
③ 0.08  ④ 0.092

> 마찰손실을 유량의 1.85승에 비례하므로
> $Q^{1.85} : 0.02 = Q^{1.85} : X \Rightarrow 200^{1.85} : 0.02 = 400^{1.85} : X$
> $\therefore X = 0.072\,MPa$

**32** 가압송수장치의 토출량이 $1,000\,\ell/min$, 전양정이 100 m, 펌프의 전효율이 65%, 전달계수(K) 1.1일 때 전동기의 출력(kW)은 얼마인가?

① 15  ② 25
③ 27.6  ④ 29

> $\dfrac{r \cdot H \cdot Q}{102 \cdot 60 \cdot \eta}(kW) \Rightarrow \dfrac{1000 \times 100 \times 1m^3/min}{102 \times 60 \times 0.65} \times 1.1 = 27.65\,kW$

**33** 포소화약제의 유화효과를 이용하여 소화할 수 있는 방호대상물은?

① 서고  ② 유류저장고
③ 전자제품창고  ④ 전기실

> 물과 기름은 잘 섞이지 않으나 큰 압력으로 세차게 뿌릴시 순간적으로 썩이게 되는데 이를 에멀전효과라 하고 이 효과를 향상시키기 위해 물에 첨가하는 것이 유화제이며 이는 산소 차단 및 가연성기체의 증발을 막아 소화한다.
> • 종류 - 친수성콜로이드, 에틸렌글리콜, 계면활성제

**34** 물이 수평원형배관 내를 충만하여 흐를 때 배관에 어느 한 지점에서 물의 속도가 10 m/s, 정압이 0.35 MPa일 경우 물의 속도수두는 얼마인가?

① 2.5  ② 3.2
③ 5.1  ④ 6.8

> $h = \dfrac{V^2}{2g} = \dfrac{10^2}{2 \times 9.8} = 5.1\,m$

**35** 물의 단점을 보완하기 위한 첨가제 중 침투제에 대한 설명으로 옳은 것은?

① 물의 표면장력을 감소시켜 심부화재 소화를 돕는 첨가제
② 가연물의 유화층 형성을 돕는 첨가제
③ 물의 동결을 방지하기 위한 첨가제
④ 물의 점도를 증가시켜 쉽게 흘러 유실되는 것을 방지하는 첨가제

> ① 물의 표면장력은 72.75dyne/cm 로서 굉장히 크다 따라서 심부화재인 산불화재, 원면화재, 분체화재시 물을 살수하면 깊게 침투되지 못해 소화가 곤란해지는데 물에 계면활성제(약 1%)을 첨가하여 표면장력을 낮추어 침투효과를 높여 소화에 도움을 준다
> ② 침투제는 소화효과는 없고 표면장력을 낮추어 침투효과와 물의 확산만 도와준다.

**36** 포노즐을 통하여 포수용액 $80\,\ell$를 방출시켰다. 포의 팽창비가 5라고 하면 방출된 포의 체적($\ell$)은?

① 100  ② 200
③ 300  ④ 400

> 팽창비 $= \dfrac{방출후포의 체적}{방출전포수용액의 체적}$
> $\Rightarrow 5 = \dfrac{방출후포의 체적}{80} \Rightarrow 400\,\ell$

**37** 질식소화를 위한 연소한계산소농도가 14.7%인 가연물질의 소화에 필요한 $CO_2$가스의 최소소화농도는? (단, 무유출방식을 전제로 한다.)

① 28  ② 30
③ 36  ④ 42

> $CO_2\,(\%) = \dfrac{21\% - O_2\%}{21\%} \times 100 = \dfrac{21 - 14.7}{21} \times 100 = 30\%$

**38** 다음 그림에서 전류 $I$[A]는 얼마인가?

① 6

② 8

③ 12

④ 16

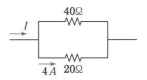

$$I_2 = \frac{R_2}{R_1 + R_2} \cdot I[A] \Rightarrow 4 = \frac{40}{40+20} \times I \quad \therefore I = 6\,A$$

**39** 회로에 100 V의 전압을 인가하였더니 5 A의 전류가 흘러 72 kcal의 열량이 발생하였다. 이 때 전류가 흐른 시간(초)은?

① 300          ② 400

③ 500          ④ 600

$$H = P \cdot t = VIt = I^2Rt\,[J] = 0.24\,I^2Rt\,[cal]$$
$$H = 0.24\,VIt \Rightarrow 72,000 = 0.24 \times 100 \times 5 \times t \quad \therefore t = 600\,[s]$$

**40** 정전용량이 같은 콘덴서 2개의 병렬합성 정전용량은 직렬합성 정전용량의 몇 배인가?

① 2          ② 4

③ 8          ④ 16

1. 병렬일때 $C_a = C + C = 2C\,[F]$

2. 직렬일때 $C_a = \dfrac{C \times C}{C + C} = \dfrac{1}{2}C\,[F]$

$$\therefore \frac{2C}{\frac{1}{2}C} = 4\,\text{배}$$

**41** 화학적 소화원리에 해당하는 것은?

① 부촉매소화

② 질식소화

③ 냉각소화

④ 제거소화

화학적소화원리 – 부촉매 소화효과
물리적소화원리 – 냉각, 질식 등

**42** 100회 감은 코일과 쇄교하는 자속이 0.2초 동안에 5Wb에서 2Wb로 감소시 코일의 유도기전력은?

① 500

② 1,000

③ 1,500

④ 2,000

$$e = \frac{N\varnothing}{\Delta t} = \frac{100 \times (5-2)}{0.2} = 1,500\,V$$

**43** 그림과 같이 직렬로 접속된 2개의 코일에 5A의 전류가 흐를 때 결합된 합성코일에 발생하는 자기에너지($J$)는 얼마인가?($L_1,\ L_2 = 20\,mH \quad M = 10\,mH$)

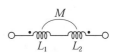

① 0.2          ② 0.25

③ 0.28         ④ 0.32

$$W = \frac{1}{2}L \cdot I^2\,[J] = \frac{1}{2} \times 20 \times 10^{-3} \times 5^2 = 0.25\,[J]$$

여기서 $L$의 단위는 $[H]$이다.

는 차동접속으로 합성인덕턴스는

$$L = L_1 + L_2 - 2M = 20 + 20 - (2 \times 10)$$
$$= 20\,mH가 된다.$$

**44** 전기계측기와 지시값의 연결이 옳지 않은 것은?

① 가동코일형 계기 – 평균값 지시
② 정전형계기 – 평균값 및 실효값 지시
③ 열전형계기 – 평균값 및 실효값 지시
④ 유도형계기 – 평균값 지시

| | |
|---|---|
| 가동코일형 계기 (직류) | 영구 자석이 만드는 자기장 내에 가동 코일을 놓고, 코일에 측정하고자 하는 전류를 흘리면 이 전류와 자기장 사이에 전자력이 발생한다. 이 전자력을 구동 토크로 한 계기를 영구 자석 가동코일형계기라 한다. (전류, 전압, 저항 측정 시 사용하며 측정된 값은 평균값이다.) |
| 유도형계기 (교류) | 피측정 전류 또는 전압을 여자 코일에 공급해서 자기장을 만들고, 이 자기장과 가동부의 전자 유도 작용에 의해서 생기는 맴돌이전류 사이의 전자력에 의한 구동 토크를 이용한 계기. 대표적 예) 아라곤의 원판 (전력 측정 시 사용하며 측정값은 실효값이다) |
| 정류형계기 (교류) | 측정하고자 하는 교류를 반도체 정류기에 의해 직류로 변환한 후 가동 코일형 계기로 지시시키는 계기. (전류, 전압, 저항 측정 시 사용하며 측정값은 실효값이다) |
| 가동철편형 계기 (교류) | 고정 코일에 흐르는 전류에 의해서 자기장이 생기고, 이 자기장 속에서 연철편을 흡인, 반발 또는 반발흡인하는 힘을 구동 토크로 사용한 것이다. (전류, 전압 측정 시 사용하며 측정값은 실효값이다) |
| 전류력계형 계기 (직,교류) | 고정 코일에 피측정 전류를 흘려 자기장을 만들고, 그 자기장 중에 가동코일을 설치하여 여기에도 피측정 전류를 흘려, 이 전류와 자기장 사이에 작용하는 전자력을 구동 토크로 이용하는 기계(전류, 전압, 전력 측정 시 사용되며 측정값은 실효값이다) |

| | |
|---|---|
| 열전형계기 (직,교류) | 전류의 열작용에 의한 금속선의 팽창, 또는 종류가 다른 금속의 접합점의 온도차에 의한 열기전력으로 가동 코일형 계기를 동작하게 한 계기. 금속선의 팽창을 이용한 열선형은 현재 사용되지 않으며, 열전쌍형이 고주파 전류계로 널리 사용되고 있다. (전류, 전압 측정 시 사용되며 측정값은 실효값 또는 평균값이다.) |
| 정전형계기 (직,교류) | 2장의 고정 전극과 그 사이에 알루미늄 가동 전극을 장치한 것으로, 구동력은 양 전극에 걸어 준 전압에 의하여 축적된 정전에너지로서, 양 극판에 대전된 전하 사이에 작용하는 힘을 이용한 것. (고전압 측정 시 사용되며 측정값은 실효값 또는 평균값이다.) |

**45** $v = 50 + 20\sqrt{2}\sin(wt+20) + 10\sqrt{2}\sin(3wt-40)[\text{V}]$ 인 비정현파 교류전압의 실효값(V)은?

① 32.6
② 45.6
③ 52.6
④ 54.8

비정현파의 실효값

$$V = \sqrt{V_0^2 + \left(\frac{V_{m1}}{\sqrt{2}}\right)^2 + \left(\frac{V_{m2}}{\sqrt{2}}\right)^2 + .. + \left(\frac{V_{mn}}{\sqrt{2}}\right)^2}$$
$$= \sqrt{V_0^2 + V_1^2 + V_2^2 + .. + V_n}$$

$V_0, V_1, V_2$ : 직류성분, 기본파 및 고조파의 실효값
$$V = \sqrt{50^2 + \left(\frac{20\sqrt{2}}{\sqrt{2}}\right)^2 + \left(\frac{10\sqrt{2}}{\sqrt{2}}\right)^2} = 54.77\,\text{V}$$

정답  44 ④  45 ④

**46** 그림과 같이 저항, 유도리액턴스, 용량리액턴스가 직렬로 연결된 회로의 역률은 얼마인가?

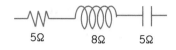

$5\Omega$ $8\Omega$ $5\Omega$

① 1               ② 1.25
③ 0.86            ④ 0.96

$$\dot{Z}(벡터) = R + jX \Rightarrow Z(실효값) = \sqrt{R^2 + (X_L - X_C)^2}$$
$$= \sqrt{5^2 + (8-5)^2} = \sqrt{34}$$
$$\cos\theta = \frac{R}{Z} = \frac{5}{\sqrt{34}} = 0.857 \fallingdotseq 0.86$$

**47** 다음 분말소화약제의 열분해 반응식과 관계가 있는 것은?

$$NH_4H_2PO_4 \rightarrow NH_3 + H_2O + HPO_3 - 76.95\,kcal$$

① 제1종 분말소화약제      ② 제2종 분말소화약제
③ 제3종 분말소화약제      ④ 제4종 분말소화약제

$NH_4H_2PO_4 \rightarrow NH_3 + H_2O + HPO_3 - 76.95\,kal$
➔ 제3종 분말 소화약제 − 인산암모늄

**48** 다음 심벌이 의미하는 반도체 소자는?

① DIAC
② TRIAC
③ SCR
④ SCS

$T_2$
$G$
$T_1$

| | | |
|---|---|---|
| DIAC | $T_2$ <br> $T_1$ | 2극 쌍방향 사이리스터 다이액은 PNPN반도체 층이 양방향으로 결합되어 양방향으로 전류를 흘릴 수 있는 2단자 소자. 다이액은 두 단자의 극성에 상관없이 다이액 양단의 전압이 일정 전압(브레이크오버 전압)에 도달하면 도통되고, 전류가 유지 전류 이하로 떨어지면 단락된다. 도통된 다이액의 전류방향은 인가된 전압에 극성에 따라 결정된다. |
| TRIAC | $T_2$ <br> $G$ <br> $T_1$ | 쌍방향 3극 사이리스터 TRIAC는 양방향 도통이 가능하며, 일반적으로 AC 위상제어에 사용된다. 두 개의 SCR을 게이트 공통으로 하여 역병렬 연결한 것이다 |
| SCR Thyristor (사이리스터) | $A$ ─ $K$ <br> $G$ | 3극 단방향 사이리스터 PNPN으로 3접합(Junction) 구조 - 전력회로의 제어또는 교류제어 등에 자주 사용되는 소자 - Anode, Cathod, Gate - Gate의 역할 : 전류의 흐름을 제어 |
| SCS | $A$ <br> $G_1$ $G_2$ <br> $K$ | 4극 단방향반도체인 실리콘제어스위치로서 ON − OFF 할 수 있는 트랜지스터이다. |

**49** 그림과 같은 NAND 게이트와 등가인 논리식은?

① $X = A + B$

② $X = \overline{A} \cdot \overline{B}$

③ $X = A \cdot B$

④ $X = \overline{A} + \overline{B}$

$$X = \overline{A \times B} = \overline{A} + \overline{B}$$

**50** 전선의 표시기호로서 천장 은폐 배선은?

① ————————
② — — — — — —
③ —— —— —— ——
④ —— · —— · ——

| 천장 은폐 배선 | ———————— |
|---|---|
| 천장 은폐 배선 중 천장 속의 배선을 구별하는 경우 | —— · —— · —— |
| 바닥 은폐 배선 | —— —— —— —— |
| 노출 배선 | — — — — — — |
| 노출 배선 중 바닥면 노출 배선을 구별하는 경우 | — · · — — · · — |

---

**51** 소방기본법령상 소방기관, 종합상황실, 박물관 등의 설치운영에 관한 설명으로 옳지 않은 것은?

① 시도의 소방기관의 설치에 필요한 사항은 대통령령으로 정한다.

② 종합상황실의 설치, 운영에 관한 필요한 사항은 행정안전부령으로 정한다.

③ 소방박물관의 설립과 운영에 필요한 사항은 행정안전부령으로 정한다.

④ 소방체험관의 설립과 운영에 필요한 사항은 행정안전부령으로 정한다.

소방체험관의 설립과 운영에 필요한 사항은 시·도의 조례로 정한다

**52** 소방기본법령에 관한 설명으로 옳지 않은 것은?

① 소방자동차의 우선 통행에 관하여는 소방기본법이 정하는 바에 따른다.

② 소방활동에 필요한 사람으로서 취재인력 등 보고업무에 종사하는 사람은 소방대장이 출입을 제한할 수 없다.

③ 소방대상물에 화재가 발생한 경우 그 관계인은 소방활동에 종사하여도 소방활동의 비용을 지급 받을 수 없다.

④ 소방활동구역을 정하는 자는 소방대장이다.

소방자동차의 우선 통행에 관하여는 도로교통법에 정하는 바에 따른다

---

**정답** 49 ④ 50 ① 51 ④ 52 ①

**53** 소방기본법령상 소방산업의 육성, 진흥 및 지원등에 관한 설명으로 옳지 않은 것은?

① 국가는 소방산업의 육성, 진흥을 위하여 행정상, 재정상 지원시책을 마련하여야 한다.

② 국가는 우수 소방제품의 전시, 홍보를 위하여 대외무역법에 의한 무역전시장을 설치한자에게 소방산업전시회 관련 국외 홍보비의 재정적인 지원을 할 수 있다.

③ 국가는 고등교육법에 따른 전문대학에 소방기술의 연구, 개발사업을 수행하게 할 수 있다.

④ 국가는 소방기술 및 소방산업의 국외시장 개척을 위한 사업을 추진하여야 한다.

국가는 소방기술 및 소방산업의 국제경쟁력과 국제적 통용성을 높이는 데에 필요한 기반 조성을 촉진하기 위한 시책을 마련하여야 한다. (지원개념)

**소방청장**은 소방기술 및 소방산업의 국제경쟁력과 국제적 통용성을 높이기 위하여 다음 각 호의 **사업을 추진**하여야 한다.
① 소방기술 및 소방산업의 국제 협력을 위한 조사·연구
② 소방기술 및 소방산업에 관한 국제 전시회, 국제 학술회의 개최 등 국제 교류
③ 소방기술 및 소방산업의 국외시장 개척
④ 그 밖에 소방기술 및 소방산업의 국제경쟁력과 국제적 통용성을 높이기 위하여 필요한 사업

**54** 다중이용업소의 안전관리에 과한 특별법에 따른 업소가 화재배상책임보험에 가입하지 아니한 자의 가입하지 않은 기간이 15일인 경우 해당 과태료로 맞는 것은?

① 10만원
② 15만원
③ 30만원
④ 100만원

다중이용업주는 화재배상책임보험(대통령령으로 정하는 금액을 지급할 책임을 지는 책임보험)에 가입하여야 한다

☞ 화재배상책임보험에 가입하지 아니한 자

| 가입하지 않은 기간 | 과태료 |
|---|---|
| 10일 이하 | 10만원 |
| 10일 초과 30일 이하 | 10만원 + 11일째부터 계산하여 1일마다 1만원을 더한 금액 |
| 30일 초과 60일 이하 | 30만원 + 31일째부터 계산하여 1일마다 3만원을 더한 금액 |
| 60일 초과 | 120만원 + 61일째부터 계산하여 1일마다 6만원을 더한 금액 다만, 과태료의 총액은 300만원을 넘지 못한다. |

**55** 소방기본법령상 소방신호에 관한 설명으로 옳지 않은 것은?

① 화재예방, 소방활동 또는 소방훈련을 위하여 사용한다.

② 예방신호는 화재예방상 필요하다고 인정하거나 화재위험경보시 발령한다.

③ 발화신호의 방법은 타종신호는 난타, 사이렌 신호는 5초 간격을 두고 5초씩 3회 울린다.

④ 해제 및 훈련신호도 소방신호에 해당한다.

· 소방신호의 구분은
  경보신호, 발화신호, 해제신호, 훈련신호로 구분 된다.
· 예방신호가 아닌 경보신호는 화재예방상 필요하다고
  인정하거나 화재위험경보시 발령한다.

**56** 소방시설공사업법령상 소방시설 공사에 관한 설명으로 옳지 않은 것은?

① 하나의 건축물에 영화상영관이 10개 이상인 신축 특정소방대상물은 성능위주설계를 하여야 한다.
② 공사업자가 구조변경, 용도변경되는 특정소방대상물에 연소방지설비의 살수구역을 증설하는 공사를 할 경우 소방서장에게 착공신고를 하여야 한다.
③ 하자보수 대상 소방시설 중 자동식소화기의 하자보수 보증기간은 3년이다.
④ 연면적이 1,000 m² 이상인 특정소방대상물에 비상경보설비를 설치한 경우는 공사감리자를 지정해야 한다.

---

**1. 성능위주소방설계 대상**
① 연면적 20만 m² 이상인 특정소방대상물. 아파트는 제외한다.
② 건축물의 높이가 100 m 이상인 특정소방대상물 (지하층을 포함한 층수가 30층 이상인 특정소방대상물을 포함한다). 아파트는 제외한다.
③ 연면적 3만 m² 이상인 철도 및 도시철도 시설, 공항시설
④ **하나의 건축물에 영화상영관이 10개 이상인 특정소방대상물**

**2. 신설시 착공신고대상**
① 소화기구는 착공대상이 아니다.
② 누전경보기, 가스누설경보기, 자동화재속보설비는 착공대상이 아니다.
③ 피난설비는 착공대상이 아니다.
〔암기〕 **누가 소속? 피**

**3. 증설시 착공신고대상**
① 기계분야는 신설에서 **소화용수설비만 제외**
② 전기분야는 신설에서 무통설비, **비상방송설비, 비상경보설비, 제외**
〔암기〕 **무방비용 - 비는 방송과 가장 가까운 비상경보설비임**

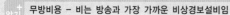

---

**4. 하자보수기간**

〔암기〕 경비 방 피유 무 - 2년, 나머지는 3년임

| 하자기간 | 소화설비 | 경보설비 | 피난설비 | 소화용수설비 | 소화활동설비 |
|---|---|---|---|---|---|
| 2년 | – | 비상경보설비 비상방송설비 | 피난기구, 유도등, 유도표지, 비상조명등 | – | 무선통신보조설비 |
| 3년 | 자동식소화기 옥내·옥외 소화전 스프링클러 간이스프링클러 물분무등 | 자동화재탐지설비 | – | 상수도소화용수설비 | 소화활동설비 (무선통신보조설비는 제외한다) |

**5. 공사감리자 지정대상**

| 신설·개설 또는 증설 | 신설·개설 | 증설 |
|---|---|---|
| 1. 옥내소화전설비<br>2. 옥외소화전설비 | 1. 스프링클러설비등 (캐비닛형간이스프링클러설비는 제외)<br>2. 물분무등소화설비 (호스릴 방식의 소화설비는 제외한다)<br>3. 자동화재탐지설비<br>4. 통합감시시설<br>5. 소화용수설비<br>6. 제연설비<br>7. 연결송수관설비<br>8. 연결살수설비<br>9. 비상콘센트설비<br>10. 무선통신보조설비<br>11. 연소방지설비 | 1. 스프링클러설비등 방호·방수 구역 (캐비닛형간이스프링클러설비는 제외)<br>2. 물분무등소화설비 방호·방수 구역 (호스릴 방식의 소화설비는제외한다)<br>3. 자동화재탐지설비 경계구역<br>4. 제연설비 제연 구역<br>5. 연결살수설비 송수구역<br>6. 비상콘센트설비 전용회로<br>7. 연소방지설비 살수구역 |

---

**57** 지방소방기술심의위원회의 심의사항으로 옳은 것은?

① 화재안전기준에 관한 사항
② 소방시설의 설계 및 공사감리의 방법에 관한 사항
③ 소방시설에 하자가 있는지의 판단에 관한 사항
④ 소방시설공사의 하자를 판단하는 기준에 관한 사항

> 1. 중앙 소방기술 심의위원회
>    (1) 심의 사항
>       ① 화재안전기준에 관한 사항
>       ② 소방시설의 구조 및 원리 등에서 공법이 특수한 설계 및 시공에 관한 사항
>       ③ 소방시설의 설계 및 공사감리의 방법에 관한 사항
>       ④ 소방시설공사의 하자를 판단하는 기준에 관한 사항
>       ⑤ 그 밖에 소방기술 등에 관하여 대통령령으로 정하는 사항
>          ㉠ 연면적 10만 m² 이상의 특정소방대상물에 설치된 소방시설의 설계·시공·감리의 하자 유무에 관한 사항
>          ㉡ 새로운 소방시설과 소방용품 등의 도입 여부에 관한 사항
>          ㉢ 그 밖에 소방기술과 관련하여 소방청장이 심의에 부치는 사항
>
> 2. 지방 소방기술 심의위원회
>    (1) 심의 사항
>       ① 소방시설에 하자가 있는지의 판단에 관한 사항
>       ② 그 밖에 소방기술 등에 관하여 대통령령으로 정하는 사항
>          ㉠ 연면적 10만 m² 미만의 특정소방대상물에 설치된 소방시설의 설계·시공·감리의 하자 유무에 관한 사항
>          ㉡ 소방본부장 또는 소방서장이 화재안전기준 또는 위험물 제조소등의 시설기준의 적용에 관하여 기술검토를 요청하는 사항
>          ㉢ 그 밖에 소방기술과 관련하여 시·도지사가 심의에 부치는 사항

**58** 특정소방대상물에 설치하는 소방시설등의 유지관리에 관한 설명으로 옳지 않은 것은?

① 옥외소화전설비는 소방청장이 정하는 내진설계기준에 맞게 설치하여야 하는 소방시설이다.
② 화재안전기준이 변경되어 그 기준이 강화되는 경우 강화된 기준을 적용하여야 하는 소방시설에는 자동화재속보설비가 포함된다.

③ 특정소방대상물이 증축되는 경우 기존 부분과 증축 부분이 내화구조로 된 바닥과 벽으로 구획되어 있으면 기존 부분에 대해서는 증축당시의 화재안전기준을 적용하지 아니한다.
④ 수용인원 100면 이상의 판매시설 중 대규모 점포는 보조마스크가 장착된 인명구조용 공기호흡기를 층마다 두 대 이상 갖추어야 한다.

> ※ 내진 설계대상
> 대통령령으로 정하는 소방시설
>  - 옥내소화전설비, 스프링클러설비, 물분무등소화설비
> ※ 강화된 기준 적용 설비
> > 1. 소화기구·비상경보설비·자동화재속보설비 및 피난설비
> > 2. 지하구 가운데 공동구에 설치하여야 하는 소방시설등
> > 3. 노유자(老幼者)시설에 설치하여야 하는 **소방시설 등 중 대통령령으로 정하는 것**
> >    - 간이 스프링클러 설비 및 자동화재탐지설비
> > 4. 의료시설에 설치하여야 하는 **소방시설 등 중 대통령령으로 정하는 것**
> >    - 스프링클러설비, 간이스프링클러 설비 및 자동화재탐지설비, 자동화재속보설비

**59** 소방시설 설치유지 및 안전관리에 관한 법령상 방염대상물품을 방염성능기준 이상의 것으로 설치 해야 하는 대상에 해당하지 않는 것은?

① 근린생활시설 중 체력단련장
② 건축물 옥내에 있는 수영장
③ 노유자 시설
④ 층수가 13층인 업무시설

> 방염대상
> ① 근린생활시설 중 의원, 체력단련장, 공연장 및 종교집회장
> ② 건축물의 옥내에 있는 시설 [문화 및 집회시설, 종교시설, **운동시설(수영장은 제외)**]
> ③ 의료시설, 노유자시설 및 숙박이 가능한 **수련시설**, 숙박시설, 방송통신시설 중 **방송국 및 촬영소**
> ④ 다중이용업의 영업장
> ⑤ 층수가 11층 이상인 것(아파트는 제외)
> ⑥ 교육연구시설 중 합숙소
>
> > 연예인 안문숙이 **11층**의 **체력단련장**에서 **운동**하다 **다쳤**는데 **의료시설**인 **의원**에 안기고 **공연장**으로 가 이상하게 여겨 **방송국**에서 **촬영**하러 오니 **합숙소**의 **노유자**, **수련시설**의 **종교**인등이 구경 옴

**60** 소방시설 설치유지 및 안전관리에 관한 법령상 특정소방대상물 중 근린생활시설에 해당하는 것은?

① 바닥면적이 500 m²인 안마원
② 바닥면적이 500 m²인 공연장
③ 바닥면적이 1,000 m²인 금융업소
④ 바닥면적이 1,000 m²인 고시원

| | 같은 건축물에 해당 용도 | 바닥면적의 합계 |
|---|---|---|
| 근린생활시설 | 수퍼마켓과 일용품(식품, 잡화, 의류, 완구, 서적 등) 등의 소매점 | 1천 m² 미만 |
| | 의약품 판매소, 의료기기 판매소 및 자동차영업소 | 1천 m² 미만 |
| | 학원(자동차학원, 무도학원은 제외) | 500 m² 미만 |
| | 탁구장, 테니스장, 체육도장, 체력단련장, 에어로빅장, 볼링장, 당구장, 실내낚시터, 골프연습장, 물놀이형 시설 등 | 500 m² 미만 |
| | 금융업소, 사무소, 부동산, 결혼상담소 출판사, 서점 등 | 500 m² 미만 |
| | 제조업소, 수리점, 고시원 | 500 m² 미만 |
| | 청소년게임제공업 및 일반게임제공업의 시설, 인터넷컴퓨터게임시설제공업의 시설, 복합유통게임제공업의 시설 | 500 m² 미만 |
| | 공연장 또는 종교집회장 | 300 m² 미만 |
| | 단란주점 | 150 m² 미만 |
| | 의원, 치과의원, 한의원, 침술원, 접골원(接骨院), 조산원, 산후조리원, 안마원, 안마시술소 휴게음식점, 제과점, 일반음식점, 기원, 노래연습장 | |
| | 이용원, 미용원, 목욕장 및 세탁소, 사진관, 표구점, 독서실, 장의사, 동물병원 등 | |

동의대상물

| 학교시설 | 지하층 또는 무창층이 있는 건축물 (공연장) | 노유자 시설 및 수련시설 | 장애인 의료재활시설, 정신의료기관 (입원실이 없는 정신건강의학과 의원은 제외한다) | 용도와 상관없음 |
|---|---|---|---|---|
| 연면적 100 m² 이상 | 바닥면적 - 150 m² (바닥면적 - 100 m²) | 연면적 200 m² 이상 | 연면적 300 m² 이상 | 연면적 400 m² 이상 |

| 차고·주차장 또는 주차용도로 사용되는 시설 | 면적에 상관없이 동의 대상 |
|---|---|
| 바닥면적 - 200 m² 이상인 층이 있는 건축물이나 주차시설<br><br>기계장치에 의한 주차시설로서 20대 이상 | ※ 항공기격납고, 관망탑, 항공관제탑, 방송용송·수신탑<br>※ 위험물 저장 및 처리 시설, 지하구<br><br>1. 층수가 6층 이상인 건축물<br>2. 항공기격납고, 관망탑, 항공관제탑, 방송용 송·수신탑<br>3. 위험물 저장 및 처리 시설, 지하구<br>4. 노인 관련 시설, 아동복지시설<br>5. 장애인 거주시설, 정신질환자 관련 시설, 노숙인 자활시설, 노숙인 재활시설, 노숙인 요양시설<br>6. 결핵환자·한센인이 24시간 생활하는 노유자시설<br>※ 5~6의 시설을 단독주택·공동주택에 설치 시 제외<br>7. 요양병원<br>(정신병원과 의료재활시설은 제외) |

**61** 소방시설 설치유지 및 안전관리에 관한 법령상 소방본부장 또는 소방서장의 건축허가 등의 동의 대상물 범위에 해당하는 것은?

① 주차장으로 사용되는 층 중 바닥면적이 100 m² 이상이 있는 층의 시설
② 승강기 등 기계장치에 의한 주차시설로 10대 이상 주차할 수 있는 시설
③ 지하층이 있는 공연장으로서 공연장의 바닥면적이 100 m²인 층이 있는 건축물
④ 노유자 시설로서 연면적 100 m²인 건축물

정답 **60** ① **61** ③

**62** 우수소방대상물 선정업무의 객관성 및 전문성을 확보하기 위한 평가위원회의 위원으로 위촉될 수 없는 자는?

① 소방관련법인에서 소방관련업무에 5년 이상 종사한 사람
② 소방안전관리자로 선임된 소방기술사
③ 소방공무원 교육기관에서 소방과 관련한 교육에 5년 이상 종사한 사람
④ 소방 관련 석사 학위 이상을 취득한 사람

| 수립·시행자 | 소방청장은 **우수 소방대상물의 선정** 등의 **시행계획을 매년 수립·시행** |
|---|---|
| 시행계획 내용 | 관계인에 대한 포상을 위하여 우수 소방대상물의 선정 방법, 평가 대상물의 범위 및 평가 절차 등에 관한 내용이 포함될 것 |
| 확인 | 소방청장 업무를 수행하기 위하여 필요한 경우에는 소방대상물을 직접 방문하여 필요한 사항을 확인 할 수 있다. |
| 발급 | 소방청장은 우수 소방대상물을 인증하는 인증표지 발급 |
| 포상 | 소방청장은 **우수 소방대상물**로 선정된 소방대상물의 **관계인** 또는 소방안전관리자에게 **포상** |
| 평가위원회 | **소방청장은** 우수 소방대상물 선정 등 업무의 객관성 및 전문성을 확보하기 위해 2명 **이상으로 구성하여 운영**<br>1. 소방기술사(소방안전관리자로 선임된 사람은 제외한다)<br>2. 소방 관련 석사 학위 이상을 취득한 사람<br>3. 소방 관련 법인 또는 단체에서 소방 관련 업무에 5년 이상 종사한 사람<br>4. 소방공무원 교육기관, 대학 또는 연구소에서 소방과 관련한 교육 또는 연구에 5년 이상 종사한 사람<br>★ 소방시설관리사는 포함되어 있지 않나. |

**63** 소방시설 설치유지 및 안전관리에 관한 법령상 소방시설관리업에 관한 설명으로 옳지 않은 것은?

① 소방시설관리사가 동시에 둘 이상의 업체에 취업한 경우 그 자격을 취소하여야 한다.
② 소방공무원으로 4년을 근무하고 소방시설공사업법에 따른 소방기술 인정 자격수첩을 발급받은 자는 소방시설관리업의 보조 기술인력으로 등록할 수 있다.
③ 시도지사는 등록수첩 재교부 신청서를 제출받은 때에는 10일 이내에 등록수첩을 재교부하여야 한다.
④ 관리업자가 사망한 경우 그 상속인이 한정치산자라 할지라도 상속받은 날부터 3개월 동안은 관리업자의 지위를 승계할 수 있다.

1. 보완
   ① 10일 이내의 기간을 정하여 이를 보완
   ② 보완하는 경우
      ㉠ 첨부서류가 미비되어 있는 때
      ㉡ 신청서 및 첨부서류의 기재내용이 명확하지 아니한 때
2. 재교부
   ① 소방시설관리업등록증(등록수첩)재교부신청서를 시·도지사에게 제출
   ② 시도지사는 제출받은 때에는 3일 이내에 소방시설관리업등록증 또는 등록수첩을 재교부

**64** 위험물안전관리법령상 산화성고체에 해당하는 것은?

① 유기과산화물
② 질산에스테르류
③ 중크롬산 염류
④ 히드록실아민염류

유기과산화물, 질산에스테르류, 히드록실아민은 제5류 위험물이다.

**65** 소방시설 설치유지 및 안전관리에 관한 법령상 복도 또는 통로로 연결된 둘 이상의 특정소방대상물을 하나의 소방대상물로 보지 않는 경우는?

① 내화구조로 된 연결통로가 벽이 없는 구조로서 길이가 10 m인 경우
② 내화구조가 아닌 연결통로로 연결된 경우
③ 지하보도, 지하상가, 지하가로 연결된 경우
④ 지하구로 연결된 경우

| ※ 둘 이상의 특정소방대상물이 어느 하나로 연결된 경우 | | |
|---|---|---|
| 연결통로로 되어 있는 경우 | 내화구조 | 벽이 없는 구조 | 그 길이가 6 m 이하 |
| | | 벽이 있는 구조 | 그 길이가 10 m 이하인 경우 |
| | | ※ 벽 높이가 바닥에서 천장 높이의 2분의 1 이상인 경우에는 벽이 있는 구조로 보고, 벽 높이가 바닥에서 천장 높이의 2분의 1 미만인 경우에는 벽이 없는 구조로 본다 | |
| | 기타구조 | 조건없이 하나의 소방대상물로 본다. | |
| 콘베이어로 연결되거나 플랜트설비의 배관 등으로 연결되어 있는 경우 | | | |
| 지하보도, 지하상가, 지하가로 연결된 경우 | | | |
| 방화셔터 또는 갑종방화문이 설치되지 않은 피트로 연결된 경우 | | | |
| 지하구로 연결된 경우 | | | |

**66** 소방시설 설치유지 및 안전관리에 관한 법령상 소방용품의 형식승인을 반드시 취소하여야 하는 경우가 아닌 것은?

① 거짓으로 형식승인을 받은 경우
② 거짓으로 보고 또는 자료제출을 한 경우
③ 거짓으로 제품검사를 받은 경우
④ 거짓으로 변경승인을 받은 경우

- 형식승인의 취소 등
 형식승인의 취소자 및 근거 – 소방청장, 행정안전부령

| 형식승인 취소 | • 거짓이나 그 밖의 부정한 방법으로 형식승인을 받은 경우<br>• 거짓이나 그 밖의 부정한 방법으로 제품검사를 받은 경우<br>• 변경승인을 받지 아니하거나 거짓이나 그 밖의 부정한 방법으로 변경승인을 받은 경우 |
|---|---|
| 6개월 이내의 제품검사의 중지 | • 제품검사 시 기술기준에 미달되는 경우, 시험시설의 시설기준에 미달되는 경우<br>• 형식승인을 받지 아니한 소방용품을 판매·진열하거나 소방시설공사에 사용한 경우<br>• 명령을 위반하여 보고 또는 자료제출을 하지 아니하거나 거짓으로 보고 또는 자료제출을 한 경우<br>• 정당한 사유 없이 관계 공무원의 출입 또는 검사·조사를 거부·방해 또는 기피한 경우 |

**67** 소방시설 설치유지 및 안전관리에 관한 법령상 벌칙 중 1년 이하의 징역 또는 1천만원 이하의 벌금에 처하는 경우에 해당하는 것은?

① 특정소방대상물의 소방시설 등이 화재안전기준에 따라 설치 또는 유지관리 되어 있지 아니하여 필요한 조치를 명하였으나 정당한 사유없이 위반한 자
② 소방용품의 형식승인을 받지 아니하고 소방용품을 제조하거나 수입한 자
③ 방염업의 등록을 하지 아니하고 영업을 한 자
④ 특정소방대상물의 소방시설 등에 대한 자체점검을 하지 아니하거나 관리업자 등으로 하여금 정기적으로 점검하게 아니한 자

1. 소방본부장이나 소방서장은 소방시설등이 화재안전기준에 따라 설치 또는 유지·관리되어 있지 아니할 때에는 해당 특정소방대상물의 관계인에게 필요한 조치를 명할 수 있다.

> ☞ 명령을 정당한 사유 없이 위반한 자 3년 이하의 징역 또는 3천만원 이하의 벌금

2. 대통령령으로 정하는 소방용품을 제조하거나 수입하려는 자
→ 소방청장의 형식승인을 받아야 한다.

> ☞ 소방용품의 형식승인을 받지 아니하고 소방용품을 제조하거나 수입한 자
> – 3년 이하의 징역 또는 3천만원 이하의 벌금

3. 방염처리업의 등록
(1) 등록신청
① 시·도지사에게 등록

> ☞ 방염업 등록을 하지 아니하고 영업을 한 자
> – 3년 이하의 징역 또는 3천만원 이하의 벌금

**68** 소방시설 설치유지 및 안전관리에 관한 법령상 소방안전관리자 교육 등에 관한 설명으로 옳지 않은 것은?

① 2급 소방안전관리대상물의 소방안전관리자가 되려는 자는 강습교육을 신청시 경력증명서를 제출하여야 한다.

② 1급 소방안전관리자와 공공기관 소방안전관리자의 업무 강습시간은 40시간이다.

③ 한국소방안전협회장은 소방안전관리자에 대한 실무교육을 2년마다 1회 이상 실시하여야 한다.

④ 소방본부장 또는 소방서장은 실무교육이 효율적으로 이루어질 수 있도록 소방안전관리자 선임 및 변동사항에 대하여 반기별로 한국소방안전협회장에게 통보하여야 한다.

1. 특급 또는 1급 소방안전관리대상물의 소방안전관리에 관한 강습교육을 받으려는 자는 소방안전관리자 경력증명서를 제출하여야 한다.
2. 특급 – 80시간,
1급 – 40시간, 공공기관 – 40시간,
2급 – 32시간의 강습시간을 받아야 한다.

**69** 위험물안전관리법령상 제조소 또는 일반취급소의 설비 중 변경허가를 받을 필요가 없는 경우는?

① 배출설비를 신설하는 경우

② 불활성기체의 봉입장치를 신설하는 경우

③ 위험물취급탱크의 탱크전용실을 증설하는 경우

④ 펌프설비를 증설하는 경우

**제조소, 일반취급소의 변경허가를 받아야 하는 경우**
1. 제조소 또는 일반취급소의 위치를 이전하는 경우
2. 건축물의 벽·기둥·바닥·보 또는 지붕을 증설 또는 철거하는 경우
3. **배출설비를 신설하는 경우**
4. 위험물취급탱크를 신설·교체·철거 또는 보수(탱크의 본체를 절개하는 경우에 한한다)하는 경우
5. 위험물취급탱크의 노즐 또는 맨홀을 신설하는 경우(노즐 또는 맨홀의 직경이 250 mm를 초과하는 경우)
6. 위험물취급탱크의 방유제의 높이 또는 방유제 내의 면적을 변경하는 경우
7. **위험물취급탱크의 탱크전용실을 증설 또는 교체하는 경우**
8. 300 m(지상에 설치하지 아니하는 배관의 경우에는 30 m)를 초과하는 위험물배관을 신설·교체·철거 또는 보수(배관을 절개하는 경우에 한한다)하는 경우
9. **불활성기체의 봉입장치를 신설하는 경우**
10. 방화상 유효한 담을 신설·철거 또는 이설하는 경우
11. **위험물의 제조설비 또는 취급설비(펌프설비를 제외한다)를 증설하는 경우**
12. 옥내소화전설비·옥외소화전설비·스프링클러설비·물분무등소화설비를 신설·교체(배관·밸브·압력계·소화전본체·소화약제탱크·포헤드·포방출구 등의 교체는 제외한다) 또는 철거하는 경우
13. 자동화재탐지설비를 신설 또는 철거하는 경우

**70** 위험물안전관리법령상 제조소등의 관계인이 예방규정을 정하여야 하는 제조소등의 기준에 해당하는 것은?

① 지정수량의 10배 이상의 위험물을 취급하는 제조소

② 지정수량이 50배 이상의 위험물을 저장하는 옥외저장소

③ 지정수량의 100배 이상의 위험물을 저장하는 옥내저장소

④ 지정수량의 150배 이상의 위험물을 저장하는 옥외탱크저장소

**정답** 68 ① 69 ④ 70 ①

예방규정을 정하여야 할 제조소등의 기준

| 구 분 | 지정수량의 배수 |
|---|---|
| 제조소, 일반취급소 | 10배 이상 |
| 옥외저장소 | 100배 이상 |
| 옥내저장소 | 150배 이상 |
| 옥외탱크저장소 | 200배 이상 |
| 암반탱크저장소, 이송취급소 | 지정수량 관계없이 예방규정을 정하여야 함 |

**71** 다중이용업소의 안전관리기본계획 등에 관한 설명으로 옳지 않은 것은?

① 소방청장은 다중이용업소의 안전관리기본계획을 5년마다 수립, 시행하여야 한다.
② 소방청장은 기본계획에 따라 매년 연도별 안전관리계획을 수립, 시행하여야 한다.
③ 다중이용업소의 안전관리를 위하여 시도지사는 매년 안전관리집행계획을 수립하여 소방청장에게 제출하여야 한다.
④ 다중이용업소의 안전관리집행계획은 해당 연도 전년 12월 31일까지 수립하여야 한다.

1. 기본계획
   소방청장은 관계 중앙행정기관의 장과 협의를 거쳐 5년마다 다중이용업소의 안전관리기본계획을 수립·시행하여야 한다.
2. 연도별계획
   소방청장은 기본계획에 따라 매년 연도별 안전관리계획을 전년도 12월 31일까지 수립·시행
3. 집행계획
   소방본부장은 매년 안전관리집행계획을 해당 연도 전년 12월 31일까지 수립하되 대상은 다중이용업으로 한다.

**72** 위험물안전관리법령상 시·도지사의 권한을 한국소방산업기술원에 위탁하는 업무에 해당하는 것은?

① 제조소등의 설치허가 또는 변경허가
② 군사목적인 제조소등의 설치에 관한 군분대의 장과의 협의

③ 위험물의 품명, 수량 또는 지정수량 배수의 변경신고의 수리
④ 저장용량이 70만ℓ인 옥내탱크저장소 설치에 따른 완공검사

· 시·도지사의 권한 → 소방서장에게 위임
다만, 동일한 시·도에 있는 2 이상 소방서장의 관할구역에 걸쳐 설치되는 이송취급소에 관련된 권한을 제외한다.
1. 제조소등의 설치허가 또는 변경허가
2. 위험물의 품명·수량 또는 지정수량의 배수의 변경신고의 수리
3. 군사목적 또는 군부대시설을 위한 제조소등을 설치하거나 그 위치·구조 또는 설비의 변경에 관한 군부대의 장과의 협의
4. 탱크안전성능검사(저장용량이 100만ℓ 미만인 것만 해당한다)
5. 완공검사(저장용량이 50만ℓ 미만인 것만 해당한다)
6. 제조소등의 설치자의 지위승계신고의 수리
7. 제조소등의 용도폐지신고의 수리
8. 제조소등의 설치허가의 취소와 사용정지
9. 과징금처분
10. 예방규정의 수리·반려 및 변경명령

· 소방청장, 시·도지사, 소방본부장 또는 소방서장
→ 한국소방안전협회또는 기술원에 위탁
1. 시·도지사의 탱크안전성능검사 중 다음 각목의 1에 해당하는 탱크에 대한 탱크안전성능검사
   가. 용량이 100만리터 이상인 액체위험물을 저장하는 탱크
   나. 암반탱크
   다. 지하탱크저장소의 위험물탱크 중 행정안전부령이 정하는 액체위험물탱크
2. 시·도지사의 완공검사에 관한 권한 중 다음 각 목의 어느 하나에 해당하는 완공검사
   가. 지정수량의 3천배 이상의 위험물을 취급하는 제조소 또는 일반취급소의 설치 또는 변경(사용 중인 제조소 또는 일반취급소의 보수 또는 부분적인 증설은 제외한다)에 따른 완공검사
   나. 옥외탱크저장소(저장용량이 50만ℓ 이상인 것만 해당한다) 또는 암반탱크저장소의 설치 또는 변경에 따른 완공검사
3. 소방본부장 또는 소방서장의 정기검사
4. 소방청장의 운반용기검사
5. 소방청장의 안전교육에 관한 권한 중 제20조제2호에 해당하는 자에 대한 안전교육

**73** 다중이용업소의 영업장에 설치유지해야 하는 안전시설 등에 관한 설명으로 옳지 않은 것은?

① 지하층에 설치된 영업장에는 간이스프링클러설비를 설치하여야 한다.
② 노래반주기 등 영상음향장치를 사용하는 영업장에는 비상벨설비를 설치하여야 한다.
③ 가스시설을 사용하는 주방이나 난방시설이 있는 영업장에는 가스누설경보기를 설치하여야 한다.
④ 단란주점영업과 유흥주점영업의 영업장에는 피난유도선을 설치하여야 한다.

> 영상음향장치가 있는 영업장에는 자동화재탐지설비를 설치하여야 하고 수신기를 별도로 설치해야 한다.

**74** 다중이용업소의 화재배상책임보험에 관한 설명으로 옳지 않은 것은?

① 사망의 경우 피해자 1명당 1억5천만원의 범위에서 피해자에게 발생한 손해액을 지급한다.
② 척추체 분쇄성 골절 부상의 경우 1천만원 범위에서 피해자에게 발생한 손해액을 지급한다.
③ 안전시설 등을 설치하려는 경우 다중이용업주는 화재배상책임보험에 가입한 후 그 증명서를 소방본부장 또는 소방서장에게 제출하여야 한다.
④ 보험회사는 화재배상책임보험에 가입하여야 할 자와 계약을 체결한 경우 그 사실을 보험회사의 전산시스템에 입력한 날부터 5일 이내에 소방서장에게 알려야 한다.

| 사망 | 1억5천만원의 범위 다만, 그 손해액이 2천만원 미만인 경우 2천만원 | |
|---|---|---|
| 1급 | 3천만원 | 1. 고관절의 골절 또는 골절성 탈구 2. 척추체 분쇄성 골절 3. 척추체 골절 또는 탈구로 인한 각종 신경 증상으로 수술을 시행한 부상 등 |

> 화재배상책임보험에 가입하여야 할 자가 다음 각 호의 어느 하나에 해당하면 그 사실을 행정안전부령으로 정하는 기간 내에 소방청장, 소방본부장 또는 소방서장에게 알려야 한다.

> 1. 화재배상책임보험 계약을 체결한 경우
> - 계약 체결 사실을 보험회사의 전산시스템에 입력한 날부터 5일 이내. 다만, 계약의 효력발생일부터 30일을 초과하여서는 아니 된다.
>
> 2. 화재배상책임보험 계약을 체결한 후 계약 기간이 끝나기 전에 그 계약을 해지한 경우
> - 계약 해지 사실을 보험회사의 전산시스템에 입력한 날부터 5일 이내. 다만, 계약의 효력소멸일부터 30일을 초과하여서는 아니 된다.
>
> 3. 화재배상책임보험 계약을 체결한 자가 그 계약 기간이 끝난 후 자기와 다시 계약을 체결하지 아니한 경우
> 가. 매월 1일부터 10일까지의 기간 내에 계약이 끝난 경우 : 같은 달 20일까지
> 나. 매월 11일부터 20일까지의 기간 내에 계약이 끝난 경우 : 같은 달 말일까지
> 다. 매월 21일부터 말일까지의 기간 내에 계약이 끝난 경우 : 그 다음 달 10일까지

**75** 다중이용업소의 화재위험평가 등에 관한 설명으로 옳지 않은 것은?

① 5층 이상인 건축물로서 다중이용업소가 10개 이상인 경우 화재위험 평가를 할 수 있다.
② 위험유발지수의 산정기준, 방법 등은 소방청장이 고시한다.
③ 소방서장은 화재위험유발지수가 C등급인 경우 조치를 명할 수 있다.
④ 화재위험평가 대행자가 화재위험평가서를 허위로 작성한 경우 1차 행정처분기준은 업무정지 6월이다.

> 화재위험유발지수가 D, E 등급일때 조치를 명할 수 있다.

**제4과목** 위험물의 성상 및 시설기준

**76** 제1류 위험물에 관한 설명으로 옳은 것은?

① 산화성 고체로서 모두 물보다 가벼운 고체물질이다.
② 브롬산염류, 과염소산, 과산화수소 등이 있다.
③ 무기과산화물의 화재시 주수 소화해야 한다.
④ 가열, 충격, 마찰에 의하여 폭발의 위험성이 있다.

> 1. 제1류 위험물은 모두 물보다 무겁다.
> 2. 과산화수소는 제6류 위험물이다.
> 3. 무기과산화물은 주수소화시 산소를 방출하므로 질식소화해야 한다.

**77** 위험물의 특징에 관한 설명으로 옳은 것은?

① 삼황화린은 약 100℃에서 발화하며 이황화탄소에 녹는다.
② 적린은 황린에 비하여 화학적으로 활성이 크고 물에 잘 녹는다.
③ 유황은 연소시 유독성의 오산화인이 생성된다.
④ 마그네슘 화재시 주수하면 산소가 발생하여 폭발적으로 연소한다.

> 1. 적린은 물에 녹지 않는다.
> 2. 황의 연소시 이산화황이 생기고 인의 연소시 유독성의 오산화인이 발생한다.
> 3. 마그네슘 화재시 주수소화하면 수소가 발생한다.

**78** 제2류 위험물의 금속분에 해당되는 것은? (단, 150 $\mu m$의 체를 통과하는 것이 50 $wt\%$ 미만인 것은 제외)

① 세슘분
② 구리분
③ 은분
④ 철분

| 유황 | 순도가 60 wt% 이상인 것 |
|---|---|
| 철분 | 53 $\mu m$표준체 통과하는것이 50 wt% 미만인 것은 제외 |
| 마그네슘 | 2 mm체를 통과하지 아니하는 덩어리 및 직경 2 mm 이상의 막대 모양의 것은 제외 |
| 금속분 | 알칼리금속 · 알칼리토류금속 · 철 및 마그네슘 외의 금속의 분말을 말하고, 구리분 · 니켈분 및 150 $\mu m$의 체를 통과하는 것이 50 wt% 미만인 것은 제외한다. |
| 인화성 고체 | 고형알코올 및 1기압에서 인화점이 섭씨 40도 미만인 고체 |

※ 세슘은 알칼리금속임.

**79** 탄화칼슘($CaC_2$)과 탄화알루미늄($Al_4C_3$)에 관한 설명으로 옳은 것은?

① 탄화칼슘과 물이 반응할 때 생성되는 프로필렌은 금속과 반응하여 아세틸라이드를 만든다.
② 저장시 발생하는 가스에 의해 용기의 내부압력이 상승하므로 개방된 용기에 저장한다.
③ 탄화알루미늄은 물과 반응시 아세틸렌가스가 발생하므로 위험하다.
④ 소화시 물, 포의 사용을 금한다.

> 1. 탄화칼슘이 물과 반응하면 아세틸렌이 생성된다. 아세틸렌은 금속과 반응하여 아세틸라이드 폭발성 물질을 만든다.
>    $CaC_2 + 2H_2O \rightarrow Ca(OH)_2 + C_2H_2\uparrow + 27.8kcal$
>    (소석회, 수산화칼슘)(아세틸렌)
> 2. 위험물은 밀전 밀봉이 원칙이며 과산화수소는 구멍이 뚫린 마개로 저장한다.
> 3. 탄화알루미늄은 물과 반응시 메탄이 발생한다.
>    $Al_4C_3 + 12H_2O \rightarrow 4Al(OH)_3 + 3CH_4$

**정답** 76 ④ 77 ① 78 ③ 79 ④

**80** 제3류 위험물의 성질에 관한 설명으로 옳지 않은 것은?

① 인화칼슘은 물과 반응하여 $PH_3$가 발생한다.
② 나트륨 화재시 주수소화를 하는 것은 안전하다.
③ 황린은 발화점이 매우 낮고 공기중에서 자연발화하기 쉽다.
④ 칼륨은 물과 반응하여 발열하고 수소가 발생한다.

1. 인화칼슘
$Ca_3P_2 + 6H_2O \rightarrow 2PH_3 + 3Ca(OH)_2$,
$Ca_3P_2 + HCl \rightarrow 2PH_3 + 3CaCl_2$
2. 나트륨 화재 시 주수소화하면 수소가 발생

**81** 제4류 위험물의 인화점에 따른 구분과 종류를 연결한 것 중 옳지 않은 것은?

① 인화점 영하 10℃ 이하 – 특수인화물 – 메탄올
② 인화점 200℃ 이상 25-℃ 미만 – 제4석유류 – 기어류
③ 인화점 21℃ 이상 70℃ 미만 – 제2석유류 – 경유
④ 인화점 21℃ 미만 – 제1석유류 – 휘발유

| 구분 | 인화점 |
|---|---|
| 특수인화물류 | 인화점이 -20℃ 미만이고 비점 40℃ 이하, 발화점 100℃ 이하 |
| 제1석유류 | 21℃ 미만 |
| 알코올류 | 탄소원자수가 1개~3개인 포화1가 알코올, 변성알코올 |
| 제2석유류 | 21℃ 이상 70℃ 미만 |
| 제3석유류 | 70℃ 이상 200℃ 미만 |
| 제4석유류 | 200℃ 이상 250℃ 미만 |
| 동·식물유류 | 250℃ 미만 |

**82** 제5류 위험물의 종류와 성질 및 취급에 관한 설명으로 옳지 않은 것은?

① 유기과산화물의 지정수량은 10 kg이다.
② 질산에스테르류는 외부로부터 산소의 공급이 없어도 자기연소하며 연소속도가 빠르다.
③ 니트로글리세린, 알킬리튬, 알킬알루미늄 등이 있다.

④ 위험물제조소에는 적색바탕에 백색문자로 "화기엄금"이라는 주의사항을 표시한 게시판을 설치해야 한다.

알킬알루미늄, 알킬리튬은 제3류 위험물이다.

**83** 제6류 위험물에 해당되는 것은?

① 질산구아니딘
② 염소화규소화합물
③ 할로겐간화합물
④ 과요오드산

제6류 위험물 : 과염소산, 과산화수소, 질산, 할로겐간화합물

**84** 니트로셀룰로오스에 관한 설명으로 옳은 것은?

① 지정수량은 100 kg이다.
② 물에는 녹지 않고 아세톤에는 녹는다.
③ 질화도가 클수록 폭발 위험성이 낮다.
④ 셀룰로오스에 진한 질산을 혼산으로 반응시켜 제조한 것이다.

1. 니트로셀룰로오스의 지정수량은 10 kg
2. 제5류 위험물의 특징은 물에 녹지 않고 유기용매에 잘 녹는다.
3. 질화도가 클수록 위험도가 크다
4. 셀룰로오스에 황산과 질산을 혼산하여 반응시켜 제조

**85** 위험물제조소의 하나의 방유제 안에 톨루엔 200 m³와 경유 100 m³를 저장한 옥외취급 탱크가 각 1기씩 있다. 위험물안전관리법령상 탱크 주위에 설치하여야 할 방유제 용량은 최소 몇 m³ 이상이 되어야 하는가?

① 100
② 110
③ 220
④ 330

제조소 옥외의 방유제 용량 = 최대용량의 50% + 나머지 탱크 용량의 합계의 10%
= 100 + 10 = 110%

**86** 제6류 위험물의 특징에 관한 설명으로 옳지 않은 것은?

① 위험물안전관리법령상 모두 위험등급 I에 해당한다.
② 과염소산은 밀폐용기에 넣어 냉암소에 저장한다.
③ 과산화수소 분해시 발생하는 발생기 산소는 표백과 살균효과가 있다.
④ 질산은 단백질과 크산토프로테인(xanthoprotein) 반응을 하여 붉은 색으로 변한다.

> ※ 크산토프로테인(단백질)반응
> [xanthoprotein reaction , ~蛋白質反應 ]
> 단백질의 용액에 소량의 진한 질산을 첨가하여 끓이면 황색으로 착색되고 이것을 냉각해서 암모니아를 첨가하여 알칼리성으로 하면 갈색을 띠는 황색이 나타난다. 질산이 피부에 닿을 때 황색이 되는 것은 이 반응 때문이다

**87** 위험물안전관리법령상 안전거리에 관하여 규제를 받지 않는 제조소등으로만 짝지어진 것은?

① 옥내저장소, 암반탱크저장소
② 지하탱크저장소, 옥내탱크저장소
③ 옥외탱크저장소, 제조소
④ 일반취급소, 옥외저장소

> 옥내탱크저장소, 지하저장탱크저장소, 간이탱크저장소, 암반탱크저장소는 안전거리 적용을 받지 않음

**88** 위험물안전관리법령상 위험물제조소의 기준으로 옳은 것은?

① 조명설비의 전선은 내화·내열전선으로 할 것
② 채광설비는 연소의 우려가 없는 장소에 설치하되 채광면적을 최대로 할 것
③ 환기설비의 급기구는 높은 곳에 설치하고 구리망 등으로 인화방지망을 설치할 것
④ 배출설비의 배풍기는 자연배기방식으로 할 것

> 채광설비는 최소로 설치, 환기설비의 급기구는 낮게 설치하여 자연 배기시키고 배출설비의 배풍기는 강제배기방식이다.

**89** 위험물안전관리법령상 위험물제조소에 설치하는 옥내소화전설비의 설치기준으로 옳지 않은 것은?

① 비상전원의 용량은 그 설비를 유효하게 20분 이상 작동시키는 것이 가능할 것
② 배선은 600 V 2종 비닐전선 또는 이와 동등이상의 내열성을 갖는 전선을 사용할 것
③ 각 소화전의 노즐선단 방수량은 260 ℓ/min 이상일 것
④ 주배관 중 입상관은 관의 직경이 50 mm 이상인 것으로 할 것

| 구분 | 수평거리 | 설치방법 | 방수량 | 비상전원 | 수원량 | 방수압력 |
|---|---|---|---|---|---|---|
| 옥내소화전 | 25m 이하 | 각층의 출입구 부근에 1개 이상 설치 | 260 ℓ/min | 45분 이상 | $Q = N \times 7.8m^3$ (가장 많은 층 설치개수 - 최대 5개) | 0.35 MPa 이상 |

**90** 위험물안전관리법령상 이동탱크저장소의 시설기준에 관한 내용으로 옳은 것은?

① 옥외 상치장소로서 인근에 1층 건축물이 있는 경우에는 5m 이상 거리를 두어야 한다.
② 압력탱크 외의 탱크는 70 kPa의 압력으로 30분간 수압시험을 실시 하여 새거나 변형되지 않아야 한다.
③ 액체위험물의 탱크내부에는 4,000 ℓ 이하마다 3.2 mm 이상의 강철판 등으로 칸막이를 설치해야 한다.
④ 차량의 전면 및 후면에는 사각형의 백색바탕에 적색의 반사도료로 "위험물"이라고 표시한 표지를 설치해야 한다.

> 1. 옥외 상치장소 1층 건축물과의 안전거리 - 3 m 이상
> 2. 압력탱크 외의 탱크는 70 kpa 의 압력으로 10분 실시
> 3. 황색바탕에 흑색문자(반사도료)로 위험물 표지 설치

**91** 위험물안전관리법상 위험물제조소에서 저장 또는 취급하는 위험물에 표시해야 하는 게시판의 주의사항이 옳게 연결된 것은?

① 마그네슘, 인화성고체-화기주의
② 질산메틸, 적린 – 화기주의
③ 칼슘카바이드, 철분 – 물기엄금
④ 톨루엔, 황린 – 화기엄금

| 위험물의 종류 | 주의사항 | 게시판의 색상 | |
|---|---|---|---|
| 제1류 위험물 중 알칼리금속의 과산화물 제3류 위험물 중 금수성물질 | 물기엄금 | 청색바탕에 백색문자 | 물기엄금 |
| 제2류 위험물 (인화성 고체는 제외) | 화기주의 | 적색바탕에 백색문자 | 화기주의 |
| 제2류 위험물 중 인화성 고체 제3류 위험물 중 자연발화성물질 제4류 위험물 제5류 위험물 | 화기엄금 | 적색바탕에 백색문자 | 화기엄금 |
| 제1류 위험물의 알카리금속의 과산화물외의 것과 제6류 위험물 | | 별도의 표시 없음 | |

**92** 제4류 위험물에 관한 설명으로 옳지 않은 것은?

① 클레오소오트유 – 나프탈렌과 안트라센이 주성분이다.
② 글리세린 – 제3석유류이며 과망간산나트륨과 혼촉 발화한다.
③ 콜로디온 – 용제(에틸알코올과 에테르)가 증발 시 니트로셀룰로오스만 남는다.
④ 아크롤레인 – 공기에 의해 산화되어 프로필알코올이 되며 중합반응을 일으킬 수 있다.

> ※ 아크로레인
> 불포화알데히드의 하나로 $CH_2 = CHCHO$인 무색,
> 자극적인 냄새의 독성이 있는 액체이다.
> 공기 중에서 쉽게 산화되고 장시간 보존하면 중합하여
> 수지상(樹脂狀) 물질로 변하며, 환원하면 프로피온알데
> 히드를 거쳐 프로판올 (프로필알코올)을 생성한다.

**93** 위험물안전관리법령상 옥내저장소의 시설기준에 관한 내용으로 옳지 않은 것은? (단, 다층건물 및 복합용도 건축물의 옥내저장소는 제외)

① 저장창고는 위험물 저장을 전용으로 하는 독립된 건축물로 하여야 한다.
② 지붕은 가벼운 불연재료로 하여야 한다.
③ 제1류 위험물을 저장할 경우 지면에서 처마까지의 높이가 6 m 미만의 단층 건물로 해야 한다.
④ 내화구조로 된 옥내저장소에 적린 600 kg을 저장할 경우 너비 2 m 이상의 공지를 확보해야 한다.

> 1. 옥내저장소의 지붕은 가벼운 불연재료로 해야 한다.
> 2. 적린은 100 kg이 지정수량이므로 6배 – 보유공지는 5배 초과 ~ 10배 이하이므로 보유공지 1 m 이상 확보해야 한다.

| 저장 또는 취급하는 위험물의 최대수량 | 공지의 너비 | |
|---|---|---|
| | 벽·기둥 및 바닥이 내화구조로 된 건축물 | 그 밖의 건축물 |
| 지정수량의 5배 이하 | – | 0.5 m 이상 |
| 지정수량의 5배 초과 10배 이하 | 1 m 이상 | 1.5 m 이상 |
| 지정수량의 10배 초과 20배 이하 | 2 m 이상 | 3 m 이상 |
| 지정수량의 20배 초과 50배 이하 | 3 m 이상 | 5 m 이상 |
| 지정수량의 50배 초과 200배 이하 | 5 m 이상 | 10 m 이상 |
| 지정수량의 200배 초과 | 10 m 이상 | 15 m 이상 |

**94** 위험물안전관리법령상 과산화수소 5,000 kg을 저장하는 옥외저장소에 설치하여야 할 경보설비의 종류에 해당되지 않는 것은?

① 자동화재탐지설비　　② 비상경보설비
③ 확성장치　　④ 자동화재속보설비

> 저장수량이 5,000 kg(과산화수소 지정수량은 300 kg)으로 지정배수가 16.67배로이다.
> 옥외저장소로 반드시 자동화재탐지설비 설치 대상에 해당하지 않으며 지정배수 10배 이상시 자탐, 비상경보설비, 확성장치 또는 비상방송설비 중 하나를 설치하는 대상이다.

**95** 위험물안전관리법령상 위험물의 성질에 따른 제조소의 특례에 관한 내용으로 옳지 않은 것은?

① 산화프로필렌을 취급하는 설비는 은·수은·마그네슘 또는 이들을 성분으로 합금으로 만들지 아니할 것
② 알킬리튬을 취급하는 설비에는 불활성기체를 봉입하는 장치를 갖출 것
③ 디에틸에테르를 취급하는 설비에는 온도 및 농도의 상승에 의한 위험한 반응을 방지하기 위한 조치를 강구할 것
④ 히드록실아민염류를 취급하는 설비에는 철이온 등의 혼입에 의한 위험한 반응을 방지하기 위한 조치를 강구할 것

> 제조소 – 위험물 성질에 따른 제조소의 특례
> 1. 알킬알루미늄등(알킬리튬을 포함)을 취급하는 제조소의 특례
> 2. 아세트알데이등(산화프로필렌 포함)을 취급하는 제조소의 특례
> 3. 히드록실아민을 취급하는 제조소의 특례
>   총 3가지 이며 디에틸에테르을 취급하는 제조소의 특례는 없다.

**96** 위험물안전관리법령상 이황화탄소를 제외한 인화성 액체위험물을 저장하는 옥외탱크저장소의 방유제 시설기준에 관한 내용으로 옳지 않은 것은?

① 방유제의 높이는 0.5 m 이상 3 m 이하로 한다.
② 옥외저장탱크의 총용량이 20만ℓ 초과인 경우 방유제 내에 설치하는 탱크수는 10 이하로 한다.
③ 방유제 안에 탱크가 1개 설치된 경우 방유제의 용량은 그 탱크 용량으로 한다.
④ 높이가 1 m를 넘는 방유제의 안팎에는 계단 또는 경사로를 약 50 m마다 설치해야 한다.

> 1. 방유제의 용량은 인화성인 액체위험물인 경우 탱크용량의 110% 이상으로 해야 한다.
> 2. 방유제 내에 설치하는 옥외저장탱크의 수

| 10 이하 | – |
|---|---|
| 20 이하 | 모든 옥외저장탱크의 용량이 20만 ℓ 이하이고, 위험물의 인화점이 70℃ 이상 200℃ 미만 (제3석유류)인 경우 |
| 제한없음 | 인화점이 200℃ 이상(제4석유류)인 경우 |

**97** 위험물안전관리법령상 금속분, 마그네슘을 저장하는 곳에 적응성이 있는 소화설비를 다음 보기에서 모두 고른 것은?

> ㉮ 팽창질석
> ㉯ 이산화탄소소화설비
> ㉰ 분말소화설비(탄산수소염류)
> ㉱ 대형 무상강화액소화기

① ㉮, ㉰          ② ㉮, ㉱
③ ㉮, ㉯, ㉰      ④ ㉯, ㉰, ㉱

금속분, 마그네슘은 주수소화시 가연성가스를 발생하므로 질식소화를 해야 한다.
또한 이산화탄소의 경우 탄소가 생성되어 연소가 지속되므로 적응성이 없다.
– 팽창질석, 분말소화설비(탄산수소염류)

| 소화설비 \ 대상물 | 건축물 등 | 전기설비 | 제1류 위험물 알칼리금속과산화물 | 제1류 위험물 그 밖의 것 | 제2류 위험물 철분·금속분·마그네슘 | 제2류 위험물 인화성고체 | 제2류 위험물 그 밖의 것 | 제3류 위험물 금수성물품 | 제3류 위험물 그 밖의 것 |
|---|---|---|---|---|---|---|---|---|---|
| 옥내소화전 또는 옥외소화전 | O | | | O | | O | O | | O |
| 스프링클러설비 | O | | | O | | O | O | | O |
| 물분무소화설비 | O | O | | O | | O | O | | O |
| 포소화설비 | O | | | O | | O | O | | O |
| 이산화탄소소화설비 | | O | | | X | O | | X | |
| 할로겐화합물소화설비 | | O | | | X | O | | X | |
| 분말소화설비 인산염류등 | O | O | | | X | O | O | X | |
| 분말소화설비 탄산수소염류등 | | O | O | | O | O | | O | |
| 분말소화설비 그 밖의 것 | | | | | | O | | | O |

**98** 위험물안전관리법령상 이송취급소의 시설기준에 관한 내용으로 옳지 않은 것은?

① 해상에 설치한 배관에는 외면부식을 방지하기 위한 도장을 실시하여야 한다.

② 도장을 한 배관은 지표면에 접하여 지상에 설치할 수 있다.

③ 지하매설 배관은 지하가 내의 건축물을 제외하고는 그 외면으로부터 건축물까지 1.5 m 이상 안전거리를 두어야 한다.

④ 해저에 배관을 설치하는 경우에는 원칙적으로 이미 설치된 배관에 대하여 30 m 이상의 안전거리를 두어야 한다.

1. 배관은 지표면에 부착하여 설치할 수 없다.
2. 지하매설
   ① 건축물(지하가 내의 건축물은 제외) : 1.5 m 이상
   ② 지하가 및 터널 : 10 m 이상(적절한 누설확산방지조치를 하는 경우에 그 안전거리를 2분의 1의 범위 안에서 단축할 수 있다.)
   ③ 수도법에 의한 수도시설(위험물의 유입우려가 있는 것) : 300 m 이상(적절한 누설확산방지조치를 하는 경우에 그 안전거리를 2분의 1의 범위 안에서 단축할 수 있다.)
   ④ 배관은 그 외면으로부터 다른 공작물에 대하여 0.3 m 이상의 거리를 보유할 것.
   ⑤ 배관의 외면과 지표면과의 거리
      ㉠ 산이나 들에 있어서는 0.9 m 이상
      ㉡ 그 밖의 지역에 있어서는 1.2 m 이상

**99** 위험물안전관리법령상 주유취급소에 설치할 수 있는 건축물이나 공작물 등에 해당되지 않는 것은?

① 주유취급소에 출입하는 사람을 대상으로 하는 일반 음식점

② 자동차 등의 간이정비를 위한 작업장

③ 자동차 등의 세정을 위한 작업장

④ 전기자동차용 충전설비

주유취급소에 설치 할 수 있는 건축물
1. 주유 또는 등유, 경유를 채우기 위한 작업장
2. 주유취급소의 업무를 행하기 위한 사무소
3. 자동차 등의 점검 및 간이정비를 위한 작업장
4. 자동차 등의 세정을 위한 작업장
5. 주유취급소에 출입하는 사람을 대상으로 한 점포, 휴게음식점 또는 전시장
6. 주유취급소의 관계자가 거주하는 주거시설
7. 전기자동차용 충전설비
   (전기를 동력원으로 하는 자동차에 직접 전기를 공급하는 설비를 말한다.)
8. 건축물 중 주유취급소의 직원 외의 자가 출입하는 2, 3, 5의 용도에 제공하는 부분의 면적의 합은 $500 \, m^2$를 초과할 수 없다.

**100.** 질산염류 150 kg, 염소산염류 300 kg, 과망간산염류 3,000 kg을 동일한 장소에 저장하고 있는 경우 지정수량의 몇 배인가?

① 7.5
② 8.5
③ 9.5
④ 10.5

$$지정배수 = \frac{저장수량}{지정수량} + \frac{저장수량}{지정수량} \Rightarrow \frac{150}{300} + \frac{300}{50} + \frac{3,000}{1,000}$$
$$= 9.5 \, 배$$

**제5과목** **소방시설의 구조원리**

**101** 내화구조의 건축물에 바닥면적이 310 m²인 무도학원 (실내마감재료는 불연재료)에 소화기구 설치시 필요한 최소능력단위는?

① 3 　　　　　　　② 6
③ 8 　　　　　　　④ 11

> 무도학원은 위락시설에 해당하므로 능력단위는 30 m²마다 1단위가 되나 내화구조, 불연재료이므로 60 m²이 1단위가 된다. 　310 / 60 = 5.166 ∴ 6단위가 된다.

**102** 전양정이 50 m이고 회전수가 2,000 rpm인 원심펌프의 회전수를 2,400 rpm으로 변경하여 운전하는 경우 펌프의 전양정(m)은?

① 34.7 　　　　　　② 60
③ 72 　　　　　　　④ 86.4

> 상사법칙
> $$\frac{Q_2}{Q_1} = \left(\frac{N_2}{N_1}\right)^1 \cdot \left(\frac{D_2}{D_1}\right)^3 \qquad \frac{H_2}{H_1} = \left(\frac{N_2}{N_1}\right)^2 \cdot \left(\frac{D_2}{D_1}\right)^2$$
> $$\frac{H_2}{50} = \left(\frac{2,400}{2,000}\right)^2 \Rightarrow H_2 = 72m$$

**103** 옥내소화전설비의 화재안전기준에서 내열전선의 내열성능에 관한 설명이다. ( ) 안에 들어갈 내용으로 옳은 것은?

> 온도가 ( ㉠ ) ℃인 불꽃을 ( ㉡ )분간 가한 후 불꽃을 제거하였을 때 ( ㉢ )초 이내에 자연소화되고, 전선의 연소된 길이가 ( ㉣ )mm 이하일 것

| | ㉠ | ㉡ | ㉢ | ㉣ |
|---|---|---|---|---|
| ① | 750 ± 10 | 20 | 10 | 180 |
| ② | 816 ± 10 | 20 | 10 | 180 |
| ③ | 750 ± 10 | 10 | 20 | 180 |
| ④ | 816 ± 10 | 10 | 20 | 180 |

> 내열전선의 내열성능
> ① 온도가 816±10℃인 불꽃을 20분간 가한 후 불꽃을 제거하였을 때 10초 이내에 자연 소화가 되고, 전선의 연소된 길이가 180 mm 이하
> ② 가열온도의 값을 한국산업규격(KS F 2257-1)에서 정한 건축구조부분의 내화시험방법으로 15분동안 380℃까지 가열한 후 전선의 연소된 길이가 가열로의 벽으로부터 150 mm 이하일 것.
> ③ 소방청장이 정하여 고시한 내열전선의 성능시험기준에 적합할 것

**104** 옥외소화전설비의 화재안전기준에 의하여 옥외소화전을 11개 이상 30개 이하 설치 시 몇 개 이상의 소화전함을 분산 설치하여야 하는가?

① 5 　　　　　　　② 11
③ 16 　　　　　　　④ 21

> 옥외소화전 개수 별 옥외소화전함 설치 개수
> 10개 이하 – 옥외소화전 개수마다 설치
> 11개 이상 30개 이하 – 11개를 분산 배치
> 31개 이상 – 3개 마다 1개 이상 배치

**105** 특별피난계단의 부속실에 설치된 제연설비의 제어반 기능에 관한 기준으로 옳지 않은 것은?

① 급기용 댐퍼의 개폐에 대한 감시 및 원격조작기능
② 급기송풍기와 유입공기의 배출용 송풍기의 작동여부에 대한 감시 및 원격조작기능
③ 수동기동장치의 작동여부에 대한 감시기능
④ 비상전원의 원격조작기능

> 모든 소화설비 등의 제어반 기준에 비상전원 원격조작기능에 대한 내용은 삭제되었음. 즉, 제어반에서 발전기 등을 원격으로 기동 할 수 없다.

**정답** 101 ② 102 ③ 103 ② 104 ② 105 ④

**106** 다음과 같은 조건에서 이산화탄소소화설비의 최소약제량(kg)은?

---

- 전역방출방식의 표면화재 방호대상물
- 방호구역 체적 200 m³
- 설계농도 34%
- 자동폐쇄장치를 설치하지 아니한 개구부 면적 4 m²

---

① 180
② 200
③ 220
④ 240

---

저장량 = $VQN + AK = 200 \times 0.8 \times 1 + 4 \times 5 = 180$ kg
Q[kg/m³] : 방호대상물 체적당 가산량
K[kg/m²] : 개구부 면적당 가산량

---

**107** 간이스프링클러설비의 설치기준으로 옳지 않은 것은?

① 간이헤드의 작동온도는 실내의 최대 주위 천장온도가 0℃ 이상 38℃ 이하인 경우 공칭작동온도가 57℃에서 77℃의 것을 사용할 것
② 상수도직결형의 상수도압력은 가장 먼 가지배관에서 2개의 간이헤드를 동시에 개방할 경우 각각의 간이헤드 선단 방수압력은 0.1 MPa 이상으로 할 것
③ 비상전원은 간이스프링클러설비를 유효하게 10분(근린생활시설의 경우 20분) 이상 작동될 수 있도록 할 것
④ 송수구는 구경 65 mm의 단구형 또는 쌍구형으로 하여야 하며, 송수배관의 안지름은 50 mm 이상으로 할 것

---

송수구
1. 간이스프링클러설비 송수구 - 스프링클러설비 준용
   다만, 상수도직결형 또는 캐비닛형의 경우에는 송수구를 설치하지 아니할 수 있다
2. 구경 65 mm의 단구형 또는 쌍구형으로 하여야 하며, 송수배관의 안지름은 40 mm 이상으로 할 것

---

**108** 물분무소화설비를 설치하는 차고 또는 주차장의 배수설비 설치기준으로 옳은 것은?

① 차량이 주차하는 장소의 적당한 곳에 높이 20 cm 이상의 경계턱으로 배수구를 설치할 것
② 길이 50 m 이하마다 집수관·소화핏트 등 기름분리장치를 설치할 것
③ 차량이 주차하는 바닥은 배수구를 향하여 100분의 1 이상의 기울기를 유지할 것
④ 배수설비는 가압송수장치의 최대송수능력의 수량을 유효하게 배수할 수 있는 크기 및 기울기로 할 것

---

배수설비
- 물분무소화설비를 설치하는 차고 또는 주차장의 배수설비 설치기준
1. 차량이 주차하는 장소의 적당한 곳에 높이 10 cm 이상의 경계턱으로 배수구를 설치할 것
2. 배수구에는 새어나온 기름을 모아 소화할 수 있도록 길이 40 m 이하마다 집수관·소화핏트 등 기름분리장치를 설치할 것
3. 차량이 주차하는 바닥은 배수구를 향하여 100분의 2 이상의 기울기를 유지할 것
4. 배수설비는 가압송수장치의 최대송수능력의 수량을 유효하게 배수할 수 있는 크기 및 기울기로 할 것

---

**109** 포소화설비의 자동식 기동장치로 폐쇄형스프링클러헤드를 사용하는 경우 설치기준으로 옳지 않은 것은?

① 표시온도가 93℃ 이상인 것을 사용할 것
② 부착면의 높이는 바닥으로부터 5 m 이하로 할 것
③ 1개의 스프링클러헤드의 경계면적은 20 m² 이하로 할 것
④ 하나의 감지장치 경계구역은 하나의 층이 되도록 할 것

---

포소화설비의 자동식 기동장치
1. 폐쇄형스프링클러헤드를 사용하는 경우
   ① 표시온도가 79℃ 미만인 것을 사용하고, 1개의 스프링클러헤드의 경계면적은 20 m² 이하로 할 것
   ② 부착면의 높이는 바닥으로부터 5 m 이하로 하고, 화재를 유효하게 감지할 수 있도록 할 것
   ③ 하나의 감지장치 경계구역은 하나의 층이 되도록 할 것

---

정답  106 ①  107 ④  108 ④  109 ①

**110** 포소화설비의 화재안전기준에서 전역방출방식의 고발포용고정포방출구의 설치기준으로 옳지 않은 것은?

① 차고 또는 주차장의 대상물에 포의 팽창비가 400인 고정포방출구는 당해 방호구역의 관포체적 $1\,m^3$에 대하여 1분당 방출량이 $0.28\,\ell$ 이상의 양이 되도록 할 것

② 항공기 격납고의 대상물에 포의 팽창비가 250인 고정포방출구는 당해 방호구역의 관포체적 $1\,m^3$에 대하여 1분당 방출량이 $0.5\,\ell$ 이상의 양이 되도록 할 것

③ 고정포방출구는 바닥면적 500m²마다 1개 이상으로 할 것

④ 고정포방출구는 방호대상물의 최고부분보다 0.5 m 낮은 위치에 설치할 것

1. 고정포방출구는 바닥면적 $500\,m^2$마다 1개 이상으로 하여 방호대상물의 화재를 유효하게 소화
2. 고정포방출구는 방호대상물의 최고부분보다 높은 위치에 설치할 것.
   다만, 밀어올리는 능력을 가진 것에 있어서는 방호대상물과 같은 높이로 할 수 있다.

※ $1\,m^3$에 대한 분당 포수용액 방출량($\ell$)

| 팽창비 | 항공기 격납고 | 차고 또는 주차장 | 특수가연물 저장 또는 취급하는 소방대상물 |
|---|---|---|---|
| 80 이상 250 미만 | 2 | 1.11 | 1.25 |
| 250 이상 500 미만 | 0.5 | 0.28 | 0.31 |
| 500 이상 1000 미만 | 0.29 | 0.16 | 0.18 |
| 소수 셋째자리에서 반올림 | – | 항공기 격납고 수치에 0.555를 곱한 수치 임. | 차고 또는 주차장수치를 0.888로 나눈 수치 임. |

**111** 바닥면적이 $400\,m^2$인 전기실(층고 3 m)에 소화농도 7%로 HFC-227ea를 설치시 소요되는 최소 소화약제량 (kg)은 약 얼마인가?

• 약제방사시 방호구역은 20℃로 한다.
• 소화약제별 선형상수를 구하기 위한 $K_1=0.1269$, $K_2=0.0005$ 이다.
• 기타 조건은 할로겐화합물 및 불활성기체소화약제소화설비의 화재안전기준에 따른다.

① 330      ② 402
③ 804      ④ 877

$$W = \frac{V}{S}\left(\frac{C}{100-C}\right)[kg] = \frac{400 \times 3}{0.1369}\left(\frac{8.4}{100-8.4}\right)$$
$$= 803.82 \fallingdotseq 804\,kg$$
$$S = K_1 + K_2 \cdot t = 0.1269 + 0.0005 \times 20 = 0.1369$$
$$C(\text{설계농도})=\text{소화농도} \times 1.2\,(\text{발전기실}-\text{유류}:B\text{급화재})$$
$$= 7 \times 1.2 = 8.4\%$$

**112** 분말소화설비의 화재안전기준에 따른 소화약제 저장용기의 설치기준으로 옳지 않은 것은?

① 제2종 분말 저장용기의 내용적은 소화약제 1 kg 당 $1\,\ell$로 할 것
② 저장용기의 충전비는 0.8 이상으로 할 것
③ 축압식 저장용기에 내압시험압력의 1.1배 이하에서 작동하는 안전밸브를 설치할 것
④ 저장용기 및 배관에 잔류 소화약제를 처리할 수 있는 청소장치를 설치할 것

※ 저장용기 안전장치

| 가압식 | 최고사용압력의 1.8배 이하 |
|---|---|
| 축압식 | 내압시험압력의 0.8배 이하 |

**113** 연소방지설비의 방화벽(화재의 연소를 방지하기 위하여 설치하는 벽)의 설치기준으로 옳지 않은 것은?

① 내화구조로서 홀로 설 수 있는 구조
② 방화벽에 출입문을 설치하는 경우에는 갑종방화문으로 설치
③ 방화벽을 관통하는 케이블·전선 등에는 내화충전 구조로 마감
④ 방화벽은 분기구 및 국사·변전소 등의 건축물과 지하구가 연결되는 부위(건축물로부터 10m 이내)에 설치

> **방화벽**
> 항상 닫힌 상태를 유지하거나 자동폐쇄장치에 의하여 화재신호를 받으면 자동으로 닫히는 구조
> 1. 내화구조로서 홀로 설 수 있는 구조
> 2. 방화벽의 출입문은 갑종방화문으로 설치
> 3. 방화벽을 관통하는 케이블·전선 등에는 내화충전 구조로 마감
> 4. 방화벽은 분기구 및 국사·변전소 등의 건축물과 지하구가 연결되는 부위(건축물로부터 20m 이내)에 설치
> 5. 자동폐쇄장치를 사용하는 경우에는 「자동폐쇄장치의 성능인증 및 제품검사의 기술기준」에 적합한 것으로 설치

**114** 할론소화설비의 화재안전기준에 의한 기동장치의 설치기준으로 옳은 것은?

① 수동식 기동장치의 조작부는 바닥으로부터 높이 0.8 m 이상 1.2 m 이하의 위치에 설치할 것
② 가스압력식 기동장치의 기동용가스용기는 25 MPa 이상의 압력에 견딜 수 있을 것
③ 가스압력식 기동장치의 기동용가스용기에는 내압시험압력의 0.8배 내지 1.1배 사이에서 작동하는 안전장치를 설치할 것
④ 수동식기동장치의 전역방출방식에 있어서는 방호대상물마다 설치할 것

1. 기동장치
  (1) 할론소화설비의 수동식 기동장치
    수동식 기동장치의 부근에는 소화약제의 방출을 지연시킬 수 있는 비상스위치를 설치(자동복귀형 스위치로서 수동식 기동장치의 타이머를 순간정지시키는 기능의 스위치를 말한다)
    ① 전역방출방식에 있어서는 방호구역마다, 국소방출방식에 있어서는 방호대상물마다 설치할 것
    ② 당해방호구역의 출입구부분 등 조작을 하는 자가 쉽게 피난할 수 있는 장소에 설치할 것
    ③ 기동장치의 조작부는 바닥으로부터 높이 0.8 m 이상 1.5 m 이하의 위치에 설치하고, 보호판 등에 따른 보호장치를 설치할 것

  (2) 할론소화설비의 자동식 기동장치
    ① 자동화재탐지설비의 감지기의 작동과 연동되고 수동으로도 기동할 수 있는 구조
    ② 전기식 기동장치로서 7병 이상의 저장용기를 동시에 개방하는 설비에 있어서는 2병 이상의 저장용기에 전자 개방밸브를 부착

  (3) 가스압력식 기동장치
    ① 기동용가스용기 및 당해 용기에 사용하는 밸브는 25 MPa 이상의 압력에 견딜 수 있는 것으로 할 것
    ② 기동용가스용기에는 내압시험압력의 0.8배 내지 내압시험압력 이하에서 작동하는 안전장치를 설치할 것

**115** 비상콘센트설비의 화재안전기준에 관한 설명으로 옳지 않은 것은?

① 하나의 전용회로에 설치하는 비상콘센트는 10개 이하로 할 것
② 비상콘센트의 전원부와 외함 사이의 500 V 절연저항계로 측정할 때 20 MΩ 미만일 것
③ 비상콘센트는 바닥으로부터 0.8 m 이상 1.5 m 이하의 위치에 설치할 것
④ 전원회로는 각 층에 2 이상이 되도록 설치할 것

> 비상콘센트 전원부와 외함 사이의 절연저항은 500 V 절연저항계로 측정할 때 20 MΩ 이상일 것
> 절연저항값은 크면 클수록 좋기 때문에 항상 "이상"이다.

**116** 다음 조건에서 프리액션 밸브를 설치시 감지기의 최소설치 개수는?

> • 바닥면적 800 m²인 공장으로 비내화구조
> • 차동식스포트형 2종 감지기 설치
> • 감지기 부착높이 7 m

① 23      ② 32
③ 46      ④ 64

800 ÷ 25 = 32개, 준비작동식이므로 교차회로로 구성해야 하므로 2배를 해줘야 한다.
∴ 32 × 2 = 64 개

| 부착높이 및 소방대상물의 구분 바닥면적마다 1개 이상을 설치 (단위 m²) | | 감지기의 종류 | | | | | | |
|---|---|---|---|---|---|---|---|---|
| | | 차동식 스포트형 | | 보상식 스포트형 | | 정온식 스포트형 | | |
| | | 1종 | 2종 | 1종 | 2종 | 특종 | 1종 | 2종 |
| 4 m 미만 | 주요구조부를 내화구조 | 90 | 70 | 90 | 70 | 70 | 60 | 20 |
| | 기타 구조 | 50 | 40 | 50 | 40 | 40 | 30 | 15 |
| 4 m 이상 8 m 미만 | 주요구조부를 내화구조 | 45 | 35 | 45 | 35 | 35 | 30 | |
| | 기타 구조 | 30 | 25 | 30 | 25 | 25 | 15 | |

**117** 자동화재속보설비의 화재안전기준에 의한 설치기준으로 옳지 않은 것은?

① 노유자생활시설에 상시 근무인원이 10인 이상인 경우 자동화재속보설비를 설치하지 아니할 수 있다.
② 스위치는 바닥으로부터 0.8 m 이상 1.5 m 이하의 높이에 설치하여야 한다.
③ 속보기는 소방관서에 통신망으로 통보하도록 하여야 한다.
④ 자동화재탐지설비와 연동으로 작동하여 자동적으로 화재발생상황을 소방관서에 전달되는 것으로 하여야 한다.

1. 설치대상

| ① 업무시설, 공장, 창고시설, 교정 및 군사시설 중 국방·군사시설, 발전시설 ※ 사람이 근무하지 않는 시간에는 무인경비 시스템으로 관리하는 시설만 해당한다 | 바닥면적이 1천5백 m² 이상인 층이 있는 것 |
|---|---|
| ② 노유자시설 | 바닥면적이 500 m² 이상인 층이 있는 것 |
| ③ 수련시설(숙박시설이 있는 건축물에 해당) | 바닥면적이 500 m² 이상인 층이 있는 것 |
| ④ 보물 또는 국보로 지정된 목조건축물 | |

| 의료시설 | 종합병원, 병원, 치과병원, 한방병원 및 요양병원 (정신병원과 의료재활시설은 제외) | |
| | 정신병원 및 의료재활시설 | 바닥면적이 500 m² 이상인 층이 있는 것 |

노유자 생활시설, 층수가 30층 이상인 것, 판매시설 중 전통시장, 근린생활시설 중 의원, 치과의원 및 한의원으로서 입원실이 있는 시설

2. 설치제외
설치대상의 ① ~ ④ : 관계인이 24시간 상시 근무하고 있는 경우에는 자동화재속보설비를 설치하지 않을 수 있다.

**118** 누전경보기의 화재안전기준에 의한 설치기준으로 옳지 않은 것은?

① 경계전로의 정격전류가 60 A를 초과하는 전로에 있어서는 1급 누전경보기를 설치할 것
② 변류기를 옥외의 전로에 설치하는 경우에는 옥외형으로 설치할 것
③ 누전경보기 수신부의 음향장치는 수위실 등 상시 사람이 근무하는 장소에 설치할 것
④ 전원은 분전반으로부터 전용회로로 하고, 각 극에개폐기 및 20 A 이하의 과전류 차단기를 설치할 것

• 전원의 설치방법
전원은 분전반으로부터 전용회로로 하고 각 극에 개폐기 및 15 A 이하의 과전류차단기를 설치
(배선용 차단기에 있어서는 20 A 이하의 것으로 각 극을 개폐할 수 있는 것)

**119** 피난기구 설치 시 피난 또는 소화활동상 유효한 개구부의 크기 기준으로 옳은 것은?

① 가로 0.5 m 이상, 세로 1 m 이상
② 가로 0.6 m 이상, 세로 0.6 m 이상
③ 가로 0.3 m 이상, 세로 0.6 m 이상
④ 가로 0.5 m 이상, 세로 0.8 m 이상

피난기구 설치
계단·피난구 기타 피난시설로부터 적당한 거리에 있는 안전한 구조로 된 피난 또는 소화활동상 유효한 개구부(가로 0.5 m 이상 세로 1 m 이상. 개부구 하단이 바닥에서 1.2 m 이상이면 발판 등을 설치, 밀폐된 창문은 쉽게 파괴할 수 있는 파괴장치를 비치)에 고정하여 설치하거나 필요한 때에 신속하고 유효하게 설치할 수 있는 상태일 것

**120** 광원점등방식 피난유도선의 설치기준으로 옳지 않은 것은?

① 피난유도 표시부는 10 cm 이내의 간격으로 연속되도록 설치하되 실내장식물 등으로 설치가 곤란할 경우 1 m 이내로 설치할 것
② 비상전원은 상시 충전상태를 유지하도록 설치할 것
③ 피난유도 제어부는 조작 및 관리가 용이하도록 바닥으로부터 0.8 m 이상 1.5 m 이하의 높이에 설치할 것
④ 피난유도 표시부는 바닥으로부터 높이 1m 이하의 위치 또는 바닥 면에 설치할 것

1. 광원점등방식의 피난유도선
① 구획된 각 실로부터 주출입구 또는 비상구까지 설치할 것
② 피난유도 표시부
바닥으로부터 높이 1 m 이하의 위치 또는 바닥 면에 설치 50 cm 이내의 간격으로 연속되도록 설치하되 실내장식물 등으로 설치가 곤란할 경우 1 m 이내로 설치
③ 수신기로부터의 화재신호 및 수동조작에 의하여 광원이 점등되도록 설치할 것
④ 비상전원이 상시 충전상태를 유지하도록 설치할 것
⑤ 바닥에 설치되는 피난유도 표시부는 매립하는 방식을 사용할 것
⑥ 피난유도 제어부는 조작 및 관리가 용이하도록 바닥으로부터 0.8 m 이상 1.5 m 이하의 높이에 설치할 것

**121** 다음은 제연설비의 공기유입방식 및 유입구에 관한 화재안전기준이다. (  )안에 들어갈 내용으로 옳은 것은?

예상제연구역에 공기가 유입되는 순간의 풍속은 ( ㉠ )m/s 이하가 되도록 하고, 공기유입구의 구조는 유입공기를 ( ㉡ ) 이내로 분출할 수 있도록 하여야 한다.

| | ㉠ | ㉡ |
|---|---|---|
| ① | 3 | 상향 45° |
| ② | 5 | 상향 60° |
| ③ | 5 | 하향 60° |
| ④ | 10 | 하향 60° |

예상제연구역의 풍속

| 급기 흡입측 – 20 m/s | 배기휀 흡입측 15 m/s |
|---|---|
| 급기구 토출 – 5 m/s | 배기 휀 토출측 20 m/s |

**122** 할로겐화합물 및 불활성기체소화약제소화설비를 사람이 상주하는 곳에 설치시 소화약제량의 최대허용설계 농도기준으로 옳지 않은 것은?

① HCFC BLEND A : 10%
② HFC-23 : 12.5%
③ HFC-125 : 11.5%
④ IG-55 : 43%

| 소 화 약 제 | 최대허용 설계농도(%) | 소 화 약 제 | 최대허용 설계농도(%) |
|---|---|---|---|
| FC-3-1-10 | 40 | FK-5-1-12 | 10 |
| HFC-23 | 30 | HCFC BLEND A | 10 |
| HFC-236fa | 12.5 | HCFC-124 | 1.0 |
| HFC-125 | 11.5 | FIC-13I1 | 0.3 |
| HFC-227ea | 10.5 | | |

정답 119 ① 120 ① 121 ③ 122 ②

**123** 무선통신보조설비를 구성하는 장치로서 두 개 이상의 입력신호를 원하는 비율로 조합한 출력이 발생하도록 하는 장치는?

① 분배기　　　　② 분파기
③ 증폭기　　　　④ 혼합기

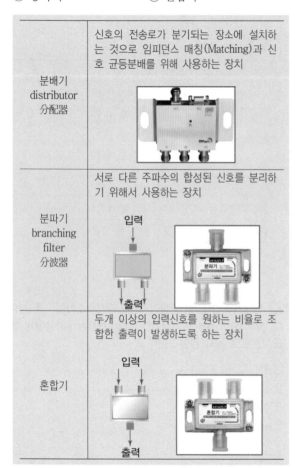

| 분배기 distributor 分配器 | 신호의 전송로가 분기되는 장소에 설치하는 것으로 임피던스 매칭(Matching)과 신호 균등분배를 위해 사용하는 장치 |
|---|---|
| 분파기 branching filter 分波器 | 서로 다른 주파수의 합성된 신호를 분리하기 위해서 사용하는 장치 |
| 혼합기 | 두개 이상의 입력신호를 원하는 비율로 조합한 출력이 발생하도록 하는 장치 |

**124** 연결살수설비의 설치기준으로 옳지 않은 것은?

① 교차배관에 행거 설치 시 가지배관 사이마다 설치하여야 한다.
② 개방형헤드를 사용 시 수평주행배관의 기울기는 헤드를 향하여 100분의 1 이상으로 할 것
③ 각 부분으로부터 하나의 연결살수 전용헤드까지 수평거리는 2.3 m 이하로 할 것

④ 습식의 경우 배관은 동파우려가 없는 장소에 설치하거나 동결방지조치를 할 것

> 연결살수설비 전용헤드의 수평거리는 3.7 m

**125** 비상방송설비의 화재안전기준에 의하여 연면적 15,000 m² 인 특정소방대상물(지하 1층, 1층, 지상5층)의 지상1층에서 화재발생 시 경보를 발하여야 하는 층은?

① 지하1층, 1층, 2층
② 1층, 2층, 3층
③ 1층, 2층, 5층
④ 전체층

| 층 　화재층 | 2층 | 1층 | 지하1층 | 지하2층 |
|---|---|---|---|---|
| 3층 | | | | |
| 2층 | 화재 | | | |
| 1층 | | 화재 | | |
| 지하1층 | | | 화재 | |
| 지하2층 | | | | 화재 |
| 지하3층 | | | | |

5층 이상 및 연면적 3천 m² 이상이고
30층 미만의 대상물에서 우선발화방식의 예

| 층 　화재층 | 2층 | 1층 | 지하1층 | 지하2층 |
|---|---|---|---|---|
| 7층 | | | | |
| 6층 | | | | |
| 5층 | | | | |
| 4층 | | | | |
| 3층 | | | | |
| 2층 | 화재 | | | |
| 1층 | | 화재 | | |
| 지하1층 | | | 화재 | |
| 지하2층 | | | | 화재 |
| 지하3층 | | | | |

30층 이상의 대상물에서 우선발화방식의 예

**정답**　123 ④　124 ③　125 ①

# 과년도 기출문제

제1과목 소방안전관리론 및 화재역학

**01** 건축물 화재확대 방지 위한 방화구획의 기준에 관한 설명으로 옳지 않은 것은?

① 스프링클러 소화설비가 설치된 10층 이하의 층은 바닥면적 3,000 m² 이내마다 구획한다.

② 3층 이상의 층과 지하층은 층마다 구획한다.

③ 11층 이상의 층은 내장재가 불연재료인 경우 바닥면적 600 m² 이내마다 구획한다.

④ 벽 및 반자의 실내에 접하는 부분의 마감이 불연재료이고 스프링클러 소화설비가 설치된 11층 이상의 층은 1,500 m² 이내마다 구획한다.

| 구 분 | | 10층 이하 | 11층 이상 | |
|---|---|---|---|---|
| | | | 내장재가 불연재가 아닌 경우 | 내장재가 불연재인 경우 |
| 면적별 | 바닥면적 | 1,000 m² 이내 | 200 m² 이내 | 500 m² 이내 |
| | 스프링클러 등 자동식 소화설비 설치 시 면적의 3배 이내마다 구획 | 3,000 m² 이내 | 600 m² 이내 | 1,500 m² 이내 |

**02** 건축물 화재에 관한 설명으로 옳지 않은 것은?

① 수분함유량이 최소 15% 이상인 경우에는 목재가 고온에 접촉해도 착화되기 어렵다.

② 플래쉬오버 현상은 폭풍이나 충격파를 수반하지 않는다.

③ 내화건축물의 온도 – 시간 표준곡선에서 화재발생 후 30분이 경과되면 온도는 약 925℃ 정도에 달한다.

④ 내화건축물은 목조건축물에 비해 연소온도는 낮지만 연소지속시간은 길다.

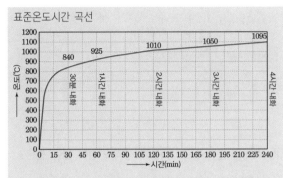

표준시간온도곡선

$$\theta = 345\log(8t+1)+\theta_0$$
$$= 345\log(8\times 30+1)+20 ≒ 841℃$$

$\theta$ : $t$시간(min) 후의 가열로의 온도

$\theta_0$ : 가열하기 전의 가열로의 온도(20℃)

**03** 화상에 관한 설명으로 옳지 않은 것은?

① 2도 화상은 표재성 화상과 심재성 화상으로 분류된다.

② 3도 화상은 흑색 화상으로 근육, 뼈까지 손상을 입는 탄화 열상이다.

③ 1도 화상은 표피손상이며 시원한 물 또는 찬 수건으로 화상 부위를 식힌다.

④ 체표면적 10% 이상의 3도 화상은 중증화상에 속한다.

4도 화상은 흑색 화상으로 근육, 뼈까지 손상을 입는 탄화 열상이다.

| 면적별 화상의 구분 | 1도 화상 (표층화상) | 2도 화상 (부분층화상) | 3도 화상 (전층화상) |
|---|---|---|---|
| 경증화상 | 50% 미만 | 15% 미만 | – |
| 중간화상 | 50% 이상 ~ 75% 미만 | 15% 이상~ 30% 미만 | – |
| 중증화상 | 75% 이상 | 30% 이상 | 10% 이상 |

**04** 산소와 질소의 합이 50 vol%, 프로판 35 vol%, 부탄 12 vol%, 메탄 3 vol%인 혼합기체의 공기 중 폭발 하한 계는 몇 vol%인가? (단, 공기 중 각 가스의 폭발 하한계 는 메탄 5 vol%, 프로판 2 vol%, 부탄 1.8 vol%이다.)

① 2.02
② 3.41
③ 4.04
④ 6.82

$$\frac{V_1 + V_2 + V_3}{L} = \frac{V_1}{L_1} + \frac{V_2}{L_2} + \frac{V_3}{L_3} \rightarrow$$

$$\frac{35 + 12 + 3}{L} = \frac{35}{2} + \frac{12}{1.8} + \frac{3}{5}$$

$$\therefore \ L = 2.018$$

**05** 화재의 분류와 표시하는 색상의 연결이 옳은 것은?

① 일반화재(A급) – 무색
② 유류화재(B급) – 황색
③ 전기화재(C급) – 백색
④ 금속화재(D급) – 청색

| A급 | B급 | C급 | D급 | E급 | F급 | K급 |
|---|---|---|---|---|---|---|
| 일반화재 | 유류화재 | 전기화재(통전중) | 금속화재 | 가스화재 | 주방식용유화재 | |
| 백색 | 황색 | 청색 | 무색 | 황색 | – | – |

**06** 연소에 관한 설명으로 옳은 것은?

① 폭굉 발생 시 화염전파 속도는 음속보다 느리다.
② 목탄(숯), 코크스, 금속분 등은 증발연소를 한다.
③ 기체연료의 연소형태는 확산연소, 예혼합연소, 증발 연소가 있다.
④ 열가소성 수지는 연소되면서 용융 액면이 넓어져 화재의 확산이 빨라진다.

> 화염전파 속도가 음속보다 느린 것은 폭연, 빠른 것은 폭굉이다.
> 목탄, 코크스, 금속분은 작열연소를 한다.
> 기체연료의 연소형태는 확산연소, 예혼합연소이다.

**07** 연소의 용어에 관한 설명으로 옳지 않은 것은?

① 인화점은 가연성혼합기를 형성하는 최저온도이다.
② 위험도는 연소하한계가 낮고 연소범위가 넓을수록 증가한다.
③ 연소점은 연소 시 점화원을 제거하여도 자발적으로 연소가 지속되는 온도이다.
④ 발화점은 파라핀계탄화수소 화합물의 경우 탄소수 가 적을수록 낮아진다.

> 탄화수소 분자량이 많아질 경우
> 1. 기체(C가 1~4개 : 메탄, 에탄, 프로판, 부탄), 액체(5~16개), 고체(17개 이상)의 순서
> 2. 증기압(휘발성), 발화점(자연발화), 연소범위, 연소속도, 화학양론조성비 : 작아진다
> 3. 인화점, 비점(끓는점), 기화열, 발열량, 점도, 증기비중(분자량/29), 비중 : 커진다
> 4. 이성질체가 많아진다 : 화학식은 같지만 구조가 서로 다른 분자를 말한다.

**08** 분말 소화기에 관한 설명으로 옳지 않은 것은? (단, 축압식 소화기이다.)

① 정상적인 충전압력은 0.7 ~ 0.98 MPa이다.
② 지시압력계가 적색을 지시하면 과충전 상태이다.
③ 지시압력계가 황색을 지시하면 정상 상태이다.
④ 소화약제와 불활성 기체를 하나의 용기에 충전시켜 사용한다.

> 지시압력계의 지침이 적색을 지시하면 과충전, 녹색을 지시하면 정상, 황색을 지시하면 재충전 해야 한다.

**09** 콘 칼로리미터(가연물의 연소 시 에너지 방출속도를 측정하는 기구)에 관한 설명으로 옳지 않은 것은?

① 기기의 측정요소 중 가연물의 질량 감소를 측정한다.
② 가연물의 연소열에 따라 에너지 방출속도가 다를 수 있다.
③ 동일한 가연물일지라도 점화방법, 점화위치에 따라 연소속도가 다를 수 있다.
④ 가연물의 연소생성물 중 이산화탄소 농도를 측정하여 에너지 방출속도를 산출한다.

> 측정원리 : 산소소비개념
> 열방출율은 재료의 연소 시 소비되는 산소소비량을 측정하여 열방출율을 역으로 계산한 것으로 $O_2$ 기준 13.1MJ/kg(공기기준 : 3MJ/kg)열량을 방출한다고 가정하여 계산한다.

콘칼로리미터

**10** 목재 500 kg과 종이 300 kg이 쌓여 있는 장소(폭 : 2.4 m, 길이 : 6 m, 높이 : 2.4 m) 내부의 화재하중(kg/m²)은? (단, 목재의 단위발열량은 18,855 kJ/kg이며, 종이의 단위발열량은 16,760 kJ/kg이다.)

① 28.43
② 53.24
③ 133.10
④ 188.34

> 화재하중 $Q = \dfrac{\sum(G_i \cdot H_i)}{H \cdot A}$
> $= \dfrac{500 \times 18,855 + 300 \times 16,760}{18,855 \times 2.4 \times 6}$
> $= 53.241 \ kg/m^2$

**11** 포소화약제의 주된 소화원리와 같은 것은?

① 식용유 화재 시 용기의 뚜껑을 덮어서 소화
② 촛불을 입으로 불어서 소화
③ 산불의 진행방향 쪽을 벌목하여 소화
④ 발전기실 화재에 할로겐화합물 소화약제를 방사하여 소화

> • 촛불을 입으로 불어서 소화, 산불의 진행방향 쪽을 벌목하여 소화 – 제거소화
> • 전기실 화재에 할로겐화합물 소화약제를 방사하여 소화 – 억제소화(부촉매효과)

**12** 면적 0.8 m²인 물체의 표면에서 연소가 일어날 때 에너지 방출속도는($Q$)는 몇 kW인가? (단, 목재의 최대 질량연소유속($m''$)= 11 g/m²·s, 기화열($L$)= 4 kJ/g, 유효연소열($\Delta H_c$)= 15 kJ/g이다.)

① 53.2
② 96.8
③ 132.0
④ 180.4

> $Q = \dot{m}'' A \Delta H_c \ [W]$
> $= 11 \, g/s \cdot m^2 \times 0.8 \, m^2 \times 15 \, kJ/g$
> $= 132 \, kJ/s = 132 \, kW$
> $\dot{m}''$ : 단위면적당 연소속도 [g/s·m²]    $A$ : 면적[m²]
> $\Delta H_c$ : 연소열[kJ/g]

**13** 열전달에 관한 설명으로 옳지 않은 것은?

① 전자파의 형태로 열이 전달되는 것을 복사라 한다.
② 유체의 흐름에 의하여 열이 전달되는 것을 대류라 한다.
③ 전도에 의한 열량은 면적, 온도차, 열전도율에 비례하고 두께에 반비례한다.
④ 전도는 Stefan – Boltzmann 법칙을 따른다.

| 구분 | 전도 | 대류 | 복사 |
|------|------|------|------|
| 법칙 | Fourier의 열전달 법칙 | Newton의 냉각 법칙 | Stefan – Boltzmann 법칙 |
| 식 | $q = K \cdot A \cdot \dfrac{\Delta t}{l}$ (W) | $q = hA\Delta t$ (W) | $q = \varepsilon \sigma \phi A \, T^4$ (W) |

정답  09 ④  10 ②  11 ①  12 ③  13 ④

**14** 폴리염화비닐이 연소 시 생성되며, 건물 등의 철골을 부식시키는 물질은?

① $NH_3$
② HCl
③ HCN
④ CO

열가소성수지인 폴리염화비닐(PVC)의 연소 시 생성되는 염화수소(HCl)는 무색 투명하고 부식성이 강하다.

**15** 구획실 화재(훈소화재는 제외)의 특징으로 잘못 설명한 것은?

① 천장의 연기층은 화재의 초기단계보다 성장단계에서 빠르게 축적된다.
② 연기층이 축적되어 개방문의 상부에 도달되면 구획실 밖으로 흘러나가기 시작한다.
③ 연기 생성속도가 연기 배출속도 이하이면 천장 연기층은 더 이상 하강하지 않는다.
④ 화재가 성장하면서 연기층은 축적되지만 연기와 가스의 온도는 더 이상 상승하지 않는다.

화재가 성장하면서 연기층이 축적되며 연기와 가스의 온도는 상승한다.

**16** 허용농도(TLV)가 가장 낮은 가스들로 조합된 것은?

① CO(일산화탄소), $CO_2$(이산화탄소)
② HCN(시안화수소), $H_2S$(황화수소)
③ $COCl_2$(포스겐), $CH_2CHCHO$(아크롤레인)
④ $C_6H_6$(벤젠), $NH_3$(암모니아)

독성가스 허용농도

| 독성가스명칭 | 허용농도 | |
|---|---|---|
| | TLV-TWA | LC50 |
| 포스겐, 아크롤레인 | 0.1 | - |
| 시안화수소 *HCN* | 10 | 140 |
| 황화수소 | 10 | 444 |
| 벤젠 | 1 | - |
| 암모니아 | 25 | - |
| 일산화탄소 CO | 30 | 3760 |
| 이산화탄소 | 5,000 | - |

**17** 화재안전기준법에 따른 거실제연설비에 관한 설명으로 옳은 것은?

① 유입풍도안의 풍속은 15 m/s 이하로 하여야 한다.
② 예상제연구역에 공기가 유입되는 순간의 풍속은 10 m/s 이하가 되도록 한다.
③ 배출기의 흡입측 풍도안의 풍속과 배출측 풍속은 각각 20 m/s 이하로 하여야 한다.
④ 예상제연구역에 대한 공기유입구의 크기는 해당 예상제연구역 배출량 $1m^3$/min에 대하여 $35 cm^2$ 이상으로 하여야 한다.

· 유입풍도안의 풍속은 20 m/s 이하
· 예상제연구역에 공기가 유입되는 순간의 풍속은 5 m/s 이하
· 배출기의 흡입측 풍도안의 풍속은 15 m/s 이하로 하고 배출측 풍속은 20 m/s 이하
· 예상제연구역에 대한 공기유입구의 크기는 해당 예상제연구역 배출량 $1 m^3$/min에 대하여 $35 cm^2$ 이상으로 하여야 한다.

**18** 건축물의 방화구조 기준으로 옳은 것을 모두 고른 것은?

| ㄱ. 시멘트모르타르 위에 타일을 붙인 것으로서 그 두께의 합계가 2 cm 이상인 것 |
| --- |
| ㄴ. 철망모르타르의 바름 두께가 2 cm 이상인 것 |
| ㄷ. 작은 지름이 25 cm 이상인 기둥으로서 철골을 두께 5 cm 이상의 콘크리트로 덮은 것 |
| ㄹ. 석고판 위에 회반죽을 바른 것으로서 그 두께의 합계가 2.5 cm 이상인 것 |

① ㄱ, ㄷ
② ㄴ, ㄹ
③ ㄱ, ㄴ, ㄹ
④ ㄱ, ㄴ, ㄷ, ㄹ

| 방화구조 | |
|---|---|
| 정의 | 1. 일정시간동안 일정구획에서 화재를 한정 시킬 수 있는 구조<br>2. 화재에 대한 내력(구조적 안전성)은 없으며 화염의 확산을 막을 수 있는 성능을 가진 구조로서 화재 성장기의 화재저항<br>3. 철망모르터 바르기, 회반죽 바르기, 기타 이와 유사한 구조로서 방화성능을 가진 것 |
| 기준 | 1. 철망모르타르로서 그 바름 두께가 2 cm 이상인 것<br>2. 석고판 위에 회반죽 또는 시멘트모르타르를 바른 것으로서 그 두께의 합계가 2.5 cm 이상인 것<br>3. 시멘트모르타르위에 타일을 붙인 것으로서 그 두께의 합계가 2.5 cm 이상인 것<br>4. 심벽에 흙으로 맞벽치기한 것<br>5. 한국산업표준이 정하는 바에 따라 시험한 결과 방화 2급 이상에 해당하는 것 |

**＋암기** 철2 석회시 ~ 시타 2.5
(철이 석회 싫다고함 석회가 2.5로 더 두꺼워서)

**19** 아래 그림에서 연기층 하단의 강하 속도($V_{sd}$)를 옳게 표현한 것은? (단, 플럼기체의 체적유입속도 : $v_p$, 천장면적 : $A_c$ 플럼기체의 밀도 : $\rho_p$, 연기층 기체의 밀도 : $\rho_s$)

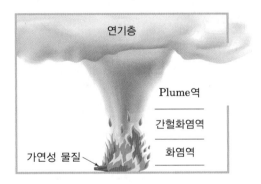

① $V_{sd} = \left(\dfrac{v_p}{A_c}\right) \cdot \left(\dfrac{\rho_p}{\rho_s}\right)$  ② $V_{sd} = \left(\dfrac{v_p}{A_c}\right) \cdot \left(\dfrac{\rho_s}{\rho_p}\right)$

③ $V_{sd} = \left(\dfrac{A_c}{v_p}\right) \cdot \left(\dfrac{\rho_p}{\rho_s}\right)$  ④ $V_{sd} = \left(\dfrac{A_c}{v_p}\right) \cdot \left(\dfrac{\rho_s}{\rho_p}\right)$

연기층 하단의 강하 속도($V_{sd}$)는 플럼기체의 체적유입속도가 크고 천장면적이 작을수록 하강속도는 빨라지며 플럼기체와 연기층 기체의 밀도비가 클수록 빨라진다.

**20** 다음 중 용어에 대한 설명으로 맞지 않은 것은?

① 갑종방화문은 차열 1시간 이상 성능이 확보되어야 한다.
② 피난층이란 곧바로 지상으로 갈 수 있는 출입구가 있는 층을 말한다.
③ 무창층의 유효개구부는 도로 또는 차량이 진입할 수 있는 빈터로 향하여야 한다.
④ 소방시설이란 소화설비, 경보설비, 피난설비, 소화용수설비, 그 밖에 소화활동설비로서 대통령령으로 정하는 것을 말한다.

| 구 분 | | 성능 |
|---|---|---|
| 차열<br>방화문 | 아파트 발코니에 설치하는 대피공간의 갑종방화문 – 차열 30분이상 | 차열성, 차염성, 차연성이 있는 것 |
| 비차열<br>방화문 | 갑종 방화문 | 비차열 1시간 | 차염성 중 일부와 차연성이 있는 것 |
| | 을종 방화문 | 비차열 30분 | |

**21** 화재 시 발생하는 연기량과 발연속도에 관한 설명으로 옳지 않은 것은?

① 발연량은 고분자 재료의 종류와는 무관하다.
② 재료의 형상, 산소농도 등에 따라 발연속도는 크게 변한다.
③ 플라스틱계보다 목질계 재료의 발연량이 대체적으로 적다
④ 재료의 발연량은 온도나 산소량 등에 크게 영향을 받는다.

화재 시 발생하는 발연량은 고분자 재료의 종류에 따라 다르다.

**정답** 19 ① 20 ① 21 ①

**22** 배연전용 수직 샤프트를 설치하여 공기의 온도차 등에 의한 부력과 루프모니터의 흡인력으로 제연하는 방식은?

① 밀폐 제연
② 스모크타워 제연
③ 자연 제어 제연
④ 기계 제어 제연

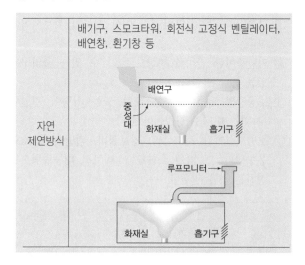

**23** 건축물의 내부에 설치하는 피난계단의 구조에 관한 기준으로 옳지 않은 것은?

① 계단실에는 일반전원에 의한 비상조명설비를 할 것
② 계단실의 실내에 접하는 부분의 마감은 불연재료로 할 것
③ 계단실의 바깥쪽과 접하는 창문 등은 당해 건축물의 다른 부분에 설치하는 창문 등으로부터 2 m 이상 거리를 두고 설치할 것
④ 건축물의 내부에서 계단실로 통하는 출입구의 유효너비는 0.9 m 이상으로 할 것

계단실에는 예비전원에 의한 비상조명설비를 할 것

**24** 건축물 화재의 피난계획에 대한 일반적 원칙으로 옳지 않은 것은?

① 2개 방향의 피난동선을 상시 확보한다.
② 피난수단은 전자기기나 기계장치로 조작하여 작동하는 것을 우선한다.
③ 피난경로에 따라 일정한 구획을 한정하여 피난구역을 설정한다.
④ 'fool proof'와 'fail safe'의 원칙을 중시한다.

피난수단 - 원시적 방법을 이용(Fool Proof, 자연채광, 노대, Panic Bar, 계단, 승강기 이용 불가)

**25** 다음은 화재 시 인간의 피난특성에 관한 설명이다. ( )안에 들어갈 내용을 순서대로 나열한 것은?

> ( )은 화재 시 본능적으로 원래 왔던 길 또는 늘 사용하는 경로로 탈출하려고 하는 것이며, ( )은 화염, 연기 등에 대한 공포감으로 인하여 위험요소로부터 멀어지려는 특성을 말한다.

① 귀소본능, 지광본능
② 지광본능, 추종본능
③ 귀소본능, 퇴피본능
④ 추종본능, 퇴피본능

| 좌회본능 | 오른손잡이는 왼쪽으로 회전하려고 함 |
|---|---|
| 귀소본능 | 왔던 곳 또는 상시 사용하는 곳으로 돌아가려 함 |
| 지광본능 | 밝은 곳으로 향함 |
| 퇴피본능 | 위험을 확인하고 위험으로부터 멀어지려 함 |
| 추종본능 | 위험 상황에서 한 리더를 추종하려함 |

정답 22 ② 23 ① 24 ② 25 ③

**제2과목** 소방수리학, 약제화학, 소방전기

**26** 압축공기용 탱크 내부의 온도는 20℃이고, 계기압력은 345 kPa이다. 이때 이상기체의 가정 하에 탱크 내에 공기의 밀도는 약 몇 kg/m³인가? (단, 대기압은 101.3 kPa, 공기의 기체상수는 286.9 J/kg·K이다.)

① 0.08　　　　② 4.10
③ 5.31　　　　④ 77.78

$$PV = \frac{W}{M}RT = W\frac{R}{M}T = W \cdot R' \cdot T$$

$R' = 286.9 \,N \cdot m/kg \cdot K$ (기체상수 분모에 mol 이 없으므로 완전기체 상태방정식으로 풀면

$PV = WRT$ 에서

$$\rho = \frac{W}{V} = \frac{P}{RT} = \frac{345,000 \,N/m^2 + 101300 \,N/m^2}{286.9 \,J/kg \cdot K \times (273+20)K}$$
$$= 5.31 \,kg/m^3$$

**27** 레이놀즈수에 관한 설명으로 옳은 것은?

① 등속류와 비등속류를 구분하는 기준이 된다.
② 레이놀즈수의 물리적 의미는 관성력과 점성력의 관계를 나타낸다.
③ 정상류와 비정상류를 구분하는 기준이 된다.
④ 하임계 레이놀즈수는 층류와 난류로 변할 때의 레이놀즈수이다.

유체의 유동상태를 나타내는 지표, 층류와 난류를 구분하는 수 - 관성력과 점성력의 비

$$Re = \frac{\rho VD}{\mu} = \frac{VD}{\nu}$$

$\rho$ : 밀도, $V$ : 유속, $D$ : 직경, $\mu$ : 점성계수, $\nu$ : 동점성계수

**28** 엔트로피(Entropy)에 관한 설명으로 옳지 않은 것은?

① 등엔트로피 과정은 정압 가역과정이다.
② 가역과정에서 엔트로피는 변화하지 않는다.
③ 비가역과정에서 엔트로피는 증가 할 뿐이다.
④ 계가 가역적으로 흡수한 열함량을 그 때의 절대온도로 나눈 값이다.

엔트로피
· 물질계의 열적 상태를 나타내는 물리량, 무질서도를 나타내는 상태량
· 자연적인 현상은 비가역적으로 이는 "무질서도가 증가하는 방향으로 일어난다" 이를 수치로 표현
· 엔트로피는 가역이면 불변하지만 비가역이면 증가 한다.
· 실제 자연계에서 일어나는 변화는 비가역 변화를 동반하므로 엔트로피는 증가할 뿐이고 감소하는 일이 없다.
· 단위중량당의 물체가 일정 온도 하에 갖는 열량(엔탈피)를 절대온도로 나눈 값
· 등엔트로피 상태의 가역적 변화는 항상 단열과정이다.

**29** 4단 펌프가 정격유량 2 m³/min, 회전수 2,000 rpm, 양정 60 m 일 경우 비교회전도는 약 얼마인가?

① 351　　　　② 361
③ 371　　　　④ 381

비교회전도($N_s = \dfrac{N \cdot Q^{1/2}}{(\frac{H}{n})^{3/4}}$)는 임펠러 1개당의 회전속도를 나타내므로 양흡입펌프를 설치 시 임펠러가 2개 이므로 Q는 2로 나누어 주어야 하며 다단펌프를 사용할 경우 임펠러가 여러개이므로 H는 단수(H/n)로 나누어 주어야 한다.

$$N_S = \frac{2,000 \times 2^{1/2}}{(\frac{60}{4})^{3/4}} = 371$$

**30** 배관 직경이 300 mm에서 450 mm로 급격하게 확대 시 작은 배관에서 큰 배관 쪽으로 분당 13.8 m³의 소화수를 보내면 연결부위에서 발생하는 손실수두는 약 몇 m 인가? (단, 중력가속도는 9.8 m/s²이다.)

① 0.17
② 0.87
③ 1.67
④ 2.17

<table>
<tr><td colspan="2">돌연 확대관에 의한 손실<br>$$\Delta H = \frac{(V_1 - V_2)^2}{2g} = (1 - \frac{A_1}{A_2})^2 \frac{V_1^2}{2g} = K \frac{V_1^2}{2g}$$</td></tr>
</table>

1. 300 mm에서의 속도

$$Q = A V_1 \Rightarrow 13.8 \,\text{m}^3/60\text{s} = \frac{\pi}{4}(0.3)^2 \times V_1$$

$$\therefore V_1 = 3.254 \,\text{m/s}$$

2. 450 mm에서의 속도

$$Q = A V_2 \Rightarrow 13.8 \,\text{m}^3/60\text{s} = \frac{\pi}{4}(0.45)^2 \times V_2$$

$$\therefore V_2 = 1.446 \,\text{m/s}$$

$$\Delta H = \frac{(V_1 - V_2)^2}{2g} = \frac{(3.254 - 1.446)^2}{2 \times 9.8} = 0.166 \,\text{m}$$

**31** 다음 중 부촉매에 의한 억제효과가 없는 소화약제는?

① Halon 1301 소화약제
② 제2종 분말소화약제
③ HFC-125 할로겐화합물 소화약제
④ IG-541 불활성기체 소화약제

IG-100 소화약제는 불활성기체계 소화약제로서 질식소화한다.

**32** 동일한 고도에서 베르누이 방정식을 만족하는 유동이 유선을 따라 흐를 때, 유선내에서 일정한 값을 갖는 것은?

① 전압과 정체압     ② 정압과 동압
③ 동압              ④ 동압과 낙차압

동일한 고도이므로 위치압은 일정하므로 전압과 정체압(전압 = 정압+동압)은 일정하다.

**33** 개방된 수조의 바닥에 있는 오리피스로부터 물이 8 m/s의 속도로 흘러나올 때의 수조 내 물의 높이는 약 몇 m 인가? (단, 기타 조건은 무시하며 중력가속도는 9.8 m/s² 이다.)

① 0.27              ② 1.27
③ 2.27              ④ 3.27

$V = \sqrt{2gh}$ 이므로  $8 \,\text{m/s} = \sqrt{2 \times 9.8 \,\text{m/s}^2 \times \text{h}}$

$\therefore h = 3.265 \,\text{m}$

**34** 화재안전기준상 청정소화약제별 최대허용설계농도(%)로 옳지 않은 것은?

① HFC-125 : 11.5%
② HCFC BLEND A : 10%
③ FK-5-1-12 : 12%
④ IG-100 : 43%

| 소 화 약 제 | 최대허용<br>설계농도<br>(%) | 소 화 약 제 | 최대허용<br>설계농도<br>(%) |
|---|---|---|---|
| FC-3-1-10 | 40 | HCFC BLEND A | 10 |
| HFC-23 | 30 | FK-5-1-12 | 10 |
| HFC-236fa | 12.5 | HCFC-124 | 1.0 |
| HFC-125 | 11.5 | FIC-13I1 | 0.3 |
| HFC-227ea | 10.5 | | |

**35** 소화배관에 연결된 노즐의 방수량은 150 ℓ/min, 방수량은 0.25 MPa이다. 이 노즐의 방수량을 200 ℓ/min로 증가시킬 경우 방수압력은 약 몇 MPa인가?

① 0.24              ② 0.44
③ 4.44              ④ 5.44

$Q = K\sqrt{10P}$ 이고 Q는 $\sqrt{P}$와 비례하므로

$150 \,\ell/\text{min} = K\sqrt{10 \times 0.25 \,\text{MPa}}$   $\therefore K = 94.868$

$200 \,\ell/\text{min} = 94.868\sqrt{10P}$   $\therefore 0.444 \,\text{MPa}$

**36** 2차 축전지인 납축전지의 전해액으로 옳은 것은?

① $Cd(OH)_2$　　　　② $H_2SO_4$
③ $PbSO_4$　　　　④ $MnO_2$

| 전지의 종류 | | |
| --- | --- | --- |
| 구분 | 망간건전지(1차 전지) | 납축전지(2차 전지) |
| 양극 | 탄소(C) | 이산화납($PbO_2$) |
| 음극 | 아연(Zn) | 납(Pb) |
| 전해액 | 염화암모늄용액 ($NH_4Cl+H_2O$) | 묽은황산($H_2SO_4$) |
| 감극제 | 이산화망간($MnO_2$) | 이산화납($PbO_2$) |

**37** 다음 중 물소화약제에 관한 설명으로 옳지 않은 것은?

① Wetting Agent를 사용하여 물의 표면장력을 증가시키면 심부화재에 적용 가능하다.
② 다른 소화약제에 비해 비열 및 기화잠열이 크다.
③ 무상주수를 통해 질식, 냉각이 가능하다.
④ 희석소화를 통해 수용성 가연물질 화재에 적용 가능하다.

| 침투제 (Wetting Agent) | ・물의 표면장력은 72.75 dyne/cm로서 비교적 크다. 따라서 심부화재인 산불화재, 원면화재, 분체화재시 물을 살수하면 깊게 침투되지 못해 소화가 어렵다. 따라서 물에 계면활성제(약 1%)를 첨가하여 **표면장력을 낮추면 침투**효과를 높여 소화에 도움을 준다.<br>・침투제는 소화효과는 없고 표면장력을 낮추어 침투효과와 물의 확산만 도와준다. |
| --- | --- |

**38** 역방향 전압영역에서 동작하고 전원전압을 일정하게 유지하기 위하여 사용되는 다이오드는?

① 발광다이오드
② 터널다이오드
③ 바렉터다이오드
④ 제너다이오드

・제너다이오드 : 정전압다이오드 – 전원전압을 일정하게 유지하기 위하여 사용하는 다이오드
・바렉터다이오드 : 가변용량다이오드 (전기적인 신호로 정전용량을 제어할 수 있는 다이오드)
・터널다이오드 : 약간의 전압만 가해도 전류가 흐르고 일정 전압 이상의 전압을 가하면 오히려 전류가 감소하는 특성이 있음

**39** 제3류 위험물인 탄화칼슘($CaC_2$) 화재 시 가장 적합한 소화방법은?

① 물을 주수하여 냉각 소화한다.
② 이산화탄소를 방사하여 질식 소화한다.
③ 마른모래로 질식 소화한다.
④ 할로겐화합물 약제를 사용하여 부촉매 소화한다.

| 탄화칼슘 $CaC_2$ | ① 탄화물을 영어로는 카바이드(carbide) 일명 카바이트라고 하며 흑회색(순수한 것은 무색투명)의 덩어리로서 예전 포장마차 조명을 밝히기 위해 사용함.<br>② 물과 반응 시 소석회와 아세틸렌($C_2H_2$) 가스 발생 습기가 없는 밀폐용기에 저장하고 용기에는 불활성가스를 봉입시킬 것.<br>　㉠ 물과의 반응<br>　$CaC_2+2H_2O \rightarrow Ca(OH)_2+C_2H_2\uparrow+27.8kcal$<br>　　(소석회, 수산화칼슘)(아세틸렌)<br>　㉡ 아세틸렌가스와 금속과 반응<br>　$C_2H_2+2Ag \rightarrow Ag_2C_2+H_2\uparrow$<br>　금속의 아세틸리드(acetylide : 폭발물질)를 생성<br>③ 소화방법<br>　㉠ 연소 시 절대주수 엄금(황린 제외)<br>　㉡ 건조사, 팽창질석 등에 의한 질식소화 |
| --- | --- |

**40** 화재안전기준에 따른 불활성가스계 소화약제인 IG 541의 혼합가스 체적 성분비는?

① $N_2$ 50[%], Ar 40[%], CO 10[%]
② $N_2$ 52[%], Ar 40[%], $CO_2$ 8[%]
③ $CO_2$ 50[%], Ar 40[%], $N_2$ 10[%]
④ $CO_2$ 52[%], Ar 40[%], $N_2$ 8[%]

**정답** 36 ② 37 ① 38 ④ 39 ③ 40 ②

IG-541[상품명 : Inergen]
① IG-541은 질소 52%, 아르곤 40%, 이산화탄소 8%로 이루어진 혼합소화약제
② ODP = 0, GWP = 0, ALT ≒ 0
③ 다른 소화약제에 비하여 소화약제량이 많아(약 24배) 넓은 저장 공간이 필요하다.
 ·불활성기체의 고압압축가스이므로 양이 많다.
④ NOAEL(43%), LOAEL(52%), 최대설계허용농도(43%)

**41** 일반, 유류, 전기화재에 모두 적응성이 있는 분말소화약제의 종류와 분자식 연결이 옳은 것은?

① 제1종 분말소화약제 – $NaHCO_3$
② 제4종 분말소화약제 – $(NH_2)_2CO$
③ 제3종 분말소화약제 – $NH_4H_2PO_4$
④ 제2종 분말소화약제 – $Na_2CO_3$

제3종 분말소화약제 – $NH_4H_2PO_4$

| 적응화재 | ·A급(일반화재), B급(유류화재), C급(전기화재) – Multi purpose dry chemical이라 한다. ·화재안전기준 108 분말 소화설비에서 주차장, 차고에는 제3종 분말을 사용하도록 규정되어 있다. |
| --- | --- |

**42** 왜형파 전압이 $v = 150\sqrt{2}\sin\omega t + 40\sqrt{2}\sin 2\omega t + 70\sqrt{2}\sin 3\omega t$일 때 왜형률은 약 얼마인가?

① 0.45
② 0.54
③ 0.67
④ 0.85

왜형률 $= \dfrac{\text{전 고조파 실효값의 합}}{\text{기본파의 실효값}} = \dfrac{\sqrt{V_2^2 + V_3^2 + \ldots + V_n^2}}{V_1}$

$= \dfrac{\sqrt{40^2 + 70^2}}{150} = 0.537$

$v = 150\sqrt{2}\sin\omega t + 40\sqrt{2}\sin 2\omega t + 70\sqrt{2}\sin 3\omega t$
　　　　기본파　　　　2고조파　　　　3고조파

**43** 전류가 흐르는 도체 주위의 자계 방향을 결정하는 법칙은?

① 패러데이의 법칙
② 렌츠의 법칙
③ 플레밍의 왼손 법칙
④ 암페어의 오른나사 법칙

·렌츠의 법칙 : 유도 기전력의 방향은 자속의 변화를 방해하려는 방향으로 발생하는 법칙
·비오사바르 법칙 : 직선도체에 전류가 흐를 때 어느 지점에서의 자계의 세기를 나타내는 법칙
·암페어의 오른나사 법칙 : 전류의 진행 방향에 대한 자기장의 회전방향을 결정하는 법칙
·플레밍의 오른손법칙 : 자계중의 도체가 운동을 했을 때 유도 기전력의 방향이 결정을 결정하는 법칙
·패러데이의 법칙 : 유도 기전력의 크기를 결정하는 법칙

**44** 다음 피드백제어계 블록선도의 전달함수는?

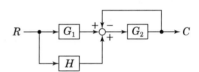

① $\dfrac{G_2(G_1 + H)}{1 + G_2}$

② $\dfrac{G_1 + H}{1 + G_1 G_2}$

③ $\dfrac{G_1 G_2 + H}{1 + G_2}$

④ $\dfrac{G_1}{1 + G_1 G_2 H}$

$C = (RG_1 + RH - C)G_2 \ \rightarrow \ C = RG_1 G_2 + RHG_2 - CG_2$
$\rightarrow \ C(1 + G_2) = R(G_1 G_2 + HG_2)$
$\therefore \ \dfrac{C}{R} = \dfrac{G_1 G_2 + HG_2}{1 + G_2} = \dfrac{G_2(G_1 + H)}{1 + G_2}$

**45** 교류전압만을 측정할 수 있는 계기는?

① 가동철편형계기
② 가동코일형계기
③ 정전형계기
④ 열전형계기

・직류에만 사용하는 계기 : 가동코일형계기
・교류에만 사용하는 계기 : 유도형, 정류형, 가동철편형계기
  ➕ 암기 **유정철**
・직류, 교류에 사용하는 계기 : 전류력계형, 열전형, 정전형
  계기 ➕ 암기 **전류 열 받으면 정전 된다.**

**46** 인덕턴스가 각각 $L_1 = 5\,\mathrm{H}$, $L_2 = 10\,\mathrm{H}$인 두 코일을 그림과 같이 연결하고 합성인덕턴스를 측정하였더니 $5\,\mathrm{H}$ 이였다. 두 코일간의 상호인덕턴스 $M$(H)은?

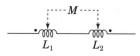

① 2
② 3
③ 4
④ 5

코일의 점 방향이 코일의 앞과 뒤 부분에 표시가 되었으므로 차동접속이다.
$$L = L_1 + L_2 - 2M[\mathrm{H}] = 5 + 10 - 2 \times 5 = 5\,\mathrm{H}$$

**47** $2\,\mu\mathrm{F}$ 콘덴서를 $3\,\mathrm{kV}$로 충전하면 저장되는 정전에너지는 몇 J 인가?

① 6
② 9
③ 12
④ 15

정전 에너지
$$W = \frac{1}{2}QV = \frac{1}{2}CV^2[\mathrm{J}]$$
$$= \frac{1}{2} \times 2 \times 10^{-6} \times 3{,}000^2 = 9\,[\mathrm{J}]$$

**48** 기동용량 $1{,}000\,\mathrm{kVA}$, 발전기 과도 리액턴스 $0.2$가 자가발전기의 차단기 용량(kVA)은?

① 5,230
② 5,720
③ 6,250
④ 6,830

$$Ps = \frac{Pn}{X_D} \times 1.25 = \frac{1{,}000}{0.2} \times 1.25 = 6{,}250\,\mathrm{kVA}$$
1) $Pn$ (정격용량 또는 기동용량) : $1{,}000\,\mathrm{kVA}$
2) $X_D$ (과도리액턴스) : $0.2$
3) 차단용량의 여유율 : 25%

**49** $60\,\mathrm{Hz}$인 교류 전압을 인가할 때, 유도성 리액턴스가 $3.77\,\Omega$이라면 인덕턴스는 약 몇 H 인가?

① 0.01
② 1
③ 10
④ 100

$$X_L = \omega L = 2\pi f L[\Omega]$$
$$L = \frac{X_L}{2\pi f} = \frac{3.77}{2\pi \times 60} = 0.01\,\mathrm{H}$$

**50** 평행판 콘덴서의 면적을 4배 증가시키고, 간격은 2배 감소시켰다면 콘덴서의 정전용량은 처음의 몇 배인가?

① 2
② 3
③ 4
④ 8

콘덴서의 용량
$$C = \varepsilon \frac{A}{\ell}\,[\mathrm{F}]$$
여기서 면적을 4배 증가시키고 간격을 2배 감소시키면
$$C = \varepsilon \frac{4A}{\frac{\ell}{2}} = 8\,\varepsilon \frac{A}{\ell}\,[\mathrm{F}]$$

정답  45 ①  46 ④  47 ②  48 ③  49 ①  50 ④

**제3과목** 소방관련법령

**51** 소방시설 설치·유지 및 안전관리에 관한 법령상 소방시설등의 자체 점검 중 종합정밀점검에 관한 설명으로 옳지 않은 것은?

① 소방본부장이 소방안전관리가 우수하다고 인정한 특정소방대상물에 대해서는 3년의 범위에서 종합정밀점검을 면제한다.

② 연면적이 5,000 m²이고, 15층인 아파트는 종합정밀점검 실시대상에 해당된다.

③ 특급 소방안전관리대상물의 경우 종합정밀점검의 점검횟수는 반기에 1회 이상 실시한다.

④ 소방시설완공검사필증을 발급받은 신축 건축물을 제외한 건축물의 종합정밀점검은 건축물 사용승인일이 속하는 달까지 실시한다.

• 종합정밀점검

| 구분 | 내용 |
|---|---|
| 대상 | ① 스프링클러설비가 설치된 대상물<br>② 물분무등소화설비[호스릴방식 제외]가 설치된 대상물로서 연면적 5천 m² 이상 인 특정소방대상물(위험물제조소등을 제외한다)<br>③ 산후조리업, 노래연습장업, 고시원업, 단란주점영업, 유흥주점영업, 비디오물감상실업, 안마시술소, 영화상영관의 다중이용업의 영업장이 설치된 특정소방대상물로서 연면적이 2천m² 이상인 것<br>**암기** (지리)산 노고단 유비 안녕~<br>④ 제연설비 설치된 터널<br>⑤ 공공기관 중 연면적(터널·지하구의 경우 그 길이와 평균폭을 곱하여 계산된 값)이 1천 m² 이상인 것으로서 옥내소화전설비 또는 자동화재탐지설비가 설치된 것. 소방대가 근무하는 공공기관은 제외한다. |
| 점검자의 자격 | • 소방시설관리업자 또는 소방안전관리자로 선임된 소방시설관리사·소방기술사(점검인력 배치기준을 따라야 한다) |
| 점검방법 | 소방시설별 점검장비를 이용하여 점검하여야 한다. |
| 점검횟수 | • 연 1회 이상<br>• 지하층 포함한 30층 이상, 높이 120 m 이상 또는 연면적 20만 m² 이상인 소방대상물은 반기별로 1회 이상 |

| | |
|---|---|
| | • 소방본부장 또는 소방서장은 소방청장이 소방안전관리가 우수하다고 인정한 특정소방대상물 의 경우에는 **3년의 범위 내**에서 소방청장이 고시하거나 정한 기간 동안 종합정밀점검을 면제 할 수 있다. 다만, 면제기간 중 화재가 발생한 경우는 제외 |
| 점검시기 | • 건축물의 사용승인일이 속하는 달까지 실시한다.<br>– 공공기관인 학교의 경우 사용승인일이 1월에서 6월 사이인 경우 6월 말까지 실시 할 수 있다.<br>• 완공검사필증을 발급받은 **신축 건축물은 검사필증을 받은 다음 연도부터** 실시한다. 다만, 소방시설완공검사증명서를 받은 후 1년이 경과한 이후에 사용승인을 받은 경우에는 사용승인을 받은 그 해부터 실시하되, 그 해의 종합정밀점검은 사용승인일부터 3개월 이내에 실시할 수 있다.<br>• 건축물 사용승인일 이후 대상 ❸에 해당하게 된 때에는 그 다음 해부터 실시한다.<br>• 하나의 대지경계선 안에 2개 이상의 점검 대상 건축물이 있는 경우에는 그 건축물 중 사용승인일이 가장 빠른 건축물의 사용승인일을 기준으로 점검할 수 있다.<br>• **공공기관의 장은 월 1회 이상 외관점검**(육안·신체감을 이용한 점검)을 실시하여야 한다.<br>– 실시자 : 관계인, 소방안전관리자, 소방시설관리업자(등록된 기술인력)<br>– 종합, 작동점검 시에는 제외하며 2년 동안 보관하여야 한다.<br>– 전기시설(사용전검사, 정기검사, 일반용전기설비의 점검), 가스시설을 해당 관계법에 따라 점검, 검사를 받아야 한다. |

**52** 소방기본법을 위반하여 벌금에 처해지는 자는?

① 화재경계지구 안의 소방대상물에 대한 소방특별조사를 거부·방해 또는 기피한 자

② 특수가연물의 저장 및 취급 기준을 위반한 자

③ 화재경계지구에 대한 소방용수시설의 설치 명령을 위반한 자

④ 시장지역에서 화재로 오인할 우려가 있는 연막소독을 하면서 관할소방서장에게 신고를 하지 아니하여 소방자동차를 출동하게 한 자

☞ 화재경계지구 안의 소방대상물에 대한 소방특별조사를 거부·방해 또는 기피한 자 – 100만원 이하의 벌금

**정답** 51 ① 52 ①

**53** 소방기본법령상 소방자동차의 우선 통행 등과 소방대의 긴급통행에 관한 설명으로 옳지 않은 것은?

① 소방자동차의 우선 통행에 관해서는 소방기본법시행령에 정한 바에 따른다.

② 모든 차와 사람은 소방자동차가 화재진압을 위해 출동할 때에는 이를 방해하여서는 아니 된다.

③ 소방자동차가 훈련을 위하여 필요한 때에는 사이렌을 사용할 수 있다.

④ 소방대는 화재현장에 신속하게 출동하기 위하여 긴급할 때에는 일반적인 통행에 쓰이지 아니하는 도로·빈터 또는 물 위로 통행할 수 있다.

> 소방자동차의 우선 통행에 관하여는 「도로교통법」에서 정하는 바에 따른다.

**54** 소방시설공사업법령상 하자보수 보증기간이 다른 소방시설은?

① 피난기구
② 유도등
③ 무선통신보조설비
④ 옥외소화전설비

| 하자기간 | 소화설비 | 경보설비 | 피난설비 | 소화용수설비 | 소화활동설비 |
|---|---|---|---|---|---|
| 2년 | - | 비상경보설비 비상방송설비 | 피난기구, 유도등, 유도표지, 비상조명등 | - | 무선통신보조설비 |
| 3년 | 자동식소화기 옥내·옥외소화전 스프링클러 간이스프링클러 물분무등 | 자동화재탐지설비 | - | 상수도소화용수설비 | 소화활동설비(무선통신보조설비는 제외한다) |

> 🔑암기 **경비 방 피유 무** (경비 방에 피난구유도등 없다.)

**55** 소방시설공사업법령상 중앙 소방기술 심의위원회의 심의사항에 해당하지 않는 것은?

① 소방시설의 구조 및 원리 등에서 공법이 특수한 설계 및 시공에 관한 사항

② 소방시설의 설계 및 공사감리의 방법에 관한 사항

③ 새로운 소방시설과 소방용품 등의 도입 여부에 관한 사항

④ 소방시설에 하자가 있는지의 판단에 관한 사항

> 중앙 소방기술 심의위원회
> ·심의 사항
> ① 화재안전기준에 관한 사항
> ② 소방시설의 구조 및 원리 등에서 공법이 특수한 설계 및 시공에 관한 사항
> ③ 소방시설의 설계 및 공사감리의 방법에 관한 사항
> ④ 소방시설공사의 하자를 판단하는 기준에 관한 사항
> ⑤ 그 밖에 소방기술 등에 관하여 대통령령으로 정하는 사항
> ㉠ 연면적 10만 m² 이상의 특정소방대상물에 설치된 소방시설의 설계·시공·감리의 하자 유무에 관한 사항
> ㉡ 새로운 소방시설과 소방용품 등의 도입 여부에 관한 사항
> ㉢ 그 밖에 소방기술과 관련하여 소방청장이 심의에 부치는 사항
>
> ·소방시설에 하자가 있는지의 판단에 관한 사항
> 지방 소방기술 심의위원회의 심의사항이다.

**56** 소방시설 설치·유지 및 안전관리에 관한 법령상 지하가 중 터널인 경우 길이가 얼마 이상일 때 연결송수관설비를 설치하여야 하는가?

① 500 m
② 1,000 m
③ 2,000 m
④ 3,000 m

| 설치대상 | | | | |
|---|---|---|---|---|
| 터널길이 \ 소방시설 | 소화설비, 경보설비, 피난설비 | | 소화활동설비 | |
| - | 소화기, 물분무화설비 | | 제연설비 | |
| 500 m | 비상경보설비 | 비상조명등 | 비상콘센트 | 무선통신보조설비 |
| 1,000 m | 옥내소화전설비 | 자동화재탐지설비 | 연결송수관설비 | |

※ 물분무화설비, 제연설비는 지하가 중 예상 교통량, 경사도 등 터널의 특성을 고려하여 행정안전부령으로 정하는 터널에 설치

**암기** **무비비비 – 자옥연** (비상방송설비는 아님!)

---

**57** 소방시설공사업법령상 소방시설업의 등록을 반드시 취소해야 하는 경우에 해당하지 않는 것은?

① 거짓이나 그 밖의 부정한 방법으로 등록한 경우
② 법인의 대표자가 위험물안전관리법에 따른 금고 이상의 형의 집행유예를 선고받고 그 유예기간 중에 있어서 등록의 결격사유에 해당하는 경우
③ 등록을 한 후 정당한 사유 없이 1년이 지날 때까지 영업을 시작하지 아니한 때의 경우
④ 영업정지처분을 받고 영업정지기간 중에 새로운 설계·시공 또는 감리를 한 경우

**소방시설업의 행정처분기준**

| 위반사항 | 근거법령 | 행정처분 기준 | | |
|---|---|---|---|---|
| | | 1차 | 2차 | 3차 |
| 가. 거짓이나 그 밖의 부정한 방법으로 등록한 경우 | 법 제9조 | 등록 취소 | | |
| 나. 등록 결격사유에 해당하게 된 경우 | 법 제9조 | 등록 취소 | | |
| 다. 영업정지 기간 중에 설계·시공 또는 감리를 한 경우 | 법 제9조 | 등록 취소 | | |
| 라. 등록을 한 후 정당한 사유 없이 1년이 지날 때까지 영업을 시작하지 아니하거나 계속하여 1년 이상 휴업한 때 | 법 제9조 | 경고 | 등록 취소 | |

---

**58** 소방기본법령상 화재경계지구의 지정에 관한 설명으로 옳지 않은 것은?

① 시·도지사는 도시의 건물 밀집지역 등 화재의 우려가 높거나 화재가 발생하는 경우로 인하여 피해가 클 것으로 예상되는 목조건물이 밀집한 지역을 화재경계지구로 지정할 수 있다.

② 시·도지사는 화재경계지구 안의 소방대상물의 위치·구조 및 설비 등에 대한 소방특별조사를 분기별 1회 이상 실시하여야 한다.

③ 소방본부장 또는 소방서장은 화재경계지구 안의 관계인에 대하여 소방상 필요한 훈련 및 교육을 연 1회 이상 실시할 수 있다.

④ 소방본부장 또는 소방서장은 소방특별조사를 한 결과 화재의 예방과 경계를 위하여 필요하다고 인정할 때에는 관계인에게 소방용수시설, 소화기구, 그 밖에 소방에 필요한 설비의 설치를 명할 수 있다.

화재경계지구(火災警戒地區)내 소방특별조사 및 훈련·교육
(1) 소방특별조사자 – 소방본부장, 소방서장
　① 화재경계지구 안의 소방대상물 소방특별조사 : 년 1회 이상 실시
　　☞ 화재경계지구 안의 소방대상물에 대한 소방특별조사를 거부·방해 또는 기피한 자 – 100만원 이하의 벌금
　② 미흡 시 소방에 필요한 설비의 설치를 명할 수 있다
　　☞ 소방용수시설, 소화기구 및 설비등의 설치 명령을 위반한 자 – 200만원 이하의 과태료

---

**59** 소방시설 설치·유지 및 안전관리에 관한 법령상 방염성능기준 이상의 실내장식물 등을 설치하여야 하는 특정소방대상물이 아닌 것은?

① 숙박이 가능한 수련시설
② 근린생활시설 중 체력단련장
③ 의료시설 중 종합병원
④ 방송통신시설 중 촬영소 및 전신전화국

방염대상
① 근린생활시설 중 의원, 체력단련장, 공연장 및 종교집회장
② 건축물의 옥내에 있는 시설 [문화 및 집회시설, 종교시설, 운동시설(수영장은 제외)]
③ 의료시설, 노유자시설 및 숙박이 가능한 수련시설, 숙박시설, 방송통신시설 중 방송국 및 촬영소
④ 다중이용업의 영업장
⑤ 층수가 11층 이상인 것(아파트는 제외)
⑥ 교육연구시설 중 합숙소

**암기** 연예인 **안문숙**이 **11층**의 **체력단련장**에서 **운동**하다 **다쳤**는데 의료시설인 **의원**에 안기고 공연장으로 가 이상하게 여겨 **방송국**에서 **촬영**하러 오니 **합숙소**의 **노유자, 수련시설**의 **종교**인등이 구경 웁

**60** 소방시설 설치·유지 및 안전관리에 관한 법령상 건축허가등의 동의에 관한 설명으로 옳지 않은 것은?

① 건축허가등의 권한이 있는 행정기관은 건축허가 등을 할 때 미리 그 건축물등의 시공지 또는 소재지를 관할하는 소방본부장이나 소방서장의 동의를 받아야 한다.

② 건축물 등의 사용승인에 대한 동의를 할 때에는 소방시설공사업법에 따른 소방시설공사의 완공검사증명서를 교부하는 것으로 동의를 갈음할 수 있다.

③ 건축허가등의 동의를 요구한 기관이 그 건축허가등을 취소하였을 때에는 취소한 날부터 7일 이내에 건축물 등의 시공지 또는 소재지를 관할하는 소방본부장 또는 소방서장에게 그 사실을 통보하여야 한다.

④ 건축물 등의 대수선 신고를 수리할 권한이 있는 행정기관은 그 신고를 수리하면 그 건축물 등의 시공지 또는 소재지를 관할하는 소방본부장이나 소방서장에게 수리한 날로부터 10일 이내에 그 사실을 알려야 한다.

> 수리(受理)할 권한이 있는 행정기관은 그 신고를 수리하면 그 건축물 등의 시공지 또는 소재지를 관할하는 소방본부장이나 소방서장에게 **지체 없이** 그 사실을 알려야 한다.

**61** 다중이용업소의 안전관리에 관한 특별법령상 다중이용업주의 화재배상책임보험가입등에 관한 설명으로 옳지 않은 것은?

① 다중이용업주는 다중이용업주의 성명을 변경한 경우에는 화재배상책임보험에 가입한 후 그 증명서를 소방본부장 또는 소방서장에게 제출하여야 한다.

② 보험회사는 화재배상책임보험의 보험금 청구를 받은 때에는 청구 받은 날로부터 14일 이내에 피해자에게 보험금을 지급하여야 한다.

③ 다중이용업주가 화재배상책임보험 청약 당시 보험회사가 요청한 안전시설등의 유지·관리에 관한 사항 등을 거짓으로 알리는 경우 보험회사는 계약을 거절할 수 있다.

④ 소방서장은 다중이용업주가 화재배상책임보험에 가입하지 아니하였을 때에는 허가관청에 다중이용업주에 대한 영업의 정지 등 필요한 조치를 취할 것을 요청할 수 있다.

> 보험회사는 화재배상책임보험의 보험금 청구를 받은 때에는 지체 없이 지급할 보험금을 결정하고 **보험금 결정 후 14일 이내**에 피해자에게 보험금을 지급하여야 한다.

**62** 소방시설 설치·유지 및 안전관리에 관한 법령상 소방시설관리사에 관한 설명으로 옳은 것은?

① 소방시설관리사는 동시에 둘 이상의 업체에 취업할 수 있다.

② 소방시설관리사증을 다른 자에게 빌려준 경우에는 소방시설관리사 자격을 정지 또는 취소할 수 있다.

③ 소방시설관리사의 자격이 취소된 날부터 2년이 지나지 아니한 사람은 소방시설관리사가 될 수 없다.

④ 소방청장은 시험에서 부정한 행위를 한 응시자에 대하여는 그 시험을 정지 또는 무효로 하고, 그 처분이 있는 날부터 3년간 시험 응시자격을 정지한다.

> · 관리사는 소방시설관리사증을 다른 자에게 빌려주어서는 아니되고 동시에 둘 이상의 업체에 취업하여서는 아니된다.
>
> > ☞ 소방시설관리사증을 다른 자에게 빌려주거나 동시에 둘 이상의 업체에 취업한 사람 - 1년 이하의 징역 또는 1천만원 이하의 벌금
>
> · 소방시설관리사 자격의 취소·정지

| 위반사항 | 행정처분기준 | | |
|---|---|---|---|
| | 1차 | 2차 | 3차 |
| (1) 거짓, 그 밖의 부정한 방법으로 시험에 합격한 경우 | 자격취소 | | |
| (2) 소방시설관리증을 다른 자에게 빌려준 경우 | 자격취소 | | |
| (3) 동시에 둘 이상의 업체에 취업한 경우 | 자격취소 | | |
| (4) 결격사유에 해당하게 된 경우 | 자격취소 | | |

> · 소방청장은 시험에서 부정한 행위를 한 응시자에 대하여는 그 시험을 정지 또는 무효로 하고, 그 처분이 있은 날부터 2년간 시험 응시자격을 정지한다.

**정답** 60 ④ 61 ② 62 ③

**63** 소방기본법령상 특수가연물에 관한 설명으로 옳은 것은?

① 100 kg 이상의 면화류는 특수가연물로 분류된다.
② 800 kg 이상의 사류(絲類)는 특수가연물로 분류된다.
③ 특수가연물을 저장 또는 취급하는 장소에는 품명·최대수량 및 화기취급의 금지표지를 설치해야 한다.
④ 합성수지류에는 합성수지의 섬유·옷감·종이 및 실과 이들의 넝마와 부스러기가 포함된다.

· 소방기본법 시행령 [별표 2] 특수가연물(제6조관련)

| 품명 | 수량 |
|---|---|
| 면화류 | 200 kg 이상 |
| 나무껍질 및 대팻밥 | 400 kg 이상 |
| 넝마 및 종이부스러기 | 1,000 kg 이상 |
| 사류(絲類) | 1,000 kg 이상 |

· 합성수지류 − 불연성 또는 난연성이 아닌 고체의 합성수지제품, 합성수지반제품, 원료합성수지 및 합성수지 부스러기(불연성 또는 난연성이 아닌 고무제품, 고무반제품, 원료고무 및 고무 부스러기를 포함한다)를 말한다. 다만, 합성수지의 섬유·옷감·종이 및 실과 이들의 넝마와 부스러기를 제외한다.

**64** 소방시설 설치·유지 및 안전관리에 관한 법령상 소방용품의 품질관리 등에 관한 설명으로 옳지 않은 것은?

① 소방청장은 제조자 또는 수입자의 소방용품에 대하여는 성능인증을 하여야 한다.
② 누구든지 형식승인을 받지 아니한 소방용품을 판매 목적으로 진열할 수 없다.
③ 누전경보기 및 가스누설경보기를 제조하거나 수입하려는 자는 형식승인을 받아야 한다.
④ 소방청장은 소방용품의 품질관리를 위하여 필요하다고 인정할 때에는 유통 중인 소방용품을 수집하여 검사할 수 있다.

· 대통령령으로 정하는 소방용품을 제조, 수입하려는 자
➔ 소방청장의 형식승인을 받아야 한다.

**65** 소방시설 설치·유지 및 안전관리에 관한 법령상 과태료의 부과대상인 자는?

① 소방안전관리자를 선임하지 아니한 자
② 소방안전관리자에게 불이익한 처우를 한 관계인
③ 방염성능기준 미만으로 방염처리한 자
④ 소방특별조사를 정당한 사유 없이 거부·방해 또는 기피한 자

☞ 소방안전관리자에게 불이익한 처우를 한 관계인
 − 300만원 이하의 벌금
 소방안전관리자를 선임하지 아니한 자
 − 300만원 이하의 벌금
 소방특별조사를 정당한 사유 없이 거부·방해 또는 기피한 자 − 300만원 이하의 벌금
 방염성능기준 미만으로 방염처리한 자
 − 200만원 이하의 과태료

**66** 소방시설 설치·유지 및 안전관리에 관한 법령상 소방안전관리자를 두어야 하는 특정소방대상물에 관한 설명으로 옳은 것은? (단, 공공기관의 소방안전관리에 관한 규정을 적용받는 특정소방대상물은 제외)

① 층수에 상관없이 지상으로부터 높이가 100미터 이상인 것은 특급 소방안전관리대상물이다.
② 지하구는 2급 소방안전관리대상물이다.
③ 가연성가스를 1천톤 이상 저장·취급하는 시설은 2급 소방안전관리대상물이다.
④ 층수가 21층인 아파트는 1급 소방안전관리대상물이다.

| 구분 | 소방안전관리대상물 |
|---|---|
| 특급 | · 30층 이상(지하층을 포함)이거나 지상으로부터 높이가 120 m 이상인 특정소방대상물(아파트 제외)<br>· 연면적이 20만 m² 이상인 특정소방대상물(아파트 제외)<br>· 50층 이상(지하층 제외) 또는 200m 이상인 아파트 |

정답 **63** ③ **64** ① **65** ③ **66** ②

| 1급 | • 특정소방대상물로서 층수가 11층 이상인 것(아파트 제외)<br>• 연면적 1만5천 m² 이상인 것(아파트 제외)<br>• 30층 이상(지하층 제외) 또는 120m 이상인 아파트<br>• 가연성가스를 1,000톤 이상 저장 · 취급하는 시설 |
|---|---|
| 2급 | • 다음에 해당하는 설비를 설치한 특정소방대상물<br>옥내소화전설비, 스프링클러설비, 간이스프링클러설비, 물분무등소화설비<br>[호스릴(Hose Reel) 방식의 물분무등소화설비만을 설치한 경우는 제외한다]<br>• 가스제조설비를 갖추고 도시가스사업허가를 받아야 하는 시설 또는 가연성가스를 100톤 이상 1,000톤 미만 저장 · 취급하는 시설<br>• 보물 또는 국보로 지정된 목조건축물<br>• 지하구<br>• 공동주택 |
| 3급 | 자동화재탐지설비만 설치된 대상물 |

**67** 위험물안전관리법에 관한 설명으로 옳은 것은?

① 위험물이라 함은 인화성 또는 발화성 등의 성질을 가지는 것으로서 행정안전부령으로 정하는 물품을 말한다.
② 지정수량이라 함은 위험물의 종류별로 위험성을 고려하여 행정안전부령으로 정하는 수량을 말한다.
③ 지정수량 미만인 위험물의 저장 또는 취급에 관한 기술상의 기준은 행정안전부령으로 정한다.
④ 위험물안전관리법은 철도 및 궤도에 의한 위험물의 저장·취급 및 운반에 있어서는 이를 적용하지 아니한다.

· 위험물이라 함은 인화성 또는 발화성 등의 성질을 가지는 것으로서 대통령령으로 정하는 물품을 말한다.
· 지정수량이라 함은 위험물의 종류별로 위험성을 고려하여 대통령령으로 정하는 수량을 말한다.
· 지정수량 미만의 위험물 : 시·도의 조례

**68** 다음은 위험물안전관리법상 위험물시설의 설치 및 변경에 관한 내용이다. ( )안에 들어갈 내용으로 옳은 것은?

> 제조소등의 위치·구조 또는 설비의 변경없이 당해 제조소등에서 저장하거나 취급하는 위험물의 품명·수량 또는 지정수량의 배수를 변경하고자 하는 자는 변경하고자 하는 날의 ( )일 전까지 행정안전부령이 정하는 바에 따라 시·도지사에게 신고하여야 한다.

① 1          ② 7
③ 10        ④ 14

위험물시설의 설치 및 변경
시·도지사에게 허가, 신고하여야 하며 관련서류는 시도지사 또는 소방서장에게 제출 한다.

| 구분 | 내 용 | 방법 | 벌칙 |
|---|---|---|---|
| 설치 | 제조소등을 설치하고자 할 때 | 허가 | 5년 이하의 징역 또는 1억원 이하의 벌금 |
| 변경 | **위치, 구조 또는 설비의 변경 없이 위험물의 품명, 수량 또는 지정수량의 배수를 변경하고자 하는 날의 1일 전까지** | 신고 | 200만원 이하의 과태료 |
| 지위 승계 | 지위 승계한 날로부터 30일 이내 | 신고 | |
| 폐지 | 제조소등의 용도 폐지 시 폐지한 날로부터 14일 이내 | 신고 | |

정답 67 ④ 68 ①

**69** 위험물안전관리법령상 위험물의 안전관리와 관련된 업무를 수행하는 자로서 안전교육대상자로 명시된 자를 모두 고른 것은?

> ㄱ. 안전관리자로 선임된 자
> ㄴ. 탱크시험자의 기술인력으로 종사하는 자
> ㄷ. 위험물운송자로 종사하는 자
> ㄹ. 제조소등을 시공한 자

① ㄱ
② ㄱ, ㄴ
③ ㄱ, ㄴ, ㄷ
④ ㄱ, ㄴ, ㄷ, ㄹ

안전교육대상자
1. 안전관리자로 선임된 자
2. 탱크시험자의 기술인력으로 종사하는 자
3. 위험물운송자로 종사하는 자

**70** 위험물안전관리법령상 제조소에서 취급하는 제4류 위험물의 최대수량의 합이 지정수량의 12만배 이상 24만배 미만인 사업소의 경우 자체소방대에 두는 화학소방자동차 대수와 자체소방대원 수로 옳은 것은? (단, 다른 사업소 등과 상호응원 협정은 없음)

① 1대 – 5인 ② 2대 – 10인
③ 3대 – 15인 ④ 4대 – 20인

| 자체소방대에 두는 화학소방자동차 및 인원 | | | |
|---|---|---|---|
| 사업소의 구분 | | 화학 소방 자동차 | 자체 소방대 원의 수 |
| 최대수량의합 | 지정수량의 12만배 미만의 사업소 | 1대 | 5인 |
| | 지정수량의 12만배 이상 24만배 미만인 사업소 | 2대 | 10인 |
| | 지정수량의 24만배 이상 48만배 미만인 사업소 | 3대 | 15인 |
| | 지정수량의 48만배 이상인 사업소 | 4대 | 20인 |

**71** 다중이용업주의 안전시설등에 대한 정기점검에 관한 설명으로 옳은 것은?

① 다중이용업주는 다중이용업소의 안전관리를 위하여 정기적으로 안전시설등을 점검하고 그 점검결과서를 1년간 보관하여야 한다.
② 자체점검을 한 경우 이외에는 매년 1회 이상 점검해야 한다.
③ 다중이용업주는 정기점검을 직접 수행할 수 없다.
④ 다중이용업소의 종업원인 경우에는 국가기술자격법에 따라 소방기술사의 자격을 보유하였더라도 안전점검자의 자격은 없다.

• 점검주기 – 매 분기별 1회 이상 점검
• 안전점검자의 자격
  1. 해당 영업장의 다중이용업주
  2. 다중이용업소가 위치한 특정소방대상물의 소방안전관리자
  3. 종업원 중 소방안전관리자, 소방기술사·소방설비기사· 산업기사 자격을 취득한 자
  4. 소방시설관리업자

**72** 소방시설 설치·유지 및 안전관리에 관한 법령상 특정소방대상물 중 근린생활시설에 해당하는 것은?

① 유흥주점
② 마약진료소
③ 같은 건축물에 해당 용도로 쓰는 바닥면적의 합계가 300 m²인 골프연습장
④ 같은 건축물에 해당 용도로 쓰는 바닥면적의 합계가 500 m²인 운전학원

| 구분 | 건축물에 해당 용도 | 바닥면적의 합계 | 바닥면적 합계 이상 시 용도 |
|---|---|---|---|
| 근린 생활 시설 | 고시원 | 500 m² 미만 | 숙박시설 등 |
| | 의약품 · 의료기기 판매소 및 자동차영업소 | 1천 m² 미만 | |
| | 학원 ※ 자동차학원 : 항공기 및 자동차관련시설 무도학원 : 위락시설) | 500 m² 미만 | 교육연구시설 |

정답 69 ③ 70 ② 71 ① 72 ③

| 탁구장, 체육도장, 체력단련장, 에어로빅장, 볼링장, 당구장, 실내낚시터, 골프연습장, 물놀이형 시설 등 | 500 m² 미만 | 운동시설 |
|---|---|---|
| 의료시설 | 병원 : 종합병원, 병원, 치과병원, 한방병원, 요양병원 | |
| | 격리병원 : 전염병원, 마약진료소 및 그 밖에 이와 비슷한 것 | |
| | 정신의료기관 | |
| 위락시설 | 단란주점, 유흥주점, 유원시설업의 시설, 무도장 및 무도학원, 카지노영업소 | |

## 73 다중이용업소의 안전관리에 관한 특별법령상 이행강제금을 부과하는 경우는?

① 다중이용업소의 사용금지 또는 제한 명령을 위반한 경우
② 소방안전교육을 받지 않거나 종업원이 소방안전교육을 받도록 하지 않은 경우
③ 정기점검결과서를 보관하지 않은 경우
④ 화재배상책임보험에 가입하지 않은 경우

이행강제금 부과기준

| 위반행위 | 이행강제금 금액(단위 : 만원) |
|---|---|
| 1. 안전시설등에 대하여 보완 등 필요한 조치명령을 위반한 자 | |
|   가. 안전시설등의 작동·기능에 지장을 주지 아니하는 경미한 사항 | 200 |
|   나. 안전시설등을 고장상태로 방치한 경우 | 600 |
|   다. 안전시설등을 설치하지 아니한 경우 | 1,000 |
| 2. 소방특별조사 조치명령을 위반한 자 | |
|   가. 다중이용업소의 공사의 정지 또는 중지 명령을 위반한 경우 | 200 |
|   나. 다중이용업소의 사용금지 또는 제한 명령을 위반한 경우 | 600 |
|   다. 다중이용업소의 개수·이전 또는 제거 명령을 위반한 경우 | 1,000 |

## 74 다중이용업소의 안전관리에 관한 특별법상 다중이용업소의 안전관리기본계획의 수립권자는?

① 대통령
② 소방청장
③ 시·도지사
④ 소방본부장

| 기본계획 | 연도별계획 | 집행계획 |
|---|---|---|
| 소방청장 | 소방청장 | 소방본부장 |
| 5년마다 | 매년 | 매년 |

## 75 소방시설 설치·유지 및 안전관리에 관한 법령상 소방청장이 시·도지사에게 위임한 업무는?

① 소방안전관리에 대한 교육업무
② 소방용품의 성능인증업무
③ 소방용품에 대한 우수품질인증업무
④ 소방용품에 대한 수거·폐기 또는 교체 등의 명령

| 소방청장의 업무 | 소방용품에 대한 수거·폐기 또는 교체 등의 명령 | 시·도지사에게 위임 |
|---|---|---|
| | 1. 방염성능검사업무(합판·목재를 설치현장에서 방염 처리한 경우의 방염성능검사를 제외한다)<br>2. 소방용품의 형식승인(시험시설심사를 포함한다)<br>3. 형식승인의 변경승인<br>4. 성능인증<br>5. 우수품질인증 | 한국소방산업기술원(기술원)에 위탁 |
| | 제품검사 | 기술원 또는 전문기관에 위탁 |
| | 소방안전관리자 등에 대한 교육 | 한국소방안전협회(협회)에 위탁 |
| | 1. 점검능력 평가 및 공시<br>2. 점검능력 평가위한 데이터베이스 구축<br>3. 소방시설관리사증의 발급, 재발급 | 소방청장의 허가를 받아 설립한 소방기술과 관련된 법인 또는 단체에 위탁 |

제4과목 위험물의 성상 및 시설기준

### 76 제2류 위험물에 관한 설명으로 옳지 않은 것은?

① 금속분, 마그네슘은 위험등급 Ⅰ에 해당한다.
② 인화성고체인 고형알코올은 지정수량이 1,000 kg 이다.
③ 철분, 알루미늄분은 염산과 반응하여 수소가스를 발생한다.
④ 적린, 유황의 화재 시에는 물을 이용한 냉각소화가 가능하다.

| 품명 | 위험등급 | 지정수량 |
|---|---|---|
| 황화린, 적린, 유황 | Ⅱ | 100 kg |
| 철분, 마그네슘, 금속분 | Ⅲ | 500 kg |
| 인화성고체 | Ⅲ | 1,000 kg |

### 77 위험물의 유별 분류 및 지정수량이 옳지 않은 것은?

① 염소화이소시아눌산 – 제1류 – 300 kg
② 염소화규소화합물 – 제3류 – 300 kg
③ 금속의 아지화합물 – 제5류 – 300 kg
④ 할로겐간화합물 – 제6류 – 300 kg

금속의 아지화합물 – 제5류 – 200 kg

### 78 제5류 위험물에 관한 설명으로 옳지 않은 것은?

① 불티·불꽃·고온체와의 접근이나 과열·충격 또는 마찰을 피해야 한다.
② 제조소의 게시판에 표시하는 주의사항은 "충격주의"이며 적색바탕에 백색문자로 기재한다.
③ 운반용기의 외부에 표시하는 주의사항은 "화기엄금" 및 "충격주의"이다.
④ 유기과산화물, 니트로화합물과 같은 자기반응성 물질은 제5류 위험물에 해당된다.

제조소의 표지 및 게시판

| 위험물의 종류 | 주의사항 | 게시판의 색상 | |
|---|---|---|---|
| 제2류 위험물 중 인화성 고체 제3류 위험물 중 자연발화성물질 제4류 위험물 제5류 위험물 | 화기엄금 | 적색바탕에 백색문자 | 화기엄금 |

### 79 염소산칼륨(KClO$_3$)에 관한 설명으로 옳지 않은 것은?

① 냉수, 알코올에 잘 녹는다.
② 무색 결정으로 인체에 유독하다.
③ 황산과 접촉으로 격렬하게 반응하여 ClO$_2$를 방생한다.
④ 적린과 혼합하여 가열·충격·마찰에 의해 폭발할 수 있다.

| 염소산칼륨 KClO$_3$  | ① 분해온도 : 400℃ $2KClO_3 \rightarrow KClO_4 + KCl + O_2 \uparrow$ ※ 분해온도보다 높은 온도에서의 반응식 $2KClO_3 \rightarrow 2KCl + 3O_2 \uparrow$ ② 분해촉진제 : 이산화망간 $MnO_2$ – 70℃에서 산소 방출 $MnO_2$를 가하는 이유 – 활성화 에너지를 감소시켜 반응속도를 증가시키기 위하여 ③ 산과 반응하여 $2KClO_3 + 2HCl \rightarrow 2KCl + 2ClO_2 + H_2O_2$ 생성 ④ 온수나 글리세린에는 용해한다. (냉수에는 소량 밖에 녹지 않는다.) |
|---|---|

### 80 물과 반응하여 메탄(CH$_4$) 가스를 발생하는 위험물은?

① 인화칼슘
② 탄화알루미늄
③ 수소화리튬
④ 탄화칼슘

탄화알루미늄
$Al_4C_3 + 12H_2O \rightarrow 4Al(OH)_3 + 3CH_4 \uparrow$

정답 76 ① 77 ③ 78 ② 79 ① 80 ②

**81** 제3류 위험물에 관한 설명으로 옳지 않은 것은?

① 황린은 공기와 접촉하면 자연발화할 수 있다.
② 칼륨, 나트륨은 등유, 경유 등에 넣어 보관한다.
③ 지정수량 1/10을 초과하여 운반하는 경우, 제4류 위험물과 혼재할 수 없다.
④ 알킬알루미늄은 운반용기 내용적의 90% 이하로 수납하여야 한다.

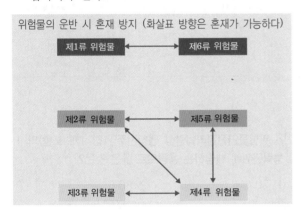

위험물의 운반 시 혼재 방지 (화살표 방향은 혼재가 가능하다)

**82** ANFO 폭약의 원료로 사용되는 물질로 조해성이 있고 물에 녹을 때 흡열반응을 하는 것은?

① 질산칼륨　　　② 질산칼슘
③ 질산나트륨　　④ 질산암모늄

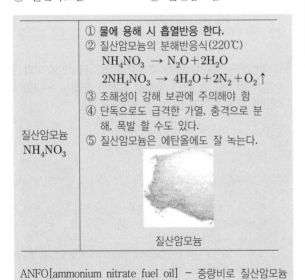

| 질산암모늄 $NH_4NO_3$ | ① 물에 용해 시 흡열반응 한다.<br>② 질산암모늄의 분해반응식(220℃)<br>$NH_4NO_3 \rightarrow N_2O + 2H_2O$<br>$2NH_4NO_3 \rightarrow 4H_2O + 2N_2 + O_2\uparrow$<br>③ 조해성이 강해 보관에 주의해야 함<br>④ 단독으로도 급격한 가열, 충격으로 분해, 폭발 할 수도 있다.<br>⑤ 질산암모늄은 에탄올에도 잘 녹는다.<br><br>질산암모늄 |

ANFO[ammonium nitrate fuel oil] – 중량비로 질산암모늄 94%, 경유 6%를 기계적으로 혼합한 것

**83** 제6류 위험물에 관한 설명으로 옳은 것은?

① 옥내저장소 저장창고의 바닥면적은 2,000 m² 까지 할 수 있다.
② 과산화수소는 비중이 1.49 이상인 것에 한하여 위험물로 규제한다.
③ 지정수량의 5배 이상을 취급하는 제조소에는 피뢰침을 설치하여야 한다.
④ 제조소 건축물의 창 및 출입구에 유리를 이용하는 경우에는 망입유리로 하여야 한다.

- 제6류 위험물은 모두 I등급으로 옥내저장소 저장창고의 바닥면적은 1,000 m² 까지 할 수 있다.
- 비중이 1.49 이상인 것에 한하여 위험물로 규제하는 것은 질산이다.
- 지정수량의 10배 이상을 취급하는 제조소에는 피뢰침을 설치하지만 제6류 위험물은 제외 한다.

**84** 위험물안전관리법령상 위험물에 해당하는 것은?

① 황가루와 활석가루가 각각 50 kg씩 혼합된 물질
② 아연분말 100 kg 중 150 μm의 체를 통과한 것이 60 kg인 것
③ 철분 500 kg 중 53 μm의 표준체를 통과한 것이 200 kg인 것
④ 구리분말 300 kg 중 150 μm의 체를 통과한 것이 100 kg인 것

| 유황 | 순도가 60 wt% 이상인 것 |
|---|---|
| 철분 | 53 μm표준체 통과하는 것이 50 wt% 미만인 것은 제외 |
| 마그네슘 | 2 mm체를 통과하지 아니하는 덩어리 및 직경 2 mm 이상의 막대 모양의 것은 제외 |
| 금속분 | 알칼리금속·알칼리토류금속·철 및 마그네슘외의 금속의 분말을 말하고, 구리분·니켈분 및 150 μm의 체를 통과하는 것이 50 wt% 미만인 것은 제외한다. |
| 인화성고체 | 고형알코올 및 1기압에서 인화점이 40℃ 미만인 고체 |

**정답** 81 ③　82 ④　83 ④　84 ②

**85** 디에틸에테르에 10% - 요오드화칼륨(KI) 용액을 첨가하였을 때 어떤 색상으로 변화하면 디에틸에테르 속에 과산화물이 생성되었다고 판정할 수 있는가?

① 황색
② 청색
③ 백색
④ 흑색

| 디에틸에테르 $C_2H_5OC_2H_5$ | ① 무색 투명하고 휘발성 있는 액체로서 "에테르" 라고 함 | 인화점 : $-45℃$ |
| | ② 공기 중에서 산화되어 과산화물 생성(폭발력이 강함) | 연소범위 : $1.9 \sim 48\%$ |
| | ③ **과산화물 검출시약 - 10% 요오드화칼륨 ⇒ 황색** | 발화점 : $180℃$ |
| | ④ 증기는 마취성이 있고 전기의 부도체로 정전기 발생우려 | 비점 : $34.6℃$ |
| | ⑤ 강산화제, 강산류와 접촉시 발열 발화 | |
| | ⑥ 물에 녹기 어렵고 유기용매인 알코올, 벤젠에 잘 녹는다. | |

**86** 제6류 위험물의 성상 및 위험성에 관한 설명으로 옳지 않은 것은?

① $BrF_3$는 자극적인 냄새가 나는 산화제이다.
② $HNO_3$는 유독성이 있는 부식성 액체이며 가열하면 적갈색의 $NO_2$를 발생한다.
③ $HClO_4$는 자극적인 냄새가 나는 무색 액체이며 물과 접촉하면 흡열반응을 한다.
④ $BrF_5$는 산과 반응하여 부식성 가스를 발생하고 물과 접촉하면 폭발 위험성이 있다.

| 과염소산 $HClO_4$ | ① 유독성, 자극성, 부식성이며 강산화성 물질로서 흡습성(발열), 휘발성이 강하다. |
| | ② 가열시 분해. 폭발에 의해 유독성의 염소 발생 |
| | ③ 유기물과의 접촉 시 폭발적으로 발화 |
| | ④ 유리, 도자기 밀폐용기에 넣어 저온에서 저장(가열하면 적갈색의 증기 발생) |
| | ⑤ 무색 액체로서 **물과 반응 시 심하게 발열한다.** |

**87** 다음 위험물 중 물에 잘 녹는 것은?

① 벤젠
② 아세톤
③ 가솔린
④ 툴루엔

| 아세톤 $CH_3COCH_3$ DMK | 수용성 | ① 무색의 액체로 독특한 냄새가 있고 물, 유기용제에 잘 녹는다. | 인화점 : $-18℃$ |
| | | ② 공기와 장기간 접촉 시 과산화물이 생겨 갈색병에 저장하여야 한다. | 발화점 : $538℃$ |
| | | | 연소범위 : $2.5\sim12.8\%$ |
| | | ③ $C_2H_2$를 잘 용해시키며 탈지작용을 한다. | 비점 : $56.6℃$ |

**88** 위험물안전관리법령상 팽창진주암(삽 1개 포함)의 1.0 능력단위에 해당하는 용량으로 옳은 것은?

① 50 ℓ
② 80 ℓ
③ 100 ℓ
④ 160 ℓ

소화설비의 능력단위

| 소화설비 | 용량 | 능력단위 |
|---|---|---|
| 마른모래(삽 1개포함) | 50 ℓ | 0.5 |
| 팽창질석, 팽창진주암 (삽 1개포함) | 160 ℓ | 1 |

**89** 위험물안전관리법령상 주유취급소의 담 또는 벽의 일부분에 부착할 수 있는 방화상 유효한 유리는 하나의 유리판의 가로 길이가 몇 m 이내이어야 하는가?

① 0.5
② 1.0
③ 1.5
④ 2.0

담 또는 벽의 일부분에 방화상 유효한 구조의 유리를 부착할 수 있는 경우
1. 유리를 부착하는 위치는 주입구, 고정주유설비 및 고정급유설비로부터 4 m 이상 이격될 것
2. 유리를 부착하는 방법
  ㉠ 주유취급소 내의 지반면으로부터 70 cm를 초과하는 부분에 한하여 유리를 부착할 것
  ㉡ 하나의 유리판의 가로의 길이는 2 m 이내일 것

정답  85 ①  86 ③  87 ②  88 ④  89 ④

**90** 위험물안전관리법령상 제조소의 환기설비 시설기준에 관한 설명으로 옳지 않은 것은?

① 급기구는 해당 급기구가 설치된 실의 바닥면적 150 m²마다 1개 이상으로 하여야 한다.
② 환기구는 지붕 위 또는 지상 1 m 이상의 높이에 설치하여야 한다.
③ 바닥면적이 120 m²인 경우, 급기구의 크기를 600 cm² 이상으로 하여야 한다.
④ 급기구는 낮은 곳에 설치하고 가는 눈의 구리망 등으로 인화방지망을 설치하여야 한다.

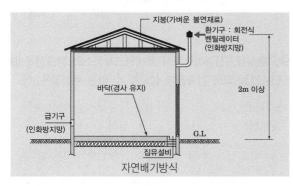

**91** 위험물안전관리법령상 제조소 내의 위험물을 취급하는 배관을 강관 이외의 재질로 하는 경우 사용할 수 없는 것은?

① 폴리프로필렌
② 폴리우레탄
③ 고밀도폴리에틸렌
④ 유리섬유강화플라스틱

> 위험물제조소내의 위험물을 취급하는 배관 설치기준
> - 배관의 재질은 강관 그 밖에 이와 유사한 금속성으로 하여야 한다. 다만, 한국산업규격이 유리섬유강화플라스틱 · 고밀도폴리에틸렌 또는 폴리우레탄으로 할 경우 그러하지 아니하다.

**92** 위험물안전관리법령상 제조소의 안전거리 규정에 관한 설명으로 옳지 않은 것은?

① 고등교육법에서 정하는 학교는 수용인원에 관계없이 30 m 이상 이격하여야 한다.
② 영유아보육법에 의한 어린이집이 20명의 인원을 수용하는 경우는 30 m 이상 이격하여야 한다.
③ 공연법에 의한 공연장이 300명의 인원을 수용하는 경우는 10 m 이상 이격하여야 한다.
④ 노인복지법에 의한 노인복지시설이 20명의 인원을 수용하는 경우는 30 m 이상 이격하여야 한다.

제조소의 안전거리

| 안전거리 | 해당 대상물 | |
|---|---|---|
| 50 m 이상 | 유형문화재, 기념물 중 지정문화재 | |
| 30 m 이상 | ① 학교<br>② 종합병원, 병원, 치과병원, 한방병원, 요양병원 | |
| | ③ 공연장, 영화상영관 등 | 수용인원 : 300명 이상 |
| | ④ 아동복지시설, 장애인복지시설, 모·부자복지시설, 보육시설, 가정폭력 피해자시설 등 | 수용인원 : 20명 이상 |
| 20 m 이상 | 고압가스, 액화석유가스, 도시가스를 저장 또는 취급하는 시설 | |
| 10 m 이상 | 주거 용도에 사용되는 것 | |
| 5 m 이상 | 사용전압 35,000 V를 초과하는 특고압가공전선 | |
| 3 m 이상 | 사용전압 7,000 V 초과 35,000 V 이하의 특고압가공전선 | |

**93** 위험물안전관리법령상 제조소 옥외설비 바닥의 집유설비에 유분리장치를 설치해야 하는 액체위험물의 용해도 기준으로 옳은 것은?

① 15℃의 물 100 g에 용해되는 양이 0.1 g 미만인 것
② 15℃의 물 100 g에 용해되는 양이 1 g 미만인 것
③ 20℃의 물 100 g에 용해되는 양이 0.1 g 미만인 것
④ 20℃의 물 100 g에 용해되는 양이 1 g 미만인 것

위험물(온도 20℃의 물 100 g에 용해되는 양이 1 g 미만인 것에 한함)을 취급하는 설비에는 집유설비에 유분리장치를 설치할 것 → 용해도가 1% 이상인 것은 유분리 장치를 하지 않음

**94** 위험물안전관리법령상 제조소등의 시설 중 각종 턱에 관한 기준으로 옳지 않은 것은?

① 액체위험물을 취급하는 제조소의 옥외설비는 바닥의 둘레에 높이 0.15 m 이상의 턱을 설치하여야 한다.
② 판매취급소에서 위험물을 배합하는 실의 출입구 문턱 높이는 바닥 면으로부터 0.05 m 이상이어야 한다.
③ 옥외탱크저장소에서 옥외저장탱크 펌프실의 바닥 주위에는 높이 0.2 m 이상의 턱을 만들어야 한다.
④ 주유취급소의 펌프실 출입구에는 바닥으로부터 0.1 m 이상의 턱을 설치하여야 한다.

위험물 취급시 누출 방지 턱의 설치 높이
• 제조소, 옥외저장탱크, 옥내저장탱크, 이송취급소 − 내부에 설치 : 0.2 m 이상, 외부에 설치 : 0.15 m 이상
• 옥내저장탱크 탱크전용실의 문턱 높이 − 용량 수용 가능한 높이 이상
• 주유취급소, 판매취급소 − 0.1 m 이상

**95** 위험물안전관리법령상 옥내저장소의 지붕 또는 천장에 관한 설명으로 옳지 않은 것은?

① 황린만 저장하는 경우에는 지붕을 내화구조로 할 수 있다.
② 셀룰로이드만 저장하는 경우에는 불연재료로 된 천장을 설치할 수 있다.
③ 할로겐간화합물만 저장하는 경우에는 지붕을 내화구조로 할 수 있다.
④ 피크린산만 저장하는 경우에는 난연재료로 된 천장을 설치할 수 있다.

• 단층건물의 옥내저장소 저장창고
 ㉠ 지붕을 내화구조로 할 수 있는 경우
   제2류 위험물(분상의 것과 인화성고체를 제외한다)과 제6류 위험물만의 저장창고
 ㉡ 난연재료 또는 불연재료로 된 천장을 설치할 수 있는 경우
   제5류 위험물만의 저장창고에 있어서는 당해 저장창고 내의 온도를 저온으로 유지하기 위한 경우
   황린은 제3류 위험물로서 지붕을 내화구조로 할 수 없다.

**96** 위험물안전관리법령상 옥내탱크저장소의 탱크전용실을 단층건물 외의 건축물에 설치할 수 없는 위험물은?

① 적린　　　　　② 칼륨
③ 경유　　　　　④ 질산

옥내탱크저장소의 탱크 전용실을 단층 건축물 외에 설치하는 것 − 저장, 취급 할 수 있는 위험물

| 제2류 위험물 | 황화린, 적린 및 덩어리 유황 | 제3류 위험물 | 황린 |
| --- | --- | --- | --- |
| 제4류 위험물 | 인화점이 38℃ 이상인 위험물 | 제6류 위험물 | 질산 |

**97** 위험물안전관리법령상 제조소 건축물의 외벽이 내화구조인 경우 2 소요단위에 해당하는 연면적은?

① 100 m² 　　　② 150 m²
③ 200 m² 　　　④ 300 m²

소요단위
소화설비 설치대상이 되는 건축물 그 밖의 공작물의 규모 또는 위험물 양의 기준단위
1. 규모의 기준

| 면적당 1소요 단위 | | 외 벽 | |
| --- | --- | --- | --- |
| | | 기 타 구 조 | 내 화 구 조 |
| 규모 기준 | 제조소, 취급소 | 50 m² | 100 m² |
| | 저장소 | 75 m² | 150 m² |

2. 양의 기준

| 위험물 양의 기준 | 지정수량 10배마다 1소요 단위 |
| --- | --- |

**98** 위험물안전관리법령상 위험물의 운송 및 운반에 관한 설명으로 옳지 않은 것은?

① 지정수량 이상을 운송하는 차량은 운행 전 관할소 방서에 신고하여야 한다.
② 알킬리튬은 운송책임자의 감독 또는 지원을 받아 운송을 하여야 한다.
③ 제3류 위험물 중 금수성 물질은 적재 시 방수성이 있는 피복으로 덮어야 한다.
④ 위험물은 운반용기의 외부에 위험물의 품명, 수량, 주의사항 등을 표시하여 적재하여야 한다.

위험물의 운송
1. 위험물운송자의 자격
   ㉠ 국가기술자격을 취득하고 관련 업무에 1년 이상 종사한 경력이 있는 자
   ㉡ 안전교육을 수료하고 관련 업무에 2년 이상 종사한 경력이 있는 자
2. 이동탱크저장소에 의하여 위험물을 운송 시
   위험물운송자는 국가기술자격증 또는 교육수료증을 지참하여야 한다.
3. 운송책임자의 감독 또는 지원을 받아 운송하는 위험물의 종류
   알킬알루미늄, 알킬리튬 및 이 물질을 함유하는 위험물

**99** 위험물안전관리법령상 이동탱크저장소의 기준 중 이동저장탱크에 설치하는 강철판으로 된 칸막이, 방파판, 방호틀 각각의 최소 두께를 합한 값은?

① 4.8 mm
② 6.9 mm
③ 7.1 mm
④ 9.6 mm

이동저장탱크

| 탱크두께 | 칸막이 | 측면틀 | 방호틀 | 방파판 |
|---|---|---|---|---|
| 3.2 mm 이상 | 3.2 mm 이상 | 3.2 mm 이상 | 2.3 mm 이상 | 1.6 mm 이상 |

- 옥외서상뱅크, 순늑청옥외저장탱크 지하저장탱크, 간이저장탱크 두께 : 3.2 mm 이상
- 알킬알루미늄 저장, 취급하는 이동저장탱크의 두께 : 10 mm 이상

**100** 위험물안전관리법령상 이송취급소에 해당하지 않는 것을 모두 고른 것은?

ㄱ. 송유관안전관리법에 의한 송유관에 의하여 위험물을 이송하는 경우
ㄴ. 농어촌 전기공급사업 촉진법에 따라 설치된 자가발전시설에 사용되는 위험물을 이송하는 경우
ㄷ. 사업소와 사업소 사이의 이송배관이 제3자(해당 사업소와 관련이 있거나 유사한 사업을 하는 자에 한한다)의 토지만을 통과하는 경우로서 배관의 길이가 100 m 이하인 경우

① ㄱ, ㄴ
② ㄴ, ㄷ
③ ㄱ, ㄷ
④ ㄱ, ㄴ, ㄷ

| 이송취급소 | 배관 및 이에 부속된 설비에 의하여 위험물을 이송하는 장소 |
|---|---|
| | ※ 이송취급소의 제외 |
| | ① 송유관에 의하여 위험물을 이송하는 경우 |
| | ② 제조소등에 관계된 시설(배관을 제외한다) 및 그 부지가 같은 사업소 안에 있고 당해 사업소 안에서만 위험물을 이송하는 경우 |
| | ③ 사업소와 사업소의 사이에 도로(폭 2 m 이상의 일반교통에 이용되는 도로로서 자동차의 통행이 가능한 것을 말한다)만 있고 사업소와 사업소 사이의 이송배관이 그 도로를 횡단하는 경우 |
| | ④ 사업소와 사업소 사이의 이송배관이 제3자(당해 사업소와 관련이 있거나 유사한 사업을 하는 자에 한한다)의 토지만을 통과하는 경우로서 배관의 길이가 100 m 이하인 경우 |
| | ⑤ 해상구조물에 설치된 배관(이송되는 위험물이 별표 1의 제4류 위험물중 제1석유류인 경우에는 배관의 내경이 30 cm 미만인 것에 한한다)으로서 당해 해상구조물에 설치된 배관이 길이가 30 m 이하인 경우 |
| | ⑥ 「농어촌 전기공급사업 촉진법」에 따라 설치된 자가발전시설에 사용되는 위험물을 이송하는 경우 |

**제5과목** 소방시설의 구조원리

**101** 화재안전기준상 전기실 및 전산실에 적응성이 있는 소화기구의 소화약제는?

① 포소화약제
② 강화액소화약제
③ 청정소화약제
④ 산·알칼리소화약제

| 소화약제 구분 / 적응대상 | 가스 | | | 분말 | | 액체 | | | |
|---|---|---|---|---|---|---|---|---|---|
| | 이산화탄소소화약제 | 할로겐화물소화약제 | 청정소화약제 | 인산염류소화약제 | 중탄산염류소화약제 | 산알칼리소화약제 | 강화액소화약제 | 포소화약제 | 물·침윤소화약제 |
| 일반화재 (A급 화재) | − | ○ | ○ | ○ | − | ○ | ○ | ○ | ○ |
| 유류화재 (B급 화재) | ○ | ○ | ○ | ○ | ○ | ○ | ○ | ○ | ○ |
| 전기화재 (C급 화재) | ○ | ○ | ○ | ○ | ○ | * | * | * | * |
| 주방화재 (K급 화재) | − | − | − | − | * | − | * | * | * |

**102** 옥내소화전이 지상 29층에 2개, 지상 30층에 3개 설치되어 있는 지상 40층인 건축물에서 화재안전기준상 수원의 최소용량($m^3$)은? (단, 옥상수원 제외)

① 7.8
② 15.6
③ 23.4
④ 39.0

$수원 = N \times Q \times T$
$= 3개 \times 130 L/min \cdot 개 \times 40\ min = 15.6\ m^3$

**103** 할로겐화합물 및 불활성기체소화약제소화설비의 화재안전기준상 A급화재 소화농도가 30%일 경우 사람이 상주하는 곳에 사용이 가능한 소화약제는?

① FC−3−1−10
② HCFC−124
③ HFC−125
④ HFC−236fa

| 소 화 약 제 | 최대허용 설계농도(%) | 소 화 약 제 | 최대허용 설계농도(%) |
|---|---|---|---|
| FC−3−1−10 | 40 | FK−5−1−12 | 10 |
| HFC − 23 | 30 | HCFC BLEND A | 10 |
| HFC − 236fa | 12.5 | HCFC − 124 | 1.0 |
| HFC − 125 | 11.5 | FIC − 13I1 | 0.3 |
| HFC − 227ea | 10.5 | | |

**104** 물분무소화설비의 화재안전기준에 관한 설명으로 옳지 않은 것은?

① 220 kV 초과 275 kV 이하인 전압의 전기기기가 있는 장소에 있어서는 전기기기와 물분무헤드 사이에 210 cm 이상 거리를 두어야 한다.
② 물분무소화설비를 설치하는 차고 또는 주차장의 배수구에는 새어 나온 기름을 모아 소화할 수 있도록 길이 40 m 이하마다 집수관·소화핏트 등 기름분리장치를 설치하여야 한다.
③ 수원은 절연유 봉입 변압기에 있어서 바닥부분을 제외한 표면적을 합한 면적 1 $m^2$에 대하여 10 ℓ/min로 20분간 방수할 수 있는 양 이상으로 하여야 한다.
④ 운전시에 표면의 온도가 260℃ 이상으로 되는 등 직접 분무를 하는 경우 그 부분에 손상을 입힐 우려가 있는 기계장치 등이 있는 장소에는 물분무헤드를 설치하지 아니할 수 있다.

| 전기의 절연을 위하여 고압의 전기기기와 물분무헤드 사이의 거리 | | | |
|---|---|---|---|
| 전압(kV) | 거리 (cm) | 전압(kV) | 거리 (cm) |
| 66 이하 | 70 이상 | 154 초과 181 이하 | 180 이상 |
| 66 초과 77 이하 | 80 이상 | 181 초과 220 이하 | 210 이상 |
| 77 초과 110 이하 | 110 이상 | 220 초과 275 이하 | 260 이상 |
| 110 초과 154 이하 | 150 이상 | | |

**정답** 101 ③ 102 ② 103 ① 104 ①

**105** 다음은 옥내소화전설비의 화재안전기준에 관한 내용이다. ( )안에 들어갈 내용이 순서대로 옳은 것은?

> 펌프의 성능은 체절운전 시 정격토출압력의 ( )%를 초과하지 아니하고, 정격토출량의 ( )%로 운전 시 정격토출압력의 ( )% 이상이 되어야 한다.

① 140, 65, 150　　② 140, 150, 65
③ 150, 65, 140　　④ 150, 140, 65

| 펌프 성능 곡선 | 구분 | 운전점 |
|---|---|---|
| | A | 체절운전점(Shut off point, Churn pressure) 정격압력의 140%를 초과하지 아니할 것. |
| | B | 정격운전점(Rating point) 정격토출량의 100% 운전시 정격토출압의 100% 이상 |
| | C | 과부하운전점(Overload point) 정격토출량의 150% 운전시 정격토출압의 65% 이상 |

**106** 화재조기진압용 스프링클러설비의 화재안전기준에 관한 설명으로 옳지 않은 것은?

① 헤드 하나의 방호면적은 $6.0 \, m^2$ 이상 $9.3 \, m^2$ 이하로 한다.
② 교차배관은 가지배관 밑에 설치하고, 그 구경은 최소 40 mm 이상으로 한다.
③ 하향식 헤드의 반사판의 위치는 천장이나 반자 아래 125 mm 이상 355 mm 이하로 한다.
④ 천장의 높이가 9.1 m 이상 13.7 m 이하인 경우 가지배관 사이의 거리는 2.4 m 이상 3.7 m 이하로 한다.

가지배관 사이의 거리

| 천장의 높이가 9.1 m 미만 | 2.4 m 이상 3.7 m 이하 |
|---|---|
| 천장의 높이가 9.1 m 이상 13.7 m 이하 | 2.4 m 이상 3.1 m 이하 |

**107** 분말소화약제의 화재안전기준상 소화약제 1 kg당 저장용기의 내용적($\ell$)으로 옳은 것은?

① 제1종 분말 : 0.8
② 제2종 분말 : 0.9
③ 제3종 분말 : 0.9
④ 제4종 분말 : 1.0

| 구 분 | 분말소화설비 | | |
|---|---|---|---|
| | 제1종 | 제2종, 제3종 | 제4종 |
| 저장용기의 충전비($\ell$/kg) | 0.8 $\ell$ 이상 | 1 $\ell$ 이상 | 1.25 $\ell$ 이상 |

**108** 바닥면적 $300 \, m^2$인 주차장에 호스릴포소화설비를 설치하는 경우 화재안전기준상 포소화약제의 최소저장량($\ell$)은? (단, 호스접결수는 8개, 약제의 사용농도는 3%이다.)

① 800　　　　　② 900
③ 1,000　　　　④ 1,100

| 종류 대상 | 포소화전·호스릴포 |
|---|---|
| | 저발포 / 수동(시간 : 20분) |
| 차고 주차장 (설비 겸용시 수원 : 최대의 것) | 1. 토출량 NQ<br>2. 수원(포수용액) NQT<br>3. 약제량 NQTS<br><br>표:<br>N 개수 / Q 방출율 $\ell$/(min·개)<br>최대 5개 / 300 $\ell$/(min·개)<br><br>* 바닥면적 $200 \, m^2$ 이하 시 토출량은 230 $\ell$/min 으로 할 수 있다.<br>* 바닥면적 $200 \, m^2$ 미만 시 약제량은 75%로 할 수 있다. |

약제량 ⇒
NQTS = 5개 × 300 $\ell$/min·개 × 20 min × 0.03 = 900 $\ell$

정답　105 ②　106 ④　107 ①　108 ②

**109** 이산화탄소소화설비의 화재안전기준에 관한 설명으로 옳은 것은?

① 저압식 저장용기의 충전비는 1.5 이상 1.9 이하로 한다.

② 소화약제의 저장용기는 온도가 50℃ 이하인 곳에 설치한다.

③ 셀룰로이드제품 등 자기연소성물질을 저장·취급하는 장소에는 분사헤드를 설치하여야 한다.

④ 음향경보장치는 소화약제의 방사개시 후 1분 이상 경보를 계속할 수 있는 것으로 설치하여야 한다.

> 저압식 저장용기의 충전비는 1.1 이상 1.4 이하로 한다.
> 소화약제의 저장용기는 온도가 40℃ 이하인 곳에 설치한다.
> 셀룰로이드제품 등 자기연소성물질을 저장·취급하는 장소는 질식소화가 불가능하여 적응성이 없다.

**110** 무선통신보조설비의 화재안전기준에 관한 설명으로 옳은 것은?

① 동축케이블의 임피던스는 45 Ω으로 설치하여야 한다.

② 증폭기의 전면에는 주 회로의 전원이 정상인지의 여부를 표시할 수 있는 표시등 및 전류계를 설치하여야 한다.

③ 지상에 설치하는 접속단자는 보행거리 300 m 이내마다 설치하고, 다른 용도로 사용되는 접속단자에는 1.5 m 이상의 거리를 두어야 한다.

④ "분배기"란 신호의 전송로가 분기되는 장소에 설치하는 것으로 임피던스 매칭과 신호균등분배를 위해 사용하는 장치를 말한다.

> • 동축케이블의 임피던스는 50 Ω으로 설치하여야 한다
> • 증폭기의 전면에는 주 회로의 전원이 정상인지의 여부를 표시할 수 있는 표시등 및 전압계를 설치하여야 한다.

전압계
전원표시등

> • 지상에 설치하는 접속단자는 보행거리 300 m 이내마다 설치하고, 다른 용도로 사용되는 접속단지에서 5 m 이상의 거리를 둘 것

**111** 화재 시 연소면이 1면에 한정되고 가연물이 비산할 우려가 없는 표면적 100 m²인 방호대상물에 국소방출방식 할론 소화약제를 적용할 경우, 할론 1301의 최소저장량(kg)은?

① 748  ② 850

③ 950  ④ 968

국소방출방식
윗면이 개방된 용기에 저장하는 경우와 화재시 연소면이 한정되고 가연물이 비산할 우려가 없는 경우

$$A \times Q \times N$$

| A | 방호대상물의 표면적(m²) | |
|---|---|---|
| | 소화약제의 종별 | 방호대상물의 표면적 1m²에 대한 소화약제의 양(kg) |
| Q | 2402 | 8.8 |
| | 1211 | 7.6 |
| | 1301 | 6.8 |
| N | 할론 2402 또는 할론 1211 : 1.1 | |
| | 할론 1301 : 1.25 | |

$A \times Q \times N = 100\,\text{m}^2 \times 6.8\,\text{kg}/\text{m}^2 \times 1.25 = 850\,\text{kg}$

**112** 자동화재탐지설비의 화재안전기준상 감지기의 부착높이가 8 m 이상 15 m 미만인 경우 설치하여야 하는 감지기가 아닌 것은?

① 불꽃감지기

② 이온화식2종감지기

③ 차동식스포트형감지기

④ 광전식스포트형1종감지기

부착높이에 따른 감지기 설치기준

| 부착높이 | 감지기의 종류 | |
|---|---|---|
| 8 m 이상 15 m 미만 | 차동식 분포형 이온화식 1종 또는 2종 광전식(스포트형, 분리형, 공기흡입형) 1종 또는 2종 연기복합형, 불꽃감지기 | 열감지기는 적응성 없음 (분포형은 제외) |

**113** 소방시설 설치·유지 및 안전관리에 관한 법령상 자동화재속보설비를 설치하여야 하는 특정소방대상물에 해당하지 않는 것은?

① 공장으로서 바닥면적이 1천5백 m² 이상인 층이 있는 것

② 창고시설로서 바닥면적이 1천5백 m² 이상인 층이 있는 것

③ 문화재보호법상 보물로 지정된 목조건축물

④ 숙박시설이 없는 청소년수련시설

| 자동화재속보비 설치 대상 | |
|---|---|
| ① 업무시설, 공장, 창고시설, 교정 및 군사시설 중 국방·군사시설, 발전시설 ※ 사람이 근무하지 않는 시간에는 무인경비 시스템으로 관리하는 시설만 해당한다 | 바닥면적이 1천5백 m² 이상인 층이 있는 것 |
| ② 노유자시설 | 바닥면적이 500 m² 이상인 층이 있는 것 |
| ③ 수련시설(숙박시설이 있는 건축물만 해당) | 바닥면적이 500 m² 이상인 층이 있는 것 |
| ④ 보물 또는 국보로 지정된 목조건축물 | |
| 의료시설 | 종합병원, 병원, 치과병원, 한방병원 및 요양병원 (정신병원과 의료재활시설은 제외) | |
| | 정신병원 및 의료재활시설 | 바닥면적이 500 m² 이상인 층이 있는 것 |
| 노유자 생활시설, 층수가 30층 이상인 것, 판매시설 중 전통시장, 근린생활시설 중 의원, 치과의원 및 한의원으로서 입원실이 있는 시설 | |

**114** 비상방송설비의 화재안전기준상 음향장치 설치기준으로 옳지 않은 것은?

① 음량조정기를 설치하는 경우 음량조정기의 배선은 2선식으로 할 것

② 음향장치는 정격전압의 80% 전압에서 음향을 발할 수 있는 것을 할 것

③ 다른 방송설비와 공용하는 것에 있어서는 화재 시 비상경보외의 방송을 차단할 수 있는 구조로 할 것

④ 증폭기는 수위실 등 상시 사람이 근무하는 장소로서 점검이 편리하고 방화상 유효한 곳에 설치할 것

> 음량조정기를 설치하는 경우 음량조정기의 배선은 3선식으로 할 것

**115** 비상조명등의 화재안전기준에 관한 설명으로 옳은 것은?

① 의료시설의 거실에는 비상조명등을 설치하지 아니한다.

② 휴대용비상조명등의 설치높이는 바닥으로부터 0.5 m 이상 1.0 m 이하의 높이에 설치하여야 한다.

③ 거실의 각 부분으로부터 하나의 출입구에 이르는 수평거리가 15 m 이내인 부분에는 비상조명등을 설치하지 아니한다.

④ 지하층을 포함한 층수가 11층 이상의 층은 비상조명등을 60분 이상 유효하게 작동시킬 수 있는 용량으로 하여야 한다.

- 비상조명등의 제외
  1. 거실의 각 부분으로부터 하나의 출입구에 이르는 보행거리가 15 m 이내인 부분
  2. 의원·경기장·공동주택·의료시설·학교의 거실
- 휴대용비상조명등의 설치높이는 바닥으로부터 0.8 m 이상 1.5 m 이하의 높이에 설치하여야 한다.
- 비상조명등을 20분 이상 유효하게 작동시킬 수 있는 용량
- 비상조명등을 60분 이상 유효하게 작동시킬 수 있는 용량의 장소
  - 지하층을 제외한 층수가 11층 이상의 층
  - 지하층 또는 무창층으로서 용도가 도매시장·소매시장·여객자동차터미널·지하역사 또는 지하상가

**116** 유도등 및 유도표지의 화재안전기준상 통로유도등의 설치기준에 관한 내용으로 옳은 것을 모두 고른 것은?

> ㄱ. 복도통로유도등은 구부러진 모퉁이 및 설치된 통로유도등을 기점으로 보행거리 20 m 마다 설치할 것
> ㄴ. 계단통로유도등은 바닥으로부터 높이 1 m 이하의 위치에 설치할 것
> ㄷ. 거실통로유도등은 바닥으로부터 높이 1 m 이상의 위치에 설치할 것

① ㄱ, ㄴ       ② ㄱ, ㄷ

③ ㄴ, ㄷ       ④ ㄱ, ㄴ, ㄷ

> 거실통로유도등은 바닥으로부터 높이 1.5 m 이상의 위치에 설치할 것

**117** 가스누설경보기의 형식승인 및 제품검사의 기술기준상 경보기의 일반구조로 옳지 않은 것은?

① 분리형의 탐지부 외함의 두께는 강판의 경우 1.0 mm 이상일 것

② 수신부의 외함이 합성수지인 경우 자기소화성이 있을 것

③ 접착테이프를 사용하여 쉽게 고정할 수 있을 것

④ 전원공급의 상태를 쉽게 확인할 수 있는 표시등이 있을 것

> 건물 등에 부착하도록 되어있는 것은 나사, 못 등에 의하여 쉽게 고정시킬 수 있는 구조이어야 하며, 접착테이프 등을 사용하는 구조가 아니어야 한다.

**118** 화재안전기준상 각 층의 바닥면적이 3,000 m²인 판매시설에서 층마다 설치하여야 하는 피난기구의 최소개수는?

① 3       ② 4

③ 5       ④ 6

> 피난기구 설치 개수
>
> | 구 분 | 그 밖의 용도 | 위락시설 · 문화집회 및 운동시설 · 판매시설 또는 복합용도 | 숙박시설 · 노유자시설 및 의료시설 |
> |---|---|---|---|
> | 층의 바닥면적 | 1,000 m² | 800 m² | 500 m² |
>
> ※ 계단실형 아파트에 있어서는 각 세대마다 설치
>
> 판매시설은 800 m²마다 설치하므로
> 3,000 m² ÷ 800 m²/개 = 3.75개    ∴ 4개

**119** 연결살수설비에서 폐쇄형스프링클러헤드를 설치하는 경우 화재안전기준으로 옳은 것은?

① 스프링클러헤드와 그 부착면과의 거리는 55 cm 이하로 하여야 한다.

② 높이가 4 m 이상인 공장에 설치하는 스프링클러헤드는 그 설치장소의 평상시 최고 주위온도에 관계없이 표시온도 106℃ 이상의 것으로 할 수 있다.

③ 습식 연결살수설비외의 설비에는 상향식스프링클러헤드를 설치하여야 한다.

④ 스프링클러헤드의 반사판은 그 부착면과 10분의 1 이상 경사되지 않게 설치하여야 한다.

> - 스프링클러헤드와 그 부착면과의 거리는 30 cm 이하로 할 것
> - 높이가 4 m 이상인 공장 및 창고(랙크식창고를 포함한다)에 설치하는 스프링클러헤드는 그 설치장소의 평상시 최고 주위온도에 관계없이 표시온도 121℃ 이상의 것으로 할 수 있다.
> - 스프링클러헤드의 반사판은 그 부착면과 평행하게 설치할 것

**120** 제연설비의 화재안전기준에 관한 설명으로 옳은 것은?

① 하나의 제연구역은 직경 40 m 원내에 들어갈 수 있어야 한다.

② 제연경계의 수직거리는 2.5 m 이내이어야 한다.

③ 거실과 통로(복도를 제외)는 상호 제연구획 하여야 한다.

④ 예상제연구역의 각 부분으로부터 하나의 배출구까지의 수평거리는 10 m 이내가 되도록 하여야 한다.

> 하나의 제연구역은 직경 60 m 원내에 들어갈 수 있어야 한다.
> 제연경계의 수직거리는 2 m 이내이어야 한다.
> 거실과 통로(복도를 포함한다)는 상호 제연구획 할 것

**121** 지표면에서 최상층 방수구의 높이가 70 m 이상인 특정소방대상물에 설치하는 연결송수관설비의 가압송수장치에 관한 화재안전기준으로 옳은 것은?

① 충압펌프가 기동이 된 경우에는 자동으로 정지되지 아니하도록 하여야 한다.

② 펌프의 토출량은 계단식 아파트의 경우에는 1,200 ℓ/min 이상이 되는 것으로 하여야 한다.

③ 펌프의 양정은 최상층에 설치된 노즐선단의 압력이 0.25 MPa 이상의 압력이 되도록 하여야 한다.

④ 펌프의 토출측에는 압력계를 체크밸브 이후에 펌프 토출측 플랜지에서 가까운 곳에 설치하여야 한다.

가압송수장치가 기동이 된 경우에는 자동으로 정지되지 아니하도록 하여야 한다.
다만, 충압펌프의 경우에는 그러하지 아니하다
펌프의 양정은 최상층에 설치된 노즐선단의 압력이 0.35 MPa 이상의 압력이 되도록 하여야 한다.
펌프의 토출측에는 압력계를 체크밸브 이전에 펌프토출측 플랜지에서 가까운 곳에 설치

**122** 연소방지설비의 화재안전기준에 관한 설명으로 옳지 않은 것은?

① 연소방지설비는 송수구로부터 3 m 이내에 살수구역 안내표지를 설치할 것

② 방화벽을 관통하는 케이블·전선 등에는 내화성이 있는 화재차단재로 마감할 것

③ 연소방지설비의 배관방식은 습식외의 방식으로 설치할 것

④ 방수헤드간의 수평거리를 연소방지설비 전용헤드의 경우에는 2 m 이하로 할 것

송수구로부터 1 m 이내에 살수구역 안내표지를 설치할 것

**123** 제연설비의 화재안전기준상 거실의 바닥면적이 100 m²인 예상제연구역이 다른 거실의 피난을 위한 경유거실인 경우 그 예상제연구역의 최소배출량(m³/hr)은?

① 5,000
② 6,500
③ 7,500
④ 9,000

$100\,m^2 \times 60m^3/\,m^2 \cdot hr = 6,000\,m^3/\,hr$
경유거실은 배출량의 1.5배이므로 $6,000 \times 1.5 = 9,000$

**124** 비상콘센트설비의 화재안전기준상 전원회로 설치기준으로 옳지 않은 것은?

① 하나의 전용회로에 설치하는 비상콘센트는 10개 이하로 할 것

② 콘센트마다 플러그접속 차단기를 설치하여야 하며, 충전부가 노출되지 아니하도록 할 것

③ 전원으로부터 각 층의 비상콘센트에 분기되는 경우에는 분기배선용 차단기를 보호함안에 설치할 것

④ 비상콘센트설비의 전원회로는 단상교류 220 V인 것으로서, 그 공급용량은 1.5 kVA 이상인 것으로 할 것

콘센트마다 배선용 차단기(KS C 8321)를 설치하여야 하며, 충전부가 노출되지 아니하도록 할 것

**125** 옥외소화전설비의 화재안전기준에 관한 설명으로 옳지 않은 것은?

① 노즐선단에서의 방수압력은 0.25 MPa 이상이고, 방수량이 350 ℓ/min 이상이어야 한다.

② 수원은 설치개수(옥외소화전이 2개 이상 설치된 경우에는 2개)에 7 m³를 곱한 양 이상으로 한다.

③ 옥외소화전이 10개 이하 설치된 때에는 소화전 3개마다 1개 이상의 소화전함을 설치하여야 한다.

④ 호스접결구는 특정소방대상물의 각 부분으로부터 하나의 호스접결구까지의 수평거리가 40 m 이하가 되도록 설치하고 호스구경은 65 mm의 것으로 하여야 한다.

| 옥외소화전 | 소화전함 |
|---|---|
| 10개 이하 | 옥외소화전마다 5 m 이내의 장소에 1개 이상 설치 |
| 11개 이상 30개 이하 | 11개 이상의 소화전함을 각각 분산하여 설치 |
| 31개 이상 | 옥외소화전 3개마다 1개 이상 설치 |

정답 **121** ② **122** ① **123** ④ **124** ② **125** ③

## 제1과목 소방안전관리론 및 화재역학

**01 연소에 관한 설명으로 옳지 않은 것은?**

① 화학적 활성도가 큰 가연물일수록 연소가 용이하다.
② 조연성 가스는 가연물이 탈 수 있도록 도와주는 기체이다.
③ 열전도율이 작은 가연물일수록 연소가 용이하다.
④ 흡착열은 가연물의 산화반응으로 발열 축적된 것이다.

> 흡착열 : 접촉하고 있는 기체나 용액의 분자를 표면에 달라붙게 하는 고체 물질의 성질로서 흡착할 때 발생하는 열

**02 인화점과 발화점에 관한 설명으로 옳지 않은 것은?**

① 인화점은 가연성 액체의 위험성 기준이 된다.
② 발화점은 발열량과 열전도율이 클 때 낮아진다.
③ 인화점은 점화원에 의하여 연소를 시작할 수 있는 최저온도이다.
④ 고체 가연물의 발화점은 가열된 공기의 유량, 가열 속도에 따라 달라진다.

> 발화점은 열전도율이 작을 때 낮아진다.

**03 화재의 종류에 관한 설명으로 옳지 않은 것은?**

① 산소와 친화력이 강한 물질의 화재로 연기가 발생하고, 연소 후 재를 남기면 A급 화재이다.
② 유류에서 발생한 증기가 공기와 혼합하여 점화되면 B급 화재이다.
③ 통전 중인 전기다리미에서 발생되는 화재는 C급 화재이다.
④ 칼륨이나 나트륨에 의한 화재는 K급 화재이다.

> 칼륨, 나트륨 등 금속류에 의한 화재는 D급 화재이다.

**04 가연성 가스 또는 증기가 공기와 혼합기를 형성하였을 때 위험도가 큰 순서로 옳은 것은?**

| ㄱ. 메탄 | ㄴ. 에테르 |
|---|---|
| ㄷ. 프로판 | ㄹ. 가솔린 |

① ㄱ > ㄴ > ㄷ > ㄹ
② ㄱ > ㄴ > ㄹ > ㄷ
③ ㄴ > ㄹ > ㄷ > ㄱ
④ ㄴ > ㄱ > ㄹ > ㄷ

> 위험도 $H = \dfrac{UFL - LFL}{LFL}$
>
> | 가스명 | 폭발범위(V%) | | 가스명 | 폭발범위(V%) | |
> |---|---|---|---|---|---|
> | | 하한값 | 상한값 | | 하한값 | 상한값 |
> | 메탄 | 5.0 | 15.0 | 에테르 | 1.9 | 48 |
> | 프로판 | 2.1 | 9.5 | 가솔린 | 1.2 | 7.6 |
>
> 에테르 $H = \dfrac{48 - 1.9}{1.9} = 24.26$
>
> 가솔린 $H = \dfrac{7.6 - 1.2}{1.2} = 5.33$
>
> 프로판 $H = \dfrac{9.5 - 2.1}{2.1} = 3.5$
>
> 메탄 $H = \dfrac{15 - 5}{5} = 2$
>
> ※ 파라핀계탄화수는 분자량이 커질수록 위험도는 커진다.

**05 소화방법에 관한 설명으로 옳지 않은 것은?**

① 부촉매소화 : 이산화탄소를 화원에 뿌렸다.
② 냉각소화 : 가연물질에 물을 뿌려 연소온도를 낮추었다.
③ 제거소화 : 산불화재 시 주위 산림을 벌채하였다.
④ 질식소화 : 불연성 기체를 투입하여 산소농도를 떨어 뜨렸다.

> 부촉매소화효과는 할론 소화약제와 분말소화약제, 강화액소화약제에 해당한다.

**정답** 01 ④ 02 ② 03 ④ 04 ③ 05 ①

**06** 이산화탄소 1.2 kg을 18℃ 대기중(1 atm)에 방출하면 몇[ℓ]의 가스체로 변하는가?(기체상수가 0.082 [ℓ·atm/mol·K]인 이상기체이다. 단, 소수점 이하는 둘째자리에서 반올림함)

① 0.6
② 40.3
③ 610.5
④ 650.8

$PV = \dfrac{W}{M}RT$ 에서 $1 \cdot V = \dfrac{1200}{44} \, 0.082 \cdot (18 + 273)$

$\therefore \; V = 650.78\ell$

**07** 화재 시 노출피부에 대한 화상을 입힐 수 있는 최소 열유속으로 옳은 것은?

① 1 kW/m²
② 4 kW/m²
③ 10 kW/m²
④ 15 kW/m²

노출피부에 대한 통증 - 1 kW/m²
노출피부에 대한 화상 - 4 kW/m²

**08** 폭굉 유도거리가 짧아질 수 있는 조건으로 옳은 것은?

① 관경이 클수록 짧아진다.
② 점화에너지가 클수록 짧아진다.
③ 압력이 낮을수록 짧아진다.
④ 연소속도가 늦을수록 짧아진다.

폭굉유도거리(DID - Detonation Induction Distance)
최초의 완만한 연소가 폭굉으로 발전할 때까지의 거리
폭굉유도거리는 관경이 작을수록 압력이 클수록 연소속도가 클수록 점화에너지가 클수록 짧아진다.

**09** 폭발범위(연소범위)에 관한 설명으로 옳지 않은 것은?

① 불활성 가스를 첨가할수록 연소 범위는 넓어진다.
② 온도가 높아질수록 폭발범위는 넓어진다.
③ 혼합기를 이루는 공기의 산소농도가 높을수록 연소 범위는 넓어진다.

④ 가연물의 양과 유동상태 및 방출속도 등에 따라 영향을 받는다.

불활성가스를 첨가할수록 연소범위는 좁아진다.

**10** 가솔린 액면화재에서 직경 5 m, 화재크기 10 MW일 때 화염중심에서 15 m 떨어진 점에서의 복사열류는 몇 kW/m²인가?(단 가솔린의 경우 복사에너지 분율은 50%인 것으로 한다. ($\pi$=3.14, 소수점 셋째자리에서 반올림함)

① 0.76
② 1.35
③ 1.77
④ 3.19

복사열류 = $\dfrac{X_r \, Q}{4\pi r^2} = \dfrac{0.5 \times 10^3 \, \text{kW}}{4\pi \cdot 15^2} = 1.768 \, \text{kW/m}^2$

$X_r$ : 복사에너지 분율
$Q$ : 화재크기(kW)
$r$ : 화염중심에서의 거리(m)

**11** 연소생성물 중 발생하는 연소가스에 관한 설명으로 옳지 않은 것은?

① 일산화탄소는 가연물이 불완전 연소할 때 발생하는 것으로 유독성기체이며 연소가 가능한 물질이다.
② 시안화수소는 모직, 견직물 등의 불완전연소 시 발생하며 독성이 커서 인체에 치명적이다.
③ 염화수소는 폴리염화비닐 등과 같이 염소가 함유된 수지류가 탈 때 주로 생성되며 금속에 대한 강한 부식성이 있다.
④ 황화수소는 무색·무취의 기체이며 인화성과 독성이 강하여 살충제의 원료로 사용된다.

황화수소는 황을 함유한 유기화합물이 불완전 연소할 때 발생하며 달걀 썩는 냄새가 난다.

**12** 탄화수소계 가연물의 완전연소식으로 옳은 것은?

① 에탄 : $C_2H_6 + 3O_2 \rightarrow 2CO_2 + 3H_2O$

② 프로판 : $C_3H_8 + 5O_2 \rightarrow 3CO_2 + 4H_2O$

③ 부탄 : $C_4H_{10} + 6O_2 \rightarrow 4CO_2 + 5H_2O$

④ 메탄 : $CH_4 + O_2 \rightarrow CO_2 + 2H_2O$

| | |
|---|---|
| 메탄 | $CH_4 + 2O_2 \rightarrow 2H_2O + CO_2$ |
| 에탄 | $C_2H_6 + 3.5O_2 \rightarrow 3H_2O + 2CO_2$ |
| 부탄 | $C_4H_{10} + 6.5O_2 \rightarrow 5H_2O + 4CO_2$ |

**13** 연기 속을 투과하는 빛의 양을 측정하는 농도측정법으로 옳은 것은?

① 중량농도법
② 입자농도법
③ 한계도달법
④ 감광계수법

연기측정법

| 구 분 | | 내 용 |
|---|---|---|
| 직접 농도측정 | 중량농도법(mg/m³) | 체적당 연기의 중량을 측정하는 방법 |
| | 입자농도법(개/m³) | 체적당 연기 입자의 개수를 측정하는 방법 |
| 간접 농도측정 | 감광계수법 (광학적농도측정법) | 연기 속을 투과하는 빛의 양을 측정하는 방법 : 투과율 |

**14** 연기의 제연방식에 관한 설명으로 옳지 않은 것은?

① 밀폐제연방식은 연기를 일정구획에 한정시키는 방법으로 비교적 소규모 공간의 연기 제어에 적합하다.
② 자연제연방식은 연기의 부력을 이용하여 천장, 벽에 설치된 개구부를 통해 연기를 배출하는 방식이다.
③ 기계제연방식은 기계력으로 연기를 제어하는 방식으로 제3종 기계제연방식은 급기송풍기로 가압하고 자연배출을 유도하는 방식이다.
④ 스모크타워 제연방식은 세로방향 샤프트(Shaft) 내의 부력과 지붕 위에 설치된 루프모니터의 흡입력을 이용하여 제연하는 방식이다.

| | 제1종 기계제연방식 | 급·배기방식 |
|---|---|---|
| 기계제연방식 | 제2종 기계제연방식 | 급기방식 |
| | 제3종 기계제연방식 | 배기방식 |

**15** 건축물 내의 연기유동에 관한 설명으로 옳지 않은 것은?

① 화재실의 내부온도가 상승하면 중성대의 위치는 높아지며 외부로부터의 공기유입이 많아져서 연기의 이동이 활발하게 진행된다.
② 고층 건축물에서 연기유동을 일으키는 주요한 요인으로는 온도에 의한 기체 팽창, 외부 풍압의 영향 등이 있다.
③ 연기층 두께 증가속도는 연소속도에 좌우되며 연기유동속도는 수평방향일 경우 0.5~1 m/s, 계단실 등 수직방향일 경우 3~5 m/s 이다.
④ 연기는 부력에 의해 수직 상승하면서 확산되며 천장에서 꺾인 후 천장면을 따라 흐르다 벽과 같은 수직 장애물을 만날 경우 흐름이 정지되어 연기층을 형성한다.

화재실의 내부온도가 상승하면 압력이 상승하여 내부에서 외부로 많은 양의 연기가 배출 및 외부에서 공기유입이 적게 되며 반대로 내부온도가 낮아지면 압력이 낮아져 외부에서 내부로 공기유입이 많아지게 된다.

**16** 화재 시 연소생성물인 이산화질소($NO_2$)에 관한 설명으로 옳지 않은 것은?

① 질산셀룰로이즈가 연소될 때 생성된다.
② 푸른색의 기체로 낮은 온도에서는 붉은 갈색의 액체로 변한다.
③ 이산화질소를 흡입하면 인후의 감각신경이 마비된다.
④ 공기중에 노출된 이산화질소 농도가 200~700 ppm이면 인체에 치명적이다.

이산화질소는 갈색 증기의 기체이다. 질산의 경우 햇빛에 의해 분해되어 갈색증기 $NO_2$를 발생한다.

정답 12 ② 13 ④ 14 ③ 15 ① 16 ②

**17** 건축법에서 규정하는 방화구획에 관한 설명으로 옳지 않은 것은?

① 안전구획의 크기와 배치에 대한 사항이 고려되어야 한다.

② 내화구조로 된 바닥, 벽 및 60분+ 또는 60분방화문(자동방화셔터 포함)으로 구획해야 한다.

③ 자동방화셔터는 내화시험결과 비차열 1시간 성능을 요구한다.

④ 자동방화셔터는 피난이 가능한 60+방화문 또는 60분방화문으로부터 5미터 이내에 별도로 설치

> 자동방화셔터는 피난이 가능한 60+방화문 또는 60분방화문으로부터 3미터 이내에 별도로 설치

**18** 건축물의 방화계획에 대한 공간적 대응의 요구성능으로 옳은 것은?

① 대항성, 회피성, 일시성

② 설비성, 회피성, 도피성

③ 대항성, 도피성, 회피성

④ 영구성, 도피선, 설비성

> 방화계획에 대한 공간적 대응의 요구성능
> ① 대항성
> 화재의 성상(열, 연기 등)에 대응하는 성능과 내력(내화구조, 방화구조, 방화구획, 건축물의 방·배연성능 등의 성능을 말함)
> ② 회피성
> 화재의 발화, 확대 등 저감시키는 예방적 조치 또는 상황(불연화, 난연화, 내장재 제한, 방화훈련 등)
> ③ 도피성
> 화재로부터 피난할 수 있는 공감성과 시스템 형상(직통계단, 피난계단, 코어구성 등)

**19** 훈소의 일반적인 진행속도(cm/s) 범위로 옳은 것은?

① 0.001 ~ 0.01  ② 0.05 ~ 0.5

③ 0.1 ~ 1  ④ 10 ~ 100

> 훈소는 휘발성분이 없거나 증기압이 낮아서 표면에서 연소하는 무염 저온(1,000℃ 이상)의 느린 연소로 확산 속도는 1 ~ 5 mm/min(0.001~0.01cm/s) 정도이다.

**20** 화재온도곡선에 따른 화재성상 중 ( ㄴ )단계에서 나타나는 현상으로 옳지 않은 것은?

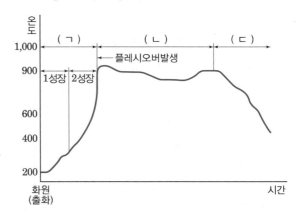

① 환기지배형 보다는 연료지배형의 화재 특성을 보인다.

② 창문 등의 건축물의 개구부로 화염이 뿜어져 나오는 시기이다.

③ 강렬한 복사열로 인하여 인접 건물로 연소가 확산될 수 있다.

④ 실내 전체에 화염이 충만되고 연소가 최고조에 이른다.

> 최성기 화재는 환기에 지배를 받는 환기지배형 화재의 특성을 갖는다.

**21** 특정소방대상물의 수용인원산정으로 옳은 것은?

> • 객실 30개인 콘도미니엄(온돌방)으로서 객실 1개당 바닥면적이 66m² 인 경우 ( )명 이다. 단, 콘도미니엄의 종사자는 10명이다.

① 660  ② 670

③ 760  ④ 770

**정답** 17 ④  18 ③  19 ①  20 ①  21 ②

| 수용인원 산정방법 | | |
|---|---|---|
| 구 분 | 용도 | 수용인원 산정수 |
| 숙박시설이 있는 특정소방 대상물 | 침대가 있는 숙박시설 | 종사자 수 + 침대 수(2인용 침대는 2로 산정한다) |
| | 침대가 없는 숙박시설 | 종사자 수 + (바닥면적의 합계 ÷ 3 m²) |
| 침대가 없는 경우로서 종사자 수 + (바닥면적의 합계 ÷ 3 m²)이 므로 10 + 66 × 30 ÷ 3 = 670명 | | |

| 구 분 | 비 상 탈 출 구 설 치 기 준 |
|---|---|
| 크기 | 너비 0.75 m 이상, 높이 1.5 m 이상 |
| 문 | 피난방향으로 개방, 실내에서 항상 열 수 있는 구조, 내부 및 외부에는 비상탈출구의 표지 설치 |
| 위치 | 출입구로부터 3 m 이상 떨어진 곳에 설치 |
| 사다리 | 지하층의 바닥으로부터 비상탈출구의 아랫부분까지의 높이가 1.2 m 이상인 경우 → 발판의 너비가 20 cm 이상의 사다리 설치 |
| 피난통로 | 유효너비는 0.75 m 이상으로 하고, 내장재는 불연재료로 할 것 |

## 22 수직 및 수평방향의 피난시설계획에 관한 설명으로 옳지 않은 것은?

① 계단실은 내화성능을 가지도록 방화구획하여야 한다.
② 계단실은 연기가 침입하지 않도록 타실보다 높은 압력을 가하는 것이 좋다.
③ 피난복도의 천정은 불연재료를 사용하고 피난시설 계획을 고려하여 낮게 설치한다.
④ 계단실의 실내에 접하는 부분의 마감은 불연재료로 한다.

피난 복도의 천장은 피난시설계획(연기 강하 방지)을 고려하여 높게 설치하는 것이 바람직하다.

## 23 건축법령상 지하층에 설치하는 비상탈출구의 설치기준에 관한 설명으로 옳은 것을 모두 고른 것은?

ㄱ. 위치 : 출입구로부터 3 m 이상 떨어진 곳에 설치할 것
ㄴ. 크기 : 유효너비는 0.75 m 이상, 유효높이는 1.0 m 이상
ㄷ. 높이 : 바닥으로부터 비상탈출구의 아랫부분까지의 높이가 1.2 m 이상인 경우에는 벽체에 발판의 너비가 20 cm 이상인 사다리를 설치할 것
ㄹ. 구조 및 표시 : 문은 실내에서 열 수 있는 구조로 하고 내부 또는 외부에 비상탈출구 표시를 할 것

① ㄱ, ㄴ
② ㄱ, ㄷ
③ ㄱ, ㄴ, ㄷ
④ ㄴ, ㄷ, ㄹ

## 24 건축물의 화재특성에서 플래시오버(flash over)와 롤오버(roll over)에 관한 설명으로 옳지 않은 것은?

① 플래시오버는 공간 내 전체 가연물을 발화시킨다.
② 플래시오버에서는 화염이 주변공간으로 확대되어 간다.
③ 롤오버 현상은 플래시오버 현상과는 달리 감쇠기 단계에서 발생한다.
④ 내장재에 따른 플래시오버 발생시간을 보면, 난연성 재료보다는 가연성 재료의 소요시간이 짧다.

롤오버는 실내화재 초기단계에서 발생된 뜨거운 가연성 가스가 천정부근에 축적되어 실내 공기압의 차이로 천정을 구르면서 화재가 발생되지 않은 곳으로 굴러가는 현상으로 플래쉬오버의 전초로서 최성기 이전인 성장기 때 발생한다.
롤오버는 플래쉬오버와 같이 복사열의 영향이 그리 크지 않고 실내전체를 발화시키지는 않는다.

## 25 직통계단 및 피난계단에 관한 설명으로 옳지 않은 것은?

① 11층 이상인 공동주택의 직통계단은 거실의 각 부분으로부터 계단에 이르는 보행거리가 60 m 이하로 설치한다.
② 5층 이상 판매시설 용도의 층에 설치되는 직통계단은 1개 이상을 특별피난계단으로 설치한다.
③ 지하층으로서 거실의 바닥면적의 합계가 200 m² 이상인 것은 직통계단을 2개 이상 설치한다.
④ 주요구조부가 내화구조인 5층 이상인 층의 바닥면적의 합계가 200 m² 이하인 경우에는 피난계단 또는 특별피난계단의 설치가 면제 된다.

정답 22 ③ 23 ② 24 ③ 25 ①

| 보행거리 | | 일반 건축물 | 16층 이상 공동주택 | 내화 건축물 |
|---|---|---|---|---|
| 구 분 | | | | |
| 피난층 이외의 층 | 거실에서 직통계단까지 거리[m] | 30 m 이하 | 40 m 이하 | 50 m 이하 |
| 피난층 | 거실에서 건축물의 바깥쪽으로 나가는 출구까지 거리[m] | 60 m 이하 | 80 m 이하 | 100 m 이하 |
| | 직통계단에서 건축물의 바깥쪽으로 나가는 출구까지 거리[m] | 30 m 이하 | 40 m 이하 | 50 m 이하 |

---

**제2과목** 소방수리학, 약제화학, 및 소방전기

**26** 성능이 동일한 펌프 2대를 직렬로 연결하여 작동시킬 때 병렬연결에 비하여 그 양이 약 2배로 증가하는 것은?

① 유량　　　　　② 효율
③ 동력　　　　　④ 양정

| 펌프의 성능 | | | |
|---|---|---|---|
| 펌프 2대 연결 방법 | | 직렬 연결 | 병렬 연결 |
| 성능 | 유량(Q) | Q | 2Q |
| | 양정(H) | 2H | H |

**27** 원형관 속에 유체가 층류 상태로 흐르고 있다. 이 때 관의 지름을 2배로 할 경우 손실수두는 처음의 몇 배가 되는가? (단, 유량은 일정하다.)

① $\dfrac{1}{16}$　　　　　② $\dfrac{1}{8}$
③ 8　　　　　④ 16

하겐 포아젤의 법칙(Hagen - Poiseulle) - 층류에 적용

$$H = f\,\frac{L}{D}\,\frac{V^2}{2g}\left(f = \frac{64}{Re} = \frac{64}{\dfrac{\rho V D}{\mu}}\right) \rightarrow$$

$H = \dfrac{32\mu L V}{\gamma D^2}$(m) 이고 유량은 일정하다고 했으므로

$V = \dfrac{Q}{A}$이므로 이것을 대입하면

$$H = \frac{32\mu L V}{\gamma D^2} = \frac{32\mu L \dfrac{Q}{A}}{\gamma D^2} = \frac{32\mu L \dfrac{Q}{\dfrac{\pi}{4}D^2}}{\gamma D^2}$$

$$= \frac{128\mu L Q}{\gamma \pi D^4}$$

$\mu$ : 점성계수 (N·s /m²)　　L : 길이 (m)
$Q$ : 유량(m³/s)　　　　　　D : 관경 (m)

여기서 D를 2D로 변경하면 $(2D)^4 = 16D^4$ 이 되므로 처음보다 손실수두는 $\dfrac{1}{16}$로 감소된다.

**28** 다시-바이스바하 (Darcy-Weisbach) 공식에서 수두손실에 관한 설명으로 옳지 않은 것은?

① 관 길이에 비례한다.
② 마찰손실계수에 비례한다.
③ 유속의 제곱에 비례한다.
④ 중력가속도에 비례한다.

달시웨버식(Darcy - weisbach) - 모든 유체의 층류, 난류 흐름에 적용

$$H(m) = f\,\frac{L}{D}\,\frac{V^2}{2g} = K\,\frac{V^2}{2g}$$

$f$ : 관마찰계수　　　　　$D$ : 내경(m)
$L$ : 길이(m)　　　　　　$V$ : 유속(m/s)
$g$ : 중력가속도(m/s²)　　$K$ : 손실계수
따라서 중력가속도에 반비례한다.

**29** 단면(5 cm × 5 cm)이 정사각형 관에 유체가 가득 차 흐를 때의 수력지름(m)은?

① 0.0125　　　　　② 0.025
③ 0.05　　　　　　④ 0.2

수력지름 - 유체에 의해 젖게되는 둘레와 실제 배관의 면적의 비율을 원으로 환산서 얻어지는 지름

$$D_h = 4R = 4\frac{A}{U}$$

$D_h$ : 수력지름((m))    $R$ : 수력반경(m)
$A$ : 접수단면적(m²)    $U$ : 접수길이(m)

$$D_h = 4 \times \frac{0.05 \times 0.05}{0.05+0.05+0.05+0.05} = 0.05\,\text{m}$$

**30** 원형관 속의 유량이 1,800 ℓ/min 이고 평균유속이 3 m/s 일 때, 관의 지름(mm)은 약 얼마인가?

① 102.4    ② 112.9
③ 124.6    ④ 132.8

$Q = VA$ 에서
$$1.8\,\text{m}^3/60\text{s} = 3\,\text{m/s} \times \frac{\pi}{4}D^2 = 0.1128\,\text{m} = 112.9\,\text{mm}$$

**31** 저수조가 소화펌프보다 아래에 있으며, 펌프의 토출유량 520 ℓ/min, 전양정 64m, 효율 55%, 전달계수 1.2인 경우의 펌프의 축동력 (kW) 은?

① 5.4    ② 9.9
③ 11.8    ④ 18.4

$P = \dfrac{9.8HQ}{60\eta}(\text{kW})$ 여기서 유량 $Q$의 단위는(m³/min)

$$P = \frac{9.8 \cdot 64 \cdot 0.52}{60 \cdot 0.55} = 9.883\,\text{kW}$$

**32** 하늘을 향해 수직으로 물을 분사할 때 호스 출구의 압력이 400 kPa 이면, 호스 출구 선단으로부터 도달할 수 있는 물의 최대 높이 (m)는 약 얼마인가?

① 10.8    ② 20.8
③ 30.8    ④ 40.8

$$0.4\,\text{MPa} \times \frac{10.332\,\text{mAq}}{0.101325\,\text{MPa}} = 40.78\,\text{mAq}$$

**33** 모세관 현상으로 인한 액체의 상승높이를 구하는 공식에 포함되지 않는 요소만을 고른 것은?

| ㄱ. 관의 길이 | ㄴ. 관의 지름 |
|---|---|
| ㄷ. 밀도 | ㄹ. 표면 장력 |
| ㅁ. 전단 응력 | |

① ㄱ, ㄴ    ② ㄱ, ㅁ
③ ㄴ, ㄷ, ㄹ    ④ ㄷ, ㄹ, ㅁ

모세관 상승·하강 높이

$$h = \frac{4\sigma\cos\beta}{\gamma d}(\text{m})$$

$\beta$ : 접촉각    $d$ : 모세관 지름(m)    $\sigma$ : 표면장력(kgf/m)
$\gamma$(비중량) $= \rho$(밀도) $\cdot g$(중력가속도)

**34** 부촉매 효과로 화재를 소화하는 소화약제가 아닌 것은?

① 할론 1301 소화약제
② 강화액 소화약제
③ 이산화탄소 소화약제
④ 제2종분말 소화약제

이산화탄소의 주된 소화효과는 부촉매가 아닌 질식 효과이다.

**35** 강화액 소화약제에 관한 설명으로 옳지 않은 것은?

① 수소이온지수(pH)는 5.5~7.5 이고, 응고점은 영하 16℃ ~ 20℃ 이다.
② 물에 탄산칼륨, 황산암모늄, 인산암모늄 및 침투제 등을 첨가한 것이다.
③ 용기 내부를 크롬 도금 또는 내식성 도료로 처리하여 저장한다.
④ 사람의 피부에 닿으면 피부염, 피부모공 손상 등을 야기할 수 있다.

강화액소화약제는 수소이온지수(pH)가 12인 강알칼리성으로 영하 20℃에서도 응고되지 않는다. 강화액소화약제는 물에 주성분인 탄산칼륨 등을 첨가한 것이다.

**정답** 30 ② 31 ② 32 ④ 33 ② 34 ③ 35 ①

**36** 화재안전기준상 가연성 액체 또는 가연성 가스의 소화에 필요한 이산화탄소 소화약제의 설계농도에 관한 기준으로 옳지 않은 것은?

① 아세틸렌 : 66%

② 에틸렌 : 49%

③ 일산화탄소 : 64%

④ 석탄가스, 천연가스 : 75%

| 가연성 액체 또는 가연성 가스의 소화에 필요한 설계농도 | |
| --- | --- |
| 방호대상물 | 설계농도(%) |
| 수소(Hydrogen) | 75 |
| 아세틸렌(Acetylene) | 66 |
| 일산화탄소(Carbon Monoxide) | 64 |
| 에틸렌(Ethylene) | 49 |
| 석탄가스, 천연가스(Coal, Natural gas) | 37 |

**37** 분말소화약제에 요구되는 이상적 조건으로 옳지 않은 것은?

① 분체의 안식각이 클수록 유동성이 좋아진다.

② 시간 경과에 따른 안정성이 높아야 한다.

③ 분말소화약제로 사용되기 위한 겉보기비중 값은 0.82 g/mL 이상 이어야 한다.

④ 수분 침투에 대한 내습성이 높아야 한다.

분말소화약제의 구비조건
(1) 내습성이 좋아야 한다. [약제 굳음 방지 위한 수분함유율 (%) = 0.2 wt% 이하]
(2) 입자가 미세해야 한다.(입자 크기가 $20\,\mu m \sim 25\,\mu m$일 때 소화효과가 가장 우수함)
(3) 독성이 없고, 환경영향성이 없어야 한다.
(4) 유동성이 좋아야 한다.(안식각 30° 이하)
(5) 일정한 겉보기 비중이 있어야 한다.

안식각
30°

**38** 산·알칼리 소화기에 사용되는 소화약제의 주성분은?

① $NH_4H_2PO_4$ - 진한 $H_2SO_4$

② $KHCO_3$ - 진한 $H_2SO_4$

③ $Al_2(SO_4)_3$ - 진한 $H_2SO_4$

④ $NaHCO_3$ - 진한 $H_2SO_4$

산·알칼리 소화기
$2NaHCO_3$ (중탄산나트륨) + $H_2SO_4$ (황산) → $Na_2SO_4$ (황산나트륨) + $2H_2O$ (물) + $2CO_2$ (이산화탄소)

**39** 할로겐화합물 및 불활성기체 소화설비 HCFC BLEND A의 구성 성분이 아닌 것은?

① HCFC-22　　　　② HCFC-23

③ HCFC-123　　　④ HCFC-124

| 하이드로클로로플루오로카본혼화제 (HCFC BLEND A) | • HCFC-123 $(CHCl_2CF_3)$ : 4.75% <br> • HCFC-22 $(CHClF_2)$ : 82% <br> • HCFC-124 $(CHClFCF_3)$ : 9.5% <br> • $C_{10}H_{16}$ : 3.75% |
| --- | --- |

**40** 회로의 부하 $R_L$ 에서 소비될 수 있는 최대 전력(W)은?

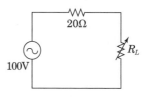

① 105　　　　② 115

③ 125　　　　④ 135

$$P = I^2 R = \left(\frac{V}{R_L + R}\right)^2 \cdot R$$

여기서 $R_L$ 부하에 최대전력을 공급하기 위해서는 두 개의 부하가 같아야 한다.

$$R_L + R = R + R = 2R$$

$$\therefore P = \left(\frac{V}{2R}\right)^2 \cdot R = \frac{V^2}{4R} = \frac{100^2}{4 \times 20} = 125\,W$$

**41** 어떤 저항에 220 V의 전압을 인가하여 2 A의 전류가 3초 동안 흘렀다면, 이 때 저항에서 발생한 열량(cal)은 약 얼마인가?

① 106  ② 317
③ 440  ④ 1,320

$$H = P \cdot t = V \cdot I \cdot t = I^2 \cdot R \cdot t = \frac{V^2}{R} \cdot t \, [\text{J}]$$
$$= 0.24 I^2 R t \, [\text{cal}]$$
$$H = 0.24 \, V \, I \, t = 0.24 \times 220 \times 2 \times 3 = 316.8 \, \text{cal}$$

**42** 어떤 회로의 유효전력이 70 W, 무효전력이 50 Var 이면 역률은 약 얼마인가?

① 0.58  ② 0.71
③ 0.81  ④ 0.98

피상전력 $= \sqrt{\text{유효전력}^2 + \text{무효전력}^2}$ 이므로
피상전력 $= \sqrt{70^2 + 50^2} = 86 \, VA$
$\cos\theta = \dfrac{VI\cos\theta}{VI} = \dfrac{P}{P_a} = \dfrac{70}{86} = 0.814$  이므로
역률은 약 81%

**43** 자속변화에 의한 유도기전력의 크기를 결정하는 법칙은?

① 패러데이의 전자유도법칙
② 플레밍의 왼손법칙
③ 렌츠의 법칙
④ 플레밍의 오른손법칙

패러데이의 전자유도법칙 : 유도 기전력의 크기를 결정하는 법칙
렌쯔의 법칙 : 유도 기전력의 방향은 자속의 변화를 방해하려는 방향으로 발생하는 법칙
비오사바르 법칙 : 직선도체에 전류가 흐를 때 어느 지점에서의 자계의 세기를 나타내는 법칙
암페어의 오른나사 법칙 : 전류의 진행 방향에 대한 자기장의 회전방향을 결정하는 법칙
플레밍의 오른손법칙 : 자계중의 도체가 운동을 했을 때 유도 기전력의 방향이 결정을 결정하는 법칙

**44** 어떤 코일 2개의 극성을 달리하여 직렬 접속하였을 때 합성 인덕턴스가 200 mH와 100 mH로 각각 측정되었다. 이 경우 두 코일의 상호 인덕턴스(mH)는?

① 25  ② 50
③ 75  ④ 100

코일 2개의 극성을 달리하였을 때 합성인덕턴스는
$L = L_1 + L_2 + 2M [\text{H}]$ 와  $L = L_1 + L_2 - 2M [\text{H}]$ 이므로
$200 = L_1 + L_2 + 2M [\text{H}]$에서 $L_1 + L_2 = 200 - 2M$이므로
$100 = 200 - 2M - 2M$에서 M을 정리하면
M(상호인덕턴스)는  25 mH

**45** 콘덴서의 정전용량에 관한 설명으로 옳지 않은 것은?

① 유전율의 크기에 비례한다.
② 전극이 전하를 축적할 수 있는 능력의 정도이다.
③ 단위는 테슬라(tesla)로서 [T]로 나타낸다.
④ 전극의 면적에 비례하고, 전극 사이의 간격에 반비례한다.

정전용량
$$C = \varepsilon \frac{A}{\ell} = \varepsilon_o \, \varepsilon_s \, \frac{A}{\ell} \, [\text{F}]$$
• 비유전율$(\varepsilon_S)$ : 물질의 유전율$(\varepsilon)$과
진공의 유전율$(\varepsilon_0)$의 비 $\left(\dfrac{\varepsilon}{\varepsilon_0}\right)$
1 F(farad) − 두 도체 사이에 1 V의 전압을 가하여 1 C의 전하가 축적된 경우의 정전 용량

**46** 역률이 0.8인 다음 회로에 220 V의 실효전압을 인가하여 5 A의 실효전류가 흐르고 있다. 이 부하가 2시간 동안 소비하는 전력량(kWh)은 약 얼마인가?

① 1.10
② 1.76
③ 2.20
④ 2.49

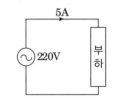

$P = VI\cos\theta = 220 \times 5 \times 0.8 = 880 \, [\text{W}]$
전력량은 전력 × 시간 이므로 = 880 × 2 = 1.76 kWh

정답  41 ②  42 ③  43 ①  44 ①  45 ③  46 ②

**47** 그림과 같은 논리회로는?

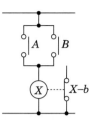

① AND 회로
② OR 회로
③ NAND 회로
④ NOR 회로

NOR회로
• OR 회로와 NOT회로를 조합한 회로를 NOR 회로라 한다.
• 모든 입력이 0일 때에만 출력이 1인 회로

| 논리회로 | 유접점회로 | 무접점회로 | 진리표 |
|---|---|---|---|
| $\overline{A+B} = X$ | | | |

| $A$ | $B$ | $X$ |
|---|---|---|
| 0 | 0 | 1 |
| 0 | 1 | 0 |
| 1 | 0 | 0 |
| 1 | 1 | 0 |

**48** 소방설비 배선에서 내화배선 또는 내열배선으로 설치가 가능한 것은?

① 옥내소화전설비의 비상전원에서 동력제어반 및 가압송수장치에 이르는 전원회로의 배선
② 비상콘센트설비 전원회로의 배선
③ 자동화재탐지설비 전원회로의 배선
④ 스프링클러설비의 상용전원으로부터 동력제어반에 이르는 배선

보기 1번에서 3번까지의 배선은 무조건 내화배선으로 하여야 한다.

**49** 그림과 같이 평형 3상 회로에 선간전압 220V의 대칭 3상 전압을 인가 할 때, 한 선로에 흐르는 선전류(A)는 약 얼마인가?

① 12.7
② 22.0
③ 27.5
④ 36.7

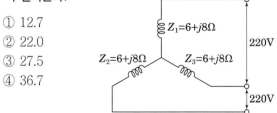

| 구 분 | Y 결선 | △ 결선 |
|---|---|---|
| 선간전압과 상전압 | $\sqrt{3}\,V_P[\mathrm{V}] = V_\ell$ ($V_\ell$이 $V_P$보다 30° 앞섬) | $V_P = V_\ell[\mathrm{V}]$(동상) |
| 선간전류와 상전류 | $I_P = I_\ell[\mathrm{A}]$ (동상) | $\sqrt{3}\,I_P = I_\ell[\mathrm{A}]$ ($I_\ell$이 $I_p$보다 30° 뒤짐) |

선전류 $V_l = V_P$ 이므로

$$I_P = \frac{V_P}{Z} = \frac{\dfrac{220}{\sqrt{3}}}{10} = 12.7\,A$$

• 와이 결선에서 선간전압과 상전압의 관계는
$\sqrt{3}\,V_P[\mathrm{V}] = V_\ell$ 이므로

$$\sqrt{3}\,V_P[\mathrm{V}] = 220 \quad \therefore V_P = \frac{220}{\sqrt{3}}$$

• $\dot{Z} = 6 + j8$이므로 절대값은 $\sqrt{6^2 + 8^2} = 10\,\Omega$

**50** 논리식 $[A\overline{B}(C+BD) + \overline{A}\,\overline{B}]C$ 를 간단히 하면?

① $\overline{A}\,B$　　② $AB$
③ $\overline{B}\,C$　　④ $BC$

$[A\overline{B}(C+BD) + \overline{A}\,\overline{B}]C = A\overline{B}CC + A\overline{B}BDC + \overline{A}\,\overline{B}C$
$= A\overline{B}C + \overline{A}\,\overline{B}C = (A + \overline{A})\,\overline{B}\,C = \overline{B}\,C$

• $\overline{B}B = O$
• $A + \overline{A} = 1$

**정답** 47 ④　48 ④　49 ①　50 ③

제3과목 **소방관련법령**

**51** 소방기본법령상 5년 이하의 징역 또는 5천만원 이하의 벌금에 처하는 사람이 아닌 것은?

① 화재진압 및 구조·구급활동을 위하여 출동하는 소방자동차의 출동을 방해한 사람
② 정당한 사유 없이 소방용수시설을 사용하거나 소방용수시설의 효용을 해치거나 그 정당한 사용을 방해한 사람
③ 출동한 소방대원에게 폭행 또는 협박을 행사하여 화재진압·인명구조 또는 구급활동을 방해한 사람
④ 화재의 원인 및 피해상황 조사를 위한 관계 공무원의 출입 또는 조사를 정당한 사유 없이 거부·방해 또는 기피한 사람

④을 위반하는 경우 200만원 이하의 벌금 임

**52** 소방기본법령상 소방교육·훈련의 종류와 종류별 소방교육·훈련의 대상자의 연결이 옳지 않은 것은?

① 화재진압훈련 – 화재진압업무를 담당하는 소방 공무원
② 인명구조훈련 – 구조업무를 담당하는 소방공무원
③ 응급처치훈련 – 구조업무를 담당하는 소방공무원
④ 인명대피훈련 – 소방공무원

응급처치훈련 – 구급업무를 담당하는 소방공무원

**53** 소방기본법령상 불을 사용하는 설비 등의 관리 기준과 특수가연물의 저장·취급기준에 관한 설명으로 옳은 것은?

① 불꽃을 사용하는 용접 또는 용단 작업자로부터 반경 10 m 이내에 소화기를 갖추어야 한다.
② 특수가연물을 저장 또는 취급하는 장소에는 품명·최대수량 및 화기취급의 금지표지를 설치하여야 한다.

③ 석탄·목탄류를 발전용으로 저장하는 경우에는 반드시 품명별로 구분하여 쌓고, 쌓는 부분의 바닥면적 사이는 1미터 이상이 되도록 하여야 한다.
④ 화재예방을 위하여 불을 사용할 때 지켜야 하는 사항은 소방본부장이 정한다.

1. 용접 또는 용단 작업자로부터 반경 5 m 이내에 소화기를 갖추어 둘 것
2. 특수가연물을 저장 또는 취급하는 장소
 – 품명·최대수량 및 화기취급의 금지표지를 설치
 – 저장방법. 다만, 석탄·목탄류를 발전(發電)용으로 저장하는 경우 제외
  ㉠ 품명별로 구분하여 쌓을 것
  ㉡ 쌓는 부분의 바닥면적 사이는 1 m 이상이 되도록 할 것
  ㉢ 높이, 면적
3. 화재 예방을 위하여 불을 사용할 때 지켜야 하는 사항은 대통령령으로 정한다.

**54** 소방기본법령상의 내용으로 (   )에 들어갈 말로 순서대로 바르게 나열한 것은?

소방의 역사와 안전문화를 발전시키고 국민의 안전의식을 높이기 위하여 소방청장은 (   )을, 시·도지사는 (   ) 설립하여 운영할 수 있다.

① 소방체험관 – 소방박물관
② 소방체험관 – 소방과학관
③ 소방박물관 – 소방체험관
④ 소방박물관 – 소방과학관

• 소방박물관 – 소방청장이 설립하고 설립과 운영에 필요한 사항은 행정안전부령으로 정함
• 소방체험관 – 시·도지사가 설립하고 소방체험관의 설립과 운영에 필요한 사항은 시·도의 조례로 정함

정답 51 ④ 52 ③ 53 ② 54 ③

**55** 소방시설공사업법령상 감리업자가 소방공사를 감리할 때 반드시 수행하여야 할 업무가 아닌 것은?

① 완공된 소방시설등의 성능시험
② 공사업자가 한 소방시설등의 시공이 설계도서와 화재안전기준에 맞는지에 대한 지도·감독
③ 소방시설등 설계 변경 사항의 도면수정
④ 공사업자가 작성한 시공 상세 도면의 적합성 검토

소방시설등 설계변경 사항의 도면수정은 설계 업무이다.

**56** 소방시설공사업법령에 관한 설명으로 옳지 않은 것은?

① 감리업자가 소방공사의 감리를 마쳤을 때에는 소방공사감리 결과보고(통보)서에 소방시설공사 완공검사신청서, 소방시설 성능시험조사표, 소방공사 감리일지를 첨부하여 소방본부장 또는 소방서장에게 알려야 한다.
② 특정소방대상물의 관계인은 공사감리자가 변경된 경우에는 변경일부터 30일 이내에 소방 공사감리자 변경신고서를 소방본부장 또는 소방서장에게 알려야 한다.
③ 소방감리업자는 감리원을 소방공사감리현장에 배치하는 경우에는 소방공사감리원 배치통보서를 감리원 배치일부터 7일 이내에 소방본부장 또는 소방서장에게 알려야한다.
④ 소방시설공사업자는 해당 소방시설공사의 착공 전까지 소방시설공사 착공(변경)신고서를 소방본부장 또는 소방서장에게 신고하여야 한다.

소방시설공사 완공검사신청서는 공사업자의 업무이다.

**57** 소방시설공사업법령상 소방시설업에 대한 행정처분기준 중 2차 위반 시 등록취소 사항에 해당하는 것은? (단, 가중 또는 감경 사유는 고려하지 않음)

① 거짓이나 그밖의 부정한 방법으로 등록한 경우
② 다른 자에게 등록증 또는 등록수첩을 빌려준 경우
③ 영업정지 기간 중에 설계·시공 또는 감리를 한 경우
④ 정당한 사유 없이 하수급인의 변경요구를 따르지 아니한 경우

소방시설업의 행정처분기준

| 위반사항 | 근거법령 | 1차 | 2차 | 3차 |
|---|---|---|---|---|
| 가. 거짓이나 그 밖의 부정한 방법으로 등록한 경우 | 법 제9조 | 등록취소 | | |
| 나. 등록 결격사유에 해당하게 된 경우 | 법 제9조 | 등록취소 | | |
| 다. 영업정지 기간 중에 소방시설공사등을 한 경우 | 법 제9조 | 등록취소 | | |
| 라. 다른 자에게 등록증 또는 등록수첩을 빌려준 경우 | 법 제9조 | 6개월 | 등록취소 | |

**58** 소방시설 설치·유지 및 안전관리에 관한 법령상 소방시설등의 자체점검에 관한 설명으로 옳지 않은 것은?

① 작동기능점검 대상인 특정소방대상물의 관계인·소방안전관리자 또는 소방시설관리업자가 작동기능점검을 할 수 있다.
② 제연설비가 설치된 터널은 종합정밀점검 대상이다.
③ 특급 소방안전관리대상물의 종합정밀점검은 반기에 1회 이상 실시한다.
④ 종합정밀점검 대상인 특정소방대상물의 작동기능점검은 종합정밀점검을 받은 달부터 3개월이 되는 달에 실시한다.

작동기능점검

| 구분 | 내용 |
|---|---|
| 대상 | 영 제5조에 따른 특정소방대상물 ※ 다음에 해당하는 특정소방대상물은 제외한다. • 위험물제조소등과 소화기구만을 설치하는 특정소방대상물 • 30층 이상(지하층 포함), 높이 120 m 이상 또는 연면적 20만 m² 이상인 건축물 |
| 점검자의 자격 | 해당 특정소방대상물의 관계인·소방안전관리자 또는 소방시설관리업자(소방시설관리사를 포함하여 등록된 기술인력을 말한다) 이 경우 소방시설관리업자 또는 소방안전관리자로 선임된 소방시설관리사 및 소방기술사가 점검하는 경우에는 점검인력 배치기준을 따라야 한다. |

| 점검방법 | 점검 장비를 이용하여 점검할 수 있다. |
|---|---|
| 점검횟수 | 연 1회 이상 실시한다. |
| 점검시기 | 1. 종합정밀점검대상 : 종합정밀점검을 받은 달부터 6월이 되는 달에 실시한다.<br>2. 작동기능점검 결과를 보고하는 대상<br>① 건축물의 사용승인일이 속하는 달의 말일까지 실시한다.<br>㉠ 건축물의 경우에는 건축물관리대장 또는 건물 등기사항증명서에 기재되어 있는 날<br>㉡ 시설물의 경우에는 시설물통합정보관리체계에 저장·관리되고 있는 날<br>㉢ 건축물관리대장, 건물 등기사항증명서 및 시설물통합정보관리체계를 통해 확인되지 않는 경우에는 소방시설완공검사증명서에 기재된 날<br>② 신규로 건축물의 사용승인을 받은 건축물은 그 다음 해(건축물이 아닌 경우에는 그 특정소방대상물을 이용 또는 사용하기 시작한 해의 다음 해를 말한다.)부터 실시하되, 소방시설완공검사증명서를 받은 후 1년이 경과한 후에 사용승인을 받은 경우에는 사용승인을 받은 그 해부터 실시한다. 다만, 그 해의 작동기능점검은 가)에도 불구하고 사용 승인일부터 3개월 이내에 실시할 수 있다.<br>③ 그 밖의 대상 : 연중 실시한다. |

**59** 소방시설 설치·유지 및 안전관리에 관한 법령상 소방시설관리업에 관한 설명으로 옳은 것은?

① 기술인력, 장비 등 소방시설관리업의 등록기준에 관하여 필요한 사항은 행정안전부령으로 정한다.
② 소방시설관리업의 등록신청과 등록증·등록수첩의 발급·재발급 신청, 그 밖에 소방시설관리업의 등록에 필요한 사항은 대통령령으로 정한다.
③ 소방기본법에 따른 금고 이상의 실형을 선고받고 그 집행이 면제된 날부터 3년이 지난 사람은 소방시설관리업의 등록을 할 수 없다.
④ 시·도지사는 소방시설관리업의 등록신청을 위하여 제출된 서류를 심사한 결과 신청서 및 첨부서류의 기재내용이 명확하지 아니한 때에는 10일 이내의 기간을 정하여 이를 보완하게 할 수 있다.

1. 기술 인력, 장비 등 관리업의 등록기준에 필요한 사항은 대통령령으로 정한다.
2. 관리업의 등록신청과 등록증·등록수첩의 발급·재발급 신청, 그 밖에 관리업의 등록에 필요한 사항은 행정안전부령으로 정한다.
3. 금고 이상의 실형을 선고받고 그 집행이 끝나거나(집행이 끝난 것으로 보는 경우를 포함한다) 집행이 면제된 날부터 2년이 지나지 아니한 사람

**60** 소방시설 설치·유지 및 안전관리에 관한 법령상 건축허가등의 동의대상물이 아닌 것은?

① 연면적 100제곱미터인 수련시설
② 차고·주차장 또는 주차용도로 사용되는 시설로서 차고·주차장으로 사용되는 층 중 바닥면적이 300제곱미터인 층이 있는 시설
③ 관망탑
④ 항공기격납고

| 건축허가동의 | | | | |
|---|---|---|---|---|
| 학교<br>시설 | 지하층 또는 무창층이 있는 건축물<br>(공연장) | 노유자<br>시설<br>수련시설 | 장애인 의료<br>재활시설,<br>정신<br>의료기관 | 용도와<br>상관<br>없음 |
| 연면적<br>100m²<br>이상 | 바닥면적-150 m²<br>(바닥면적-100 m²) | 연면적<br>200 m²<br>이상 | 연면적<br>300 m²<br>이상 | 연면적<br>400 m²<br>이상 |

• 차고·주차장 또는 주차용도로 사용되는 시설 - 바닥면적 - 200 m² 이상인 층이 있는 건축물이나 주차시설
• 기계장치에 의한 주차시설로서 20대 이상

**61** 소방시설 설치·유지 및 안전 관리에 관한 법령상 특정소방대상물의 관계인이 특정소방대 상물의 규모·용도 및 수용인원 등을 고려하여 갖추어야 하는 소방시설에 관한 설명으로 옳지 않은 것은?

① 지하가 중 터널로서 길이가 1천 m 이상인 터널에는 옥내소화전설비를 설치하여야 한다.
② 판매시설로서 바닥면적의 합계가 5천 m² 이상인 경우에는 모든 층에 스프링클러설비를 설치하여야 한다.
③ 위락시설로서 연면적 600 m² 이상인 경우 자동화재탐지설비를 설치하여야 한다.
④ 지하층을 포함하는 층수가 5층 이상인 관광호텔에는 방열복, 인공소생기 및 공기 호흡기를 설치하여야 한다.

> 인명구조기구 설치대상 – 지하층을 포함하는 층수가 7층 이상인 관광호텔 및 지하층 포함하는 층수가 5층 이상인 병원

**62** 소방시설 설치·유지 및 안전관리에 관한 법령상 방염대상물품이 아닌 것은?

① 창문에 설치하는 블라인드
② 카펫
③ 전시용 합판
④ 두께가 2밀리미터 미만인 종이벽지

> 방염대상물품
> ① 창문에 설치하는 **커튼류**(블라인드를 포함한다)
> ② **카펫, 두께가 2 mm 미만인 벽지류**(종이벽지를 제외)
> ③ 전시용 합판 또는 섬유판, 무대용 합판 또는 섬유판
> ④ 암막·무대막(영화상영관에 설치하는 스크린과 골프 연습장업에 설치하는 스크린을 포함한다)
> ⑤ 섬유류 또는 합성수지류 등을 원료로 하여 제작된 소파·의자(단란주점영업, 유흥주점영업 및 노래연습장업의 영업장에 설치하는 것만 해당한다) [신설 2013.1.9]

**63** 소방시설 설치·유지 및 안전관리에 관한 법령상 소방특별조사에 관한 설명으로 옳지 않은 것은?

① 소방청장, 소방본부장 또는 소방서장은 소방특별조사를 하려면 10일 전에 관계인에게 조사대상, 조사기간 및 조사사유 등을 구두 또는 서면으로 알려야 한다.

② 소방청장, 소방본부장 또는 소방서장은 소방특별조사를 마친 때에는 그 조사결과를 관계인에게 서면으로 통지하여야 한다.
③ 소방특별조사위원회는 위원장 1명을 포함한 7명 이내의 위원으로 구성하고, 위원장은 소방본부장이 된다.
④ 소방청장, 소방본부장 또는 소방서장은 소방특별조사 결과에 따른 조치명령의 미이행 사실 등을 공개하려면 공개내용과 공개방법 등을 공개대상 소방대상물의 관계인에게 미리 알려야 한다.

> 소방특별조사를 하려면 소방청장, 소방본부장 또는 소방서장은 **7일 전에 관계인에게** 조사 대상, 조사기간 및 조사사유 등을 서면으로 알려야 한다.

**64** 소방시설 설치·유지 및 안전관리에 관한 법령상 소방시설관리사 시험에 응시할 수 없는 사람은?

① 15년의 소방실무경력이 있는 사람
② 소방설비산업기사 자격을 취득한 후 2년의 소방실무경력이 있는 사람
③ 위험물기능사 자격을 취득한 후 3년의 소방실무경력이 있는 사람
④ 위험물기능장

소방시설관리사 시험 응시 자격

| 자격 | 실무경력 |
|---|---|
| 소방설비기사 | 2년 이상 |
| 소방안전공학 분야 석사학위 | |
| **소방설비산업기사**, 위험물산업기사, 위험물기능사, 산업안전기사 | 3년 이상 |
| 소방안전관리학과를 전공하고 졸업한 자 | |
| 소방공무원 | 5년 이상 |
| 소방실무경력 | 10년 이상 |

**65** 소방시설 설치·유지 및 안전관리에 관한 법령상 특급 소방안전관리대상물의 소방안전관리자로 선임할 수 없는 사람은?

① 소방설비산업기사의 자격을 취득한 후 5년간 1급 소방안전관리대상물의 소방안전관리자로 근무한 실무경력이 있는 사람
② 소방공무원으로 25년간 근무한 경력이 있는 사람
③ 소방시설관리사의 자격이 있는 사람
④ 소방기술사의 자격이 있는 사람

| 구분 | 소방안전관리자의 자격 | | |
|---|---|---|---|
| | 구 분 | 경력 | 비고 |
| 특급 | 소방기술사, 소방시설관리사 | - | - |
| | 1급 소방안전관리대상물의 소방안전관리자로 근무한 소방설비기사 | 5년 이상 | 소방안전관리 업무를 대행한 소방안전관리자로 선임되어 근무한 경력은 제외 – 이하 동일 |
| | 1급 소방안전관리대상물의 소방안전관리자로 근무한 소방설비산업기사 | 7년 이상 | |
| | 소방공무원 | 20년 이상 근무 | - |

**66** 소방시설 설치·유지 및 안전관리에 관한 법령상 소방시설별 장비기준에서 절연저항계의 최고전압과 최소눈금의 연결이 옳은 것은?

① DC 250 V 이상 – 0.1 MΩ 이하
② DC 250 V 이상 – 0.2 MΩ 이하
③ DC 500 V 이상 – 0.1 MΩ 이하
④ DC 500 V 이상 – 0.2 MΩ 이하

> 절연저항계는 최고전압이 DC 500 V 이상, 최소눈금이 0.1 MΩ 이하의 것이어야 한다.(법 개정으로 삭제된 내용임)

**67** 소방시설 설치·유지 및 안전관리에 관한 법령상 소방특별조사의 연기를 신청할 수 있는 사유가 아닌 것은?

① 소방특별조사의 실시를 사전에 통지하면 조사목적을 달성할 수 없다고 인정되는 경우
② 태풍, 홍수 등 재난이 발생하여 소방대상물을 관리하기가 매우 어려운 경우
③ 관계인이 질병, 장기출장 등으로 소방특별조사에 참여할 수 없는 경우
④ 권한 있는 기관에 자체점검기록부, 교육·훈련일지 등 소방특별조사에 필요한 장부·서류 등이 압수되거나 영치되어 있는 경우

> 소방특별조사의 연기신청
> 통지를 받은 관계인은 **천재지변**이나 그 밖에 **대통령령으로 정하는 사유**로 소방특별조사를 받기 곤란한 경우 소방특별조사 **시작 3일 전까지** 소방특별조사를 연기하여 줄 것을 신청할 수 있다.
> 그 밖에 대통령령으로 정하는 사유
> ·태풍, 홍수 등 재난이 발생하여 소방대상물을 관리하기가 매우 어려운 경우
> ·관계인이 질병, 장기출장 등으로 소방특별조사에 참여할 수 없는 경우
> ·권한 있는 기관에 자체점검기록부, 교육·훈련일지 등 소방특별조사에 필요한 장부·서류 등이 압수되거나 영치되어 있는 경우

**68** 위험물안전관리법령상 시·도지사가 면제할 수 있는 탱크안전성능검사는?

① 기초·지반검사
② 충수·수압검사
③ 용접부 검사
④ 암반탱크검사

> 제9조(탱크안전성능검사의 면제)
> – 시·도지사가 면제할 수 있는 탱크안전성능검사는 충수·수압검사로 한다.
> – 위험물탱크에 대한 충수·수압검사를 면제받고자 하는 자는 탱크시험자 또는 기술원으로부터 충수·수압검사에 관한 탱크안전성능시험을 받아 완공검사를 받기 전에 당해 시험에 합격하였음을 증명하는 서류를 시·도지사에게 제출하여야 한다.
> – 시·도지사는 탱크시험필증(합격증)과 기술기준에 적합하다고 인정되는 때에는 당해 충수·수압검사를 면제한다.

**69** 위험물안전관리법령상 정기점검의 대상인 제조소등에 해당하지 않는 것은?

① 지하탱크저장소
② 이동탱크저장소
③ 간이탱크저장소
④ 암반탱크저장소

| 정기점검을 받아야 하는 대상 | • 예방규정을 정해야 하는 제조소 등<br>• 지하탱크저장소, 이동탱크저장소<br>• 위험물을 취급하는 탱크로서 지하에 매설된 탱크가 있는 제조소 · 주유취급소 또는 일반취급소 | 연 1회 이상 정기점검을 실시하고 3년간 보관 |
|---|---|---|

**70** 위험물안전관리법령상 소방청장이 한국소방안전협회에 위탁한 교육에 해당하지 않는 것은?

① 안전관리자로 선임된 자에 대한 안전교육
② 탱크시험자의 기술인력으로 종사하는 자에 대한 안전교육
③ 위험물운송자로 종사하는 자에 대한 안전교육
④ 소방청장이 실시하는 안전관리자 교육을 이수한 자를 위한 안전교육

소방청장의 안전교육 중 안전관리자로 선임된 자 및 위험물 운송자로 종사하는 자에 대한 안전교육(안전관리자교육이수자 및 위험물운송자를 위한 안전교육을 포함한다)은 「소방기본법」제40조의 규정에 의한 한국소방안전협회에 위탁한다.

**71** 위험물안전관리법령상 관계인이 예방규정을 정하여야 하는 제조소등이 아닌 것은?

① 지정수량의 100배의 위험물을 저장하는 옥외저장소
② 지정수량의 10배의 위험물을 취급하는 제조소
③ 지정수량의 100배의 위험물을 저장하는 옥외탱크저장소
④ 지정수량의 150배의 위험물을 저장하는 옥내저장소

| 예방규정을 작성해야 하는 대상 | |
|---|---|
| 구 분 | 지정수량의 배수 |
| 제조소, 일반취급소 | 10배 이상 |
| 옥외저장소 | 100배 이상 |
| 옥내저장소 | 150배 이상 |
| 옥외탱크저장소 | 200배 이상 |
| 암반탱크저장소, 이송취급소 | 지정수량 관계없이 예방규정을 정하여야 함 |

**72** 다중이용업소의 안전관리에 관한 특별법령상 다중이용업소의 영업장에 설치·유지하여야 하는 안전시설 등에 관한 설명으로 옳지 않은 것은?

① 밀폐구조의 영업장에는 간이 스프링클러설비를 설치하여야 한다.
② 노래반주기 등 영상음향장비를 사용하는 영업장에는 자동화재탐지설비를 설치하여야 한다.
③ 구획된 실이 있는 노래연습장업의 영업장에는 영업장 내부피난통로를 설치하여야 한다.
④ 피난유도선은 모든 다중이용업소의 영업장에 설치하여야 한다.

피난유도선 설치 대상 - 영업장 내부 피난통로 또는 복도가 있는 영업장

**73** 다중이용업소의 안전관리에 관한 특별법령상 소방본부장이 관할지역 다중이용업소의 안전관리를 위하여 수립하는 안전관리집행계획에 포함되는 사항이 아닌 것은?

① 다중이용업소 밀집 지역의 소방시설 설치, 유지·관리와 개선계획
② 다중이용업소의 화재안전에 관한 정보체계의 구축
③ 다중이용업주와 종업원에 대한 소방안전교육·훈련계획
④ 다중이용업주와 종업원에 대한 자체지도 계획

정답 **69** ③ **70** ② **71** ③ **72** ④ **73** ②

집행계획의 사항
① 다중이용업소 밀집 지역의 소방시설 설치, 유지 · 관리와 개선계획
② 다중이용업주와 종업원에 대한 소방안전교육 · 훈련계획
③ 다중이용업주와 종업원에 대한 자체지도 계획
④ 화재위험평가결과에 따른 조치계획
⑤ 다중이용업소의 화재위험평가의 실시 및 평가

**74** 다중이용업소의 안전관리에 관한 특별법령상 다중이용업주는 화재배상책임보험에 가입할 의무가 있다. 이 화재배상책임보험에서 부상등급과 보험금액의 한도가 바르게 연결되지 않은 것은?

① 1급 - 2천만원　　② 2급 - 1천만원
③ 3급 - 1천만원　　④ 4급 - 5백만원

부상 등급별 화재배상책임보험 보험금액의 한도

| 부상 등급 | 한도 금액 |
|---|---|
| 1급 | 3천만원 |
| 2급 | 1천5백만원 |
| 3급 | 1천5백만원 |
| 4급 | 1천만원 |
| 5급 | 900만원 |
| 6급 | 700만원 |
| 7급 | 500만원 |
| 8급 | 300만원 |
| 9급 | 240만원 |
| 10급 | 200만원 |
| 11급 | 160만원 |
| 12급 | 120만원 |
| 13급 | 80만원 |
| 14급 | 80만원 |

**75** 다중이용업소의 안전관리에 관한 특별법령상의 내용으로 ( )에 들어갈 말은?

소방청장은 다중이용업소의 화재 등 재난이나 그 밖의 위급한 상황으로 인한 인적 · 물적 피해의 감소, 안전기준의 개발, 자율적인 안전관리 능력의 향상, 화재배상책임보험제도의 정착 등을 위하여 ( )마다 다중이용업소의 안전관리기본계획을 수립 · 시행하여야 한다.

① 1년　　② 3년
③ 5년　　④ 7년

다중이용업소의 안전관리기본계획의 수립 · 시행 등

| 기본계획 | 연도별계획 | 집행계획 |
|---|---|---|
| 소방청장 | 소방청장 | 소방본부장 |
| 5년마다 | 매년 | 매년 |

제4과목　위험물의 성상 및 시설기준

**76** 제6류 위험물이 아닌 것은?

① 과염소산
② 아염소산칼륨
③ 질산(비중 1.49 이상)
④ 과산화수소(농도 36중량퍼센트 이상)

아염소산칼륨은 1류 위험물의 아염소산염류에 해당한다.

**77** 위험물안전관리법령상 품명(위험물)별 지정수량과 위험등급이 바르게 연결된 것은?

① 알킬리튬 - 10 kg - Ⅰ등급
② 황린 - 20 kg - Ⅱ등급
③ 유기금속화합물 - 300 kg - Ⅲ등급
④ 금속의 인화물 - 500 kg - Ⅲ등급

| 황린 - 제3류 위험물 | Ⅰ | 20 kg |
|---|---|---|
| 유기금속화합물 - 제3류 위험물 | Ⅱ | 50 kg |
| 금속의 인화물 - 제3류 위험물 | Ⅲ | 300 kg |

**78** 제4류 위험물 중 제3석유류에 해당하는 것은?

① 중유　　② 경유
③ 등유　　④ 휘발유

정답　74 ④　75 ③　76 ②　77 ①　78 ①

| 제1석유류 | 인화점 : 21℃ 미만 | 휘발유 |
|---|---|---|
| 제2석유류 | 인화점 : 21℃ 이상 70℃ 미만 | 경유(디젤유) |
| | | 등유(케로신) |
| | | 송근유 |
| | | 송정유(테레핀유) |
| | | 장뇌유 |
| 제3석유류 | 인화점 : 70℃ 이상 200℃ 미만 | 중유, 타르유 |

## 79 제5류 위험물에 관한 설명으로 옳지 않은 것은?

① 외부의 산소 없이도 자기연소하고 연소속도가 빠르다.
② 니트로화합물은 니트로기가 많을수록 분해가 용이하다.
③ 지정수량 이상의 제5류 위험물 운반·적재 시 제2류, 제4류, 제6류 위험물과 혼재가 가능하다.
④ 일반적으로 다량의 물을 사용하여 냉각소화가 가능하다.

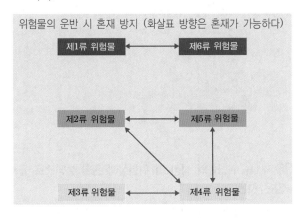

위험물의 운반 시 혼재 방지 (화살표 방향은 혼재가 가능하다)

## 80 제2류 위험물의 특성에 관한 설명으로 옳은 것은?

① 철분은 절삭유와 같은 기름이 묻은 상태로 장기간 방치하면 자연발화하기 쉽다.
② 유황은 물이나 알코올에 잘 녹으며 고온에서 탄소와 반응하면 이황화탄소가 발생한다.
③ 삼황화린은 찬 물에 잘 녹고 조해성이 있으며 연소시 유독한 오산화인과 이산화황을 발생한다.

④ 적린은 상온에서 공기 중에 방치하면 자연발화를 일으키므로 이를 방지하기 위하여 물속에 보관하여야 한다.

| 제2류 위험물 | 모두 불용성이나 제삼부틸알코올 $(CH_3)_3COH$은 제외 |
|---|---|

유황과 삼황화린은 2류 위험물로서 물에 녹지 않는다.
공기 중에 방치하면 자연발화를 일으켜 물속에 보관하는 것은 황린이다.

## 81 제2류 위험물 마그네슘(Mg)에 관한 설명으로 옳지 않은 것은?

① 공기 중 습기와 서서히 반응하여 열이 축적되면 자연발화의 위험성이 있다.
② 미세한 분말은 밀폐공간 내 부유(浮游)하면 분진폭발의 위험이 있다.
③ 이산화탄소($CO_2$) 중에서 연소한다.
④ 산이나 뜨거운 물에 반응하여 메탄($CH_4$)가스를 발생시킨다.

마그네슘은 산 또는 물과의 반응 시 수소가 발생한다.

물과 반응식 – 수소가스 발생
$Mg + 2H_2O \rightarrow Mg(OH)_2 + H_2\uparrow$
산과의 반응식 – 수소가스 발생
$Mg + 2HCl \rightarrow MgCl_2 + H_2\uparrow$

## 82 옥내저장소에 아세톤 18 ℓ 용기 100개와 초산 200 ℓ 용기 10개를 저장하고 있다면 이 저장소에는 지정수량의 몇 배를 저장하고 있는가? (단, 용기는 가득 차있다고 가정한다.)

① 5
② 5.5
③ 7
④ 9.5

|  | 아세톤(수용성) | 초산(수용성) |
|---|---|---|
| 저장수량 | 18ℓ 용기 100개는 1,800ℓ | 200ℓ 용기 10개는 2,000ℓ |
| 지정수량 | 400ℓ | 2,000ℓ |

$$지정배수 = \frac{저장(취급)량}{지정수량} + \frac{저장(취급)량}{지정수량}$$

$$= \frac{1,800}{400} + \frac{2,000}{2,000} = 5.5배$$

탄화칼슘
$CaC_2 + 2H_2O \rightarrow Ca(OH)_2 + C_2H_2 \uparrow + 27.8\,kcal$
　　(소석회, 수산화칼슘)(아세틸렌)
수소화리튬알루미늄
$LiAlH_4 + 4H_2O \rightarrow LiOH + Al(OH)_3 + 4H_2 \uparrow$
탄화알루미늄
$Al_4C_3 + 12H_2O \rightarrow 4Al(OH)_3 + 3CH_4$

**83** 제6류 위험물에 관한 설명으로 옳지 않은 것은?

① 모두 무기화합물이며 불연성의 산화성액체이다.
② 지정수량은 300kg이며 위험등급은 Ⅰ등급에 해당한다.
③ 과산화수소의 저장용기는 완전히 밀전하여 저장한다.
④ 할로겐간화합물을 제외하고 산소를 함유하고 있으며 다른 물질을 산화시킨다.

| 과산화수소 $H_2O_2$ | ① 무색, 투명하며 다량의 경우 청색을 띄며 가열에 의해 산소 발생하며 진한 과산화수소는 독성이 있으며 강한 자극성<br>② 저장용기<br>　⊙ 구멍이 있는 마개 사용(환기) : 폭발 방지<br>　ⓛ 유리용기는 과산화수소 분해 촉진하므로 안 됨<br>　ⓒ 과산화수소의 안정제 : 인산($H_3PO_4$), 요산($C_5H_4N_4O_3$), 요소, 글리세린 등의 안정제 첨가하여 분해 억제 |
|---|---|

**84** 물과 반응하여 가연성 가스를 발생하는 위험물만으로 나열된 것은?

① $CaC_2$, $LiAlH_4$, $Al_4C_3$
② $K_2O_2$, $NaH$, $Zn(ClO_3)_2$
③ $Ba(ClO_3)_2$, $K_2O_2$, $CaC_2$
④ $Zn(ClO_3)_2$, $Ba(ClO_3)_2$, $Al_4C_3$

**85** 제1류 위험물인 과산화나트륨($Na_2O_2$) 1kg이 완전 열분해 되었을 경우 생성되는 산소는 표준상태(STP)에서 약 몇 ℓ인가? (단, Na 원자량을 23, O 원자량은 16으로 한다.)

① 0.143　　　　　　② 0.283
③ 143.59　　　　　④ 283.18

과산화나트륨의 열 분해식　$2Na_2O_2 \rightarrow 2Na_2O + O_2$

과산화나트륨의 분자량은 78g 이고 2몰이므로 156g이 필요하며 산소는 32g이 생성된다.
따라서 과산화나트륨 1000g이 완전 열분해 시에는
$156 : 32 = 1000 : X$　∴ $X = 205.12g$ 이 생성된다.
산소 205.12g은 ($\frac{205.12}{32}$) 6몰에 해당되며 기체의 경우 부피비로 표현 가능하므로
$6몰 = \frac{x}{22.4}$　∴ $x = 143.589\,\ell$ 가 생성된다.

**86** 제1류 위험물의 성상 및 위험성에 관한 설명으로 옳지 않은 것은?

① 질산칼륨은 무색결정 또는 백색분말이며 짠맛이 난다.
② 과염소산칼륨은 무색 무취의 결정으로 에탄올, 에테르에 잘 녹는다.
③ 질산나트륨은 무색결정으로 조해성이 있으며 칠레초석이라고도 불린다.
④ 과망간산나트륨은 적린, 유황, 금속분과 혼합하면 가열, 충격에 의해 폭발한다.

| 과염소산칼륨<br>$KClO_4$ | ① 가연물, 산과 혼합 시 가열, 충격, 마찰에<br>의해 폭발<br>② 분해온도 : 400~610℃<br>$KClO_4 \rightarrow KCl + 2O_2 \uparrow$<br>③ 온수에는 녹지만 냉수에는 소량 밖에 녹지<br>않는다.<br>④ 알코올, 에테르에 녹지 않는다. |
|---|---|

| 채광<br>설비 | 불연재료 및 연소의 우려가 없는 장소에 설치하되<br>채광면적을 최소로 할 것 |
|---|---|
| 조명<br>설비 | ① 가연성가스등이 체류할 우려가 있는 장소의 조명<br>등 : 방폭등<br>② 전선 : 내화·내열전선 사용<br>③ 점멸스위치 : 출입구 바깥부분에 설치 |

**87** 트리니트로톨루엔[$C_6H_2CH_3(NO_2)_3$] 열분해 반응 시 최종적으로 발생하는 물질이 아닌 것은?

① $N_2$  
② $H_2$  
③ CO  
④ $NO_2$

트리니트로톨루엔 열 분해 반응식  
$2C_6H_2CH_3(NO_2)_3 \rightarrow 12CO + 2C + 3N_2 \uparrow + 5H_2 \uparrow$

**88** 위험물안전관리법령상 위험물제조소의 안전거리 적용 대상에서 제외되는 위험물은?

① 제3류 위험물  
② 제4류 위험물  
③ 제5류 위험물  
④ 제6류 위험물

제조소의 안전거리  
건축물의 외벽 또는 이에 상당하는 공작물의 외측으로부터 당해 제조소의 외벽 또는 이에 상당하는 공작물의 외측까지의 수평거리(6류 위험물은 제외)

**89** 위험물안전관리법령상 위험물제조소의 채광 및 조명 설비에 대한 기준으로 옳지 않은 것은?

① 전선은 내화·내열전선으로 할 것  
② 점멸스위치는 출입구 바깥부분에 설치할 것(다만, 스위치의 스파크로 인한 화재·폭발의 우려가 없을 경우에는 그러하지 아니한다.)  
③ 가연성가스 등이 체류할 우려가 있는 장소의 조명 등은 방폭등으로 할 것  
④ 채광설비는 불연재료로 하고 연소의 우려가 없는 장소에 설치하되 채광 면적을 최대로 할 것

**90** 위험물안전관리법령상 제1류 위험물 중 알칼리금속의 과산화물 운반용기 외부에 표시해야 할 주의사항으로 옳지 않은 것은? (단, 국제해상위험물규칙(IMDG Code)에 정한 기준 또는 소방청장이 정하여 고시하는 기준에 적합한 표시를 한 경우는 제외한다.)

① 물기엄금  
② 화기·충격주의  
③ 공기접촉엄금  
④ 가연물접촉주의

운반용기의 외부 표시 사항  
① 위험물의 품명, 위험등급, 수량, 화학명 및 수용성  
② 수납하는 위험물에 따른 주의사항

| 제1류<br>위험물 | 알칼리금속의<br>과산화물 | 화기·충격주의, 물기엄금 및 가연<br>물접촉주의 |
|---|---|---|
| | 그 밖의 것 | 화기·충격주의 및 가연물접촉주의 |
| 제2류<br>위험물 | 철분·금속분<br>·마그네슘 | 화기주의 및 물기엄금 |
| | 인화성고체 | 화기엄금 |
| | 그 밖의 것 | 화기주의 |
| 제3류<br>위험물 | 자연발화성물질 | 화기엄금 및 공기접촉엄금 |
| | 금수성물질 | 물기엄금 |
| 제4류<br>위험물 | | 화기엄금 |
| 제5류<br>위험물 | | 화기엄금 및 충격주의 |
| 제6류<br>위험물 | | 가연물접촉주의 |

정답 87 ④  88 ④  89 ④  90 ③

**91** 위험물안전관리법령상 위험물제조소의 압력계 및 안전장치설비 중 위험물을 가압하는 설비에 설치하는 안전장치가 아닌 것은?

① 밸브 없는 통기관
② 안전밸브를 병용하는 경보장치
③ 감압측에 안전밸브를 부착한 감압밸브
④ 자동적으로 압력의 상승을 정지시키는 장치

※ **가압하는 설비에 설치하는 안전장치**
① 자동적으로 압력의 상승을 정지시키는 장치
② 감압측에 안전밸브를 부착한 감압밸브
③ 안전밸브를 병용하는 경보장치
④ 파괴판 (위험물의 성질에 따라 안전밸브의 작동이 곤란한 가압설비에 한한다)

※ **제4류 위험물만 저장하는 옥외저장탱크**에는 위험물의 출입 및 직사광선에 의해 생기는 내압의 변화를 안전하게 조정하기 위해 안전장치 또는 통기관을 설치해야 한다.
ⓐ 압력탱크
　– 압력탱크의 기준 : 최대상용압력이 부압 또는 정압 5 kPa를 초과하는 탱크
　– 압력계 및 안전장치를 설치
ⓑ 압력탱크외의 탱크
　– 밸브 없는 통기관 또는 대기밸브 부착 통기관을 설치

**92** 위험물안전관리법령상 위험물제조소의 옥외에서 액체위험물을 취급하는 설비의 바닥의 둘레에 설치하는 턱의 높이 기준은?

① 0.1m 이상
② 0.15m 이상
③ 0.3m 이상
④ 0.5m 이상

위험물 취급 시 누출 방지 턱의 설치 높이
• 제조소, 옥외저장탱크, 옥내저장탱크, 이송취급소
　– 내부에 설치 : 0.2 m 이상
　– 외부에 설치 : 0.15 m 이상
• 옥내저장탱크 탱크전용실의 문턱 높이
　– 용량 수용 가능한 높이 이상
• 주유취급소, 판매취급소
　– 0.1 m 이상

**93** 위험물안전관리법령상 제조소등의 소화난이도 Ⅰ등급 중 유황만을 저장취급하는 옥내 탱크저장소에 설치하는 소화설비는?

① 물분무소화설비
② 강화액소화설비
③ 이산화탄소소화설비
④ 청정소화약제소화설비

| 소화난이도 Ⅰ등급에 설치하는 소화설비 | | |
| --- | --- | --- |
| 제조소 등의 구분 | | 소화설비 |
| 1. 옥외탱크저장소의 지중탱크 또는 해상 탱크 외의 것<br>2. 암반탱크저장소<br>3. 옥내탱크저장소 | 유황만을 저장 취급 하는 것 | 물분무소화설비 |
| 주유취급소 | | 1. 스프링클러설비 (건축물에 한함)<br>2. 소형수동식소화기등 (소요단위에 적합하게) |

**94** 위험물안전관리법령상 지하탱크저장소 하나의 전용실에 경유 20,000 ℓ와 휘발유 10,000 ℓ의 저장탱크를 인접해 설치하는 경우 탱크 상호간의 거리는 최소 몇 m를 유지하여야 하는가? (단, 지하저장탱크 사이에 탱크전용실의 벽이나 두께 20 cm 이상의 콘크리트 구조물이 있는 경우는 제외)

① 0.3
② 0.5
③ 0.6
④ 1

| | | | | |
| --- | --- | --- | --- | --- |
| 지하 저장 탱크 | 윗 부분 | 지면으로부터 0.6 m 이상 아래 | | |
| | 2이상 인접해 설치하는 경우 | 그 상호간에 1 m 이상 (용량의 합계가 지정수량의 100배 이하인 때에는 0.5 m 이상) | | |
| | | | 경유 | 휘발유 |
| | | 저장수량 | 20,000 ℓ | 10,000 ℓ |
| | | 지정수량 | 1,000 ℓ | 200 ℓ |
| | | 용량의 합계가 지정수량의 100배 이하 임. | | |
| | 재질 | 두께 3.2 mm 이상의 강철판 | | |
| | 수압시험 | 압력탱크 | 압력탱크 외의 탱크 | |
| | | 최대상용압력의 1.5배의 압력으로 10분간 실시 | 70 kPa의 압력으로 10분간 실시 | |
| | | ※ 압력탱크 : 최대상용압력이 46.7 kPa 이상 인 탱크 | | |

**95** 위험물안전관리법령상 옥내탱크저장소의 탱크전용실에 하나의 탱크를 설치하고 등유를 저장하려고 한다. 저장할 수 있는 최대용량과 그 지정수량 배수는?

① 20,000 ℓ - 20배    ② 20,000 ℓ - 40배
③ 40,000 ℓ - 20배    ④ 40,000 ℓ - 40배

| 옥내<br>저장탱크의<br>용량 | 1. 지정수량의 40배 이하<br>※ 동일한 탱크 전용실에 2이상 설치하는 경우에는 각 탱크의 용량의 합계(A+B=지정수량 40배 이하)<br>2. 제4석유류 및 동식물유류 외의 제4류 위험물 : 최대 20,000 ℓ 이하 |
|---|---|

등유는 제2석유류로서 최대저장용량이 20,000 ℓ이고 지정수량은 1,000 ℓ이므로 배수는 20배가 된다.

**96** 위험물안전관리법령상 간이 탱크저장소 설치 기준에 관한 내용으로 옳은 것은?

① 간이저장탱크의 용량은 10,000 ℓ 이하이어야 한다.
② 하나의 간이탱크저장소에 설치하는 간이저장탱크 수는 5 이하로 한다.
③ 간이저장탱크는 70 kPa의 압력으로 10분간의 수압시험을 실시하여 새거나 변형되지 아니하여야 한다.
④ 간이저장탱크를 옥외에 설치하는 경우 그 탱크 주위에 너비 0.5 m 이상의 공지를 둔다.

하나의 간이탱크저장소
(1) 간이저장탱크 수 : 3 이하
(2) 동일한 품질의 위험물의 간이저장탱크를 2 이상 설치 금지

간이저장탱크 설치기준
(1) 간이저장탱크의 용량 - 600 ℓ 이하
(2) 간이저장탱크
 ① 3.2 mm 이상의 강판으로 흠이 없도록 제작
 ② 70 kPa의 압력으로 10분간의 수압시험을 실시하여 새거나 변형되지 아니하여야 한다.

설치장소
(1) 옥외에 설치
  보유공지 : 옥외에 설치하는 경우에는 그 탱크의 주위에 너비 1m 이상의 공지 확보
(2) 전용실 안에 설치하는 경우에는 탱크와 전용실의 벽과의 사이에 0.5 m 이상의 간격을 유지하여야 한다.

**97** 위험물안전관리법령상 제조소등에 설치하는 옥외소화전설비 수원기준에 관한 것이다. ( )에 들어갈 숫자는?

> 수원의 수량은 옥외소화전의 설치개수(설치개수가 4개 이상인 경우는 4개의 옥외소화전)에 ( )m³를 곱한 양 이상이 되도록 설치할 것

① 2.6          ② 7
③ 7.8          ④ 13.5

| 구분 | 수평<br>거리 | 설치방법 | 방수량<br>(Q) | 비상<br>전원 | 수원량 | 방수<br>압력 |
|---|---|---|---|---|---|---|
| 옥내<br>소화<br>전 | 25 m<br>이하 | 각층의 출입구부근에 1개 이상 설치 | 260<br>ℓ/min | 45분<br>이상 | N × 7.8 m³<br>(가장 많은 층 설치개수<br>- 최대 5개) | 0.35<br>MPa<br>이상 |
| 옥외<br>소화<br>전 | 40 m<br>이하 | 방호대상물의 각 부분으로부터 설치개수가 1개인 경우 2개 설치 | 450<br>ℓ/min | 45분<br>이상 | N × 13.5 m³<br>(N : 가장 많은 층 설치개수<br>-최대 4개,<br>최소 2개) | 0.35<br>MPa<br>이상 |

**98** 위험물안전관리법령상 제1종 판매취급소에 관한 설명으로 옳지 않은 것은?

① 제1종 판매취급소는 저장 또는 취급하는 위험물의 수량이 지정수량의 20배 이하인 판매취급소를 말한다.
② 제1종 판매취급소의 위험물을 배합하는 실의 바닥 면적은 20 m² 이하로 한다.
③ 제1종 판매취급소로 사용되는 부분과 다른 부분과의 격벽은 내화구조로 하여야 한다.
④ 제1종 판매취급소의 용도로 사용하는 부분의 창 및 출입구에는 갑종방화문 또는 을종방화문을 설치하여야 한다

정답   95 ①   96 ③   97 ④   98 ②

위험물 배합실의 기준
① 바닥면적은 6 m² 이상 15 m² 이하일 것
② 내화구조 또는 불연재료로 된 벽으로 구획할 것
③ 바닥은 위험물이 침투하지 아니하는 구조로 하여 적당한 경사를 두고 집유설비를 할 것
④ 출입구에는 수시로 열 수 있는 자동폐쇄식의 갑종방화문을 설치할 것
⑤ 출입구 문턱의 높이는 바닥면으로부터 0.1 m 이상으로 할 것
⑥ 내부에 체류한 가연성의 증기 또는 가연성의 미분을 지붕 위로 방출하는 설비를 할 것

**99** 위험물안전관리법령상 주유취급소 내에 설치하는 고정주유설비와 고정급유설비 사이에 유지 하여야 하는 거리 기준은?

① 1 m 이상
② 3 m 이상
③ 4 m 이상
④ 5 m 이상

고정주유설비 등의 이격거리

| 구분(중심선을 기점) | 고정주유설비 | 고정급유설비 |
|---|---|---|
| 건축물의 벽 | 2 m 이상(개구부가 없는 벽까지는 1 m 이상) | |
| 부지경계선, 담 | 2 m 이상 | 1 m 이상 |
| 도로경계선 | 4 m 이상 | |
| 자동차등의 점검, 정비 | 4 m 이상 | – |
| 자동차등의 세정 | 증기세차기 | 4 m 이상 | – |
| | 증기세차기 외의 세차기 | 4 m 이상 | – |

• 고정주유설비와 고정급유설비의 이격거리 – 4 m 이상

**100** 위험물안전관리법령상 경유 40,000 ℓ를 저장하고 있는 위험물에 관한 소화설비 소요단위는?

① 2단위
② 4단위
③ 6단위
④ 8단위

※ 소요단위
소화설비 설치대상이 되는 건축물 그 밖의 공작물의 규모 또는 위험물 양의 기준단위
(1) 규모의 기준

| 면적당 1소요 단위 | | 외 벽 | |
|---|---|---|---|
| | | 기타구조 | 내화구조 |
| 규모 기준 | 제조소, 취급소 | 50 m² | 100 m² |
| | 저장소 | 75 m² | 150 m² |

(2) 양의 기준

| 위험물 양의 기준 | 지정수량 10배마다 1소요 단위 |
|---|---|

경유 40,000 ℓ (지정수량 1,000 ℓ)는 지정배수로 40배 이고 소요단위는 지정수량 10배마다 1소요단위 이므로 40/10 = 4소요단위가 된다.

---

**제5과목** **소방시설의 구조원리**

**101** 한 대의 원심펌프를 회전수를 달리하여 운전할 때의 관계식은? (단, Q: 유량, N: 회전수, H: 양정, L: 축동력)

① $\dfrac{Q_2}{Q_1} = \dfrac{N_1}{N_2}$

② $\dfrac{H_1}{H_2} = \left(\dfrac{N_1}{N_2}\right)^2$

③ $\dfrac{L_1}{L_2} = \left(\dfrac{N_2}{N_1}\right)^3$

④ $\dfrac{Q_1}{Q_2} = \left(\dfrac{N_2}{N_1}\right)^4$

비교회전도가 같은 서로 다른 펌프의 경우 "상사성을 갖는다" 라고 하고 유량, 양정, 축동력은 회전수와 임펠러의 직경과 일정한 관계가 있는데 이를 상사법칙이라 한다.

유량
$$\frac{Q_2}{Q_1} = \left(\frac{N_2}{N_1}\right)^1 \cdot \left(\frac{D_2}{D_1}\right)^3$$

양정
$$\frac{H_2}{H_1} = \left(\frac{N_2}{N_1}\right)^2 \cdot \left(\frac{D_2}{D_1}\right)^2$$

축동력
$$\frac{L_2}{L_1} = \left(\frac{N_2}{N_1}\right)^3 \cdot \left(\frac{D_2}{D_1}\right)^5$$

**정답** 99 ③  100 ②  101 ②

**102** 바닥면적 530 m²의 특정소방대상물인 장례식장에 설치할 소화기구의 최소 능력단위는? (단, 주요구조부는 비내화구조임)

① 3
② 6
③ 8
④ 11

| 특정소방대상물에 따라 소화기구의 능력단위 산정하여 배치 | |
| --- | --- |
| 특정소방대상물 | 소화기구의 능력단위 1단위의 바닥면적($m^2$) |
| • 위락시설 | 30 $m^2$ |
| • 공연장 · 관람장 · **장례식장** · 집회장 · 의료시설 · 문화재<br>**+암기** 공(연장)관(람장)장 집의 문 | 50 $m^2$ |
| • 관광휴게시설 · 창고시설 · 판매시설 · 노유자시설 · 숙박시설 · 근린생활시설 · 항공기 및 자동차 관련 시설 · 공동주택 · 공장 · 업무시설 · 운수시설 · 전시장 · 방송통신시설<br>**+암기** 관(광휴게시설)창 판 노숙 근항 - 공(동주택)공(장)업 운전 방 | 100 $m^2$ |
| • 그 밖의 것 | 200 $m^2$ |

※ 소화기구의 능력단위를 산출함에 있어서 건축물의 **주요구조부**가 **내화구조**이고, 벽 및 반자의 실내에 면하는 부분이 **불연재료 · 준불연재료 또는 난연재료**로 된 특정소방대상물에 있어서는 위 표의 **기준면적의 2배**를 해당 특정소방대상물의 기준면적으로 한다.

장례식장은 50 $m^2$마다 1능력단위 이므로
$530m^2 \div 50m^2 = 10.6$ ∴ 11단위

**103** 옥외소화전설비 노즐선단의 방수압력이 0.26 MPa이서 310 ℓ/min으로 방수되었다. 350 ℓ/min을 방수하고자 할 경우 노즐선단의 방수압력(MPa)은? (단, 계산결과값은 소수점 넷째자리에서 반올림함)

① 0.200
② 0.231
③ 0.331
④ 0.462

$Q(lpm) = K\sqrt{10P(MPa)}$
$310 = K\sqrt{10 \times 0.26}$ ∴ $K = 192.254$
$350 lpm$ 일 경우 $350 = 192.254\sqrt{10 \times P}$
∴ $P = 0.3314$ MPa

**104** 스프링클러설비에 관한 설명으로 옳은 것을 모두 고른 것은?

> ㄱ. 유리벌브형 폐쇄형 헤드의 표시온도가 93℃인 경우 액체의 색은 초록색 이어야 한다.
>
> ㄴ. 반응시간지수(RTI)란 기류의 온도 · 압력 및 작동시간에 대하여 스프링클러헤드의 반응을 예상한 지수이다.
>
> ㄷ. 준비작동식유수검지장치의 작동에서 화재감지회로는 교차회로방식으로 하여야 하나, 스프링클러설비의 배관에 압축공기가 채워지는 경우에는 그러하지 아니하다.
>
> ㄹ. 상부에 설치된 헤드의 방출수에 따라 감열부에 영향을 받을 우려가 있는 헤드는 방출수를 차단할 수 있는 유효한 반사판을 설치하여야 한다.

① ㄱ, ㄴ
② ㄱ, ㄷ
③ ㄴ, ㄹ
④ ㄷ, ㄹ

• 반응시간지수
"반응시간지수(RTI)"란 기류의 **온도 · 속도 및 작동시간**에 대하여 스프링클러헤드의 반응을 예상한 지수
$RTI = \tau\sqrt{U}$ 로 나타낸다. $RTI(\sqrt{m \cdot s})$ : 반응시간지수
$\tau(s)$ : 시정수 $U(m/s)$ : 기류속도

• 차폐판
상부에 설치된 헤드의 방출수에 따라 감열부에 영향을 받을 우려가 있는 헤드에는 방출수를 차단할 수 있는 유효한 **차폐판**을 설치할 것

차폐판

**105** 표시등의 성능인증 및 제품검사의 기술기준상 옥내소화전의 표시등은 사용전압의 몇 %인 전압을 24시간 연속하여 가하는 경우 단선이 발생하지 않아야 하는가?

① 130
② 140
③ 150
④ 160

< 표시등의 성능인증 및 제품검사의 기술기준 >
㉠ 불빛은 부착 면으로부터 15° 이상의 범위 안에서 부착지점으로부터 10 m 이내의 어느 곳에서도 쉽게 식별할 수 있는 적색등
㉡ 사용전압의 130%인 전압을 24시간 유지 시 단선, 현저한 광속변화, 전류변화 등의 현상이 발생되지 아니할 것

위치표시등

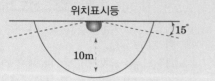

**106** 펌프의 토출관과 흡입관 사이의 배관도중에 설치한 흡입기에 펌프에서 토출관 물의 일부를 보내고, 농도 조절밸브에서 조정된 포 소화약제의 필요량을 포 소화약제 탱크에서 펌프흡입측으로 보내어 이를 혼합하는 방식은?

① 라인 푸로포셔너방식
② 프레져 푸로포셔너방식
③ 펌프 푸로포셔너방식
④ 프레져사이드 푸로포셔너방식

| | |
|---|---|
| 펌프 프로포셔너방식 (펌프 혼합 방식) | 펌프의 토출관과 흡입관 사이의 배관 도중에 설치한 혼합기에 펌프에서 토출된 물의 일부를 보내고, 포소화약제 탱크에서 농도조절밸브를 통해 조절된 포 소화약제의 필요량을 혼합하여 펌프 흡입측으로 보내어 이를 혼합하는 방식 |
| 장점 | • 원액을 사용하기 위한 손실이 적고 보수가 용이함 |
| 단점 | • 펌프의 흡입측 배관의 압력손실이 있을 경우 방출될 소화약제의 양을 감소시키거나 원액탱크 쪽으로 물이 역류할 수 있다.<br>• 펌프는 흡입측으로 포가 유입되므로 포 소화약제로 인하여 소방펌프의 부식이 발생하게 된다. 따라서 포소화설비 전용이어야 한다. |

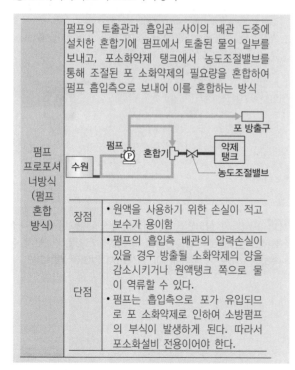

**107** 바닥면적이 30 m²인 변압기실에 물분무소화설비를 설치하려고 한다. 바닥부분을 제외한 절연유 봉입 변압기의 표면적을 합한 면적이 3 m²일 때, 수원의 최소 저수량($\ell$)은?

① 450
② 600
③ 900
④ 1,200

물분무소화설비의 수원

| 구분 | 특수가연물 | 차고 또는 주차장 | 절연유 봉입 변압기 |
|---|---|---|---|
| $A$ | 바닥면적(m²) − 50 m²이하인 경우에는 50 m² | 바닥면적(m²) − 50 m²이하인 경우에는 50 m² | 바닥부분을 제외한 표면적을 합한 면적(m²) |
| $Q$ | 10 $\ell$/min | 20 $\ell$/min | 10 $\ell$/min |
| $T$ | 20분 | 20분 | 20분 |

$A \times Q \times T = 3 \times 10 \times 20 = 600\ell$

**108** 할론소화설비의 화재안전기준상 분사헤드의 방사압력의 최소기준으로 옳은 것은?

| | 할론 1301 | 할론 1211 | 할론 2402 |
|---|---|---|---|
| ① | 0.9 MPa 이상 | 0.2 MPa 이상 | 0.1 MPa 이상 |
| ② | 0.8 MPa 이상 | 0.1 MPa 이상 | 0.3 MPa 이상 |
| ③ | 0.7 MPa 이상 | 0.3 MPa 이상 | 0.4 MPa 이상 |
| ④ | 1.0 MPa 이상 | 0.2 MPa 이상 | 0.2 MPa 이상 |

| 구분 | 이산화탄소소화설비 | | 할론소화설비 | | |
|---|---|---|---|---|---|
| | 고압식 | 저압식 | 2402 | 1211 | 1301 |
| 헤드방사압력 | 2.1 MPa 이상 | 1.05 MPa 이상 | 0.1 MPa 이상 (상온 액체 − 무상 방사) | 0.2 MPa 이상 | 0.9 MPa 이상 |

**109** 이산화탄소소화설비의 자동식 기동장치 중 가스압력식 기동장치의 설치기준으로 옳지 않은 것은?

① 기동용가스용기 및 해당 용기에 사용하는 밸브는 25 MPa 이상의 압력에 견딜 수 있는 것으로 할 것
② 기동용가스용기에는 내압시험압력의 0.8배부터 내압시험압력 이하에서 작동하는 안전장치를 설치할 것

③ 기동용가스용기의 용적은 5ℓ 이상으로 하고, 해당 용기에 저장하는 비활성기체는 5.0MPa 이상(21℃ 기준)의 압력으로 충전할 것

④ 기동용가스용기에는 충전여부를 확인할 수 있는 압력 게이지를 설치할 것

이산화탄소 소화설비 자동식 기동장치 중 가스압력식 기동장치 설치 기준

| 기동용기 설치기준 | |
|---|---|
| 기동용가스용기 및 밸브 | 25MPa 이상 압력에 견딜 것 |
| 기동용가스용기 | 충전여부를 확인 할수 있는 압력게이지 설치 |
| 안전장치 | 내압시험압력 0.8배 ~ 1배 이하에서 작동 |
| 용적 | 5ℓ 이상 |
| 질소등의 비활성기체 | 6.0MPa 이상의 압력으로 충전(21℃) |
| 충전비 | 1.5 이상 |

**110** 할로겐화합물 및 불활성기체소화설비의 화재안전기준 상 사람이 상주하는 곳에 설치하는 소화약제의 최대 사용설계농도로 옳은 것은?

① HCFC BLEND A : 11%
② IG-100 : 45%
③ HFC-23 : 55%
④ HFC-227ea : 10.5%

| 소 화 약 제 | 최대허용 설계농도(%) | 소 화 약 제 | 최대허용 설계농도(%) |
|---|---|---|---|
| FC-3-1-10 | 40 | FK-5-1-12 | 10 |
| HFC-23 | 30 | HCFC BLEND A | 10 |
| HFC-236fa | 12.5 | HCFC-124 | 1.0 |
| HFC-125 | 11.5 | FIC-13I1 | 0.3 |
| HFC-227ea | 10.5 | | |

**111** 자동화재탐지설비 및 시각경보장치의 화재안전기준상 의 내용으로 옳지 않은 것은?

① 외기에 면하여 상시 개방된 부분이 있는 차고에 있 어서는 외기에 면하는 각 부분으로부터 5m 미만 의 범위안에 있는 부분은 경계구역의 면적에 산입 하지 아니한다.

② 4층 이상의 특정소방대상물에는 발신기와 전화통화 가 가능한 수신기를 설치할 것

③ 중계기는 수신기에서 직접 감지기회로의 도통시험 을 행하지 아니하는 것에 있어서는 수신기와 감지 기 사이에 설치할 것

④ 열전대식 차동식분포형감지기는 하나의 검출기에 접속하는 감지부는 2개 이상 15개 이하가 되도록 할 것

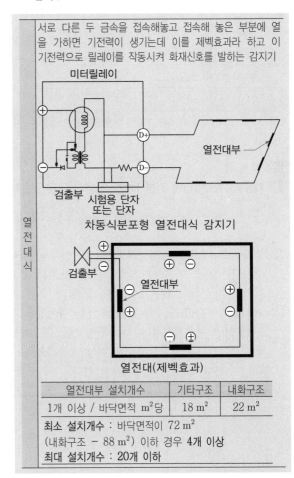

| 열전대부 설치개수 | 기타구조 | 내화구조 |
|---|---|---|
| 1개 이상 / 바닥면적 m²당 | 18 m² | 22 m² |
| **최소 설치개수** : 바닥면적이 72 m² (내화구조 - 88 m²) 이하 경우 **4개 이상** | | |
| **최대 설치개수** : **20개 이하** | | |

**112** 방호구역이 120 m³인 공간에 전역방출식의 분말소화설비를 설치할 때 최소 소화약제 저장량(kg)은? (단, 소화약제는 제2종 분말이며, 개구부의 면적은 2 m²로 자동폐쇄장치가 설치되어 있지 않음)

① 35.7
② 48.6
③ 56.3
④ 61.8

전역방출방식

$$V \times Q + A \times K$$

| $V$ | 방호구역의 체적(m³) | |
|---|---|---|
| $Q$ | 방호구역 체적 1m³에 대한 양(kg) | |
| | 소화약제의 종별 | 방호구역 체적 1m³에 대한 소화약제의 양 | 개구부의 면적 1 m²에 대한 소화약제의 양(가산량) |
| | 제1종 | 0.6 | 4.5 |
| | 제2종, 제3종 | 0.36 | 2.7 |
| | 제4종 | 0.24 | 1.8 |
| $A$ | 개구부면적(m²) | |
| $K$ | 개구부 면적 1m²당 가산량 | |

$V \times Q + A \times K = 120 \times 0.36 + 2 \times 2.7 = 48.6$ kg

**113** 자동화재속보설비에 관한 설명으로 옳지 않은 것은?

① 노유자 생활시설은 자동화재속보설비를 설치하여야 한다.
② 문화재에 설치하는 자동화재속보설비는 속보기에 감지기를 직접 연결하는 방식(자동화재탐지설비 1개의 경계구역에 한한다)으로 할 수 있다.
③ 속보기는 연동 또는 수동 작동에 의한 다이얼링 후 소방관서와 전화접속이 이루어지지 않는 경우에는 최초 다이얼링을 포함하여 3회 이상 반복적으로 접속을 위한 다이얼링이 이루어져야 한다.
④ 속보기는 음성속보방식 외에 데이터 또는 코드전송방식 등을 이용한 속보기능을 부가로 설치할 수 있다.

속보기는 연동 또는 수동 작동에 의한 다이얼링 후 소방관서와 전화접속이 이루어지지 않는 경우 최초 다이얼링을 포함하여 10회 이상 반복적으로 접속을 위한 다이얼링이 이루어져야 한다. 이 경우 매회 다이얼링 완료 후 호출은 30초 이상 지속되어야 한다.

**114** 누전경보기의 형식승인 및 제품검사의 기술기준상 누전경보기의 공칭작동전류치는 몇 mA 이하여야 하는가?

① 200
② 250
③ 300
④ 350

누전경보기의 변류기
(1) 변류기는 구조에 따라 옥외형과 옥내형으로 구분 수신부와의 상호호환성 유무에 따라 호환성형 및 비호환성형으로 구분
(2) 공칭작동전류치 – 200 mA 이하
(3) 감도조정장치 – 조정범위는 최대치가 1 A일 것

**115** 아래와 같은 평면도에서 단독경보형감지기의 최소 설치개수는? (단, A실과 B실 사이는 벽체 상부의 전부가 개방되어 있으며, 나머지 벽체는 전부 폐쇄되어 있음)

| A실 (바닥면적 20m²) | B실 (바닥면적 30m²) | C실 (바닥면적 30m²) | D실 (바닥면적 30m²) |
|---|---|---|---|
| E실 (바닥면적 160m²) | | | |

① 3
② 4
③ 5
④ 6

설치기준
① 각 실마다 설치하되, 바닥면적이 150 m²를 초과하는 경우에는 150 m²마다 1개 이상 설치
※ 이웃하는 실내의 바닥면적이 각각 30 m² 미만이고 벽체의 상부의 전부 또는 일부가 개방되어 이웃하는 실내와 공기가 상호 유통되는 경우에는 이를 1개의 실로 본다.
② 최상층의 계단실의 천장에 설치(외기가 상통하는 계단실의 경우를 제외한다.)
위 설치기준에 따라

| A실 – 1개 | B실 – 1개 | C실 – 1개 | D실 – 1개 |
|---|---|---|---|
| E실 – 2개 | | | |

B실의 면적은 30 m² 미만이 아닌 이상이므로 A실과 하나의 실로 볼 수 없음.
E실은 바닥면적이 150 m² 초과하여 2개 설치

---

**116** 피난기구의 화재안전기준상 피난기구의 설치기준으로 옳은 것은?

① 층마다 설치하되, 노유자시설로 사용되는 층에 있어서는 그 층의 바닥면적 500 m² 마다 1개 이상 설치할 것

② 층마다 설치하되, 위락시설로 사용되는 층에 있어서는 그 층의 바닥면적 1,000 m² 마다 1개 이상 설치할 것

③ 층마다 설치하되, 계단실형 아파트에 있어서는 각 세대마다, 그 밖의 용도의 층에 있어서는 그 층의 바닥면적 1,200 m² 마다 1개 이상 설치할 것

④ 숙박시설(휴양콘도미니엄을 제외한다)의 경우에는 추가로 객실마다 완강기 또는 하나 이상의 간이완강기를 설치할 것

피난기구 설치 개수
① 층마다 설치하되 면적별 1개 이상 설치

| 구 분 | 그 밖의 용도 | 위락시설 · 문화집회 및 운동시설 · 판매시설 또는 복합용도 | 숙박시설 · 노유자 시설 및 의료시설 |
|---|---|---|---|
| 층의 바닥면적 | 1,000 m² | 800 m² | 500 m² |

※ 복합용도 - 특정소방대상물의 제1호 내지 제4호 또는 제8호 내지 제18호 중 2 이상의 용도로 사용되는 층
※ 계단실형 아파트에 있어서는 각 세대
② 숙박시설(휴양콘도미니엄을 제외한다) - 추가로 객실마다 완강기 또는 둘이상의 간이완강기를 설치
③ 아파트 - 하나의 관리주체가 관리하는 아파트 구역마다 공기안전매트 1개 이상을 추가로 설치
단, 옥상으로 피난이 가능하거나 인접세대로 피난할 수 있는 구조인 경우 제외
※ 공기안전매트 - 화재 발생시 사람이 건축물 내에서 외부로 긴급히 뛰어 내릴 때 충격을 흡수하여 안전하게 지상에 도달할 수 있도록 포지에 공기 등을 주입하는 구조로 되어 있는 것

---

**117** 비상조명등의 화재안전기준상 비상조명등의 설치 제외 규정 중 일부이다. (   )안에 들어갈 숫자는?

거실의 각 부분으로부터 하나의 출입구에 이르는 보행거리가 (   )m 이내인 부분

① 15  ② 20
③ 25  ④ 30

설치제외
㉠ 창고시설 중 창고 및 하역장
㉡ 위험물 저장 및 처리 시설 중 가스시설
㉢ 거실의 각 부분으로부터 하나의 출입구에 이르는 보행거리가 15 m 이내인 부분
㉣ 의원 · 경기장 · 공동주택 · 의료시설 · 학교의 거실

---

**118** 유도등의 형식승인 및 제품검사의 기술기준상 식별도의 기준으로 (   )안에 들어갈 숫자는?

피난구유도등 및 거실통로유도등은 상용전원으로 등을 켜는(평상사용 상태로 연결, 사용전압에 의하여 점등후 주위조도를 10 lx에서 30 lx까지의 범위내로 한다) 경우에는 직선거리 ( ㄱ ) m 의 위치에서, 비상전원으로 등을 켜는(비상전원에 의하여 유효점등시간 동안 등을 켠후 주위조도를 0 lx에서 1 lx까지의 범위내로 한다)경우에는 직선거리 ( ㄴ ) m 의 위치에서 각기 보통시력(시력 1.0에서 1.2의 범위내를 말한다)으로 피난유도표시에 대한 식별 가능하여야 한다.

① ㄱ: 10, ㄴ: 10  ② ㄱ: 15, ㄴ: 15
③ ㄱ: 20, ㄴ: 15  ④ ㄱ: 30, ㄴ: 20

제16조(식별도 및 시야각시험)
① 피난구유도등 및 거실통로유도등
상용전원으로 등을 켜는 경우에는 **직선거리 30 m**의 위치에서, 비상전원으로 등을 켜는 경우에는 **직선거리 20 m**의 위치에서 각기 보통시력으로 피난유도표시에 대한 식별이 가능하여야 한다.
② 복도통로유도등
상용전원으로 등을 켜는 경우에는 직선거리 20 m의 위치에서, 비상전원으로 등을 켜는 경우에는 직선거리 15 m의 위치에서 보통시력에 의하여 표시면의 화살표가 쉽게 식별되어야 한다.

---

**119** 연결송수관설비의 설치기준으로 옳지 않은 것은?

① 건식연결송수관설비의 송수구 부근의 자동배수밸브 및 체크밸브는 송수구·체크밸브·자동배수밸브 순으로 설치할 것

② 방수기구함은 피난층과 가장 가까운 층을 기준으로 3개층마다 설치하되, 그 층의 방수구마다 보행거리 5 m 이내에 설치할 것

③ 지표면에서 최상층 방수구의 높이가 70 m 이상의 특정소방대상물에는 연결송수관설비의 가압송수장치를 설치하여야 한다.

④ 11층 이상의 아파트의 용도로 사용되는 층에 설치하는 방수구는 단구형으로 할 수 있다.

> 송수구의 부근에는 자동배수밸브 및 체크밸브 설치할 것.
> 자동배수밸브는 배관안의 물이 잘빠질 수 있는 위치에 설치하되, 배수로 인하여 다른 물건이나 장소에 피해를 주지 아니하여야 한다.
> ① 습식의 경우에는 **송수구·자동배수밸브·체크밸브**의 순으로 설치
> ② 건식의 경우에는 **송수구·자동배수밸브·체크밸브·자동배수밸브**의 순으로 설치

**120** 바닥면적이 750 m²인 거실에 다음과 같이 제연설비를 설치하려 할 때, 배기팬 구동에 필요한 전동기 용량 (kW)은? (단, 계산결과값은 소수점 넷째자리에서 반올림함)

> • 예상제연구역은 직경 45 m이고, 제연경계벽의 수직거리는 3.2 m 이다.
> • 직관덕트의 길이는 180 m, 직관덕트의 손실저항은 0.2 mmAq/m이며, 기타부속류 저항의 합계는 직관덕트 손실합계의 55%로 하고, 전동기의 효율은 60%, 전달계수 K값은 1.1로 한다.

① 9.891      ② 11.683
③ 15.322     ④ 18.109

$$P = \frac{P_t \cdot Q}{102 \cdot 60 \cdot \eta} \text{(kW)}$$

$$= \frac{55.8 \times 65{,}000/60}{102 \times 60 \times 0.6} \times 1.1 = 18.1086 \fallingdotseq 18.109 \text{ kW}$$

$P_t$(전압)의 단위는 mmAq,
$Q$(풍량)의 단위는 CMM(m³/min) 이다.
① $P_t$ = 36 + 19.8 = 55.8 mmAq
직관덕트에 의한 전압(마찰손실)
= 180 m × 0.2 mmAq/m = 36mmAq
기타부속류에 의한 전압(마찰손실)
= 36 mmAq × 0.55 = 19.8mmAq
② Q (풍량 : m³/min)
예상제연구역은 거실이며 바닥면적 400 m² 이상이고 예상제연구역의 직경은 45 m, 제연경계벽 수직거리 3.2 m이므로 다음 아래의 표에서 선택하면 65,000 m³/hr (= 65000/60 m³/min)가 된다.

| 구 분 | 배 출 량 | |
|---|---|---|
| 400m² 미만 | 생략(교재 거실제연설비 참조) | |
| 400m² 이상 | • 예상제연구역이 직경 40 m인 원 내 : 40,000 m³/hr 이상 | |
| | 수 직 거 리(제연경계) | 배 출 량 |
| | 생략(교재 거실제연설비 참조) | |
| | • 예상제연구역이 직경 40 m인 원 초과 : 45,000 m³/hr 이상 | |
| | 수 직 거 리(제연경계) | 배 출 량 |
| | 2 m 이하 | 45,000 m³/hr 이상 |
| | 2 m 초과 2.5 m 이하 | 50,000 m³/hr 이상 |
| | 2.5 m 초과 3 m 이하 | 55,000 m³/hr 이상 |
| | 3 m 초과 | 65,000 m³/hr 이상 |

**121** 무선통신보조설비의 설치기준으로 옳지 않은 것은?

① 누설동축케이블의 끝부분에는 무반사 종단저항을 견고하게 설치할 것

② 분배기·분파기 및 혼합기 등의 임피던스는 100Ω의 것으로 할 것

③ 증폭기에는 비상전원이 부착된 것으로 하고 해당 비상전원 용량은 무선통신보조설비를 유효하게 30분 이상 작동시킬 수 있는 것으로 할 것

④ 누설동축케이블은 금속판 등에 따라 전파의 복사 또는 특성이 현저하게 저하되지 아니하는 위치에 설치할 것

> 분배기·분파기 및 혼합기 등 설치기준
> ① 먼지·습기 및 부식 등에 따라 기능에 이상을 가져오지 아니하도록 할 것
> ② 임피던스는 50 Ω 의 것으로 할 것
> ③ 점검에 편리하고 화재 등의 재해로 인한 피해의 우려가 없는 장소에 설치할 것

## 122 비상콘센트설비의 화재안전기준상 전원회로의 설치기준으로 옳지 않은 것은?

① 비상콘센트설비의 전원회로는 단상교류 220 V인 것으로서, 그 공급용량은 1.5 kVA 이상인 것으로 할 것

② 전원회로는 각층에 2 이상이 되도록 설치할 것 (다만, 설치하여야 할 층의 비상콘센트가 1개인 때에는 하나의 회로로 할 수 있다.)

③ 비상콘센트용의 풀박스 등은 방청도장을 한 것으로서, 두께 1.6 mm 이상의 철판으로 할 것

④ 하나의 전용회로에 설치하는 비상콘센트는 15개 이하로 할 것

> 비상콘센트 설치방법
> ㉠ 전원회로는 각층에 2 이상이 되도록 설치 단, 층에 비상콘센트가 1개인 때에는 하나의 회로로 할 수 있다.
> ㉡ 전원회로는 주배전반에서 전용회로로 할 것 다만, 다른 설비의 회로의 사고에 따른 영향을 받지 아니한 것은 제외
> ㉢ 전원으로부터 각층의 비상콘센트에 분기되는 경우에는 분기배선용 차단기를 보호함안에 설치
> ㉣ 콘센트마다 배선용 차단기(KS C 8321)를 설치하여야 하며, 충전부가 노출되지 아니하도록 할 것
> ㉤ 개폐기에는 "비상콘센트"라고 표시한 표지
> ㉥ 비상콘센트용의 풀박스 등은 방청도장을 한 것으로서, 두께 1.6 mm 이상의 철판
> ㉦ 하나의 전용회로에 설치하는 비상콘센트는 10개 이하로 할 것
> ㉧ 전선의 용량은 각 비상콘센트(비상콘센트가 3개 이상인 경우에는 3개)의 공급용량을 합한 용량 이상

## 123 연결살수설비의 화재안전기준상 연결살수설비의 헤드를 설치해야 할 곳은?

① 천장·반자중 한쪽이 불연재료로 되어있고 천장과 반자 사이의 거리가 0.9 m인 부분

② 고온의 노가 설치된 장소 또는 물과 격렬하게 반응하는 물품의 저장 또는 취급장소

③ 천장 및 반자가 불연재료외의 것으로 되어 있고 천장과 반자 사이의 거리가 1.5 m인 부분

④ 현관으로서 바닥으로부터 높이가 20 m인 장소

> 연결살수설비 제7조 헤드의 설치제외
> 천장과 반자와 관련되어 헤드 제외 장소 기준(스프링클러 설비와 동일)
> 1. 천장과 반자 양쪽이 불연재료로 되어 있는 경우
>    가. 천장과 반자사이의 거리가 2 m 미만인 부분
>    나. 천장과 반자사이의 벽이 불연재료이고 천장과 반자사이의 거리가 2 m 이상으로서 그 사이에 가연물이 존재하지 아니하는 부분
> 2. 천장·반자중 한쪽이 불연재료로 되어있고 천장과 반자사이의 거리가 1 m 미만인 부분
> 3. 천장 및 반자가 불연재료외의 것으로 되어 있고 천장과 반자사이의 거리가 0.5 m 미만인 부분

## 124 연소방지설비의 배관에 관한 기준으로 옳지 않은 것은?

① 방수헤드간이 수평거리는 스프링클러헤드의 경우 1.5 m 이하로 한다.

② 방수헤드간의 수평거리는 연소방지설비 전용헤드의 경우 2 m 이하로 한다.

③ 하나의 배관에 연소방지설비 전용헤드가 6개 이상 설치될 경우 배관 구경은 65 mm로 한다.

④ 소방대원의 출입이 가능한 환기구·작업구마다 지하구의 양쪽방향으로 살수헤드를 설정하여야 한다.

> 연소방지설비의 배관의 구경
> ① 연소방지설비전용헤드를 사용하는 경우

| 하나의 배관에 부착하는 살수헤드의 개수 | 1개 | 2개 | 3개 | 4개 또는 5개 | 6개 이상 |
|---|---|---|---|---|---|
| 배관의 구경(mm) | 32 | 40 | 50 | 65 | 80 |

> ② 스프링클러헤드를 사용하는 경우 - 스프링클러 준용

**125** 다음과 같은 조건에서 평면에서  실 I'에 급기하여야 할 풍량은 최소 몇 m³/s 인가?(단, 계산결과값은 소수점 넷째자리에서 반올림함)

- 각 실의 출입문($d_1$, $d_2$)은 닫혀 있고, 각 출입문의 누설틈새는 0.02 m²이며, 각실의 출입문 이외의 누설틈새는 없다.
- '실 I'과 외기 간의 차압은 50 Pa로 한다.
- 풍량산출식은 Q=0.827×A×P¹ᐟ²이다.
  (Q : 풍량, A : 누설틈새면적, P : 차압)

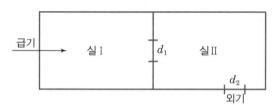

① 0.040　　　　② 0.083
③ 0.117　　　　④ 0.234

$$Q = 0.827 \times A \times \sqrt{P} = 0.827 \times 0.01414 \times \sqrt{50}$$
$$= 0.0826 = 0.083 \, \text{m}^3/\text{s}$$

누설틈새 면적의 합

| 직렬 누설틈새 합 | 병렬 누설틈새의 합 |
|---|---|
| 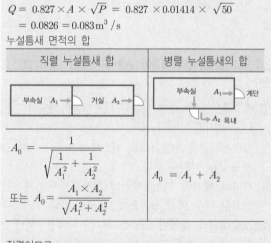 | |
| $A_0 = \dfrac{1}{\sqrt{\dfrac{1}{A_1^2} + \dfrac{1}{A_2^2}}}$　또는 $A_0 = \dfrac{A_1 \times A_2}{\sqrt{A_1^2 + A_2^2}}$ | $A_0 = A_1 + A_2$ |

직렬이므로
$$\frac{1}{A_0^{\,2}} = \frac{1}{A_1^2} + \frac{1}{A_2^2} + \frac{1}{A_3^2} + \cdots$$

$$A_0 = \frac{A_1 \times A_2}{\sqrt{A_1^2 + A_2^2}} = \frac{0.02 \times 0.02}{\sqrt{0.02^2 + 0.02^2}} = 0.01414 \, \text{m}^2$$

정답　125 ②

# 과년도 기출문제

제1과목 소방안전관리론 및 화재역학

**01** 표면연소(작열연소)에 관한 설명으로 옳지 않은 것은?

① 흑연, 목탄 등과 같이 휘발분이 거의 포함되지 않은 고체연료에서 주로 발생한다.
② 불꽃연소에 비해 일산화탄소가 발생할 가능성이 크다.
③ 화학적 소화만 소화 효과가 있다.
④ 불꽃연소에 비해 연소속도가 느리고 단위시간당 방출열량이 적다.

| 구분 | 불꽃의 유무에 의한 분류 | |
| --- | --- | --- |
| | 불꽃이 있는 연소 | 불꽃이 없는 연소 |
| 화재 | 표면화재 | 심부화재 |
| 종류 | 분해연소, 증발연소, 자기연소 등 | 표면연소, 훈소, 작열연소 |
| 소화 | 연쇄반응이 있으므로 연소의 4요소 중 하나의 요소 제거하여 소화 | 연쇄반응이 없으므로 연소의 3요소 중 하나의 요소 제거하여 소화 |

불꽃이 있는 화재인 표면화재의 경우 기상에서 화학반응에 의한 연쇄반응이 일어나므로 연쇄반응 억제에 의한 소화가 가능하지만 불꽃이 없는 화재인 심부화재는 소화효과가 없다.

**02** 요오드값(아이오딘값)에 관한 설명으로 옳지 않은 것은?

① 유지 100g에 흡수된 요오드의 g수로 표시한 값이다.
② 값이 클수록 불포화도가 낮고 반응성이 작다.
③ 값이 클수록 공기 중에 노출되면 신화열 축적에 의해 자연발화하기 쉽다.
④ 요오드값이 130 이상인 유지를 건성유라고 한다.

유지의 종류

| 구 분 | 불건성유 | 반건성유 | 건성유 |
| --- | --- | --- | --- |
| 요오드값 | 100 이하 | 100초과 ~ 130미만 | 130 이상 |
| 종 류 | 돼지기름, 올리브유, 땅콩기름, 야자유, 동백유, 피마자유 | 콩기름, 참기름, 옥수수기름, 면실유 | 정어리기름, 동유, 해바라기유, 아마인유, 들기름(법유) |
| 요오드값 | 100 g의 유지가 흡수하는 요오드의 g 수 (= 아이오딘값) | | |

"요오드값이 크다" 라는 것은 유지의 불포화도가 커서 오요드가 많이 흡수될 수 있으며 이는 요오드값이 130 이상인 건성유를 말하며 건성유는 산소와의 친화력이 좋아 산화열에 자연발화한다.

**03** 연료가스의 분출속도가 연소속도보다 클 때, 주위 공기의 움직임에 따라 불꽃이 노즐에서 정착하지 않고 떨어져 꺼지는 현상은?

① 불완전연소(Incomplete combustion)
② 리프팅(Lifting)
③ 블로우오프(Blow off)
④ 역화(Back fire)

| 블로우 오프 (Blow-off : 바람이 불면 꺼짐) | • 선화조건에서 강한 바람이 불면 꺼지는 현상<br>• 선화상태에서 연료가스 분출속도 증가 → 불안정 → 소화 |
| --- | --- |

**04** 액화가스 탱크폭발인 BLEVE(Boiling Liquid Expanding Vapor Explosion)의 방지대책으로 옳지 않은 것은?

① 탱크가 화염에 의해 가열되지 않도록 고정식 살수 설비를 설치한다.
② 입열을 위하여 탱크를 지상에 설치한다.
③ 용기 내압강도를 유지할 수 있도록 견고하게 탱크 를 제작한다.
④ 탱크 내벽에 열전도도가 큰 알루미늄 합금박판을 설치한다.

비등(과열)액체 팽창증기 폭발
- BLEVE(Boiling Liquid Expanding Vapor Explosion)
- 탱크의 과열에 의한 액온상승에 따라 연성에 의한 탱크 균 열이 발생하여 탱크 내 급격한 압력저하로 비등하던 액체 또는 액화 가스가 급격히 팽창하여 탱크 내벽에 충격을 가 하고 탱크가 취성파괴 되는 현상임.
※ 방지대책
• 탱크 지하 매설 (입열 방지)
• 방액제 기초를 경사지게 하여 가연성기체등이 탱크 근처에 고이지 않게 한다.
• 고정식 살수설비 설치
• 탱크 열전도 향상시켜 열축적 방지 (탱크 내벽에 열전도도 가 큰 알루미늄 등의 합금박판을 설치
• 용기의 내압강도 유지할 수 있도록 탱크 제작

**05** 40톤의 프로판이 증기운 폭발했을 때, TNT당량모델에 따른 TNT당량과 환산거리(폭발지점으로부터 100m 지점)에 관한 설명으로 옳지 않은 것은? (단, 프로판의 연소열 은 47MJ/톤, TNT의 연소열은 4.7MJ/톤, 폭발효율은 0.1 이다.)

① TNT당량은 어떤 물질이 폭발할 때 내는 에너지와 동일 에너지를 내는 TNT중량을 말한다.
② 환산거리는 폭발의 영향범위 산정 및 폭풍파의 특 성을 결정하는 데 사용된다.
③ TNT당량값은 40,000 kg 이다.
④ 환산거리값은 약 5.00 m/kg$^{1/3}$

1. TNT 당량 - 어떤 물질이 폭발할 때 내는 에너지와 동일 한 에너지를 내는 TNT 중량을 말한다.

$$TNT당량(kg) = \frac{\Delta H_C \times W_C}{1,120 \, kcal/kg \, TNT} \fallingdotseq \frac{\Delta H_C \times W_C}{4.7 \, MJ/kg \, TNT}$$

$\Delta H_C$ : 폭발성 물질의 발열량(kcal/kg) (MJ/kg)

$W_C$ : 폭발한 물질의 양(kg)

1,120 : TNT가 폭발 시 내는 당량에너지(kcal/kg)

2. 프로판의 TNT 당량은

$$TNT당량(kg) = \frac{4.7 \, MJ/톤 \times 40톤}{4.7 \, MJ/톤 \, TNT} = 40톤 = 40,000 kg$$

프로판의 연소열 $\Delta H_C$는 47 MJ/톤이나 폭발효율이 0.1 이므로 $\Delta H_C$는 4.7 MJ/톤이 된다.

3. 환산거리$(Z_e) = \frac{R}{W^{\frac{1}{3}}}$ (m/kg$^{\frac{1}{3}}$)

R : 폭심으로부터의 거리 (m)
W : 폭발물의 질량 (kg)

$$환산거리(Z_e) = \frac{R}{W^{\frac{1}{3}}} \, (m/kg^{\frac{1}{3}}) = 100m / 40,000^{\frac{1}{3}}$$

$$= 2.92 \, m/kg^{\frac{1}{3}}$$

Hopkinson 삼승근 법칙은 폭발의 영향범위 산정 및 폭풍파 의 특성을 결정하는데 사용되며 환산거리가 같으면 폭발물의 양에 관계없이 충격파 등 특성값이 같다.

**06** 건출물의 피난·방화구조 등의 기준에 관한 규칙상 고 층건축물에 설치하는 피난용 승강기의 설치기준에 관한 설명으로 옳은 것은?

① 승강로의 상부 및 승강장에는 배연설비를 설치할 것
② 승강장에는 상용전원에 의한 조명설비만을 설치할 것
③ 예비전원은 전용으로 하고 30분 동안 작동할 수 있 는 용량의 것으로 할 것
④ 승강장의 바닥면적은 피난용승강기 1대에 대하여 4 제곱미터로 할 것

**정답** 04 ② 05 ④ 06 ①

① 피난용승강기 설치기준(2012년 1월 6일 신설)
고층건축물(승용 중 1 대 이상)에 설치
[ 준초고층 건축물 중 공동주택은 제외 ]
② 피난용승강기 승강로의 구조
•승강장과 승강로 상부에「건축물의 설비기준 등에 관한 규칙」제14조에 따른 배연설비를 설치할 것
③ 피난용승강기 전용 예비전원
•정전 시 피난용승강기, 기계실, 승강장 및 폐쇄회로 텔레비전 등의 설비를 작동할 수 있는 별도의 예비전원 설비를 설치할 것
•초고층 건축물의 경우에는 2시간 이상, 준초고층 건축물의 경우에는 1시간 이상 작동이 가능한 용량일 것
•상용전원과 예비전원의 공급을 자동 또는 수동으로 전환이 가능한 설비를 갖출 것
•전선관 및 배선은 고온에 견딜 수 있는 내열성 자재를 사용하고, 방수조치를 할 것

**07** 초고층 및 지하연계 복합건축물 재난관리에 관한 특별법령상 종합방재실의 설치 기준에 관한 설명으로 옳지 않은 것은?

① 종합방재실과 방화구획된 부속실을 설치할 것
② 재난 및 안전관리에 필요한 인력은 2명을 상주하도록 할 것
③ 면적은 20제곱미터 이상으로 할 것
④ 종합방재실을 피난층이 아닌 2층에 설치하는 경우 특별피난계단 출입구로부터 5미터 이내에 위치할 것

**초고층 및 지하연계 복합건축물의 종합방재실 설치기준**
① 종합방재실의 개수 - 1개
(100층 이상인 경우 추가 설치 또는 관계지역 내 다른 종합방재실에 보조종합재난관리체제를 구축)
② 종합방재실의 위치
 - 1층 또는 피난층
 - 2층 또는 지하 1층, 공동주택의 경우에는 관리사무소 내에 설치할 수 있다.
 (특별피난계단이 설치되어 있고, 특별피난계단 출입구로부터 5 m 이내에 종합방재실이 설치된 경우)
② 종합방재실의 구조 및 면적, 인력
•구조 : 다른 부분과 방화구획(防火區劃)으로 설치할 것
 (감시창 설치 시 4 m² 미만의 붙박이창을 설치)
•면적 : 20 m² 이상으로 할 것
•재난 및 안전관리에 필요한 인력 : 3명 이상 상주(常住)

**08** 다중이용업소의 안전관리에 관한 특별법령상 다중이용업이 아닌 것은?

① 수용인원이 400명인 학원
② 지상3층에 설치된 영업장으로 사용하는 바닥면적의 합계가 66제곱미터인 일반음식점 영업
③ 구획된 실(室) 안에 학습자가 공부할 수 있는 시설을 갖추고 숙박 또는 숙식을 제공하는 고시원업
④ 노래연습장업

다중이용업의 범위
1. 식품접객업

| 구 분 | 면 적 기 준 |
|---|---|
| 휴게음식점영업·제과점영업 일반음식점영업 | 바닥면적의 합계가 100m²(지하층에 설치된 경우 – 66m²) 이상 ※ 다만, 영업장(내부계단으로 연결된 복층구조의 영업장을 제외한다)이 지상 1층 또는 지상과 직접 접하는 층에 설치되고 그 영업장의 주된 출입구가 건축물 외부의 지면과 직접 연결되는 곳에서 하는 영업을 제외한다. |

**09** 열에너지원의 종류 중 화학열이 아닌 것은?

① 분해열　　② 압축열
③ 용해열　　④ 생성열

점화를 일으킬수 있는 에너지원의 종류
- 전기열, 화학열, 기계열

| | 분해열 | 화합물이 분해할 때 발생하는 열 |
|---|---|---|
| 화학열 | 자연발열 | 어떤 물질이 외부로부터 열의 공급을 받지 아니하고 온도가 상승 시 발생하는 열 |
| | 생성열 | 물질 1몰이 그 성분 원소의 단체로부터 생성될 때 발생 또는 흡수되는 열 |
| | 용해열 | 어떤 물질이 액체에 용해될 때 발생하는 열 |
| | 연소열 | 어떤 물질이 완전히 산화되는 과정에서 발생하는 열 |

- 기계열 : 압축열, 마찰열 등

**10** 소방시설 등의 성능위주설계 방법 및 기준상의 화재 및 피난시뮬레이션의 시나리오 작성 시 국내 업무용도 건축물의 수용인원 산정기준은 1인당 몇 m² 인가?

① 4.6       ② 9.3
③ 18.6      ④ 22.3

> 소방시설 등의 성능위주설계 방법 및 기준
> 별표 1. 화재 및 피난시뮬레이션의 시나리오 작성 기준에 수용인원 산정기준
> −업무용도의 경우 9.3 m²/인이며 ③은 주거용도, ④은 의료용도의 수용인원 산정기준이다.

**11** 1기압 상온에서 가연성 가스의 연소범위(vo1%)로 옳지 않은 것은?

① 수소 : 4 ~ 75      ② 메탄 : 5 ~ 15
③ 암모니아 : 15 ~ 28    ④ 일산화탄소 : 3 ~ 11.5

> 연소범위 − 연소상한계와 하한계 사이의 연소 가능한 범위로서 화염을 자력으로 전파하는 공간

| 가스명 | 연소범위(V%) | |
| --- | --- | --- |
| | 하한값 | 상한값 |
| 수소 | 4.0 | 75.0 |
| 일산화탄소 | 12.5 | 74.0 |
| 암모니아 | 15.0 | 28.0 |
| 메탄 | 5.0 | 15.0 |

> 주요 가연성 가스의 공기 중 폭발 범위

**12** 화재조사 용어 중 강소흔에 관한 설명으로 옳은 것은?

① 목재 등의 표면이 타 들어가 구갑상(舊甲狀)을 이루면서 탄화된 부분의 총 깊이
② 통전 상태에 있던 전선이 화재시의 열기로 인해 전선 피복이 타버리는 과정에서 전선의 심선이 서로 접촉될 때의 방전으로 생기는 용흔
③ 목재표면이 불의 영향을 강하게 받아 심하게 탄 흔적으로 약 900℃ 수준의 불에 탄 목재 표면층에서 나타나는 균열흔

④ 가연물이 탈 때 발생하는 그을음 등의 입자가 공간 속을 흘러가며 물체 또는 공간 내 표면에 연기가 접촉해서 남겨 놓은 흔적

> 연소흔(균열흔)의 종류
>
> | 완소흔 | 800℃ | 목재표면은 거북등(구갑상) 모양으로 갈라져 탄화흔은 얕고 사각 또는 삼각형을 형성 |
> | --- | --- | --- |
> | 강소흔 | 900℃ | 흠이 깊고 만두모양으로 요철형(계란판)의 모양 |
> | 열소흔 | 1,100℃ | 흠이 가장 깊고 반월형의 모양(반달 모양) |
>
> ※ 훈소흔 : 목재표면에 발열체가 밀착되었을 때 그 밀착부위의 목재표면에 생기는 연소 흔적으로 시간이 경과하면 직경과 깊이가 변하면서 탄화 진행

**13** 1기압 상온에서 발화점(ignition point)이 가장 낮은 것은?

① 황린        ② 이황화탄소
③ 셀룰로이드    ④ 아세트알데히드

| 구분 | 황린 | 이황화탄소 | 셀룰로이드 | 아세트알데히드 |
| --- | --- | --- | --- | --- |
| 발화점 | 34℃ | 100℃ | 180℃ | 185℃ |

**14** 다음에서 설명하는 것은?

> 미분탄, 소맥분, 플라스틱의 분말 같은 가연성 고체가 미분말로 되어 공기 중에 부유한 상태로 폭발농도 이상으로 있을 때 착화원이 존재함으로써 발생하는 폭발현상

① 산화폭발      ② 분무폭발
③ 분진폭발      ④ 분해폭발

> 분진폭발
> 지름이 1,000 $\mu m$보다 작은 입자를 분체라 하고 그 중 75 $\mu m$ 이하의 고체입자로서 공기 중에 떠 있는 분체를 분진이라 하는데 분진은 공기 중에 부유하고 있을 때 점화원에 의해 폭발한다.

정답   10 ②   11 ④   12 ③   13 ①   14 ③

**15** 화재성장속도 분류에서 약 1MW의 열량에 도달하는 시간이 600초인 것은?

① Slow 화재　　　② Medium 화재
③ Fast 화재　　　④ Ultra Fast 화재

---

화재성장속도 : $Q = \alpha t^2$ [kW]

$\alpha$ : 화재강도계수　　$t$ : 시간

화재성장속도 분류는 열방출률이 1,055 kW에 도달하는데 걸리는 시간을 기준으로 Ultrafast(75초), fast(150초), Medium(300초), Slow(600초)로 나뉜다.

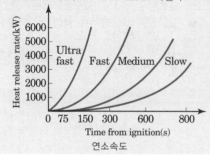

연소속도

---

**16** 연소 시 발생하는 연소가스가 인체에 미치는 영향에 관한 설명으로 옳지 않은 것은?

① 포스겐은 독성이 매우 강한 가스로서 공기 중에 25ppm만 있어도 1시간 이내에 사망한다.
② 아크롤레인은 눈과 호흡기를 자극하며, 기도장애를 일으킨다.
③ 이산화탄소는 그 자체의 독성은 거의 없으나 다량이 존재할 경우 사람의 호흡속도를 증가시켜 화재가스에 혼합된 유해가스의 흡입을 증가시킨다.
④ 시안화수소는 달걀 썩는 냄새가 나는 특성이 있으며, 공기 중에 0.02%의 농도만으로도 치명적인 위험상태에 빠질 수가 있다.

---

| 황화수소 $H_2S$ 10 ppm (0.001%) | 1. 황을 함유한 유기화합물이 불완전 연소할 때 발생, 달걀 썩는 냄새가 난다. |
| --- | --- |
| | 2. 나무, 고무, 가죽, 고기, 머리카락 등이 탈 때 주로 생성된다. |
| | 3. 낮은 농도에서는 쉽게 감지할 수 있으나 0.02% 이상 농도에서는 후각을 마비시키므로 $H_2S$는 처음 감지되면 바로 방호조치를 취하여야 한다. |

---

**17** 바닥으로부터 높이 0.2m의 위치에 개구부(가로 2m × 세로 2m) 1개가 있는 창고(바닥면적 가로 3m × 세로 4m, 높이 3m)에 화재가 발생하였을 때, Flash over 발생에 필요한 최소한의 열방출속도 $Q_{fo}$는 몇 kW인가? (단, Thomas의 공식 $Q_{fo}$(kW)=7.8$A_T$+378A$\sqrt{H}$ 을 이용하며, 소수점 이하 셋째자리에서 반올림한다.)

① 2,528.29　　　② 2,559.49
③ 2,621.89　　　④ 2,653.09

---

플래시오버가 발생하기 위해 필요한 열량
Thomas의 계산식

$$Q = 7.8A_T + 378A\sqrt{H} \ [kW]$$

$A_T$ : 개구부 제외한 구획내부 표면적[m²]
$A$ : 개구부 면적[m²]　　$H$ : 개구부의 높이[m]

$A_T = (3 \times 4 \times 2) + (3 \times 4 \times 2) + (3 \times 3 \times 2) - (2 \times 2)$
　　$= 62 \ m^2$

$Q = 7.8A_T + 378A\sqrt{H} = 7.8 \times 62 + 378 \times 4\sqrt{2}$
　　　　　　　　　　　$= 2,621.8909 \ kW$

소수 셋째자리에서 반올림하여 2,621.89 kW

---

**18** 힌클리(Hinkley) 공식을 이용하여 실내 화재 시 연기의 하강시간을 계산 할 때 필요한 자료로 옳은 것을 모두 고른 것은?

---

ㄱ. 화재실의 바닥면적
ㄴ. 화재실의 높이
ㄷ. 청결층(clear layer) 높이
ㄹ. 화염 둘레길이

---

① ㄱ, ㄴ　　　② ㄴ, ㄹ
③ ㄱ, ㄷ, ㄹ　　　④ ㄱ, ㄴ, ㄷ, ㄹ

---

힌클리의 공식 [청결층 깊이가 Y가 될 때 까지 시간 (sec)]

$$t = \frac{20A}{P\sqrt{g}}\left(\frac{1}{\sqrt{Y}} - \frac{1}{\sqrt{H}}\right)[s]$$

A : 화재실이 바닥면적 (m²)
Y : 청결층의 높이 (m), H : 층높이 (m)
P : 화염의 둘레 (m)
$g$ : 중력가속도 (m/s²)

제연경계　Smoke Layer(연기층)

Y　Clear Layer(청결층)

---

**19** 국내 화재 분류에서 A급화재에 해당하는 것은?

① 일반화재　　　　② 유류화재
③ 전기화재　　　　④ 금속화재

**화재의 종류**

| A급 | B급 | C급 | D급 |
|---|---|---|---|
| 일반화재 | 유류화재 | 전기화재(통전 중) | 금속화재 |
| 백색 | 황색 | 청색 | 무색 |

**20** 연소과정에 따른 시간과 에너지의 관계를 나타내는 그림에서 연소열을 나타내는 구간은?

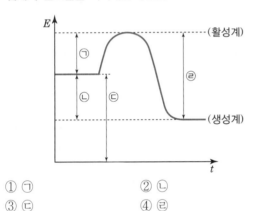

① ㉠　　　　　　② ㉡
③ ㉢　　　　　　④ ㉣

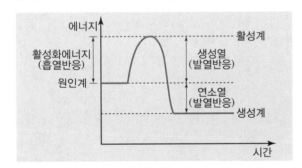

**21** 정상상태에서 위험분위기가 지속적으로 또는 장기적으로 존재하는 배관 내부에 적합한 방폭구조는?

① 내압방폭구조　　② 본질안전방폭구조
③ 압력방폭구조　　④ 안전증방폭구조

**위험장소의 분류**

| 구분 | 위험위기 | 장소 | 방폭구조 종류 |
|---|---|---|---|
| 0종 장소 | 정상적인 상태에서 지속적 위험분위기를 형성하는 공간 | • 인화성 액체 용기 및 탱크 내의 액면 상부<br>• 가연성가스 용기 내부 등 | 본질안전 방폭구조 |
| 1종 장소 | 정상상태에서 일시적으로 위험분위기를 형성하는 공간 | • 가연성가스 용기 Vent 부분<br>• 가스체류 Pit | 비점화 방폭구조 제외한 모든 방폭구조 |
| 2종 장소 | 이상상태를 초래하여 위험분위기가 발생할 수 있는 장소 | • 가연성 가스용기 등의 파손으로 누출 우려가 있는 곳<br>• 환기장치 고장<br>• 외부 가스 침입 등으로 가스체류가능 공간 | 모든 방폭구조 |

**22** 다음에서 설명하는 인간의 피난행동 특성은?

> • 화재가 발생하면 확인하려 하고, 그것이 비상사태로 확인되면 화재로부터 멀어지려고 하는 본능
> • 연기, 불의 차폐물이 있는 곳으로 도망하거나 숨는다.
> • 발화점으로부터 조금이라도 먼 곳으로 피난한다.

① 추종본능　　　　② 귀소본능
③ 퇴피본능　　　　④ 지광본능

**인간의 피난행동 특성**

| 좌회 본능 | 오른손잡이는 왼쪽으로 회전하려고 함 |
|---|---|
| 귀소 본능 | 왔던 곳 또는 상시 사용하는 곳으로 돌아가려 함 |
| 지광 본능 | 밝은 곳으로 향함 |
| 퇴피 본능 | 위험을 확인하고 위험으로부터 멀어지려 함 |
| 추종 본능 | 위험 상황에서 한 리더를 추종하려 함 |

## 23 폭연과 폭굉에 관한 설명으로 옳은 것은?

① 폭연은 압력파가 미반응 매질 속으로 음속 이하로 이동하는 폭발 현상을 말한다.
② 폭연은 폭굉으로 전이될 수 없다.
③ 폭굉의 최고 압력은 초기 압력과 동일하다.
④ 폭굉의 파면에서는 온도, 압력, 밀도가 연속적으로 나타난다.

1. 폭연(deflagration)
   열, 빛 및 음속보다 느린 압력파가 발생하는 산화과정이다. 비교적 낮은 압력파를 생성하며 빠른 속도로 진행하는 산화반응이며 주변 계를 교란 시킨다.
2. 폭굉(detonation)
   강력하고 빠른 속도의 충격파에 의해 산화가 엄청나게 빠른 속도로 진행됨으로써 폭굉파에 의해 주변 계를 강력하게 파괴하는 현상으로 파면에서는 온도, 압력, 밀도가 불연속적으로 나타난다.
3. DDT(Deflagration-Detonation-Transition)전이
   예혼합연소(발화 : 폭연) → 화염전파(층류 화염, 온도와 압력의 증가) → 압축파 생성 → 압축파의 중첩(난류화염, 연소속도의 증가) → 강한 압축파(충격파) → 폭굉파(단열압축 : 자연발화)

## 24 가로 10m, 세로 10m, 높이 5m인 공간에 저장되어 있는 발열량 13,500 kcal/kg인 가연물 2,000 kg과 발열량 9,000 kcal/kg인 가연물 1,000 kg이 완전연소 하였을 때 화재하중은 몇 kg/m² 인가? (단, 목재의 단위 발열량은 4,500 kcal/kg이다.)

① 20　　　　　　　　② 40
③ 60　　　　　　　　④ 80

화재하중 $Q = \dfrac{\sum(G_i \cdot H_i)}{H \cdot A} = \dfrac{\sum Q_i}{4,500 \cdot A}[\text{kg/m}^2]$

$G_i$ = 가연물의 질량(kg)
$H_i$ = 가연물의 단위 발열량 (kcal/kg)
$Q_i$ = 가연물의 전 발열량 (kcal)
$H$ = 목재의 단위 질량당 발열량(4,500 kcal/kg)
$A$ = 바닥면적(m²)

화재하중은 $\dfrac{2,000 \times 13,500 + 1,000 \times 9,000}{4,500 \times 10 \times 10} = 80\,\text{kg/m}^2$

## 25 물리적 소화방법이 아닌 것은?

① 질식소화　　　　　② 냉각소화
③ 제거소화　　　　　④ 억제소화

소화의 원리
(1) 연소의 3요소 제어
　　(물리적 소화 : 가연물, 산소공급원, 점화원 제어)
(2) 연소의 4요소 제어 (화학적 소화 : 연쇄반응 제어)

### 제2과목　소방수리학, 약제화학, 및 소방전기

## 26 뉴턴의 점성법칙과 관계가 없는 것은?

① 점성계수　　　　　② 속도기울기
③ 전단응력　　　　　④ 압력

뉴튼의 점성법칙
$F = \mu A \dfrac{du}{dy}$ [N]　　$\tau = \dfrac{F}{A} = \mu \dfrac{du}{dy}$ [N/m²]
F : 전단력 [N]　　$\tau$ : 전단응력(shear force)
$\mu$ : 점성계수(absolute viscosity) [N · s /m²]
$\dfrac{du}{dy}$ : 속도구배(velocity gradient) $[s^{-1}]$

## 27 단일 재질로 두께가 20cm인 벽체의 양면 온도가 각각 800℃와 100℃라면 이 벽체를 통하여 단위면적 (m²)당 1시간(hr) 동안 전도에 의해 전달되는 열의 양은 몇 J인가?(단, 열전도계수는 4J/m · hr · K이다.)

① 14,000　　　　　　② 16,000
③ 18,000　　　　　　④ 20,000

전도(Conduction)
(1) 고체 또는 정지 상태 유체의 열전달 : 발화, 성장기의 열전달
(2) Fourier의 전도 열전달 법칙

$$q = K \cdot A \cdot \dfrac{\Delta t}{l}[\text{W}]$$

$q$ : 열량 [W = J/s = cal/s]
$K$ : 열전도도 [W/(m · ℃)], [J/(m · s · ℃)]
$A$ : 표면적(m²), $\Delta t$ : 온도차 $(T_1 - T_2)$ [℃]
$l$ : 물질두께(m)

$q = K \cdot A \cdot \dfrac{\Delta t}{l}[\text{W}] \rightarrow$

$q/A = K \cdot \dfrac{\Delta t}{l}[\text{W/m}^2] = 4\text{J/m} \cdot \text{hr} \cdot \text{K} \times \dfrac{(800-100)\,\text{K}}{0.2\,\text{m}}$

$= 14,000[\text{J/m}^2 \cdot \text{hr}]$

정답　23 ①　24 ④　25 ④　26 ④　27 ①

**28** 베르누이(Bernoulli)식에 관한 설명으로 옳지 않은 것은?

① 배관내의 모든 지점에서 위치수두, 속도수두, 압력수두의 합은 일정하다.

② 수평으로 설치된 배관의 위치수두는 일정하다.

③ 수력구배선은 위치수두와 속도수두의 합을 이은 선을 말한다.

④ 구경이 커지면 유속이 감소되어 속도수두는 감소한다.

베르누이 방정식(에너지 보존의 법칙)
배관내 어느 지점에서든지 유체가 갖는 역학적에너지(압력에너지, 운동에너지, 위치에너지)는 같다.

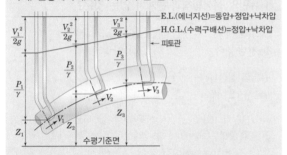

수력구배선(동수경사선)
압력에너지(수두)와 위치에너지(수두)의 합인 $\frac{p}{\gamma} + Z$를 연결한 선이 된다.

**29** 다음 그림과 같이 수조 벽면에 설치된 오리피스로 유량 Q의 물이 방출되고 있다. 이때 수위가 감소하여 1/4h가 되었다면 방출유량은 얼마인가? (단, 점성에 의한 영향 등은 무시한다.)

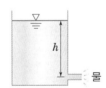

① $\frac{1}{\sqrt{2}}Q$

② $\frac{1}{2}Q$

③ $\sqrt{2}Q$

④ $2Q$

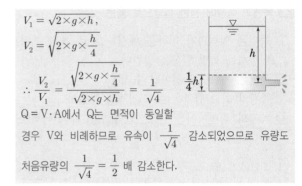

$V_1 = \sqrt{2 \times g \times h}$,

$V_2 = \sqrt{2 \times g \times \frac{h}{4}}$

$\therefore \frac{V_2}{V_1} = \frac{\sqrt{2 \times g \times \frac{h}{4}}}{\sqrt{2 \times g \times h}} = \frac{1}{\sqrt{4}}$

Q = V·A에서 Q는 면적이 동일할

경우 V와 비례하므로 유속이 $\frac{1}{\sqrt{4}}$ 감소되었으므로 유량도

처음유량의 $\frac{1}{\sqrt{4}} = \frac{1}{2}$ 배 감소한다.

**30** 온도가 35 ℃이고 절대압력이 6,000 kPa인 공기의 비중량은 약 몇 N/m³ 인가? (단, 공기의 기체상수는 R = 286.8 J/kg·K 이고, 중력가속도 g = 9.8 m/sec² 이다.)

① 579

② 666

③ 755

④ 886

비중량(specific Weight)
① 단위체적당 유체의 중량
② $\gamma\,(\text{N/m}^3) = W/V = \rho \cdot g$

　　W : 중량[N], V : 부피[m³], $\rho = \frac{M(질량)}{V(부피)}$ [kg/m³]

　　$g = 9.8$ m/s²

이상기체 상태 방정식에서 밀도를 구하면
$PV = WRT$
P : 압력[N/m²]　　　V : 부피[m³]
R : 286.8 J/kg·K　　T : 절대온도[K]　　W : 질량[kg]
$\rho = \frac{W}{V} = \frac{P}{RT} = \frac{6,000,000\text{N/m}^2}{286.8\text{N}\cdot\text{m/kg}\cdot\text{K} \times (273+35)\text{K}}$
　 $= 67.924\text{kg/m}^3$

$\gamma\,(\text{N/m}^3) = \rho \cdot g = 67.924$ kg/m³ × 9.8 m/s²
　　　　　　 = 666.65 kg/m²·s² (= N/m³)

**31** 지름이 10cm인 원형배관에 물이 층류로 흐르고 있다. 이 때 물의 최대 평균 유속은 약 몇 m/s인가? (단, 동점성계수는 $v = 1.006 \times 10^{-6}$ m²/s, 임계레이놀드 수는 2,100이다.)

① 0.021

② 0.21

③ 2.1

④ 21

레이놀드수, 동점성계수, 관경을 알면 유속을 구할 수 있다.

$$Re = \frac{\rho VD}{\mu} = \frac{VD}{\nu}$$

$\rho$ : 밀도, $V$ : 유속, $D$ : 직경, $\mu$ : 점성계수, $\nu$ : 동점성계수

$$Re = \frac{VD}{\nu} \text{ 에서 } V = \frac{Re \cdot \nu}{D} = \frac{2,100 \times 1.006 \times 10^{-6}\, \text{m}^2/\text{s}}{0.1\,\text{m}}$$

$$= 0.021\,\text{m/s}$$

**32** 배관의 마찰손실압력을 계산할 수 있는 하이젠 – 윌리암스(Hazen-Wiliams)식에 관한 설명으로 옳지 않은 것은?

① 마찰손실은 유량의 1.85승에 정비례한다.
② 마찰손실은 배관 내경의 4.87승에 반비례한다.
③ 마찰손실은 관마찰손실계수의 1.85승에 정비례한다.
④ 관경은 호칭경 보다 배관의 내경을 대입한다.

하젠 윌리엄식(Hazen – williams) – 난류 흐름인 물에 적용

$$\triangle P = 6.174 \times 10^5 \frac{Q^{1.85}}{C^{1.85} \times D^{4.87}} \times L \ (\text{kg}_\text{f}/\text{cm}^2)$$

$\triangle P$ : 압력손실($\text{kg}_\text{f}/\text{cm}^2$)   $D$ : 내경 (mm)
Q : 유량($\ell$/min)   L : 길이 (m)
C : 조도(배관의 거칠기)
 – 조도가 클수록 배관의 단면은 매끄럽다.

**33** 원형배관 내부로 흐르는 유체의 레이놀드수가 1,000일 때 마찰손실계수는 얼마인가?

① 0.024          ② 0.064
③ 0.076          ④ 0.098

| 구 분 | 층류 | 천이영역 | 난류 |
|---|---|---|---|
| $f$ (마찰 계수) | $f = \frac{64}{Re}$ | $f = 0.0055\left[1 + \left(2,000\frac{\varepsilon}{d} + \frac{10^6}{Re}\right)^{\frac{1}{3}}\right]$  • $\varepsilon$ : 절대조도, $d$ : 직경, $\frac{\varepsilon}{d}$ : 상대조도  • 조도 : 배관의 거칠기 | $f = 0.3164 Re^{-\frac{1}{4}}$ |

레이놀드수가 1,000이므로 층류에 해당

$$f = \frac{64}{Re} = \frac{64}{1,000} = 0.064$$

**34** 펌프의 공동현상(cavitation)의 방지방법이 아닌 것은?

① 수조의 밑 부분에 배수밸브 및 배수관을 설치해 둔다.
② 펌프의 설치위치를 수조의 수위보다 낮게 한다.
③ 흡입 관로의 마찰손실을 줄인다.
④ 양흡입 펌프를 선정한다.

Cavitation(공동현상)
 –물의 압력이 해당온도의 포화증기압보다 낮을 때 기포가 발생하는 현상(20℃ : 0.0234 kg/cm²)으로 보통 부압방식(펌프의 위치가 수조보다 높게 설치된 방식)에서 발생 함.

| 발생원인 | 방지 대책 |
|---|---|
| ㉠ 펌프의 흡입 실양정이 클 경우 ㉡ 펌프의 마찰 손실이 클 경우 ㉢ 흡입 배관의 길이가 긴 경우, 임펠러 속도가 지나치게 클 경우, 펌프의 흡입관경이 너무 작을 경우  달시 방정식 : $$\Delta H = f\frac{L}{D}\frac{V^2}{2g}$$  ㉣ 펌프의 흡입압력이 유체의 포화 증기압보다 낮은 경우 $$NPSH_{av} = H_a \pm H_h - H_f$$ $$- NPSH_{re} < H_v$$ $H_a$ : 대기압 환산수두(m) $H_h$ : 흡입실양정 부압시(−), 정압시(+) (m) $H_f$ : 흡입손실수두(m) $H_v$ : 해당온도의 포화증기압 수두(m)  • 공동현상은 물의 압력이 해당온도의 포화 증기압보다 낮은 경우 발생하므로 임펠러를 통해 가압되기 전까지 모든 저항 요소를 고려하여야 한다.  ㉤ 이송하는 유체가 고온인 경우 | ㉠ $NPSH_{av}$를 높이는 방법 ㉡ $NPSH_{re}$를 낮추는 방법 $$NPSH_{re} = \left(\frac{N\sqrt{Q}}{S}\right)^{\frac{4}{3}}$$  • 펌프의 회전수를 낮추고 펌프 유량을 줄이고 양흡입 펌프($\frac{Q}{2}$)를 사용한다.  • 펌프의 흡입비속도가 큰 것을 사용 |

**정답** 32 ③  33 ②  34 ①

**35** 제3종 분말소화약제에 해당하는 것을 모두 고른 것은?

> ㄱ. 분자식: KHCO₃
> ㄴ. 적응화재: A급, B급, C급
> ㄷ. 착색: 담회색
> ㄹ. 열분해 생성물: 메타인산(HPO₃ )

① ㄱ, ㄷ  ② ㄱ, ㄹ
③ ㄴ, ㄷ  ④ ㄴ, ㄹ

**제3종분말**
($NH_4H_2PO_4$ 인산암모늄 : 담홍색, 순도 75% 이상)

| 주 성 분 | 제1인산암모늄 |
| --- | --- |
| 소화특성 | • 연쇄반응을 억제하는 부촉매효과<br> － $NH_4^+$ (암모늄)이온<br>• 약제의 열분해에 의하여 생성되는 수증기의 질식<br>작용과 냉각작용<br>• 오쏘인산($H_3PO_4$)의 탄화, 탈수작용 － 섬유소를<br>탄화·탈수시켜 난연성의 탄소와 물로 분해시키<br>기 때문에 연소 반응이 억제된다.<br>• 메타인산($HPO_3$)의 방진작용에 의한 피복효과<br> － A급 화재에 적응성이 있는 이유 임<br>• 흡열반응에 의한 냉각작용<br>• 분말미립자에 의한 희석작용 |
| 적응화재 | • A급(일반화재), B급(유류화재), C급(전기화재)<br> － Multi purpose dry chemical이라 한다. |

**36** 이산화탄소 소화약제에 관한 설명으로 옳지 않은 것은?

① 이온결합 물질이다.
② 기체의 비중은 약 1.52로 공기보다 무겁다.
③ 1기압 상온에서 무색 기체이다.
④ 삼중점은 약 5.1기압에서 약 −56℃이다.

이산화탄소 소화약제의 물리·화학적 특성
(1) 분자식 $CO_2$,
  분자량 44로서
  비중 = 1.517
  (공기보다 무거워
  피복효과가 있다)
(2) 상온 상압 무색
  무취의 기체로서
  비전도성의 불연성
  가스이다.
(3) 임계점의 임계온도
  31.1℃ 이상에서
  아무리 큰 압력을
  가해도 액화하지
  않는다.(액체 또는
  기체 상태를 구분할 수 없다.)
(4) 기체, 액체, 고체가 공존하는 3중점은 약 5.11 kg/cm² ,
  −56.4℃이며 대기압에서 방사시 온도는 약 −80℃로서
  상온에서 동상의 우려가 있다.

이산화탄소의 상평형도

참고

| 공유결합물질 | 이온결합물질 |
| --- | --- |
| H₂O 물 | NaCl 소금 |
| C₁₂H₂₂O₁₁ 설탕 | Mg(OH)₂ 수산화마그네슘 (두부) |
| O₂ 산소 | CaCO₃ 탄산칼슘 (분필) |
| CO₂ 이산화탄소 | NaOH 수산화나트륨 (비누) |

**37** 포소화약제가 연소표면을 덮어 공기 접촉을 차단하는 소화원리는?

① 냉각소화  ② 질식소화
③ 탈수소화  ④ 부촉매소화

각 소화설비별 주된 소화효과

| 구 분 | 주된 소화효과 | 부수적인 소화효과 |
| --- | --- | --- |
| 스프링클러, 소화전 | 표면냉각(현열) | 기상냉각(잠열), 질식 |
| 물분무 | 기상냉각(잠열) | 질식, 희석, 운동량효과 |
| 미분무 | 질식 | 기상냉각(잠열) |
| 포 | 질식 | 냉각 |
| 이산화탄소,<br>불활성기체계 | 질식 | 냉각, 희석, 피복 |
| 할론 | 부촉매 | 질식, 냉각 |
| 분말 | 부촉매 | 질식, 냉각, 피복 |
| 할로겐화합물 | 냉각 | 부촉매 등 |

정답 35 ④ 36 ① 37 ②

**38** 1기압에서 20℃의 물 10 kg을 100℃의 수증기로 만들 때 필요한 열량은 약 몇 kJ인가? (단, 물의 비열은 4.2 kJ/kg·K, 증발잠열은 2,263.8 kJ/kg, 융해잠열은 336 kJ/kg로 한다.)

① 15,998

② 25,998

③ 35,998

④ 45,998

| 현열 | 잠열 |
|---|---|
| 상태 변화 없이 온도만 변할 때 흡수 또는 방출되는 열로서 측정할 수 있는 열 | 온도 변화 없이 상 변화 시에 흡수 또는 방출되는 열로서 측정할 수 없는 열 |
| $Q = m \cdot c \cdot \Delta t$ [ kJ ] | $Q = m \cdot r$ [ kJ ] |
| $m$ = 질량 [kg]<br>$C$ = 비열 [kJ / (kg℃)]<br>$\Delta t$ = 온도차 [℃] | $m$ = 질량 [kg],<br>$r$ = 증발잠열 [kJ / kg] |

- 20℃ 물 → 100℃ 물 : 현열을 이용
  $Q = m \cdot c \cdot \Delta t = 10\,kg \times 4.2\,kJ/kg\,K \times 80℃ = 3,360\,kJ$
- 100℃ 물 → 100℃ 수증기 : 잠열을 이용
  $Q = m \cdot r = 10\,kg \times 2,263.8\,kJ/kg = 22,638\,kJ$
  ∴ 3,360 + 22,638 = 25,998 kJ이 필요하다.

**39** 할로겐 원소가 아닌 것은?

① Cl

② Br

③ At

④ Ne

할로겐 원소는 7족에 해당하는 원소로서 F. Cl, Br, I, At(아스타틴) 이며 Ne(네온)은 0족원소의 불활성기체이다.

**40** 농도가 6.5 wt%인 단백포 소화약제 수용액 1 kg에 물을 첨가하여 농도가 1.5 wt%인 단백포 소화약제 수용액으로 만들고자 한다. 이때 첨가해야 하는 물의 양은 약 몇 kg인가?

① 2.22 kg

② 2.78 kg

③ 3.33 kg

④ 3.88 kg

$\dfrac{0.065\,kg}{1\,kg + X} = 0.015\,kg$  ∴ X = 3.33 kg

X : 포의 농도를 희석시키기 위해 첨가하는 물의 양 [ kg ]

**41** 할론소화설비의 화재안전기준(NFSC 107)상 할론소화약제의 저장용기 등에 관한 기준이다. (   )안에 들어갈 내용으로 모두 옳은 것은?

> 축압식 저장용기의 압력은 온도 20° C에서 ( ㄱ )을 저장하는 것은 1.1MPa또는 2.5MPa, ( ㄴ )을 저장하는 것은 2.5MPa 또는 4.2MPa이 되도록 질소가스로 축압할 것

① ㄱ: 할론 1211    ㄴ: 할론 1301

② ㄱ: 할론 1211    ㄴ: 할론 2402

③ ㄱ: 할론 1301    ㄴ: 할론 2402

④ ㄱ: 할론 1011    ㄴ: 할론 1301

| 구 분 | 이산화탄소소화설비 | | 할론소화설비 | | |
|---|---|---|---|---|---|
| | 고압식 | 저압식 | 2402 | 1211 | 1301 |
| 저장용기의 저장온도, 압력 | 20℃ 6.0 MPa | −18℃ 2.1 MPa | − | 축압식저장용기 20℃에서 질소로 축압 | |
| | | | | 1.1 또는 2.5 MPa | 2.5 또는 4.2 MPa |

**42** 콘덴서의 정전용량에 관한 설명으로 옳지 않은 것은?

① 전극 사이에 삽입된 절연물의 투자율에 비례한다.

② 동일한 정전용량을 갖는 콘덴서 2개를 병렬 연결하면 합성 정전용량은 2배가 된다.

③ 전극이 전하를 축적할 수 있는 능력의 정도를 나타내는 비례상수이다.

④ 전극 사이의 간격에 반비례한다.

콘덴서(=커패시터)의 구조
① 구조
2개의 도체 사이에 유전체를 끼워 넣어 커패시턴스 작용을
하도록 만들어진 장치

$$C = \varepsilon \frac{A}{\ell} \, [\text{F}]$$

$\varepsilon$ : 유전율 [F/m],  $\ell$ : 극판간의 간격 [m],
A : 극판의 면적 [m²]
• 유전율 : 부도체의 전기적인 특성을 나타내는 값. 물질
내부의 +, − 모멘트가 얼마나 민감하게 잘 반응(정렬)
되느냐의 정도를 유전율이라 한다.
② 큰 정전용량의 콘덴서를 얻는 방법

| $C = \varepsilon \dfrac{A}{\ell} = \varepsilon_o \varepsilon_s \dfrac{A}{\ell} \, [\text{F}]$ | 극판의 면적을 넓게 함 |
| --- | --- |
| | 극판 간의 간격을 좁게 함 |
| | 비유전율이 큰 절연체를 사용함 |

• 비유전율($\varepsilon_s$)
 − 물질의 유전율($\varepsilon$)과 진공의 유전율($\varepsilon_0$)의 비 $\left(\dfrac{\varepsilon}{\varepsilon_0}\right)$

전지의 직·병렬 접속

| 기본식 | 직렬접속 | 병렬접속 | 직병렬접속 |
| --- | --- | --- | --- |
| $I = \dfrac{E}{r+R}$ | $I = \dfrac{nE}{nr+R}$ | $I = \dfrac{E}{\left(\dfrac{r}{m} + R\right)}$ | $I = \dfrac{nE}{\left(\dfrac{nr}{m} + R\right)}$ |

$E$ : 전지,  $I$ : 전류,  $r$ : 전지 내부 저항,  $R$ : 저항
n : 전지의 직렬 연결 수
m : 전지의 병렬 연결 수

전지가 병렬로 3개 연결되어 있으므로

$$I = \frac{E}{\left(\dfrac{r}{m} + R\right)}$$
$$= \frac{E}{\left(\dfrac{r}{3} + R\right)} = \frac{E}{\left(\dfrac{r}{3} + \dfrac{3R}{3}\right)} = \frac{E}{\left(\dfrac{r+3R}{3}\right)} = \frac{3E}{r+3R}$$

**43** 기전력이 E이고 내부저항이 r인 같은 종류의 전지 3개
를 병렬 접속하여 부하저항 R에 연결하였다. 부하저항 $R$
에 흐르는 전류 $I$는?

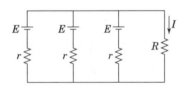

① $I = \dfrac{E}{R}$  ② $I = \dfrac{E}{R+3r}$

③ $I = \dfrac{3E}{R+3r}$  ④ $I = \dfrac{3E}{3R+r}$

**44** 우리나라에서 사용하는 단상 220 V, 60 Hz인 배전전압
의 최대값은 약 몇 V인가?

① 156  ② 220
③ 311  ④ 346

| 구분 | | 정현파 | | | |
| --- | --- | --- | --- | --- | --- |
| $V_m$ 최대값 | $V_m$ | 파고율 | $\sqrt{2}$ | | |
| $V$ 실효값 | $\dfrac{V_m}{\sqrt{2}}$ | | | 파형률 | 1.11 |
| $V_a$ 평균값 | $\dfrac{2V_m}{\pi}$ | | | | |

실효값과 최대값은 관계는 $V = \dfrac{V_m}{\sqrt{2}}$  이므로

$V_m = V\sqrt{2}$ 이다.
220 V는 실효값을 나타내므로 $V_m = 220\sqrt{2} = 311.13\text{V}$

**45** 감지기 배선으로 단면적 1.5 mm² 인 구리 전선을 2
km 사용하였다. 이 전선의 저항은 약 몇 $\Omega$인가? (단,
구리의 고유저항은 1.78 × $10^{-8}$ $\Omega \cdot$m이다.)

① 8  ② 12
③ 18  ④ 23

$$R = \rho \frac{l}{A} [\Omega]$$

$R[\Omega]$ : 저항　　　　$\rho$ $[\Omega \cdot m]$ : 고유저항

$l$ [m] : 길이　　　　$A$ [m²] : 전선의 굵기

$$R = \rho \frac{l}{A} = 1.78 \times 10^{-8} \Omega \cdot m \times \frac{2,000\,m}{1.5 \times 0.001^2\,m^2} = 23.73\ \Omega$$

## 46 다음 중 접지 방식이 아닌 것은?

① 단독접지　　　　② 공통접지
③ 통합접지　　　　④ 분리접지

접지방식의 종류 - 단독접지, 공통접지, 통합접지

## 47 교류전력에 관한 내용으로 옳지 않은 것은?

① 저항 4Ω 과 코일 3Ω 이 직렬 연결되어 있고 100V, 60Hz인 전압을 공급하면 유효전력은 1.6kW 이다.
② 공진주파수에서 유효전력과 피상전력은 같다.
③ kvar는 무효전력의 단위이다.
④ kW는 피상전력의 단위이다.

①의 경우 $\dot{Z} = R + jX_L = 4 + j3$ 이므로

$$Z = \sqrt{R^2 + X_L^2} = \sqrt{4^2 + 3^2} = 5\ \Omega$$

$$P = VI\cos\theta[W] = \frac{V^2}{Z}\cos\theta = \frac{100^2}{5} \times \frac{4}{5} = 1,600\,W = 1.6kW$$

*공진주파수란 용량리액턴스와 유도리액턴스가 같은 주파수를 말하며 이는 저항만 남기 때문에 무효전력이 없다. 따라서 유효전력이 피상전력이 되며 최대의 전력을 공급할 수 있다.

| 피상 전력 | $P_a = VI = I^2 Z\,[VA]$ | $\because\ V = I \cdot Z$ |
|---|---|---|
| 유효 전력 | $P = VI\cos\theta = I^2 R\,[W]$ | $\because\ \cos\theta = \dfrac{R}{Z}$ |
| 무효 전력 | $P_r = VI\sin\theta = I^2 X\,[Var]$ | $\because\ \sin\theta = \dfrac{X}{Z}$ |

## 48 피드백(feedback) 제어시스템의 특징으로 옳은 것은?

① 개루프 제어시스템에 비하여 감도(입력 대 출력 비)가 증가한다.
② 개루프 제어시스템에 비하여 대역폭이 감소한다.
③ 입력과 출력을 비교하는 기능이 있다.
④ 개루프 제어시스템에 비하여 구조는 간단하나 설치 비용이 비싸다.

피드백제어(폐루프 제어)의 특성
① 외부조건의 변화에 대한 영향 감소
② 제어기 부품의 성능이 저하되어도 큰 영향을 받지 않는다.
③ 균일한 제품 생산으로 생산품질 향상
④ 감도(입력과 출력의 비)가 감소한다.
⑤ 시스템이 복잡하고 대형이며 설비가 고가이다.

※ 개루프 제어시스템(시퀀스제어) : 미리 정해 놓은 순서에 따라 각 단계를 순차적으로 행하는 것)

## 49 다음 그림의 논리회로와 동일한 동작을 하는 회로는?

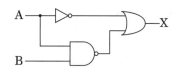

①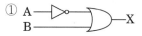

②

③

④ A ▷— B —[ ]o— X

논리회로
$$X = \overline{A} + \overline{\overline{A \cdot B}} = \overline{A} + \overline{A} + \overline{B} = \overline{A} + \overline{B} = \overline{A \cdot B}$$

| $A \cdot B = X$ | 부정 회로 |
|---|---|
| A —[&]— X　B | A —▷o— X |

**50** 다음 시퀀스회로에 관한 설명으로 옳지 않은 것은?

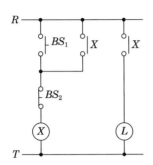

① BS₁ 를 누르고 BS₂ 를 누르지 않으면 L이 ON 상태가 된다.

② BS₁ 은 a접점을 사용하였으며, BS₂ 는 b접점을 사용하였다.

③ 코일 X가 접점 X를 동작시키기 때문에 인터록 회로라고 한다.

④ ON 상태가 되어 있는 L을 OFF 상태로 변화시키기 위해 BS₂ 를 누른다.

> 시퀀스제어 회로의 설명
> $BS_1$ 을 누르면 X 릴레이가 여자되어 X의 a접점(자기유지회로)가 붙어 X 릴레이는 계속 동작하게 되며 L 램프는 점등된다. $BS_2$ 를 누르면 X 릴레이는 소자되고 붙어 있던 X의 a접점은 모두 개로되어 L 램프는 소등된다.
> $BS_1$ : 수동조작자동복귀 a접점 스위치
> $BS_2$ : 수동조작자동복귀 b접점 스위치

---

**제3과목** **소방관련 법령**

---

**51** 소방기본법령상 소방용수시설 중 저수조의 설치기준으로 옳지 않은 것은?

① 지면으로부터의 낙차가 4.5미터 이하일 것

② 흡수부분의 수심이 0.5미터 이상일 것

③ 흡수관의 투입구가 원형의 경우에는 지름이 50센티미터 이상일 것

④ 저수조에 물을 공급하는 방법은 상수도에 연결하여 자동으로 급수되는 구조일 것

> 소방용수시설별 저수조 설치기준
> ① 지면으로부터의 낙차가 4.5 m 이하일 것
> ② 흡수부분의 수심이 0.5 m 이상일 것
> ③ 소방펌프자동차가 쉽게 접근할 수 있도록 할 것
> ④ 흡수에 지장이 없도록 토사 및 쓰레기 등을 제거할 수 있는 설비를 갖출 것
> ⑤ 흡수관의 투입구
> 　사각형 – 한 변의 길이가 60 cm 이상
> 　원형 – 지름이 60 cm 이상
> ⑥ 저수조에 물을 공급하는 방법은 상수도에 연결하여 자동으로 급수되는 구조일 것

**52** 소방기본법령상 소방신호의 종류별 신호방법에 관한 설명으로 옳은 것은?

① 경계신호의 타종신호는 1타와 연2타를 반복하며, 싸이렌신호는 5초 간격을 두고 10초씩 3회이다.

② 발화신호의 타종신호는 난타이며, 싸이렌신호는 5초 간격을 두고 5초씩 3회이다.

③ 해제신호의 타종신호는 상당한 간격을 두고 1타씩 반복하며, 싸이렌신호는 30초간 1회이다.

④ 훈련신호의 타종신호는 연3타 반복이며, 싸이렌신호는 30초 간격을 두고 1분씩 3회이다.

| 구분<br>신호의<br>종류 | 타종 신호 | 싸이렌 신호 | | | 그 밖의<br>신호 |
|---|---|---|---|---|---|
| | | 간격 | 작동<br>시간 | 회수 | |
| 경계신호 | 1타와　　연2타를<br>반복 | 5초 | 30초 | 3회 | 통 풍 대 ,<br>게 시 판 ,<br>기 |
| **발화신호** | 난타 | **5초** | **5초** | **3회** | |
| 해제신호 | 상당한 간격을<br>두고 1타씩 반복 | – | 60초 | 1회 | |
| 훈련신호 | 연3타 반복 | 10초 | 60초 | 3회 | |

1. 소방신호의 방법은 그 전부 또는 일부를 함께 사용할 수 있다.
2. 게시판을 철거하거나 통풍대 또는 기를 내리는 것으로 소방활동이 해제되었음을 알린다.
3. 소방대의 비상소집을 하는 경우에는 훈련신호를 사용할 수 있다.

**53** 소방기본법령상 소방활동 종사 명령에 관한 설명으로 옳지 않은 것은?

① 소방서장은 소방활동 종사명령을 받은 자에게 소방활동에 필요한 보호장구를 지급하는 등 안전을 위한 조치를 하여야 한다.

② 소방대장은 화재 등 위급한 상황이 발생한 현장에서 소방활동을 위하여 필요할 때에는 그 현장에 있는 자에게 소방활동 종사명령을 할 수 있다.

③ 소방대상물에 화재 등 위급한 상황이 발생한 경우 소방활동에 종사한 소방대상물의 점유자는 소방활동 비용을 지급받을 수 있다.

④ 시·도지사는 소방활동 종사명령에 따라 소방활동에 종사한 자가 그로 인하여 사망 하거나 부상을 입은 경우에는 보상하여야 한다.

소방활동 종사자의 보상
(1) 소방활동에 종사한 사람이 그로 인하여 사망하거나 부상을 입은 경우 – 시·도지사가 보상
(2) 명령에 따라 소방활동에 종사한 사람
　 – 시·도지사로부터 소방활동의 비용을 지급
(3) 소방활동의 비용을 받지 못하는 자
　① 소방대상물에 화재, 재난·재해, 그 밖의 위급한 상황이 발생한 경우 그 관계인
　② 고의 또는 과실로 화재 또는 구조·구급 활동이 필요한 상황을 발생시킨 사람
　③ 화재 또는 구조·구급 현장에서 물건을 가져간 사람

**54** 소방기본법령상 화재경계지구의 지정 등에 관한 설명으로 옳은 것은?

① 소방서장은 화재경계지구 안의 관계인에 대하여 대통령령으로 정하는 바에 따라 소방에 필요한 훈련 및 교육을 실시할 수 있다.

② 소방본부장은 소방상 필요한 교육을 실시하고자 하는 때에는 화재경계지구 안의 관계인에게 교육 7일 전까지 그 사실을 통보하여야 한다.

③ 소방서장은 화재가 발생할 우려가 높거나 화재로 인하여 피해가 클 것으로 예상되는 시장지역을 화재경계지구로 지정할 수 있다.

④ 시·도지사는 소방특별조사를 한 결과 화재의 예방과 경계를 위하여 필요할 경우 관계인에게 소방설비의 설치를 명할 수 있다.

화재경계지구(火災警戒地區) – 시·도지사 는 시장지역 등에 해당하는 지역을 화재경계지구로 지정 할 수 있다.
화재경계지구(火災警戒地區)내 소방특별조사 및 훈련·교육
(1) 소방특별조사자 – 소방본부장, 소방서장
　① 화재경계지구 안의 소방대상물 소방특별조사 : 년 1회 이상 실시
　② 미흡 시 소방에 필요한 설비의 설치를 명할 수 있다
(2) 훈련 및 교육 – 소방본부장, 소방서장
　① 화재경계지구 안의 소방대상물 관계인에게 훈련 및 교육을 실시
　② 연 1회 이상 실시하고 훈련 또는 교육 10일 전까지 그 사실을 통보

**55** 소방시설공사업법령상 1년 이하의 징역 또는 1천만원 이하의 벌금에 처해질 수 없는 자는?

① 소방시설공사업법을 위반하여 시공을 한 소방시설공사업을 등록한 자

② 해당 소방시설업자가 아닌 자에게 소방시설공사등을 도급한 특정소방대상물의 관계인

③ 공사감리 결과의 통보 또는 공사감리 결과보고서의 제출을 거짓으로 한 소방공사감리업을 등록한 자

④ 등록증이나 등록수첩을 다른 자에게 빌려준 소방시설업자

(1) 대여금지
　소방시설업자는 소방시설업의 등록증 또는 등록수첩을 다른 자에게 빌려 주어서는 아니 된다.
　☞ 300만원 이하의 벌금
(2) 영업정지

| 위반사항 | 행정처분 기준 | | |
|---|---|---|---|
| | 1차 | 2차 | 3차 |
| 가. 거짓이나 그 밖의 부정한 방법으로 등록한 경우 | 등록취소 | | |
| 나. 등록 결격사유에 해당하게 된 경우 | 등록취소 | | |
| 다. 영업정지 기간 중에 소방시설공사 등을 한 경우 | 등록취소 | | |
| 라. 다른 자에게 등록증 또는 등록수첩을 빌려준 경우 | 6개월 | 등록취소 | |

**56** 소방시설공사업법령상 감리업자가 감리원 배치규정을 위반하여 소속 감리원을 소방시설공사 현장에 배치하지 아니한 경우에 해당되는 벌칙 기준은?

① 100만원 이하의 벌금
② 200만원 이하의 과태료
③ 300만원 이하의 벌금
④ 500만원 이하의 벌금

> 감리원의 배치 등 (법 18조, 규칙 제17조)
> (1) 감리업자는 소방시설공사의 감리를 위하여 소속 감리원을 대통령으로 정하는 바에 따라 소방시설공사 현장에 배치하여야 한다.
>
> ☞ 미 배치시 - 300만원 이하의 벌금
>
> (2) 감리원 배치 및 배치 변경 통보
> ① 감리원 배치 및 배치 변경일부터 7일 이내에 소방본부장 또는 소방서장에게 알려야 한다.
>    ☞ 감리원 배치 및 배치 변경 통보를 하지 아니하거나 거짓으로 통보한 자 - 50 / 100 / 200만원 이하의 과태료
> ② 소방본부장 또는 소방서장은 통보된 내용을 7일 이내에 소방기술자 인정자에게 통보

**57** 소방시설공사업법령상 지하층을 포함한 층수가 40층이고, 연면적이 20만제곱미터인 특정소방대상물의 공사현장에 배치해야 하는 소방기술자의 배치기준으로 옳은 것은?

① 행정안전부령으로 정하는 특급기술자인 소방기술자 (기계분야 및 전기분야)
② 행정안전부령으로 정하는 고급기술자 이상의 소방기술자(기계분야 및 전기분야)
③ 행정안전부령으로 정하는 중급기술자 이상의 소방기술자(기계분야 및 전기분야)
④ 행정안전부령으로 정하는 초급기술자 이상의 소방기술자(기계분야 및 전기분야)

특정소방대상물 공사 시 공사 현장에 소방기술자 배치기준

| 구 분 | 공사 현장 배치기준 | | |
|---|---|---|---|
| | 층 수 등 | 연면적 | |
| 특급기술자 | 지하층을 포함한 층수가 40층 이상 | 20만 m² 이상 | |
| 고급기술자 이상 | 지하층을 포함한 층수가 16층 이상 40층 미만인 특정소방대상물 | 3만 m² 이상 20만 m² 미만(아파트는 제외) | |
| 중급기술자 이상 | 물분무등소화설비 또는 제연설비가 설치되는 특정소방대상물 | 아파트 제외한 현장 | 5천 m² 이상 3만 m² 미만 |
| | | 아파트 | 1 만 m² 이상 20만 m² 미만 |
| 초급기술자 이상 | 지하구 | 아파트 제외한 현장 | 1천 m² 이상 5천 m² 미만 |
| | | 아파트 | 1 천 m² 이상 1만 m² 미만 |
| 자격수첩을 발급받은 소방기술자 | - | 연면적 1천m² 미만 | |

**58** 화재예방, 소방시설 설치·유지 및 안전관리에 관한 법령상 소화활동설비에 해당하지 않는 것은?

① 상수도소화용수설비
② 무선통신보조설비
③ 비상콘센트설비
④ 연결살수설비

**소화용수설비**
- 화재를 진압하는데 필요한 물을 공급하거나 저장하는 설비

| 상수도소화용수설비 | 소화수조·저수조, 그 밖의 소화용수설비 |
|---|---|

**소화활동설비**
- 화재를 진압하거나 인명구조활동을 위하여 사용하는 설비

| 제연설비 | 비상콘센트설비 | 무선통신보조설비 |
|---|---|---|
| 연결송수관설비 | 연결살수설비 | 연소방지설비 |

정답 56 ③ 57 ① 58 ①

**59** 화재예방, 소방시설 설치·유지 및 안전관리에 관한 법령상 1급 소방안전관리 업무 강습과목 및 시간으로 옳은 것은?

① 소방 기초 이론 : 2시간
② 건축·전기 및 가스관계법령 : 2시간
③ 위험물 실무 : 4시간
④ 연소 및 소화이론 : 2시간

> ※ 소방 기초이론은 특급 소방안전관리 업무 강습과목 및 시간에 해당된다.
> ※ 1급 소방안전관리 업무 강습과목 및 시간

| 강습과목 | 시간 |
|---|---|
| 가. 소방관계법령(소방시설설치유지및안전관리에관한법령, 위험물안전관리법령) | 4 |
| 나. 연소 및 소화이론 | 2 |
| 다. 건축·전기 및 가스관계법령 | 2 |
| 라. 방염성능기준 및 방염대상물품 | 1 |
| 마. 위험물 실무 | 2 |
| 바. 소방 실무 | 21 |
| 사. 구조 및 응급처치교육, 실기실습 | 8 |
| 계 | 40 |

**60** 화재예방, 소방시설 설치·유지 및 안전관리에 관한 법령상 건축허가등을 할 때 미리 소방본부장 또는 소방서장의 동의를 받아야 하는 건축물의 범위로 옳지 않은 것은?

① 지하층 또는 무창층이 있는 공연장으로서 바닥면적이 100제곱미터 이상인 층이 있는 것
② 연면적이 200제곱미터 이상인 노유자시설(老幼者施設) 및 수련시설
③ 연면적이 300제곱미터 이상인 장애인 의료재활시설
④ 주차용도로 사용되는 시설로 승강기 등 기계장치에 의한 주차시설로서 자동차 10대 이상을 주차할 수 있는 시설

동의를 받아야 하는 건축물 등의 범위

| 학교시설 | 지하층 또는 무창층이 있는 건축물(공연장) | 노유자시설 수련시설 | (장애인)의료재활시설, 정신의료기관(입원실이 없는 정신건강의학과 의원은 제외한다) | 용도와 상관없음 |
|---|---|---|---|---|
| 연면적 100m² 이상 | 바닥면적-150 m² (바닥면적-100 m²) | 연면적 200 m² 이상 | 연면적 300 m² 이상 | 연면적 400m² 이상 |
| 차고·주차장 또는 주차용도로 사용되는 시설 |||||
| 바닥면적 - 200 m² 이상인 층이 있는 건축물이나 주차시설 |||||
| 기계장치에 의한 주차시설로서 20대 이상 |||||

**61** 화재예방, 소방시설 설치·유지 및 안전관리에 관한 법령상 건축허가등의 동의요구에 대한 조문의 내용이다. ( ) 안에 들어갈 숫자가 바르게 나열된 것은?

> 소방본부장 또는 소방서장은 건축허가등의 동의요구서류를 접수한 날부터 ( ㄱ )일(허가를 신청한 건축물 등이 영 제22조제1항제1호 각 목의 어느 하나에 해당하는 경우에는 10일) 이내에 건축허가등의 동의여부를 회신하여야 하고, 동의 요구서 및 첨부서류의 보완이 필요한 경우에는 ( ㄴ )일 이내의 기간을 정하여 보완을 요구할 수 있다. 건축허가등의 동의를 요구한 기관이 그 건축허가등을 취소하였을 때에는 취소한 날부터 ( ㄷ )일 이내에 건축물 등의 시공지 또는 소재지를 관할하는 소방본부장 또는 소방서장에게 그 사실을 통보하여야 한다.

① ㄱ: 5, ㄴ: 4, ㄷ: 7
② ㄱ: 5, ㄴ: 5, ㄷ: 7
③ ㄱ: 7, ㄴ: 3, ㄷ: 7
④ ㄱ: 7, ㄴ: 4, ㄷ: 5

건축허가 동의 기간(행정안전부령으로 정하는 기간)
(1) 회신기간
 ① 접수한 날부터 5일
  - 다른 법령에 따라 소방시설을 설치하는 경우 적합 여
   부 요청 시 7일 이내
 ② 접수한 날부터 10일인 대상
  ㉠ 30층 이상(지하층을 포함) 또는 지상으로부터 높이
   가 120 m 이상인 특정소방대상물
  ㉡ 연면적이 20만 $m^2$ 이상인 특정소방대상물
(2) 보완 기간 - 4일 이내
 동의 요구서 및 첨부서류의 보완이 필요한 경우에는 4일
 이내의 기간을 정하여 보완을 요구할 수 있다. 이 경우 보
 완기간은 회신기간에 산입하지 아니하고, 보완기간내에 보
 완하지니하는 때에는 동의요구서를 반려하여야 한다.
(3) 건축허가 등의 취소 등
 건축허가 등의 동의를 요구한 건축허가청 등이 그 건축허
 가 등을 취소한 때에는 취소한 날부터 7일 이내에 그 사
 실을 시공지 또는 소재지를 관할하는 소방본부장 또는 소
 방서장에게 그 사실을 통보하여야 한다.

**62** 화재예방, 소방시설 설치·유지 및 안전관리에 관한
법령상 소방청장이 정하는 내진설계기준에 맞게 설치하
여야 하는 소방시설은? (단, 내진설계기준을 적용하여야
하는 소방시설을 설치하여야 하는 특정소방대상물의 경
우에 한함)

① 자동화재탐지설비  ② 옥외소화전설비
③ 물분무등소화설비  ④ 비상경보설비

> 내진 설계대상 – 소방시설 중 옥내소화전설비, 스프링클러설비,
> 물분무등소화설비를 말한다.

**63** 화재예방, 소방시설 설치·유지 및 안전관리에 관한 법
령상 방염대상물품에 대한 방염성능기준으로 옳은 것은?
(단, 고시는 고려하지 않음)

① 버너의 불꽃을 제거한 때부터 불꽃을 올리며 연소
 하는 상태가 그칠 때까지 시간은 30초 이내일 것
② 탄화(炭化)한 면적은 100제곱센티미터 이내, 탄화
 한 길이는 30센티미터 이내일 것
③ 불꽃에 의하여 완전히 녹을 때까지 불꽃의 접촉 횟
 수는 2회 이상일 것

④ 버너의 불꽃을 제거한 때부터 불꽃을 올리지 아니
 하고 연소하는 상태가 그칠 때까지 시간은 30초
 이내일 것

> 방염성능기준
> (1) 버너의 불꽃을 제거한 때부터 불꽃을 올리며 연소하는
>  상태가 그칠 때까지 시간은 20초 이내
> (2) 버너의 불꽃을 제거한 때부터 불꽃을 올리지 않고 연소
>  하는 상태가 그칠 때까지 시간은 30초 이내
> (3) 탄화한 면적은 50 cm² 이내, 탄화한 길이는 20 cm 이내
> (4) 불꽃에 의하여 완전히 녹을 때까지 불꽃의 접촉횟수는 3
>  회 이상
> (5) 발연량을 측정하는 경우 최대연기밀도는 400 이하

**64** 화재예방, 소방시설 설치·유지 및 안전관리에 관한 법
령상 시·도지사가 소방시설관리업 등록을 반드시 취소
하여야 하는 사유가 아닌 것은?

① 소방시설관리업자가 거짓이나 그 밖의 부정한 방법
 으로 등록을 한 경우
② 소방시설관리업자가 소방시설등의 자체점검 결과를
 거짓으로 보고한 경우
③ 소방시설관리업자가 피성년후견인이 된 경우
④ 소방시설관리업자가 관리업의 등록증을 다른 자에
 게 빌려준 경우

> 소방시설관리업 등록의 취소와 영업정지
>
> | 위반사항 | 행정처분기준 | | |
> |---|---|---|---|
> | | 1차 | 2차 | 3차 |
> | (1) 거짓, 그 밖의 부정한 방법으로 등록을 한 경우 | 등록취소 | | |
> | (2) 등록의 결격사유에 해당하게 된 경우 | 등록취소 | | |
> | (3) 다른 자에게 등록증 또는 등록수첩을 빌려준 경우 | 등록취소 | | |
> | (4) 점검을 하지 않은 경우, 거짓으로 보고한 경우 | 경고 | 3개월 | 등록취소 |
> | (5) 등록기준에 미달하게 된 경우. 다만, 기술인력이 퇴직하거나 해임되어 30일 이내에 재선임하여 신고하는 경우는 제외한다. | 경고 | 3개월 | 등록취소 |

**정답** **62** ③ **63** ④ **64** ②

**65** 화재예방, 소방시설 설치·유지 및 안전관리에 관한 법령상 소방용품의 성능인증 등을 위반하여 합격표시를 하지 아니한 소방용품을 판매한 경우의 벌칙 기준은?

① 200만원 이하의 과태료
② 300만원 이하의 벌금
③ 1년 이하의 징역 또는 1천만원 이하의 벌금
④ 3년 이하의 징역 또는 3천만원 이하의 벌금

> 미형식승인, 형상을 임의 변경한 것, 제품검사 받지 아니하거나 합격표시가 없는 소방용품을 판매·진열하거나 소방시설 공사에 사용한 자
> – 3년 이하의 징역 또는 3천만원 이하의 벌금

**66** 화재예방, 소방시설 설치·유지 및 안전관리에 관한 법령상 소방청장이 한국소방산업기술원에 위탁할 수 있는 것은?

① 합판·목재를 설치하는 현장에서 방염처리한 경우의 방염성능검사
② 소방용품에 대한 형식승인의 변경승인
③ 소방안전관리에 대한 교육 업무
④ 소방용품에 대한 교체 등의 명령에 대한 권한

| 소방청장의 업무 | 소방용품에 대한 수거·폐기 또는 교체 등의 명령 | 시·도지사에게 위임 |
|---|---|---|
| | 1. 방염성능검사업무(합판·목재를 설치현장에서 방염 처리한 경우의 방염성능검사를 제외한다)<br>2. 형식승인(시험시설심사를 포함한다)<br>3. 형식승인의 변경승인<br>4. 성능인증 / 성능인증의 변경인증 / 우수품질인증 | 한국소방산업기술원("기술원")에 위탁 |
| | 제품검사 | 기술원 또는 전문기관에 위탁 |
| | 소방안전관리자 등에 대한 교육 | 한국소방안전협회("협회")에 위탁 |

| 1. 점검능력 평가 및 공시<br>2. 점검능력 평가위한 데이터베이스 구축<br>3. 소방시설관리사증의 발급, 재발급 | 소방청장의 허가를 받아 설립한 소방시설과 관련된 법인 또는 단체 중에서 평가관련 인력과 장비를 갖춘 법인 또는 단체 |
|---|---|

**67** 화재예방, 소방시설 설치·유지 및 안전관리에 관한 법령상 방염성능기준 이상의 실내장식물 등을 설치하여야 하는 특정소방대상물에 해당하는 것은?

① 옥외에 설치된 문화 및 집회시설
② 건축물의 옥내에 있는 종교시설
③ 3층 건축물의 옥내에 있는 수영장
④ 층수가 11층 이상인 아파트

> 방염대상
> ① 근린생활시설 중 의원, 체력단련장, 공연장 및 종교집회장
> ② 건축물의 옥내에 있는 시설 [문화 및 집회시설, 종교시설, 운동시설(수영장은 제외)]
> ③ 의료시설, 노유자시설 및 숙박이 가능한 수련시설, 숙박시설, 방송통신시설 중 방송국 및 촬영소
> ④ 다중이용업의 영업장
> ⑤ 층수가 11층 이상인 것(아파트는 제외)
> ⑥ 교육연구시설 중 합숙소
> > 연예인 안문숙이 11층의 체력단련장에서 운동하다 다쳤는데 의료시설인 의원에 안가고 공연장으로 가 이상하게 여겨 방송국에서 촬영하러 오니 합숙소의 노유자, 수련시설의 종교인등이 구경 옴

**68** 위험물안전관리법령상 위험물시설의 안전관리에 관한 설명으로 옳지 않은 것은?

① 위험물안전관리자를 선임하여야 하는 제조소등의 경우, 안전관리자를 선임한 제조소등의 관계인의 그 안전관리자를 해임하거나 안전관리자가 퇴직한 때에는 해임하거나 퇴직한 날부터 30일 이내에 다시 안전관리자를 선임하여야 한다.
② 암반탱크저장소는 관계인이 예방규정을 정하여야 하는 제조소등에 포함된다
③ 정기검사의 대상인 제조소등이라 함은 액체위험물을 저장 또는 취급하는 100만리터 이상의 옥외탱크저장소를 말한다.

④ 탱크안전성능시험자가 되고자 하는 자는 대통령령이 정하는 기술능력·시설 및 장비를 갖추어 소방청장에게 등록하여야 한다.

**위험물탱크 안전성능시험자로 시·도지사에게 등록하기 위하여 갖추어야 할 사항**

| 기술인력 | 시설 | 장비 |
|---|---|---|
| 1. 위험물기능장 또는 위험물산업기사 1인 이상<br>2. 위험물산업기사 또는 위험물기능사 2인 이상<br>3. 기계분야 및 전기분야의 소방설비기사 1인 이상 | 전용 사무실을 갖출 것 | 1. 절연저항계<br>2. 접지저항측정기 (최소눈금 0.1 Ω 이하)<br>3. 가스농도측정기<br>4. 정전기 전위측정기 등 |

**69** 위험물안전관리법령상 지정수량 미만인 위험물의 저장 또는 취급에 관한 기술상의 기준을 정하는 것은?

① 대통령령　　　　② 총리령
③ 행정안전부령　　④ 시·도의 조례

위험물의 취급 기준
(1) 지정수량 이상의 위험물 : 위험물안전관리법
(2) **지정수량 미만의 위험물 : 시·도의 조례**
(3) 임시로 저장, 취급하는 장소의 위치·구조·설비·저장·취급의 기준 : 시·도의 조례

**70** 위험물안전관리법령상 위험물탱크 안전성능 검사를 받아야 하는 경우 그 신청시기에 관한 설명으로 옳은 것은?

① 기초·지반검사는 위험물탱크의 기초 및 지반에 관한 공사의 개시 후에 한다.
② 용접부 검사는 탱크 본체에 관한 공사의 개시 전에 한다.
③ 충수·수압검사는 탱크에 배관 그 밖의 부속설비를 부착한 후에 한다.
④ 암반탱크검사는 암반탱크의 본체에 관한 공사의 개시 후에 한다.

**탱크안전성능검사의 대상이 되는 탱크 및 신청시기**

| 구 분 | 대 상 | 신청 시기 |
|---|---|---|
| 기초·지반검사 | 특정옥외탱크(옥외탱크저장소의 액체위험물탱크 중 그 용량이 100만 ℓ 이상인 탱크) | 위험물탱크의 기초 및 지반에 관한 공사의 개시 전 |
| 용접부검사 | 특정옥외탱크 (비파괴시험, 진공시험, 방사선투과시험으로 함) | 탱크본체에 관한 공사의 개시 전 |
| 충수·수압검사 | 액체위험물을 저장 또는 취급하는 탱크<br><br>충수수압검사제외<br>① 제조소 또는 일반취급소에 설치된 탱크로서 용량이 **지정수량 미만**인 탱크<br>② 특정설비에 관한 **검사에 합격**한 탱크<br>③ **성능검사에 합격**한 탱크 | 위험물을 저장 또는 취급하는 탱크에 배관 그 밖의 부속설비를 **부착하기 전** |
| 암반탱크검사 | 액체위험물을 저장 또는 취급하는 암반내의 공간을 이용한 탱크 | 암반탱크의 본체에 관한 공사의 개시 전 |

**71** 위험물안전관리법령상 취급소의 구분에 해당하지 않는 것은?

① 주유취급소　　　② 판매취급소
③ 이송취급소　　　④ 간이취급소

| 취급소 | 지정수량 이상의 위험물을 제조외의 목적으로 취급하기 위한 대통령령이 정하는 장소로서 허가를 받은 장소 |
|---|---|
| | 주유취급소, 판매취급소, 일반취급소, 이송취급소 |

**72** 다중이용업소의 안전관리에 관한 특별법령상 안전시설 등에 해당하지 않는 것은?

① 옥내소화전설비　　② 구조대
③ 영업장 내부 피난통로　④ 창문

**정답**　69 ④　70 ②　71 ④　72 ①

다중이용업소의 영업장에 설치·유지하여야 하는 안전시설 등

| 구 분 | 소방시설등 | 종 류 |
|---|---|---|
| 소방시설 | 소화설비 | 1) 소화기 또는 자동확산소화기<br>2) 간이스프링클러설비<br>(캐비닛형간이스프링클러설비를 포함한다) |
| | 경보설비 | 1) 비상벨설비 또는 자동화재탐지설비<br>2) 가스누설경보기 |
| | 피난설비 | 1) 피난기구 **가) 구조대**<br>나) 피난사다리<br>다) 미끄럼대<br>라) 완강기<br>마) 다수인피난장비<br>바) 승강식피난기<br>2) 피난유도선<br>3) 유도등, 유도표지 또는 비상조명등<br>4) 휴대용비상조명등 |
| 비상구 | | |
| **영업장 내부 피난 통로** | | |
| 그 밖의 안전시설 | | 1) 영상음향차단장치<br>2) 누전차단기<br>3) 창문 |

**73** 다중이용업소의 안전관리에 관한 특별법령상 다중이용업주와 종업원이 받아야 하는 소방안전교육의 교과과정으로 옳지 않은 것은?

① 심폐소생술 등 응급처치 요령
② 소방시설 및 방화시설의 유지·관리 및 사용방법
③ 소방시설설계 도면의 작성 요령
④ 화재안전과 관련된 법령 및 제도

다중이용업주와 종업원이 받아야 하는 교육 시간, 내용 등
(1) 시간 - 4시간 이내
(2) 내용
① 화재안전과 관련된 법령 및 제도
② 다중이용업소에서 화재가 발생한 경우 초기대응 및 대피요령
③ 소방시설 및 방화시설(防火施設)의 유지·관리 및 사용방법
④ 심폐소생술 등 응급처치 요령
(3) 다른 법령에서 정하는 다중이용업 관련 교육과 병행하여 실시할 수 있다.

**74** 다중이용업소의 안전관리에 관한 특별법령상 다중이용업소의 안전관리기본계획 등에 관한 설명으로 옳은 것은?

① 소방청장은 5년마다 다중이용업소의 안전관리기본계획을 수립·시행하여야 한다.
② 소방본부장은 기본계획에 따라 매년 연도별 안전관리계획을 수립·시행하여야 한다.
③ 소방서장은 기본계획 및 연도별 계획에 따라 매년 안전관리집행계획을 수립한다.
④ 국무총리는 기본계획을 수립하면 대통령에게 보고하고 관계 중앙행정기관의 장과 시·도지사에게 통보한 후 이를 공고하여야 한다.

다중이용업소의 안전관리기본계획의 수립·시행 등

| 기본계획 | 연도별계획 | 집행계획 |
|---|---|---|
| 소방청장 | 소방청장 | 소방본부장 |
| 5년마다 | 매년 | 매년 |

**75** 다중이용업소의 안전관리에 관한 특별법령상 다중이용업주의 화재배상책임보험의 의무가입 등에 관한 설명으로 옳은 것은?

① 보험회사는 화재배상책임보험 외에 다른 보험의 가입을 다중이용업주에게 강요할 수 있다.
② 보험회사는 화재배상책임보험의 보험금 청구를 받은 때에는 지체없이 지급할 보험금을 결정하고 보험금 결정 후 30일 이내에 피해자에게 보험금을 지급하여야 한다.
③ 다중이용업주가 화재배상책임보험 청약 당시 보험회사가 요청한 화재 발생 위험에 관한 중요한 사항을 거짓으로 알린 경우 보험회사는 그 계약의 체결을 거부할 수 있다.
④ 소방서장은 다중이용업주가 화재배상책임보험에 가입하지 아니하였을 때에는 다중이용업주에 대한 인가·허가의 취소를 하여야 한다.

정답 73 ③ 74 ① 75 ③

1. 보험회사는 화재배상책임보험 외에 다른 보험의 가입을 다중이용업주에게 강요할 수 없다.
2. 보험회사는 화재배상책임보험의 보험금 청구를 받은 때에는 지체 없이 지급할 보험금을 결정하고 보험금 결정 후 14일 이내에 피해자에게 보험금을 지급하여야 한다.
3. 소방본부장, 소방서장은 다중이용업주가 화재배상책임보험에 가입하지 아니하였을 때에는 허가관청에 다중이용업주에 대한 인가·허가의 취소, 영업의 정지 등 필요한 조치를 취할 것을 요청할 수 있다.

---

## 제4과목 위험물의 성상 및 시설기준

**76** 니트로셀룰로오스에 관한 설명으로 옳지 않은 것은?

① 질산에스테르류에 속하며 자기반응성물질이다.
② 직사광선에 의해 분해하여 자연발화할 수 있다.
③ 질화도가 클수록 분해도, 폭발성, 위험도가 감소한다.
④ 저장·운반 시에는 물 또는 알코올을 첨가하여 위험성을 감소시킨다.

| 니트로셀룰로오스<br>NC<br>$[C_6H_7O_2(ONO_2)_3]_n$<br>질화면, 면(화)약 | ① 천연셀룰로오스 + 질산과 황산의 혼산으로 제조한 것으로 무색 또는 백색의 고체 → 햇빛에 의해 황갈색<br>② 질소량에 따라 강면약(질소 > 12.5%)과 약면약(질소 < 11.2~12.3%)으로 구분 → 질화도가 큰 것일수록 폭발 위험성이 높다.<br>※ 질화도 : 니트로셀룰로오스에 함유된 질소의 함유량<br>③ 저장·취급 방법 : 물 20%, 프로필알코올 30%로 습윤시켜 저장<br>④ 130℃에서 분해 → 180℃에서 격렬히 연소하여 다량의 유독가스 발생<br>⑤ 발화점은 185℃이며 화약, 폭약의 원료로 사용된다. |
|---|---|

**77** 상온에서 저장·취급 시 물과 접촉하면 위험한 것을 모두 고른 것은?

| ㄱ. 과산화나트륨 | ㄴ. 적린 |
|---|---|
| ㄷ. 칼륨 | ㄹ. 트리메틸알루미늄 |

① ㄱ, ㄴ, ㄷ      ② ㄱ, ㄴ, ㄹ
③ ㄱ, ㄷ, ㄹ      ④ ㄴ, ㄷ, ㄹ

물과 접촉 시 위험한 위험물
㉠ 제1류 위험물 중 알칼리금속의 과산화물 또는 이를 함유한 것 – 과산화나트륨
㉡ 제2류 위험물 중 철분·금속분·마그네슘 또는 이들 중 어느 하나 이상을 함유한 것
㉢ 제3류 위험물 중 금수성 물질
　– 칼륨, 트리메틸알루미늄 등

**78** 제2류 위험물에 관한 설명으로 옳지 않은 것은?

① 철분, 마그네슘은 산과 반응하여 산소를 발생한다.
② 유황은 가연성고체로 푸른 불꽃을 내며 연소한다.
③ 적린이 연소하면 유독성의 $P_2O_5$가 발생한다.
④ 산화제와 혼합하면 가열, 충격, 마찰에 의해 발화·폭발의 위험이 있다.

| 철 분<br>Fe | 물, 묽은 산과 반응 시 수소가스 발생<br>(주수소화 금지, 질식소화 해야 함)<br>$2Fe + 3H_2O \rightarrow Fe_2O_3$(산화철) $+ 3H_2$<br>$2Fe + 6HCl \rightarrow 2FeCl_3$(염화제이철) $+ 3H_2$ |
|---|---|
| 마그네슘<br>Mg | 산과의 반응식 – 수소가스 발생<br>$Mg + 2HCl \rightarrow MgCl_2 + H_2\uparrow$ |

**79** 제3류 위험물인 황린에 관한 설명으로 옳은 것은?

① 증기는 자극성과 독성이 없다.
② 환원력이 약해 산소농도가 높아야 연소한다.
③ 갈색 또는 회색의 고체로 증기는 공기보다 가볍다.
④ 공기 중에서 자연발화의 위험성이 있어 물 속에 저장한다.

---

| 구분 | 품명 | 특성 |
|---|---|---|
| 황린 $P_4$ | 노란색의 황린 | ① 백색 또는 담황색<br>② 증기는 공기보다 무겁고 맹독성 (치사량 0.05 g)<br>③ 공기 중 격렬하게 연소하여 유독성 가스인 오산화인 $(P_2O_5)$의 흰연기를 낸다.<br>④ 발화점(34℃)이 매우 낮은 자연발화성 고체<br>⑤ 자연발화의 위험성이 있고 물과 반응하지 않기에 pH 9 정도의 물속에 저장함. |

※ 위험물의 종류 중 가연물은 환원력이 강하다.

**80** 위험물안전관리법령상 제4류 위험물의 품명별 위험등급이 바르게 짝지어진 것은?

① 알코올류 – Ⅰ등급
② 특수인화물 – Ⅰ등급
③ 제2석유류 중 수용성액체 – Ⅱ등급
④ 제3석유류 중 비수용성액체 – Ⅱ등급

| 위험등급 | 종류 | 제4류 위험물 | |
|---|---|---|---|
| | | 인화성액체 | |
| | | 품명(7) | 지정수량(ℓ) |
| Ⅰ | | 특수인화물 | 50 |
| Ⅱ | | 제1석유류 | 비수용성 200 수용성 400 |
| | | 알코올류 | 400 |
| Ⅲ | | 제2석유류 | 비수용성 1,000 수용성 2,000 |
| | | 제3석유류 | 비수용성 2,000 수용성 4,000 |
| | | 제4석유류 | 6,000 |
| | | 동식물유류 | 10,000 |

**81** 제5류 위험물인 유기과산화물에 관한 설명으로 옳지 않은 것은?

① 불티, 불꽃 등의 화기를 엄금한다.
② 직사광선은 피하고 냉암소에 저장한다.
③ 누출 시 과산화수소로 혼합시켜 제거한다.
④ 벤조일퍼옥사이드는 진한 황산과 혼촉 시 분해를 일으켜 폭발한다.

유기과산화물과 산화성액체인 과산화수소를 혼합시키면 더욱 위험해진다.

**82** 제6류 위험물에 관한 설명으로 옳지 않은 것은?

① 모두 불연성물질이다.
② 위험물안전관리법령상 모든 품명의 위험등급은 Ⅱ등급이다.
③ 과산화수소 저장용기의 뚜껑은 가스가 배출되는 구조로 한다.
④ 질산이 목탄분, 솜뭉치와 같은 가연물에 스며들면 자연발화의 위험이 있다.

| 위험등급 | 종류 | 제6류 위험물 | |
|---|---|---|---|
| | | 산화성액체 | |
| | | 품명(3) | 지정수량 (kg) |
| Ⅰ | | 과산화수소 과염소산 질산 | 300 |
| Ⅱ | | – | |
| Ⅲ | | – | |

**83** 제1류 위험물에 관한 설명으로 옳지 않은 것은?

① 과망간산칼륨과 중크롬산암모늄의 색상은 각각 등적색과 흑색이다.
② 염소산칼륨은 황산과 반응하여 이산화염소를 발생한다.

③ 아염소산나트륨은 강산화제이며 가열에 의해 분해하여 산소를 발생한다.

④ 질산암모늄은 급격한 가열, 충격에 의해 분해하여 폭발할 수 있다.

| 과망간산칼륨 | ① 흑자색의 주상결정으로 살균력이 강하다 |
| --- | --- |
| | ② 과망간산칼륨의 분해 반응식(240℃) <br> $2KMnO_4 \rightarrow$ <br> $K_2MnO_4$ (망간산칼륨) $+ MnO_2$ (이산화망간) $+ O_2 \uparrow$ |
| | ③ 강산과 접촉 시 산소 방출 <br> 묽은 황산과 반응식 <br> $4KMnO_4 + 6H_2SO_4 \rightarrow 2K_2SO_4$ <br> $+ 4MnSO_4 + 6H_2O + 5O_2 \uparrow$ <br><br> 염산과의 반응식 <br> $4KMnO_4 + 12HCl \rightarrow 4KCl + 4MnCl_2 +$ <br> $6H_2O + 5O_2 \uparrow$ |
| | ④ 물, 알코올에 녹으며 진한 보라색을 나타낸다. |
| 중크롬산암모늄 | ① 등적색(오렌지색)의 단사정계 침상결정이다 |
| | ② 분해온도 : 185℃ |
| | ③ 불꽃놀이의 제조 및 화산 실험용으로 사용 |

**84** 위험물안전관리법령상 제2류 위험물에 관한 설명으로 옳지 않은 것은?

① 유황은 순도가 60중량퍼센트 이상인 것을 말하며 지정수량은 100kg이다.

② 마그네슘은 직경 2mm 이상의 막대 모양의 것을 말하며 지정수량은 100kg이다.

③ 인화성고체라 함은 고형알코올 그 밖에 1기압에서 인화점이 섭씨 40도 미만인 고체를 말하며 지정수량은 1,000kg이다.

④ 철분이라 함은 철의 분말로서 53마이크로미터의 표준체를 통과하는 것이 50중량퍼센트 이상이어야 하며 지정수량은 500kg이다.

---

**위험물의 정의**

| 유황 | 순도가 60 wt% 이상인 것 |
| --- | --- |
| 철분 | 53 $\mu$m표준체 통과하는 것이 50 wt% 미만인 것은 제외 |
| 마그네슘 | 2 mm체를 통과하지 아니하는 덩어리 및 직경 2 mm 이상의 막대 모양의 것은 제외 |
| 금속분 | 알칼리금속·알칼리토류금속·철 및 마그네슘외의 금속의 분말을 말하고, 구리분·니켈분 및 150 $\mu$m의 체를 통과하는 것이 50 wt% 미만인 것은 제외한다. |
| 인화성고체 | 고형알코올 및 1기압에서 인화점이 40℃ 미만인 고체 |

**85** 위험물안전관리법령상 제3류 위험물의 품명별 지정수량이 바르게 짝지어진 것은?

① 나트륨, 황린 - 10kg

② 알킬알루미늄, 알킬리튬 - 20kg

③ 금속의 수소화물, 금속의 인화물 - 50kg

④ 칼슘의 탄화물, 알루미늄의 탄화물 - 300kg

| 품명 | 위험 등급 | 지정 수량 |
| --- | --- | --- |
| ① 칼륨 <br> ② 나트륨 <br> ③ 알킬알루미늄 (액체) <br> ④ 알킬리튬(액체) | I | 10 kg |
| ⑤ 황린 | I | 20 kg |
| ⑥ 알칼리금속 (①,② 제외) <br> ⑦ 알칼리토금속 <br> ⑧ 유기금속화합물 (액체) <br> -③,④ 제외 | II | 50 kg |
| ⑨ 금속의 수소화물 <br> ⑩ 금속의 인화물 <br> ⑪ 칼슘 또는 알루미늄의 탄화물 | III | 300 kg |
| ⑫ 염소화규소화합물 | III | 300 kg |

**86** 제6류 위험물인 과염소산에 관한 설명으로 옳지 않은 것은?

① 공기와 접촉 시 황적색의 인화수소가 발생한다.
② 무색·무취의 액체로 물과 접촉하면 발열한다.
③ 무수물은 불안정하여 가열하면 폭발적으로 분해한다.
④ 저장 시에는 가연성물질과의 접촉을 피하여야 한다.

| 과염소산 $HClO_4$ | ① 유독성, 자극성, 부식성이며 강산화성 물질로서 흡습성(발열), 휘발성이 강하다.<br>② 가열시 분해. 폭발에 의해 유독성의 염소 발생<br>③ 유기물과의 접촉 시 폭발적으로 발화<br>④ 유리, 도자기 밀폐용기에 넣어 저온에서 저장(가열하면 적갈색의 증기 발생)<br>⑤ 무색 액체로서 물과 반응시 심하게 발열한다. |
|---|---|

※ 과염소산 ($HClO_4$)와 공기($O_2$)가 접촉 시 인화수소($PH_2$)가 발생할 수 없다. 원인계에 인(P)이 없기 때문이다.

**87** 이황화탄소에 관한 설명으로 옳지 않은 것은?

① 인화점이 낮고 휘발이 용이하여 화재위험성이 크다.
② 공기 중에서 연소하면 유독성의 이산화황을 발생한다.
③ 증기는 공기보다 무겁고, 매우 유독하여 흡입 시 신경계통에 장애를 준다.
④ 액체비중이 물보다 작고 물에 녹기 어렵기 때문에 수조탱크에 넣어 보관한다.

| 이황화탄소 $CS_2$ | ① 무색 투명한 액체로 액체 및 증기는 독성, 비중이 1보다 크다.<br>② 증기 흡입 시 중추신경을 마비 (허용농도 20 ppm)<br>③ 가연성 증기 발생 억제하기 위해 수조(물속)에 저장<br>④ 이황화탄소의 반응식<br>• 연소반응식<br>$CS_2 + 3O_2 \rightarrow 2SO_2\uparrow + CO_2\uparrow$<br>− 파란 불꽃을 띰<br>• 물과의 반응(150℃)<br>$CS_2 + 2H_2O \rightarrow 2H_2S\uparrow + CO_2\uparrow$ | 인화점: −30℃<br><br>연소범위: 1.2 ~ 44%<br><br>발화점 : 100℃<br><br>비점 : 46.4℃ |
|---|---|---|

**88** 위험물안전관리법령상 제조소의 특례기준에서 은·수은·동·마그네슘 또는 이들의 합금으로 된 취급설비를 사용해서는 안 되는 위험물은?

① 아세트알데히드      ② 휘발유
③ 톨루엔              ④ 아세톤

| 아세트알데히드 $CH_3CHO$ | ① 무색 액체로 휘발성이며 물, 알코올, 에테르와 잘 혼합하며 은거울 반응(은도금)을 한다.<br>② 수은, 동(구리), 은, 마그네슘 또는 이들의 합금과 접촉시 폭발성 화합물 금속의 아세틸리드 생성<br>③ 공기 중에서 과산화물을 생성 폭발<br>④ 저장 시 공기와의 접촉을 피한다. (불연성가스 봉입, 보냉장치 설치) |
|---|---|
| 산화프로필렌 $CH_3CH_2CHO$ | ① 무색의 휘발하기 쉬운 자극성 액체<br>② 수은, 구리(동), 은, 마그네슘 또는 이들의 합금과 혼합 → 폭발성 화합물 생성<br>③ 반응성이 풍부하여 여러 물질과 반응하며 60℃ 이상에서 수분 존재 시 격렬하게 중합반응 |

**89** 위험물안전관리법령상 제조소에 피뢰침을 설치하여야 하는 경우 취급하는 위험물의 수량은 지정수량의 최소 몇 배 이상이어야 하는가? (단, 제조소에서 취급하는 위험물은 경유이며, 제조소에 피뢰침을 반드시 설치하는 경우에 한한다.)

① 5                ② 10
③ 15               ④ 20

피뢰침 설치
− 지정수량의 10배 이상의 저장창고(제6류 위험물은 제외)

**90** 위험물안전관리법령상 연면적 500 m² 이상인 제조소에 반드시 설치하여야 하는 경보설비는?

① 확성장치          ② 비상경보설비
③ 비상방송설비      ④ 자동화재탐지설비

**정답**  86 ①  87 ④  88 ①  89 ②  90 ④

※ 자동화재탐지설비 설치대상

| 제조소등의 구분 | 규모·저장 또는 취급하는 위험물의 종류 최대수량 등 |
|---|---|
| 제조소 일반취급소 | 1. 연면적 500 m² 이상인 것<br>2. 옥내에서 지정수량 100배 이상을 취급하는 것<br>3. 복합용도 건축물에 설치된 일반취급소(일반취급소와 일반취급소 외의 부분이 내화구조의 바닥 또는 벽으로 개구부 없이 구획된 것을 제외) |
| 옥내저장소 | 1. 저장창고의 연면적 150 m² 초과하는 것<br>2. 지정수량 100배 이상(고인화점만은 제외)<br>3. 처마의 높이가 6 m 이상의 단층건물<br>4. 복합용도 건축물의 옥내저장소 |
| 옥내탱크저장소 | 단층건물이외의 건축물에 설치된 것으로 소화난이도 등급 Ⅰ에 해당되는 것 |
| 주유취급소 | 옥내주유취급소 |

제조소의 안전거리 - 건축물의 외벽 또는 이에 상당하는 공작물의 외측으로부터 당해 제조소의 외벽 또는 이에 상당하는 공작물의 외측까지의 수평거리(6류 위험물은 제외)

| 안전거리 | 해당 대상물 | |
|---|---|---|
| 50 m 이상 | 유형문화재, 기념물 중 지정문화재 | |
| 30 m 이상 | ① 학교<br>② 종합병원, 병원, 치과병원, 한방병원, 요양병원 | |
| | ③ 공연장, 영화상영관 등 | 수용인원 : 300명 이상 |
| | ④ 아동복지시설, 장애인복지시설, 모·부자복지시설, 보육시설, 가정폭력 피해자시설 등 | 수용인원 : 20명 이상 |
| 20 m 이상 | 고압가스, 액화석유가스, 도시가스를 저장 또는 취급하는 시설 | |
| 10 m 이상 | 주거 용도에 사용되는 것 | |
| 5 m 이상 | 사용전압 35,000 V를 초과하는 특고압가공전선 | |
| 3 m 이상 | 사용전압 7 kV 초과 3 kV 이하의 특고압가공전선 | |

**91** 위험물안전관리법령상 주유취급소의 위치·구조 및 설비의 기준에 관한 조문의 일부이다. ( )에 들어갈 숫자가 바르게 나열된 것은?

> 사무실 등의 창 및 출입구에 유리를 사용하는 경우에는 망입유리 또는 강화유리로 할 것. 이 경우 강화유리의 두께는 창에는 ( ㄱ )mm 이상, 출입구에는 ( ㄴ )mm 이상으로 하여야 한다.

① ㄱ: 5, ㄴ: 10　　　② ㄱ: 5, ㄴ: 12
③ ㄱ: 8, ㄴ: 10　　　④ ㄱ: 8, ㄴ: 12

주유취급소의 건축물의 구조
사무실 등의 창 및 출입구에 유리를 사용하는 경우
-망입유리 또는 강화유리(강화유리의 두께는 창에는 8 mm 이상, 출입구에는 12 mm 이상)

**92** 위험물안전관리법령상 제조소와 수용인원이 300인 이상인 영화상영관과의 안전거리 기준으로 옳은 것은? (단, 6류 위험물을 취급하는 제조소를 제외한다.)

① 10m 이상　　　② 20m 이상
③ 30m 이상　　　④ 50m 이상

**93** 위험물안전관리법령상 제조소에 설치하는 배출설비에 관한 설명으로 옳지 않은 것은?

① 위험물취급설비가 배관이음 등으로만 된 경우에는 전역방식으로 할 수 있다.
② 전역방식 배출설비의 배출능력은 1시간당 바닥면적 1m² 당 15m³ 이상으로 하여야 한다.
③ 배출구는 지상 2m 이상으로서 연소의 우려가 없는 장소에 설치하여야 한다.
④ 배풍기·배출닥트·후드 등을 이용하여 강제적으로 배출하는 것으로 하여야 한다.

배출설비(가연성증기·미분이 체류할 우려가 있는 경우)
① 강제배기방식
　배풍기 - 옥내닥트의 내압이 대기압 이상이 되지 아니하는 위치에 설치하여야 한다.
② 배출방식에 따른 배출능력

| 배출방식 | 배출능력(시간당) |
|---|---|
| 국소방식 | 배출장소 용적의 20배 이상 |
| 전역방출방식 | 바닥면적 1 m² 당 18 m³ 이상 |

※ 전역방출방식으로 하는 경우
1. 위험물취급설비가 배관이음 등으로만 된 경우
2. 건축물의 구조·작업장소의 분포 등의 조건에 의하여 전역방식이 유효한 경우

정답　91 ④　92 ③　93 ②

③ 배출구 - 지상 2 m 이상, 화재시 자동으로 폐쇄되는 방화댐퍼를 설치
④ 급기구
높은 곳에 설치(높은 곳에서 아래로 급기되어야 체류하고 있는 가연성증기 등이 비산 하지 않는다)및 가는 눈의 구리망으로 인화방지망을 설치

**94** 위험물안전관리법령상 소화설비, 경보설비 및 피난설비의 기준에 관한 조문의 일부이다. ( )에 들어갈 숫자는?

제조소등에 전기설비(전기배선, 조명기구 등은 제외한다)가 설치된 경우에는 당해 장소의 면적 100m² 마다 소형수동식소화기를 ( )개 이상 설치할 것

① 1 　　② 2
③ 3 　　④ 4

제조소등에 설치된 전기설비(배선, 조명기구 제외)
- 면적 100 m² 당 소형수동식소화기를 1개 이상 설치

**95** 옥외탱크저장소의 하나의 방유제 안에 3기의 아세톤 저장탱크가 있다. 위험물안전관리법령상 탱크 주위에 설치하여야 할 방유제 용량은 최소 몇 L 이상이어야 하는가? (단, 아세톤 저장탱크의 용량은 각각 10,000 L, 20,000 L, 30,000 L이다.)

① 10,000 　　② 22,000
③ 33,000 　　④ 60,000

옥외탱크저장소의 방유제
(인화성액체의 위험물의 옥외탱크저장소 - CS₂ 제외)
방유제의 용량

| 탱크가 하나일 때 | 탱크가 2기 이상일 때 |
|---|---|
| 탱크 용량의 110% 이상 (인화성이 없는 액체위험물은 100%) | 탱크 중 용량이 최대인 것의 용량의 110% 이상 (인화성이 없는 액체위험물은 100%) |

최대의 탱크가 30,000L 이므로 33,000L 저장할 수 있는 용량의 방유제가 필요하다.

**96** 위험물안전관리법령상 용량 80L 수조(소화전용물통 3개 포함)의 능력단위는?

① 0.5 　　② 1.0
③ 1.5 　　④ 2.0

소화설비의 능력단위
- 소요단위에 대응하는 소화설비의 소화능력의 기준 단위

| 소화설비 | 용량 | 능력단위 |
|---|---|---|
| 소화전용 물통 | 8 ℓ | 0.3 |
| 수조(소화전용 물통 3개 포함) | 80 ℓ | 1.5 |
| 수조(소화전용 물통 6개 포함) | 190 ℓ | 2.5 |
| 마른모래(삽 1개 포함) | 50 ℓ | 0.5 |
| 팽창질석, 팽창진주암(삽 1개 포함) | 160 ℓ | 1 |

**97** 위험물안전관리법령상 판매취급소의 위치·구조 및 설비의 기준으로 옳지 않은 것은?

① 제1종 판매취급소는 건축물의 1층에 설치할 것
② 제1종 판매취급소의 용도로 사용하는 부분의 창 및 출입구에는 갑종방화문 또는 을종 방화문을 설치할 것
③ 제2종 판매취급소의 용도로 사용하는 부분은 벽·기둥·바닥 및 보를 내화구조로 할 것
④ 제2종 판매취급소의 용도로 사용하는 부분에 천장이 있는 경우에는 이를 난연재료로 할 것

제1종 판매취급소의 기준
- 지정수량의 20배 이하 저장 또는 취급
(1) 제1종 판매취급소는 건축물의 1층에 설치할 것
(2) 제1종 판매취급소의 용도로 사용되는 건축물의 부분은 내화구조 또는 불연재료로 하고, 판매취급소로 사용되는 부분과 다른 부분과의 격벽은 내화구조로 할 것
(3) 보를 불연재료, 천장을 설치하는 경우에는 천장을 불연재료로 할 것
(4) 상층의 바닥을 내화구조로 하고, 상층이 없는 경우에 있어서는 지붕을 내화구조로 또는 불연재료로 할 것
(5) 창 및 출입구에는 갑종방화문 또는 을종방화문을 설치할 것

제2종 판매취급소의 기준
- 지정수량의 40배 이하 저장 또는 취급
(1) 벽, 기둥, 바닥 및 보를 내화구조, 천장이 있는 경우에는 이를 불연재료로 하며, 판매취급소로 사용되는 부분과 다른 부분과의 격벽은 내화구조로 할 것
(2) 상층이 있는 경우에는 상층의 바닥을 내화구조, 상층이 없는 경우에는 지붕을 내화구조로 할 것

정답 94 ① 95 ③ 96 ③ 97 ④

**98** 위험물안전관리법령상 에탄올 2,000 L를 취급하는 제조소 건축물 주위에 보유하여야 할 공지의 너비기준으로 옳은 것은?

① 2m 이상
② 3m 이상
③ 4m 이상
④ 5m 이상

제조소 등의 보유공지
(1) 정의
    제조소 등이 설치되면 주위의 대상물과의 관계없이 확보해야 할 절대적인 공간
(2) 보유공지 목적

| 연소확대의 방지 | 화재 등의 경우 피난의 원활 | 소화활동의 공간 확보 |
|---|---|---|

(3) 보유공지

| 배수 | 제조소등 | 제조소 |
|---|---|---|
| 10배 이하 | | 3 |
| 10배 초과 20배 이하 | | 5 |

2,000 L의 에탄올(지정수량 : 400 L)을 저장하는 제조소의 경우 지정수량의 5배로서 10배 이하이므로 3 m의 보유공지를 확보해야 한다.

**99** 위험물안전관리법령상 간이탱크저장소의 위치 · 구조 및 설비의 기준에 관한 조문의 일부이다. ( )에 들어갈 숫자가 바르게 나열된 것은?

> 간이저장탱크는 두께 ( ㄱ )mm 이상 강판으로 흠이 없도록 제작하여야 하며, ( ㄴ )kPa의 압력으로 10분간의 수압시험을 실시하여 새거나 변형되지 아니하여야 한다.

① ㄱ: 2.3, ㄴ: 60
② ㄱ: 2.3, ㄴ: 70
③ ㄱ: 3.2, ㄴ: 60
④ ㄱ: 3.2, ㄴ: 70

간이저장탱크
(1) 간이저장탱크의 용량 - 600 ℓ 이하
(2) 간이저장탱크는 두께
  ① 3.2 mm 이상의 강판으로 흠이 없도록 제작
  ② 70 kPa의 압력으로 10분간의 수압시험을 실시하여 새거나 변형되지 아니하여야 한다.

**100** 위험물안전관리법령상 옥내저장소의 표지 및 게시판의 기준으로 옳지 않은 것은?

① 표지의 바탕은 백색으로, 문자는 흑색으로 할 것
② 표지는 한 변의 길이가 0.3m 이상, 다른 한 변의 길이가 0.6m 이상인 직사각형으로 할 것
③ 인화성고체를 제외한 제2류 위험물에 있어서 "화기엄금"의 게시판을 설치할 것
④ "물기엄금"을 표시하는 게시판에 있어서는 청색바탕에 백색문자로 할 것

옥내저장소의 표지 및 게시판 - 주의사항을 표시

| 위험물의 종류 | 주의사항 | 게시판의 색상 | |
|---|---|---|---|
| 제1류 위험물 중 알칼리금속의 과산화물 제3류 위험물 중 금수성물질 | 물기엄금 | 청색바탕에 백색문자 | **물기엄금** |
| 제2류 위험물 (인화성 고체는 제외) | 화기주의 | 적색바탕에 백색문자 | **화기주의** |
| 제2류 위험물 중 인화성 고체 제3류 위험물 중 자연발화성물질 제4류 위험물 제5류 위험물 | 화기엄금 | 적색바탕에 백색문자 | **화기엄금** |
| 제1류 위험물의 알카리금속의 과산화물외의 것과 제6류 위험물 | 별도의 표시 없음 | | |

제5과목 **소방시설의 구조원리**

**101** 도로터널의 화재안전기준상 소화기 설치기준으로 옳은 것은?

① 소화기의 총중량은 7kg 이하로 할 것
② B급 화재시 소화기의 능력단위는 3단위 이상으로 할 것
③ 소화기는 바닥면으로부터 1.2m 이하의 높이에 설치할 것
④ 편도 2차선 이상의 양방향 터널에는 한쪽 측벽에 50m 이내의 간격으로 소화기 2개 이상을 설치할 것

**102** 가로 40m, 세로 30m의 특수가연물 저장소에 스프링클러설비를 하고자 한다. 정방형으로 헤드를 배치할 경우 필요한 헤드의 최소 설치개수는?

① 130
② 140
③ 181
④ 221

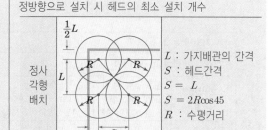
**103** 스프링클러설비의 화재안전기준상 배관에 관한 기준으로 옳지 않은 것은?

① 배관 내 사용압력이 1.2MPa 이상일 경우에는 압력배관용탄소강관(KS D 3562)을 사용한다.
② 배관의 구경 계산시 수리계산에 따르는 경우 교차배관의 유속 6m/s를 초과할 수 없다.
③ 펌프의 성능시험배관은 펌프의 토출측에 설치된 개폐밸브 이전에서 분기하여 설치하여야 한다.
④ 가압송수장치의 체절운전 시 수온의 상승을 방지하기 위하여 체크밸브와 펌프사이에서 분기한 구경 20mm 이상의 배관에 체절압력 미만에서 개방되는 릴리프밸브를 설치하여야 한다.

**104** 바닥면적이 100 m² 인 지하주차장에 물분무소화설비를 설치하는 경우 필요한 수원의 최소량은?

① 2,000 L
② 20,000 L
③ 40,000 L
④ 80,000 L

**105** 포소화설비의 화재안전기준상 자동식기동장치로 자동화재탐지설비의 연기감지기를 사용하는 경우 설치기준으로 옳은 것은?

① 감지기는 보로부터 0.3m 이상 떨어진 곳에 설치한다.
② 반자부근에 배기구가 있는 경우에는 그 부근에 설치한다.
③ 천장 또는 반자가 낮은 실내에는 출입구의 먼 부분에 설치한다.
④ 좁은 실내에 있어서는 출입구의 먼 부분에 설치한다.

> **포소화설비의 자동식 기동장치**
> ① 폐쇄형스프링클러헤드를 사용하는 경우
> ② 화재감지기를 사용하는 경우(자동화재탐지설비 준용)
> ㉠ 감지기는 천장 또는 반자의 옥내에 면하는 부분에 설치할 것(열감지기 동일)
> ㉡ 천장 또는 반자가 낮은 실내 또는 좁은 실내에 있어서는 출입구의 가까운 부분에 설치할 것
> ㉢ 감지기(차동식분포형의 것을 제외한다)는 실내로의 공기유입구로부터 1.5 m 이상 떨어진 위치에 설치할 것 (열감지기 동일)
> ㉣ 천장 또는 반자부근에 배기구가 있는 경우에는 그 부근에 설치할 것
> ㉤ 감지기는 벽 또는 보로부터 0.6 m 이상 떨어진 곳에 설치할 것

**106** 다음 조건에서 이산화탄소소화설비를 설치할 때 필요한 최소 소화약제량은?

> • 화재시 연소면이 한정되고 가연물이 비산할 우려가 없는 장소
> • 방호대상물 표면적: 20 m²
> • 국소방출방식의 고압식

① 260kg
② 286kg
③ 364kg
④ 520kg

> **국소방출방식**
> –윗면이 개방된 용기에 저장하는 경우와 화재시 연소면이 한정되고 가연물이 비산할 우려가 없는 경우
>
> $$A \times Q \times N$$
>
> | $A$ | 방호대상물의 표면적(m²) |
> |---|---|
> | $Q$ | 방호대상물의 표면적 1m²에 대하여 13 kg |
> | $N$ | 고압식의 것에 있어서는 1.4, 저압식의 것에 있어서는 1.1 |
>
> 약제량 $= A \times Q \times N = 20\,m^2 \times 13\,kg/m^2 \times 1.4$
> $= 364$ kg 이상

**107** 분말소화설비의 화재안전기준상 전역방출방식일 때 방호구역의 체적 1 m³ 에 대한 소화약제량으로 옳은 것은?

① 제1종 분말 : 0.60 kg  ② 제2종 분말 : 0.24 kg
③ 제3종 분말 : 0.24 kg  ④ 제4종 분말 : 0.36 kg

> **전역방출방식 약제량**
> $$V \times Q + A \times K$$
>
> | | 방호구역의 체적(m³) | | |
> |---|---|---|---|
> | | 방호구역 체적 1m³ 에 대한 양(kg) | | |
> | | 소화약제의 종별 | 방호구역 체적 1m³ 에 대한 소화약제의 양 | 개구부의 면적 1m² 에 대한 소화약제의양(가산량) |
> | $Q$ | 제1종 | 0.6 | 4.5 |
> | | 제2종, 제3종 | 0.36 | 2.7 |
> | | 제4종 | 0.24 | 1.8 |
> | $A$ | 개구부면적(m²) | | |
> | $K$ | 개구부 면적 1m²당 가산량 | | |

**108** 분말소화설비의 화재안전기준상 가압식 분말소화설비 소화약제 저장용기에 설치하는 안전밸브의 작동압력 기준은?

① 최고사용압력의 1.8배 이하
② 최고사용압력의 0.8배 이하
③ 내압시험압력의 1.8배 이하
④ 내압시험압력의 0.8배 이하

| 저장용기 | 이산화탄소소화설비 | | 분말소화설비 | | |
|---|---|---|---|---|---|
| | 고압식 | 저압식 | 제1종 | 제2, 3종 | 제4종 |
| 안전밸브 작동압력 | – | 내압시험압력의 0.64배~0.8배 | 가압식 | 최고사용압력의 1.8배 이하 | |
| | | | 축압식 | 내압시험압력의 0.8배 이하 | |
| 안전장치 (봉판) 작동압력 | 내압시험 압력의 0.8배 | 내압시험압력의 0.8배 ~ 1배 | | | |

**109** 자동화재탐지설비의 감지기 설치기준으로 옳은 것은?

① 정온식감지기는 주방·보일러실 등으로서 다량의 화기를 취급하는 장소에 설치하되, 공칭작동온도가 최고주위온도보다 10℃ 이상 높은 것으로 설치할 것
② 감지기(차동식분포형의 것을 제외한다)는 실내로의 공기유입구로부터 0.8m 이상 떨어진 위치에 설치할 것
③ 스포형감지기는 65℃ 이상 경사되지 아니하도록 부착할 것
④ 감지기는 천장 또는 반자의 옥내에 면하는 부분에 설치할 것

1. 정온식감지기는 주방·보일러실 등으로서 다량의 화기를 취급하는 장소에 설치하되, 공칭작동온도가 최고주위온도보다 20℃ 이상 높은 것으로 설치
2. 감지기(차동식분포형의 것을 제외한다)는 실내로의 공기유입구로부터 1.5 m 이상 떨어진 위치에 설치할 것(열감지기 동일)
3. 스포트형감지기는 45° 이상 경사되지 아니하도록 부착할 것

**110** 승강식피난기 및 하향식 피난구용 내림식사다리 설치기준에 관한 설명으로 옳은 것은?

① 대피실 내에는 일반 백열등을 설치 할 것
② 사용 시 기울거나 흔들리지 않도록 설치할 것
③ 대피실의 면적 3m² (2세대 이상일 경우에는 5m² ) 이상으로 할 것
④ 착지점과 하강구는 상호 수평거리 5cm 이상의 간격을 둘 것

승강식피난기 및 하향식 피난구용 내림식사다리
1. 설치경로 – 설치층에서 피난층까지 연계될 수 있는 구조로 설치할 것
   단, 건축물 규모가 지상 5층 이하로서 구조 및 설치 여건상 불가피한 경우는 제외
2. 대피실의 면적 – 2 m² (2세대 이상일 경우에는 3 m²) 이상, 하강구(개구부) 규격은 직경 60 cm 이상일 것.
3. 하강구 내측에는 기구의 연결 금속구 등이 없어야 하며 전개된 피난기구는 하강구 수평투영면적 공간 내의 범위를 침범하지 않는 구조이어야 할 것.
4. 대피실의 출입문은 갑종방화문으로 설치하고, 피난방향에서 식별할 수 있는 위치에 "대피실" 표지판을 부착할 것.
5. 착지점과 하강구는 상호 수평거리 15 cm 이상의 간격을 둘 것
6. 대피실 내에는 비상조명등을 설치 할 것
7. 대피실에는 층의 위치표시와 피난기구 사용설명서 및 주의사항 표지판을 부착할 것
8. 대피실 출입문이 개방되거나, 피난기구 작동 시 해당층 및 직하층 거실에 설치된 표시등 및 경보장치가 작동되고, 감시 제어반에서는 피난기구의 작동을 확인 할 수 있어야 할 것
9. 사용 시 기울거나 흔들리지 않도록 설치할 것

**정답** 108 ① 109 ④ 110 ②

**111** 할로겐화합물 및 불활성기체소화설비 설치시 화재안전기준으로 옳지 않은 것은?

① 저장용기는 온도가 65℃ 이상이고 온도의 변화가 작은 곳에 설치할 것
② 저장용기를 방호구역 외에 설치한 경우에는 방화문으로 구획된 실에 설치할 것
③ 수동식 기동장치는 해당 방호구역의 출입구부근 등 조작을 하는 자가 쉽게 피난할 수 있는 장소에 설치할 것
④ 수동식 기동장치는 5kg 이하의 힘을 가하여 가동할 수 있는 구조로 설치할 것

할로겐화합물 및 불활성기체소화설비의 저장용기 장소기준
① 방호구역외의 장소에 설치할 것 다만, 방호구역내에 설치할 경우에는 피난 및 조작이 용이하도록 피난구 부근에 설치하여야 한다.
② 온도가 55℃ 이하이고, 온도변화가 적은 곳에 설치할 것
③ 방화문으로 구획된 실에 설치할 것

할로겐화합물 및 불활성기체소화설비의 수동식 기동장치
① 수동식 기동장치의 부근에는 소화약제의 방출을 지연시킬 수 있는 비상스위치 (자동복귀형 스위치로서 수동식 기동장치의 타이머를 순간정지시키는 기능의 스위치)를 설치
② 전역방출방식에 있어서는 방호구역마다 설치할 것
③ 당해방호구역의 출입구부분 등 조작을 하는 자가 쉽게 피난할 수 있는 장소에 설치할 것
④ 5kg 이하의 힘을 가하여 기동할 수 있는 구조로 설치

**112** 누전경보기의 화재안전기준상 누전경보기의 설치기준으로 옳은 것은?

① 변류기를 옥외의 전로에 설치하는 경우에는 옥내형으로 설치할 것
② 누전경보기의 전원을 분기할 때에는 다른 차단기에 따라 전원이 차단 되도록 할 것
③ 누전경보기 전원의 개폐기에는 누전경보기용임을 표시한 표지를 할 것
④ 누전경보기 전원은 분전반으로부터 전용회로로 하고, 각극에 개폐기 및 25A 이하의 과전류차단기를 설치 할 것

① 변류기를 옥외의 전로에 설치하는 경우에는 옥외형으로 설치할 것
② 전원의 분기방법
전원을 분기할 때에는 다른 차단기에 따라 전원이 차단되지 아니하도록 할 것
③ 표지
전원의 개폐기에는 누전경보기용임을 표시한 표지를 할 것
④ 전원의 설치방법
전원은 분전반으로부터 전용회로로 하고 각 극에 개폐기 및 15 A 이하의 과전류차단기를 설치(배선용 차단기에 있어서는 20 A) 이하의 것으로 각 극을 개폐할 수 있는 것

**113** 비상경보설비 및 단독경보형감지기의 화재안전기준상 용어의 정의로 옳지 않은 것은?

① "비상벨설비"란 화재발생 상황을 경종으로 경보하는 설비를 말한다.
② "자동식사이렌설비"란 화재발생 상황을 사이렌으로 경보하는 설비를 말한다.
③ "발신기"란 화재발생 신호를 수신기에 자동으로 발신하는 장치를 말한다.
④ "단독경보형감지기"란 화재발생 상황을 단독으로 감지하여 자체에 내장된 음향장치로 경보하는 감지기를 말한다.

발신기 : 화재 발생 신호를 수신기에 수동으로 발신하는 장치

**114** 자동화재속보설비의 화재안전기준에 관한 설명으로 옳지 않은 것은?

① 문화재에 설치하는 자동화재속보설비는 속보기에 감지기를 직접 연결하는 방식(자동화재탐지설비 1개의 경계구역에 한한다)으로 할 수 있다.
② 조작스위치는 통상 1m 미만으로 설치하지만 특별한 높이 규정은 없으며 신속한 전달이 중요하다.
③ 자동화재탐지설비와 연동으로 작동하여 자동적으로 화재발생 상황을 소방관서에 전달되는 것으로 하여야 한다.
④ 속보기는 소방관서에 통신망으로 통보하도록 하며, 데이터 또는 코드전송 방식을 부가적으로 설치 할 수 있다.

정답  111 ①  112 ③  113 ③  114 ②

설치기준

(1) 자동화재탐지설비와 연동으로 작동하여 자동적으로 화재발생 상황을 소방관서에 전달될 것
(2) 조작스위치는 바닥으로부터 0.8 m 이상 1.5 m 이하, 그 보기 쉬운 곳에 스위치임을 표시한 표지 할 것
(3) 속보기는 소방관서에 통신망으로 통보하도록 하며, 데이터 또는 코드전송방식을 부가적으로 설치할 수 있다.
(4) 문화재에 설치하는 자동화재속보설비 속보기에 감지기를 직접 연결하는 방식(자동화재탐지설비 1개의 경계구역에 한한다)으로 할 수 있다.

**115** 자동화재탐지설비의 수신기 설치기준으로 옳지 않은 것은?

① 4층 이상의 특정소방대상물에는 발신기와 전화통화가 가능한 수신기를 설치할 것
② 해당 특정소방대상물의 경계구역을 각각 표시할 수 있는 회선수 미만의 수신기를 설치할 것
③ 하나의 경계구역은 하나의 표시등 또는 하나의 문자로 표시되도록 할 것
④ 수신기의 음향기구는 그 음량 및 음색이 다른 기기의 소음 등과 명확히 구별될 수 있는 것으로 할 것

1. 수신기 설치기준

| 설치장소 | 수위실 등 상시 사람이 근무하는 장소 | 사람이 상시 근무하는 장소가 없을 경우 관계인이 쉽게 접근할 수 있고 관리가 용이한 장소에 설치 |
|---|---|---|
| | 경계구역 일람도를 비치 | 부수신기는 제외 |
| 음향기구 | 음량 및 음색이 다른 기기의 소음 등과 명확히 구별 | |
| 경계구역 | 감지기 · 중계기 또는 발신기가 작동하는 경계구역을 표시 | 하나의 경계구역은 하나의 표시등(P형) 또는 하나의 문자(R형)로 표시 |
| 조작 스위치 | 바닥으로부터의 높이가 0.8 m 이상 1.5 m 이하인 장소 | |

2. 수신기 선정기준

① 경계구역을 각각 표시할 수 있는 회선수 이상의 수신기를 설치
② 4층 이상의 특정소방대상물에는 발신기와 전화통화가 가능한 수신기를 설치

**116** 다음 조건의 창고건물에 옥외소화전이 4개 설치되어 있을 때 전동기펌프의 설계 동력은? (단, 주어진 조건 이외의 다른 조건은 고려하지 않고, 계산결과값은 소수점 셋째자리에서 반올림함)

- 펌프에서 최고위 방수구까지의 높이 : 10m
- 배관의 마찰손실수두 : 40m
- 호스의 마찰손실수두 : 5m
- 펌프의 효율 : 65%
- 전달계수 : 1.1

① 14.34 kW  ② 15.45 kW
③ 17.75 kW  ④ 30.90 kW

| 구 분 | Q (m³ / min) |
|---|---|
| 전동기용량 | $\dfrac{rHQ}{\eta}K(\text{N·m/s}) = \dfrac{9.8HQ}{60\eta}K\,[\text{kW}]$ |

$H\,[\text{m}]$ : 전양정  $Q\,[\text{m}^3/\text{min}]$ : 토출량

$$P = \dfrac{9.8HQ}{60 \cdot \eta} \cdot K\,(\text{kW}) = \dfrac{9.8 \times 80 \times 0.7}{60 \times 0.65} \times 1.1 = 15.479\,\text{kW}$$
$$\fallingdotseq 15.48\,\text{kW}$$

- $H$(전양정) = $H_1$(실양정) + $H_2$(배관 및 관부속품 마찰손실 수두) + $H_3$(소방용호스의 마찰손실수두) + $H_4$(방사압력환산수두)
  = 10 + 40 + 5 + 25 = 80m

- 토출량 : 옥외소화전은 최대 2개로 선정하므로
  350 lpm × 2 = 700 lpm = 0.7 m³ /min

**117** 광원점등방식의 피난유도선에 관한 설치기준으로 옳은 것을 모두 고른 것은?

ㄱ. 바닥에 설치되는 피난유도 표시부는 노출하는 방식을 사용할 것
ㄴ. 수신기로부터의 화재신호 및 수동조작에 의하여 광원이 점등되도록 설치할 것
ㄷ. 피난유도 표시부는 바닥으로부터 높이 1.5m 이하의 위치 또는 바닥 면에 설치할 것
ㄹ. 피난유도 표시부는 50cm 이내의 간격으로 연속되도록 설치하되 실내 장식물 등으로 설치가 곤란할 경우 1m 이내로 설치할 것

**정답**  115 ②  116 ②  117 ④

① ㄱ, ㄹ      ② ㄱ, ㄷ
③ ㄴ, ㄷ      ④ ㄴ, ㄹ

| 광원점등방식의 피난유도선 | |
|---|---|
| 설치위치 | 구획된 각 실로부터 주출입구 또는 비상구까지 설치할 것 |
| 설치높이 | 바닥으로부터 높이 1 m 이하의 위치 또는 바닥 면에 설치 |
| 피난유도 표시부 | 50 cm 이내의 간격으로 연속되도록 설치하되 실내장식물 등으로 설치가 곤란할 경우 1 m 이내로 설치 |
| 설치방법 | 수신기로부터의 화재신호 및 수동조작에 의하여 광원이 점등되도록 설치할 것 |
| | 비상전원이 상시 충전상태를 유지하도록 설치할 것 |
| | 바닥에 설치되는 피난유도 표시부는 매립하는 방식을 사용할 것 |
| 피난유도 제어부 설치 높이 | 바닥으로부터 0.8 m 이상 1.5 m 이하 |

**118** 비상조명등의 화재안전기준에 따라 지하상가에 휴대용 비상조명등을 설치할 때 옳은 것은?

① 보행거리 50m마다 3개를 설치하였다.
② 보행거리 50m마다 1개를 설치하였다.
③ 보행거리 25m마다 3개를 설치하였다.
④ 바닥으로부터 1.8m 높이에 설치하였다.

| 휴대용비상조명등 설치장소 및 설치 개수 | | | |
|---|---|---|---|
| 구 분 | 내 용 | | |
| 설치 개수 | 숙박시설의 객실마다 | 1개 이상 | |
| | 다중이용업소의 영업장안의 구획된 실마다 | | |
| | 대규모점포(지하상가 및 지하역사를 제외한다)와 수용인원 100명 이상의 영화상영관 | 보행거리 50 m 이내마다 | 3개 이상 |
| | 지하상가 및 철도 및 도시철도시설 지하역사 | 보행거리 25 m 이내마다 | 3개 이상 |
- 다중이용업소의 경우 외부에 설치 시 출입문 손잡이로부터 1m 이내 부분에 설치

**119** 비상콘센트설비의 전원부와 외함 사이의 정격전압이 250V일 때 절연내력 시험전압은?

① 1,000V      ② 1,200V
③ 1,250V      ④ 1,500V

| 절연내력시험 전압(실효전압) | | | |
|---|---|---|---|
| 정격전압 | 60 V 이하 | 60 V를 초과하고 150 V 이하 | 150 V를 초과 |
| 실효전압 | 500 V | 1,000 V | 1,000 V + 정격전압 × 2 |
| 절연내력시험에 견디는 시간 | 1분 이상 | | |

비상콘센트 정격전압이 250V 이므로 실효전압은
1,000 V + 250 V × 2 =1,500 V

**120** 연소방지설비의 방화벽(화재의 연소를 방지하기 위하여 설치하는 벽)의 설치기준으로 옳지 않은 것은?

① 내화구조로서 홀로 설 수 있는 구조
② 방화벽에 출입문을 설치하는 경우에는 방화문으로 설치
③ 방화벽을 관통하는 케이블·전선 등에는 내화충전 구조로 마감
④ 방화벽은 분기구 및 국사·변전소 등의 건축물과 지하구가 연결되는 부위(건축물로부터 20m 이내)에 설치

방화벽
항상 닫힌 상태를 유지하거나 자동폐쇄장치에 의하여 화재 신호를 받으면 자동으로 닫히는 구조
1. 내화구조로서 홀로 설 수 있는 구조
2. 방화벽의 출입문은 갑종방화문으로 설치
3. 방화벽을 관통하는 케이블·전선 등에는 내화충전 구조로 마감
4. 방화벽은 분기구 및 국사·변전소 등의 건축물과 지하구가 연결되는 부위(건축물로부터 20m 이내)에 설치
5. 자동폐쇄장치를 사용하는 경우에는 「자동폐쇄장치의 성능 인증 및 제품검사의 기술기준」에 적합한 것으로 설치

정답   118 ③   119 ④   120 ②

**121** 연결송수관설비 방수구의 설치기준으로 옳지 않은 것은?

① 아파트의 경우 계단으로부터 5m 이내에 설치한다.
② 바닥면적이 1,000m² 미만인 층에 있어서는 계단 부속실로부터 10m 이내에 설치한다.
③ 방수구는 개폐기능을 가진 것으로 설치하여야 하며, 평상 시 닫힌 상태를 유지한다.
④ 방수구는 연결송수관설비의 전용방수구 또는 옥내소화전방수구로서 구경 65mm의 것으로 설치한다.

| 설치 높이 및 위치, 기준 | | | | |
|---|---|---|---|---|
| 구분 | 설치 기준 | | | |
| 설치 높이 | 바닥으로부터 높이 0.5 m 이상 1 m 이하의 위치에 설치 | | | |
| 설치 위치 | 바닥면적 1천 m² 미만인 층 (아파트를 포함한다.) | • 계단으로부터 5 m 이내<br>※계단의 부속실을 포함하며 계단이 2 이상 있는 경우에는 그 중 1개의 계단을 말한다. | | |
| | 바닥면적 1천 m² 이상인 층 (아파트를 제외한다.) | • 각 계단으로부터 5 m 이내<br>※ 계단의 부속실을 포함하며 계단이 3 이상 있는 층의 경우에는 그 중 2개의 계단을 말한다. | | |
| | | • 수평 거리 | ※계단으로부터 5 m 이내 설치하고 수평 거리 기준에 맞도록 추가 배치 할 것 | 25 m : 지하가(터널은 제외한다) 또는 지하층의 바닥면적의 합계가 3,000 m² 이상인 것<br>50 m : 위에 해당하지 않는 것 |

① 11층 이상의 부분에 설치하는 방수구는 쌍구형으로 설치

| 단구형으로 설치할 수 있는 경우 | 아파트의 용도로 사용되는 층 |
|---|---|
| | 스프링클러설비가 유효하게 설치되어 있고 방수구가 2개소 이상 설치된 층 |

② 방수구의 호스접결구는 바닥으로부터 높이 0.5 m 이상 1 m 이하
③ 방수구는 개폐기능을 가진 것으로 설치하여야 하며, 평상 시 닫힌 상태를 유지할 것
④ 방수구는 전용방수구 또는 옥내소화전방수구로서 구경 65 mm의 것으로 설치

**122** 특별피난계단의 계단실 및 부속실 제연설비 화재안전기준상 급기송풍기의 설치기준으로 옳지 않은 것은?

① 송풍기의 송풍능력은 송풍기가 담당하는 제연구역에 대한 급기량의 1.5배 이상으로 할 것
② 송풍기에는 풍량조절장치를 설치하여 풍량조절을 할 수 있도록 할 것
③ 송풍기에는 풍향을 실측할 수 있는 유효한 조치를 할 것
④ 송풍기는 옥내의 화재감지기의 동작에 따라 작동하도록 할 것

급기송풍기
① 송풍기가 담당하는 제연구역에 대한 급기량의 1.15배 이상으로 할 것
② 송풍기에는 풍량조절장치를 설치하여 풍량조절을 할 수 있도록 할 것
③ 송풍기에는 풍량을 실측할 수 있는 유효한 조치를 할 것
④ 송풍기는 인접장소의 화재로부터 영향을 받지 아니하고 접근 및 점검이 용이한 곳에 설치할 것
⑤ 송풍기는 옥내의 화재감지기의 동작에 따라 작동하도록 할 것
⑥ 송풍기와 연결되는 캔버스는 내열성(석면재료를 제외한다)이 있는 것으로 할 것

**123** 연결살수설비를 설치하여야 할 특정소방대상물 또는 그 부분으로서 연결살수설비 헤드 설치 제외 장소가 아닌 것은?

① 목욕실　② 발전실
③ 병원의 수술실　④ 수영장 관람석

헤드 설치 제외 장소
① 계단실(특별피난계단의 부속실을 포함한다)·경사로·승강기의 승강로·비상용승강기의 승강장·파이프덕트 및 덕트피트(파이프·덕트를 통과시키기 위한 구획된 구멍에 한한다) 목욕실·수영장(관람석무분을 체외 한다)·화장실·직접 외기에 개방되어 있는 복도·기타 이와 유사한 장소
② 통신기기실·전자기기실·기타 이와 유사한 장소
③ 발전실·변전실·변압기·기타 이와 유사한 전기설비가 설치되어 있는 장소
④ 병원의 수술실·응급처치실·기타 이와 유사한 장소 등

**정답** 121 ② 122 ① 123 ④

**124** 옥내소화전설비의 화재안전기준상 수조의 설치기준으로 옳지 않은 것은?

① 수조의 외측에 수위계를 설치할 것

② 동결방지조치를 하거나 동결의 우려가 없는 장소에 설치할 것

③ 수조의 밑 부분에는 청소용 배수밸브 또는 배수관을 설치할 것

④ 수조의 상단이 바닥보다 높은 때에는 수조의 외측에 이동식 사다리를 설치할 것

| 수조 설치기준 | |
|---|---|
| 수조에 설치 또는 부착 | • 수조의 외측에 수위계를 설치<br>(제외 – 구조상 불가피한 경우에는 수조의 맨홀 등을 통하여 확인할 수 있는 경우)<br>• **수조의 상단이 바닥보다 높은 때에는 수조의 외측에 고정식 사다리를 설치**<br>• 수조의 밑 부분에는 청소용 배수밸브 또는 배수관을 설치<br>• 수조의 외측의 보기 쉬운 곳에 "옥내소화전설비용 수조"라고 표시한 표지를 할 것<br>그 수조를 다른 설비와 겸용하는 때에는 그 겸용되는 설비의 이름을 표시한 표지를 함께 부착 |

**125** 다음 조건의 거실제연설비에서 다익형 송풍기를 사용할 경우 최소 축동력은? (단, 계산결과값은 소수점 둘째 자리에서 반올림함)

- 송풍기 전압 : 50 mmAq
- 효율 : 55%
- 송풍기 풍량 : 39,600 CMH

① 9.8 kW
② 10.5 kW
③ 11.8 kW
④ 15.5 kW

$$P = \frac{P_t \cdot Q}{102 \cdot 60 \cdot \eta} \ (\text{kW}) = \frac{50 \cdot 39,600/60}{102 \cdot 60 \cdot 0.55} ≒ 9.804 \ \text{kW}$$

$P_t$(전압=마찰손실)의 단위는 mmAq
$Q$(풍량)의 단위는 CMM(m³/min)

※ $P_t$(mmAq)는 압력의 단위로 수계의 동력을 구하는 식에서 $\gamma$(kg_f/m³)· $H$(m)에 해당된다.

정답 124 ④ 125 ①

# 과년도 기출문제

**제1과목** 소방안전관리론 및 화재역학

**01** 프로판($C_3H_8$) 2몰과 산소($O_2$) 10몰이 반응할 경우 이 산화탄소($CO_2$)는 몇 몰이 생성되는가?

① 2
② 4
③ 6
④ 8

> 프로판 1몰의 완전연소 반응식
> $C_3H_8 + 5O_2 \rightarrow 3CO_2 + 4H_2O$
> 프로판 2몰의 완전연소 반응식
> $2C_3H_8 + 10O_2 \rightarrow 6CO_2 + 8H_2O$

**02** 폭발성분위기 내에 표준용기의 접합면 틈새를 통하여 폭발화염이 내부에서 외부로 전파되지 않는 최대안전틈새(화염일주한계)가 가장 넓은 물질은?

① 부탄
② 에틸렌
③ 수소
④ 아세틸렌

> 소염거리, 화염일주한계
> – 인화가 일어나지 않는 최대거리
>
> | 방폭 전기 기기의 폭발 등급 | 폭발등급 (가스그룹) | ⅡC | ⅡB | ⅡA |
> |---|---|---|---|---|
> | | 최대안전틈새 (mm) | 0.5 이하 | 0.5 초과 ~ 0.9 미만 | 0.9 이상 |
> | | 해당 가스 | 수소, 아세틸렌 | 에딜렌, 부틸렌 | 메탄, 에탄, 프로판, 부탄 |

**03** 열에너지원 중 기계적 열에너지가 아닌 것은?

① 마찰열
② 압축열
③ 마찰스파크
④ 유도열

> 점화를 일으킬 수 있는 에너지원의 종류
>
> | 구 분 | |
> |---|---|
> | 전 기 열 | 유전열, 저항열, 아크열, 정전기열, 낙뢰열, 유도열 |
> | 화 학 열 | **분해열, 자연발열** **생성열, 용해열, 연소열** |
> | 기 계 열 | 마찰열, 압축열 마찰 스파크열 |

**04** 폭굉 유도거리가 짧아질 수 있는 조건으로 옳지 않은 것은?

① 점화에너지가 클수록 짧아진다.
② 정상 연소속도가 큰 가스일수록 짧아진다.
③ 관경이 작을수록 짧아진다.
④ 압력이 낮을수록 짧아진다.

> 폭굉유도거리(DID – Detonation Induction Distance)
> 최초의 완만한 연소가 폭굉으로 발전할 때까지의 거리로서 위험한 조건일수록 짧아진다.
> 압력이 높아야 폭굉유도거리는 짧아진다.

**정답** 01 ③ 02 ① 03 ④ 04 ④

**05** 메탄 30vol%, 에탄 30vol%, 부탄 40vol%인 혼합기체의 공기 중 폭발하한계는 약 몇 vol%인가?
(단, 공기 중 각 가스의 폭발하한계는 메탄 5.0vol%, 에탄 3.0vol%, 부탄1.8vol%이다.)

① 2.62　　　　② 3.28
③ 4.24　　　　④ 5.27

$$\frac{V_1 + V_2 + V_3}{L} = \frac{V_1}{L_1} + \frac{V_2}{L_2} + \frac{V_3}{L_3}$$

$L$ : 가연성 혼합가스의 연소하한값
$V_1$, $V_2$, $V_3$ : 가연성가스의 농도
$L_1$, $L_2$, $L_3$ : 각 가연성가스의 연소하한값

$$\frac{100}{L} = \frac{30}{5} + \frac{30}{3} + \frac{40}{1.8} \qquad \therefore L \fallingdotseq 2.62$$

**06** 유류 저장탱크 내부의 물이 점성을 가진 뜨거운 기름의 표면 아래에서 끓을 때 화재를 수반하지 않고 기름이 넘치는 현상은?

① 슬롭오버(Slop over)
② 플레임오버(Flame over)
③ 보일오버(Boil over)
④ 프로스오버(Froth over)

| 구 분 | Mechanism |
|---|---|
| Boil Over 보일오버 | 다비점의 중질유 저장탱크 화재 발생 → 저비점 물질은 유류 표면층에서 증발, 연소 → 고비점 물질은 화염의 온도에 의해 가열, 축적되어 200~300℃의 **열류층 형성** → 열류층이 하부의 **수층에 열전달** → 물이 비등하며 탱크 내 기름을 분출시킴 |
| Slop Over 슬롭오버 | 다비점의 중질유 저장탱크 화재로 열류층 형성 → 고온층 표면에 주수소화 → 열류층 교란 → 불이 붙은 기름이 끓어 넘침 |
| Froth Over 프로스오버 | **화재가 아닌 경우로서 고점도 유류 아래서 물이 비등할 때 탱크 밖으로 물과 기름이 거품형태로 넘치는 현상**<br>예 뜨거운 아스팔트가 물이 약간 채워진 탱크차에 옮겨질 때 탱크차 하부의 물이 가열, 장시간 경과 후 비등 |

**07** 최소발화(점화)에너지에 영향을 미치는 인자에 관한 설명으로 옳지 않은 것은?

① 온도가 높을수록 최소발화에너지가 낮아진다.
② 압력이 낮을수록 최소발화에너지가 낮아진다.
③ 산소의 분압이 높아지면 연소범위 내에서 최소발화에너지가 낮아진다.
④ 연소범위에 따라서 최소발화에너지는 변하며 화학양론비 부근에서 가장 낮다.

**최소점화에너지 영향요소**

| 구분 | 영향요소에 의한 MIE의 크기 |
|---|---|
| 농도 | 가연성가스의 농도가 화학양론적 조성비일 때 MIE는 최소가 된다.<br>산소의 농도가 클수록 MIE는 작아진다. |
| 압력 | 압력이 클수록 분자간의 거리가 가까워져 MIE는 작아진다. |
| 온도 | 온도가 클수록 분자간의 운동이 활발해져 MIE는 작아진다. |
| 유속 | 층류보다 난류일 때 MIE는 커지며 유속이 동일하더라도 난류의 강도가 커지면 MIE는 커진다. |
| 소염거리 | 최소점화에너지는 소염거리 이하에서 영향을 받지 않는다. |

**08** 1기압 상온에서 인화점이 낮은 것에서 높은 것으로 옳게 나열한 것은?

① 아세톤 < 이황화탄소 < 메틸알코올 < 벤젠
② 이황화탄소 < 아세톤 < 벤젠 < 메틸알코올
③ 벤젠 < 이황화탄소 < 아세톤 < 메틸알코올
④ 아세톤 < 벤젠 < 메틸알코올 < 이황화탄소

| 구분 | 분류기준 | 품명 | 인화점 |
|---|---|---|---|
| 특수 인화물류 | 인화점 -20℃ 이하로서 비점 40℃ 이하 또는 발화점 100℃ 이하 | 이황화탄소 | -30℃ |
| 제1 석유류 | 인화점 : 21℃ 미만 | 아세톤 | -18℃ |
| | | 벤젠 | -11℃ |
| 알코올류 | 탄소원자수가 1개~3개인 포화1가 알코올 및 변성 알코올 | 메틸알코올 | 11℃ |

**09** 연소속도에 영향을 미치는 요인에 관한 설명으로 옳지 않은 것은?

① 화염온도가 높을수록 연소속도는 증가한다.
② 미연소 가연성 기체의 비열이 클수록 연소속도는 증가한다.
③ 미연소 가연성 기체의 열전도율이 클수록 연소속도는 증가한다.
④ 미연소 가연성 기체의 밀도가 작을수록 연소속도는 증가한다.

> 비열 – 물질 1 kg을 14.5℃에서 15.5℃ 올리는데 필요한 열량(kJ)
> 미연소 가연성 기체의 비열이 작을수록 연소속도는 증가한다.

**10** 목재 300kg과 고무 500kg이 쌓여 있는 공간(가로 4m, 세로 8m, 높이 6m)의 내부 화재하중(kg/m²)은 약 얼마인가? (단, 목재의 단위발열량은 18,855kJ/kg, 고무의 단위발열량은 42,430kJ/kg이다.)

① 44.54   ② 46.62
③ 48.22   ④ 50.62

> 화재하중 $Q = \dfrac{\sum (G_i \cdot H_i)}{H \cdot A}$
>
> $G_i$ : 가연물의 질량 (kg)
> $H_i$ : 가연물의 단위 발열량 (kJ/kg)
> $Q_i$ : 가연물의 전 발열량 (kJ)
> $H$ : 목재의 단위 질량당 발열량
>   (4,500 kcal/kg ≒ 18,855 kJ/kg)
> $A$ : 바닥면적(m²)
>
> $Q = \dfrac{\sum (G_i \cdot H_i)}{H \cdot A}$
> $= \dfrac{300 \times 18,855 + 500 \times 42,430}{18,855 \times 4 \times 8}$
> $= 44.536 \ \mathrm{kg/m^2}$

**11** 건축물 피난계획 수립 시 fool proof를 적용한 사례로 옳지 않은 것은?

① 소화·경보설비의 위치, 유도표지에 판별이 쉬운 색채를 사용한다.
② 피난방향으로 열리는 출입문을 설치한다.
③ 도어노브는 회전식이 아닌 레버식을 사용한다.
④ 정전 시를 대비한 비상조명등을 설치하며, 피난경로는 2방향 이상 피난로를 확보한다.

| | 원시적 방법 |
|---|---|
| 피난수단 | – Fool Proof (Panic Ba, 색채이용 등)<br>– 자연채광, 노대, 계단(승강기 이용 불가)<br><br>패닉바(레버식) |

• 노브(knob) : (동그란) 손잡이
• ④은 fail-safe

**12** 구획실 내 화염(가로 2m, 세로 2m)에서 발생되는 연기 발생량(kg/s)을 힌클리(Hinkley) 공식을 이용해 계산하면 약 얼마인가? (단, 청결층(clear layer)의 높이 1.8m, 공기의 밀도 1.22kg/m³, 외기의 온도 290K, 화염의 온도 1,100K, 중력가속도 9.81m/s²이다.)

① 3.15   ② 3.32
③ 3.63   ④ 3.87

> 힌클리(Hinkley) 공식
> $K = 0.188 P y^{\frac{3}{2}}$ ( $P$ : 화염의 둘레, $y$ : 청결층 높이)
> 화염의 둘레는 가로 2m, 세로 2m이므로 8m,
> 청결층(clear layer)의 높이 1.8m
> $K = 0.188 P y^{\frac{3}{2}}$
> $= 0.188 \times 8 \times 1.8^{\frac{3}{2}} = 3.632 \ \mathrm{kg/s}$

**13** 건축물의 화재안전에 대한 공간적 대응방법에 해당되지 않는 것은?

① 건축물의 내장재의 난연·불연화성능
② 건축물의 내화성능
③ 건축물의 방화구획성능
④ 건축물의 제연설비성능

---

방화계획의 구분

1. **공간적 대응(Passive system)** 외우기 도대회
  ① 대항성
    화재의 성상(열, 연기 등)에 대응하는 성능과 내력(내화구조, 방화구조, 방화구획, 건축물의 방·배연성능 등의 성능을 말함)
  ② 회피성
    화재의 발화, 확대 등 저감시키는 예방적 조치 또는 상황(불연화, 난연화, 내장재 제한, 방화훈련 등)
  ③ 도피성
    화재로부터 피난할 수 있는 공감성과 시스템 형상(직통계단, 피난계단, 코어구성 등)

2. **설비적 대응(Active system)**
    제연설비, 자동화재탐지설비, 스프링클러설비, 방화구획 성능에 대한 방화문·방화셔터 등

---

**14** 건축물의 피난·방화구조 등의 기준에 관한 규칙상 건축물의 내화구조로 옳지 않은 것은? (단, 특별건축구역 등 기타 사항은 고려하지 않는다.)

① 외벽중 비내력벽의 경우 철골철근콘크리트조로서 두께가 5센티미터 이상인 것
② 보의 경우 철골을 두께 5센티미터 이상의 콘크리트로 덮은 것
③ 벽의 경우 철재로 보강된 콘크리트블록조·벽돌조 또는 석조로서 철재에 덮은 콘크리트블록등의 두께가 5센티미터 이상인 것
④ 기둥의 경우 그 작은 지름이 25센티미터 이상인 것으로서 철골을 두께 5센티미터 이상의 콘크리트로 덮은 것

---

| 구 분 | 외벽중 비내력벽 | 벽 | 바닥 |
|---|---|---|---|
| 철근콘크리트조 **철골철근콘크리트조** | 7 | 10 | 10 |
| 무근콘크리트조, 콘크리트블록조, 석조 | 7 | – | – |
| 벽돌조 | 7 | 19 | – |

---

**15** 건축법령상 방화구획 등의 설치 대상건축물 중 방화구획 설치를 적용하지 아니하거나 그 사용에 지장이 없는 범위에서 완화하여 적용할 수 있는 것이 아닌 것은? (단, 특별건축구역 등 기타 사항은 고려하지 않는다.)

① 장례시설의 용도로 쓰는 거실로서 시선 및 활동공간의 확보를 위하여 불가피한 부분
② 승강기의 승강로 부분으로서 그 건축물의 다른 부분과 방화구획으로 구획된 부분
③ 주요구조부가 난연재료로 된 주차장
④ 복층형 공동주택의 세대별 층간 바닥 부분

---

| 완화조건 | • 시선 및 활동공간 확보를 위하여 불가피한 부분<br> – 문화 및 집회시설, 종교시설, 운동시설 또는 장례식장의 용도로 쓰는 거실<br>• 물품의 제조, 가공, 보관 및 운반 등에 필요한 고정식 대형기기 설비의 설치를 위하여 불가피한 부분<br>• 계단실, 복도, 승강기의 승강로 부분으로서 다른 부분과 방화구획 된 부분<br>• 건축물의 최상층, 피난층으로서 스카이라운지·로비 등으로 사용하기 위해 불가피한 부분<br>• **주요구조부가 내화구조 또는 불연재료 된 주차장**<br>• 복층형 공동주택의 세대별 층간 바닥 부분<br>• 단독주택, 동물 및 식물 관련시설 또는 교정 및 군사시설 중 군사시설에 쓰이는 건축물 |
|---|---|

---

정답 **13** ④ **14** ① **15** ③

**16** 굴뚝효과(stack effect)에 관한 설명으로 옳은 것은?

① 건물 내부와 외부의 온도차가 클수록 발생가능성이 낮다.
② 일반적으로 고층 건물보다 저층 건물에서 더 크다.
③ 층간 공기 누설과 관계가 없다.
④ 건물 내부와 외부의 공기밀도차로 인해 발생한 압력차로 발생한다.

굴뚝효과(Stack Effect)
㉠ 건물 내외 온도차에 의한 밀도차, 압력차로 수직으로의 기류이동현상
㉡ 굴뚝효과의 크기

$$\triangle P = 3460 H \left( \frac{1}{T_o} - \frac{1}{T_i} \right)$$

$\triangle P$ = 굴뚝효과에 의한 압력차($Pa$)
$H$ = 중성대로부터의 높이(m)
$T_o$ = 외부공기의 절대온도($K$)
$T_i$ = 내부공기의 절대온도($K$)

**17** 연기의 피난한계에서 발광형 표지 및 주간 창의 가시거리(간파거리)는? (단, $L$은 가시거리, $C_s$는 감광계수이다.)

① $L = \dfrac{1 \sim 2}{C_s}$m  ② $L = \dfrac{3 \sim 4}{C_s}$m

③ $L = \dfrac{5 \sim 10}{C_s}$m  ④ $L = \dfrac{11 \sim 15}{C_s}$m

가시거리 $L$(m) $= \dfrac{K}{C_s}$

※ $C_s$ (감광계수) $\cdot$ $L$ = 일정
$K$ : 상수(축광형 : 2~4, 발광형 5~10)

**18** 제한된 공간에서 연기 이동과 확산에 관한 설명으로 옳지 않은 것은?

① 고층 건물의 연기 이동을 일으키는 주요 인자는 부력, 팽창, 바람 영향 등이다.
② 중성대에서 연기의 흐름이 가장 활발하다.
③ 계단에서 연기 수직 이동속도는 일반적으로 3 ~ 5m/s이다.
④ 거실에서 연기 수평 이동속도는 일반적으로 0.5 ~ 1.0m/s이다.

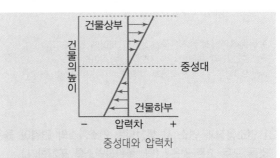

중성대와 압력차

• 중성대는 실내로 들어오는 공기와 나가는 공기 사이에 발생되는 압력이 0인 지점을 말한다.
따라서 중성대에서는 압력차가 없어 연기의 흐름이 발생하지 않는 부분이다.

**19** 공간 화재 특성에 관한 설명으로 옳지 않은 것은?

① 플래시오버는 실내의 국소화재로부터 실내 모든 가연물 표면이 연소하는 현상을 말한다.
② 백드래프트는 신선한 공기가 유입되어 실내에 축적되었던 가연성 가스가 단시간에 폭발적으로 연소하는 현상이다.
③ 환기지배형 화재란 환기가 충분한 상태에서 가연물의 양에 따라 제어되는 화재를 말한다.
④ 공간 화재에서 연기와 공기의 유동은 주로 온도상승에 의한 부력의 영향 때문이다.

환기지배형 화재 – 공기의 인입량에 지배를 받는 화재

정답 **16** ④ **17** ③ **18** ② **19** ③

**20** 연기 제연방식에 관한 설명으로 옳은 것은?

① 밀폐제연방식은 비교적 대규모 공간의 연기제어에 적합하다.

② 자연제연방식은 실내·외의 온도, 개구부의 높이나 형상, 외부 바람 등에 영향을 받는다.

③ 스모크타워 제연방식은 기계배열의 한 방법으로 저층 건물에 적합하다.

④ 기계제연방식은 넓은 면적의 구획과 좁은 면적의 구획을 공동 배연할 경우 넓은 면적에서 현저한 압력 저하가 일어난다.

- 밀폐제연방식은 작은공간의 연기제어에 적합하다.
- 스모크타워 제연방식은 자연제연방식이다.
- ④의 경우 좁은 면적에서 현저한 압력저하가 발생한다.

**21** 연소물질과 연소 시 생성되는 연소가스의 연결이 옳은 것을 모두 고른 것은? (단, 불완전연소를 포함한다.)

ㄱ. PVC - 황화수소
ㄴ. 나일론 - 암모니아
ㄷ. 폴리스티렌 - 시안화수소
ㄹ. 레이온 - 아크롤레인

① ㄱ, ㄴ      ② ㄱ, ㄷ
③ ㄴ, ㄹ      ④ ㄷ, ㄹ

| 폴리염화비닐 (PVC-C$_2$H$_3$Cl의 고분자물질) | HCl(염산)이 연소생성물이며 황을 함유하지 않아 황화수소가 생성될 수 없다 |
|---|---|
| 폴리스틸렌 (C$_8$H$_8$의 고분자 물질) | 물질에 질소가 없으므로 HCN (시안화수소)이 생성될 수 없다 |

**22** 화재 시 연기 성질에 관한 설명으로 옳지 않은 것은?

① 연기란 연소가스에 부가하여 미세하게 이루어진 미립자와 에어로졸성의 불안정한 액체입자로 구성된다.

② 연기 입자의 크기는 $0.01\sim10\mu m$에 이르는 정도이다.

③ 탄소입자가 다량으로 함유된 연기는 농도가 짙으며 검게 보인다.

④ 연기의 생성은 화재 크기와는 관계가 없고, 층 면적과 구획 크기와 관계가 있다.

- 연기는 온도가 낮은 곳이나 공기가 희박한 곳에서 연소할 경우, 많은 입자가 생성되어 농도가 짙게 된다.
  즉, 저온도하의 연소에서는 가스가 냉각되기 쉬우므로 액적입자가 되기 쉽다.
  또한, 공기가 부족하면 불완전연소가 되어 탄소의 입자가 방출된다.
- 탄소입자가 다량으로 포함된 연기는 농도가 짙으며 검게 보인다.

**23** 표준대기압 조건에서 내부와 외부가 각각 25℃와 -10℃이고 높이가 170m인 건물에서 중성대가 건물의 중간 높이에 위치한다고 가정하면, 건물 샤프트의 최상부와 외부 사이의 굴뚝효과에 의한 압력차(Pa)는 약 얼마인가?

① 94.761      ② 113.24
③ 131.34      ④ 150.16

**굴뚝효과의 크기**

$$\triangle P = 3460 H \left( \frac{1}{T_o} - \frac{1}{T_i} \right)$$

$\triangle P$ = 굴뚝효과에 의한 압력차(Pa)
$H$ = 중성대로부터의 높이(m)
$T_o$ = 외부공기의 절대온도(K)
$T_i$ = 내부공기의 절대온도(K)

$$\triangle P = 3460 \times \frac{170}{2} \times \left( \frac{1}{273 - (10)} - \frac{1}{273 + 25} \right)$$
$$= 131.34 \, Pa$$

**정답**   20 ②   21 ③   22 ④   23 ③

**24** 난류화염으로부터 10℃의 벽으로 전달되는 대류 열유속(kW/m²)은? (단, 대류열전달계수 h값은 5W/m²·℃을 사용하고, 시간 평균 최대화염온도는 약 900℃이다.)

① 3.16

② 4.45

③ 5.41

④ 6.12

**대류(Convention)**
1. 고체와 유동 유체 사이의 열전달 : 발화, 성장기의 열전달
2. Newton의 냉각 법칙

$$q = hA \triangle t\,[\text{W}]$$

$h$ : 열전도계수, 열전달계수 $[\text{W/m}^2 \cdot ℃]$
$A$ : 표면적$(\text{m}^2)$, $\triangle t$ : 온도차 $(T_1 - T_2)\,[℃]$
$q/A\,[\text{W/m}^2] = h\,\triangle t = 5 \times (900 - 10) = 4.45\,[\text{kW}]$

**25** 목조건축물의 화재 특성으로 옳지 않은 것은?

① 화염의 분출면적이 작고 복사열이 커서 접근하기 어렵다.

② 습도가 낮을수록 연소 확대가 빠르다.

③ 횡방향보다 종방향의 화재성장이 빠르다.

④ 화재 최성기 이후 비화에 의해 화재확대의 위험성이 높다.

**목조건축물 화재의 특성**
1. 습도가 낮을수록 연소 확대가 빠르고 바람의 세기가 강할수록 풍하측으로 연소 확대가 빠르다.
2. 화재 최성기 때의 온도는 내화건축물 화재 때보다 높으며, 화세도 강하다.
3. 횡방향보다 종방향의 화재성장이 빠르다.
4. 화재 최성기 이후 비화에 의해 화재확대 위험이 높다.
5. 화염의 분출면적이 크고 복사열이 커서 접근하기 어렵다.

**26** 아보가드로(Avogadro)의 법칙에 관한 설명으로 옳은 것은?

① 온도가 일정할 때 기체의 압력은 부피에 반비례한다.

② 0℃, 1기압에서 모든 기체 1몰의 부피는 22.4L이다.

③ 압력이 일정할 때 기체의 부피는 절대온도에 비례한다.

④ 밀폐된 용기에서 가한 압력은 모든 방향에서 같은 크기로 전달된다.

**아보가드로 법칙**
1. 온도 및 압력이 일정한 상태에서는 동일 체적 내에 있는 모든 기체의 분자수는 같다.
2. 모든 기체는 0℃, 1 atm에서 1 mol당 22.4 $\ell$의 부피와 $6.023 \times 10^{23}$ 분자수를 갖는다.

①은 보일의 법칙, ③은 샤를의 법칙, ④는 파스칼의 원리이다.

**27** 관성력과 점성력의 비를 나타내는 무차원수는?

① 웨버(Weber)수

② 프루드(Froude)수

③ 오일러(Euler)수

④ 레이놀즈(Reynolds)수

**레이놀드 수(Reynolds Number)**
유체의 유동상태를 나타내는 지표, 층류와 난류를 구분하는 수 - 관성력과 점성력의 비

**28** 배관 내 동압을 측정할 수 없는 장치는?

① 피토관

② 피에조미터

③ 시차액주계

④ 피토 - 정압관

피에조미터는 입력자에 따른 액수의 높이로 압력(정압) 측정하는 장치이다.

• 액주계의 액체가 배관의 유체와 같다.
• 비중이 큰 액체에 이용, 압력이 적은 경우 사용

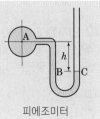

피에조미터

**29** 다음과 같이 단면이 원형인 연직점축소관에서 위에서 아래로 물이 0.3m³/s로 흐를 때, 상·하 단면에서의 압력차는? (단, 관내 에너지손실은 무시하고, 물의 밀도는 1,000kg/m³, 중력가속도는 10.0m/s², 원주율은 3.0이다.)

① 73N/cm²          ② 73kN/cm²

③ 75N/cm²          ④ 75kN/cm²

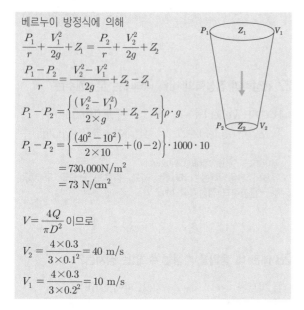

베르누이 방정식에 의해

$$\frac{P_1}{r}+\frac{V_1^2}{2g}+Z_1 = \frac{P_2}{r}+\frac{V_2^2}{2g}+Z_2$$

$$\frac{P_1-P_2}{r}=\frac{V_2^2-V_1^2}{2g}+Z_2-Z_1$$

$$P_1-P_2=\left\{\frac{(V_2^2-V_1^2)}{2\times g}+Z_2-Z_1\right\}\rho\cdot g$$

$$P_1-P_2=\left\{\frac{(40^2-10^2)}{2\times 10}+(0-2)\right\}\cdot 1000\cdot 10$$

$$=730,000\text{N/m}^2$$

$$=73\ \text{N/cm}^2$$

$V=\dfrac{4Q}{\pi D^2}$ 이므로

$$V_2=\frac{4\times 0.3}{3\times 0.1^2}=40\ \text{m/s}$$

$$V_1=\frac{4\times 0.3}{3\times 0.2^2}=10\ \text{m/s}$$

**30** 안지름 2.0cm인 노즐을 통하여 매초 0.06m³의 물을 수평으로 방사할 때, 노즐에서 발생하는 반발력(kN)은? (단, 물의 밀도는 1,000kg/m³이고, 원주율은 3.0이다.)

① 1.0          ② 1.2

③ 10          ④ 12

$$F=\rho QV[\text{N}]$$

$$=1,000\text{kg/m}^3\times 0.06\text{m}^3/\text{s}\times 200\text{m/s}$$

$$=12,000\text{kg}\cdot\text{m/s}^2=12,000\text{N}=12\text{kN}$$

$$V=\frac{4Q}{\pi D^2}=\frac{4\times 0.06}{3\times(0.02)^2}=200\text{m/s}$$

**31** 물의 특성을 나타내는 식과 그에 대한 차원식이 모두 옳게 표현된 것은?(단, 물의 점성계수는 $\mu$, 동점성계수는 $\nu$, 밀도는 $\rho$, 비중량은 $\gamma$, 중력가속도는 $g$, 질량은 M, 길이는 L, 시간은 T이다.)

① $\mu = \rho\times\nu[\text{ML}^{-1}\text{T}^{-1}]$

② $\gamma = \rho\times g[\text{ML}^{-2}\text{T}^{-1}]$

③ $\rho = \nu\times\mu[\text{ML}^{-3}]$

④ $\gamma = \rho\times g[\text{ML}^{-3}\text{T}^{-1}]$

| 물리량 | 절대단위계 | |
|---|---|---|
| | 단위 | 차원 |
| 밀도($\rho$) | $\text{N}\cdot\text{s}^2/\text{m}^4=\text{kg/m}^3$ | $[\text{ML}^{-3}]$ |
| 점성계수($\mu$) | $\text{N}\cdot\text{s/m}^2=\text{kg/m}\cdot\text{s}$ | $[\text{ML}^{-1}\text{T}^{-1}]$ |

※ 동점성계수(kinematic viscosity) : $\nu$(뉴)
 - 유체의 점성계수와 밀도의 비

**32** 개방된 물탱크 A의 수면으로부터 5m 아래에 지름 10mm인 오리피스를 부착하였다. 그 아래쪽에 설치한 한 변의 길이가 75cm인 정사각형 수조안으로 물을 낙하시켜서 16분 40초 후에 수조의 수심이 0.8m 상승하였다면, 오리피스의 유량계수는? (단, 물탱크 A의 수심은 변화 없고, 수축계수는 1.0, 원주율은 3.0, 중력가속도는 10.0m/s²이다.)

① 0.45          ② 0.50

③ 0.60          ④ 0.75

벤투리, 노즐, 오리피스 등을 가진 관로에서 유량을 측정하는 경우 실제의 유량과 이론적으로 얻어지는 유량 사이의 관계를 나타내는 계수를 유량계수라 한다.

$$유량계수 = \frac{실제의\ 유량\ Q_2}{이론적으로\ 얻어지는\ 유량\ Q_1} = \frac{4.5}{7.5} = 0.6$$

$$Q_1 = AV = A\sqrt{2gh}$$
$$= \frac{\pi}{4}D^2\sqrt{2gh} = \frac{3}{4} \times 0.01^2 \times \sqrt{2 \times 10 \times 5}$$
$$= 7.5 \times 10^{-4}\,\mathrm{m^3/s}$$

$Q_2$는 체적($0.75^2 \times 0.8 = 0.45\mathrm{m^3}$)이 16분 40초 (1,000초)에 채워졌으므로 $0.45\mathrm{m^3}/1000\mathrm{s} = 4.5 \times 10^{-4}\,\mathrm{m^3/s}$

**33** 서징(surging)현상에 관한 설명으로 옳은 것은?

① 만관흐름에서 관로 끝에 위치한 밸브를 갑자기 닫을 경우 발생한다.

② 펌프의 흡입측 배관의 물의 정압이 기존의 수증기압보다 낮아져서 기포가 발생한다.

③ 수주분리(column separation)가 생겨 재결합 시에 발생하는 격심한 충격파로 관로에 피해를 발생시킨다.

④ 펌프 운전 중에 계기압력의 눈금이 어떤 주기를 가지고 큰 진폭으로 흔들리고, 토출량도 어떤 범위에서 주기적인 변동이 발생된다.

Surging(서징현상) - 펌프가 운전 중에 한숨을 쉬는 것과 같은 상태가 되어 송출압력과 송출유량 사이에 주기적인 변동이 일어나는 현상

**34** 제1종 분말소화약제의 주성분인 탄산수소나트륨 10kg 전량이 850℃에서 2차 열분해될 때 생성되는 이산화탄소 발생량(kg)은 약 얼마인가? (단, 원자량은 Na : 23, H : 1, C : 12, O : 16으로 한다.)

① 2.62 　　　② 3.48

③ 5.24 　　　④ 10.48

제1종 분말소화약제 열 분해식
270℃　$2NaHCO_3 \rightarrow Na_2CO_3 + H_2O + CO_2$
　　　탄산수소나트륨　탄산나트륨　수증기　이산화탄소
850℃　$2NaHCO_3 \rightarrow Na_2O + H_2O + 2CO_2 - Q\,\mathrm{kcal}$
　　　　　　　　산화나트륨

탄산수소나트륨이 850℃에서 열분해시 탄산수소나트륨은 2몰이 필요하고 이산화탄소는 2몰이 생성된다.

$$몰 = \frac{질량}{분자량}\ 이므로$$

먼저 탄산수소나트륨의 질량은 2몰 $= \frac{질량}{84}$ 이므로 168kg이 필요하며 이산화탄소는 2몰 $= \frac{질량}{44}$ 이므로 88kg이 생성된다. 즉 이 말은 "탄산수소나트륨의 168kg이 열분해하면 이산화탄소 88kg이 생성된다"라는 의미이므로 탄산수소나트륨의 10kg이 열분해하면 비례식에 의해 168 : 88 = 10 : x

∴ x = 5.238 kg이 생성된다.

**35** 이산화탄소 소화약제에 관한 설명으로 옳지 않은 것은?

① 무색, 무취이며 전기적으로 비전도성이고 공기보다 약 1.5배 무겁다.

② 임계온도는 약 31℃이고, 삼중점은 0.51MPa에서 약 −56℃이다.

③ A급, B급, C급 화재에 모두 적응이 가능하나 주로 B급과 C급 화재에 사용된다.

④ 한국산업규격에 따른 품질에 관한 액화이산화탄소 분류에서 제1종과 제2종을 소화약제로 사용한다.

액화이산화탄소 분류

| 구 분 | 1종 | 2종 | 3종 |
|---|---|---|---|
| vol% | 99.5 이상 | 99.5 이상 | 99.9 이상 |
| 수분 vol% | 0.12 이하 | 0.012 이하 | 0.005 이하 |

- 소화기의 형식승인 및 제품검사의 기술기준 제8조(소화약제) ① 이산화탄소는 순도가 99.5% 이상인 것을 소화약제로 사용해야 한다.

**36** 소화원액 15L로 3% 합성계면활성제포 수용액을 만들었다. 이 수용액을 이용하여 발생시킨 포의 총 부피가 325m³일 때, 팽창비는?

① 450 　　　② 550

③ 650 　　　④ 750

$$\text{팽창비} = \frac{\text{발포 후 포의 체적}}{\text{발포 전 포수용액의 체적}} = \frac{325,000\,\ell}{500\,\ell} = 650$$

$$100\% : 3\% = x : 15\ell$$

$$\therefore \text{발포 전 포수용액의 체적은 } \frac{1,500}{3} = 500\,\ell$$

**37** 화재안전기준(NFSC 107A)에서 정한 할로겐화합물 및 불활성기체소화약제의 최대허용 설계농도 기준으로 옳지 않은 것은?

① HCFC-124 : 1.0%

② HFC-227ea : 10.5%

③ HFC-125 : 12.5%

④ FC-3-1-10 : 40%

| 소 화 약 제 | 최대허용<br>설계농도(%) | 소 화 약 제 | 최대허용<br>설계농도(%) |
|---|---|---|---|
| FC-3-1-10 | 40 | FK-5-1-12 | 10 |
| HFC-23 | 30 | HCFC<br>BLEND A | 10 |
| HFC-236fa | 12.5 | HCFC-124 | 1.0 |
| HFC-125 | 11.5 | FIC-13I1 | 0.3 |
| HFC-227ea | 10.5 | | |

**38** 금속화재에 적응성이 없는 분말소화약제는?

① G-1

② MET-L-X

③ Na-X

④ CDC(Compatible Dry Chemical)

금속화재는 주수소화금지
- 각 종 가연성가스 발생 및 탄소유리로 소화 불가
• CDC(Compatible Dry Chemical)는 제3종 분말 소화약제이다.
• 제3종 분말소화약제 열분해식
190℃ $NH_4H_2PO_4 \rightarrow NH_3 + H_3PO_4 - Q\,kcal$
360℃ $\rightarrow NH_3 + HPO_3 + H_2O$
열분해시 수증기가 생겨 금속화재에 적응성이 없다.

**39** 질식소화를 위한 연소한계 산소농도가 15vol%인 가연물질의 소화에 필요한 $CO_2$ 가스의 최소소화농도(vol%)는? (단, 무유출(No efflux)방식을 전제로 하고, 공기 중 산소는 20vol%이다.)

① 20　　　　　② 25

③ 33　　　　　④ 40

$$CO_2\,(\%) = \frac{20\% - O_2\%}{20\%} \times 100$$
$$= \frac{20 - 15}{20} \times 100 = 25\,\%$$

**40** 다음 중 오존파괴지수가 가장 높은 소화약제는?

① Halon 2402　　② Halon 1211

③ CFC 12　　　　④ CFC 113

• 오존층보호를 위한 특정물질의 제조규제 등에 관한 법률 시행령의 [별표 1] 특정물질

| 구분 | 오존파괴지수 |
|---|---|
| CFC 113 | 0.8 |
| CFC 12 | 1 |
| Halon 1211 | 2.4 |
| Halon 2402 | 6.6 |
| Halon 1301 | 10 |

**41** 열분해로 생성된 불연성의 용융물질에 의한 방진소화 효과를 발생시키는 분말 소화약제는?

① $NH_4H_2PO_4$　　② $KHCO_3$

③ $NaHCO_3$　　　④ $KHCO_3 + CO(NH_2)_2$

제3종 분말소화약제 열분해식
190℃
$NH_4H_2PO_4 \rightarrow NH_3 + H_3PO_4 - Q\,kcal$
　　　　올쏘인산 : 탄화, 탈수작용
360℃　$\rightarrow NH_3 + HPO_3 + H_2O - Q\,kcal$
　　　　메타인산 : 방진작용

**정답** 37 ③　38 ④　39 ②　40 ①　41 ①

**42** 100Ω의 저항부하 2개만으로 직렬 연결된 회로에 AC 60Hz, 220V의 교류전원을 인가하였을 때, 역률은 얼마인가?

① 1　　　　　　② 0.9
③ 0.8　　　　　④ 0.7

> 교류회로 R L C의 직렬 회로의 역률 $\cos\theta = \dfrac{R}{Z}$에서 저항만 존재하므로 임피던스 = 저항이 된다.
> 따라서 $\cos\theta = \dfrac{R}{R} = 1$

**43** 단면적이 2mm² 이고, 길이가 2km인 원형 구리 전선의 저항은 약 얼마인가? (단, 구리의 고유저항은 1.72× $10^{-8}$ Ω·m 이다.)

① 1.72mΩ　　　② 17.2mΩ
③ 1.72Ω　　　　④ 17.2Ω

> $R = \rho\dfrac{l}{A}[\Omega]$
> $\rho$ (고유저항) [Ω·m]
> $A$ : 단면적[m²]
> $\ell$ : 길이[m]
> $R = \rho\dfrac{l}{A}[\Omega]$
> $= 1.72\times10^{-8}\,\Omega\cdot m \times \dfrac{2,000\,m}{2\times(0.001)^2\,m^2} = 17.2\,[\Omega]$

**44** 다음 회로에서 4Ω의 저항에 흐르는 전류는?

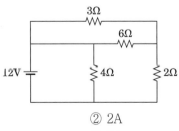

① 1A　　　　　　② 2A
③ 3A　　　　　　④ 6A

위 회로를 다시 그리면 아래와 같이 되므로

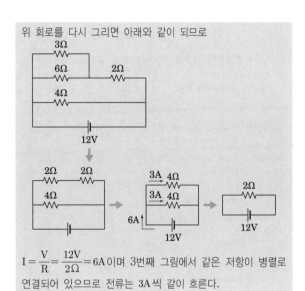

$I = \dfrac{V}{R} = \dfrac{12V}{2\Omega} = 6A$이며 3번째 그림에서 같은 저항이 병렬로 연결되어 있으므로 전류는 3A씩 같이 흐른다.

**45** 다음은 정현파 교류전압 파형의 한 주기를 나타내었다. 시간($t$)에 따른 전압의 순시값을 가장 근사하게 표현한 것은?

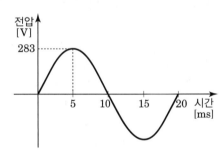

① $v(t) = \sqrt{2}\cdot200\cdot\sin40\pi t$
② $v(t) = \sqrt{2}\cdot200\cdot\sin100\pi t$
③ $v(t) = \sqrt{2}\cdot220\cdot\sin40\pi t$
④ $v(t) = \sqrt{2}\cdot220\cdot\sin100\pi t$

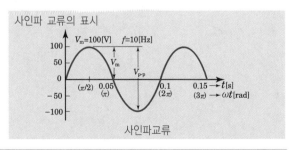

사인파교류

정답 42 ① 43 ④ 44 ③ 45 ②

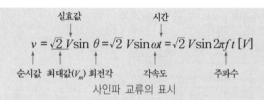

사인파 교류의 표시

최대값은 $\sqrt{2}\,V$이고 그래프에서 283이 최대값이므로 실효값 V는 $283/\sqrt{2} \fallingdotseq 200$이며
각속도 $\omega = 2\pi f\,[\mathrm{rad/s}]$이므로 $f$를 구하면 각속도 값을 알 수 있다.
주파수는 1초 동안에 주기수를 말 함.
그림에서 1번의 주기는 20ms이고
1초는 1000ms이므로 주파수는 1000 / 20 = 50
따라서
시간($t$)에 따른 전압의 순시값은
$v = \sqrt{2}\,V\sin\omega t\,[\mathrm{V}] = \sqrt{2}\,200\sin(2\pi f)\,t\,[\mathrm{V}]$
$= \sqrt{2}\,200\sin(2\pi\,50)\,t\,[\mathrm{V}]$
$= \sqrt{2}\,200\sin 100\pi\,t\,[\mathrm{V}]$

**46** 자화되지 않은 강자성체를 외부 자계 내에 놓았더니 히스테리시스 곡선(hysteresis loop)이 나타났다. 이에 관한 설명으로 옳은 것을 모두 고른 것은?

> ㄱ. 외부자계의 세기를 계속 증가시키면 강자성체의 자속밀도가 계속 증가한다.
> ㄴ. 자계의 세기를 0에서 증가시켰다가 다시 0으로 감소시키면 강자성체에는 잔류자기(residual magnetization)가 남게 된다.
> ㄷ. 히스테리시스 곡선이 이루는 면적에 해당하는 에너지는 손실이다.
> ㄹ. 주파수를 낮추면 히스테리시스 곡선이 이루는 면적을 키울 수 있다.

① ㄱ
② ㄴ, ㄷ
③ ㄴ, ㄷ, ㄹ
④ ㄱ, ㄴ, ㄷ, ㄹ

히스테리시스곡선 : 자화되지 않은 철편을 자기장 중에 놓고 자기장의 크기 H를 변화시키면 자속밀도 B가 변화하는데 전원의 투입 후 자기장의 세기는 a이르고 그 자속밀도는 A가 된다. 전원을 OFF하면 자속밀도는 O지점으로 돌아와야 하는데 그렇지 않고 b지점에 머무르게 되는데 이러한 특성 곡선을 히스테리시스곡선이라 한다.

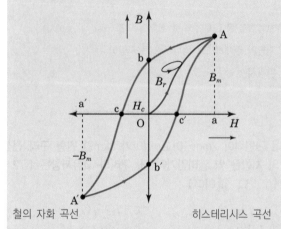

철의 자화 곡선          히스테리시스 곡선

$B_m$ : 최대자속밀도, $B_r$ : 잔류자기, $H_C$ : 보자력

히스테리시스손 $P_h[\mathrm{W/m^3}]$ (스타인메츠의 실험식)
$P_h = \eta f B_m{}^{1.6}\,[\mathrm{W/M^3}]$
($\eta$ : 히스테리시스 상수, $f$ : 주파수[Hz], $B_m$ : 최대자속밀도)

**47** 다음 논리회로에 대한 논리식을 가장 간략화한 것은?

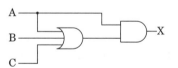

① $X = A$
② $X = AB$
③ $X = BC$
④ $X = AB + BC$

X = A×(A+B+C)이므로
= AA+AB+AC
= A+AB+AC
= A(1+B+C)
= A

**48** 다음 타임차트의 논리식은? (단, A, B, C는 입력, X는 출력이다.)

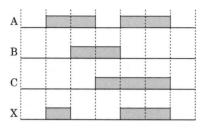

① $X = A\overline{B}$       ② $X = \overline{A}B$

③ $X = AB\overline{C}$      ④ $X = \overline{A}B\overline{C}$

> 위 타임차트에서 입력 C와는 상관없이 A 입력을 주고 B의 입력을 주지 않을 때에만 출력이 나온다. 따라서 B의 입력을 주지 않는 즉 B의 부정일 때에만 출력이 나오므로 보기에서 ①만 해당된다.

**49** 콘덴서(condenser)에 축적되는 에너지를 2배로 만들기 위한 방법으로 옳지 않은 것은?

① 두 극판의 면적을 2배로 한다.
② 두 극판 사이의 간격을 0.5배로 한다.
③ 두 전극 사이의 인가된 전압을 2배로 한다.
④ 두 극판 사이에 유전율이 2배인 유전체를 삽입한다.

> 콘덴서(condenser)에 축적되는 에너지는
> $W = \dfrac{1}{2}CV^2$ [J] 이므로
> 전압을 2배로 하면 에너지는 4배가 된다.
> ① 콘덴서(=커패시터)의 용량
> $$C = \varepsilon \dfrac{A}{\ell}\,[\text{F}]$$
> $\varepsilon$ : 유전율 [F/m], $\ell$ : 극판간의 간격 [m],
> A : 극판의 면적 [m²]
> ② 큰 정전용량의 콘덴서를 얻는 방법
>
> | $C = \varepsilon \dfrac{A}{\ell} = \varepsilon_o \varepsilon_s \dfrac{A}{\ell}\,[\text{F}]$ | 극판의 면적을 넓게 함 |
> | | 극판 간의 간격을 좁게 함 |
> | | 비유전율이 큰 절연체를 사용함 |
>
> • 비유전율($\varepsilon_S$) : 물질의 유전율($\varepsilon$)과 진공의 유전율($\varepsilon_0$)의 비 $\left(\dfrac{\varepsilon}{\varepsilon_0}\right)$

**50** 다음은 금속관을 사용한 소방용 옥내배선 그림 기호의 일부분이다. 공사방법으로 옳지 않은 것은?

① 천장 은폐배선을 한다.
② 직경 1.5mm인 전선 4가닥을 사용한다.
③ 내경 16mm의 후강전선관을 사용한다.
④ 저독성 난연 가교 폴리올레핀 절연 전선을 사용한다.

| 천장 은폐 배선 | ——————— |
| 바닥 은폐 배선 | – – – – – |
| 노출 배선 | ─ ─ ─ ─ ─ ─ |

////
HFIX 1.5 (16)

> HFIX(450/750 V 저독성 난연 가교 폴리올레핀 절연 전선) 1.5 sq(면적 : mm²) 4가닥을 16mm 전선관에 삽입하여 천장은폐 배선하라는 기호 표시이다.

**제3과목** 소방관련법령

**51** 소방기본법령상 소방청장이 수립·시행하는 종합계획에 포함되어야 하는 사항에 해당하지 않는 것은

① 소방전문인력 양성
② 화재안전분야 국제경쟁력 향상
③ 소방업무의 교육 및 홍보
④ 소방기술의 연구·개발 및 보급

| 구 분 | 주체 | 수립시기 |
|---|---|---|
| 종합계획 | 소방청장 | 5년마다 |
| 세부계획 | 시·도지사 | 매년 |

• 종합계획의 사항
① 소방서비스의 질 향상을 위한 정책의 기본방향
② 소방업무에 필요한 체계의 구축, 소방기술의 연구·개발 및 보급
③ 소방업무에 필요한 장비의 구비
④ 소방전문인력 양성
⑤ 소방업무에 필요한 기반조성
⑥ 소방업무의 교육 및 홍보(소방자동차의 우선 통행 등에 관한 홍보를 포함한다)
⑦ 그 밖에 소방업무의 효율적 수행을 위하여 필요한 사항으로서 대통령령으로 정하는 사항

**52** 소방기본법령상 소방활동에 필요한 소방용수시설을 설치하고 유지·관리하여야 하는 자는? (단, 권한의 위임 등 기타 사항은 고려하지 않음)

① 소방본부장·소방서장
② 시장·군수
③ 시·도지사
④ 소방청장

| 소방용수시설 설치·유지·관리 및 소방용수표지 설치 | 소방용수시설에 대한 조사 및 소방활동에 필요한 지리에 대한 조사 |
|---|---|
| 시·도지사 | 소방본부장 또는 소방서장 |

**53** 소방기본법령상 명시적으로 규정하고 있는 화재경계지구의 지정 대상지역에 해당하지 않는 것은?

① 주택이 밀집한 지역
② 공장·창고가 밀집한 지역
③ 석유화학제품을 생산하는 공장이 있는 지역
④ 소방시설·소방용수시설 또는 소방출동로가 없는 지역

화재경계지구로 정하는 지역  암기⁺ 시소위 석공목산
① 시장지역
② 소방시설·소방용수시설 또는 소방출동로가 없는 지역
③ 위험물의 저장 및 처리시설이 밀집한 지역
④ 석유화학제품을 생산하는 공장이 있는 지역
⑤ 공장·창고가 밀집한 지역
⑥ 목조건물이 밀집한 지역
⑦ 산업단지(산업입지 및 개발에 관한 법률 제2조제8호)
⑧ 소방청장·소방본부장 또는 소방서장이 지정할 필요가 있다고 인정하는 지역

**54** 소방기본법령상 특수가연물의 저장 및 취급기준에 관한 설명으로 옳지 않은 것은?

① 살수설비를 설치하는 경우에는 쌓는 높이는 15m 이하가 되도록 할 것
② 발전용으로 저장하는 석탄·목탄류는 품명별로 구분하여 쌓을 것
③ 쌓는 부분의 바닥면적 사이는 1m 이상이 되도록 할 것
④ 특수가연물을 저장 또는 취급하는 장소에 품명·최대수량 및 화기취급의 금지표지를 설치할 것

특수가연물 저장 및 취급 기준
① 특수가연물을 저장 또는 취급하는 장소
 － 품명·최대수량 및 화기취급의 금지표지를 설치
② 저장방법. 다만, 석탄·목탄류를 발전(發電)용으로 저장하는 경우 제외
㉠ 품명별로 구분하여 쌓을 것
㉡ 쌓는 부분의 바닥면적 사이는 1m 이상이 되도록 할 것

**정답** 51 ② 52 ③ 53 ① 54 ②

ⓒ 높이, 면적

| 구 분 | 높이 | 면적 | 비고 |
|---|---|---|---|
| 일반적인 경우 | 10 m 이하 | 50 m² 이하 | 석탄 · 목탄류 - 200 m² |
| 살수설비를 설치하거나, 방사능력 범위에 해당 특수가연물이 포함되도록 대형 수동식 소화기를 설치하는 경우 | 15 m 이하 | 200 m² 이하 | 석탄 · 목탄류 - 300 m² |

**55** 소방시설공사업법령상 중급기술자 이상의 소방기술자(기계 및 전기분야) 배치기준으로 옳지 않은 것은?

① 호스릴 방식의 포소화설비가 설치되는 특정소방대상물의 공사 현장
② 아파트가 아닌 특정소방대상물로서 연면적 2만m²인 공사 현장
③ 연면적 2만m²인 아파트 공사 현장
④ 제연설비가 설치되는 특정소방대상물의 공사 현장

소방기술자의 배치기준(령 제3조)

| 구 분 | 공사 현장 배치기준 | |
|---|---|---|
| | 층 수 등 | 연면적 |
| 특급기술자 | 지하층을 포함한 층수가 40층 이상 | 20만m² 이상 |
| 고급기술자 이상 | 지하층을 포함한 층수가 40층 미만 16층 이상인 특정소방대상물 | 20만m² 3만m² 이상 미만(아파트는 제외) |
| 중급기술자 이상 | 물분무등소화설비 (호스릴 방식은 제외) 또는 제연설비가 설치되는 특정소방대상물 | 아파트 제외한 현장 : 3만m² 미만 5천m² 이상 |
| | | 아파트 : 20만m² 미만 1만m² 이상 |
| 초급기술자 이상 | 지하구 | 아파트 제외한 현장 : 5천m² 미만 1천m² 이상 |
| | | 아파트 : 1만m² 미만 1천m² 이상 |
| 자격수첩을 발급받은 소방기술자 | – | 연면적 1천m² 미만 |

**56** 소방시설공사업법령상 소방시설업자의 지위승계가 가능한 자에 해당하는 것을 모두 고른 것은?

> ㄱ. 소방시설업자가 사망한 경우 그 상속인
> ㄴ. 소방시설업자가 그 영업을 양도한 경우 그 양수인
> ㄷ. 법인인 소방시설업자가 다른 법인과 합병한 경우 합병 후 존속하는 법인이나 합병으로 설립되는 법인
> ㄹ. 폐업신고로 소방시설업 등록이 말소된 후 6개월 이내에 다시 소방시설업을 등록한 자

① ㄱ, ㄴ, ㄷ  ② ㄱ, ㄷ, ㄹ
③ ㄴ, ㄷ, ㄹ  ④ ㄱ, ㄴ, ㄷ, ㄹ

소방시설업자의 지위를 승계하는 자
① 소방시설업자가 사망한 경우 그 상속인, 영업을 양도한 경우 그 양수인
② 법인인 소방시설업자가 다른 법인과 합병한 경우 합병 후 존속하는 법인이나 합병으로 설립되는 법인
③ 폐업신고로 소방시설업 등록이 말소된 후 6개월 이내에 다시 소방시설업을 등록한 자

**57** 화재예방, 소방시설 설치·유지 및 안전관리에 관한 법령상 특정소방대상물에 대하여 관계인이 소방시설 등을 정기적으로 자체점검할 때 소방시설별로 갖추어야 하는 점검 장비의 연결이 옳지 않은 것은?

① 포소화설비 – 헤드결합렌치
② 할로겐화합물 및 불활성기체소화약제소화설비 – 절연저항계
③ 옥내소화전설비 – 차압계
④ 제연설비 – 폐쇄력측정기

| 소방시설 | 장비 및 규격 | 소방시설 | 장비 및 규격 |
|---|---|---|---|
| 공통시설 | 방수압력측정계 · 절연저항계 · 전류전압측정계 | 통로유도등 비상조명등 | 조도계(최소눈금이 0.1 Lux 이하인 것) |
| 소화기구 | 저울 | 누전경보기 | 누전계 – 누전전류 측정용 |
| 옥내소화전설비 옥외소화전설비 | 소화전 밸브압력계 | 무선통신보 조설비 | 무선기 (통화시험용) |

| 스프링클러설비<br>포소화설비 | 헤드결합렌치 | 제연설비 | 풍속풍압계 · 폐<br>쇄력측정기 · 차<br>압계 |
|---|---|---|---|
| 이산화탄소<br>소화설비<br>분말소화설비<br>할론<br>소화설비<br>할로겐화합물<br>및 불활성기체<br>소화설비 | 검량계 · 기동관<br>누설시험기 · 그<br>밖에 소화약제의<br>저장량을 측정할<br>수 있는 점검기<br>구 | 자동화재<br>탐지설비<br>시각경보기<br>통합<br>감시시설 | 열 · 연감지기시험<br>기 · 공기주입시<br>험기 · 감지기시<br>험기 연결폴대 ·<br>음량계 |

**58** 화재예방, 소방시설 설치·유지 및 안전관리에 관한 법령상 소방시설 등의 자체점검 시 점검인력 배치기준 중 종합정밀점검에서 점검인력 1단위가 하루 동안 점검할 수 있는 특정소방대상물의 연면적(m²) 기준은?

① 7,000 　　　　　　② 8,000
③ 9,000 　　　　　　④ 10,000

소방시설 등의 자체점검 시 점검인력 배치기준(규칙 제 18조)
1. 점검인력 1단위
　소방시설관리사 1명과 보조 기술인력("보조인력") 2명
　※ 소규모점검(소방안전관리자가 선임하지 않아도 되는
　　대상물) - 보조인력 1명
2. 보조인력의 추가
　점검인력 1단위에 2명(같은 건축물을 점검할 때에는 4명)
　이내의 보조인력을 추가할 수 있다.
3. 점검한도면적
　점검한도 면적 : 점검인력 1단위가 하루 동안 점검할 수
　있는 특정소방대상물의 연면적

| 구 분 | 1단위 | 1단위<br>+보조1 | 1단위<br>+보조2 | 1단위<br>+보조3 | 1단위<br>+보조4 |
|---|---|---|---|---|---|
| 종합<br>정밀<br>점검 | 10,000㎡ | 13,000㎡ | 16,000㎡ | 19,000㎡ | 22,000㎡ |
| 작동<br>기능<br>점검 | 12,000㎡ | 15,500㎡ | 19,000㎡ | 22,500㎡ | 26,000㎡ |
| 소규모<br>점검 | 3,500㎡ | - | - | - | - |

**59** 화재예방, 소방시설 설치·유지 및 안전관리에 관한 법령상 소방시설관리업의 등록기준으로 옳지 않은 것은?

① 소방설비산업기사는 보조 기술인력 자격이 없다.
② 보조 기술인력은 소방설비기사 2명 이상이면 가능하다.
③ 소방공무원으로 3년 이상 근무하고 소방기술 인정 자격수첩을 발급받은 사람은 보조 기술인력이 될 수 있다.
④ 주된 기술인력은 소방시설관리사 1명 이상이다.

소방시설관리업의 등록기준

| 주된<br>기술<br>인력 | 소방시설관리사 1명 이상 | |
|---|---|---|
| 보조<br>기술<br>인력 | 2명 이상,<br>(②~④목은<br>소방기술인정자격<br>수첩을<br>교부받은 자일 것) | ① 소방설비기사 또는 소방설비<br>산업기사<br>② 소방기술과 관련된 자격·<br>경력 및 학력이 있는 사람<br>③ 소방관련학과의 학사 학위를<br>취득한 사람<br>④ 소방공무원으로 3년 이상 근<br>무한 사람 |

**60** 화재예방, 소방시설 설치·유지 및 안전관리에 관한 법령상 연면적 126,000m² 의 업무시설인 건축물에서는 소방안전관리보조자를 최소 몇 명을 선임하여야 하는가?

① 5 　　　　　　② 6
③ 8 　　　　　　④ 9

소방안전보조관리자를 두어야 하는 특정소방대상물(령 제22조의 2)

| 구 분 | 인원<br>기준 | 비 고 |
|---|---|---|
| 아파트 300세대<br>이상 | 1명 | 초과되는 300세대마다 1명 이상<br>을 추가로 선임 |
| 아파트를 제외한<br>연면적이 1만5천m²<br>이상인 특정소방<br>대상물 | 1명 | 초과되는 연면적 1만5천m²<br>마다 1명 이상을 추가로 선임 |
| 위에 해당하지 아니<br>하는 공동주택 중 기<br>숙사, 의료시설, 노유<br>자시설, 수련시설 및<br>숙박시설 | 1명 | 다만, 소방서장이 야간이나 휴<br>일에 해당 특정소방대상물이 이<br>용되지 아니한다는 것을 확인한<br>경우에는 소방안전관리보조자를<br>선임하지 아니할 수 있다. |

정답　58 ④　59 ①　60 ③

※ 숙박시설 : 숙박시설로 사용되는 바닥면적의 합계가 1,500m² 이내이고 관계인이 24시간 상시 근무인 경우 제외

연면적 126,000m²의 업무시설은 1만5천m² 이상이므로 1명이 필요하며 1만5천m²를 초과되는 연면적 111,000m²의 1만5천m² 마다 1명이므로 111,000 ÷ 15,000 = 7.4명 여기서 8명이 아니라 1만5천m² 마다 1명이므로 7명이 된다. 따라서 기본 1명 + 추가 7명이 선임해야 하므로 최소 8명 선임해야 함

**61** 화재예방, 소방시설 설치·유지 및 안전관리에 관한 법령상 소방본부장이나 소방서장에게 건축허가 동의를 받아야 하는 건축물은?

① 연면적 150m²인 수련시설
② 주차장으로 사용되는 바닥면적이 150m²인 층이 있는 주차시설
③ 연면적 50m²인 위험물 저장 및 처리시설
④ 연면적 250m²인 장애인 의료재활시설 동의를 받아야 하는 건축물 등의 범위

| 학교 시설 | 지하층 또는 무창층이 있는 건축물 (공연장) | 노유자시설 수련시설 | 장애인 의료재활시설, 정신의료기관(입원실이 없는 정신건강의학과 의원은 제외한다) | 용도와 상관없음 |
|---|---|---|---|---|
| 연면적 10m² 이상 | 바닥면적 – 150m² (바닥면적 – 100m²) | 연면적 200m² 이상 | 연면적 300m² 이상 | 연면적 400m² 이상 |
| 차고·주차장 또는 주차용도로 사용되는 시설 | 면적에 상관없이 동의 대상 | | | |
| 바닥면적 – 200m² 이상인 층이 있는 건축물이나 주차시설 기계장치에 의한 주차시설로서 20대 이상 | 1. 층수가 6층 이상인 건축물<br>2. 항공기격납고, 관망탑, 항공관제탑, 방송용 송·수신탑<br>3. 위험물 저장 및 처리 시설, 지하구<br>4. 노인 관련 시설, 아동복지시설<br>5. 장애인 거주시설, 정신질환자 관련 시설, 노숙인 자활시설, 노숙인 재활시설, 노숙인 요양시설<br>6. 결핵환자·한센인이 24시간 생활하는 노유자시설<br>※ 5~6의 시설을 단독주택·공동주택에 설치 시 제외<br>7. 요양병원(정신병원과 의료재활시설은 제외) | | | |

**62** 화재예방, 소방시설 설치·유지 및 안전관리에 관한 법령상 방염성능검사 결과가 방염성능기준에 부합하지 않는 것은?

① 탄화한 길이는 22cm이었다.
② 버너의 불꽃을 제거한 때부터 불꽃을 올리며 연소하는 상태가 그칠 때까지 시간이 18초이었다.
③ 버너의 불꽃을 제거한 때부터 불꽃을 올리지 아니하고 연소하는 상태가 그칠 때까지 시간이 27초이었다.
④ 탄화한 면적은 45cm²이었다.

| 방염성능기준 | |
|---|---|
| 잔염시간 | 버너의 불꽃을 제거한 때부터 불꽃을 올리며 연소하는 상태가 그칠 때까지의 시간 20초 이내(불꽃연소) |
| 잔신시간 | 버너의 불꽃을 제거한 때부터 불꽃을 올리지 아니하고 연소하는 상태가 그칠 때까지의 시간 30초 이내(작열연소) |
| 탄화 면적 | 50 cm² 이내 |
| 탄화 길이 | 20 cm 이내 |
| 접염횟수 | 불꽃에 의해 완전히 녹을 때까지의 불꽃 접촉횟수 3회 이상 |
| 발연량 | 최대 연기밀도 400 이하 |

**63** 화재예방, 소방시설 설치·유지 및 안전관리에 관한 법령상 1년 이하의 징역 또는 1천만원 이하의 벌금에 처할 수 있는 것은?

① 소방특별조사를 정당한 사유 없이 거부·방해한 자
② 관리업의 등록증을 다른 자에게 빌려준 관리업자
③ 소방안전관리자를 선임하여야 하는 관계자가 소방안전관리자를 선임하지 아니한 자
④ 관리업자가 소방시설등의 점검을 하고 점검기록표를 거짓으로 작성한 자

정답 **61** ③ **62** ① **63** ②

① 소방특별조사를 정당한 사유 없이 거부·방해 또는 기피한 자 300만원 이하의 벌금
② 관리업자는 관리업의 등록증이나 등록수첩을 다른 자에게 빌려주어서는 아니 된다.

> ☞ 관리업의 등록증이나 등록수첩을 다른 자에게 빌려 준 자 – 1년 이하의 징역 또는 1천만원 이하의 벌금

③ 소방안전관리자 또는 소방안전관리보조자를 선임하지 아니한 자 – 300만원 이하의 벌금
④ 점검기록표를 거짓으로 작성하거나 해당 특정소방대상물에 부착하지 아니한 자
　　– 300만원 이하의 벌금

**64** 화재예방, 소방시설 설치·유지 및 안전관리에 관한 법령상 소방용품 중 형식승인을 받지 않아도 되는 것은? (단, 연구개발 목적의 용도로 제조하거나 수입하는 것은 제외함)

① 방염제　　　　　② 공기호흡기
③ 유도표지　　　　④ 누전경보기

| | 소화 설비 | 소화기구(소화약제 외의 것을 이용한 간이 소화용구는 제외한다), 자동소화장치(상업용 주방소화장치는 제외)<br>소화설비를 구성하는 소화전, 송수구, 관창(菅槍), 소방호스, 스프링클러헤드, 기동용 수압개폐장치, 유수제어밸브 및 가스관선택밸브 |
|---|---|---|
| 형식 승인 제품 | 경보 설비 | **누전경보기 및 가스누설경보기**<br>경보설비를 구성하는 수신기, 발신기, 중계기, 감지기 및 음향장치(경종만 한한다) |
| | 피난 설비 | 피난사다리, 구조대, 완강기(간이완강기 및 지지대를 포함한다)<br>**공기호흡기(충전기를 포함한다)**<br>유도등(피난구, 통로, 객석) 및 예비전원이 내장된 비상조명등 |
| | 소화용 | 소화약제[상업용자동소화장치, 캐비넷형자동소화장치 및 소화설비용(자동소화장치, 포, CO2, 할론, 청정, 분말, 강화액)에 한함]<br>**방염제(방염액·방염도료 및 방염성물질)** |
| | 기타 | 그 밖에 행정안전부령으로 정하는 소방 관련 제품 또는 기기 |

**65** 화재예방, 소방시설 설치·유지 및 안전관리에 관한 법령상 신축하는 특정소방 대상물 중 성능위주설계를 하여야 하는 장소에 해당하지 않는 것은?

① 높이가 115m인 업무시설
② 연면적 23만m²인 아파트
③ 지하 5층이며 지상 29층인 의료시설
④ 연면적 4만 m²인 공항시설

성능위주설계를 하여야 하는 특정소방대상물(소방시설법 제9조의 3)
1. 연면적 3만 m² 이상인 철도 및 도시철도 시설, 공항시설
2. **연면적 20만 m² 이상인 특정소방대상물 (아파트 등은 제외한다)**
3. 지하층을 포함한 층수가 30층 이상이거나 건축물의 높이가 100m 이상인 특정소방대상물(아파트 등은 제외한다)
4. 하나의 건축물에 영화상영관이 10개 이상인 특정소방대상물

**66** 화재예방, 소방시설 설치·유지 및 안전관리에 관한 법령상 소방특별조사에 관한 설명으로 옳은 것은?

① 소방특별조사의 연기를 신청하려는 자는 소방특별조사 시작 1일 전까지 전화로 연기신청을 할 수 있다.
② 소방특별조사를 하는 관계 공무원은 관계인에게 필요한 자료제출을 명할 수 있지만 필요한 보고를 하도록 할 수 는 없다.
③ 관계인이 장기출장으로 소방특별조사에 참여할 수 없는 경우에는 연기신청을 할 수 없다.
④ 소방서장은 연기신청 결과 통지서를 연기신청자에게 통지하여야 하고, 연기기간이 종료하면 지체 없이 조사를 시작하여야 한다.

• 소방특별조사 연기 신청
1. 통지를 받은 관계인은 **천재지변이나 그 밖에 대통령령으로 정하는 사유**로 소방특별조사를 받기 곤란한 경우 소방특별조사 **시작 3일 전까지** 소방특별조사를 연기하여 줄 것을 신청할 수 있다.
2. 그 밖에 대통령령으로 정하는 사유
　① 태풍, 홍수 등 재난이 발생하여 소방대상물을 관리하기가 매우 어려운 경우
　**② 관계인이 질병, 장기출장 등으로 소방특별조사에 참여할 수 없는 경우**
　③ 권한 있는 기관에 자체점검기록부, 교육·훈련일지 등 소방 특별조사에 필요한 장부·서류 등이 압수되거나 영치되어있는 경우

- 소방특별조사의 방법(법 제4조의 3~4, 령 제9조)
  관계 공무원으로 하여금 다음의 행위를 하게 할 수 있다.
1. 관계인에게 필요한 보고를 하도록 하거나 자료의 제출을 명하는 것
2. 소방대상물의 위치·구조·설비 또는 관리 상황을 조사하는 것
3. 소방대상물의 위치·구조·설비 또는 관리 상황에 대하여 관계인에게 질문하는 것

**67** 위험물안전관리법령상 위험물시설의 설치 및 변경에 관한 설명으로 옳지 않은 것은? (단, 권한의 위임 등 기타 사항은 고려하지 않음)

① 제조소등을 설치하고자 하는 자는 그 설치장소를 관할하는 시·도지사의 허가를 받아야 한다.
② 제조소등의 위치·구조 등의 변경없이 당해 제조소등에서 저장하는 위험물의 품명·수량 등을 변경하고자 하는 자는 변경하고자 하는 날까지 시·도지사의 허가를 받아야 한다.
③ 군사목적으로 제조소등을 설치하고자 하는 군부대의 장이 제조소등의 소재지를 관할하는 시·도지사와 협의한 경우에는 허가를 받은 것으로 본다.
④ 군부대의 장은 국가기밀에 속하는 제조소등의 설비를 변경하고자 하는 경우에는 당해 제조소등의 변경공사를 착수하기 전에 그 공사의 설계도서와 서류제출을 생략할 수 있다.

제조소 등의 설치·변경 등
시·도지사에게 허가, 신고하여야 하며 관련서류는 시도지사 또는 소방서장에게 제출 한다.

| 구 분 | 내 용 | 방법 | 벌칙 |
|---|---|---|---|
| 설치 | 제조소등을 설치하고자 할 때 | 허가 | 5년 이하의 징역 또는 1억원 이하의 벌금 |
| 변경 | 위치, 구조 또는 설비의 변경 없이 위험물의 품명, 수량 또는 지정수량의 배수를 변경하고자 하는 날의 1일 전까지 | 신고 | 200만원 이하의 과태료 |
| 지위 승계 | 지위 승계한 날로부터 30일 이내 | 신고 | |
| 폐지 | 제조소등의 용도 폐지 시 폐지한 날로부터 14일 이내 | 신고 | |

**68** 위험물안전관리법령상 허가를 받고 설치하여야 하는 제조소등을 모두 고른 것은?

> ㄱ. 공동주택의 중앙난방시설을 위한 취급소
> ㄴ. 농예용으로 필요한 건조시설을 위한 지정수량 20배 이하의 저장소
> ㄷ. 축산용으로 필요한 난방시설을 위한 지정수량 20배 이하의 취급소

① ㄱ, ㄴ      ② ㄱ, ㄷ
③ ㄴ, ㄷ      ④ ㄱ, ㄴ, ㄷ

제조소 등의 허가, 변경, 신고를 하지 않아도 되는 경우
1. 주택의 난방시설(공동주택의 중앙난방시설을 제외)을 위한 저장소 또는 취급소
2. 농예용·축산용 또는 수산용으로 필요한 난방시설 또는 건조시설을 위한 지정수량 20배 이하의 저장소

**69** 위험물안전관리법령상 탱크안전성능검사의 내용에 해당하지 않는 것은?

① 수직 · 수평검사      ② 충수 · 수압검사
③ 기초 · 지반검사      ④ 암반탱크검사

탱크안전성능검사

| 구 분 | 대 상 | 신청 시기 |
|---|---|---|
| 기초·지반검사 | 특정옥외탱크(옥외탱크저장소의 액체위험물탱크 중 그 용량이 100만ℓ 이상인 탱크) | 위험물탱크의 기초 및 지반에 관한 공사의 개시 전 |
| 용접부검사 | 특정옥외탱크 (비파괴시험, 진공시험, 방사선투과시험으로 함) | 탱크본체에 관한 공사의 개시 전 |
| 충수·수압검사 | 액체위험물을 저장 또는 취급하는 탱크<br><br>충수 수압검사 제외<br>① 제조소 또는 일반취급소에 설치된 탱크로서 용량이 지정수량 미만<br>② 특정설비에 관한 검사에 합격한 탱크<br>③ 안전인증을 받은 탱크 | 위험물을 저장 또는 취급하는 탱크에 배관 그 밖의 부속설비를 부착하기 전 |
| 암반탱크검사 | 액체위험물을 저장 또는 취급하는 암반내의 공간을 이용한 탱크 | 암반탱크의 본체에 관한 공사의 개시 전 |

정답   67 ②   68 ②   69 ①

**70** 위험물안전관리법령상 과징금에 관한 설명으로 옳지 않은 것은?

① 시·도지사는 제조소등에 대한 사용의 취소가 공익을 해칠 우려가 있는 때에는 사용 취소처분에 갈음하여 1억원 이하의 과징금을 부과할 수 있다.

② 과징금의 징수절차에 관하여는 「국고금 관리법 시행규칙」을 준용한다.

③ 1일당 과징금의 금액은 당해 제조소등의 연간 매출액을 기준으로 하여 산정한다.

④ 시·도지사는 과징금을 납부하여야 하는 자가 납부기한까지 이를 납부하지 아니한 때에는 「지방세외수입금의 징수 등에 관한 법률」에 따라 징수한다.

> 시·도지사는 제조소등에 대한 사용의 정지가 그 이용자에게 심한 불편을 주거나 그 밖에 공익을 해칠 우려가 있는 때에는 사용정지처분에 갈음하여 **2억원 이하의 과징금을 부과할** 수 있다.

**71** 위험물안전관리법령상 탱크시험자로 등록하거나 탱크시험자의 업무에 종사할 수 있는 경우는?

① 피성년후견인

② 「소방기본법」에 따른 금고 이상의 형의 집행유예 선고를 받고 유예기간 중에 있는 자

③ 「소방시설공사업법」에 따른 금고 이상의 실형의 선고를 받고 그 집행이 종료되거나 집행이 면제된 날부터 1년이 된 자

④ 탱크시험자의 등록이 취소된 날부터 3년이 된 자

> 탱크시험자로 등록하거나 탱크시험자의 업무에 종사할 수 없는 자
> 1. 피성년후견인
> 2. 이 법, 소방기본법, 화재예방, 소방시설 설치·유지 및 안전관리에 관한 법률 또는 소방시설공사업법에 따른 금고 이상의 실형의 선고를 받고 그 집행이 종료(집행이 종료된 것으로 보는 경우를 포함한다)되거나 집행이 면제된 날부터 2년이 지나지 아니한 자
> 3. 이 법, 소방기본법, 화재예방, 소방시설 설치·유지 및 안전관리에 관한 법률 또는 소방시설공사업법에 따른 금고 이상의 형의 집행유예 선고를 받고 그 유예기간 중에 있는 자
> 4. 탱크시험자의 등록이 취소(제1호에 해당하여 자격이 취소된 경우는 제외한다)된 날부터 2년이 지나지 아니한 자
> 5. 법인으로서 그 대표자가 1. 내지 4.에 해당하는 경우

**72** 다중이용업소의 안전관리에 관한 특별법령상 다중이용업소의 안전관리기본계획(이하 "기본계획"이라 한다)의 수립·시행에 관한 설명으로 옳지 않은 것은?

① 기본계획에는 다중이용업소의 안전관리에 관한 기본방향이 포함되어야 한다.

② 소방청장은 수립된 기본계획을 시·도지사에게 통보하여야 한다.

③ 시·도지사는 기본계획에 따라 연도별 계획을 수립·시행하여야 한다.

④ 소방청장은 5년마다 다중이용업소의 기본계획을 수립·시행하여야 한다.

> 다중이용업소의 안전관리에 관한 특별법
>
> | 기본계획 | 연도별계획 | 집행계획 |
> |---|---|---|
> | 소방청장 | 소방청장 | 소방본부장 |
> | 5년마다 | 매년 | 매년 |
>
> − 소방청장은 수립된 기본계획을 국무총리에게 보고하고 관계 중앙행정기관의 장과 시·도지사에게 통보 및 관보에 공고하여야 한다.

**73** 다중이용업소의 안전관리에 관한 특별법령상 화재위험평가대행자의 등록을 반드시 취소해야 하는 사유에 해당하지 않는 것은?

① 평가서를 거짓으로 작성하거나 고의 또는 중대한 과실로 평가서를 부실하게 작성한 경우

② 다른 사람에게 등록증이나 명의를 대여한 경우

③ 거짓이나 그 밖의 부정한 방법으로 등록한 경우

④ 최근 1년 이내에 2회의 업무정지처분을 받고 다시 업무정지처분 사유에 해당하는 행위를 한 경우

**정답** **70** ① **71** ④ **72** ③ **73** ①

| 위반사항 | 행정처분기준 | | | |
|---|---|---|---|---|
| | 1차 | 2차 | 3차 | 4차 이상 |
| 등록요건의 기술인력에 속하는 기술인력이 전혀 없는 경우 | 등록 취소 | | | |
| 구비하여야 하는 장비가 전혀 없는 경우 | 등록 취소 | | | |
| 평가대행자 불가자(피성년 후견인 또는 피한정후견인 등) | 등록 취소 | | | |
| 거짓, 그 밖의 부정한 방법으로 등록한 경우 | 등록 취소 | | | |
| 최근 1년 이내에 2회의 업무 정지 처분을 받고 다시 업무 정지처분 사유에 해당하는 행위 | 등록 취소 | | | |
| 다른 사람에게 등록증이나 명의를 대여한 경우 | 등록 취소 | | | |
| 화재위험평가서를 허위로 작성하거나 고의 또는 중대한 과실로 평가서를 부실하게 작성한 경우 | 6월 | 등록 취소 | | |

**74** 다중이용업소의 안전관리에 관한 특별법령상 화재배상 책임보험의 가입 촉진 및 관리에 관한 설명으로 옳지 않은 것은?

① 다중이용업주는 다중이용업주를 변경한 경우 화재 배상책임보험에 가입한 후 그 증명서를 소방서장에게 제출하여야 한다.

② 화재배상책임보험에 가입한 다중이용업주는 화재배상책임보험에 가입한 영업소임을 표시하는 표지를 부착할 수 있다.

③ 보험회사는 화재배상책임보험에 가입하여야 할 자와 계약을 체결한 경우 소방서장에게 알려야 한다.

④ 소방서장은 다중이용업주가 화재배상책임보험에 가입하지 아니한 경우 허가취소를 하거나 영업정지를 할 수 있다

> 소방본부장, 소방서장은 다중이용업주가 화재배상책임보험에 가입하지 아니하였을 때에는 허가관청에 다중이용업주에 대한 인가·허가의 취소, 영업의 정지 등 필요한 조치를 취할 것을 요청할 수 있다.

**75** 다중이용업소의 안전관리에 관한 특별법령상 용어의 설명으로 옳지 않은 것은?

① "안전시설등"이란 소방시설, 비상구, 영업장 내부 피난통로 그 밖의 안전시설을 말한다.

② "영업장의 내부구획"이란 다중이용업소의 영업장 내부를 이용객들이 사용할 수 있도록 벽 또는 칸막이 등을 사용하여 귀획된 실을 만드는 것을 말한다.

③ "실내장식물"이란 건축물 내부의 천장 또는 벽·바닥 등에 설치하는 것으로 옷장, 찬장 등 가구류가 포함된다.

④ "다중이용업"이란 불특정다수인이 이용하는 영업 중 화재 등 재난발생시 생명·신체·재산상의 피해가 발생할 우려가 높은 영업을 말한다.

> "실내장식물"이란 건축물 내부의 천장 또는 벽에 설치하는 것으로서 대통령령으로 정하는 것을 말한다.
> – 대통령령으로 정하는 것
>  건축물 내부의 천장이나 벽에 붙이는(설치하는) 것 다만, 가구류(옷장, 찬장, 식탁, 식탁용 의자, 사무용 책상, 사무용 의자 및 계산대, 그 밖에 이와 비슷한 것을 말한다)와 너비 10센티미터 이하인 반자돌림대 등과 내부마감 재료는 제외한다.

**제4과목**  위험물의 성상 및 시설기준

**76** 제1류 위험물에 관한 설명으로 옳지 않은 것은?

① 모두 불연성물질이며, 강력한 산화제로 열분해하여 산소를 발생시킨다.

② 브롬산염류, 질산염류, 요오드산염류는 지정수량이 300kg이고 위험등급 Ⅱ에 해당된다.

③ 물에 녹아 수용액 상태가 되면 산화성이 없어진다.

④ 무기과산화물, 퍼옥소붕산염류, 삼산화크롬은 물과 반응하여 산소를 발생하고 발열한다.

> 물에 녹아 수용액 상태가 되도 산화성은 없어지지 않는다.

**77** 제1류 위험물인 질산염류에 관한 설명으로 옳은 것은?

① 질산나트륨은 흑색화약의 원료로 사용된다.
② 질산칼륨은 AN-FO 폭약의 원료로 사용된다.
③ 강력한 산화제로 염소산염류에 비해 불안정하여 폭약의 원료로 사용된다.
④ 물에 잘 녹으며 조해성이 있는 것이 많다.

| 질산염류<br>-NO₃<br><br>•외부 충격에 안정성이 있어 화약이나 폭약의 원료<br><br>•제6류 위험물 질산(HNO₃)의 수소가 무기기로 치환한 물질 | 질산칼륨<br>KNO₃<br>초석 | 흑색화약 제조에 사용한다.<br><br>질산칼륨 |
| --- | --- | --- |
| | 질산암모늄<br>NH₄NO₃ | - 단독으로도 급격한 가열, 충격으로 분해, 폭발할 수도 있다.<br>- AN-FO 폭약의 원료로 사용<br><br>AN-FO 폭약<br>(Ammonium Nitrate Explosives)<br>질산암모늄(NH₄NO₃)을 주성분으로한 분상 타입의 니트로글리세린(N/G) 계열의 폭약<br><br>질산암모늄 |

**78** 제2류 위험물인 황화린에 관한 설명으로 옳지 않은 것은?

① 대표적으로 황화린은 $P_4S_3$, $P_2S_5$, $P_4S_7$이 있다.
② $P_4S_3$, $P_2S_5$, $P_4S_7$의 연소생성물은 오산화인과 이산화황으로 동일하며 유독하다.
③ $P_4S_3$, $P_2S_5$, $P_4S_7$는 찬물과 반응하여 가연성 가스인 황화수소가 발생된다.
④ 가열에 의해 매우 쉽게 연소하며 때에 따라 폭발한다.

> 오황화린과 물과의 분해 반응식(융점은290℃)
> $P_2S_5 + 8H_2O \rightarrow 5H_2S + 2H_3PO_4$
> 물과 반응하여 황화수소와 오쏘인산이 발생

**79** 물과 반응하여 가연성 가스인 메탄($CH_4$)이 발생되는 위험물을 모두 고른 것은?

> ㄱ. 인화알루미늄      ㄴ. 디에틸아연
> ㄷ. 탄화알루미늄      ㄹ. 수소화알루미늄리튬
> ㅁ. 메틸리튬

① ㄷ, ㅁ
② ㄹ, ㅁ
③ ㄱ, ㄴ, ㄹ
④ ㄷ, ㄹ, ㅁ

> 인화알루미늄 $AlP + 3H_2O \rightarrow Al(OH)_3 + PH_3 \uparrow$ (포스핀)
> 디에틸아연 $Zn(C_2H_5)_2 + 2H_2O \rightarrow Zn(OH)_2 + 4CH_3$ (메틸)
> 탄화알루미늄 $Al_4C_3 + 12H_2O \rightarrow 4Al(OH)_3 + 3CH_4$ (메탄)
> 수소화알루미늄리튬
> $2LiAlH_4 + 2H_2O \rightarrow 2LiOH + 2Al + 5H_2$ (수소)
> 메틸리튬 $CH_3Li + H_2O \rightarrow LiOH + CH_4$ (메탄)

**80** 아세트알데히드(Acetaldehyde)를 취급하는 제조설비의 재질로 사용할 수 있는 것은?

① 구리
② 마그네슘
③ 은
④ 철

| 아세트알데히드 $CH_3CHO$ | ① 무색 액체로 휘발성이며 물, 알코올, 에테르와 잘 혼합하며 은거울 반응(은도금)을 한다. | 인화점 : $-38℃$ |
|---|---|---|
| | ② 수은, 동(구리), 은, 마그네슘 또는 이들의 합금과 접촉 시 폭발성 화합물 금속의 아세틸리드 생성 | 연소범위 : 4.1 ~ 57% (제4류 위험물 중 가장 넓다) |
| | 알기+ **수동은매 자동으로~** | |
| | ③ 공기 중에서 과산화물을 생성 폭발 | |
| | ④ 저장 시 공기와의 접촉을 피한다. (불연성가스 봉입, 보냉장치 설치) | 비점 : $20℃$ |

| 디에틸에테르 $C_2H_5OC_2H_5$ | ① **무색 투명**하고 휘발성 있는 액체로서 "에테르"라고 함 |
|---|---|
| | ② **공기 중에서 산화되어 과산화물 생성 (폭발력이 강함)** |
| | 과산화물 생성방지 : 40mesh의 구리망 |
| | 과산화물 검출시약 : 10% 옥화칼륨(KI)용액 (검출시 황색) |
| | 과산화물 제거시약 : 황산제일철 또는 환원철 |

## 81 특수인화물에 해당하지 않는 것은?

① $C_2H_5OC_2H_5$  ② $CH_3CHCH_2O$

③ $CH_3COCH_3$  ④ $CH_3CHO$

| 특수인화물류 | 인화점 $-20℃$ 이하로서 비점 $40℃$ 이하 또는 발화점 $100℃$ 이하 | 디에틸에테르 $C_2H_5OC_2H_5$ 아세트알데히드 $CH_3CHO$ 산화프로필렌 $CH_3CH_2CHO$ 이황화탄소 $CS_2$ |
|---|---|---|

$CH_3COCH_3$은 디메틸케톤으로 제4류 위험물중 1석유류인 아세톤이다.

## 82 디에틸에테르를 장시간 저장할 때 폭발성의 불안정한 과산화물을 생성한다. 이러한 과산화물 생성방지를 위한 방법으로 옳은 것은?

① 10% KI 용액을 첨가한다.

② 40mesh의 구리망을 넣어준다.

③ 30% 황산제일철을 넣어준다.

④ $CaCl_2$를 넣어준다.

## 83 제5류 위험물 중 니트로화합물에 해당하는 물질로만 이루어진 것은?

① 니트로셀룰로오스, 니트로글리세린, 니트로글리콜

② 트리니트로톨루엔, 디니트로페놀, 니트로글리콜

③ 니트로글리세린, 펜트리트, 디니트로톨루엔

④ 트리니트로톨루엔, 피크린산, 테트릴

| 질산에스테르류 | |
|---|---|
| 니트로셀룰로오스 NC $[C_6H_7O_2(ONO_2)_3]_n$ | 질화면, 면(화)약 |
| 셀룰로이드 | |
| 질산메틸 $CH_3ONO_2$ | |
| 질산에틸 $C_2H_5ONO_2$ | |
| **니트로글리콜** $C_2H_4(ONO_2)_2$ | |
| **니트로글리세린** NG $C_3H_5(ONO_2)_3$ | |

## 84 트리니트로톨루엔(TNT)의 열분해 생성물이 아닌 것은?

① $H_2$  ② $CO_2$

③ CO  ④ $N_2$

| 트리니트로톨루엔<br>(TNT)<br>$C_6H_2CH_3(NO_2)_3$ | ① 순수한 것은 무색이며 담황색의 고체<br>② 충격에는 민감하지 않으나 급격한 타격에 의하여 폭발한다.<br>③ 충격감도는 피크린산 보다 둔감함(강력한 폭약)<br>④ TNT의 분해반응식<br>$2C_6H_2CH_3(NO_2)_3$<br>$\rightarrow 12CO + 2C + 3N_2\uparrow + 5H_2\uparrow$<br>⑤ 비점 280℃, 융점 81℃, 발화점 300℃, 비중 1.66 |
|---|---|

**85** 옥내저장소에 질산칼륨 450kg, 염소산칼륨 300kg, 질산 600L를 저장하고 있다. 이 저장소는 지정수량의 몇 배를 저장하고 있는가? (단, 저장 중인 질산의 비중은 1.50이다.)

① 5.5 　　　　② 9.5
③ 10.5 　　　　④ 12.5

**제1류 위험물의 지정수량**

| 아염소산염류 $-ClO_2$<br>**염소산염류 $-ClO_3$**<br>과염소산염류 $-ClO_4$<br>무기과산화물 $-O_2$ | I | 50 kg |
|---|---|---|
| 요오드산염류 $-IO_3$<br>브롬산염류 $-BrO_3$<br>**질산염류 $-NO_3$** | II | 300 kg |
| 과망간산염류 $-MnO_4$<br>중크롬산염류 $-Cr_2O_7$ | III | 1,000 kg |

**제6류 위험물의 지정수량**

| 품 명 | 위험등급 | 지정수량 |
|---|---|---|
| **질산**<br>과염소산<br>과산화수소<br>할로겐간화합물 | I | 300 kg |

$$지정배수 = \frac{저장(취급)량}{지정수량} + \frac{저장(취급)량}{지정수량} + \frac{저장(취급)량}{지정수량}$$

$$= \frac{450}{300} + \frac{300}{50} + \frac{900}{300} = 10.5\,배$$

질산의 비중은 1.50이고 $S = \dfrac{\rho}{\rho_W}$ 이므로

$\rho = 1,500\,kg/m^3$ 이다. 질산의 저장수량은

600ℓ 이므로 $0.6\ m^3 \times 1,500 kg/m^3 = 900kg$

**86** 제6류 위험물에 관한 설명으로 옳지 않은 것은?

① 농도가 30wt%인 과산화수소는 「위험물안전관리법령」상의 위험물이다.
② 과산화수소의 자연분해 방지를 위해 용기에 인산 또는 요산을 첨가한다.
③ 질산은 염산과 일정한 비율로 혼합되면 금과 백금을 녹일 수 있는 왕수가 된다.
④ 과염소산은 가열하면 폭발적으로 분해되고 유독성 염화수소를 발생한다.

**위험물의 정의**
• 과산화수소는 그 농도가 36 wt%(중량퍼센트) 이상인 것
• 질산은 그 비중이 1.49 이상인 것

**87** 위험물안전관리법령상 위험물별 지정수량과 위험등급의 연결이 옳지 않은 것은?

① 에틸알코올, 메틸에틸케톤 – 400L – II등급
② 탄화칼슘, 수소화리튬 – 300kg – III등급
③ 알킬알루미늄, 유기과산화물 – 10kg – I등급
④ 철분, 마그네슘 – 500kg – III등급

메틸에틸케톤(비수용성) – 200L

**88** 위험물안전관리법령상 옥외탱크저장소 주위에 확보하여야 하는 보유공지는 어느 부분을 기준으로 너비를 확보하는가?

① 방유제의 내벽
② 옥외저장탱크의 측면
③ 옥외저장탱크 밑판의 중심
④ 펌프시설의 중심

> 옥외저장탱크(위험물을 이송하기 위한 배관 그 밖에 이에 준하는 공작물을 제외한다.)의 주위에는 그 저장 또는 취급하는 위험물의 최대수량에 따라 옥외저장탱크의 측면으로부터 너비의 공지를 보유하여야 한다.

**89** 위험물안전관리법령상 히드록실아민등을 취급하는 제조소의 담 또는 토제 설치기준에 관한 내용이다. (   )에 알맞은 숫자를 순서대로 나열한 것은?

> 제조소 주위에는 공작물 외측으로부터 (   )m 이상 떨어진 장소에 담 또는 토제를 설치하고 담의 두께는 (   )cm 이상의 철근콘크리트조로 하고, 토제의 경우 경사면의 경사도는 (   )도 미만으로 한다.

① 2, 15, 60　　　② 2, 20, 45
③ 3, 15, 60　　　④ 3, 20, 45

제조소 주위의 담 또는 토제의 설치기준

| 구 분 | | 내 용 |
|---|---|---|
| 제조소의 외벽, 이에 상당하는 공작물의 외측으로부터의 거리 | | 2 m 이상 |
| 높이 | | 히드록실아민 등을 취급하는 부분의 높이 이상 |
| 담의 두께 | 철근콘크리트조, 철골철근콘크리트조 | 15 cm 이상 |
| | 보강콘크리트블록조 | 20 cm 이상 |
| 토제의 경사면의 경사도 | | 60° 미만 |

**90** 위험물안전관리법령상 제조소등에 설치하는 비상구 설치 기준으로 옳지 않은 것은?

① 출입구와 같은 방향에 있지 아니하고, 출입구로부터 3미터 이상 떨어져 있을 것
② 작업장 각 부분으로부터 하나의 비상구까지 수평거리는 50미터 이하가 되도록 할 것
③ 비상구의 너비는 0.75미터 이상, 높이는 1.5미터 이상으로 할 것
④ 피난 방향으로 열리는 구조이며, 항상 잠겨 있는 구조로 할 것

> 제조소등에 설치하는 비상구는 피난 방향으로 열리는 구조이며, 항상 닫혀 있는 구조로 할 것

**91** 위험물 제조소의 옥외에 있는 위험물 취급탱크 2기가 방유제 내에 있다. 방유제의 최소 내용적(m³)은 얼마인가?

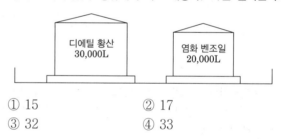

디에틸 황산 30,000L　　염화 벤조일 20,000L

① 15　　　　　② 17
③ 32　　　　　④ 33

위험물 취급탱크 방유제, 방유턱의 용량 - (지정수량 1/5 미만은 제외)

| 구 분 | 옥외 [액체위험물(이황화탄소 제외)] | | 옥내 | |
|---|---|---|---|---|
| | 방 유 제 | | 방 유 턱 | |
| 탱크의 수 | 1기 | 2기 이상 | 1기 | 2기 이상 |
| 용량 | 50% 이상 | 최대탱크 50% 이상 + 나머지 탱크의 합계의 10% 이상 | 100% 이상 | 최대탱크의 100% 이상 |

$15,000\ell + 2,000\ell = 17,000\ell = 17m^3$

**92** 위험물안전관리법령상 옥외저장소에 저장 또는 취급할 수 없는 위험물은?(단, 국제해상위험물규칙에 적합한 용기에 수납된 경우, 보세구역 안에 저장하는 경우는 제외한다.)

① 벤젠
② 톨루엔
③ 피리딘
④ 에틸알코올

| 옥외저장소 저장 가능한 위험물 | | |
|---|---|---|
| 제2류 위험물 | **제4류 위험물** | 제6류 위험물 |
| 유황 인화성고체 | 제1석유류·알코올류· 제2석유류·제3석유류· 제4석유류 및 동식물유류 | 과산화수소 질산 과염소산 |
| (인화점이 섭씨 0℃ 이상인 것에 한한다) | | |
| 벤젠 $C_6H_6$ | ① 무색투명한 액체이고 특유향기(방향족탄화수소) ② 수소가 다른 원자나 원자단으로 치환반응, 연소시 다량의 흑연 발생 | 인화점 : −11℃ |
| | | 발화점 : 540℃ |
| | | 연소범위 : 1.4~7.1% |

**93** 위험물안전관리법령상 이송취급소를 설치할 수 없는 장소는?(단, 지형상황 등 부득이한 경우 또는 횡단의 경우는 제외한다.)

① 시가지 도로의 노면 아래
② 산림 또는 평야
③ 고속국도의 길어깨
④ 지하 또는 해저

설치 제외장소
1. 철도 및 도로의 터널 안
2. **고속국도** 및 자동차전용도로([도로법] 제61조 제1항의 규정에 의하여 지정된 도로를 말한다)의 차도, **길어깨 및 중앙분리대**
3. 호수, 저수지 등으로서 수리의 수원이 되는 곳
4. 급경사지역으로서 붕괴의 위험이 있는 지역

**94** 위험물안전관리법령상 옥내저장탱크의 대기밸브 부착 통기관은 얼마 이하의 압력차(kPa)로 작동되어야 하는가?

① 5
② 7
③ 10
④ 20

압력탱크외의 탱크
– 밸브 없는 통기관 또는 대기밸브 부착 통기관을 설치

| 구 분 | | 내 용 |
|---|---|---|
| 밸브 없는 통기관 | 직경 | 30 mm 이상 |
| | 구조 | 선단은 수평면보다 45° 이상 구부려 빗물 등의 침투를 막는 구조 |
| 대기 밸브부착 통기관 | – | • 저장할 위험물의 휘발성이 강한 경우 설치 • 5 kPa 이하의 압력차로 작동할 수 있을 것 • 가는 눈의 구리망 등으로 인화방지 장치를 할 것 |

**95** 위험물안전관리법령상 옥내탱크저장소의 저장탱크에 클레오소트유(Creosote Oil)를 저장하고자 할 때 최대용량(L)은?

① 20,000
② 40,000
③ 60,000
④ 80,000

• 옥내저장탱크기준

| 구 분 | 내 용 |
|---|---|
| 옥내저장 탱크의 용량 | 지정수량의 40배 이하 ※ 동일한 탱크 전용실에 2이상 설치하는 경우에는 각 탱크의 용량의 합계(A+B=지정수량 40배 이하) ※ 제4석유류 및 동식물유류 외의 제4류 위험물 : 최대 20,000 ℓ 이하 |

• 클레오소트유(Creosote Oil)
– 제4류 위험물 중 제3석유류
　지정수량 : 2,000ℓ
– 지정수량의 40배 이하이므로 2,000 × 40 = 80,000ℓ 까지 가능하나 제4석유류 및 동식물유류 외의 제4류 위험물은 최대 20,000 ℓ 이하이어야 한다.

**96** 다음 그림과 같은 저장탱크에 중유를 저장하고자 한다. 지정수량의 최대 몇 배를 저장할 수 있는가? (단, 공간용적은 10%이고, 원주율은 3.14, 소수점 셋째자리에서 반올림한다.)

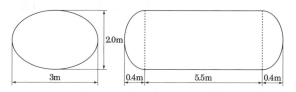

① 12.22
② 13.03
③ 13.58
④ 14.47

---

탱크의 용량 = 탱크의 내용적 - 공간용적

**1. 탱크의 내용적**

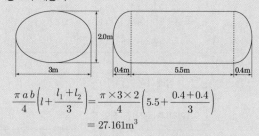

$$\frac{\pi \, a \, b}{4}\left(l+\frac{l_1+l_2}{3}\right)=\frac{\pi \times 3 \times 2}{4}\left(5.5+\frac{0.4+0.4}{3}\right)$$
$$= 27.161\text{m}^3$$

**2. 공간용적은 10%**
$$27.161 \times 0.1 = 2.716\text{m}^3$$

**3. 탱크의 용량 = 탱크의 내용적 - 공간용적**
$$27.161 - 2.716 = 24.445 \text{ m}^3 = 24,445\ell$$

중유의 지정수량은 2,000ℓ이므로
$$24,445\ell \div 2,000\ell = 12.22\text{배}$$

---

**97** 위험물안전관리법령상 수소충전설비를 설치한 주유취급소의 충전설비 설치 기준으로 옳지 않은 것은?

① 자동차등의 충돌을 방지하는 조치를 마련할 것
② 충전호스는 200kg 중 이하의 하중에 의하여 파단 또는 이탈되어야 할 것
③ 급유공지 또는 주유공지에 설치할 것
④ 충전호스는 자동차등의 가스충전구와 정상적으로 접속하지 않는 경우에는 가스가 공급되지 않는 구조로 할 것

---

충전설비는 다음의 기준에 적합하여야 한다.
1. 위치는 주유공지 또는 급유공지 외의 장소로 하되, 주유공지 또는 급유공지에서 압축수소를 충전하는 것이 불가능한 장소로 할 것
2. 충전호스는 자동차등의 가스충전구와 정상적으로 접속하지 않는 경우에는 가스가 공급되지 않는 구조로 하고, 200kg 중 이하의 하중에 의하여 파단 또는 이탈되어야 하며, 파단 또는 이탈된 부분으로부터 가스 누출을 방지할 수 있는 구조일 것
3. 자동차등의 충돌을 방지하는 조치를 마련할 것
4. 자동차등의 충돌을 감지하여 운전을 자동으로 정지시키는 구조일 것

---

**98** 제4류 위험물 제1석유류인 아세톤 1,000L를 사용하는 취급소의 살수기준면적이 465m²이라면, 소화설비 적응성을 갖기 위한 스프링클러설비의 최소 방사량(m³/min)은? (단, 위험물을 취급하는 설비 또는 부분이 넓게 분산되어 있지 않다. 소수점 셋째자리에서 반올림 한다.)

① 3.77
② 4.05
③ 5.67
④ 6.10

| 소화설비 적응성을 갖기 위한 스프링클러설비의 최소 방사량 (규칙 별표 17) | | |
|---|---|---|
| | 방사밀도 (ℓ/m²분) | |
| 살수기준면적(m²) | 인화점 38℃ 미만 | 인화점 38℃ 이상 |
| 279 미만 | 16.3 이상 | 12.2 이상 |
| 279 이상 372 미만 | 15.5 이상 | 11.8 이상 |
| 372 이상 465 미만 | 13.9 이상 | 9.8 이상 |
| 465 이상 | 12.2 이상 | 8.1 이상 |

아세톤은 인화점이 -18℃이고 살수면적이 465m² 이므로 방사밀도는 12.2ℓ/m²분이다.
따라서 465m² × 12.2ℓ/m²분 = 5,673 ℓ/min
$$= 5.67\text{m}^3 /\text{min}$$

---

**99** 위험물안전관리법령상 제1종 판매취급소의 위치·구조 및 설비의 기준에 관한 설명으로 옳지 않은 것은?

① 상층이 없는 경우 지붕은 내화구조 또는 불연재료로 한다.
② 취급하는 위험물은 지정수량 20배 이하로 한다.
③ 상층이 있는 경우 상층의 바닥을 내화구조로 한다.
④ 저장하는 위험물은 지정수량 40배 이하로 한다.

| 판매취급소 | 제1종 | 제2종 |
|---|---|---|
| 지정수량 | 20배 이하 | 40배 이하 |

**100** 위험물안전관리법령상 주유취급소의 위치·구조 및 설비의 기준에 관한 내용이다. (  )에 알맞은 숫자를 순서대로 나열한 것은?

> 주유취급소의 고정주유설비의 주위에는 주유를 받으려는 자동차 등이 출입할 수 있도록 너비 (  )m 이상, 길이 (  )m 이상의 콘크리트 등으로 포장한 공지를 보유하여야 한다.

① 6, 10          ② 6, 15
③ 10, 6          ④ 15, 6

주유취급소 주유공지
1. 고정주유설비의 주위에는 주유를 받으려는 자동차 등이 출입할 수 있도록 너비 15 m 이상, 길이 6 m 이상의 콘크리트 등으로 포장한 공지를 보유하여야 한다.
2. 고정주유설비 – 펌프기기 및 호스기기로 되어 위험물을 자동차 등에 직접 주유하기 위한 설비로서 현수식의 것을 포함한다.

**101** 특정소방대상물별 소화기구의 능력단위기준에 관한 설명으로 옳은 것은?(단, 주요구조부는 내화구조가 아님)

① 위락시설 : 바닥면적 50m²마다 능력단위 1단위 이상
② 장례식장 : 바닥면적 100m²마다 능력단위 1단위 이상
③ 관광휴게시설 : 바닥면적 100m²마다 능력단위 1단위 이상
④ 창고시설 : 바닥면적 200m²마다 능력단위 1단위 이상

| 특정소방대상물 | 소화기구의 능력단위 – 1단위의 바닥면적(m²) |
|---|---|
| • 위락시설 | 30 m² |
| • 공연장·관람장·장례식장·집회장·의료시설·문화재<br>공(연장)관(람)장 집의 문 | 50 m² |
| • 관광휴게시설·창고시설·판매시설·노유자시설·숙박시설·근린생활시설·항공기 및 자동차 관련 시설·공동주택·공장·업무시설·운수시설·전시장·방송통신시설<br>관(광휴게시설)창 판 노숙 근항 – 공(동주택)공(장)업 운전 방 | 100 m² |
| • 그 밖의 것 | 200 m² |

정답    99 ④    100 ④    101 ③

**102** 도로터널의 화재안전기준에 관한 내용으로 옳지 않은 것은?

① 소화전함과 방수구는 주행차로 우측 측벽을 따라 50m 이내의 간격으로 설치하며, 편도 2차선 이상의 양방향 터널이나 4차로 이상의 일방향 터널의 경우에는 양쪽 측벽에 각각 50m 이내의 간격으로 엇갈리게 설치할 것

② 물분무설비의 하나의 방수구역은 25m 이상으로 하며, 4개 방수구역을 동시에 20분 이상 방수할 수 있는 수량을 확보할 것

③ 제연설비의 설계화재강도는 20MW를 기준으로 하고, 이 때 연기발생률은 $80m^3/s$로 할 것

④ 연결송수관설비의 방수압력은 0.35MPa 이상, 방수량은 400L/min 이상을 유지할 수 있도록 할 것

---

**물분무소화설비**
1. 물분무 헤드 방수량 – 도로면에 $1m^2$당 $6\ell/min$ 이상
2. 물분무설비의 하나의 방수구역 : 25m 이상
3. 수원 : 3개 방수구역을 동시에 40분 이상 방수할 수 있는 수량을 확보
4. 물분무설비의 비상전원은 40분 이상

---

**103** 미분무소화설비의 방수구역 내에 설치된 미분무헤드의 개수가 20개, 헤드 1개당 설계유량은 $50\ell/min$, 방사시간 1시간, 배관의 총 체적 $0.06m^3$이며, 안전율은 1.2일 경우 본 소화설비에 필요한 최소 수원의 양($m^3$)은?

① 72.06　　　　② 74.06
③ 76.06　　　　④ 78.06

---

**수원의 양**

$$Q = N \times D \times T \times S + V$$

$Q$ : 수원의 양($m^3$)
$N$ : 방호구역(방수구역)내 헤드의 개수
$D$ : 설계유량($m^3/min$)　　$T$ : 설계방수시간(min)
$S$ : 안전율(1.2 이상)　　$V$ : 배관의 총체적($m^3$)
$Q = N \times D \times T \times S + V$
　　$= 20 \times 0.05 \times 60 \times 1.2 + 0.06$
　　$= 72.06m^3$

---

**104** 경유를 저장한 직경 40m인 플로팅루프 탱크에 고정포방출구를 설치하고 소화약제는 수성막포농도 3%, 분당 방출량 $10\ell/m^2$, 방사시간 20분으로 설계할 경우 본 포소화설비의 고정포방출구에 필요한 소화약제량($\ell$)은 약 얼마인가? (단, 탱크내면과 굽도리판의 간격은 1.4m, 원주율은 3.14, 기타 제시되지 않은 것은 고려하지 않음)

① 1,018.11　　　　② 1,108.11
② 1,058.11　　　　④ 1,208.11

---

소화약제량 $= A \times Q \times T \times S$

$A$ : 탱크의 액표면적($m^2$)
$Q$ : 단위 포소화수용액의 양($\ell/m^2 \cdot min$)
$T$ : 방출시간(min)
$S$ : 포 소화약제의 사용농도(%)

1. 특형 방출구를 설치하였으므로 위험물저장탱크는 FRT탱크이고 탱크의 액표면적은 부상지붕과 탱크 측벽 사이의 환상부분에만 해당되므로 탱크의 면적에서 부상지붕의 면적을 뺀 환상부분의 면적은 굽도리판까지 거리가 1.4m이므로 $\frac{\pi}{4}40^2 - \frac{\pi}{4}37.2^2$가 된다.

2. $A \times Q \times T \times S$
$$= \left(\frac{3.14}{4}40^2 - \frac{3.14}{4}37.2^2\right) \times 10 \times 20 \times 0.03 = 1,018.1136\ell$$

---

**105** 소화수조 및 저수조의 화재안전기준에 관한 내용으로 옳지 않은 것은?

① 지하에 설치하는 소화용수설비의 흡수관투입구는 그 한 변이 0.6m 이상이거나 직경이 0.6m 이상인 것, 소요수량이 $80m^3$ 미만인 것은 1개 이상, $80m^3$ 이상인 것은 2개 이상을 설치한다.

② 1층과 2층의 바닥면적의 합계가 $32,000m^2$인 경우 소화수조의 저수량 $100m^3$ 이상이어야 한다.

③ 소화수조 또는 저수조가 지표면으로부터 깊이가 4.5m 이상인 지하에 있는 경우에는 소요수량에 관계없이 가압송수장치의 분당 양수량은 $1,100\ell$ 이상으로 설치한다.

④ 소화용수설비를 설치하여야 할 특정소방대상물에 있어서 유수의 양이 $0.8m^3/min$ 이상인 유수를 사용할 수 있는 경우에는 소화수조를 설치하지 아니할 수 있다.

---

1. 소화수조 및 저수조의 화재안전기준
   소화수조 또는 저수조가 지표면으로부터의 깊이(수조 내부 바닥까지의 길이)가 4.5 m 이상인 지하에 있는 경우 가압송수장치를 설치하여야 한다.
   다만, 저수량을 지표면으로부터 4.5 m 이하인 지하에서 확보할 수 있는 경우에는 소화수조 또는 저수조의 지표면으로부터의 깊이에 관계없이 가압송수장치를 설치하지 아니할 수 있다.

2. 가압송수장치의 1분당 양수량

| 소요수량 | 20 m³ 이상<br>40 m³ 미만 | 40 m³ 이상<br>100 m³ 미만 | 100 m³ 이상 |
|---|---|---|---|
| 가압송수장치의 1분당 양수량 | 1,100 ℓ 이상 | 2,200 ℓ 이상 | 3,300 ℓ 이상 |

## 106 스프링클러설비의 화재안전기준에 관한 내용으로 옳은 것은?

① 50층인 초고층건축물에 스프링클러설비를 설치할 때 본 설비의 유효수량과 옥상에 설치한 수원의 양을 합한 수원의 양은 100m³이다.
② 소방펌프의 성능은 체절운전 시 정격토출압력의 150%를 초과하지 아니하고, 정격토출량의 140%로 운전 시 정격토출압력의 65% 이상이 되어야 한다.
③ 성능시험배관은 펌프의 토출측에 설치된 개폐밸브 이후에서 분기하여 설치하고, 유량측정장치를 기준으로 전단 및 후단의 직관부에 개폐밸브를 설치한다.
④ 가압송수장치에는 체절운전 시 수온의 상승을 방지하기 위한 순환배관을 설치할 것. 다만, 충압펌프의 경우에는 그러하지 아니하다.

1. 초고층은 방사시간이 60분이며 헤드 기준개수는 11층 이상이므로 30개가 된다.
   유효수량은
   $N \ Q \ T = 30개 \times 80ℓ/min 개 \times 60분$
   $= 144,000ℓ = 144 \ m^3$ 이상이며
   옥상의 수원의 양은 유효수량의 1/3 이므로 48m³ 따라서 192m³ 이상이다.

2. 소방펌프의 성능은 체절운전 시 정격토출압력의 140%를 초과하지 아니하고, 정격토출량의 150%로 운전 시 정격토출압력의 65% 이상이 되어야 한다.

3. 성능시험배관은 펌프의 토출측에 설치된 개폐밸브 이전에서 분기하여 설치

## 107 승강식피난기 및 하향식 피난구용 내림식사다리에 관한 설치기준으로 옳은 것은?

① 하강구 내측에는 기구의 연결 금속구 등이 있어야 하며 전개된 피난기구는 하강구 수직투영면적 공간 내의 범위를 침범하지 않는 구조이어야 할 것
② 승강식피난기 및 하향식 피난구용 내림식사다리는 설치경로가 설치층에서 피난층까지 연계될 수 있는 구조로 설치할 것. 단, 건축물 규모가 지상 4층 이하로서 구조 및 설치 여건상 불가피한 경우는 그러하지 아니한다.
③ 대피실의 출입문은 갑종방화문으로 설치하고, 피난방향에서 식별할 수 있는 위치에 "대피실" 표지판을 부착할 것. 단, 외기와 개방된 장소에는 그러하지 아니 한다. 또한 착지점과 하강구는 상호 수평거리 15cm 이상의 간격을 둘 것
④ 대피실 출입문이 개방되거나, 피난기구 작동 시 해당층 및 직상층 거실에 설치된 유도표지 및 시각장치가 작동되고, 감시 제어반에서는 피난기구의 작동을 확인할 수 있어야 할 것

승강식피난기 및 하향식 피난구용 내림식사다리 설치기준
1. 승강식피난기 및 하향식 피난구용 내림식사다리의 설치경로
   – 설치층에서 피난층까지 연계될 수 있는 구조로 설치할 것. 단, 건축물 규모가 지상 5층 이하로서 구조 및 설치 여건상 불가피한 경우는 제외
2. 대피실의 면적
   2 m² (2세대 이상일 경우에는 3 m²) 이상, 건축법시행령 제46조제4항의 규정에 적합하고, 하강구(개구부) 규격은 직경 60 cm 이상일 것. 단, 외기와 개방된 장소에는 그러하지 아니한다.

정답 106 ④ 107 ③

3. 하강구 내측에는 기구의 연결 금속구 등이 없어야 하며 전개된 피난기구는 하강구 수평투영면적 공간 내의 범위를 침범하지 않는 구조이어야 할 것. 단, 직경 60cm 크기의 범위를 벗어난 경우이거나, 직하층의 바닥 면으로부터 높이 50 cm 이하의 범위는 제외 한다.

4. 대피실의 출입문은 갑종방화문으로 설치하고, 피난방향에서 식별할 수 있는 위치에 "대피실" 표지판을 부착할 것. 단, 외기와 개방된 장소에는 그러하지 아니 한다.

5. 착지점과 하강구는 상호 수평거리 15 cm 이상의 간격을 둘 것

6. 대피실 내에는 비상조명등을 설치 할 것

7. 대피실에는 층의 위치표시와 피난기구 사용설명서 및 주의사항 표지판을 부착할 것

8. **대피실 출입문이 개방되거나, 피난기구 작동 시 해당층 및 직하층 거실에 설치된 표시등 및 경보장치가 작동되고**, 감시 제어반에서는 피난기구의 작동을 확인 할 수 있어야 할 것

9. 사용 시 기울거나 흔들리지 않도록 설치할 것

---

**108** 특정소방대상물에 아래의 조건에 따라 소방펌프를 설치할 경우 전동기의 설계용량(kW)은 약 얼마인가?

- 전달계수(전동기 직결) : 1.1
- 정격토출량 : 1,500ℓ/min
- 전양정 : 40m
- 펌프 효율 : 75%

① 12.4　　　　② 14.4
③ 16.4　　　　④ 20.4

| 구 분 | Q(m³ / min) |
|---|---|
| 전동기 용량 | $\dfrac{9.8\,HQ}{60\cdot\eta}K\,[\mathrm{kW}]$ |

$H\,[\mathrm{m}]$ : 전양정
$Q\,[\mathrm{m}^3/\mathrm{min}]$ : 토출량
$\eta$ : 펌프효율
$K$ : 전달계수

전동기의 설계용량 $= \dfrac{9.8\,HQ}{60\cdot\eta}K$

$= \dfrac{9.8 \times 40 \times 1.5}{60\cdot 0.75} \times 1.1 = 14.373\ [\mathrm{kW}]$

---

**109** 소방시설 도시기호의 명칭을 순서대로 연결한 것은?

| ⤬ | ▷ | → | Ⓡ⊗ |
|---|---|---|---|
| (ㄱ) | (ㄴ) | (ㄷ) | (ㄹ) |

|  | (ㄱ) | (ㄴ) | (ㄷ) | (ㄹ) |
|---|---|---|---|---|
| ① | 릴리프밸브 | 앵글밸브 | 가스체크밸브 | 감압밸브(일반) |
| ② | 앵글밸브 | 릴리프밸브 | 감압밸브(일반) | 가스체크밸브 |
| ③ | 앵글밸브 | 릴리프밸브 | 가스체크밸브 | 감압밸브(일반) |
| ④ | 릴리프밸브 | 가스체크밸브 | 앵글밸브 | 감압밸브(일반) |

---

**110** 화재예방, 소방시설 설치·유지 및 안전관리에 관한 법령에서 제시된 소방시설의 분류로 옳지 않은 것은?

① 경보설비 : 자동화재탐지설비, 비상경보설비, 비상방송설비, 가스누설경보기
② 피난설비 : 피난기구, 인명구조기구, 유도등, 비상조명등, 제연설비
③ 소화설비 : 소화기구, 소화전설비(옥내, 옥외), 물분무소화설비, 미분무소화설비
④ 소화활동설비 : 연결살수설비, 연소방지설비, 무선통신보조설비, 비상콘센트설비

제연설비 － 소화활동설비

---

**111** 소방시설 종합정밀점검표에 따른 다중이용업 소방시설 등의 점검사항 중 기타 시설로 옳지 않은 것은?

① 영상음향차단장치　　② 방염물품
③ 누전차단기　　　　　④ 방화문

---

소방시설 종합정밀점검표 다중이용업 소방시설 등의 점검사항 중 기타 시설 항목

| 구분 | | 해 당 설 비 | 점검결과 |
|---|---|---|---|
| ☐ | | 영업장 내부 피난통로와 창문 | / |
| 그밖의 안전시설 | ☐ | 영상음향차단장치 | / |
| | ■ | 누전차단기 | ○ |
| | ☐ | 피난유도선 | / |
| | ■ | 피난안내도·피난안내영상물 | ○ |
| 기타 | ■ | 방염대상물품 | ○ |

- 방화문은 방화시설 항목에 포함되어 있다.

**112** 고층건축물의 화재안전기준에 따른 피난안전구역에 설치하는 소방시설 중 피난 유도선의 설치기준으로 옳지 않은 것은?

① 피난안전구역이 설치된 층의 계단실 출입구에서 피난안전구역 주 출입구 또는 비상구까지 설치할 것
② 계단실에 설치하는 경우 계단 및 계단참에 설치할 것
③ 피난유도 표시부의 너비는 최소 20mm 이하로 설치할 것
④ 광원점등방식(전류에 의하여 빛을 내는 방식)으로 설치하여, 60분 이상 유효하게 작동할 것

별표 1. 피난안전구역에 설치하는 소방시설 설치기준

| | 피난유도선은 다음 각호의 기준에 따라 설치하여야 한다. |
|---|---|
| 피난유도선 | ① 피난안전구역이 설치된 층의 계단실 출입구에서 피난안전구역 주 출입구 또는 비상구까지 설치할 것<br>② 계단실에 설치하는 경우 계단 및 계단참에 설치할 것<br>③ **피난유도 표시부의 너비는 최소 25mm 이상으로 설치할 것**<br>④ 광원점등방식(전류에 의하여 빛을 내는 방식)으로 설치하되, 60분 이상 유효하게 작동할 것 |

**113** 휴대용비상조명등 설치기준으로 옳지 않은 것은?

① 숙박시설 또는 다중이용업소에는 객실 또는 영업장안의 구획된 실마다 잘 보이는 곳(외부에 설치시 출입문 손잡이로부터 1m 이내 부분)에 1개 이상 설치할 것
② 「유통산업발전법」에 따른 대규모점포(지하상가 및 지하역사는 제외한다)와 영화상영관에는 보행거리 50m 이내마다 2개를 설치할 것
③ 지하상가 및 지하역사에는 보행거리 25m 이내마다 3개 이상 설치할 것
④ 설치높이는 바닥으로부터 0.8m 이상 1.5m 이하의 높이에 설치할 것

설치장소 및 설치 개수

| 구 분 | 내 용 | | |
|---|---|---|---|
| 설치개수 | 숙박시설의 객실마다 | 1개 이상 | |
| | 다중이용업소의 영업장안의 구획된 실마다 | | |
| | 대규모점포(지하상가 및 지하역사를 제외한다)와 수용인원 100명 이상의 영화상영관 | 보행거리 50m 이내마다 | 3개 이상 |
| | 지하상가 및 철도 및 도시철도시설 지하역사 | 보행거리 25m 이내마다 | 3개 이상 |

- 다중이용업소의 경우 외부에 설치 시 출입문 손잡이로부터 1m 이내 부분에 설치

**114** 소방시설의 내진설계 기준으로 옳은 것은?

① 배관에 대한 내진설계를 실시할 경우 지진분리이음은 배관의 수직지진하중에 따라 산정하여야 한다.
② 배관의 변형을 최소화하기 위하여 소화설비 주요부품과 벽체 상호간을 견고하게 고정하여야 한다.
③ 건축 구조부재 상호간의 상대변위에 의한 배관의 응력을 최대화시키기 위하여 신축배관을 사용하거나 적당한 이격 거리를 유지하여야 한다.
④ 건물의 지진분리 이음이 설치된 위치의 배관에는 직경과 상관없이 지진분리장치를 설치하여야 한다

제6조(배관) ① 배관의 내진설계는 다음 각 호의 기준에 따라 설치하여야 한다.
1. 배관에 대한 내진설계를 실시할 경우 **지진분리이음은 배관의 수평지진하중을 산정**하여야 한다.
2. 배관의 변형을 최소화하고 **소화설비 주요 부품사이의 유연성을 증가시킬 수 있는 것으로 설치**하여야 한다.
3. 건물 구조부재간의 상대변위에 의한 **배관의 응력을 최소화**시키기 위하여 신축배관을 사용하거나 적당한 이격거리를 유지하여야 한다.
4. 건물의 지진분리이음이 설치된 위치의 배관에는 직경과 상관없이 지진분리장치를 설치하여야 한다.
5. 천장과 일체 거동을 하는 부분에 배관이 지지되어 있을 경우 배관을 단단히 고정시키기 위해 버팀대를 사용하여야 한다.
6. 배관의 흔들림을 방지하기 위하여 흔들림 방지 버팀대를 사용하여야 한다.
7. 버팀대와 고정장치는 소화설비의 동작 및 살수를 방해하지 않아야 한다.

**115** 수평 배관의 직경이 확대되면서 유속이 16m/sec에서 6m/sec로 변동될 경우 압력수두(m)는 얼마인가? (단, 중력가속도는 10m/sec²이다.)

① 4  ② 8
③ 11  ④ 15

$$\Delta H = \frac{V_1{}^2 - V_2{}^2}{2g} = \frac{16^2 - 6^2}{2 \times 10} = 11$$

**116** 절연유 봉입 변압기 설비에 물분무소화설비를 설치한 경우 필요한 저수량(m³)은 얼마인가? (단, 바닥면적을 제외한 변압기의 표면적은 24m²)

① 1.2  ② 2.4
③ 3.6  ④ 4.8

수원 $= A \times Q \times T$
$= 24 \times 10 \times 20 = 4,800\ell - 4.8\text{m}^3$

| 구 분 | 절연유 봉입 변압기 |
|---|---|
| A | 바닥부분을 제외한 표면적을 합한 면적(m²) |
| Q | 10 ℓ/min |
| T | 20분 |

**117** 다음 간이소화 용구를 배치했을 때 능력단위의 합은?

- 삽을 상비한 마른모래(50L, 4포)
- 삽을 상비한 팽창질석(80L, 4포)

① 2단위  ② 3단위
③ 4단위  ④ 5단위

| 간 이 소 화 용 구 | | 능력단위 |
|---|---|---|
| • 마른모래 | 삽을 상비한 50 ℓ 이상의 것 1포 | 0.5단위 |
| • 팽창질석 또는 팽창진주암 | 삽을 상비한 80 ℓ 이상의 것 1포 | |

마른모래 4포 × 0.5 단위 / 포 = 2단위
팽창질석 4포 × 0.5 단위 / 포 = 2단위
따라서 합은 4단위가 된다.

**118** 무선통신보조설비의 화재안전기준상 누설동축케이블 등의 설치기준으로 옳지 않은 것은?

① 누설동축케이블은 화재에 따라 해당 케이블의 피복이 소실된 경우에 케이블 본체가 떨어지지 아니하도록 4m 이내마다 금속제 또는 자기제등의 지지금구로 벽·천장·기둥 등에 견고하게 고정시킬 것
② 누설동축케이블의 중간부분에는 무반사 종단저항을 견고하게 설치할 것
③ 누설동축케이블 및 공중선은 금속판 등에 따라 전파의 복사 또는 특성이 현저하게 저하되지 아니하는 위치에 설치할 것
④ 누설동축케이블 및 공중선은 고압의 전로로부터 1.5m 이상 떨어진 위치에 설치할 것

누설동축케이블의 끝 부분에는 무반사 종단저항을 견고하게 설치할 것

**119** 스프링클러설비의 화재안전기준상 설치장소의 최고주위온도가 79℃인 경우, 표시 온도 몇 ℃의 폐쇄형스프링클러헤드를 설치해야 하는가? (단, 높이가 4m 이상인 공장 및 창고는 제외한다.)

① 64℃ 이상 106℃ 미만
② 79℃ 이상 121℃ 미만
③ 121℃ 이상 162℃ 미만
④ 162℃ 이상

| 설치장소의 최고주위온도 | 표시온도 |
|---|---|
| 39℃ 미만 | 79℃ 미만 |
| 39℃ 이상 64℃ 미만 | 79℃ 이상 121℃ 미만 |
| 64℃ 이상 106℃ 미만 | 121℃ 이상 162℃ 미만 |
| 106℃ 이상 | 162℃ 이상 |

**120** 자동화재탐지설비의 화재안전기준상 20m 이상의 높이에 설치할 수 있는 감지기는?

① 차동식 분포형 공기관식 감지기
② 광전식 스포트형 중 아나로그방식
③ 이온화식 스포트형 아나로그방식
④ 광전식 공기흡입형 중 아나로그방식

부착높이에 따른 감지기 설치기준

| 부착높이 | 감지기의 종류 |
|---|---|
| 20 m 이상 | 불꽃감지기<br>광전식(분리형, 공기흡입형) 중 아나로그방식 |

부착높이 20 m 이상에 설치되는 광전식 중 아나로그방식의 감지기는 공칭감지농도 하한값이 감광율 5 %/m 미만인 것으로 한다.

**121** 각 층의 바닥면적이 500m²인 건축물에 다음 조건에 따라 자동화재탐지설비를 설치하는 경우 P형 수신기의 필요한 최소가닥수는? (단, 계단은 고려하지 않음)

- 건축물은 지하 2층, 지상 6층
- 수신기는 1층에 설치
- 6회로 마다 발신기 공통선, 경종·표시등공통선은 1선씩 추가함

① 20가닥
② 22가닥
③ 24가닥
④ 28가닥

1. 5층 이상이며 연면적 3,000m² 초과하므로 발화층 직상층 우선경보방식을 선택하며 지하층은 동시에 경종이 출력되므로 지상층은 각 층마다 필요하므로 6가닥, 지하층은 1가닥이 필요 함
2. 각 층의 바닥면적이 600m² 이하이므로 층당 경계구역은 1구역으로 회로는 8가닥이 필요 함
3. 발신기 공통선, 경종·표시등공통선 문제에서 6회로마다 추가하라고 했으므로 8÷6 = 1.3 따라서 2가닥이 필요함
4. 하나의 공통선에 접속할 수 있는 경계구역은 7개 이하-회로가 총 8회로이므로 회로 공통선 2가닥이 필요

| 전선의 종류 및 가닥수 | | | | | | | |
|---|---|---|---|---|---|---|---|
| 경종·표시등공통 | 경종 | 표시등 | 응답 | 전화 | 공통 | 회로 | 합 |
| 2 | 7 | 1 | 1 | 1 | 2 | 8 | 22 |

**122** 임시소방시설의 화재안전기준상 용어의 정의로 옳지 않은 것은?

① "소화기"란 소화약제를 압력에 따라 방사하는 기구로서 사람이 수동으로 조작하여 소화하는 것을 말한다.
② "간이소화장치"란 공사현장에서 화재위험작업 시 신속한 화재 진압이 가능하도록 물을 방수하는 이동식 또는 고정식 형태의 소화장치를 말한다.
③ "비상경보장치"란 화재위험작업 공간 등에서 자동 조작에 의해서 화재경보상황을 알려줄 수 있는 설비(비상벨, 사이렌, 휴대용확성기 등)를 말한다.
④ "간이피난유도선"이란 화재위험작업시 작업자의 피난을 유도할 수 있는 케이블형태의 장치를 말한다.

**정답** 119 ③ 120 ④ 121 ② 122 ③

| 간이소화장치 | 공사현장에서 화재위험작업 시 신속한 화재 진압이 가능하도록 물을 방수하는 이동식 또는 고정식 형태의 소화장치 |
|---|---|
| 비상경보장치 | 화재위험작업 공간 등에서 **수동조작**에 의해서 화재경보상황을 알려줄 수 있는 설비(비상벨, 사이렌, 휴대용확성기 등)를 말한다. |
| 간이피난유도선 | 화재위험작업 시 작업자의 피난을 유도할 수 있는 케이블형태의 장치 |

**123** 연면적이 65,000m²인 5층 건축물에 설치되어야 하는 소화수조 또는 저수조의 최소 저수량은? (단, 각 층의 바닥면적은 동일)

① 160m³ 이상　　② 180m³ 이상
③ 200m³ 이상　　④ 220m³ 이상

소화수조 또는 저수조의 저수량은
$\dfrac{연면적}{기준면적}$(소수점 이하의 수는 1로 본다)× 20 m³이고
각 층의 바닥면적은 동일하므로 65,000÷5=13,000m² 이며
1층과 2층의 바닥면적의 합은 26,000m²으로서 기준면적은 7,500 m²이 된다.
$\dfrac{65,000}{7,500} = 8.666 = 9$ 　　∴9 × 20 = 180 m³ 이상

| 소방대상물의 구분 | 기준면적 |
|---|---|
| 1층 및 2층의 바닥면적 합계가 15,000 m² 이상인 소방대상물 | 7,500 m² |
| 위에 해당되지 아니하는 그 밖의 소방대상물 | 12,500 m² |

**124** 다음 조건에서 이산화탄소소화설비를 설치할 경우 감지기의 최소설치 개수는?

• 내화구조의 공장 건축물로 바닥면적 800m²
• 차동식스포트형 2종 감지기 설치
• 감지기 부착높이 7.5m

① 23　　② 32
③ 46　　④ 64

감지기의 유효감지면적(m²)

| 부착높이 및 소방대상물의 구분 | | 감지기의 종류 | | | | |
|---|---|---|---|---|---|---|
| | | 차동식·보상식 스포트형 | | 정온식 스포트형 | | |
| | | 1종 | 2종 | 특종 | 1종 | 2종 |
| 4 m 미만 | 내화구조 | 90 | 70 | 70 | 60 | 20 |
| | 기타 구조 | 50 | 40 | 40 | 30 | 15 |
| 4 m 이상 8 m 미만 | 내화구조 | 45 | 35 | 35 | 30 | – |
| | 기타 구조 | 30 | 25 | 25 | 15 | – |

35m² 마다 1개 설치해야 하며 이산화탄소소화설비를 설치하므로 회로는 교차회로 방식으로 해야 함 따라서 산정된 개수에 두 배를 해줘야 함.
800m² ÷ 35m²/개 = 22.86
따라서 23개가 필요하며 교차회로이므로 46개 설치 해야 함

**125** 소방시설의 내진설계 기준상 용어의 정의로 옳지 않은 것은?

① "내진"이란 면진, 제진을 포함한 지진으로부터 소방시설의 피해를 줄일 수 있는 구조를 의미하는 포괄적인 개념을 말한다.
② "면진"이란 건축물과 소방시설을 분리시켜 지반진동으로 인한 지진력이 직접 구조물로 전달되는 양을 감소시킴으로써 내진성을 확보하는 수동적인 지진 제어 기술을 말한다.
③ "세장비(L/r)"란 버팀대의 길이(L)와, 최소회전반경(r)의 비율을 말하며, 세장비가 작을수록 좌굴(buckling)현상이 발생하여 지진발생시 파괴되거나 손상을 입기 쉽다.
④ "내진스토퍼"란 지진하중에 의해 과도한 변위가 발생하지 않도록 제한하는 장치를 말한다.

"세장비(L/r)"란 버팀대의 길이(L)와, 최소회전반경(r)의 비율을 말하며, 세장비가 커질수록 좌굴(buckling)현상이 발생하여 지진발생시 파괴되거나 손상을 입기 쉽다.
버팀대의 세장비(L/r)는 300을 초과해서는 안된다. 여기서, L은 버팀대의 길이, r은 최소회전 반경이다.
즉, 세장비에 제한을 두는 이유는 버팀대의 길이를 너무 길게 하지 않기 위함이며 버팀대 길이를 산정하기 위한 비이다.

**정답**　123 ②　124 ③　125 ③

# 과년도 기출문제

**01** 다음에서 설명하는 용어는?

> • 생물체의 성장기능, 신진대사 등에 영향을 주는 최소량으로 인체에 미치는 독성 최소농도를 말함
> • 이것보다 설계농도가 높은 소화약제는 사람이 없거나 30초 이내에 대피할 수 있는 장소에서만 사용할 수 있음

① ODP      ② GWP
③ NOAEL      ④ LOAEL

> NOAEL/LOAEL
> (1) NOAEL(No Observable Adverse Effect Level) :
> 　최대 허용설계 농도를 말함
> 　농도를 증가시킬 때 아무런 악영향도 감지할 수 없는 최대농도 → 심장에 독성을 미치지 않는 최대농도
> (2) LOAEL(Lowest Observable Adverse Effect Level)
> 　농도를 감소시킬 때 악영향이 감지되는 최소농도
> 　→ 심장에 독성이 미치는 최저농도
> (3) 설계농도의 적용
>
> | 소화농도 | 대상 | 조건 |
> |---|---|---|
> | LOAEL 이상 | 비상시거주지역 | 30초 이내에 대피가 가능한 지역 |
> | LOAEL과 NOAEL 사이 | 상시거주지역 | PBPK모델 시간(5분)간 노출에도 안전해야 함 |
> | NOAEL 이하 | 상시거주지역 | 할론 1301의 설계농도는 하론의 NOAEL인 5%보다 낮아야 한다. |

**02** 전기화재의 원인과 주된 방지대책의 연결이 옳지 않은 것은?

① 낙뢰 – 피뢰설비
② 정전기 – 방진설비
③ 스파크 – 방폭설비
④ 과전류 – 적정용량의 배선 및 차단기 설치

> • 정전기 – 마찰, 박리, 유동, 분출 등에 의해 대전된 후 공기 중 방전시 점화원으로 작용
> • 정전기 방지대책
>
> | 도체 | 부도체 | 인체 |
> |---|---|---|
> | 접지, 본딩, 유속제한(1 m/s 이하) | 상대습도 70 % 이상, 대전방지제, 제전기 | 대전방지복, 대전방지화, 손목접지대 |

**03** 연소현상에서 역화(Back fire)의 원인으로 옳지 않은 것은?

① 분출 혼합가스의 압력이 비정상적으로 높을 때
② 분출 혼합가스의 양이 매우 적을 때
③ 연소속도보다 혼합가스의 분출속도가 느릴 때
④ 노즐의 부식 등으로 분출구가 커질 때

> • 역화(Back fire) – 불꽃이 연소기 내부로 역류하여 혼합관 속에서 연소
> • 원인
> 　– 연료가스의 분출속도보다 연소속도가 빠른 경우 발생
> 　– 가연성가스의 양이 적을 때
> 　– 노즐 구멍의 확대 또는 부식 되었을 때
> 　– 버너가 과열 되었을 때
> 　– 이물질이 가스에 함유 되었을 때
> • ①의 경우 선화가 발생 함

**04** 폭발의 종류와 해당 물질의 연결이 옳지 않은 것은?

① 분해폭발 – 아세틸렌
② 증기폭발 – 염화비닐
③ 분진폭발 – 석탄가루
④ 중합폭발 – 시안화수소

| 중합폭발 | 시안화수소(HCN), 스티렌(=스틸렌 $C_6H_5C_2H_3$), 초산비닐($CH_3COOC_2H_3$), 염화비닐($C_2H_3Cl$) <br> • 중합반응 <br> 고압 하에서 단위체[monomer : 고분자화합물의 기본이 되는 것(분자량이 적음)]가 중합체[polymer : 단위체가 중합되어 이루어진 고분자 물질]가 되는 반응 |
|---|---|

**화재의 종류**

| A급 | B급 | C급 | D급 |
|---|---|---|---|
| 일반화재 | 유류화재 | 전기화재(통전중) | 금속화재 |
| 백색 | 황색 | 청색 | 무색 |

**05** 다음에 제시된 가연성기체의 폭발한계범위에서 위험도가 낮은 것부터 높은 순으로 바르게 나열한 것은?

> ㄱ. 수소(4.0~75.0 vol%) <br> ㄴ. 아세틸렌(2.5~81.0 vol%) <br> ㄷ. 에테르(1.9~48.0 vol%) <br> ㄹ. 프로판(2.1~9.5 vol%)

① ㄷ<ㄱ<ㄹ<ㄴ  ② ㄷ<ㄹ<ㄴ<ㄱ
③ ㄹ<ㄱ<ㄷ<ㄴ  ④ ㄹ<ㄷ<ㄴ<ㄱ

**위험도(Hazard)**

$H = \dfrac{UFL - LFL}{LFL}$  연소상한값이 클수록 위험하며 연소범위가 넓을수록 연소하한값이 낮을수록 위험하다.

| 가스명 | 위험도 | 가스명 | 위험도 | 가스명 | 위험도 |
|---|---|---|---|---|---|
| 이황화탄소 | 35.6 | 에틸렌 | 12.33 | 메탄 | 2 |
| 아세틸렌 | 31.4 | 황화수소 | 10 | 에탄 | 3.13 |
| 에테르 | 24.26 | 일산화탄소 | 4.92 | 프로판 | 3.52 |
| 수소 | 17.75 | 암모니아 | 0.86 | 부탄 | 3.67 |

**06** 국내의 A급화재, B급화재, C급화재, D급화재를 표시색과 가연물에 따른 화재분류로 바르게 연결한 것은?

① A급화재 – 적색화재 – 일반화재
② B급화재 – 백색화재 – 유류화재
③ C급화재 – 청색화재 – 전기화재
④ D급화재 – 황색화재 – 금속화재

**07** 화재 소화방법 중 자유 라디칼(Free radical) 생성과 관계되는 것은?

① 냉각소화  ② 제거소화
③ 질식소화  ④ 억제소화

| 구 분 | 소화 |
|---|---|
| 물리적 소화 | 냉각소화, 질식소화, 피복소화, 유화소화, 희석소화, 제거소화 |
| 화학적 소화 | 연쇄반응 억제소화 |

연쇄반응
① 활성화된 라디칼의 전파, 분기반응에 의하여 연소가 지속되는 현상을 연쇄반응이라 한다.
② 라디칼 : 최외각 전자가 안정적인 전자쌍을 만족시키지 못하는 원자, 분자, 이온 등을 말한다. 따라서 매우 불안정하고 반응성이 매우 크다.

**08** 폭굉(Detonation)에 관한 설명으로 옳지 않은 것은?

① 화염전파속도가 음속보다 빠르다.
② 온도상승은 충격파의 압력에 비례한다.
③ 화재전파의 연속성을 갖는다.
④ 폭굉파를 형성하여 물리적인 충격에 의한 피해가 크다.

폭굉(detonation)
강력하고 빠른 속도의 충격파에 의해 산화가 엄청나게 빠른 속도로 진행되 폭굉파에 의해 주변 계를 강력하게 파괴하는 현상으로 파면에서는 온도, 압력, 밀도가 **불연속적**으로 나타난다.

정답  05 ③  06 ③  07 ④  08 ③

**09** 건축법령상 요양병원의 피난층 외의 층에 설치하여야 하는 시설에 해당하지 않는 것은?

① 각 층마다 별도로 방화구획된 대피공간
② 발코니의 바닥에 국토교통부령으로 정하는 하향식 피난구
③ 계단을 이용하지 아니하고 건물 외부 지표면 또는 인접 건물로 수평으로 피난할 수 있도록 설치하는 구름다리 형태의 구조물
④ 거실에 직접 접속하여 바깥 공기에 개방된 피난용 발코니

건축법 시행령 제46조(방화구획 등의 설치)
⑥ 요양병원, 정신병원, 노인요양시설, 장애인 거주시설 및 장애인 의료재활시설의 피난층 외의 층에는 다음 어느 하나에 해당하는 시설을 설치하여야 한다. <신설 2015. 9. 22.>

1. 각 층마다 별도로 방화구획된 대피공간
2. 거실에 직접 접속하여 바깥 공기에 개방된 피난용 발코니
3. 계단을 이용하지 아니하고 건물 외부 지표면 또는 인접 건물로 수평으로 피난할 수 있도록 설치하는 구름다리 형태의 구조물

**10** 건축물의 연소확대 방지를 위한 구획방법으로 옳지 않은 것은?

① 일정한 면적마다 방화구획을 함으로써 화재규모를 가능한 한 작은 범위로 줄이고 피해를 최소한으로 한다.
② 외벽의 개구부에는 내화구조의 차양, 발코니 등을 설치하지 않는 것이 바람직하며, 고온의 화기가 상부로 올라가도록 구획한다.
③ 건축물을 수직으로 관통하는 부분은 다른 층으로 화재가 확산되지 않도록 구획한다.
④ 복합건축물에서 화재위험을 많이 내포하고 있는 공간을 그 밖의 공간과 구획하여 화재시 피해를 줄인다.

| | 스팬드럴 | 아래층 창문 상단에서 위층 창문 하단까지의 거리 90 cm 이상 이격 |
|---|---|---|
| 상층 연소 확대 방지 | 캔틸레버 | 차양판, 베란다와 같이 건물의 외벽에서 돌출된 부분의 거리가 50 cm 이상 |
| | 발코니 | 2층 이상의 층에서 스프링클러의 살수 범위에 포함되지 않는 발코니를 구조 변경하는 경우<br>① 높이 90 cm 이상 방화판 또는 방화 유리창(비차열 30분)<br>② 발코니에 자동화재탐지기를 설치<br>③ 안전조치 - 난간의 높이 1.2 m 이상(난간 살은 10 mm 이하일 것) |

**11** 내화건축물의 화재 특성으로 옳지 않은 것은?

① 공기의 유입이 불충분하여 발염연소가 억제된다.
② 열이 외부로 방출되는 것보다 축적되는 것이 많다.
③ 저온장기형의 특성을 나타낸다.
④ 목조건축물에 비해 밀도가 낮기 때문에 초기에 연소가 빠르다.

내화건축물의 화재
① 목재에 비해 연소속도가 완만하며 산소가 감소하여 연소속도가 지연되기도 한다.
② 화재진행시간이 목조 건축물은 30~40분인데 비해 내화 건축물은 2~3시간 정도이다.
③ 내화 건축물 화재시 실내 최고 온도는 약 1000℃ 정도된다.
④ 최고 온도가 목조 건축물에 비해 낮지만 고온 유지 시간이 길다.(저온장기)
⑤ 공기의 유입이 불충분하여 발염연소가 억제된다.
⑥ 건물의 구조와 특성상 열이 외부로 방출되는 것보다 축적되는 것이 많기 때문에 대체적으로 화재초기부터 발열량이 많다.
⑦ 내화건축물 화재시 연기 등 연소생성물이 계단이나 복도 등을 따라 화염보다 먼저 상층부로 이동하는 경향이 있어 인명피해가 발생하는 경우가 많다.

정답 09 ② 10 ② 11 ④

**12** 건축물의 피난·방화구조 등의 기준에 관한 규칙상 건축물의 출입구에 설치하는 회전문의 설치기준으로 옳지 않은 것은?

① 계단이나 에스컬레이터로부터 1.5 미터 이상의 거리를 둘 것
② 출입에 지장이 없도록 일정한 방향으로 회전하는 구조로 할 것
③ 회전문의 회전속도는 분당회전수가 8회를 넘지 아니하도록 할 것
④ 자동회전문은 충격이 가하여지거나 사용자가 위험한 위치에 있는 경우에는 전자감지장치 등을 사용하여 정지하는 구조로 할 것

제12조(회전문의 설치기준) 건축물의 출입구에 설치하는 회전문
1. 계단이나 에스컬레이터로부터 **2 미터 이상**의 거리를 둘 것
2. 회전문과 문틀사이 및 바닥사이는 다음 각 목에서 정하는 간격을 확보하고 틈 사이를 고무와 고무펠트의 조합체 등을 사용하여 신체나 물건 등에 손상이 없도록 할 것
   가. 회전문과 문틀 사이는 5 센티미터 이상
   나. 회전문과 바닥 사이는 3 센티미터 이하
3. 출입에 지장이 없도록 일정한 방향으로 회전하는 구조로 할 것
4. 회전문의 중심축에서 회전문과 문틀 사이의 간격을 포함한 회전문날개 끝부분까지의 길이는 140 센티미터 이상이 되도록 할 것
5. 회전문의 회전속도는 분당회전수가 8 회를 넘지 아니하도록 할 것
6. 자동회전문은 충격이 가하여지거나 사용자가 위험한 위치에 있는 경우에는 전자감지장치 등을 사용하여 정지하는 구조로 할 것

**13** 건축물 실내화재에서 화재성상에 영향을 주는 주된 요인으로 옳지 않은 것은?

① 인접실의 크기
② 실외 개구부 위치 및 크기
③ 실의 넓이와 모양
④ 화원의 위치와 크기

내화건축물 화재성상에 영향을 주는 주된 요인
천장높이, 실의 모양, 내장재의 재질과 두께, 점화원의 크기, 점화원의 위치와 연료 높이, 개구부의 크기

**14** 바닥면적이 200 m²인 창고에 의류 1,000 kg, 고무제품 2,000 kg이 적재되어 있는 경우 완전연소되었을 때 화재하중은 약 몇 kg/m²인가? (단, 의류, 고무, 목재의 단위발열량은 각각 5,000 kcal/kg, 9,000 kcal/kg, 4,500 kcal/kg이다.)

① 15.56
② 20.56
③ 25.56
④ 30.56

화재하중
① 단위 면적당 가연물의 양을 목재의 양으로 환산한 값

$$화재하중\ Q = \frac{\Sigma(G_i \cdot H_i)}{H \cdot A} = \frac{\Sigma Q_i}{4{,}500 \cdot A}\ [kg/m^2]$$

$G_i$ : 가연물의 질량 (kg)
$H_i$ : 가연물의 단위 발열량 (kcal/kg)
$Q_i$ : 가연물의 전 발열량 (kcal)
$H$ : 목재의 단위 질량당 발열량 (4,500 kcal/kg ≒ 18,855 kJ/kg)
$A$ : 바닥면적 (m²)

$$화재하중\ Q = \frac{\Sigma(G_i \cdot H_i)}{H \cdot A}$$
$$= \frac{1000 \times 5{,}000 + 2000 \times 9{,}000}{4{,}500 \times 200}$$
$$= 25.555\ kg/m^2$$

**15** 열전달의 형태에 관한 설명으로 옳지 않은 것은?

① 전도는 열이 직접 접촉하여 전달되는 것이다.
② 대류는 유체의 흐름으로 열이 이동하는 현상이다.
③ 비화는 화재의 이동경로, 연소 확산에 영향을 미치지 않는다.
④ 복사는 진공상태에서 손실이 없으며, 복사열은 일직선으로 이동한다.

비화 : flyingsparks, 飛火 화재 건물로부터의 화염 불씨가 공중을 날라 떨어진 곳의 가연물 또는 건물에 착화하는 것. 산불화재처럼 풍속에 따라서는 매우 먼 거리에 이르는 경우가 있다.

정답  12 ①  13 ①  14 ③  15 ③

**16** 다음에서 설명하는 용어는?

> 밀폐된 공간의 화재 시 산소농도 저하로 불꽃을 내지 못하고 가연물질의 열분해에 의해 발생된 가연성가스가 축적된 경우, 진화를 위하여 출입문 등을 개방할 때 신선한 공기의 유입으로 폭발적인 연소가 다시 시작되는 현상

① 롤오버(Roll over)
② 백드래프트(Back draft)
③ 보일오버(Boil over)
④ 슬롭오버(Slop over)

> Back Draft의 발생(역기류) – 밀폐공간에서 출입문 개방 등 산소의 유입으로 급격한 연소로 화염이 역류하는 현상

**17** 분진폭발에 영향을 미치는 요소에 관한 설명으로 옳지 않은 것은?

① 분진의 입자가 작고 밀도가 작을수록 표면적이 크고 폭발하기 쉽다.
② 분진의 발열량이 크고 휘발성이 클수록 폭발하기 쉽다.
③ 분진의 부유성이 클수록 공기 중에 체류하는 시간이 긴 동시에 위험성도 커진다.
④ 분진의 형상과 표면의 상태에 관계없이 폭발성은 일정하다.

> 분진폭발의 영향요소
> • 분진의 화학적 성질과 조성
> • 입도와 입도 분포, 입자의 형상과 표면의 상태
> • 수분, 가연성 정도, 산소 농도
> • 분진의 부유성
> • 점화원

**18** 물질 연소 시 발생되는 열에너지원의 종류와 열원의 연결이 옳은 것을 모두 고른 것은?

> ㄱ. 화학적 에너지 – 분해열, 연소열
> ㄴ. 전기적 에너지 – 저항열, 유전열
> ㄷ. 기계적 에너지 – 마찰스파크열, 아크열
> ㄹ. 원자력 에너지 – 원자핵 중성자 입자를 충돌시킬 때 발생하는 열, 낙뢰에 의한 열

① ㄱ, ㄴ        ② ㄱ, ㄹ
③ ㄴ, ㄷ        ④ ㄴ, ㄹ

> 점화를 일으킬수 있는 에너지원의 종류

| 구 분 | 열원의 종류 |
|---|---|
| 전 기 열 | 유도열, 유전열, 저항열, **아크열**, 정전기열, 낙뢰열 |
| 화 학 열 | 분해열, 자연발열, 생성열, 용해열, 연소열 |
| 기 계 열 | 마찰열, 압축열, 마찰 스파크열 |

**19** 거실제연설비의 소요배출량 27,000 m³/h, 송풍기 전압(全壓) 60 mmAq, 효율 55%, 여유율 20%인 다익형 송풍기의 축동력(kW)과, 본 송풍기를 그대로 사용하고 배출량만 20%로 증가시킬 경우 회전수(rpm)는 약 얼마인가? (단, 다익형 송풍기의 초기회전수는 1,200 rpm이다.)

① 축동력 6.63, 회전수 1,350
② 축동력 6.63, 회전수 1,480
③ 축동력 9.63, 회전수 1,440
④ 축동력 9.63, 회전수 1,450

> 축동력
> $$P = \frac{P_t \cdot Q}{102 \cdot 60 \cdot \eta} \quad [\text{kW}] = \frac{60 \cdot 27,000/60}{102 \cdot 60 \cdot 0.55} = 8.021 \, [\text{kw}]$$
> 여유율을 감안하면  $8.021 \times 1.2 = 9.625 \, [\text{kw}]$
> $P_t$(전압)의 단위는 mmAq, Q(풍량)의 단위는 CMM[m³/min] 이다.
>
> 배출량 20% 증가 시 회전수
> – 상사법칙
> 비교회전도가 같은 서로 다른 펌프(휀)의 경우 "상사성을 갖는다"라고 하고 유량(풍량), 양정, 축동력은 회전수와 임펠러의 직경과 일정한 관계가 있는데 이를 상사법칙이라 한다.

$$\frac{Q_2}{Q_1} = \left(\frac{N_2}{N_1}\right)^1 \cdot \left(\frac{D_2}{D_1}\right)^3 \qquad \frac{H_2}{H_1} = \left(\frac{N_2}{N_1}\right)^2 \cdot \left(\frac{D_2}{D_1}\right)^2$$

$$\frac{L_2}{L_1} = \left(\frac{N_2}{N_1}\right)^3 \cdot \left(\frac{D_2}{D_1}\right)^5$$

$Q$ : 유량[m³/min]  $H$ : 양정[m]  $L$ : 축동력[kW]
$N$ : 회전수[rpm]  $D$ : 임펠러 외경[mm]

$$\frac{Q_2}{Q_1} = \left(\frac{N_2}{N_1}\right)^1 \Rightarrow \frac{27,000 \times 1.2}{27,000} = \left(\frac{N_2}{1,200}\right)^1$$

∴ 1440 rpm

**20** 인간의 피난행동 특성에 관한 설명으로 옳지 않은 것은?

① 퇴피본능 : 반사적으로 위험으로부터 멀리하려는 본능
② 폐쇄공간지향본능 : 가능한 좁은 공간을 찾아 이동하다가 위험성이 높아지면 의외의 넓은 공간을 찾는 본능
③ 지광본능 : 화재 시 연기 및 정전 등으로 시야가 흐려질 때 어두운 곳에서 개구부, 조명부 등의 밝은 빛을 따르려는 본능
④ 귀소본능 : 피난 시 평소에 사용하는 문, 길, 통로를 사용하거나 자신이 왔었던 길로 되돌아가려는 본능

인간의 피난행동 특성(본능) 고려 – 좌회, 귀소, 지광, 퇴피, 추종본능

| | |
|---|---|
| 좌회 본능 | 오른손잡이는 왼쪽으로 회전하려고 함 |
| 귀소 본능 | 왔던 곳 또는 상시 사용하는 곳으로 돌아가려 함 |
| 지광 본능 | 밝은 곳으로 향함 |
| 퇴피 본능 | 위험을 확인하고 위험으로부터 멀어지려 함 |
| 추종 본능 | 위험 상황에서 한 리더를 추종하려 함 |

**21** 피난시설계획에 관한 설명으로 옳지 않은 것은?

① 피난수단은 원시적인 방법에 의한 것을 원칙으로 한다.
② 피난대책은 Fool proof와 Fail safe의 원칙을 중시해야 한다.
③ 피난경로에 따라 일정한 구획을 한정하여 피난 Zone을 설정하고, 안전성을 높이도록 한다.
④ 피난설비는 이동식 시설에 의해야 하고, 가구식의 기구나 장치 등은 극히 예외적인 보조수단으로 생각하여야 한다.

| 피난경로 | 간단 명료<br>• 일상생활 동선과 일치<br>• Zoning(피난 zone 설정)<br>• Exit Access, Exit, Exit Discharge |
|---|---|
| 피난수단 | 원시적 방법<br> – Fool Proof<br> – 자연채광, 노대, Panic Bar, 계단<br> – 승강기 이용 불가 |
| 피난구 | 상시 개방 상태 또는 화재 시 잠금 장치 해정 |
| 피난설비 | 고정식설비 위주로 계획 (계단, 미끄럼틀, 고정식사다리, 구조대 고정 등) |

**22** 특별피난계단의 계단실 및 부속실 제연설비의 화재안전기준상 시험, 측정 및 조정등의 기준으로 옳은 것은?

① 제연구역의 모든 출입문등의 크기와 열리는 방향이 실제 시와 동일한지 여부를 확인하고, 동일하지 아니한 경우 급기량과 보충량 등을 다시 산출하여 조정가능여부 또는 재설계·개수의 여부를 결정할 것
② 제연구역의 출입문 및 복도와 거실(옥내가 복도와 거실로 되어 있는 경우에 한한다) 사이의 출입문마다 제연설비가 작동하고 있는 상태에서 그 폐쇄력을 측정할 것
③ 둘 이상의 특정소방대상물이 지하에 설치된 주차장으로 연결되어 있는 경우에는 주차장에서 둘 이상의 특정소방대상물의 제연구역으로 들어가는 출구에 설치된 제연용 연기감지기의 작동에 따라 특정소방대상물의 해당 수직풍도에 연결된 일부 제연구역의 댐퍼가 개방되도록 할 것

④ 제연구역이 출입문이 일부 닫혀 있는 상태에서 제연설비를 가동시킨 후 출입문의 개방에 필요한 힘을 측정할 것

1. 제연구역의 출입문 및 복도와 거실(옥내가 복도와 거실로 되어 있는 경우에 한한다) 사이의 출입문마다 제연설비가 작동하고 있지 아니한 상태에서 그 폐쇄력을 측정할 것
2. 둘 이상의 특정소방대상물이 지하에 설치된 주차장으로 연결되어 있는 경우에는 주차장에서 하나의 특정소방대상물의 제연구역으로 들어가는 입구에 설치된 제연용 연기감지기의 작동에 따라 특정소방대상물의 해당 수직풍도에 연결된 모든 제연구역의 댐퍼가 개방되도록 할 것
3. 제연구역의 출입문이 모두 닫혀 있는 상태에서 제연설비를 가동시킨 후 출입문의 개방에 필요한 힘을 측정하여 개방력에 적합한지 여부를 확인할 것

**23** 압력 0.8 MPa, 온도 20 ℃의 $CO_2$ 기체10 kg을 저장한 용기의 체적($m^3$)은 약 얼마인가? (단, $CO_2$의 기체상수 R = 19.26 kg·m/kg·K, 절대온도는 273 K이다.)

① 0.71
② 1.71
③ 2.71
④ 3.71

$PV = WRT$
P : 압력[$N/m^2$]   V : 부피[$m^3$]   W : 질량[kg]
R : 기체상수 [$N·m/kg·K$]
T : 절대온도[K]

$$V = \frac{WRT}{P}$$
$$= \frac{10kg \times 9.8 \times 19.26 \, N·m/(kg·K) \times 273 + 20 \, K}{0.8 \times 10^6 \, N/m^2}$$
$$= 0.691 \, m^3$$
$$19.26 \, kg·m/(kg·K) = 9.8 \times 19.26 \, N·m/(kg·K)$$

**24** 자연발화 방지방법으로 옳지 않은 것은?

① 통풍을 잘 시킴
② 습도를 높게 유지
③ 열의 축적을 방지
④ 주위의 온도를 낮춤

1. 자연발화의 조건(발열이 크고 방열이 작아야 함)

| | | |
|---|---|---|
| • 주위온도가 클 것 | • 열전도율이 작을 것 | • 습도가 클 것(촉매역할) |
| • 발열량이 클 것 | | • 표면적이 넓을 것 공기와 접촉면적이 |
| • 압력이 클 것 | • 통풍이 잘 안될 것 | 커짐) |

2. 자연발화 방지방법
   자연발화의 조건의 반대가 예방대책이다.

**25** 건축물 내 연기유동의 원인을 모두 고른 것은?

ㄱ. 부력효과
ㄴ. 바람에 의한 압력 차
ㄷ. 굴뚝(연돌)효과
ㄷ. 공기조화설비의 영향

① ㄱ, ㄷ
② ㄴ, ㄹ
③ ㄱ, ㄴ, ㄷ
④ ㄱ, ㄴ, ㄷ, ㄹ

연기의 이동요인
– 부력(실내), 팽창, 굴뚝효과, Wind effect, 공조설비(건물 내 기류의 강제이동) 및 Piston효과, 빌딩풍

**제2과목** 수방수리학·약제화학 및 소방전기

**26** 합성계면활성제 포소화약제 2%형 원액 12L를 사용하여 팽창율을 1000이 되도록 포를 방출할 때, 방출된 포의 부피($m^3$)는?

① 24
② 60
③ 240
④ 600

팽창비 = $\dfrac{발포 \ 후 \ 포의 \ 체적}{발포 \ 전 \ 포수용액의 \ 체적}$

$\Rightarrow 100 = \dfrac{방출된 \ 포의 \ 부피}{600 \, \ell}$   $\therefore 60,000 \, \ell = 60 \, m^3$

– 발포 전 포수용액의 체적은
   100 % : 2 % = $x$ : 12 $\ell$      $x = 600 \, \ell$

**27** 이상기체 상태방정식에서 기체상수의 근사값이 아닌 것은?

① $8.31 \dfrac{J}{mol \cdot K}$

② $82 \dfrac{cm^3 \cdot atm}{mol \cdot K}$

③ $0.082 \dfrac{l \cdot atm}{mol \cdot K}$

④ $8.2 \times 10^{-3} \dfrac{m^3 \cdot atm}{mol \cdot K}$

---

이상기체상태방정식의 R(기체상수)

$R = \dfrac{P \cdot V}{n \cdot T}[atm \cdot \ell / mol \cdot K] = \dfrac{P \cdot M}{\rho \cdot T}$ 이며 표준상태에서는

$R = \dfrac{1atm \cdot 22.4\,\ell}{1\,mol \cdot (0+273)K} = 0.082\ atm \cdot \ell / mol \cdot K$

$\fallingdotseq 8.2 \times 10^{-5}\ atm \cdot m^3 / mol \cdot K$

$\fallingdotseq 82\ atm \cdot cm^3 / mol \cdot K$

$\fallingdotseq 8.31\ N \cdot m / mol \cdot K$

$\fallingdotseq 8.31\ J / mol \cdot K$

---

**28** 표준상태에서 물질의 증발잠열(cal/g)이 가장 작은 것은?

① 에틸알코올
② 아세톤
③ 액화질소
④ 액화프로판

---

아세톤 - 518kJ/kg

질소 - 199kJ/kg

액화질소 - 47.74kcal/kg

에틸알코올 - 846kJ/kg

프로판 - 428kJ/kg

---

**29** 1,000K에서 기체의 열용량($C_p^{1,000K}$, $\dfrac{J}{mol \cdot K}$) 이 가장 높은 물질에서 낮은 순서로 옳은 것은?

① $CO_2 > H_2O(g) > N_2 > He$

② $H_2O(g) > CO_2 > N_2 > He$

③ $He > CO_2 > H_2O(g) > N_2$

④ $H_2O(g) > He > N_2 > CO_2$

---

• 열용량($C$) : 어떤 물질의 온도를 $1\ ^\circ\!C$ 올리는데 필요한 열량

열용량 = 비열 × 질량

$C[kcal/^\circ\!C] = C[kcal/kg \cdot ^\circ\!C] \times m[kg]$

1mol당 열용량(몰 열용량)

$CO_2$ : 37.129 J/mol · K

$H_2O$ : 33.590 J/mol · K

$N_2$ : 29.124 J/mol · K

$He$ : 20.78 J/mol · K

---

**30** 프로판가스 1몰이 완전연소 시 생성되는 생성물에서 질소기체가 차지하는 부피비(%)는 약 얼마인가?(단, 생성물은 모두 기체로 가정하고, 공기 중의 산소는 21vol%, 질소는 79 vol% 이다.)

① 18.8
② 22.4
③ 72.9
④ 79.0

---

프로판 가스 1몰의 완전연소반응식

$C_3H_8 + 5O_2 \rightarrow 3CO_2 + 4H_2O$ 여기서

공기의 몰수는 $\dfrac{5}{0.21} = 23.8\ mol$ 이고 질소는 79 % 차지하고

있으므로 23.8mol×0.79=18.8mol이 존재.

완전연소 후 산소는 다 사라지고 $CO_2$ 3 mol, $H_2O$ 4mol, 생성되고 반응에 참여하지 않은 질소 18.8 mol을 포함하여 총 25.8 mol이 되므로 반응 후 질소의 부피비는

$\dfrac{18.8\ mol}{25.8\ mol} \times 100\ \% = 72.868\ \%$

---

**31** 할로겐화합물 및 불활성기체 소화설비의 화재안전기준 (NFSC 107A)에 의한 소화약제의 최대허용설계농도(%)가 옳은 것을 모두 고른 것은?

| |
|---|
| ㄱ. FC-3-1-10 : 40 |
| ㄴ. IG-55 : 43 |
| ㄷ. HCFC-124 : 1.0 |
| ㄹ. HFC-23 : 40 |
| ㅁ. FK-5-1-12 : 10 |
| ㅂ. HCFC BLEND A : 20 |

① ㄱ, ㄴ, ㄷ, ㅁ
② ㄱ, ㄷ, ㄹ, ㅁ
③ ㄴ, ㄷ, ㄹ, ㅂ
④ ㄴ, ㄹ, ㅁ, ㅂ

---

할로겐화합물소화설비의 최대허용설계농도(%)

| 소 화 약 제 | 최대허용 설계농도(%) | 소 화 약 제 | 최대허용 설계농도(%) |
|---|---|---|---|
| FC-3-1-10 | 40 | FK-5-1-12 | 10 |
| HFC-23 | 30 | HCFC BLEND A | 10 |
| HFC-236fa | 12.5 | HCFC-124 | 1 |
| HFC-125 | 11.5 | FIC-13I1 | 0.3 |
| HFC-227ea | 10.5 | | |

**32** 이산화탄소 소화약제에 관한 설명으로 옳지 않은 것은?

① 이산화탄소는 연소물 주변의 산소 농도를 저하시켜 질식소화한다.
② 심부화재의 경우 고농도의 이산화탄소를 장시간 방출시켜 재발화를 방지할 수 있다.
③ 통신기기실, 전산기기실, 변전실 화재에 적응성이 있다.
④ 마그네슘 화재에 적응성이 있다.

| 마그네슘 Mg | ① 은백색의 광택 금속으로 공기 중 연소 시 백색의 빛나는 불꽃을 내며 산화마그네슘 MgO 생성 $2Mg + O_2 \rightarrow 2MgO + Q\ kcal$ <br> ② 물과 반응식 – 수소가스 발생 $Mg + 2H_2O \rightarrow Mg(OH)_2 + H_2 \uparrow$ <br> ③ 산과의 반응식 – 수소가스 발생 $Mg + 2HCl \rightarrow MgCl_2 + H_2 \uparrow$ <br> ④ 알칼리와 반응식 – 수소가스 발생 $2Mg + 2NaOH + 2H_2O$ $\rightarrow 2Mg(OH)_2 + 2Na + H_2 \uparrow$ <br> ⑤ 이산화탄소와 반응식 $2Mg + CO_2 \rightarrow 2MgO + C$ 탄소를 유리하여 이산화탄소 소화약제 적응성 없음 ※ 유리 : 화합물에서 결합이 끊어져 원자나 원자단이 분리되는 일 <br> ⑥ 할로겐화합물 소화약제와 반응식 $2Mg + CCl_4 \rightarrow 2MgCl_2 + C + Q\ kcal$ 탄소를 유리하여 할론 소화약제 적응성 없음 |
|---|---|

**33** 제3종 분말소화약제의 열분해시 생성되는 오르토(ortho)인산의 화학식으로 옳은 것은?

① $H_3PO_4$
② $HPO_3$
③ $H_4P_2O_5$
④ $H_4P_2O_7$

제3종분말($NH_4H_2PO_4$ 인산암모늄 : 담홍색, 순도 75% 이상)

190℃  $NH_4H_2PO_4 \rightarrow NH_3 + H_3PO_4 - Q\ kcal$

올쏘인산 : 탄화, 탈수작용

360℃ $\rightarrow NH_3 + HPO_3 + H_2O - Q\ kcal$

메타인산 : 방진작용

**34** 다음 용어 정의에 대한 공식과 단위 연결이 옳지 않은 것은?(단, $W$ : 일, $Q$ : 전하량, $t$ : 시간, $\rho$ : 고유저항, $l$ : 길이, $S$ : 단면적)

① 전압 $V = \dfrac{Q}{W}(C/J)$    ② 전류 $I = \dfrac{Q}{t}(C/s)$

③ 전력 $P = \dfrac{W}{t}(J/s)$    ④ 저항 $R = \rho \dfrac{l}{S}(\Omega)$

전압 – 전하(전류)를 흐르게 하는 전기적인 에너지의 차이, 전기적인 압력의 차이를 전위차 또는 전압이라 한다.

$$V[V] = \frac{W[J]}{Q[C]} = \frac{W[J]}{I[A] \cdot t[s]},$$

$$W[J] = Q[C] \cdot V[V]$$

즉, 1 V 는 1 C 의 전하가 두 점 사이를 이동할 때 얻거나 잃는 에너지가 1 J 일 때의 전위차가 된다.

**35** 자동제어계의 제어동작에 의한 분류 중 옳지 않은 제어방식은?

① PD 제어    ② PE 제어
③ PI 제어    ④ P 제어

자동 제어계의 분류
(1) 목표값의 성질에 의한 분류 – 정치 제어 (constant - value control), 추종장치 (follow - up control), 프로그램 제어 (program control)
(2) 제어대상(제어량)의 성질에 의한 분류 – 서보 기구, 프로세스 제어, 자동 조정 기구
(3) 연속성에 의한 분류
 ① 연속 제어(Continuous Control) 제어량의 변화를 연속 측정하여 설정치와 비교, 연산하고 상시 정정하는 제어로 비례(proportion), 미분(differential), 적분(integral) 제어가 이에 속한다.

| 비례 제어 | P 제어 | 잔류 편차(off set) 발생, $G(s) = K$ |
|---|---|---|
| 비례적분 제어 | PI 제어 | 잔류 편차는 제거되지만 속응성이 길다. $G(s) = K\left(1 + \dfrac{1}{T_i s}\right)$ |
| 비례미분 제어 | PD 제어 | 속응성을 향상, 잔류 편차는 있다. $G(s) = K(1 + T_d\,s)$ |
| 비례미분 적분 제어 | PID 제어 | 속응성도 향상시키고 잔류 편차도 제거한 제어계로 가장 안정적인 제어계 $G(s) = K\left(1 + T_d\,s + \dfrac{1}{T_i s}\right)$ |

② **불연속 제어**(Floating Control) 제어량의 변화는 연속 적으로 측정하지만 조작량의 정정은 불연속적으로 행하 는 ON-OFF 제어 2-Position Control 제어가 이에 속한다.

**36** 논리식 $X = A \cdot \overline{B}$에 맞는 타임 차트는?(단 $A$, $B$는 입력, $X$는 출력)

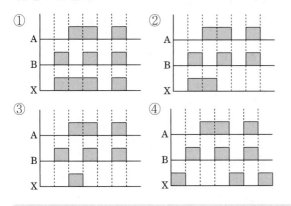

논리식 $A \cdot \overline{B} = X$를 논리회로로 표현하면 아래와 같다.

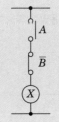

즉, A 입력시에만 X 출력이 발생 함.

**37** 다음 그림의 유접점 회로와 동일한 무접점 회로는?

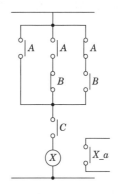

①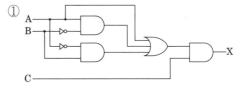

②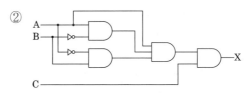

③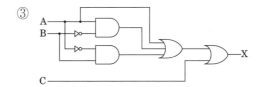

④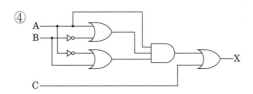

문제의 유접점 회로를 논리식으로 나타내면 다음과 같다.
$$(A + A \cdot \overline{B} + \overline{A} \cdot B) \cdot C = X$$

| 논리회로 | | |
|---|---|---|
| $\overline{A} = X$ | $A + B = X$ | $A \cdot B = X$ |

**38** 전압 220 V 저항부하 110 Ω인 회로에 1시간 동안 전류를 흘렸을 때, 이 저항에서의 발열량(kcal)은 약 얼마인가?

① 26  ② 380
③ 440  ④ 1,584

$$H = 0.24\frac{V^2}{R}t = 0.24 \times \frac{220^2}{110} \times 3,600$$
$$= 380,160\,\text{cal} = 380\,\text{kcal}$$

**39** R-L 직렬회로의 임피던스 Z를 복소수평면상에 표현한 그림이다. 이 회로의 임피던스에 관한 설명으로 옳지 않은 것은?

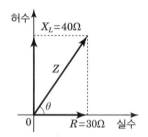

① 임피던스 $Z = 50\angle\theta$
② 임피던스 $Z = 30 + j40$
③ 임피던스 위상각 $\theta \fallingdotseq 53.1°$
④ 임피던스 $Z = 50(\sin\theta + j\cos\theta)$

R L 직렬 회로
$$\dot{Z} = R + jX_L = 30 + j40$$
$$Z = \sqrt{R^2 + (\omega L)^2}\,[\Omega] = \sqrt{30^2 + 40^2}\,[\Omega] = 50\,[\Omega]$$
$$Z = 50(\cos\theta + j\sin\theta) = 50\angle\theta$$

$$\theta = \tan^{-1}\frac{V_L(\text{허수부전압})}{V_R(\text{실수부전압})} = \tan^{-1}\frac{IX_L}{IR}$$
$$= \tan^{-1}\frac{X_L}{R} = \tan^{-1}\frac{40}{30}\,[\text{rad}] = 53.13°$$

**40** 교류전원이 인가되는 다음 R-L 직렬 회로의 역률은 약 얼마인가?

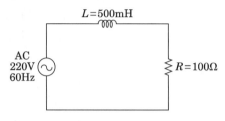

① 0.196  ② 0.258
③ 0.389  ④ 0.469

$$X_L = \omega L = 2\pi f L\,[\Omega] = 2\pi \times 60 \times 500 \times 10^{-3} = 188.495\,[\Omega]$$
$$Z = \sqrt{R^2 + (\omega L)^2}\,[\Omega] = \sqrt{100^2 + 188.495^2}\,[\Omega]$$
$$= 213.378\,[\Omega]$$

역률 $\cos\theta = \dfrac{R}{Z} = \dfrac{100}{213.378} = 0.468$

**41** 교류 전압을 표현하는 방법 중 실효값에 해당하지 않는 것은? (단, $v = V_m\sin\omega t$, $V_m$은 최대값)

① 실효값 $V = \sqrt{\dfrac{1}{\pi}\displaystyle\int_0^\pi v\,dt}$
② 실효값 $V = \dfrac{V_m}{\sqrt{2}}$
③ 실효값은 동일한 저항에 직류 전원과 교류 전원을 각각 인가했을 경우 평균전력이 같아지는 때의 전압 값을 의미한다.
④ 교류 220 V와 380 V 등은 교류전원의 실효값 전압을 의미한다.

실효값 : V, I (대문자로 표시)
교류의 크기를 교류와 동일한 일을 하는 직류의 크기로 바꿔 나타낸 값
$$V = \sqrt{v^2\text{의 1주기간 평균값}} = \sqrt{\frac{1}{T}\int_0^T v^2\,dt}$$
$$V = \frac{V_m}{\sqrt{2}} = 0.707\,V_m\,[\text{V}]$$

정답  38 ②  39 ④  40 ④  41 ①

**42** 권선수 500회이고 자기인덕턴스가 50 mH인 코일에 2 A 의 전류를 흘렸을 때의 자속(Wb)은 얼마인가?

① $1 \times 10^{-4}$       ② $2 \times 10^{-4}$

③ $3 \times 10^{-4}$       ④ $4 \times 10^{-4}$

$L = \dfrac{N \cdot \varnothing}{I}$ [H] 이므로

$50 \times 10^{-3} = \dfrac{500 \times \varnothing}{2}$     $\therefore \varnothing = 2 \times 10^{-4}$ [Wb]

**43** 동일한 성능 펌프 2대를 연결하여 운용하는 경우에 관한 설명 중 옳은 것은?

① 직렬로 연결한 경우 양정이 약 2배가 된다.
② 직렬로 연결한 경우 유량이 약 4배가 된다.
③ 병렬로 연결한 경우 양정이 약 2배가 된다.
④ 병렬로 연결한 경우 유량이 약 4배가 된다.

**펌프의 성능**

| 펌프 2대 연결 방법 | | 직렬 연결 | 병렬 연결 |
|---|---|---|---|
| 성능 | 유량(Q) | Q | 2Q |
| | 양정(H) | 2H | H |

**44** 물이 지름 0.5 m 관로에 유속 2 m/s로 흐를 때, 100 m 구간에서 발생하는 손실수두(m)는 약 얼마인가? (단, 마찰손실계수는 0.019이다)

① 0.35       ② 0.58
③ 0.77       ④ 0.98

배관의 마찰손실
달시웨버식(Darcy - weisbach) - 모든 유체의 층류, 난류 흐름에 적용

$$H(\text{m}) = f \dfrac{L}{D} \dfrac{V^2}{2g} = K \dfrac{V^2}{2g}$$

$f$ : 관마찰계수    $D$ : 내경[m]      $L$ : 길이[m]
$V$ : 유속[m/s]    $g$ : 중력가속도[m/s²]    $K$ : 손실계수

$H(\text{m}) = f \dfrac{L}{D} \dfrac{V^2}{2g} = 0.019 \times \dfrac{100}{0.5} \times \dfrac{2^2}{2 \times 9.8} = 0.775 \text{ m}$

**45** A광역시 교외에 위치한 산업단지의 노후화된 물탱크 안전진단 결과 철거결정이 내려졌다. 물탱크 구조물을 해체하기 전에 탱크안의 물을 먼저 배수하여야 하는데 수위 변화에 따른 유속 및 유량이 변화할 것으로 예상된다. 물을 대기압 하의 물탱크 바닥 오리피스에서 분출시킬 때 최대유량(m³/s)은 약 얼마인가? (단, 오리피스의 지름은 5cm, 초기수위는 3m이다.)

① 0.002       ② 0.005
③ 0.010       ④ 0.015

$$Q = AV = \dfrac{\pi}{4} \times 0.05^2 \times \sqrt{2 \times 9.8 \times 3} = 0.015 \text{ m}^3/\text{s}$$

$$A = \dfrac{\pi}{4} D^2 = \dfrac{\pi}{4} \times 0.05^2 \text{ m}^2$$

$$V = \sqrt{2gh} = \sqrt{2 \times 9.8 \times 3} = 7.668 \text{ m/s}$$

**46** 베르누이 방정식은 완전유체를 대상으로 하며 몇 가지 제한조건을 전제로 한다. 이 제한조건에 해당하는 것은?

① 비정상 유체유동
② 압축성 유체유동
③ 점성 유체유동
④ 비회전성 유체유동

베르누이 방정식(에너지 보존의 법칙)
① 배관내 어느 지점에서든지 유체가 갖는 역학적에너지(압력에너지, 운동에너지, 위치에너지)는 같다.
② 조건
정상유동(정상류), 유선을 따라 입자가 이동, 비점성유체 (마찰이 없는 유체), 비압축성유체

**47** 물이 지름 2 mm 인 원형관에 0.25 cm³/s로 흐르고 있을 때, 레이놀즈수는 약 얼마인가? (단, 동점성계수는 0.0112 cm²/s이다.)

① 106       ② 142
③ 206       ④ 410

**정답**   42 ②   43 ①   44 ③   45 ④   46 ④   47 ②

레이놀드 수(Reynolds Number)
① 유체의 유동상태를 나타내는 지표, 층류와 난류를 구분하는 수 - 관성력과 점성력의 비
② $Re = \dfrac{\rho VD}{\mu} = \dfrac{VD}{\nu}$
$\rho$ : 밀도, $V$ : 유속, $D$ : 직경, $\mu$ : 점성계수,
$\nu$ : 동점성계수

$Re = \dfrac{VD}{\nu} = \dfrac{7.957\,\text{cm/s} \times 0.2\,\text{cm}}{0.0112\,\text{cm}^2/\text{s}} = 142.10$

$V = \dfrac{4Q}{\pi D^2} = \dfrac{4 \times 0.25\,\text{cm}^3/\text{s}}{\pi \times 0.2^2\,\text{cm}^2} = 7.957\,\text{cm/s}$

**48** 단면적 2.5 cm², 길이 1.4 m인 소방장비의 무게가 지상에서 2.75 kg 일 때, 물속에서의 무게(kg)는 얼마인가?

① 0.9　　　　② 1.4
③ 1.9　　　　④ 2.4

물속에서 어떤 물질의 무게
= 지상에서의 물질의 무게 - 물에 의한 부력
① 물에 의한 부력
　$\gamma V = 1000\,\text{kg}_\text{f}/\text{m}^3 \times 2.5 \times 10^{-4}\,\text{m}^2 \times 1.4\,\text{m} = 0.345\,\text{kg}_\text{f}$
② 지상에서의 물질의 무게 - 물에 의한 부력
　= 2.75 - 0.35 = 2.4 $\text{kg}_\text{f}$

**49** 유체의 압력 표시방법에 관한 설명으로 옳지 않은 것은?

① 계기압은 대기압을 0으로 놓고 측정하는 압력이다.
② 해수면에서 표준대기압은 약 101.3 kPa 이다.
③ 계기압은 절대압과 대기압의 합이다.
④ 이상기체 방정식에서 부피는 절대압을 사용한다.

① 절대압($P_0$) = 국소대기압($P_a$) + 게이지압($P_g = \gamma \cdot h$)
　계기압은 절대압과 대기압의 차이다.
② 절대압($P_0$) = 국소대기압($P_a$) - 진공압($P_v$)

**50** 2개의 피스톤으로 구성된 유압잭의 작동원리에 관한 설명 중 옳지 않은 것은?(단, $W$ : 일, $P$ : 압력, $F$ : 힘, $A$ : 피스톤의 단면적, $L$ : 피스톤이 이동한 거리)

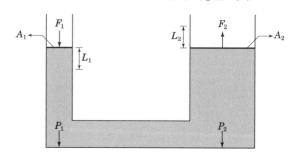

① $F_1 < F_2$　　　② $P_1 = P_2$
③ $L_1 < L_2$　　　④ $W_1 = W_2$

파스칼의 원리
① 밀폐된 용기속의 유체에 압력을 가하면 그 압력은 유체내의 모든 부분에 그대로 전달된다.
② 파스칼의 원리를 이용하면 작은 힘으로 큰 무게를 들 수 있다
③ $W_1 = F_1 \cdot L_1 = F_2 \cdot L_2 = W_2$
　$F_2$가 $F_1$보다 크므로 $L_1 > L_2$가 된다.

**제3과목** 소방관련법령

**51** 소방기본법령상 국고보조 대상사업자의 범위와 기준보조율에 관한 설명으로 옳은 것은?

① 국고보조 대상사업의 범위에 따른 소방활동장비 및 설비의 종류와 규격은 대통령령으로 정한다.
② 방화복 등 소방활동에 필요한 소방장비의 구입 및 설치는 국고보조 대상사업의 범위에 해당한다.
③ 소방헬리콥터 및 소방정의 구입 및 설치는 국고보조 대상사업의 범위에 해당하지 않는다.
④ 국고보조 대상사업의 기준보조율은 「보조금 관리에 관한 법률 시행규칙」에서 정하는 바에 따른다.

정답 　48 ④　49 ③　50 ③　51 ②

1. 행정안전부령으로 정하는 기준 등
   ㉠ 소방업무를 수행하는 데에 필요한 인력과 장비 등에 관한 기준
   ㉡ 소방자동차 등 소방장비의 분류·표준화와 그 관리 등에 필요한 사항
   ㉢ 소방활동장비 및 설비의 종류와 규격
2. 보조 대상사업의 범위 (대통령령으로 정함)
   ① 소방활동장비와 설비의 구입 및 설치

| 소방자동차 | 소방헬리콥터 및 소방정 |
|---|---|
| 소방전용통신설비 및 전산설비 | 방화복 등 소방활동에 필요한 소방장비 |

   ② 소방관서용 청사의 건축
3. (3) 국고보조산정을 위한 기준가격(기준보조율) – 대통령령으로 정함

## 52 소방기본법령상 200만원의 벌금에 처해질 수 있는 자는?

① 화재조사를 위하여 관계 공무원이 관계 장소에 출입 시 정당한 사유 없이 출입을 방해한 자
② 정당한 사유 없이 소방대의 생활안전활동을 방해한 자
③ 화재경계지구 안의 소방대상물에 대한 소방특별조사를 기피한 자
④ 정당한 사유 없이 물의 사용을 방해한 자

소방기본법상 200만원 이하의 벌금
① 화재의 예방조치의 명령에 따르지 아니하거나 이를 방해한 자
② 화재조사 관계 공무원의 출입 또는 조사를 거부·방해 또는 기피한 자

## 53 소방기본법령상 화재가 발생하였을 때에 화재의 원인 및 피해 등에 대한 조사를 하여야 하는 사람으로 옳지 않은 것은?

① 행정안전부장관　　② 소방청장
③ 소방본부장　　　　④ 소방서장

① 화재조사자 – 소방청장, 소방본부장 또는 소방서장
② 화재조사자의 교육을 실시하는 자 – 소방청장

## 54 소방시설공사업법령상 합병의 경우 소방시설업자 지위승계를 신고하려는 자가 제출하여야 하는 서류가 아닌 것은?

① 소방시설업 합병신고서
② 합병계약서 사본
③ 합병 후 본인의 소방시설업 등록증 및 등록수첩
④ 합병공고문 사본

| 소방시설업자의 지위승계(30일 이내 신고) | | |
|---|---|---|
| 양도·양수의 경우 | 상속의 경우 | 합병의 경우 |
| 소방시설업 지위승계 신고서 | 소방시설업 지위승계신고서 | 소방시설업 합병신고서 |
| 양도인의 소방시설업 등록증 및 등록수첩 | 피상속인의 소방시설업등록증 및 등록수첩 | 합병 전 법인의 소방시설업등록증 및 등록수첩 |
| 양도·양수 계약서 사본 등 | 상속인임을 증명하는 서류 | 합병계약서 사본 |
| 양도·양수 공고문 사본 | – | 합병공고문 사본 |

## 55 소방시설공사업법령상 수수료 기준으로 옳지 않은 것은?

① 전문 소방시설설계업을 등록하려는 자 – 4만원
② 소방시설업 등록증을 재발급 받으려는 자 – 2만원
③ 소방시설업자의 지위승계 신고를 하려는 자 – 2만원
④ 일반 소방시설공사업을 등록하려는 자 – 분야별 2만원

소방시설공사업법 별표 7. 수수료 및 교육비
1. 소방시설업을 등록하려는 자
   전문, 방염업(업종별) – 4만원, 일반 – 분야별 2만원
2. 소방시설업 등록증 또는 등록수첩을 재발급 받으려는 자: 소방시설업 등록증 또는 등록수첩별 각각 1만원
3. 소방시설업자의 지위승계 신고를 하려는 자: 2만원

정답　52 ①　53 ①　54 ③　55 ②

**56** 소방시설공사업법령상 하도급계약심사위원회의 구성 및 운영에 관한 설명으로 옳은 것은?

① 하도급계약심사위원회는 위원장 1명과 부위원장 1명을 제외한 10명 이내의 위원으로 구성한다.
② 소방 분야 연구기관의 연구위원급 이상인 사람은 위원회의 부위원장으로 위촉될 수 있다.
③ 위원회의 회의는 재적위원 과반수의 출석으로 개의하고, 출석위원 3분의 2이상 찬성으로 의결한다.
④ 위원의 임기는 2년으로 하되, 두 차례까지 연임할 수 있다.

---

※ 하도급계약심사위원회의 구성 및 운영(령 제12조의 3)
① 하도급계약심사위원회는 **위원장 1명과 부위원장 1명을 포함**하여 **10명 이내의 위원**으로 구성한다.
② 위원회의 위원장은 발주기관의 장이 되고, 부위원장과 위원은 다음의 어느 하나에 해당하는 사람 중에서 위원장이 임명하거나 성별을 고려하여 위촉한다.

> 1. 해당 발주기관의 과장급 이상 공무원
> 2. 소방 분야 연구기관의 연구위원급 이상인 사람
> 3. 소방 분야의 박사학위를 취득 후 3년 이상 연구 또는 실무경험이 있는 사람
> 4. 대학(소방 분야로 한정한다)의 조교수 이상인 사람
> 5. 소방기술사 자격을 취득한 사람

③ **위원의 임기는 3년으로 하며, 한 차례만 연임할 수 있다.**
④ **위원회의 회의는 재적위원 과반수의 출석으로 개의(開議)하고, 출석위원 과반수의 찬성으로 의결한다.**
⑤ ① ~ ④ 외에 위원회의 운영에 필요한 사항은 위원회의 의결을 거쳐 위원장이 정한다.

---

**57** 소방시설공사업법령상 하자보수 대상 소방시설과 하자보수 보증기간의 연결이 옳지 않은 것은?

① 피난기구 - 3년
② 자동화재탐지설비 - 3년
③ 자동소화장치 - 3년
④ 간이스프링클러설비 - 3년

공사의 하자보수 등

| 하자기간 | 소화설비 | 경보설비 | 피난경보설비 | 소화용수설비 | 소화활동설비 |
|---|---|---|---|---|---|
| 2년 | - | 비상경보설비 비상방송설비 | 피난기구, 유도등, 유도표지, 비상조명등 | - | 무선통신보조설비 |
| 3년 | 자동소화장치 옥내·옥외소화전 스프링클러 간이스프링클러 물분무등 | 자동화재탐지설비 | - | 상수도소화용수설비 | 소화활동설비 (무선통신 보조설비는 제외한다) |

**58** 소방시설공사업법령상 영업정지가 그 이용자에게 불편을 주거나 그 밖에 공익을 해칠 우려가 있을 때에 시·도지사가 영업정지처분을 갈음하여 과징금을 부과할수 없는 경우는?

① 사업수행능력 평가에 관한 서류를 위조하거나 변조하는 등 거짓이나 그 밖의 부정한 방법으로 입찰에 참여한 경우
② 동일한 특정소방대상물의 소방시설에 대한 설계와 감리를 함께 할 수 없으나 이를 위반하여 설계와 감리를 함께 한 경우
③ 정당한 사유없이 관계 공무원의 출입 또는 검사·조사를 기피한 경우
④ 공사감리자를 변경하였을 때에는 새로 지정된 공사감리자와 종전의 공사감리자는 감리 업무 수행에 관한 사항과 관계 서류를 인수·인계하여야 하나, 인수·인계를 기피한 경우

---

제10조(과징금처분)
① 시·도지사는 다음에 해당하는 경우로서 영업정지가 그 이용자에게 불편을 주거나 그 밖에 공익을 해칠 우려가 있을 때에는 영업정지처분을 갈음하여 3천만원 이하의 과징금을 부과할 수 있다.
② 과징금을 부과하는 위반행위의 종류와 위반 정도 등에 따른 과징금과 그 밖에 필요한 사항은 행정안전부령으로 정한다.
③ 시·도지사는 제1항에 따른 과징금을 내야 할 자가 납부기한까지 과징금을 내지 아니하면 「지방세외수입금의 징수 등에 관한 법률」에 따라 징수한다.

---

**정답** 56 ② 57 ① 58 ②

**59** 화재예방, 소방시설 설치·유지 및 안전관리에 관한 법령상 특정소방대상물이 증축되는 경우에 기존 부분에 대해서는 증축 당시의 소방시설의 설치에 관한 대통령령 또는 화재안전기준을 적용하지 아니하는 경우가 있다. 이 경우에 해당하지 않는 것은?

① 기존 부분과 증축 부분이 갑종 방화문으로 구획되어 있는 경우

② 기존 부분과 증축 부분이 국토교통부장관이 정하는 기준에 적합한 자동방화셔터로 구획되어 있는 경우

③ 자동차 생산공장 내부에 연면적 50제곱미터의 직원 휴게실을 증축하는 경우

④ 자동차 생산공장에 3면 이상에 벽이 없는 구조의 캐노피를 설치하는 경우

---

기존의 특정소방대상물이 증축되거나 용도 변경되는 경우
(1) 증축의 경우
① 대통령령으로 정하는 바에 따라 **기존 부분을 포함한 특정소방대상물의 전체에 대하여** 증축 당시의 소방시설 등의 설치에 관한 대통령령 또는 화재안전기준을 적용한다.
② 기존부분에 대하여는 증축 당시의 소방시설의 설치에 관한 대통령령 또는 화재안전기준을 적용하지 아니하는 경우
㉠ 기존부분과 증축부분이 **내화구조로 된 바닥과 벽으로 구획된 경우**
㉡ 기존부분과 증축부분이 **갑종방화문, 자동방화셔터로 구획되어 있는 경우**
㉢ 자동차생산 공장 등 화재위험이 낮은 특정소방대상물 내부에 **연면적 33 m² 이하의 직원휴게실을 증축하는 경우**
㉣ 자동차생산 공장 등 화재위험이 낮은 특정소방대상물에 캐노피(3면 이상에 벽이 없는 구조의 캐노피)를 설치하는 경우

---

**60** 화재예방, 소방시설 설치·유지 및 안전관리에 관한 법령상 임시소방시설에 해당하지 않는 것은?

① 비상경보장치
② 간이완강기
③ 간이소화장치
④ 간이피난유도선

---

임시소방시설의 종류

| 종류 | 정의 |
|---|---|
| 소화기 | - |
| 간이 소화장치 | 물을 방사(放射)하여 화재를 진화할 수 있는 장치 |
| 비상 경보장치 | 화재가 발생한 경우 주변에 있는 작업자에게 화재 사실을 알릴 수 있는 장치 |
| 간이 피난 유도장치 | 화재가 발생한 경우 피난구 방향을 안내할 수 있는 장치 |

---

**61** 화재예방, 소방시설 설치·유지 및 안전관리에 관한 법령상 1급 소방안전관리대상물에 해당하는 것은? (단, [공공기관의 소방안전관리에 관한규정]을 적용받는 특정소방대상물은 제외함)

① 지하구

② 철강 등 불연성 물품을 저장·취급하는 창고

③ 층수가 10층이고 연면적이 1만5천제곱미터인 판매시설

④ 층수가 20층이고 지상으로부터 높이가 60미터인 아파트

---

소방안전관리자를 두어야 하는 특정소방대상물

| 구분 | 소방안전관리대상물 |
|---|---|
| 특급 | • 30층 이상(지하층을 포함)이거나 지상으로부터 높이가 120 m 이상인 특정소방대상물(아파트 제외)<br>• 연면적이 20만 m² 이상인 특정소방대상물(아파트제외)<br>• 50층 이상(지하층 제외) 또는 200 m 이상인 아파트 |
| 1급 | • 특정소방대상물로서 층수가 11층 이상인 것(아파트 제외)<br>• **연면적 1만5천 m² 이상인 것(아파트 제외)**<br>• 30층 이상(지하층 제외) 또는 120 m 이상인 아파트<br>• 가연성가스를 1,000톤 이상 저장·취급하는 시설 |
| 2급 | • 다음에 해당하는 설비를 설치한 특정소방대상물<br>옥내소화전설비, 스프링클러설비, 간이스프링클러설비, 물분무등소화설비<br>[호스릴(Hose Reel) 방식의 물분무등소화설비만을 설치한 경우는 제외한다]<br>• 가스제조설비를 갖추고 도시가스사업허가를 받아야 하는 시설 또는 가연성가스를 100톤 이상 1,000톤 미만 저장·취급하는 시설<br>• 보물 또는 국보로 지정된 목조건축물<br>• **지하구**<br>• 공동주택 |
| 3급 | 자동화재탐지설비만 설치된 대상물 |

---

**62** 화재예방, 소방시설 설치·유지 및 안전관리에 관한 법령에 대한 설명으로 옳은 것은?

① 시·도지사는 소방시설관리업등록증(등록수첩) 재교부신청서를 제출받은 때에는 3일 이내에 소방시설관리업등록증 또는 등록수첩을 재교부하여야 한다.

② 소방시설관리업자가 소방시설관리업을 휴·폐업한 때에는 3일 이내에 소재지를 관할하는 소방서장에게 그 소방시설관리업등록증 및 등록수첩을 반납하여야 한다.

③ 시·도지사는 소방시설관리업자로부터 소방시설관리업등록사항 변경신고를 받은 때에는 7일 이내에 소방시설관리업등록증 및 등록수첩을 새로 교부하여야 한다.

④ 피성년후견인이 금고 이상의 형의 집행유예를 선고받고 그 유예기간이 종료된 경우에는 소방시설관리업의 등록을 할 수 있다.

1. 반납
   ① 등록이 취소된 때
   ② 소방시설관리업을 휴 · 폐업한 때
   ③ 등록증 또는 등록수첩을 잃어버리고 재교부를 받은 경우에는 이를 다시 찾은 때
2. 시·도지사는 변경신고를 받은 때에는 **5일 이내**에 소방시설관리업등록증 및 등록수첩을 새로 교부
3. 소방시설관리업 등록 불가
   ① 등록기준에 적합하지 아니한 경우
   ② 등록을 신청한 자가 결격사유에 해당하는 경우
   ③ 그 밖에 이 법 또는 다른 법령에 따른 제한에 위반되는 경우

**등록의 결격사유**
① 피성년후견인
② 금고 이상의 실형을 선고받고 그 집행이 끝나거나(집행이 끝난 것으로 보는 경우를 포함한다) 집행이 면제된 날부터 2년이 지나지 아니한 사람
③ 금고 이상의 형의 집행유예를 선고받고 그 유예기간 중에 있는 사람
④ 관리업의 등록이 취소된 날부터 2년이 지나지 아니한 자
⑤ 임원 중에 ①부터 ④까지의 어느 하나에 해당하는 사람이 있는 법인

**63** 화재예방, 소방시설 설치·유지 및 안전관리에 관한 법령상 특정소방대상물의 설명으로 옳지 않은 것은?

① 의원은 근린생활시설이다.
② 보건소는 업무시설이다.
③ 요양병원은 의료시설이다.
④ 동물원은 동물 및 식물 관련 시설이다.

| 문화 및 집회시설 | 공연장 | 근린생활시설에 해당하지 않는 것 (300 m² 이상) |
| --- | --- | --- |
| | 집회장 | 예식장, 공회당, 회의장, 마권(馬券)장외 발매소, 마권 전화투표소 |
| | 관람장 | 경마장, 경륜장, 경정장, 자동차 경기장, 그 밖에 이와 비슷한 것과 체육관 및 운동장으로서 관람석의 바닥면적의 합계가 1천 m² 이상 |
| | 전시장 : 박물관, 미술관, 과학관, 문화관, 체험관, 기념관, 산업전시장, 박람회장 | |
| | 동 · 식물원 : **동물원**, 식물원, 수족관 | |

**64** 화재예방, 소방시설 설치·유지 및 안전관리에 관한 법령상 주택용 소방시설을 설치하여야 하는 대상을 모두 고른 것은?

| | |
| --- | --- |
| ㄱ. 다중주택 | ㄴ. 다가구주택 |
| ㄷ. 연립주택 | ㄹ. 기숙사 |

① ㄱ, ㄹ
② ㄴ, ㄹ
③ ㄱ, ㄴ, ㄷ
④ ㄴ, ㄷ, ㄹ

**주택에 설치하는 소방시설**
① 국가 및 지방자치단체는 주택용 소방시설(소화기와 단독경보형감지기)의 설치 및 국민의 자율적인 안전관리를 촉진하기 위하여 필요한 시책을 마련하여야 한다.
② 주택용 소방시설의 설치기준 및 자율적인 안전관리 등에 관한 사항은 시·도의 조례로 정한다.
③ 단독주택, 공동주택(아파트 및 기숙사는 제외)의 소유자는 주택용 소방시설을 설치하여야 한다.

**65** 화재예방, 소방시설 설치·유지 및 완전관리에 관한 법령상 무선통신보조설비를 설치하여야 하는 특정소방대상물에 해당하지 않는 것은?(단, 위험물 저장 및 처리 시설 중 가스시설은 제외함)

① 공동구
② 지하가(터널은 제외)로서 연면적 1천m² 이상인 것
③ 층수가 30층 이상인 것으로서 11층 이상 부분의 모든 층
④ 지하층의 층수가 3층 이상이고 지하층의 바닥면적의 합계가 1천m² 이상인 것은 지하층의 모든 층

| 무선통신보조설비 설치대상 | |
| --- | --- |
| 설치대상 | 설치 층 |
| 지하층의 바닥면적의 합계가 3천m²이상 | 지하층의 전층 |
| 지하층의 층수가 3개층 이상이고 지하층의 바닥면적의 합계가 1천m² 이상 | 지하층의 전층 |
| **층수가 30층 이상** | **16층 이상의 전층** |
| 지하가(터널은 제외한다)의 연면적 1천m² 이상 | – |
| 공동구 | – |

**66** 화재예방, 소방시설 설치·유지 및 안전관리에 관한 법령상 우수품질 제품에 대한 인증 및 지원에 관한 설명으로 옳은 것은?

① 우수품질인증을 받으려는 자는 대통령령으로 정하는 바에 따라 시·도지사에게 신청하여야 한다.
② 우수품질인증을 받은 소방용품에는 KS인증 표시를 한다.
③ 우수품질인증의 유효기간은 5년의 범위에서 행정안전부령으로 정한다.
④ 중앙행정기관은 건축물의 신축으로 소방용품을 신규 비치하여야 하는 경우 우수품질 인증 소방용품을 반드시 구매·사용해야 한다.

우수품질 제품에 대한 인증 및 지원
(1) 우수품질 제품에 대한 인증자 : 소방청장
　① 우수품질인증을 받은 소방용품에는 우수품질인증 표시를 할 수 있다.
　☞ 우수품질인증을 받지 아니한 제품에 우수품질인증 표시를 하거나 우수품질인증 표시를 위조하거나 변조하여 사용한 자 – **1년 이하 징역 또는 1천만원 이하의 벌금**
　② 우수품질인증의 **유효기간은** 5년의 범위에서 행정안전부령으로 정한다.
(2) 우수품질인증을 받으려는 자
　행정안전부령으로 정하는 바에 따라 **소방청장에게 신청**하여야 한다.
(3) 우수품질인증 소방용품에 대한 지원 등 (법 제40조의2)
　다음에 해당하는 기관 및 단체는 건축물의 신축·증축 및 개축 등으로 소방용품을 변경 또는 신규 비치하는 경우 우수품질인증 소방용품을 우선 구매·사용하도록 노력하여야 한다.
　1. 중앙행정기관
　2. 지방자치단체
　3. 지방공사, 지방공단, 지방자치단체 출자 출연기관

**67** 화재예방, 소방시설 설치·유지 및 안전관리에 관한 법령상 소방본부장이 소방특별조사위원회의 위원으로 임명하거나 위촉할 수 없는 사람은?

① 소방기술사
② 소방 관련 분야의 석사학위 이상을 취득한 사람
③ 과장급 직위 이상의 소방공무원
④ 소방공무원 교육기관에서 소방과 관련한 연구에 3년 이상 종사한 사람

소방특별조사위원회
① 위원장을 1명을 포함한 7명 이내의 위원으로 성별을 고려하여 구성
② 위원장은 △방본부장
③ 위원회의 위원의 자격 – 소방본부장이 임명하거나 위촉
　㉠ 과장급 직위 이상의 소방공무원
　㉡ 소방기술사, 소방시설관리사
　㉢ 소방 관련 석사 학위 이상을 취득한 사람
　㉣ **소방 관련 법인 또는 단체에서 소방 관련 업무에 5년 이상 종사한 사람**
　㉤ 소방공무원 교육기관, 연구소, 대학 등에서 소방과 관련한 교육 또는 연구에 5년 이상 종사한 사람

**68** 위험물안전관리법령상 허가를 받지 아니하고 지정수량 이상의 위험물을 저장 또는 취급하는 자에 대한 조치명령에 관한 설명으로 옳은 것은?

① 소방서장은 수산용으로 필요한 난방시설을 위한 지정수량 20배의 저장소를 설치한 자에 대하여 제거 등 필요한 조치를 명할 수 있다.

② 소방본부장은 주택의 난방시설(공동주택의 중앙난방시설은 제외한다)을 위한 취급소를 설치한 자에 대하여 제거 등 필요한 조치를 명할 수 있다.

③ 시·도지사는 축산용으로 필요한 난방시설을 위한 지정수량 20배의 저장소를 설치한자에 대하여 제거 등 필요한 조치를 명할 수 있다.

④ 소방서장은 농예용으로 필요한 건조시설을 위한 지정수량 30배의 저장소를 설치한 자에 대하여 제거 등 필요한 조치를 명할 수 있다.

> 제조소 등의 허가, 변경, 신고를 하지 않아도 되는 경우
> (1) 주택의 난방시설(공동주택의 중앙난방시설을 제외)을 위한 저장소 또는 취급소
> (2) 농예용·축산용 또는 수산용으로 필요한 난방시설 또는 건조시설을 위한 지정수량 20배 이하의 저장소

**69** 위험물안전관리법령상 기계에 의하여 하역하는 구조로 된 운반용기에 대한 수납기준으로 옳은 것은?

① 금속제의 운반용기는 3년 6개월 이내에 실시한 운반용기의 외부의 점검 및 7년 이내의 사이에 실시한 운반용기의 내부의 점검에서 누설 등 이상이 없을 것

② 경질플라스틱제의 운반용기에 액체위험물을 수납하는 경우에는 당해 운반용기는 제조된 때로부터 7년 이내의 것으로 할 것

③ 플라스틱내용기 부착의 운반용기에 있어서는 3년 6개월 이내에 실시한 기밀시험에서 누설 등 이상이 없을 것

④ 금속제의 운반용기에 액체위험물을 수납하는 경우에는 55℃의 온도에서 증기압이 130 kPa 이하가 되도록 수납할 것

2. 기계에 의하여 하역하는 구조로 된 운반용기에 대한 수납(중요기준)

가. 다음 규정에 적합한 운반용기에 수납할 것
  1) 부식, 손상 등 이상이 없을 것
  2) 금속제의 운반용기, 경질플라스틱제의 운반용기 또는 플라스틱내용기는 다음 시험 및 점검에서 누설 등 이상이 없을 것
  가) 2년 6개월 이내에 실시한 기밀시험
  나) 2년 6개월 이내에 실시한 운반용기의 외부의 점검·부속설비의 기능점검 및 5년 이내의 사이에 실시한 운반용기의 내부의 점검

나. 액체위험물을 수납하는 경우에는 55℃의 온도에서의 증기압이 130 kPa 이하가 되도록 수납할 것

다. 경질플라스틱제의 운반용기 또는 플라스틱내용기 부착의 운반용기에 액체위험물을 수납하는 경우에는 당해 운반용기는 제조된 때로부터 5년 이내의 것으로 할 것

**70** 위험물안전관리법령상 안전교육의 교육대상자와 교육시기의 연결이 옳지 않은 것은?

① 안전관리자 - 교육을 받은 후 3년마다 1회

② 위험물운송자 - 교육을 받은 후 3년마다 1회

③ 탱크시험자의 기술인력 - 교육을 받은 후 2년마다 1회

④ 위험물운송자가 되고자 하는 자 - 최초 선임되기 전

> 안전교육의 과정·기간과 그 밖의 교육의 실시에 관한 사항 등 시행규칙 별표 24

| 교육<br>과정 | 교육대상자 | 교육시간 | 교육시기 | 교육<br>기관 |
|---|---|---|---|---|
| 강습<br>교육 | 안전관리자가 되고자 하는 자 | 24시간 | 최초 선임되기 전 | 안전원 |
| | 위험물운반자가 되고자 하는자 | 8시간 | 최초 선임되기 전 | 안전원 |
| | 위험물운송자가 되고자 하는자 | 16시간 | 최초 선임되기 전 | 안전원 |
| 실무<br>교육 | 안전관리자 | 8시간 이내 | 선임된 날부터 6개월 이내<br>교육을 받은 후 2년마다 1회 | 안전원 |
| | 위험물운반자 | 4시간 이내 | 종사한 날부터 6개월 이내 | 안전원 |
| | 위험물운송자 | 8시간 이내 | 교육을 받은 후 3년마다 1회 | 안전원 |

**정답** 68 ④  69 ④  70 ①

| 탱크시험자의 기술인력 | 8시간 이내 | 기술인력으로 등록된 날부터 6개월 이내 교육을 받은 후 2년 마다 1회 | 기술원 |
|---|---|---|---|

**71** 위험물안전관리법령상 제1류 위험물의 지정수량으로 옳지 않은 것은?

① 과염소산염류 – 50 킬로그램
② 브롬산염류 – 200 킬로그램
③ 요오드산염류 – 300 킬로그램
④ 중크롬산염류 – 1,000 킬로그램

**제1류 위험물**

| 품명 | 위험등급 | 지정수량 |
|---|---|---|
| 아염소산염류 – $ClO_2$<br>염소산염류 – $ClO_3$<br>과염소산염류 – $ClO_4$<br>무기과산화물 – $O_2$ | I | 50 kg |
| 요오드산염류 – $IO_3$<br>브롬산염류 – $BrO_3$<br>질산염류 – $NO_3$ | II | 300 kg |
| 과망간산염류 – $MnO_4$<br>중크롬산염류 – $Cr_2O_7$ | III | 1,000 kg |

**72** 위험물안전관리법령상 위험물시설의 설치 및 변경 등에 관한 조문의 일부이다.( )에 들어갈 말을 바르게 나열한 것은?

> 제조소등의 위치·구조 또는 설비의 변경없이 당해 제조소등에서 저장하거나 취급하는 위험물의 품명·수량 또는 지정수량의 배수를 변경하고자 하는 자는 변경하고자 하는 날의 ( ㄱ ) 전까지 ( ㄴ )이 정하는 바에 따라 ( ㄷ )에게 신고하여야 한다.

① ㄱ : 1일, ㄴ : 대통령령, ㄷ : 소방서장
② ㄱ : 1일, ㄴ : 행정안전부령, ㄷ : 시·도지사
③ ㄱ : 3일, ㄴ : 대통령령, ㄷ : 소방서장
④ ㄱ : 3일, ㄴ : 행정안전부령, ㄷ : 시·도지사

**제조소 등의 설치·변경 등**
시·도지사에게 허가, 신고하여야 하며 관련서류는 시도지사 또는 소방서장에게 제출 한다.

| 구 분 | 내 용 | 방법 | 벌칙 |
|---|---|---|---|
| 설치 | 제조소등을 설치하고자 할 때 | 허가 | 5년 이하의 징역 또는 1억원 이하의 벌금 |
| 변경 | 위치, 구조 또는 설비의 변경 없이 위험물의 품명, 수량 또는 지정수량의 배수를 변경하고자 하는 날의 1일 전까지 (행정안전부령으로 정함) | 신고 | 200만원 이하의 과태료 |
| 지위 승계 | 지위 승계한 날로부터 30일 이내 | 신고 | |
| 폐지 | 제조소등의 용도 폐지 시 폐지한 날로부터 14일 이내 | 신고 | |

**73** 다중이용업소의 안전관리에 관한 특별법령상 화재를 예방하고 화재로 인한 생명·신체·재산상의 피해를 방지하기 위하여 필요하다고 인정하는 경우 화재위험평가를 할 수 있는 지역 또는 건축물에 해당하는 것은?

① 3천제곱미터 지역 안에 있는 다중이용업소가 40개 이상 밀집하여 있는 경우
② 하나의 건축물에 다중이용업소로 사용하는 영업장 바닥면적의 합계가 5백제곱미터 이상인 경우
③ 5층 이상인 건축물로서 다중이용업소가 10개 이상 있는 경우
④ 4천제곱미터 지역 안에 4층 이하인 건축물로서 다중이용업소가 20개 이상 밀집하여 있는 경우

**화재위험평가 대상**
도로로 둘러싸인 일단(一團)의 지역의 중심지점을 기준으로 한다.
(1) 하나의 건축물에 다중이용업소로 사용하는 영업장 바닥면적의 합계가 1천 m² 이상인 경우
(2) 2천 m² 지역 안에 다중이용업소가 50개 이상 밀집하여 있는 경우
(3) 5층 이상인 건축물로서 다중이용업소가 10개 이상 있는 경우

천 / 이천에 오십 – 오열(전세값이 천 또는 이천에 오십!! 오열하겠네)

**정답** 71 ② 72 ② 73 ③

**74** 다중이용업소의 안전관리에 관한 특별법령상 관련 행정기관의 통보사항에 관한 내용이다. ( )에 들어갈 말을 바르게 나열한 것은?

> 허가관청은 다중이용업주가 휴업 후 영업을 재개(再開) 하였을 때에는 그 신고를 수리한 날부터( ㄱ )이내에 ( ㄴ )에게 통보하여야 한다.

① ㄱ : 14일, ㄴ : 시·도지사
② ㄱ : 30일, ㄴ : 시·도지사
③ ㄱ : 14일, ㄴ : 소방본부장 또는 소방서장
④ ㄱ : 30일, ㄴ : 소방본부장 또는 소방서장

> 관련 행정기관의 통보사항
> 허가관청은 다중이용업주가 다음에 해당하는 행위를 하였을 때에는 그 신고를 수리(受理)한 날부터 30일 이내에 다중이용업 허가등 사항(변경사항)통보서를 소방본부장 또는 소방서장에게 통보
> ① 다중이용업소 상호 또는 주소의 변경
> ② 다중이용업주의 변경 또는 다중이용업주 주소의 변경
> ③ 영업 내용의 변경
> ④ 휴업·폐업 또는 휴업 후 영업의 재개(再開)

**75** 다중이용업소의 안전관리에 관한 특별법령상 다중이용업소의 안전관리기본계획에 포함되어야 할 사항으로 옳지 않은 것은?

① 다중이용업소의 자율적인 안전관리 촉진에 관한 사항
② 다중이용업소의 화재안전에 관한 정보체계의 구축 및 관리
③ 다중이용업소의 적정한 유지·관리에 필요한 교육과 기술 연구·개발
④ 다중이용업주와 종업원에 대한 자체지도 계획

> 다중이용업소의 안전관리집행계획에 포함되어야 할 사항 (령 제8조)
> ① 다중이용업소 밀집 지역의 소방시설 설치, 유지·관리와 개선계획
> ② 다중이용업주와 종업원에 대한 소방안전교육·훈련계획
> ③ 다중이용업주와 종업원에 대한 자체지도 계획
> ④ 다중이용업소의 화재위험평가의 실시 및 평가
> ⑤ 화재위험평가결과에 따른 조치계획
>   (화재위험지역이나 건축물에 대한 안전관리와 시설정비 등에 관한 사항을 포함한다)

**제4과목** 위험물의 성상 및 시설기준

**76** 물과 반응하여 수산화나트륨을 발생하는 무기과산화물은?

① 중크롬산나트륨
② 과망간산나트륨
③ 과산화나트륨
④ 과염소산나트륨

> 과산화나트륨 물과의 반응 → 수산화나트륨과 산소발생
> $2Na_2O_2 + 2H_2O \rightarrow 4NaOH + O_2\uparrow + 발열$

**77** 제2류 위험물에 관한 설명으로 옳은 것은?

① 적린은 황린에 비해 화학적으로 활성이 크고 공기 중에서 불안정하다.
② 마그네슘 화재 시 물을 주수하면 메탄가스가 발생하여 폭발적으로 연소한다.
③ 유황은 연소될 때 오산화인이 생성된다.
④ 철분은 상온에서 묽은 산과 반응하여 수소가스를 발생한다.

> • 황린($P_4$) – 공기 중 격렬하게 연소하여 유독성 가스인 오산화인($P_2O_5$)의 흰연기를 내고 발화점(34 ℃)이 매우 낮은 자연발화성 고체.
> • 마그네슘과 물과의 반응 – 수소가스 발생
>   $Mg + 2H_2O \rightarrow Mg(OH)_2 + H_2\uparrow$
> • 유황의 완전연소반응식
>   $S + O_2 \rightarrow SO_2$
>   연소 시 청색의 빛을 내며 다량의 $SO_2$의 유독가스 발생

**78** 위험물안전관리법령상 제2류 위험물인 금속분에 해당되는 것은? (단, 150마이크로미터의 체를 통과하는 것이 50중량퍼센트 미만인 것은 제외한다.)

① 칼슘분                    ② 니켈분
③ 세슘분                    ④ 아연분

---

| 위험물의 정의 | |
|---|---|
| 유황 | 순도가 60 wt% 이상인 것 |
| 철분 | 53 μm표준체 통과하는 것이 50 wt% 미만인 것은 제외 |
| 마그네슘 | 2 mm체를 통과하지 아니하는 덩어리 및 직경 2 mm 이상의 막대 모양의 것은 제외 |
| 금속분 | 금속의 분말<br>제외<br>1. 알칼리금속(리튬, 나트륨, 칼륨, 루비듐, 세슘, 프랑슘)<br>2. 알칼리토류금속(베릴륨, 마그네슘, 칼슘, 스트론튬, 바륨, 라튬)<br>3. 철 및 마그네슘<br>4. 구리분·니켈분<br>5. 150 μm의 체를 통과하는 것이 50 wt% 미만인 것 |
| 인화성 고체 | 고형알코올 및 1기압에서 인화점이 40 ℃ 미만인 고체 |

## 79 황린이 공기 중에서 완전연소할 때 생성되는 물질은?

① 오산화인　　　② 황화수소
③ 인화수소　　　④ 이산화황

황린의 연소식
$P_4 + 5O_2 \rightarrow 2P_2O_5$　(오산화인)

## 80 탄화칼슘 10 kg이 질소와 고온에서 모두 반응한다고 가정할 때 생성되는 칼슘시안아미드(calcium cyanamide)의 질량(kg)은? (단, 원자량은 Ca는 40, C는 12, N는 14로 한다.)

① 10.3　　　② 12.5
③ 14.4　　　④ 25.0

탄화칼슘과 질소와의 반응식
$CaC_2 + N_2 \rightarrow CaCN_2 + C + 74.6$ kcal
　　　　(석회질소=칼슘시안아미드)
탄화칼슘의 분자량은 64
칼슘시안아미드 분자량은 80
둘다 모두 1몰이기에 질량은 분자량과 동일 함
따라서 64 : 80 = 10 : X　　X = 12.5 kg

## 81 아세트알데히드에 관한 설명으로 옳지 않은 것은?

① 공기 중에서 산화되면 에틸알코올이 생성된다.
② 강산화제와 접촉 시 혼촉발화의 위험성이 있다.
③ 인화점이 낮아 상온에서 인화하기 쉬운 물질이다.
④ 구리, 은, 마그네슘과 반응하여 폭발성 물질을 생성한다.

| 에틸알코올<br>$C_2H_5OH$<br>주정(술) | ① 특유의 향기가 있는 액체, 독성이 없다, 수용성이다.<br>② 에틸알코올이 산화하면 초산($CH_3COOH$)이 된다.<br>에틸알코올($C_2H_5OH$)이 수소 2개 잃고 ➡ 아세트알데히드($CH_3CHO$)가 되고 산소를 1개 얻고 ➡ 초산($CH_3COOH$)이 된다.<br>③ 요오드포름 반응<br>수산화칼륨과 요오드를 가하여 요오드포름의 황색<br>침전이 생성되는 반응에 이용된다.<br>$C_2H_5OH + 6KOH + 4I_2 \rightarrow$<br>$CHI_3 \downarrow + 5KI + HCOOK + 5H_2O$ |
|---|---|

## 82 탄화알루미늄과 트리에틸알루미늄이 각각 물과 반응할 때 생성되는 기체는?

| | 탄화알루미늄 | 트리에틸알루미늄 |
|---|---|---|
| ① | $CH_4$ | $C_2H_6$ |
| ② | $C_2H_2$ | $H_2$ |
| ③ | $CH_4$ | $C_2H_4$ |
| ④ | $C_2H_6$ | $H_2$ |

탄화알루미늄
- $Al_4C_3 + 12H_2O \rightarrow 4Al(OH)_3 + 3CH_4 \uparrow$
트리메틸알루미늄
- $(C_2H_5)_3Al + 3H_2O \rightarrow Al(OH)_3 + 3C_2H_6 \uparrow$

정답　79 ①　80 ②　81 ①　82 ①

**83** 제4류 위험물에 관한 설명으로 옳지 않은 것은?

① 클레오스트유는 콜타르를 증류하여 제조하며 나프탈렌과 안트라센을 포함한 혼합물이다.
② 클로디온은 용제인 에탄올과 에테르가 증발하고 나면 제6류 위험물과 같은 산화성을 나타낸다.
③ 이황화탄소는 액체비중이 물보다 크며 완전연소 시 이산화황과 이산화탄소가 생성된다.
④ 이소프로필알코올은 25℃에서 인화의 위험이 있고 증기는 공기보다 무거워 낮은곳에 체류한다.

| 콜로디온<br>$C_{12}H_{16}O_6(NO_3)_4$ | ① 질화도가 낮은 질화면(니트로셀룰로오스)에 부피비로 에틸알코올과 에테르를 3:1 비율로 녹인 무색 또는 엷은 황색의 끈적끈적한 액체로서 연소 시 폭발적으로 연소 한다.<br>② 질화도 : 니트로셀룰로오스에 함유된 질소의 함유량<br>③ 용제 증발 시 질화면(니트로셀룰로오스 → 제5류 위험물)만 남는다.<br>④ 인화점 : -18℃ |
|---|---|

**84** 트리니트로페놀에 관한 설명으로 옳지 않은 것은?

① 300℃ 이상으로 가열하면 폭발한다.
② 순수한 것은 상온에서 황색의 액체이다.
③ 에탄올에 녹는다.
④ 피크린산이라고도 한다.

| 트리니트로페놀<br>(피크린산)<br>$C_6H_2OH(NO_2)_3$<br> | ① 순수한 것은 무색 공업용은 황색의 고체, 쓴맛, 독성이 있다.<br>② 단독적으로는 가열, 충격 시에도 안정한 편이다.<br>③ 냉수에 조금 녹고 온수에 잘 녹는다.<br>④ 금속과 반응 시 수소가 발생하며 검은 연기가 발생한다.<br>⑤ 금속염, 가솔린, 황 등과 혼합 시 심하게 폭발한다.<br>⑥ 피크린산(TNP)의 분해반응식<br>$2C_6H_2OH(NO_2)_3$<br>$\rightarrow 4CO_2 + 6CO + 2C + 3N_2\uparrow + 3H_2\uparrow$<br>⑦ 비점 255℃, 융점 122.5℃, 발화점 300℃, 비중 1.8 |
|---|---|

**85** 위험물안전관리법령상 지정수량 이상의 위험물을 운반하는 경우 질산에틸과 함께 운반할 수 있는 것은?

① 염소산암모늄, 과망간산칼륨
② 적린, 아크릴산
③ 아세톤, 황린
④ 등유, 과염소산

| 질산에틸 - 제5류 위험물 중 질산에스테르류는 제2류와 제4류 위험물과 함께 혼재해서 운반할 수 있다. |
|---|

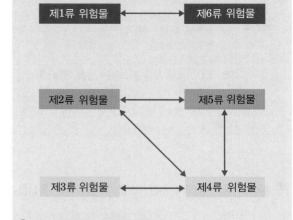

① 염소산암모늄, 과망간산칼륨 - 제1류 위험물
② 적린 - 제2류 위험물
③ 황린 - 제3류 위험물
④ 아세톤, 등유, 아크릴산 - 제4류 위험물
⑤ 과염소산 - 제6류 위험물

**86** 위험물안전관리법령상 위험물별 지정수량과 위험등급의 연결로 옳지 않은 것은?

① 염소산칼륨, 과산화마그네슘 - 50 kg - Ⅰ등급
② 질산, 과산화수소 - 300 kg - Ⅰ등급
③ 수소화리튬, 디에틸아연 - 300 kg - Ⅲ등급
④ 피크린산, 메틸히드라진 - 200 kg - Ⅱ등급

| 위험등급 | 종류 | 제3류 위험물 | |
|---|---|---|---|
| | | 금수성·자연발화성 | |
| | | 품명(13) | 지정 수량(kg) |
| I | | 칼륨 나트륨 알킬알루미늄 알킬리튬 | 10 |
| | | 황린 | 20 |
| II | | 알칼리금속 알칼리토금속 유기금속화합물 | 50 |
| III | | 금속의 수소화물 금속의 인화물 칼슘의 탄화물 알루미늄의 탄화물 염소화규소화합물 | 300 |

수소화리튬-금속의 수소화물, 디에틸아연 – 유기금속화합물

설비별 설치기준

| 구 분 | 수평 거리 | 설치방법 | 방수량 | 수원량 |
|---|---|---|---|---|
| 옥내 소화전 | 25 m 이하 | 각층의 출입구부 근에 1개 이상 설치 | 260 $\ell$/min | N × 7.8 m³ (가 장 많은 층 설치 개수 – 최대 5개) |
| 옥외 소화전 | 40 m 이하 | 방호대상물의 각 부분으로부터 설 치개수가 1개인 경우 2개 설치 | 450 $\ell$/min | N × 13.5 m³ (가장 많은 층 설 치개수 – 최대 4 개, 최소 2개) |

옥외소화전의 수원의 양
$$N × 13.5\,m^3 = 4 × 13.5\,m^3 = 54\,m^3$$

**87** 고농도의 경우 충격, 마찰에 의해 단독으로도 폭발할 수 있으며, 분해 시 발생기산소가 발생하는 물질은?

① 트리에틸알루미늄
② 인화칼슘
③ 히드라진
④ 과산화수소

| 과산화수소 $H_2O_2$ | ① 무색, 투명하며 다량의 경우 청색을 띠며 가열에 의해 산소 발생하며 진한 과산화수 소는 독성이 있으며 강한 자극성 ② 수용액 상태의 경우 비교적 안정하며 고농 도의 경우 가열, 충격, 마찰에 의해 발화· 폭발 (60 wt% 이상) ③ 과산화수소의 분해반응식 $H_2O_2 → H_2O+[O]$ 발생기산소 : 표백작용 ④ 물, 알코올, 에테르에 녹고 벤젠, 석유에는 불용 |
|---|---|

**88** 위험물안전관리법령상 위험물제조소에 옥외소화전이 5 개 있을 경우 확보하여야 할 수원의 최소 수량(m³)은?

① 14
② 31.2
③ 54
④ 67.5

**89** 위험물안전관리법령상 위험물을 취급하는 제조소 건축 물의 지붕을 내화구조로 할 수 있는 것은?

① 과염소산
② 과망간산칼륨
③ 부틸리튬
④ 산화프로필렌

건축물의 구조(불연재료 이상)
지붕은 폭발력이 위로 방출될 정도의 가벼운 불연재료로 덮 어야 한다.

지붕을 내화구조로 할 수 있는 경우(폭발 우려가 없거나 견딜 수 있는 경우)
① 제2류 위험물(분상의 것과 인화성고체는 제외)
② 제4류 위험물 중 제4석유류, 동식물유류
③ 제6류 위험물
④ 밀폐형 구조의 건축물이 다음과 같은 경우
  ㉠ 발생할 수 있는 내부의 과압(過壓) 또는 부압(負壓)에 견 딜 수 있는 철근콘크리트조일 것
  ㉡ 외부화재에 90분 이상 견딜 수 있는 구조일 것

과염소산 – 제6류위험물     과망간산칼륨 – 제1류위험물
부틸리튬 – 제3류위험물     산화프로필렌 – 제4류위험물

**90** 위험물안전관리법령상 철분을 취급하는 위험물제조소 에 설치하여야 하는 주의사항을 표시한 게시판의 내용으 로 옳은 것은?

① 물기주의
② 물기엄금
③ 화기주의
④ 화기엄금

| 제조소등의 표지 및 게시판 | | |
|---|---|---|
| 위험물의 종류 | 주의사항 | 게시판의 색상 |
| 제1류 위험물 중 알칼리금속의 과산화물<br>제3류 위험물 중 금수성물질 | 물기엄금 | 청색바탕에 백색문자 **물기엄금** |
| 제2류 위험물<br>(인화성 고체는 제외) | 화기주의 | 적색바탕에 백색문자 **화기주의** |
| 제2류 위험물 중 인화성 고체<br>제3류 위험물 중 자연발화성물질<br>제4류 위험물<br>제5류 위험물 | 화기엄금 | 적색바탕에 백색문자 **화기엄금** |
| 제1류 위험물의 알카리금속의 과산화물외의 것과 제6류 위험물 | 별도의 표시 없음 | |

**91** 위험물안전관리법령상 위험물제조소의 환기설비에 관한 기준 중 다음 (    )에 들어갈 내용으로 옳은 것은?

> 환기구는 지붕위 또는 지상 (    ) m 이상의 높이에 회전식 고정벤티레이터 또는 루푸팬방식으로 설치할 것

① 1  
② 2  
③ 3  
④ 4  

환기설비(가연성증기·미분이 체류할 우려가 없는 경우)
- 자연배기방식
**환기구 - 지붕 위 또는 지상 2 m 이상의 높이에 회전식 고정벤틸레이터 또는 루프팬방식으로 설치**

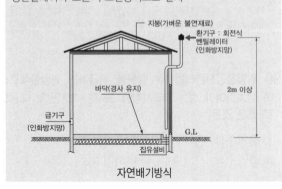

자연배기방식

**92** 위험물안전관리법령상 위험물제조소와 인근 건축물 등과의 안전거리가 다음 중 가장 긴 것은?(단, 제6류 위험물을 취급하는 제조소를 제외한다.)

① 「초·중등교육법」에 정하는 학교  
② 사용전압이 35,000 V를 초과하는 특고압가공전선  
③ 「도시가스사업법」의 규정에 의한 가스공급시설  
④ 「문화재보호법」의 규정에 의한 기념물 중 지정문화재  

| 제조소의 안전거리 | | |
|---|---|---|
| 안전거리 | 해당 대상물 | |
| 50 m 이상 | 유형문화재, 기념물 중 지정문화재 | |
| 30 m 이상 | ① 학교<br>② 종합병원, 병원, 치과병원, 한방병원, 요양병원 | |
| | ③ 공연장, 영화상영관 등 | 수용인원: 300명 이상 |
| | ④ 아동복지시설, 장애인복지시설, 모·부자복지시설, 보육시설, 가정폭력 피해자시설 등 | 수용인원: 20명 이상 |
| 20 m 이상 | 고압가스, 액화석유가스, 도시가스를 저장 또는 취급하는 시설 | |
| 10 m 이상 | 주거 용도에 사용되는 것 | |
| 5 m 이상 | 사용전압 35,000 V를 초과하는 특고압가공전선 | |
| 3 m 이상 | 사용전압 7,000 V 초과 35,000 V 이하의 특고압가공전선 | |

**93** 위험물안전관리법령상 지하탱크저장소의 기준에 관한 설명으로 옳은 것은?(단, 이중벽탱크와 특수누설방지구조는 제외한다.)

① 지하저장탱크의 윗부분은 지면으로부터 0.5 m 이상 아래에 있어야 한다.  
② 지하저장탱크와 탱크전용실의 안쪽과의 사이는 5 cm 이상의 간격을 유지하도록 한다.  
③ 지하저장탱크는 용량이 1,500 L 이하일 때 탱크의 최대 직경은 1,067 mm, 강철판의 최소두께는 4.24 mm로 한다.  
④ 철근콘크리트 구조인 탱크전용실의 벽·바닥 및 뚜껑은 두께 0.3 m 이상으로 하고 그 내부에는 직경 9 mm부터 13 mm까지의 철근을 가로 및 세로로 5 cm부터 20 cm까지의 간격으로 배치한다.  

정답  91 ② 92 ④ 93 ④

지하저장탱크 및 전용실의 기준

| 탱크 전용실 | 벽, 피트, 가스관 등의 시설물 및 대지경계선 | 0.1 m 이상 |
|---|---|---|
| | 지하저장탱크와의 거리 | 0.1 m 이상 |
| | 벽 및 바닥, 뚜껑 | ① 두께 0.3 m 이상의 콘크리트 구조 ② 내부에는 직경 9 mm부터 13 mm까지의 철근을 가로 및 세로로 5 cm부터 20 cm까지의 간격으로 배치할 것 ③ 적정한 방수조치를 할 것 |
| 지하 저장 탱크 | 윗 부분 | 지면으로부터 0.6 m 이상 아래 |
| | 2 이상 인접해 설치하는 경우 | 그 상호간에 1 m 이상 (용량의 합계가 지정수량의 100배 이하인 때에는 0.5 m 이상) |
| | 재질 | 두께 3.2 mm 이상의 강철판 |

※지하저장탱크는 용량에 따른 최대직경 및 강철판 최소두께

| 탱크용량(단위 ℓ) | 탱크의 최대직경 (단위 mm) | 강철판의 최소두께 (단위 mm) |
|---|---|---|
| 1,000 이하 | 1,067 | 3.20 |
| 1,000 초과 2,000 이하 | 1,219 | 3.20 |

**94** 위험물안전관리법령상 이동탱크저장소의 기준에 관한 설명으로 옳은 것을 모두 고른 것은?

ㄱ. 이동탱크저장소에 주입설비를 설치하는경우에는 주입설비의 길이는 60 m 이내로 하고, 분당 토출량은 250 L 이하로 할 것

ㄴ. 탱크는 두께 3.2 mm 이상의 강철판 또는 이와 동등 이상의 강도·내식성 및 내열성이 있다고 인정하여 소방청장이 정하여 고시하는 재료 및 구조로 위험물이 새지 아니하게 제작할 것

ㄷ. 제4류 위험물중 특수인화물, 제1석유류 또는 제2석유류의 이동탱크저장소에는 정해진 기준에 의하여 접지도선을 설치할 것

ㄹ. 방호틀은 두께 1.6 mm 이상의 강철판 또는 이와 동등 이상의 기계적 성질이 있는 재료로써 산모양의 형상으로 할 것

① ㄱ, ㄴ　　　　　② ㄴ, ㄷ
③ ㄱ, ㄷ, ㄹ　　　④ ㄱ, ㄴ, ㄷ, ㄹ

이동탱크저장소의 기준
① 이동탱크저장소에 주입설비(호스와 개폐밸브의 구조)
　㉠ 주입설비의 길이 : 50 m 이내로 하고 그 선단에 축적되는 정전기 제거장치를 설치할 것
　㉡ 분당 토출량 : 200 ℓ 이하
② 방호틀
　㉠ 탱크 전복 시 부속장치(주입구, 맨홀, 안전장치)보호 하기 위한 두께 2.3 mm 이상의 강철판 또는 이와 동등 이상의 기계적 성질이 있는 재료로써 산모양의 형상으로 하거나 이와 동등 이상의 강도가 있는 형상으로 할 것
　㉡ 정상부분은 부속장치보다 50 mm 이상 높게 하거나 이와 동등 이상의 성능이 있는 것으로 할 것

**95** 위험물안전관리법령상 옥외탱크저장소 탱크 주위에 설치하는 방유제의 설치기준 중 (　)에 들어갈 내용으로 옳게 나열된 것은?

방유제는 두께 (　) m 이상, 지하매설깊이 (　) m 이상으로 할 것. 다만, 방유제와 옥외저장탱크 사이의 지반면 아래에 불침윤성(不浸潤性) 구조물을 설치하는 경우에는 지하매설깊이를 해당 불침윤성 구조물까지로 할 수 있다.

① ㄱ : 0.1, ㄴ : 0.5　　② ㄱ : 0.1, ㄴ : 1.0
③ ㄱ : 0.2, ㄴ : 0.5　　④ ㄱ : 0.2, ㄴ : 1.0

옥외탱크저장소 방유제 높이, 면적 등

| 구 분 | 내 용 |
|---|---|
| 면적 | 8만 m² 이하 |
| 높이 | 0.5 m 이상 3 m 이하 |
| 두께 | 0.2 m 이상 |
| 지하매설깊이 | 1 m 이상 |

정답　94 ② 　95 ④

**96** 위험물안전관리법령상 위험물저장소의 건축물 외벽이 내화구조이고 연면적이 900 m²인 경우, 소화설비의 설치 기준에 의한 소화설비 소요단위의 계산값은?

① 6          ② 9

③ 12        ④ 18

**소요단위**
소화설비 설치대상이 되는 건축물 그 밖의 공작물의 규모 또는 위험물 양의 기준단위
(1) 규모의 기준

| 면적당 1소요 단위 | | 외 벽 | |
|---|---|---|---|
| | | 기 타 구 조 | 내 화 구 조 |
| 규모기준 | 제조소, 취급소 | 50 m² | 100 m² |
| | 저장소 | 75 m² | 150 m² |

연면적 900 m² ÷ 150 m² = 6 소요단위
(2) 양의 기준

| 위험물 양의 기준 | 지정수량 10배마다 1소요 단위 |
|---|---|

**97** 위험물안전관리법령상 옥외저장소에 저장할 수 없는 위험물을 모두 고른 것은? (단, 국제해상위험물규칙에 적합한 용기에 수납된 경우와 [관세법] 상 보세구역안에 저장하는 경우는 제외한다.)

| ㄱ. 유황 | ㄴ. 인화알루미늄 | ㄷ. 벤젠 |
|---|---|---|
| ㄹ. 에틸알코올 | ㅁ. 초산 | ㅂ. 적린 |
| ㅅ. 과염소산 | | |

① ㄱ, ㄹ, ㅅ        ② ㄴ, ㄷ, ㅂ

③ ㄴ, ㅁ, ㅂ        ④ ㄷ, ㅁ, ㅅ

**옥외저장소**(아래 위험물을 저장하는 장소)

| 제2류 위험물 | 제4류 위험물 | 제6류 위험물 |
|---|---|---|
| 유황<br>인화성고체 | 제1석유류·알코올류·제2석유류·제3석유류·제4석유류 및 동식물유류 | 과산화수소<br>질산<br>과염소산 |
| (인화점이 섭씨 0 ℃ 이상인 것에 한한다) | | |

인화알루미늄(금속의 인화물) – 제3류 위험물
벤젠 - 제4류 위험물 제1석유류(인화점 : −11 ℃)
적린 - 제2류 위험물

**98** 위험물안전관리법령상 제1종 판매취급소의 위험물을 배합하는 실에 관한 기준으로 옳은 것은?

① 바닥면적은 6 m² 이상 15 m² 이하로 할 것

② 방화구조 또는 난연재료로 된 벽으로 구획할 것

③ 출입구 문턱의 높이는 바닥면으로부터 5 cm 이상으로 할 것

④ 출입구에는 수시로 열 수 있는 자동폐쇄식의 을종 방화문을 설치할 것

**판매취급소 위험물 배합실의 기준**
① 바닥면적은 6 m² 이상 15 m² 이하일 것
② 내화구조 또는 불연재료로 된 벽으로 구획할 것
③ 바닥은 위험물이 침투하지 아니하는 구조로 하여 적당한 경사를 두고 집유설비를 할 것
④ 출입구에는 수시로 열 수 있는 자동폐쇄식의 갑종방화문을 설치할 것
⑤ 출입구 문턱의 높이는 바닥면으로부터 0.1 m 이상으로 할 것
⑥ 내부에 체류한 가연성의 증기 또는 가연성의 미분을 지붕 위로 방출하는 설비를 할 것

**99** 위험물안전관리법령상 이송취급소에 관한 기준 중 ( )에 들어갈 내용으로 옳은 것은?

내압시험시 배관등은 최대상용압력의 ( )배 이상의 압력으로 4시간 이상 수압을 가하여 누설 그 밖의 이상이 없을 것

① 1          ② 1.1

③ 1.25       ④ 1.5

**이송취급소 배관의 내압시험**
배관 등은 최대상용압력의 1.25배 이상의 압력으로 4시간 이상 수압을 가하여 누설 등의 이상이 없을 것

**정답**    96 ①    97 ②    98 ①    99 ③

**100** 위험물안전관리법령상 주유취급소의 담 또는 벽의 일부분에 방화상 유효한 구조의 유리를 부착할 때 설치기준으로 옳지 않은 것은?

① 하나의 유리판의 가로의 길이는 2 m 이내일 것
② 주유취급소 내의 지반면으로부터 70 cm를 초과하는 부분에 한하여 유리를 부착할 것
③ 유리를 부착하는 범위는 전체의 담 또는 벽의 길이의 10분의 3을 초과하지 아니할 것
④ 유리를 부착하는 위치는 주입구, 고정주유설비 및 고정급유설비로부터 4 m 이상 이격될 것

담 또는 벽의 일부분에 방화상 유효한 구조의 유리를 부착할 때 기준
① 유리를 부착하는 위치
　주입구, 고정주유설비 및
　고정급유설비로부터 4 m
　이상 이격될 것
② 유리를 부착하는 방법
　㉠ 주유취급소 내의 지
　　반면으로부터 70 cm
　　를 초과하는 부분에
　　한하여 유리를 부착할 것
　㉡ 하나의 유리판의 가로의 길이는 2 m 이내일 것
　㉢ 유리의 구조는 접합유리로 하되, 비차열 30분 이상의 방화성능이 인정될 것
③ 유리를 부착하는 범위는 전체의 담 또는 벽의 길이의 10분의 2를 초과하지 아니할 것

방화유리

---

## 제5과목  소방시설의 구조 원리

**101** 소화기구 및 자동소화장치의 화재안전기준상 상업용 주방자동소화장치의 설치기준이 아닌 것은?

① 소화장치는 조리기구의 종류 별로 성능인증 받은 설계 매뉴얼에 적합하게 설치 할 것
② 감지부는 성능인증 받는 유효높이 및 위치에 설치할 것
③ 차단장치(전기 또는 가스)는 상시 확인 및 점검이 가능하도록 설치할 것

④ 수신부는 주위의 열기류 또는 습기 등과 주위온도에 영향을 받지 아니하고 사용자가 상시 볼 수 있는 장소에 설치할 것

상업용 주방자동소화장치 설치기준
① 소화장치는 조리기구의 종류 별로 성능인증 받은 설계 매뉴얼에 적합하게 설치 할 것
② 감지부는 성능인증 받는 유효높이 및 위치에 설치할 것
③ 차단장치(전기 또는 가스)는 상시 확인 및 점검이 가능하도록 설치할 것
④ 후드에 방출되는 분사헤드는 후드의 가장 긴 변의 길이까지 방출될 수 있도록 약제 방출 방향 및 거리를 고려하여 설치할 것
⑤ 덕트에 방출되는 분사헤드는 성능인증 받는 길이 이내로 설치할 것

보기4번은 주거용 주방자동소화장치 설치 기준 임

---

**102** 펌프의 제원이 전양정 50 m, 유량 6 m³/min, 4극 유도전동기 60 Hz, 슬립 3 %일 때, 비속도는 얼마인가?

① 210.11　　　　② 214.60
③ 227.45　　　　④ 235.31

비교회전도(Speific speed = 비속도)
비교회전도는 펌프에서(임펠러 1개당) 단위 유량 및 단위 양정이 나올 때를 가상한 회전수와 펌프의 실제 회전수 비교한 것이다.

$$N_s = \frac{N \cdot Q^{1/2}}{\left(\frac{H}{n}\right)^{3/4}}$$

$Q$ : 유량[m³/min], $H$ : 양정[m], $n$ : 단수

$$N_s = \frac{N \cdot Q^{1/2}}{\left(\frac{H}{n}\right)^{3/4}} = \frac{1746 \times 6^{\frac{1}{2}}}{50^{\frac{3}{4}}} = 227.45\,\mathrm{rpm}$$

$N = (1-S)\,N_S = (1-0.03) \times 1800 = 1746\,\mathrm{rpm}$
S : 슬립(Slip)
Ns : 동기회전수(rpm)
N : 임의의 부하에서의 회전수

$N_S = \dfrac{120\,f}{P}$, $f$ : 주파수, $P$ : 극수

$N_S = \dfrac{120 \times 60}{4} = 1800\,\mathrm{rpm}$

---

정답  100 ③  101 ④  102 ③

**103** 무선통신보조설비의 화재안전기준상 ( )에 들어갈 내용으로 옳게 묶인 것은?

> 무선통신보조설비의 무선기기 접속 단자를 지상에 설치할 경우( )거리 ( ) m 이내마다 설치하고, 다른 용도로 사용되는 접속단자에서( ) m 이상의 거리를 둘 것

① 수평, 300, 5
② 보행, 100, 3
③ 수평, 100, 3
④ 보행, 300, 5

| 무선기기 접속단자 설치기준 | |
|---|---|
| 설치장소 | • 화재층으로부터 지면으로 떨어지는 유리창 등에 의한 지장을 받지 않고 지상에서 유효하게 소방활동을 할 수 있는 장소<br>• 수위실 등 상시 사람이 근무하고 있는 장소 |
| 설치높이 | 바닥으로부터 높이 0.8 m 이상 1.5 m 이하 |
| 지상에 설치하는 접속단자 | 보행거리 300 m 이내마다 설치 |
| | 다른 용도로 사용되는 접속단자에서 5 m 이상 이격하여 설치 |

**104** 특별피난계단의 계단실 및 부속실 제연설비의 화재안전기준상 제연구획에 대한 급기 기준으로 옳지 않은 것은?

① 계단실 및 부속실을 동시에 제연하는 경우 계단실에 대하여는 그 부속실의 수직풍도를 통해 급기할 수 있다.
② 하나의 수직풍도마다 전용의 송풍기로 급기할 것
③ 부속실을 제연하는 경우 동일수직선상에 2대 이상의 급기송풍기가 설치되는 경우에는 수직풍도를 분리하여 설치할 수 있다.
④ 계단실을 제연하는 경우 전용수직풍도를 설치하거나 부속실에 급기풍도를 직접 연결하여 급기하는 방식으로 할 것

특별피난계단의 계단실 및 부속실 제연설비
급 기
(1) 부속실 및 계단실 등의 급기방식

| 제연구역 | 설 치 기 준 |
|---|---|
| 부속실 | • 동일수직선상의 모든 부속실은 하나의 전용수직풍도를 통해 동시에 급기할 것<br>• 동일수직선상에 2대 이상의 급기송풍기가 설치되는 경우에는 수직풍도를 분리하여 설치할 수 있다. |
| 계단실 및 부속실 | 계단실에 대하여는 그 부속실의 수직풍도를 통해 급기 할 수 있다. |
| 계단실 | 전용수직풍도를 설치하거나 계단실에 급기풍도 또는 급기송풍기를 직접 연결하여 급기하는 방식 |
| 비상용승강기의 승강장 | 비상용승강기의 승강로를 급기풍도로 사용할 수 있다. |

**105** 연결송수관설비의 화재안전기준상 배관 등의 설치기준으로 옳지 않은 것은?

① 지상 11층 이상인 특정소방대상물에 있어서는 습식설비로 할 것
② 주배관의 구경은 100 mm 이상의 것으로 할 것
③ 연결송수관설비의 배관은 주배관의 구경이 100 mm 이상인 옥내소화전설비 · 스프링클러설비 또는 물분무등소화설비의 배관과 겸용할 수 있다.
④ 배관 내 사용압력이 1.2 MPa 이상일 경우에는 일반배관용 스테인리스강관(KS D 3595)또는 배관용 스테인리스강관(KS D 3576)을 사용한다.

| 배 관(제6조)<br>배관 내 사용압력에 따른 배관의 종류 | | |
|---|---|---|
| 1.2 MPa 미만 | ㉠ | 배관용탄소강관(KS D 3507) |
| | ㉡ | 덕타일 주철관(KS D 4311) |
| | ㉢ | 이음매 없는 구리 및 구리합금관 - 다만, 습식의 배관에 한한다. |
| | ㉣ | 배관용 스테인리스강관(KS D 3576) 또는 일반배관용 스테인리스강관 |
| 1.2 MPa 이상 | ㉠ | 압력배관용탄소강관(KS D 3562) |
| | ㉡ | 배관용 아크용접 탄소강강관(KS D 3583) |

팁 – 옥내소화전설비의 배관과 동일 함

**106** 소방시설용 비상전원수전설비의 화재안전기준상 다음 설명에 해당하는 용어는?

> 소방회로 및 일반회로 겸용의 것으로서 수전설비, 변전설비 그 밖의 기기 및 배선을 금속제 외함에 수납한 것을 말한다.

① 공용 큐비클식
② 공용 배전반
③ 공용 분전반
④ 전용 큐비클식

| 전용큐비클식 | 소방회로용의 것으로 수전설비, 변전설비 그 밖의 기기 및 배선을 금속제 외함에 수납한 것 |
|---|---|
| 공용큐비클식 | 소방회로 및 일반회로 겸용의 것으로서 수전설비, 변전설비 그 밖의 기기 및 배선을 금속제 외함에 수납한 것 |
| 공용배전반 | 소방회로 및 일반회로 겸용의 것으로서 개폐기, 과전류차단기, 계기 그 밖의 배선용기기 및 배선을 금속제 외함에 수납한 것 |
| 공용분전반 | 소방회로 및 일반회로 겸용의 것으로서 분기개폐기, 분기과전류차단기 그 밖의 배선용기기 및 배선을 금속제 외함에 수납한 것 |

**107** 연결살수설비의 화재안전기준상 (     )에 들어갈 내용으로 옳게 묶인 것은?

> 송수구는 구경(     ) mm의 쌍구형으로 설치할 것. 다만, 하나의 송수구역에 부착하는 살수헤드의 수가 (     )개 이하인 것은 단구형의 것으로 할 수 있다.

① 40, 3
② 40, 10
③ 65, 10
④ 100, 20

연결살수설비 송수구 설치기준
(1) 소방차가 쉽게 접근할 수 있고 노출된 장소에 설치할 것.
 ※ 가연성가스의 저장·취급시설에 설치하는 연결살수설비의 송수구는 그 방호대상물로부터 20 m 이상의 거리를 두거나 방호대상물에 면하는 부분이 높이 1.5 m 이상 폭 2.5 m 이상의 철근콘크리트 벽으로 가려진 장소에 설치
(2) 지면으로부터 높이가 0.5 m 이상 1 m 이하
(3) 송수구는 구경 65 mm의 쌍구형으로 설치
 다만, 하나의 송수구역에 부착하는 살수헤드의 수가 10개 이하인 것은 단구형 가능
(4) 개방형헤드를 사용하는 연결살수설비에 있어서 하나의 송수구역에 설치하는 살수헤드의 수는 10개 이하

**108** 4단 펌프인 수평 회전축 소화펌프를 운전하면서 물의 압력을 측정하였더니 흡입 측 압력이 0.09 MPa, 토출 측 압력이 0.98 MPa이었다. 이 펌프 1단의 임펠러에 가해지는 토출압력(MPa)은 약 얼마인가?

① 0.13
② 0.16
③ 0.19
④ 0.21

압축비 $r = \sqrt[\varepsilon]{\dfrac{p_2}{p_1}}$  $\varepsilon$ : 단수, $p_1$ : 흡입압력, $p_2$ : 토출압력

$$r = \sqrt[4]{\frac{p_2}{p_1}} = \left(\frac{0.98\,MPa}{0.09\,MPa}\right)^{\frac{1}{4}} = 1.816$$

따라서 1단에 가해지는 토출압력은

$$1.816 = \left(\frac{x}{0.09\,MPa}\right)^{\frac{1}{1}} \quad \therefore \ x = 0.163$$

**109** 피난기구의 화재안전기준의 설치장소별 피난기구 적응성에서 1층 이상 10층 이하의 노유자시설에 설치할 수 있는 피난기구로 묶인 것은?

① 구조대, 미끄럼대
② 피난교, 승강식피난기
③ 구조대, 승강식피난기
④ 피난교, 완강기

| 설치장소＼층별 | 지하층 | 1층 | 2층 | 3층 | 4층 이상 10층 이하 |
|---|---|---|---|---|---|
| 노유자시설 | 피난용트랩 | 미끄럼대·구조대·피난교·다수인피난장비·승강식피난기 | | | 피난교·다수인피난장비·승강식피난기 |
| 의료시설, 근린생활시설 중 입원실이 있는 의원, 조산원, 접골원 | 피난용트랩 | – | – | 미끄럼대·구조대·피난교·피난용트랩·다수인피난장비·승강식피난기 | 구조대·피난교·피난용트랩·다수인피난장비·승강식피난기 |
| 영업장의 위치가 4층 이하인 다중이용업소 | – | 구조대·피난사다리·미끄럼대·완강기 | | | |

## 110 유도등 및 유도표시의 화재안전기준상 축광식 피난유도선의 설치기준에 관한 설명으로 옳지 않은 것은?

① 바닥으로부터 높이 50 cm 이하의 위치 또는 바닥면에 설치할 것
② 구획된 각 실로부터 주출입구 또는 비상구까지 설치할 것
③ 피난유도 표시부는 1 m 이내의 간격으로 연속되도록 설치 할 것
④ 외광 또는 조명장치에 의하여 상시 조명이 제공되거나 비상조명등에 의한 조명이 제공되도록 설치할 것

| 축광방식의 피난유도선 | |
|---|---|
| 설치위치 | 구획된 각 실로부터 주출입구 또는 비상구까지 설치할 것 |
| 설치높이 | 바닥으로부터 높이 50 cm 이하의 위치 또는 바닥 면에 설치할 것 |
| 피난유도표시부 | 50 cm 이내의 간격으로 연속되도록 설치 |
| 설치방법 | 부착대에 의하여 견고하게 설치할 것 |
| | 외광 또는 조명장치에 의하여 상시 조명이 제공되거나 비상조명등에 의한 조명이 제공되도록 설치 할 것 |

## 111 자동화재탐지설비 및 시각경보장치의 화재안전기준상 다음 조건을 만족하는 소방대상물의 최소 경계구역 수는?

- 층별 바닥면적 605 m² (55 m×11 m)인 10층 규모의 대상물
- 지하 2층, 지상 8층 구조이고, 높이가 43 m인 소방대상물
- 건물 중앙부에 지하까지 연계된 계단 및 엘리베이터 설치

① 12개　　　　　② 21개
③ 23개　　　　　④ 24개

| 구 분 | 설 정 기 준 |
|---|---|
| 면적별기준 | • 2개 이상의 건축물에 미치지 아니하도록 할 것<br>• 하나의 경계구역의 면적은 600 m² 이하, 한변의 길이는 50 m 이하<br>※ 해당 특정소방대상물의 주된 출입구에서 그 내부 전체가 보이는 것에 있어서는 한 변의 길이가 50 m의 범위 내에서 1,000 m² 이하 |
| 수직별기준 | 1. 2개 이상의 층에 미치지 아니 할 것<br>　– 2개의 층의 면적이 합이 500 m² 이하 시 2개의 층을 하나의 경계구역으로 설정 가능<br>2. 계단(※ 직통계단외의 것에 있어서는 떨어져 있는 상하계단의 상호간의 수평거리가 5 m 이하로서 서로 간에 구획되지 아니한 것에 한한다.)·경사로·엘리베이터 권상기실·린넨슈트·파이프 피트 및 덕트 기타 이와 유사한 부분은 별도로 경계구역을 설정<br>　– 지하층의 계단 및 경사로(지하층의 층수가 1일 경우는 제외한다)는 별도로 하나의 경계구역으로 설정<br>　– 계단 및 경사로의 하나의 경계구역 높이는 45 m 이하 |

1. 면적별 방화구획
　① 층별 605 m² (55 m × 11 m) ⇒ 면적별 2구역
　② 총 10층이므로 20구역
2. 수직별 방화구획
　① 엘리베이터 ⇒ 1구역
　② 계단
　　– 지하 ⇒ 1구역 (지하2층이므로 별도 구역으로 설정)
　　– 지상 ⇒ 1구역 (계단이 45 m를 넘지 않음)
3. 따라서 경계구역은 총 23구역으로 설정

정답　110 ③　111 ③

**112** 자동화재탐지설비 및 시각경보장치의 화재안전기준상 다음 조건에서 설명하고 있는 감지기는?

- 분전반 내부에 설치하는 경우 접착제를 이용하여 돌기를 바닥에 고정시키고 그 곳에 감지기를 설치할 것
- 감지기와 감지구역의 각 부분과의 수평거리가 내화구조의 경우 1종 4.5 m 이하, 2종 3 m 이하로 할 것
- 단자부와 마감 고정금구와의 설치간격은 10 cm 이내로 설치할 것

① 정온식감지선형
② 열전대식 차동식분포형
③ 광전식분리형
④ 열연복합형

정온식감지선형 감지기 설치기준
① 감지기와 감지구역의 각부분과의 수평거리

| 구 분 | 1종 | 2종 |
| --- | --- | --- |
| 내화구조 | 4.5 m 이하 | 3 m 이하 |
| 기타 구조 | 3 m 이하 | 1 m 이하 |

② 보조선이나 고정금구를 사용하여 감지선이 늘어지지 않도록 설치
③ 단자부와 마감 고정금구와의 설치간격은 10 cm이내로 설치
④ 감지선형 감지기의 굴곡반경은 5 cm 이상
⑤ 케이블트레이에 감지기를 설치하는 경우에는 케이블트레이 받침대에 마감금구를 사용하여 설치
⑥ 지하구나 창고의 천장 등에 지지물이 적당하지 않는 장소에서는 보조선을 설치하고 그 보조선에 설치
⑦ 분전반 내부에 설치하는 경우 접착제를 이용하여 돌기를 바닥에 고정시키고 그 곳에 감지기를 설치

**113** 스프링클러설비가 설치된 복합건축물로서 배관 길이 80 m, 관경 100 mm, 마찰손실계수 0.03인 배관을 통해 높이 60 m까지 소화수를 공급힐 경우, 핌프의 이론 소용 동력(kw)은 약 얼마인가? (단, 펌프효율 : 0.8, 전달계수 : 1.15, 중력가속도 : 9.8 m/s², 헤드의 방수압 : 10 mAq, π : 3.14, 헤드는 표준형이다.)

① 47.28
② 52.28
③ 57.28
④ 62.28

① 전동기용량(동력)
$$P = \frac{9.8 HQ}{60 \cdot \eta} K = \frac{9.8 \times 101.799 \times 2.4}{60 \times 0.8} \times 1.15 = 57.36 \text{ [kW]}$$

② 펌프의 양정
- $H$(전양정) = $H_1$ (실양정) + $H_2$ (배관 및 관부속품 마찰손실 수두) + $H_3$ (방사압력 환산수두) = 60 + 31.799 + 10 = 101.799 m

③ 달시방정식 (배관의 마찰손실)
$$H = f \frac{L}{D} \frac{2V^2}{g} = 0.03 \times \frac{80}{0.1} \times \frac{5.096^2}{2 \times 9.8} = 31.799 \text{ m}$$

④ $Q = AV \rightarrow \frac{2.4}{60} \text{ m}^3/\text{s} = \frac{3.14}{4} \times 0.1^2 \text{ m}^2 \times V \text{ (m/s)}$

∴ $V = 5.096$ m/s

⑤ 토출량
$Q = 80 lpm/$개 $\times 30$개 = 2,400 $\ell/\min$ = 2.4$\text{m}^3/\min$

| 스프링클러설비 설치장소 | | | 기준 개수 |
| --- | --- | --- | --- |
| 지하층을 제외한 층수가 10층 이하인 소방대상물 | 공장 또는 창고 (랙크식 창고를 포함) | 특수가연물을 저장 · 취급하는 것 | 30 |
| | | 그 밖의 것 | 20 |
| | 근린생활시설 · 판매시설 · 운수시설 또는 복합건축물 | 판매시설 또는 복합건축물 (판매시설이 설치되는 복합건축물) | 30 |
| | | 그 밖의 것(근린생활시설, 운수시설) | 20 |
| | 그 밖의 것 | 헤드의 부착높이가 8m 이상인 것 | 20 |
| | | 헤드의 부착높이가 8m 미만인 것 | 10 |

**114** 비상콘센트설비의 화재안전기준상 전원 및 콘센트 등 설치기준으로 옳지 않은 것은?

① 지하층을 포함한 층수가 7층 이상으로서 연면적 2,000 m² 이상인 소방대상물에 설치하는 비상콘센트설비는 자가발전설비를 비상전원으로 설치한다
② 하나의 전용회로에 설치하는 비상콘센트는 10개 이하로 할 것
③ 비상콘센트용의 풀박스 등은 방청도장을 한것으로서, 두께 1.6 mm 이상의 철판으로 할 것
④ 비상콘센트설비의 전원회로는 단상교류 220 V인 것으로서, 그 공급용량은 1.5 kVA 이상인 것으로 할 것

비상콘센트설비의 비상전원
① 종류-자가발전설비, 비상전원수전설비 또는 전기저장장치
② 설치대상
  ㉠ 지하층을 제외한 층수가 7층 이상으로서 연면적이
    2,000 m² 이상
  ㉡ 지하층의 바닥면적의 합계가 3,000 m² 이상

---

**115** 자동화재탐지설비 및 시각경보장치의 화재안전기준상 광전식분리형감지기의 설치기준으로 옳은 것은?

① 광축은 나란한 벽으로부터 0.6 m 이상 이격하여 설치할 것
② 광축의 높이는 천장 등 높이의 60 % 이상으로 할 것
③ 감지기의 송광부와 수광부는 설치된 뒷벽으로부터 30 cm 이내 위치에 설치할 것
④ 감지기의 수평면은 햇빛이 잘 비추는 곳으로 놓이도록 설치할 것

광전식분리형감지기
① 개요
  송광부와 수광부로 구성된 구조로 송광부와 수광부 사이의 공간에 일정한 농도의
  연기를 포함하게 되는 경우에 작동하는 것

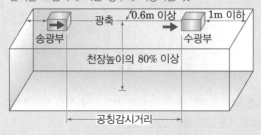

광전식분리형감지기 설치기준

② 설치기준
  ㉠ 감지기의 수광면은 햇빛을 직접 받지 않도록 설치
  ㉡ 광축(송광면과 수광면의 중심을 연결한 선)은 나란한 벽으로부터 0.6 m 이상 이격하여 설치
  ㉢ 감지기의 송광부와 수광부는 설치된 뒷벽으로부터 1 m 이내 위치에 설치
  ㉣ 광축의 높이는 천장 등 높이의 80 % 이상(오동작 방지)
③ 설치장소 - 화학공장 · 격납고 · 제련소등에 설치

---

**116** 자동화재탐지설비 및 시각경보장치의 화재안전기준상 수신기 설치기준으로 옳은 것은?

① 6층 이상의 소방대상물에는 발신기와 전화통화가 가능한 수신기를 설치할 것
② 수신기는 감지기, 중계기 또는 발신기가 작동하는 경계구역을 표시할 수 있는 것으로 설치할 것
③ 하나의 경계구역은 여러 개 표시등으로 표시하여 공동감시가 가능토록 설치할 것
④ 실내면적이 50 m² 이상으로 열이나 연기 등으로 인하여 감지기가 일시적인 화재신호를 발신할 우려가 있는 경우에는 축적기능이 있는 수신기를 설치할 것

1. 수신기 선정기준
  ① 경계구역을 각각 표시할 수 있는 회선수 이상의 수신기를 설치
  ② 4층 이상의 특정소방대상물에는 발신기와 전화통화가 가능한 수신기를 설치
2. 오동작을 일으킬 수 있는 장소의 경우
  ① 축적기능 등이 있는 수신기를 설치

  오동작(비화재보)을 일으킬 수 있는 장소
  다음의 장소로서 일시적으로 발생한 열 · 연기 또는 먼지 등으로 인하여 감지기가 화재신호를 발신 할 우려가 있는 장소
  ① 지하층 · 무창층 등으로서 환기가 잘되지 아니하는 장소
  ② 실내면적이 40 m² 미만인 장소
  ③ 감지기의 부착면과 실내바닥과의 거리가 2.3 m 이하인 장소

  ② 오동작을 일으킬 수 있는 장소에 축적형수신기를 설치하면 안되는 경우
  ㉠ 감지기 회로를 교차회로 방식으로 설치
  ㉡ 특수감지기를 설치

---

**117** 포소화설비의 화재안전기준상 포헤드 및 고정포방출구 설치기준으로 옳지 않은 것은?

① 포헤드의 1분당 바닥면적 1 m²당 방사량으로 차고·주차장에 합성계면활성제포 소화약제 6.5 ℓ 이상

② 포헤드 및 고정포방출구의 팽창비가 20 이하인 경우에는 포헤드, 압축공기포헤드를 사용한다.

③ 포워터스프링클러헤드는 특정소방대상물의 천장 또는 반자에 설치하되, 바닥면적 8 m²마다 1개 이상으로 하여 해당 방호대상물의 화재를 유효하게 소화할 수 있도록 할 것

④ 포헤드는 특정소방대상물의 천장 또는 반자에 설치하되, 바닥면적 9 m²마다 1개 이상으로 하여 해당 방호대상물의 화재를 유효하게 소화할 수 있도록 할 것

**포헤드 면적당 분당 방사량**

| 소방대상물 / 포소화약제의 종류 | 차고, 주차장 및 항공기 격납고 | 특수가연물을 저장 취급하는 소방대상물 |
|---|---|---|
| 단백포 소화약제 | 6.5 ℓ 이상 | 6.5 ℓ 이상 |
| 합성계면활성제포 소화약제 | 8.0 ℓ 이상 | 6.5 ℓ 이상 |
| 수성막포 소화약제 | 3.7 ℓ 이상 | 6.5 ℓ 이상 |

**118** 소방시설의 내진설계기준에서 규정하고 있는 배관의 내진설계 기준으로 옳지 않은 것은?

① 건물의 지진분리이음이 설치된 위치의 배관에는 직경과 상관없이 지진분리장치를 설치하여야 한다.

② 배관에 대한 내진설계를 실시할 경우 지진분리이음은 배관의 수평·수직 지진하중을 산정하여야 한다.

③ 배관의 변형을 최소화하고 소화설비 주요 부품사이의 유연성을 증가시킬 수 있는 것으로 설치하여야 한다.

④ 버팀대와 고정장치는 소화설비의 동작 및 살수를 방해하지 않아야 한다.

배관에 대한 내진설계를 실시할 경우 지진분리이음은 **배관의 수평지진하중을** 산정하여야 한다.

**119** 스프링클러설비의 화재안전기준상 폐쇄형스프링클러설비의 방호구역·유수검지장치의 기준으로 옳지 않은 것은?

① 자연낙차에 따른 압력수가 흐르는 배관 상에 설치된 유수검지장치는 화재시 물의 흐름을 검지할 수 있는 최대한의 압력이 얻어질 수 있도록 수조의 상단으로부터 낙차를 두어 설치할 것

② 하나의 방호구역에는 1개 이상의 유수검지장치를 설치하되, 화재발생시 접근이 쉽고 점검하기 편리한 장소에 설치할 것

③ 스프링클러헤드에 공급되는 물은 유수검지장치를 지나도록 할 것. 다만, 송수구를 통하여 공급되는 물은 그러하지 아니하다.

④ 조기반응형 스프링클러헤드를 설치하는 경우에는 습식유수검지장치 또는 부압식스프링클러설비를 설치할 것

**폐쇄형스프링클러헤드를 사용하는 설비의 방호구역·유수검지장치 설치기준**

| 스프링클러헤드에 공급되는 물 | 유수검지장치를 지나도록 할 것 송수구를 통하여 공급되는 물은 그러하지 아니하다. |
|---|---|
| 자연낙차에 따른 압력수가 흐르는 배관 상에 설치된 유수검지장치 | 화재시 물의 흐름을 검지할 수 있는 최소한의 압력이 얻어질 수 있도록 수조의 하단으로부터 낙차를 두어 설치할 것 |
| 조기반응형 스프링클러헤드를 설치하는 경우 | 습식유수검지장치 또는 부압식스프링클러설비를 설치 |

**120** 미분무소화설비의 화재안전기준상 헤드의 설치기준으로 옳지 않은 것은?

① 미분무헤드는 설계도면과 동일하게 설치하여야 한다.

② 미분무헤드는 소방대상물의 천장·반자·천장과 반자사이·덕트·선반 기타 이와 유사한 부분에 설계자의 의도에 적합하도록 설치하여야 한다.

③ 미분무소화설비에 사용되는 헤드는 개방형 헤드를 설치하여야 한다.

④ 미분무헤드는 배관, 행거 등으로부터 살수가 방해되지 아니하도록 설치하여야 한다.

정답 117 ① 118 ② 119 ① 120 ③

미분무소화설비의 화재안전기준
제9조(폐쇄형 미분무소화설비의 방호구역)
1. 하나의 방호구역의 바닥면적은 펌프용량, 배관의 구경 등을 수리학적으로 계산한 결과 헤드의 방수압 및 방수량이 방호구역 범위 내에서 소화목적을 달성할 수 있도록 산정하여야 한다.
2. 하나의 방호구역은 2개 층에 미치지 아니하도록 할 것

제10조(개방형 미분무소화설비의 방수구역)
1. 하나의 방수구역은 2개 층에 미치지 아니 할 것
2. 하나의 방수구역을 담당하는 헤드의 개수는 최대 설계개수 이하로 할 것. 다만, 2개 이상의 방수구역으로 나눌 경우에는 하나의 방수구역을 담당하는 헤드의 개수는 최대설계개수의 1/2 이상으로 할 것
3. 터널, 지하구, 지하가 등에 설치할 경우 동시에 방수되어야 하는 방수구역은 화재가 발생된 방수구역 및 접한 방수구역으로 할 것

**121** 간이스프링클러설비의 화재안전기준상 상수도 직결형의 배관 및 밸브 설치순서로 옳은 것은?

① 수도용계량기, 급수차단장치, 개폐표시형밸브, 압력계, 체크밸브, 유수검지장치, 2개의 시험밸브의 순으로 설치할 것
② 수도용계량기, 급수차단장치, 개폐표시형밸브, 체크밸브, 압력계, 유수검지장치, 2개의 시험밸브의 순으로 설치할 것
③ 급수차단장치, 수도용계량기, 개폐표시형밸브, 체크밸브, 압력계, 유수검지장치, 2개의 시험밸브의 순으로 설치할 것
④ 수도용계량기, 개폐표시형밸브, 급수차단장치, 체크밸브, 압력계, 유수검지장치, 2개의 시험밸브의 순으로 설치할 것

간이스프링클러설비의 배관 및 밸브 등의 순서 설치기준

| 구 분 | 배관 등 설치 순서 | | | | | | | | |
|---|---|---|---|---|---|---|---|---|---|
| 상수도 직결형 | 수도용 계량기 | 급수 차단장치 | 개폐 표시형 밸브 | – | 체크 밸브 | 압력계 | – | 유수 검지 장치 | 2개의 시험밸브 |
| 펌프 압력 수조 | 수원 | 연성계 또는 진공계 | 펌프 또는 압력수조 | 압력계 | 체크 밸브 | 성능 시험배관 | 개폐 표시형 밸브 | 유수 검지 장치 | 시험밸브 |
| 가압 수조 | 수원 | – | 가압수조 | 압력계 | 체크 밸브 | 성능 시험배관 | 개폐 표시형 밸브 | 유수 검지 장치 | 2개의 시험밸브 |
| 캐비닛 형 | 수원 | 연성계 또는 진공계 | 펌프 또는 압력수조 | 압력계 | 체크 밸브 | – | 개폐 표시형 밸브 | – | 2개의 시험밸브 |

**122** 지상 5층 복합건축물 각층에 최대 옥내소화전 3개와 폐쇄형스프링클러헤드 60개가 설치되어 있을 경우, 필요한 수원의 양(m³)은?

① 101.2  ② 57.8
③ 53.2   ④ 52.6

1. 옥내소화전설비(이동식)의 수원의 양
$N \times Q \times T = $ 2개 × 130 lpm / min.개 × 20 min
$= 5.2 \, m^3$
  ① $N$ : 옥내소화전의 설치개수가 가장 많은 층의 설치개수 → 2개 이상 설치된 경우에는 2개
  ② $Q$ : 정격토출량 → 130 ℓ / min
  ③ $T$ : 방사시간 → 20분, 층수가 30층 이상 49층 이하는 40분, 50층 이상은 60분

2. 스프링클러설비(고정식)의 수원의 양
$N \times Q \times T = $ 30개 × 80 lpm / min.개 × 20 min $= 48 \, m^3$
  ① $N$ : 스프링클러설비 설치장소별 스프링클러헤드의 기준개수

| 스프링클러설비 설치장소 | | | 기준개수 |
|---|---|---|---|
| 지하층을 제외한 층수가 10층 이하인 소방대상물 | 공장 또는 창고(랙크식 창고를 포함) | 특수가연물을 저장·취급하는 것 | 30 |
| | | 그 밖의 것 | 20 |
| | 근린생활시설·판매시설·운수시설 또는 복합건축물 | 판매시설 또는 복합건축물(판매시설이 설치되는 복합건축물) | 30 |
| | | 그 밖의 것(근린생활시설, 운수시설) | 20 |
| | 그 밖의 것 | 헤드의 부착높이가 8m 이상인 것 | 20 |
| | | 헤드의 부착높이가 8m 미만인 것 | 10 |

정답 121 ② 122 ③

| 아파트 | 10 |
|---|---|
| 지하층을 제외한 층수가 11층 이상인 소방대상물 (아파트를 제외한다) 지하가 또는 지하역사 | 30 |

② $Q$ : 정격토출량 – 80 $\ell$/min
③ $T$ : 방사시간 – 20분, 층수가 30층 이상 49층 이하는 40분, 50층 이상은 60분
3. 이동식과 고정식설비 겸용시 수원의 양은 합해야 함.
   5.2 m³ + 48 m³ = 53.2 m³

④ 특수가연물

| 품명 | 수량 |
|---|---|
| 면화류 | 200 kg 이상 |
| 나무껍질 및 대팻밥 | 400 kg 이상 |
| 넝마 및 종이부스러기 | 1,000 kg 이상 |
| 사류(絲類) | 1,000 kg 이상 |
| **볏짚류** | **1,000 kg 이상** |
| 가연성고체류 | 3,000 kg 이상 |
| 석탄 · 목탄류 | 10,000 kg 이상 |

⑤ 볏짚류 750,000 kg / 1,000 kg = 750배

**123** 화재예방, 소방시설 설치 · 유지 및 안전관리에 관한 법령상 옥외소화전설비 설치대상으로 옳은 것은?

① 동일구내 각각의 건축물이 다른 건축물의 2층 외벽으로부터 수평거리가 10.5 m이며, 지상1층 및 2층 바닥면적 합계가 5,000 m²인 건축물
② 가연성 액체류 1,000 m³ 이상을 저장하는 창고
③ 국보로 지정된 석조건축물
④ 볏짚류 750,000 kg 이상을 저장하는 창고

옥외소화전설비 설치대상
① 지상 1층 및 2층의 바닥면적의 합계 – 9천 m² 이상

※ 이 경우 동일 구내에 둘 이상의 특정소방대상물이 **행정안전부령으로 정하는 연소우려가 있는 구조**인 경우에는 이를 하나의 특정소방대상물로 본다.
※ **행정안전부령으로 정하는 연소우려가 있는 구조** (아래사항을 모두 만족해야 한다)
 1. 건축물대장의 건축물 현황도에 표시된 **대지경계선 안에 2 이상의 건축물**이 있는 경우
 2. 각각의 건축물이 다른 건축물의 외벽으로부터 수평거리가 1층에 있어서는 **6 m 이하**, 2층 이상의 층에 있어서는 **10 m 이하**
 3. 개구부가 다른 건축물을 향하여 설치된 구조

② 국보 또는 보물로 지정된 목조건축물
③ 특수가연물 저장하는 공장, 창고

| 특수가연물을 저장, 취급하는 공장, 창고 | 자탐 | 옥내, 옥외 | 스프링클러 |
|---|---|---|---|
| 저장배수 | 500배 이상 | 750배 이상 | 1,000배 이상 |

※ 특수가연물을 저장, 취급하는 공장, 창고의 지붕, 외벽이 불연재료 또는 내화구조가 아닌 경우 500배 이상 시 스프링클러 설치

**124** 자동화재탐지설비 및 시각경보장치의 화재안전기준상 청각장애인용 시각경보장치의 설치기준으로 옳지 않은 것은?

① 설치높이는 바닥으로부터 2 m 이상 2.5 m 이하의 장소에 설치할 것
② 천장의 높이가 2 m 이하인 경우에는 천장으로부터 1 m 이내의 장소에 설치하여야 한다.
③ 복도 · 통로 · 청각장애인용 객실 및 공용으로 사용하는 거실에 설치하며, 각 부분으로부터 유효하게 경보를 발할 수 있는 위치에 설치할 것
④ 공연장 · 집회장 · 관람장 또는 이와 유사한 장소에 설치하는 경우에는 시선이 집중되는 무대부 부분 등에 설치할 것

시각경보장치의 설치기준

| 설치 장소 | 복도 · 통로 · 청각장애인용 객실 및 공용으로 사용하는 거실(로비, 회의실, 강의실, 식당, 휴게실, 오락실, 대기실, 체력단련실, 접객실, 안내실, 전시실, 기타 이와 유사한 장소) | |
|---|---|---|
| 설치 위치 | 복도, 통로, 공용으로 사용하는 거실 등 | 각 부분으로부터 유효하게 경보를 발할 수 있는 위치에 설치 |
| | 공연장 · 집회장 · 관람장 등 | 시선이 집중되는 무대부 부분 등에 설치 |
| 설치 높이 | 2 m 이상 2.5 m 이하 | 천장의 높이가 2 m 이하 시 천장으로부터 15 cm 이내 설치 |

**125** 소방펌프 시운전 시 공급유량이 원활하지 않아 펌프 임펠러 교체로 회전수를 변경하였다. 이때 소요 펌프동력 (kW)은 약 얼마인가?

- 회전수 $N_1$ : 1,800 rpm, $N_2$ : 1,980 rpm
- 임펠러 직경 $D_1$ : 400 mm $D_2$ : 440 mm
- 유량 : 3,050 $\ell/\text{min}$
- 양정 $H_1$ : 85 m, 전달계수 : 1.1, 펌프효율 : 0.75

① 61.98          ② 70.74
③ 80.74          ④ 90.74

① 전동기용량(동력)

$$P = \frac{9.8\,HQ}{60 \cdot \eta}K = \frac{9.8 \times 124.448 \times 3.05}{60 \times 0.75} \times 1.1 = 90.92\ [\text{kW}]$$

$H[\text{m}]$ : 전양정, $Q\,[\text{m}^3/\text{min}]$ : 토출량

② 상사법칙

비교회전도가 같은 서로 다른 펌프의 경우 "상사성을 갖는다"라고 하고 유량, 양정, 축동력은 회전수와 임펠러의 직경과 일정한 관계가 있는데 이를 상사법칙이라 한다.

$$\frac{Q_2}{Q_1} = \left(\frac{N_2}{N_1}\right)^1 \cdot \left(\frac{D_2}{D_1}\right)^3$$

$$\frac{H_2}{H_1} = \left(\frac{N_2}{N_1}\right)^2 \cdot \left(\frac{D_2}{D_1}\right)^2$$

$$\frac{L_2}{L_1} = \left(\frac{N_2}{N_1}\right)^3 \cdot \left(\frac{D_2}{D_1}\right)^5$$

$Q$ : 유량[$\text{m}^3/\text{min}$]   $H$ : 양정[m]   $L$ : 축동력[kW]
$N$ : 회전수[rpm]   $D$ : 임펠러 외경[mm]

③ 임펠러 변경 후 양정

$$\frac{H_2}{H_1} = \left(\frac{N_2}{N_1}\right)^2 \cdot \left(\frac{D_2}{D_1}\right)^2 \text{ 이므로 } \frac{H_2}{85} = \left(\frac{1,980}{1,800}\right)^2 \cdot \left(\frac{0.44}{0.4}\right)^2$$

$$\therefore H_2 = 124.448$$

제1과목 소방안전관리론 및 화재역학

**01** 공기 중의 산소농도가 증가할수록 화재 시 일어나는 현상으로 옳지 않은 것은?

① 점화에너지가 커진다.
② 발화온도가 낮아진다.
③ 폭발범위가 넓어진다.
④ 연소속도가 빨라진다.

최소점화에너지(MIE) 영향요소

| 구분 | 영향요소에 의한 MIE의 크기 |
|---|---|
| 농도 | 가연성가스의 농도가 화학양론적 조성비일 때 MIE는 최소가 된다.<br>산소의 농도가 클수록 MIE는 작아진다. |
| 압력 | 압력이 클수록 분자간의 거리가 가까워져 MIE는 작아진다. |
| 온도 | 온도가 클수록 분자간의 운동이 활발해져 MIE는 작아진다. |
| 유속 | 층류보다 난류일때 MIE는 커지며 유속이 동일하더라도 난류의 강도가 커지면 MIE는 커진다. |
| 소염거리 | 최소점화에너지는 소염거리 이하에서 영향을 받지 않는다. |

**02** 물이 어는 온도(0 ℃)를 화씨온도(°F)와 절대온도(R)로 나타낸 것으로 옳은 것은?

① 0°F, 460R
② 0°F, 492R
③ 32°F, 460R
④ 32°F, 492R

| 섭씨온도(℃) | 어는점을 0℃, 끓는점을 100℃로 하고 100 등분한 온도 |
|---|---|
| 화씨온도(°F) | 어는점을 32°F, 끓는점을 212°F로 하고 180 등분한 온도 |
| 절대온도(K) | 압력 0, −273.15℃를 기준으로 나타내는 온도<br>K = ℃ + 273.15     예 0℃ → 273.15K |
| 랭킨온도(R) | 압력 0, −460°F를 기준으로 한 온도<br>R = °F + 460     예 32°F → 492R |

① $\dfrac{℃}{100} = \dfrac{°F - 32}{180}$ 이므로

$\dfrac{0℃}{100} = \dfrac{°F - 32}{180}$     ∴ °F = 32

② 랭킨온도(R)
   R = °F + 460 = 32+460 = 492

**03** 가연물의 종류와 연소형태의 연결이 옳지 않은 것은?

① 숯 − 표면연소
② 에틸벤젠 − 자기연소
③ 가솔린 − 증발연소
④ 종이 − 분해연소

증발연소
(1) 정의
    열분해 없이 직접 증발하여 증기가 연소 또는 융해된 액체가 기화하여 연소
(2) 고체, 액체연소
    ① 액체 − 대부분의 인화성 액체, 가연성 액체
    ② 고체 − 파라핀, 황, 나프탈렌 등

※ 에틸벤젠 : 제4류 위험물 제2석유류

**04** 건축물의 피난·방화구조 등의 기준에 관한 규칙에서 정하고 있는 방화문의 성능기준으로 ( )에 들어갈 내용으로 옳은 것은?

> 60분+ 방화문 : 연기 및 불꽃을 차단할 수 있는 시간이 60분 이상이고, 열을 차단할 수 있는 시간이 ( )분 이상인 방화문
>
> 30분 방화문 : 연기 및 불꽃을 차단할 수 있는 시간이 ( )분 이상 60분 미만인 방화문

① ㄱ : 30분, ㄴ : 30분
② ㄱ : 30분, ㄴ : 1시간
③ ㄱ : 1시간, ㄴ : 30분
④ ㄱ : 1시간, ㄴ : 1시간

| 구 분 | 성능 |
|---|---|
| 60분+ 방화문 | 연기 및 불꽃을 차단할 수 있는 시간이 60분 이상이고, 열을 차단할 수 있는 시간이 30분 이상인 방화문 |
| 60분 방화문 | 연기 및 불꽃을 차단할 수 있는 시간이 60분 이상인 방화문 |
| 30분 방화문 | 연기 및 불꽃을 차단할 수 있는 시간이 30분 이상 60분 미만인 방화문 |

**05** 다음 물질의 증기비중이 낮은 것부터 높은 순으로 바르게 나열한 것은?

> ㄱ. 톨루엔(Toluene)
> ㄴ. 벤젠(Benzene)
> ㄷ. 에틸알코올(Ethyl alcohol)
> ㄹ. 크실렌(Xylene)

① ㄴ - ㄱ - ㄹ - ㄷ
② ㄴ - ㄷ - ㄱ - ㄹ
③ ㄷ - ㄱ - ㄹ - ㄴ
④ ㄷ - ㄴ - ㄱ - ㄹ

$$증기비중 = \frac{분자량}{29}$$

증기비중은 공기 무게와 기체의 무게의 비를 말하며 29는 공기의 평균 분자량을 말한다.

| 종류 | 톨루엔 | 벤젠 | 에틸알코올 | 크실렌 |
|---|---|---|---|---|
| 분자식 | $C_6H_5CH_3$ | $C_6H_6$ | $C_2H_5OH$ | $C_6H_4(CH_3)_2$ |
| 분자량 | 93 | 78 | 46 | 106 |
| 증기비중 | $\frac{93}{29} ≒ 3.2$ | $\frac{78}{29} = 2.69$ | $\frac{46}{29} = 1.59$ | $\frac{106}{29} = 3.65$ |

\* 원자량 - C : 12, O : 16, H : 1

**06** 산불화재의 형태에 관한 설명으로 옳지 않은 것은?

① 지중화는 산림 지중에 있는 유기질층이 타는 것이다.
② 지표화는 산림 지면에 떨어져 있는 낙엽, 마른풀 등이 타는 것이다.
③ 수관화는 나무의 줄기가 타는 것이다.
④ 비화는 강풍 등에 의해 불꽃이 날아가 타는 것이다.

| 산불화재 | |
|---|---|
| 지중화 | 지표면 아래 썩은 나무 등 유기물 연소 (속불화재 - 재발화 유발) |
| 지표화 | 바닥의 낙엽 등 연소(화재의 시작) |
| 수간화 | 나무의 기둥 연소 |
| **수관화** | 나무의 가지나 잎의 연소 |
| 비화 | 불티가 바람에 의해 비산하여 연소 |

**07** 다음에서 설명하는 폭발은?

> 물 속에서 사고로 인해 액화천연가스가 분출되었을 때, 이 물질이 급격한 비등현상으로 체적팽창 및 상변화로 인하여 고압이 형성되어 일어나는 폭발현상이다.

① 증기폭발
② 분해폭발
③ 중합폭발
④ 산화폭발

**정답** 04 ① 05 ④ 06 ③ 07 ①

증기폭발
고온 용융물 액체가 저온 냉각수 액체와 접촉할 때의 열전달 과정에서 저온 냉각수 액체가 고압의 증기를 발생하여 폭발하면서 주위에 충격파를 전달하는 현상이다

## 08 온도변화에 따른 연소범위에서 ( )에 들어갈 내용으로 옳은 것은?

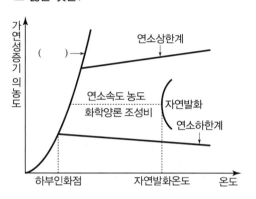

① 삼중압선

② 연소점곡선

③ 공연비곡선

④ 포화증기압선

포화증기압
액체 표면에서는 끊임없이 기체가 증발하는데, 밀폐된 용기의 경우 어느 한도에 이르면 증발이 일어나지 않고, 안에 있는 용액은 그 이상 줄어들지 않는다. 그 이유는 같은 시간 동안 증발하는 분자의 수와 액체 속으로 들어오는 기체분자의 수가 같아져서 증발도 액화도 일어나지 않는 것처럼 보이는 동적평형상태가 되기 때문이다. 이 상태에 있을 때 기체를 그 액체의 포화증기, 그 압력을 증기압(포화증기압)이라 한다.

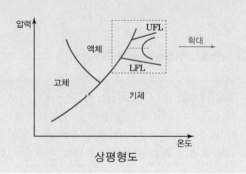

상평형도

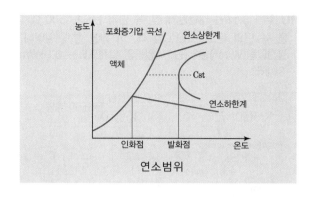

연소범위

## 09 화재의 종류별 특성에 관한 설명으로 옳지 않은 것은?

① 금속화재는 나트륨, 칼륨 등 금속가연물에 의한 화재로 물에 의한 냉각소화가 효과적이다.

② 유류화재는 인화성액체에 의한 화재로 포(Foam)를 이용한 질식소화가 효과적이다.

③ 전기화재는 통전 중인 전기기기에서 발생하는 화재로 이산화탄소에 의한 질식소화가 효과적이다.

④ 일반화재는 종이, 목재에 의한 화재로 물에 의한 냉각소화가 효과적이다.

| 금속화재 | |
|---|---|
| 종류 | ① 제1류 위험물 알칼리금속의 무기과산화물<br>② 제2류 위험물 마그네슘, 철분, 금속분<br>③ 제3류 위험물 칼륨, 나트륨 등 |
| 연소<br>특징 | ① 연소 온도(약 2,000~3,000℃)가 매우 높다.<br>② 물을 사용 시 물의 수소결합이 파괴되어 수증기 폭발을 일으킬 수 있으며 공유결합이 파괴 시 수소가스가 발생 된다.<br>③ 금속의 양이 30~80 mg/ℓ 정도 있어야 금속화재 일으킬 수 있다.<br>④ 마른모래, 팽창질석, 팽창진주암에 의한 질식소화가 효과적이다. |

**10** 두께 3 cm인 내열판의 한 쪽 면의 온도는 500 ℃, 다른 쪽 면의 온도는 50 ℃일 때, 이 판을 통해 일어나는 열전달량(W/m²)은? (단, 내열판의 열전도도는 0.1 W/m·℃이다.)

① 13.5 ② 150.0
③ 1350.0 ④ 1500.0

전도(Conduction)
(1) 고체 또는 정지 상태 유체의 열전달 : 발화, 성장기의 열전달
(2) Fourier의 전도 열전달 법칙

$$q = K \cdot A \cdot \frac{\Delta t}{l} [W]$$

$q$ : 열량 [W = J/s = cal/s]
$K$ : 열전도도 [W/(m·℃)], [J/(m·s·℃)]
$A$ : 표면적(m²)
$\Delta t$ : 온도차 $(T_1 - T_2)$ [℃]
$l$ : 물질 두께(m)

$$q/A = K \cdot \frac{\Delta t}{l} [W/m^2] = 0.1 \cdot \frac{500 - 50}{0.03} [W/m^2]$$
$$= 1500 [W/m^2]$$

**11** 피난원칙 중 페일세이프(Fail safe)에 관한 설명으로 옳은 것은?

① 피난경로는 간단명료하게 하여야 한다.
② 피난수단은 원시적 방법에 의한 것을 원칙으로 한다.
③ 비상 시 판단능력 저하를 대비하여 누구나 알 수 있도록 피난수단 등을 문자나 그림 등으로 표시한다.
④ 피난 시 하나의 수단이 고장으로 실패하여도 다른 수단에 의해 피난할 수 있도록 하는 것을 말한다.

Fail Safe 원칙 - 2방향 이상의 피난통로를 확보하는 피난대책 등의 방법이다

**12** 화재예방, 소방시설 설치·유지 및 안전관리에 관한 법령상 특정소방대상물의 규모 등에 따라 갖추어야 하는 소방시설의 수용인원 산정 방법으로 ( )에 들어갈 내용으로 옳은 것은?

숙박시설이 있는 특정소방대상물에서 침대가 없는 숙박시설의 경우 해당 특정소방대상물의 종사자 수에 숙박시설 바닥면적의 합계를 ( )m²로 나누어 얻은 수를 합한 수

① 0.45 ② 1.9
③ 3 ④ 4.6

| 수용 인원의 산정 방법 | | | |
|---|---|---|---|
| 구 분 | 용도 | 수용인원 산정수 | |
| 숙박시설이 있는 특정소방 대상물 | 침대가 있는 숙박시설 | 종사자 수 + 침대 수(2인용 침대는 2로 산정한다) | |
| | 침대가 없는 숙박시설 | 종사자 수 + (바닥면적의 합계 ÷ 3 m²) | |
| 기타 대상물 | 강의실·교무실·상담실 실습실·휴게실 | 바닥면적의 합계 ÷ 1.9 m² | |
| | 강당, 문화 및 집회시설 운동시설, 종교시설 | 바닥면적의 합계 ÷ 4.6 m² | |
| | | 관람석이 있는 경우 | 고정식 의자 | 의자 수 |
| | | | 긴 의자 | 정면너비 ÷ 0.45 m |
| | 그 밖의 특정 소방대상물 | 바닥면적의 합계 ÷ 3 m² | |

**13** 다음에서 설명하는 화재 현상은?

중질유(重質油) 탱크 화재 시 유류표면 온도가 물의 비점 이상일 때 소화용수를 유류표면에 방수시키면 물이 수증기로 변하면서 급격한 부피팽창으로 인해 유류가 탱크의 외부로 분출되는 현상이다.

① 보일오버(Boil over)
② 슬롭오버(Slop over)

:정답 **10** ④ **11** ④ **12** ③ **13** ②

③ 프로스오버(Froth over)
④ 플래시오버(Flash over)

**중질유 탱크화재 등 여러 가지 현상**

| 구 분 | Mechanism | 방지 대책 |
|---|---|---|
| Boil Over 보일오버 | 다비점의 중질유 저장탱크 화재 발생 → 저비점 물질은 유류 표면층에서 증발, 연소 → 고비점 물질은 화염의 온도에 의해 가열, 축적되어 200~300℃의 열류층 형성 → 열류층이 하부의 수층에 열전달 → 물이 비등하며 탱크 내 기름을 분출시킴 | • 수층 방지 : 배출, 교반 • 물의 과열 방지 • 모래, 비등석 투입 • Boil Over 발생 전 소화 |
| Slop Over 슬롭오버 | 다비점의 중질유 저장탱크 화재로 열류층 형성 → 고온층 표면에 주수소화 → 열류층 교란 → 불이 붙은 기름이 끓어 넘침 | • 주수소화 금지, 간헐적 포 주입 • 열류층 형성 전 소화 |
| Froth Over 프로스오버 | 화재가 아닌 경우로서 고점도 유류 아래서 물이 비등할 때 탱크 밖으로 물과 기름이 거품형태로 넘치는 현상 예 뜨거운 아스팔트가 물이 약간 채워진 탱크차에 옮겨질 때 탱크차 하부의 물이 가열, 장시간 경과 후 비등 | • 수층 방지 |

**14** 건축물의 피난·방화구조 등의 기준에 관한 규칙에서 정하고 있는 건축물의 피난안전구역의 설치기준 중 구조 및 설비기준으로 옳지 않은 것은?

① 피난안전구역의 높이는 2.1미터 이상일 것
② 피난안전구역의 내부마감재료는 준불연재료로 설치할 것
③ 비상용 승강기는 피난안전구역에서 승하차 할 수 있는 구조로 설치할 것
④ 건축물의 내부에서 피난안전구역으로 통하는 계단은 특별피난계단의 구조로 설치할 것

**피난안전구역의 구조 및 설비 기준**

| 구분 | 내용 |
|---|---|
| 단열처리 | 피난안전구역의 바로 아래층 및 위층은 단열재를 설치할 것 |
| 높이 | 2.1 m 이상 |
| 배연설비 | 건축물의 설비기준 등에 관한 규칙 제14조에 따른 배연설비 |
| **내부마감재료** | **불연재료** |
| 피난안전구역으로 통하는 계단 | 특별피난계단의 구조로 설치 |
| 비상용 승강기 | 피난안전구역에서 승하차할 수 있는 구조 |
| 조명설비 | 예비전원에 의한 조명설비를 설치 |

**15** 화재성장속도의 분류별 약 1 MW의 열량에 도달하는 시간으로 ( )에 들어갈 내용으로 옳은 것은?

| 화재성장속도 | slow | medium | fast | ultrafast |
|---|---|---|---|---|
| 시간(s) | 600 | ( ㄱ ) | ( ㄴ ) | ( ㄷ ) |

① ㄱ : 200, ㄴ : 100, ㄷ : 50
② ㄱ : 300, ㄴ : 150, ㄷ : 75
③ ㄱ : 400, ㄴ : 200, ㄷ : 100
④ ㄱ : 450, ㄴ : 300, ㄷ : 150

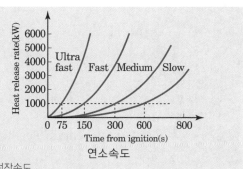

연소속도

화재성장속도
$Q = \alpha t^2$ [kW]으로 상승
$\alpha$ : 화재강도계수
화재성장속도 분류는 열방출률이 1,055 kW에 도달하는데 걸리는 시간을 기준으로 Ultrafast(75 s), fast(150 s), Medium(300 s), Slow(600 s)로 나뉜다.

**16** 내화건축물의 구획실내에서 가연물의 연소 시, 성장기의 지배적 열전달로 옳은 것은?

① 복사　　　　　　② 대류
③ 전도　　　　　　④ 확산

> **대류(Convention)**
> (1) 고체와 유동 유체 사이의 열전달 : 발화, 성장기의 열전달
> (2) Newton의 냉각 법칙
>
> $$q = hA\triangle t \text{ [W]}$$
>
> 전도의 식에서 $\dfrac{K}{l} = h$ : 열전도계수,
>
> 열전달계수 $[\text{W}/(\text{m}^2 \cdot \text{℃})]$
> $A$ : 표면적($\text{m}^2$), $\triangle t$ : 온도차 $(T_1 - T_2)\,[\text{℃}]$

**17** 화재로 인해 공장 벽체의 내부 표면온도가 450 ℃까지 상승하였으며, 벽체 외부의 공기온도는 15 ℃일 때 벽체 외부 표면온도(℃)는 약 얼마인가? (단, 벽체의 두께는 200 mm이고, 벽체의 열전도계수는 0.69 W/m·K, 대류열전달계수는 12 W/m²·K이다. 복사의 영향과 벽체 상·하 부로의 열전달 및 기타의 손실은 무시하며, 0 ℃는 273 K 이고, 소수점 이하 셋째자리에서 반올림한다.)

① 112.14　　　　　② 121.14
③ 235.14　　　　　④ 385.14

> **1. 열전달율**
>
> $$q = \frac{\triangle t}{\dfrac{1}{h}+\dfrac{L}{k}} \cdot A \text{ [W]}$$
>
> h : 대류열전달계수　　12 W/m²·K
> k : 열전도계수　　　　0.69 W/m·K
> L : 벽체의 두께　　　　200 mm = 0.2m
> $\triangle t$ : 온도차 $(T_1 - T_2)$
>
> $$q/A = \frac{450-15}{\dfrac{1}{12}+\dfrac{0.2}{0.69}} \,[\text{W/m}^2] = 1165.63\,[\text{W/m}^2]$$
>
> **2. 외부 벽체 온도**
> 벽체 외부 표면온도(℃) = 450℃ - 1165.63 [W/m²]
> $\times \dfrac{0.2\,\text{m}}{0.69\,\text{W/m}\cdot\text{K}}$ = 112.14 ℃

**18** 다음에서 설명하는 연소생성물은?

> 질소가 함유된 수지류 등의 연소 시 생성되는 유독성 가스로서 다량 노출 시 눈, 코, 인후 및 폐에 심한 손상을 주며, 냉동창고 냉동기의 냉매로도 쓰이고 있다.

① 이산화질소($NO_2$)　　② 이산화탄소($CO_2$)
③ 암모니아($NH_3$)　　　④ 시안화수소($HCN$)

| 연소가스 종류 및 허용농도 | 연소가스의 특성 |
|---|---|
| 암모니아 $NH_3$ 25 ppm (0.0025%) | 1. 눈 및 호흡기로 흡입되면 감각을 마비시키는 자극성 독성가스<br>2. 질소화합물 연소 시 생성되며 사람의 시각능력을 저하시킨다. |

**19** 연소생성물 중 연기가 인간에 미치는 유해성을 모두 고른 것은?

> ㄱ. 시각적 유해성
> ㄴ. 심리적 유해성
> ㄷ. 생리적 유해성

① ㄱ, ㄴ　　　　　② ㄱ, ㄷ
③ ㄴ, ㄷ　　　　　④ ㄱ, ㄴ, ㄷ

> **연기의 특성 및 유해성**
> ① 특성
> 　㉠ 빛(광선)을 흡수한다 : 가시거리(어떤 물체를 연기를 통해 보고 인식할 수 있는 최대거리) 약화
> 　㉡ 유독가스를 함유한다 : 심신기능장애, 호흡장애
> 　㉢ 산소결핍작용을 한다 : 연기 중 산소농도가 낮다.
> 　㉣ 고온의 화염 수반하고 화재확대의 주역
> ② 유해성
> 　㉠ 시각적 : 가시도 약화, 보행속도 저하 → 피난계획 시 고려 필요
> 　㉡ 심리적 : 호흡곤란, 시계제한 → 공포감, Panic 발생 유발
> 　㉢ 생리적 : 산소결핍, CO중독, 독성, 자극성, 질식성 가스

**20** 연기농도를 측정하는 감광계수, 중량농도법, 입자농도법의 단위를 순서대로 나열한 것으로 옳은 것은?

① $m^{-1}$, 개/$cm^3$, $mg/m^3$
② $m^{-1}$, $mg/m^3$, 개/$cm^3$
③ $m^{-3}$, $mg/m^3$, 개/$cm^3$
④ $m^{-3}$, 개/$cm^3$, $mg/m^3$

연기 측정법

| 구 분 | | 내 용 |
|---|---|---|
| 직접농도측정 | 중량농도법 ($mg/m^3$) | 체적당 연기의 중량을 측정하는 방법 |
| | 입자농도법 (개/$m^3$) | 체적당 연기 입자의 개수를 측정하는 방법 |
| 간접농도측정 | 감광계수법 ($m^{-1}$) | 연기 속을 투과하는 빛의 양을 측정하는 방법 : 투과율 |

| 구 분 | 내 용 |
|---|---|
| 자연 제연방식 | 배기구, 스모크타워(고층 빌딩에 적합), 회전식 고정식 벤틸레이터, 배연창, 환기창 등 |

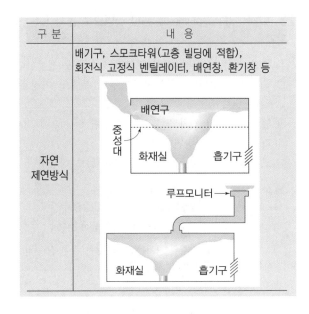

**21** 제연방식으로 ( )에 들어갈 내용으로 옳은 것은?

( ㄱ ) - 화재에 의해서 발생한 열기류의 부력 또는 외부의 바람의 흡출효과에 의해 실의 상부에 설치된 창 또는 전용의 제연구로부터 연기를 옥외로 배출하는 방식

( ㄴ ) - 화재 시 온도상승에 의하여 생긴 실내 공기의 부력이나 지붕상에 설치된 루프모니터 등이 외부 바람에 의해 동작하면서 생긴 흡입력을 이용하여 제연하는 방식

① ㄱ : 자연제연방식, ㄴ : 기계제연방식
② ㄱ : 밀폐제연방식, ㄴ : 급배기 기계제연방식
③ ㄱ : 밀폐제연방식, ㄴ : 스모크타워 제연방식
④ ㄱ : 자연제연방식, ㄴ : 스모크타워 제연방식

**22** 면적이 $0.15\,m^2$인 합판이 연소되면서 발생한 열방출량 (Heat release rate)(kW)은 약 얼마인가? (단, 평균질량 감소율은 $0.03\,kg/m^2 \cdot s$, 연소열은 $25\,kJ/g$, 연소효율은 55%이며, 소수점 이하 셋째자리에서 반올림한다.)

① 0.06
② 0.20
③ 61.88
④ 204.50

열방출률(HRR : Heat Release Rate)

$$Q = \dot{m}'' A \triangle Hc\,[W] = \frac{\dot{Q}''}{L} A \triangle Hc\,[W = J/s]$$

$\dot{m}''$ [단위면적당 연소속도] ($kg/s \cdot m^2$)
$A$ [면적] ($m^2$), $\triangle Hc$ [연소열] ($J/kg$)

$$Q = \dot{m}'' A \triangle Hc\,[W] = 0.03 \times 1000 \times 0.15 \times 25 \times 0.55$$
$$= 61.875\,kW$$

**23** 화재풀룸(Fire plume)에 관한 설명으로 옳지 않은 것은?

① 측면에서는 층류에 의한 부분적인 와류를 생성한다.
② 내부에 형성되는 기류는 중앙부의 부력이 가장 강하다.
③ 열원으로부터 점차 멀어질수록 주변으로 넓게 퍼져가는 모습을 나타낸다.
④ 고온의 연소생성물은 부력에 의해 위로 상승한다.

> 부력에 의한 화염기둥의 열기류 : 화재플럼
> (1) 부력은 밀도차 때문에 생기는 유체내의 상승력
> (2) 밀도($\rho = \dfrac{W}{V} = \dfrac{PM}{RT}$)는 온도에 반비례하기 때문에 가스온도가 화재플럼의 주위 공기온도보다 높은 경우 상승력이 생겨 상승기류를 형성한다.
> 온도가 높은 플럼가스가 냉각되면 부력은 0이 되고 플럼의 상승은 정지하게 된다.
> (3) 부력이 플럼유체를 상승 시키고 차가운 끝부분이 아래로 내려온다. 이것이 와류초래. 커다란 와류에 의한 난류효과는 연소되는 플럼내의 화염높이에 심대한 영향

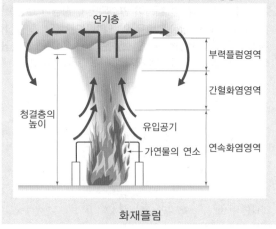

화재플럼

**24** 다음에서 설명하는 연소방식은?

> 점도가 높고 비휘발성인 액체를 일단 가열 등의 방법으로 점도를 낮추어 버너 등을 사용하여 액체의 입자를 안개상으로 분출하여 액체 표면적을 넓게 하여 공기와의 접촉면을 많게 하는 연소방법이다.

① 자기연소
② 확산연소
③ 분무연소
④ 예혼합연소

> 분무연소(액적연소, spray combustion) - 액체입자를 분무기를 통해 미세한 안개상으로 만들어 연소하는 현상

**25** 환기구로 에너지가 유출되는 것을 의미하는 환기계수로 옳은 것은? (단, A는 면적, H는 높이이다.)

① $A\sqrt{H}$
② $H\sqrt{A}$
③ $A^2\sqrt{H}$
④ $\sqrt{\dfrac{A}{H}}$

> 환기요소($A\sqrt{H}$)
> 최성기 화재 시 구획내의 공기는 거의 소멸되어 개구부를 통해 외부에서 들어오는 공기의 양에 의해 지배를 받기 때문에 개구부 크기가 중요하며 이를 환기요소($A\sqrt{H}$)라 한다. A는 개구부의 면적, H는 개구부의 높이이며 이는 개구부의 높이에 영향을 더 받음을 알 수 있다.

---

**제2과목** 수방수리학·약제화학 및 소방전기

**26** 이상기체의 부피변화와 관련된 것은?

① 아르키메데스(Archimedes)의 원리
② 아보가드로(Avogadro)의 법칙
③ 베르누이(Bernoulli)의 정리
④ 하젠-윌리엄스(Hazen-Williams)의 공식

> 아보가드로 법칙
> ① 온도 및 압력이 일정 상태에서는 동일 체적 내에 있는 모든 기체의 분자수는 같다.
> ② 모든 기체는 0℃, 1 atm에서 1 mol당 22.4 ℓ의 부피와 $6.023 \times 10^{23}$ 분자수를 갖는다.

**정답** 23 ① 24 ③ 25 ① 26 ②

**27** 모세관 현상으로 인해 물이 상승할 때, 그 상승높이에 관한 설명으로 옳지 않은 것은?

① 관의 직경에 비례한다.
② 표면장력에 비례한다.
③ 물의 비중량에 반비례한다.
④ 수면과 관의 접촉각이 커질수록 감소한다.

모세관 현상(capillarity in tube)

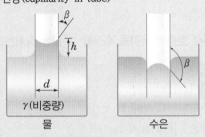

모세관현상

㉠ 액체 속에 가는 관(모세관)을 넣으면 액체가 관을 따라 상승 또는 하강하는 현상으로 표면장력에 의해 발생한다.
㉡ 모세관 상승·하강 높이

$$h = \frac{4\sigma\cos\beta}{\gamma d}\,(\text{m})$$

$\beta$ : 접촉각      $d$ : 모세관 지름(m)
$\sigma$ : 표면장력(kgf/m)    $\gamma$ : 비중량(kgf/m³)

**28** 다시-바이스바하(Darcy-Weisbach) 공식에서 마찰손실수두에 관한 설명으로 옳지 않은 것은?

① 관의 직경에 반비례한다.
② 관의 길이에 비례한다.
③ 마찰손실계수에 비례한다.
④ 유속에 반비례한다.

다시웨버시(Darcy – weisbach) – 모든 유체의 층류, 난류 흐름에 적용

$$H(\text{m}) = f\,\frac{L}{D}\,\frac{V^2}{2g} = K\,\frac{V^2}{2g}$$

$H$ : 마찰손실수두(m)   $f$ : 관마찰계수   $D$ : 내경(m)
$L$ : 길이(m)          $V$ : 유속(m/s)
$g$ : 중력가속도(m/s²)   $K$ : 손실계수

**29** 상·하판의 간격이 5 cm인 두 판 사이에 점성계수가 0.001 N·s/m²인 뉴턴 유체(Newtonian fluid)가 있다. 상판이 수평방향으로 2.5 m/s로 움직일 때, 발생하는 전단응력(N/m²)은? (단, 하판은 고정되어 있다.)

① 0.05          ② 0.50
③ 5.00          ④ 50.0

$\tau$ : 전단응력(shear force)

$$F = \mu A \frac{du}{dy}\,(N) \qquad \tau = \frac{F}{A} = \mu\frac{du}{dy}\,(\text{N/m}^2)$$

$F(N)$ : 전단력
$\tau$ : 전단응력(shear force)
$\mu$ : 점성계수(absolute viscosity)
$\dfrac{du}{dy}$ : 속도구배(velocity gradient)

$$\tau = \frac{F}{A} = \mu\frac{du}{dy} = 0.001\,\text{N·s/m}^2 \times \frac{2.5\,\text{m/s}}{0.05\,\text{m}}$$
$$= 0.05\,(\text{N/m}^2)$$

**30** 전양정이 30 m인 펌프가 물을 0.03 m³/s로 수송할 때, 펌프의 축동력(kW)은 약 얼마인가? (단, 물의 비중량은 9,800 N/m³, 중력가속도는 9.8 m/s², 펌프의 효율은 60%이다.)

① 1.44          ② 1.47
③ 14.7          ④ 144

축동력 : 전동기로부터 축을 통해 회전차를 구동하는데 필요한 동력 ⇒ 효율($\eta$) 고려

$$\text{축동력}(P_2) = \frac{9.8\,H\,Q}{\eta}\,(\text{kW}) \qquad Q(\text{m}^3/\text{s})$$

$H$ : 양정(m)   $Q$ : 유량(m³/s)   $\eta$ : 효율

$$\text{축동력}(P_2) = \frac{9.8\,H\,Q}{\eta}\,[\text{kW}] = \frac{9.8 \times 30 \times 0.03}{0.6}$$
$$= 14.7\,[\text{kW}]$$

정답   27 ①   28 ④   29 ①   30 ③

**31** 배관 내 평균유속 5 m/s로 물이 흐르고 있다가 갑작스런 밸브의 잠김으로 발생되는 압력상승(MPa)은 약 얼마인가? (단, 물의 비중량은 9,800 N/m³, 유체 내 압축파의 전달속도는 1,494 m/s, 중력가속도는 9.8 m/s²이다.)

① 7.32
② 7.47
③ 73.2
④ 74.7

탄성파 이론
$$F = \rho QV = \rho AV^2$$
$$F/A = P = \rho V^2$$

$P =$ 밀도×전달속도×속도
$$P = \rho \times V^2 = \frac{\gamma}{g} \times V^2$$
$$= 9800\,\text{N}/\text{m}^3 \div 9.8\,\text{m}/\text{s}^2 \times 1494\,\text{m}/\text{s} \times 5\,\text{m}/\text{s}$$
$$= 7470000\,\text{N}/\text{m}^2 = 7.47\,\text{MPa}$$

**32** 폭이 $a$이고 높이가 $b$인 직사각형 단면을 갖는 배관의 마찰손실수두를 계산할 때, 수력반경(hydraulic radius)은?

① $\dfrac{2ab}{(a+b)}$
② $\dfrac{ab}{2(a+b)}$
③ $\dfrac{(a+b)}{2ab}$
④ $\dfrac{(a+b)}{4ab}$

수력반경
$$\text{수력반경}\,R_h[\text{m}] = \frac{\text{단면적}\,A[\text{m}^2]}{\text{접수길이}\,L[\text{m}]} = \frac{ab}{2(a+b)}$$

**33** 층류 상태로 직경 5cm인 원형관 내 흐를 수 있는 물의 최대 유량(m³/s)은 약 얼마인가? (단, 물의 비중량은 9,800N/m³, 물의 점성계수는 $10 \times 10^{-3}\text{N} \cdot \text{s}/\text{m}^2$, 층류의 상한계 레이놀즈(Reynolds)수는 2,000, 중력가속도는 9.8m/s², 원주율은 3.0이다.)

① $7.35 \times 10^{-5}$
② $7.50 \times 10^{-4}$
③ $7.35 \times 10^{-2}$
④ $7.50 \times 10^{-2}$

$Re = \dfrac{\rho VD}{\mu}$ 이므로

$$V = \frac{Re\,\mu}{\rho\,D} = \frac{2000 \times 10 \times 10^{-3}\,\text{N s}/\text{m}^2}{\dfrac{9800\,\text{N}/\text{m}^3}{9.8\,\text{m}/\text{s}^2} \times 0.05\text{m}} = 0.4\,\text{m}/\text{s}$$

• $Q = AV = \dfrac{\pi}{4}D^2\,V = \dfrac{3}{4}0.05^2\,\text{m}^2 \times 0.4\,\text{m}/\text{s}$
$$= 7.5 \times 10^{-4}\,\text{m}^3/\text{s}$$

**34** 관수로 흐름의 유량을 측정할 수 없는 장치는?

① 피토관(Pitot tube)
② 오리피스(Orifice)
③ 벤추리미터(Venturi meter)
④ 파샬플룸(Parshall flume)

유속측정
피토우트관(pitot tube) - 한점의 속도를 측정(국부속도), 평균속도 구하기 위해 여러 지점의 유속 측정해야 함

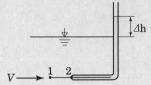

$$\frac{P_1}{\gamma} + \frac{V_1^2}{2g} + Z_1 = \frac{P_2}{\gamma} + \frac{V_2^2}{2g} + Z_2 \text{에서}$$
$$Z_1 = Z_2, \quad V_2 = 0$$
$$\frac{V_1^2}{2g} = \frac{P_2 - P_1}{\gamma} = h \text{가 된다.}$$
$$\therefore\ V_1 = \sqrt{2gh}$$

**35** 분말소화약제에 관한 설명으로 옳지 않은 것은?

① 분말의 안식각이 작을수록 유동성이 커진다.
② 제1종 분말소화약제를 저장하는 경우 분말소화약제 1 kg 당 저장용기의 내용적은 0.8 L이다.
③ 제2종 분말소화약제의 주성분은 탄산수소나트륨($NaHCO_3$)이다.
④ 제3종 분말소화약제의 주성분은 제1인산암모늄($NH_4H_2PO_4$)이다.

**분말소화약제의 명칭 등**

| 구분 | 제1종 | 제2종 | 제3종 | 제4종 |
|---|---|---|---|---|
| 명칭 | 탄산수소 나트륨 | 탄산수소 칼륨 | 인산암모늄 | 탄산수소칼륨 + 요소 |
| 분자식 | $NaHCO_3$ | $KHCO_3$ | $NH_4H_2PO_4$ | $KHCO_3$ + $(NH_2)_2CO$ |
| 색상 | 백색 | 자색 (보라색) | 담홍색 | 회백색 |
| 연쇄반응 억제 이온 | $Na^+$ | $K^+$ | $NH_4^+$ | $K^+$ $NH_4^+$ |
| 적응화재 | B급, C급, 알칼리 금속화재 | B급, C급 | A급, B급, C급 – Multi purpose dry chemical | B급, C급 |

**36** 이산화탄소소화설비의 화재안전기준상 소화에 필요한 이산화탄소의 설계농도(%)가 가장 높은 것은?

① 프로판
② 에틸렌
③ 산화에틸렌
④ 에탄

**[별표 1]**
가연성 액체 또는 가연성 가스의 소화에 필요한 설계농도
(제5조제1호 나목관련)

| 방호대상물 | 설계농도 (%) |
|---|---|
| 수소(Hydrogen) | 75 |
| 아세틸렌(Acetylene) | 66 |
| 일산화탄소(Carbon Monoxide) | 64 |
| 산화에틸렌(Ethylene Oxide) | 53 |
| 에틸렌(Ethylene) | 49 |
| 에탄(Ethane) | 40 |
| 석탄가스, 천연가스(Coal, Natural gas) | 37 |
| 사이크로 프로판(Cyclo Propane) | 37 |
| 이소부탄(Iso Butane) | 36 |
| 프로판(Propane) | 36 |
| 부탄(Butane) | 34 |
| 메탄(Methane) | 34 |

**37** 1기압 20 ℃에서 기체상태로 존재하는 것을 모두 고른 것은?

ㄱ. Halon 1211　　　　ㄴ. Halon 1301
ㄷ. Halon 2402

① ㄱ, ㄴ
② ㄱ, ㄷ
③ ㄴ, ㄷ
④ ㄱ, ㄴ, ㄷ

**할론 2402**
증기압이 낮아 질소가스로 가압하여야 하며 비점이 47.5℃로서 상온에서 액체이다.
• 배관을 통해 방사시 액체상태로 방사되므로 빠른 기화를 위해 무상방사가 필요하다.

**38** 단백포소화약제 3%형 18 L를 이용하여 팽창비가 5가 되도록 포를 방출할 때 발생된 포의 체적($m^3$)은?

① 0.08
② 0.3
③ 3.0
④ 6.0

팽창비 = $\dfrac{방출후 포의 체적}{방출전 포수용액의 체적}$

포수용액 % : 포소화약제 % = 방출 전 포수용액의 체적 : 포소화약제 체적
100% : 3% = $x$ : 18$\ell$

∴ 방출 전 포수용액의 체적 $x$ 는 $\dfrac{1800}{3} = 600\,\ell$

$5 = \dfrac{방출후포체적}{600\ell}$

따라서 방출후 포 체적은 3000$\ell$ = 3 $m^3$

**39** 물에 관한 설명으로 옳지 않은 것은?

① 입격이 감소함에 따라 비등짐은 낮아진다.
② 물의 기화열은 융해열보다 크다.
③ 물의 표면장력을 낮추는 경우 침투성이 강화된다.
④ 온도가 상승할수록 물의 점도는 증가한다.

물의 점도 : 고체 > 액체 > 기체
물은 온도가 상승할수록 기체화 되므로 물의 점도는 작아진다.

**정답** 36 ③ 37 ① 38 ③ 39 ④

**40** 연소에 관한 설명으로 옳지 않은 것은?

① 자기반응성 물질은 외부에서 공급되는 산소가 없는 경우 연소하지 않는다.
② 연소는 산화반응의 일종이다.
③ 메탄이 완전연소를 하는 경우 이산화탄소가 발생한다.
④ 일산화탄소는 연소가 가능한 가연성물질이다.

---

제5류 위험물(자기반응성물질)
① 산소 공급 없이도 가열, 충격, 마찰 또는 접촉에 의해 착화, 폭발 용이
② 산소를 함유한 가연성 물질로서 연소 시 자기연소하며 연소속도가 매우 빠르다.

---

**41** 벤추리관의 벤추리작용을 이용하는 기계포 소화약제의 혼합방식을 모두 고른 것은?

---

ㄱ. 프레져 사이드 푸로포셔너방식
ㄴ. 라인 푸로포셔너방식
ㄷ. 프레져 푸로포셔너방식

---

① ㄱ, ㄴ        ② ㄱ, ㄷ
③ ㄴ, ㄷ        ④ ㄱ, ㄴ, ㄷ

| 구분 | 내용 |
|---|---|
| 라인<br>푸로<br>포셔너<br>방식 | 펌프와 발포기의 중간에 설치된 벤추리관의 벤추리 작용에 따라 포 소화약제를 흡입·혼합하는 방식<br><br>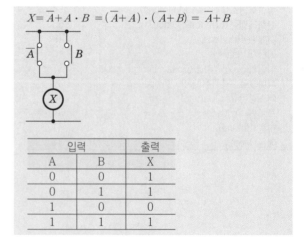혼합기(프로포셔너) |

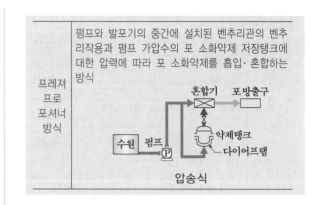

펌프와 발포기의 중간에 설치된 벤추리관의 벤추리작용과 펌프 가압수의 포 소화약제 저장탱크에 대한 압력에 따라 포 소화약제를 흡입·혼합하는 방식

프레져 프로 포셔너 방식

압송식

**42** 다음 진리표를 만족하는 시퀀스 회로를 설계하고자 한다. 출력에 관한 논리식으로 옳지 않은 것은?

| 입력 | | 출력 |
|---|---|---|
| A | B | X |
| 0 | 0 | 1 |
| 0 | 1 | 0 |
| 1 | 0 | 1 |
| 1 | 1 | 1 |

① $X = \overline{A} \cdot \overline{B} + A \cdot \overline{B} + A \cdot B$
② $X = \overline{A} + A \cdot B$
③ $X = \overline{A} \cdot \overline{B} + A$
④ $X = A + \overline{B}$

$X = \overline{A} + A \cdot B = (\overline{A} + A) \cdot (\overline{A} + B) = \overline{A} + B$

| 입력 | | 출력 |
|---|---|---|
| A | B | X |
| 0 | 0 | 1 |
| 0 | 1 | 1 |
| 1 | 0 | 0 |
| 1 | 1 | 1 |

**43** 전기력선의 기본 성질에 관한 설명으로 옳지 않은 것은?

① 전기력선은 서로 교차하지 않는다.
② 전계의 세기는 전기력선의 밀도와 같다.
③ 전기력선은 등전위면과 직교한다.
④ 전계의 세기는 도체 내부에서 가장 크다.

---

**전기력선의 성질**
㉠ 전기력선의 접선방향은 그 접점에서의 전기장의 방향을 가리킨다.
㉡ 전기력선의 밀도는 전기장의 크기를 나타낸다.
㉢ 도체 표면에서 수직으로 출입한다.
㉣ 서로 교차하지 않는다.
㉤ 양(+)전하에서 시작하여 음(−)전하에서 끝난다.
㉥ 전위가 높은 점에서 낮은 점으로 향한다.
㉦ 그 자신만으로는 폐곡선이 안된다.

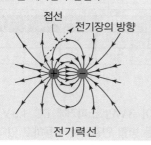

전기력선

---

**44** 다음 그림과 같이 직렬로 접속된 2개의 코일에 10 A의 전류를 흘릴 경우, 합성 코일에 발생하는 에너지(J)는 얼마인가? (단, 결합계수는 0.6이다.)

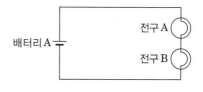

① 4
② 10
③ 12
④ 16

---

위 코일의 결합은 가동접속(화동, 결합, 순방향)에 해당 되므로 합성인덕턴스 $L = L_1 + L_2 + 2M$[H]이다.

$$L = L_1 + L_2 + 2M \,(\text{H}) = 0.1\text{H} + 0.1\text{H} + 2 \times 0.06\text{H} = 0.32\text{H}$$

$$M = K\sqrt{L_1 \cdot L_2} \,(\text{H}) = 0.6\sqrt{0.1 \times 0.1}\,[\text{H}] = 0.06[\text{H}]$$

자기 인덕턴스(코일)에 축적되는 에너지를 전자에너지라 한다.

$$W = \frac{1}{2}L \cdot I^2 \,(\text{J})$$

$W$ : 축적에너지 (J), $L$ : 자체 인덕턴스 (H), $I$ : 전류 (A)
$$W = \frac{1}{2}L \cdot I^2 \,(\text{J}) = \frac{1}{2} \times 0.32 \times 10^2 = 16 \,(\text{J})$$

---

**45** 동일한 배터리와 전구를 사용하여 그림과 같이 2개의 회로를 구성하였다. 다음 중 옳은 것은?

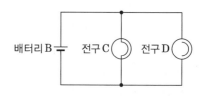

① 모든 전구의 밝기는 동일하다.
② 모든 배터리의 사용시간은 동일하다.
③ 전구 C는 전구 A보다 밝다.
④ 배터리 B의 사용시간은 배터리 A보다 길다.

---

**병렬연결**
각 전지의 (+)극은 (+)극끼리, (−)극은 (−)극끼리 같은 극을 공통으로 연결하는 것을 병렬연결이라고 한다. 이때의 기전력은 1개의 기전력과 같지만, 전지의 수명은 전지의 개수만큼 늘어나게 된다. 즉 전지를 사용할 수 있는 시간은 전지의 수에 비례한다.
전구 여러 개를 직렬연결한 전기 회로의 전구보다 병렬연결한 전기 회로의 전구가 더 밝다.

---

**정답** 43 ④ 44 ④ 45 ③

## 46 정전용량 1F에 해당하는 것은?

① 1 V의 전압을 가하여 1 C의 전하가 축적된 경우
② 1 W의 전력을 1초 동안 사용한 경우
③ 1 C의 전하가 1초 동안 흐른 경우
④ 1 C의 전하가 이동하여 1 J의 일을 한 경우

> **1 F(farad)**
> 두 도체 사이에 1 V의 전압을 가하여 1 C의 전하가 축적된 경우의 정전 용량
>
> $$C[\text{F}] = \frac{Q\,[\text{C}]}{V\,[\text{V}]}$$

## 47 그림과 같은 저항기의 값이 4.7 MΩ이고 허용오차가 ±10%일 때, 이 저항기의 색띠(color code)를 바르게 나열한 것은?

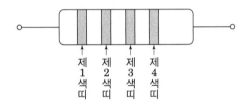

|  | 제1색띠 | 제2색띠 | 제3색띠 | 제4색띠 |
|---|---|---|---|---|
| ① | 적색(red) | 청색(blue) | 황색(yellow) | 금색(gold) |
| ② | 녹색(green) | 회색(gray) | 청색(blue) | 금색(gold) |
| ③ | 황색(yellow) | 자색(violet) | 녹색(green) | 은색(silver) |
| ④ | 등색(orange) | 녹색(green) | 회색(gray) | 은색(silver) |

> 저항기의 값이 4.7 MΩ = 4700000 Ω = 47 × 10⁵ Ω
> 첫째자리 4에 해당하는 색은 노랑(황색)
> 둘째자리 7에 해당하는 색은 보라(자색)
> 셋째자리 $10^5$에 해당하는 색은 녹색

| 색상 | 첫째 자리(A) | 둘째 자리(B) | 승수(C) | 오차(D) |
|---|---|---|---|---|
| 검정 | 0 | 0 | 1 | - |
| 갈색 | 1 | 1 | 10 | ±1% |
| 빨강 | 2 | 2 | 100 | ±2% |
| 주황 | 3 | 3 | 1,000 | ±3% |
| 노랑 | 4 | 4 | 10,000 | ±4% |
| 초록 | 5 | 5 | 100,000 | |
| 파랑 | 6 | 6 | 1,000,000 | |
| 보라 | 7 | 7 | 10,000,000 | |
| 회색 | 8 | 8 | - | |
| 백색 | 9 | 9 | - | |
| 금색 | - | - | 0.1 | ±5% |
| 은색 | - | - | 0.01 | ±10% |
| 무색 | - | - | | ±20% |

| 빨 | 주 | 노 | 초 | 파 | 남 | 보 |
|---|---|---|---|---|---|---|
| 2 | 3 | 4 | 5 | 6 | x | 7 |
| $10^2$ | $10^3$ | $10^4$ | $10^5$ | $10^6$ | x | $10^7$ |

## 48 소비전력이 3 W인 스피커에 DC 1.5 V, 2000 mAh의 배터리 2개를 병렬 연결하여 사용하고 있다. 이 스피커를 최대 출력으로 사용할 경우, 예상되는 사용시간은?

① 1시간
② 2시간
③ 4시간
④ 8시간

> 사용 시간 계산 = 전압 × 전류용량 ÷ 전력
> = VAh ÷ W = 1.5 V × 4 Ah ÷ 3W
> = 2 h

## 49 대칭 3상 Y결선 회로에 관한 설명으로 옳지 않은 것은?

① 상전압은 선간전압보다 위상이 30° 앞선다.
② 선간전압의 크기는 상전압의 $\sqrt{3}$ 배이다.
③ 상전류와 선전류의 크기는 같다.
④ 각 상의 위상차는 120° 이다.

## Y 결선

전원과 부하를 Y형으로 접속하는 방법. 성형 결선(Y-Y 회로)

① 선간전압($V_{ab}$, $V_{bc}$, $V_{ca}$)과 상전압($V_a$, $V_b$, $V_c$)관계
  – 선간전압이 상전압보다 $\pi/6(30°)$ 앞선다.
② 선전류와 상전류의 관계 : 선전류와 상전류는 동상이다.
③ 선간전압과 상전압의 크기 : $V_\ell = \sqrt{3}\, V_P$[V]
④ 선간전류와 상전류의 크기 : $I_\ell = I_P$[A]
⑤ 선간 전압과 상전류의 관계

$$I_P = \frac{V_P}{Z} = \frac{\frac{V_\ell}{\sqrt{3}}}{Z} = \frac{V_\ell}{\sqrt{3}\,Z}$$

⑥ 3상 교류 : 주파수가 동일하고 위상이 $2\pi/3$(rad)
  [120°] 만큼씩 다른 3개의 파형

---

**50** 다음과 같은 R-L-C 직렬회로에 $v(t) = \sqrt{2} \cdot 220 \cdot \sin 120\pi t$[V]의 순시전압을 인가한 경우, 회로에 흐르는 실효전류(A)는 얼마인가?

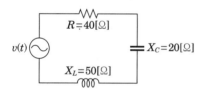

① 2.0　　　　② 3.1
③ 4.4　　　　④ 5.5

---

전류  $I = \dfrac{V}{Z} = \dfrac{220}{50} = 4.4$ (A)

① R-L-C 직렬회로의 합성 임피던스 Z는
  $\dot{Z} = R + j(X_L - X_C)$
  $\therefore Z = \sqrt{R^2 + (X_L - X_C)^2} = \sqrt{40^2 + (50-20)^2} = 50\,\Omega$이고

② 전압의 실효값은 $\dfrac{최대값}{\sqrt{2}}$ 이므로 $\dfrac{\sqrt{2} \cdot 220}{\sqrt{2}} = 220\,V$

---

**51** 소방기본법령상 소방대의 생활안전활동에 해당하지 않는 것은?

① 붕괴, 낙하 등이 우려되는 고드름, 나무, 위험 구조물 등의 제거 활동
② 위해동물, 벌 등의 포획 및 퇴치 활동
③ 단전사고 시 비상전원 또는 조명의 공급
④ 집회·공연 등 각종 행사 시 사고에 대비한 근접대기 등 지원활동

---

생활안전활동
1. 붕괴, 낙하 등이 우려되는 고드름, 나무, 위험 구조물 등의 제거활동
2. 위해동물, 벌 등의 포획 및 퇴치 활동
3. 끼임, 고립 등에 따른 위험제거 및 구출 활동
4. 단전사고 시 비상전원 또는 조명의 공급
5. 그 밖에 방치하면 급박해질 우려가 있는 위험을 예방하기 위한 활동

소방지원활동
1. 산불에 대한 예방·진압 등 지원활동
2. 자연재해에 따른 **급수·배수 및 제설** 등 지원활동
3. 집회·공연 등 각종 행사 시 사고에 대비한 **행사 시 사고에 대비한 근접대기** 등 지원활동
4. 화재, 재난·재해로 인한 피해복구 지원활동
5. 그 밖에 행정안전부령으로 정하는 활동

---

**52** 소방기본법령상 보상 제도에 관한 설명이다. (  )에 들어갈 말을 순서대로 바르게 나열한 것은?

소방청장 또는 시·도지사는 「소방기본법」 제16조의3 제1항에 따른 조치로 인하여 손실을 입은 자 등에게 (   )의 심의·의결에 따라 정당한 보상을 하여야 한다. 이러한 보상을 청구할 수 있는 권리는 손실이 있음을 안 날로부터 (   ), 손실이 발생한 날부터 (   )간 행사하지 아니하면 시효의 완성으로 소멸한다.

① 손해보상심의위원회 – 3년 – 5년

---

② 손실보상심의위원회 - 3년 - 5년
③ 손해보상심의위원회 - 5년 - 10년
④ 손실보상심의위원회 - 5년 - 10년

> **손실보상**
> ① 소방청장 또는 시·도지사 - 손실보상심의위원회의 심사·의결에 따라 정당한 보상을 하여야 한다.
> ② 손실보상을 청구할 수 있는 권리 - **손실이 있음을 안 날부터 3년, 손실이 발생한 날부터 5년간 행사하지 아니하면 시효의 완성으로 소멸한다.**

### 53 소방기본법령상 소방자동차 전용구역에 관한 설명으로 옳지 않은 것은?

① 세대수가 100세대 이상인 아파트의 건축주는 소방자동차 전용구역을 설치하여야 한다.
② 소방자동차 전용구역 노면표지 도료의 색체는 황색을 기본으로 하되, 문자(P, 소방차전용)는 백색으로 표시한다.
③ 소방자동차 전용구역에 물건 등을 쌓거나 주차하는 등의 방해행위를 하여서는 아니된다.
④ 전용구역 방해행위를 한 자는 100만원 이하의 벌금에 처한다.

> ☞ 전용구역에 차를 주차하거나 전용구역에의 진입을 가로막는 등의 방해행위를 한 자 - **100만원 이하의 과태료**

### 54 소방기본법령상 용어의 정의에 관한 설명으로 옳지 않은 것은?

① "관계인"이란 소방대상물의 소유자·관리자 또는 점유자를 말한다.
② "관계지역"이란 소방대상물이 있는 장소 및 그 이웃 지역으로서 화재의 예방·경계·진압, 구조·구급 등의 활동에 필요한 지역을 말한다.
③ "소방대"란 화재를 진압하고 화재, 재난·재해, 그 밖의 위급한 상황에서 구조·구급 활동 등을 하기 위하여 소방공무원, 의무소방원, 의용소방대원, 사회복무요원으로 구성된 조직체를 말한다.

④ "소방본부장"이란 특별시·광역시·특별자치시·도 또는 특별자치도에서 화재의 예방·경계·진압·조사 및 구조·구급 등의 업무를 담당하는 부서의 장을 말한다.

> **소방대(消防隊)** 〔소무용〕
> 화재를 진압하고 화재, 재난·재해, 그 밖의 위급한 상황에서 구조·구급 활동 등을 하기 위하여 구성된 조직체
> ① 소방공무원
> ② 의무소방원(義務消防員)
> ③ 의용소방대원(義勇消防隊員)

### 55 소방시설공사업법령상 용어에 관한 설명으로 옳은 것은?

① 방염처리업은 소방시설업에 포함된다.
② 위험물기능장은 소방기술자 대상에 포함되지 않는다.
③ 소방시설관리업은 소방시설업에 포함된다.
④ 화재감식평가기사는 소방기술자 대상에 포함된다.

> **소방시설업** - 소방시설설계업, 소방시설공사업, 소방공사감리업, 방염처리업
> **소방기술자**
> - 소방기술 경력 등을 인정받은 사람
> - 소방기술사, 소방설비기사, 소방설비산업기사, 위험물기능장, 위험물산업기사, 위험물기능사,소방시설관리사로서 소방시설업과 소방시설관리업의 기술인력으로 등록된 사람

### 56 소방시설공사업법령상 완공검사를 위한 현장확인 대상 특정소방대상물이 아닌 것은?

① 판매시설          ② 창고시설
③ 노유자시설        ④ 운수시설

> **완공검사를 위한 현장확인 대상 특정소방대상물의 범위(령 제5조)**
> 1. 노유자(老幼者)시설, 지하상가, 다중이용업소, 문화 및 집회시설, 운동시설, 판매시설, 숙박시설, 창고시설, 종교시설, 수련시설
> 2. 가스계(이산화탄소·할로겐화합물·청정소화약제)소화설비 설치(호스릴소화설비는 제외한다)
> 3. 연면적 1만 $m^2$ 이상이거나 11층 이상인 특정소방대상물(아파트는 제외한다)
> 4. 가연성가스를 제조·저장 또는 취급하는 시설 중 지상에 노출된 가연성가스탱크의 저장용량 합계가 1천톤 이상인 시설

**57** 소방시설공사업법령상 소방시설업자협회의 업무에 해당하지 않는 것은?

① 소방산업의 발전 및 소방기술의 향상을 위한 지원
② 소방시설업의 기술발전과 관련된 국제교류·활동 및 행사의 유치
③ 소방시설업의 사익증진과 과태료 부과 업무에 관한 사항
④ 소방시설업의 기술발전과 소방기술의 진흥을 위한 조사·연구·분석 및 평가

**소방시설업자협회의 업무 (법 제30조의3)**
① 소방시설업의 기술발전과 소방기술의 진흥을 위한 조사·연구·분석 및 평가
② 소방산업의 발전 및 소방기술의 향상을 위한 지원
③ 소방시설업의 기술발전과 관련된 국제교류·활동 및 행사의 유치
④ 이 법에 따른 위탁 업무의 수행

**58** 화재예방, 소방시설 설치·유지 및 안전관리에 관한 법령상 소방시설에 대한 설명으로 옳은 것은?

① 수용인원 50명인 문화 및 집회시설 중 영화상영관은 공기호흡기를 설치하여야 한다.
② 비상경보설비는 소방시설의 내진설계기준에 맞게 설치하여야 한다.
③ 분말형태의 소화약제를 사용하는 소화기의 내용연수는 5년으로 한다.
④ 불연성물품을 저장하는 창고는 옥외소화전 및 연결살수설비를 설치하지 아니할 수 있다.

① 수용인원 100명 이상의 문화 및 집회시설 중 영화상영관은 공기호흡기를 설치하여야 한다.
② 소방시설의 내진설계대상 - 옥내소화전, 스프링클러, 물분무등소화설비
③ 분말형태의 소화약제를 사용하는 소화기의 내용연수는 10년으로 한다.

**59** 화재예방, 소방시설 설치·유지 및 안전관리에 관한 법령상 시·도지사가 소방시설관리업 등록을 반드시 취소하여야 하는 사유로 옳은 것을 모두 고른 것은?

ㄱ. 소방시설관리업자가 거짓이나 그 밖의 부정한 방법으로 등록을 한 경우
ㄴ. 소방시설관리업자가 소방시설등의 자체점검 결과를 거짓으로 보고한 경우
ㄷ. 소방시설관리업자가 관리업의 등록기준에 미달하게 된 경우
ㄹ. 소방시설관리업자가 관리업의 등록증을 다른 자에게 빌려준 경우

① ㄱ, ㄴ  ② ㄱ, ㄹ
③ ㄴ, ㄷ  ④ ㄷ, ㄹ

**소방시설관리업 등록의 취소와 영업정지 등**

| 위반사항 | 행정처분기준 | | |
|---|---|---|---|
| | 1차 | 2차 | 3차 |
| (1) 거짓, 그 밖의 부정한 방법으로 등록을 한 경우 | 등록취소 | | |
| (2) 등록의 결격사유에 해당하게 된 경우 | 등록취소 | | |
| (3) 다른 자에게 등록증 또는 등록수첩을 빌려준 경우 | 등록취소 | | |

**60** 화재예방, 소방시설 설치·유지 및 안전관리에 관한 법령상 중앙소방특별조사단의 조사단원이 될 수 있는 사람을 모두 고른 것은?

ㄱ. 소방공무원
ㄴ. 소방업무와 관련된 단체의 임직원
ㄷ. 소방업무와 관련된 연구기관의 임직원

① ㄱ  ② ㄱ, ㄴ
③ ㄴ, ㄷ  ④ ㄱ, ㄴ, ㄷ

1. 소방청장 – 소방특별조사를 할 때 필요하면 중앙소방특별조사단을 편성하여 운영할 수 있다.
2. 중앙소방특별조사단
   ① 단장을 포함하여 21명 이내의 단원으로 성별을 고려하여 구성한다.
   ② 조사단의 단원은 다음에 해당하는 사람 중에서 소방청장이 임명 또는 위촉하고, 단장은 단원 중에서 소방청장이 임명 또는 위촉한다.
      1. 소방공무원
      2. 소방업무와 관련된 단체 또는 연구기관 등의 임직원
      3. 소방 관련 분야에서 5년 이상 연구 또는 실무 경험이 풍부한 사람

**61** 화재예방, 소방시설 설치·유지 및 안전관리에 관한 법령상 연소방지설비는 어떤 소방시설에 속하는가?

① 소화설비
② 소화용수설비
③ 소화활동설비
④ 피난구조설비

**소화활동설비** – 화재를 진압하거나 인명구조활동을 위하여 사용하는 설비

| 제연설비 | 비상콘센트설비 | 무선통신보조설비 |
|---|---|---|
| 연결송수관설비 | 연결살수설비 | 연소방지설비 |

**62** 화재예방, 소방시설 설치·유지 및 안전관리에 관한 법령상 방염대상물품이 아닌 것은?

① 철재를 원료로 제작된 의자
② 카펫
③ 전시용 합판
④ 창문에 설치하는 커튼류

방염대상물품
① 창문에 설치하는 **커튼류**(블라인드를 포함한다)
② **카펫**, 두께가 2 mm 미만인 벽지류(종이벽지는 제외)
③ 전시용 **합판** 또는 섬유판, 무대용 **합판** 또는 섬유판
④ 암막 · 무대막(영화상영관에 설치하는 스크린과 골프 연습장업에 설치하는 스크린을 포함한다)
⑤ 섬유류 또는 합성수지류 등을 원료로 하여 제작된 소파 · 의자(단란주점영업, 유흥주점영업 및 노래연습장업의 영업장에 설치하는 것만 해당한다)

**63** 화재예방, 소방시설 설치·유지 및 안전관리에 관한 법령상 소방안전관리대상물의 관계인이 소방안전관리자를 선임한 경우에 소방안전관리대상물의 출입자가 쉽게 알 수 있도록 게시하여야 하는 사항이 아닌 것은?

① 소방안전관리자의 성명
② 소방안전관리자의 소방관련 경력
③ 소방안전관리자의 연락처
④ 소방안전관리자의 선임일자

소방안전관리자 현황표 게시 내용
1. 소방안전관리대상물의 명칭
2. 소방안전관리자의 선임일자
3. 소방안전관리대상물의 등급
4. 소방안전관리자의 연락처

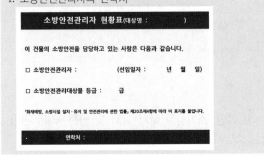

**64** 화재예방, 소방시설 설치·유지 및 안전관리에 관한 법령상 과태료 처분에 해당하는 경우는?

① 형식승인의 변경승인을 받지 아니한 자
② 화재안전기준을 위반하여 소방시설을 설치 또는 유지·관리한 자
③ 영업정지처분을 받고 그 영업정지기간 중에 관리업의 업무를 한 자
④ 소방시설등에 대한 자체점검을 하지 아니하거나 관리업자 등으로 하여금 정기적으로 점검하게 하지 아니한 자

| 과태료 | |
|---|---|
| **화재안전기준에 따라 설치 및 유지, 관리하지 않은 경우** | |
| ① 소방시설을 최근 1년 이상 2회 이상 화재안전기준에 따라 관리·유지하지 않은 경우(② 및 ③ 제외) | 100 |
| ② 소방시설을 다음에 해당하는 고장상태 등으로 방치한 경우<br>㉠ 소화펌프를 고장상태로 방치한 경우<br>㉡ 수신반 전원, 동력(감시)제어반 또는 소방시설용 비상전원을 차단하거나, 고장난 상태로 방치하거나, 임의로 조작하여 자동으로 작동이 되지 않도록 한 경우<br>㉢ 소방시설이 작동하는 경우 소화배관을 통하여 소화수의 방수 또는 소화약제가 방출되지 않는 상태로 방치한 경우 | 200 |
| ③ 소방시설을 설치하지 않은 경우 | 300 |

**65** 화재예방, 소방시설 설치·유지 및 안전관리에 관한 법령상 방염성능기준 이상의 실내장식물 등을 설치하여야 하는 특정소방대상물이 아닌 것은?

① 공항시설
② 숙박시설
③ 의료시설 중 종합병원
④ 노유자시설

> 방염성능기준 이상의 실내장식물 등을 설치하여야 하는 특정소방대상물
> ① 근린생활시설 중 의원, 체력단련장, 공연장 및 종교집회장
> ② 건축물의 옥내에 있는 시설 [문화 및 집회시설, 종교시설, 운동시설(수영장은 제외)]
> ③ 의료시설, 노유자시설 및 숙박이 가능한 수련시설, 숙박시설, 방송통신시설 중 방송국 및 촬영소
> ④ 다중이용업의 영업장
> ⑤ 층수가 11층 이상인 것(아파트는 제외)
> ⑥ 교육연구시설 중 합숙소
>
> 연예인 안**문숙**이 **11층**의 **체력단련장**에서 **운동**하다 다쳤는데 **의료시설**인 **의원**에 안가고 **공연장**으로 가 이상하게 여겨 **방송국**에서 **촬영**하러 오니 **합숙소**의 **노유자**, **수련시설**의 **종교**인등이 구경 옴

**66** 위험물안전관리법령상 시·도지사의 허가를 받아야 설치할 수 있는 제조소등은?

① 주택의 난방시설을 위한 취급소
② 축산용으로 필요한 건조시설을 위한 지정수량 20배 이하의 저장소
③ 공동주택의 중앙난방시설을 위한 저장소
④ 농예용으로 필요한 난방시설을 위한 지정수량 20배 이하의 저장소

> 제조소 등의 허가, 변경, 신고를 하지 않아도 되는 경우
> (1) 주택의 난방시설(공동주택의 중앙난방시설을 제외)을 위한 저장소 또는 취급소
> (2) 농예용·축산용 또는 수산용으로 필요한 난방시설 또는 건조시설을 위한 지정수량 20배 이하의 저장소

**67** 위험물안전관리법령상 탱크안전성능검사의 대상이 되는 탱크 등에 관한 내용이다. (     )에 들어갈 숫자로 옳은 것은?

> 기초·지반검사 : 옥외탱크저장소의 액체위험물탱크 중 그 용량이 (     )만리터 이상인 탱크

① 20                          ② 50
③ 70                          ④ 100

| 구 분 | 대 상 | 신청 시기 |
|---|---|---|
| 기초·지반검사 | 특정옥외탱크(옥외탱크저장소의 액체위험물탱크 중 그 용량이 100만 ℓ 이상인 탱크) | 위험물탱크의 기초 및 지반에 관한 공사의 개시 전 |
| 용접부검사 | 특정옥외탱크<br>(비파괴시험, 진공시험, 방사선투과시험으로 함) | 탱크본체에 관한 공사의 개시 전 |

**68** 위험물안전관리법령상 제조소등의 위험물안전관리자 (이하 "안전관리자"라 함)에 관한 설명으로 옳은 것은?

① 제조소등의 관계인이 안전관리자가 질병 등의 사유로 일시적으로 직무를 수행할 수 없어 대리자를 지정하는 경우, 대리자가 안전관리자의 직무를 대행하는 기간은 15일을 초과할 수 없다.

② 제조소등의 관계인이 안전관리자를 해임한 경우 그 관계인 또는 안전관리자는 소방본부장이나 소방서장에게 그 사실을 알려 해임된 사실을 확인받을 수 있다.

③ 제조소등의 관계인이 안전관리자를 선임한 경우에는 선임한 날부터 30일 이내에 소방본부장 또는 소방서장에게 신고하여야 한다.

④ 안전관리자를 선임한 제조소등의 관계인은 안전관리자가 퇴직한 때에는 퇴직한 날부터 60일 이내에 다시 안전관리자를 선임하여야 한다.

> ① 제조소등의 관계인이 안전관리자가 질병 등의 사유로 일시적으로 직무를 수행할 수 없어 대리자를 지정하는 경우, 대리자가 안전관리자의 직무를 대행하는 기간은 30일을 초과할 수 없다.
> ② 제조소등의 관계인이 안전관리자를 선임한 경우에는 선임한 날부터 14일 이내에 소방본부장 또는 소방서장에게 신고하여야 한다.
> ③ 안전관리자를 선임한 제조소등의 관계인은 안전관리자가 퇴직한 때에는 퇴직한 날부터 30일 이내에 다시 안전관리자를 선임하여야 한다.

**69** 위험물안전관리법령상 과태료 처분에 해당하는 경우는?

① 정기점검 결과를 기록·보존하지 아니한 자
② 제조소등의 설치허가를 받지 아니하고 제조소등을 설치한 자
③ 안전관리자 또는 그 대리자가 참여하지 아니한 상태에서 위험물을 취급한 자
④ 위험물의 운반에 관한 중요기준에 따르지 아니한 자

> 200만원 이하의 과태료
> 1. 관할소방서장의 승인을 받아 지정수량 이상의 위험물을 90일 이내의 기간동안 임시로 저장 또는 취급하는 경우 – 승인을 받지 아니한 자
> 2. 위험물의 저장 또는 취급에 관한 세부기준을 위반한 자
> 3. 품명 등의 변경신고를 기간 이내에 하지 아니하거나 허위로 한 자
> 4. 지위승계신고를 기간 이내에 하지 아니하거나 허위로 한 자
> 5. 제조소등의 폐지신고 또는 안전관리자의 선임신고를 기간 이내에 하지 아니하거나 허위로 한 자
> 6. 등록사항의 변경신고를 기간 이내에 하지 아니하거나 허위로 한 자
> **7. 정기점검결과를 기록·보존하지 아니한 자**
> 8. 위험물의 운반에 관한 세부기준을 위반한 자
> 9. 위험물의 운송에 관한 기준을 따르지 아니한 자

**70** 위험물안전관리법령상 정기점검의 대상인 제조소등이 아닌 것은?

① 판매취급소
② 이동탱크저장소
③ 이송취급소
④ 지하탱크저장소

| 정기점검 | |
| --- | --- |
| 대 상 | 시 기 |
| • 예방규정을 정해야 하는 제조소 등<br>• 지하탱크저장소, 이동탱크저장소<br>• 위험물을 취급하는 탱크로서 지하에 매설된 탱크가 있는 제조소·주유취급소 또는 일반취급소 | 연 1회 이상 정기점검을 실시하고 3년간 보관 |

**71** 다중이용업소의 안전관리에 관한 특별법령상 안전시설 등의 설치·유지에 관한 설명이다. ( )에 들어갈 내용으로 옳은 것은?

> 숙박을 제공하는 형태의 다중이용업소의 영업장 또는 밀폐구조의 영업장 중 대통령령으로 정하는 영업장에는 소방시설 중 ( )를(을) 행정안전부령으로 정하는 기준에 따라 설치하여야 한다.

① 간이스프링클러설비
② 비상조명등
③ 자동화재탐지설비
④ 가스누설경보기

**정답** 68 ② 69 ① 70 ① 71 ①

**안전시설등의 설치**

영업장에 대통령령으로 정하는 안전시설등을 행정안전부령으로 정하는 기준에 따라 설치·유지하여야 하며 숙박을 제공하는 형태의 다중이용업소의 영업장(고시원, 산후조리원) 및 밀폐구조의 영업장에는 간이스프링클러설비를 행정안전부령으로 정하는 기준에 따라 설치

**72** 다중이용업소의 안전관리에 관한 특별법령상 화재배상책임보험의 가입과 관련하여 과태료 부과 대상에 해당하지 않는 것은?

① 화재배상책임보험에 가입하지 않은 다중이용업주
② 정당한 사유 없이 계약 체결을 거부한 보험회사
③ 화재배상책임보험 외의 보험 가입을 권유한 보험회사
④ 임의로 계약을 해제 또는 해지한 보험회사

① 화재배상책임보험에 가입하지 아니한 자

| 가입하지 않은 기간 | 과태료 |
|---|---|
| 10일 이하 | 10만원 |
| 10일 초과 30일 이하 | 10만원 + 11일째부터 계산하여 1일마다 1만원을 더한 금액 |
| 30일 초과 60일 이하 | 30만원 + 31일째부터 계산하여 1일마다 3만원을 더한 금액 |
| 60일 초과 | 120만원 + 61일째부터 계산하여 1일마다 6만원을 더한 금액. 다만, 과태료의 총액은 300만원을 넘지 못한다. |

② 보험회사는 다중이용업주가 화재배상책임보험에 가입할 때에는 계약의 체결을 거부할 수 없다. 다만, 대통령령으로 정하는 경우에는 그러하지 아니하다.

☞ 다중이용업주와의 화재배상책임보험 계약 체결을 거부한 보험회사 – 300만원 이하의 과태료

③ 보험회사는 다중이용업주가 변경된 경우 등 외에는 다중이용업주와의 화재배상책임보험 계약을 해제하거나 해지하여서는 아니 된다.

☞ 임의로 계약을 해제 또는 해지한 보험회사 – 300만원 이하의 과태료

**73** 다중이용업소의 안전관리에 관한 특별법령상 다중이용업에 해당하지 않는 것은?

① 비디오물감상실업
② 노래연습장업
③ 산후조리업
④ 노인의료복지업

1. 식품접객업

| 구 분 | 면 적 기 준 |
|---|---|
| 단란주점영업과 유흥주점영업 | 면적과 관계없이 다중이용업소임. |
| 휴게음식점영업·제과점영업 일반음식점영업 | 바닥면적의 합계가 100 m²(지하층에 설치된 경우 – 66 m²) 이상 |

2. 학원

| 수용인원 | 내 용 |
|---|---|
| 300명 이상 | 조건과 관계없이 다중이용업소임. |
| 100명 이상 300명 미만 | 1. 하나의 건축물에 학원과 기숙사가 함께 있는 학원 2. 하나의 건축물에 학원이 둘 이상 있는 경우로서 학원의 수용인원이 300명 이상인 학원 3. 하나의 건축물에 다중이용업과 학원이 함께 있는 경우 |

3. 목욕장업

| 내 용 | 수용인원 |
|---|---|
| 돌(맥반석이나 대리석 등)을 가열하여 발생하는 열기나 원적외선 등을 이용하여 땀을 배출하게 할 수 있는 시설(물로 목욕을 할 수 있는 시설부분은 제외) | 100명 이상 |
| 목욕장업 | – |

4. 게임제공업·인터넷컴퓨터게임시설제공업 및 복합유통게임제공업
5. 영화상영관·비디오물감상실업·비디오물소극장업, 노래연습장업, 산후조리업, 안마시술소
6. 고시원업
7. 권총사격장
8. 골프 연습장업
9. 화재위험평가결과 위험유발지수가 디(D) 등급 또는 이(E) 등급에 해당
10. 전화방업·화상대화방업, 수면방업, 콜라텍업

**74** 다중이용업소의 안전관리에 관한 특별법령상 이행강제금에 대한 설명으로 옳지 않은 것은?

① 이해강제금의 1회 부과 한도는 1천만원 이하이다.
② 조치 명령을 받은 자가 조치 명령을 이행하면, 이미 부과된 이행강제금도 징수할 수 없다.
③ 이행강제금을 부과하기 전에 이행강제금을 부과·징수한다는 것을 미리 문서로 알려주어야 한다.
④ 최초의 조치 명령을 한 날을 기준으로 매년 2회의 범위에서 그 조치 명령이 이행될 때까지 반복하여 이행강제금을 부과·징수할 수 있다.

---

**이행강제금**
(1) 소방청장, 소방본부장 또는 소방서장은 조치 명령을 받은 후 그 정한 기간 이내에 그 명령을 이행 하지 아니하는 자에게는 **1천만원 이하의 이행강제금을 부과**한다.
(2) 이행강제금을 부과하기 전에 이행강제금을 부과·징수한다는 것을 **미리 문서로 알려 주어야 한다.**
(3) 이행강제금을 부과할 때에는 이행강제금의 금액, 이행강제금의 부과 사유, 납부기한, 수납기관, 이의 제기 방법 및 이의 제기 기관 등을 적은 문서로 하여야 한다.
(4) 최초의 조치 명령을 한 날을 기준으로 **매년 2회의 범위**에서 그 조치 명령이 이행될 때까지 반복하여 제1항에 따른 이행강제금을 부과·징수할 수 있다.
(5) 조치 명령을 받은 자가 명령을 이행하면 새로운 이행강제금의 부과를 즉시 중지하되, **이미 부과된 이행 강제금은 징수하여야 한다.**

---

**75** 다중이용업소의 안전관리에 관한 특별법령상 영업장 내부를 구획하고자 할 때 천장(반자속)까지 불연재료로 구획해야 하는 업종에 해당하는 것은?

① 산후조리업          ② 게임제공업
③ 단란주점 영업      ④ 고시원업

---

**영업장의 내부구획(기준) – 불연재료**
① 단란주점, 유흥주점, 노래연습장업은 천장(반자 속까지) 구획
② 다중이용업소의 영업장 내부를 구획함에 있어 배관 및 전선관 등이 영업장 또는 천장(반자속)의 내부구획된 부분을 관통하여 틈이 생긴 때에는 내화충전성능을 인정한 구조로 그 틈을 메워야 한다.

---

**76** 아염소산나트륨($NaClO_2$)에 관한 설명으로 옳지 않은 것은?

① 매우 불안정하여 180 ℃ 이상 가열하면 발열 분해하여 $O_2$를 발생한다.
② 가연성물질로서 가열, 충격, 마찰에 의해 발화, 폭발한다.
③ 암모니아, 아민류와 반응하여 폭발성의 물질을 생성한다.
④ 수용액 상태에서도 산화력을 가지고 있다.

---

제1류 위험물 - 산화성 고체(불연성)

| 품명 | 특성 |
|---|---|
| 아염소산 나트륨 $NaClO_2$ | ① **분해 시 산소 방출** – 분해의 원인 : 가열, 충격, 마찰 등 <br> 분해온도 : 180 ~ 200℃(수분은 촉매 역할), 무수물(無水物) : 350℃ <br> $NaClO_2 \rightarrow NaCl + O_2 \uparrow$ <br> ② **조해성이 있다** : 고체가 대기 속에서 습기를 흡수하여 녹는 성질 <br> ③ **산과의 반응** → $3NaClO_2 + 2HCl$ <br> $\rightarrow 3NaCl + 2ClO_2 + H_2O_2$ <br> 흰 연기의 유독가스인 이산화염소 $ClO_2$ 와 과산화수소 발생 |

---

**77** 황 480 g이 공기 중에서 완전 연소할 때 발생되는 이산화황($SO_2$) 가스의 발생량(g)은? (단, 황의 원자량은 32, 산소의 원자량은 16으로 한다.)

① 630          ② 730
③ 850          ④ 960

---

**황의 완전연소식**
$S + O_2 \rightarrow SO_2$
① 황 1몰이 완전연소 시 이산화황 1몰 생성 됨
② 황 1몰 = $\dfrac{질량}{분자량} = \dfrac{32}{32}$ 이므로 $\dfrac{480}{32} = 15$ 몰에 해당 되고 이산화황 15몰이 생성된다.
③ 이산화황 15몰 = $\dfrac{질량}{분자량} = \dfrac{질량}{32 + 32}$
따라서 960(g)이 생성된다.

---

**78** 나트륨(Na)에 관한 설명으로 옳지 않은 것은?

① 수은과 격렬하게 반응하여 나트륨 아말감을 만든다.
② 물과 격렬하게 반응하여 발열하고 $O_2$를 발생한다.
③ 에틸알코올과 반응하여 $H_2$를 발생한다.
④ 질산과 격렬하게 반응하여 $H_2$를 발생한다.

제3류 위험물 : 나트륨 Na
① 물, 산, 알코올, 암모니아와 반응 시 수소발생
  ㉠ 물과의 반응식
    $2Na + 2H_2O \rightarrow 2NaOH + H_2 \uparrow$ ➔ 소화약제 적응성 없음
  ㉡ 산과의 반응식
    $2Na + 2HCl \rightarrow 2NaCl + H_2 \uparrow$
  ㉢ 알코올(에틸알코올)과의 반응식
    $2Na + 2C_2H_5OH \rightarrow 2C_2H_5ONa + H_2 \uparrow$
  ㉣ 암모니아와의 반응식
    $2Na + 2NH_3 \rightarrow 2NaNH_2$ (나트륨아미드) $+ H_2 \uparrow$
② 할로겐소, 이산화탄소와 반응 시 탄소 유리 됨 ➔ 소화약제 적응성 없음
  ㉠ 할로겐소 (사염화탄소와의 반응식)
    $4Na + CCl_4 \rightarrow 4NaCl + C$
  ㉡ 이산화탄소와의 반응식
    $4Na + CO_2 \rightarrow 2Na_2O + C,$
    $4Na + 3CO_2 \rightarrow 2Na_2CO_3 + C$

**79** 철분(Fe)에 관한 설명으로 옳지 않은 것은?

① 절삭유와 같은 기름이 묻은 철분을 장기 방치하면 자연발화하기 쉽다.
② 용융 유황과 접촉하면 폭발하며 무기과산화물과 혼합한 것은 소량의 물에 의해 발화한다.
③ 금속의 온도가 충분히 높을 때 수증기와 반응하면 $O_2$를 발생한다.
④ 발연질산에 넣었다가 꺼내면 산화 피막을 형성하여 부동태가 된다.

철 분 Fe
① 은백색의 광택 금속 분말로서 연소하기 쉽고 기름이 묻은 철분은 장기간 저장 시 자연발화 한다.
② 공기 중 산화 시 산화철이 되어 황갈색(녹슴)이 된다.
③ 물, 묽은 산과 반응 시 수소가스 발생(주수소화 금지, 질식소화 해야 함)
  $2Fe + 3H_2O \rightarrow Fe_2O_3$ (산화철) $+ 3H_2$
  $2Fe + 6HCl \rightarrow 2FeCl_3$ (염화제이철) $+ 3H_2$

**80** 디에틸에테르($C_2H_5OC_2H_5$)에 관한 설명으로 옳지 않은 것은?

① 물과 접촉 시 격렬하게 반응한다.
② 비점, 인화점, 발화점이 매우 낮고 연소범위가 넓다.
③ 연소범위의 하한치가 낮아 약간의 증기가 누출되어도 폭발을 일으킨다.
④ 증기압이 높아 저장용기가 가열되면 변형이나 파손되기 쉽다.

| 제4류 위험물 : 디에틸에테르 $C_2H_5OC_2H_5$ | |
|---|---|
| ① 무색 투명하고 휘발성 있는 액체로서 "에테르"라고 함 | 인화점 : -45℃ |
| ② 공기 중에서 산화되어 과산화물 생성 (폭발력이 강함) | 연소범위 : 1.9 ~ 48% |
| ③ 물에 녹기 어렵고 유기용매인 알코올, 벤젠에 잘 녹는다. | |
| ④ 증기는 마취성이 있고 전기의 부도체로 정전기 발생우려 | 발화점 : 180℃ |
| ⑤ 강산화제, 강산류와 접촉시 발열 발화 | 비점 : 34.6℃ |
| ⑥ 물과 접촉 시 격렬하게 반응하지 않지만 유면 확대로 위험성이 확대된다. | |

**81** 제3류 위험물이 아닌 것은?

① 황린
② 중크롬산염
③ 탄화칼슘
④ 알킬리튬

중크롬산염 - 제1류 위험물

**82** 히드라진($N_2H_4$)에 관한 설명으로 옳지 않은 것은?

① 공기 중에서 가열하면 약 180℃에서 다량의 $NH_3$, $N_2$, $H_2$를 발생한다.
② 산소가 존재하지 않아도 폭발할 수 있다.
③ 강알칼리, 강환원제와도 반응한다.
④ $CuO$, $CaO$, $HgO$, $BaO$과 접촉할 때 불꽃이 발생하며 혼촉발화한다.

정답   78 ②   79 ③   80 ①   81 ①   82 ②

히드라진 $N_2H_4$ : 제4류 위험물
① 무색의 맹독성 가연성 액체이며 연소 시 보라색 불꽃
② 발암성 물질, 피부 호흡기에 심하게 유독하다.
③ 물이나 알코올에 잘 녹으며 유리 침식 및 코르크, 고무 분해
  • 약알칼리성으로 공기 중에서 180℃에서 분해
  • $2N_2H_4 \rightarrow 2NH_3 + N_2 + H_2$

**83** 과염소산($HClO_4$)에 관한 설명으로 옳지 않은 것은?

① 종이, 나뭇조각 등의 유기물과 접촉하면 연소 · 폭발한다.
② 알코올과 에테르에 폭발위험이 있고, 불순물과 섞여있는 것은 폭발이 용이하다.
③ 물과 반응하면 심하게 발열하며 소리를 낸다.
④ 아염소산보다는 약한 산이다.

과염소산 $HClO_4$ : 제6류 위험물
① 유독성, 자극성, 부식성이며 강산화성 물질로서 흡습성(발열), 휘발성이 강하다.
② 가열시 분해. 폭발에 의해 유독성의 염소 발생
③ 유기물과의 접촉 시 폭발적으로 발화
④ 유리, 도자기 밀폐용기에 넣어 저온에서 저장(가열하면 적갈색의 증기 발생)
⑤ 무색 액체로서 물과 반응 시 심하게 발열한다.

강산은 수소 이온 지수(pH)가 3이하로 과염소산, 염산, 질산, 황산, 인산, 불산 등을 말하며 전반적으로 무기산은 강산이 많고 약산은 "아"를 붙인 아질산, 아황산, 아염소산, 차아염소산, 등이 있다.

**84** 니트로소화합물에 관한 설명으로 옳은 것은?

① 분해가 용이하고 가열 또는 충격 · 마찰에 안정하다.
② 연소속도가 느리다.
③ 니트로소기(-NO)가 결합된 유기화합물이다.
④ 질식소화가 효과적이다.

니트로소화합물 - 제5류 위험물 (자기반응성 물질)

**85** 위험물안전관리법령상 제조소의 위치 · 구조 및 설비의 기준에서 지정수량 5배의 히드록실아민($NH_2OH$)을 취급하는 위험물 제조소의 외벽과 병원(의료법에 의한 병원급 의료기관)의 안전거리로 옳은 것은?

① 58 m 이상
② 68 m 이상
③ 78 m 이상
④ 88 m 이상

히드록실아민등을 취급하는 제조소의 특례

안전거리 $D = 51.1\sqrt[3]{N}$ (m)

$N$ : 지정수량(히드록실아민 : 100 kg)의 배수
$D = 51.1\sqrt[3]{N}$ (m) $= 51.1\sqrt[3]{5} = 88$ (m)

**86** 제4류 위험물 중 제1석유류가 아닌 것은?

① 벤젠
② 아세톤
③ 에틸렌글리콜
④ 메틸에틸케톤

에틸렌글리콜 - 제3석유류

**87** 위험물안전관리법령상 브롬산칼륨($KBrO_3$)의 지정 수량(kg)은?

① 50
② 100
③ 200
④ 300

| 품명 | 위험등급 | 지정수량 |
|---|---|---|
| 아염소산염류 $-ClO_2$<br>염소산염류 $-ClO_3$<br>과염소산염류 $-ClO_4$<br>무기과산화물 $-O_2$ | I | 50 kg |
| 요오드산염류 $-IO_3$<br>브롬산염류 $-BrO_3$<br>질산염류 $-NO_3$ | II | 300 kg |
| 과망간산염류 $-MnO_4$<br>중크롬산염류 $-Cr_2O_7$ | III | 1,000 kg |

정답   83 ④   84 ③   85 ④   86 ③   87 ④

| ※ 그밖에 행정안전부령이 정하는 것<br>• 과요오드산염류<br>• 과요오드산<br>• 크롬, 납 또는 요오드의 산화물<br>  (무수크롬산 : $CrO_3$)<br>• 아질산염류<br>• 염소화이소시아눌산<br>• 퍼옥소이황산염류<br>• 퍼옥소붕산염류 | II | 300 kg |
|---|---|---|
| • 차아염소산염류 – ClO | I | 50 kg |

**이상기체상태방정식**

$$PV = nRT \qquad PV = \frac{W}{M}RT$$

$P$ : 압력(atm)      $V$ : 부피($m^3$)
$n$ : 몰수(mol)      $W$ : 질량(kg)
$M$ : 분자량(kg/mol)
$R$ : 기체상수(atm·$m^3$/mol·K)
$T$ : 절대온도(K)

$$P = \frac{W}{VM}RT$$
$$= \frac{2000\,g}{1.5\,L \times 227\,g/mol}\,0.082\,L\cdot atm/K\cdot mol \times (500+273)$$
$$= 372.31\ atm$$

**88** 다음 물질 중 발화점이 가장 낮은 것은?

① 아크롤레인
② 톨루엔
③ 메틸에틸케톤
④ 초산에틸

| 구분 | 발화점 |
|---|---|
| 아크롤레인 | 234℃ |
| **톨루엔** | **550℃** |
| 메틸에틸케톤 | 505℃ |
| 초산에틸 | 460℃ |

**89** 분자량 227 g/mol인 니트로글리세린[$C_3H_5(ONO_2)_3$] 2,000 g이 부피 1,500 mL인 비파괴성 용기에서 폭발하였다. 폭발 당시의 온도가 500 ℃라면 이때의 압력(atm)은? (단, 절대온도 273 K, 기체상수 0.082 L·atm/K·mol 이며, 소수점 이하는 절사한다.)

① 372
② 400
③ 485
④ 575

**90** 다음은 위험물안전관리법령상 제조소의 위치·구조 및 설비의 기준에 관한 내용이다. ( )에 알맞은 숫자를 순서대로 나열한 것은?

> II. 보유공지
> 1. 위험물을 취급하는 건축물 그 밖의 시설(위험물을 이송하기 위한 배관 그 밖에 이와 유사한 시설을 제외한다)의 주위에는 그 취급하는 위험물의 최대수량에 따라 다음 표에 의한 너비의 공지를 보유하여야 한다.
>
> | 취급하는 위험물의 최대수량 | 공지의 너비 |
> |---|---|
> | 지정수량의 10배 이하 | ( )m 이상 |
> | 지정수량의 10배 초과 | ( )m 이상 |

① 1, 3
② 2, 3
③ 3, 5
④ 5, 7

**제조소의 보유공지**

| 취급하는 위험물의 최대수량 | 공지의 너비 |
|---|---|
| 지정수량의 10배 이하 | 3 m 이상 |
| 지정수량의 10배 초과 | 5 m 이상 |

정답   88 ①   89 ①   90 ③

**91** 위험물안전관리법령상 제조소의 위치·구조 및 설비의 기준에서 배관의 설치에 관한 설명으로 옳은 것은?

① 배관의 재질은 폴리에틸렌(PE)관 그 밖에 이와 유사한 금속성으로 하여야 한다.
② 배관에 걸리는 최대상용압력의 1.2배 이상의 압력으로 수압시험을 실시하여야 한다.
③ 지상에 설치하는 배관은 지진·풍압·지반침하 및 온도변화에 안전한 구조의 지지물에 설치하여야 한다.
④ 지하에 매설하는 배관은 지면에 미치는 중량이 당해 배관에 미치도록 하여 안전하게 하여야 한다.

배관의 설치기준
1. 배관의 재질은 강관 그 밖에 이와 유사한 금속성으로 하여야 한다.
   다만, 다음 각 목의 기준에 적합한 경우에는 그러하지 아니하다.
   가. 배관의 재질은 한국산업규격의 유리섬유강화플라스틱·고밀도폴리에틸렌 또는 폴리우레탄으로 할 것
   나. 배관의 구조는 내관 및 외관의 이중으로 하고, 내관과 외관의 사이에는 틈새공간을 두어 누설여부를 외부에서 쉽게 확인할 수 있도록 할 것
   다. 배관은 지하에 매설할 것
2. 배관에 걸리는 최대상용압력의 1.5배 이상의 압력으로 수압시험을 실시하여 누설 그 밖의 이상이 없는 것으로 하여야 한다.
3. 배관을 지상에 설치하는 경우에는 지진·풍압·지반침하 및 온도변화에 안전한 구조의 지지물에 설치 하여야 한다.
4. 배관을 지하에 매설하는 경우에는 다음 각목의 기준에 적합하게 하여야 한다.
   가. 금속성 배관의 외면에는 부식방지를 위하여 도복장·코팅 또는 전기방식등의 필요한 조치를 할 것
   나. 배관의 접합부분에는 위험물의 누설여부를 점검할 수 있는 점검구를 설치할 것
   다. 지면에 미치는 중량이 당해 배관에 미치지 아니하도록 보호할 것
5. 배관에 가열 또는 보온을 위한 설비를 설치하는 경우에는 화재예방상 안전한 구조로 하여야 한다.

**92** 위험물안전관리법령상 제조소의 위치·구조 및 설비의 기준에서 표지 및 게시판에 관한 설명으로 옳지 않은 것은?

① "위험물제조소"의 표지는 백색바탕에 흑색문자로 할 것
② 제1류 위험물의 "물기엄금"의 표지는 청색바탕에 백색문자로 할 것
③ 제4류 위험물의 "화기엄금"의 표지는 적색바탕에 백색문자로 할 것
④ 제5류 위험물의 "화기주의"의 표지는 적색바탕에 백색문자로 할 것

게시판 - 주의사항을 표시

| 위험물의 종류 | 주의사항 | 게시판의 색상 | |
|---|---|---|---|
| 제1류 위험물 중 알칼리금속의 과산화물<br>제3류 위험물 중 금수성물질 | 물기엄금 | 청색바탕에<br>백색문자 | 물기엄금 |
| 제2류 위험물<br>(인화성고체는 제외) | 화기주의 | 적색바탕에<br>백색문자 | 화기주의 |
| 제2류 위험물 중 인화성 고체<br>제3류 위험물 중 자연발화성물질<br>제4류 위험물<br>**제5류 위험물** | 화기엄금 | **적색바탕에<br>백색문자** | 화기엄금 |
| 제1류 위험물의 알카리금속의 과산화물외의 것과 제6류 위험물 | 별도의 표시 없음 | | |

**93** 위험물안전관리법령상 소화설비, 경보설비 및 피난설비의 기준에서 위험물제조소의 연면적이 2,000m² 또는 저장 및 취급하는 위험물이 지정수량의 150배 이상인 위험물제조소에 설치하여야 하는 소화설비로 옳은 것을 모두 고른 것은?

| ㄱ. 옥내소화전설비 | ㄴ. 옥외소화전설비 |
|---|---|
| ㄷ. 상수도소화전설비 | ㄹ. 물분무소화설비 |

① ㄱ, ㄴ, ㄷ  　　　　② ㄱ, ㄴ, ㄹ
③ ㄱ, ㄷ, ㄹ  　　　　④ ㄴ, ㄷ, ㄹ

제조소로서 연면적이 2,000m² 또는 저장 및 취급하는 위험
물이 지정수량의 150배 이상은 소화난이도 등급에 따른 분류
에 따라 I 등급 임.

| 구 분 | 소화난이도 I등급 |
|---|---|
| 제조소 | 1. 연면적 − 1,000 m² 이상<br>2. 지정수량 − 100배 이상 |

※ 제조소등에 설치해야 할 소화설비
　　소화난이도 I 등급

| 제조소 등의 구분 | 소화설비 |
|---|---|
| 제조소 및 일반취급소<br>옥외저장소 및 이송취급소 | 옥내소화전, 옥외소화전,<br>스프링클러, 물분무등소화설비 |

---

**94** 위험물안전관리법령상 옥외탱크저장소의 위치·구조 및
설비의 기준에서 인화성 액체위험물(이황화탄소를 제외한
다) 옥외탱크저장소의 탱크 주위에 설치하는 방유제의 설
치높이 기준으로 옳은 것은?

① 0.1 m 이상 1 m 이하
② 0.3 m 이상 2 m 이하
③ 0.5 m 이상 3 m 이하
④ 0.7 m 이상 4 m 이하

방유제 높이, 면적 등

| 구 분 | 내 용 | |
|---|---|---|
| 면적 | 8만 m² 이하 | |
| 높이 | 0.5 m 이상<br>3 m 이하 | |
| 두께 | 0.2 m 이상 | |
| 지하매설깊이 | 1 m 이상 | |
| 재질 | 철근콘크리트 | |
| 계단 또는 경사로 | 높이가 1 m 이상이면 50 m마다 설치할<br>것(방유제 내에 유출유 확인 등) | |
| 방유제 외면의<br>1/2 이상 | 자동차 등이 통행할 수 있는 3 m 이상의<br>노면 폭을 확보한 구내도로에 접할 것 | |

---

**95** 위험물안전관리법령상 옥외저장소의 위치·구조 및 설
비의 기준에서 옥외저장소에 위험물을 저장하는 경우 저
장장소 주위에 배수구 및 집유설비를 설치하여야 하는
위험물이 아닌 것은?

① 에틸알코올  　　　　② 디에틸에테르
③ 톨루엔  　　　　　　④ 초산에틸

제1석유류 또는 알코올류를 저장 또는 취급하는 장소의 주위
에는 배수구 및 집유설비를 설치하여야 한다. 이 경우 제1석
유류(온도 20℃의 물 100g에 용해되는 양이 1g 미만인 것에
한한다)를 저장 또는 취급하는 장소에 있어서는 집유설비에
유분리장치를 설치하여야 한다.

디에틸에테르 − 특수인화물류
제1석유류 − 톨루엔, 초산에틸
알코올류 − 에틸알코올

---

**96** 위험물안전관리법령상 옥외탱크저장소의 위치·구조 및
설비의 기준에서 무연가솔린 5,000리터를 저장하는 위험
물 옥외탱크저장소에는 접지시설을 하거나 피뢰침을 설
치하여야 한다. 이 경우 위험물 옥외탱크저장소에 피뢰침
을 설치하지 아니할 수 있는 접지시설의 저항 값으로 옳
은 것은?

① 5 Ω 이하  　　　　② 10 Ω 이하
③ 15 Ω 이하  　　　④ 20 Ω 이하

지정수량의 10배 이상인 옥외탱크저장소(제6류 위험물의 옥
외탱크저장소를 제외한다)에는 피뢰침을 설치하여야 한다. 다
만, 탱크에 저항이 5Ω 이하인 접지시설을 설치하거나 인근
피뢰설비의 보호범위 내에 들어가는 등 주위의 상황에 따라
안전상 지장이 없는 경우에는 피뢰침을 설치하지 아니할 수
있다.

---

**97** 위험물안전관리법령상 이송취급소의 위치·구조 및 설
비의 기준에서 배관을 지하에 매설하는 경우 건축물의
외면으로부터 배관까지의 안전거리는? (단, 지하가내의
건축물을 제외한다.)

① 0.5 m 이상  　　　② 0.75 m 이상
③ 1.0 m 이상  　　　④ 1.5 m 이상

배관 설치의 기준
(1) 지하매설

| 구 분 | 보유거리(수평거리) |
|---|---|
| 공작물 | 0.3 m 이상 |
| 건축물(지하가 내의 건축물은 제외) | 1.5 m 이상 |
| 지하가 및 터널 | 10 m 이상 |
| 수도시설<br>(위험물의 유입 우려가 있는 것) | 300 m 이상 |

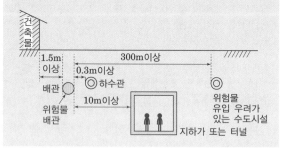

(3) 지붕은 폭발력이 위로 방출될 정도의 가벼운 불연재료로
덮어야 한다.

지붕을 내화구조로 할 수 있는 경우(폭발 우려가 없
거나 견딜 수 있는 경우)
① 제1류 위험물(분상의 것과 인화성고체는 제외)
② 제4류 위험물 중 제4석유류, 동식물유류
③ 제6류 위험물
④ 밀폐형 구조의 건축물이 다음과 같은 경우
  ㉠ 발생할 수 있는 내부의 과압(過壓) 또는 부압
    (負壓)에 견딜 수 있는 철근콘크리트조일 것
  ㉡ 외부화재에 90분 이상 견딜 수 있는 구조일 것

**98** 위험물안전관리법령상 제조소의 위치·구조 및 설비의
기준에서 위험물을 취급하는 건축물의 지붕(작업공정상 제
조기계시설 등이 2층 이상에 연결되어 설치된 경우에는 최
상층의 지붕을 말한다)을 내화구조로 할 수 없는 것은?

① 제1류 위험물
② 제2류 위험물(분상의 것과 인화성고체 제외)
③ 제4류 위험물 중 제4석유류·동식물유류
④ 제6류 위험물을 취급하는 건축물

건축물의 구조(불연재료 이상)
(1) 지하층이 없도록 하여야 한다.
(2) 건축물의 구조

| 불연재료 | 벽, 기둥, 바닥, 보, 지붕, 서까래 및 계단 |
|---|---|
| 내화구조 | 연소의 우려가 있는 외벽(출입구 외 개구<br>부가 없어야 한다.) |

**99** 위험물안전관리법령상 옥내저장소의 위치·구조 및 설
비의 기준에서 제4류 위험물 중 아세톤을 보관하는 하나
의 옥내저장창고(2 이상의 구획된 실이 있는 때에는 각
실의 바닥 면적의 합계로 한다)의 최대 바닥 면적(m²)
은?

① 500                    ② 1,000
③ 1,500                  ④ 2,000

옥내저장소의 위치·구조 및 설비의 기준
하나의 저장창고의 바닥면적

| 위험물을 저장하는 창고의 종류 | 바닥면적 |
|---|---|
| ① 위험등급 Ⅰ등급인 위험물<br>② 제4류 위험물 중 제1석유류 및 알코<br>올류 | 1,000 m² 이하 |
| ③ 그 밖의 위험물 | 2,000 m² 이하 |
| ①~②와 ③의 위험물을 내화구조의 격<br>벽으로 완전히 구획된 실에 각각 저장<br>하는 창고(이 경우 ①~②의 저장면적<br>은 500 m²를 초과할 수 없다) | 1,500 m² 이하 |

**100** 위험물안전관리법령상 수소충전설비를 설치한 주유취급소의 특례에 관한 설명으로 옳지 않은 것은?

① 충전설비의 위치는 주유공지 또는 급유공지 내의 장소로 한다.
② 충전설비는 자동차 등의 충돌을 방지하는 조치를 마련하여야 한다.
③ 충전설비는 자동차 등의 충돌을 감지하여 운전을 자동으로 정지시키는 구조이어야 한다.
④ 충전설비의 충전호스는 자동차 등의 가스충전구와 정상적으로 접속하지 않는 경우에는 가스가 공급되지 않는 구조로 하여야 한다.

충전설비 설치 기준
(1) 위치는 주유공지 또는 급유공지 외의 장소로 하되, 주유공지 또는 급유공지에서 압축수소를 충전하는 것이 불가능한 장소로 할 것
(2) 충전호스는 자동차등의 가스충전구와 정상적으로 접속하지 않는 경우에는 가스가 공급되지 않는 구조로 하고, 200kg 중 이하의 하중에 의하여 파단 또는 이탈되어야 하며, 파단 또는 이탈된 부분으로부터 가스 누출을 방지할 수 있는 구조일 것
(3) 자동차등의 충돌을 방지하는 조치를 마련할 것
(4) 자동차등의 충돌을 감지하여 운전을 자동으로 정지시키는 구조일 것

**제5과목** 소방시설의 구조 원리

**101** 비상방송설비의 화재안전기준상 배선의 설치기준으로 옳은 것은?

① 화재로 인하여 하나의 층의 확성기 또는 배선이 단락 또는 단선되어도 다른 층의 화재통보에 지장이 없도록 한다.
② 전원회로의 배선은 옥내소화전설비의 화재안전기준(NFSC 102)에 따른 내화배선 또는 내열배선에 따라 설치한다.
③ 전원회로의 부속회로는 전로와 대지 사이 및 배선 상호간의 절연저항은 1경계구역마다 직류 500 V의 절연저항측정기를 사용하여 측정한 절연저항이 0.1 MΩ 이상이 되도록 한다.

④ 비상방송설비의 배선은 다른 전선과 별도의 관·덕트 몰드 또는 풀박스등에 설치한다. 다만, 100 V 미만의 약전류회로에 사용하는 전선으로서 각각의 전압이 같을 때에는 그러하지 아니하다.

배선의 설치기준 – 상용전원

| 배선 | 전원까지 전용으로 하고 내화배선, 그 밖의 배선은 내화 또는 내열배선 |
| | 다른 전선과 별도의 관, 덕트, 몰드, 풀박스 등에 설치 단, 60 V 미만의 약전류에 사용하는 전선으로 각각의 전압이 동일할 때는 제외 |

• 전원회로의 전로와 대지 사이 및 배선상호간의 절연저항은 「전기사업법」 제67조에 따른 기술기준에 따른다.

| 절연저항 | 전로의 사용전압 구분 | | 절연저항 |
| --- | --- | --- | --- |
| | 400 V 미만인 것 | 대지전압이 150 V 이하인 경우 | 0.1 MΩ 이상 |
| | | 대지전압이 150 V를 넘고 300 V 이하인 경우 | 0.2 MΩ 이상 |
| | | 사용전압이 300 V를 넘고 400 V 미만인 경우 | 0.3 MΩ 이상 |
| | 400 V 이상인 것 | – | 0.4 MΩ 이상 |

• 부속회로의 전로와 대지 사이 및 배선 상호간의 절연저항

| 1경계구역 | 직류 250 V의 절연저항측정기 | 절연저항이 0.1 MΩ 이상 |
| --- | --- | --- |

**102** 수신기 형식승인 및 제품검사의 기술기준상 수신기의 구조 및 일반기능으로 옳지 않은 것은?

① 화재신호를 수신하는 경우 P형, P형복합식, GP형, GP형복합식, R형, R형복합식, GR형 또는 GR형복합식의 수신기에 있어서는 2 이상의 지구표시장치에 의하여 각각 화재를 표시할 수 있어야 한다.
② 예비전원회로에는 단락사고 등으로부터 보호하기 위한 퓨즈 등 과전류 보호장치를 설치하여야 한다.

③ 수신기(1회선용은 제외한다)는 2회선이 동시에 작동하여도 화재표시가 되어야 하며, 감지기의 감지 또는 발신기의 발신개시로부터 P형, P형복합식, GP형, GP형복합식, R형, R형복합식, GR형 또는 GR형복합식 수신기의 수신완료까지의 소요시간은 5초(축적형의 경우에는 60초)이내이어야 한다.

④ 부식에 의하여 전기적 기능에 영향을 초래할 우려가 있는 부분은 칠, 도금 등으로 유효하게 내식가공을 하거나 방청가공을 하여야 하며, 기계적 기능에 영향이 있는 단자, 나사 및 와셔 등은 동합금이나 이와 동등이상의 내식성능이 있는 재질을 사용하여야 한다.

수신기 형식승인 및 제품검사의 기술기준
제3조(구조 및 일반기능)
1. 작동이 확실하고, 취급·점검이 쉬워야 하며, 현저한 잡음이나 장해전파를 발하지 아니하여야 한다. 또한 먼지, 습기, 곤충등에 의하여 기능에 영향을 받지 아니하여야 한다.
2. 보수 및 부속품의 교체가 쉬워야 한다. 다만, 방수형 및 방폭형은 그러하지 아니하다.
3. 부식에 의하여 **기계적 기능**에 영향을 초래할 우려가 있는 부분은 칠, 도금 등으로 유효하게 내식가공을 하거나 방청가공을 하여야 하며, **전기적 기능**에 영향이 있는 단자, 나사 및 와셔 등은 동합금이나 이와 동등이상의 내식성능이 있는 재질을 사용하여야 한다.

**103** 스프링클러설비의 화재안전기준상 다음 조건에서 폐쇄형스프링클러헤드의 기준 개수는?

특정소방대상물(지하2층 ~ 지상 50층, 각층 층고 2.8 m)로서 주차장(지하 2개 층)을 공유하는 아파트(지하층을 제외한 층수가 50층)와 오피스텔(지하층을 제외한 층수가 15층)이 각각 별동으로 건설되어 소화설비는 완전 별개로 운영된다.

① 아파트: 10개, 오피스텔: 10개
② 아파트: 10개, 오피스텔: 30개
③ 아파트: 20개, 오피스텔: 20개
④ 아파트: 20개, 오피스텔: 30개

| 스프링클러설비 설치장소 | | | 기준개수 |
|---|---|---|---|
| 지하층을 제외한 층수가 10층 이하인 소방대상물 | 공장 또는 창고(랙크식 창고를 포함) | 특수가연물을 저장·취급하는 것 | 30 |
| | | 그 밖의 것 | 20 |
| | 근린생활시설·판매시설·운수시설 또는 복합건축물 | 판매시설 또는 복합건축물(판매시설이 설치되는 복합건축물) | 30 |
| | | 그 밖의 것(근린생활시설, 운수시설) | 20 |
| | 그 밖의 것 | 헤드의 부착높이가 8m 이상인 것 | 20 |
| | | 헤드의 부착높이가 8m 미만인 것 | 10 |
| 아파트 | | | 10 |
| 지하층을 제외한 층수가 11층 이상인 소방대상물 (아파트를 제외한다) 지하가 또는 지하역사 | | | 30 |

**104** 국가화재안전기준상 배관의 기울기에 관한 내용으로 옳지 않은 것은?

① 습식스프링클러설비 또는 부압식 스프링클러설비 외의 설비에는 헤드를 향하여 상향으로 수평주행배관의 기울기를 500분의 1 이상, 가지배관의 기울기를 250분의 1 이상으로 할 것. 다만, 배관의 구조상 기울기를 줄 수 없는 경우에는 배수를 원활하게 할 수 있도록 배수밸브를 설치하여야 한다.

② 간이스프링클러설비의 배관을 수평으로 할 것. 다만, 배관의 구조상 소화수가 남아 있는 곳에는 배수밸브를 설치하여야 한다.

③ 연결살수설비 수평주행배관은 원활한 배수를 위해 헤드를 향하여 $\frac{1}{100}$ 이상의 기울기로 설치해야 한다.

④ 개방형 미분무소화설비에는 헤드를 향하여 하향으로 수평주행배관의 기울기를 1,000분의 1 이상, 가지배관의 기울기를 500분의 1 이상으로 할 것. 다만, 배관의 구조상 기울기를 줄 수 없는 경우에는 배수를 원활하게 할 수 있도록 배수밸브를 설치하여야 한다.

> 미분무설비 배관의 배수를 위한 기울기는 다음 각 호의 기준에 따른다.
> 1. 폐쇄형 미분무 소화설비의 배관을 수평으로 할 것. 다만, 배관의 구조상 소화수가 남아 있는 곳에는 배수밸브를 설치하여야 한다.
> 2. 개방형 미분무 소화설비에는 헤드를 향하여 상향으로 수평주행배관의 기울기를 500분의 1 이상, 가지배관의 기울기를 250분의 1 이상으로 할 것. 다만, 배관의 구조상 기울기를 줄 수 없는 경우에는 배수를 원활하게 할 수 있도록 배수밸브를 설치하여야 한다.

**105** 소방용 가압송수장치 전동기가 3상3선식 380 V로 작동하고 있다. 전동기의 용량이 85 kW, 역률 90%, 전기 공급설비로부터 100 m 떨어져 있으며 전선에서의 전압강하를 10 V까지 허용할 경우 전선의 최소 굵기(mm²)는 약 얼마인가?

① 41.1        ② 42.1
③ 43.2        ④ 44.2

$$P(W) = \sqrt{3}\,VI\cos\theta \Rightarrow I = \frac{85\,000}{\sqrt{3}\times 380\times 0.9} = 143.49(A)$$

전압강하

| 구 분 | 전압강하 식 | 결선도 |
|---|---|---|
| 3상 3선식 (단상보다 전류가 $\sqrt{3}$배) | $e[V] = \dfrac{30.8\times L\times I}{1,000A}$ | 380[V], 380[V], 380[V] |

L : 전선의 길이(m),   I : 소요전류(A),
A : 전선의 단면적(mm²)

$$e[V] = \frac{30.8\times L\times I}{1,000A}$$
$$\Rightarrow A = \frac{30.8\times L\times I}{1,000\,e} = \frac{30.8\times 100\times 143.49}{1,000\times 10}$$
$$= 44.19 \fallingdotseq 44.2\ \text{mm}^2$$

**106** P형 1급 수신기와 감지기와의 배선회로에서 회로 종단저항은 10 kΩ이고, 감지기 회로저항은 30 Ω, 릴레이 저항은 20 Ω, 회로전압 DC 24 V 일 때, 평상시 수신반에서의 감시전류[mA]는 약 얼마인가?

① 2.39        ② 3.39
③ 4.25        ④ 5.25

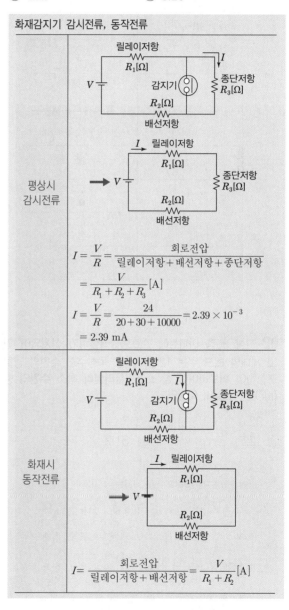

화재감지기 감시전류, 동작전류

평상시 감시전류

$$I = \frac{V}{R} = \frac{\text{회로전압}}{\text{릴레이저항} + \text{배선저항} + \text{종단저항}}$$
$$= \frac{V}{R_1 + R_2 + R_3}[A]$$
$$I = \frac{V}{R} = \frac{24}{20 + 30 + 10000} = 2.39\times 10^{-3}$$
$$= 2.39\ \text{mA}$$

화재시 동작전류

$$I = \frac{\text{회로전압}}{\text{릴레이저항} + \text{배선저항}} = \frac{V}{R_1 + R_2}[A]$$

**107** 고가수조를 보호하기 위하여 피뢰침을 설치한 경우 피뢰부의 소방시설 도시기호는?

① ◉    ② ▽

③ ⊥    ④ ↗

| 피뢰부(평면도) | ◉ |
|---|---|
| 스피커 | ▽ |
| 전선관 입상 | ↗ |
| 전선관 입하 | ↗ |
| 전선관 통과 | ↗ |
| 댐퍼 화재댐퍼 | ⊥● |
| 댐퍼 연기댐퍼 | ⊥⊘ |
| 댐퍼 화재/연기댐퍼 | ⊥⊘ |

**108** 지상 30층 아파트에 스프링클러설비가 설치되어 있고 세대별 헤드 수는 12개 일 때, 옥상수조 수원의 양을 포함하여 확보하여야 할 스프링클러설비 최소 수원의 양 (m³)은 약 얼마 이상인가?

① 32.0    ② 38.4
③ 42.7    ④ 51.2

1. 수 원
   - 폐쇄형스프링클러헤드를 사용하는 경우

$$수원 = N \times Q \times T = 10 \times 80 \times 40 = 32\,(\mathrm{m^3})$$

① $N$ : 스프링클러설비 설치장소별 스프링클러헤드의 기준개수
   스프링클러헤드의 설치개수가 가장 많은 층(아파트의 경우에는 설치개수가 가장 많은 세대)에 설치된 스프링클러헤드의 개수가 기준개수보다 작은 경우에는 그 설치개수를 말한다.

| 스프링클러설비 설치장소 | 기준개수 |
|---|---|
| 아파트 | 10 |

② $Q$ : 정격토출량 - 80 $\ell/\min$
③ $T$ : 방사시간 - 20분, 층수가 30층 이상 49층 이하는 40분, 50층 이상은 60분

2. 옥상수조 수원
   - 유효수량 외에 유효수량의 3분의 1 이상
   $32 \div 3 = 10.667 ≒ 10.67\,(\mathrm{m^3})$
   수원 + 옥상수조 수원 = 32 + 10.67 = 42.67 (m³)
   $≒ 42.7\,(\mathrm{m^3})$

**109** 국가화재안전기준상 음향장치 및 음향경보장치 기준으로 옳지 않은 것은?

① 비상벨설비 또는 자동식사이렌설비의 음향장치의 음량은 부착된 음향장치의 중심으로부터 1 m 떨어진 위치에서 90 dB 이상이 되는 것으로 하여야 한다.
② 화재조기진압용 스프링클러설비의 음향장치의 음량은 부착된 음향장치의 중심으로부터 1 m 떨어진 위치에서 90 폰 이상이 되는 것으로 한다.
③ 이산화탄소소화설비의 음향경보장치는 소화약제의 방사개시 후 30초 이상 경보를 계속할 수 있는 것으로 한다.
④ 할로겐화합물 및 불활성기체소화설비의 음향경보장치는 소화약제의 방사개시 후 1분 이상 경보를 계속할 수 있는 것으로 한다.

음향경보장치(제13조)
(1) 음향경보장치
   ① 수동식 기동장치를 설치한 것에 있어서는 그 기동장치의 조작과정에서, 자동식 기동장치를 설치한 것에 있어서는 화재감지기와 연동하여 자동으로 경보를 발하는 것
   ② **소화약제의 방사개시후 1분 이상 경보를 계속할 수 있을 것**
   ③ 방호구역 또는 방호대상물이 있는 구획 안에 있는 자에게 유효하게 경보할 수 있는 것
(2) 방송에 따른 경보장치를 설치할 경우
   ① 증폭기 재생장치는 화재시 연소의 우려가 없고, 유지관리가 쉬운 장소에 설치
   ② 방호구역 또는 방호대상물이 있는 구획의 각 부분으로부터 하나의 확성기까지의 수평거리는 25m 이하
   ③ 제어반의 복구스위치를 조작하여도 경보를 계속 발할 수 있을 것

정답   107 ①   108 ③   109 ③

**110** 지하구의 화재안전기준에 따라 환기구 사이의 간격이 몇 m를 초과할 경우에는 700m 이내마다 살수구역을 설정하여야 하는가?

① 350      ② 700

③ 1,000      ④ 1,500

> **연소방지설비의 헤드 설치기준**
> 소방대원의 출입이 가능한 환기구·작업구마다 지하구의 양쪽방향으로 살수헤드를 설정하되, 한쪽 방향의 살수구역의 길이는 3m 이상으로 할 것. 다만, 환기구 사이의 간격이 700m를 초과할 경우에는 700m 이내마다 살수구역을 설정하되, 지하구의 구조를 고려하여 방화벽을 설치한 경우에는 그러하지 아니하다.

**111** 다음 직병렬 복합 누설경로 그림에서 제연실에서의 총 유효누설면적(m²)은 얼마인가?

(단, $A_1 = A_2 = A_3 = 0.02\text{m}^2$, $A_4 = A_5 = 0.01\text{m}^2$, 소수점 이하 넷째자리에서 반올림한다.)

> $Q = 0.827AP^{\frac{1}{2}}$
> Q : 가압을 위한 급기량(m³/s)
> A : 유효누설면적(m²)
> P : 차압(Pa)

① 0.007      ② 0.017

③ 0.027      ④ 0.037

---

> 직렬인 경우 식 : $\dfrac{1}{A_0^2} = \dfrac{1}{A_1^2} + \dfrac{1}{A_2^2} + \dfrac{1}{A_3^2} + \cdots$
>
> 병렬인 경우 식 : $A_0 + A_3,\ A_4 + A_5$

$A_1$과 $A_2$는 직렬이고 계산값을 $A_0$라 하면

$$\frac{1}{A_0^2} = \frac{1}{A_1^2} + \frac{1}{A_2^2}$$

$$A_0 = \frac{A_1 \times A_2}{\sqrt{A_1^2 + A_2^2}} = \frac{0.02 \times 0.02}{\sqrt{0.02^2 + 0.02^2}} = 0.014142 \text{ m}^2$$

$A_0$과 $A_3$ 및 $A_4$와 $A_5$는 병렬이므로

$A_0 + A_3 = 0.014142 + 0.02\text{m}^2 = 0.034142 \text{ m}^2$

$A_4 + A_5 = 0.02 \text{ m}^2$

$A_0 + A_3 = A_6$이라 하고

$A_4 + A_5 = A_7$이라 하면

$A_6$과 $A_7$은 직렬이고 계산값을 $A_8$이라 하면

$$A_8 = \frac{A_6 \times A_7}{\sqrt{A_6^2 + A_7^2}} = \frac{0.034142 \times 0.02}{\sqrt{0.034142^2 + 0.02^2}} = 0.01725 \text{ m}^2$$

**112** 제연설비의 화재안전기준상 예상제연구역에 대한 배출구의 설치기준으로 옳은 것은?

① 바닥면적이 $400\text{ m}^2$ 미만인 예상제연구역이 벽으로 구획되어 있는 경우의 배출구는 바닥 이외의 천장·반자 또는 이에 가까운 벽의 부분에 설치한다.

② 바닥면적이 $400\text{ m}^2$ 미만인 예상제연구역의 경우 배출구를 벽에 설치한 경우에는 배출구의 중심이 가장 짧은 제연경계의 하단보다 높이 되도록 하여야 한다.

③ 바닥면적이 $400\text{ m}^2$ 이상인 통로외의 예상제연구역에 대한 배출구를 벽에 설치한 경우에는 배출구의 하단과 바닥간의 최단거리가 $2\text{ m}$ 이상이어야 한다.

④ 바닥면적이 $400\text{ m}^2$ 이상인 통로 예상제연구역 중 어느 한부분이 제연경계로 구획되어있을 경우 배출구를 벽 또는 제연경계에 설치하는 경우에는 제연경계의 수직거리가 가장 짧은 제연경계의 하단보다 낮게 설치하여야 한다.

---

| 구 분 | 배 출 구 | | |
|---|---|---|---|
| 400m² 미만 | 예상 제연구역 | 설치장소 | |
| | 벽으로 구획 | 천장 또는 반자와 바닥 사이의 중간 윗부분 | |
| | 제연 경계로 구획 | 천장 · 반자 또는 이에 가까운 벽의 부분 | |
| | | 벽에 설치하는 경우<br>– 배출구의 하단이 당해 예상제연 구역에서 제연경계폭이 가장 짧은 제연경계의 하단보다 높이 | |
| 400m² 이상 | 예상 제연구역 | 설치장소 | |
| | 벽으로 구획 | 천장 · 반자 또는 이에 가까운 벽의 부분 | |
| | | 벽에 설치 | 배출구의 하단과 바닥간의 최단거리가 2 m 이상 |
| | 제연 경계로 구획 | 천장 · 반자 또는 이에 가까운 벽의 부분 | |
| | | 벽 또는 제연경계에 설치하는 경우<br>– 배출구의 하단이 제연경계의 폭이 가장 짧은 제연경계의 하단보다 높이 | |

피난구유도등 설치 제외

㉠ 바닥면적이 1,000 m² 미만인 층으로서 옥내로부터 직접 지상으로 통하는 출입구(외부의 식별이 용이한 경우에 한한다)

㉡ 대각선 길이가 15 m 이내인 구획된 실의 출입구

㉢ 거실 각 부분으로부터 하나의 출입구에 이르는 보행거리가 20 m 이하이고 비상조명등과 유도표지가 설치된 거실의 출입구

㉣ 출입구가 3 이상 있는 거실로서 그 거실 각 부분으로부터 하나의 출입구에 이르는 보행거리가 30 m 이하인 경우에는 주된 출입구 2개소외의 출입구(유도표지가 부착된 출입구를 말한다) 다만, 공연장 · 집회장 · 관람장 · 전시장 · 판매시설 · 운수시설 · 숙박시설 · 노유자시설 · 의료시설 · 장례식장은 제외

**113** 유도등 및 유도표지의 화재안전기준상 피난구유도등 설치 제외 대상에 관한 설명이다. (   )에 들어갈 특정소방대상물로 옳지 않은 것은?

> 출입구가 3 이상 있는 거실로서 그 거실 각 부분으로부터 하나의 출입구에 이르는 보행거리가 30 m 이하인 경우에는 주된 출입구 2개소외의 출입구(유도표지가 부착된 출입구를 말한다.) 다만, (      )의 경우에는 그러하지 아니하다.

① 공연장, 숙박시설
② 노유자시설, 공동주택
③ 판매시설, 집회장
④ 전시장, 장례식장

**114** 할로겐화합물 및 불활성기체소화설비의 화재안전기준상 배관의 설치기준으로 옳지 않은 것은?

① 할로겐화합물 및 불활성기체소화설비의 배관은 전용으로 하여야 한다.

② 강관을 사용하는 경우의 배관은 압력배관용탄소강관(KS D 3562) 또는 이와 동등 이상의 강도를 가진 것으로서 아연도금 등에 따라 방식처리된 것을 사용하여야 한다.

③ 배관과 배관, 배관과 배관부속 및 밸브류의 접속은 나사접합, 용접접합, 압축접합 또는 플랜지접합 등의 방법을 사용하여야 한다.

④ 배관의 구경은 해당 방호구역에 할로겐화합물소화약제는 10초 이내에, 불활성기체소화약제는 A · C급 화재 1분, B급 화재 2분 이내에 방호구역 각 부분에 최소설계농도의 95 % 이상 해당하는 약제량이 방출되도록 하여야 한다.

> **배관의 구경**
> 당해 방호구역에 할로겐화합물소화약제는 10초 (불활성기체소화약제는 A, C 급 : 2분, B급 : 1분) 이내에 방호구역 각 부분에 최소설계농도의 95% 이상 해당하는 약제량이 방출되도록 하여야 한다.

**115** 자동화재속보설비의 화재안전기준상 설치기준으로 옳은 것은?

① 조작스위치는 바닥으로부터 1.5 m 이하의 높이에 설치한다.

② 속보기는 소방관서에 통신망으로 통보하도록 하며, 데이터 또는 코드전송방식을 부가적으로 설치할 수 없다.

③ 노유자시설에 설치하는 자동화재속보설비는 속보기에 감지기를 직접 연결하는 방식으로 한다.

④ 자동화재탐지설비와 연동으로 작동하여 자동적으로 화재발생 상황을 소방관서에 전달되는 것으로 한다.

설치기준
(1) 자동화재탐지설비와 연동으로 작동하여 자동적으로 화재 발생 상황을 소방관서에 전달될 것 – 이 경우 부가적으로 특정소방대상물의 관계인에게 화재발생상황을 전달되도록 할 수 있다.
(2) 조작스위치는 바닥으로부터 0.8 m 이상 1.5 m 이하, 그 보기 쉬운 곳에 스위치임을 표시한 표지 할 것
(3) 속보기는 소방관서에 통신망으로 통보하도록 하며, 데이터 또는 코드전송방식을 부가적으로 설치할 수 있다. 단, 데이터 및 코드전송방식의 기준은 소방청장이 정한다.
(4) 문화재에 설치하는 자동화재속보설비 속보기에 감지기를 직접 연결하는 방식(자동화재탐지설비 1개의 경계구역에 한한다)으로 할 수 있다.
(5) 속보기는 성능인증 및 제품기준에 적합한 것으로 설치하여야 한다.

**116** 자동화재탐지설비 및 시각경보장치의 화재안전기준상 지상 15층, 지하 3층으로 연면적이 3,000m² 를 초과하는 특정소방대상물에 화재가 발생하여 자동화재탐지설비를 통해 지하 1층, 지하 2층, 지하 3층, 지상 1층에 경보가 발하여진 경우, 발화층은?

① 지하 3층
② 지하 2층
③ 지하 1층
④ 지상 2층

경보방식

| 대상물 / 화재층 | 층수가 5층 이상으로서 연면적이 3,000 m²를 초과 | 층수가 30층 이상의 특정소방대상물 |
|---|---|---|
| 2층 이상 | 발화층, 그 직상층 | 발화층, 그 직상 4개층 |
| 1층 | 발화층, 그 직상층, 지하전층 | 발화층, 그 직상 4개층, 지하전층 |
| 지하층 | 발화층, 그 직상층, 지하전층 | 발화층, 그 직상층, 지하전층 |

※ 발화층, 그 직상층, 지하전층 = 지하1층, 1층, 지하2층, 지하3층

**117** 할로겐화합물 및 불활성기체소화설비의 화재안전기준상 소화약제의 최대허용 설계농도(%) 기준으로 옳은 것은?

① HCFC−124 : 2.0
② HFC−227ea : 10.5
③ HFC−236fa : 13.5
④ IG−100 : 53

할로겐화합물 및 불활성기체소화설비의 화재안전기준상 소화약제의 최대허용 설계농도(%) 기준

| 소화약제 | 최대허용 설계농도(%) | 소화약제 | 최대허용 설계농도(%) |
|---|---|---|---|
| FC−3−1−10 | 40 | HCFC−124 | 1.0 |
| HFC−23 | 30 | FIC−13I1 | 0.3 |
| HFC−236fa | 12.5 | IG−01 | 43 |
| HFC−125 | 11.5 | IG−100 | 43 |
| HFC−227ea | 10.5 | IG−541 | 43 |
| HCFC BLEND A | 10 | IG−55 | 43 |
| FK−5−1−12 | 10 | | |

**118** 분말소화설비를 방호구역에 전역방출방식으로 설치하고자 한다. 소화약제는 제4종 분말이고, 방호구역의 체적이 150 m³, 개구부의 면적이 3 m²이며, 자동폐쇄장치를 설치하지 아니한 경우 분말소화약제의 최소 저장량(kg)은?

① 41.4　　　　② 49.5
③ 59.4　　　　④ 67.5

**소화약제의 저장량 – 차고 또는 주차장 : 제3종분말**
**(1) 전역방출방식**

$$V \times Q + A \times K$$
$$= 150\,m^3 \times 0.24\,kg/m^3 + 3\,m^2 \times 1.8\,kg/m^2 = 41.4\,kg$$

| V | 방호구역의 체적(m³) | | |
|---|---|---|---|
| | 방호구역 체적 1m³에 대한 양(kg) | | |
| Q | 소화약제의 종별 | 방호구역 체적 1m³에 대한 소화약제의 양 | 개구부의 면적 1m²에 대한 소화약제의 양(가산량) |
| | 제1종 | 0.6 | 4.5 |
| | 제2종, 제3종 | 0.36 | 2.7 |
| | 제4종 | 0.24 | 1.8 |
| A | 개구부면적(m²) | | |
| K | 개구부 면적 1m²당 가산량 | | |

**119** 자동화재탐지설비 및 시각경보장치의 화재안전기준상 부착높이가 8 m 이상 15 m 미만일 경우 적응성 있는 감지기의 종류로 옳지 않은 것은?

① 차동식 스포트형
② 차동식 분포형
③ 연기복합형
④ 불꽃감지기

**부착높이에 따른 감지기 설치기준**

| 부착높이 | 감지기의 종류 |
|---|---|
| 4 m 미만 | 차동식(스포트형, 분포형). 보상식 스포트형 정온식(스포트형, 감지선형) / 이온화식 또는 광전식(스포트형, 분리형, 공기흡입형) / 열복합형, 연기복합형, 열연기복합형, 불꽃감지기 |
| 4 m 이상 8 m 미만 | 차동식(스포트형, 분포형), 보상식 스포트형 정온식(스포트형, 감지선형) 특종 또는 1종 / 이온화식 1종 또는 2종 / 광전식(스포트형, 분리형, 공기흡입형) 1종 또는 2종 / 열복합형, 연기복합형, 열연기복합형, 불꽃감지기 |
| 8 m 이상 15 m 미만 | 차동식 분포형, 이온화식 1종 또는 2종 / 광전식(스포트형, 분리형, 공기흡입형) 1종 또는 2종 / 연기복합형, 불꽃감지기 |
| 15 m 이상 20 m 미만 | 이온화식 1종, 연기복합형, 불꽃감지기 / 광전식(스포트형, 분리형, 공기흡입형) 1종 |
| 20 m 이상 | 불꽃감지기 / 광전식(분리형, 공기흡입형)중 아나로그방식 |

**120** 화재조기진압용 스프링클러설비의 화재안전기준상 헤드에 관한 기준으로 옳지 않은 것은?

① 헤드의 작동온도는 74 ℃ 이하로 한다.
② 하향식 헤드의 반사판의 위치는 천장이나 반자 아래 115 mm 이상 355 mm 이하로 한다.
③ 헤드의 반사판은 천장 또는 반자와 평행하게 설치하고, 저장물의 최상부와 914 mm 이상 확보되도록 한다.
④ 헤드 하나의 방호면적은 6.0 m² 이상 9.3 m² 이하로 한다.

## 화재조기진압용 스프링클러설비의 헤드(제10조)

정의 : 특정 높은 장소의 화재위험에 대하여 조기에 진화할
수 있도록 설계된 스프링클러헤드

| 구 분 | 내 용 | | |
|---|---|---|---|
| 헤드 하나의 방호 면적 | 6.0 m² 이상 9.3 m² 이하 | | |
| 가지배관의 헤드 사이의 거리 | 천장의 높이 | 9.1 m 미만인 경우 | 2.4 m 이상 3.7 m 이하 |
| | | 9.1 m 이상 13.7 m 이하인 경우 | 3.1 m 이하 |
| 헤드의 반사판 | 천장 또는 반자와 평행하게 설치 | | |
| | 저장물의 최상부와 914 mm 이상 확보 | | |
| 헤드와 벽과의 거리 | 102 mm 이상 ~ 헤드 상호간 거리의 2분의 1 이하 | | |
| 헤드의 작동온도 | 74℃ 이하 | | |
| 상향식 헤드의 감지부 중앙 | 천장 또는 반자와 101 mm 이상 152 mm 이하 | | |
| 상향식 헤드의 반사판의 위치 | 스프링클러배관의 윗부분에서 최소 178 mm 상부에 설치 | | |
| 하향식 헤드의 반사판의 위치 | 천장이나 반자 아래 125 mm 이상 355 mm 이하 | | |

| 구 분 | 특수 가연물 | 차고 또는 주차장 | 절연유 봉입 변압기 | 케이블 레이 케이블덕트 | 콘베이어 벨트 등 |
|---|---|---|---|---|---|
| A | 바닥면적 (m²) – 50 m² 이하인 경우에는 50 m² | 바 닥 면 적 (m²) – 50 m² 이하인 경우에는 50 m² | 바닥부분을 제외한 표면적을 합한 면적 (m²) | 투영된 바닥면적 (m²) | 벨트부분의 바닥면적(m²) |
| Q | 10 ℓ/min | 20 ℓ/min | 10 ℓ/min | 12 ℓ/min | 10 ℓ/min |
| T | 20분 | 20분 | 20분 | 20분 | 20분 |

**121** 물분무소화설비의 화재안전기준상 물분무소화설비를 투영된 바닥면적이 50 m²인 케이블트레이에 설치하는 경우 필요한 최소 수원의 양(m³)은 얼마 이상인가?

① 10   ② 12
③ 20   ④ 24

물분무소화설비의 수원

$$A \times Q \times T = 50\,\text{m}^2 \times 12\,\ell/\text{min} \cdot \text{m}^2 \times 20\text{분}$$
$$= 12,000\,\ell = 12(\text{m}^3)$$

**122** 이산화탄소소화설비의 화재안전기준상 이산화탄소 소화약제 양(kg)으로 옳은 것은?

| 방호구역 체적 | 방호구역의 체적 1 m³에 대한 소화약제의 양 |
|---|---|
| 45 m³ 미만 | ㄱ |
| 45 m³ 이상 150 m³ 미만 | ㄴ |
| 150 m³ 이상 1,450 m³ 미만 | ㄷ |
| 1,450 m³ 미만 | ㄹ |

① ㄱ: 0.75   ② ㄴ: 0.75
③ ㄷ: 0.75   ④ ㄹ: 0.75

Q : 방호구역 체적 1m³에 대한 양(kg)

| 방호구역체적(m³) | 방호구역체적 1 m³에 대한 소화약제의 양 (Q) (kg) |
|---|---|
| 45 m³ 미만 | 1.0 kg 이상 |
| 45 m³ 이상 150 m³ 미만 | 0.9 kg 이상 |
| 150 m³ 이상 1,450 m³ 미만 | 0.8 kg 이상 |
| 1,450 m³ 이상 | 0.75 kg 이상 |

**123** 연결송수관설비의 화재안전기준상 송수구의 설치기준으로 옳지 않은 것은?

① 습식의 경우에는 송수구 · 체크밸브 · 자동배수밸브의 순으로 설치한다.
② 지면으로부터 높이가 0.5 m 이상 1.0 m 이하의 위치에 설치한다.
③ 구경 65 mm의 쌍구형으로 한다.
④ 가까운 곳의 보기 쉬운 곳에 송수압력범위를 표시한 표지를 한다.

| 구 분 | 설치 기준 | |
|---|---|---|
| 높 이 | 지면으로부터 0.5 m 이상 1 m 이하 | |
| 구 경 | 65 mm의 쌍구형 | |
| 마 개 | 이물질을 막기 위한 마개를 씌울 것 | |
| 표 지 | 1. 송수압력범위를 표시한 표지<br>2. "연결송수관설비송수구"라고 표시한 표지 | |
| 자동배수밸브 및 체크밸브 설치 순서 | 습식 | 송수구 · 자동배수밸브 · 체크밸브 |
| | 건식 | 송수구 · 자동배수밸브 · 체크밸브 · 자동배수밸브 |
| | • 자동배수밸브 설치 장소<br> – 배관안의 물이 잘빠질 수 있는 위치에 설치<br> – 배수로 인하여 다른 물건이나 장소에 피해를 주지 않을 것 | |

**124** 피난기구의 화재안전기준상 숙박시설의 각 층의 바닥면적이 2,500 m²일 경우 층마다 설치하여야 하는 피난기구의 최소 개수는?

① 3개
② 4개
③ 5개
④ 6개

피난기구 설치 개수
층마다 설치하되 면적별 1개 이상 설치

| 구 분 | 그 밖의 용도 | 위락시설 · 문화집회 및 운동시설 · 판매시설 또는 복합용도 | 숙박시설 · 노유자시설 및 의료시설 |
|---|---|---|---|
| 층의 바닥면적 | 1,000 m² | 800 m² | 500 m² |

바닥면적이 2,500 m² ÷ 500 m²/개 = 5개

**125** 이산화탄소소화설비의 화재안전기준상 소화약제의 저장용기 설치기준으로 옳지 않은 것은?

① 직사광선 및 빗물이 침투할 우려가 없는 곳에 설치할 것
② 방화문으로 구획된 실에 설치할 것
③ 온도가 45℃ 이하이고, 온도변화가 적은 곳에 설치할 것
④ 방호구역외의 장소에 설치할 것

소화약제 저장용기
(1) 이산화탄소 소화약제의 저장용기 장소기준
　① 방호구역외의 장소에 설치할 것
　　다만, 방호구역내에 설치할 경우에는 피난 및 조작이 용이하도록 피난구 부근에 설치하여야 한다.
　② 온도가 40℃ 이하이고, 온도변화가 적은 곳에 설치할 것
　③ 직사광선 및 빗물이 침투할 우려가 없는 곳에 설치할 것
　④ 방화문으로 구획된 실에 설치할 것
　⑤ 용기의 설치장소에는 당해 용기가 설치된 곳임을 표시하는 표지를 할 것
　⑥ 용기간의 간격은 점검에 지장이 없도록 3 cm 이상의 간격을 유지할 것
　⑦ 저장용기와 집합관을 연결하는 연결배관에는 (가스)체크밸브를 설치할 것
　　다만, 저장용기가 하나의 방호구역만을 담당하는 경우에는 그러하지 아니하다.

정답 123 ① 124 ③ 125 ③

# 과년도 기출문제

---

**제1과목** 소방안전관리론 및 화재역학

**01.** 제3종 분말소화약제가 열분해 될 때 생성되는 물질이 아닌 것은?

① $NH_3$      ② $CO_2$
③ $HPO_3$      ④ $H_2O$

| 분말소화약제 열분해시 생성물 | | | |
|---|---|---|---|
| 생성물질 | $H_2O$ | $CO_2$ | $NH_3$ |
| 제1종 | O | O | X |
| 제2종 | O | O | X |
| 제3종 | O | X | O |
| 제4종 | X | O | O |

**2.** 일반화재(A급 화재)에 물을 소화약제로 사용할 경우 분무상으로 방수할 때 증대되는 소화효과는?

① 부촉매효과      ② 억제효과
③ 냉각효과      ④ 유화효과

냉각에 의한 소화
물은 증발하면서 가장 열을 많이 흡수하므로 봉상주수보다 무상주수가 더욱 효과적이여 그 이유는 비표면적이 커지기 때문이다.

분무된 물은 다음 원칙에 따라 화염을 냉각한다.
① 열 전달량은 공급되는 물의 표면적에 비례한다.
② 열 전달량은 두 유체의 온도차에 비례한다.
③ 열 전달량은 수증기 분압의 영향을 받는다.

**3.** 25℃의 물 200L를 대기압에서 가열하여 모두 기화시켰을 때 물의 흡수열량은 몇 kJ인가? (단, 물의 비열은 4.18kJ/kg · ℃, 증발잠열은 2,255.5kJ/kg이며, 기타 조건은 무시한다.)

① 107,920      ② 342,000
③ 451,100      ④ 513,800

① 25℃ 물 → 100℃ 물 (현열을 이용)
  $Q = m \cdot c \cdot \Delta t = 200\,kg \times 4.18\,kJ/kg℃ \times 75℃ = 62,700\ kJ$
② 100℃ 물 → 100℃ 수증기 (잠열을 이용)
  $Q = m \cdot r = 200\,kg \times 2,255.5\,kJ/kg = 451,100\ kJ$
∴ 62,700 + 451,100 = 513,800 kJ

**4.** K급 화재(주방화재)에 관한 설명으로 옳지 않은 것은?

① 비누화현상을 일으키는 중탄산나트륨 성분의 소화약제가 적응성이 있다.
② 인화점과 발화점의 차이가 작아 재발화의 우려가 큰 식용유화재를 말한다.
③ 주방에서 동식물유를 취급하는 조리기구에서 일어나는 화재를 말한다.
④ K급 화재용 소화기의 소화능력시험은 소화기의 B급 화재 소화능력시험에 따른다.

K급화재용 소화기는 K급화재용 소화기의 소화성능시험에 적합하여야 하며, K급화재에 대한 능력단위는 지정하지 아니한다.

**5.** 고체가연물의 점화(발화)시간은 물체의 두께와 밀접한 관계가 있는데, 열적으로 얇은 고체가연물(두께가 약 2mm 미만)의 경우 점화시간 계산 시 주요 영향요소가 아닌 것은?

① 열전도도(W/m · K)      ② 정압비열(J/kg · K)
③ 순열유속(W/m²)      ④ 밀도(kg/m³)

발화시간(내장재와의 연관성)

| 얇은 물질(2 mm 미만)의<br>발화시간 | 두꺼운 물질(2 mm 이상)의<br>발화시간 |
|---|---|
| $t_{ig} = \rho c l \left( \dfrac{T_{ig} - T_{\infty}}{\dot{q}''} \right)$<br><br>열용량($\rho c$)<br>[kcal / (m³·℃)]의 영향 | $t_{ig} = C(k\rho c) \left( \dfrac{T_{ig} - T_{\infty}}{\dot{q}''} \right)^2$<br><br>열관성($k\rho c$)의 영향 |

$t_{ig}$ : 발화시간 [s]  　　　$\rho$ : 밀도 [kg/m³]
$c$ : 비열 [kcal/kg℃]　　　$l$ : 두께 [m]
$T_{ig}$ : 발화온도 [℃]　　　$T_{\infty}$ : 대기중온도 [℃]
$\dot{q}''$ : 복사열유속 [kW/m²]　　$C$ : 상수
$k$ : 열전도도 [kcal/s·m·℃]

※ $k$ : 열전도도 [kcal/s·m·℃]는 두꺼운 물질(2 mm 이상)의
　　발화시간과 관계가 있다.

## 6. 분진폭발의 특징으로 옳지 않은 것은?

① 열분해에 의해 유독성 가스가 발생될 수 있다
② 폭발과 관련된 연소속도 및 폭발압력이 가스폭발에
　비해 낮다.
③ 1차폭발로 인해 2차폭발이 야기될 수 있어 피해 범
　위가 크다.
④ 가스폭발에 비해 발생 에너지가 적고 상대적으로
　저온이다.

분진폭발

| 구 분 | 내 용 |
|---|---|
| 분진의 정의 | 75 $\mu$m 이하의 고체입자로서 공기 중에 떠 있는 분체 |
| 발생<br>Mechanism | ① 가연성 미분 상태의 분진이 공기 중에 부유해 있을 때 점화원에 의해 발생<br>② 열의 흡수 → 가연성가스발생 → 점화원에 의한 1차 폭발 → 2차, 3차 폭발 |
| 특징 | 가스폭발에 비해 점화에너지는 크나 2차, 3차 폭발이 있어 발생에너지 및 파괴력이 크고 불완전연소로 인해 탄화물에 의한 피해가 크다 |

| 영향요소 | • 분진의 화학적 성질과 조성<br>• 입도와 입도 분포, 입자의 형상과 표면의 상태<br>• 수분, 가연성 정도, 산소 농도<br>• 분진의 부유성<br>• 점화원 |
|---|---|
| 발생 장소 | 알루미늄 공장, 금속(Zn, Mg 등) 재생공장, 밀, 코코아 공장, 커피, 우유, 가구 공장 등 |

| 구 분 | 가스폭발(기체) | 분진폭발(고체) |
|---|---|---|
| 최초폭발, 연소속도,<br>폭발압력 | 크다 | 작다 |
| 2차, 3차 연쇄폭발현상 | 없다 | 있다 |
| 발화에너지,<br>발생에너지, 파괴력 | 작다 | 크다 |
| 일산화탄소 발생률 | 작다 | 크다 |

## 7. 내화구조 건축물의 내화성능 요구조건에 해당하지 않는 것은?

① 차연성　　　　　　② 차열성
③ 차염성　　　　　　④ 하중지지력

내화구조

| 정의 | 1. 화재 시 건축물의 강도 및 성능을 일정기간 유지할 수 있는 구조<br>2. 화재에 견딜 수 있는 성능을 가진 구조로서 화재 최성기의 화재저항<br>3. 철근콘크리트조, 연와조, 석조 등 이와 유사한 구조 |
|---|---|
| 목적 | 1. 화재확대 방지 및 재산보호<br>2. 건축물의 붕괴 방지 및 인명의 안전보장, 소화활동의 보장 |

| 요구<br>조건 | 내화시험(차염성, 차열성), 하중 지지력(구조적 안전성) |  |  |
|---|---|---|---|
|  | 차열성 | 평균<br>온도 | 상승온도 140℃ 이내<br>– 5개의 고정 열전대 |
|  |  | 최고<br>온도 | 상승온도 180℃ 이내 |
|  | 하중<br>지지력 | 내력부재의 시험체가 변형량 및 변형률에 따른 성능기준에 적합 |  |

**정답** 06 ④ 07 ①

**8.** 다음과 같은 특성을 모두 가진 연소형태는?

> • 가스폭발 메커니즘
> • 분젠버너의 연소(급기구 개방)
> • 화염전방에 압축파, 충격파, 단열압축 발생
> • 화염속도＝연소속도＋미연소가스 이동속도

① 표면연소　　　　② 확산연소
③ 예혼합연소　　　④ 자기연소

**예혼합연소**
가연성 혼합기가 형성되어 있는 상태(기체)에서의 연소
— 층류, 난류 예혼합연소

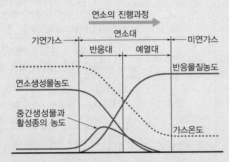

예혼합연소(연소대 ＝ 반응대 ＋ 예열대)

※ DDT(Deflagration−Detonation−Transition)전이
예혼합연소(발화 : 폭연) → 화염전파(층류 화염, 온도와
압력의 증가) → 압축파 생성 → 압축파의 중첩(난류화염,
연소속도의 증가) → 강한 압축파(충격파) → 폭굉파(단
열압축 : 자연발화)
※ 분젠버너 : 가스를 연소시켜서 고온을 얻는 장치

**9.** 초고층 및 지하연계 복합건축물 재난관리에 관한 특별
법령에서 정한 피난안전구역에 설치하여야 하는 소방시
설이 아닌 것은?

① 소화기 및 간이소화용구
② 자동화재속보설비
③ 비상조명등 및 휴대용비상조명등
④ 자동화재탐지설비

초고층 및 지하연계 복합건축물 재난관리에 관한 특별법에
따라 설치해야하는 소방시설
1. 소화설비
　소화기구(소화기 및 간이소화용구만 해당), 옥내소화전설
　비 및 스프링클러설비
2. 경보설비
　자동화재탐지설비
3. 피난구조설비
　방열복, 공기호흡기(보조마스크를 포함), 인공소생기, 피난
　유도선, 유도등·유도표지, 비상조명등 및 휴대용비상조명
　등
4. 소화활동설비
　제연설비, 무선통신보조설비

**10.** 가연성 액체의 화재발생 위험에 관한 설명으로 옳은
것은?

① 인화점, 발화점이 높을수록 위험하다.
② 연소범위가 좁을수록 위험하다.
③ 증기압이 높고 연소속도가 빠를수록 위험하다.
④ 증발열, 비열이 클수록 위험하다.

물질의 상태에 따른 위험성

| 구 분 | 위험성 | 구 분 | 위험성 |
|---|---|---|---|
| 온도, 압력 | 높을수록 위험 | 연소범위 | 넓을수록 위험 |
| 인화점, 착화점, 융점, 비점 | 낮을수록 위험 | 연소속도, 증기압, 연소열 | 클수록 위험 |

**11.** 피난계획의 일반적인 원칙으로 옳지 않은 것은?

① 건물 내 임의의 지점에서 피난 시 한 방향이 화재
로 사용이 불가능하면 다른 방향으로 사용되도록
한다.
② 피난수단은 보행에 의한 피난을 기본으로 하고 인
간본능을 고려하여 설계한다.
③ 피난경로는 굴곡부가 많거나 갈림길이 생기지 않도
록 간단하고 명료하게 설계한다.
④ 피난경로의 안전구획을 1차는 계단, 2차는 복도로
설정한다.

**정답**　08 ③　09 ②　10 ③　11 ④

**피난계획 및 안전구획**
(1) 피난계획
발화실 → 복도 → 전실 → 계단 → 피난층 → 외부 순으로 계획
(2) 안전구획

| 1차 안전구획 | 2차 안전구획 | 3차 안전구획 |
|---|---|---|
| 복도 | 전실(부속실) | 계단 |

**12.** 바닥면적이 $300m^2$인 창고에 목재 1,000kg과 기타 가연물 1,000kg이 적재되어 있는 경우 화재하중($kg/m^2$)은 얼마인가? (단, 목재의 단위발열량은 4,500kcal/kg, 기타 가연물의 단위발열량은 5,000kJ/kg이며, 소수점 이하 셋째자리에서 반올림한다.)

① 2.11  ② 4.22
③ 7.04  ⑤ 14.08

**화재하중**
단위 면적당 가연물의 양을 목재의 양으로 환산한 값

$$화재하중\ Q = \frac{\sum(G_i \cdot H_i)}{H \cdot A} = \frac{\sum Q_i}{4,500 \cdot A} \ [kg/m^2]$$

$G_i$ : 가연물의 질량 (kg)
$H_i$ : 가연물의 단위 발열량 (kJ/kg)
$Q_i$ : 가연물의 전 발열량 (kJ)
$H$ : 목재의 단위 질량당 발열량
(4,500 kcal/kg ≒ 18,855 kJ/kg)
$A$ : 바닥면적 ($m^2$)

$$화재하중\ Q = \frac{\sum(G_i \cdot H_i)}{H \cdot A}$$
$$= \frac{1,000 \times 4,500 + 1,000 \times 5,000 \times 0.24}{4,500 \times 300}$$
$$= 4.22 \ kg/m^2$$

**13.** 다중이용업소의 안전관리에 관한 특별법령상 다중이용업소에 설치·유지하여야하는 피난설비에서 피난기구가 아닌 것은?

① 피난사다리  ② 피난유도선
③ 구조대  ④ 완강기

다중이용업소에 설치·유지하여야 하는 안전시설등
소방시설

| 구 분 | 내 용 | 설치대상 등 |
|---|---|---|
| 소화설비 | 소화기, 자동확산소화기 | – |
| | 간이스프링클러설비 (캐비닛형 간이스프링클러설비를 포함) | 지하층에 설치된 영업장 |
| | | 밀폐구조의 영업장 |
| | | 권총사격장의 영업장 |
| | | 산후조리업, 고시원업의 영업장 – 지상1층 또는 지상과 맞닿아 있는 층은 제외 |
| 경보설비 | 비상벨설비 또는 자동화재탐지설비 | 노래반주기 등 영상음향장치를 사용하는 영업장에는 자동화재탐지설비를 설치하여야 한다. |
| | 가스누설경보기 | 가스시설을 사용하는 주방이나 난방시설이 있는 영업장에만 설치 |
| 피난구조설비 | 피난기구 | 구조대, 피난사다리, 미끄럼대, 완강기, 다수인 피난장비, 승강식 피난기 |
| | 피난유도선 | 영업장 내부 피난통로 또는 복도가 있는 영업장 |
| | 유도등, 유도표지 또는 비상조명등 | – |
| | 휴대용비상조명등 | – |

**14.** 구획실 화재에서 화재가혹도에 관한 설명으로 옳지 않은 것은?

① 화재가혹도는 최고온도의 지속시간으로 화재가 건물에 피해를 입히는 능력의 정도를 나타낸다.
② 화재가혹도는 화재하중과 화재강도로 구성되며, 화재강도는 단위면적당 가연물의 양으로 계산한다.
③ 화재가혹도를 낮추기 위해서는 가연물을 최소단위로 저장하고 불연성 밀폐용기에 보관한다.
④ 화재가혹도에 견디는 내력을 화재저항이라고 하며 건축물의 내화구조, 방화구조 등을 의미한다.

**정답**  12 ②  13 ②  14 ②

화재가혹도
① 최고온도의 지속시간으로 화재가 건물에 피해를 입히는 능력의 정도
② 최고온도(화재강도) : 온도인자에 의해 결정
③ 지속시간(화재하중) : 계속시간인자에 의해 결정
④ 화재가혹도를 줄이려면 불연화, 난연화로 화재강도 및 화재하중(단위 면적당 가연물의 양을 목재의 양으로 환산한 값)을 줄여야 한다.
⑤ 화재가 혹도에 견디는 내력을 화재저항이라 하고 건축물의 성능인 내화, 방화구조 등을 의미

4. 창문의 한쪽 모서리에 타격지점을 지름 3cm 이상의 원형으로 표시할 것
5. 창문의 크기는 폭 90cm 이상, 높이 1.2m 이상으로 하고, 실내 바닥면으로부터 창의 아랫부분까지의 높이는 80cm 이내로 할 것
6. 다음 각 목의 어느 하나에 해당하는 유리를 사용할 것
   가. 플로트판유리로서 그 두께가 6mm 이하인 것
   나. **강화유리 또는 배강도유리로서 그 두께가 5mm 이하인 것**
   다. 가목 또는 나목에 해당하는 유리로 구성된 이중 유리로서 그 두께가 24mm 이하인 것

**15.** 건축물의 피난·방화구조 등의 기준에 관한 규칙에서 소방관 진입창의 기준으로 옳지 않은 것은?

① 2층 이상 11층 이하인 층에 각각 1개소 이상 설치할 것
② 창문의 한쪽 모서리에 타격지점을 지름 3센티미터 이상의 원형으로 표시할 것
③ 강화유리 또는 배강도유리로서 그 두께가 6밀리미터 이상인 것
④ 창문의 가운데에 지름 20센티미터 이상의 역삼각형을 야간에도 알아볼 수 있도록 빛반사 등으로 붉은색으로 표시할 것

소방관 진입창의 기준
11층 이하의 건축물에는 국토교통부령으로 정하는 기준에 따라 소방관이 진입할 수 있는 곳을 정하여 외부에서 주·야간 식별할 수 있는 표시를 하여야 한다.

"국토교통부령으로 정하는 기준"
1. 2층 이상 11층 이하인 층에 각각 1개소 이상 설치할 것. 이 경우 소방관이 진입할 수 있는 창의 가운데에서 벽면 끝까지의 수평거리가 40m 이상인 경우에는 40m 이내마다 소방관이 진입할 수 있는 창을 추가로 설치해야 한다.
2. 소방차 진입로 또는 소방차 진입이 가능한 공터에 면할 것
3. 창문의 가운데에 지름 20cm 이상의 역삼각형을 야간에도 알아볼 수 있도록 빛 반사 등으로 붉은색으로 표시할 것

앞면(외부면)    뒷면(실내면)

**16.** 화재 시 인간의 피난행동 특성에 관한 설명으로 옳지 않은 것은?

① 처음에 들어온 빌딩 등에서 내부 상황을 모를 경우 들어왔던 경로로 피난하려는 본능을 귀소본능이라 한다.
② 건물내부에 연기로 인해 시야가 제한을 받을 경우 빛이 새어나오는 방향으로 피난하려는 본능을 지광본능이라 한다.
③ 열린 느낌이 드는 방향으로 피난하려는 경향을 직진성이라 한다.
④ 안전하다고 생각되는 경로로 피난하려는 경향을 이성적 안전지향성이라 한다.

인간의 피난행동 특성

| 행동특성 | 내 용 |
|---|---|
| 귀소성분 | 처음에 들어온 빌딩 등에서 내부 상황을 모를 경우, 들어왔던 경로를 더듬어 도망가려는경향 |
| 일상도선지향성 | 일상적으로 사용하고 있는 경로를 더듬어 도망가려는 경향 |
| 향광성 | 시계(視界)가 차단된 경우 습성적으로 밝은 방향으로 향하여 도망가려는 경향 |
| 위험회피성 | 연기와 불꽃 등이 있는 경우 연기와 불꽃 등이 보이지 않는 방향으로 향하여 도망가려는 경향 |
| 추종성 | 스스로 판단하지 못하고 대피선두자와 대세의 사람에 대해 이끌리려는경향 |
| 향개방성 | 향광성과 유사한 경향이지만, 열린 느낌이 드는 방향으로 도망가려는 경향 |

| 익시(易視)<br>경로선택제 | 최초로 눈에 들어온 경로 혹은 눈에 띄기 쉬운<br>경로를 선택하는 경향 |
|---|---|
| 지근거리<br>선택제 | 가까운 계단 등을 선택하거나 책상을 뛰어넘는<br>등 지름길로 가려는 경향 |
| 직진성 | 똑바로 계단과 통로를 선택하던가 부딪칠 때까<br>지 직진하는 경향 |
| 이성적<br>안정지향성 | 안전하다고생각하고, 안전하다고 생각되는 경로<br>로 향하는 경향으로 옥외계단등으로 향하는 것 |

**17.** 아레니우스(Arrhenius)의 반응속도식에 관한 설명으로 옳은 것은?

① 활성화에너지가 클수록 반응속도는 증가한다.
② 기체상수가 클수록 반응속도는 증가한다.
③ 온도가 높을수록 반응속도는 감소한다.
④ 가연물의 밀도가 높을수록 반응속도는 증가한다.

> Arrhenius의 (연소)반응속도론
>
> 아레니우스의 반응속도 $V = C \cdot e^{-\frac{Ea}{RT}}$
>
> $C$ : 충돌빈도계수     $Ea$ : 활성화에너지 [J/kg]
> $e$ : 자연대수(무리수)     $T$ : 반응계온도 [K]
> $R$ : 기체상수 [J/kg·K]
> ① 충돌계수가 크고 반응계온도가 높아야 반응속도가 빨라진다.
> ② 활성화에너지가 작아야 반응속도가 빨라진다.

**18.** 가로 50cm, 세로 60cm인 벽면의 양쪽 온도가 350℃와 30℃이고, 벽을 통한 이동열량이 250W 일 때 이 벽의 두께 t(m)는? (단, 열전도도는 0.8W/m · K이고 기타 조건은 무시하며, 소수점 이하 셋째자리에서 반올림한다.)

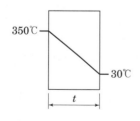

① 0.31           ② 0.45
③ 0.64           ④ 0.78

> 열 전도에 의한 열량(열유속)
>
> $$q = kA\frac{\Delta t}{\ell} \text{ [W]}$$
>
> $k$ : 열전도도 (W/m·K)
> $A$ : 면적 (m²)
> $\ell$ : 두께 (m)
> $\Delta t$ : 온도차 (℃)
>
> $q = kA\frac{\Delta t}{\ell} \Rightarrow 250 = 0.8 \times 0.3 \times \frac{350 - 30}{\ell}$
>
> $\therefore \ell = 0.307\,\text{m}$

**19.** 건축물의 피난 · 방화구조 등의 기준에 관한 규칙에서 정한 건축물의 내부에 설치하는 피난계단의 구조의 기준으로 옳지 않은 것은?

① 계단실은 창문 · 출입구 기타 개구부를 제외한 당해 건축물의 다른 부분과 내화구조의 벽으로 구획할 것
② 건축물의 내부와 접하는 계단실의 창문등(출입구를 제외한다)은 망이 들어 있는 유리의 붙박이창으로서 그 면적을 각각 1제곱미터 이하로 할 것
③ 건축물의 내부에서 계단실로 통하는 출입구의 유효너비는 0.9미터 이상으로 할 것
④ 계단실의 바깥쪽과 접하는 창문등은 당해 건축물의 다른 부분에 설치하는 창문등으로부터 1미터 이하의 거리를 두고 설치할 것

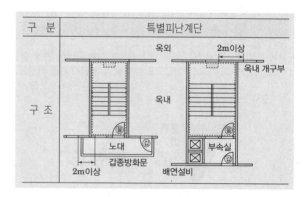

| 옥내와 계단실 | 1. 노대 또는 3 m² 이상의 부속실로 연결<br>2. 부속실은 배연설비가 있거나 1 m² 이상의 창문<br>(외부로 향하여 열수 있고 바닥에서 1 m 이상)<br>이 있어야 함(1~114page 사진 참조) |
|---|---|
| 설치 대상 | 1. 지하 3층 이하의 층 또는 11층 이상의 층<br>2. 공동주택(아파트) – 16층 이상<br>(갓복도식 제외) |
| 설치 면제 | 바닥면적이 400 m² 미만인 층은 제외한다. |
| 구 획 | 개구부(창문, 방화문) 외 내화구조의 벽 |
| 내장재 | 불연재 |
| 조 명 | 예비전원에 의한 조명 |
| 옥내 개구부 | 1. 계단실과 옥내 면한부분 : 설치 불가<br>2. 노대, 부속실과 옥내 면한 부분 : 설치 불가<br>3. 계단실과 노대 또는 부속실 면한 부분<br> : 망입유리 붙박이창 1 m² 이하 설치 가능 |
| 계단실 창문 | 옥외 다른 외벽 개구부와 2 m 이상 이격 |
| 출입구 | 유효 폭 0.9 m 이상, 피난방향으로 개방,<br>상시 폐쇄 또는 자동개방<br>•옥내출입구 : 60분+ 또는 60분방화문<br>•계단실 출입구 : 60분+ 또는 60분방화문, 30분방화문 |
| 계단 구조 | 내화구조로 피난층 또는 지상까지 직접 연결 옥상광장 설치 대상은 옥상광장까지 직접연결<br> – 돌음계단 불가 |

**20.** 구획실에서 화재의 지속시간에 관한 설명으로 옳지 않은 것은?

① 화재실 단위면적당 가연물의 양에 비례한다.
② 화재실 바닥 면적에 비례한다.
③ 화재실 개구부 면적에 비례한다.
④ 화재실 개구부 높이의 제곱근에 반비례한다.

계속시간인자 $F = \dfrac{A_F}{A\sqrt{H}}$

$A_F$ : 바닥면적 [m²]

공기의 공급이 많으면 화재시간은 짧아지고 바닥 면적이 작으면 화재시간은 짧아진다.

**21.** 에탄올($C_2H_5OH$) 1kmol을 완전 연소하는데 필요한 이론적인 산소($O_2$)의 체적(m³)은?
(단, 0℃, 1기압 표준상태를 기준으로 하며, 소수점 이하 둘째자리에서 반올림한다.)

① 67.2      ② 69.4
③ 70.6      ④ 74.0

에탄올의 완전연소 반응식
$C_2H_5OH + 3O_2 \rightarrow 2CO_2 + 3H_2O$
에탄올 1 kmol이 완전 연소하기 위해서 산소는 3 kmol이 필요

몰(mol) $= \dfrac{\text{기체부피}(\ell)}{22.4(\ell/mol)} \Rightarrow 3000\,\text{mol} = \dfrac{\text{기체부피}(\ell)}{22.4(\ell/mol)}$

$\therefore 67.2\,\text{m}^3$

**22.** 힌클리(Hinkley)의 연기하강시간(t)에 관한 식으로 옳은 것은? (단, $t$는 연기의 하강시간(s), $A$는 바닥면적(m²), $P_f$는 화재둘레(m), $g$는 중력가속도(m/s²), $H$는 층고 (m), $Y$는 청결층 높이 (m) 이다.)

① $t = \dfrac{20A}{P_f \times g}\left(\dfrac{1}{\sqrt{H}} - \dfrac{1}{\sqrt{Y}}\right)$

② $t = \dfrac{20A}{P_f \times \sqrt{g}}\left(\dfrac{1}{\sqrt{H}} - \dfrac{1}{\sqrt{Y}}\right)$

③ $t = \dfrac{20A}{P_f \times g}\left(\dfrac{1}{\sqrt{Y}} - \dfrac{1}{\sqrt{H}}\right)$

④ $t = \dfrac{20A}{P_f \times \sqrt{g}}\left(\dfrac{1}{\sqrt{Y}} - \dfrac{1}{\sqrt{H}}\right)$

청결층 깊이가 y가 될 때 까지 시간 (sec) – 힌클리의 공식
$t = \dfrac{20A}{P\sqrt{g}}\left(\dfrac{1}{\sqrt{Y}} - \dfrac{1}{\sqrt{H}}\right)$ [s]
$A$ : 화재실의 바닥면적(m²)
$Y$ : 청결층의 높이(m)
$H$ : 층 높이(m)
$P$ : 화염의 둘레(m)
$g$ : 중력가속도(m/s²)

**23.** 연소생성물질의 특성에 관한 설명으로 옳지 않은 것은?

① 일산화탄소($CO$)는 불연성 기체로서 호흡률을 높여 독성가스 흡입을 증가시킨다.
② 아크롤레인($CH_2CHCHO$)은 석유류 제품 및 유지(기름)성분의 물질이 연소할 때 발생한다.
③ 황화수소($H_2S$)는 계란 썩은 것 같은 냄새가 난다.
④ 염화수소($HCl$)는 PVC 등 염소함유물질이 연소할 때 생성된다.

연소상한계와 하한계 사이의 연소 가능한 범위로서 화염을 자력으로 전파하는 공간
**주요 가연성 가스의 공기 중 폭발 범위**

| 가스명 | 폭발범위(V%) | | |
|---|---|---|---|
| | 하한값 | 상한값 | 범위차 |
| 아세틸렌 | 2.5 | 81 | 78.5 |
| 수소 | 4.0 | 75.0 | 71 |
| **일산화탄소** | 12.5 | 74.0 | 61.5 |
| 에테르 | 1.9 | 48 | 46.1 |
| 이황화탄소 | 1.2 | 44 | 42.8 |
| 황화수소 | 4.0 | 44.0 | 40 |

**24.** 고층건축물의 화재 시 굴뚝효과(Stack effect)에 의한 샤프트와 외기의 압력차에 관한 설명으로 옳은 것은?

① 외기 온도가 높을수록 감소한다.
② 샤프트 내부 온도가 높을수록 감소한다.
③ 중성대(면) 위의 거리(높이)가 클수록 감소한다.
④ 샤프트 내부와 외기의 온도차가 클수록 감소한다.

굴뚝효과(Stack Effect)
㉠ 건물 내외 온도차에 의한 밀도차, 압력차로 수직으로의 기류이동현상
㉡ 굴뚝효과의 크기

$$\triangle P = 3460H\left(\frac{1}{T_o} - \frac{1}{T_i}\right)$$

$\triangle P$ = 굴뚝효과에 의한 압력차($Pa$)
$H$ = 중성대로부터의 높이($m$)
$T_o$ = 외부공기의 절대온도($K$)
$T_i$ = 내부공기의 절대온도($K$)
외부공기의 온도가 높을수록 $\triangle P$는 감소한다.

**25.** 연기농도와 피난한계에 관한 설명으로 옳지 않은 것은? (단, $C_s$는 감광계수이다.)

① 반사형 표지 및 문짝의 가시거리($L$)는 $\frac{2 \sim 4}{C_s}$ m이다.
② 발광형 표지 및 주간 창의 가시거리($L$)는 $\frac{5 \sim 10}{C_s}$ 이다.
③ 가시거리($L$)와 감광계수($C_s$)는 비례한다.
④ 감광계수($C_s$)는 입사된 광량에 대한 투과된 광량의 감쇄율로, 단위는 $m^{-1}$ 이다.

감광계수, 가시거리
(1) 감광계수(램버트비어의 법칙)

$$C_s = \frac{1}{L}\ln\left(\frac{I_o}{I}\right)[m^{-1}]$$

$C_s$ : 감광계수(입사된 광량에 대한 투과된 광량의 감쇄배율) [$m^{-1}$]
$L$ : 투과거리 [m]
$I_o$ : 연기가 없을 때 빛의 세기 [lux]
$I$ : 연기가 있을 때 빛의 세기 [lux]

(2) 가시거리

$$가시거리 \ D(m) = \frac{K}{C_s} \qquad ※ \ C_s \cdot D = 일정$$

$K$ : 상수(축광형 : 2~4, 발광형 5~10)

**26.** 그림과 같이 안지름 600mm의 본관에 안지름 200 mm인 벤츄리미터가 장치되어있다. 압력수두차가 2m이면 유량(m³/sec)은 약 얼마인가? (단, 유량계수는 0.98이다.)

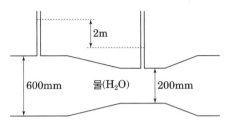

① 0.148
② 0.164
③ 0.188
④ 0.194

$$\frac{P_1 - P_2}{\gamma} = \frac{V_2^2 - V_1^2}{2g}$$

$Q = A_1 V_1 = A_2 V_2$ 이므로  $\frac{\pi}{4}0.6^2 \times V_1 = \frac{\pi}{4}0.2^2 \times V_2$

$\therefore V_2 = 9V_1$

따라서  $2m = \frac{(9V_1)^2 - V_1^2}{2g} \Rightarrow 2m = \frac{80V_1^2}{2g}$

$\therefore V_1 = \sqrt{\frac{2 \cdot 2 \cdot 9.8}{80}} = 0.7\,m/s$

$Q = 0.98 \times \frac{\pi}{4}0.6^2 \times 0.7 = 0.1939\,m^3/s$

**27.** 지름 50mm의 관에 20℃의 물이 흐를 경우 한계유속(cm/sec)은 얼마인가? (단, 수온 20℃에서의 동점성계수는 $1 \times 10^{-2}$ stokes이고 한계레이놀드수(Re)는 2,000이다.)

① 2
② 4
③ 8
④ 10

레이놀드 수(Reynolds Number)
유체의 유동상태를 나타내는 지표, 층류와 난류를 구분하는 수
– 관성력과 점성력의 비

$Re = \frac{\rho V D}{\mu} = \frac{VD}{\nu}$

$\rho$ : 밀도, $V$ : 유속, $D$ : 직경, $\mu$ : 점성계수, $\nu$ : 동점성계수

stokes의 단위는 cm²/s

$2,000 = \frac{V \times 5\,cm}{1 \times 10^{-2}\,cm^2/s}$  $\therefore V = 4\,cm/s$

**28.** 단위질량당 체적을 나타내는 용어는?

① 밀도
② 비중
③ 비체적
④ 비중량

비체적
단위 질량당 체적(밀도의 역수)

$$Vs = \frac{1}{\rho} = \frac{V}{M}\ [m^3/kg]$$

**29.** 지름 2m인 원형 수조의 측벽 하단부에 지름 50mm의 구멍이 있다. 이 수조의 수위를 50 cm이상으로 유지하기 위 해서 수조에 공급해야 할 최소 유량(cm³/sec)은 약 얼마인가? (단, 유출구에서의 유량계수는 0.75이다.)

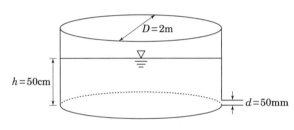

① 4,610
② 6,140
③ 7,370
④ 8,190

$Q = CAV = CA\sqrt{2gH}$

$= 0.75 \times \frac{\pi}{4} \times 5^2\,cm^2 \times \sqrt{2 \times 980\,cm/s^2 \times 50\,cm}$

$= 4610\,cm^3/s$

**30.** 베르누이 방정식에 관한 설명으로 옳지 않은 것은?

① 에너지 방정식이라고도 한다.
② 에너지 보존법칙을 유체의 흐름에 적용한 것이다.
③ 동수경사선은 위치수두와 압력수두를 합한 선을 연결한 것이다.
④ 적용조건은 이상유체, 정상류, 비압축성 흐름, 점성 흐름이다.

베르누이 방정식(에너지 보존의 법칙)
배관내 어느 지점에서든지 유체가 갖는 역학적에너지(압력에
너지, 운동에너지, 위치에너지)는 같다.
※ 조건
  정상유동(정류), 유선을 따라 입자가 이동, 비점성유체
  (마찰이 없는 유체), 비압축성유체

> **+암기** 정 유 점 압(정육점에는 오일러가 있고 정육점 앞에는
> 베르누이가 서 있다)

## 31. 유적선에 관한 설명으로 옳은 것은?

① 어느 한순간에 주어진 유체입자의 흐름방향을 나타
  낸 것이다.
② 흐름을 직각으로 끊는 횡단면적을 말한다.
③ 유체입자의 실제 운동 경로를 말하며, 경우에 따라
  유선과 일치할 수도 있다.
④ 단위시간에 그 단면을 통과하는 물의 용적이다.

| 유선, 유적선, 유맥선 | |
|---|---|
| 유선<br>Streamline | 속도와 힘, 방향이 일치한 점을 그린 가상곡선 |
| 유적선<br>Pathline | 유체입자가 일정기간 동안에 움직인 경로 |
| 유맥선<br>Streakline | ① 한 점을 지나는 모든 유체 입자들의 궤적<br>② 유맥선은 담배연기처럼 한 점(담배 끝부분)을 지난 유체 입자들의 움직임이다. 보통 유체에 특정 지점에 잉크를 풀거나 연기를 피워 유체의 흐름을 보는데 그것이 바로 유맥선이다.<br>※ 정상류 → 유선 = 유적선 = 유맥선 |

## 32. 비중 0.93인 물체가 해수면 위에 떠있다. 이 물체가 해수면 위로 나온 부분의 체적이 200 cm³ 일 때, 물속에 잠긴 부분의 체적(cm³)은 얼마인가? (단, 해수의 비중은 1.030이다.)

① 1,860　　　　② 2,060
③ 2,060　　　　④ 2,460

아르키메데스의 원리
① 유체 중의 물체는 그 물체가 배제한 체적에 해당하는 유
  체의 무게만큼의 부력을 받는다.

$$B(buoyancy) = W(중량=무게)$$

부력 $B = \gamma V$
  $\gamma$ : 유체의 비중량
  $V$ : 잠긴 물체의 체적
중량 $W = \gamma_1 V_1$
  $\gamma_1$ : 물체의 비중량
  $V_1$ : 물체의 전체 체적

$\gamma V = \gamma_1 V_1$
$S \cdot \rho_W \cdot g \cdot V = S_1 \cdot \rho_W \cdot g \cdot V$
$1.03 \times 1000 \times 9.8 \times V = 0.93 \times 1000 \times 9.8 \times 100\%$
$\therefore V = 90.291\%$

$9.709\% : 200\ cm^3 = 90.291\% : V\ cm^3$
$\therefore V \fallingdotseq 1,860 cm^3$

## 33. 펌프의 축동력이 26.4kW, 기계의 손실동력이 4kW인 송수펌프가 있다. 이 송수펌프의 기계효율($\eta_m$)은 약 얼마인가?

① 0.65　　　　② 0.75
③ 0.85　　　　④ 0.95

① 전효율(total efficiency)

$$\eta = \frac{L_w}{L} = \frac{수동력}{축동력} = \eta_m \eta_h \eta_v$$

- $L_w$ : 수동력(water horse power)
- $L$ : 축동력(shaft horse power)
② 체적효율(용적효율, volumertric efficiency)

$$\eta_v = \frac{Q}{Q + \triangle Q}$$

- $Q$ : 펌프의 송출유량
- $Q + \triangle Q$ : 회전차속을 지나는 유량

**정답** 31 ③　32 ①　33 ③

③ 기계효율(mechanical efficiency)

$$\eta_m = \frac{L - L_m}{L}$$

- $L$ : 축동력
- $L_m$ : 기계손실동력

④ 수력효율(hydraulic efficiency)

$$\eta_h = \frac{H}{H_{th}} = \frac{H_{th} - h_l}{H_{th}}$$

- $h_l$ : 펌프 내 수력손실
- $H$ : 전양정
- $H_{th}$ : 이론양정

$$기계효율 = \frac{축동력 - 손실동력}{축동력} = \frac{26.4 - 4}{26.4} = 0.85$$

## 34. 펌프의 비속도($N_s$)에 관한 설명으로 옳지 않은 것은?

① 토출량과 양정이 동일한 경우 회전수가(N) 낮을수록 비속도가 커진다.
② 임펠러의 상사성과 펌프의 특성 및 펌프의 형식을 결정하는데 이용되는 값이다.
③ 양흡입 펌프의 경우 토출량의 1/2로 계산한다.
④ 회전수와 양정이 일정할 때 토출량이 클수록 비속도가 커진다.

비교회전도(Speific speed = 비속도)
① 비교회전도는 펌프에서(임펠러 1개당) 단위 유량 및 단위 양정이 나올 때를 가상한 회전수와 펌프의 실제 회전수 비교한 것이다.
② 비교회전도는 임펠러 1개당의 회전속도를 나타내므로 양흡입펌프를 설치 시 임펠러가 2개 이므로 Q는 2로 나누어 주어야 하며 다단펌프를 사용할 경우 임펠러가 여러 개이므로 H는 단수(H/n)로 나누어 주어야 한다.

$$N_s = \frac{N \cdot Q^{1/2}}{\left(\dfrac{H}{n}\right)^{3/4}}$$

$Q$ : 유량[m³/min]  $H$ : 양정[m]

## 35. 포소화약제 포원액의 비중기준으로 옳은 것은?

① 단백포소화약제 : 0.90 이상 2.00 이하
② 합성계면활성제 포소화약제 : 1.10 이상 1.20 이하
③ 수성막포소화약제 : 1.00 이상 1.15 이하
④ 알콜형포소화약제 : 0.60 이상 1.20 이하

소화약제의 형식승인 및 제품검사의 기술기준 제4조(포소화약제)
비중은 KS M 0004(화학제품의 비중측정방법)의 비중 부액계 또는 비중병을 사용하여 20 ℃온도에서 측정한 경우 설계값의 ±0.02이내이어야 하며, 포소화약제의 종류에 따라 다음 표와 같아야 한다.

| 종류 | 단백포 소화약제 | 합성계면활성제 포소화약제 및 알콜형 포 소화약제 | 수성막포 소화약제 |
|---|---|---|---|
| 비중의 범위 | 1.1 이상 1.2 이하 | 0.9 이상 1.2 이하 | 1.0 이상 1.15 이하 |

## 36. 소화약제에 관한 설명으로 옳지 않은 것은?

① 제1종 분말소화약제에 탄산마그네슘 등의 분산제를 첨가해서 유동성을 향상시킨다.
② 포소화약제 중 수성막포의 팽창비는 6배 이상, 기타 포소화약제의 팽창비는 5배 이상이다.
③ 물 소화약제에 증점제를 첨가하여 가연물에 대한 물의 잔류시간을 길게한다.
④ 물의 증발잠열은 약 539 kcal/kg 이다.

저발포용 포소화약제
- 표준발포노즐에 의해 발포시키는 경우 포팽창율이 6배(수성포소화약제는 5배) ~ 20배 이하인 포소화약제

## 37. 온노면화 없이 밀폐된 공간에 산소 21vol %, 질소 79vol %인 공기 353ft³이 가득 차 있다. 이 공간에 순수한 이산화탄소가 417ℓ가 방출될 때, 이산화탄소 농도(vol%)는? (단, 1ft=0.3048m이다.)

① 2
② 3
④ 4
④ 6

방사된 $CO_2$의 양은 $14.738 ft^3$ 이므로
$CO_2 (\%)$

$$= \frac{\text{방사된 } CO_2 \text{양}[CO_2 (ft^3)]}{\text{방호구역제적}[V(ft^3)] + \text{방사된 } CO_2 \text{양}[CO_2 (ft^3)]} \times 100$$

$$= \frac{14.738}{353 + 14.738} \times 100 = 4\%$$

※ $1 ft^3 : 0.0283 \text{ m}^3 = X : 0.417 \text{ m}^3$
   ∴ $X = 14.738 \ ft^3$
※ $1 \ ft = 0.3048 \text{ m}$ 이므로 $1 \ ft^3 = 0.0283 \text{ m}^3$
※ $417 \ \ell = 0.417 \text{m}^3$

---

**38.** 표준상태에서 한계산소농도가 가장 큰 가연성 물질은?

① 메탄
② 수소
③ 에틸렌
④ 일산화탄소

MOC [최소산소농도(Minimum Oxygen Concentration)]
 – 화염을 전파하기 위한 최소한의 산소농도 요구량

$MOC = LFL \times O_2$ 몰수

| 구분 | 연소범위 | 완전연소 반응식 | MOC |
|---|---|---|---|
| 메탄 | 5 ~ 15% | $CH_4 + 2O_2$ $\to CO_2 + 2H_2O$ | 5×2=10% |
| 수소 | 4~75% | $H_2 + 0.5O_2 \to H_2O$ | 4×0.5=2% |
| 에틸렌 | 2.7~36 | $C_2H_4 + 3O_2$ $\to 2CO_2 + 2H_2O$ | 2.7×3=8.1% |
| 일산화탄소 | 12.5~74 | $CO + 0.5O_2 \to CO_2$ | 12.5×0.5 =6.25% |

---

**39.** 할로겐화합물 소화약제의 최대허용설계농도가 큰 순서대로 나열한 것은?

① HCFC-124 > HFC-125 > IG-100 > HFC-23
② HFC-23 > HCFC-124 > HFC-125 > IG-100
③ IG-100 > HFC-23 > HFC-125 > HCFC-124
④ IG-100 > HFC-125 > HCFC-124 > HFC-23

---

1. 할로겐화합물계(9가지)

| 소 화 약 제 | 최대허용 설계농도(%) |
|---|---|
| FC – 3 – 1 – 10 | 40 |
| HFC – 23 | 30 |
| HFC – 236fa | 12.5 |
| HFC – 125 | 11.5 |
| HFC – 227ea | 10.5 |
| FK – 5 – 1 – 12 | 10 |
| HCFC BLEND A | 10 |
| HCFC – 124 | 1 |
| FIC – 13I1 | 0.3 |

2. 불활성기체계(4가지)

| 소 화 약 제 | 최대허용 설계농도(%) |
|---|---|
| IG – 01 | 43 |
| IG – 100 | 43 |
| IG – 541 | 43 |
| IG – 55 | 43 |

---

**40.** 분말소화약제에 관한 설명으로 옳지 않은 것은?

① 제3종 분말소화약제는 제1종과 제2종에 비해 낮은 온도에서 열분해 한다.
② 제2종 분말소화약제의 구성성분이 제1종보다 반응성이 커서 소화능력이 우수하다.
③ 분말소화약제는 작열연소보다 불꽃연소에 소화효과가 우수하다.
④ 제1종 분말소화약제가 590℃상에서 분해될 때 $Na_2O$가 생성된다.

---

**정답** 38 ① 39 ③ 40 ④

① 제1종분말($NaHCO_3$ 중탄산나트륨 : 백색, 순도 90% 이상)

270℃  $2NaHCO_3 → Na_2CO_3 + H_2O + CO_2 - Q\,kcal$ … BC화재 적용
　　　 탄산수소나트륨　　탄산나트륨　 수증기　 이산화탄소
850℃  　　→ $Na_2O + H_2O + 2CO_2 - Q\,kcal$
　　　　　 산화나트륨

② 제2종분말($KHCO_3$ 중탄산칼륨 : 자색, 순도 92% 이상)

190℃  $2KHCO_3 → K_2CO_3 + H_2O + CO_2 - Q\,kcal$
　　　 중탄산칼륨　　탄산칼륨　이산화탄소 수증기
890℃  　　→ $K_2O + H_2O + 2CO_2 - Q\,kcal$

③ 제3종분말($NH_4H_2PO_4$ 인산암모늄 : 담홍색, 순도 75% 이상)

166 ℃  $NH_4H_2PO_4 → NH_3 + H_3PO_4 - Q\,kcal$
　　　　　　　　　　 올쏘인산 : 탄화, 탈수작용
360 ℃  　　→ $NH_3 + HPO_3 + H_2O - Q\,kcal$
　　　　　　　　　　 메타인산 : 방진작용

**41.** 할로겐화합물 및 불활성기체 소화설비의 화재안전기준상 저장용기의 최대충전밀도가 가장 큰 것은?

① FK-5-1-12　　　　② FC-3-1-10
③ HCFC BLEND A　　④ HCFC-124

할로겐화합물소화약제　최대충전밀도

| 항목 ＼ 소화약제 | 최대충전밀도(kg/m³) |
|---|---|
| HFC-227ea | 1,201.4 |
| HFC-23 | 768.9 |
| HCFC-124 | 1,185.4 |
| HFC-125 | 897 |
| HFC-236fa | 1,201.4 |
| FC-3-1-10 | 1,281.4 |
| HCFC BLEND A | 900.2 |
| FK-5-1-12 | 1,441.7 |

**42.** 할로겐화합물 및 불활성기체소화설비의 화재안전기준상 할로겐화합물 소화약제 저장용기의 설치 기준으로 옳은 것은?

① 저장용기를 방호구역 내에 설치한 경우에는 방화문으로 구획된 실에 설치할 것
② 용기간의 간격은 점검에 지장이 없도록 3cm 이상의 간격을 유지할 것
③ 온도가 65℃ 이하이고 온도 변화가 작은 곳에 설치할 것
④ 하나의 방호구역을 담당하는 경우에도 저장용기와 집합관을 연결하는 연결배관에는 체크밸브를 설치할 것

이산화탄소(할론, 할로겐화합물 및 불활성기체, 분말) 소화약제의 저장용기 장소 설치기준
① 방호구역외의 장소에 설치할 것
　 다만, 방호구역내에 설치할 경우에는 피난 및 조작이 용이하도록 피난구 부근에 설치하여야 한다.
② 온도가 40℃ 이하(할로겐화합물 및 불활성기체 소화약제 소화설비는 55℃ 이하)이고, 온도변화가 적은 곳에 설치할 것
③ 직사광선 및 빗물이 침투할 우려가 없는 곳에 설치할 것
④ 방화문으로 구획된 실에 설치할 것
⑤ 용기의 설치장소에는 당해 용기가 설치된 곳임을 표시하는 표지를 할 것
⑥ 용기간의 간격은 점검에 지장이 없도록 3 cm 이상의 간격을 유지할 것
⑦ 저장용기와 집합관을 연결하는 연결배관에는 (가스)체크밸브를 설치할 것
　 다만, 저장용기가 하나의 방호구역만을 담당하는 경우에는 그러하지 아니하다.

**43.** 다음 그림은 교류 실효값 3A의 전류 파형이다. 이 파형을 표현한 수식으로 옳지 않은 것은?

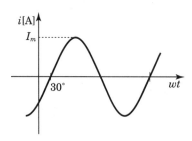

① $i = 3\sin(\omega t - 30°)$　　② $i = 3 \angle -30$

③ $i = 2.6 - j1.5$　　　　　④ $i = 3e^{-j30}$

---

실효값 $I = 3[A]$, 최대값 $I_m$, $\theta = -30°$
① 파형 형식
$$i = I_m \sin(\omega t + \theta) = \sqrt{2}\, I \; \sin(\omega t + \theta)$$
$$= \sqrt{2} \times 3 \sin(\omega t - 30°)$$

② 극좌표 형식
$$i = I \angle \theta \,[A] = 3 \angle -30°$$

③ 직각좌표 형식
$$i = I\cos\theta + jI\sin\theta = 3 \times \cos(-30°) + j3 \times \sin(-30°)$$
$$= 3 \times \frac{\sqrt{3}}{2} + j3 \times \left(-\frac{1}{2}\right) = 2.6 - j1.5$$

④ 지수함수 형식
$$i = I(\cos\theta + j\sin\theta) = Ie^{j\theta}$$
$$= 3e^{-j30}$$

---

**44.** 전계 내에서 전하 사이에 작용하는 힘, 전계, 전위를 표현한 식으로 옳지 않은 것은? (단, $F$ : 힘, $Q$ : 전하, $r$ : 거리, $V$ : 전위, $K$ : 비례상수, $E$ : 전계)

① $F = QE$ [N]　　　　　② $E = K\dfrac{Q}{r^2}$ [V/m]

③ $V = K\dfrac{Q}{r}$ [V]　　　④ $F = K\dfrac{Q_1 Q_2}{r}$ [N]

---

전기장의 세기
① 전기력(쿨롱의 법칙)
　㉠ 두 전하가 있을 때 다른 종류의 전하는 흡인력이 작용하고, 같은 종류의 전하는 반발력이 작용한다.
　㉡ 두 전하 사이에 작용하는 힘은 두 전하 $Q_1$[C], $Q_2$[C]의 곱에 비례하고, 두 전하 사이의 거리 r[m]의 제곱에 반비례한다.

$$F = \frac{1}{4\pi\varepsilon} \cdot \frac{Q_1 Q_2}{r^2} = \frac{1}{4\pi\varepsilon_0 \varepsilon_S} \cdot \frac{Q_1 Q_2}{r^2} = K \cdot \frac{Q_1 Q_2}{r^2} [N]$$

　$F$ : 전기력 – 두 전하 사이에 작용하는 힘[N]
　$K$ : 비례상수$[K = 1/(4\pi\varepsilon)$,
　　　진공 중의 비례상수 $= 9 \times 10^9]$
　$r$ : 두 전하 사이의 거리[m], $Q_1$, $Q_2$ : 전하량[C]
　$\varepsilon$ : 유전율[F/m]
$\varepsilon = \varepsilon_0 \cdot \varepsilon_S \{\varepsilon_0$ : 진공의 유전율$(= 8.855 \times 10^{-12}$[F/m])$\}$

② 전계(전기장)의 세기
　P 점에 놓여진 +1 C의 전하에 작용하는 힘으로 나타낸다.

$$E = \frac{1}{4\pi\varepsilon} \cdot \frac{Q_1}{r^2} = \frac{1}{4\pi\varepsilon_0 \varepsilon_S} \cdot \frac{Q_1}{r^2} = K \cdot \frac{Q_1}{r^2}$$
$$= \frac{9 \times 10^9}{\varepsilon_S} \cdot \frac{Q_1}{r^2} [V/m]$$

③ 전기력과 전계의 세기의 관계
$$F = E \cdot Q [N]$$

---

**45.** 다음 회로에서 10 Ω의 저항에 흐르는 전류 I(A)는?

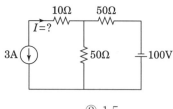

① 3　　　　　　　② 1.5
③ −1.5　　　　　④ −3

---

중첩의 원리

① 전류원 개방

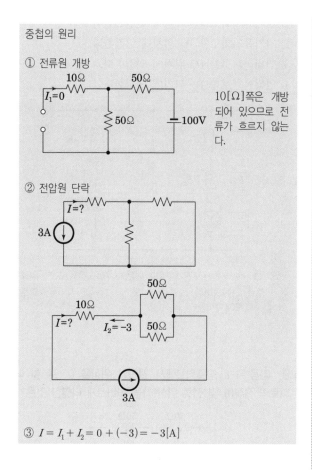

10[Ω]쪽은 개방 되어 있으므로 전류가 흐르지 않는다.

② 전압원 단락

③ $I = I_1 + I_2 = 0 + (-3) = -3[A]$

비오-사바르의 법칙
- 전류에 의한 자기장의 세기를 구하는 모든 경우에 적용 가능함
- 도체의 미소부분에 흐르는 전류에 의해 발생되는 자기장과 전류의 크기와의 관계를 나타내는 것

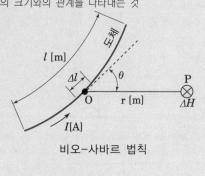

비오-사바르 법칙

$$\Delta H = \frac{I \cdot \Delta \ell}{4\pi r^2} \sin\theta \ [AT/m]$$

$$= \frac{2 \times 0.1}{4\pi \times 3^2} \times \sin 60 = 1.532 \times 10^{-3} \ [AT/m]$$

**47.** 다음 무접점 논리회로의 출력을 표현한 진리표의 내용이 옳게 작성된 것은?

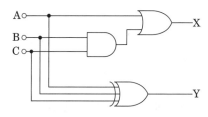

| A | B | C | 가 | | 나 | | 다 | | 라 | |
|---|---|---|---|---|---|---|---|---|---|---|
| | | | X | Y | X | Y | X | Y | X | Y |
| 0 | 0 | 0 | 0 | 0 | 0 | 0 | 0 | 1 | 1 | 1 |
| 0 | 0 | 1 | 0 | 1 | 0 | 1 | 0 | 0 | 1 | 0 |
| 0 | 1 | 0 | 0 | 1 | 0 | 1 | 0 | 0 | 1 | 0 |
| 0 | 1 | 1 | 1 | 1 | 1 | 0 | 1 | 1 | 0 | 1 |
| 1 | 0 | 0 | 0 | 1 | 1 | 1 | 1 | 0 | 0 | 0 |
| 1 | 0 | 1 | 1 | 1 | 1 | 0 | 1 | 1 | 0 | 0 |
| 1 | 1 | 0 | 1 | 1 | 1 | 1 | 1 | 1 | 1 | 0 |
| 1 | 1 | 1 | 0 | 1 | 1 | 1 | 1 | 0 | 0 | 1 |

**46.** 그림과 같이 전류가 흐를 때, 미소길이(dℓ) 0.1 m 인 전선의 일부에서 발생한 자속이 P점에 영향을 줄 경우 P점에서 측정한 자기장의 세기 dH(AT/m)는 약 얼마인가?
(단, $\pi = 3.14$이다.)

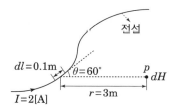

① $1.732 \times 10^{-3}$
② $1.532 \times 10^{-3}$
③ $1.414 \times 10^{-3}$
④ $1.212 \times 10^{-3}$

① 가  ② 나
③ 다  ④ 라

① X=A+(B·C)이므로 A가 1일때와 B, C가 모두 1일때 출력이 1이다.

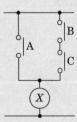

② Y는 3입력 EX-OR 회로로 입력 A, B, C 중 1의 개수가 홀수 일때 출력 1이다.

| A | B | C | X | Y |
|---|---|---|---|---|
| 0 | 0 | 0 | 0 | 0 |
| 0 | 0 | 1 | 0 | 1 |
| 0 | 1 | 0 | 0 | 1 |
| 0 | 1 | 1 | 1 | 0 |
| 1 | 0 | 0 | 1 | 1 |
| 1 | 0 | 1 | 1 | 0 |
| 1 | 1 | 0 | 1 | 0 |
| 1 | 1 | 1 | 1 | 1 |

**48.** 다음 회로에서 스위치 PB₂X를 ON시키면 램프가 점등된다. 스위치 PB₂를 OFF하여도 램프가 계속 점등상태가 되기 위해서는 어떤 회로를 어느 위치에 연결해야 하는가?

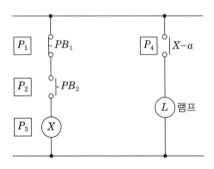

① 자기유지회로를 $P_1$ 위치에 연결한다.
② 자기유지회로를 $P_2$ 위치에 연결한다.
③ 인터록회로를 $P_3$ 위치에 연결한다.
④ 인터록회로를 $P_4$ 위치에 연결한다.

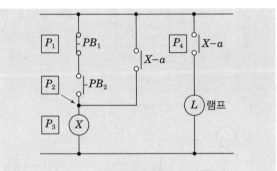

$PB_2$ 를 ON 후 OFF 하여도 램프가 계속 점등 되기 위해 X가 계속 여자되어야 하므로 X 계전기 상단에 자기유지회로를 접속해줘야 한다.

**49.** 다음 R-L 직렬회로에서 전압의 위상을 $0°$ 로 할 때 회로의 전류(I) 및 전류 위상(θ)을 올바르게 나열한 것은?

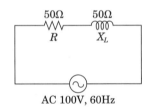

AC 100V, 60Hz

① $I=1.5A$, $\theta=-30°$  ② $I=1.4A$, $\theta=-45°$
③ $I=1.3A$, $\theta=-60°$  ④ $I=1.2A$, $\theta=-90°$

1. 임피던스
   교류에서 전류의 흐름을 방해하는 R, L, C의 벡터적인 합
   $$Z=\sqrt{R^2+(\omega L)^2}[\Omega]=\sqrt{50^2+50^2}=70.71$$

2. 전류
   $$I=\frac{V}{Z}=\frac{100}{70.71}=1.414[A]$$

3. 위상차
   $$\theta=\tan^{-1}\frac{X_L}{R}=\tan^{-1}\frac{50}{50}=45°$$
   전류는 유도리액턴스 $X_L$에 의해 전압보다 45° 만큼 위상이 뒤진다.

**50.** 전압 계측기의 측정범위를 확장하여 더 높은 전압을 측정하기 위한 방법으로 옳은 것은?

① 분류기를 계측기와 병렬로 연결하여 부하에 직렬로 연결한다.

② 분류기를 계측기와 직렬로 연결하여 부하에 병렬로 연결한다.

③ 배율기를 계측기와 병렬로 연결하여 부하에 직렬로 연결한다.

④ 배율기를 계측기와 직렬로 연결하여 부하에 병렬로 연결한다.

---

배율기(倍率器 : Multiplier)

측정하고 싶은 전압 전부를 전압계에 가할 수 없는 경우에 전압계에 직렬로 배율저항을 연결하여 배율저항에서 전압강하를 일으키고 전압계의 측정범위를 확대하는 장치

$$V = V_v \left( 1 + \frac{R_m}{r_v} \right) [\text{V}]$$

$V$ : 측정전압 [V]
$V_v$ : 전압계에 가하는 전압 [V]
$r_v$ : 전압계의 내부저항 [Ω]
$R_m$ : 배율저항의 저항값 [Ω]

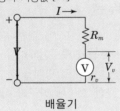

배율기

---

제3과목  **소방관련법령**

**51.** 소방기본법령상 소방대상물에 화재가 발생한 경우, 정당한 사유 없이 소방대가 현장에 도착할 때까지 사람을 구출하는 조치를 하지 않은 관계인에게 처할 수 있는 벌칙으로 옳은 것은?

① 100만원 이하의 벌금  ② 200만원 이하의 벌금
③ 300만원 이하의 벌금  ④ 400만원 이하의 벌금

---

관계인의 소방활동

관계인은 소방대상물에 화재, 재난·재해, 그 밖의 위급한 상황이 발생한 경우에는 소방대가 현장에 도착할 때까지 경보를 울리거나 대피를 유도하는 등의 방법으로 사람을 구출하는 조치 또는 불을 끄거나 불이 번지지 아니하도록 필요한 조치를 하여야 한다.

☞ 정당한 사유 없이 소방대가 현장에 도착할 때까지 사람을 구출하는 조치 또는 불을 끄거나 불이 번지지 아니하도록 하는 조치를 하지 아니한 사람 100만원 벌금

---

**52.** 소방기본법령상 소방본부 화재조사전담부서에 갖추어야 할 장비 및 시설 중 감식·감정용 기기에 속하지 않는 것은?

① 클램프미터      ② 검전기
③ 슈미트해머      ④ 거리측정기

---

화재조사전담부서에 갖추어야 할 장비 및 시설
1. 소방본부(거점소방서 포함)

| 구분 | 기자재명 및 시설규모 |
|---|---|
| 발굴용구<br>(1종세트) | 공구류(니퍼, 펜치, 와이어커터, 드라이버세트, 스패너세트, 망치 등), 톱(나무, 쇠), 전동 드릴, 전동 그라인더, 다용도 칼, U형 자석, 뜰채, 붓, 빗자루, 양동이, 삽, 긁개, 휴대용 진공청소기 |
| 기록용기기<br>(16종) | 디지털카메라(DSLR)세트, 비디오카메라세트, 소형 디지털방수카메라, 촬영용 고무매트, TV, 디지털녹음기, 거리측정기, 초시계, 디지털온도·습도계, 디지털풍향풍속기록계, 정밀저울, 줄자, 버니어캘리퍼스, 웨어러블캠, 외장용 하드, 3D 스캐너 |
| 감식·감정용<br>기기(16종) 등 | 절연저항계, 멀티테스터기, 클램프미터, 정전기측정장치, 누설전류계, 검전기, 복합가스측정기, 가스(유증)검지기, 확대경, 실체현미경, 적외선열상카메라, 접지저항계, 휴대용디지털현미경, 탄화심도계, 슈미트해머, 내시경기메라 등 |

---

**53.** 소방기본법령상 소방대장이 화재 현장에 소방활동구역을 정하여 출입을 제한하는 경우, 소방활동에 필요한 사람으로서 그 구역에 출입이 가능하지 않은 자는?

① 소방활동구역 안에 있는 소방대상물의 소유자
② 전기 업무에 종사하는 사람으로서 원활한 소방활동을 위하여 필요한 사람
③ 구조·구급업무에 종사하는 사람
④ 시·도지사가 소방활동을 위하여 출입을 허가한 사람

> **재난 등의 현장 출입 제한**
> – 소방대장은 화재, 재난·재해, 그 밖의 위급한 상황이 발생한 현장에 소방활동구역을 정하여 소방활동에 필요한 사람으로서 대통령령으로 정하는 사람 외에는 그 구역에 출입하는 것을 제한할 수 있다.
>
> ☞ 소방활동구역을 출입한 사람 – 200만원의 과태료
>
> ※ 소방대장(消防隊長) : 소방본부장 또는 소방서장 등 화재, 재난·재해, 그 밖의 위급한 상황이 발생한 현장에서 소방대를 지휘하는 사람
>
> **대통령령으로 정하는 사람**
> (1) 소방활동구역 안에 있는 소방대상물의 소유자·관리자 또는 점유자
> (2) 전기·가스·수도·통신·교통의 업무에 종사하는 사람으로서 원활한 소방활동을 위하여 필요한 사람
> (3) 의사·간호사 그 밖의 구조·구급업무에 종사하는 사람
> (4) 취재인력 등 보도업무에 종사하는 사람
> (5) 수사업무에 종사하는 사람
> (6) 그 밖에 소방대장이 소방활동을 위하여 출입을 허가한 사람

**54.** 소방기본법령상 소방본부의 종합상황실 실장이 소방청의 종합상황실에 보고하여야 하는 화재가 아닌 것은?

① 사상자가 10인 이상 발생한 화재
② 재산피해액이 30억원 이상 발생한 화재
③ 연면적 1만5천제곱미터 이상인 공장에서 발생한 화재
④ 항구에 매어둔 총 톤수가 1천톤 이상인 선박에서 발생한 화재

> **119종합상황실의 실장의 업무 내용**
> **(1) 재난상황 발생시**
> 신고접수 ▶ 재난상황의 전파 및 보고 ▶ 인력 및 장비의 동원을 요청하는 등의 사고수습 ▶ 현장에 대한 지휘 및 피해현황의 파악 ▶ 수습에 필요한 정보수집 및 제공 ▶ 지원요청
> **(2) 119종합상황실의 실장의 보고**
> ① 보고 할 상황
> • 사망자가 5인 이상 또는 사상자가 10인 이상 발생한 화재
> • 이재민이 100인 이상 발생한 화재
> • 재산피해액이 50억원 이상 발생한 화재
> • 층수가 11층 이상인 건축물
> • 층수가 5층 이상이거나 객실이 30실 이상인 숙박시설
> • 층수가 5층 이상이거나 병상이 30개 이상인 종합병원·정신병원·한방병원·요양소
> • 연면적 1만5천 $m^2$ 이상인 공장 또는 화재경계지구에서 발생한 화재
> • 지정수량의 3천배 이상의 위험물의 제조소등
> • 철도차량, 항구에 매어둔 총 톤수가 1천톤 이상인 선박 등

**55.** 소방시설공사업 법령상 200만원 이하의 과태료 부과 대상이 아닌 경우는?

① 소방기술자를 공사 현장에 배치하지 아니한 자
② 감리 관계 서류를 인수·인계하지 아니한 자
③ 방염성능기준 미만으로 방염을 한 자
④ 감리업자의 보완 요구에 따르지 아니 한 자

> **200만원 이하의 과태료**
> ① 신고를 하지 아니하거나 거짓으로 신고한 자
> ② 관계인에게 지위승계, 행정처분 또는 휴업·폐업의 사실을 거짓으로 알린 자
> ③ 관계 서류를 보관하지 아니한 자
> ④ 소방기술자를 공사 현장에 배치하지 아니한 자
> ⑤ 완공검사를 받지 아니한 자
> ⑥ 3일 이내에 하자를 보수하지 아니하거나 하자보수계획을 관계인에게 거짓으로 알린 자
> ⑦ 감리 관계 서류를 인수·인계하지 아니한 자
> ⑧ 감리 배치통보 및 변경통보를 하지 아니하거나 거짓으로 통보한 자
> ⑨ 방염성능기준 미만으로 방염을 한 자 등

**정답** 53 ④  54 ②  55 ④

300만원 이하의 벌금

① 등록증이나 등록수첩을 다른 자에게 빌려준 자
② 소방시설공사 현장에 감리원을 배치하지 아니한 자
③ 감리업자의 보완 요구에 따르지 아니한 자
④ 공사감리 계약을 해지하거나 대가 지급을 거부하거나 지연시키거나 불이익을 준 자
⑤ 자격수첩 또는 경력수첩을 빌려 준 사람
⑥ 동시에 둘 이상의 업체에 취업한 사람
⑦ 관계인의 정당한 업무를 방해하거나 업무상 알게 된 비밀을 누설한 사람

**56.** 소방시설공사업법령상 방염처리능력평가액 계산식으로 옳은 것은?

① 방염처리능력평가액=실적평가액+기술력평가액+연평균 방염처리실적액±신인도평가액
② 방염처리능력평가액=실적평가액+자본금평가액+기술력평가액±신인도평가액
③ 방염처리능력평가액=실적평가액+자본금평가액+기술력평가액+경력평가액±신인도평가액
④ 방염처리능력평가액=실적평가액+자본금평가액+연평균 방염처리실적액±신인도평가액

시공능력 평가의 신청, 평가 및 공시
1) 소방청장은 관계인 또는 발주자가 **적절한 공사업자를 선정**할 수 있도록 하기 위하여 공사업자의 신청이 있으면 공사업자의 소방시설공사 실적, 자본금 등에 따라 시공능력을 평가하여 공시할 수 있다.
2) 시공능력 평가의 방법
시공능력평가액 = 실적평가액 + 자본금평가액 + 기술력평가액 + 경력평가액 ± 신인도평가액

**57.** 소방시설공사업법령상 소방시설업 등록취소와 영업정지 등에 관한 설명으로 옳지 않은 것은?

① 거짓으로 등록한 경우에는 6개월 이내의 기간을 정하여 시정이나 그 영업의 정지를 명할 수 있다.
② 등록을 한 후 정당한 사유 없이 1년이 지날 때까지 영업을 시작하지 아니한 때는 등록을 취소할 수 있다.

③ 소방시설업자가 영업정지 기간 중에 소방시설공사 등을 한 경우에는 그 등록을 취소하여야 한다.
④ 다른 자에게 등록증을 빌려준 경우에는 6개월 이내의 기간을 정하여 그 영업의 정지를 명할 수 있다.

소방시설업의 행정처분기준

| 위반사항 | 행정처분 기준 | | |
|---|---|---|---|
| | 1차 | 2차 | 3차 |
| ① 거짓이나 그 밖의 부정한 방법으로 등록한 경우 | 등록취소 | | |
| ② 등록 결격사유에 해당하게 된 경우 | 등록취소 | | |
| ③ 영업정지 기간 중에 소방시설공사등을 한 경우 | 등록취소 | | |
| ④ 다른 자에게 등록증 또는 등록수첩을 빌려준 경우 | 6개월 | 등록취소 | |

**58.** 화재예방, 소방시설 설치·유지 및 안전관리에 관한 법령상 중앙소방특별조사단의 편성·운영에 관한 설명으로 옳은 것을 모두 고른 것은?

ㄱ. 중앙소방특별조사단은 단장을 포함하여 21명 이내의 단원으로 성별을 고려하여 구성한다.
ㄴ. 소방본부장은 소방공무원을 조사단의 단원으로 위촉할 수 있다.
ㄷ. 단장은 단원 중에서 소방청장이 임명 또는 위촉한다.

① ㄱ
② ㄱ, ㄷ
③ ㄴ, ㄷ
④ ㄱ, ㄴ, ㄷ

※ 중앙소방특별조사단
① 단장을 포함하여 21명 이내의 단원으로 성별을 고려하여 구성한다.
② 조사단의 단원은 다음에 해당하는 사람 중에서 소방청장이 임명 또는 위촉하고, 단장은 단원 중에서 소방청장이 임명 또는 위촉한다.
1. 소방공무원
2. 소방업무와 관련된 단체 또는 연구기관 등의 임직원
3. 소방 관련 분야에서 5년 이상 연구 또는 실무 경험이 풍부한 사람

정답 56 ③ 57 ① 58 ②

**59.** 화재예방, 소방시설 설치·유지 및 안전관리에 관한 법령상 건축허가등을 할 때 미리 소방본부장 또는 소방서장의 동의를 받아야 하는 건축물은?

① 층수가 5층인 건축물
② 주차장으로 사용되는 바닥면적이 200제곱미터인 층이 있는 주차시설
③ 승강기 등 기계장치에 의한 주차시설로서 자동차 15대를 주차할 수 있는 시설
④ 연면적이 150제곱미터인 장애인 의료재활시설

| 동의를 받아야 하는 건축물 등의 범위(대통령령) | | | | |
|---|---|---|---|---|
| 학교시설 | 지하층 또는 무창층이 있는 건축물 (공연장) | 노유자시설 수련시설 | 장애인 의료재활시설, 정신의료기관(입원실이 없는 정신건강의학과 의원은 제외한다) | 용도와 상관없음 |
| 연면적 100 m² 이상 | 바닥면적 - 150 m² (바닥면적 - 100 m²) | 연면적 200 m² 이상 | 연면적 300 m² 이상 | 연면적 400 m² 이상 |

| 차고·주차장 또는 주차용도로 사용되는 시설 | 면적에 상관없이 동의 대상 |
|---|---|
| 바닥면적 - 200 m² 이상인 층이 있는 건축물이나 주차시설 | 1. 층수가 6층 이상인 건축물 2. 항공기격납고, 관망탑, 항공관제탑, 방송용 송·수신탑 3. 위험물 저장 및 처리 시설, 지하구 4. 노인주거복지시설, 노인의료복지시설, 재가노인복지시설, |
| 기계장치에 의한 주차시설로서 20대 이상 | 5. 학대피해노인 전용쉼터, 아동복지시설(아동상담소, 아동전용시설 및 지역아동센터는 제외) 6. 장애인 거주시설, 정신질환자 관련 시설, 노숙인자활시설, 노숙인재활시설 및 노숙인요양시설, 결핵환자나 한센인이 24시간 생활하는 노유자시설 ※ 5~6의 시설을 단독주택 또는 공동주택에 설치되는 시설은 제외 7. 요양병원(정신병원과 의료재활시설은 제외) |

**60.** 화재예방, 소방시설 설치·유지 및 안전관리에 관한 법령상 소방시설관리사시험에 응시할 수 없는 사람은?

① 건축사
② 소방설비산업기사 자격을 취득한 후 3년의 소방실무경력이 있는 사람
③ 소방공무원으로 3년 근무한 경력이 있는 사람

④ 소방안전 관련 학과의 학사학위를 취득한 후 3년의 소방실무경력이 있는 사람

| 소방시설관리사 시험 응시자격 | |
|---|---|
| 자격 | 소방실무경력 |
| 소방설비기사, 특급 소방안전관리자 | 2년 이상 |
| 소방안전공학 전공 한 후, 이공계 분야의 석사학위 | |
| 소방설비산업기사, 위험물산업기사, 위험물기능사, 산업안전기사 | 3년 이상 |
| 1급 소방안전관리자, 이공계 분야의 학사학위, 소방안전 관련학과의 학사학위 | |
| 2급 소방안전관리자, 소방공무원 | 5년 이상 |
| 3급 소방안전관리자 | 7년 이상 |
| 소방실무경력 | 10년 이상 |
| 소방기술사, 건축기계설비기술사·건축전기설비기술사, 공조냉동기계기술사, 위험물기능장, 건축사, 소방안전공학 전공 한 후 석사학위 이상, 이공계 분야의 박사학위를 취득한 사람 | |

**61.** 화재예방, 소방시설 설치·유지 및 안전관리에 관한 법령상 벌칙에 관한 설명으로 옳지 않은 것은?

① 소방시설관리업의 등록을 하지 아니하고 영업을 한 자는 2년 이하의 징역 또는 2천만원 이하의 벌금에 처한다.
② 특정소방대상물의 관계인이 소방시설을 유지·관리할 때 소방시설의 기능과 성능에 지장을 줄 수 있는 폐쇄·차단 등의 행위를 한 경우 5년 이하의 징역 또는 5천만원 이하의 벌금에 처한다.
③ 특정소방대상물의 관계인이 소방시설을 유지·관리할 때 소방시설의 기능과 성능에 지장을 줄 수 있는 폐쇄·차단 등의 행위를 하여 사람을 상해에 이르게 한 때에는 7년 이하의 징역 또는 7천만원 이하의 벌금에 처한다.
④ 특정소방대상물의 관계인이 소방시설을 유지·관리할 때 소방시설의 기능과 성능에 지장을 줄 수 있는 폐쇄·차단 등의 행위를 하여 사람을 사망에 이르게 한 때에는 10년 이하의 징역 또는 1억원 이하의 벌금에 처한다.

정답 59 ② 60 ③ 61 ①

소방시설관리업 등록신청 - 시 · 도지사에게 **등록**

☞ 등록을 하지 아니하고 영업을 한 자
  – 3년 이하의 징역 또는 3천만원 이하의 벌금

**62.** 화재예방, 소방시설 설치 · 유지 및 안전관리에 관한 법령상 특정소방대상물의 관계인이 특정소방대상물의 규모 · 용도 및 수용인원 등을 고려하여 갖추어야 하는 소방시설에 관한 설명으로 옳은 것은?

① 아파트등 및 16층 이상 오피스텔의 모든 층에는 주거용 주방자동소화장치를 설치하여야 한다.
② 창고시설(물류터미널은 제외한다)로서 바닥면적 합계가 5천제곱미터 이상인 경우에는 모든 층에 스프링클러설비를 설치하여야 한다.
③ 기계장치에 의한 주차시설을 이용하여 15대 이상의 차량을 주차할 수 있는 것은 물분무등소화설비를 설치하여야 한다.
④ 숙박시설로서 연면적 500제곱미터 이상인 것은 자동화재탐지설비를 설치하여야 한다.

1. 자동소화장치 설치대상

| 고체에어로졸, 가스, 분말, 캐비닛형 | 화재안전기준에서 정하는 장소 |
|---|---|
| 주거용 주방 | 아파트등 및 30층 이상 오피스텔의 모든층 |

2. 물분무소화설비 설치대상

| 항공기 및 자동차 관련 시설 | 항공기격납고 |
|---|---|
| 차고, 주차용건축물 또는 철골 조립식 주차시설 | 연면적 800 m² 이상 |
| 건축물 내부에 설치된 차고 또는 주차장 | 바닥면적의 합계가 200 m² 이상인 층 |
| 기계장치에 의한 주차시설 | 20대 이상 |
| 특정소방대상물에 설치된 전기실 · 발전실 · 변전실 | 바닥면적이 300 m² 이상 |
| 행정안전부령으로 정하는 터널 | 물분무소화설비 |

3. 자동화재탐지설비 설치 대상

| 특정소방대상물의 종류 | 연면적 등 |
|---|---|
| 근린생활시설(목욕장은 제외), 위락시설, 숙박시설, 의료시설(정신의료기관과 요양병원 제외), 복합건축물, 장례식장 | 600 m² 이상 |
| 공동주택, 근린생활시설 중 목욕장, 문화 및 집회시설, 종교시설, 판매시설, 운수시설, 운동시설, 업무시설, 공장, 창고시설, 위험물 저장 및 처리 시설, 방송통신시설, 항공기 및 자동차 관련 시설, 관광 휴게시설, 지하가(터널은 제외), 발전시설, 교정 및 군사시설 중 국방 · 군사시설 | 1천 m² 이상 |
| 동물 및 식물관련시설, 분뇨 및 쓰레기 처리시설, 교정 및 군사시설(국방 · 군사시설은 제외), 교육연구시설(교육시설 내에 있는 기숙사 및 합숙소를 포함), 수련시설(숙박시설이 있는 수련시설은 제외), 묘지 관련 시설 | 2천 m² 이상 |

**63.** 화재예방, 소방시설 설치 · 유지 및 안전관리에 관한 법령상 소방용품의 품질관리 등에 관한 설명으로 옳지 않은 것은?

① 연구개발 목적으로 제조하거나 수입하는 소방용품은 소방청장의 형식승인을 받아야 한다.
② 누구든지 형식승인을 받지 아니한 소방용품을 판매하거나 판매 목적으로 진열하거나 소방시설공사에 사용할 수 없다.
③ 소방청장은 제조자 또는 수입자 등의 요청이 있는 경우 소방용품에 대하여 성능인증을 할 수 있다.
④ 소방청장은 소방용품의 품질관리를 위하여 필요하다고 인정할 때에는 유통 중인 소방용품을 수집하여 검사할 수 있다.

**정답** 62 ② 63 ①

대통령령으로 정하는 소방용품을 제조, 수입하려는 자
→ 소방청장의 **형식승인**을 받아야 한다. 다만, 연구개발 목적으로 제조하거나 수입하는 소방용품은 제외

☞ 소방용품의 형식승인을 받지 아니하고 소방용품을 제조하거나 수입한 자
 – 3년 이하의 징역 또는 3천만원 이하의 벌금

**64.** 화재예방, 소방시설 설치ㆍ유지 및 안전관리에 관한 법령상 특정소방대상물에 설치 또는 부착하는 방염대상물품의 방염성능기준으로 옳지 않은 것은? (단, 고시는 제외함)

① 버너의 불꽃을 제거한 때부터 불꽃을 올리며 연소하는 상태가 그칠 때까지 시간은 20초 이내일 것
② 버너의 불꽃을 제거한 때부터 불꽃을 올리지 아니하고 연소하는 상태가 그칠 때까지 시간은 30초 이내일 것
③ 탄화한 면적은 50제곱센티미터 이내, 탄화한 길이는 30센티미터 이내일 것
④ 불꽃에 의하여 완전히 녹을 때까지 불꽃의 접촉 횟수는 3회 이상일 것

| 방염성능기준 | |
| --- | --- |
| 잔염시간 | 버너의 불꽃을 제거한 때부터 불꽃을 올리며 연소하는 상태가 그칠 때까지의 시간 20초 이내 (불꽃연소) |
| 잔신시간 | 버너의 불꽃을 제거한 때부터 불꽃을 올리지 아니하고 연소하는 상태가 그칠 때까지의 시간 30초 이내(작열연소) |
| 탄화 면적 | 50 cm² 이내 |
| 탄화 길이 | 20 cm 이내 |
| 접염횟수 | 불꽃에 의해 완전히 녹을 때까지의 불꽃 접촉횟수 3회 이상 |
| 발연량 | 최대 연기밀도 400 이하 |

**65.** 화재예방, 소방시설 설치ㆍ유지 및 안전관리에 관한 법령상 소방안전관리자를 선임하여야 하는 2급 소방안전관리대상물이 아닌 것은? ( 단, 「공공기관의 소방안전관리에 관한 규정」을 적용받는 특정소방대상물은 제외함 )

① 가연성 가스를 1천톤 이상 저장ㆍ취급하는 시설
② 지하구
③ 국보로 지정된 목조건축물
④ 가스 제조설비를 갖추고 도시가스사업의 허가를 받아야 하는 시설

| 소방안전관리자를 두어야 하는 특정소방대상물 | | |
| --- | --- | --- |
| 구 분 | 소방안전관리대상물 | |
| 특급 | • 30층 이상(지하층을 포함)이거나 지상으로부터 높이가 120 m 이상인 특정소방대상물(아파트 제외)<br>• 연면적이 20만 m² 이상인 특정소방대상물(아파트 제외)<br>• 50층 이상(지하층 제외) 또는 200m 이상인 아파트 | |
| 1급 | • 특정소방대상물로서 층수가 11층 이상인 것(아파트 제외)<br>• 연면적 1만5천 m² 이상인 것(아파트 제외)<br>• 30층 이상(지하층 제외) 또는 120m 이상인 아파트<br>• 가연성가스를 1,000톤 이상 저장ㆍ취급하는 시설 | |
| 2급 | • 다음에 해당하는 설비를 설치한 특정소방대상물 옥내소화전설비, 스프링클러설비, 간이스프링클러설비, 물분무등소화설비[호스릴(Hose Reel) 방식의 물분무등소화설비만을 설치한 경우는 제외]<br>• 가스제조설비를 갖추고 도시가스사업허가를 받아야 하는 시설<br>• 가연성가스를 100톤 이상 1,000톤 미만 저장ㆍ취급하는 시설<br>• 보물 또는 국보로 지정된 목조건축물<br>• 지하구<br>• 공동주택 | |
| 3급 | 자동화재탐지설비만 설치된 대상물 | |

정답 64 ③ 65 ①

**66.** 화재예방, 소방시설 설치·유지 및 안전관리에 관한 법령상 소방시설등의 자체 점검 시 점검인력 배치기준 중 작동기능점검에서 점검인력 1단위가 하루 동안 점검할 수 있는 특정소방대상물의 연면적(점검한도 면적)기준은?

① 5,000제곱미터
② 8,000제곱미터
③ 10,000제곱미터
④ 12,000제곱미터

점검한도 면적 : 점검인력 1단위가 하루 동안 점검할 수 있는 특정소방대상물의 연면적 (단위 : m²)

| 구 분 | 1단위 | 1단위+보조1 | 1단위+보조2 | 1단위+보조3 | 1단위+보조4 |
|---|---|---|---|---|---|
| 종합정밀점검 | 10,000 | 13,000 | 16,000 | 19,000 | 22,000 |
| 작동기능점검 | 12,000 | 15,500 | 19,000 | 22,500 | 26,000 |
| 소규모점검 | 3,5000 | – | – | – | – |

**67.** 화재예방, 소방시설 설치·유지 및 안전관리에 관한 법령상 제품검사 전문기관의 지정 등에 관한 설명으로 옳지 않은 것은?

① 소방청장은 제품검사 전문 기관이 거짓으로 지정을 받은 경우 6개월 이내의 기간을 정하여 그 업무의 정지를 명할 수 있다.
② 소방청장은 제품검사 전문 기관이 정당한 사유 없이 1년 이상 계속하여 제품검사 등 지정받은 업무를 수행하지 아니한 경우 그 지정을 취소할 수 있다.
③ 소방청장 또는 시·도지사는 전문기관의 지정취소 및 업무정지 처분을 하려면 청문을 하여야 한다.
④ 전문기관은 제품검사 실시 현황을 소방청장에게 보고하여야 한다.

제품검사 전문기관의 지정취소 등
– 소방청장은 전문기관이 다음에 해당할 때에는 그 지정을 취소하거나 6개월 이내의 기간을 정하여 그 업무의 정지를 명할 수 있다.

• 거짓이나 그 밖의 부정한 방법으로 지정을 받은 경우 (반드시 취소)
• 정당한 사유 없이 1년 이상 계속하여 제품검사 또는 실무교육 등 지정 받은 업무를 수행하지 아니한 경우
• 전문기관의 조건에 맞지 아니하거나 소방용품의 품질 향상, 제품검사의 기술개발 등에 드는 비용을 부담하게 하는 등 필요한 조건을 위반한 때
• 감독 결과 이 법이나 다른 법령을 위반하여 전문기관으로서의 업무를 수행하는 것이 부적당하다고 인정되는 경우

**68.** 위험물안전관리법령상 자체소방대의 설치 의무가 있는 제4류 위험물을 취급하는 일반취급소는? (단, 지정수량은 3천배 이상임)

① 용기에 위험물을 옮겨 담는 일반취급소
② 보일러 그 밖에 이와 유사한 장치로 위험물을 소비하는 일반취급소
③ 이동저장탱크 그 밖에 이와 유사한 것에 위험물을 주입하는 일반취급소
④ 세정을 위하여 위험물을 취급하는 일반취급소

자체소방대를 두어야 하는 제조소 등
지정수량의 3,000배 이상의 제4류 위험물을 취급하는 제조소, 일반취급소

• 벌칙 : 자체소방대를 두지 아니한 관계인
– 1년 이하의 징역 또는 1천만원 이하의 벌금

**자체소방대의 설치 제외대상인 일반취급소**
(1) 이동저장탱크 그 밖에 이와 유사한 것에 위험물을 주입하는 일반취급소
(2) 보일러, 버너 그 밖에 이와 유사한 장치로 위험물을 소비하는 일반취급소
(3) 용기에 위험물을 옮겨 담는 일반취급소
(4) 유압장치, 윤활유순환장치 그 밖에 이와 유사한 장치로 위험물을 취급하는 일반취급소
(5) 「광산보안법」의 적용을 받는 일반취급소

정답  66 ④  67 ①  68 ④

**69.** 위험물안전관리법령상 1인의 안전관리자를 중복하여 선임할 수 있는 저장소에 해당하지 않는 것은?(단, 저장소는 동일구내에 있고 동일인이 설치함)

① 30개 이하의 옥내저장소
② 30개 이하의 옥외탱크저장소
③ 10개 이하의 옥외저장소
④ 10개 이하의 암반탱크저장소

| 안전관리자를 중복하여 선임할 수 있는 경우 | | | |
|---|---|---|---|
| 대상물과 대상물 | | 조 건 | 설치인 |
| 7개 이하의 일반취급소 (보일러·버너 등 위험물을 소비하는 장치) | 저장소 (그 일반취급소에 공급하기 위한 위험물을 저장하는 저장소) | 일반취급소 및 저장소가 모두 동일구내에 있는 경우 | 동일인 |
| 5개 이하의 일반취급소 (차량에 고정된 탱크 또는 운반용기에 옮겨 담기 위한 취급소) | 저장소 (그 일반취급소에 공급하기 위한 위험물을 저장하는 저장소) | 동일구내에 있는 경우, 일반취급소간의 보행거리가 300m 이내인 경우 | 동일인 |
| 저장소 | 저장소 | | |
| | 옥내저장소 옥외저장소 암반탱크저장소 | 10개 이하 | 동일구내에 있거나 상호 100m 이내의 거리에 있는 저장소 | 동일인 |
| | 옥외탱크저장소 | 30개 이하 | | |
| | 옥내탱크저장소 지하탱크저장소 간이탱크저장소 | 제한 없음 | | |
| 5개 이하의 제조소등 각 제조소 등에서 저장 또는 취급하는 위험물의 최대수량이 **지정수량의 3천배 미만**일 것. 다만, 저장소의 경우에는 그러하지 아니하다. | | 동일구내에 위치하거나 상호 100m 이내의 거리에 있을 것 | 동일인 |

**70.** 위험물안전관리법령상 시·도지사가 한국소방산업기술원에 위탁하는 업무에 해당하지 않는 것은?

① 암반탱크안전성능검사
② 암반탱크저장소의 변경에 따른 완공검사
③ 암반탱크저장소의 설치에 따른 완공검사
④ 용량이 50만리터 이상인 액체위험물을 저장하는 탱크안전성능검사

업무의 위탁
시도지사 → 기술원에 위탁
1. 시·도지사의 탱크안전성능검사 중 다음에 해당하는 탱크에 대한 탱크안전성능검사
   가. **용량이 100만리터 이상인 액체위험물을 저장하는 탱크**
   나. 암반탱크
   다. 지하탱크저장소의 위험물탱크 중 행정안전부령이 정하는 액체위험물탱크
2. 시·도지사의 완공검사에 관한 권한 중 다음에 해당하는 완공검사
   가. 지정수량의 3천배 이상의 위험물을 취급하는 제조소 또는 일반취급소의 설치 또는 변경(사용 중인 제조소 또는 일반취급소의 보수 또는 부분적인 증설은 제외한다)에 따른 완공검사
   나. 옥외탱크저장소(저장용량이 50만 리터 이상인 것만 해당) 또는 암반탱크저장소의 설치 또는 변경에 따른 완공검사
3. 소방본부장 또는 소방서장의 정기검사
4. 시·도지사의 운반용기 검사
5. 소방청장의 안전교육에 관한 권한 중 다음에 해당하는 자에 대한 안전교육
   가. 안전관리자로 선임된 자
   나. 탱크시험자의 기술인력으로 종사하는 자
   다. 위험물운송자로 종사하는 자

**71.** 다음은 위험물안전관리법령상 주유취급소 피난설비의 기준에 관한 내용이다. (   )에 들어갈 내용이 옳은 것은?

법 제5조제4항의 규정에 의하여 주유취급소 중 건축물의 ( ㄱ )층 이상의 부분을 점포·( ㄴ )음식점 또는 전시장의 용도로 사용하는 것과 ( ㄷ )주유취급소에는 피난설비를 설치하여야 한다.

① ㄱ : 2, ㄴ : 일반, ㄷ : 철도
② ㄱ : 2, ㄴ : 휴게, ㄷ : 옥내
③ ㄱ : 3, ㄴ : 일반, ㄷ : 철도
④ ㄱ : 3, ㄴ : 휴게, ㄷ : 옥내

피난설비 설치기준
1. 주유취급소
 (1) 건축물의 2층의 부분을 점포·휴게음식점 또는 전시장의 용도
  ① 당해 건축물의 2층 이상으로부터 주유취급소의 부지 밖으로 통하는 출입구
  ② 당해 출입구로 통하는 통로·계단 및 출입구에 유도등을 설치
2. 옥내주유취급소
  ① 당해 사무소 등의 출입구 및 피난구
  ② 당해 피난구로 통하는 통로·계단 및 출입구에 유도등을 설치

**72.** 다중이용업소의 안전관리에 관한 특별법령상 보험회사가 화재배상책임보험의 보험금 청구를 받은 경우, 지급할 보험금을 결정한 후 피해자에게 며칠 이내에 보험금을 지급하여야 하는가?

① 7일　　　　② 10일
③ 14일　　　　④ 30일

보험회사는 화재배상책임보험의 보험금 청구를 받은 때에는 지체 없이 지급할 보험금을 결정하고 보험금 결정 후 14일 이내에 피해자에게 보험금을 지급하여야 한다.

**73.** 다중이용업소의 안전관리에 관한 특별법령상 화재위험평가대행자가 등록사항을 변경할 때 소방청장에게 등록하여야 하는 중요사항이 아닌 것은?

① 사무소의 소재지
② 등록번호
③ 평가대행자의 명칭이나 상호
④ 기술인력의 보유현황

등록사항의 변경신고 - 변경사유가 발생한 날부터 30일 이내 소방청장에게 신고
(1) 대통령령으로 정하는 중요 사항

| 대표자 | 사무소의 소재지 | 평가대행자의 명칭이나 상호 | 기술인력의 보유현황 |
|---|---|---|---|

(2) 변경 시 첨부서류
 ① 화재위험평가대행자 변경등록 신청서
 ② 화재위험평가대행자 등록증
 ③ 기술인력명부(기술인력이 변경된 경우만 해당)
 ④ 기술자격을 증명하는 서류(국가기술자격증이 없는 경우만 해당)

**74.** 다중이용업소의 안전관리에 관한 특별법령상 소방안전교육 강사의 자격 요건으로 옳은 것은?

① 소방 관련학의 학사학위 이상을 가진 자
② 대학에서 소방안전 관련 학과를 졸업하고 소방 관련 기관에서 3년 이상 강의경력이 있는 자
③ 소방설비기사 자격을 소지한 소방장 이상의 소방공무원
④ 소방설비산업기사 및 위험물기능사 자격을 소지한 자로서 소방 관련 기관에서 3년 이상 강의경력이 있는 자

소방안전교육에 필요한 교육인력 및 시설·장비기준
교육인력
 가. 인원 : 강사 4인 및 교무요원 2인 이상
 나. 강사의 자격요건
 (1) 강사
  (가) 소방 관련학의 석사학위 이상을 가진 자
  (나) 전문대학 또는 이와 동등 이상의 교육기관에서 소방안전 관련 학과 전임강사 이상으로 재직한 자
  (다) 소방기술사, 위험물기능장, 소방시설관리사, 소방안전교육사자격을 소지한 자
  (라) 소방설비기사 및 위험물산업기사 자격을 소지한 자로서 소방 관련 기관(단체)에서 2년 이상 강의경력이 있는 자
  (마) 소방설비산업기사 및 위험물기능사 자격을 소지한 자로서 소방 관련 기관(단체)에서 5년 이상 강의경력이 있는 자
  (바) 대학 또는 이와 동등 이상의 교육기관에서 소방안전 관련 학과를 졸업하고 소방 관련 기관(단체)에서 5년 이상 강의경력이 있는 자
  (사) 소방 관련 기관(단체)에서 10년 이상 실무경력이 있는 자로서 5년 이상 강의경력이 있는 자
  (아) 소방위 또는 지방소방위 이상의 소방공무원 또는 소방설비기사 자격을 소지한 소방장 또는 지방소방장 이상의 소방공무원
  (자) 간호사 또는 응급구조사 자격을 소지한 소방공무원(응급처치 교육에 한한다)
 (2) 외래 초빙강사 : 강사의 자격요건에 해당하는 자일 것

**75.** 다중이용업소의 안전관리에 관한 특별법령령상 다중이용업주의 안전시설등에 대한 정기점검에 관한 설명으로 옳은 것은?

① 정기적으로 안전시설등을 점검하고 그 점검결과서를 6개월간 보관하여야 한다.
② 다중이용업주는 정기점검을 소방시설관리업자에게 위탁할 수 있다.
③ 정기적인 안전점검은 매월 1회 이상 하여야 한다.
④ 해당 영업장의 다중이용업주는 정기점검을 직접 수행할 수 없다.

---

다중이용업주의 안전시설 등에 대한 정기점검 등
1. 안전점검 대상
  (1) 다중이용업소의 영업장에 설치된 안전시설 등
  (2) 대상, 점검자의 자격, 점검주기, 점검방법, 그 밖에 필요한 사항은 행정안전부령으로 정한다.
2. 안전점검자의 자격
  (1) **해당 영업장의 다중이용업주**
  (2) 다중이용업소가 위치한 특정소방대상물의 소방안전관리자
  (3) 종업원 중 소방안전관리자, 소방기술사·소방설비기사·산업기사 자격을 취득한 자
  (4) 소방시설관리업자
3. 점검주기
  (1) **매 분기별 1회 이상 점검**
  (2) 자체점검(종합, 작동)을 실시한 경우 자체점검을 실시한 그 분기는 점검을 실시하지 아니할 수 있다.
4. 점검방법
  (1) 소방시설 등의 작동여부를 점검한다.
  (2) 안전시설 등을 점검하는 경우에는 안전시설 등 세부점검표를 사용하여 점검한다.
  (3) **점검결과서를 1년간 보관하여야 한다.**

---

**제4과목** 위험물의 성상 및 시설기준

**76.** 과산화칼륨이 다량의 물과 완전 반응하여 표준상태(0℃, 1기압)에서 112m³의 산소가 발생하였다면 과산화칼륨의 반응량(kg)은? (단, $K_2O_2$ 1mol의 분자량은 110g이다.)

① 11          ② 110
③ 1,100        ④ 11,000

---

① $PV = nRT$

$n = \dfrac{PV}{RT} = \dfrac{1\,atm \times 112\,m^3}{0.082\,atm \cdot m^3/mol \cdot K \times 0 + 273K} ≒ 5\,mol$

산소 112 m³는 5몰에 해당

② $mol = \dfrac{112\,m^3}{22.4\,(m^3/mol)} = 5\,mol$

③ 과산화칼륨의 반응식
$10K_2O_2 + 10H_2O \rightarrow 20KOH + 5O_2 \uparrow$

과산화칼륨 10 mol이 물과 반응시 산소 5 mol이 생성.

$mol = \dfrac{질량}{분자량/mol} \Rightarrow 10 = \dfrac{과산화칼륨의\ 질량}{110kg/mol}$

따라서 과산화칼륨 10 mol은 1,100kg에 해당한다.

---

**77.** 위험물안전관리법령상 제2류 위험물 인화성고체로 분류되는 것은?

① 고형알코올          ② 마그네슘
③ 적린               ④ 황린

제2류 위험물 (가연성 고체)

| 품명 | 위험등급 | 지정 수량 |
|---|---|---|
| 황화린<br>적린<br>유황 | II | 100 kg |
| 철분<br>마그네슘<br>금속분 | III | 500 kg |
| 인화성고체 | III | 1,000 kg |

※ 인화성고체 : 고형알코올 및 1기압에서 인화점이 40℃ 미만인 고체

---

**78.** 과염소산암모늄과 알루미늄 분말이 반응하여 폭발사고가 발생하였다. 이에 관한 설명으로 옳은 것은?

① 알루미늄은 급격히 환원되어 고온에서 염화알루미늄이 생성된다.
② 과염소산암모늄은 전자를 주는 물질을 발생하여 알루미늄 분말을 환원시키는 반응이다.
③ 산화성 물질과 환원성 물질의 반응으로 많은 가스 발생을 수반하는 폭발 반응이다.

---

④ 가연성 산화제와 알루미늄의 급격한 산화·환원 반
응으로 압력이 발화원으로 작용한 것이다.

| 가연성 물질<br>(산소를 얻는 물질) | 조연성 물질<br>(산소를 잃는 물질) |
|---|---|
| 산화(산화물) | 환원(환원물) |
| 환원제 | 산화제 |
| 환원력 | 산화력 |
| 환원성 | 산화성 |
| 제2류 위험물 ~ 제5류 위험물 | 제1류 위험물, 제6류 위험물 |
| 알루미늄 분말 - 제2류 위험물 | 과염소산암모늄 - 제1류 위험물 |

**79.** 위험물안전관리법령상 제3류 위험물의 성상에 관한 설명으로 옳지 않은 것은?

① 트리에틸알루미늄은 상온상압에서 액체이다.
② 금수성물질은 물과 접촉하면 발화·폭발한다.
③ 트리메틸알루미늄은 물보다 가볍다.
④ 알킬알루미늄은 물과 반응하여 산소를 발생한다.

> 알킬알루미늄
> 물과 반응 시 메탄, 에탄 등의 가스 발생 - 주수소화 금지
> $(CH_3)_3Al + 3H_2O \rightarrow Al(OH)_3 + 3CH_4 \uparrow$
> $(C_2H_5)_3Al + 3H_2O \rightarrow Al(OH)_3 + 3C_2H_6 \uparrow$

**80.** 마그네슘에 관한 설명으로 옳은 것을 모두 고른 것은?

> ㄱ. 이산화탄소 소화약제를 사용할 수 없다.
> ㄴ. $2Mg + O_2 \rightarrow 2MgO$
> ㄷ. 무기과산화물과 혼합한 것은 마찰·충격에 의하여 발화하지 않는다.
> ㄹ. 강산과 반응하여 산소를 발생시킨다.

① ㄱ, ㄴ      ② ㄱ, ㄷ
③ ㄴ, ㄷ      ④ ㄴ, ㄹ

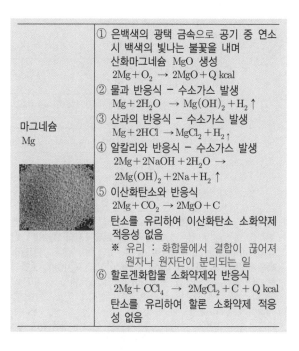

> 마그네슘
> Mg
>
> ① 은백색의 광택 금속으로 공기 중 연소 시 백색의 빛나는 불꽃을 내며 산화마그네슘 MgO 생성
> $2Mg + O_2 \rightarrow 2MgO + Q$ kcal
> ② 물과 반응식 - 수소가스 발생
> $Mg + 2H_2O \rightarrow Mg(OH)_2 + H_2 \uparrow$
> ③ 산과의 반응식 - 수소가스 발생
> $Mg + 2HCl \rightarrow MgCl_2 + H_2 \uparrow$
> ④ 알칼리와 반응식 - 수소가스 발생
> $2Mg + 2NaOH + 2H_2O \rightarrow$
> $2Mg(OH)_2 + 2Na + H_2 \uparrow$
> ⑤ 이산화탄소와 반응식
> $2Mg + CO_2 \rightarrow 2MgO + C$
> 탄소를 유리하여 이산화탄소 소화약제 적응성 없음
> ※ 유리 : 화합물에서 결합이 끊어져 원자나 원자단이 분리되는 일
> ⑥ 할로겐화합물 소화약제와 반응식
> $2Mg + CCl_4 \rightarrow 2MgCl_2 + C + Q$ kcal
> 탄소를 유리하여 할론 소화약제 적응성 없음

**81.** 위험물안전관리법령상 옥외탱크저장소에서 보유공지를 단축할 수 있는 물분무설비기준으로 옳은 것은?

① 탱크에 보강링이 설치된 경우에는 보강링이 인접한 바로 위에 분무헤드를 설치한다.
② 탱크표면에 방사하는 물의 양은 탱크의 원주길이 1m에 대하여 분당 37L 이상으로 한다.
③ 수원의 양은 15분 이상 방사할 수 있는 수량으로 한다.
④ 화재 시 1m²당 10kW 이상의 복사열에 노출되는 표면을 갖는 인접한 옥외저장탱크에 설치한다.

**옥외탱크저장소의 보유공지**

| 저장 또는 취급하는<br>위험물의 최대수량 | | 공지의 너비 |
|---|---|---|
| 지정수량 | 500배 이하 | 3 m 이상 |
| | 500배 초과<br>1,000배 이하 | 5 m 이상 |
| | 1,000배 초과<br>2,000배 이하 | 9 m 이상 |

| 2,000배 초과 3,000배 이하 | 12 m 이상 | |
|---|---|---|
| 3,000배 초과 4,000배 이하 | 15 m 이상 | |
| 4,000배 초과 | (1) 최대지름과 높이 중 큰 것과 같은 거리 이상. | |
| | 30 m 초과 | 30 m 이상 |
| | 15 m 미만 | 15 m 이상 |
| | (2) 지름 : 횡형인 경우에는 긴 변 | |

공지단축 옥외저장탱크에 다음에 적합한 물분무설비로 방호조치를 하는 경우에는 그 보유공지를 보유공지의 2분의 1 이상의 너비(최소 3m 이상)로 할 수 있다. 이 경우 공지단축 옥외저장탱크의 화재시 1㎡당 20㎾ 이상의 복사열에 노출되는 표면을 갖는 인접한 옥외저장탱크가 있으면 당해 표면에도 다음 각목의 기준에 적합한 물분무설비로 방호조치를 함께하여야 한다.

가. 탱크의 표면에 방사하는 물의 양은 탱크의 원주길이 1m에 대하여 분당 37 ℓ 이상으로 할 것
나. 수원의 양은 가목의 규정에 의한 수량으로 **20분 이상 방사**할 수 있는 수량으로 할 것
다. 탱크에 보강링이 설치된 경우에는 **보강링의 아래에 분무헤드를 설치**하되, 분무헤드는 탱크의 높이 및 구조를 고려하여 분무가 적정하게 이루어 질 수 있도록 배치할 것
라. 물분무소화설비의 설치기준에 준할 것

## 82. 질산암모늄에 관한 설명으로 옳지 않은 것은?

① 강환원제이다.
② 질소비료의 원료이다.
③ 화약 , 폭약의 산소공급제이다.
④ 분해폭발하면 다량의 가스가 발생한다.

질산암모늄($NH_4NO_3$)
① 물에 용해 시 흡열반응 한다.
② 질산암모늄의 분해반응식(220℃)
$NH_4NO_3 \rightarrow N_2O + 2H_2O$
$2NH_4NO_3 \rightarrow 4H_2O + 2N_2 + O_2 \uparrow$
③ 조해성이 강해 보관에 주의해야 함
④ 단독으로도 급격한 가열, 충격으로 분해, 폭발할 수도 있다.
AN－FO 폭약의 원료
⑤ 질산암모늄은 에탄올에도 잘 녹는다.

질산암모늄

| 가연성 물질 (산소를 얻는 물질) | 조연성 물질 (산소를 잃는 물질) |
|---|---|
| 산화(산화물) | 환원(환원물) |
| 환원제 | **산화제** |
| 환원력 | 산화력 |
| 환원성 | 산화성 |
| 제2류 위험물 ~ 제5류 위험물 | 제1류 위험물, 제6류 위험물 |
| | **질산암모늄 - 제1류 위험물** |

## 83. 위험물안전관리법령상 제4류 위험물 중 알코올류에 해당하는 것은?

① $C_2H_4(OH)_2$
② $C_3H_7OH$
③ $C_5H_{11}OH$
④ $C_6H_5OH$

제 4류 위험물 알코올류
㉠ 1분자를 구성하는 탄소원자의 수가 1개부터 3개까지인 포화1가 알코올 (함유량이 60 wt% 이상) 및 변성알코올을 말한다.
㉡ 변성알코올 : 주성분 에틸알코올에 변성제로 벤젠, 피리딘, 메틸알코올, 등유를 넣은 것
㉢ 메틸알코올 $CH_3OH$ (목정), 에틸알코올 $C_2H_5OH$ [주정(술)], 프로필알코올 $C_3H_7OH$, 변성알코올

## 84. 위험물안전관리법령상 제5류 위험물에 해당하지 않는 것은?

① 니트로벤젠[$C_6H_5NO_2$]
② 트리니트로페놀[$C_6H_2(NO_2)_3OH$]
③ 트리니트로톨루엔[$C_6H_2(NO_2)_3CH_3$]
④ 니트로글리세린[$C_3H_5(ONO_2)_3$]

니트로벤젠 - 제4류 위험물 제3석유류

**정답** 82 ① 83 ② 84 ①

**85.** 과산화수소($H_2O_2$)에 관한 설명으로 옳지 않은 것은?

① 강산화제이나 환원제로 작용할 때도 있다.

② 60중량퍼센트 이상의 농도에서 가열·충격 시 단독으로도 폭발한다.

③ 석유, 벤젠에 용해되지 않는다.

④ 분해 시 산소를 발생하므로 안정제로 이산화망간을 사용한다.

---

**과산화수소($H_2O_2$)**

① 무색, 투명하며 다량의 경우 청색을 띠며 가열에 의해 산소 발생하며 진한 과산화수소는 독성이 있으며 강한 자극성

② 수용액 상태의 경우 비교적 안정하며 고농도의 경우 가열, 충격, 마찰에 의해 폭발 (60 wt% 이상)

③ 암모니아와 접촉 시 폭발 위험

④ 저장용기

  ㉠ 구멍이 있는 마개 사용(환기) : 폭발 방지

  ㉡ 유리용기는 과산화수소 분해 촉진하므로 안 됨

  ㉢ **과산화수소의 안정제 : 인산($H_3PO_4$), 요산($C_5H_4N_4O_3$), 요소, 글리세린 등의 안정제 첨가하여 분해 억제**

    – 알칼리성에서는 쉽게 분해되나 산성에서는 비교적 안정하여 분해를 억제시키는 성질이 있다.

  ㉣ 과산화수소 3% : 옥시돌 – 소독약

⑤ 과산화수소의 분해반응식

  $H_2O_2 \rightarrow H_2O + [O]$ 발생기산소 : 표백작용

⑥ 물, 알코올, 에테르에 녹고 벤젠, 석유에는 불용

---

**86.** 스티렌($C_6H_5CH=CH_2$)의 성상 및 위험성에 관한 설명으로 옳지 않은 것은?

① 무색·투명한 액체로서 마취성이 있으며 독성이 매우 강하다.

② 실온에서 인화의 위험이 있으며, 연소 시 폭발성 유기과산화물을 생성한다.

③ 산화제와 중합반응하여 생성된 폴리스티렌수지는 분해폭발성 물질이다.

④ 강산성 물질과의 혼촉 시 발열·발화한다.

---

**제4류 위험물 – 스티렌 $C_6H_5C_2H_3$ (비닐벤젠)**

| | |
|---|---|
| ① 무색의 독특한 냄새를 가진 액체<br>② 가열, 빛, 과산화물에 의해 쉽게 중합반응 | 인화점 : 32℃<br>발화점 : 490℃<br>연소범위 : 1~7 % |

---

**87.** 위험물안전관리 법령상 암반탱크저장소의 암반탱크 설치기준에서 암반 투수계수(m/s) 기준은?

① $1 \times 10^{-5}$ 이하     ② $1 \times 10^{-6}$ 이하

③ $1 \times 10^{-7}$ 이하     ④ $1 \times 10^{-8}$ 이하

---

**암반탱크저장소의 위치·구조 및 설비의 기준**

**암반탱크 설치기준**

가. 암반탱크는 암반투수계수가 1초당 10만분의 1m 이하인 천연암반내에 설치할 것

나. 암반탱크는 저장할 위험물의 증기압을 억제할 수 있는 지하수면하에 설치할 것

다. 암반탱크의 내벽은 암반균열에 의한 낙반을 방지할 수 있도록 볼트·콘크리크 등으로 보강할 것

---

**88.** 위험물안전관리 법령상 옥내저장탱크에 불활성가스를 봉입하여 저장하여야 하는 것은?

① 아세트산에틸      ② 아세트알데히드

③ 메틸에틸케톤      ④ 과산화벤조일

---

**저장탱크 내 불활성기체의 봉입**

| 구분 | 위험물의 종류 | 저장탱크 | 탱크의 구분 | 이유 또는 봉입방법 |
|---|---|---|---|---|
| 봉입 | 알킬알루미늄 등 | 옥내저장탱크<br>옥외저장탱크 | 압력탱크 | 취출에 의하여 당해 탱크내의 압력이 **상용압력 이하로 저하 방지** |
| | | | 압력탱크 외의 탱크 | 취출이나 온도의 저하에 의한 공기의 혼입을 방지 |
| | | 이동저장탱크 | – | **20 kpa 이하의 압력으로 불활성의 기체를 봉입** |
| | 아세트알데히드 등 | 옥내저장탱크<br>옥외저장탱크지하저장탱크 | 압력탱크 | 취출에 의하여 당해 탱크내의 압력이 **상용압력 이하로 저하 방지** |
| | | | 압력탱크 외의 탱크 | 취출이나 온도의 저하에 의한 공기의 혼입을 방지 |
| | | 이동저장탱크 | – | 항상 **불활성의 기체를 봉입** |

---

**89.** 탄화칼슘 16kg이 다량의 물과 완전 반응하여 생성되는 수산화칼슘의 질량(kg)은?
(단, Ca의 원자량은 40이다.)

① 15.5  ② 16.3
③ 18.5  ④ 19.3

---

탄화칼슘[$CaC_2$]과 물의 반응
$$CaC_2 + 2H_2O \rightarrow Ca(OH)_2 + C_2H_2 \uparrow + 27.8\,kcal$$
　　　　　　 수산화칼슘　 아세틸렌

탄화칼슘 1몰시 수산화칼슘도 1몰 생성 되므로

$$mol = \frac{질량(g)}{분자량(g/mol)}$$

$CaC_2$　1몰 $= \frac{64}{64}$　　　　$Ca(OH)_2$　1몰 $= \frac{74}{74}$

즉, 탄화칼슘 64kg이 물과 반응하면 수산화칼슘은 74kg 생성되므로

$64 : 74 = 16 : x$　 ∴ $x = 18.5\,kg$ 생성된다.

---

**90.** 가솔린(휘발유)에 관한 설명으로 옳지 않은 것은?

① 주요성분은 탄소수가 $C_5 \sim C_9$의 포화·불포화 탄화수소 혼합물이다.
② 비전도성으로 정전유도현상에 의해 착화·폭발할 수 있다.
③ 유기용제에는 녹지 않으며 유지, 수지 등을 잘 녹인다.
④ 액체 상태는 물보다 가볍고, 증기 상태는 공기보다 무겁다.

---

| 가솔린<br>(휘발유) | ① 탄소(5~9개)와 수소로 이루어진 지방족 탄화수소이다.<br>② 액체상태는 물보다 가볍고 증기상태는 공기보다 무겁다.<br>③ 무색투명한 휘발성이 강한 인화성 액체<br>④ 정전기에 의해 폭발 우려가 있다. | 인화점 : −20~−43℃<br>발화점 : 300℃<br>연소범위 : 1.4~7.6% |
|---|---|---|

---

**91.** 위험물안전관리법령상 옥외저장소에 저장할 수 있는 것은? (단, 「국제해상위험물 규칙」 등 예외규정은 적용하지 않는다.)

① 염소산나트륨  ② 과염소산
③ 질산메틸  ④ 황린

---

옥외저장소에 저장할 수 있는 위험물

| 제2류 위험물 | 제4류 위험물 | 제6류 위험물 |
|---|---|---|
| 유황<br>인화성고체 | 제1석유류·알코올류·제2석유류·제3석유류·제4석유류 및 동식물유류 | 과산화수소<br>질산<br>**과염소산** |
| (인화점이 섭씨 0℃ 이상인 것(톨루엔, 피리딘)에 한한다) |||

---

**92.** 위험물안전관리법령상 염소산칼륨을 1일 1,000kg 생산하고 있는 제조소의 소화기 비치량을 산정하기 위한 총 소요단위는? (단, 제조소의 연면적은 300m²이고, 제조소의 외벽은 내화구조이다.)

① 5  ② 6
③ 7  ④ 8

---

소요단위
소화설비 설치대상이 되는 건축물 그 밖의 공작물의 규모 또는 위험물 양의 기준단위

(1) 규모의 기준

| 면적당 1소요 단위 | | 외 벽 ||
|---|---|---|---|
| | | 기타구조 | 내화구조 |
| 규모기준 | 제조소, 취급소 | 50 m² | 100 m² |
| | 저장소 | 75 m² | 150 m² |

(2) 양의 기준

| 위험물 양의 기준 | 지정수량 10배마다 1소요 단위 |
|---|---|

① 연면적 300 m² ÷ 100 m² = 3소요단위
② 염소산칼륨의 지정배수는 1,000kg ÷ 50 kg = 20배
　지정수량 10배마다 1소요 단위이므로 20배 ÷ 10배
　= 2소요단위

총 소요단위는 3 + 2 = 5 소요단위

---

**정답** 89 ③  90 ③  91 ②  92 ①

**93.** 위험물안전관리법령상 일반취급소 하나의 층에 옥내소화전 3개가 설치되어 있다. 확보해야 할 수원의 최소량($m^3$)은?

① 7.8
② 11.7
③ 15.6
④ 23.4

| 구 분 | 방수량(Q) | 수원량 |
|---|---|---|
| 옥내소화전 | 260 ℓ/min | $N \times 7.8\ m^3$<br>(가장 많은 층 설치개수<br>– 최대 5개) |
| 옥외소화전 | 450 ℓ/min | $N \times 13.5\ m^3$<br>(가장 많은 층 설치개수<br>– 최대 4개, 최소 2개) |
| 스프링클러<br>설비 | 80 ℓ/min | 폐쇄형 : $30 \times 2.4\ m^3$<br>(30개 미만은 설치개수)<br>개방형 : 설치개수 $\times 2.4\ m^3$ |
| 물분무<br>소화설비 | 20 ℓ/min | 표면적$\times 20$ ℓ/min$\cdot m^2$ $\times 30$분<br>(헤드개수가 가장 많은 구역의<br>표면적) |

옥내소화전 수원량 = $N \times 7.8\ m^3 = 3 \times 7.8\ m^3$
$= 23.4\ m^3$ 이상

**94.** 위험물안전관리법령상 주유취급소 내 건축물 등의 구조 기준으로 옳지 않은 것은?(단, 단서조항은 적용하지 않는다.)

① 건축물의 벽·기둥·바닥·보 및 지붕을 내화구조 또는 불연재료로 할 수 있다.
② 주거시설 용도로 사용하는 부분은 개구부가 없는 내화구조의 바닥 또는 벽으로 당해 건축물의 다른 부분과 구획하고 주유를 위한 작업장 등 위험물취급장소에 면한 쪽의 벽에는 출입구를 설치할 수 없다.
③ 사무실 등의 창 및 출입구에 유리를 사용하는 경우에는 망입유리 또는 강화유리로 하여야 한다.
④ 자동차 등의 점검·정비를 행하는 설비는 고정주유설비로부터 2m 이상, 도로경계선으로부터 1m 이상 떨어진 장소에 설치하여야 한다.

| 고정주유설비 등의 이격거리 | | |
|---|---|---|
| 구 분 (중심선을 기점) | 고정<br>주유설비 | 고정<br>급유설비 |
| 건축물의 벽 | 2 m 이상<br>(개구부가 없는<br>벽까지는 1 m 이상) | |
| 부지경계선, 담 | 2 m 이상 | 1 m 이상 |
| **도로경계선** | 4 m 이상 | – |
| **자동차등의 점검, 정비** | | – |
| 자동차등의<br>세정 | 증기세차기 | | – |
| | 증기세차기 외의 세차기 | | – |

**95.** 위험물안전관리법령상 제조소의 옥외 위험물 취급탱크가 메틸알코올 $1m^3$와 아세톤 $0.5m^3$가 있다. 이를 하나의 방유제 내에 설치하고자 할 때 방유제 기준에 관한 검토 사항으로 옳은 것은?

① 방유제 용량은 $0.55m^3$ 이상이 되도록 설치하여야 한다.
② 방유제 용량은 $1.1m^3$ 이상이 되도록 설치하여야 한다.
③ 취급하는 위험물의 성상이 액체이므로 방유제를 설치하지 않아도 된다.
④ 위험물 저장탱크의 용량이 지정수량 기준에 미달하여 방유제를 설치하지 않아도 된다.

| 위험물 취급탱크 방유제, 방유턱의 용량 – (지정수량 1/5 미만은 제외) | | | | |
|---|---|---|---|---|
| 구 분 | 옥외<br>[액체위험물(이황화탄소 제외)] | | 옥내 | |
| | 방 유 제 | | 방 유 턱 | |
| 탱크이<br>수 | 1기 | 2기 이상 | 1기 | 2기 이상 |
| 용량 | 50%<br>이상 | 최대탱크 50% 이상 +<br>나머지 탱크의 합계의<br>10% 이상 | 100%<br>이상 | 최대탱크의<br>100% 이상 |

※ 옥외 2기 이상의 방유제 용량 = 0.5 $m^3$ + 0.05 $m^3$
= 0.55 $m^3$ 이상

※ 지정수량 1/5 미만은 제외기준이 있으므로 지정수량 몇 배인지 확인 필요함
- 메틸알코올 지정수량 : 400 L 는 0.4m³
- 아세톤 지정수량 : 400 L 는 0.4m³
∴ 모두 지정수량의 1/5 이상이므로 방유제 제외 하지 않음

**96.** 위험물안전관리법령상 제조소등에서 "화기엄금" 게시판을 설치하여야 하는 위험물을 모두 고른 것은?

ㄱ. 제2류 위험물 ( 인화성고체 제외 )
ㄴ. 제4류 위험물
ㄷ. 제3류 위험물 중 자연발화성 물질
ㄹ. 제5류 위험물

① ㄴ, ㄹ
② ㄱ, ㄴ, ㄷ
③ ㄱ, ㄷ, ㄹ
④ ㄴ, ㄷ, ㄹ

게시판 - 주의사항을 표시

| 위험물의 종류 | 주의사항 | 게시판의 색상 | |
|---|---|---|---|
| 제1류 위험물 중 알칼리금속의 과산화물 제3류 위험물 중 금수성 물질 | 물기엄금 | 청색바탕에 백색문자 | 물기엄금 |
| 제2류 위험물 (인화성 고체는 제외) | 화기주의 | 적색바탕에 백색문자 | 화기주의 |
| 제2류 위험물 중 인화성고체 제3류 위험물 중 자연발화성물질 제4류 위험물 제5류 위험물 | 화기엄금 | 적색바탕에 백색문자 | 화기엄금 |
| 제1류 위험물의 알카리금속의 과산화물외의 것과 제6류 위험물 | 별도의 표시 없음 | | |

**97.** 위험물안전관리법령상 유별을 달리하는 위험물 상호간 1m 이상의 간격을 두더라도 동일한 옥내저장소에 저장할 수 없는 것은?

① 제1류 위험물과 제6류 위험물
② 제2류 위험물 중 인화성고체와 제4류 위험물
③ 제4류 위험물과 제5류 위험물(유기과산화물은 제외)
④ 제1류 위험물(알칼리금속의 과산화물은 제외)과 제5류 위험물

※ 동일한 저장소에 저장 금지
유별을 달리하는 위험물을 동일한 저장소에 저장할 수 있는 경우
1. 옥내저장소 또는 옥외저장소에 아래와 같이 위험물을 유별로 정리하여 저장하고
2. 1m 이상 간격을 둘 경우 동일 장소에 저장 가능

| 제1류 위험물 | 자연발화성 물품(황린 또는 이를 함유한 것) |
|---|---|
| 제1류 위험물(알칼리금속의 과산화물은 제외) | 제5류 위험물 |
| 제1류 위험물 | 제6류 위험물 |
| 제2류 위험물 중 인화성고체 | 제4류 위험물 |
| 제3류 위험물 중 알킬알루미늄등 | 제4류 위험물(알킬알루미늄 또는 알킬리튬을 함유한 것에 한함) |
| 제5류 위험물 중 유기과산화물 또는 이를 함유한 것 | 제4류 위험물 중 유기과산화물 또는 이를 함유하는 것 |

**98.** 위험물안전관리법령상 일반취급소에 해당하는 것을 모두 고른 것은? (단, 위험물은 지정수량의 배수 이상이다.)

| | 반응원료 | 중간생성물 | 최종생성물 |
|---|---|---|---|
| ㄱ | 위험물 | 위험물 | 비위험물 |
| ㄴ | 위험물 | 비위험물 | 비위험물 |
| ㄷ | 비위험물 | 위험물 | 위험물 |
| ㄹ | 비위험물 | 위험물 | 비위험물 |
| ㅁ | 비위험물 | 비위험물 | 위험물 |

① ㄱ, ㄴ
② ㄱ, ㄴ, ㄹ
③ ㄱ, ㄷ, ㄹ
④ ㄷ, ㄹ, ㅁ

1. 위험물제조소의 정의

위험물제조소란 위험물을 제조하는 시설로서 최초에 사용한 원료가 위험물인가, 비위험물인가의 여부에 관계없이 여러 공정을 거쳐 제조한 최종 물품이 위험물인 대상을 말한다. 즉 사용한 원료에 상관없이 생산해낸 최종 제품이 위험물에 해당할 경우 위험물제조소에 해당한다.

2. 일반취급소와의 구별

제조소는 위험물을 제조하는 시설이므로 생산제품이 위험물이다. 이는 위험물을 원료로하여 위험물을 제조, 생산하는 경우(원유를 원료로 휘발유, 등유, 경유, 중유 등을 생산하는 경우)와 비위험물을 원료로 하여 위험물을 제조, 생산하는 경우(감자를 원료로 알코올을 생산하는 경우)가 있는데 제조소는 원료의 위험물, 비위험물 여부를 가리지 않고 생산제품이 위험물이면 제조소에 속한다. 그러나 제조소와 유사한 제조시설을 가지고 있다 하더라도 생산제품이 위험물이 아닐 경우 제조소가 아닌 일반취급소로 분류한다. 따라서 제조소와 일반취급소를 구분하는 기준은 생산제품이 위험물인지 여부이다.

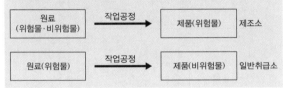

**99.** 위험물안전관리법령상 제조소 바닥면적이 110 m²인 경우 환기설비 중 급기구의 면적 기준으로 옳은 것은?

① 300 cm² 이상 　　② 450 cm² 이상
③ 600 cm² 이상 　　④ 800 cm² 이상

급기구

㉠ 위치 : 낮은 곳에 설치(체류할 우려가 없고 공기보다 가볍기 때문에 아래에서 위로 급기 되어야 자연스럽게 배출된다) 및 가는 눈의 구리망으로 인화방지망을 설치

㉡ 개수 : 바닥면적 150 m² 마다 1개 이상 설치

㉢ 크기 : 800 cm² 이상

| 바 닥 면 적 | 급기구의 면적 |
|---|---|
| 150 m² 이상 | 800 cm² 이상 |
| 120 m² 이상 150 m² 미만 | 600 cm² 이상 |
| 90 m² 이상 120 m² 미만 | 450 cm² 이상 |
| 60 m² 이상 90 m² 미만 | 300 cm² 이상 |
| 60 m² 미만 | 150 cm² 이상 |

바닥면적 150 m² 미만시 환기설비의 급기구 크기

**100.** 위험물안전관리법령상 히드록실아민을 1일 150kg 취급하는 제조소의 최소 안전거리(m)는 약 얼마인가?

① 41 　　② 50
③ 59 　　④ 63

히드록실아민등을 취급하는 제조소의 특례

안전거리 $D = 51.1\sqrt[3]{N}$ (m)

$N$ : 지정수량(히드록실아민 : 100 kg)의 배수

$D = 51.1\sqrt[3]{N}$ (m) $= 51.1\sqrt[3]{150/100} = 58.494$ m

제5과목 **소방시설의 구조 원리**

**101.** 비상콘센트설비의 화재안전기준상 (　　)에 들어갈 기준은?

절연내력은 전원부와 외함 사이에 정격전압이 150V 이하인 경우에는 ( ㄱ )V의 실효전압을, 정격전압이 150V 이상인 경우에는 그 정격전압에 2를 곱하여 1,000을 더한 실효전압을 가하는 시험에서 ( ㄴ )분 이상 견디는 것으로 할 것

① ㄱ : 500, ㄴ : 1　　② ㄱ : 1,000, ㄴ : 1
③ ㄱ : 500, ㄴ : 3　　④ ㄱ : 1,000, ㄴ : 3

비상콘센트
절연저항 및 절연내력
(1) 절연저항

전원부(충전부)와 외함 사이를 500V 절연저항계로 측정할 때 20MΩ 이상

(2) 절연내력

| 전원부와 외함 사이에 정격전압 | 150 V 이하 | 150 V 이상 |
|---|---|---|
| 실효전압 | 1,000 V | (정격전압 × 2) + 1,000 V |
| 절연이 파괴되지 않는 시간 | 1분 이상 | 1분 이상 |

**102.** 누전경보기의 화재안전기준상 설치기준으로 옳지 않은 것은?

① 경계전로의 정격전류가 60A를 초과하는 전로에 있어서는 1급 누전경보기를, 60A 이하의 전로에 있어서는 1급 또는 2급 누전경보기를 설치할 것

② 변류기는 특정소방대상물의 형태, 인입선의 시설방법 등에 따라 옥외 인입선의 제1지점의 부하측 또는 제2종 접지선측의 점검이 쉬운 위치에 설치할 것

③ 전원은 분전반으로부터 전용회로로 하고, 각 극에 개폐기 및 30A 이하의 과전류차단기(배선용 차단기에 있어서는 20A 이하의 것으로 각 극을 개폐할 수 있는 것)를 설치할 것

④ 변류기를 옥외의 전로에 설치하는 경우에는 옥외형으로 설치할 것

---

누전경보기 전원
① 전원의 설치방법
전원은 분전반으로부터 전용회로로 하고 각 극에 **개폐기 및 15 A 이하의 과전류차단기를 설치**(배선용 차단기에 있어서는 20 A) 이하의 것으로 각 극을 개폐할 수 있는 것
㉠ 과전류 차단기
배선용차단기, 퓨즈 등과 같이 과부하전류 및 단락전류를 자동차단하는 기구
㉡ 배선용차단기(MCCB : Molded−Case Circuit Breaker)
개폐기구, 트립장치 등을 절연물의 용기 내에 일체로 조립한 것이며, 통상 사용 상태의 전로를 수동 또는 절연물 용기 외부의 전기조작장치 등에 의하여 개폐할 수가 있고, 또 과부하 및 단락 등일 경우, 자동적으로 전로를 차단하는 기구
② 전원의 분기방법
전원을 분기할 때에는 다른 차단기에 따라 전원이 차단되지 아니하도록 할 것
③ 표지
전원의 개폐기에는 누전경보기용임을 표시한 표지를 할 것

---

**103.** 유도등 및 유도표지의 화재안전기준상 피난유도선 설치기준으로 옳은 것은?

① 축광방식의 피난유도선은 바닥으로부터 높이 50cm 이하의 위치 또는 바닥 면에 설치할 것

② 축광방식의 피난유도 표시부는 60cm 이내의 간격으로 연속되도록 설치할 것

③ 광원점등방식의 피난유도 표시부는 바닥으로부터 높이 1.5m 이하의 위치 또는 바닥면에 설치할 것

④ 광원점등방식의 피난유도 표시부는 60cm 이내의 간격으로 연속되도록 설치하되 실내장식물 등으로 설치가 곤란할 경우 1.5m 이내로 설치할 것

---

피난유도선의 종류 및 설치기준
① 축광방식의 피난유도선

| 설치위치 | 구획된 각 실로부터 주출입구 또는 비상구까지 설치할 것 |
|---|---|
| 설치높이 | 바닥으로부터 높이 50 cm 이하의 위치 또는 바닥 면에 설치할 것 |
| 피난유도 표시부 | 50 cm 이내의 간격으로 연속되도록 설치 |
| 설치방법 | 부착대에 의하여 견고하게 설치할 것 |
| | 외광 또는 조명장치에 의하여 상시 조명이 제공거나 비상조명등에 의한 조명이 제공되도록 설치 할 것 |

② 광원점등방식의 피난유도선

| 설치위치 | 구획된 각 실로부터 주출입구 또는 비상구까지 설치할 것 |
|---|---|
| 설치높이 | 바닥으로부터 높이 1 m 이하의 위치 또는 바닥 면에 설치 |
| 피난유도 표시부 | 50 cm 이내의 간격으로 연속되도록 설치하되 실내장식물 등으로 설치가 곤란할 경우 1 m 이내로 설치 |
| 설치방법 | 수신기로부터의 화재신호 및 수동조작에 의하여 광원이 점등되도록 설치할 것 |
| | 비상전원이 상시 충전상태를 유지하도록 설치할 것 |
| | 바닥에 설치되는 피난유도 표시부는 매립하는 방식을 사용할 것 |
| 피난유도 제어부 설치 높이 | 바닥으로부터 0.8 m 이상 1.5 m 이하 |

---

**104.** 단상 2선식 220V로 수전하는 곳에 부하전력이 65kW, 역률이 85%, 구내배선의 길이가 100m 일 때 전압강하를 5V 까지 허용하는 경우 배선의 최소 굵기(mm²)는 약 얼마인가?

① 121.46      ② 142.89
③ 210.36      ④ 247.49

---

| 구 분 | 전압강하 식 | 결선도 |
|---|---|---|
| 단상 2선식 | $e[\text{V}] = \dfrac{35.6 \times L \times I}{1,000 A}$<br>※ $e = 2IR$ | 110[V], 220[V] |

$L$ : 전선의 길이(m),    $I$ : 소요전류(A)
$A$ : 전선의 단면적(mm²)

$e[\text{V}] = \dfrac{35.6 \times L \times I}{1,000 A}$

$\Rightarrow 5 = \dfrac{35.6 \times 100 \times 347.593}{1,000\ A} = 247.486 \text{ mm}^2$

$P = VI\cos\theta$ 에서 $65,000 = 220 \times I \times 0.85$

$\therefore I = 347.593\ A$

---

| 조작부 | 조작스위치 | 설치 높이 | 0.8 m 이상 1.5 m 이하 |
|---|---|---|---|
| | 기동장치 작동 시 | 해당 기동장치가 작동한 층 또는 구역을 표시 | |
| | 설치장소 | 수위실 등 상시 사람이 근무하는 장소 및 점검이 편리하고 방화상 유효한 곳에 설치(증폭기 동일) | 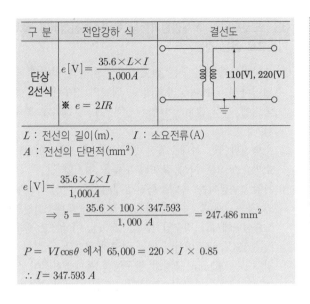<br>방송장비 조작부 |
| | 하나의 대상물에 2이상 설치 시 | 상호간에 동시통화가 가능한 설비를 설치<br>어느 조작부에서도 전 구역에 방송을 할 수 있도록 할 것 | |

---

**105.** 비상방송설비의 화재안전기준상 용어의 정의 및 음향장치에 관한 내용으로 옳지 않은 것은?

① 음량조절기란 가변저항을 이용하여 전류를 변화시켜 음량을 크게 하거나 작게 조절할 수 있는 장치를 말한다.

② 증폭기란 전류량을 늘려 감도를 좋게 하고 미약한 음성전류를 커다란 음성전류로 변화시켜 소리를 크게 하는 장치를 말한다.

③ 음량조정기를 설치하는 경우 음량조정기의 배선은 3선식으로 할 것

④ 하나의 특정소방대상물에 2 이상의 조작부가 설치되어 있는 때에는 각각의 조작부가 있는 장소 상호간에 동시통화가 가능한 설비를 설치할 것

> 증폭기 - 전압전류의 진폭을 늘려 감도를 좋게 하고 미약한 음성전류를 커다란 음성전류로 변화시켜 소리를 크게 하는 장치
> 확성기 - 소리를 크게 하여 멀리까지 전달될 수 있도록 하는 장치로써 일명 스피커
> 음량조절(정)기 - 가변저항을 이용하여 전류를 변화시켜 음량을 크게 하거나 작게 조절할 수 있는 장치

**106.** 자동화재탐지설비 및 시각경보장치의 화재안전기준상 발신기 설치기준으로 옳지 않은 것은?

① 지하구의 경우에는 발신기를 설치하지 아니할 수 있다.

② 조작이 쉬운 장소에 설치하고, 스위치는 바닥으로부터 0.8m 이상 1.5m 이하의 높이에 설치할 것

③ 특정소방대상물의 층마다 설치하되, 해당 특정소방대상물의 각 부분으로부터 하나의 발신기까지의 수평거리가 25m 이하가 되도록 할 것. 다만, 복도 또는 별도로 구획된 실로서 보행거리가 40m 이상일 경우에는 추가로 설치하여야 한다.

④ 발신기의 위치를 표시하는 표시등은 함의 상부에 설치하되, 그 불빛은 부착면으로부터 10° 이상의 범위 안에서 부착지점으로부터 10m 이내의 어느 곳에서도 쉽게 식별할 수 있는 적색등으로 하여야 한다.

발신기(제9조) - 화재발생 신호를 수신기에 수동으로 발신하는 장치
1. 설치기준(지하구의 경우에는 발신기를 설치하지 아니할 수 있다.)

| 설치장소 | 특정소방대상물의 층마다 설치하되 조작이 쉬운 장소에 설치 |
|---|---|
| 설치높이 | 바닥으로부터 0.8 m 이상 1.5 m 이하 |
| 수평거리, 보행거리 | 수평거리 25 m 이하 복도 또는 별도로 구획된 실로서 보행거리 40 m 이상 시 설치 |
| 기둥 또는 벽이 설치되지 아니한 대형공간 | 가까운 장소의 벽 또는 기둥 등에 설치 |
| 발신기의 위치를 표시하는 표시등 | 함의 상부에 설치하되, 그 불빛은 부착면으로부터 15° 이상의 범위 안에서 부착점으로부터 10 m 이내의 어느 곳에서도 쉽게 식별할 수 있는 적색등 |

2. 발신기의 조작부
   ① 손끝으로 눌러 작동하는 방식의 발신기는 손 끝이 접하는 면에 지름 20 mm 이상의 투명 유기질 유리를 사용한 누름판을 설치하여야 한다.
   ② 작동스위치의 동작방향으로 가하는 힘이 2 kg_f을 초과하고 8 kg_f 이하인 범위에서 확실하게 동작

**107.** 소방펌프에 전기를 공급하는 전동기설비가 있을 때 모터의 전부하전류(A)는 약 얼마인가? (단, 전압은 단상 220 V, 모터 용량은 20 kW, 역률은 90%, 효율은 70% 이다.)

① 58         ② 83
③ 101        ④ 144

$P = VI\cos\theta$에서 $20,000 = 220 \times I \times 0.9$
$\therefore I = 101.01\ A$

여기서 효율을 고려하면 $101.01\ /\ 0.7 = 144.3\ A$

**108.** 도로터널의 화재안전기준상 옥내소화전설비의 설치기준으로 옳은 것은?

① 소화전함과 방수구는 편도 2차선 이상의 양방향 터널이나 4차로 이상의 일방향 터널의 경우에는 양쪽 측벽에 각각 60m 이내의 간격으로 엇갈리게 설치할 것
② 소화전함에는 옥내소화전 방수구 1개, 15m 이상의 소방호스 2본 이상 및 방수노즐을 비치할 것
③ 가압송수장치는 옥내소화전 2개(4차로 이상의 터널인 경우 3개)를 동시에 사용할 경우 각 옥내소화전의 노즐선단에서의 방수압력은 0.35MPa 이상이고 방수량은 190ℓ/min 이상이 되는 성능의 것으로 할 것
④ 방수구는 40mm 구경의 단구형을 옥내소화전이 설치된 도로의 바닥면으로부터 1.5m 이하의 높이에 설치할 것

옥내소화전설비
① 소화전함과 방수구
   ㉠ 주행차로 우측 측벽을 따라 50 m 이내의 간격으로 설치
   ㉡ 편도 2차선 이상의 양방향 터널이나 4차로 이상의 일방향 터널의 경우
      - 양쪽 측벽에 각각 50 m 이내의 간격으로 엇갈리게 설치
② 수원
$$N \times Q \times T$$
   $N$ : 옥내소화전의 설치개수 2개
      (4차로 이상의 터널의 경우 3개)
   $Q$ : 190 ℓ/min
   $T$ : 40분 이상
③ 방사압
   각 옥내소화전의 노즐선단에서의 방수압력은 0.35 MPa 이상, 방수압력이 0.7 MPa을 초과할 경우에는 호스접결구의 인입측에 감압장치를 설치
④ 압력수조나 고가수조가 아닌 전동기 및 내연기관에 의한 펌프를 이용하는 가압송수장치
   - 주펌프와 동등 이상인 별도의 예비펌프를 설치할 것
⑤ 방수구
   40 mm 구경의 단구형을 옥내소화전이 설치된 벽면의 바닥면으로부터 1.5 m 이하의 높이에 설치
⑥ 소화전함
   옥내소화전 방수구 1개, 15 m 이상의 소방호스 3본 이상 및 방수노즐을 비치
⑦ 옥내소화전설비의 비상전원은 40분 이상

**109.** 간이스프링클러설비의 화재안전기준상 급수배관의 설치기준으로 옳지 않은 것은?

① 상수도직결형의 경우에는 수도배관 호칭지름 25mm 이상의 배관이어야 한다.

② 배관과 연결되는 이음쇠 등의 부속품은 물이 고이는 현상을 방지하는 조치를 하여야 한다.

③ 급수를 차단할 수 있는 개폐밸브는 개폐표시형으로 하여야 한다.

④ 수리계산에 의하는 경우 가지배관의 유속은 6m/s, 그 밖의 배관의 유속은 10m/s를 초과할 수 없다.

급수배관 설치기준
① 전용으로 할 것
② **상수도직결형의 경우에는 수도배관 호칭지름 32 mm 이상**의 배관이어야 하고, 간이헤드가 개방될 경우에는 유수신호 작동과 동시에 다른 용도로 사용하는 배관의 송수를 자동 차단할 수 있도록 하여야 하며, 배관과 연결되는 이음쇠 등의 부속품은 물이 고이는 현상을 방지하는 조치를 하여야 한다.

**110.** P형 1급 수신기와 감지기 사이에 배선회로에서 종단저항은 10kΩ, 배선저항 100Ω, 릴레이 저항은 800Ω이며 회로전압은 24V 일 때, 감지기 동작 시 흐르는 전류(mA)는 약 얼마인가?

① 11.63
② 12.63
③ 23.67
④ 26.67

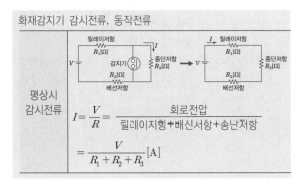

화재감지기 감시전류, 동작전류

평상시
감시전류
$$I = \frac{V}{R} = \frac{회로전압}{릴레이지항+배선저항+송단저항}$$
$$= \frac{V}{R_1 + R_2 + R_3}[A]$$

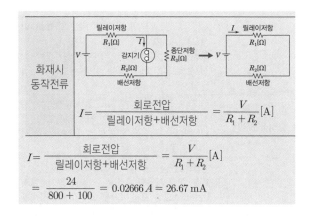

화재시
동작전류
$$I = \frac{회로전압}{릴레이저항+배선저항} = \frac{V}{R_1 + R_2}[A]$$

$$I = \frac{회로전압}{릴레이저항+배선저항} = \frac{V}{R_1 + R_2}[A]$$
$$= \frac{24}{800 + 100} = 0.02666\,A = 26.67\,mA$$

**111.** 고층건축물의 화재안전기준상 피난안전구역에 설치하는 소방시설 설치기준으로 옳지 않은 것은?

① 피난유도선 설치기준에서 피난유도 표시부의 너비는 최소 25mm 이상으로 설치할 것

② 인명구조기구는 피난안전구역이 50층 이상에 설치되어 있을 경우에는 동일한 성능의 예비용기를 5개 이상 비치할 것

③ 비상조명등은 상시 조명이 소등된 상태에서 그 비상조명등이 점등되는 경우 각 부분의 바닥에서 조도는 10lx 이상이 될 수 있도록 설치할 것

④ 제연설비는 피난안전구역과 비 제연구역간의 차압은 50Pa(옥내에 스프링클러설비가 설치된 경우에는 12.5Pa) 이상으로 하여야 한다.

| 구 분 | 설치기준 |
|---|---|
| 제연설비 | 피난안전구역과 비 제연구역간의 **차압은 50 Pa**(옥내에 스프링클러설비가 설치된 경우에는 **12.5 Pa**) 이상으로 하여야 한다. 다만 피난안전구역의 한쪽 면 이상이 외기에 개방된 구조의 경우에는 설치하지 아니할 수 있다. |
| 피난유도선 | 피난유도선은 다음 각호의 기준에 따라 설치하여야 한다. ① 피난안전구역이 설치된 층의 **계단실 출입구**에서 **피난안전구역 주 출입구** 또는 비상구까지 설치할 것 ② 계단실에 설치하는 경우 계단 및 계단참에 설치할 것 |

③ 피난유도 표시부의 너비는 최소 25 mm 이상으로 설치할 것

④ 광원점등방식(전류에 의하여 빛을 내는 방식)으로 설치하되, 60분 이상 유효하게 작동할 것

| | |
|---|---|
| 비상조명등 | 피난안전구역의 비상조명등은 상시 조명이 소등된 상태에서 그 비상조명등이 점등되는 경우 각 부분의 바닥에서 조도는 10 $lx$ 이상이 될 수 있도록 설치할 것 |
| 인명구조기구 | ① 방열복, 인공소생기를 각 2개 이상 비치할 것<br>② 45분 이상 사용할 수 있는 성능의 공기호흡기(보조마스크를 포함한다)를 2개 이상 비치하여야 한다. 다만, 피난안전구역이 50층 이상에 설치되어 있을 경우에는 동일한 성능의 예비용기를 10개 이상 비치할 것<br>③ 화재시 쉽게 반출할 수 있는 곳에 비치할 것<br>④ 인명구조기구가 설치된 장소의 보기 쉬운 곳에 "인명구조기구"라는 표지판 등을 설치할 것 |

폐쇄형스프링클러헤드를 사용하는 경우

$$수원 = N \times Q \times T$$

① $N$ : 스프링클러설비 설치장소별 스프링클러헤드의 기준개수

스프링클러헤드의 설치개수가 가장 많은 층(아파트의 경우에는 설치개수가 가장 많은 세대)에 설치된 스프링클러헤드의 개수가 기준개수보다 작은 경우에는 그 설치개수를 말한다.

| 스프링클러설비 설치장소 | 기준개수 |
|---|---|
| 아파트 | 10 |
| 지하층을 제외한 층수가 11층 이상인 소방대상물(아파트를 제외한다)<br>지하가 또는 지하역사 | 30 |

② $Q$ : 정격토출량 - 80 $\ell/min$

③ $T$ : 방사시간 - 20분, 층수가 30층 이상 49층 이하는 40분, 50층 이상은 60분

$$수원 = N \times Q \times T = 8 \times 80 \times 40 = 25.6 \, m^3$$

**112.** 소방펌프의 정격유량과 압력이 각각 0.1 m³/s 및 0.5 MPa일 경우 펌프의 수동력(kW)은 약 얼마인가?

① 30 　　　② 40
③ 50 　　　④ 60

수동력　$P = 9.8 \, H Q$ [kW]　$Q$[m³/s]

$P = 9.8 \, H Q = 9.8 \times 0.5 MPa \times \dfrac{10.332m}{0.101325 MPa} \times 0.1 \, m^3/s$

　　$= 49.964$ [kW]

**113.** 지상 40층짜리 아파트에 스프링클러설비가 설치되어 있고 세대별 헤드수가 8개일 때 확보해야할 최소 수원의 양(m³)은? (단, 옥상수조 수원의 양은 고려하지 않는다.)

① 12.8 　　　② 16.0
③ 25.6 　　　④ 32.0

**114.** 물분무소화설비의 화재안전기준상 수원의 저수량 기준으로 옳은 것은?

① 콘베이어 벨트 등은 벨트부분의 바닥면적 1m²에 대하여 8$\ell$/min로 20분간 방수할 수 있는 양 이상으로 할 것

② 차고 또는 주차장은 그 바닥면적 1m²에 대하여 10$\ell$/min로 20분간 방수할 수 있는 양 이상으로 할 것

③ 절연유 봉입 변압기는 바닥부분을 제외한 표면적을 합한 면적 1m²에 대하여 8$\ell$/min로 20분간 방수할 수 있는 양 이상으로 할 것

④ 케이블트레이, 케이블덕트 등은 투영된 바닥면적 1m²에 대하여 12$\ell$/min로 20분간 방수할 수 있는 양 이상으로 할 것

수 원

$$A \times Q \times T$$

| 구 분 | 특수<br>가연물 | 차고<br>또는<br>주차장 | 절연유<br>봉입<br>변압기 | 케이블트<br>레이<br>케이블덕트 | 콘베이어<br>벨트 등 |
|---|---|---|---|---|---|
| A | 바닥면적<br>(m²)<br>: 50 m²<br>이하인<br>경우에는<br>50 m² | 바닥면적<br>(m²)<br>: 50 m²<br>이하인<br>경우에는<br>50 m² | 바닥부분을<br>제외한 표<br>면적을 합<br>한 면적<br>(m²) | 투영된<br>바닥면적<br>(m²) | 벨트부분<br>의 바닥<br>면적<br>(m²) |
| Q | 10<br>ℓ/min | 20<br>ℓ/min | 10 ℓ/min | 12<br>ℓ/min | 10<br>ℓ/min |
| T | 20분 | 20분 | 20분 | 20분 | 20분 |

**115.** 옥외소화전설비의 화재안전기준상 소화전함 설치기준으로 옳지 않은 것은?

① 옥외소화전이 10개 이하 설치된 때에는 옥외소화전마다 5m 이내의 장소에 1개 이상의 소화전함을 설치하여야 한다.

② 옥외소화전이 11개 이상 30개 이하 설치된 때에는 11개 이상의 소화전함을 각각 분산하여 설치하여야 한다.

③ 옥외소화전이 31개 이상 설치된 때에는 옥외소화전 2개마다 1개 이상의 소화전함을 설치하여야 한다.

④ 가압송수장치의 조작부 또는 그 부근에는 가압송수장치의 기동을 명시하는 적색등을 설치하여야 한다.

소화전함 등
옥외소화전설비에는 옥외소화전마다 그로부터 5 m 이내의 장소에 소화전함을 설치

| 옥외소화전 | 소화전함 |
|---|---|
| 10개 이하 | 옥외소화전마다 5 m 이내의 장소에 1개 이상 설치 |
| 11개 이상 30개 이하 | 11개 이상의 소화전함을 각각 분산하여 설치 |
| 31개 이상 | 옥외소화전 3개마다 1개 이상 설치 |

**116.** 지상 11층의 내화구조 건물에서 특별피난계단용 부속실의 급기 가압용 송풍기의 동력(kW)은 약 얼마인가?

- 총 누설량 : 2.1 m³/s
- 총 보충량 : 0.75 m³/s
- 송풍기 모터효율 : 50%
- 송풍기 압력 : 1,000Pa
- 전달계수 : 1.1
- 송풍기 풍량의 여유율 : 15%

① 1.68      ② 7.21
③ 16.8      ④ 72.1

송풍기 풍량

$$P = \frac{P_t \cdot Q}{102 \cdot 60 \cdot \eta} K \ [\text{kW}]$$

$P_t$(전압)의 단위는 mmAq,
Q(풍량)의 단위는 CMM [m³/min] 이다.

$$P = \frac{P_t \cdot Q}{102 \cdot 60 \cdot \eta} K [\text{kW}]$$
$$= \frac{101.969 \times 196.65}{102 \cdot 60 \cdot 0.5} \times 1.1 = 7.208 \ [\text{kW}]$$

① $P_t = 1000 \ \text{Pa} \times \dfrac{10332 \, \text{mmAq}}{101325 \, \text{Pa}} = 101.969 \ \text{mmAq}$

② $Q$ = 누설량 + 보충량 = 2.1 m³/s + 0.75 m³/s
= 2.85 m³/s = 171 m³/min
여기서 송풍기 풍량의 여유율 15%를 적용하면
171 m³/min × 1.15 = 196.65 m³/min

**117.** 이산화탄소 소화설비 화재안전기준상 호스릴이산화탄소 소화설비 설치 기준으로 옳지 않은 것은?

① 방호대상물의 각 부분으로부터 하나의 호스접결구까지의 수평거리가 15m 이하가 되도록 할 것

② 노즐은 20℃에서 하나의 노즐마다 50kg/min 이상의 소화약제를 방사할 수 있는 것으로 할 것

③ 소화약제 저장용기는 호스릴을 설치하는 장소마다 설치할 것

④ 화재 시 현저하게 연기가 찰 우려가 없는 장소로서 지상 1층 및 피난층에 있는 부분으로서 지상에서 수동 또는 원격조작에 따라 개방할 수 있는 개구부의 유효면적의 합계가 바닥면적의 15% 이상이 되는 부분에 설치 할 수 있다.

**호스릴방식**
① 호스릴 1개당 90 kg
② 설치기준

| 구 분 | | 내 용 |
|---|---|---|
| 수평거리 | | 15 m 이하 |
| 노즐 | | 하나의 노즐마다 60 kg/min 이상의 소화약제를 방사할 수 있는 것 |
| 저장용기 | 설치장소 | 호스릴을 설치하는 장소마다 설치 |
| | 개방밸브 | 호스의 설치장소에서 수동으로 개폐할 수 있는 것 |
| | 표시등, 표지 | 저장용기의 가장 가까운 곳의 보기 쉬운 곳에 설치 |

**118.** 할로겐화합물 및 불활성기체소화설비의 화재안전기준상 용어의 정의로 옳지 않은 것은?

① "할로겐화합물 및 불활성기체소화약제"란 할로겐화합물(할론 1301, 할론 2402, 할론 1211 제외) 및 불활성기체로서 전기적으로 전도성이며 휘발성이 있거나 증발 후 잔여물을 남기지 않는 소화약제를 말한다.
② "할로겐화합물소화약제"란 불소, 염소, 브롬 또는 요오드 중 하나 이상의 원소를 포함하고 있는 유기화합물을 기본성분으로 하는 소화약제를 말한다.
③ "불활성기체소화약제"란 헬륨, 네온, 아르곤 또는 질소가스 중 하나 이상의 원소를 기본 성분으로 하는 소화약제를 말한다.
④ "충전밀도"란 용기의 단위용적당 소화약제의 중량의 비율을 말한다.

할로겐화합물 및 불활성기체소화약제
– 할로겐화합물(할론 1301, 할론 2402, 할론 1211 제외) 및 불활성기체로서 전기적으로 **비전도성**이며 휘발성이 있거나 증발 후 잔여물을 남기지 않는 소화약제

**119.** 피난기구의 화재안전기준이다. ( )에 들어갈 피난기구로 옳은 것은?

> 피난기구를 설치하는 개구부는 서로 동일직선상이 아닌 위치에 있을 것. 다만, ( ㄱ )·( ㄴ )·( ㄷ )·아파트에 설치되는 피난기구(다수인 피난장비는 제외한다) 기타 피난 상 지장이 없는 것에 있어서는 그러하지 아니하다.

① ㄱ : 구조대, ㄴ : 피난교, ㄷ : 피난용트랩
② ㄱ : 구조대, ㄴ : 피난교, ㄷ : 간이완강기
③ ㄱ : 피난교, ㄴ : 피난용트랩, ㄷ : 피난사다리
④ ㄱ : 피난교, ㄴ : 피난용트랩, ㄷ : 간이완강기

피난기구 설치 기준
① 계단·피난구 기타 피난시설로부터 적당한 거리에 있는 안전한 구조로 된 피난 또는 소화활동상 유효한 **개구부**(가로 0.5 m 이상 세로 1 m 이상. 개부구 하단이 바닥에서 1.2 m 이상이면 발판 등을 설치, 밀폐된 창문은 쉽게 파괴할 수 있는 파괴장치를 비치)에 고정하여 설치하거나 필요한 때에 신속하고 유효하게 설치할 수 있는 상태일 것
② 피난기구를 설치하는 개구부는 서로 동일직선상이 아닌 위치에 있을 것
다만, **피난교, 피난용트랩, 간이완강기**, 아파트에 설치되는 피난기구(다수인 피난장비는 제외) 기타 피난 상 지장이 없는 것에 있어서는 그러하지 아니하다.

**120.** 소방시설의 내진설계 기준상 수평배관 흔들림 방지 버팀대 설치기준으로 옳은 것은?

① 횡방향 흔들림 방지 버팀대의 설계하중은 설치된 위치의 좌우 5m를 포함한 15m내의 배관에 작용하는 횡방향수평지진하중으로 산정한다.
② 횡방향 흔들림 방지 버팀대는 배관구경에 관계없이 모든 주배관, 교차배관에 설치하여야 한다.
③ 마지막 버팀대와 배관 단부 사이의 거리는 2m를 초과하지 않아야 한다.
④ 버팀대의 간격은 중심선 기준으로 최대간격이 15m를 초과하지 않아야 한다.

**정답** 118 ① 119 ④ 120 ②

수평배관 흔들림 방지 버팀대
① 횡방향 흔들림 방지 버팀대
1. 횡방향 흔들림 방지 버팀대는 배관구경에 관계없이 모든 주배관, 교차배관에 설치하여야 하며, 가지배관 및 기타배관에는 배관구경 65 mm 이상인 배관에 설치하여야 한다.
2. 횡방향 흔들림 방지 버팀대의 설계하중은 설치된 위치의 좌우 6 m를 포함한 12 m내의 배관에 작용하는 횡방향수평지진하중으로 산정한다.
3. 버팀대의 간격은 중심선 기준으로 최대간격이 12 m를 초과하지 않아야 한다.
4. 마지막 버팀대와 배관 단부 사이의 거리는 1.8 m를 초과하지 않아야 한다.
② 종방향 흔들림 방지 버팀대
1. 종방향 흔들림 버팀대의 수평지진하중 산정시 버팀대의 모든 가지배관을 포함하여야 한다.
2. 종방향 흔들림 방지 버팀대의 설계하중은 설치된 위치의 좌우 12 m를 포함한 24 m내의 배관에 작용하는 수평지진하중으로 산정한다.
3. 주배관 및 교차배관에 설치된 종방향 흔들림 방지 버팀대의 간격은 24 m를 넘지 않아야 한다.
4. 마지막 버팀대와 배관 단부 사이의 거리는 12 m를 초과하지 않아야 한다.
5. 4방향 버팀대는 횡방향 및 종방향 버팀대의 역할을 동시에 할 수 있어야 한다.

**121.** 연결송수관설비의 화재안전기준상 송수구가 부설된 옥내소화전을 설치한 특정소방대상물 중 방수구를 설치하지 않아도 되는 층은?

① 지하층의 층수가 2 이하인 숙박시설의 지하층
② 지하층의 층수가 2 이하인 창고시설의 지하층
③ 지하층의 층수가 2 이하인 관람장의 지하층
④ 지하층의 층수가 2 이하인 공장의 지하층

연결송수관 방수구 설치 제외 층
(1) 아파트의 1층 및 2층
(2) 소방차의 접근이 가능하고 소방대원이 소방차로부터 각 부분에 쉽게 도달할 수 있는 피난층
(3) 송수구가 부설된 옥내소화전을 설치한 특정소방대상물로서 다음의 어느 하나에 해당하는 층
(집회장·관람장·백화점·도매시장·소매시장·판매시설·공장·창고시설 또는 지하가를 제외한다)
① 지하층을 제외한 층수가 4층 이하이고 연면적이 6,000 m² 미만인 특정소방대상물의 지상층
② 지하층의 층수가 2 이하인 특정소방대상물의 지하층

**122.** 특별피난계단의 계단실 및 부속실 제연설비의 화재안전기준상 수직풍도에 따른 배출기준으로 옳지 않은 것은?

① 배출댐퍼는 두께 1.5mm 이상의 강판 또는 이와 동등 이상의 성능이 있는 것으로 설치하여야 하며 비 내식성 재료의 경우에는 부식방지 조치를 할 것
② 수직풍도의 내부면은 두께 0.5mm 이상의 아연도금강판 또는 동등이상의 내식성·내열성이 있는 것으로 마감되는 접합부에 대하여는 통기성이 없도록 조치할 것
③ 화재층의 옥내에 설치된 화재감지기의 동작에 따라 전층의 댐퍼가 개방될 것
④ 열기류에 노출되는 송풍기 및 그 부품들은 250 ℃의 온도에서 1시간 이상 가동상태를 유지 할 것

수직풍도에 따른 배출기준
1. 수직풍도
① 내화구조(건축물의 피난·방화구조 등의 기준에 관한 규칙의 내화구조인 벽, 외벽중 비내력벽 성능 이상일 것)
② 수직풍도의 내부면은 두께 0.5 mm 이상의 아연도금강판
2. 배출댐퍼 설치
① 두께 1.5 mm 이상의 강판
② 평상시 닫힌 구조로 기밀상태를 유지할 것
③ 개폐여부를 당해 장치 및 제어반에서 확인할 수 있는 감지기능을 내장하고 있을 것
④ 구동부의 작동상태와 닫혀 있을 때의 기밀상태를 수시로 점검할 수 있는 구조일 것
⑤ 풍도의 내부마감상태에 대한 점검 및 댐퍼의 정비가 가능한 이·탈착구조로 할 것
⑥ 화재층의 옥내에 설치된 화재감지기의 동작에 따라 당해층의 댐퍼가 개방될 것
⑦ 개방 시의 실제개구부(개구율을 감안한 것을 말한다)의 크기는 수직풍도의 내부단면적과 같도록 할 것
⑧ 댐퍼는 풍도내의 공기흐름에 지장을 주지 않도록 수직풍도의 내부로 돌출하지 않게 설치할 것
3. 배출용송풍기의 설치기준
① 열기류에 노출되는 송풍기 및 그 부품들은 250℃의 온도에서 1시간 이상 가동상태를 유지할 것
② 송풍기의 풍량은 $Q_N$[수직풍도가 담당하는 1개층의 제연구역의 출입문 (옥내와 면하는 출입문) 1개의 면적 $S$ (m²)와 방연풍속인 $V$ (m/s)를 곱한 값(m³/s)]에 여유량을 더한 양을 기준으로 할 것
③ 송풍기는 옥내의 화재감지기의 동작에 따라 연동하도록 할 것

**123.** 바닥면적이 가로 30m, 세로 20m인 아래의 특정소방대상물에서 소화기구의 능력단위를 산정한 값으로 옳은 것은? (단, 건축물의 주요 구조부는 내화구조가 아님)

| ㄱ. 숙박시설 | ㄴ. 장례식장 |
|---|---|
| ㄷ. 위락시설 | ㄹ. 교육연구시설 |

① ㄱ : 6, ㄴ : 12, ㄷ : 20, ㄹ : 3
② ㄱ : 12, ㄴ : 6, ㄷ : 12, ㄹ : 6
③ ㄱ : 6, ㄴ : 6, ㄷ : 12, ㄹ : 3
④ ㄱ : 12, ㄴ : 12, ㄷ : 20, ㄹ : 6

특정소방대상물에 따라 소화기구의 능력단위 산정하여 배치 (별표 3)

| 특정소방대상물 | 소화기구의 능력단위 – 1단위의 바닥면적($m^2$) |
|---|---|
| • 위락시설 | 30 $m^2$ |
| • 공연장·관람장·장례식장·집회장·의료시설·문화재 <br> 암기 공(연장)관(람장)장 집의 문 | 50 $m^2$ |
| • 관광휴게시설·창고시설·판매시설·노유자시설·숙박시설·근린생활시설·항공기 및 자동차 관련시설·공동주택·공장·업무시설·운수시설·전시장·방송통신시설 <br> 암기 관(광휴게시설)창 판 노숙 근항 – 공(동주택)공(장)업 운전 방 | 100 $m^2$ |
| • 그 밖의 것 | 200 $m^2$ |

※ 소화기구의 능력단위를 산출함에 있어서 건축물의 주요구조부가 내화구조이고, 벽 및 반자의 실내에 면하는 부분이 불연재료·준불연재료 또는 난연재료로 된 특정소방대상물에 있어서는 위 표의 기준면적의 2배를 해당 특정소방대상물의 기준면적으로 한다.

[풀이]

| 숙박시설 | 600$m^2$ ÷ 100$m^2$/단위 | 6단위 |
|---|---|---|
| 장례식장 | 600$m^2$ ÷ 50$m^2$/단위 | 12단위 |
| 위락시설 | 600$m^2$ ÷ 30$m^2$/단위 | 20단위 |
| 교육연구시설 | 600$m^2$ ÷ 200$m^2$/단위 | 3단위 |

**124.** 특별피난계단의 계단실 및 부속실 제연설비의 화재안전기준상 제연구역으로부터 공기가 누설하는 출입문의 틈새면적을 산출하는 기준이다. (        )에 들어갈 값으로 옳은 것은?

A = (L/ℓ) × Ad
A : 출입문의 틈새($m^2$)
L : 출입문 틈새의 길이(m)
ℓ : 외여닫이문이 설치되어 있는 경우에는 5.6, 쌍여닫이문이 설치되어 있는 경우에는 9.2, 승강기의 출입문이 설치되어 있는 경우에는 8.0으로 할 것
Ad : 외여닫이문으로 제연구역의 실내 쪽으로 열리도록 설치하는 경우에는 ( ㄱ ), 제연구역의 실외 쪽으로 열리도록 설치하는 경우에는 ( ㄴ ), 쌍여닫이문의 경우에는 ( ㄷ ), 승강기의 출입문에 대하여는 0.06으로 할 것

① ㄱ : 0.01, ㄴ : 0.02, ㄷ : 0.03
② ㄱ : 0.02, ㄴ : 0.03, ㄷ : 0.04
③ ㄱ : 0.03, ㄴ : 0.04, ㄷ : 0.05
④ ㄱ : 0.04, ㄴ : 0.05, ㄷ : 0.06

누설틈새 면적의 기준

$$A = \frac{L}{\ell} \times A_d$$

$A$ : 출입문의 틈새($m^2$), $L$ : 출입문 틈새의 길이(m)
$\ell, A_d$ : 상수

| 상수 | 외여닫이문 | | 쌍여닫이문 | 승강기의 출입문 |
|---|---|---|---|---|
| ℓ | 5.6 | | 9.2 | 8.0 |
| $A_d$ | 제연구역의 실내 쪽으로 열리도록 설치하는 경우 | 제연구역의 실외 쪽으로 열리도록 설치하는 경우 | – | – |
| | 0.01 | 0.02 | 0.03 | 0.06 |

(출입문)

※ L의 수치가 ℓ의 수치 이하인 경우에는 ℓ의 수치로 할 것
※ ℓ의 수치

| 외여닫이문 | 쌍여닫이문 | 승강기의 출입문 |
|---|---|---|
| 2 × 2 + 0.8 × 2 = 5.6 | ( 2 × 3 + 0.8 × 4 = 9.2 ) | ( 2 × 3 + 0.5 × 4 = 8 ) |

**125.** 내화건축물의 소화용수설비 최소 유효저수량($m^3$)은? (단, 소수점이하의 수는 1로 본다.)

---
- 지상 8층
- 각 층의 바닥면적은 각각 5,000m²
- 대지면적은 25,000m²
---

① 60      ② 80
③ 100      ④ 120

---

소화수조
수조를 설치하고 여기에 소화에 필요한 물을 항시 채워두는 것(저수조라고도 한다.)
(1) 소화수조 또는 저수조의 저수량
① 연면적을 기준면적으로 나누어 얻은 수(소수점 이하의 수는 1로 본다)에 20 $m^3$를 곱한 양 이상

$$\frac{\text{연면적}}{\text{기준면적}} \text{(소수점 이하의 수는 1로 본다)} \times 20\ m^3$$

② 기준면적

| 소방대상물의 구분 | 면적 |
|---|---|
| 1층 및 2층의 바닥면적 합계가 15,000 $m^2$ 이상인 소방대상물 | 7,500 $m^2$ |
| 위에 해당되지 아니하는 그 밖의 소방대상물 | 12,500 $m^2$ |

[풀이]
  연면적 : 5,000 $m^2$ × 8 = 40,000 $m^2$
  기준면적 : 12,500 $m^2$
  ∴ $\dfrac{40,000}{12,500} = 3.2 \Rightarrow 4 \times 20\,m^3 = 80\ m^3$

---

## 제1과목 소방안전관리론 및 화재역학

**01.** 최소 발화에너지(MIE)에 영향을 주는 요소에 관한 내용으로 옳지 않은 것은?

① MIE는 온도가 상승하면 작아진다.
② MIE는 압력이 상승하면 작아진다.
③ MIE는 화학양론적 조성 부근에서 가장 크다.
④ MIE는 연소속도가 빠를수록 작아진다.

**최소점화에너지 영향요소**

| 구분 | 영향요소에 의한 MIE의 크기 |
|---|---|
| 농도 | 가연성가스의 농도가 화학양론적 조성비일 때 MIE는 최소가 된다.<br>산소의 농도가 클수록 MIE는 작아진다. |
| 압력 | 압력이 클수록 분자간의 거리가 가까워져 MIE는 작아진다. |
| 온도 | 온도가 클수록 분자간의 운동이 활발해져 MIE는 작아진다. |
| 유속 | 층류보다 난류일때 MIE는 커지며 유속이 동일하더라도 난류의 강도가 커지면 MIE는 커진다. |
| 소염거리 | 최소점화에너지는 소염거리 이하에서 영향을 받지 않는다. |

**02.** 화재를 일으키는 열원과 그 종류의 연결로 옳지 않은 것은?

① 화학적열원 – 발효열, 유전발열, 압축열
② 기계적열원 – 압축열, 마찰열, 마찰스파크
③ 전기적열원 – 유전발열, 저항발열, 유도발열
④ 화학적열원 – 분해열, 중합열, 흡착열

**점화를 일으킬 수 있는 에너지원의 종류**

| 구분 | |
|---|---|
| 전기에너지 | 유전열, 저항열, 유도열, 아크열, 정전기열, 낙뢰열 |
| 화학에너지 | 분해열, 자연발열, 생성열, 용해열, 연소열 |
| 기계에너지 | 마찰열, 압축열, 마찰 스파크열 |

**03.** 분말소화약제의 종별에 따른 주성분 및 화재적응성을 나열한 것으로 옳지 않은 것은?

① 제1종 – 중탄산나트륨 – B, C급
② 제2종 – 중탄산칼륨 – B, C급
③ 제3종 – 제1인산암모늄 – A, B, C급
④ 제4종 – 인산 + 요소 – A, B, C급

**분말소화약제의 명칭 등**

| 구분 | 제1종 | 제2종 | 제3종 | 제4종 |
|---|---|---|---|---|
| 명칭 | 탄산수소나트륨 | 탄산수소칼륨 | 인산암모늄 | 탄산수소칼륨 + 요소 |
| 분자식 | $NaHCO_3$ | $KHCO_3$ | $NH_4H_2PO_4$ | $KHCO_3$ + $(NH_2)_2CO$ |
| 색상 | 백색 | 자색(보라색) | 담홍색 | 회백색 |
| 적응화재 | B급, C급 | B급, C급 | A급, B급, C급 | B급, C급 |

**04.** 화재의 소화방법과 소화효과의 연결로 옳지 않은 것은?

① 물리적소화 – 질식소화 – 산소 차단
② 화학적소화 – 질식소화 – 점화에너지 차단
③ 물리적소화 – 제거소화 – 가연물 차단
④ 화학적소화 – 억제소화 – 연쇄반응 차단

**화재의 소화방법**

| 구분 | 소화 | 방법 |
|------|------|------|
| 물리적 소화 | 냉각소화 | 온도를 낮추어 소화 |
| | 질식소화 | 산소의 농도를 감소 |
| | 피복소화 | 가연성가스 발생 억제 및 공기차단 |
| | 제거소화 | 가연물을 제거 |
| | 유화소화 | 가연성가스 방출 방지 및 공기 차단 |
| | 희석소화 | 물질의 농도를 낮게 하여 소화 |
| 화학적 소화 | 억제소화 | 연쇄반응 차단 |

**05.** 폭발의 종류와 형식 중 응상폭발이 아닌 것은?

① 가스폭발　　　　② 전선폭발
③ 수증기폭발　　　④ 액화가스의 증기폭발

**폭발의 구분**

| | | | |
|---|---|---|---|
| 응상폭발 (액상과 고상의 폭발) | 수증기폭발 | 용융금속이나 고온물질이 물 속에 투입되었을 때에 물이 순간적으로 급격히 비등하여 상태변화에 따른 폭발 | 물리적 폭발 |
| | 증기폭발 | 대상이 액화가스일 경우 발생하는 폭발로서 물로부터 에너지를 공급받은 액화가스의 폭발적인 비등현상으로 상변화에 따른 폭발 | |
| | 전선폭발 | 금속선에 큰 전류가 흐르면 주울열에 의한 고온고압의 금속가스가 발생해 팽창에 의해 충격파가 발생하는 폭발 | |
| 기상폭발 | 가스폭발 | 수소, 일산화탄소, 메탄, 프로판 등의 가연성 기체와 공기와의 혼합기의 폭발 | 화학적 폭발 |
| | 분무폭발 | 공기 중에 분출된 가연성 액체의 미세한 액적이 무상으로 되어 점화원에 의한 폭발 | |
| | 분진폭발 | 가연성 고체 미분의 폭발 | |
| | 분해폭발 | 분해성 가스와 같은 자기분해성 고체류는 분해하면서 폭발하는 이는 공기 중 산소 없이 단독으로 가스가 분해하여 폭발 | |
| | 증기운폭발 (VCE) | 대기중에 대량의 가연성가스가 유출되거나 대량의 가연성액체가 유출하여 발생하는 증기와 공기와의 혼합기의 폭발 | |

**06.** 소화기구 및 자동소화장치의 화재안전기준상 주방에서 동·식물유를 취급하는 조리기구에서 일어나는 화재를 나타내는 등급으로 옳은 것은?

① A급 화재　　　　② B급 화재
③ C급 화재　　　　④ K급 화재

**화재의 종류**

| A급 | B급 | C급 | D급 | K급 |
|-----|-----|-----|-----|-----|
| 일반화재 | 유류화재 | 전기화재 (통전중) | 금속화재 | 주방식용유화재 |
| 백색 | 황색 | 청색 | 무색 | – |

**07.** 화재 시 열적 손상에 관한 설명으로 옳지 않은 것은?

① 1도 화상은 홍반성 화상 등의 변화가 피부의 표층에 나타나는 것으로 환부가 빨갛게 되며 가벼운 통증을 수반하는 단계이다
② 대류열과 복사열은 열적 손상으로 인한 화상을 일으킬 수 있다.
③ 마취성, 자극성, 독성 및 부식성 연소생성물은 열적 손상만을 일으킨다.
④ 3도 화상은 생체 내의 조직이나 세포가 국부적으로 죽는 괴사가 진행되는 단계이다.

**화재시 인간에 대한 열적/ 비열적 현상**

| | | 열 | 열적 | 화상 |
|---|---|-----|------|------|
| 연소생성물 | | 연기 | 비열적 | 화상, 마취성, 자극성, 독성, 부식성 |
| | | 불꽃 | | |
| | | 가스 | | |

**08.** 폭굉이 발생할 수 있는 조건 하에서 유도거리(DID)가 짧아지는 조건으로 옳지 않은 것은?

① 압력이 높아진다.
② 점화에너지가 작아진다.
③ 관경이 가늘어진다.
④ 정상연소 속도가 빨라진다.

폭굉유도거리(DID – Detonation Induction Distance)
- 최초의 완만한 연소가 폭굉으로 발전할 때까지의 거리로서 위험한 환경일수록 폭굉유도거리는 짧아진다.
- DID가 짧아지는 조건
  ① 주위온도가 높을 때
  ② 압력이 높을 때
  ③ 점화에너지가 강할 때
  ④ 연소속도가 큰 가스일 때
  ⑤ 관경이 가늘거나 관속 이물질이 존재할 때

**09.** 연소 메커니즘에서 확산연소와 예혼합연소에 관한 설명으로 옳지 않은 것은?

① 확산연소는 열방출속도가 높고, 예혼합연소는 열방출속도가 낮다.
② 예혼합연소에서 화염면의 압력이 전파되면 충격파를 형성한다.
③ 예혼합연소에는 분젠버너 연소, 가정용 가스기기연소, 가스폭발 등이 있다.
④ 확산연소에는 성냥연소, 양초연소, 액면연소 등이 있다.

| 연소형태 | 내용 | 종류 |
|---|---|---|
| 확산연소 | 가연성가스와 산소가 반응에 의해 농도가 0이 되는 화염 쪽으로 이동하는 확산의 과정을 통한 연소 | 대부분의 화재<br>• Fick's의 법칙<br>농도가 높은 곳에서 낮은 곳으로 확산 |
| 예혼합연소 | 가연성가스와 공기가 미리 혼합되어 점화원에 바로 연소 | 산소와 아세틸렌 용접기, 가연성가스의 누설에 의한 폭발(UVCE 등) |

**10.** 건축물의 피난·방화구조 등의 기준에 관한 규칙상 건축물에 설치하는 특별피난 계단 구조에 관한 기준으로 옳지 않은 것은?

① 부속실에는 예비전원에 의한 조명설비를 할 것
② 계단은 내화구조로 하고 피난층 또는 지상까지 직접 연결되도록 할 것

③ 계단실 실내에 접하는 부분의 마감은 불연재료로 할 것
④ 계단실은 창문등을 제외하고는 내화구조의 벽으로 구획할 것

| 구 분 | 특별피난계단 |
|---|---|
| 옥내와 계단실 | 1. 노대 또는 3 m² 이상의 부속실로 연결<br>2. 부속실은 배연설비가 있거나 1 m² 이상의 창문(외부로 향하여 열수 있고 바닥에서 1 m 이상)이 있어야 함 |
| 구 획 | 개구부(창문, 방화문) 외 내화구조의 벽 |
| 내장재 | 불연재 |
| 조 명 | 예비전원에 의한 조명 |
| 옥내 개구부 | 1. 계단실과 옥내 면한부분 : 설치 불가<br>2. 노대, 부속실과 옥내 면한 부분 : 설치 불가<br>3. 계단실과 노대 또는 부속실 면한 부분<br>  : 망입유리 붙박이창 1 m² 이하 설치 가능 |
| 계단실창문 | 옥외 다른 외벽 개구부와 2 m 이상 이격 |
| 출입구 | 유효 폭 0.9 m 이상, 피난방향으로 개방, 상시 폐쇄 또는 자동개방<br>• 옥내출입구 : 60분+ 또는 60분 방화문<br>• 계단실 출입구 : 60분+ 또는 60분 방화문, 30분 방화문 |
| 계단 구조 | 내화구조로 피난층 또는 지상까지 직접 연결<br>옥상광장 설치 대상은 옥상광장까지 직접연결<br>- 돌음계단 불가 |

**11.** 건축법령상 아파트 48층의 거실 각 부분에서 가장 가까운 직통계단까지 최소 설치기준으로 옳은 것은? (단, 주요구조부가 내화구조이며, 아파트 전체 층수는 50층이다.)

① 직통거리 30m 이하
② 보행거리 40m 이하
③ 직통거리 50m 이하
④ 보행거리 30m 이하

**보행거리**

| 구 분 | | 일반 건축물 | 공동주택 (16층 이상) | 내화 건축물 |
|---|---|---|---|---|
| 피난층 이외의 층 | 거실에서 직통계단까지 거리[m] | 30 m 이하 | 40 m 이하 | 50 m 이하 |
| 피난층 | 직통계단에서 건축물의 바깥쪽으로 나가는 출구까지 거리[m] | 30 m 이하 | 40 m 이하 | 50 m 이하 |
| | 거실에서 건축물의 바깥쪽으로 나가는 출구까지 거리[m] | 60 m 이하 | 80 m 이하 | 100 m 이하 |

**12.** 건축물의 피난·방화구조 등의 기준에 관한 규칙상 건축물의 주요구조부 중 계단의 내화구조 기준으로 옳지 않은 것은?

① 철근콘크리트조　　　② 철재로 보강된 망입유리
③ 콘크리트블록조　　　④ 철재로 보강된 벽돌조

**내화구조**

| 구 분 | | 계단 |
|---|---|---|
| 철근콘크리트조, 철골철근콘크리트조 | | ◎ |
| 무근콘크리트조, 콘크리트블록조, 석조 | | ◎ |
| 철골조 | 콘크리트블록·벽돌 또는 석재로 덮은 것 | − |
| | 철망모르타르 덮은 것 | − |
| | 콘크리트 | − |
| | − | ◎ |
| 철재로 보강된 콘크리트블록조·벽돌조 또는 석조 | | ◎ |

**13.** 다음에서 설명하는 화재 시 인간의 피난행동 특성으로 옳은 것은?

> 연기와 정전 등으로 가시거리가 짧아져 시야가 흐려지거나 밀폐공간에서 공포 분위기가 조성될 때 개구부 등의 불빛을 따라 행동하는 본능

① 귀소본능　　　　② 지광본능
③ 추종본능　　　　④ 좌회본능

**인간의 피난행동 특성(본능) 고려 − 좌회, 귀소, 지광, 퇴피, 추종본능**

| 좌회 본능 | 오른손잡이는 왼쪽으로 회전하려고 함 |
|---|---|
| 귀소 본능 | 왔던 곳 또는 상시 사용하는 곳으로 돌아가려 함 |
| 지광 본능 | 밝은 곳으로 향함 |
| 퇴피 본능 | 위험을 확인하고 위험으로부터 멀어지려 함 |
| 추종 본능 | 위험 상황에서 한 리더를 추종하려 함 |

**14.** 구획실 화재 시 발생하는 연기의 유해성 및 제연에 관한 설명으로 옳지 않은 것은?

① 화재 시 발생하는 연기 및 독성 가스는 공급되는 공기량에 따라 농도가 변화한다.
② 화재실의 제연은 거주자의 피난경로와 소방대원의 진압경로를 확보하는 것이 주목적이다.
③ 화재실의 제연은 화재실의 플래시오버(flashover) 성장을 억제하는 효과가 있다.
④ 화재 최성기에는 공기를 유입시키는 기계제연이 효과적이다.

**최성기(Fully Developed)**
① 창문과 문으로부터 화염이 분출될 정도로 실내에 화염이 가득 찬 상태
② 모든 연료는 가능한 최대로 연소되며, 건물에 구조적인 피해를 입힘
③ 대부분의 구획실과 건물의 경우 이 단계에서 환기지배형이 되므로 공기를 유입시키는 제연은 비효과적이다.

**15.** 건축물 종합방재계획 중 평면계획 수립 시 유의사항으로 옳지 않은 것은?

① 화재를 작은 범위로 한정하기 위한 유효한 피난구획으로 조닝(Zoning)화 할 필요가 있다.
② 계단은 보행거리를 기준으로 균등 배치하고, 계단으로 통하는 복도 등 피난로는 단순하게 설계하여야 한다.

③ 소방활동상 필요한 층과 층을 연결하는 수직 피난로는 피난이 용이한 개방구조로 상호연결 되도록 하여야 한다.

④ 지하가와 호텔, 차고 및 극장과 백화점 등은 용도별 구획 및 별도 경로의 피난로를 설치한다.

> 평면계획 : 수평으로의 연소확대방지(부분화) 및 피난동선 고려(다중화), 용도가 다른 부분의 구획, 안전구획, 계단의 배치, 단순 명쾌한 피난로, 방배연 계획

**16.** 내화건축물과 비교한 목조건축물의 화재 특성으로 옳지 않은 것은?

① 화재 최고온도가 낮다.
② 최성기에 도달하는 시간이 빠르다.
③ 연소 지속시간이 짧다.
④ 플래시오버(flashover)에 도달하는 시간이 빠르다.

> 목조건축물과 내화건축물
>
> | 목조건축물 화재 | 내화건축물 화재 |
> |---|---|
> | 개방계 화재 | 밀폐계(구획) 화재 |
> | 연료지배형 화재 (연료의 양에 지배를 받는 화재) | 환기지배형 화재 (공기의 인입량에 지배를 받는 화재) |
> | 고온단기형 (약 1,200℃, 10 ~ 20분) | 저온장기형 (약 1,000℃, 30분 ~ 3시간) |
> | 화재원인 - 무염착화 - 발염착화 - 발화 - 최성기 - 연소낙하 - 진화 | 초기 - 성장기(플래시오버 : F.O) - 최성기 - 감쇠기(백드래프트 : B.D) |
>
> 목재 건축물의 화재진행과정
>
> 내화 건축물의 화재진행과정

**17.** 다음 ( )에 들어갈 내용으로 옳은 것은?

> 내화건축물의 구획실에서 화재가 발생할 경우, 성장기 단계에서는 ( ㄱ ) 가, 최성기 단계에서는 ( ㄴ )가 지배적인 열전달 기전이다.

① ㄱ: 대류, ㄴ: 복사   ② ㄱ: 대류, ㄴ: 전도
③ ㄱ: 복사, ㄴ: 복사   ④ ㄱ: 전도, ㄴ: 대류

> 1. 전도(Conduction)
>    고체 또는 정지 상태 유체의 열전달 : 발화, 성장기의 열전달
> 2. 대류(Convention)
>    고체와 유동 유체 사이의 열전달 : 발화, 성장기의 열전달
> 3. 복사
>    전자기파에 의한 열전달 (매질이 없다) : 성장기의 Flash Over, 최성기의 열전달

**18.** 물체 표면의 절대온도가 100K에서 300K로 증가하는 경우 물체 표면에서 복사되는 에너지는 몇 배 증가하는가? (단, 다른 모든 조건은 동일하다.)

① 3배        ② 16배
③ 27배       ④ 81배

> ※ Stefan - Boltzmann 법칙 - 열복사량(열복사에너지)는 절대온도 4승에 비례한다.
> $$\frac{T_2^{\,4}}{T_1^{\,4}} = \frac{(300)^4}{(100)^4} = 81\ 배$$

**19.** 유효연소열이 50kJ/g 질량연소유속(mass burning flux)이 100g/m² · s 인 액체연료가 누출되어 직경 2m의 풀 전면에 화재가 발생한 경우 열방출속도(HRR)는?

① 10,000kW      ② 11,500kW
③ 13,020kW      ④ 15,700kW

열방출률 [(연소속도×연소열)(HRR : Heat Release Rate)]

$$Q = \dot{m''} A \triangle Hc \,[\text{W}] = \frac{\dot{Q''}}{L} A \triangle Hc \,[\text{W}= \text{J/s}]$$

$\dot{m''}$(연소속도) $[\text{kg/s}\cdot\text{m}^2]$ $\quad A$(면적) $[\text{m}^2]$
$\triangle Hc$(연소열) $[\text{J/kg}]$

[풀이]

$$Q = 100 \, g/m^2 \cdot s \times \frac{3.14}{4} 2^2 \, m^2 \times 50 \, kJ/g = 15,700 \,[\text{kW}]$$

중성대
① 중성대는 실내로 들어오는 공기와 나가는 공기 사이에 발생되는 압력이 0인 지점을 말한다.
② 중성대 위쪽은 정압이 외부보다 높아 실내에서 실외로 유출되고 아래쪽에서는 실외에서 실내로 공기가 유입 된다.
③ 중성대의 위치는 개구면적의 비에 크게 의존하는데 상부와 하부의 개구부 면적이 같고 온도차가 같다면 중성대의 높이는 실내 높이의 중심이며 하부 개구부가 크면 하부의 압력차는 상부보다 적게 되어 중성대의 높이가 내려간다.

건축물의 높이와 건축물 내외부의 온도차가 결정의 주요요인은 굴뚝효과에 대한 설명이다.

**20.** 프로판가스 연소반응식이 다음과 같을 때 프로판가스 1g이 완전연소하면 발생하는 열량(kcal)은? (단, 소수점 셋째 자리에서 반올림한다.)

$$C_3H_8 + 5O_2 \rightarrow 3CO_2 + 4H_2O + 530.6\text{kcal}$$

① 1.21
② 10.05
③ 12.06
④ 24.50

몰(mol) $= \dfrac{\text{질량(g)}}{\text{분자량(g/mol)}}$

프로판 1몰 $= \dfrac{\text{질량}}{44}$

따라서, 질량은 44g이며 이때 열량은 530.6 kcal가 발생되므로 1g 일때는 44 : 530.6 = 1 : x 따라서 12.059 kcal가 발생

**21.** 건축물 구획실 화재 시 화재실의 중성대에 관한 설명으로 옳지 않은 것은?

① 중성대는 화재실 내부의 실온이 높아질수록 낮아지고, 실온이 낮아질수록 높아진다.
② 화재실의 중성대 상부 압력은 실외압력보다 높고 하부의 압력은 실외압력보다 낮다.
③ 화재실 상부에 큰 개구부가 있다면 중성대는 올라간다.
④ 중성대의 위치는 건축물의 높이와 건축물 내·외부의 온도차가 결정의 주요요인이다.

**22.** 다음 연소가스의 허용농도(TLV-TWA)를 낮은 것에서 높은 순서로 옳게 나열한 것은?

ㄱ. 일산화탄소 　　　　　 ㄴ. 이산화탄소
ㄷ. 포스겐 　　　　　　　 ㄹ. 염화수소

① ㄱ-ㄹ-ㄴ-ㄷ
② ㄷ-ㄱ-ㄹ-ㄴ
③ ㄷ-ㄹ-ㄱ-ㄴ
④ ㄹ-ㄷ-ㄴ-ㄱ

독성가스의 허용농도
(화학물질 및 물리적 인자의 노출기준 - 고용노동부고시)

| 독성가스명칭 | 허용농도 TLV-TWA | 독성가스명칭 | 허용농도 TLV-TWA |
|---|---|---|---|
| 오존 $O_3$ | 0.08 | 이산화황 $SO_2$ | 2 |
| 브롬 $Br_2$ | 0.1 | 이황화탄소 $CS_2$ | 10 |
| 불소 $F_2$ | 0.1 | 황화수소 $H_2S$ | 10 |
| 포스겐 $COCl_2$ | 0.1 | 시안화수소 $HCN$ | － |
| 인화수소 (포스핀) $PH_3$ | 0.3 | 암모니아 $NH_3$ | 25 |
| 염소 $Cl_2$ | 0.5 | 산화질소 $NO$ | 25 |
| 불화수소 $HF$ | 0.5 | 일산화탄소 $CO$ | 30 |
| 염화수소 $HCl$ | 1 | 아세트알데히드 $CH_3CHO$ | 50 |
| 벤젠 $C_6H_6$ | 1 | 이산화탄소 $CO_2$ | 5,000 |

정답 　20 ③　21 ④　22 ③

**23.** 화재 시 발생한 부력을 주로 이용하는 제연방식을 모두 고른 것은?

> ㄱ. 스모크타워제연방식
> ㄴ. 자연제연방식
> ㄷ. 급배기 기계제연방식

① ㄱ

② ㄱ, ㄴ

③ ㄴ, ㄷ

④ ㄱ, ㄴ, ㄷ

| 구분 | 내 용 |
|---|---|
| 자연<br>제연<br>방식 | 배기구, 스모크타워, 회전식 고정식 벤틸레이터, 배연창,<br>환기창 등 |

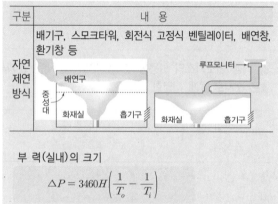

부 력(실내)의 크기

$$\triangle P = 3460H \left( \frac{1}{T_o} - \frac{1}{T_i} \right)$$

$H$ : 중성대로부터의 높이(연기를 배출하기 위한 배연창에 적용)

**24.** 고층건축물에서 연돌효과(stack effect)에 관한 설명으로 옳지 않은 것은?

① 건축물 내부의 온도가 외부의 온도보다 높은 경우 연돌효과가 발생한다.

② 건축물 외부 공기의 온도보다 내부의 공기 온도가 높아질수록 연돌효과가 커진다.

③ 건축물 내부의 온도와 외부의 온도가 같을 경우 연돌효과가 발생하지 않는다.

④ 건축물의 높이가 낮아질수록 연돌효과는 증가한다.

1. 굴뚝효과(Stack Effect)
   ㉠ 건물 내외 온도차에 의한 밀도차, 압력차로 수직으로의 기류이동현상
   ㉡ 굴뚝효과의 크기

$$\triangle P = 3460H \left( \frac{1}{T_o} - \frac{1}{T_i} \right)$$

   $\triangle P$ = 굴뚝효과에 의한 압력차($Pa$)
   $H$ = 중성대로부터의 높이(m)
   $T_o$ = 외부공기의 절대온도($K$)
   $T_i$ = 내부공기의 절대온도($K$)

2. 굴뚝효과의 크기 영향요소
   건물 내·외부 온도차, 외벽의 기밀성, 건물의 층간 공기누출, 건물높이

따라서 건물 내·외부 온도차가 같다면 중성대로부터 높이가 클수록 굴뚝효과의 크기는 커지므로 높이가 커질수록 연돌효과는 증가한다.

**25.** 질량연소유속(mass burning flux)이 20g/m² · s인 연료에 화재가 발생하면서 생성된 일산화탄소의 수율이 0.004g/g 인 경우 일산화탄소의 생성속도는? (단, 연소면적은 2m²이다.)

① 0.04g/s

② 0.08g/s

③ 0.16g/s

④ 0.22g/s

질량연소유속 20 g/m² · s
바닥면적 2m²
연료의 질량연소유속 20 g/m² · s × 2m² = 40 g/s

일산화탄소의 생성속도
 40 g/s × 0.004 g/g = 0.16 g/s

수율은 공급된 연료의 단위질량당 생성되는 각 생성물의 질량

**제2과목** 수방수리학·약제화학 및 소방전기

**26.** 점성계수 및 동점성계수에 관한 설명으로 옳지 않은 것은?

① 액체의 경우 온도상승에 따라 점성계수 값이 감소한다.
② 기체의 경우 온도상승에 따라 점성계수 값이 증가한다.
③ 동점성계수는 점성계수를 유속으로 나눈 값이다.
④ 점성계수는 유체의 전단응력과 속도경사 사이의 비례상수이다.

> 동점성계수(kinematic viscosity) : $\nu$(뉴)
> 유체의 점성계수와 밀도의 비로서 점성계수와 동점성계수의 차이는 차원에서 보면 질량의 유무이고 동점성계수는 질량을 제외한 운동학의 관점 즉 시간당 면적 개념으로 유체의 확산이 어떻게 변화하는가를 나타내며 물질의 속성을 쉽게 파악할 수 있는 물리량이다.

**27.** 소방장비의 공기 중 무게가 2kg이고 수중에서의 무게가 0.5kg일 때, 이 장비의 비중은 약 얼마인가?

① 1.33
② 2.45
③ 3.25
④ 4.00

> 부력 = 공기 중 무게 - 수중 무게
> 부력 = 2-0.5 = 1.5kg
>
> 부력 = 유체의 비중량 × 유체에 잠긴 부피
> 유체에 잠긴 부피 = 부력 ÷ 유체의 비중량
> = 1.5 kg ÷ 1000 kg/m³ = 0.0015m³
>
> 비중 = $\dfrac{\gamma_1}{\gamma}$ = $\dfrac{2kg/0.0015m^3}{1000\,kg/m^3}$ = 1.333

**28.** 수면표고차가 10m인 두 저수지 사이에 설치된 500m 길이의 원형관으로 1.0m³/s 의 물을 송수할 때, 관의 지름(mm)은 약 얼마인가? (단, $\pi$는 3.14 이고 매닝 조도계수는 0.0130이며, 마찰 이외의 손실은 무시한다.)

① 105
② 258
③ 484
④ 633

> Manning의 식 : 개수로 또는 관수로에서 유속을 구하는 식
> 유속 $V = \dfrac{1}{n} \cdot R^{2/3} \cdot I^{1/2}$
> 여기서
> $V$ : 유속(m/s)
> $n$ : 조도계수
> $R$ : 경심(단면적/윤변) : 원형관일 경우 : $D/4$
> $I$ : 동수구배(낙차/길이)
>
> 유량 $Q = A \cdot V = \dfrac{\pi D^2}{4} \cdot \dfrac{1}{n} \cdot R^{2/3} \cdot I^{1/2}$
> $= \dfrac{\pi D^2}{4} \cdot \dfrac{1}{n} \cdot \left(\dfrac{D}{4}\right)^{2/3} \cdot \left(\dfrac{10}{500}\right)^{1/2}$
>
> $D^{8/3} = \dfrac{1.0 \times 4 \times 0.013 \times 4^{2/3}}{3.14 \times \left(\dfrac{10}{500}\right)^{1/2}}$ 에서
>
> $D = \left(\dfrac{1.0 \times 4 \times 0.013 \times 4^{2/3}}{3.14 \times \left(\dfrac{10}{500}\right)^{1/2}}\right)^{3/8}$
>
> $D \fallingdotseq 0.633 \text{ m} = 633 \text{ mm}$

**29.** 지름 2mm인 유리관에 0.25cm³/s 의 물이 흐를 때, 마찰손실계수는 약 얼마인가? (단, $\pi$는 3.14 이고, 동점성계수는 $1.12 \times 10^{-2} \text{cm}^2/\text{s}$ 이다.)

① 0.02
② 0.13
③ 0.45
④ 0.66

> 층류마찰계수 $f = \dfrac{64}{Re} = \dfrac{64}{142.174} = 0.45$
>
> 1. $Re = \dfrac{\rho VD}{\mu}\left(\dfrac{관성력}{점성력}\right) = \dfrac{VD}{\nu} = \dfrac{7.961\,cm/s \times 0.2\,cm}{1.12 \times 10^{-2}\,cm^2/s}$
> $= 142.174$
>
> 2. $V = \dfrac{Q}{A} = \dfrac{0.25\,cm^3/s}{\dfrac{\pi}{4}0.2^2\,cm^2} = 7.961\,cm/s$

**정답** 26 ③ 27 ① 28 ④ 29 ③

**30.** 지름 10cm인 원형관로를 통하여 0.2m³/s의 물이 수조에 유입된다. 이 경우 단면 급확대로 인한 손실수두(m)는 약 얼마인가? (단, $\pi$는 3.14이고, 중력가속도는 981cm/s² 이다.)

① 22.20        ② 33.09

③ 45.98        ④ 54.25

급격한 확대관의 마찰손실

$$\Delta H = \frac{(V_1 - V_2)^2}{2g} = \frac{25.447^2}{2 \times 9.81} = 33.082 \text{ m}$$

∵ 수조에 유입될 때 배관의 급확대로 속도 $V_2 ≒ 0$

$$V_1 = \frac{Q}{A} = \frac{0.2 \text{ m}^3/\text{s}}{\frac{3.14}{4}0.1^2 \text{ m}^2} = 25.4777 \text{ m/s}$$

**31.** 물이 원형관 내에서 층류 상태로 흐르고 있다. 관 지름이 3배로 커질 때 수두손실은 처음의 몇 배로 변화하는가? (단, 관 지름 증가에 따른 유속 변화 이외의 모든 물리량은 변하지 않는다.)

① $\frac{1}{81}$        ② $\frac{1}{9}$

③ 9        ④ 81

하젠 포아젤의 법칙(Hagen - Poiseulle) - 층류에 적용

$H = \frac{32\mu LV}{\gamma D^2}$(m) 에서 관경이 3배 증가

$$H = \frac{32\mu LV}{\gamma D^2} = \frac{32\mu L \frac{4Q}{\pi D^2}}{\gamma D^2} = \frac{128\mu LQ}{\gamma \pi D^4}$$

여기서 D 를 3D로 하면

$$H = \frac{128\mu LQ}{81\gamma \pi D^4}$$

∴ 수두손실은 $\frac{1}{81}$ 만큼 감소한다.

**32.** 베르누이 방정식을 물이 흐르는 관로에 적용할 때 제한조건으로 옳지 않은 것은?

① 비정상류 흐름        ② 비압축성 유체

③ 비점성 유체        ④ 유선을 따르는 흐름

베르누이 방정식(에너지 보존의 법칙)
1. 배관내 어느 지점에서든지 유체가 갖는 역학적에너지(압력에너지, 운동에너지, 위치에너지)는 같다.
2. 정상유동(정상류), 유선을 따라 입자가 이동, 비점성유체(마찰이 없는 유체), 비압축성유체

**33.** 주요 물리량과 그 차원이 옳게 짝지어진 것은?

① 표면장력 : $[FL^{-2}]$

② 점성계수 : $[L^2T^{-1}]$

③ 단위중량 : $[FL^{-4}T^2]$

④ 에너지 : $[FL]$

| | | |
|---|---|---|
| 1. 표면장력 | N/m | $[FL^{-1}]$ |
| 2. 점성계수 | N·s/m² | $[FL^{-2}T]$ |
| 3. 단위중량 | N | $[F]$ |
| 4. 에너지 | N·m | $[F·L]$ |

**34.** 원형 유리관 내에 모세관 현상으로 물이 상승할 때, 그 상승 높이에 관한 설명으로 옳은 것은?

① 유리관의 지름에 반비례한다.

② 물의 밀도에 비례한다.

③ 중력가속도에 비례한다.

④ 물의 표면장력에 반비례한다.

모세관 현상(capillarity in tube)
㉠ 액체 속에 가는 관(모세관)을 넣으면 액체가 관을 따라 상승 또는 하강하는 현상으로 표면장력에 의해 발생한다.
㉡ 모세관 상승·하강 높이

$$h = \frac{4\sigma \cos\beta}{\gamma d} \text{ (m)}$$

$\beta$ : 접촉각        $d$ : 모세관 지름(m)
$\sigma$ : 표면장력($kg_f/m$)        $\gamma$ : 비중량($kg_f/m^3$)

**35.** 금속화재에 관한 설명으로 옳지 않은 것은?

① 가연성 금속에 의한 화재이다.
② 금속이 괴상이 아닌 고운 분말이나 가는 선의 형태로 존재하면 화재의 위험성은 더 커진다.
③ 금속이 화재를 일으키는 Na, K 등은 물과 만나면 수소가스를 발생시키는 금수성 물질이다.
④ 소화 시 강화액 소화약제를 사용한다.

| 금속화재 | | | | | |
|---|---|---|---|---|---|
| 종류 | ① 제1류 위험물 알칼리금속의 무기과산화물 ② 제2류 위험물 마그네슘, 철분, 금속분 ③ 제3류 위험물 칼륨, 나트륨 등 | | | | |
| 연소특징 | ① 연소 온도(약 2,000 ~ 3,000℃)가 매우 높다. ② 물을 사용 시 물의 수소결합이 파괴되어 수증기 폭발을 일으킬 수 있으며 공유결합이 파괴 시 수소가스가 발생 된다. ③ 금속의 양이 30 ~ 80 mg/$\ell$ 정도 있어야 금속화재 일으킬 수 있다. | | | | |
| 금속화재 약제의 조건 | ① 고온에 견디고 요철 등에 붙착성이 좋아야 하며 냉각효과가 높아야 함 (냉각효과 및 피복에 의한 질식효과로 소화) ② 용융금속의 경우 액 면 위에 뜨는 부유성이 있을 것 | | | | |
| 금속화재 소화약제의 종류(분말) Dry powder | 구 분 | MET-L-X Powder | Na-X Powder | G-1 Powder | TEC Powder |
| | 내 용 | 염화나트륨과 첨가물 | 탄산나트륨과 첨가제 (염소 미 포함) | 유기인과 흑연이 입혀진 코크스 | 염화칼슘, 염화나트륨, 염화바륨의 혼합물 - 공기 차단 질식소화 - 염화바륨은 유독성 |

**36.** 고발포 포소화약제의 발포배율과 환원시간에 관한 설명으로 옳지 않은 것은?

① 발포배율이 커지면 환원시간은 짧아진다.
② 환원시간이 짧을수록 양호한 포소화약제이다.
③ 포의 막이 두꺼울수록 환원시간은 길어진다.
④ 발포배율이 작은 포는 포의 직경이 작아서 포의 막은 두껍다.

> **25% 환원시간**
> 포의 25% 환원시간은 용기에 채집한 포(거품)의 25%가 포수용액으로 환원되는데 걸리는 시간을 말하며 포발포 시험과 동시에 실시한다.
>
> 환원시간이 길수록 양호한 포소화약제이다.

**37.** 이산화탄소소화설비의 화재안전기준상 배관 등에 관한 내용으로 옳은 것은?

① 전역방출방식에 있어서 가연성액체 또는 가연성가스등 표면화재 방호대상물의 경우에는 1분 내에 방사될 수 있는 것으로 하여야 한다.
② 전역방출방식에 있어서 종이, 목재, 석탄, 섬유류, 합성수지류 등 심부화재 방호대상물의 경우에는 10분 내에 방사될 수 있는 것으로 하여야 한다.
③ 국소방출 방식의 경우에는 1분 내에 방사될 수 있는 것으로 하여야 한다.
④ 전역방출방식에 있어서 심부화재 방호대상물의 경우에는 설계농도가 3분 이내에 40%에 도달하여야 한다.

| 구 분 | 이산화탄소소화설비 | 할론 소화 설비 | 할로겐화합물 및 불활성기체소화설비 | 분말 소화 설비 |
|---|---|---|---|---|
| 방사시간 | 1. 전역방출방식 - 표면화재 60초 이내 - 심부화재 7분 이내 (설계농도가 2분 이내에 30%에 도달) 2. 국소방출방식 - 30초 이내 | 10초 이내 | 1. 할로겐화합물 소화약제 - 10초 이내 2. 불활성가스계 소화약제 - B급 : 1분 이내 - A, C급 : 2분 이내 | 30초 이내 |

**38.** 불활성기체 소화약제 IG-541에 포함되어 있지 않은 성분은?

① Ar
② $CO_2$
③ He
④ $N_2$

| 할로겐화합물<br>소화약제 | 불소, 염소, 브롬 또는 요오드 중 하나 이상의 원소를 포함하고 있는 유기화합물을 기본성분으로 하는 소화약제 |
|---|---|
| 불활성기체<br>소화약제 | 헬륨, 네온, 아르곤 또는 질소가스 중 하나 이상의 원소를 기본성분으로 하는 소화약제 |

IG-541[상품명 : Inergen]
① IG-541은 질소 52%, 아르곤 40%, 이산화탄소 8%로 이루어진 혼합소화약제
② ODP = 0, GWP = 0, ALT ≒ 0
③ 다른 소화약제에 비하여 소화약제량이 많아(약 24배) 넓은 저장 공간이 필요하다.
 • 불활성기체의 고압축가스이므로 양이 많다.
④ NOAEL(43%), LOAEL(52%), 최대설계허용농도(43%)

**39.** 강화액 소화약제에 관한 설명으로 옳은 것은?

① 알카리 금속염류 등을 주성분으로 하는 수용액이다.
② 소화약제의 용액은 약산성이다.
③ 화염과 접촉 시 열분해에 의하여 질소가 발생하여 질식소화 한다.
④ 전기화재 시 무상방사 하는 경우라도 소화약제로 사용할 수 없다.

강화액소화약제

일반화재의 속불(솜뭉치, 종이뭉치 등)의 심부화재 및 주방의 식용유 화재를 신속히 소화하기 위하여 개발된 것이다. 강화액은 탄산칼륨[강한 알칼리성(PH 12 이상)] 등의 수용액을 주성분으로 하며 비중이 1.35(15℃) 이상의 것을 말한다. 강화액은 −20℃에서도 동결되지 않으므로 한랭지에서도 보온의 필요가 없을 뿐만 아니라 탄화, 탈수작용으로 목재 종이 등을 불연화하고 재연 방지의 효과도 있어서 A급 화재, K급 화재에 대한 소화능력이 우수하다.

**40.** 이산화탄소 소화약제 600kg을 내용적으로 68L의 이산화탄소 저장용기에 충전할 때 필요한 저장용기의 최소 개수는? (단, 충전비는 1.6L/kg으로 한다.)

① 9  ② 11
③ 13  ④ 15

충전비 1.6 L/ kg 이므로
600kg × 1.6L/ kg = 960 L
960L ÷ 68 L/개 = 14.11 개 따라서 15개 필요함

**41.** 공기 중 산소가 21vol%, 질소가 79vol%일 때, 메탄가스 1몰이 완전연소 되었다. 이 때 반응 생성물에서 질소기체가 차지하는 부피비(%)는 약 얼마인가? (단, 생성물은 모두 기체로 가정한다.)

① 44.8  ② 56.0
③ 71.5  ④ 75.2

메탄의 완전연소 반응식
$CH_4 + 2\,O_2 \rightarrow 2H_2O + CO_2$
1몰    2몰    2몰    1몰

연소전 질소의 mol 수는
2 : 21% = 질소몰수 : 79%
∴ 질소 몰수는 7.52mol

완전연소 전 산소 2몰, 질소 7.52몰에 해당
완전 연소 후 수증기 2몰, 이산화탄소 1몰, 질소 7.52몰
질소기체의 부피비는 $\dfrac{7.52}{2+1+7.52} \times 100\% = 71.48\%$

**42.** 다음 〈가〉와 같이 무접점 회로가 있다. 이 회로의 $PB_1$, $PB_2$, $PB_3$에 대한 타임차트가 〈나〉와 같을 때, 출력값 $R_1$, $R_2$에 대한 타임차트로 옳은 것은?

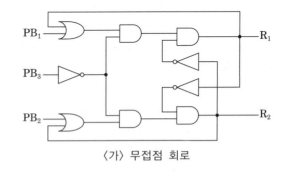

〈가〉 무접점 회로

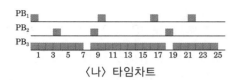

〈나〉타임차트

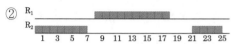

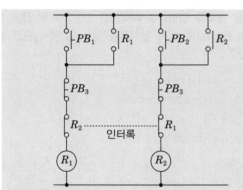

전동기 정·역 운전에 이용되는 대표적인 인터록 회로로서 동작은 다음과 같다.
(1) $PB_1$을 누르면 $R_1$이 여자되어 $PB_1$에서 손을 떼어도 $R_1$은 계속 여자된다.
이는 $R_1$이 자기유지 되어있기 때문이다. $R_1$이 여자되고 있는 동안 $PB_2$를 눌러도 $R_2$는 여자되지 않는다. 이는 $R_1$과 $R_2$는 서로 인터록이 걸려 있기 때문이다.
(2) $PB_3$를 누르면 $R_1$은 소자되어 회로는 원래 정지 상태로 복구된다.
(3) $PB_2$를 누르면 $R_2$가 여자되어 $PB_2$에서 손을 떼어도 $R_2$는 계속 여자된다. 이는 $R_2$가 자기유지 되어있기 때문이다. $R_2$가 여자되어 있는 동안 $PB_1$을 눌러도 $R_1$은 여자되지 않는다. 이는 $R_1$과 $R_2$는 서로 인터록이 걸려 있기 때문이다.
(4) $PB_3$를 누르면 $R_2$는 소자되어 회로는 원래 정지 상태로 복구된다.

**43.** 저항 R과 인덕턴스 L이 직렬로 연결된 $R-L$ 직렬회로에서 교류전압을 인가할 때 회로에 흐르는 전류의 위상으로 옳은 것은?

① 전압보다 $\tan^{-1}\dfrac{R}{wL}$ 만큼 앞선다.

② 전압보다 $\tan^{-1}\dfrac{R}{wL}$ 만큼 뒤진다.

③ 전압보다 $\tan^{-1}\dfrac{wL}{R}$ 만큼 앞선다.

④ 전압보다 $\tan^{-1}\dfrac{wL}{R}$ 만큼 뒤진다.

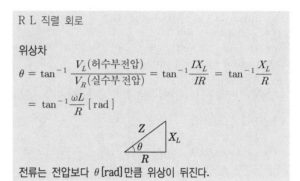

R L 직렬 회로

**위상차**

$$\theta = \tan^{-1}\frac{V_L(\text{허수부전압})}{V_R(\text{실수부전압})} = \tan^{-1}\frac{IX_L}{IR} = \tan^{-1}\frac{X_L}{R}$$

$$= \tan^{-1}\frac{\omega L}{R}\,[\text{rad}]$$

전류는 전압보다 $\theta$ [rad] 만큼 위상이 뒤진다.

**44.** 전원과 부하가 모두 △결선된 3상 평형회로가 있다. 전원 전압 400V, 부하 임피던스 $12+j16\Omega$인 경우 선전류(A)는?

① 10    ② $10\sqrt{3}$

③ 20    ④ $20\sqrt{3}$

| 구 분 | Y 결선 | △ 결선 |
|---|---|---|
| 선간전압과 상전압 | $\sqrt{3}\,V_P[V] = V_\ell$ ($V_\ell$이 $V_P$보다 30° 앞심) | $V_P = V_\ell[V]$ (동상) |
| 선간전류와 상전류 | $I_P = I_\ell$ [A] (동상) | $\sqrt{3}\,I_P = I_\ell[A]$ ($I_\ell$이 $I_p$보다 30° 뒤짐) |

임피던스 $Z = \sqrt{12^2+16^2} = 20\ \Omega$
상전압 V = 400 V
상전류 $I = \dfrac{V}{Z} = \dfrac{400}{20} = 20$ A
선간전류는 상전류의 $\sqrt{3}$ 이므로 $20\sqrt{3}$

**정답** 43 ④  44 ④

**45.** 다음과 같은 비정현파 전압, 전류에 관한 평균 전류 (W)은?

$$v = 100\sin(wt + 30°) - 30\sin(3wt + 60°) +$$
$$\quad 10\sin(5wt + 30°)\,(\mathrm{V})$$
$$i = 30\sin(wt - 30°) + 20\sin(3wt - 30°) +$$
$$\quad 5\cos(5wt - 60°)\,(\mathrm{A})$$

① 750        ② 775

③ 1225        ④ 1825

$$v = 100\sin(\omega t + 30°) - 30\sin(3\omega t + 60°)$$
$$\quad + 10\sin(5\omega t + 30°)\,(\mathrm{V})$$
$$i = 30\sin(\omega t - 30°) + 20\sin(3\omega t - 30°) + 5\cos(5\omega t - 60°)\,(\mathrm{A})$$
$$= 30\sin(\omega t - 30°) + 20\sin(3\omega t - 30°)$$
$$\quad + 5\sin(5\omega t - 60°) + 90°\,(\mathrm{A})$$
$$= 30\sin(\omega t - 30°) + 20\sin(3\omega t - 30°) + 5\sin(5\omega t + 30°)\,(\mathrm{A})$$

평균전력 (소비전력)

$$P = V_1 I_1 \cos\theta_1 + V_2 I_2 \cos\theta_2 + V_3 I_3 \cos\theta_3$$
$$P = \frac{100}{\sqrt{2}} \times \frac{30}{\sqrt{2}} \times \cos 60 + \frac{-30}{\sqrt{2}} \times \frac{20}{\sqrt{2}} \times \cos 90$$
$$\quad + \frac{10}{\sqrt{2}} \times \frac{5}{\sqrt{2}} \times \cos 0 = 775$$

$$\theta_1 = 30 - (-30) = 60$$
$$\theta_2 = 60 - (-30) = 90$$
$$\theta_3 = 30 - (30) = 0$$

**46.** 전기력선의 성질에 관한 설명으로 옳지 않은 것은?

① 전기력선의 밀도는 전계의 세기와 같다.
② 두 개의 전기력선은 교차하지 않는다.
③ 전기력선의 방향은 전계의 방향과 일치하지 않는다.
④ 전기력선은 등전위면과 직교한다.

전기력선의 성질
㉠ 전기력선의 접선방향은 그 접점에서의 전기장의 방향을 가리킨다.
㉡ 전기력선의 밀도는 전기장의 크기를 나타낸다.
㉢ 도체 표면에서 수직으로 출입한다.
㉣ 서로 교차하지 않는다.
㉤ 양(+)전하에서 시작하여 음(-) 전하에서 끝난다.
㉥ 전위가 높은 점에서 낮은 점으로 향한다.
㉦ 그 자신만으로는 폐곡선이 안된다.

등전위면 : 전기장 중에서 전위가 같은 점을 모두 연결했을 때 나타나는 1개의 면.
㉠ 전기력선과 직각으로 교차한다.
㉡ 등전위면의 밀도가 높은 곳에서 전기장의 세기도 크다.
㉢ 전기력선은 전하가 이동하는 방향을 가리키므로 전하는 등전위면에 직각으로 이동한다.

**47.** 이중 금속을 접합하여 폐회로를 만든 후 두 접합 점의 온도를 다르게 하여 열전류를 얻는 열전현상으로 옳은 것은?

① 펠티에 효과(Peltier effect)
② 제백 효과(Seebeck effect)
③ 톰슨 효과(Thomson effect)
④ 핀치 효과(Pinch effect)

• 제백효과 : 다른 종류의 금속 양단을 접속하여 그 접합점에 온도차를 주면 기전력이 발생하는 효과
• 펠티어 효과 : 다른 두 종류의 금속 양단을 접속하여 양 접속점에 전류를 흘리면 한 쪽은 열이 발생하고 다른 한쪽은 열을 흡수하는 현상으로 제벡효과의 반대현상이다.
• 톰슨효과 : 온도차가 있는 동일한 금속 도체 내부의 두 점 사이에 전류를 흘리면 줄열 이외의 열의 발생 또는 흡수가 일어나는 효과
• 핀치효가 : 플라스마 속을 흐르는 전류와 그 전류로 생긴 자기장의 상호 작용으로 플라스마가 가늘게 끈 모양으로 수축하는 현상

**정답**   45 ②   46 ③   47 ②

**48.** 상호인덕턴스가 150mH인 회로가 있다. 1차 코일에 흐르는 전류가 0.5초 동안 5A에서 20A로 변화할 때, 2차 유도기전력(V)은?

① 3        ② 4.5

③ 6        ④ 7.5

---

전류에 의한 유도기전력

$$e = L \cdot \frac{\Delta I}{\Delta t}[\text{V}] = 150 \times 10^{-3}\,\text{H} \times \frac{15\,\text{A}}{0.5\,\text{s}} = 4.5\,\text{V}$$

인덕턴스 : L[H]

---

**49.** 전동기 기동에 관한 설명으로 옳지 않은 것은?

① 농형 유도전동기의 $Y-\triangle$ 기동 시 기동전류는 △ 결선하여 기동한 경우의 1/3이 된다.
② 권선형 유도전동기 기동 시 기동전류를 제한하기 위하여 기동보상기법이 주로 사용된다.
③ 분상 기동형 단상 유도전동기는 병렬로 연결되어 있는 주권선과 보조권선에 의해 회전자계를 만들어 기동한다.
④ 콘덴서 기동형 단상 유도전동기는 기동권선에 직렬로 콘덴서를 연결하여 주권선과 기동권선 사이에 위상차를 만들어 기동한다.

---

- 전동기 - 교류전동기(유도전동기, 동기전동기, 정류자 전동기), 직류 전동기
- 유도전동기 - 3상(농형, 권선형) 전동기, 단상전동기

농형과 권선형 유도 전동기의 장단점 비교표

| | 농형 유도 전동기 | 권선형 유도 전동기 |
|---|---|---|
| 장점 | • 구조가 간단함<br>• 운전이 쉽고 보수 및 수리가 간단함<br>• 가격이 상대적으로 저렴함 | • 기동전류가 작음 (100~150%)<br>• 농형보다 용량이 큼<br>• 기동토크가 큼(300%) |
| 단점 | • 기동전류가 큼 (500~700%)<br>• 기동토크가 작음(150%) | • 농형 유도 전동기보다 구조가 복잡함<br>• 2차 저항 기동을 함 |

※ 기동보상기법 : 농형 유도전동기 기동법
  기동 시 전동기에 대한 인가전압을 단권변압기로 감압하여 기동함으로써 기동전류를 억제하고 기동완료 후 전전압 가하는 기동방식

---

**50.** 전력용반도체 소자에 관한 설명으로 옳지 않은 것은?

① SCR(Silicon Controlled Rectifier)은 소호기능이 없으며, 전류는 양극(A)과 음극(K) 전압의 극성이 바뀌면 차단된다.
② TRIAC(Triode AC Switch)은 SCR 2개를 역방향으로 병렬연결한 형태로 양방향제어가 가능하다.
③ GTO(Gate Turn Off Thyristor)는 도통시점과 소호시점을 임의로 제어할 수 있는 양방향성 소자이다.
④ IGBT(Insulated Gate Bipolar Transistor)는 고속스위칭이 가능하며 대전류 출력특성이 있다.

---

SCR
SCR은 실리콘 제어 정류기(silicon controlled rectifier)로서 애노드(anode), 캐소드(cathode), 게이트(gate)의 전극을 가진 3단자 소자
SCR의 동작은 게이트에 일정 전류를 흘려주면, 애노드-캐소드 간이 턴 온 상태가되고, 게이트는 제어 능력을 상실하게 된다.
따라서, 게이트에 의한 턴 오프를 할 수 없어, 턴 오프 상태로 전환하려면 애노드 전압을 "0"으로 해줘야 한다.

GTO
GTO(gate turn off thyristor)는 게이트에 부여되는 신호에 의해 턴온과 턴오프 제어가 가능한 사이리스터

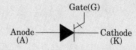

- 역저지 3단자 소자
- 초퍼, 직류 스위치 등에 사용
- 자기 소호 기능 소자 (소호 : 스스로 on/off를 함)

TRIAC
TRIAC는 양방향 3단자 사이리스터로 양방향 도통이 가능하며, 일반적으로 AC 위상제어에 많이 사용
트라이액(트라이악)이 구조는 두 개의 SCR을 역으로 병렬 연결하고, 게이트를 하나로 연결한 것으로, DIAC(다이액, 다이악)을 사용하여 게이트를 구동함

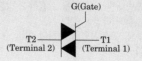

---

:정답   48 ②   49 ②   50 ③

DIAC

DIAC은 양방향 2단자 사이리스터로 양 단자가 브레이크 오버 전압에 도달되면 턴 온 되어 도통 상태가 되고, 전류가 유지 전류 이하로 떨어지면 턴 오프됨.
이러한 다이액(다이악)의 특성을 이용하여 교류 전원으로부터 직접 트리거 펄스를 얻는 회로를 구성할 수 있어 SCR 또는 트라이액(트라이악)의 위상제어를 가능하게 함.

T2———▶———T1
(Terminal 2)◀——(Terminal 1)

### 제3과목 소방관련법령

**51.** 소방기본법령상 소방업무의 응원에 관한 설명으로 옳은 것은?

① 소방청장은 소방활동을 할 때에 필요한 경우에는 시·도지사에게 소방업무의 응원을 요청해야 한다.
② 소방업무의 응원을 위하여 파견된 소방대원은 응원을 요청한 소방본부장 또는 소방서장의 지휘에 따라야 한다.
③ 소방업무의 응원 요청을 받은 소방서장은 정당한 사유가 있어도 그 요청을 거절할 수 없다.
④ 소방서장은 소방업무의 응원을 요청하는 경우를 대비하여 출동 대상지역 및 규모가 필요한 경비의 부담 등에 관하여 필요한 사항을 대통령령으로 정하는 바에 따라 이웃하는 소방서장과 협의하여 미리 규약으로 정하여야 한다.

소방업무의 응원
(1) 소방활동을 할 때에 긴급한 경우 이웃한 소방본부장 또는 소방서장에게 도움을 요청하는 것
(2) 소방업무의 응원(應援)을 요청하는 자 – 소방본부장이나 소방서장
(3) 응원 요청을 받은 소방본부장 또는 소방서장 – 정당한 사유 없이 그 요청을 거절하면 안 됨
(4) 파견된 소방대원 – 응원을 요청한 소방본부장 또는 소방서장의 지휘에 따라야 한다.
(5) 이웃하는 시·도지사와 협의하여 미리 규약(規約)으로 정해야 한다.

(6) 소방업무의 응원의 체결자 – 시·도지사
(7) 상호응원협정을 체결할 때 사항
① 소방활동에 관한 사항

| 화재의 경계·진압활동 | 구조·구급업무의 지원 | 화재조사활동 |
|---|---|---|

② 응원출동대상지역 및 규모
③ 소요경비의 부담에 관한 사항

| 출동대원의 수당·식사 및 피복의 수선 | 소방장비 및 기구의 정비와 연료의 보급 | 그 밖의 경비 |
|---|---|---|

④ 응원출동의 요청방법
⑤ 응원출동훈련 및 평가
(8) 출동 대상지역 및 규모와 필요한 경비의 부담 등에 관하여 필요한 사항을 행정안전부령으로 정함

**52.** 소방기본법령상 소방용수시설 중 저수조의 설치기준으로 옳지 않은 것은?

① 소방펌프자동차가 쉽게 접근할 수 있도록 할 것
② 흡수에 지장이 없도록 토사 및 쓰레기 등을 제거할 수 있는 설비를 갖출 것
③ 흡수부분의 수심이 0.5미터 이상일 것
④ 지면으로부터의 낙차가 5.5미터 이하일 것

저수조
① 지면으로부터의 낙차가 4.5 m 이하일 것
② 흡수부분의 수심이 0.5 m 이상일 것
③ 소방펌프자동차가 쉽게 접근할 수 있도록 할 것
④ 흡수에 지장이 없도록 토사 및 쓰레기 등을 제거할 수 있는 설비를 갖출 것
⑤ 흡수관의 투입구가 사각형 – 한 변의 길이가 60 cm 이상, 원형 – 지름이 60 cm 이상
⑥ 저수조에 물을 공급하는 방법은 상수도에 연결하여 자동으로 급수되는 구조일 것

**53.** 소방기본법령상 특수가연물에 해당하지 않는 것은?

① 볏짚류 500킬로그램
② 면화류 200킬로그램
③ 사류(絲類) 1,000킬로그램
④ 넝마 및 종이부스러기 1,000킬로그램

정답 **51** ② **52** ④ **53** ①

| 특수가연물 | |
| --- | --- |
| 품명 | 수량 |
| 면화류 | 200 kg 이상 |
| 나무껍질 및 대팻밥 | 400 kg 이상 |
| 넝마 및 종이부스러기 | 1,000 kg 이상 |
| 사류(絲類) | 1,000 kg 이상 |
| **볏짚류** | **1,000 kg 이상** |
| 가연성고체류 | 3,000 kg 이상 |
| 석탄·목탄류 | 10,000 kg 이상 |
| 가연성액체류 | 2 m³ 이상 |
| 목재가공품 및 나무부스러기 | 10 m³ 이상 |
| 합성수지류 발포시킨 것 | 20 m³ 이상 |
| 합성수지류 그 밖의 것 | 3,000 kg 이상 |

**54.** 소방기본법령상 벌칙 기준에 관한 설명으로 옳지 않은 것은?

① 화재조사를 수행하면서 알게 된 비밀을 다른 사람에게 누설한 화재조사 관계 공무원은 500만원 이하의 벌금에 처한다.

② 위력을 사용하여 출동한 소방대의 화재진압·인명구조 또는 구급활동을 방해하는 행위를 한 사람은 5년 이하의 징역 또는 5천만원 이하의 벌금에 처한다.

③ 화재경계지구 안의 소방대상물에 대해 소방특별조사를 거부·방해 또는 기피한 자는 100만원 이하의 벌금에 처한다.

④ 피난 명령을 위반한 사람은 100만원 이하의 벌금에 처한다.

소방기본법
화재조사를 하는 관계 공무원은 관계인의 정당한 업무를 방해하거나 화재소사를 수행하면서 알게 된 비밀을 다른 사람에게 누설하여서는 아니 된다.
☞ 300만원 이하의 벌금

**55.** 소방시설공사업법령상 소방기술자의 자격취소 또는 소방시설업의 등록취소에 관한 설명으로 옳지 않은 것은?

① 소방시설업자가 거짓이나 그 밖의 부정한 방법으로 등록한 경우 시·도지사는 그 등록을 취소해야 한다.

② 소방기술 인정 자격수첩을 발급받은 자가 그 자격수첩을 다른사람에게 빌려준 경우 소방청장은 그 자격을 취소해야 한다.

③ 소방시설업자가 다른 자에게 등록수첩을 빌려준 경우 소방청장은 그 등록을 취소해야 한다.

④ 소방시설업자가 등록 결격사유에 해당하게 된 경우 시·도지사는 그 등록을 취소해야 한다.

| 위반사항 | 행정처분 기준 | | |
| --- | --- | --- | --- |
| | 1차 | 2차 | 3차 |
| 가. 거짓이나 그 밖의 부정한 방법으로 등록한 경우 | 등록취소 | | |
| 나. 등록 결격사유에 해당하게 된 경우 | 등록취소 | | |
| 다. 영업정지 기간 중에 소방시설 공사등을 한 경우 | 등록취소 | | |
| 라. 다른 자에게 등록증 또는 등록수첩을 빌려준 경우 | 6개월 | 등록취소 | |

**56.** 소방시설공사업법령상 소방기술자의 배치기준이다. ( )에 들어갈 내용으로 옳게 나열한 것은?

| 소방기술자의 배치기준 | 소방시설공사 현장의 기준 |
| --- | --- |
| 가. 행정안전부령으로 정하는 특급기술자인 소방기술자 (기계분야 및 전기분야) | 1) 연면적 ( ㄱ )제곱미터 이상인 특정 소방대상물의 공사 현장 2) 지하층을 ( ㄴ )한 층수가 ( ㄷ )층 이상인 특정소방대상물의 공사현장 |

① ㄱ: 10만, ㄴ: 포함, ㄷ: 20

② ㄱ: 10만, ㄴ: 제외, ㄷ: 30

③ ㄱ: 20만, ㄴ: 포함, ㄷ: 40

④ ㄱ: 20만, ㄴ: 제외, ㄷ: 50

소방기술자의 배치기준

| 구 분 | 공사 현장 배치기준 | | 지하층을 포함한 층수 등 |
|---|---|---|---|
| | 연면적 | | |
| 특급기술자 | 20만 m² 이상 | | 40층 이상 |
| 고급기술자 이상 | 20만 m² 미만 3만 m² 이상 (아파트는 제외) | | 40층 미만 16층 이상 |
| 중급기술자 이상 | 아파트 제외한 현장 | 3만 m² 미만 5천 m² 이상 | 물분무등소화설비 (호스릴 방식은 제외) 또는 제연설비가 설치되는 특정소방대상물 |
| | 아파트 | 20만 m² 미만 1만 m² 이상 | |
| 초급기술자 이상 | 아파트 제외한 현장 | 5천 m² 미만 1천 m² 이상 | 지하구 |
| | 아파트 | 1만 m² 미만 1천 m² 이상 | |
| 자격수첩을 발급받은 소방기술자 | 연면적 1천 m² 미만 | | – |

**57.** 소방시설공사업법령상 하도급계약심사위원회의 구성으로 옳은 것은?

① 위원장 1명과 부위원장 1명을 제외하여 21명 이내의 위원으로 구성한다.

② 위원장 1명과 부위원장 2명을 포함하여 5~9명 이내의 위원으로 구성한다.

③ 위원장 1명과 부위원장 1명을 제외하여 9명 이내의 위원으로 구성한다.

④ 위원장 1명과 부위원장 1명을 포함하여 10명 이내의 위원으로 구성한다.

하도급계약심사위원회의 구성
① 하도급계약심사위원회는 위원장 1명과 부위원장 1명을 포함하여 10명 이내의 위원으로 구성한다.
② 위원회의 위원장은 발주기관의 장이 되고, 부위원장과 위원은 다음의 어느 하나에 해당하는 사람 중에서 위원장이 임명하거나 성별을 고려하여 위촉한다.
1. 해당 발주기관의 과장급 이상 공무원
2. 소방 분야 연구기관의 연구위원급 이상인 사람

3. 소방 분야의 박사학위를 취득 후 3년 이상 연구 또는 실무경험이 있는 사람
4. 대학(소방 분야로 한정한다)의 조교수 이상인 사람
5. 소방기술사 자격을 취득한 사람
③ 위원의 임기는 3년으로 하며, 한 차례만 연임할 수 있다.
④ 위원회의 회의는 재적위원 과반수의 출석으로 개의(開議)하고, 출석위원 과반수의 찬성으로 의결한다.
⑤ ① ~ ④ 외에 위원회의 운영에 필요한 사항은 위원회의 의결을 거쳐 위원장이 정한다.

**58.** 화재예방, 소방시설 설치·유지 및 안전관리에 관한 법령상 작동기능점검의 기록표(ㄱ)와 종합정밀점검의 기록표(ㄴ)의 메인컬러를 옳게 나열한 것은?

① ㄱ : 노랑 PANTONE 116C,
　 ㄴ : 빨강 PANTONE 032C

② ㄱ : 빨강 PANTONE 032C,
　 ㄴ : 노랑 PANTONE 116C

③ ㄱ : 연두 PANTONE 376C,
　 ㄴ : 파랑 PANTONE 279C

④ ㄱ : 파랑 PANTONE 279C,
　 ㄴ : 연두 PANTONE 376C

관리업자가 소방시설등의 점검을 마친 경우 점검일시, 점검자, 점검업체 등 점검과 관련된 사항을 점검기록표에 기록(행정안전부령)하고 이를 해당 특정소방대상물에 부착하여야 한다.

☞ 점검기록표를 거짓으로 작성하거나 해당 특정소방대상물에 부착하지 아니한 자
　– 300만원 이하의 벌금

| 작동기능점검의 기록표 | 종합정밀점검의 기록표 |
|---|---|

**59.** 화재예방, 소방시설 설치·유지 및 안전관리에 관한 법령상 화재안전정책기본계획(이하 "기본계획이라"함) 등의 수립 및 시행에 관한 설명으로 옳지 않은 것은?

① 국가는 화재안전 기반 확충을 위하여 화재안전정책에 관한 기본계획을 5년마다 수립·시행하여야 한다.
② 기본계획 대통령령으로 정하는 바에 따라 소방청장이 관계 중앙행정기관의 장과 협의하여 수립한다.
③ 기본계획에는 화재안전분야 국제경쟁력 향상에 관한 사항이 포함되어야 한다.
④ 소방청장은 기본계획을 시행하기 위하여 2년마다 시행계획을 수립·시행하여야 한다.

| 화재안전정책기본계획 등의 수립·시행 | | |
|---|---|---|
| 기본계획 | 시행계획 | 세부 시행계획 |
| 국가 | 소방청장 | 관계 중앙행정기관의 장 또는 시·도지사 |
| 5년마다 | 매년 | 매년 |

**60.** 화재예방, 소방시설 설치·유지 및 안전관리에 관한 법령상 화재안전기준 또는 대통령령이 변경되어 그 기준이 강화되는 경우 기존의 특정소방대상물의 소방시설에 대하여 강화된 기준을 적용하는 소방시설로 옳지 않은 것은?

① 소화기구
② 노유자시설에 설치하는 비상콘센트설비
③ 의료시설에 설치하는 자동화재탐지설비
④ 「국토의 계획 및 이용에 관한 법률」에 따른 공동구에 설치하여야 하는 소방시설

대통령령 또는 화재안전기준이 변경되어 그 기준이 강화되는 경우
(1) 기존의 특정소방대상물
　　(건축물의 신축·개축·재축·이전 및 대수선 중인 특정소방대상물을 포함한다)
　　① 소방시설에 대하여는 **변경 전의 대통령령 또는 화재안전기준을 적용한다.**

② 대통령령 또는 화재안전기준의 변경으로 강화된 기준을 적용하는 설비
　㉠ 소화기구·비상경보설비·자동화재속보설비 및 피난설비
　㉡ 지하구에 설치하여야 하는 소방시설 - 공동구, 전력 또는 통신사업용 지하구
　㉢ 노유자(老幼者)시설에 설치하여야 하는 소방시설 등 중 대통령령으로 정하는 것
　　- 간이 스프링클러 설비 및 자동화재탐지설비, 단독경보형감지기
　㉣ 의료시설에 설치하여야 하는 소방시설 등 중 대통령령으로 정하는 것
　　- 스프링클러설비, 간이스프링클러 설비 및 자동화재탐지설비, 자동화재속보설비

**61.** 화재예방, 소방시설 설치·유지 및 안전관리에 관한 법령상 소방안전관리대상물의 관계인이 피난시설의 위치, 피난경로 또는 대피요령이 포함된 피난유도 안내정보를 근무자 또는 거주자에게 정기적으로 제공하는 방법으로 옳지 않은 것은?

① 연 2회 피난안내 교육을 실시하는 방법
② 연 1회 피난안내방송을 실시하는 방법
③ 피난안내도를 층마다 보기 쉬운 위치에 게시하는 방법
④ 엘리베이터, 출입구 등 시청이 용이한 지역에 피난안내영상을 제공하는 방법

소방안전관리대상물의 관계
- 피난시설의 위치, 피난경로 또는 대피요령이 포함된 피난유도 안내정보를 근무자 또는 거주자에게 정기적으로 제공하여야 한다.

**피난유도 안내정보의 제공 방법**
1. 연 2회 피난안내 교육을 실시하는 방법
2. 분기별 1회 이상 피난안내방송을 실시하는 방법
3. 피난안내도를 층마다 보기 쉬운 위치에 게시하는 방법
4. 엘리베이터, 출입구 등 시청이 용이한 지역에 피난안내영상을 제공하는 방법
* 피난유도 안내정보의 제공에 필요한 세부사항은 소방청장이 정하여 고시한다.

정답　59 ④　60 ②　61 ②

**62.** 화재예방, 소방시설 설치·유지 및 안전관리에 관한 법령상 소방안전관리대상물의 소방계획서에 포함되어야 하는 사항이 아닌 것은?

① 국가화재안전정책의 여건 변화에 관한 사항
② 소방시설·피난시설 및 및 방화시설의 점검·정비 계획
③ 화재 예방을 위한 자체점검계획 및 진압대책
④ 화기 취급 작업에 대한 사전 안전조치 및 감독 등 공사 중 소방안전관리에 관한 사항

---

소방안전관리대상물의 소방계획서 작성 등

(1) 소방계획서에 포함되어야 하는 사항
  ① 소방안전관리대상물의 위치·구조·연면적·용도 및 수용인원 등 일반현황
  ② 소방안전관리대상물에 설치한 소방 및 방화, 전기·가스 및 위험물시설의 현황
  ③ 화재예방을 위한 자체점검계획 및 진압대책
  ④ 소방시설·피난시설 및 방화시설의 점검·정비계획
  ⑤ 피난층 및 피난시설의 위치와 피난경로의 설정, 장애인 및 노약자의 피난계획 등의 피난계획
  ⑥ 방화구획·제연구획·건축물의 내부마감재료(불연재료·준불연재료 또는 난연재료로 사용된 것을 말한다) 및 방염물품의 사용 그 밖의 방화구조 및 설비의 유지·관리계획
  ⑦ 소방교육 및 훈련에 관한 계획
  ⑧ 특정소방대상물의 근무자 및 거주자의 자위소방대 조직과 대원의 임무(장애인 및 노약자의 피난 보조 임무를 포함한다)에 관한 사항
  ⑨ 화기 취급 작업에 대한 사전 안전조치 및 감독 등 공사 중 소방안전관리에 관한 사항
  ⑩ 공동 및 분임 소방안전관리에 관한 사항
  ⑪ 소화 및 연소방지에 관한 사항
  ⑫ 위험물의 저장·취급에 관한 사항(예방규정을 정하는 제조소등을 제외한다)
  ⑬ 그 밖에 소방안전관리를 위하여 소방본부장 또는 소방서장이 요청하는 사항

(2) 소방계획서의 작성 및 실시에 관하여 지도·감독자
  - 소방본부장 또는 소방서장

---

**63.** 화재예방, 소방시설 설치·유지 및 안전관리에 관한 법령상 옥외소화전설비에 관한 내용이다 ( )에 들어갈 내용으로 옳게 나열한 것은?

사. 옥외소화전설비를 설치하여야 하는 특정소방대상물(아파트등, 위험물 저장 및 처리 시설 중 가스시설, 지하구 또는 지하가 중 터널은 제외한다)은 다음의 어느 하나와 같다.
  1) 지상 1층 및 2층의 바닥면적의 합계가 ( ㄱ ) m² 이상인 것. 이 경우 같은 구(區) 내의 둘 이상의 특정소방대상물이 행정안전부령으로 정하는 ( ㄴ )인 경우에는 이를 하나의 특정소방대상물로 본다.
  2) 「문화재보호법」 제23조에 따라 보물 또는 국보로 지정된 목조건축물
  3) 1)에 해당하지 않는 공장 또는 창고시설로서 「소방기본법 시행령」 별표 2에서 정하는 수량의 ( ㄷ )배 이상의 특수가연물을 저장·취급하는 것

① ㄱ: 6천, ㄴ: 연소 우려가 있는 개구부, ㄷ: 650
② ㄱ: 7천, ㄴ: 연소 우려가 있는 구조, ㄷ: 650
③ ㄱ: 8천, ㄴ: 연소 우려가 있는 개구부, ㄷ: 750
④ ㄱ: 9천, ㄴ: 연소 우려가 있는 구조, ㄷ: 750

---

옥외소화전소화설비(NFSC 109) 설치대상

(1) 지상 1층 및 2층의 바닥면적의 합계 − 9천 m² 이상
  ※ 이 경우 동일 구내에 둘 이상의 특정소방대상물이 행정안전부령으로 정하는 연소우려가 있는 구조인 경우에는 이를 하나의 특정소방대상물로 본다.
  ※ 행정안전부령으로 정하는 연소우려가 있는 구조 (아래사항을 모두 만족해야 한다)
    1. 건축물대장의 건축물 현황도에 표시된 대지경계선 안에 2 이상의 건축물이 있는 경우
    2. 각각의 건축물이 다른 건축물의 외벽으로부터 수평거리가 1층에 있어서는 6 m 이하, 2층 이상의 층에 있어서는 10 m 이하
    3. 개구부가 다른 건축물을 향하여 설치된 구조
(2) 국보 또는 보물로 지정된 목조건축물

---

**64.** 화재예방, 소방시설 설치·유지 및 안전관리에 관한 법령상 소방안전 특별기본계획 및 시행계획의 수립·시행에 관한 설명으로 옳지 않은 것은?

① 소방청장은 소방안전 특별관리기본계획을 5년마다 수립·시행하여야 한다

② 소방청장은 소방안전 특별관리기본계획을 계획 시행 전년도 12월 31일까지 수립하여 행정안전부에 통보한다.

③ 시·도지사는 소방안전 특별관리기본계획을 시행하기 위하여 매년 소방안전 특별관리 시행계획을 계획 시행 전년도 12월 31일까지 수립하여야 한다.

④ 시·도지사는 소방안전 특별관리시행계획의 시행 결과를 계획 시행 다음 연도 1월 31일까지 소방청장에게 통보하여야 한다.

> **소방안전 특별관리시설물의 안전관리**
>
> (1) 소방청장
>   ① 화재 등 재난이 발생할 경우 사회·경제적으로 피해가 큰 다음의 시설(소방안전 특별관리시설물)에 대하여 소방안전 특별관리를 하여야 한다.
>   ② 특별관리를 체계적이고 효율적으로 하기 위하여 시·도지사와 협의하여 소방안전 **특별관리기본계획(5년마다 수립)**을 하고 **10월 31일까지** 수립하여 시·도지사에게 통보하여야 한다.
> (2) 시·도지사
>   소방안전 특별관리기본계획에 저촉되지 아니하는 범위에서 관할 구역에 있는 소방안전 특별 관리시설물의 안전관리에 적합한 소방안전 **특별관리시행계획을 계획 시행 전년도 12월 31일까지 수립**하여 시행하고 시행 결과를 계획 시행 **다음 연도 1월 31일까지** 소방청장에게 통보해야 한다.
> (3) 소방청장 및 시·도지사는 특별관리기본계획 및 특별관리시행계획을 수립하는 경우 성별, 연령별, 재해약자(장애인·노인·임산부·영유아·어린이 등 이동이 어려운 사람을 말한다)별 화재 피해현황 및 실태 등에 관한 사항을 고려하여야 한다.
> (4) 소방안전 특별관리기본계획 및 소방안전 특별관리시행계획의 수립·시행에 필요한 사항은 대통령령으로 정한다.

**65.** 화재예방, 소방시설 설치·유지 및 안전관리에 관한 법령상 방염성능기준 이상의 실내장식물 등을 설치하여야 하는 특정소방대상물에 해당하지 않는 것은? (단, 11층 미만인 특정소방대상물임)

① 교육시설 중 합숙소
② 건축물의 옥내에 있는 수영장
③ 근린생활시설 중 종교집회장
④ 방송통신시설 중 촬영소

> **방염성능 이상의 실내장식물 등을 설치하여야 하는 대통령령으로 정하는 특정소방대상물**
>
> ① 근린생활시설 중 **의원, 체력단련장, 공연장 및 종교집회장**
> ② 건축물의 옥내에 있는 시설 [문화 및 집회시설, 종교시설, **운동시설(수영장은 제외)**]
> ③ 의료시설, 노유자시설 및 숙박이 가능한 **수련시설**, 숙박시설, 방송통신시설 중 **방송국 및 촬영소**
> ④ 다중이용업소의 영업장
> ⑤ 층수가 **11층 이상**인 것(아파트는 제외)
> ⑥ 교육연구시설 중 합숙소

**66.** 화재예방, 소방시설 설치·유지 및 안전관리에 관한 법령상 건축물의 신축·증축 및 개축 등으로 소방용품을 변경 또는 신규 비치하여야 하는 경우 우수품질인증 소방용품을 우선 구매·사용하도록 노력하여야 하는 기관 및 단체를 모두 고른 것은?

> ㄱ. 지방자치단체
> ㄴ. 「공공기관의 운영에 관한 법률」에 따른 공공기관
> ㄷ. 「지방자치단체 출자·출연 기관의 운영에 관한 법률」에 따른 출자·출연기관

① ㄱ, ㄴ      ② ㄱ, ㄷ
③ ㄴ, ㄷ      ④ ㄱ, ㄴ, ㄷ

> **우수품질인증 소방용품에 대한 지원 등**
> 다음에 해당하는 기관 및 단체는 건축물의 신축·증축 및 개축 등으로 소방용품을 변경 또는 신규 비치하는 경우 우수품질인증 소방용품을 우선 구매·사용하도록 노력하여야 한다.
> 1. 중앙행정기관
> 2. 지방자치단체
> 3. 공공기관(지방공사, 지방공단, 지방자치단체 출자 출연기관)

**67.** 화재예방, 소방시설 설치·유지 및 안전관리에 관한 법령상 특급 소방안전관리대상물의 소방안전관리에 관한 강습교육 과정별 교육기간 운영 편성기준 중 특급 소방안전관리자에 관한 강습교육시간으로 옳은 것은?

① 이론: 16시간, 실무: 64시간
② 이론: 24시간, 실무: 56시간
③ 이론: 32시간, 실무: 48시간
④ 이론: 40시간, 실무: 40시간

| 강습교육 – 교육과정별 교육시간 운영 편성기준 | | | |
|---|---|---|---|
| 구분 | 이론 (30%) | 실무(70%) | |
| | | 일반 (30%) | 실습 및 평가 (40%) |
| 특급 소방안전관리자 | 24시간 | 24시간 | 32시간 |
| 1급 및 공공기관 소방안전관리자 | 12시간 | 12시간 | 16시간 |
| 2급 소방안전관리자 | 9시간 | 10시간 | 13시간 |
| 3급 소방안전관리자 | 7시간 | 7시간 | 10시간 |

**68.** 위험물안전관리법령상 지정수량 이상의 위험물을 저장하기 위한 저장소의 구분에 포함되지 않는 것은?

① 옥내저장소
② 옥외저장소
③ 지하저장소
④ 이동탱크저장소

| 1. 제조소 등이란 제조소, 저장소, 취급소를 말한다. | | |
|---|---|---|
| 제조소 | | |
| 저장소 | 1) 옥내저장소 | |
| | 2) 옥외탱크저장소 | |
| | 3) 옥내탱크저장소 | |
| | 4) 지하탱크저장소 | |
| | 5) 간이탱크저장소 | |
| | 6) 이동탱크저장소 | |
| | 7) 암반탱크저장소 | |
| | 8) 옥외저장소 | |
| 취급소 | 1) 주유취급소 | |
| | 2) 판매취급소 | |
| | 3) 이송취급소 | |
| | 4) 일반취급소 | |

**69.** 위험물안전관리법령상 제조소 등에 대한 정기점검 및 정기검사에 관한 설명으로 옳지 않은 것은?

① 이동탱크저장소는 정기점검의 대상이다.
② 액체위험물을 저장 또는 취급하는 50만리터 이상의 옥외탱크저장소는 정기검사의 대상이다.
③ 소방본부장 또는 소방서장은 당해 제조소등에 대하여 연 1회 이상 정기점검을 실시하여야 한다.
④ 정기점검의 내용·방법 등에 관한 기술상의 기준과 그 밖의 점검에 관하여 필요한 사항은 소방청장이 정하여 고시한다.

| 정기점검 | |
|---|---|
| 대 상 | 시 기 |
| • 예방규정을 정해야 하는 제조소 등<br>• 지하탱크저장소, 이동탱크저장소<br>• 위험물을 취급하는 탱크로서 지하에 매설된 탱크가 있는 제조소·주유취급소 또는 일반취급소 | 연 1회 이상 정기점검을 실시하고 3년간 보관<br>※점검을 한 날부터 30일 이내에 점검결과를 시·도지사에게 제출 |

**70.** 위험물안전관리법령상 탱크안전성능검사에 해당하지 않는 것은?

① 기초·지반검사
② 충수·수압검사
③ 밀폐·재질검사
④ 암반탱크검사

| 탱크안전성능검사의 대상이 되는 탱크 및 신청시기 | | |
|---|---|---|
| 구 분 | 대 상 | 신청 시기 |
| 기초·지반검사 | 특정옥외탱크(옥외탱크저장소의 액체위험물탱크 중 그 용량이 100만ℓ 이상인 탱크) | 위험물탱크의 기초 및 지반에 관한 공사의 개시 전 |
| 용접부검사 | 특정옥외탱크(비파괴시험, 진공시험, 방사선투과시험으로 함) | 탱크본체에 관한 공사의 개시 전 |

| 충수·수압검사 | 액체위험물을 저장 또는 취급하는 탱크 | 위험물을 저장 또는 취급하는 탱크에 배관 그 밖의 부속설비를 부착하기 전 |
|---|---|---|
| | 충수 수압검사 제외 ① 제조소 또는 일반취급소에 설치된 탱크로서 용량이 지정수량 미만 ② 특정설비에 관한 검사에 합격한 탱크 ③ 안전인증을 받은 탱크 | |
| 암반탱크 검사 | 액체위험물을 저장 또는 취급하는 암반내의 공간을 이용한 탱크 | 암반탱크의 본체에 관한 공사의 개시 전 |

**71.** 위험물안전관리법령상 위험물의 안전관리와 관련된 업무를 수행하는 자가 받아야하는 안전교육에 관한 설명으로 옳은 것은?

① 안전교육대상자는 시·도지사가 실시하는 교육을 받아야 한다.
② 모든 제조소등의 관계인은 안전교육대상자이다.
③ 시·도지사는 안전교육을 강습교육과 실무교육으로 구분하여 실시한다.
④ 시·도지사, 소방본부장 또는 소방서장은 안전교육대상자가 교육을 받지 아니한 때에는 그 교육대상자가 교육을 받을 때까지 위험물안전관리법의 규정에 따라 그 자격으로 행하는 행위를 제한할 수 있다.

안전교육
(1) 실시자 - 소방청장
(2) 대상
 ① 안전관리자로 선임된 자
 ② 탱크시험자의 기술인력으로 종사하는 자
 ③ 위험물운반자·운송자로 종사하는 자
(3) 교육과정, 대상자, 시간, 시기 등

| 교육과정 | 교육대상자 | 교육시간 | 교육시기 | 교육기관 |
|---|---|---|---|---|
| 강습교육 | 안전관리자가 되고자 하는 자 | 24시간 | 최초 선임되기 전 | 안전원 |
| | 위험물운반자가 되고자 하는자 | 8시간 | 최초 선임되기 전 | 안전원 |
| | 위험물운송자가 되고자 하는자 | 16시간 | 최초 선임되기 전 | 안전원 |

| 실무교육 | 안전관리자 | 8시간 이내 | 선임된 날부터 6개월 이내 교육을 받은 후 2년마다 1회 | 안전원 |
|---|---|---|---|---|
| | 위험물운반자 | 4시간 이내 | 종사한 날부터 6개월 이내 교육을 받은 후 3년마다 1회 | 안전원 |
| | 위험물운송자 | 8시간 이내 | | 안전원 |
| | 탱크시험자의 기술인력 | 8시간 이내 | 기술인력으로 등록된 날부터 6개월 이내 교육을 받은 후 2년마다 1회 | 기술원 |

(4) 시·도지사, 소방본부장 또는 소방서장은 안전교육대상자가 교육을 받지 아니한 때에는 그 교육대상자가 교육을 받을 때까지 위험물안전관리법의 규정에 따라 그 자격으로 행하는 행위를 제한할 수 있다.

**72.** 다중이용업소의 안전관리에 관한 특별법령상 '밀폐구조의 영업장'에 대한 용어의 정의이다. (  )에 들어갈 내용으로 옳게 나열한 것은?

( ㄱ )에 있는 다중이용업소의 영업장 중 채광·환기·통풍 및 ( ㄴ ) 등이 용이하지 못한 구조로 되어 있으면서 대통령령으로 정하는 기준에 해당하는 영업장을 말한다.

① ㄱ: 지하층, ㄴ: 피난
② ㄱ: 지하층, ㄴ: 소화활동
③ ㄱ: 지상층, ㄴ: 피난
④ ㄱ: 지상층, ㄴ: 소화활동

※ 밀폐구조(무창층의 정의와 동일)의 영업장
**지상층**에 있는 다중이용업소의 영업장 중 채광·환기·통풍 및 **피난** 등이 용이하지 못한 구조로 되어 있으면서 대통령령으로 정하는 기준에 해당하는 영업장을 말한다. 무창층의 요건을 모두 갖춘 개구부의 면적의 합계가 영업장으로 사용하는 바닥면적의 30분의 1 이하가 되는 것

**73.** 다중이용업소의 안전관리에 관한 특별법령상 다른 법률에 따라 다중이용업의 허가·인가·등록·신고수리를 하는 행정기관이 허가등을 한 날로부터 14일 이내에 관할 소방본부장 또는 소방서장에게 통보하여야 하는 사항을 모두 고른 것은?

> ㄱ. 다중이용업의 종류·영업장 면적
> ㄴ. 허가등 일자
> ㄷ. 화재배상책임보험 가입여부

① ㄱ, ㄴ      ② ㄱ, ㄷ
③ ㄴ, ㄷ      ④ ㄱ, ㄴ, ㄷ

관련 행정기관의 통보사항
(1) 다중이용업의 허가관청은 허가등을 한 날부터 **14일 이내**에 행정안전부령으로 정하는 바에 따라 다중이용업소의 소재지를 관할하는 소방본부장 또는 소방서장에게 통보하여야 한다.
(2) 제출서류 – 다중이용업 허가등 사항(변경사항)통보서

| 다중이용업 허가등 사항(변경사항) 통보서 | | | |
|---|---|---|---|
| 업소명 | | 소재지 | |
| 영업주 성명 | | 영업주 주소 | |
| 영업장 면적 | | | m² |
| 영업의 허가·등록·인가· 신고일 | | 년 월 일 | |
| 허가·등록·인가·신고 번호 | | 제 호 | |
| 휴업 또는 폐업일 | | 휴업 후 영업 재개일 | |

① 영업주의 성명·주소
② 영업소의 상호·소재지
③ 다중이용업의 종류·영업장 면적
④ 허가등 일자

**74.** 다중이용업소의 안전관리에 관한 특별법령상 이행강제금의 부과권자가 아닌 자는?

① 소방청장      ② 소방본부장
③ 소방서장      ④ 시·군·구청장

이행강제금
소방청장, 소방본부장 또는 소방서장은 조치 명령을 받은 후 그 정한 기간 이내에 그 명령을 이행 하지 아니하는 자에게는 1천만원 이하의 이행강제금을 부과한다

**75.** 다중이용업소의 안전관리에 관한 특별법령상 안전시설등의 구분(소방시설, 비상구, 영업장 내부피난통로, 그 밖의 안전시설) 중 '그 밖의 안전시설'에 해당하지 않는 것은?

① 휴대용비상조명등      ② 영상음향차단장치
③ 누전차단기      ④ 창문

| 다중이용업소의 영업장에 설치·유지하여야 하는 안전시설 등 | | | |
|---|---|---|---|
| 구 분 | 소방 시설등 | 종 류 | |
| 소방시설 | 소화 설비 | 1) 소화기 또는 자동확산소화기<br>2) 간이스프링클러설비 (캐비닛형간이스프링클러설비 포함) | |
| | 경보 설비 | 1) 비상벨설비 또는 자동화재탐지설비<br>2) 가스누설경보기 | |
| | 피난 구조 설비 | 1) 피난기구 | 가) 구조대<br>나) 피난사다리<br>다) 미끄럼대<br>라) 완강기<br>마) 다수인 피난장비<br>바) 승강식 피난기 |
| | | 2) 피난유도선<br>3) 유도등, 유도표지 또는 비상조명등<br>4) 휴대용비상조명등 | |
| 비상구 | | | |
| 영업장 내부 피난 통로 | | | |
| 그 밖의 안전시설 | 1) 영상음향차단장치    2) 누전차단기    3) 창문 | | |

**76.** 위험물안전관리법령상 제1류 위험물에 해당하는 것은?

① 과요오드산
② 질산구아니딘
③ 염소화규소화합물
④ 할로겐간화합물

질산구아니딘 - 제5류 위험물
염소화규소화합물 - 제3류 위험물
할로겐간화합물 - 제6류 위험물

**77.** 위험물에 관한 설명으로 옳지 않은 것은?

① 중크롬산암모늄은 융점 이상으로 가열하면 분해되어 $Cr_2O_3$가 생성된다.
② 적린은 독성이 강한 자연발화성물질로 황린의 동소체이다.
③ 수소화나트륨이 물과 반응하면 수산화나트륨이 생성된다.
④ 니트로셀룰로오스는 물이나 알코올에 습윤하면 운반 시 위험성이 낮아진다.

제2류 위험물 - 가연성 고체

| | |
|---|---|
| 적린<br>P<br> | ① 암적색 무취(물질안전보건자료에는 무취, 화학물질안전관리시스템에는 마늘냄새)의 분말로서 독성이 강하다.<br>② 융점은 600℃이고 발화점이 260℃로서 자연발화의 위험이 있으나 발화점이 34℃인 황린($P_4$)에 비해 안정<br>③ 황린(제3류 위험물)의 동소체<br>④ 적린의 연소반응식<br> $4P + 5O_2 \rightarrow 2P_2O_5$ ➔ 연소 시 유독성의 오산화인 $P_2O_5$ 발생<br>⑤ 강알칼리(OH)와 반응하여 유독성의 포스핀($PH_3$) 생성<br>⑥ 다량의 물로 냉각소화, 소량 시 모래 등으로 질식소화 |

**78.** 인화알루미늄이 물과 반응할 때 생성되는 가스는?

① $P_2O_5$
② $C_2H_6$
③ $PH_3$
④ $H_3PO_4$

제3류 위험물 - 인화알루미늄 AlP

물과 반응하여 포스핀 생성
$AlP + 3H_2O \rightarrow Al(OH)_3 + PH_3\uparrow$

**79.** 위험물의 지정수량과 위험등급에 관한 내용이다. ( )에 들어갈 내용으로 옳은 것은?

| 품명 | 지정수량(kg) | 위험등급 |
|---|---|---|
| 무기과산화물 | ( ㄱ ) | I |
| 인화성고체 | ( ㄴ ) | III |
| 아조화합물 | 200 | ( ㄷ ) |

① ㄱ: 50  ㄴ: 1,000  ㄷ: I
② ㄱ: 50  ㄴ: 1,000  ㄷ: II
③ ㄱ: 100  ㄴ: 500  ㄷ: II
④ ㄱ: 100  ㄴ: 500  ㄷ: III

| 종류<br><br>위험<br>등급 | 제1류 위험물 | | 제2류 위험물 | | 제5류 위험물 | |
|---|---|---|---|---|---|---|
| | 산화성고체 | | 가연성고체 | | 자기반응성 | |
| | 품명(10) | 지정<br>수량<br>(kg) | 품명(7) | 지정<br>수량<br>(kg) | 품명(9) | 지정<br>수량<br>(kg) |
| I | 아염소산염류<br>염소산염류<br>과염소산염류<br>무기과산화물 | 50 | – | | 유기과산화물<br>질산에스테르류 | 10 |
| II | 요오드산염류<br>브롬산염류<br>질산염류<br>무수크롬산<br>(삼산화크롬) | 300 | 황화린<br>적린<br>유황 | 100 | 히드록실아민<br>히드록실아민염류 | 100 |
| II | | | | | 니트로화합물<br>니트로소화합물<br>아조화합물<br>디아조화합물<br>히드라진 유도체 | 200 |
| III | 과망간산염류<br>중크롬산염류 | 1,000 | 철분<br>마그네슘<br>금속분류 | 500 | | – |
| III | | | 인화성<br>고체 | 1,000 | | |

**80.** 위험물안전관리법상 위험물의 성질에 따른 제조소의 특례 중 취급하는 설비에 철이온 등의 혼입에 의한 위험한 반응을 방지하기 위한 조치를 강구해야 하는 물질은?

① 산화프로필렌  ② 히드록실아민
③ 메틸리튬  ④ 히드라진

---

히드록실아민등을 취급하는 제조소의 특례

① 안전거리

안전거리 $D = 51.1\sqrt[3]{N}\,(\mathrm{m})$

$N$ : 지정수량(히드록실아민 : $100\,\mathrm{kg}$)의 배수

② 제조소 주위의 담 또는 토제의 설치기준

| 구 분 | | 내 용 |
|---|---|---|
| 제조소의 외벽, 이에 상당하는 공작물의 외측으로부터의 거리 | | 2 m 이상 |
| 높이 | | 히드록실아민등을 취급하는 부분의 높이 이상 |
| 담의 두께 | 철근콘크리트조, 철골철근콘크리트조 | 15 cm 이상 |
| | 보강콘크리트블록조 | 20 cm 이상 |
| 토제의 경사면의 경사도 | | 60° 미만 |

③ 안전조치
히드록실아민등의 온도 및 농도의 상승에 의한 위험한 반응을 방지하기 위한 조치 및 철이온 등의 혼입에 의한 위험한 반응을 방지하기 위한 조치를 강구할 것.

---

**81.** 위험물안전관리법상 위험물을 운반용기에 수납하는 기준이다. ( )에 들어갈 내용으로 옳은 것은?

---

자연발화성물질중 알킬알루미늄등은 운반용기의 내용적의 ( ㄱ )% 이하의 수납율로 수납하되, 50℃의 온도에서 ( ㄴ )% 이상의 공간용적을 유지하도록 할 것

---

① ㄱ: 80, ㄴ: 10
② ㄱ: 85, ㄴ: 10
③ ㄱ: 90, ㄴ: 5
④ ㄱ: 95, ㄴ: 5

---

위험물 운반에 관한 기준 – 수납률

① 고체위험물 : 운반용기 내용적의 95% 이하의 수납률로 수납할 것
② 액체위험물 : 운반용기 내용적의 98% 이하의 수납률로 수납하되, 55℃의 온도에서 누설되지 아니하도록 충분한 공간용적을 유지하도록 할 것
③ 제3류 위험물 중 알킬알루미늄등
운반용기의 내용적의 90% 이하의 수납률로 수납하되, 50℃의 온도에서 5% 이상의 공간용적을 유지

---

**82.** 위험물안전관리법상 위험물을 운반하기 위하여 적재하는 경우, 차광성이 있는 피복으로 가리지 않아도 되는 것은?

① 염소산나트륨  ② 아세트알데히드
③ 황린  ④ 마그네슘

---

위험물 운반에 관한 기준

차광성이 있는 것으로 피복
㉠ 제1류 위험물
㉡ 제3류 위험물 중 자연발화성 물질
㉢ 제4류 위험물 중 특수인화물
㉣ 제5류 위험물
㉤ 제6류 위험물

마그네슘은 제2류 위험물

---

**83.** 위험물의 분류 및 표지에 관한 기준상 GHS의 물리적 위험성과 그림문자의 연결로 옳지 않은 것은?

| ① | |
|---|---|
| 자연발화성 액체 |  |

| ② | |
|---|---|
| 둔감화된 폭발성물질 |  |

---

| ③ 금속부식성 물질 |  |
|---|---|
| ④ 산화성 액체 |  |

**물리적 위험성에 관한 표지**

1. 폭발성, 자기반응성
유기과산화물

2. 인화성, 물반응성,
자연발화성, 자기발열성,
유기과산화물

3. 급성독성

4. 호흡기과민성, 생식세포변
이원성, 발암성

5. 수생생태독성

6. 산화성

7. 압력상태의 기체

8. 금속부식성, 피부부식성,
심각한 눈손상 / 자극성

9. 피부과민성

**84.** 칼륨 39g이 물과 완전 반응하였을 때 이론적으로 발생할 수 있는 수소의 질량(g)은 약 얼마인가? (단, 칼륨 1몰의 원자량은 39g/mol 이다.)

① 1　　　　　　　　② 2
③ 3　　　　　　　　④ 4

1. 물과의 반응식
$2K + 2H_2O \rightarrow 2KOH + H_2 \uparrow$

2. 몰(mol) = $\dfrac{질량(g)}{분자량(g/mol)}$

칼륨 $2 = \dfrac{78}{39}$　　수소 $1 = \dfrac{2}{2}$

칼륨 78g 으로 수소 2g 생성 되므로 39g으로는 수소는 1g 생성

**85.** 다음 제4류 위험물을 인화점이 높은 것부터 낮은 순서대로 옳게 나열한 것은?

| ㄱ. 톨루엔 | ㄴ. 아세트알데히드 |
|---|---|
| ㄷ. 초산 | ㄹ. 글리세린 |
| ㅁ. 벤젠 | |

① ㄱ-ㄷ-ㄴ-ㄹ-ㅁ　　② ㄴ-ㅁ-ㄱ-ㄷ-ㄹ
③ ㄹ-ㄴ-ㄱ-ㅁ-ㄴ　　④ ㄹ-ㄷ-ㅁ-ㄱ-ㄴ

| 구 분 | 아세트알데히드 | 벤젠 | 톨루엔 | 초산 | 글리세린 |
|---|---|---|---|---|---|
| 인화점 | -38℃ | -11℃ | 4.4℃ | 40℃ | 160℃ |

**86.** 메틸알코올 32g을 공기 중에서 완전연소 시키기 위하여 필요한 공기량(g)은 약 얼마인가?(단, 공기 중에 산소는 20vol.%, 질소는 80vol.%이다.)

① 54      ② 108
③ 216      ④ 432

1. 메틸알코올 완전연소 반응식
 $2CH_3OH + 3O_2 \rightarrow 2CO_2 + 4H_2O$
2. 메틸 32g은 1몰에 해당 되므로 산소는 1.5몰이며 공기몰수는 7.5몰에 해당된다.
 1.5몰 : 20 % = 공기 몰 : 100% ∴ 공기몰수 7.5몰
3. 공기 1몰의 분자량 = $32 \times 0.2 + 28 \times 0.8 = 28.8g$
4. 공기 1몰 : 28.8g = 공기 7.5몰 : x
 따라서 공기 7.5몰에 해당하는 공기량은 216g

**87.** 제4류 위험물인 시안화수소에 관한 설명으로 옳지 않은 것은?

① 특이한 냄새가 난다.
② 맹독성 물질이다.
③ 염료, 농약, 의약 등에 사용된다.
④ 증기비중이 1보다 크다.

시안화수소

HCN의 분자량은 27g 이므로 공기의 평균분자량인 29g 보다 작으므로 증기비중 = $\frac{27}{29} = 0.93$ 으로 1보다 작다.

**88.** 27℃, 0.5atm (50,662 Pa)에서 과산화수소 1몰은 약 몇 g인가?

① 8.5      ② 17.0
③ 34.0      ④ 68.0

보일샤를의 법칙

$\frac{P_1 V_1}{T_1} = \frac{P_2 V_2}{T_2}$, $\frac{1atm \times 22.4\ell}{273K} = \frac{0.5atm \times V_2}{300K}$

∴ $V_2 = 49.2\ell$

이상기체상태방정식

$PV = nRT$      $PV = \frac{W}{M}RT$

$P$ : 압력[atm]   $V$ : 부피[$\ell$]   $n$ : 몰수[mol]
$W$ : 질량[kg]   $M$ : 분자량[kg/mol]
$R$ : 기체상수 [atm·$\ell$/ mol·K]
$T$ : 절대온도[K]

$W = \frac{P \cdot V \cdot M}{RT} = \frac{0.5 \times 49.2 \times 34}{0.082 \times 300} = 34g$

∴ $H_2O_2 mol = \frac{질량}{분자량} = \frac{34}{34} = 1mol$

**89.** 위험물안전관리법령상 옥내저장소의 위치·구조 및 설비의 기준에 따라 위험물 저장창고의 바닥을 물이 스며 나오거나 스며들지 아니하는 구조로 하여야 하는 위험물이 아닌 것은?

① 과산화나트륨      ② 철분
③ 칼륨      ④ 니트로글리세린

바닥을 지반면보다 높게 하고 물이 스며 나오거나 스며들지 아니하는 구조이어야 하는 품목

| 제1류 위험물 중 알카리금속의 과산화물 (과산화나트륨) | 제2류 위험물 중 철분, 금속분, 마그네슘 |
|---|---|
| 제3류 위험물 중 금수성물질 (칼륨) | 제4류 위험물 |

**90.** 위험물안전관리법상 주유취급소에 캐노피를 설치하는 경우 주유취급소의 위치·구조 및 설비의 기준에 해당하지 않는 것은?

① 배관이 캐노피 내부를 통과할 경우에는 1개 이상의 점검구를 설치할 것
② 캐노피의 면적은 주유를 취급하는 곳의 바닥면적의 1/3 이하로 할 것
③ 캐노피 외부의 점검이 곤란한 장소에 배관을 설치하는 경우에는 용접이음으로 할 것
④ 캐노피 외부의 배관이 일광열의 영향을 받을 우려가 있는 경우에는 단열재로 피복할 것

캐노피의 설치 기준
1. 배관이 캐노피 내부를 통과할 경우에는 1개 이상의 점검구를 설치할 것
2. 캐노피 외부의 점검이 곤란한 장소에 배관을 설치하는 경우에는 용접이음으로 할 것
3. 캐노피 외부의 배관이 일광열의 영향을 받을 우려가 있는 경우에는 단열재로 피복할 것

| 품명 | 위험 등급 | 지정 수량 |
|---|---|---|
| 유기과산화물<br>질산에스테르류 | I | 10 kg |
| 히드록실아민<br>히드록실아민염류 | II | 100 kg |
| 니트로화합물<br>니트로소화합물<br>아조화합물<br>**디아조화합물**<br>히드라진 유도체 | II | 200 kg |
| 금속의 아지화합물<br>질산구아니딘 | II | 200 kg |

**91.** 위험물안전관리법령상 옥외저장소에 지정수량 이상을 저장할 수 있는 위험물을 모두 고른 것은? (단, 옥외에 있는 탱크에 위험물을 저장하는 장소는 제외한다.)

| ㄱ. 과산화수소 | ㄴ. 메틸알코올 |
|---|---|
| ㄷ. 황린 | ㄹ. 올리브유 |

① ㄱ, ㄷ
② ㄴ, ㄹ
③ ㄱ, ㄴ, ㄹ
④ ㄱ, ㄷ, ㄹ

옥외저장소 - 옥외에 다음의 위험물을 저장하는 장소

| 제2류 위험물 | 제4류 위험물 | 제6류 위험물 |
|---|---|---|
| 유황<br>인화성고체 | 제1석유류·알코올류·제2석유류·제3석유류·제4석유류 및 동식물유류<br><br>인화점이 섭씨 0℃ 이상인 것에 한한다 | 과산화수소<br>질산<br>과염소산 |

올리브유 - 동식물유류

**92.** 제5류 위험물의 성질에 관한 설명으로 옳지 않은 것은?

① 강산화제, 강산류와 혼합한 것은 발화를 촉진시키고 위험성도 증가한다.
② 디아조화합물은 위험등급I로 고농도인 경우 충격에 민감하여 연소 시 순간적으로 폭발한다.
③ 니트로화합물은 화기, 가열, 충격 등에 민감하여 폭발위험이 있다.
④ 외부의 산소공급이 없어도 자기연소하므로 연소속도가 빠르다.

**93.** 물과 반응하여 수소가스가 발생하는 것은?

① 톨루엔
② 적린
③ 루비듐
④ 트리니트로페놀

루비듐과 물의 반응식
$2\,Rb + 2\,H_2O \rightarrow 2\,RbOH + H_2\uparrow$

**94.** 위험물 안전관리법령상 제조소에 설치하는 배출설비에 관한 설명으로 옳지 않은 것은?

① 배출능력은 1시간당 배출장소 용적의 10배 이상인 것으로 하여야 한다. 다만, 전역방식의 경우에는 바닥면적 1㎡당 18㎥ 이상으로 할 수 있다.
② 위험물취급설비가 배관이음 등으로만 된 경우에는 전역방식으로 할 수 없다.
③ 배출구는 지상 2m 이상으로서 연소의 우려가 없는 장소에 설치하여야 한다.
④ 배풍기·배출 덕트(duct)·후드 등을 이용하여 강제적으로 배출하는 것으로 해야 한다.

정답 91 ③ 92 ② 93 ③ 94 ①

배출설비(가연성증기·미분이 체류할 우려가 있는 경우)
① 강제배기방식
배풍기 – 옥내닥트의 내압이 대기압 이상이 되지 아니하는 위치에 설치하여야 한다.

배출설비(국소방식)

② 배출방식에 따른 배출능력

| 배출방식 | 배출능력(시간당) |
| --- | --- |
| 국소방식 | 배출장소 용적의 20배 이상 |
| 전역방출방식 | 바닥면적 $1\,m^2$ 당 $18\,m^3$ 이상 |

**95.** 위험물안전관리법령상 소화설비, 경보설비 및 피난설비의 기준에서 제조소등에 전기설비가 설치된 경우 당해 장소의 면적이 $400m^2$일 때, 소형수동식소화기를 최소 몇 개 이상 설치해야 하는가? (단, 전기배선, 조명기구 등은 제외한다.)

① 1      ② 2
③ 3      ④ 4

제조소등에 설치된 전기설비(배선, 조명기구 제외)
– 면적 $100\,m^2$ 당 소형수동식소화기를 1개 이상 설치

[풀이]
$400m^2 \div 100m^2$ /개 $= 4$개

**96.** 위험물안전관리법령상 제조소의 안전거리 기준에 관한 설명으로 옳지 않은 것은? (단, 제6류 위험물을 취급하는 제조소를 제외한다.)

① 「초·중등교육법」 제2조 및 「고등교육법」 제2조에 정하는 학교는 수용인원에 관계없이 30m 이상 이격하여야 한다.
② 「아동복지법」에 따른 아동복지시설에 20명 이상의 인원을 수용하는 경우는 30m 이상 이격하여야 한다.
③ 「공연법」에 의한 공연장이 300명 이상의 인원을 수용하는 경우는 30m 이상 이격하여야 한다.
④ 「노인복지법」에 의한 노인복지시설에 20명 이상의 인원을 수용하는 경우는 20m 이상 이격하여야 한다.

제조소의 안전거리
건축물의 외벽 또는 이에 상당하는 공작물의 외측으로부터 당해 제조소의 외벽 또는 이에 상당하는 공작물의 외측까지의 수평거리(6류 위험물은 제외)

| 안전거리 | 해당 대상물 | |
| --- | --- | --- |
| 50m 이상 | 유형문화재, 기념물 중 지정문화재 | |
| 30m 이상 | ① 학교<br>② 종합병원, 병원, 치과병원, 한방병원, 요양병원 | |
| | ③ 공연장, 영화상영관 등 | 수용인원 : 300명 이상 |
| | ④ 아동복지시설, 장애인복지시설, 모·부자복지시설, 보육시설, 가정폭력 피해자시설 등 | 수용인원 : 20명 이상 |
| 20m 이상 | 고압가스, 액화석유가스, 도시가스를 저장 또는 취급하는 시설 | |
| 10m 이상 | 주거 용도에 사용되는 것 | |
| 5m 이상 | 사용전압 35,000 V를 초과하는 특고압가공전선 | |
| 3m 이상 | 사용전압 7,000 V 초과 35,000 V 이하의 특고압가공전선 | |

**97.** 위험물안전관리법령상 제조소의 환기설비 시설기준에 관한 설명으로 옳지 않은 것은?

① 바닥면적이 $120m^2$인 경우, 급기우의 면적은 $300cm^2$ 이상으로 하여야 한다.
② 환기구는 지붕위 또는 지상 2m 이상의 높이에 회전식 고정벤티레이터 또는 루푸팬 방식으로 설치할 것
③ 급기구는 해당 급기구가 설치된 실의 바닥면적 $150m^2$마다 1개 이상으로 하여야 한다.
④ 급기구는 낮은 곳에 설치하고 가는 눈의 구리망 등으로 인화방지망을 설치하여야 한다.

환기설비(가연성증기·미분이 체류할 우려가 없는 경우)
① 자연배기방식
② 환기구
 지붕 위 또는 지상 2 m 이상의 높이에 회전식 고정벤틸레이터 또는 루프팬방식으로 설치
③ 급기구
 ㉠ 위치 : 낮은 곳에 설치(체류 우려가 없고 공기보다 가벼기 때문에 아래에서 위로 급기되어야 자연스럽게 배출된다) 및 가는 눈의 구리망으로 인화방지망을 설치
 ㉡ 개수 : 바닥면적 150 m² 마다 1개 이상 설치
 ㉢ 크기 : 800 cm² 이상

| 바 닥 면 적 | 급기구의 면적 |
|---|---|
| 150 m² 이상 | 800 cm² 이상 |
| 120 m² 이상 150 m² 미만 | 600 cm² 이상 |
| 90 m² 이상 120 m² 미만 | 450 cm² 이상 |
| 60 m² 이상 90 m² 미만 | 300 cm² 이상 |
| 60 m² 미만 | 150 cm² 이상 |

바닥면적 150 m² 미만시 환기설비의 급기구 크기

**98.** 위험물안전관리법령상 제1종 판매취급소의 위치·구조 및 설비의 기준으로 옳지 않은 것은?

① 판매취급소는 건축물의 1층에 설치할 것
② 판매취급소의 용도로 사용하는 부분의 창 및 출입구에는 갑종방화문 또는 을종방화문을 설치할 것
③ 판매취급소로 사용되는 부분과 다른 부분과의 격벽은 내화구조로 할 것
④ 판매취급소의 용도로 사용하는 건축물의 부분은 보를 불연재료로 하고, 천장을 설치하는 경우에는 천장을 난연재료로 할 것

제1종 판매취급소의 기준
- 지정수량의 20배 이하 저장 또는 취급
(1) 제1종 판매취급소는 건축물의 1층에 설치할 것
(2) 표지 및 게시판 - 제조소와 동일하게 설치
(3) 제1종 판매취급소의 용도로 사용되는 건축물의 부분은 내화구조 또는 불연재료로 하고, 판매취급소로 사용되는 부분과 다른 부분과의 격벽은 내화구조로 할 것
(4) 보를 불연재료, 천장을 설치하는 경우에는 천장을 불연재료로 할 것
(5) 상층의 바닥을 내화구조로 하고, 상층이 없는 경우에 있어서는 지붕을 내화구조로 또는 불연재료로 할 것
(6) 창 및 출입구에는 갑종방화문 또는 을종방화문을 설치할 것
(7) 창 또는 출입구에 유리를 이용하는 경우에는 망입유리

**99.** 위험물안전관리법령상 위험물제조소에서 위험물을 가압하는 설비 또는 그 취급하는 위험물의 압력이 상승할 우려가 있는 설비에 설치하는 안전장치가 아닌 것은?

① 대기밸브부착 통기관
② 자동적으로 압력의 상승을 정지시키는 장치
③ 안전밸브를 병용하는 경보장치
④ 감압측에 안전밸브를 부착한 감압밸브

압력계 및 안전장치
① 자동적으로 압력의 상승을 정지시키는 장치
② 감압측에 안전밸브를 부착한 감압밸브
③ 안전밸브를 병용하는 경보장치
④ 파괴판 (위험물의 성질에 따라 안전밸브의 작동이 곤란한 가압설비에 한한다)

**100.** 위험물안전관리법령상 제1류 위험물을 저장하는 옥내저장소의 저장창고는 지면에서 처마까지의 높이를 몇 m 미만인 단층건물로 하는가?

① 6  ② 8
③ 10  ④ 12

옥내저장소 지면에서 처마까지의 높이 : 6 m 미만
제2류 또는 제4류 위험물만을 저장하는 창고의 처마 높이를 20 m 이하로 할 수 있는 경우
① 벽, 기둥, 바닥 및 보를 내화구조로 할 것
② 출입구에 갑종방화문을 설치할 것
③ 피뢰침을 설치할 것(단, 안전상 지장이 없는 경우에는 예외)

정답  98 ④  99 ①  100 ①

**제5과목** 소방시설의 구조 원리

**101.** 제연설비의 화재안전기준상 제연설비에 관한 기준으로 옳은 것은?

① 하나의 제연구역의 면적은 1,500m²이내로 할 것
② 하나의 제연구역은 직경 100m 원내에 들어갈 수 있을 것
③ 하나의 제연구역은 2개 이상 층에 미치지 아니하도록 할 것. 다만, 층의 구분이 불분명한 부분은 그부분을 다른 부분과 별도로 제연구획 하여야 한다.
④ 통로상의 제연구역은 수평거리가 100m를 초과하지 아니할 것

> **제연구역의 선정**
> ① 하나의 제연구역의 면적은 1,000 m²이내
> ② 거실과 통로(복도를 포함한다)는 상호 제연구획 할 것
> ③ 통로상의 제연구역은 보행중심선의 길이가 60 m를 초과하지 아니할 것
> ④ 하나의 제연구역은 직경 60 m 원내에 들어갈 수 있을 것
> ⑤ 하나의 제연구역은 2개 이상 층에 미치지 아니하도록 할 것 다만, 층의 구분이 불분명한 부분은 그 부분을 다른 부분과 별도로 제연구획하여야 한다.

**102.** 분말소화설비의 화재안전기준상 가압용가스용기에 관한 기준으로 옳지 않은 것은?

① 분말소화약제의 가스용기는 분말소화약제의 저장용기에 접속하여 설치하여야 한다.
② 가압용가스에 질소가스를 사용하는 것의 질소가스는 소화약제 1kg마다 10ℓ이상으로 할 것
③ 분말소화약제의 가압용가스 용기를 3병 이상 설치한 경우에는 2개 이상의 용기에 전자개방밸브를 부착하여야 한다.
④ 가압용가스에 이산화탄소를 사용하는 것의 이산화탄소는 소화약제 1kg에 대하여 20g에 배관의 청소에 필요한 양을 가산한 양 이상으로 할 것

> **가압용가스용기**
> ① 가압용가스 또는 축압용가스는 질소가스 또는 이산화탄소로 할 것
> ② 소화약제 1 kg당 저장량
>
> | 소화약제 1 kg마다 저장량 | 가압용가스 | 축압용가스 |
> |---|---|---|
> | 질소가스 | 40 ℓ 이상 | 10 ℓ 이상 |
> | 이산화탄소 | 20 g 이상 | 20 g 이상 |
>
> ※ 질소가스는 35℃에서 1기압의 압력상태로 환산한 용량을 말한다.
> ③ 소화약제 1 kg당 저장량 외 청소에 필요한 양을 가산하여야 하며 배관의 청소에 필요한 양의 가스는 별도의 용기에 저장하여야 한다.

**103.** 할로겐화합물 및 불활성기체소화설비의 화재안전기준에서 정하고 있는 할로겐화합물 및 불활성기체소화약제 최대허용설계농도 중 다음에서 최대허용설계농도(%)가 가장 낮은 소화약제는?

① IG-55          ② HFC-23
③ HFC-125        ④ FK-5-1-12

| 최대허용 설계농도(%) | | | |
|---|---|---|---|
| 소 화 약 제 | 최대허용 설계농도 (%) | 소 화 약 제 | 최대허용 설계농도 (%) |
| FC-3-1-10 | 40 | FK-5-1-12 | 10 |
| HFC-23 | 30 | HCFC BLEND A | 10 |
| HFC-236fa | 12.5 | HCFC-124 | 1.0 |
| HFC-125 | 11.5 | FIC-13I1 | 0.3 |
| HFC-227ea | 10.5 | IG-01, 100, 541, 55 | 43 |

**104.** 지하구의 화재안전기준상 방화벽의 설치기준으로 옳지 않은 것은?

① 내화구조로서 홀로 설 수 있는 구조일 것
② 방화벽의 출입문은 을종방화문으로 설치할 것
③ 방화벽은 분기구 및 국사·변전소 등의 건축물과 지하구가 연결되는 부위(건축물로부터 20m 이내)에 설치할 것

④ 방화벽을 관통하는 케이블·전선 등에는 국토교통부 고시(내화구조의 인정 및 관리기준)에 따라 내화충전 구조로 마감할 것

**방화벽**
항상 닫힌 상태를 유지하거나 자동폐쇄장치에 의하여 화재신호를 받으면 자동으로 닫히는 구조
1. 내화구조로서 홀로 설 수 있는 구조
2. 방화벽의 출입문은 **갑종방화문**으로 설치
3. 방화벽을 관통하는 케이블·전선 등에는 내화충전 구조로 마감
4. 방화벽은 분기구 및 국사·변전소 등의 건축물과 지하구가 연결되는 부위(**건축물로부터 20m 이내**)에 설치
5. 자동폐쇄장치를 사용하는 경우에는 「자동폐쇄장치의 성능인증 및 제품검사의 기술기준」에 적합한 것으로 설치

**105.** 연결송수관설비의 화재안전기준상 배관에 관한 설치기준의 일부이다. ( )에 들어갈 것으로 옳은 것은?

- 주배관의 구경은 ( ㄱ ) mm 이상의 것으로 할 것
- 지면으로부터의 높이가 31m 이상인 특정소방대상물 또는 지상 ( ㄴ )층 이상인 특정소방대상물에 있어서는 습식설비로 할 것

① ㄱ: 100, ㄴ: 9　　② ㄱ: 100, ㄴ: 11
③ ㄱ: 150, ㄴ: 9　　④ ㄱ: 150, ㄴ: 11

**연결송수관 배관 설치기준**
(1) **주배관의 구경은 100 mm 이상**
 ① 연결송수관설비의 배관의 겸용
  주배관의 구경이 100 mm 이상인 옥내소화전설비·스프링클러설비 또는 물분무등소화설비의 배관과 겸용할 수 있다.
 ② 층수가 30층 이상의 특정소방대상물은 스프링클러설비의 배관과 겸용 불가
(2) 습식으로 하여야 하는 경우
 지면으로부터의 높이가 31 m 이상 또는 지상 11층 이상인 특정소방대상물

**106.** 연결살수설비의 화재안전기준상 송수구의 설치높이로 옳은 것은?

① 지면으로부터 높이가 0.5m 이상 1m 이하의 위치에 설치할 것
② 지면으로부터 높이가 0.8m 이상 1.5m 이하의 위치에 설치할 것
③ 지면으로부터 높이가 1m 이상 1.5m 이하의 위치에 설치할 것
④ 지면으로부터 높이가 1.5m 이상 2m 이하의 위치에 설치할 것

**송수구 설치기준**
(1) 송수구에는 이물질을 막기 위한 마개를 씌워야 한다.
(2) **지면으로부터 높이가 0.5 m 이상 1 m 이하**
(3) 송수구는 구경 65 mm의 쌍구형으로 설치
 다만, 하나의 송수구역에 부착하는 살수헤드의 수가 10개 이하인 것은 단구형 가능
(4) 송수구로부터 주배관에 이르는 연결배관에는 개폐밸브를 설치하지 아니 할 것
 다만, 스프링클러·물분무·포 또는 연결송수관설비의 배관과 겸용시 제외
(5) 송수구의 부근에는 표지와 송수구역 일람표를 설치(선택밸브를 설치 시 제외)
(6) **자동배수밸브와 체크밸브 설치기준**
 ① 폐쇄형헤드를 사용하는 설비의 경우에는 **송수구·자동배수밸브·체크밸브**의 순으로 설치
 ② 개방형헤드를 사용하는 설비의 경우에는 **송수구·자동배수밸브**의 순으로 설치
 ③ 자동배수밸브는 배관안의 물이 잘 빠질 수 있는 위치에 설치하되, 배수로 인하여 다른 물건 또는 장소에 피해를 주지 아니할 것
(7) 소방차가 쉽게 접근할 수 있고 노출된 장소에 설치할 것.
 ※ **가연성가스의 저장·취급시설**에 설치하는 연결살수설비의 송수구는 그 방호대상물로부터 **20 m 이상**의 거리를 두거나 방호대상물에 면하는 부분이 높이 **1.5 m 이상** 폭 **2.5 m 이상**의 철근콘크리트 벽으로 가려진 장소에 설치
(8) 개방형헤드를 사용하는 연결살수설비에 있어서 하나의 송수구역에 설치하는 살수헤드의 수는 10개 이하
(9) 개방형헤드를 사용하는 송수구의 호스접결구는 각 송수구역마다 설치
 다만, 송수구역을 선택할 수 있는 선택밸브가 설치되어 있고 각 송수구역의 주요구조부가 내화구조로 되어 있는 경우 제외

**107.** 무선통신보조설비의 화재안전기준상 누설동축케이블 설치기준으로 옳지 않은 것은?

① 누설동축케이블과 이에 접속하는 안테나 또는 동축케이블과 이에 접속하는 안테나로 구성할 것
② 누설동축케이블의 끝부분에는 무반사 종단저항을 견고하게 설치할 것
③ 해당 전로에 정전기 차폐장치를 유효하게 설치한 경우에도 누설동축케이블 및 안테나는 고압의 전로로부터 1m 이상 떨어진 위치에 설치할 것
④ 누설동축케이블 및 동축케이블은 불연 또는 난연성의 것으로 습기에 따라 전기의 특성이 변질되지 아니하는 것으로 하고, 노출하여 설치한 경우에는 피난 및 통행에 장애가 없도록 할 것

누설동축케이블 설치기준
㉠ 불연 또는 난연성으로 할 것
㉡ 습기에 따라 전기의 특성이 변질되지 아니할 것
㉢ 노출하여 설치한 경우에는 피난 및 통행에 장애가 없도록 할 것
㉣ 끝부분에는 무반사 종단저항을 견고하게 설치할 것
㉤ 금속판 등에 따라 전파의 복사 또는 특성이 현저하게 저하되지 아니하는 위치에 설치할 것(안테나 동일)
㉥ **고압의 전로로부터 1.5 m 이상 떨어진 위치에 설치할 것**(안테나 동일) 해당 전로에 정전기 차폐장치를 유효하게 설치한 경우 제외
㉦ 화재에 따라 해당 케이블의 피복이 소실된 경우에 케이블 본체가 떨어지지 아니하도록 **4 m 이내마다 금속제 또는 자기제등의 지지금구로 벽 · 천장 · 기둥 등에 견고하게 고정시킬 것** 다만, 불연재료로 구획된 반자 안에 설치하는 경우에는 제외
㉧ 임피던스는 50 Ω으로 하고, 이에 접속하는 안테나 · 분배기 기타의 장치는 해당 임피던스에 적합한 것으로 할 것(동축케이블 동일)

**108.** 미분무소화설비의 화재안전기준에 관한 내용으로 옳지 않은 것은?

① 중압미분무소화설비란 사용압력이 0.5MPa을 초과하고 5.5MPa 이하인 미분무소화설비를 말한다.
② 사용되는 필터 또는 스트레이너의 메쉬는 헤드 오리피스 지름의 80% 이하가 되어야 한다.

③ 설비에 사용되는 구성요소는 STS 304 이상의 재료를 사용하여야 한다.
④ 가압송수장치가 기동되는 경우에는 자동으로 정지되지 아니하도록 하여야 한다.

| 사용압력에 따른 미분무소화설비의 분류 | |
| --- | --- |
| 저압 미분무 소화설비 | 최고사용압력이 1.2 MPa 이하인 미분무소화설비 |
| 중압 미분무 소화설비 | 사용압력이 1.2 MPa을 초과하고 3.5 MPa 이하인 미분무소화설비 |
| 고압 미분무 소화설비 | 최저사용압력이 3.5 MPa을 초과하는 미분무소화설비 |

**109.** 포소화설비의 화재안전기준에서 정하고 있는 가압송수장치의 포워터스프링클러헤드 표준방사량으로 옳은 것은?

① 50 L/min 이상　　② 65 L/min 이상
③ 70 L/min 이상　　④ 75 L/min 이상

| 구 분 | 표준방사량 |
| --- | --- |
| 포워터스프링클러헤드 | 75 ℓ/min 이상 |
| 포헤드, 고정포방출구, 이동식포노즐, 압축공기포 | 설계압력에 따라 방출되는 소화약제의 양 |

**110.** 소화기구 및 자동소화장치의 화재안전기준상 다음 조건에 따른 의료시설에 설치 해야하는 소형소화기의 최소 설치개수는?

- 소형소화기 1개의 능력단위는 3단위이다.
- 의료시설은 15층에만 있으며, 바닥면적은 가로 40m × 세로 40m이다.
- 주요구조부가 내화구조이고, 벽 및 반자의 실내에 면하는 부분이 난연재료로 되어 있다.

① 4개　　　　　② 6개
③ 9개　　　　　④ 11개

특정소방대상물에 따라 소화기구의 능력단위 산정하여 배치

| 특정소방대상물 | 소화기구의 능력단위 – 1단위의 바닥면적(m²) |
|---|---|
| • 위락시설 | 30 m² |
| • 공연장 · 관람장 · 장례식장 · 집회장 · 의료시설 · 문화재<br>【암기】 공(연장)관(람장)장 집의 문 | 50 m² |
| • 관광휴게시설 · 창고시설 · 판매시설 · 노유자시설 · 숙박시설 · 근린생활시설 · 항공기 및 자동차 관련 시설 · 공동주택 · 공장 · 업무시설 · 운수시설 · 전시장 · 방송통신시설<br>【암기】 관(광휴게시설)창 판 노숙 근항 – 공(동주택)공(장)업 운전 방 | 100 m² |
| • 그 밖의 것 | 200 m² |

※ 소화기구의 능력단위를 산출함에 있어서 건축물의 **주요구조부가 내화구조**이고, 벽 및 반자의 실내에 면하는 부분이 **불연재료 · 준불연재료 또는 난연재료**로 된 특정소방대상물에 있어서는 위 표의 **기준면적의 2배**를 해당 특정소방대상물의 기준면적으로 한다.

[풀이]
의료시설의 1단위에 해당하는 면적은 100m²이므로 40 m × 40 m ÷ 100 m²/1단위 = 16단위
소형소화기 1개의 능력단위는 3단위이므로
16단위 ÷ 3단위/개 = 5.33개  따라서 6개

**111.** 옥내소화전설비에서 옥내소화전 2개설치 시 최소유량은 260L/min 이다. 펌프성능시험에서 다음 (     )에 들어갈 것으로 옳은 것은?

| 구분 | 체절운전시 | 정격토출량 100% 운전시 | 정격토출량 150% 운전시 |
|---|---|---|---|
| 펌프 토출량 | ( ㄱ ) L/min | 260 L/min | 390 L/min |
| 펌프 토출압 | 1.4 MPa | 1 MPa | ( ㄴ )MPa 이상 |

① ㄱ: 0, ㄴ: 0.65
② ㄱ: 0, ㄴ: 1.5
③ ㄱ: 130, ㄴ: 0.65
④ ㄱ: 130, ㄴ: 1.5

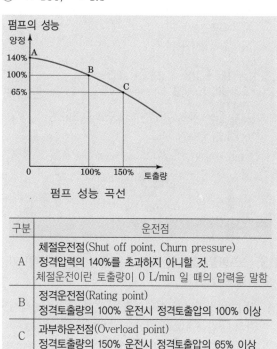

펌프의 성능

펌프 성능 곡선

| 구분 | 운전점 |
|---|---|
| A | 체절운전점(Shut off point, Churn pressure)<br>정격압력의 140%를 초과하지 아니할 것.<br>체절운전이란 토출량이 0 L/min 일 때의 압력을 말함 |
| B | 정격운전점(Rating point)<br>정격토출량의 100% 운전시 정격토출압의 100% 이상 |
| C | 과부하운전점(Overload point)<br>정격토출량의 150% 운전시 정격토출압의 65% 이상 |

**112.** 옥외소화전 5개가 설치된 특정소방대상물이 있다. 펌프방식을 사용하여 소화수를 공급할 때, 펌프의 전동기 최소용량 (kW)은 약 얼마인가?

- 실양정 20m, 호스길이 25m(호스의 마찰손실수두는 호스길이 100m당 4m)
- 배관 및 배관부속품 마찰손실수두 10m, 펌프효율 50%
- 전달계수(K) 1.1, 관창에서의 방수압 29mAq
- 주어진 조건 이외의 다른 조건은 고려하지 않고, 계산결과 값은 소수점 셋째 자리에서 반올림함

① 1.51
② 12.43
③ 15.10
④ 20.51

1. $H$ : 필요한 낙차(m)

$$H = h_1 + h_2 + h_3 + h_4$$

$h_1$ : 소방용호스 마찰손실 수두(m)
$h_2$ : 배관 및 관부속품 마찰손실 수두(m)
$h_3$ : 실양정(m)
$h_4$ : 방사압력환산수두

H = 1m + 10m + 20m + 29m = 60m
• 호스길이 100m당 4m 손실이 발생하므로 25m 이면 1m 에 해당

2. 정격토출량 - 옥외소화전 기준개수는 2개 이므로
700L/min = 0.7m³/min

3. 전동기 용량(kW) $= \dfrac{9.8 \times H \times Q}{60 \times \eta} \times K$

$= \dfrac{9.8 \times 60 \times 0.7}{60 \times 0.5} \times 1.1$

$= 15.092$ kW

**113.** 스프링클러설비의 화재안전기준상 헤드에 관한 기준 으로 옳은 것은?

① 살수가 방해되지 아니하도록 벽과 스프링클러헤드 간의 공간은 10cm 이상으로 한다.
② 스프링클러헤드와 그 부착면과의 거리는 60cm 이 하로 한다.
③ 상부에 설치된 헤드의 방출수에 따라 감열부에 영 향을 받을 우려가 있는 헤드에는 방출수를 차단할 수 있는 유효한 반사판을 설치한다.
④ 측벽형을 설치하는 경우 긴 변의 한쪽 벽에 일렬로 설치하고 4m 이내마다 설치한다.

스프링클러헤드 설치기준
1. 헤드와 그 부착면(상향식헤드의 경우에는 그 헤드의 직상 부의 천장·반자 등)과의 거리는 30 cm 이하
2. 상부에 설치된 헤드의 방출수에 따라 감열부에 영향을 받 을 우려가 있는 헤드에는 **방출수를 차단**할 수 있는 유효 한 **차폐판**을 설치할 것
3. 측벽형스프링클러헤드를 설치하는 경우
   ㉠ 폭이 4.5 m 미만 - 긴 변의 한쪽 벽에 일렬로 설치하 고 3.6 m 이내마다 설치할 것
   ㉡ 폭이 4.5 m 이상 9 m 이하인 실에 있어서는 긴변의 양 쪽에 각각 일렬로 설치하되 마주보는 헤드가 나란히꼴 이 되도록 설치

**114.** 옥내소화전설비의 화재안전기준에 관한 내용으로 옳 은 것은?

① 물올림장치란 옥내소화전설비의 관창에서 압력변동 을 검지하여 자동적으로 펌프를 기동시키는 것으로 압력챔버 또는 기동용압력스위치 등을 말한다.
② 펌프의 토출 측에는 진공계를 체크밸브 이전에 펌 프토출 측 플랜지에서 가까운 곳에 설치한다.
③ 가압송수장치의 기동을 표시하는 옥내소화전함의 내부에 설치하되 황색등으로 한다.
④ 옥내소화전설비의 수원은 그 저수량이 옥내소화전 의 설치개수가 가장 많은 층의 설치 개수(2개 이 상 설치된 경우에는 2개)에 2.6m³를 곱한 양 이상 이 되도록 하여야 한다.

1. 물올림장치 - 부압식의 경우 펌프에서 후트밸브까지 충수 가 되지 않으면 펌프 흡입이 되지 않으므로 항상 흡입배 관에 물을 채워주는 장치
2. 펌프의 토출측
   ㉮ 압력계 : 체크밸브 이전에 펌프 토출측 플랜지에서 가 까운 곳에 설치
   ㉯ 순환배관 설치 : 체절운전 시 수온의 상승을 방지하기 위함
   ㉰ 성능시험배관 설치 : 펌프의 성능을 시험하기 위한 배 관을 설치
3. 가압송수장치의 기동을 표시하는 표시등
   옥내소화전함의 상부 또는 그 직근에 설치하되 적색등으 로 할 것

**115.** 건축물의 높이가 3.5m인 특수가연물을 저장 또는 취급하는 랙크식 창고에 스프링클러설비를 설치하고자 한다. 바닥면적 가로 40m×세로 66m라고 한다면, 스프 링클러헤드를 정방형으로 배치할 경우 헤드의 설치 개수 는?

① 322개
② 433개
③ 476개
④ 512개

랙크식장고 (특수가연물 저장) : 헤드의 수평거리는 1.7 m 이하 ➜ 헤드간의 거리
$S = 2R\cos 45 = 2 \times 1.7 \times \cos 45 = 2.4\,m$ 이하

[풀이]
가로 설치개수 40m ÷ 2.4 m/개 = 16.6개 ∴ 17개
세로 설치개수 66m ÷ 2.4 m/개 = 27.5개 ∴ 28개
전체 헤드 수는 17 × 28 = 476개

**116.** 옥내소화전설비의 화재안전기준상 가압송수장치의 내연기관에 관한 내용으로 옳지 않은 것은?

① 내연기관의 기동은 소화전함의 위치에서 원격조작이 가능하고, 기동을 명시하는 적색등을 설치할 것
② 제어반에 따라 내연기관의 자동기동 및 수동기동이 가능하고, 상시 충전되어 있는 축전지설비를 갖출 것
③ 내연기관의 연료량은 펌프를 20분(층수가 30층 이상 49층 이하는 40분, 50층 이상은 60분) 이상 운전할 수 있는 용량일 것
④ 내연기관의 충압펌프는 정격부하운전 시험 및 수온의 상승을 방지하기 위하여 순환배관을 설치할 것

**내연기관을 사용하는 경우(엔진펌프)**
㉠ 내연기관의 기동은 소화전함의 위치에서 원격조작이 가능하고 기동을 명시하는 적색등을 설치할 것
㉡ 제어반에 따라 내연기관의 자동기동 및 수동기동이 가능하고, 상시 충전되어 있는 축전지설비를 갖출 것
㉢ 내연기관의 연료량은 펌프를 20분 이상 운전할 수 있는 용량일 것(층수가 30층 이상 49층 이하는 40분, 50층이 이상은 60분)
※ 충압펌프는 순환배관 및 성능시험배관을 설치하지 않는다.

**117.** 다음 조건에서 준비작동식 유수검지지장치를 설치할 경우 광전식 스포트형 2종 연기감지기의 최소 설치개수는?

• 감지기 부착높이 7.5m 이며, 교차회로방식 적용
• 주요구조부가 내화구조인 공장으로 바닥면적 1,900m²

① 26개 　　② 28개
③ 52개 　　④ 56개

**연기감지기 면적, 거리에 따른 설치개수**

| 구 분 | | 연기감지기의 종류 | |
| --- | --- | --- | --- |
| | | 1, 2종 | 3종 |
| 감지기 설치 높이 | 4 m 미만 | 150 m² | 50 m² |
| | 4 m 이상 20 m 미만 | 75 m² | – |
| 복도, 통로 (보행거리) | | 30 m마다 | 20 m마다 |
| 계단, 경사로 (수직거리) | | 15 m마다 | 10 m마다 |

[풀이]
1,900 m² ÷ 75 m²/개 = 25.33개　따라서 26개 설치 해야 하며 교차회로 방식으로 설치 해야 하므로 2배하면 52개 설치 해야 함

**118.** 피난기구의 화재안전기준의 설치장소별 피난기구 적응성에서 노유자시설의 층별 적응성이 있는 피난기구의 연결이 옳은 것은?

① 지하 1층 — 피난교
② 지상 2층 — 완강기
③ 지상 3층 — 승강식피난기
④ 지상 4층 — 미끄럼대

**피난기구의 적응성**

| 피난 기구의 종류(10개) | 미끄럼대, 구조대, 다수인피난장비, 승강식피난기, 피난교, 공기안전매트, 간이완강기, 완강기, 피난사다리, 피난용트랩 | | |
| --- | --- | --- | --- |
| 용도 | 노유자시설 | 조산원, 의료시설, 근린생활시설 중 입원실이 있는 의원, 접골원 | 그 밖의 것 |
| 지하층 | 피난용트랩 | 피난용트랩 | 피난용트랩, 피난시다리 |
| 시상층(3층까지만 가능한 피난기구) | 미끄럼대, 구조대 | 미끄럼대 | 미끄럼대, 피난용트랩 |
| 지상층 중 사용불가 | 공기안전매트, 간이완강기, 완강기, 피난사다리, 피난용트랩 | 공기안전매트, 간이완강기, 완강기, 피난사다리 | – |

정답　116 ④　117 ③　118 ③

**119.** 화재예방, 소방시설 설치·유지 및 안전관리에 관한 법령상 시각경보기를 설치하여야 하는 특정소방대상물이 아닌 것은?

① 숙박시설로서 연면적이 700m² 인 특정소방대상물
② 문화 및 집회시설로서 연면적이 900m² 인 특정소방대상물
③ 노유자시설로서 연면적이 800m² 인 특정소방대상물
④ 업무시설로서 연면적이 1,200m² 인 특정소방대상물

시각경보기 설치대상(자동화재탐지설비가 반드시 설치되어 있어야 한다.)
근린생활시설, **문화 및 집회시설**, 종교시설, 판매시설, 운수시설, 운동시설, 위락시설, 창고시설 중 물류터미널, 의료시설, **노유자시설, 업무시설, 숙박시설**, 발전시설 및 장례식장, 교육연구시설 중 도서관, 방송통신시설 중 방송국, 지하가 중 지하상가

자동화재탐지설비 설치 대상

| 특정소방대상물의 종류 | | | 연면적 등 |
|---|---|---|---|
| 의료시설 | 요양병원(정신병원과 의료재활시설은 제외) | | – |
| | 정신의료기관과 의료재활재시설 | 바닥면적 합계 | 300m² 이상 |
| | | 창살이 설치된 경우 | 300m² 미만 |
| 노유자 생활시설에 해당하지 않는 **노유자시설** | | | 400 m² 이상 |
| 근린생활시설(목욕장은 제외), 위락시설, **숙박시설**, 의료시설(정신의료기관과 요양병원 제외), 복합건축물, 장례식장 | | | 600 m² 이상 |
| 공동주택, 근린생활시설 중 목욕장, **문화 및 집회시설**, 종교시설, 판매시설, 운수시설, 운동시설, **업무시설**, 공장, 창고시설, 위험물 저장 및 처리시설, 방송통신시설, 항공기 및 자동차 관련 시설, 관광 휴게시설, 지하가(터널은 제외), 발전시설, **교정 및 군사시설 중 국방·군사시설** | | | 1천 m² 이상 |
| 동물 및 식물관련시설, 분뇨 및 쓰레기 처리시설, **교정 및 군사시설**(국방·군사시설은 제외), 교육연구시설(교육시설 내에 있는 기숙사 및 합숙소를 포함), 수련시설(숙박시설이 있는 수련시설은 제외), 묘지 관련 시설 | | | 2천 m² 이상 |
| 숙박시설이 있는 수련시설(수용인원) | | | 100명 이상 |
| 터널(길이) | | | 1천 m 이상 |
| 특수가연물을 저장·취급하는 공장 및 창고시설 | | | 500배 이상 |
| 노유자 생활시설, 지하구, 판매시설 중 전통시장 | | | – |

**120.** 소방시설의 내진설계 기준에 관한 내용으로 옳지 않은 것은?

① 상쇄배관(offset)이란 영향구역 내의 직선배관이 방향전환 한 후 다시 같은 방향으로 연속될 경우, 중간에 방향전환 된 짧은 배관은 단부로 보지 않고 상쇄하여 직선으로 볼 수 있는 것을 말하며, 짧은 배관은 단부로 보지 않고 상쇄하여 직선으로 볼 수 있는 것을 말하며, 짧은 배관의 합산길이는 3.7m 이하이다.
② 하나의 수평직선배관은 최소 2개의 횡방향 흔들림 방지 버팀대와 1개의 종방향 흔들림 방지 버팀대를 설치하여야 한다.
③ 수평직선배관 횡방향 흔들림 방지 버팀대의 간격은 중심선을 기준으로 최대간격이 12m를 초과하지 않아야 한다.
④ 수평직선배관 종방향 흔들림 방지 버팀대의 설계하중은 영향구역내의 수평주행배관, 교차배관, 가지배관의 하중을 포함하여 산정한다.

종방향 흔들림 방지 버팀대
1. 배관 구경에 관계없이 모든 수평주행배관·교차배관 및 옥내소화전설비의 수평배관에 설치하여야 한다.
2. **종방향 흔들림 방지 버팀대의 설계하중**은 설치된 위치의 좌우 12m를 포함한 24m 이내의 배관에 작용하는 수평지진하중으로 영향구역내의 **수평주행배관, 교차배관 하중을 포함하여 산정**하며, 가지배관의 하중은 제외한다.
3. 수평주행배관 및 교차배관에 설치된 종방향 흔들림 방지 버팀대의 간격은 중심선을 기준으로 24 m를 넘지 않아야 한다.
4. 마지막 흔들림 방지 버팀대와 배관 단부 사이의 거리는 12m를 초과하지 않아야 한다.
5. 영향구역 내에 상쇄배관이 설치되어 있는 경우 배관 길이는 그 상쇄배관 길이를 합산하여 산정한다.
6. 종방향 흔들림 방지 버팀대가 설치된 지점으로부터 600mm 이내에 그 배관이 방향전환되어 설치된 경우 그 종방향 흔들림방지 버팀대는 인접배관의 횡방향 흔들림 방지 버팀대로 사용할 수 있으며, 배관의 구경이 다른 경우에는 구경이 큰 배관에 설치하여야 한다

**정답** 119 ② 120 ④

**121.** 자동화재탐지설비 및 시각경보장치의 화재안전기준상 감지기에 관한 내용으로 옳은 것은?

① 공기관식 차동식분포형감지기 공기관의 노출부분은 감지구역마다 10m 이상이 되도록 한다.
② 감지기는 실내로의 공기유입구로부터 0.6m 이상 떨어진 위치에 설치한다.
③ 광전식분리형감지기의 광축은 나란한 벽으로부터 0.5m 이상 이격하여 설치한다.
④ 파이프덕트 등 그 밖의 이와 비슷한 것으로 2개층마다 방화구획된 것이나 수평단면적이 5m² 이하인 것은 감지기를 설치하지 아니한다.

1. 감지기(차동식분포형의 것을 제외)는 실내로의 공기유입구로부터 1.5 m 이상 떨어진 위치에 설치할 것
2. 광전식분리형감지기 설치기준
   ㉠ 감지기의 수광면은 햇빛을 직접 받지 않도록 설치
   ㉡ 광축(송광면과 수광면의 중심을 연결한 선)은 나란한 벽으로부터 0.6 m 이상 이격하여 설치
   ㉢ 감지기의 송광부와 수광부는 설치된 뒷벽으로부터 1 m 이내 위치에 설치
   ㉣ 광축의 높이는 천장 등 높이의 80% 이상(오동작 방지)
   ㉤ 감지기의 광축의 길이는 공칭감시거리 범위 이내
3. 차동식분포형감지기 설치기준

| 구분 | | 설 치 기 준 |
|---|---|---|
| 공기관 | 배관방법 | 도중에서 분기하지 아니하도록 할 것 |
| | 노출부분 | 감지구역마다 20 m 이상(실보 방지) |
| | 공기관의 길이 (검출부 1개당) | 100 m 이하(오보 방지) |
| | 감지구역의 각 변과의 수평거리 | 1.5 m 이하 |
| | 공기관 상호간의 거리 | 6 m(내화구조 − 9 m) 이하 |
| | 두께 및 바깥지름 | 0.3 mm 이상 1.9 mm 이상 |

**122.** 지하구의 화재안전기준상 자동화재탐지설비에 관한 설치기준의 일부이다. ( )에 들어갈 것으로 옳은 것은?

> 지하구 천장의 중심부에 설치하되 감지기와 천장 중심부 하단과의 수직거리는 ( )cm 이내로 할 것. 다만, 형식승인 내용에 설치방법이 규정되어 있으나, 중앙기술심의위원회의 심의를 거쳐 제조사 시방서에 따른 설치방법이 지하구 화재에 적합하다고 인정되는 경우에는 형식승인 내용 또는 심의결과에 의한 제조사 시방서에 따라 설치할 수 있다.

① 30          ② 45
③ 60          ④ 80

지하구의 화재안전기준
자동화재탐지설비 설치기준

1. 감지기
   ① 먼지·습기 등의 영향을 받지 아니하고 **발화지점(1m 단위)**과 온도를 확인할 수 있는 것을 설치
   ② 지하구 천장의 중심부에 설치하되 감지기와 천장 중심부 하단과의 수직거리는 **30cm 이내**로 할 것.
   ③ 발화지점이 지하구의 실제거리와 일치하도록 수신기 등에 표시할 것.
   ④ 공동구 내부에 상수도용 또는 냉·난방용 설비만 존재하는 부분은 감지기를 설치하지 않을 수 있다.
2. 발신기 등
   발신기, 지구음향장치 및 시각경보기는 설치하지 않을 수 있다.

**123.** 유도등 및 유도표지의 화재안전기준상 다음 조건에 따른 객석 유도등의 최소 설치 개수는?

> • 공연장 객석의 좌, 우 양 측면에 직선부분의 길이가 22m인 통로가 가 1개씩 2개소 설치되이 있다.
> • 공연장 객석의 후면에 직선부분의 길이가 18m인 통로가 1개소 설치되어 있다.
> • 상기 이외의 통로는 객석유도등 설치 대상에 포함하지 않는 것으로 한다.

① 9개          ② 11개
③ 14개          ④ 17개

정답 121 ④  122 ①  123 ③

객석유도등
① 객석의 통로, 바닥 또는 벽에 설치하는 유도등
② 객석유도등은 객석의 통로, 바닥 또는 벽에 설치하여야 한다.
③ 객석내의 통로가 경사로 또는 수평로로 되어 있는 부분의 설치개수(소수점 이하는 1로 본다.)

$$설치 개수 = \frac{객석의 통로의 직선부분의 길이(m)}{4} - 1$$

④ 객석내의 통로가 옥외 또는 이와 유사한 부분에 있는 경우 해당 통로 전체에 미칠 수 있는수의 유도등을 설치

[풀이]
1. 좌우 통로

$$설치 개수 = \frac{22}{4}m - 1 = 4.5 \text{ 따라서 5개}$$

2개소가 설치 되어 있으므로 10개

2. 객석 후면 통로

$$설치 개수 = \frac{18}{4}m - 1 = 3.5 \quad \text{따라서 4개}$$

따라서 총 14개의 객석유도등이 필요함

**124.** 자동화재탐지설비 및 시각경보장치의 화재안전기준상 경계구역의 설정기준으로 옳지 않은 것은?

① 하나의 경계구역의 면적은 $600m^2$ 이하로 하고 한변의 길이는 50m 이하로 할 것
② 외기에 면하여 상시 개방된 부분이 있는 차고·주차장·창고 등에 있어서는 외기에 면하는 각 부분으로부터 5m 미만의 범위안에 있는 부분은 경계구역의 면적에 산입하지 아니한다.
③ 하나의 경계구역이 2개 이상의 건축물에 미치지 아니하도록 할 것
④ 하나의 경계구역이 2개 이상의 층에 미치지 아니하도록 할 것. 다만, $600m^2$ 이하의 범위 안에서 2개의 층을 하나의 경계구역으로 할 수 없다.

1. 자동화재탐지설비의 경계구역 설정기준

| 구 분 | 설정기준 |
|---|---|
| 면적별 기준 | • 2개 이상의 건축물에 미치지 아니하도록 할 것<br>• 하나의 경계구역의 면적은 600 m² 이하, 한변의 길이는 50 m 이하<br>※ 해당 특정소방대상물의 주된 출입구에서 그 내부 전체가 보이는 것에 있어서는 한 변의 길이가 50 m의 범위 내에서 1,000 m² 이하 |

2. 경계구역 면제
① 대상 : 외기에 면하여 상시 개방된 부분이 있는 차고·주차장·창고 등
② 범위 : 외기에 면하는 각 부분으로부터 5m 미만의 범위 안에 있는 부분은 경계구역의 면적에 산입하지 아니한다.

**125.** 비상방송설비의 화재안전기준상 음향장치의 설치기준으로 옳은 것은?

① 증폭기 및 조작부는 수위실 등 상시 사람이 근무하는 장소로서 점검이 편리하고 방화상 유효한 곳에 설치
② 기동장치에 따른 화재신고를 수신한 후 필요한 음량으로 화재발생 상황 및 피난에 유효한 방송이 자동으로 개시될 때까지의 소요시간은 30초 이하로 할 것
③ 층수가 3층 이상으로서 연면적이 2,000m²를 초과하는 특정소방대상물 지상 1층에서 발화한 때에는 발화층·그 직상층 및 지하층에 경보를 발할 것
④ 확성기의 음성입력은 1W(실외에 설치하는 것에 있어서는 2W) 이상일 것

비상방송설비 설치기준
(1) 다른 전기회로에 따라 유도장애가 생기지 아니하도록 할 것
(2) 기동장치에 따른 화재신고를 수신한 후 필요한 음량으로 화재발생 상황 및 피난에 유효한 방송이 자동으로 개시될 때까지의 소요시간은 10초 이하
(3) 다른 방송설비와 공용 화재 시 비상경보외의 방송을 차단할 수 있는 구조
(4) 기타 설치 기준

| 구 분 | | 내 용 | |
|---|---|---|---|
| 음향장치 | 자동화재탐지설비의 작동과 연동하여 작동할 수 있는 것 | | |
| | 확성기 | 음성입력 | 3 W(실내는 1 W) 이상 |
| | | 수평거리 | 25 m 이하 |
| | 음량조정기 설치 시 | 배선 | 3선식 (공통선, 업무용선, 비상용선) |
| 조작부 | 조작스위치 | 설치 높이 | 0.8 m 이상 1.5 m 이하 |
| | 기동장치 작동 시 | 해당 기동장치가 작동한 층 또는 구역을 표시 | |
| | 설치장소 | 수위실 등 상시 사람이 근무하는 장소 및 점검이 편리하고 방화상 유효한 곳에 설치(증폭기 동일) | |
| | 하나의 대상물에 2이상 설치 시 | 상호간에 동시통화가 가능한 설비를 설치 어느 조작부에서도 전 구역에 방송을 할 수 있도록 할 것 | |

**정답** 124 ④ 125 ①

# 참고문헌

강경원, 송가철『소방기술사 특론』 동화기술 2013. 10. 15
남상욱『소방시설의 설계 및 시공』 성안당 2008. 3. 7
한국소방기술사회『방화공학실무 핸드북(제1판)』 한림원(주) 2009. 3. 10
한국소방안전협회『교재개발과 소방기술자 실무교재』 성림기획 2013. 3
한국소방안전협회『교재개발과 소방기술자 실무교재』 그림 커뮤니케이션 2011. 3
현성호, 이창우, 차시환『방화방폭공학』 신광문화사 2003. 8. 10
한국화재보험협회『방재전문가 과정』
왕준호『소방시설의 점검 실무 행정』 성안당 2010. 1. 5
한국화재보험협회『화재안전점검 매뉴얼』 한국화재보험협회 2005. 7
나성훈『Why?물리』 예림당 2012. 10. 30
나성훈『Why?화학』 예림당 2013. 2. 15
경기도소방재난본부(방호예방과)『특별피난계단 부속실 제연설비 관련 법령』 2008. 1. 11
관리사편찬위원회『소방시설관리사 1차』 삼원출판사 2012. 1. 6
공하성『소방시설관리사 1차』 성안당 2013. 1. 5
여용주, 『수계소화설비공학』 한국화재연구소 2006. 4. 30
한국 화재 보험협회 부설 방재시험연구소『SFPE 방화공학 핸드북 과정』 2007.
강균희, 장영철『화재감식평가』 한솔아카데미 2013. 10. 14
하정호, 이창욱, 차순철『최신 핵심 소방기술』 호태 2005. 7. 30
하동명, 이수경외『연소공학』 2013.
한국산업인력공단『전기이론』 한국산업인력공단 2003. 3. 5
이종춘『일반화학』 성안당 2008. 3. 10
이응재, 윤두수, 박송리『위험물산업기사』 건기원 2010. 1. 5
이용순, 이덕수『위험물 기능장(실기)』 삼원출판사 2009. 7. 7
요네야마 마사노부『알고보면 반드시 알아야 할 유기화학』 이지북 2002. 1. 26
㈜한창 HFC-23『청정소화약제소화설비』 카다로그
한국화재보험협회『방재기술자료』 위험조사부(제정무) 2007. 7. 25
소방방재청 - 국가재난정보센터, 국가위험물정보시스템 - http://www.nema.go.kr
화학물질안전관리정부시스템 http://kischem.nier.go.kr
안전보건공단(MSDS : 물질안전보건자료) - http://www.kosha.or.kr
영광소방서 위험물운송자 - http://www.jnsobang.go.kr
소방 # 위험물 정보세상 - http://cafe.daum.net/standby119
다시가는 길 - http://blog.naver.com/lgs5976
두산세계백과사전 - http://ko.wikipedia.org
위키백과 - http://ko.wikipedia.org

저자 프로필

저자 김흥준  소방기술사 / 소방시설관리사
강경원 소방학원 소방시설관리사 1차 강사
서울 소방학교 소방전기실기 외래강사 등
(현)방재시험연구원 외래교수
(전)한국소방안전원 외래교수

# 소방시설관리사 1차(하권)

定價 57,000원(전2권)

저 자  김 흥 준
발행인  이 종 권

2014年  1月 27日  초 판 발 행
2015年  1月  5日  2차개정발행
2016年  1月  6日  3차개정발행
2017年  1月  9日  4차개정발행
2018年  1月  9日  5차개정발행
2018年 10月 22日  6차개정발행
2019年  9月 30日  7차개정발행
2020年 10月 30日  8차개정발행
2021年 11月  3日  9차개정발행

發行處  (주)한솔아카데미

(우)06775 서울시 서초구 마방로10길 25 트윈타워 A동 2002호
TEL : (02)575-6144/5    FAX : (02)529-1130
〈1998. 2. 19 登錄 第16-1608號〉

ISBN 979-11-6654-112-4 14540
ISBN 979-11-6654-110-0 (세트)